国家林业和草原局普通高等教育"十三五"规划教材
高等院校园林与风景园林专业规划教材

中国古代园林史（第2版）

A History of Ancient Chinese Gardens

（附数字资源）

刘晓明 薛晓飞 等◎编著

中国林业出版社
CFPH China Forestry Publishing House

内容简介

《中国古代园林史》是高等院校风景园林等专业不可或缺的教材。本教材的特点是纵贯从先秦到清代中国古代园林3000多年的发展历程；对于每个历史时期园林的阐述方法是先介绍相关历史文化背景和城市格局与园林的关系，进而详细分析重要园林实例的沿革及特征，并配有启发读者兴趣的相关思考题。由此，读者可以全面地了解中国古代园林的发展脉络、造园思想、文化内涵和艺术特点，提高自身学术水平和文化素养，以便日后为弘扬中国古代园林的优秀传统做出自己的贡献。

本教材适用于高等院校风景园林、园林专业本科生，其中部分章节还可以作为研究生专项研讨内容。同时也可以作为建筑学、城乡规划学以及环境设计专业师生的参考书。

图书在版编目（CIP）数据

中国古代园林史/刘晓明，薛晓飞等编著. —2版. —北京：中国林业出版社，2019.12（2021.4重印）
国家林业和草原局普通高等教育“十三五”规划教材　高等院校园林与风景园林规划教材
ISBN 978-7-5038-9950-8

Ⅰ.①中… Ⅱ.①刘… Ⅲ.①古典园林—建筑史—中国—高等学校—教材 Ⅳ.①TU-098.42

中国版本图书馆CIP数据核字（2019）第012063号

国家林业和草原局生态文明教材及林业高校教材建设项目

中国林业出版社·教育分社

策划、责任编辑：康红梅　　**责任校对**：苏　梅
电话：83143551　83143527　　**传真**：83143516

出版发行　中国林业出版社(100009 北京市西城区德内大街刘海胡同7号)
E-mail：jiaocaipublic@163.com　电话：(010)83143500
http://www.forestry.gov.cn/lycb. html
经　销　新华书店
印　刷　北京中科印刷有限公司
版　次　2017年12月第1版（共印1次）
2019年12月第2版
印　次　2021年4月第2次印刷
开　本　889mm×1194mm　1/16
印　张　28.25　　插页：1.25
字　数　813千字　　另数字资源约350千字
定　价　86.00元

数字资源

高等院校园林与风景园林专业规划教材

编写指导委员会

序

尊重历史　借古开今

人的文化知识是不可遗传的，要靠自己终生积累。我赞同“研今必习古，无古不成今”的观点。中国风景园林学之史不仅是发展的轨迹和基础，也是生动的爱国主义教育材料。三千多年的世代成就创造了中华民族独特、优秀的园林传统并藉以自立于世界园林之林。今天要建设具有中国特色的风景园林，必须以中国古代园林史为鉴。我院刘晓明教授和薛晓飞副教授等编著的《中国古代园林史》付梓发行是本学科教材建设重要的新成果，我向致力于本教科书编写的全体教师以及参与工作的一切人员致以诚挚的祝贺和感谢！

作者秉承了汪菊渊先生《中国古代园林史》、陈植先生《中国古代造园史》、周维权先生《中国古典园林史》的学术成果，在前人的基础上、在他们多年中国古代园林史教学实践和实地踏查的基础上着重挖掘中国古代园林史的特殊性，基于此拓宽了思路和视点，系统总结了中国古代园林的发展脉络和特征，把传承创新的希望寄托给学生。中国古代园林史课程总学时60，其中理论课40学时，现场实习20学时，包括测绘、赏析名园要例。本课程在专业基础课和一些专业课之后开设，且与风景园林设计、风景园林工程课程同期开设，在教材构架和内容、教学环节和教学方法方面都有所创新。

此外，作者对中国古代园林的哲理衍展、“天人合一”和“生生不息”的生态观、造园理法以及山水诗和山水画对中国古代园林千丝万缕的影响等也作了精辟的分析与梳理，值得充分肯定。

孟兆祯

中国工程院院士、北京林业大学园林学院教授、博士生导师

2017年6月

第 2 版前言

《中国古代园林史》（第 1 版）于 2017 年年底出版以来引起了学界和业界的关注。近来，我们根据各方意见和要求，修订完成了第 2 版，并于同期发布相关数字资源。

本次修订根据使用本教材的高校教师和学生的要求，丰富了有关案例分析，并对第 1 版中有关文字部分再次梳理和补充，增绘和完善了少数图纸及图注，纠正了文字错误，更新了部分图片。考虑到我国已出版有关古代造园名著《园冶》《长物志》和《闲情偶记》的注释和白话文译本以及研究论文，因此本书没有对此再加以专门论述。此外，我们建议任课教师务必给学生安排实地考察古代园林的机会，并结合互联网进一步了解有关案例，充分发挥学生的主观能动性以及独立思考和判断能力来讨论有关思考题。

本书依然保持了第 1 版的结构，内容丰富，引经据典，图文并茂，既可让本科学生穿越时空去了解中国古代园林发展的脉络和经典案例、造园思想、文化内涵和艺术特点，又可引导硕士和博士研究生对有关兴趣点开展进一步研究，同时还可以作为风景园林行业从业人员乃至中国古代园林爱好者的案头参考书。

本书共有以下五个特点：

第一，对于中国古代园林的定义、发展阶段、类型、构成要素、艺术特征、对亚洲和欧洲园林的影响及其保护做了全面而有特色的阐述。

第二，全时段论述中国古代不同历史时期园林的特点。每个朝代均以全景式的历史背景为引导，进而论述其重要城市与园林相互依存的共生关系，接着重点分析有代表性的名园名景案例，并适当贯穿引用有关古代文献和客观评论。

第三，考虑到中国古代园林建筑是认知中国古代园林的不可或缺的要素，因此本书专门设第 10 章来全面论述自秦汉至清代的古代园林建筑类型、结构、特点等，并着重介绍清代古建筑木作、瓦作和石作的基本内容，便于学生通过对现存清代园林及园林建筑实地考察学习，加深对中国古代园林建筑基础知识的了解，这对于没有机会深入学习中国古代园林建筑课程的园林专业和风景园林专业的大学生来讲尤为重要。

第四，概要论述了中国古代园林造园理法，涉及哲学、堪舆、美学、文学和绘画等领域，也为学生们在思考当代风景园林设计和管理实践中如何继承传统的层面上提供了基本理论基础。

第五，每章有针对性地提出的思考题是为任课教师与学生的课堂讨论之用，是教学中必需的重要环节。通过讨论和参与第 10 章安排的测绘作业以及多次实地考察古代园林案例，可以使学生渐进式地加深对于中国古代园林的理解和认知。当然，这也对任课教师的教学和研究水平提出了更高的要求。

总之，第 2 版力求结合学术性、实用性、全面性、可读性、可视性为一体，不仅要满足高校园林专业和风景园林专业教学工作的需要，更要激发大学生对祖国优秀传统园林文化的热爱，从而培养出一大批未来真心热爱中国古代园林的守护者、管理者、研究者和爱好者。本书的再版发行是当前宣传、保护、复原及合理利用中国古代园林的重要基础工作之一，必将对弘扬中国古代园林的优秀传统和改善当今人居环境有所裨益，同时也符合我国政府提出的中国园林要走向世界的中华民族文化伟大复兴的总体要求。

毋庸置疑，有关中国古代园林的研究还有诸多议题需要我们数代人持续不断地研究下去。例如，不久前，我国政府正式对外公布，根据考证，中华文明拥有5000年光辉灿烂的历史。因此，作为中华文明重要基因之一的中国古代园林的起源是否也可以追溯到5000多年以前？浙江良渚、山西陶寺、陕西石峁的大型都邑性遗址的考古发掘成果以及黄帝陵具有5000余年树龄的手植柏似乎都可以证明这点；又如，中国古代城市的“八景”对当时城市的建设究竟起到了何种作用？再者，位于北京城区平安大道上被拆除的曹雪芹故居与中国著名古代小说《红楼梦》究竟存在何种关系？浙江地区古村落里的风水树对村落和宅园的影响又表现在哪些方面？此外，对于中国古代园林的研究是否可以借鉴欧美日发达国家相关理论和技术并获得一定的成功？凡此种种，我们深信随着各界专家、学者研究的深入，还会有更多的精彩值得关注和期待。

我们诚挚地感谢浙江农林大学王欣副教授和华中农业大学杜雁副教授对于本教材第1版的完善所提供的有益建议，苏州大学张橙华教授、郭明友副教授对本书第1版有关几个苏州园林案例的分析提出了修改建议，原杭州西湖风景名胜区管委会副主任朱坚平先生对于国清寺的特色提出了很有价值的观点，江苏省住建厅园林绿化处单干兴副处长提出了有关镇江三山图像信息调整建议，杭州园林设计院风景园林规划设计研究三院毛翊天院长对于岳王庙平面图的绘制给予指导，住建部干部学院毛祎月博士参加了文字校订，杭州园林设计院董莎莎参加了部分图注的调整工作，安徽省城乡规划院周亚玮提供了檀干园的初稿和相片，深圳市城市规划设计院童丽娟提供了南普陀寺的初稿和照片，北京农学院刘媛博士提供了天坛的初稿，福建农林大学金山学院林继卿讲师提供了有关福州小黄楼的初稿和照片，国际竹藤中心黄彪博士提供了潭柘寺的平面图，北京林业大学园林学院黄晓讲师提供了常州止园推导平面图，清华大学戈祎迎博士生撰写了止园初稿，北京市圆明园管理处刘阳先生对圆明园景点的标注提出了合理建议，浙江农林大学张蕊讲师提供了华清宫的推导平面图和相片，北京林业大学园林学院博士研究生张司晗、马小淞、严雯琪和硕士研究生栾河淞、李娜、蓝素素和余覃协助增绘和完善了部分图纸，业内专家及研究者李玉祥、王健、张晓鸣、程哲人、孙晓春、赵彩君、张晓鸣、付晓渝、沈贤成、谢祥财、郭美锋、文彤、刘毅娟、阙晨曦、鲍沁星、徐姗、尹吉光、林玉明、张莹、高琪、宋凤、丁国勋、赵文斌、褚天娇、谢明洋、张茹、周婷、李臻、胡小凯、郝思嘉、刘兵、李玉红、严利洁、陈京京、康汉起、周璐、梁怀月、赵茜、黄昊、高凡以及我院博士生尹吉光、叶森、张司晗、许超、沈超然、严雯琪，硕士生王一岚、余覃、栾河淞、蓝素素、李娜、刘德嘉、胡真、谢毓婧、李聪聪等提供了有关案例的相片。本书责任编辑康红梅女士为修订出版付出了辛勤的努力，在此一并表示衷心感谢！

由于编著者水平有限以及有些史料版本的多样性等各种原因，第2版肯定仍有不足之处，敬请各位读者继续批评指正，以便再版时加以完善。最后，我们谨代表《中国古代园林史》的编著团队向各位读者致以崇高的敬意！

刘晓明　博士

北京林业大学园林学院园林历史与理论教研室主任、教授、博士生导师

薛晓飞　博士

北京林业大学园林学院园林历史与理论教研室副教授、硕士生导师

2019年8月

第 1 版前言

中国古代园林作为中国传统文化的重要组成部分，承载了中国的历史、社会、经济、文化、科技等方面大量的有价值的物证和信息，因而毫无疑问地成为我国人民乃至全人类的珍贵遗产。

按照历史唯物主义的观点来看，随着社会生产力的发展，中国古代园林也经历了由简单到复杂、由低级到高级的发展阶段。“中国古代园林史”的教学应该以史料和重要的实例为先导，在介绍个案的基础上去总结不同时期的共同特征。这是一个由个性到共性、由特殊性到普遍性的归纳总结的过程，也是本教材编写的总体思路。本教材的撰写持续 10 余年，主要参考了汪菊渊先生的《中国古代园林史》、陈植先生的《中国古代造园史》和周维权先生的《中国古典园林史》，并引用了业界同行出版的相关成果，融入了笔者多年来对相关案例的思考研究和实地考察体验。对于每个历史时期园林的论述采取的方法是：先引入相关的历史文化背景，让学生浸润在彼时的氛围之中，进而了解当时城市格局与园林的关系，继而纵观名园的流变，从而达到穿越园林历史并审视其特征和成就的目的。这也是笔者多年在“中国古代园林史”教学方面成果的总结。

众所周知，学习历史的目的在于“通古今之变”，已往的历史就是当下和未来的明鉴。本书编著目的不仅是为“中国古代园林史”课程提供教材，更重要的是为了让学生全面地了解中国古代园林的发展脉络，珍惜中国古代园林的优秀传统，从而强有力提高他们的学术水平和文化素养，并希望他们在今后的工作中，继承并发扬光大这一传统，为弘扬中国古代园林的文化做出自己的贡献。

“中国古代园林史”课程是风景园林学本科阶段开设的一门专业必修课，也是一门重要的专业基础课。笔者希望学生通过该课程的学习，能够对中国古代园林的概念、主要内容、基本类型、总体特征和基本要素等有较为全面和准确的理解；掌握中国古代园林起源、发展、演进、分化的过程以及相应的思想和社会文化背景；掌握每个历史时期代表性园林的特点以及主要的成就；并对中国古代园林历史文献有初步的了解，同时具有一定的园林历史文献检索和阅读能力。

笔者建议这门课程的总学时为 60，其中理论课 40 学时，讲述中国古代园林的发展历程、主要特点和典型案例；现场实习 20 学时，教师可根据教材内容选择代表性的案例，指导学生考察并完成测绘作业。“中国古代园林史”课程应该从大二下学期到大三上学期开设，要求学生在上此课之前，应该学习过“风景园林设计初步”“风景园林工程制图”“园林植物”“风景园林艺术原理”等课程，并已经开始学习“风景园林设计”和

“风景园林工程”课程。

本教材可作为风景园林、园林、建筑学、城乡规划、观赏园艺等相关专业教材，也可供相关专业工作者查阅。本教材的主要使用者为本科生，部分章节专门供研究生学习之用。

本教材的出版离不开众人的指导和帮助。在此，首先要感谢我院孟兆祯院士对此书方向的肯定和对大纲及内容的斧正。感谢北京林业大学已故林业史、园林史专家张钧成先生对笔者研习中国古代园林史的过程中提供的指导。感谢许多业界专家学者，因为他们的研究成果已经成为教材的一部分，教材已一一标明出处，在此不再罗列。中国人民大学历史系丁超副教授撰写了第2～9章历史文化背景部分，华南农业大学风景园林系潘建非讲师撰写了第10章中国古代园林建筑，杭州园林设计院李永红总工程师参编了有关西湖的分析，山东农业大学风景园林系刘兵副教授参编了有关泰山的论述，在此一并表示感谢。此外，还要感谢北京林业大学园林学院参加此书资料和文字及图纸整理工作的博士生：毛祎月、叶森、张炜、沈超然、骆畅、徐姗、张鹏；硕士生：蔡婷婷、周婷、朱里莹、周晓兰、张法亮、高凡、高琪、张司晗、刘健鹏、耿福瑶、马小淞、刘铭、王吉伟、陈飞列、董莎莎、戈祎迎、顾怡华、陈京京、郝思嘉、周亚玮、童丽娟、莫林芳；本科生：王一岚、何亮、严圆格、马越、董嘉莹、王旻迪、吴欣然，特别感谢毛祎月为第2～9章撰写了开篇诗。

由于中国古代园林史的研究领域还有许多盲区，加之相关史料和现存的实例不多以及教材篇幅有限，笔者的学术研究还不够全面和深入，本教材难免存在一些问题和不妥之处。笔者真诚欢迎各位读者多提宝贵意见，以便再版时加以完善。

北京林业大学园林学院
园林历史与理论教研室
刘晓明教授　薛晓飞副教授
2017年6月

目录

第3章　秦汉园林

第4章　魏晋南北朝园林

第5章　隋唐园林

第6章　两宋园林

第7章　辽西夏金元园林

第 8 章 明代园林

第 9 章 清代园林

第 10 章 中国古代园林建筑

第 11 章　中国古代造园理法简述

第1章 绪论

在人类文明的历史长河中，中国古代园林已逾3000年的发展历程，至今仍对我国社会意识形态、环境改善、文化发展和经济驱动等产生着积极的影响。中国古代园林以其独特形象和丰富的文化内涵而屹立于世界文化之林，流芳千古。它宛如一颗璀璨的恒星，在浩瀚的星空中闪烁着，为人们所敬仰和神往。中国曾被誉为“世界园林之母”。国际风景园林师联合会（IFLA）的创始人、著名风景园林师和教育家杰里柯爵士（Sir Geoffrey Alan Jellicoe）把中国古代园林和西亚园林以及古希腊园林列为世界三大园林体系之首。

中国古代园林是中国文化的重要组成部分，也是中国文化的载体之一，它不仅客观而且真实地反映了中国历代王朝不同的历史背景、社会经济的兴衰和工程技术的水平，还折射出中国人自然观、人生观和世界观的演变，蕴含了儒、释、道等哲学或宗教思想及山水诗、山水画等传统艺术的影响。它凝聚了中国人的勤劳与智慧，抒发了中华民族对于自然和美好生活环境的向往与热爱。

自1987年起，故宫、长城、泰山等被联合国教科文组织（UNESCO）列入世界文化与自然遗产名录；自1994年起，承德的避暑山庄，苏州的拙政园、留园、环秀山庄、艺圃、耦园、沧浪亭、狮子林和退思园，北京的颐和园、天坛、明清皇家陵寝，拉萨的罗布林卡，杭州西湖也先后被联合国教科文组织列入世界文化遗产名录，成为全人类共同的文化财富。这也再次强有力地证明中国古代园林具有令人折服的艺术魅力、不可替代的唯一性和重大的历史文化价值，值得我们珍爱、研习、继承和发扬。

1.1 中国古代园林定义

“园林”一词的本源为“囿”。从最早的文字，殷商（前16世纪—前11世纪）甲骨文中，人们发现了有关帝王园林“囿”的论述。据此推测，中国皇家园林始于殷商。据周朝史料《周礼》解释，当时皇家园林出现于“囿”。“灵囿”，一词首次出现在奴隶社会时期、距今3000余年的《诗·大雅·灵台》中的“王在灵囿”，为当时的帝王从事祭天、农业、狩猎和娱乐活动的场所。到西晋时期，“园林”一词首次出现在张翰的《杂诗》中的诗句“暮春和气应，白日照园林”。此后，随着社会的发展，园林的内涵更加丰富和多样，逐渐发展成为古代人们集寄情、言志、娱乐和居住或工作为一体之场所，即中国古代园林。

本教材有必要对中国古代园林（Ancient Chinese Gardens），中国古典园林（Classical Chinese Gardens）和中国传统园林（Traditional Chinese Gardens）的概念加以解释。中国古代园林是指我国清代以前所建的园林；中国古典园林特指在中国古代园林中具有典型性的、代表性的园林。中国传统园林是针对现代，从历史文化内涵的视角，对中国古代园林的另一种称谓。

中华人民共和国成立后，我国在很长时期把园林的范围和内涵扩大到城市和乡村的领域。最具有磅礴气势的理念则是毛泽东主席曾经倡导的“大地园林化”。我国的相关教育和行业的名称曾经用过“造园”“园林”“风景园林”“园林绿化”“景观学”“景观设计”等。自2011年起，风景园林确定为我国工学门类的一级学科后，才算尘埃落定。实际上“风景园林”这个词是比“园林”更为准确的称谓，而且，这个词已经固化，已没必要硬要从字面上去解释这个行业所从事的工作。需要特别指出的是，中国大陆所用的“园林”和后来的“风景园林”，对应于而不等同于英文的Landscape Architecture，尽管实际上两者在总体上所指的教学、科研以及实践领域是相似的，都是指自然与人工环境的保护、设计和管理方面的工作。但是，由于我国目前在经济和建设方面还落后于西方发达国家，西方发达国家风景园林行业所从事的领域与我国有不同之处。我国现在亟须处理的问题是工业化带来的各种挑战，而西方发达国家的同行已经在处理后工业时代的环境问题了。在19世纪之前，在欧美国家，这个行业的范畴就是园林（garden）。然而那时，这些国家正值工业化、城市化发展时期，城市建设面临整治环境脏乱和污染等问题，美国的弗雷德里克·劳·奥姆斯特德（Frederick Law Olmsted）等前辈们从事的工作不仅有私家园林的设计，还拓展到城市公园的设计和城市公园系统的建立。对此，奥姆斯特德大胆地为这个行业提出了一个新的称谓，就是Landscape Architecture（风景园林）。尽管我国工业化和城市化时期远远晚于欧美日等发达国家，但是中国的园林已逾3000年的历史，中国已知的第一部园林专著《园冶》，是由中国明代的计成于1634年所著，距今已有480多年。可以说，“园林”这个词很好地传递了自古以来的中国人的美好人居观，“风景”则反映了中国人的传统审美观。我国风景园林界的前辈提出用“风景园林”作为行业的名称，向世人不仅表明了中国人的傲骨和志气，更重要的是表达了对中国传统园林文化的自信。

1.2 中国古代园林发展阶段

如同人类社会的发展一样，中国古代园林的发生和发展是与中国古代社会生产关系和生产力的发展相适应的过程。古代社会的农业、手工业和商业以及社会意识形态促进了园林的发展。中国古代园林的历史演变过程可以分为以下7个时期。

（1）萌芽期

先秦是中国古代园林的萌芽期。中国古代园林最早文字的记载形式为囿。关于囿的记载最早出现于奴隶社会后期，殷末周初（公元前11世纪）。它起源于帝王的狩猎活动，当时它主要为宫廷宴会、祭祀等活动提供场所，并兼具游赏的功能。囿中的建筑称作台，用于登高、观星等，这也是皇家园林的雏形。

（2）成形期

秦汉是中国古代园林的成形期。此时，国家的社会、政治、经济和文化开始走向正轨，出现了在自然山水环境中布置大量离宫别苑而形成的气势更宏伟、占地面积更大的皇家园林，即秦汉山水宫苑。同时，以王公贵族、地主和富商所有的私家园林建设也开始兴盛起来。

（3）拓展期

魏晋南北朝是中国古代园林的拓展期。此时，国家出现动荡，社会意识形态分裂，人民生活陷于苦难，因此佛、道思想兴盛，使得寺观园林应运而生，成为人们逃避现实苦难的场所，这也是中国公共园林的发端。此外由于隐逸和避世的崇尚自然和田园生活思想的出现，山水诗、山水画的兴盛带动了文人士大夫园林的发展，园林美学得到初步奠定。

（4）兴盛期

隋唐是中国古代园林的兴盛期。此时，社会生产力有较大发展，社会、政治、经济和文化迎来了繁盛的时代。这一时期，中国文化爆发出了蓬勃的生命力以及开拓的精神，山水诗和山水画对园林的营造产生重大影响，突出的表现为写意山水园的诞生和发展。

（5）升华与融合期

两宋是中国古代园林的升华期，此时的政治、社会、经济和文化高度繁荣，审美崇尚清淡、雅致、平和，园林在隋唐写意山水园的基础上有所升华，开始由闳放转为典雅精致，尽管规模比前代明显缩小，但关注局部和细节的完善，皇家园林开始出现大型人工假山，园林品赏活动如赏石、插花、品茶等受到广泛欢迎，显示出蓬勃的生机和雅致的文人气息。

此时，辽、金、西夏等少数民族的园林积极学习和吸纳两宋的园林理念，并与本民族的思想和生活方式融合成独具特色的园林。而至元代，这种汉族园林与少数民族园林的交流愈发活跃，呈现出形式多样、文化多元的文人园林新面貌。

（6）繁荣期

明代是中国古代园林的繁荣期。明中期以后，皇家园林的建设蓬勃发展，其规模更加恢弘壮观，并且注重与南方园林的交流。明代园林受文人文化和市民文化的双重影响，又结合各地不同的人文条件和自然条件，产生了多种地方风格的园林流派。此时，明代出现了一批造园技艺精湛的匠师，有关的造园理论也日臻成熟，以《园冶》《闲情偶寄》和《长物志》为代表的专著，系统而全面地总结了造园的经验和技艺。

（7）辉煌期

清代是中国古代园林的辉煌期，此时社会生产力得到了空前提高，政治、经济、文化取得了诸多重大成就。此时的园林继承了写意山水园的精华，并不断传承发展、自我完善，同时依然受到政治、佛教、道教、山水诗和山水画的影响。此时的造园之风盛行，造园思想空前活跃，造园的技术和工艺也日臻成熟。北方的园林以颐和园、圆明园和承德避暑山庄为代表，形成借景自然山水、宏伟华丽的皇家园林；南方的园林则以苏州、无锡、扬州园林为代表，形成朴素典雅的私家园林，也称文人山水宅园。

1.3 中国古代园林类型

中国古代园林总体上可以分为皇家园林、私家园林、寺庙园林、衙署园林、学府园林、祠馆园林、陵寝和山水胜迹 8 种主要类型。

1.3.1 皇家园林

皇家园林（Imperial Gardens）特指为古代帝王所拥有的园林（图 1-1）。其风格辉煌华丽，气势恢弘，体现了皇权至上的思想和中国古代的宇宙观与世界观。按皇家园林的使用情况不同，又可将其分为大内御苑、行宫御苑、离宫御苑。其中，大内御苑一般紧邻皇宫，而行宫与离宫则往往建设在自然风景条件十分优越的地点。

1.3.2 私家园林

私家园林（Private Gardens）是王公贵族、官僚地主、商人、文人等私人所有的园林（图 1-2）。其风格典雅隽秀、精巧玲珑，体现了文人雅士的生活态度和审美情趣。我国现存的古代私家园林主要集中在江苏、浙江、安徽和广东等地区。

1.3.3 寺观园林

寺观园林（Temple Gardens）是古代佛寺、道观的附属园林（图 1-3）。其风格庄重而不失清秀，佛家或道家色彩及氛围浓厚。需要指出的是，因为许多古代佛寺、道观的建筑与庭院和周边优美的自然环境是融为一体的，不能把它们分割去理解和认识，这种寺观整体上就是寺观园林。这里既是从事宗教活动的场所，也是人们日常生活的重要活动空间之一，可以说是中国古代公共园林的发端。

图1-1 皇家园林 颐和园（北京） 孙晓春摄

图1-2　私家园林 拙政园（苏州）　付晓瑜摄

图1-3　寺观园林 普陀宗乘庙（承德）　叶森摄

图1-4　衙署园林 直隶总督署（保定）　刘晓明摄

图1-5　祠馆园林 三苏祠（眉山）　刘晓明摄

1.3.4　衙署园林

凡是由官署内兴建的园林都应属于衙署园林（Government Office Gardens）的范畴（图1-4）。它的位置除了常位于衙署内，官府邸宅之后，并与之毗邻外（即官衙廨署所附属的内部花园），还常位于府、州或县治所在地或在其城郊。其风格庄重严谨，在重要的节日，它往往会对公众开放，因而具有一定的公共性。

1.3.5　祠馆园林

祠馆，即祠堂，其作用是纪念先祖和先贤，也是后辈汇聚和举办婚、丧、寿、喜活动的场所。祠馆园林（Ancestral Temple Gardens）是指祠馆的附属园林（图1-5），其风格肃穆简朴。目前保留下来的多为名人的祠堂，如杜甫草堂、三苏祠等，已经成为当代公共园林的组成部分。

1.3.6　学府园林

学府是指与学问、学术有关的机构，如秘书省、国子监之类，后统称学校为学府。我国素来重视校园环境对学生的塑造作用，自周天子设立辟雍，学府园林即已产生，它是古代士子聚集、讲学、藏书、习艺、游憩的地方，以陶冶心性为宗旨，充满文人气息和朴雅之趣。

古代学校分官学和私学，宋代以后又产生了书院这一教育体系，相应地，学府园林（School Gardens）也分不同种类，其中以书院园林为代表（图1-6）。唐末烽火连年，学校停办，一些学者选择山水胜地，修建房舍，聚众讲习，书院由此兴盛。后世的书院园林延续了这一特点，多建于山水之间，崇尚自然，不求雕饰和华丽，而以宁静、清幽、雅淡为风尚。

1.3.7 陵寝

陵寝（Imperial Tombs）是古代皇家的墓地，是历代皇帝及其家人的埋葬之所，其特点通常是以自然山体或人造山体为陵，其布局往往与古代的风水观有密切的联系（图1-7）。

1.3.8 山水胜迹

山水胜迹（Hill-water Historic Area）是指依托于场地优美的自然山水和丰厚的历史文化积淀，通过艺术手法，布置居住、旅游、宗教和水利等建筑和设施，形成集自然美与人工美为一体的园林。如五岳之首的泰山（图1-8）和风景优美的杭州西湖等（图1-9），它向公众开放，提供游憩、交往、祭祀、拜佛、从道等活动的场地。

1.4 中国古代园林构成要素

我国古代园林是人工模山范水创造的第二自然。其主要构成要素为山水、建筑、植物、石头、园路与铺地。此外，还有起点题作用的匾额、楹联、石刻和雕塑。对这些基本要素的理解是学习

图1-6 学府园林 白鹿洞书院（庐山） 刘晓明摄

图1-7 陵寝 明显陵（引自《湖北古建筑》，2005）

图1-8 山水胜迹 泰山 刘兵摄

图1-9 山水胜迹 西湖（杭州） 李玉祥摄

中国古代园林史的基础。

1.4.1 山与水

山与水是我国自然风景的特征之一，同时也是构成园林的要素。古人认为山环水抱可以藏风聚气，是最佳的风水。古代园林善于因借山水，并通过对山水的改造，或是艺术的再造，来满足人对自然山水的崇拜与热爱的情感需要。这种艺术创作手法叫作造山理水。

造山古又称掇山，是古代造园的一项重要技艺。根据其材料构成可分为土山、石山及土石山3种。造山应注重塑造峰、峦、谷、崖、洞、石等形态组合，体现天然山岳的构成规律及风貌。而理水，则要对自然界中河、湖、溪、泉、瀑、潭等进行艺术概括提炼。通过巧妙的造山理水，就有可以在有限的园林空间中艺术地再现万水千山的形象和意境。

1.4.2 建筑

建筑是古代园林中不可或缺的要素，其主要功能有赏景、游憩、居住、办公、礼佛、崇道，其主要形式有厅、堂、馆、轩、亭、台、楼、阁、榭、舫、廊、桥、房、斋、坊等。园林建筑的布局尤其注重依山就势、因山就水、高低错落、曲折自然、灵活多变（图1-10）。

1.4.3 植物

古代园林的植物不仅仅表达了人们对自然的热爱，而且往往象征人的美好品格，并体现了园林的意境与格调。此外，古代园林中还特别注重植物四季的季相变化，顺应自然规律、适应地方气候，取自然之理，得自然之趣，通过改造提炼，从而营造出生机勃勃的自然风采（图1-11）。

1.4.4 石头

自然界的石头千奇百怪，是园林创作的基本素材。以天然石块堆砌为山的手法称为叠山。选择造型独特的天然石块独立置于园中，作为景观焦点的手法称为置石。古代园林中常见的石头为南太湖石、北太湖石、黄石和宣石。南太湖石玲珑剔透，北太湖石敦厚多孔，黄石浑厚粗犷，宣石质地如雪又称雪石。著名的南太湖石石景有苏州的留园三峰，北太湖石石景有北京故宫御花园里的“堆秀”，黄石石景有无锡寄畅园的八音洞，宣石石景有扬州个园的春山（图1-12）。

1.4.5 园路与铺地

园路是古代园林中组织游憩活动的要素，可曲可直，其巧妙之处在于曲折幽深，创造出柳暗花明的境界。铺地，是指在古代园林中室外硬化地面。园路和铺地的材料主要有鹅子石（鹅卵

图1-10　建筑 台北林家花园　张司晗摄

图1-11　植物 承德避暑山庄芝径云堤　徐姗摄

石)、瓦片、青石板、毛石、灰砖等。常用的铺地类型有花街铺地、雕砖卵石铺地、卵石铺地、方砖或条石铺地、嵌草铺地等。

若园中有山可登，还要有登山之路。古代常用石块砌筑登山的道路，即磴道。磴道由来已久，古代文献中多有记载，南朝颜延之《七绎》说："岩屋桥构，磴道相临。"磴道本身即为石质，与叠石相结合就显得很自然。如苏州环秀山庄的磴道，盘旋于湖石假山之间，忽上忽下，时开时合，令人犹如置身真山中。

1.4.6 匾额与楹联

匾额是重要建筑门头的必然组成部分，相当于古建筑的眼睛。匾额中的"匾"字古也作"扁"字,《说文解字》对"扁"作了如下解释："扁，署也，从户册。户册者，署门户之文也。"而"额"字,《说文解字》作"额"字，即悬于门屏上的牌匾。也就是说，用以表达经义、感情之类的属于匾，而表达建筑物名称和性质之类的则属于额。因此合起来可以这样理解匾额的含义：悬挂于门屏上作装饰之用，反映建筑物名称和性质，表达人们义理、情感之类的文学艺术形式即为匾额。园林中的匾额主要用于题刻园名、景名、颂人、写事等，多置于牌坊、厅堂、楼阁、馆轩、亭斋等处。

楹联又称对联，是门两侧柱上的竖牌，多置于牌坊、厅堂、馆轩等楹柱上，是中国最独特的文学形式之一。其作用不仅能帮助人们赏景，而且本身也是艺术珍品，具有很高的审美价值。

古代园林中的匾额和楹联常常组合使用，精辟地概括了园林景致的意境，具有画龙点睛的作用。同时，它们也是书法艺术、雕刻艺术完美结合的产物，渗透着语言的思想性和文学性，具有很强的实用性和历史艺术价值。

1.4.7 石刻

石刻是指古代园林中镌刻有文字或图案的自然石头或经人工加工的石制品。它属于雕塑艺术。包括石刻石、摩崖石刻、岩画、石碑、经幢等。我国古代园林中石刻的运用多作园林历史的记载，景物的题咏、名人轶事的源流、诗赋画图的表达等，是园林景观的重要组成部分(图1-13)。

1.4.8 雕塑

古代园林中的雕塑有圆雕和浮雕两种。早在汉代的上林苑中就已有牛郎和织女的雕塑，清代颐和园里则设有镇水的铜牛(图1-14)。但是，古代园林中最常见的是建筑物附属的浮雕，台明、柱础、墙面、屋檐、屋脊，处处可见精美的砖雕或石刻；栏杆、花罩、室内陈设，也无不精雕细镂。又有照壁、承露台、石鱼缸等实用雕刻，其中不乏九龙壁这样的经典之作。岭南园林还有精细艳丽、雅俗共赏的灰塑，也是明代以来的一大创造。

图1-12 石头 苏州留园冠云峰 许超摄

图1-13 石刻 潭柘寺曲水流觞石槽 栾河淞摄

图1-14　雕塑 颐和园的铜牛　刘晓明摄

1.5　中国古代园林艺术特征

中国古代园林的最高境界是“虽由人作，宛自天开”。这实际上是中国传统文化中“天人合一”的思想在园林中的体现。具体来讲，博大精深的中国传统园林有以下五大特征。

（1）山水为本

中国幅员辽阔，山川秀美多姿，地形、地貌复杂，动、植物物种多样，以昆仑山、泰山、黄山、华山、嵩山、庐山等为代表的中国名山和以长江、黄河、淮河、洞庭湖、洪泽湖等为特色的中国名水，形成了宏大的山水构架。自古以来，中国人世世代代就生活在这样的环境之中，对这种山水自然怀有敬畏和热爱之情，尤其是对山环水抱构成的生存环境更为热爱，山与水在风水理论中被认为是阴阳两极的结合。而孔子提出“仁者乐山，智者乐水”，从而把山水与人的品格结合起来。中国独特的地理条件和人文背景孕育出的山水观对中国古代园林产生了重要的影响，难怪中国人如此狂热地在自然的山水中营造园林，或是在城市园林中构架自然的山水。

（2）创造仙境

早在2000多年前，秦始皇曾数次派人赴道教传说中的东海三仙山——蓬莱、方丈、瀛洲去获取长生不老之药，但都没有成功。因此，他就在自己的兰池宫中建蓬莱山模仿仙境来表达企望永生的强烈愿望。汉武帝则继承并发扬了这一传统，在上林苑建章宫的太液池中建有蓬莱、方丈、瀛洲三仙山。自此，开创了中国古代园林“一池三山”的传统（图1-15）。

（3）移天缩地

中国古代园林的一个重要特点是以有限的空间表达无限的内涵。私家园林中追求“壶中天地”乃至“芥子须弥”。明代造园家文震亨也在《长物志》中对此总结为“一峰则太华千寻，一勺则江湖万里”的造园立意；宋代东京的艮岳曾被誉为“括天下美，藏古今胜”；而清代北京圆明园中的“九州清晏”则是将中国大地的版图凝聚在一个小小的山水单元之中来体现“普天之下，莫非王土”的思想。

（4）自然成趣

中国人自古就崇尚自然、热爱自然，因此中国古代园林追求把自然元素带入生活之中，仿造自然的山形水势，巧妙地因景成景，随机布置建筑，自然式种植花木，开辟弯曲的园路，组成了一系列自然情趣浓厚的园林空间。

（5）诗情画意

中国传统文化中的山水诗、山水画深刻表达了人们寄情于山水之间，追求超脱，与自然协调共生的思想。因此，山水诗和山水画的意境就成了中国古代园林创作的目标之一。东晋文人谢灵运在其庄园的建设中就追求“四山周回，溪涧交过，水石林竹之美，岩岫裒曲之好”，而唐代诗人白居易在庐山所建草堂则倾心于“仰观山，俯听泉，旁睨竹树云石”的意境（图1-16）。

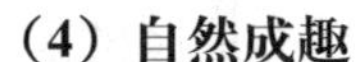

图1-15 “一池三山”的范例——北京北海琼华岛 叶森摄

图1-16 扬州瘦西湖 叶森摄

1.6　中国古代园林对亚洲和欧洲园林的影响

自唐代开始，中国古代园林因其悠久的历史和丰富的文化以及精湛的造园艺术，对东西方造园产生了重要的影响。到18世纪，中国古代园林也出现了欧洲园林的元素，如清代圆明园的西洋楼景区。这种东西方的园林交流和对话是有着积极的历史意义的。下面分别简述中国古代园林对日本、朝鲜和欧洲的影响。

1.6.1　对日本园林的影响

历史资料表明，日本自飞鸟、奈良时代（593—793）起，当中国文化为主流传入日本之后，其造园艺术才发生突变。近年来日本出土的这一时期的流杯渠残石中已发现晋朝“曲水流觞”这一园林素材。随着中国文化的东渡，造园技艺也被直接而全面地介绍到日本。当时在日本的造园中，除蓬岛神山及“净土世界”（日本造园中对“净土”的理解，是指清净的美妙的极乐世界）的创作思潮外，更有进一步模仿中国古代的作品出现。例如，在平安时代模仿唐长安而规划建造的平安京城及宫苑中，就有取意周文王灵囿而创作的禁苑——神泉苑。

中国古代园林艺术思潮，也影响着日本园林的创作。如佛教思想感染了日本平安朝的创作，让其园林意境有着更为深刻的触动。像借用渲染深山幽谷隐居环境的松风、竹籁、流瀑等声响，象征释迦、观音、罗汉的石峰点置，或效仿摩崖造像的点景处理等。

在中国传入的佛教禅宗及宋儒理学思想的影响下，日本造园有了进一步发展，开始出现石庭、枯山水（亦称唐山水，即以白砂象征水的做法）等写意园林。中国自唐、宋以来，文人、画家对自然、田园的向往，特别是宋、明儒家的自然观，深远地影响着日本造园的发展。明朝末年遗臣朱舜水流亡日本（1665年），可视为后期的又一次较为集中的影响。朱舜水在日本除讲学外，多从事园林创作活动，这对于当时日本造园的发展起着显著的促进作用。这一时期，日本统治者极为推崇宋儒思想，重复古之风，在园林艺术中，也形成一时之风。朱舜水参与指导建设了著名的东京小石川后乐园（图1-17），园名取自《孟子·梁惠王》“贤者而后乐此”的意思 。园中单孔石拱桥——圆月桥成了崭新的景象，而这也是第一次把中国拱桥的营造技术传入日本。此后，曾引起许多园林的效仿。后乐园中也有在尊儒复古的思想指导下添置的，奉祀伯夷、叔齐的“得仁堂”；在追求自然风景的思想影响下，摹写庐山风景而创作的“小庐山”；师法杭州西湖苏堤、白堤景色而创作的“西湖堤”。这种追求自然胜景的设计思想，也得到广泛的流传，以致形成这一时期日本“大名庭”（一种权贵的大型园林）的风格特征。这一时期的模拟自然景胜的创作中，出现了许多描写庐山的作品。在这一启发下，随之也有许多师法日本本土风景名胜的创作出现。

在植物造景方面，日本也较早受到中国前期造园的陈列鉴赏奇物名品的集锦式的创作思想影响。自我国名胜风景地区引种驯化、培养而作为其造园材料的例子也很多。如奈良时代，日本唐招提寺开山大师鉴真，自杭州孤山引松子育苗，作为唐招提寺庭园的观赏植物，便是最早见于记载的一例。至江户时代，引名胜风景地区植物作为园林鉴赏配置的风气已很盛行。如“六园馆庭园”中的四川柳、西湖梅等便是。

日本的造园在其发展过程中，在不断借鉴外国，特别是在学习中国的同时，仍保持了它自身风格的独立完整。现代日本园林，无论是它的艺术还是工程技术方面，在传统的基础上都取得了很大的发展，以至达到了世界公认的先进水平。

1.6.2　对朝鲜园林的影响

中国大陆与朝鲜半岛山水相连，唇齿相依。自远古以来，就有频繁的人员往来和广泛的交流。古代中国与古代朝鲜之间的文化交流仅有文字记载的交往就有3000余年，双方在政治、经济、军事、文化、教育、艺术、科技、体育乃至日常习

俗等各领域，都产生过深刻的影响。在训民正音（注：即훈민정음，1443 年李氏朝鲜世宗李祹命郑麟趾等创制）创制以前，朝鲜语没有自己的文字，古代朝鲜长期将汉字作为官方文字，朝鲜文创立以后汉字一直沿用，直到清末。中韩文字的共通，更加强了两国在文化上的联系。

现存的韩国古代园林中，有不少仿拟中国古代园林的例子。今韩国庆州的雁鸭池（图 1-18），是新罗文武王于公元 647 年兴建的皇家园林。1975—1976 年调查发掘探明雁鸭池呈圆形，东西 200 m，南北 180 m，池中有大小不等的 3 个小岛。韩国学者研究认为这 3 个小岛意为蓬莱、方丈、瀛洲，与中国皇家园林中的一池三山思想同源。约 9 世纪初，新罗王在首府庆州南山麓建流觞石渠和鲍石亭，也是受中国曲水流觞的影响。

朝鲜朝晚期的文臣宋时烈（1607—1689）建造的华阳九曲园林，是受朱熹在武夷山建造武夷书院和写下的《九曲棹歌》的启发而建。其中每一曲的立意，也多与汉文化有关：二曲曲名“云影潭”，取自朱熹“天光云影共徘徊”之诗句；位于四曲金沙潭的岩栖斋斋名取自朱熹“自身久未能，岩栖冀微效”诗句，焕章庵庵名取自《论语》“焕乎其有文章”之句；七曲曲名“卧龙岩”则借诸葛亮“卧龙”之号隐喻园主；九曲曲名“巴串”之“巴”，指诸葛亮在巴蜀。朝鲜朝晚期学者成海应（1760—1839）之《华阳洞记》中说：“华阳九曲，我东之武夷也。”

在朝鲜园林中，汉文化潜移默化的影响还有很多，从景名就可见一斑。例如，韩国景福宫、中国颐和园景福阁都出自《诗经》：“既醉以酒，既饱以德，君子万年，介而景福。”景福宫的香远池之名取自北宋周敦颐《爱莲说》“香远益清，亭亭净植”，与拙政园远香堂出处相同。现存古代朝鲜的园记中，也时时可见中国园林的踪影。朝鲜王朝肃宗、英祖期间文人郑煜（1708—1770）所著《梅轩照影》中的《涉趣园记》写道：

“涉趣园者，梅轩居士小池园也。居士平生深慕陶靖节之为人，尝梦得陶柳枕边垂之句，似是旷世相感之意。遂树垂柳于轩外。仍取归来篇中日涉成趣口之语，以名其园。”

1.6.3　对欧洲园林的影响

欧洲人对中国文化的兴趣由来已久。自马可·波罗将东方文化介绍到西方后，东方文化艺术就引起了西方人的关注。1582 年，意大利神父利玛窦受耶稣会派遣前来中国传教，与明代朝廷建立联系，罗马教廷遂派遣大批传教士来中国。欧洲商人和传教士写回的大量信件和报告，都极力渲染中国之魅力，并在欧洲各国形成了一股“中国热”。

这些古代欧洲人的著作中，有不少关于中国的园林的描述。例如《马可·波罗游记》第二卷介绍元大都宫苑：“（皇宫）北方距皇宫一箭之地，有一山丘，人力所筑。高百步，周围约一里。山顶平，满植树木，树叶不落，四季常青。汗闻某

图1-17　日本小石川后乐园　李玉红摄

图1-18　韩国庆州雁鸭池　毛祎月摄

地有美树，则遣人取之，连根带土拔起，植此山中，不论树之大小。树大则命象负而来，由是世界最美之树皆聚于此。君主并命人以琉璃矿石满盖此山。其色甚碧，由是不特树绿，其山亦绿，竟成一色。故人称此山曰绿山，此名诚不虚也。”（此元代太液池中万岁山，即后来的琼华岛）“山顶有一大殿，甚壮丽，内外皆绿，致使山树宫殿构成一色，美丽堪娱。凡见之者莫不欢欣。”（即万岁山山顶广寒宫）后来荷兰纽霍夫《荷兰东印度公司使节觐见鞑靼可汗》、法国王致诚《中国皇家园林特记》等都对中国园林有详细的记述。18世纪的一些耶稣会教士还画了一些水彩画，形象地向欧洲人传播了中国园林和建筑的风貌。虽然欧洲人并不十分理解东方的文化和艺术，但这些记载引起了他们的极大兴趣，使他们将东方视为理想社会的象征，并对中国园林心驰神往。

早在17 ~ 18世纪，英国出版了两部有关中国园林的著作，1685年威廉·坦普尔（William Temple）的《关于埃比库拉斯的园林》（*Upon the Garden of Epicuras*）对欧洲整形式园林与中国自然式园林作了对比评论；对于英国自然式园林的形成，起了促进作用。1772年，威廉·钱伯斯（William Chambers）的《东方园林论》（*Dissertation on Oriental Gardening*）着重介绍了中国造园艺术，并极力提倡在英国风景园中吸取中国趣味的创作。钱伯斯在赞赏中国造园艺术成就的同时，批评英国园林艺术的空虚，认为英国当时的自然风景园是缺乏修养的、粗野的、原始自然的东西。他认为，中国造园同样是取法自然，而其作品能够如此之深刻，是因为中国造园家具有渊博的学识和高深的艺术素养。英国初期自然风景园是相当肤浅的，例如，其田园牧场的景象创作，无非是对苏格兰牧场的自然主义的机械复制。待进一步领会了中国造园艺术之后，其内容才更为充实，其形式才更为概括。

由于英国自然风景园大量吸收中国元素，于是法国人把它叫作“中国式园林”（Jardin Chinois），或称“英中式园林”（Jardin Anglo-Chinois）。中国式或英中式园林，在欧洲风靡一时，中国造园在整个欧洲影响之大，以致使当时德国的美学教授赫什菲尔德（Christian Cajus Lorenz Hirschfeld）在其著作《造园学》（*Theorie der Garten-kunst*，1779）一书中发出如此的怨言：“现在人建造花园，不是依照他自己的想法，或者根据先前的比较高雅的趣味，而只问是不是中国式的、英中式的。”

“英中式园林”当时几乎遍及欧洲各国，伦敦的邱园（Kew Garden）就是代表（图1-19）。1758—1759年间，钱伯斯对此园进行了改造，在园中添置了许多中国趣味的景象，其中以中国塔最为有名。虽然早在17世纪法国的凡尔赛宫（Versailles）里的特列安农瓷宫（Trianon de Porcelaine）已经呈现了中国园林的影响，但“中国式园林”在法国流行，却是18世纪受到“英中式园林”风气的推动。“英中式园林”曾在法国一时成为造园的主流。法国园林中出现的异国情调，主要是指一些“中国式”的建筑物（图1-19）。

图1-19　英国伦敦邱园中国塔　薛晓飞摄

总的来说，欧洲出现的“中国式”或“英中式”园林，仅是模仿中国园林异样印象的形式特征。从其作品来看，只是采用了自然风景题材；除了地形、水面、植物和道路等处理较为自由；加入一些所谓的中国式殿宇、亭、桥、佛塔、船只之类作为点缀（模仿中国的建筑，还有区分不同地方风格的，如荷兰就有所谓“北京式”“广州式”之类的殿堂），其实并没有认识到中国古代园林那种完整、深刻的景象构成规律。

欧洲造园，在中国影响的冲击下所出现的上述思潮虽然风靡一时、遍及欧洲，但因其肤浅的简单模仿不可能持久，这类作品随着流行的过时多被拆改，所剩无几。倒是那种在中国影响下，按照欧洲人对自然理解和趣味，不断提神而形成的风景式或自然式流派，得到了健康的发展。就这类作品而言，无论是主题构思与景象意境的创造，都有堪与中国古代园林媲美的独到成就。

以英国岩石园（Rock Garden）为例：16世纪以来，英国引种高山植物驯化、育苗而作为园林观赏植物。初期只是盆栽，继而按其传统的整形方式布置花坛，称之为墙壁园（Wall Garden）。17世纪末，中国叠山艺术（同时还有日本的）传入欧洲，开始只是用大量土、石作毫无意境的混合堆砌，甚至作生硬的洞窟和瀑布，直到19世纪，借鉴中国造园艺术才领悟了自然美创造的真谛，方走上正轨，开始把高山植物的鉴赏与叠山艺术结合起来的探索，遂出现了所谓岩石园。经过长时间的创作实践、总结、提高，至20世纪40年代，岩石园这一杰出的创造已告成熟。1910年，伦敦邱园植物园中的高山植物还是用整形挡土墙的方式布置，经过30年的研究改造，叠石技术和景象艺术创作水准进一步提高，才圆满解决了自然叠石与高山植物配置的景象统一，从而完成了举世闻名的具有山花烂漫、高山流水景象的岩石园杰作。

1.7 中国古代园林遗产保护

中国古代园林是一种珍贵的文化遗产。今天我们见到的每一处古代园林，都是唯一的、不可再造的文化遗产，是历史事件和过程的客观见证。长期以来，由于各种原因，中国古代园林遗产屡遭蚕食和破坏，亟须引起各方的高度重视并采取积极有效的保护措施。

国际上，文化遗产保护的思想起源于19世纪末欧洲文物建筑的保护，后来逐渐拓展到历史城镇、历史园林。从19世纪末至今的100多年里，文化遗产的保护经历了不少曲折和坎坷，包括风格修复与尊重历史信息之争，对原真性内涵的理解之争，无形文化遗产的保护之争等。现在，以联合国教科文组织（UNESCO）、国际古迹遗址理事会（ICOMOS）和国际文化遗产保护与修复研究中心（ICCROM）等国际组织为中心的遗产保护国际网络已经建立，以《保护世界文化和自然遗产公约》（*Convention Concerning the Protection of the World Cultural and Natural Heritage*）和有关国际宪章为核心的一系列保护文件已经成为文化遗产保护的重要准则和有力保障。中国古代园林遗产也是全人类的共同文化财富，需要我们珍惜、爱护，并把有效保护与合理利用统筹考虑。一方面，不能简单地划定现存中国古代园林遗产的保护范围、限定干扰强度，而不对所有的现实要素进行整体性的考虑。《佛罗伦萨宪章》中明确提出：“在对历史园林或其中任何一部分维护、保护、修复和重建的工作中，必须同时处理其所有的构成特征，把各种处理孤立开来将会损坏其整体性。”另一方面，保护古代园林遗产也不应当是重“古”轻“今”的片面、单一的行为。现有保护级别的“论资排辈”往往造成重视物质遗产，轻视文化环境的现象；造成只注重保护历史遗迹，而忽视对现有生态平衡的破坏现象和对历史面貌产生恶劣的影响。“历史园林必须保存在适当的环境中，任何危及生态平衡的自然环境变化必须加以禁止，所有这些适用于基础设施的任何方面。”

因此，我们必须在调查研究的基础之上，对中国古代园林遗产的布局、结构、工艺、材料、历史面貌、场所精神和历史文献等进行全面的分析，提出从本体到环境的整体评估和认定，进而提出结合当今社会、经济、文化和旅游发展规划与现实中的各项资源和限制条件的、共同协调的、有机生长的保护策略和指导原则以及具体措施。

毋庸讳言，中国古代园林遗产属于无可替代的社会、文化和经济资源，其涉及的领域和层面多样，因此其保护工作不仅需要依靠多学科的知识和技术的、可持续的、专业化的养护和管理，更需要在全国范围内加快制定有关园林文化遗产保护的法规、政策和保护质量标准。在这方面，江苏省于1996年出台的《苏州园林保护和管理条例》为我们提供很好的范例。该条例对苏州园林进行了明确的定义和保护职责以及管理标准上的划分，具体到对公众开放的园林门口50 m范围内设置商业服务网点、户外广告等设施须经园林主管部门审查同意后，报城市规划、工商行政主管部门审批等，明确了对苏州园林进行整体性保护的法规支持，从而在苏州园林遗产的整体保护方面取得了显著的成效，并为苏州四大名园成功申请世界文化遗产做出了重要的贡献。

思考题

1. 中国古代园林的价值是什么？
2. 中国古代园林对欧洲园林的影响主要表现在哪些方面？
3. 中国古代园林遗产的保护面临的挑战有哪些？

参考文献

陈志华，外国造园艺术 [M]. 郑州：河南科学技术出版社，2001.

顾军，苑利，文化遗产报告世界文化遗产保护运动的理论与实践 [M]. 北京：社会科学文献出版社，2005.

孟兆祯，园衍 [M]. 北京：中国建筑工业出版社，2012.

孙筱祥，园林艺术及园林设计 [M]. 北京：中国建筑工业出版社，2011.

汪菊渊，中国古代园林史 [M]. 北京：中国建筑工业出版社，2006.

王贵祥，中韩古典园林概览 [M]. 北京：清华大学出版社，2013.

吴良镛，世纪之交的凝思建筑学的未来 [M]. 北京：清华大学出版社，1999.

张家骥，中国造园艺术史 [M]. 太原：山西人民出版社，2004.

周维权，中国古典园林史 [M]. 2 版. 北京：清华大学出版社，1999.

周维权，中国名山风景区 [M]. 北京：清华大学出版社，1996.

第2章 先秦园林

中国有五千余年的历史，中华文明的起源更是久远。在世界诸多古文明中，中华文明唯一没有中断过。著名考古学家苏秉琦认为："中国之大，很难说明什么地方有文明起源，什么地方没有。文明的起源恰似满天星斗一样分布在我国九百六十万平方公里的土地上。"中华文明的发源地分布在以黄河中游为中心的广大地域范围内。先民披荆斩棘，繁衍生息，逐渐形成原始而朴野的园林文化。正是：

春日迟迟，河水湝湝，于铄故园，发彼微流。
羽觞随泛，载沉载浮。其志不夺，适归三洲。
春日寂寂，河水瀰瀰，于铄故园，华茂其祁。
能芬西昆，煦寒北岐。黍稷惟馨，太岳匪移。
春日堂堂，河水汤汤，于铄故园，光被遐荒。
云近知微，风远知彰。垂声后世，源浚流长。

2.1 历史文化背景

先秦是秦代建立之前，从原始社会到春秋战国，亦即约公元前21世纪至前221年的历史时段。

2.1.1 传说时代

公元前21世纪夏代之前的历史，是中国历史的传说时代。这一时期的开天辟地、三皇五帝等历史传说，凭借《尚书》《诗经》《史记》等古籍流传下来，后世借此构建出"自从盘古开天地，三皇五帝到如今"的古史系统。

三皇五帝的传说，反映了中国远古时代社会发展的不同阶段。一般说来，三皇即燧人、伏羲、神农，代表了从母系氏族向父系氏族过渡的时代；五帝即黄帝、颛顼、帝喾、尧、舜，代表了从父系氏族由鼎盛转向解体并步入军事民主制的历史时期。其中，黄帝是华夏民族公认的"文明初祖"（图2-1），他与炎帝部落互通婚姻，结成联盟，构成了华夏民族的核心。华夏民族与东夷、苗蛮等部族集团，共同奠定了中华民族多元一体格局的历史源头。

考古发现与文献记载的结合，为考察中华文明的演进提供了另一条途径。在山西省芮城县西侯度文化遗址中出土了迄今为止在我国最早的旧石器，而且发现了人类用火的痕迹，距今约180

图2-1　黄帝像（引自中国大百科全书编辑委员会《中国大百科全书·历史卷》，1993）

万年。距今约170万年的元谋猿人是中国已知最早的原始人类化石。目前在中国发现的旧石器时代文化遗址已有北京人、蓝田人、长阳人、丁村人、金牛山人、山顶洞人等三百余处。新石器时代的考古遗迹更是遍及全国，多达一万余处，出现了仰韶、龙山、良渚、齐家等著名的文化类型。进入新石器时代之后，先民开始进行农业生产，制作陶器，驯养家畜，磨制石器。

考古学上的河南龙山文化、陶寺文化和龙山文化，大致相当于传说时代的尧、舜、禹时期。龙山文化后期，在黄河流域出现众多城址和大型聚落，体现出五帝时代邦国林立的社会发展形态，为王朝型国家的出现奠定基础。

2.1.2 夏朝

夏朝是中国历史上的第一个王朝。夏商周断代工程初步判断夏朝开始于约公元前2070年，到约公元前1600年结束，传13世，有16王。夏朝的始祖，最早活动在嵩山及周边的伊洛河流域。夏朝的奠基者是禹。他领导治水事业，被推举为部落联盟首领。禹以世袭代替禅让，传位于启，建立国家政权。启因而成为夏王朝的创立者。夏朝历经“太康失国”“少康中兴”“孔甲乱夏”等重要历史阶段，在桀统治时期被商汤所灭。

目前一般认为考古学上的河南偃师二里头文化极有可能就是夏文化。二里头文化存在于约前1800—前1500年，主要分布在河南省中西部和山西省南部，有二里头、东下冯两大类型。

夏朝的疆域，据司马迁《史记》载：“夏桀之居，左河济，右泰华，伊阙在其南，羊肠在其北。”夏朝的统治范围，以今河南中西部、山西南部为中心，西至陕西渭河流域，东至河南、山东、河北交界处，北至河北，南至湖北。位于河南登封告成镇的王城岗遗址可能就是夏都阳城。夏朝四周分布着有扈、斟鄩、有穷等同姓方国。再往外则分布着东夷、三苗等蛮夷部族。

政治制度　夏朝是以“家天下”世袭制取代禅让制，终结了具有原始民主性质的部落联盟议事制度，设置三正、六卿，制定刑法，建立军队，征纳贡赋，奠定了奴隶制与宗法制结合的国家政权雏形。

社会经济　夏朝社会经济有较大进步，出现了井田制的萌芽，初步形成了以木、石、骨、蚌器为农具，以谷、稻为耕作对象的农业生产部门。《论语》中禹“尽力乎沟洫”的记载，表明农田灌溉的出现。此外，畜牧、渔猎经济仍占相当比重。夏朝已经步入青铜时代，青铜铸造业达到了一定水平，在二里头遗址发现了大规模的铸铜作坊，出土了众多的礼器、武器等实物。夏朝的玉器制作也达到较高水平，出土了众多礼器。石器和陶器的制作更多应用于社会经济生活之中。此外，酿酒、纺织作为独立的生产部门也占据一定位置。

思想文化　夏代奠定了商周礼乐文明的基础。夏代以天神观念为主导意识形态，出现了天神崇拜和祖先崇拜。

科学技术　为适应征伐、农事活动的需要，天文历法得到了发展与提高，出现了天干纪日法。《夏小正》可能就是夏代制定的历法。虽然没有文字流传下来，但仍旧发现不少契划符号。

2.1.3 商朝

商朝是中国历史上的第二个朝代，始于公元前1600年的商汤灭夏，终于前1046年的武王克商，传17世，有31王。

商朝先祖最早活动于黄河中下游地区，历经多次迁徙，《尚书》记载：“自契至于成汤八迁”。商朝的先祖是契，《诗经》中有的“天命玄鸟，降而生商”传说。从契到商汤建国，共14世。商汤建国后，国都仍旧频繁更换。盘庚时期，定都于殷（今河南安阳附近），为时273年，故商又称为殷（或殷商）。

商朝的统治范围以黄河中下游的中原地区（即今河南北部及河北南部）为主体，东至山东沿海，西至陕西西部，南至江汉，北至河北北部。在商朝四周，分布着土方、羌方、召方、鬼方等“多方”“多邦方”。这些方国除了效忠商王外，还要承担进贡、纳税、征伐等义务。武丁时期，商朝疆域达到鼎盛，“邦畿千里，维民所止，肇域彼四海。”

政治制度　商朝建立了一套比较完整的国家机构。商朝的最高统治者商王建立了宗法制度、分配政治权利。商代存在内服、外服制度，内服为商王的直接统治区，外服则是诸侯王统治区。商代军队有师、旅的编制，分为右、中、左3类，有车兵、步兵等类别，参与征伐、田猎活动。作为统治对象，奴隶被迫从事劳役，甚至被用于殉葬、祭祀。为镇压反抗，商朝制定刑法，建造监狱。

社会经济　农业是商代的主要生产部门。商代的主要农作物包括粟、黍、稻、豆、麦等，生产工具以石器为主，以木、骨、蚌器为辅，出现了焚田火耕的施肥技术。商代的畜牧、酿酒、园艺、蚕桑业也有所进步。商代的手工业的突出进步体现在青铜铸造业上，产品包括礼器、兵器、工具、车马器、乐器等众多门类，流传至今的四羊方尊、后母戊鼎（原称司母戊方鼎）是其中的杰出代表（图 2-2）。商代的陶器、玉器、骨器、牙器、石器、漆器制作工艺也具有相当水平。此外，商代的商品经济较为活跃，《尚书》记载商人“肇牵牛车远服贾”，贝作为货币应用到商品交换之中。

思想文化　商代先民出现了原始的宗教信仰，崇拜上帝、祖先，《礼记》称：“殷人尊神，率民以事神，先鬼而后礼。”在举行祭祀、征伐、田猎等活动时，先要进行占卜。并将占卜之事刻在龟甲兽骨上，由此形成甲骨文（图 2-3）。流传至今的甲骨多达 15 万片，为研究商代历史提供了最重要的文字资料。商朝的文字资料，还有陶文、金文、玉石文等。

科学技术　商朝出现了较为完整的历法，有了春、秋两季之别，采用干支纪日。甲骨卜辞中有众多天象观测的记载。为便于生产活动，商朝对天气变化也较为关注，出现了连续的气象记载。商代甲骨辞中还有多种疾病名称，并记载针砭、艾灸、按摩等疗法，并出现了专门掌管医疗的职官。此外，商代采用了数学上的十进位制。对宫殿基址的考古发掘证明，商代的建筑学达到很高水平。

2.1.4　西周

西周，始于公元前 1046 年周武王克商，止于前 771 年周幽王灭亡，是中国历史上第三个王朝。因周王的都城位于西方的宗周，故称西周。

周人的先祖是活动于陕西中部、甘肃东部的农业部落。传说中其祖先名弃，曾任尧、舜的农师。公刘时期，周人迁居豳地（今陕西旬邑西南），势力逐渐壮大。古公亶父时期，周人迁居岐山周原（今陕西扶风、岐山间），定国号周。文王时期，周仍是商朝的诸侯国，但二者之间的矛盾日趋尖锐。周武王继位后，联络其他诸侯，率部东征，取得牧野之战的胜利，商朝覆灭。

武王克商后，在镐京（宗周）正式宣告建立周朝。为镇压商朝残余势力，周朝营建东都洛邑

图2-2　四羊方尊　现藏中国国家博物馆

图2-3　商代甲骨文

（成周）。成王、康王在位时期，西周达到鼎盛时期，史称“成康之治”。西周中期出现了“戎狄交侵，暴虐中国”的局面，直接威胁到周朝的统治。

厉王执政期间，西周陷入内外交困之局。西北戎狄入侵，东南淮夷起兵。国内阶级矛盾深化，公元前841年发生国人暴动，厉王出逃，西周进入“共和行政”。共和元年（前841年）是中国古史确切纪年的开始。此后又出现短暂的宣王中兴，但并未挽救西周的衰落。公元前771年，西周覆亡，周平王被迫迁都洛邑。

鼎盛时期的西周疆域，以宗周、成周所在的王畿为统治核心区。东北有燕国，达到今辽宁西部。西至渭河上游。北方有晋国，统治汾河流域。东方有齐国、鲁国，至山东半岛。南至汉江中游。东南有吴国、越国，至长江下游、太湖流域。周朝四周分布着肃慎、孤竹、鬼方、犬戎、荆楚、淮夷、巴、蜀等部族和方国。

政治制度　周朝政治的基本制度是宗法制。周朝实行分封制、畿服制，建立众多诸侯国。诸侯国以姬姓的同姓诸侯国为主，此外，还分封前朝后裔及其他异姓建立诸侯国。重要的诸侯国包括卫、齐、鲁、曹、宜、晋、韩等国。据《周礼》记载，西周建立了较为完备的军政职官制度。周王的军队有虎贲、周六师、殷八师。周朝制定“刑书九篇”，确立了五刑、八议等法律制度。

社会经济　西周普遍施行井田制。农业生产在经济结构中占主导，农具仍以木、石、蚌、骨器为主，青铜工具农业中也有使用。农作物品种比商代有所增加，包括黍、稷、稻、麻、豆、麦、粱等。耕作中出现了休耕制。周代的工商业多为官营性质，主要的手工业生产部门包括青铜铸造、制陶、琢玉、木器、漆器、纺织等门类。其中，青铜、陶器的制作技术比商代有明显进步。

思想文化　西周的精神文明以复杂的礼乐制度为突出特征，《周礼》载有吉、凶、军、宾、嘉五礼。与商代崇尚鬼神不同，西周主要祭祀天神、地祇、祖先，并且形成了敬天保民的观念。《周易》提出了系统化的“八卦”观念，阐释宇宙生成、万物变化的法则，蕴涵着朴素辩证法思想。西周初步建立起包括小学、大学（辟雍）在内的教育制度。

科学技术　西周的天文历法比商代有了进步，构建了二十八宿的天文体系。地理学、冶铸技术、建筑学也有所发展。

2.1.5　春秋

公元前770年，周平王迁都洛邑（今河南洛阳），建立东周。至公元前476年周敬王卒，东周共传25王，历时五百余年，最终为秦所灭。因鲁国史书《春秋》记载了这一段历史，故名春秋时期。春秋时期，周王室衰微，无力号令诸侯。周王统治的范围仅限于洛邑周边，此外出现了140多个呈分裂格局的诸侯国。其中，齐、晋、楚、秦、宋五国势力最大，史称“春秋五霸”。

春秋诸国中，齐国的崛起最早。齐桓公任用管仲为相，与楚国抗衡。公元前651年，齐桓公在葵丘盟会中称霸。随后，晋国崛起。前632年，晋国打败楚国，取得城濮之战的胜利。晋文公在践土之会中称霸。秦国在穆公统治时期势力崛起。楚庄王在邲（今河南郑州北）之战中取得对晋国的胜利，又迫使宋、郑等国臣服，遂称霸中原。前546年，宋人向戌所提弭兵之议得到响应，晋、楚、齐、秦等十余国召开弭兵之会，确立了晋、楚两霸并存的格局。吴国在春秋晚期逐渐强大。前506年，吴王阖闾大举攻楚，取得胜利，楚国因而丧失霸主地位。前482年，吴王夫差在有晋、鲁、周等国参加的黄池（今河南封丘）之会上取得霸主地位。越国乘夫差全力北上之机，进攻吴国，最终于前473年灭掉吴国。越国随后召集齐、晋诸国在徐州会盟，成为强盛一时的霸主。

此外，郑、鲁、宋、燕、陈、蔡、曹等国的地位也较为重要。各小国多依附于霸主国，向其缴纳贡奉。经过长期征伐，不少小国被强国吞并。

春秋诸国是以华夏族为主体建立的政权。诸国周边还分布北戎、山戎、姜戎诸戎，白狄、赤狄诸狄，莱夷、淮夷诸夷，群蛮、百濮居则活动于楚国以南。经过长期的战争和经济文化交流，周边戎狄蛮夷逐渐与华夏族融合起来。

政治制度　春秋时期各国基本延续西周的国野制度。各国的统治阶级由国君、宗亲及少数异姓贵族组成，依据嫡长子继承制和分封制传承政治权益。卿大夫在政治生活中日益发挥主导作用，主持军政要务。随着卿大夫阶层的崛起，各国又出现了地位显赫的世家，最终导致三家分晋，田氏代齐，鲁国三桓、季氏专政等大夫把持政权局面。

社会经济　春秋时普遍实行井田制。井田分为公田、私田。为提高农民的劳动积极性，齐桓公推行按地亩征收租税的做法，鲁宣公则施行初税亩，直接征收实物地租。春秋时期的生产工具仍旧以木、石器为主，但也出现了铁制农具，牛耕技术也开始应用于农业生产中。春秋时期的农作物主要包括黍、稷、稻、麦、豆、麻等。西周以来的土地轮耕制度仍被沿用。这一时期的手工业生产仍以官营为主，分为冶铸、制陶、琢玉、纺织、煮盐、攻木、攻金、攻皮、刮磨、抟埴等专门行业。随着自由商人阶层的兴起，西周以来的“工商食官”逐渐被打破。贝币和实物货币逐渐被布币、刀币、铜贝等金属铸币取代。

思想文化　春秋时期仍旧盛行天神、祖先崇拜。周礼成为处于主导地位的政治思想和文化传统。这一时期最大的思想文化贡献是孔子以仁为核心的儒家学说。其弟子将孔子的言论汇编成《论语》，其中的儒家思想准则对后世产生深远影响。孔子因而成为中华传统文化的象征。老子以道为核心的思想体系也是春秋时期的重大贡献。老子主张清静无为，天道自然，具有朴素辩证法思想。

文学艺术方面，形成于春秋时期的《诗经》是中国第一部诗歌总集，代表了当时诗歌以四言为主的句式和重叠反复的章法。

2.1.6　战国

战国，起于前 475 年周元王元年，止于前 221 年秦统一。战国时期，各国仍旧处于分裂格局，征伐不已的混战状态。经过春秋的兼并，战国时期仅剩下十余国。其中，秦、楚、韩、赵、魏、齐、燕七国实力最强，即“战国七雄”。此外的周、宋、卫、中山、鲁、滕、邹等小国，都成了七国的吞并对象。七国的疆域，东北至鸭绿江，北至河套地区，山西、河北两省北部及辽宁南部，西至甘肃洮河流域，南至浙江、江西两省北部，湖南全境及贵州、四川一部分。此外，还有胡貉、氐羌、林胡、楼烦、东胡、匈奴、巴蜀、闽、越等周边部族。

战国时期各国纷纷推行变法。魏国率先任用李悝进行变法，制定《法经》，强化专制主义王权统治。李悝还推行“务尽地力”和平籴法，积极发展农业生产。楚国任用吴起进行变法，打击旧世族势力。此外，齐国在威王统治时期，韩国在昭侯统治时期，分别任用邹忌、申不害为相，进行改革。秦国在秦孝公统治时期推行的商鞅变法成效最著。商鞅先后两次进行变法，革除旧俗，奖励耕战，剥夺了旧世族的特权，强化秦王专制。经过商鞅变法，秦国走向富国强兵之路，奠定了日后翦灭关东六国的基础。

兼并战争贯穿战国始终。起初，魏国最为强盛，四出攻伐，与中山、宋、卫、韩、赵等国交战。前 341 年，魏国在马陵之战中被齐国击败，形成了魏、齐共分霸业的局面。随着秦国的崛起，韩国、魏国、三晋日益遭受来自西方的威胁。此后，齐伐燕，燕破齐，齐、秦、韩、魏联合攻楚，齐、宋等国联合攻秦，秦攻赵，各国混战不已。前 246 年，秦王嬴政即位，攻灭韩、赵、燕、魏、楚、齐等关东六国。全国的分裂割据由此走向统一，最终由秦国完成统一大业。

政治制度　战国时期各国着力于打击旧宗法贵族，依靠新兴的士人阶层，建立以相、司徒、司马、司空为主的官僚政治体制。郡县制逐渐推行，取代旧的贵族封邑。各国君主都非常重视对军队的控制。各国纷纷制定严刑峻法治理国家。

社会经济　战国时期井田制瓦解，社会关系得到极大解放，促进了生产力的发展。战国时期的铁制农具、牛耕、施肥、灌溉广泛应用于农耕，木、石、骨、蚌器工具逐渐被淘汰。除了都江堰、郑国渠等著名水利工程。手工业包括冶铸、煮盐、纺织、陶器、漆器等生产部门。商业方面，商人获得了独立的经济地位，商品包括农产品、手工业产品、矿产品、畜牧产品等种类，金属铸币大量使用。各国城市规模扩大，城市人口增加，出现了临淄（今山东临淄附近）、郢（今湖北江陵附近）、邯郸（今河北邯郸）、大梁（今河南开封）、温（今河南温县附近）、荥阳（今河南荥阳附近）等著名城市。

思想文化　战国时期思想文化的最突出特征是诸子百家争鸣。战国时期学在官府的传统被打破，私学兴盛，为思想文化的昌盛奠定基础。例如，齐国设置稷下学宫，招揽天下名士，成为诸子百家云集的思想文化中心。秦国相延揽门客，编纂《吕氏春秋》。

战国时期最重要的儒家人物是孟子（名轲）和荀子（名况）。孟子主张人性善、行仁政，“民贵君轻”；荀子主张人性恶、提出“制天命而用之”观点。墨子（名翟）是墨家的创始人，主张兼爱，提倡节俭，反对战争。道家的重要代表庄子（名周）崇尚自然。法家崇尚君主权威，主张法、术、势并重，韩非子是法家学说的集大成者。李悝著有《法经》，孙武著有《孙子兵法》，孙膑著有《孙膑兵法》，皆为兵家文化的形成做出重要贡献。此外，还有以邹衍为代表的阴阳家，以公孙龙、惠施为代表的名家，以苏秦、张仪为代表的纵横家等学派。诸子百家的思想主张，是中国历史文化遗产的重要组成部分。

文学艺术方面，以屈原《离骚》为代表的楚辞树立了中国古代文学的丰碑。这一时期历史散文、诸子散文也以感情充沛、富于论辩、辞藻华美著称。

此外，战国时期在史学、天文学、地理学、农学等领域也有突出成就。

2.2　先秦重要城市

2.2.1　殷城

殷墟遗址位于今河南省安阳市西北郊。据《竹书纪年》记载：自盘庚迁殷直到纣亡，273年均以此地为都。殷城的建设大体上可分为3个阶段：盘庚初迁至武丁早期，武丁晚期至祖庚、祖甲时期，廪辛、康丁至帝乙、帝辛时期。今殷墟遗址范围，实即晚商殷城规模。大约帝乙、帝辛时代，殷都范围已扩展到约30 km^2，较武丁时扩大了1倍多。从20世纪20年代末起，考古工作者经过60余年的发掘，已初步查明了殷城的发展经历和晚商殷城的基本情况。

殷城是横跨洹河南北两岸的大都邑，其总体布局采取传统的以宫廷区为核心、环状分层放射安排其他分区的规划结构形式（图2-4）。洹河大湾道内，今小屯村东北高亢地带，是殷城的中心区——宫廷区。这里既近水源，有利生产生活；同时又因地势较高，可避水患。宫廷区东、北两面凭借洹河以为屏藩，又在西、南两面挖掘大沟，北端并通向洹河，以资防护。中心区外围，环布着若干居住聚落（即邑），并附有墓葬。这些居住聚落虽未连成一片，分布却颇密集，不过距中心区较远的地方，则分布渐渐稀疏。就已发现的居住遗址分布情况看，殷城的居住区就是由一系列呈点状分布的居住聚落所组成的。各聚落之间的空隙地段，大多辟为农业生产基地。居住区外环，散布着几处手工作坊区，如苗圃北地铸铜作坊区等。考察发掘的几处手工作坊区，似乎也是呈点状分布的。其外又较稀松地分布一些居邑。洹河北岸侯家庄、武官村以北，建置了王陵区，与宫廷区隔水相望。

2.2.2　周代王城制度

相传战国齐人所著的《周礼·考工记》，描述了当时的王城制度：

“匠人营国，方九里，旁三门。国中九经九纬，经涂九轨，左祖右社，面朝后市，市朝一夫。夏后氏世室，堂修二七，广四修一，五室，三四步，四三尺，九阶，四旁两夹，窗，白盛，门堂三之二，室三之一。殷人重屋，堂修七寻，堂崇三尺，四阿重屋。周人明堂，度九尺之筵，东西九筵，南北七筵，堂崇一筵，五室，凡室二筵。

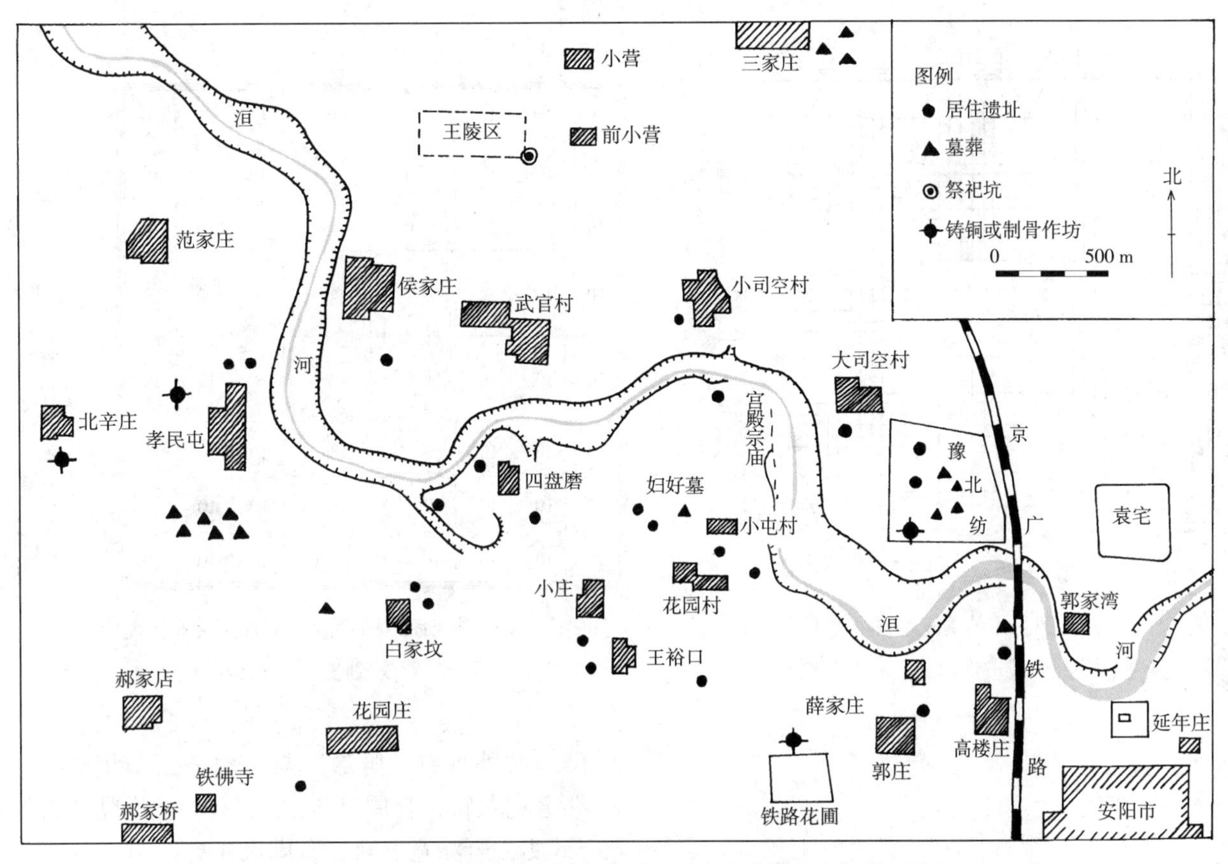

图2-4 安阳殷墟遗址示意图［摹自刘叙杰《中国古代建筑史》（第一卷），2003］

室中度以几，堂上度以筵，宫中度以寻，野度以步，涂度以轨，庙门容大扃七个，闱门容小扃三个，路门不容乘车之五个，应门二彻三个。内有九室，九嫔居之。外有九室，九卿朝焉。九分其国，以为九分，九卿治之。王宫门阿之制五雉，宫隅之制七雉，城隅之制九雉，经涂九轨，环涂七轨，野涂五轨。门阿之制，以为都城之制。宫隅之制，以为诸侯之城制。环涂以为诸侯经涂，野涂以为都经涂。"

据此制，周代王城具有以下要点：

王城方 9 里[①]，四面构筑城垣，垣高七雉（7 丈[②]），城隅高九雉（9 丈）。每面各开 3 门，共计 12 座城门。城采取传统的以宫为中心的分区规划结构。城内可分为宫廷区、官署区、市区、居住区等。宫廷区又可分为由内朝及寝宫所构成之宫城分区和由外朝、宗庙及社稷所构成之宫前分区。

宫城置于城之中部。四面筑有宫垣，垣高五雉（5 丈），宫隅高七雉（7 丈），宫门（指正南门，实即应门）屋脊标高为五雉（5 丈）。城之四面各开一门。宫城之南北中轴线，即作为全城规划的主轴线。宫城内可分为朝、寝两个小区。前为朝，后为寝。朝有治朝及燕朝之分；寝有王寝、后寝之别。

按"前朝后市""左祖右社"之制，社稷和太庙在宫城两侧对称罗列。此"朝"即宫前区之"外朝"。官署区设于外朝之南，各官署分列在城之南北中轴线两侧，以为宫廷区的前导。朝及市的规模为各居一"夫"之地，即占地 100 亩[③]。

城内道路采用经纬涂制，按一道三涂之制，由九经九纬构成南北及东西各 3 条主干道，环城还置有"环涂"，结合而为纵横交错的棋盘式道路

①1里=500 m；②1丈=3.33 m；③1亩=666.7 m^2。

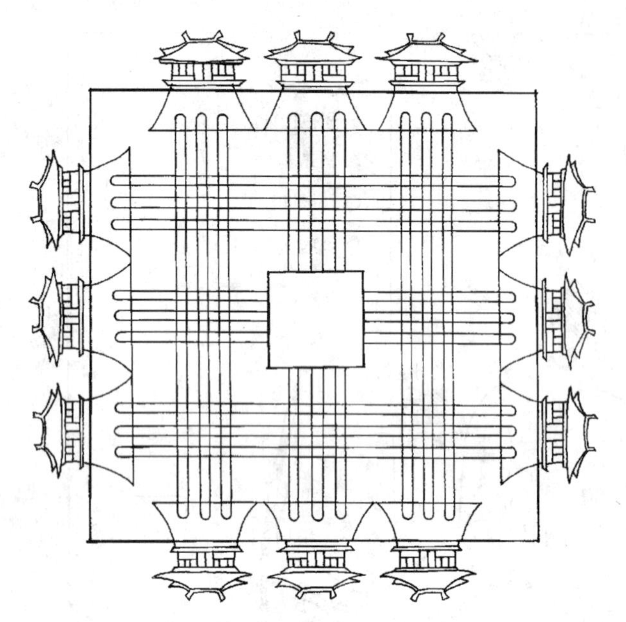

图2-5 《三礼图》中的周王城图（摹自贺业钜《中国古代城市规划史》，1996）

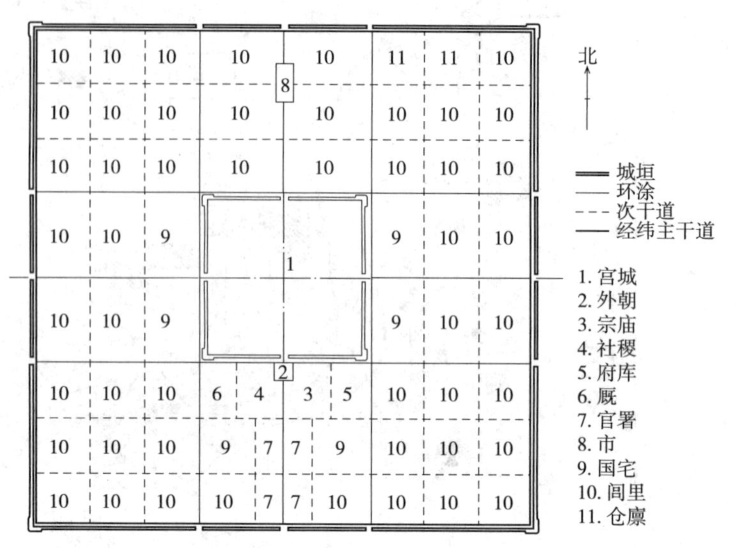

图2-6 周王城规划结构示意图（摹自贺业钜《中国古代城市规划史》，1996）

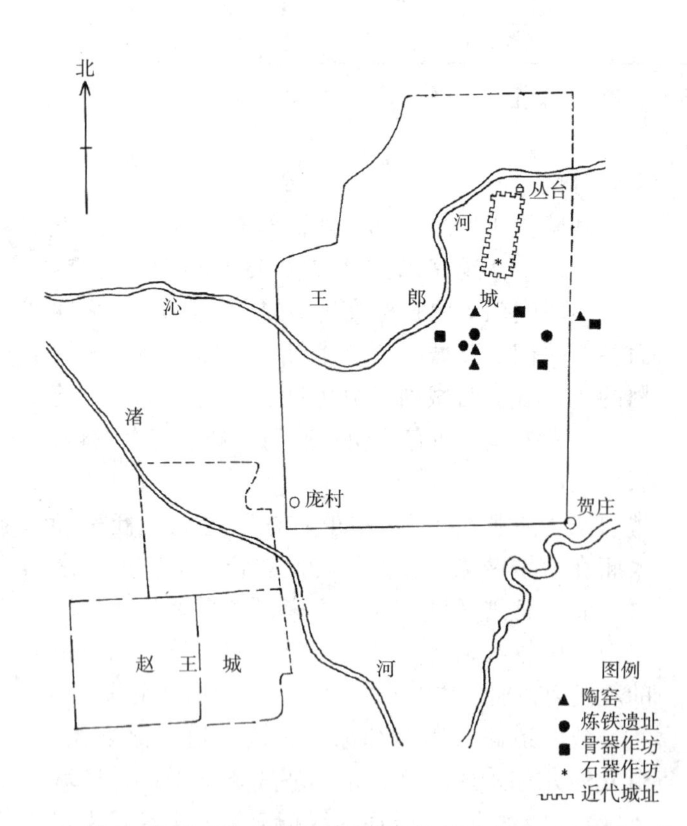

图2-7 河北省邯郸市赵王城及王郎城遗址平面示意图［摹自刘叙杰《中国古代建筑史》（第一卷），2003］

网。城外置有“野涂”与畿内道路网相衔接。经纬道宽九轨，合周尺 7.2 丈，环涂宽七轨，合周尺 5.6 丈，野涂宽五轨，合周尺 4 丈。

《周礼 · 考工记》还有许多有待研究之处。文中记载的王城，迄今并未发现类似的实物遗迹。西周早期丰、镐二京，以及西周东都、后来成为东周国都的雒邑，也未能探明具体情况。《周礼 · 考工记》的记载，应是对西周王城理想制度的描绘。这种模式到后世逐渐被奉为帝都营建的经典，但是因为不同时代社会需求的不同，《周礼 · 考工记》中的王城在实际营建中也没有被后代王朝全盘接受。尽管如此，《考工记》对后世都城的影响仍然存在（图 2-5、图 2-6）。详见第 3 章以后的章节。

2.2.3 赵邯郸城

前 416 年，“三家分晋”，于是出现了赵、魏、韩 3 个新的诸侯国。赵国都城原在中牟（今河南省汤阴市）。赵敬侯元年（前 386 年），始迁至邯郸（今河南邯郸市及其外围），直至前 223 年秦军灭赵后，城方衰落（图 2-7）。

1964—1965 年，河北省文物工作队和邯郸市赵王城文物保管所对邯郸宫城进行了全面的调查与钻探，1970 年以来又对廓城进行调查钻探，基本探明了赵邯郸城的基本情况。现发现的赵都邯郸，其平面包括宫城与郭城二部。宫城（称赵王城）由呈“品”字排列之小城组成，有渚河自西北穿越北城东南流。北城南北长 1520 m，东西宽 1410 m。其西垣内外有二大夯土台基对峙。另外，中部近南墙处有一较小台基。东城平面长方形，南北 1440 m，东西 926 m，南垣有门道两处，西垣亦有门道与西城通。城内近西垣处亦有大土屋基两处。南侧另有大、小土台 5 处。西城大体呈方形，南北长 1390 m，东西广 1354 m，南垣有门道 2 处，东垣有 3 处，北、西垣亦各有 1 处。中部偏南有名为“龙台”之夯土高台，南北 296 m，东西 265 m，残高 19 m，为已知战国时期最大之夯土基台。各城垣墙基宽度都在 16 m 左右。

郭城（又称王郎城）在宫城东北约 100 m 处，平面呈缺西北角之矩形，南北约 4800 m，东西约 3200 m，现有沁河自西垣入城，曲折向东北，经东墙北端出城。此城大半已深埋地下 6.9 m，仅西北部若干高地、台基与城垣尚高出地表，城内有铸铁、制陶及石、骨器手工业作坊多处。此种将郭城与宫城分离布置的平面形式，在我国古代城市中实属罕见，亦不符历来之传统。可能宫城周旁另有郭垣围绕，但目前尚无资料证实。

宫室所处的赵王城内，于夯土基址附近出土陶瓦甚多。所用半瓦当大多为素面，然偶见有涡云纹与三鹿纹之圆形者，则为此处所特有。部分夯土基址中，还发现有柱础石。

2.2.4　吴阖闾城

吴阖闾城是春秋中晚期的诸侯城国都。《吴城记》记载 :“周敬王六年（前 514 年）伍子胥筑大城，周回四十二里二十步，小城八里二百六十步。陆门八，以象天之八风。水门八，以象地之八卦。”《吴都赋》称 :“通门二八，水道六衢。”西面有阊、胥二门，南面有盘、蛇二门，北面有齐、平二门 ; 不开东门者，绝越之故也。阖闾城作吴国国都的时间约为前 514—前 484 年，虽然只有 30 年，但这一时期正是吴国鼎盛的时代。

或谓其故址在今常州市武进区雪堰镇城里村与无锡市胡埭镇湖山村之间，占地约 100×10^4 m^2。城址呈长方形，东西长约 1300 m，南北宽约 800 m。城中段有残存城墙相隔，形成东西两个方形城区。城墙残高 3 ~ 4 m，墙基厚约 20 m，均系夯土筑成。东西无城墙残迹，利用宽 30 ~ 40 m 的直湖港（闾江的一部分）作堑壕，与外界隔断，其他三面均有 6 ~ 30 m 不等的城壕，总长约 4000 m，城内现有周家、城里及东城等自然村，有 5 座桥梁与外界通联。

2.3　先秦园林的萌芽

2.3.1　囿、台、园圃

2.3.1.1　囿

一般认为，我国最早见于文字记载的园林形式是“囿”，园林里面的主要建筑物是“台”。中国古代园林的雏形产生于囿与台的结合，时间在前 11 世纪，也就是奴隶社会后期的殷末周初。当时畋猎由一种社会生产的形式，转化为脱离生产的贵族们的礼仪化、娱乐化的活动和享受，于是就产生了囿和相应的畋猎和游乐活动。

殷代的奴隶主很喜欢大规模的狩猎，古籍里面多有“畋猎”的记载，这是经常性的活动。另外，奴隶主出征打仗凯旋时，为了炫耀武功也要游猎取乐，谓之“大蒐”，则又具有仪典的性质。畋猎多在旷野荒地上进行，有时也在抛荒、休耕的农田上进行，可兼为农田除害兽，但往往会波及附近的在耕农田，千军万马难免践踏庄稼因而激起民愤，这在卜辞里也曾多次提到。周王朝建立后，文王有鉴于此，告诫子孙“其无淫于观、于逸、于游、于田”“不敢盘于游田”。(《尚书》)

殷末周初的帝王为了避免因进行畋猎而损及在耕的农田，乃明令把这种活动限制在王畿内的一定地段，形成“畋猎区”。西周对畋猎及畋猎区的管理已经比较严格，据《周礼 · 地官》，大司徒之下设迹人“掌邦田之地政，为之厉禁而守之 ;

凡田猎者受令焉；禁舞卵者，与其毒矢射者。”邦田指王畿内的公私田猎之地，以材木为藩篱并设立禁令使当地人民加以守护，凡一切田猎均应听从迹人的指导。除了获得大量被射杀的死的猎物之外，畋猎也会捕捉到一定数量的活兽、活禽，需要集中豢养，于是又产生了王室专门集中豢养这些禽兽的场地。《诗经》毛苌注：“囿，所以域养禽兽也。”域养需要有坚固的藩篱以防野兽逃逸，故《说文》释囿为“苑有垣也”。

殷、周时畜牧业已相当发达，周王室拥有专用的“牧地”，设置官员主管家畜的放牧事宜。据文献记载，周代的囿的范围很大，里面域养的野兽、禽鸟由“囿人”专司管理。囿人的职责是“掌囿游之兽禁，牧百兽；祭祀、丧纪、宾客，共其生兽死兽之物”，他的下属有中士 4 人、下士 8 人、府 2 人、胥 8 人、徒 80 人。在囿的广大范围之内，为便于禽兽生息和活动，需要广植树木、开凿沟渠水池等；有的还划出一定地段经营果蔬，即《大戴礼·夏小正》：“囿，有韭囿也”“囿有见杏”之谓。囿字在甲骨文中作[illegible]，显然就是成行成畦的栽植树木果蔬的象形。可以设想，群兽奔突于林间，众鸟飞翔于树梢、嬉戏于水面，这时的囿已经具备多元的功能和一定的游览观赏特性。

由此可见，囿的建置与帝王的狩猎活动有着直接的关系，也可以说，囿起源于狩猎。囿为王室提供祭祀、丧祀所用的牺牲，供应宫廷宴会的野味，还兼有“游”的功能。正如《周礼·地官·囿人》郑玄注：“囿游，囿之离宫，小苑观处也。”

2.3.1.2 台

台（臺），即用土堆筑而成的方形高台，《吕氏春秋》高诱注：“积土四方而高曰台。”《说文解字》：“台，观四方而高者也。”段玉裁注：“《释名》曰：‘观，观也，于上观望也。’观不必四方，其四方独出而高者，则谓之台……高而不四方者，则谓之观，谓之阙也。”

台的原初功能是登高以观天象、通神明，即《白虎通·释台》所谓“考天人之际，察阴阳之会，揆星度之验”，因而具有浓厚的神秘色彩。

台起源于上古的山岳崇拜。然而，山岳毕竟路途遥远，难于登临。因此人们想出一个变通的办法：就近修筑高台，模拟圣山。台是山的象征，有的台即削平山头加工而成。高台既模拟圣山，也就可以顺理成章地通达于天上的神明。先秦帝王筑台之风大盛，传说中的帝尧、帝舜均曾修筑高台以通神；夏代的启“享神于大陵之上，即钧台也”；殷纣王建鹿台“七年而成，其大三里，高千尺，临望云雨”。周代的天子、诸侯也纷纷筑台，孔子所谓“为山九仞，功亏一篑”，可能就是描写用土筑台的情形。台上建置房屋谓之“榭”，往往台、榭并称。《说文解字》段玉裁注：“按台不必有屋。李巡注《尔雅》曰‘台上有屋谓之榭’，然则无屋者谓之台，筑高而已。”

台还可以登高远眺，观赏风景，“国之有台，所以望气祲、察灾祥、时游观”。到了周代，天子、诸侯“美宫室”“高台榭”遂成为一时的风尚。台的“游观”功能亦逐渐上升，成为宫苑的一种主要构筑物。台结合种植，形成以台为中心的空间环境，又逐渐向着园林雏形的方向上转化了。

2.3.1.3 园圃

除囿、台之外，我国古代园林的第三个源头是园圃。园（園），是种植树木（多为果树）的场地。《诗经·郑风·将仲子》：“无逾我园。”毛传：“园，所以树木也。”圃，金文作[illegible]、[illegible]；《说文解字》：“种菜曰圃。”殷墟出土的甲骨卜辞中有[illegible]的字样，即圃字的前身；从字的象形看来，下半部为场地的整齐分畦，上半部是出土的幼苗，显然为人工栽植蔬菜的场地，并有界定四至的范围。可见殷末的植物栽培技术，已经达到一定的水准了。西周时，往往园、圃并称，其意亦互通；《周礼·地官》：设载师“掌任土之法”，“以场圃任园地”，还设置“场人”专门管理官家的这类园圃，隶大司徒属下。场人的职责是“掌国之场圃，而树之果碗珍异之物，以时敛而藏之。凡祭祀、宾客，共其果蔬。享，亦如之。”每场有“下土二人，府一人，吏一人，徒二十人”。场圃应是供应宫廷的公营果园或蔬圃。春秋以后，由于城市商品经济发展，果蔬纳入市场交易，民间经营的园圃亦相应普遍，更带动了植物栽培技术的提高和栽培品种的多样化，同时也将许多食用和药用的植物培育成以供观赏为主的花卉，从单纯的经济作物逐渐渗入人们的审美领域。人们也在住宅的房前屋后开辟园圃，既是经济活动，还兼有观赏的目的。

殷、周时，观赏植物的记载已经很多，人们不仅取其外貌形象之美姿，而且还注意到其象征性的寓意，《论语》中就有“岁寒然后知松柏之后凋”的比喻。《论语》又载：“哀公问社于宰我，宰我对曰：夏后氏以松，殷人以柏，周人以栗。”社即社木，也就是神木，以松、柏、栗分别为代表 3 个朝代的神木，则更赋予这 3 种观赏树木以浓郁的宗教色彩和不同寻常的神圣寓意。园圃内所栽培的植物，一旦兼作观赏的目的，便会向着植物配置的有序化的方向上发展，从而赋予前者以园林雏形的性质。东周时，甚至有用圃来直接指称园林的，如赵国的“赵圃”。《诗经》《楚辞》中关于观赏植物的记载更是比比皆是。

2.3.2　西周以前园林

殷、周时的王、诸侯、卿士大夫所经营的园林，可统称之为“贵族园林”。它们尚未完全具备皇家园林性质，但可视为是后者的前身。它们之中，见于文献记载最早的两处即殷纣王修建的“沙丘苑台”和周文王修建的“灵囿、灵台、灵沼”，时间在公元前 11 世纪的殷末周初。

2.3.2.1　灵台、灵沼、灵囿

灵台、灵沼、灵囿（图 2-8、图 2-9）是周文王所建。周族原来生活在陕西、甘肃的黄土高原，后迁于岐，即今陕西岐山县。周文王时国势逐渐强盛，公元前 11 世纪，又迁都于沣河西岸的丰京，经营城池宫室，另在城郊建成著名的灵台、灵沼、灵囿。

灵台、灵沼、灵囿的大概方位见于《三辅黄图》的记载：“周文王灵台在长安西北四十里”，“（灵囿）在长安县西四十二里”，“灵沼在长安西三十里”。今陕西户县东面、秦渡镇北约 1 km 处之大土台，相传即为灵台的遗址；秦渡镇北面的董村附近的一大片洼地，相传是灵沼遗址。一说今甘肃省东南部的灵台县是文王灵台故址。灵囿与灵台、灵沼相距不远，此三者鼎足毗邻，总体上构成规模甚大的略具雏形的贵族园林。

《诗经·大雅·灵台》有具体的描写：

“经始灵台，经之营之；庶民攻之，不日成之。经始勿亟，庶民子来；

王在灵囿，麀鹿攸伏。麀鹿濯濯，白鸟翯翯；王在灵沼，於牣鱼跃。

虡业维枞，贲鼓维镛；於论鼓钟，於乐辟雍。

於论鼓钟，於乐辟雍；鼍鼓逢逢，蒙瞍奏公。”

图2-8　周文王灵台池沼遗址（陕西户县）（引自汪菊渊《中国古代园林史》，2006）

图2-9　周文王灵台遗址（陕西户县）（引自汪菊渊《中国古代园林史》，2006）

第一段叙说周文王兴建灵台，老百姓踊跃参加，因此施工进度很快。这固然是溢美之词，但《三辅黄图》言灵台的体量仅“高二丈，周围百二十步”，比起殷纣王的鹿台要小得多，亦足见吊民伐罪的周文王还是比较爱惜民力的。筑台所需的土方即从挖池沼得来，据刘向《新序》：“周文王作灵台，及于池沼……泽及枯骨。”灵沼也是人工开凿的水体，水中养鱼。

第二段描写灵囿中有体态肥美的母鹿、羽毛洁白光泽的白鸟，灵沼中有鱼儿跳跃。可见灵囿观赏的主要对象是动物。灵囿的面积，《孟子》云“文王之囿，方七十里”，还说“刍荛者往焉，雉兔者往焉，与民同之”，足见囿内树繁草茂，野兽很多，灵囿也定期允许老百姓入内割草、猎兔，但要交纳一定数量的收获物。文王以后，囿成为奴隶主统治者的政治地位的象征，周王的地位最高，囿的规模最大，诸侯也有囿的建置，但规模要小一些。《诗经》毛苌注：“囿……天子百里，诸侯七十里。”

第三段文字写文王在辟雍观看乐师们演奏音乐，鸣钟击鼓以祭祖、娱神的热闹场面，显示了“以为音声之道与政通，故合乐以详之”的寓教于乐的情形。其中辟雍兼具坛、庙的某些功能，后世发展成为一种礼制建筑，成为以后建在太学、官学中的辟雍、泮池的前身。

2.3.2.2 沙丘苑台

沙丘苑台位于今河北省广宗县大平台村南，是商纣王所建，遗址尚存。关于它的得名，《广宗县志》说：“广宗全境地势平衍，土壤概系沙质，到处堆积成丘，故古名沙丘。”

商代自盘庚迁殷，传至末代为帝辛，即纣王。纣王大兴土木，修建规模庞大的宫室，“南距朝歌，北据邯郸及沙丘，皆为离宫别馆。”朝歌在河南安阳以南的淇县境内，沙丘在安阳以北的河北广宗县境内。《史记·殷本纪》：“（纣）厚赋税以实鹿台之钱，而盈钜桥之粟。益收狗马奇物，充仞宫室。益广沙丘苑台，多取野兽蜚鸟置其中。”描述的就是南至朝歌、北至沙丘的广大地域内的离宫别馆。汉代董仲舒《春秋繁露·王道》亦云：“桀纣皆圣王之后，骄溢妄行，侈宫室，广苑囿。”殷末奴隶社会的生产力已发达到一定程度，纣王又好奢侈，所以修造如此规模和内容的宫苑，并非不可能。

鹿台在朝歌城内，“其大三里，高千尺”。这个形容不免夸张，但台的体量确是十分庞大，它的遗址北魏时尚能见到。鹿台存储政府的税收钱财，除了通神、游赏的功能之外，还相当于国库的性质，因而附近的宫室建筑亦多为收藏奇物、娱玩狗马的场所。

从记载中可知，沙丘苑台已经是集圈养、栽培、通神、望天诸多功能为一体的地方，也是略具园林雏型格局的游观、娱乐的场所。《史记·殷本纪》：“（纣）大顽乐戏于沙丘，以酒为池，悬肉为林。使男女倮相逐其间，为长夜之饮。”

战国时，沙丘为赵国属地，赵王又在这里设离宫。前295年，公子赵章不满其弟赵何为王，趁游览沙丘发动兵变，结果被赵何所杀，赵武灵王也饿死在沙丘宫。秦始皇统一六国后，为了“示强威，服海内”，他多次出巡全国。前210年，秦始皇第五次出巡，在平原津（今山东省平原县南）患病；七月丙寅，行至沙丘，客逝沙丘宫。

3代帝王的故事，使沙丘成为古人眼中的“困龙之地”，秦以后的帝王也唯恐避之不及。沙丘宫苑逐渐衰败，留下一片遗迹供人凭吊，写下无数怀古诗文。正如清代王悃的《探雀宫月》所言：“武灵遗恨满沙丘，赵氏英名于此休。月去月来春寂寞，故宫雀鼠尚含羞。”

沙丘平台遗址至今仍存，是河北省重点文物保护单位（图2-10）。

2.3.3 东周列国园林

春秋战国是奴隶社会到封建社会的转化期。旧有的礼制处在崩溃之中，所谓“礼崩乐坏”；诸侯国势力强大，周天子地位式微。诸侯国君摆脱宗法等级制度的约束，竞相修建庞大、豪华的宫苑。以下列举几例。

2.3.3.1 丛台（赵国）

丛台位于邯郸古城大北城东北部，今河北省邯郸市中华大街。相传是战国时赵武灵王（前325—前279）为观看军事操演与歌舞而建。

丛台位置与形成的时代存在异议，但史书关于丛台的记载却很多。现存最早关于赵国丛台的记载见于《汉书》。《汉书·高后记》里记载："高后元年夏五月丙申赵王（刘如意）宫丛台灾。"颜师古注："连聚非一，故名丛台。盖本六国时，赵王故台也，在邯郸城中。"《汉书·邹阳列传》载："全赵之时，武力鼎士，袨服丛台下者，一旦成市……"

从上文也可看出，丛台在西汉仍然属于皇室，并具有一定规模。又《后汉书·马武传》载："世祖拔邯郸，请（谢）躬及武置酒高会，因欲以图躬，不克。既罢，独与武同登丛台。"马武本是更始帝刘玄派来监视刘秀的，刘秀发现马武之才，便极力争取，邀马武同登丛台，共赏古城风光，畅谈肺腑。从此马武为刘秀效忠竭力，中兴汉室。可见东汉时期的丛台，仍是帝王游览的胜地。

北魏郦道元注《水经》载："白渠水出魏郡武安县钦口山，东南流经邯郸县南，又东与拘涧水（今渚河）合……拘涧水又东又有牛首水（今沁河）入焉。水出邯郸县西堵山……其水东入邯郸城，经温明殿南，其水又东经丛台南（沁河于明代改遭今流经丛台北）。"后来丛台几经毁建，明、清皆有增修。清乾隆本《邯郸县志》载："丛台在县城东北隅……其上有雪洞、天桥，花苑、妆阁诸景……"目前所见的丛台是清同治年间所建，新中国成立后开辟为丛台公园。

2.3.3.2 甘泉宫（秦国）

甘泉宫在今陕西省淳化县甘泉山，其始建时间有争议，但不应晚于秦始皇；它与林光宫、云阳宫的关系也尚待研究。《三辅黄图》称："甘泉宫一曰云阳宫。始皇二十七年（前219年）作宫及前殿，筑甬道自咸阳属之。汉武帝建元中增广之，周回一十九里，中有牛首山，去长安三百里，望见长安城。黄帝以来圜丘祭天处，武帝造赤阙于南，以象方色。于是甘泉宫更置前殿，始广造宫室。"《史记》曰："黄帝治明庭甘泉，方士多言古帝王有都甘泉者，其后天子又朝诸侯于甘泉，故甘泉有诸侯邸。"明代赵廷瑞《陕西通志》记载："甘泉宫在云阳，今淳化县北。甘泉本秦宫，黄帝以来祭天圜丘处也。武帝常以五月避暑，八月乃还。"《三辅黄图》曰："甘泉寓，汉武帝建元中增广之，周回一十九里，中有牛首山。"《汉官仪》注曰："甘泉通天宫，去长安三百里，望见长安城。"《云阳宫记》曰："甘泉宫北有槐树，根干盘峙，三二百年木也，耆旧相传，咸以为即扬雄《甘泉赋》所谓玉树青葱者也。"

图2-10 沙丘宫苑遗址（河北省广宗县）（引自汪菊渊《中国古代园林史》，2006）

从以上记载可以推断，甘泉宫最迟建于秦始皇，其历史或可追溯到黄帝时。

在秦代以前，甘泉宫是帝王的避暑胜地，也是祀奉天神的地方，到西汉仍然如此。目前甘泉山遗址仍存，晴和之日在山上高处可以眺望远处的长安城。

2.3.3.3 淇园（卫国）

淇园位于今河南省淇县北部淇奥（淇河弯曲处），始建年代不明，相传是西周晚期卫武公（前812—前757）所建，一说始建于殷代，是一处以竹类为特色的园林。《诗经·卫风·淇奥》：

“瞻彼淇奥，绿竹猗猗。有匪君子，如切如磋，如琢如磨。瑟兮僩兮，赫兮咺兮，有匪君子，终不可谖兮！

瞻彼淇奥，绿竹青青。有匪君子，充耳琇莹，会弁如星。瑟兮僩兮，赫兮咺兮，有匪君子，终不可谖兮！

瞻彼淇奥，绿竹如箦。有匪君子，如金如锡，如圭如璧。宽兮绰兮，猗重较兮，善戏谑兮，不为虐兮！”

南朝梁任昉《述异记》曰：“卫有淇园，出竹，在淇水之上。”南朝宋戴凯之《竹谱》也说：“淇园，卫地，殷纣竹箭园也。见班彪《志》。”明代《袁中道集》说：“予记班彪《志》曰：‘淇园，殷纣之竹箭园。’又不始卫武公矣。”

2.3.3.4 长洲苑（吴国）

长洲苑在今江苏苏州市西南、太湖北，是春秋时吴王阖闾游猎之处。《越绝书》：“阖闾走犬长洲。”长洲苑是一个庞大的宫苑集群，其中有包括木渎西北灵岩山的馆娃宫、东南接姑苏山的姑苏台、洞庭西山消夏湾的避暑宫、太湖北岸的长洲等。它所在的地理位置，自南宋以后的方志文献中，有称在吴县西南，有称西北或“姑苏太湖北”。大多数遗址无考，而诗文相传遗迹尚有多处。现举其要。

（1）姑苏台

姑苏山又名姑胥山、七子山，横亘于太湖之滨。山上怪石嶙峋，峰峦奇秀，至今尚保留有古台址十余处。姑苏台在阖闾城西南 12.5 km 的姑苏山上，因山得名。姑苏台始建于吴王阖闾十年（前 505 年），后经夫差续建历时 5 年乃成。《越绝书》称：“阖闾起姑苏台，三年聚材，五年乃成，高见三百里。”吴王夫差复高而饰之，继建春宵宫，作长夜饮。

这座宫苑全部建筑在山上，因山成台，联台为宫，规模极其宏大，主台“广八十四丈”，“高三百丈”，宫苑的建筑极华丽。除了这一系列的台之外，还有许多宫、馆及小品建筑物，并开凿山间水池。其总体布局因山就势，曲折高下。《述异记》记载：

“周旋诘屈，横亘五里，崇饰土木，殚耗人力。宫妓数千人，上别立春宵宫，为长夜之饮，造千石酒钟。夫差作天池，池中造青龙舟，舟中盛陈妓乐，日与西施为水嬉。吴王于宫中作海灵馆、馆娃阁（宫），铜沟玉槛。宫之楹槛皆珠玉饰之。”

越灭吴后，台毁于火，前后仅存 26 年。

（2）消夏湾离宫

是一处专供避暑游憩的夏宫，故亦称消暑宫。位于岛的南岸西部一个内凹的湖湾，深入八九里。据范成大诗，宋时水体尤为清澈。至清代，“三面峰环，一门汇水，门（即湖湾入口）仅三里耳，中多菱芡兼葭，烟云鱼鸟，别具幽致。”（《百城烟水》西洞庭条）近来因一度围湖造田，湖湾已成广阔的稻田，但原湖湾地形尚清晰可见。北面山峰南麓有井，相传为宫女梳洗处。

（3）木渎

木渎是当时修建姑苏台与馆娃宫时形成的镇。吴王夫差在灵岩山顶增筑姑苏台、馆娃宫时，建造用的木材通过水路源源而至，堵塞了山下的河流港口，因“积木塞渎”，故称“木渎”。木渎历史悠久，但镇名至北宋始见于方志，或因宫苑专用，初期未载。

（4）练渎

练渎在洞庭西山，是人工开凿，兼操演水军、水戏与吴王西施出游时的警卫之用。这里也是水军船港，太湖浪急时可以停泊。

2.3.3.5 虎丘（吴国）

虎丘位于今江苏省苏州市西北郊，海拔仅 34.3 m，但绝岩耸壑、气象万千，有“江左丘壑之表”的风范。虎丘原名海涌山，相传这里远古时是汪洋大海中的小岛，随沧桑变迁而成平畴山丘。吴王阖闾在与越国的槜李之战中受伤，不久死去，其子夫差将他葬在海涌山，葬后三日有白虎踞其上，于是后人改“海涌山”为“虎丘”。

《史记·吴太伯世家第一》记载：“十九年夏，吴伐越，越王勾践迎击之槜李。越使死士挑战，三行造吴师，呼，自刭。吴师观之，越因伐吴，败之姑苏，伤吴王阖庐指，军却七里。吴王病伤而死。”《集解越绝书》曰：“阖庐冢在吴县昌门外，名曰虎丘。下池广六十步，水深一丈五尺，桐棺三重，澒池六尺，玉凫之流扁诸之剑三千，方员之口三千，槃郢、鱼肠之剑在焉。卒十余万人治之，取土临湖。葬之三日，白虎居其上，故号曰虎丘。”

相传，吴国灭亡后的数百年间，越王勾践、秦始皇、东吴孙权曾先后来此探宝求剑，都徒劳而返。唐代陆广微《吴地记》记载：“秦始皇东巡至虎丘，求吴王宝剑。其虎当坟而踞，始皇以剑击之不及，误中于石（遗迹尚存）。”

东晋咸和二年（327 年），司徒王珣及其弟司空王珉分别舍宅为虎丘山寺，称东寺、西寺，刘宋高僧竺道生从北方来此讲经弘法，留下了“生公说法，顽石点头”的佳话和生公讲台、千人坐、点头石、白莲池等著名的古迹。从此虎丘成为佛教圣地和游览胜地。以后屡经增建，延续至今。

2.3.3.6　琅玡台（齐国）

琅玡台，又名琅琊山，位于今山东省青岛胶南市东南海滨，三面环海，西面接陆，海拔 183.4 m。台顶平敞，周长 150 m，台基面积 5.88 km^2，南坡稍缓，北坡陡立。台南海中有斋堂岛，西南有沐宫岛，西北是越都秦郡的故址琅玡城（今琅玡镇）；北临龙湾，湾北为 5 km 长的金沙滩；东北望大珠山和灵山岛。

琅玡最初为山名，其山形如高台，故名琅玡台。后之琅玡邑、琅玡港、琅玡郡、琅玡县、琅玡国及勾践、秦始皇依山势所筑琅玡台，皆因此而得名。

西周姜太公受封于齐地之后，在齐国作八神，其中四时主祠设在琅玡台上。此后，琅玡台成为我国东部沿海祭神、求仙、观天象等活动的中心。春秋时，齐置琅玡邑，治所在琅玡台西北 5 km 处的琅玡城，即今夏河城。东汉赵岐注《孟子》曰：“琅玡，齐东境上邑也。”朱熹《孟子集注》亦云：“琅玡，齐东南境上邑名。”齐桓公、齐景公曾游历琅玡台，史载“桓公东游，南至琅玡”；景公“遵海而南，至于琅琊”。公元前 485 年，著名的吴齐海战就发生在琅玡台附近的海域。

越王勾践灭吴后，于公元前 468 年徙都琅玡，依山而起宫观，亦称琅玡台。以观沧海。望会稽，号令秦、晋、齐、楚，尊辅周室。其观台便成了最初古人依山夯土筑就的琅玡台。后楚败越于琅玡。

秦始皇统一中国以后，3 次登临琅玡台，并重筑行宫。

2.3.3.7　章华台（楚国）

章华台在云梦泽北沿的荆江三角洲上，西距楚国国都郢约 55 km。《左传》记载，楚灵王七年，“成章华之台，与诸侯落之。”《国语・吴语》：“昔楚灵王……乃筑台于章华之上，阙为石郭，陂汉以象帝舜。”韦昭注：“阙，穿也。陂，壅也。舜葬九嶷，其山体水旋其丘下，故壅汉水使旋石郭以象之也。”可知台的三面为人工开凿的水池环抱着，临水而成景，水池的水源引自汉水，同时也提供了水运交通之方便。这是模仿舜在九嶷山的墓葬的山环水抱的做法。

章华台所处的云梦泽，是今武汉以西、沙市以东、长江以北的一大片水网与湖沼密布的丘陵地带，自然风景绮丽，流传着许多上古神话，亦增其浪漫色彩。始建于楚灵王六年（前 535 年），6 年后才全部完工。《水经注・沔水》：“水东入离湖……湖侧有章华台，台高十丈，基广十五丈……穷土木之技，单府库之实，举国营之数年乃成。”

章华台规模宏大，装饰极为辉煌富丽，《国语・楚语上》：“灵王为章华之台，与伍举升焉。曰‘台美夫？’对曰：‘臣……不闻其以土木之崇高彤镂为美，而以金石匏竹之昌大嚣庶为乐……先君庄王为匏居之台，高不过望国氛，大不过容宴豆，木不妨守备，用不烦官府。’”从伍举的这段批评，可见章华台的庞大与壮丽。

章华台的位置尚有争论。一说湖北潜江，一说湖北荆州，一说湖北监利，一说湖南华容，一说河南商水，一说安徽亳州。北宋沈括《梦溪笔

图2-11　河南辉县出土的战国铜鉴图案［引自周维权《中国古典园林史》（第2版），1999］

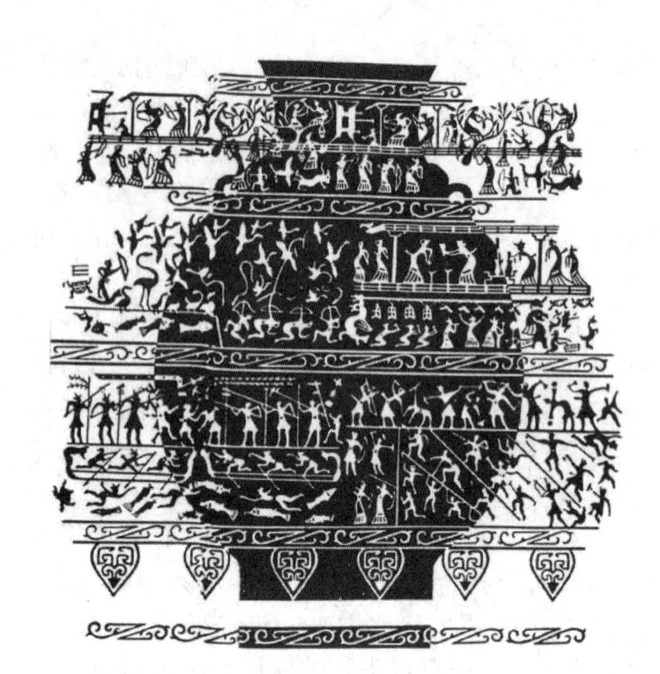

图2-12　战国铜壶宴享渔猎攻战纹青铜壶上的纹样展开图［摹自刘叙杰《中国古代建筑史》（第一卷），2003］

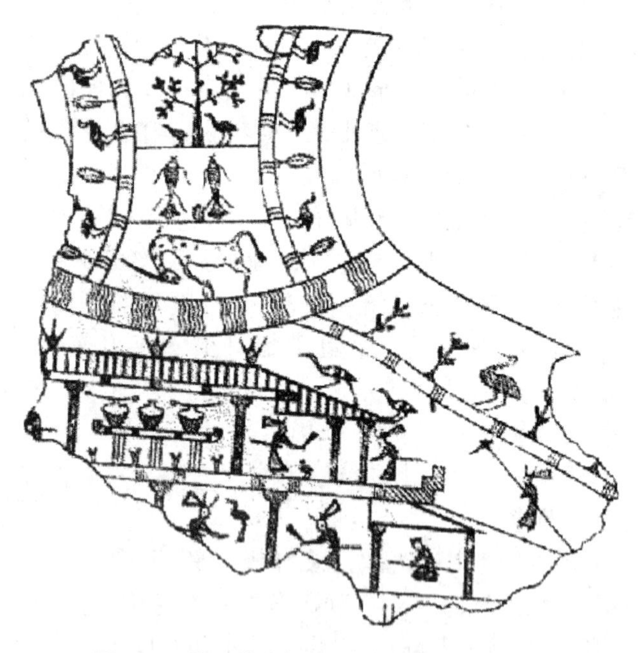

图2-13　战国鎏金铜匜上的人物屋宇鸟兽纹［摹自刘叙杰《中国古代建筑史》（第一卷），2003］

谈》记载："楚章华台，亳州城父县、陈州商水县，荆州江陵、长林、监利县皆有之。乾溪亦有数处。"可知争论由来已久。近年来有人认为潜江龙湾发现的楚国宫殿群是章华台遗址，为潜江说提供了新论据。

2.3.4　先秦文物中的园林

大多数先秦园林在史籍中记载不详，而在夏、商、周的一些文物中，偶尔可以见到当时园林的具体形象表现，尤其是一些器物的装饰纹样。

例如，河南辉县赵固墓中出土一个铜鉴（图2-11），铜鉴背面的纹样描绘了一座当时的贵族游园：正中一幢两层楼房，上层的人鼓瑟投壶，下层为众姬妾环侍；楼房的左边悬编磬，二女击乐鼓且舞；磬后有习射之圃，磬前为洗马之池；楼房的右边悬编钟，二女乐歌舞如左，其侧有鼎豆罗列，炊饪酒肉；围墙之外松鹤满园，三人弯弓而射，迎面张网罗以捕捉逃兽；池沼中有荡舟者，亦搭弓矢作驱策浴马之姿势。

其他文物中也有类似的描绘。以下两图分别是河南省卫辉市山彪镇一号墓出土的战国铜壶宴享渔猎攻战纹青铜壶上的纹样展开图、山西长治分水岭12号墓出土的战国鎏金铜匜上的人物屋宇鸟兽纹（图2-12、图2-13）。

由这些文物可以推测，先秦园林并不仅限于诸侯宫苑，当时的士大夫也有自己的园林。它们的内容与前述宫苑有相似之处，只是规模较小。

2.3.5　先秦郊游行乐活动

我国是一个农业大国。从先秦开始，人们按季节从事农业生产，所谓春耕、夏耘、秋获、冬藏。秋获打场后到春耕前的农闲时节，就可以安排一些娱乐和社交活动；年复一年便形成一些固定的风俗，传承下来。

在这些风俗中，对后世园林影响最大的要数早春郊游。

先秦早春有上巳节。上巳，是指以干支纪日的历法中的夏历三月的第一个巳日，故又有三巳、元巳之别称。《周礼·春官·女巫》："女巫掌岁时祓除衅浴。"郑玄注："岁时祓除，如今三月上巳，如水上之类；衅浴谓以香薰草药沐浴。"先秦时，这个日子已成为大规模的民俗节日，主要活动是人们结伴去水边沐浴，称为"祓禊"。此后又增加了祭祀宴饮、曲水流觞等内容，到秦代和汉代已经非常丰富了。《后汉书·礼仪上》："是月上巳，官民皆絜（洁）于东流水上，曰洗濯祓除去宿垢疢为大絜。"《后汉书·周举传》："六年三月上巳日，（梁）商大会宾客，宴于洛水。"

仲春之月（二月）还有青年男女相会的风俗。《周礼·地官》媒氏录："媒氏掌万民之判……仲春之月，令会男女，于是时也，奔者不禁；若无故而不用令者罚之，司男女之无夫家者而会之。"《诗经》里多有提及。例如《诗经·郑风·溱洧》：

"溱与洧，方涣涣兮。士与女，方秉蕑兮。女曰观乎？士曰既且，且往观乎？洧之外，洵訏且乐。维士与女，伊其相谑，赠之以勺药。

溱与洧，浏其清矣。士与女，殷其盈矣。女曰观乎？士曰既且，且往观乎？洧之外，洵訏且乐。维士与女，伊其将谑，赠之以勺药。"

《汉书·地理志》引此诗，颜师古注曰："谓仲春之月，二水流盛，而士与女执芳草其间，以相赠遗；信大乐矣，惟以戏谑也。"从诗中可以想见，当时洧水之畔，士女杂沓、互相馈赠的欢乐情景。

先秦时，早春郊外的踏青、祭祀、求子、祓禊、约会、唱歌、浮卵、浮枣、曲水流觞等一系列活动逐渐演变为礼俗和游乐的节日，影响波及后世的公共园林和相应的园林活动。

2.4　总结

先秦园林的遗迹已经微茫难求了，记载也只是散落在文献当中，但是其重大意义和影响从未湮灭。"昔者江出于岷山，其始出也，其源可以滥觞。及其至于江之津也，不放舟，不避风，则不可涉也。"先秦园林正是中国古代园林的萌芽。它在思想上的创始性、形式上的综合性、功能上的复合性以及艺术上的浪漫主义特征，都深刻地影响了后世的中国园林。

先秦园林的基本特征和主要成就可以归结为如下三点：

（1）起源多样

先秦园林的发展漫长而缓慢。殷代的畋猎活动开始脱离生产，逐渐发展为礼仪和娱乐的载体，其他如耕作、养殖、水利等生产活动也具备了初步的园林意识。西周开始出现相对独立的园林活动并产生了相应的园林观，并出现了一些园林类型的最初形式。苑囿和园圃分别发展为后世的皇家园林和私家园林；周天子设辟雍为大学，四围流水环绕，后来的坛庙园林和学府园林即发源与此；原始的山川崇拜也成为后来山水胜迹广泛开辟的铺垫。在农业生产中形成的一些礼俗和娱乐活动，如三月上巳节的水边祭祀、祓禊、歌咏、浮枣、曲水流觞等，后来发展为士民游乐和文人雅集，成为后世园林活动的重要成分。此外，先秦的人们已经提炼出了一些古代园林的常见模式和原型，如昆仑悬圃、东海仙山，成为我国园林创作中"仙境"的两大渊源。

先秦时期，城市、建筑、园林之间的界限并不十分明晰，人们的生活、文化、思想观念也浑而未分。除了生产力水平的限制，这种综合性更多地反映了先人对人居环境的综合理解。先秦园林即将人类聚居活动涉及的各个层面视为一个整体，将人与自然的和谐视为人居环境的核心，显示出高瞻远瞩的整体性思维。也正因如此，这一阶段的园林对后世的影响主要在于思想，而不仅局限在后世园林经常讨论的形式和技法上。

（2）崇尚自然

先秦园林注重精神的需求。我们的先人从一开始就将精神的追求置于物质生活之上。先秦的人们认为来自自然的人只有回归自然、敬重自然，才能获得生命的意义和价值。先秦的人们试图通过园林实现与自然、与“天”的契合，因而园林成为人与自然的结合点，成为“通神”的媒介。后来通神功能逐渐消退，但园林仍然是一代代中国人的精神家园。另外，我国素有“文以载道”的传统，一部分先秦园林受儒家思想的影响，表现出对礼制和伦理的重视，这一点也对于后世园林影响不绝。

先秦园林反映的是当时的人们对宇宙、对自然的理解。先秦的人们对自然美的欣赏，多是将审美对象作为人的品德美或精神美的象征，而较少关注它们的形式属性。到了春秋战国时期，山水、植物、动物乃至整个自然界都成为人们的审美对象，并且出现了自然美的“比德”说，即将自然物象的某些特征与人的某些品德美相类比，使人从自然界中直观自身因而感觉其美。这种自然美的理论对后来山水园的创作产生巨大的影响。不仅如此，先秦的人们还通过园林思考和表达心目中的宇宙的模式、宇宙的特征、人类在宇宙中的位置、如何实现人类与宇宙的统一。从先秦开始，无限广大和蕴涵万物的宇宙模式始终是古代园林的基础，这一基础根深蒂固，一直与传统文化体系及古代园林体系共生。

（3）功能复合

先秦园林的功能是多样化的，除了祭祀等精神层面的功能以外，还有很多实际功能，如生产、畋猎、游乐、军事演习等。后世园林在艺术与技术上不断发展，功能也结合不同时代的需要而做了相应的调整，但园林功能多元化的特点一直延续。我国园林从源头起就是精神生活和物质生活不可或缺的一部分，这不仅影响了后来功能高度复合的离宫御苑，可行可望可游可居的山水别业，融游赏和生活为一体的宅园，也对今天创造范围广阔、内涵丰富的新时期风景园林有着重要的启示意义。

思考题

1. 简述先秦园林的思想渊源。
2. 简述先秦囿、台、圃的特点。

参考文献

（汉）班固，汉书 [M]. 北京：中华书局，1983.

（汉）司马迁，史记 [M]. 北京：中华书局，1982.

（民国）黄厚诚，虎丘新志 [M]. 北平友聊中西印之馆，1935.

（明）赵廷瑞，修 . 马理，吕楠，纂 . 董健桥，总校点 . 陕西通志 [M]. 西安：三秦出版社，2006.

（清）陈逢衡，竹书纪年 [M]. 上海：上海古籍出版社，1996.

（宋）洪兴祖，注 . 楚辞补注 [M]. 北京：中华书局，2015.

（唐）孔颖达，（汉）郑玄，校注 . 礼记正义 [M]. 上海：上海古籍出版社，2008.

（唐）徐坚，等，初学记 [M]. 北京：中国书店出版社，2012.

安小兰，译注 . 荀子 [M]. 北京：中华书局，2007.

陈光唐，王昌兰，邯郸历史与考古 [M]. 北京：文津出版社，1991.

陈桐生，注 . 国语 [M]. 北京：中华书局，2013.

陈跃钧，楚章华台考 [J]. 考古学研究，2003.

丁小真，先秦文学与中国传统建筑关系研究 [D]. 南京：南京林业大学，2008.

董鉴泓，中国城市建设史 [M]. 3 版 . 北京：中国建筑工业出版社，2004.

杜石然，中国科学技术史 • 通史卷 [M]. 北京：科学出版社，2003.

贺业钜，中国古代城市规划史 [M]. 北京：中国建筑工业出版社，1996.

翦伯赞，中国史纲要 [M]. 北京：人民出版社，1983.

刘叙杰，中国古代建筑史 [M]. 第一卷 . 北京：中国建筑工业出版社，2003.
宋镇豪，商代史论纲 [M]. 北京：中国社会科学出版社，2011.
苏秉琦，中国文明起源新探 [M]. 北京：生活 • 读书 • 新知三联书店，1999.
苏秉琦，中国远古时代 [M]. 上海：上海人民出版社，2014.
童书业，春秋史 [M]. 济南：山东大学出版社，1987.
万丽华，蓝旭，译注 . 孟子 [M]. 北京：中华书局，2006.
汪菊渊，中国古代园林史 [M]. 北京：中国建筑工业出版社，2006.
王毅，园林与中国文化 [M]. 上海：上海人民出版社，1990.
王宇信，杨升南，中国政治制度通史 [M]. 第二卷 / 先秦 . 北京：社会科学文献出版社，2011.
王玉哲，中华远古史 [M]. 上海：上海人民出版社，2000.
魏嘉瓒，姑苏台考 [J]. 苏州教育学院学报（社会科学版），1991（6）.
徐正英，常佩雨，译注 . 周礼 [M]. 北京：中华书局，2014.
杨柏峻，春秋左传注 [M]. 北京：中华书局，2009.
杨宽，战国史 [M]. 上海：上海人民出版社，1998.
阴法鲁，等，中国古代文化史 [M]. 北京：北京大学出版社，2008.
袁行霈，中国文学史 [M]. 第一卷 . 北京：高等教育出版社，2014.
张岂之，中国思想史 [M]. 西安：西北大学出版社，1989.
赵晓峰，王其亨，先秦时期中国私家园林寻踪 [J]. 天津大学学报（社会科学版），2003，5（4）.
中国人民政治协商会议胶南市委员，千古琅玡台 [M]. 青岛：青岛出版社，2013.
周维权，中国古典园林史 [M]. 2 版 . 北京：清华大学出版社，1999.
周振甫，译注 . 周易 [M]. 北京：中华书局，2012.
周振甫，译注 . 诗经 [M]. 北京：中华书局，2013.
周自强，中国经济通史 • 先秦经济卷 [M]. 北京：经济日报出版社，2000.

第3章 秦汉园林

秦始皇灭六国，统一天下，兴建长城，四处巡游，皇家宫苑开始出现。至汉代，江山重现一统，国力鼎盛，皇家园林不仅功能多样，内涵丰富，更显示出恢弘壮阔之势。正是：

秋风起兮白云飞，上林枫落兮霜露微。
渭水深兮泾水淑，黄鹄归兮水上宿。
桂棹扬澜兮入蓬壶，云榭连天兮接苍梧。
游旷迥兮独伤时，瞻彼高旻兮发我思。

3.1 历史文化背景

3.1.1 秦朝

秦朝（前221—前207）是中国古代第一个统一的中央集权王朝，其前身为战国七雄之一的秦国。

秦王嬴政结束了长达数百年的诸侯割据称雄的局面，完成了统一六国的伟业，建立秦朝，定都咸阳。秦朝建立的皇权制度，为后世长期沿用；为巩固中央集权建立的各项政治制度（如中央官制、郡县制、秦律等），以及统一文字、货币和度量衡等措施，同样影响深远。

为巩固统治，防止封建割据，秦始皇在全国范围内修建驰道，并多次巡游地方。为应对北方游牧民族的威胁，秦朝修筑了从咸阳直达九原（今内蒙古自治区包头市西）的直道。秦始皇派蒙恬统兵出击匈奴，占领“河南地”，因河筑塞，设置郡县，并将战国长城加以连缀修复，形成西起临洮（今甘肃岷县），东至辽东的万里长城。在南方，秦朝攻取闽越、南越、西瓯等“百越”诸地，打通新道，开辟灵渠，设置郡县。鼎盛时期的秦朝疆域，东至大海，西至陇西，南至岭南，北至阴山、河套，东北至辽东。在西南方，打通五尺道，控制西南夷。

秦朝的政治以暴虐为突出特征，在短暂的统治时期内，战事频繁，大兴土木，推行严刑峻法，实行“焚书坑儒”。秦始皇还在国都附近营建宫殿、陵墓等大规模建筑。社会矛盾的激化，终于导致秦二世元年（前209年）陈胜、吴广在大泽乡揭竿而起。潜在的关东六国残余贵族势力随之群起反秦，短暂统一的秦朝迅速步入灭亡历程。

陈胜、吴广起义之后，项羽、刘邦成为最大的反秦势力。刘邦率先攻入关中，夺取咸阳，秦王子婴投降，秦朝灭亡。随后，刘邦于汉五年在垓下（今安徽省灵璧县境）击败项羽，取得了楚汉战争的胜利。

3.1.2 汉朝

汉高帝五年（前202年），汉王刘邦在定陶称帝，建立汉朝。汉朝分为西汉（前202—公元8）、王莽新朝（8—23）、刘玄更始政权（23—25）、东汉（25—220）4个历史阶段。

汉朝建立之初，继承秦朝基本政治制度，呈现出“汉初布衣将相之局”，政局较为平稳，社会经济日趋复苏。刘邦死后，皇后吕雉临朝称制，政局有所动荡。随后，西汉迎来号称“文景之治”的盛世局面。汉文帝、景帝执政时期，崇奉黄老之学，推行清静无为之策，轻徭薄赋，革除弊政，废除严刑峻法。这一时期虽然出现吴楚七国之乱，但政局总体平稳，社会经济取得较大发展。

继起的汉武帝刘彻在位长达 50 余年，西汉国势达到极盛。在主父偃的建议下，汉武帝颁布推恩令，根除了同姓诸侯王对中央集权的威胁。在民族关系上，汉武帝采取攻势，派遣卫青、霍去病统兵与匈奴作战，并逐步打通与西域诸国的交通，确保陆上丝绸之路的畅通。

鼎盛时期西汉的疆域，东至大海。东北至朝鲜半岛中北部，设置真番、临屯、乐浪、玄菟四郡。北至阴山、长城一线，与匈奴、乌桓接界。西北越河西走廊，直达中亚，设置酒泉、武威、张掖、敦煌四郡及西域都护府。南至越南中部和南海，设置交趾、九真、日南等九郡，南越、西瓯故地成为汉朝中央政府的领地。西南至高黎贡山、哀牢山，置西南夷七郡。

汉武帝统治末期，社会矛盾逐渐尖锐，国力趋于衰微。汉武帝颁布轮台诏，对统治政策进行调整，与民休息。西汉在昭、宣二帝时期出现了短暂的中兴，但并未止住西汉走向崩溃的趋势。汉成帝时期，外戚王氏逐步控制政权。最终，王莽于初始元年（公元 8 年）篡汉称帝，建立新朝，结束了西汉的历史。王莽进行的托古改制并未收到成效，反而激发更大社会矛盾，绿林、赤眉起义军由此发生。刘秀乘势扩张势力，于 25 年称帝，亦即东汉光武帝。

光武帝刘秀废除王莽之制，任用儒臣集团，恢复了社会秩序。鼎盛时期的东汉疆域，与西汉相比并无实质性区别。光武帝无力抑制地主豪强集团的兴起，东汉出现外戚、宦官轮流专权的政治黑暗局面，士人阶层则以清议抗争宦官和弊政，发起太学生运动，激发党锢之祸。东汉末年，灾变频繁，产生大批流民。流民的反抗，最终汇成 184 年张角领导的黄巾起义大爆发，动摇了东汉政权的统治基础，东汉王朝名存实亡。

社会经济　西汉的社会经济，较前代取得较大发展。铁制农具、耦犁法、代田法在农业领域得到广泛推广。整治河患，兴修水利。手工业方面，形成了冶铸、食盐、纺织、漆器等关系国计民生的基本门类，在瓷器和造纸等手工业部门取得重大技术突破。汉武帝时期，通过推行算缗、告缗抑制商贾阶层，强化重农抑商的基本经济政策，强化盐铁官营，统一货币，建立均输、平准制度，极大加强了西汉的经济基础。西汉商业繁荣，出现长安、洛阳等大都会，初步形成西北陆上丝绸之路和南方海上丝绸之路两条国际商贸往来通道。

东汉经济发展的特色之一是豪强地主田庄经济的鼎盛。东汉的农耕生产水平和粮食产量也比西汉有所提高，出现了曲柄锄、牛挽犁等先进的生产工具和耕作技术。此外，蚕桑业在南方开始普及，江南地区的经济开发水平有所提升，全国的经济重心开始东移。

秦朝鼎盛时期的人口数量约 4000 万。到了西汉末期，全国人口达到 6300 万，东汉时期人口数量的顶峰约 6500 万。两汉之际及东汉末年，已经出现了从人口稠密的中原迁往江南的大规模移民。

思想文化　西汉初年，黄老之学鼎盛一时。汉武帝采纳儒家代表人物董仲舒的建议，推行“罢黜百家，独尊儒术”，鼓吹“君权神授”，确定了儒学的主流地位。东汉时期佛教由中亚传入中国。本土的神仙方术与道家思想结合，产生了道教。佛教和道教为中国传统文化注入新鲜元素。东汉时期出现了唯物主义思想家王充，他在《论衡》中主张万物由元气构成，提出天道自然的观点，批判天人感应论和谶纬神学。

文学艺术方面，两汉在赋、散文、乐府诗上取得突出成就，司马相如、扬雄、班固、张衡并称为“汉赋四大家”。两汉的乐府民歌也是我国文学宝库中的宝贵财富。汉代艺术呈现出包容精神，具有写意特点和浪漫色彩。在雕塑、绘画（包括壁画、帛画、画像砖）等领域都有杰出的成就。在史学领域，有司马迁的《史记》和班固的《汉书》。

科学技术　秦汉时期在天文历算、数学、医

学、农学等领域取得重要成果。天文学方面，出现以浑天说为代表的多种天体结构理论。《史记·天官书》系统汇集了天文学知识。数学方面，出现了《周髀算经》《九章算术》等多种算经。祖冲之在圆周率计算上取得世界领先的成就。《黄帝内经》在汉代成书，奠定了中医学的理论基础。东汉蔡伦对植物纤维造纸术的改进，是这一时期技术领域内的重要突破，影响深远。

3.2 秦汉主要城市格局与园林

3.2.1 秦代咸阳城及园林分布

咸阳城从孝公十二年（350年）“作为咸阳，筑冀阙，秦徙都之”，至公元前207年秦覆灭，一直为秦都城，历时约140年。

秦孝公初建的咸阳城，限于渭水以北，以咸阳宫为主，以后逐渐往渭南发展。秦始皇灭六国，将封建割据的列国，建成一个史无前例的统一的封建大帝国，重在肃清旧制残余，巩固和发展新兴封建的中央集权的大一统政体。因而在帝都的规划意识上，突出强调“新”“尊”和“博”。“大咸阳规划”以广阔京畿作为规划背景，形成京城与京畿的有机结合，并运用天体观念来改造咸阳。

新的咸阳城保持了早期咸阳城的传统，以渭北咸阳宫作为全盘规划结构的中心，此宫之南北中轴线，仍作为全城规划结构的主轴线；渭河是全城的辅轴线。这样全城就由两部分组成：一为渭北秦咸阳旧城，始皇新建的六国宫也包括渭北部分；一为渭南扩展部分，始皇晚年经营的朝宫阿房宫就在渭南。由于城市横跨渭河南北两岸，且以地势高亢之渭北区为主体，呈俯瞰全城之势。这样，以渭北北塬上的咸阳宫充作“天极”，渭水为“天汉”，视其他宫观若天体星座，利用驰道、复道、甬道以及桥梁等联系手段，参照天体星象，组成一个以咸阳宫为核心的庞大宫城群（图3-1）。

在此基础上，又以广阔的京畿为规划基础，再次借驰道、复道等，将咸阳城周围二百里内大批宫观联成一个有机整体，模拟天体星象，环卫在咸阳城周围，更加显示“天极”咸阳宫的广阔

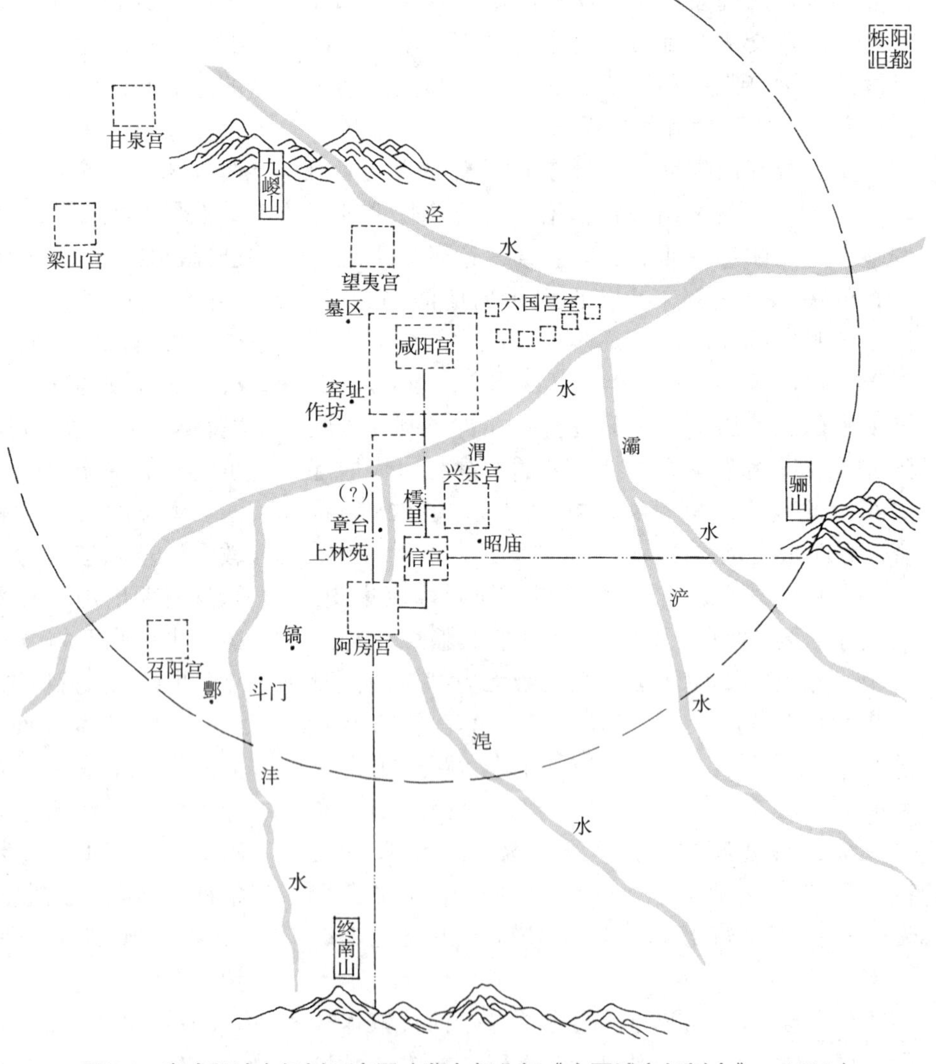

图3-1　秦咸阳城市规划示意图（摹自贺业钜《中国城市规划史》，1996）

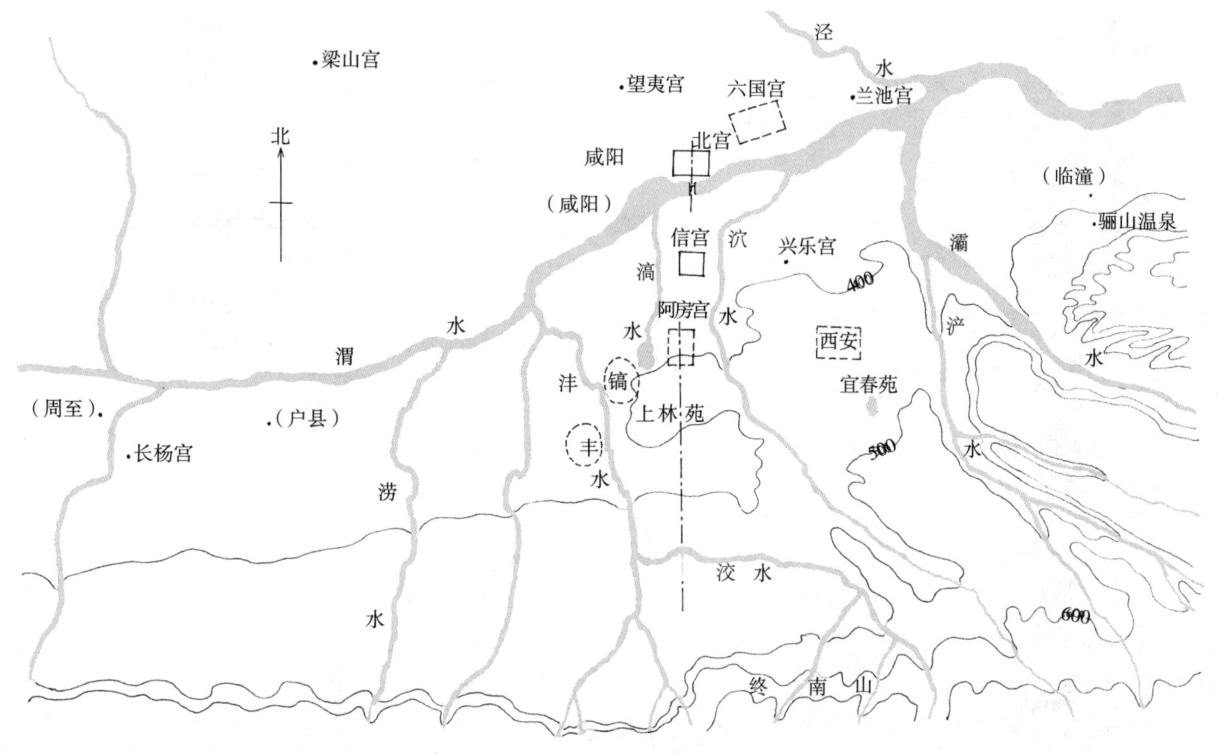

图3-2　秦咸阳主要宫苑分布图［摹自周维权《中国古典园林史》（第2版），1999］

基础，也突出了它的尊严。正是出于这种结合的要求，秦人又推行不见外廓的革新措施，采取宫自为城，依山川险阻为环卫的手法，更加增添了咸阳城辽阔无垠的雄伟气概。

根据各种文献的记载，秦代短短的 12 年中所营建的离宫别苑有数百处之多。仅在都城咸阳附近以及关中地区的就有百余处（图 3-2）。《历代宅京记》描写道："咸阳北至九嵕、甘泉，南至鄠、杜，东至河，西至汧、渭之交。东西八百里，南北四百里，离宫别馆，弥山跨谷，辇道相属。木衣绨绣，土被朱紫。宫人不移，乐不改悬，穷年忘归，犹不能遍。"

3.2.2　西汉长安

汉长安规划是秦咸阳的改造重建规划（图 3-3）。司马迁称："长安，故咸阳也。"（《史记·卢绾传》），表明城址基本上仍属秦都咸阳旧址。其次，从时间上说，汉长安紧接着项羽火烧秦咸阳之后建置，显然两者是相衔接的。最后，就规划传统而言，秦汉两代都是一脉相承地继承周代第二次城市建设高潮的革新传统的。

秦统一后，推行郡县制，特置"内史"以统关中之地，充作秦王朝的京畿。《关中记》云："秦西以陇为限，东以函谷为界，二关之间是渭关中之地。东西千里，南北近山者相去一、二百里，远者三、四百里。"这便是秦京畿的领域。汉承秦代建制，初仍称"内史"。武帝时分为京兆尹、左冯翊、右扶风，总称"三辅"，意谓京城之辅（图 3-4）。

关中沃野千里，山环水抱，长安城即位于关中平原的中央。秦岭是此区主要山脉，在长安城南一段，称终南山，环卫城之东、南面，以为城的屏障。渭、泾、浐、灞、沣、潏、涌、滈八水，横贯关中，号为八川（图 3-5）。其中渭水为八川之首，是关中地区首要水道，乃关中区域经济命脉所系。

关中地区多膏腴良田，而且气候温和湿润，雨量充沛，适宜植物的生长和动物的繁衍。《荀子·强国篇》形容其为："山林川谷美，天材之利多。"关中地区植被很好，树木花草品种繁多，

图3-3　汉长安城位置图（摹自贺业钜《中国城市规划史》，1996）

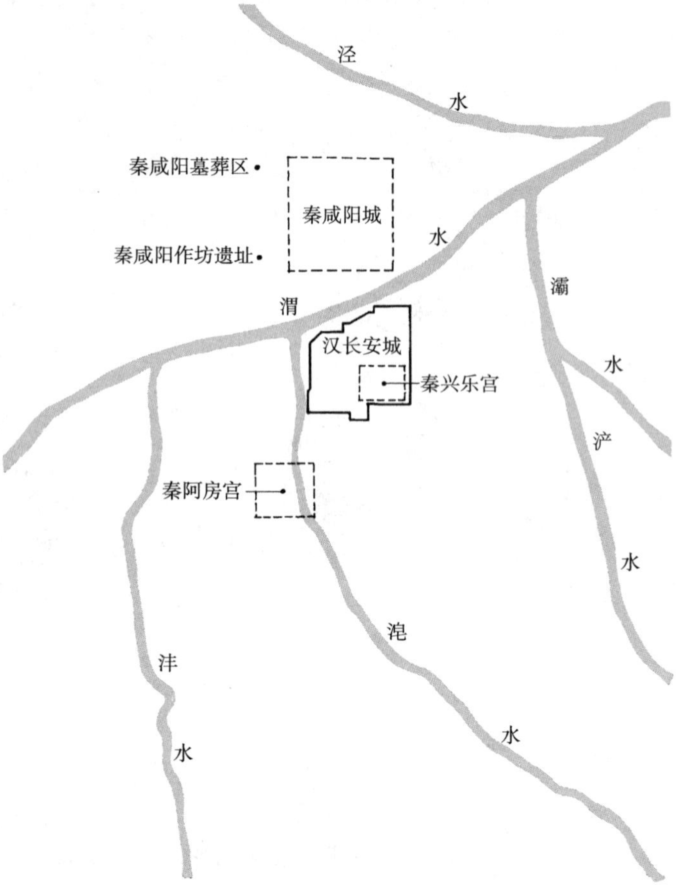

图3-4　西汉长安城市区域规划结构示意图（摹自贺业钜《中国城市规划史》，1996）

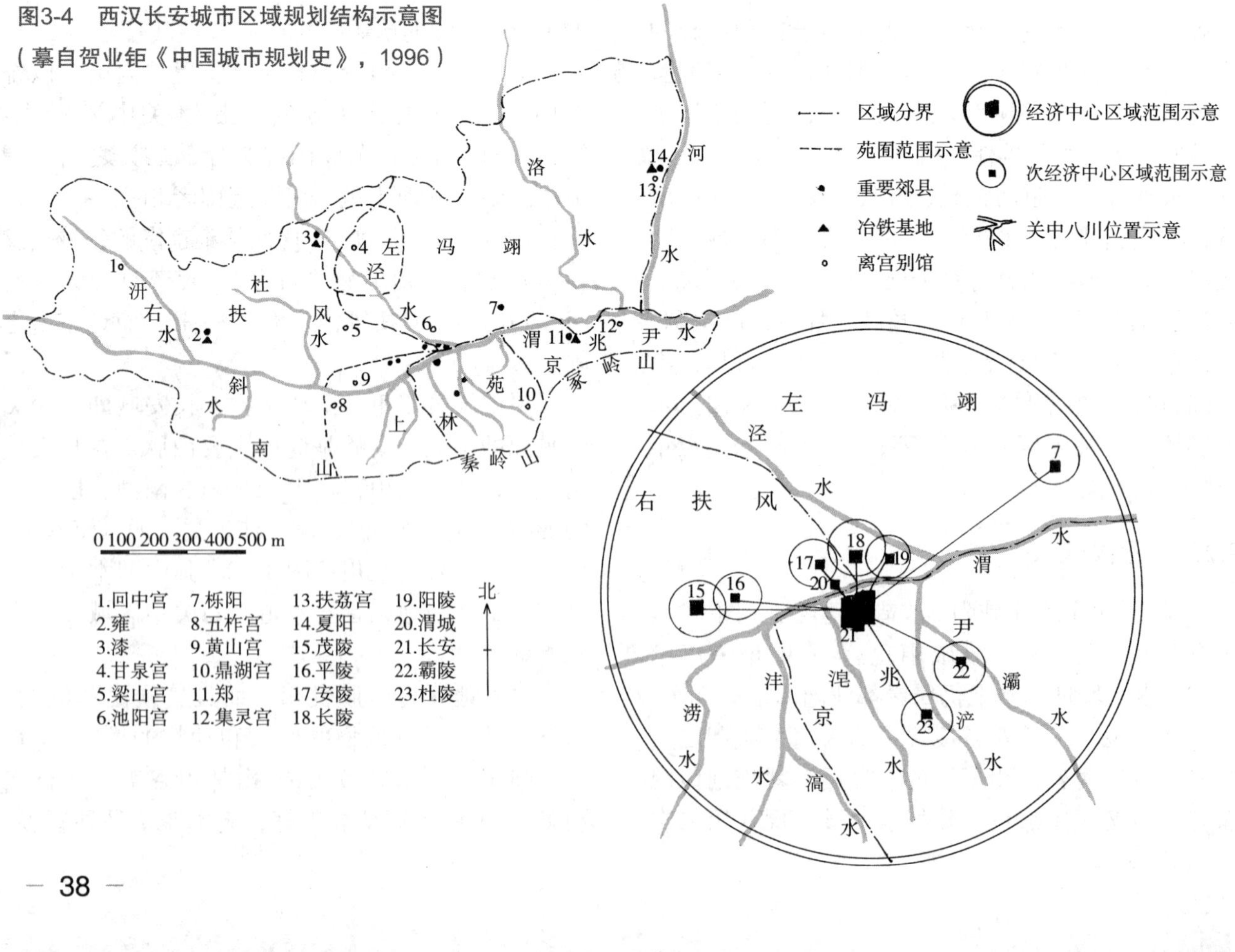

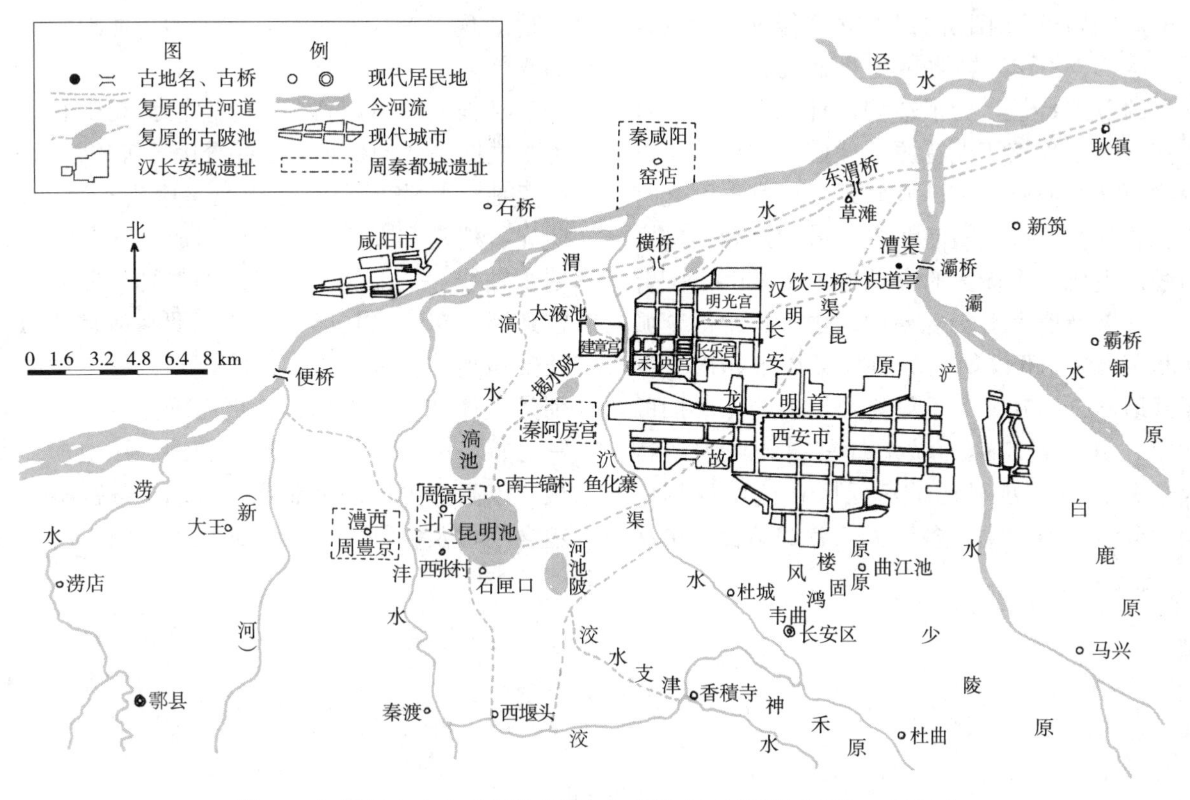

图3-5　汉代长安八水示意图（摹自何清谷《三辅黄图校释》，2005）

甚至南方的一些植物也可以移栽在此生长。境内山高谷深，既可登山远眺，又能深谷探幽，自然景观山水兼具、旷奥咸宜。尤为可贵的是那许多高而平坦广阔的台地——“原”，著名的如白鹿原、乐游原、细柳原、少陵原、鸿固原、铜人原、龙首原、高阳原等。原与原之间截割成道道川谷，有的还萦绕着流水，则又形成特殊的绮丽景观。

《三辅黄图》对长安城形制的描述道：“城南为南斗形，北为北斗形，至今人呼汉京城为斗城是也。”汉长安城形制呈迂回曲折状，颇为特殊，但这是适应当时实际情况的必然后果，并非和秦始皇一样有意模拟天象。汉高祖营都，先建宫室，至惠帝时始筑城垣。考虑未央、长乐二宫现状，故南垣不得不作南斗状。长安城北临渭水，当时渭河河道在今河道以南，故横桥（中渭桥）距横门不过三里（汉里）。此桥为汉时联络渭北工商区的交通枢纽，故自雍门至横桥大道一带沿渭地段当属长安城外工商业繁盛地区。因之，北垣亦曲若北斗，以顺应渭河河道并兼顾当时这一带的原有现状。由此可见，汉代人实无意模拟星象规划城市形制，所谓斗城之说，纯出后人附会比拟之词，汉时却无此称，便是明证。

据考古实测，汉长安城遗址城垣周长达25 700 m。其中南垣长约 7600 m，北垣长约 7200 m，东垣长约 6000 m，西垣长约 4900 m。按汉里折算，城周约合 62 里强，与《汉旧仪》记述之城周长 63 里基本相符。城垣外还有壕沟环绕。据文献记载，汉长安城四面各有 3 门，共计 12 座城门。

区域工商业重心在渭北，而渭南则为区域政治重心所在，分布有上林苑之 36 区苑。基于长安城市区域宏观规划要求以及劫后幸存秦人建设基础的影响，汉长安城总体采取“前朝后市”的规划格局。以宫廷区为主，结合官署、府库乃至贵族显宦的“甲第”以及部分官府手工作坊，均布置在城之中、南部，形成城市的政治活动中心区，以便与渭南上林苑之离宫别馆互相结合，凝为一体。

长安规划革新了旧的择中立宫传统，运用以“高”“大”“多”为贵的封建礼制观念，表达帝都城市的尊严特性。为了达到这种规划意图，置主体宫——未央宫于龙首原，凭借高亢地势，以高屋建瓴之势俯瞰全城，并联系长乐宫、明光宫和桂、北各宫，以安门南北主干道为规划结构之中轴线，组成一个庞大的宫殿群（图 3-6）。配合府库、官署及府第等，规划用地之多，约占全城总面积的 2/3。不仅如此，而且又在毗邻未央宫的西城垣外，营建了“千门万户”的宏伟壮丽的建章宫，并通过跨越西城垣的复道与城内诸宫连成一片，进一步显现了宫廷区在全城规划中的庞大分量。似此高、多、大三者的结合，更深刻地表现了帝居在整个城市中的主体地位和帝都的尊严。

汉长安城由以宫为主之政治活动中心和以市为主之经济活动中心两个综合区（规划结构单元）所组成。长安城内的宫廷区是聚集未央、长乐、明光、桂宫和北宫 5 座宫所组成。五宫沿城之规划主轴线——安门大道呈东西对列，形成庞大的宫廷区，布置格局颇与秦咸阳渭南诸宫相似。汉长安城地势南高北低，故将宫廷区置于城南，特别是主体宫——未央宫，更高踞龙首原，成为群宫之首。可见汉代人很重视合理利用地形，以体现“以高为贵”的礼制规划观念，各宫实为一座包含朝寝及各种宫廷设施的庞大建筑群所构成的

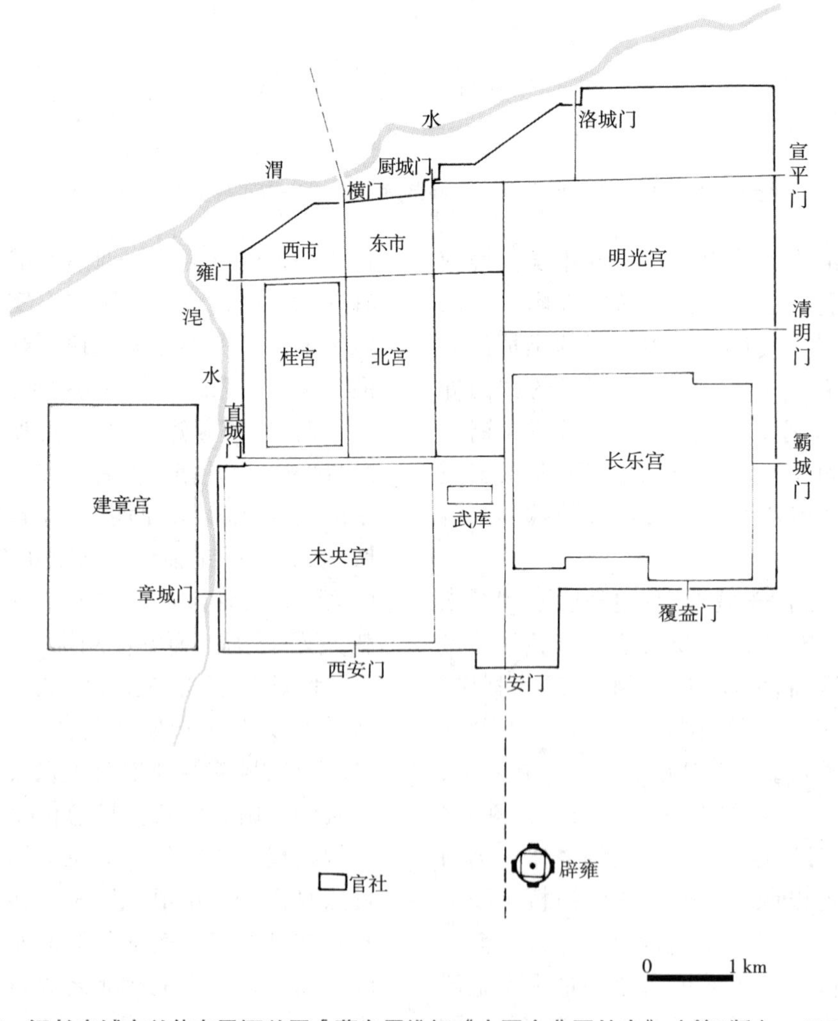

图3-6　汉长安城市总体布局概貌图［摹自周维权《中国古典园林史》（第2版），1999］

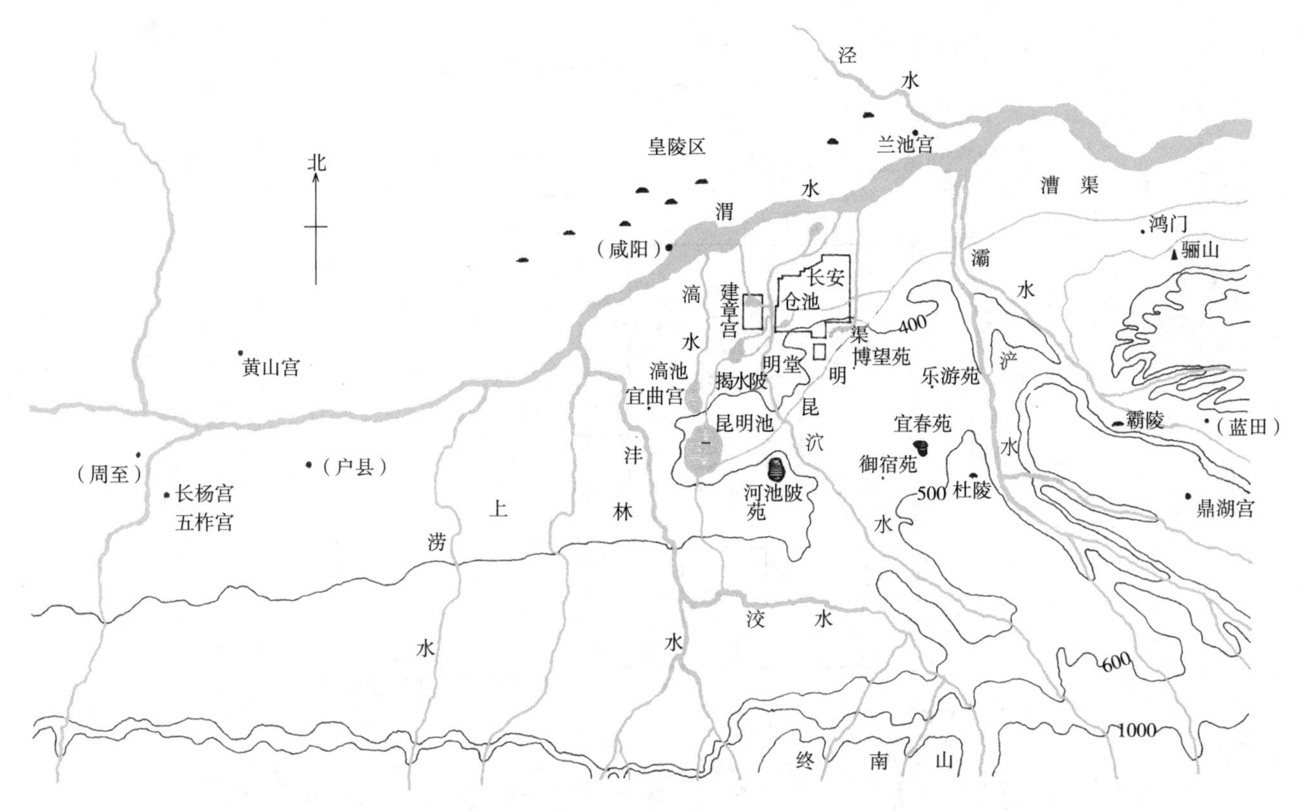

图3-7　西汉长安及其附近主要宫苑分布图［摹自周维权《中国古典园林史》（第2版），1999］

宫城。它们都构有宫垣（图 3-7）。

礼制建筑区布置在城南较尊的方位。汉长安的礼制建筑，除北郊祀地，其余悉在城之南郊，组成一个首都城市的特别分区。圜丘、辟雍、社稷、明堂、灵台是几处可考的汉代主要礼制建筑遗址，它们都分布在安门南出大道的左右两侧，可见礼制建筑区是以城之中轴线作为规划轴线而定各项建筑位置的。

3.2.3　两汉洛阳

洛阳北依邙山，背临黄河，西为殽函之固，东有虎牢荥阳之险；其间伊、瀍、涧、穀诸水注入洛水，在巩县洛口入黄河。西周灭殷，以此为东都，建成周。东周迁都洛阳，建王城。秦灭六国，封相国吕不韦为文信侯，封邑即在洛阳。吕不韦在东周王城的基础上大兴土木，扩大城池，修建漕渠和南宫，奠定了东汉洛阳城的雏形。

东汉洛阳扩建秦代城垣，城区略呈长方形，遗址实测 13 000 m。共设城门 12 座。城内有南宫和北宫两区，合占城区面积的 1/5 以上。南宫为秦代旧宫，正殿名却非殿。南宫与北宫相距 7 里，“中央作大屋、复道，三道行，天子从中道，从官夹左右，十步一卫”。明帝时大修北宫，其正殿德阳殿最为宏大雄伟。南宫、北宫分别为大朝、寝宫性质，此外，洛阳城内还有永安宫、濯龙园、西园、南园等宫苑。城区的其余地段则为居住闾里、衙署区和市集，占地不到城区的 1/2。全城并没有形成以主要宫殿为中心的轴线，也未遵循周代都城的以王城为核心的营国之制。但闾里及市集分布于城之东、西、南，比起西汉的长安，城市功能分区较合理，有利于城市经济的发展。宫廷建筑所占比重较长安低而且集中于城中央及北半部，城市布局趋于严谨。

洛阳城的北面建方坛，祀山川神祇。南面建灵台、明堂、辟雍、太学；灵台仿周文王之灵台，以观天人之际、阴阳之会，揆星度之验，征六气之瑞，应神明之变化；明堂即兆域，“为坛，八

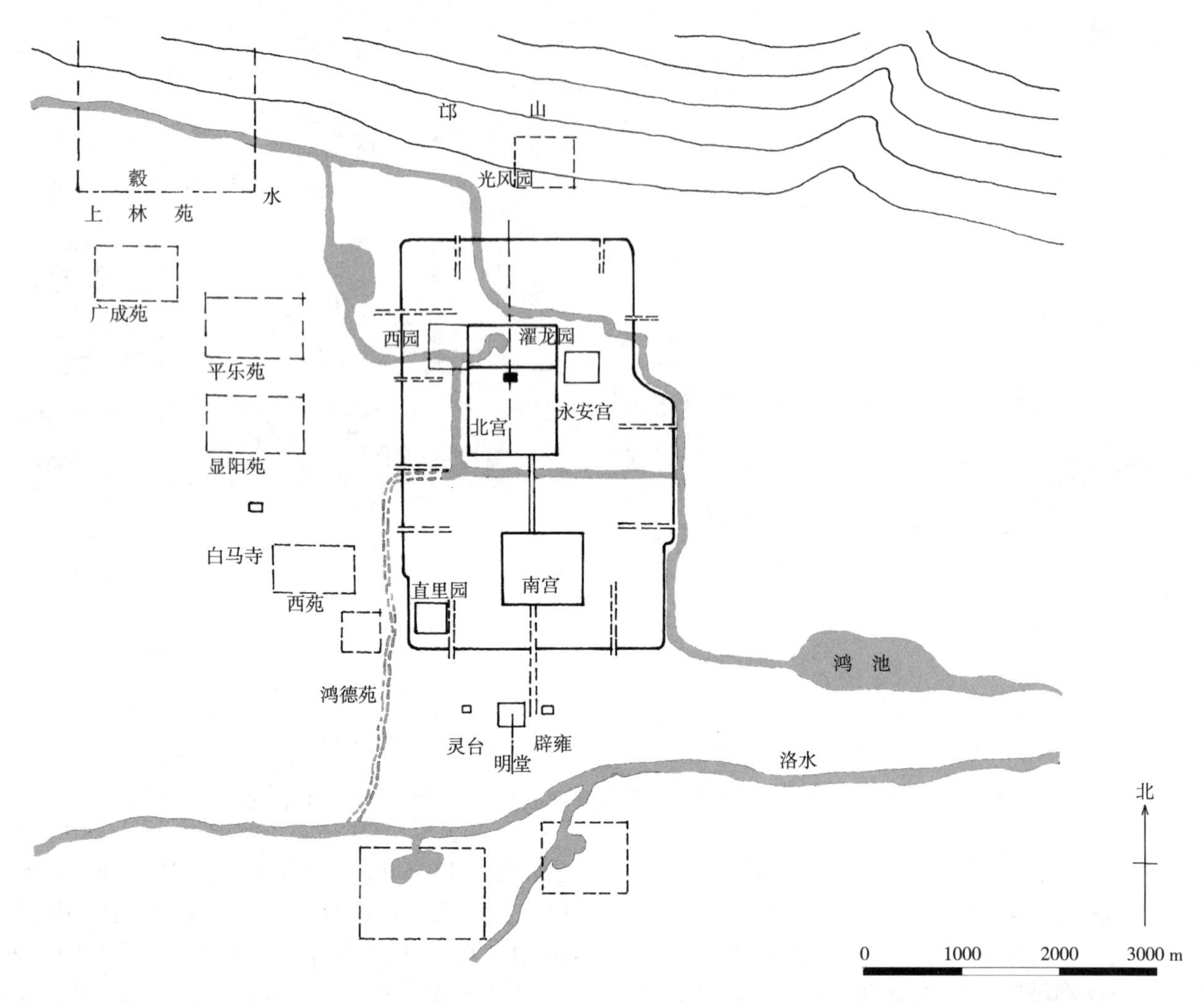

图3-8　东汉洛阳主要宫苑分布图［摹自周维权《中国古典园林史》（第2版），1999］

陛，中又为重坛，天地位皆在坛上。”近郊一带伊、洛河水滔滔，平原坦荡如砥，邙山逶迤绵延，幽美的自然风光和丰沛的水资源为经营园林提供了优越的条件。这一带散布着许多宫苑，见于文献记载的有9处：单圭灵昆苑、平乐苑、上林苑、广成苑、光风园、鸿池、西苑、显阳苑、鸿德苑（图3-8）。

3.3　秦汉园林的成形

3.3.1　皇家园林

秦汉皇家园林是在先秦囿的基础上向前发展的一种新的园林形式，是在一个圈定的广大地区中的囿和宫室的综合体，一般称为“宫苑”。秦汉宫苑占地广阔，力求宏大壮丽。许多宫殿建筑群散布在辽阔的具有天然山、水、植被的大自然生态环境之中，呈苑中有宫、苑中有苑的格局。秦汉宫苑内涵广博、功能复杂，具有游憩、居住、朝会、娱乐、狩猎、军训、生产等多项功能；也保留了通神求仙的功能，但比先秦弱化。

秦汉宫苑建筑类型空前丰富，体量宏大、铺张，除宫、殿外，还有楼、阁、台、观等。秦汉宫苑沿袭先秦以来筑高台的传统，仍有许多高台。“观”则指体量高大的非宫殿建筑。秦汉宫苑台、形制式之丰富，布置之灵活，为后世所不及。秦汉宫苑中还有一种组织立体交通的建筑，秦称为“复道”，汉称为“飞阁”，下层架木构凌空，上层为来往交通的廊道。

3.3.1.1　秦信宫和阿房宫

《史记·始皇本记》载："始皇二十七年（前 221 年）作信宫渭南，已而更名信宫为极庙，象天极。自极庙通骊山，作甘泉前殿筑甬道，自咸阳属之。"《三辅黄图》载："始皇穷极奢侈，筑咸阳宫（注：信宫也叫作咸阳宫），因北陵宫殿，端门四达，以制紫宫，象帝居。引渭水灌都，以象天汉，横桥南渡，以法牵牛。咸阳北至九嵕、甘泉，南至鄠杜，东至河，西至汧渭之交东西八百里，南北四百里，离宫别馆，相望联属，木衣绨绣，土被朱紫，宫人不移，乐不改悬，穷年忘归，犹不能遍。"

公元前 212 年（秦始皇三十五年）秦始皇于骊山修建了史书上著称的朝宫，即阿房宫，遗址在今西安西郊 15 km 的阿房村一带。《史记·秦始皇本纪》载："以为咸阳人多，先王之宫廷小。吾闻周文王都丰，武王都镐，丰、镐之间，帝王都也。乃营作朝宫渭南上林苑中。先作前殿阿房，东西五百步，南北五十丈，上可以坐万人，下可以建五丈旗周驰为阁道，自殿下直抵南山，表南山之巅为阙。为复道，自阿房渡渭，属之咸阳，以象天极、阁道，绝汉抵营室也，阿房宫未成，成欲更择令名名之，作宫阿房故天下谓之阿房宫。"《始皇本纪》又载："……隐宫徙刑者七十余万人，乃分作阿房宫，或作骊山，发北山石椁，乃写蜀荆地材皆至。关中计宫三百，关外四百余，于是立石东海上朐界中，以为秦东门。因徙三万家丽邑，五万家云阳，皆不复事十岁。"据《三辅黄图》载："阿房宫亦曰阿城。惠文王造宫未成而亡，始皇广其宫，规恢三百余里。离宫别馆，弥山跨谷，辇道相属，阁道通骊山八十余里。表南山之巅以为阙，络樊川以为池。作阿房前殿，东西五百步，南北五十丈，上可坐万人，下可建五丈旗，以木兰为梁，以磁面为门，怀刃者止之。"《三辅旧事》则谓："阿房宫东西三里，南北九里，庭中可受十万人，车行酒，骑行炙，千人唱，万人和。其外有城名'阿城'，东、西、北三面有墙，南无墙。"又《关中记》云："阿房殿在长安西南二十里，殿东西千步，南北三百步，庭中受万人。"另《史记》卷五十一·贾山传中记有："又为阿房之殿，殿高数十仞。东西五里，南北千步，从车罗骑，四马骛驰，旌旗不桡。"以上各书记载颇不一致，如宫殿之始创、占地面积、前殿尺度、容纳人数等，其间数据大有出入，现暂以正史为凭，其余文记亦并罗列，以供识者参佐。

从文献可知，阿房宫的营建特点有以下几点：总体规划气势宏大，自由布局；结合地形和周围环境，与自然融为一体；"院落式 + 廊道 + 楼阁"的建筑群布局形式，空间类型丰富；建筑造型多样（图 3-9）。

秦朝和秦以后的所谓"宫"，总的说来，是指由各种不同单个建筑组合而成的一个建筑群的总称，也就是说，在一个总地盘上（外有墙垣时，又可称作"宫城"）分散布置着殿室而又互相连属成为一个建筑组群，而不是在一个大建筑内按照要求来布置平面。先秦以来的"高台榭、美宫室"的风气到了秦始皇而达到了顶点。秦始皇好宫室建筑，规模宏伟，前未曾有，所谓离宫别馆相望，弥山跨谷复通甬道相连，往往数百里。这些宫室建筑"殿屋复道，周阁相属"。

3.3.1.2　汉长乐宫和未央宫

长乐宫与未央宫、建章宫同为汉代三宫，而且"皆辇道相属，悬称飞阁，不由径路"（见《汉武故事》）。此外有长杨宫、五祚宫、甘泉宫、集灵宫等，班固所谓离宫别馆三十六神池灵沼往往在其中，朔庭神丽，宫室光明，张千门而立万户。关于汉代这些宫的记载资料较多，从《史记》《西汉书》《三辅黄图》《西京杂记》《关中记》《长安记》《雍录》各书所载来研究，可推测出各宫室的前后方位想象图。

汉高祖五年（前 202 年），就秦的兴乐宫故址相修建长乐宫，2 年后竣工。遗址平面呈矩形，东西宽 2900 m，南北长 2400 m，约占长安总面积的 1/6。长乐宫位于长安故城的东南部分。《三辅旧事》载："王莽改长乐宫为常乐室，在长安

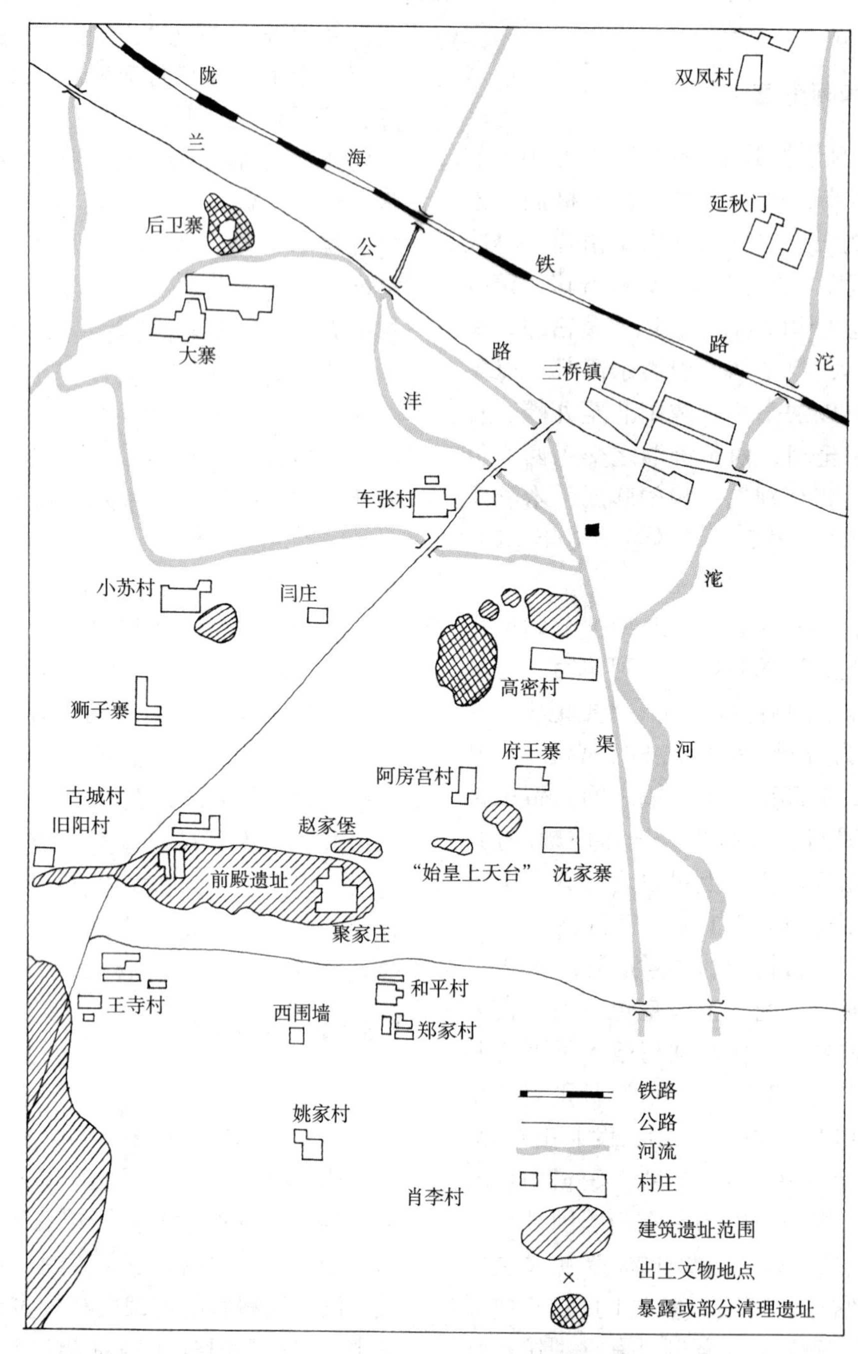

图3-9　秦咸阳阿房宫遗址图［摹自刘叙杰《中国古代建筑史》（第一卷），2009］

中，近东直杜门。就是说近城东部，直通杜门（即覆盎门）。《关中记》载：“长乐宫周延二十余里，有殿十四。”从平面图可以了解到叫作“宫”的，实是许多殿屋和周阁复道所组成的建筑群，在这一大组建群的外面，围有宫垣，四面辟有宫门，宫垣之外另筑有城垣并有阙的设置，长乐宫不是四面设阙，仅有东阙和西阙。从整个长乐宫的总体看来，虽然叫作宫，其实是一个小型的城，因此更确当的叫法是“宫城”。

从长乐宫南面的宫门进去，先是前殿，它是受朝处理国事的宫殿，“东西四十九丈七尺，两序中二十五丈，深十二丈”（《三辅黄图》）。前殿的后面是临华殿，这是后来汉武帝增建的；再进，走过跨王渠的石桥来到大厦殿，殿前置有铜人，“秦作铜人，立阿房殿前，汉著，长乐宫厦殿前”（《三辅旧事》）。长乐宫的东部有池有台。（据《三辅黄图》载：“庙记曰长乐宫中有鱼池、酒池，池上有玉灸树，秦始皇造，汉武帝行舟于池中。”但《水经注》作者认为“长安殿之东北有池，池北有台沼，谓是池为酒池，非也。”）《三辅黄图》载：“长乐宫有鸿台，秦始皇二十七年筑，高四十丈，上起观宇，帝尝射飞鸿于台上，故名鸿台。”长乐宫西部有后妃所居的殿，有长信、长秋、永寿、永宁四殿。《三辅黄图》载：“长乐宫汉太后长居之（按《通灵记》，太后成帝母也）。后宫在西，秋之象也；秋主信，故宫殿皆以长信、长秋为名。又永寿、永宁殿，皆后所处也。”《长安志》载：“长乐宫有长定、建始、广阳中室、月室、神仙、椒房诸殿。”加上长信、长秋、永寿、永宁和前殿，共 14 殿。长乐宫的布局是严正的，中轴线上主要宫殿有前殿、临华殿和大厦殿，其余各殿分布左右，各殿都是正向朝南，排列疏朗。此外只是在东部有池和鸿台（图 3-10）。

未央宫在长安故城的西南，是汉朝君臣朝会的地方。总体布局呈长方形，四面筑有围墙。东西两墙各长 2150 m，南北两墙各长 2250 m，全宫面积约 5 km^2，约占全城总面积的 1/7，较长乐宫稍小，但建筑本身的壮丽宏伟则有过之。据《三辅黄图》载：“未央宫周回二十八里（《关中记》说三十三里，《西京杂记》说二十二里九十五步五尺），街道周回七十里，只有东阙和北阙。”《高帝本记》颜师古注：“未央殿虽南向，而尚书奏事，谒见之徒，皆北阙，公车司马具在北焉，是则以北阙为正门。”宫垣的四面设有司马门。

未央宫城的布局以及宫室，据《三辅黄图》载：“未央宫有宣室、麒麟、金华、承明、武台、钓文等殿，又有殿阁三十二，有寿成、万岁、广明、椒房、清凉、水延、玉党、寿安、平就，宣德，东明，飞雨、凤凰、通光、曲台白虎等殿。”（注：《西京杂记》上记载台殿四十三，其三十二在外，其十一在后宫，池十三、山六、池一山一，俱在后宫，门共九十五，殿室众多，不能一一具

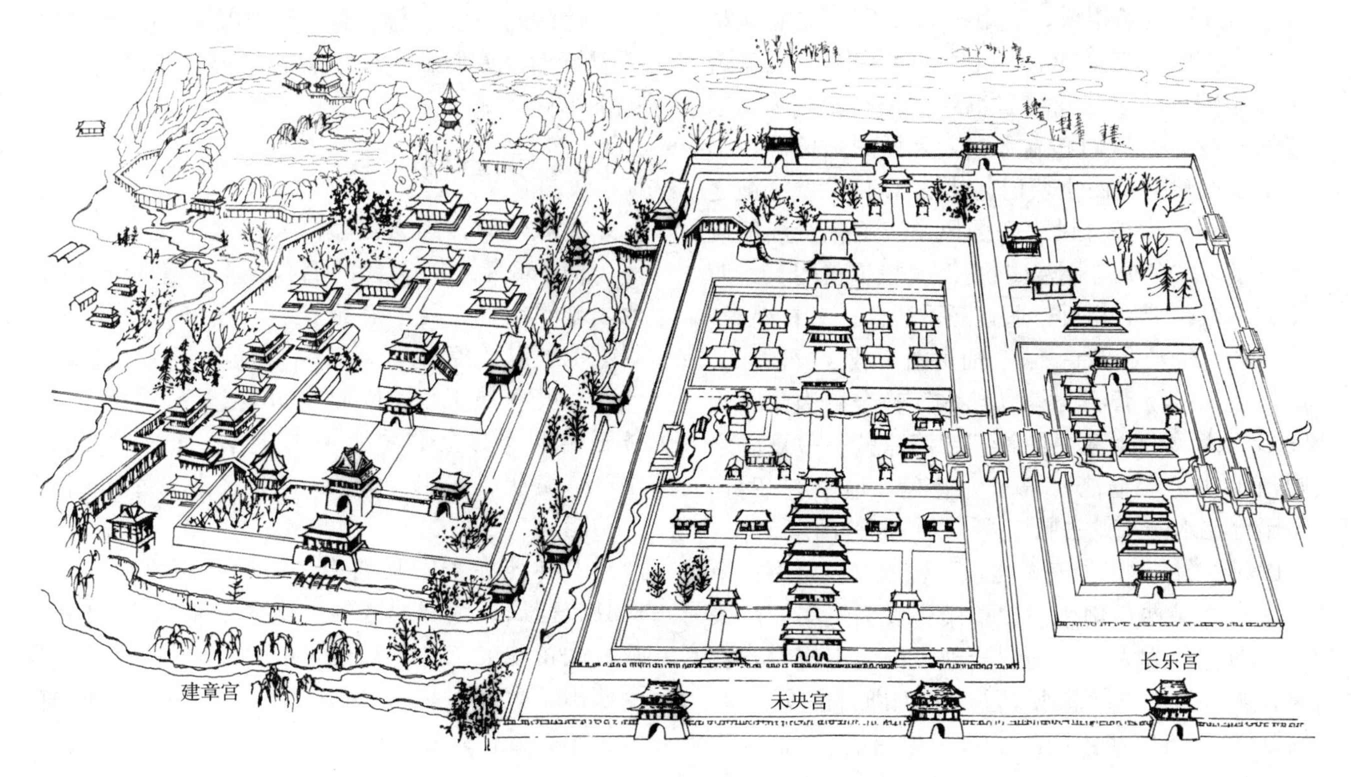

图3-10　汉三宫建筑分布图（摹自汪菊渊《中国古代园林史》，2006）

考。从总体布局上看未央宫城的建筑群体是由3个部分组成，并有宫墙横隔：第一部分是以前殿为中心的前宫区；第二部分是由几个建筑群组成的中宫区；第三部分是以椒房为中心的后宫区）。

（1）前宫区

前宫正门为瑞门，左右各有掖门。据《三辅黄图》载“营未央宫，因龙首山以制前殿”，又说“未央宫前殿，东西五十五丈，深十五丈，高三十丈。”这就是说依籍龙首山的地势来建筑殿，依山为台，不假版筑，就可高出。前殿的建筑十分华丽，“至孝武，以木兰为棼撩，文杏为梁柱，金铺玉户，华榱壁珰，雕楹玉碣，重轩镂槛，青琐丹墀，黄金为璧带，间以和氏珍玉，风至其声玲珑也。左碱右平。”前殿有宣室，“宣布政教之室，盖其殿在前之侧，斋则居之”（《长安志》）在正室前殿的左右有相对称的殿，每边有两殿，“宣明广明皆在未央殿东，昆德、玉堂皆在未央殿西。”这个区主要是帝王受朝理政布教的地方，因此格局严正。

（2）中宫区

由几组建筑组成，一组称“官者署”，它是皇帝召臣子侍读的处所；一组是“承明殿”，它是著述写作的场所；这两组建筑列在左右相对称。东北的一组有天禄阁和温室殿。天禄阁是扬雄校书处；温室殿据《西京杂记》载：“以椒涂壁，被之文绣，香桂为柱，设火齐屏风，鸿羽帐，规地以宾氍毹。”“冬处之则温暖也。”（《三辅黄图》），西北的一组，恰恰相反，适宜夏季居住，有石渠阁、清凉殿、沧池和渐台。《三辅黄图》载：“石渠阁，萧何造，其下砻石为渠以导水，若今御沟，因为阁名藏入关所得秦之图籍。”“清凉殿……夏居之则清凉也。”“沧池”言水为苍色，池中有渐台。关于沧池水的来龙去脉，据《关中胜迹图志》载：“凡汉城（注：指长安）之水，皆取诸昆明……第二支自都城西面南来，於章门旁设为飞渠，注未央宫西，以为大池，是渭沧池。沧池下流，有石渠，磐石为之以导此水（注：其上即石渠阁），既周遍诸宫，自清明门出城，即王渠是也。”

（3）后宫区

以椒房为中心。“皇后殿，称椒房，以椒涂室主温暖，除恶气也”（《汉官仪》），武帝时后宫八区，有昭阳、飞翔、增城、合欢、兰林、坡香、凤凰、鸳鸯等殿，后又增修安处、常宁、茝若、椒风、发樾、蕙草等殿为十四位（《三辅黄图》），也就是十四位昭仪、婕妤居住的殿室。《汉官仪》又载：“婕妤以下皆居掖庭。有月景台、云光殿、光华殿、鸿銮殿、开襟阁、临池观，不在簿籍，皆繁华窈窕之所栖宿焉。”

此外见于载籍但位置不详的殿室，有高门殿、玉堂殿、金华殿、晏呢殿、漪兰殿、白虎殿，曲台殿、飞羽殿、敬法殿、通光殿、钓弋殿、寿成殿、万岁殿、水延殿、寿安殿、平就殿、宣德殿、东明殿、神明殿、延年殿、四车殿、宣平殿、长年殿等。有凌室，是“藏水之室”；有东西织室，织作文绣郊庙之服；有暴室，“掖庭主织作染练之署，谓之暴室者，取暴晒为名耳”。还有弄田，“燕游之田，天子所戏弄耳”，有兽圈、彘圈，兽圈上有楼观。凌室、暴室、织室是各有用途的专室。兽园是牧养百兽的地方，赏玩时把猛兽放到圈里行动，人们就在楼上观看猛兽互斗或人和猛兽格斗。

3.3.1.3 汉上林苑

汉武帝时，国力强盛，大营宫苑，于建元二年（前138年）在秦代的旧苑址上扩建而成上林苑，规模宏伟，苑中有苑有宫，分布着大量的宫观陂池，以及植物园、兽圈、猎场、马厩、牧场，还有一些作坊工场。因而其功能也是综合的，具备了早期园林全部功能——狩猎、通神、求仙、生产、游憩、居住、娱乐，此外还兼有军事训练的功能。

上林苑在长安县西南，为横跨两安、周至、户县、蓝田、咸阳地区的大型皇家园林。《汉书》载：武帝建元二年（前138年）开上林苑，东南至蓝田、宜春、鼎湖、御宿，昆吾，旁南山而西至长杨、五祚，北绕黄山，历渭水而东，高三百里，离宫七十所，皆容千乘百骑。从东方朔《谏除上林苑疏》提到上林苑是建在物产富饶的地区。疏称："其山出玉石金银铜铁，豫章檀柘，异类之物，不可胜原，此百工所取给，万民所仰足也。又有粳稻梨粟桑麻竹箭之饶，土宜姜芋，水多龟鱼，贫者得以人给家足，无饥寒之忧，故酆镐之间，号为土膏，其贾亩一金。"

《汉书・旧仪》载："上林苑中广长三百里，苑中养百兽，天子春秋射猎苑中，取兽无数，其中离宫七十所，容千乘百骑。"从这段文字也可证明"古谓之囿汉谓之苑"的史实。苑中养百兽供射猎，这个游乐的传统仍然继承着，但苑的主要内容已不在此，《关中记》载："上林苑门十二，中有苑三十六，宫十二，观三十五（注：《后汉书》载：宫十一、观二十五）。"由此可见苑中有苑而且苑中有众多的宫、观，也就是说宫室建筑是苑中主题了。这些组成上林苑的苑或观本身的规模也有大有小，并各有它的特色。

"中有苑三十六"的各苑，其名见于载籍的有宜春苑、御宿苑、思贤苑、博望苑、昆吾苑等。例如御宿苑在"长安城南御宿川中，汉武帝为离宫别馆，禁御人不得往来，游观止宿其中，故曰御宿"。博望苑是武帝为太子立，使通宾客。思贤苑是汉文帝刘恒为太子立，也是搜罗人才招待宾客的地方；思贤苑中有屋六所，客馆皆高轩广庭，屏风帷褥甚丽，是在上林苑中往来游乐时的一个休息住宿所。

宫名见于记载的，据《关中记》录有：建章宫、承光宫、储元宫、仓阳宫、尸阳宫、望远宫、犬台宫、宣曲宫、昭台宫、扶荔宫、葡萄宫，这些宫之中以建章宫为最大，它本身就是一个宫城，而且宫中有宫，有殿有池有台，下面将另段叙述其内容。至于有些宫只是一小组建筑。例如，在上林苑中的犬台宫，此外有走狗观，它可能是看赛狗的场所；鱼鸟观、走马观大抵也是同一性质的场所。宣曲宫，《三辅黄图》载："在昆明池西，宣帝刘询晓音律，常于此曲，因此名宫。"这就是说，宣曲宫是宣帝演奏音乐和唱曲的宫室。扶荔宫是种植荔枝等亚热带植物的宫室，汉武帝元鼎六年（前 111 年）破南越，起扶荔宫，以植所得奇花异木，菖蒲、山姜、桂园、龙眼、荔枝、槟榔、橄榄、柑橘之类。葡萄宫可能是种植葡萄的宫室。上述这些植物，大都不能在露地过冬，扶荔宫可能是属于暖房花坞一类建筑组成，但建筑形式要讲究些。

观名在《三辅黄图》上录有："昆明观、茧观、平乐观、远望观、燕升观、观象观、便门观、白鹿观、三爵观、阳禄观、阴德观、鼎郊观、椒唐观、鱼鸟观、元华观、柏观、上兰观、郎池观、当路观，皆在上林苑。"这些观名有功能用途，据《汉书・武帝本纪》载："元封六年夏（前 105 年），京师民观角抵于上林平乐观"，可见平乐观是大作乐表演场所。《汉书・元后传》注："上林苑有茧观盖蚕茧之所也。"由此可见，鱼鸟观大抵是养有各种珍奇鱼类和鸟类的场所。走马观是饲养和观看赛马的场所；观象观、白鹿观是饲养和观赏大象和白鹿的场所等。

上林苑中还穿凿有许多池沼，池名见于载籍的，有昆明池、镐池、滮池、麋池、牛首池、蒯池、积草池、东陂池、当路池、大壹池、郎池等。建章宫中有太液池、唐中池，除了建章宫中的池将在下文中叙述外，其他有记载的几个池叙述如下。

昆明池　《三辅黄图》载："武帝元狩四年穿（前 119 年），在长安西南，周四十里。"《史记》《平准书》载："越欲与汉用船战逐，乃大修昆明池，列观环之一，治楼船高十余丈，旗帜加其上，甚壮。"《关中记》载："昆明池汉武习水战也。"这些记载说明昆明池是很大的人工湖泊，用来教习水战的。《三辅故事》又载："昆明池，三百二十五顷，池中有豫章台及石鲸。刻石为鲸鱼，长三丈，每至雷雨，常鸣吼，鬣尾皆动。立石牵牛织女于池之东西，以象天汉。"又载："昆明池中有龙首船，常令宫女泛舟池中，张凤盖、建华旗，作擢歌，杂以鼓吹。帝御豫章观临观焉。"

其他池沼　《三辅黄图》上载有："牛首池，在上林苑西头，蒯池生蒯草以织席，陂郎二水名（指东陂池、西陂池和郎池）"，《西京杂记》上载有："积草池，中有珊瑚树，高一丈二尺，一本三

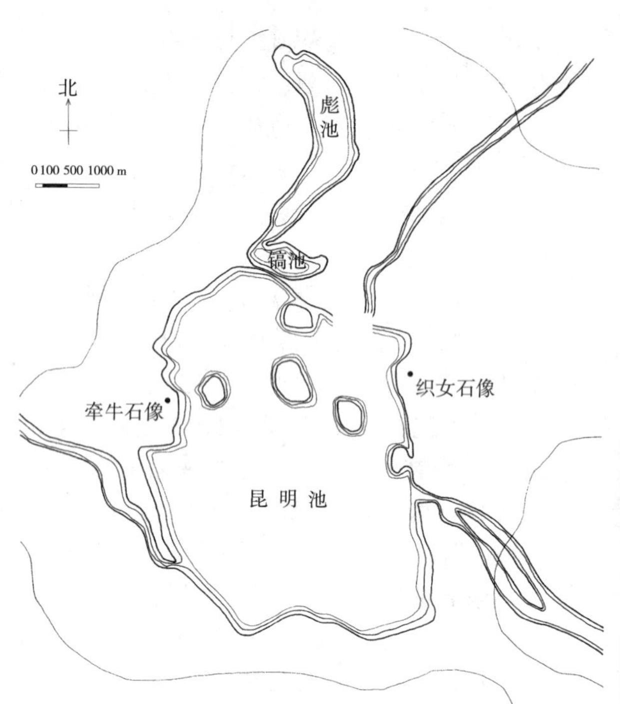

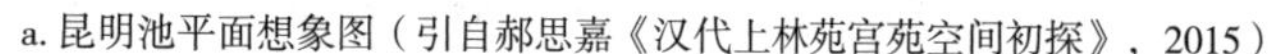

a. 昆明池平面想象图（引自郝思嘉《汉代上林苑宫苑空间初探》，2015）　　b. 汉上林苑昆明池遗址　郝思嘉摄

图3-11　汉上林苑

柯，上有四百六十二条，南越王赵陀所献，号为烽火树，至夜，光景常欲燃。”

《西京杂记》中记载，上林苑地域辽阔、地形复杂，分布有高山河湖，天然植被本身就比较丰富，之后又人工移种和栽植大量观赏树木、果树和少量药用植物。“梨十（注：原载有十个品种名称，这里省略，下同）、枣七、栗四（注：原载品种包括榛子）、桃十（注：原载品种包括桃、核桃、模桃，都归为桃类）、李十五、奈三（奈是花红一类）、查三（注：即山楂）、椑三，棠四（棠系指海棠一属的种类）、梅七、杏二、桐三（注：原记柯桐、梧桐、荆桐，实是3个不同的种），林檎（以下所列树种的后面都记有株数，这里省略）、枇杷、橙、安石榴、楟、白银树、黄银树、槐、千年长生树、万年长生树、扶老木、守宫槐（可能是龙爪槐）、金明树、摇风树、鸣风树、琉璃树、池高树、离娄树、白榆、掬杜、掬桂。蜀漆树，柟、樅、栝、楔枫等”。这些树种，只是《西京杂记》作者就记忆所及而录出，“余就上林令虞渊得朝臣所上草木名二千余种，邻人石琼就余求借，一皆选弃，今后所记忆，列于篇右”。单是朝臣所献就有2000多种，加上宫中自有的，想见当时上林苑中植物种类的丰富。但种植的地方，配置的形式，都已无从考查。

总的说来，上林苑是一个包罗着多种多样生活内容的园林总体（图3-11a），苑中有苑、有宫、有观、有池，各种宫观苑池又各有其功能用途，或居住或游息，或竞走，或赛奇；也有具有经济上的意义的，如葡萄宫、扶荔宫等；也有具有文化休息生活意义的，如宣曲宫、平乐馆等。至于整个上林苑的总布局，地形水系池沼的布置，各个建筑组群的布置，以及植物、园路系统等尚有待考证（图3-11b）。

3.3.1.4　汉建章宫

建章宫是汉武帝刘彻于太初元年（前104年）建造的宫苑，是上林苑最重要的一个宫城，有关建章宫的记载也比较详细。建章宫于太初元年造（前104年），《三辅黄图》载：“周围二十余里，千门万户，在未央宫西，长安城外。”《三辅黄图》又载："武帝于未央营造日广，以城中为小，乃于宫西，跨城池作飞阁，通建章宫，构辇道以上下"，可见建章宫在长安的城外西面，与未央宫隔城相望，因此跨城有阁道使相通，尤其特殊。从整个的宫城布局来看，建章宫的居住部分在宫城的东南，以阊阖园阙，前殿，建章宫形成宫城的中轴线，外围以阁道，间置宫室，宫的西部为唐中庭和唐中池；宫的北部为太液池，池中有蓬莱、方丈、瀛洲模拟海中神山（图 3-12）。

《三辅黄图》载："宫门名阊阖者，以象天门也，高二十五丈，亦曰璧门。"（图 3-13）璧门在《汉书》中有记载："建章宫西有玉堂，璧门三层，台高三十丈，玉堂内殿十二门，阶陛皆玉为之，铸铜凤，高五尺，饰黄金，楼屋上，又有转枢，向风若翔，椽首薄以璧玉，固名璧门。"可见这个正门是十分高大的，下为台也就是一般城关的样式，上有玉堂三层，屋顶上有铜凤，可以随风转动，好比是有装饰的指风针。在璧门的东边有凤阙，西边有神明台。《三辅黄图》载："璧门左（注：即东边），凤阙高二十五丈，有神明台。"《史记・封禅书》载："建章前殿度高未央，其东则凤阙。"阙上有金凤高丈余。《庙记》载："神明台，武帝造，祭金人处，上有承露盘，有铜仙人舒掌捧铜盘玉杯，以承云表之露，以求仙道。"《长安记》："仙人掌七大围，以铜为之。"《汉宫阙疏》载："神明台高五十丈，常置九天道士百人。"从以上这些记述可以设想阊阖是建章宫的宫垣正门，又叫璧门，璧门的东边有凤阙，西边有神明台，都在宫垣以外，但在宫城的城垣以内。

西部唐中庭据《史记・封禅书》中记载："建章宫西则唐中数十里"，《汉书・郊祀志》："建章宫西则商中数十里"，商中与唐中同，但这个区的布置情况，限于资料，不详。至于唐中池据《三辅黄图》载："周回十二里，在建章宫太液池南。"

关于太液池，据《三辅黄图》载："太液池在长安故城西建章宫北，未央宫西南，太液者言其

图3-12　建章宫图（摹自汪菊渊《中国古代园林史》，2006）

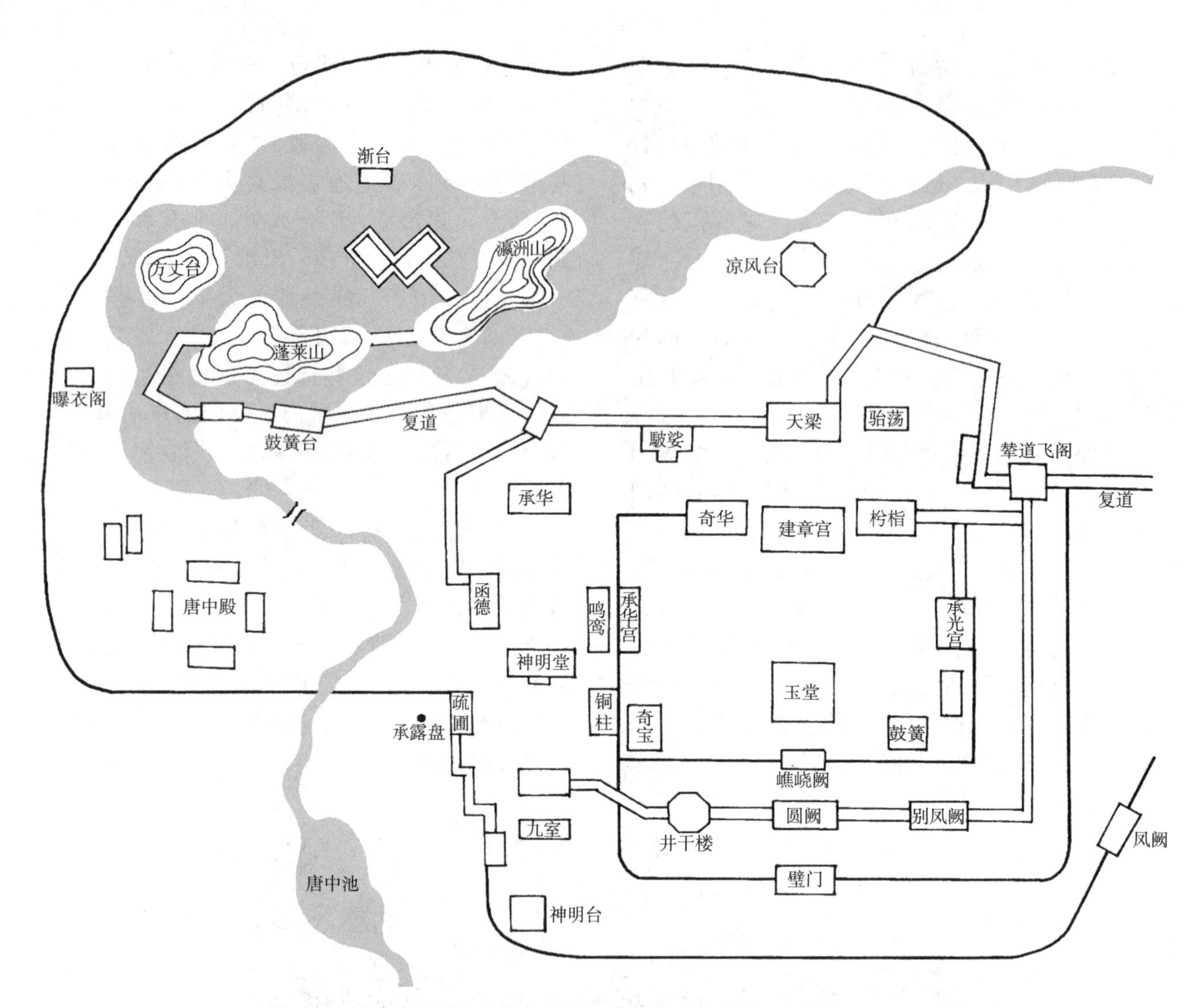

图3-13　建章宫平面示意图（引自汪菊渊《中国古代园林史》，2006）

津润所及广也。”可见太液池的面积一定很大，池中还有海上三岛，《史记》《封禅书》“……命曰太液池，其中蓬莱、方丈、瀛洲，像海中神山。”池中还有瀸台，《三辅黄图》载：“瀸台，在建章宫中太液池中，高二十余丈。瀸，浸也，言为池中所浸。”《史记·封禅书》：“建章宫置大池（注：即太液池）渐台（注：即瀸台）。高十余丈。”《西京杂记》又载：“有孤树池，在太液池西，池中有一州，上椹树一株，六十余围，望之重重如车盖，故取为名。”又有影娥池：“武帝凿以玩月，其旁起望鹄台以眺月，影入池中，使宫人乘舟弄月影，名影娥池，亦曰眺蟾台。”此外，太液池畔有雕物装饰《三辅故事》载：“池北岸有石鱼，长二丈，广五尺，西岸有龟二枚，各长六尺。”《西京杂记》更有关于太液池畔植物和禽鸟情况的记叙：“太液池边皆是雕胡、紫萚、绿节之类，菰之有米者，长安人谓之雕胡，葭芦之未解叶者谓之紫萚，菰之有首者谓之绿鳖。其间凫雏雁子，布满充积，又多紫龟绿鳖。池边多平沙，沙上鹈鹕、鹧鸪、䴔䴖鸿凰，动辄成群。”

3.3.2　私家园林

在春秋末期已经开始土地的自由买卖，到了战国时代，名田制度（土地归私人占有）已经盛行。自从秦统一中国后，名田制度成为定制；到了汉朝土地兼并更是剧烈。除了皇帝以外，宗室外戚、诸侯王公都好营宫室苑囿之乐。《西京杂记》载："梁孝王（汉武帝刘彻之弟）好营宫苑囿之乐，作曜华之宫，筑兔园。园中有百灵山，山有肤寸石、落猿岩、栖龙岫，又有雁池，池间有鹤州凫渚，其诸宫观相连，延亘数十里，奇果异树，瑰禽怪兽毕备。王日与宫人宾客弋钓其中。"

秦汉商业发达，富商大贾生活奢侈不下王侯，也好营园囿。《西京杂记》载："茂陵富人袁广汉，藏镪巨万，家僮八、九百人。于北邙山下筑园，东西四里，南北五里，激流水注其内，构石为山，高十余丈，连延数里。养白鹦鹉、紫鸳鸯、牦牛、青兕，奇兽怪禽，委积其间。积沙为洲屿，激水为波潮，其中致江鸥海鹤孕雏产鷇，延漫林池。奇树异草，靡不具植。屋皆徘徊连属，重阁修廊，行之移晷，不能遍也。"可以看出，贵族地主富商的园囿跟帝王宫苑的内容和形式基本相同，只在名称上有所不同，规模上较小而已。

3.3.3 汉长安城城市绿化

我国自先秦以来就重视城市绿化，甚至将一些规定写入法令，虽然相关记载很少，但仍可推知大概。下面以汉长安为例，简述汉代的城市绿化。

长安城内大街宽广，三途并列。南朝梁何逊《拟轻簿篇》云："长安九逵上，青槐荫道植。"西晋陆机《洛阳记》载："宫门及城中大道皆分作三……夹道种榆、槐树。"《三辅黄图》记载："长安御沟，谓之杨沟，谓置高阳于其上也。"崔豹《古今注》云："长安御沟，谓之杨沟，植杨于其上。"根据这些文献可以知道，长安城内大街夹道种植槐、榆、松、杨等行道树。又《三辅黄图》记载："元始四年（公元 4 年），（汉平帝刘衎）起明堂辟雍，为博士舍三十区，为会市列槐树数百行。诸生朔望会此市，各持其郡所出物及经书，相与买卖，雍雍揖让。论议槐下，侃侃訚訚如也。"会市虽在城外，但列槐树数百行，可见槐树是当时长安常用树种。这是一个专为太学生们开设的书籍交易市场，诸生在槐林下，或相与买卖，或谈论问题，因为买卖双方都是读书人，相互谦让有礼，氛围融洽和谐。这就是"槐市"一词的由来。

长安城中，宫殿官署府邸占据面积达 2/3 以上，西北部又为官府手工业区，余下的空地很少，普通居民的居住区是很拥挤的。即使是这样，按照先秦传下来的古老习俗，居民庭院中必须种植树木，否则就要受罚。《汉书·食货志》："《周官》税民……城郭中宅，不树艺者为不毛，出三夫之布。"颜师古注："树艺，谓种树、果木及菜蔬。"

3.3.4 边疆地区园林

我国是一个多民族的国家，不同民族的文化各具特色，又时有交流。由于文献的缺失，长期以来我们对边疆地区古代园林的了解非常有限。近几十年来考古工作的进展，为各学科提供了研究边疆少数民族的形象化史料，其中不乏与园林相关者。秦、汉两代是中原与周边民族大迁徙和大融合的时期，下面列举南越国宫署与和林格尔、鄂托克汉代壁画中的东汉庄园两例。

3.3.4.1 南越国宫署遗址

秦汉时期，在咸阳、长安，囿苑这种园林形式逐渐成熟，并且形成了大内御苑、郊外苑囿和离宫御苑 3 种类型。这些园林形式并非只存在于中原。汉天子建造上林苑的同时，岭南的南越国也建造了南越国都城、公署和御苑。

南越国是岭南地区历史上第一次出现的地方政权，汉高祖三年（一说四年）建国，汉武帝元鼎六年国灭。秦失朝纲、群雄逐鹿之际，秦宗室、南海郡尉赵佗起兵兼并桂林郡和象郡，建立南越国，国都番禺（今广东省广州市）。南越国是岭南文明的奠基时期，在这一时期，岭南的社会形态从原始社会一跃跨入封建社会。南越国全盛时期，疆域包括今广东、广西的大部分地区，福建的小部分地区，海南、香港、澳门和越南北部、中部的大部分地区。

南越国宫苑缺少文字记载，始建年代亦不可考。1995 年及 1997 年，广州旧城的中心位置先后发掘出秦汉南越国都城及宫苑遗址，这才揭开了其面纱，为研究我国秦汉园林及早期岭南园林提供了珍贵的实物资料。

南越国宫署区坐落于珠江北岸越秀山山前的台地边缘，北倚越秀山，南临珠江，远眺大海，东、南、西三面环水，地势相对平缓；甘泉溪自北向南穿过这块台地，城中地下又多泉水，为宫苑引水造园提供了理想的地理条件。南越国御苑在宫署范围内，应属大内御苑，而苑位于宫的东部。公署的面积约为 13 hm^2，御苑的面积尚未确定，但由公署范围可知不会很大。南越国宫苑的建造时代应在汉文帝五年（前 175 年）前后，沿用至汉武帝元鼎六年（前 111 年），汉兵攻败越人、纵火烧城后毁弃。

南越国御苑中，人造水景占据主要地位，石池、石渠遗址是御苑的核心区。遗址北部有一个斗状大型石构水池（考古钻探只发掘了水池一角，因此总面积未确定），池壁 17° 缓坡，池壁和池底用石片铺砌成冰裂纹；池底有向南延伸的木质倒水暗槽，与长逾 150 m 的石渠相接。石渠由北向南延伸，再蜿蜒回转向西，西端又有暗槽与 1974 年发现的秦汉造船遗址（一说建筑遗址）相接（图 3-14）。

御苑石渠平面似北斗七星，是仿秦汉都城“法天象”的设计手法。同时将石渠的平面图南北颠倒，则与秦汉黄河平面形状相似；石渠位于宫殿东南，有背枕黄河之意。若考虑古代中原帝王居黄河流域，面南而治的传统，以及赵佗表面对汉称臣、实则以帝王自居的史实，可认为南越石渠有与北方中原政权分庭抗礼之意。

石渠之水从北面石池底部的暗槽流入，从西端的暗槽流出，渠长 150 m，而高差仅 0.7 m，所经之地地势平坦、坡度和缓。石渠中的水蜿蜒流转，有流溪走泉之态，着重体现流水潺湲之态，意境疏朗悠然，依稀可见六朝以降流觞曲水之滥觞。在曲渠北面的一大转弯处，有一个沙洲。当水流转过急弯，流入弯月形水池时，过水截面宽度加大数倍、渠底加深 1.5 m，水流速度显著减缓，水中的泥沙在此沉积，又经修饰成为观赏小岛。这里也适合龟鳖栖息和冬眠。沙洲四围，流水舒缓，龟鳖悠游，犹如仙境。另外，石渠水景也有变化之动态，各段流速不同、波形不同、声响不同。这里营造动态水景的主要措施有 3 项：一是反复运用窄管效应。例如，北面大池中的水在池、渠水面高差产生的水压作用下，经暗槽流入石渠；暗槽截面狭窄（0.18 m × 0.23 m），使

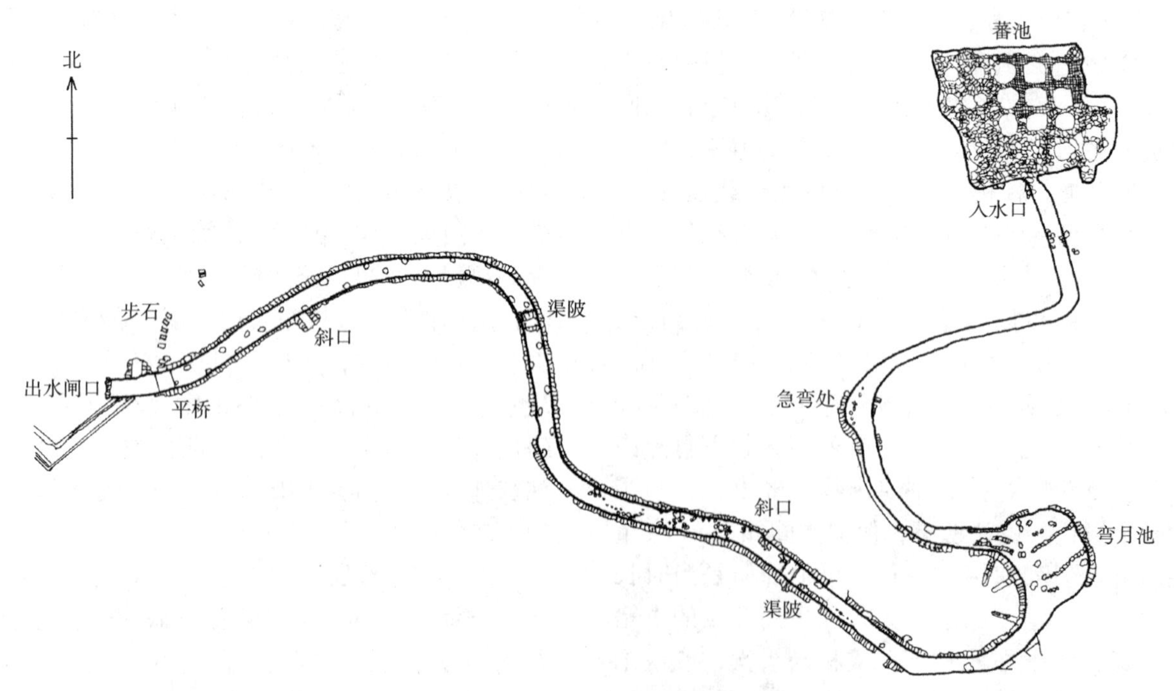

图3-14　南越宫苑出土水池、石渠遗迹平面图（摹自《南越国宫署遗址：岭南两千年中心地》，2010）

水流加速。二是渠底错落散置较大的黄白色砾石，水穿行于左右散布的大乱石之间，水流方向不断变换，产生波动和涡旋。三是曲渠中段特设两个呈拱桥状横卧渠底的石“渠陂”，犹如今之滚水坝，使溪水产生涡流、浪花。这些工程技术的艺术化处理，体现了当时南越的园林理水工程已经具备了相当的水平。同时南越宫苑的水景，也符合汉代园林理水的一些特征，如西汉笔记小说《西京杂记》所载：“茂陵富人袁广汉……于北邙山下筑园……积沙为洲屿，激水为波澜。”

御苑还大量种植植物、饲养动物，其中以龟鳖为特色。饲养龟鳖在上古苑囿很普遍，战国燕太子丹为请荆轲刺杀秦王，曾陪同其游东宫池，用金丸投掷池中龟鳖为乐。除观赏功能外，园中龟鳖还可用于占卜。先秦至汉代占卜之风盛行，占卜的龟甲必须严格筛选，所以也需要大量饲养龟鳖。南越御苑有一系列针对龟鳖的设计：弯月形池可供龟鳖避暑、冬眠；石渠中段有两处缺口，缺口内斜铺石板供龟鳖出入；大沙洲可供龟鳖产卵孵化。这些设计完全符合龟鳖生长繁衍的需要。

3.3.4.2 内蒙古和林格尔、鄂托克汉代壁画中的东汉庄园

内蒙古中南部的鄂尔多斯地区，是秦汉两朝的北方边疆，是今山西、陕西与内蒙古的交界处。战国前，这里是林胡、匈奴人的故乡。战国后期，该地区属秦国所有；秦始皇统一中国后，在今鄂尔多斯一带设立北地郡、云中郡、九原郡、北地郡 4 郡。公元前 121 年，汉武帝在河西战役中打败匈奴后，在鄂尔多斯地区设立 5 个属国，即上郡、西河郡、五原郡、朔方郡、云中郡。东汉灵帝时，东汉王朝已无法维持对全国的统治，南匈奴遂摆脱东汉管辖，鄂尔多斯地区被匈奴、乌桓、鲜卑、羌等民族开为游牧区。经考古学工作者调查确认，今天内蒙古中南部及其附近地区有 20 多座汉代古城遗址，古城遗址周围存在着很多汉代墓葬。

1972 年，考古工作者在和林格尔县新店子乡小板申村发现了一座汉代壁画墓，1990 年又在鄂托克旗巴彦淖尔乡境内的凤凰山发现一座汉代壁画墓。壁画内容主要是反映墓主人生活的车马出行图、庭院图、宴饮图、抚琴图、舞蹈图、百戏图、射弋图、侍卫图以及草原风光图。考古工作者认定二者年代均是东汉后期，后者的族属应与回归中原汉廷的南匈奴有关，前者则属乌桓、鲜卑等北方少数民族；并认为这些汉墓壁画是东汉鄂尔多斯社会生活的缩影，也是研究北方民族文化的珍贵的形象化史料。

和林格尔新店子一号墓位于和林格尔县东南 40 km、浑河北岸向南突出的一个小丘上，这里是东汉鲜卑国盛乐古城的遗址，往东南 20 km 左右的地方即为联结内蒙古与山西的重要关隘——杀虎口。墓主人是东汉王朝中央政府派遣到北方民族杂居地区的一位官员，他生前担任的最高官职是护乌桓校尉，是一个拥有赤节、佩带银印、秩比二千石的高级地方官。该墓早年被盗，但各室墓壁、墓顶及甬道两侧，保存着完好的壁画，共有 46 组 57 幅，共计约 100 m^2，其中包括榜题 250 项，700 多个汉字。壁画分上、中、下 3 层：中层画墓主人生前由举孝廉经郎、西河长史、行上郡属国都尉、繁阳令，至使持节护乌桓校尉的仕途及事迹，下层画他的下属官曹，顶部画神话传说。

该墓后室南壁绘有一座大庄园（一般称为“庄园图”），前室两侧的耳室四壁又分别画有放牛、放马、牧羊、农耕聚谷和“坞壁”图，作为整个庄园的补充部分或特写（图 3-15），绘出庄园中的各项生产活动。东汉晚期的《四民月令》详尽罗列出当时庄园的各项生产项目，如种谷、植树、种菜、养牛、养马、养蚕、纺织等，其中的基本项目和林格尔壁画都具备。从图上看，这座庄园位于重峦环抱中，布局疏朗，规模甚大。南壁画面右上角是广阔的田野。田野里有几个农夫正鞭牛犁地。画面的左上角是一片桑树林，桑树林里半藏半露的高堂瓦舍。《晋书·地理志》中记载了“环庐种桑柘”的风俗，东汉去晋不远，可相互印证。桑林中有 4 个妇女正在采桑，桑林下面，有 3 个错列的方形大沤麻池。画面的中部偏下，有马厩和牛羊圈。圈与圈之间有墙相隔，分别饲养很多大小牲畜。在空旷的地方，有野放的

图3-15　庄园图（和林格尔新店子一号墓壁画）（引自内蒙古自治区文物考古研究所《和林格尔汉墓壁画》，2007）

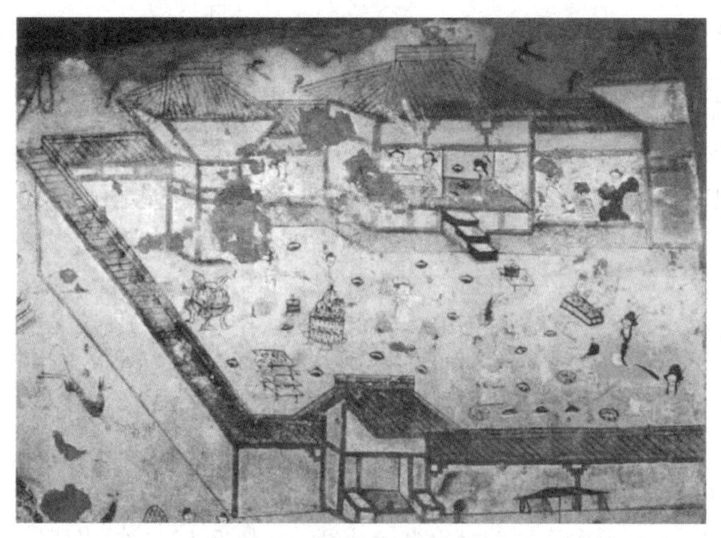

图3-16　百戏图（鄂托克凤凰山一号墓壁画）（引自内蒙古自治区文物考古研究所《和林格尔汉墓壁画》，2007）

图3-17　射雁图（鄂托克凤凰山一号墓壁画）（引自内蒙古自治区文物考古研究所《和林格尔汉墓壁画》，2007）

鸡群和猪群。庄园的边上还有坞堡壁垒。耳室里还绘有牧羊圈和捕鱼图。捕鱼图上有2个渔夫张网，水面荡起涟漪。水畔有1座五脊顶的水阁，阁中有3个人凭栏观赏游鱼。阁下右边台阶上有1个仆人侍立。

鄂托克凤凰山M1墓室东壁的右侧，绘有一幅"庭园百戏图"（图3-16）。图中是一座单进庭院，正房位于画面上部，两侧有耳房，庭院小门位于下部，其余部分墙壁围合。正房五脊顶，其中有两人坐于几后交谈，东侧游廊内跪有两人分别作抚琴状和舞蹈状。庭院内有抚琴、击鼓、杂要者8人正在表演，鼎、墩、叠几、案、耳杯等散布其间。院外有飞禽走兽。M1墓室西壁的中部则绘有"射雁图"。图左侧画庭院一角，有围墙和望楼，院中有人抚琴；庭院外，望楼向东与凌空架起的平台相接，平台由立柱支撑，设有护栏，一角有伞盖。图上方天空中一行白鹭由东向西飞过，平台上有两位站立的红衣男子正在举弩发射，1位蹲下装箭；3位女子在观看，女子均头戴宽沿黑帽，帽侧插翎，两鬓长发下垂，分别着红衣和绿衣；再往左，1位两鬓插翎羽的红衣孩童，骑在1只盘角山羊上。台榭由立柱支撑，周边设有护栏、伞盖等（图3-17）。

文献表明，整个西汉时期，为了抵御北部的匈奴，加强边防；同时也为了缓减中原地区由于饥荒灾害和人口增加带来的矛盾，从中原向北部边疆地区的移民活动始终没有间断。这种特殊时期大规模的迁徙、移民开垦，促进了两汉鄂尔多斯一带的庄园经济的迅速发展。和林格尔和鄂托克壁画中的精美和完整的庄园图，恰好呼应了文献，反映了东汉后期南匈奴及鲜卑地区的私家园林之兴盛。从建筑形制、园中活动看，这些庄园与中原类似，但细部构造又有差异，人物活动也有特色。可知东汉时期，生活在鄂尔多斯地区的北方少数民族虽然汉化程度很深，社会经济与生活习俗也发生了很大的变化，但仍保留着自己浓郁的民族特色，这些地区的庄园反映了汉代中原与北方的政治、经济、文化交流，是中原文化和北方草原文化共同影响下的产物。它们证明了我国古代优秀的园林艺术是由各族人民共同创造的，它们不仅在中原地区传播与发展，而且早已深深地扎根于长城内外大江南北辽阔的土地上。

3.3.5　陵寝

下文以秦始皇陵（丽山园）为例介绍。

秦始皇陵位于今陕西省临潼县东 5 km 之骊山。《史记》《三辅旧事》等皆盛言此陵建设规模之宏大，耗费人力、物力之巨，但有关陵墓内外上下之各部具体尺度及详细内容，古代文献皆未曾涉及。

1962 年以来，考古工作者多次地面与空中探测，已确定该陵平面为具南北长轴之矩形，周以内、外围垣二重，四隅建有角楼，陵门各置门阙。该陵墓之主轴线为东西向，主要陵门位于东侧。内城中建有寝殿、便殿等建筑，陵园官衙吏舍则置于内垣北部及西侧内、外垣之间。外垣以外，另有王室陪葬墓、兵马俑坑、马坑、珍禽异兽坑、跽座俑坑，以及窑址、建材加工与储放场、刑徒墓地等。

陵园之南北纵轴基本与子午线相重合。陵墙大部已毁坏不存，现地面上犹可辨识者，仅南侧之内、外垣各若干残余，高度 2 ~ 3 m 不等。外垣南北长 2165 m，合秦制 5 里 50 步；东西广 940 m，约合 670 m，或 2 里 70 步；周长 14 里 240 步，占地面积 1 035 100 m^2。内垣南北长 1355 m，约合秦制 3 里 70 步；东西广 580 m，约合 1 里 150 步；周长 9 里 70 步，占地面积达 785 900 m^2。内垣东墙中部另筑东西向隔墙一道，长 330 m，与北墙中部南北向之隔墙相交，从而在内垣东北部另形成一区，此二隔墙之宽度皆为 8 m。

墓丘封土位于内垣南部中央，平面近方形，现每边长度约 350 m（合秦制 250 步），残高 76 m（以封土西北角之内垣基部为测定标准点），约合 54 步。目前该丘尺度与文记颇有出入，而现有之封土显然已经长期风化流失，故其确切形制，尚有待进一步考证。

陵垣由夯土构筑而成，基宽约 8 m（合秦制六步）。外垣每面各辟一门，南、北二门位于陵墓纵向中轴线上。内垣 5 门，其东、南、西三面各 1 门，并与外垣相对应之门在同一轴线上，北面开 2 门。内垣之内，于中部之东西向隔墙上辟有 1 门。

在内城南区封土之北侧偏西，发现大型建筑基址，平面南北长 62 m，东西广 57 m，面积达 3524 m^2，南距现有封土 53 m。基址中部稍高，四周绕以回廊，址上尚残留墙壁片断及大量碎砖瓦、草拌泥块等建筑材料，它可能是始皇陵园中的寝殿所在。东廊南端有突出约 1 m，长 15 m 之夯基，估计是门殿所在。

内城北区西部，有南北排列之建筑基址多组，其间连以青石板或卵石铺砌之道路，可能属于寝殿建筑群的一部分。现已清理出南侧一组，共 4 座，依此组建筑之面积及形制，应是陵园之便殿所在。在内、外城西垣之西门以北，至内城北垣附近的范围内，列有建筑基址 3 组。这里出土的陶器上刻有“丽山园”“丽山飤宫”“丽邑五升”“丽邑二斗半、八厨”等文字，明确地证明了这里是掌管祭奉陵寝膳食的“食官”衙署与住处。而始皇陵墓的原名，亦得之“丽山园”。

由于始皇陵建于骊山北麓下，为防止山洪冲击，就在陵园外东南约 1 km 处，修建了一道防洪大堤。此堤自西南延向东北，原来长度约 3500 m，现尚存 1500 m，宽 40 ~ 60 m，残高 2 ~ 8 m。它使山洪东流再北下，最后注入渭水，有效地保证了陵园及其附近各项设施的安全。在陵园北约 2.5 km 处，建陵时曾在该地大量取土，后水积成池，称为鱼池。此池在北魏·郦道元《水经注》中已有记载，估计形成当在西汉之际。鱼池之东北，发现大型建筑基址，其面积甚广，东西宽约 2000 m，南北长亦 500 m，出土有夯土屋基及墙垣、井、下水道、灰坑多处，又有大量陶砖瓦，生活用具及铜器、铁器等遗物。很有可能是秦代步寿宫旧址。

由上述情况可知，秦始皇之骊山陵范围，并

不仅限于陵垣以内（图 3-18）。它北抵陵垣北端，东至石滩张村，南及陈家窑村，西达赵背户村一带，大抵包括东西与南北各长 7.5 km 之地域，占地面积在 56 km^2 以上。它的总体布局，则采用了东西向的轴线，将主要入口置于东侧，因此陵内大部分建筑，都是坐西朝东。而作为后宫的附属建筑及设施，则基本集中于西部，亦即地宫与封土之后，这种排列顺序，是符合我国宫室建筑布局传统的。骊山陵的规模巨大与气势雄伟，在我国古代陵墓中可称独步；它的构思与布局原则，

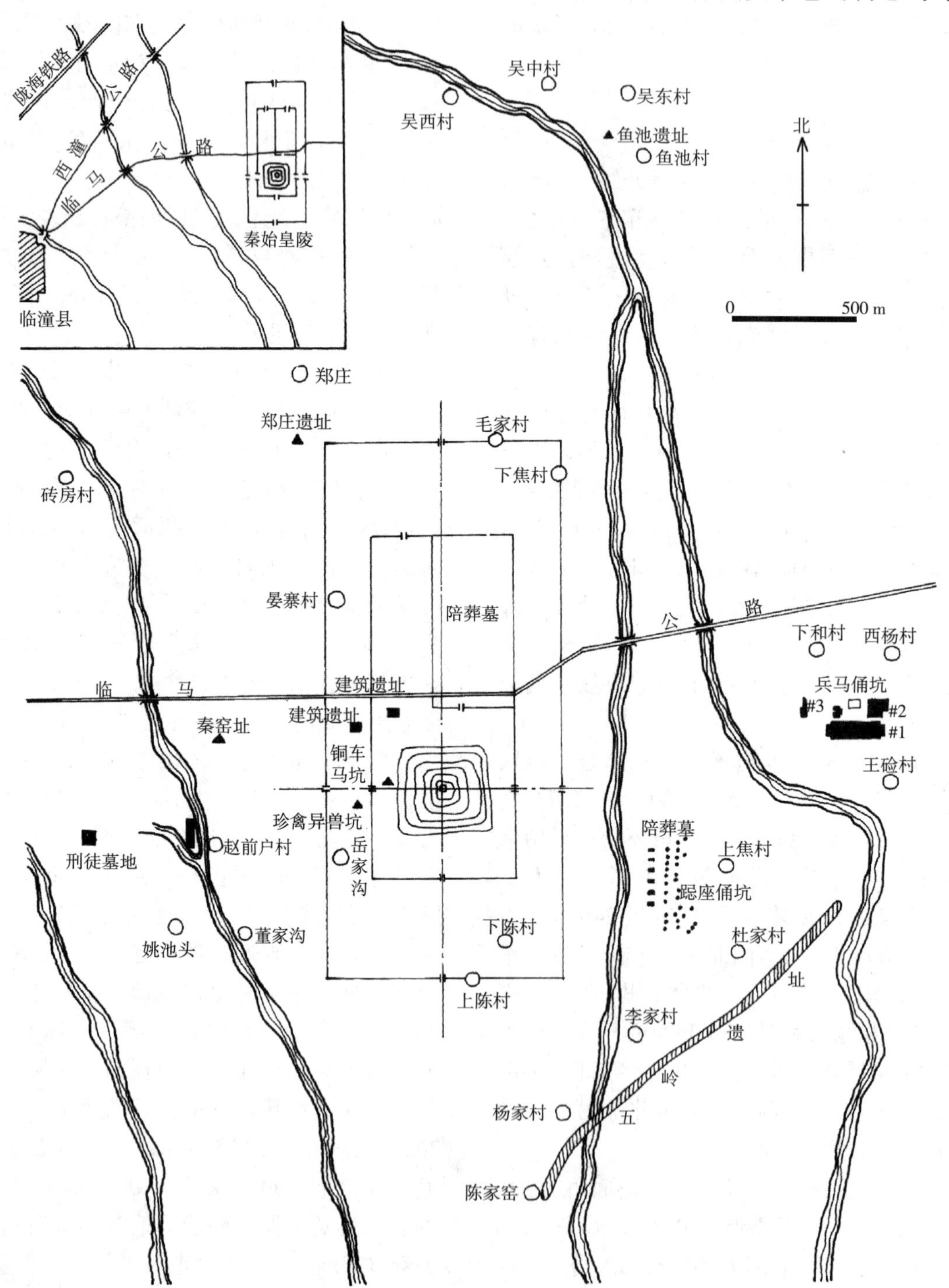

图3-18　秦始皇陵总平面图［摹自刘叙杰《中国古代建筑史》（第一卷），2009］

也对后代两汉和唐、宋的帝王陵寝，产生了极为深刻的影响。

3.3.6　山水胜迹

秦代和汉代，巡狩制度和原始的山川崇拜仍然延续，始于先秦的帝王巡狩、名山封禅得以发展和推广。东汉末年道教形成，出于修炼和求仙的需要，早期道教也开始涉足山岳。由于年代久远，对于大多数山岳，我们很难考证秦汉帝王和汉代的修道者进行过哪些建设活动，但这些活动在山水园林的滥觞期所起的作用不容忽视。下面各举一例来阐明。

3.3.6.1　始皇东巡与齐鲁名山

巡狩是封建帝王经常举行的一项重大的政治军事文化活动。皇帝超出国都范围而进行的任何活动，都可以用巡狩、巡幸来概括。《史记・五帝本纪》中载：黄帝“东至于海，登丸山，及岱宗。西至于空桐，登鸡头。南至于江，登熊、湘。北逐荤粥，合符釜山，而邑于琢鹿之阿”。《竹书纪年》载：“(帝尧)五年，初巡狩四岳。”《尚书・虞书・舜典》：“五载一巡守，群后四朝。敷奏以言，明试以功，车服以庸。”《越绝书》：禹“巡狩大越，见省老，纳诗书，审栓衡，平斗解”。上述材料虽然是后人对传说时代的追忆记载，但至少已经表明，早在传说时代就已经有帝王巡狩的印迹。

夏商周三朝，巡狩已有史可考。至周代，国家体制逐渐完备，礼制渐成，巡狩也进一步完善，逐渐制度化、系统化、礼仪化。周代的巡狩常伴有大量的祭祀，将王权与神权紧密结合在一起。《孟子・梁惠王下》云：“天子适诸侯曰巡狩。巡狩者，巡所守也。”说明巡狩并非秦典章首创，而是自古就有的天子大政，夏商周三代尤成定制。《尚书・尧典》《史记・五帝本纪》《礼记・王制》《国语・鲁语》等文献，都记载了后人对传说时代的巡狩的追忆。概括地说，在以征伐、祭祀为根本大政的古代，巡狩的本意是天子率领护卫大军在疆域内视察防务、会盟诸侯、督导政事、祭祀神明。然而从实际方面看，东周以前的天子巡狩，其实际内容主要在 3 个方面：一则祭祀天地名山大川；二则会盟诸侯以接受贡献；三则游历形胜之地。秦汉以后，巡狩成为封建帝王经常举行的一项重大的政治军事文化活动。

秦始皇统一中国后，先后在始皇二十三年、二十七年、二十八年、二十九年、三十二年、三十七年(即前 224 年、前 220 年、前 219 年、前 218 年、前 215 年、前 210 年)6 次巡游全国。其中多次到齐鲁之地巡游。除了宣扬国威、巩固统治、推广教化、考察民情等政治、军事目的以外，也有寻根、求仙等考虑。

《史记・秦始皇本纪》和《史记・封禅书》详细记载了秦始皇登基后第三年，即始皇二十三年东巡的路线和主要活动。这次大巡狩的路线是：咸阳—河外—峄山—泰山—琅玡—彭城—湘山—衡山—长江—安陆—南郡—入武关归秦。可知秦始皇东巡郡县，首站是鲁地的峄山；巡游峄山后，秦始皇自峄山北上，加封泰山；此后始皇又前往渤海之东，登芝罘山；又往南，登琅玡山。主要举措有 4 则：其一，峄山刻石，宣教大秦新政；其二，加封泰山，立祠祭天，又在梁父山刻石祭地，以封禅大典确立秦帝国的天道根基；其三，登芝罘山，此次刻石主要为威慑逃亡遁海之复辟者；其四，在琅玡山作琅玡台并再次刻石，宣教大秦新政。

在这次东巡的后期，卢生、徐福等方士上书皇帝，“言海中有三神山，名曰蓬莱、方丈、瀛洲，仙人居之。请得斋戒，与童男女求之。于是遣徐发童男女数千人，入海求仙人。”

秦始皇东巡的影响力非常久远。西汉初年国势与秦始皇时类似，为平定四方，汉高祖不得不四处巡狩；文帝、景帝时，经过几十年的休养生息，国力增强，各种祭祀制度相继在巡狩中出现，巡狩的主要特征开始由“武功”转向“文治”，到武帝时期发展到高潮。后世帝王巡狩四方、祭祀名山的活动不断，一直延续到清朝。始皇东巡时海上三山的传说，后来也被皇家园林吸纳，发展出“一池三山”的模式。

3.3.6.2 五斗米道与大邑鹤鸣山

鹤鸣山位于四川省成都市大邑县西北 12.5 km 处，与青城山相连，亦作鹄鸣山、双龙涧，方圆 8 km^2，系邛崃山脉东麓在青城地区的南侧支峰，东西北三面环山，东向成都平原，山势雄伟，苍松满布，翠柏森森，双涧环抱，形为展翅欲飞的玄鹤，故名。主峰天柱峰海拔 970 m，立于妙高、留仙二峰之中央，故名。传说鹤鸣山不仅形似鹤，而且山藏石鹤、山栖仙鹤，为古代剑南四大名山之一。

东汉顺帝时，沛国张陵入蜀鹤鸣山修炼创道，创立五斗米道，后来发展成正一道。南朝宋裴松《三国志·魏书·张鲁传》记载："张鲁字公祺，沛国丰人也。祖父陵，客蜀，学道鹤鸣山中，造作道书，以惑百姓，从受道者，出米五斗，故世号'米贼'。陵死，子衡行其道。衡死，鲁复行之。"鹤鸣山上最早的建筑如今均已湮没难寻，但晋初鹤鸣山设有鹤鸣治，属上治八品之一，明人张景贤在《修鹤鸣观醮台公署记》中又记载，"观之创不可考，然隋唐之际，尝有旧址"，可以推断东汉末年是有营建活动的。经历晋、唐、宋、元，到明初，鹤鸣山屡经修建，已有庙宇上百间，盛极一时。张道陵入山修炼，又在山中设治所，实际为鹤鸣山拓荒，为鹤鸣山成为道教名山奠定了基础。

3.4 总结

秦汉是中国园林成形期的重要阶段。在这一时期，皇家园林数量众多，且具有相当的水平，私家园林开始形成，在帝王巡游和早期宗教活动的影响下，名山风景区也开始拓荒。"夫风生于地，起于青萍之末"，秦汉两代奠定了中国园林以山水为基础的基本特征和移天缩地的观念，其山水观、园林观和其他相关造园思想，对后世的影响极为深远。

秦汉园林的基本特征和主要成就可以归结为如下三点：

（1）皇家园林以山水宫苑为主流

秦汉两代，造园活动的主流仍是皇家园林。与中央集权的政治体制相应，秦咸阳及汉长安出现了皇家园林这一园林类型；它的"宫""苑"两个类别，深刻影响了后世的宫廷造园，并在隋唐发展出大内御苑和行宫别苑、离宫别苑两个基本类别。秦代宫苑延续周代利用大自然山水环境成景的传统，但思想立意及经营意识较先秦更为明确。秦代宫苑因山水而建，气势宏大，同时具有法天象、仿仙境、通神明等特点，并与城市建设紧密联系。西汉皇家园林与秦代有明显的延续性，全面继承了仿天象的立意和一池三山的模式；同时，西汉国力强盛，文化繁荣，这一时期的园林也显示出铺张扬厉的特征和泱泱大国的气度，其规模之大、气势之盛为历代所不及。同时我们也应看到，秦汉两代的园林是天真质朴的，大多数园林简单粗放。古代园林从自在走向自为，还有很长的道路。

（2）私家园林的兴起

西汉末年至东汉，私家园林开始兴起，一方面表现为庄园的形式，这是集生产、生活和娱乐为一体的园林形态；另一方面就是王侯富商营建的宅园，大多模仿皇家园林规模和内容。其中叠石理水等造园手法开始出现。东汉社会思潮纷繁复杂，与西汉相比更注重现实生活，山水不再是单纯求仙通灵的凭借，而转变为审美对象。同时，东汉末年文人的社会地位提高，这时出现的隐逸思想影响了园林的审美意识，这一思想经过东汉文人的理论和践行，最终发展为魏晋南北朝文人营建的私家园林。

（3）山水胜迹的出现

以秦始皇东巡名山，封禅泰山促成了山水胜迹这一特殊的园林类型的发展。这也是中国名山大川发展成为今天的风景名胜区的重要原因。

思考题

1. 比较先秦时期的囿和秦汉时期宫苑的异同。
2. 举例说明秦汉宫苑园林的特点。
3. 比较秦汉时期皇家园林和私家园林的异同。

参考文献

（北魏）郦道元，水经注 [M]. 北京：中华书局，2009.
（汉）班固，汉书 [M]. 北京：中华书局，1983.
（汉）班固，汉武故事 [M]. 北京：中华书局，1991.
（汉）刘歆，西京杂记 [M]. 北京：中华书局，1983.
（汉）司马迁，史记 [M]. 北京：中华书局，1982.
（汉）赵岐，三辅旧事 [M]. 北京：中华书局，1985.
（晋）潘岳，关中记 [M]. 西安：三秦出版社，2006.
（南北朝）佚名，三辅黄图 [M]. 北京：中华书局，2005.
（南朝宋）范晔，后汉书 [M]. 北京：中华书局，1985.
（清）陈梦雷，古今图书集成・考工典・宫殿汇考 [M]. 北京：中华书局，1984.
白钢，中国政治制度史 [M]. 天津：天津人民出版社，2002.
杜石然，中国科学技术史・通史卷 [M]. 北京：科学出版社，2003.
翦伯赞，中国史纲要 [M]. 北京：人民出版社，1983.
林甘泉，中国经济通史・秦汉经济卷 [M]. 北京：中国社会科学出版社，2007.
林剑鸣，秦汉史 [M]. 上海：上海人民出版社，2003.
刘叙杰，中国古代建筑史 [M]. 第一卷. 北京：中国建筑工业出版社，2003.
内蒙古自治区文物考古研究所，和林格尔汉墓壁画 [M]. 北京：文物出版社，2007.
南越王宫博物馆，南越国宫署遗址：岭南两千年中心地 [M]. 广州：广东人民出版社，2010.
秦始皇帝陵博物院，秦始皇帝陵园考古报告（2009—2010）[M]. 北京：科学出版社，2012.
孙炼，大者罩天地之表，细者入毫纤之内 ——汉代园林史研究 [D]. 天津：天津大学，2003.
汪菊渊，中国古代园林史 [M]. 北京：中国建筑工业出版社，2006.
吴宗国，中国古代官僚政治制度研究 [M]. 北京：北京大学出版社，2004.
阴法鲁，等，中国古代文化史 [M]. 北京：北京大学出版社，2008.
袁行霈，中国文学史 [M]. 第一卷. 北京：高等教育出版社，2014.
张岂之，中国思想史 [M]. 西安：西北大学出版社，1989.
郑力鹏，郭祥，秦汉南越国御苑遗址的初步研究 [J]. 中国园林，2002（01）.
周维权，中国古典园林史 [M]. 2 版 . 北京：清华大学出版社，1999.
周维权，中国名山风景区 [M]. 北京：清华大学出版社，1996.

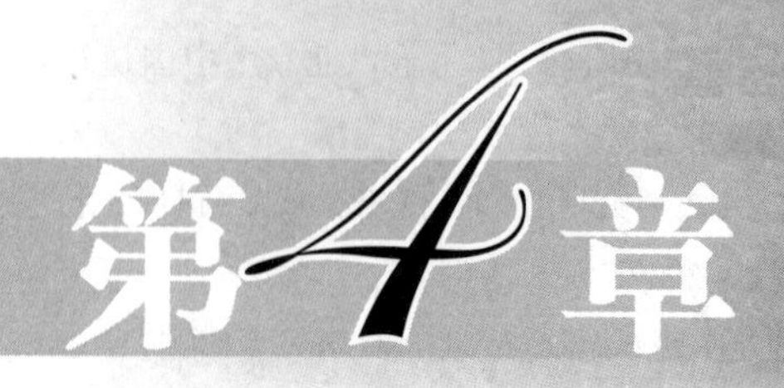

第4章 魏晋南北朝园林

这是个动荡、分裂的时期，政权更迭，民不聊生。人们寻求精神寄托并逃避现实，隐逸思想萌生，造就了玄心、洞见、妙赏、深情的魏晋风流，因而寺观园林得以兴盛发达。正是：

结庐在山阴，寒尽信有时。
岩花濯繁露，当户发华滋。
掬溪弄拙句，折香泛酒卮。
终复不知年，长啸归去迟。

4.1 历史文化背景

魏晋南北朝，亦即三国两晋南北朝，始于220年，终于589年，包括三国鼎立、两晋和十六国、南北朝等分裂割据阶段。

三国是东汉之后魏、蜀、吴3个政权鼎立的历史时期，始于220年魏国代汉，终于265年晋国代魏。在东汉末年的军阀割据中，袁绍、曹操、袁术、韩遂、公孙瓒、孙策、刘备、刘表等人拥兵自重，攻伐不已。最终，曹操挟天子以令诸侯，通过官渡之战打败袁绍，统一北方。220年，曹丕废汉献帝，建立魏国，定都洛阳。魏国有5帝，历46年。221年，刘备称帝，在成都建立蜀汉。蜀汉有2帝，历43年。229年，孙权在建业（今江苏南京）称帝，建立吴国。吴国有4帝，历59年。

三国鼎立时期的中国，曹魏政权的东北界抵达日本海，恢复西汉疆域。北方疆域则因羌胡的内迁而缩减。蜀汉政权平定了西南夷叛乱，其西北界则因白马羌的内附而扩大。孙吴政权的南部疆域则包括今越南中北部地区。

249年，司马懿发动政变，篡夺魏国政权。263年，蜀国被魏国消灭。266年，司马炎代魏立晋，史称西晋。西晋有4帝，历51年。

280年，晋灭吴，三国归于短暂一统。西晋疆域的四至，基本与三国保持一致。西晋所封同姓诸王位高权重，权力斗争频繁，酿成长达16年的"八王之乱"。

"八王之乱"后，西晋国力耗尽，民族矛盾激化，南下少数民族与流民纷纷起兵反抗西晋。304年，流民领袖李雄建立大成国，匈奴人刘渊建立汉国（后改称赵，史称前赵）。西晋被匈奴覆灭，北方地区进入十六国时期。十六国是匈奴、羯、鲜卑、氐、羌等民族建立政权的合称，又称"五胡十六国"。除了成汉，十六国还包括后赵、前燕、前秦、前凉、后燕、南燕、北燕、后秦、西秦、夏、后凉、南凉、北凉、西凉十四国。十六国之外还有西燕、冉魏两国。

311年，匈奴攻陷洛阳，晋帝被俘，史称"永嘉之乱"。建兴四年（316年），西晋被匈奴消灭。次年，宗室司马睿在建康（今江苏南京）称帝，建立东晋。东晋有11帝。东晋疆域狭窄，仅偏安江南。

东晋虽然由祖逖、桓温发起多次北伐，但最终不了了之。383年，前秦苻坚在统一北方后发动淝水之战。淝水之战后，东晋爆发孙恩、卢循起义。刘裕在击败桓玄，镇压起义之后，在元熙二年（420年）废晋建宋。此后，齐（萧道成建，有7帝）、梁（萧衍建，有4帝）、陈（陈霸先建，有5帝）更迭，并称南朝。南朝均建都于建康，刘宋政权疆域最广，北抵黄河以南，淮水以北以及汉水上游。陈朝疆域最小，与北朝的北齐划长江而治。开皇九年（589 年），陈被隋朝灭亡，南朝结束。

淝水之战后，前秦政权崩溃，北方再次陷入分裂。439 年，北魏太武帝拓跋焘重新统一北方。此后，北方地区进入北朝时期。北魏孝文帝实施改革，并将都城从平城（今山西大同）迁至洛阳。北魏分裂为东魏、西魏，二者又被北齐、北周取代。581 年，杨坚灭北周，建立隋朝，历时 142 年的北朝结束。北朝政权中，北魏的统治时期最长，北周疆域最大。

政治制度　三国时期，曹操颁布“唯才是举”令，大力提拔治国用兵之材。曹魏时期，制定九品官人法选拔官吏。西晋时期建立察举征辟制度选拔官吏，强化门阀士族政治，出现了“上品无寒门，下品无士族”的局面。东晋时期，政治为门阀士族把持，出现“王与马，共天下”的局面。为安置北方移民，又增设众多侨州郡县。南朝政治制度基本沿袭东晋。

社会经济　曹魏时期曾制定屯田制、租调制等有利于恢复和发展社会经济的措施。冶铁业中使用水力鼓风冶铸的水排，丝织业也兴盛起来。西晋永嘉之乱后，北方汉族大举南迁，为南方地区开发带来了劳动力和生产技术，促进了江南开发。南北朝时期，南方政局相对平稳，持续的北方人口迁入成为南方经济发展的强劲动力。江南地区的农业经济在农具、耕作技术、水利灌溉等方面都有较大进步，农田面积和农作物产量均有提高。冶铁、制盐、采煤、造纸、瓷器、漆器等手工业也有发展。瓷器的生产技术进入更成熟的阶段。建康是南朝规模最大的城市，此外还有广州、江陵、成都、襄阳、寿春等经济繁荣的区域中心城市。

思想文化　魏晋南北朝时期，各民族文化充分交流，带来了新的文化要素。魏晋时期，糅合儒道的玄学兴起，打破了经学的沉闷，出现了何晏、王弼、“竹林七贤”、向秀等一批著名的思想家。南北朝时期，佛教迎来发展的高峰期，并与玄学融合。道安、鸠摩罗什、慧远等高僧在佛经翻译和佛教思想传播上做出重要贡献。葛洪、寇谦之、陶弘景等人对道教理论和仪式进行完善。最终，这一时期形成了儒、释、道并立的局面。何承天、范缜等人则代表了当时的反佛教思潮。此外，杜预、郭璞等晋人在儒家经典整理上贡献突出。三国魏荀勖创立的图书四部分类法影响深远。

文学艺术　以三国时期的曹操父子及“建安七子”，东晋南朝的陶潜、谢灵运及永明体诗人为代表的文学家，为后世留下了宝贵的文学遗产。南北朝的乐府民歌、刘义庆的小说集《世说新语》都是重要的文学作品。曹丕的《典论·论文》、陆机的《文赋》、刘勰的《文心雕龙》、钟嵘的《诗品》，都是中国文学史上重要的理论典籍。这一时期的书画艺术取得长足进步。顾恺之在人物画创作上成就突出，同时被誉为“山水画的祖师”。钟繇、王羲之、王献之父子的艺术造诣至今仍为世人称颂。以大同云冈、洛阳龙门石窟为代表的造像艺术也取得杰出的艺术成就。

科学技术　魏晋南北朝时期的科技成就，主要出现在数学、医学、天文学、农学、地理学、机械等领域。数学方面，在勾股算术、重差术、割圆术、圆周率、球体积公式等方面取得重要成就。曹魏时期刘徽的《九章算术注》为中国古代数学奠定了理论基础。南朝祖冲之是在圆周率的计算上取得了举世公认的领先成就。祖冲之还是一位天文学家，他编制的《大明历》首次将岁差引入历法。三国时期张仲景著有《伤寒杂病论》，奠定了中医学的理论基础，被后世尊为医圣。此外，华佗擅长于方药、针灸、外科手术，闻名于世。西晋葛洪的《肘后备急方》、王叔和《脉经》、皇甫谧《针灸甲乙经》都是中医学的理论经典。机械制造技术的进步，以曹魏时期马钧为代表。马钧改进或发明了织机、翻车、连弩等机械。地理学方面，地方志的编纂得到很大发展。西晋裴秀绘制《禹贡地域图》，提出“制图六体”的地图学理论。农学方面，北魏贾思勰的《齐民要术》是我国现存最早、最完整的农书，对后世农学影响深远。

4.2 魏晋南北朝主要城市格局与园林

4.2.1 曹魏邺城

邺城在今河北省临漳县和河南省安阳县交界处，传说始建城于齐桓公时。公元前439年，魏文侯封于此，所以又称为魏。西汉高帝十二年（前195年）置魏郡，以邺为郡治，属冀州部，逐渐发展成北方重镇。东汉的邺属于郡国级城市。

汉献帝建安九年（204年），曹操攻克邺后，以邺为基地，逐步建设，形成其政权的中心地区。但从公元219年，曹操就留居洛阳并修缮洛阳宫殿。220年曹丕代汉为帝，建立魏朝，定都洛阳。以后，邺被列为五都之一，与许昌同为曹魏重要的陪都。自204年曹操克邺到220年曹丕定都洛阳，曹魏在邺的建设持续了17年，邺城由地方的州部首府改建为王国的都城。左思《魏都赋》所写的就是在这17年中，特别是在216年曹操称王以前的13年形成的。但从曹操、曹丕相继修复洛阳看，曹魏并不想立国后在邺建都，所以应该也不会全部按帝都的规格去改建它。

邺城遗址大部分已埋在淤土中，南部有的沦入漳河，地面上除金虎、铜爵二台和石虎太武殿残基尚存，可大致确定方位外，别无遗址可寻。20世纪80年代初，考古工作者对邺城遗址进行了发掘。

现存有关曹魏邺城的文献最重要的是西晋左思《三都赋》中的《魏都赋》和北魏郦道元《水经注》。《魏都赋》可视为当时人的纪实之作，郦氏曾亲自考察过邺。明代崔铣《嘉靖彰德府志》中的《邺城宫室志》直接采自北宋陈申之的《相台志》，也有重要的参考价值。

关于邺都建设之初时的情况，《魏都赋》说“爰自初臻，言占其良，谋龟谋筮，亦既允臧。修其郛郭，缮其城隍，经始之制，牢笼百王。画雍豫之居，写八都之宇，鉴茅茨于陶唐，察卑宫于夏禹。”说明曹操在定邺为魏国都城时曾修缮疏渭过城墙、城隍，并参考了汉代长安、洛阳的规划制度，宫殿则效法尧舜的卑宫室的传统。

《水经注》记载曹魏邺城东西七里，南北五里，呈横长矩形，共有7个城门（图4-1）。城南面开三门，自东而西依次为广阳门、中阳门和凤阳门。东、西面各一门，东为建春门，西为金明门。北面二门，东为广德门，西为厩门。史载在袁绍据邺时，邺城南面已是三门，且《魏都赋》中提到城隍时用“修”“缮”“崇”“浚”等词，可知是沿用东汉时旧有的城。魏都各城门上都建有高大的城楼，有的是二层的重楼。城门外建有跨濠的低平石桥。

邺的7座城门中，除厩门直通内苑外，余6门都有大道通入城内。在东面建春门和西面金明门之间有横亘全城的东西干道，另自北面的广德门和南面的广阳、中阳、凤阳3门都有南北向大道入城，和东西向干道垂直相交，形成丁字街。东西大道和中轴线上的中阳门内大道宽17 m，其余3条南北干道宽13 m。这5条大道形成邺城的干道网。东西干道与中轴线干道丁字相交子宫门前，并建有3座止车门，形成一个关闭形的广场。

从总体布局来看，邺城是用一条东西向的干道把全城分为南北两部分：北半部是宫殿、官署和贵族居住区，南半部是民居和商业区，使宫殿、官署、戚里明显与一般居民区隔开。北半部中，宫殿和贵族居住的戚里又用自北城向南的广德门内大道隔开。宫城在北半城的西部，背倚西、北二面城墙，并不居全城之中；宫殿与干道相对布置，形成纵贯全城的南北中轴线。南半部的居住区和商业区建作封闭的里和市，其间还布置了5座军营，军营的位置无记载。史载魏国受封后在邺建有宗庙、社稷，但具体位置史籍未载。

宫城按用途划分为左、中、右3区。中区是进行国事和典礼活动的礼仪性建筑群，以主殿文昌殿为中心。东区前半是魏王的行政办事机构，以主殿听政殿为中心；后半是内宫，是魏王的住所。西区是内苑，称铜雀苑，西端因城为基建著名的铜雀三台，是兼有储藏、游观、防御多种功

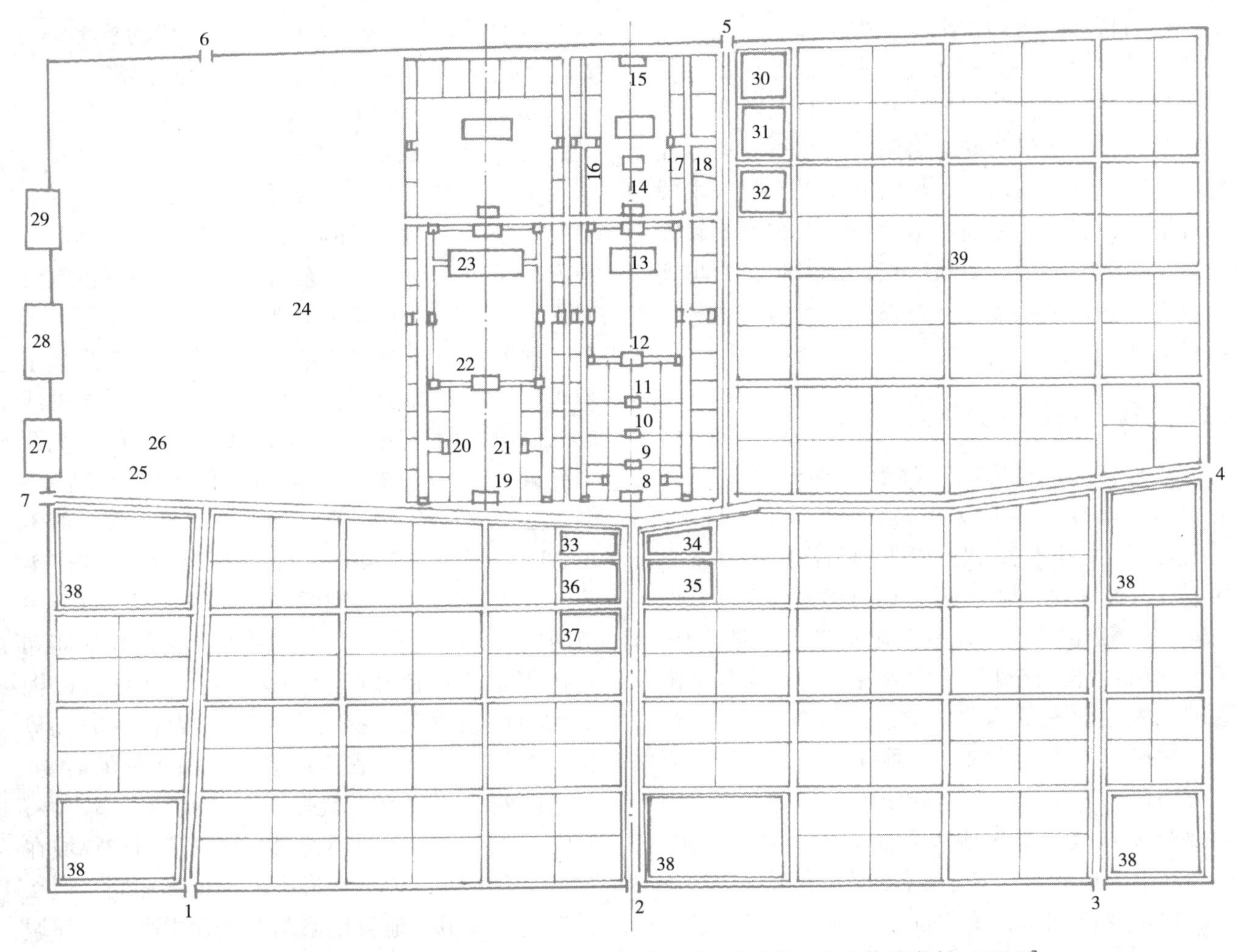

图4-1　曹魏邺城平面复原图［摹自傅熹年《中国古代建筑史》（第二卷），2001］

1.凤阳门　2.中阳门　3.广阳门　4.建春门　5.广德门　6.厩门　7.金明门　8.司马门　9.显阳门　10.宣明门　11.升贤门　12.听政殿门　13.听政殿　14.温室　15.鸣鹤堂　16.木兰坊　17.楸梓坊　18.次舍　19.南止车门　20.延秋门　21.长春门　22.端门　23.文昌殿　24.铜爵园　25.乘黄厩　26.白藏库　27.金虎台　28.铜爵台　29.冰井台　30.大理寺　31.宫内大社　32.朗中令府　33.相国府　34.奉常寺　35.大农寺　36.御史大夫府　37.少府卿寺　38.军营　39.戚里

能的建筑。北半城东侧的戚里和南半城由排列整齐的里和市形成方格网状次要街道，与 5 条干道相连。

邺城内建有完善的引水渠道。邺城的水系是从城西北郊引漳河水，由 3 台附近穿城进入铜雀苑及宫殿区，横贯全宫后，先向东分流一部分至戚里；在宫的中部，渠水又分支南流，穿过南止车门附近宫墙，分流到东西门间大道的南北两侧，平行向东，再分出支渠流到各南北向大道和里坊间小街，形成全城的水渠网（这条水渠在曹魏时称为长明沟）；最后从东门附近流出城外。由于水系贯通，邺城园林也很多，除铜雀苑外，城西有文武苑，北城外有芳林苑，其东有灵芝苑等。

因为邺城是曹魏政权利用东汉时州郡城改建的，限于面积和原有格局，无法改造为帝都。且地理位置偏北，也不利于南向与吴蜀相争，所以曹操执政后期就开始经营洛阳，而曹丕在代汉称帝后，立即舍邺城而定都洛阳。

曹魏邺城是一座比较特殊的城市：一方面，它因袭汉代郡国一级城市的规模体制，而不是按帝都体制重新建设的；另一方面，曹魏邺城的宫殿和街道也有近于帝都体制的地方。邺城出现的一些新的特征，对后世都城产生了深远影响。邺城继承了古代城与廓的区分，也直接继承了汉代宫城与外城的区分，但邺城宫殿区与居民区的分区更明确，不像汉长安与洛阳宫城与坊里相参或为坊里所包围。同时，邺城宫前建以宫门、主殿为对景的长街，在宫前长街两侧集中布置衙署等严整、壮观、轴线分明的特点，在当时就影响到曹魏洛阳和孙吴建业，又为以后历代的都城所继承和发展。

4.2.2 魏、晋、北魏洛阳

公元190年，董卓挟汉献帝迁都长安，焚毁洛阳。洛阳在作为东汉都城165年后沦为废墟。建安元年（196年），汉献帝返回洛阳时"宫室烧尽，百官披荆棘立墙壁间"，当时无力修复，曹操只能把汉献帝安置在许昌。建安二十四年（219年），曹操自长安东归，留住洛阳，开始修复洛阳宫殿，先在北宫的西北部建造建始殿。公元220年，曹操死，曹丕代汉建立魏朝后，放弃邺城而定都洛阳。当时的洛阳十分残破，决策定都洛阳主要是要从政治上表明魏是汉的继承者；其次，洛阳在中原，更利于进行南平吴蜀的活动。

曹丕执政期间，重建自北宫开始，同时建造官府、宅第。大约到文帝曹丕末年（226年），宫殿、宗庙、官府、库厩、宅第已大体建成，在宫北新建了苑囿华林园，宫中西部仿邺城三台之例建了凌云台，以储藏甲仗。但这时宫前主殿尚未建，宫门外也没有建阙，城池也尚不完整。227年曹丕死，其子曹叡即位，是为魏明帝。他在位的13年中，在洛阳大修宫殿、苑囿、坛庙和城池、道路。由于连年多项工程并举，施工急骤，造成经济困难，民怨沸腾，大臣们纷纷进谏。到魏明帝末年，洛阳已重新建成宫阙、庙社、官署壮丽，道路系统完善，城坚池深，成为符合帝都体制的首都。

公元265年，西晋代魏后，全部沿用曹魏洛阳原有的宫殿和官署，除魏太庙坍塌改在宣阳门内重建外，无重大建设和改变。311年，刘曜、王弥军攻入洛阳，焚毁宫室、府署、民居，洛阳再次沦为废墟。洛阳作为魏、西晋两代的首都，自220年重建，到311年毁止，存在了91年。

魏晋洛阳是在东汉洛阳废墟上重建的（图4-2）。东汉时的城墙、十二城门、二十四街等主要部分都保存下来。魏晋对洛阳最大的改动有三。一是废弃南宫，拓建北宫及其北的华林园等苑囿，又在北宫之东建东宫，使城市布局由东汉时南、北两宫充塞都城中部改为宫室、苑囿、太仓、武库集中在城的北半部。二是延长和强化了城市中轴线，由于以北宫为皇宫，都城的主轴线由东汉时自南宫南门至洛阳南城上平昌门一线西移到北宫南门阊阖门至南城上偏西的宣阳门一线，这样，洛阳的宫前南北主街就由东汉时的不足700 m延长到2 km左右，纵贯洛阳城的南半部，直指宫城正门阊阖门和门前的巨阙。这条主街两侧又按"左祖右社"的原则，夹街建太庙和太社等象征皇权和政权的建筑群，并点缀以铜驼等的巨型铜雕，提升了洛阳作为都城的气势和面貌。三是出于战争环境和内部斗争的需要，在洛阳西北角建突出城外的金墉城和洛阳小城，形成3个南北相连的小城堡。尽管洛阳和邺城在城市原有等级、规模和形态上都很不相同，但从这三点可以明显地看出洛阳在重建中吸取了邺城的经验。

西晋洛阳废弃182年之后，北魏孝文帝为适应北魏已经变化了的政治、经济形势，决计在中原立国，于太和十七年（493年）自平城迁都洛阳。在重建洛阳的同时，先修复魏晋金墉城和华林园为临时宫殿。太和十九年（495年）八月金墉宫建成，九月，六宫和文武官员正式迁都洛阳。

重建的洛阳以原魏晋洛阳城为内城，在它的东、南、西、北四面拓建里坊，形成外郭。魏晋洛阳城东西六里，南北九里，而《洛阳伽蓝记》说北魏洛阳东西20里，南北15里，所指是包括外郭的。它的主要里坊在东、南、西三面，北面只有约2坊之宽。这种以原有都城为核心，外部主要在东、西、南三面的布局，在此前的都城中，只有北魏平城是这样。由此可知，北魏重建洛阳，拓展外郭，是吸收了平城的传统。建外郭

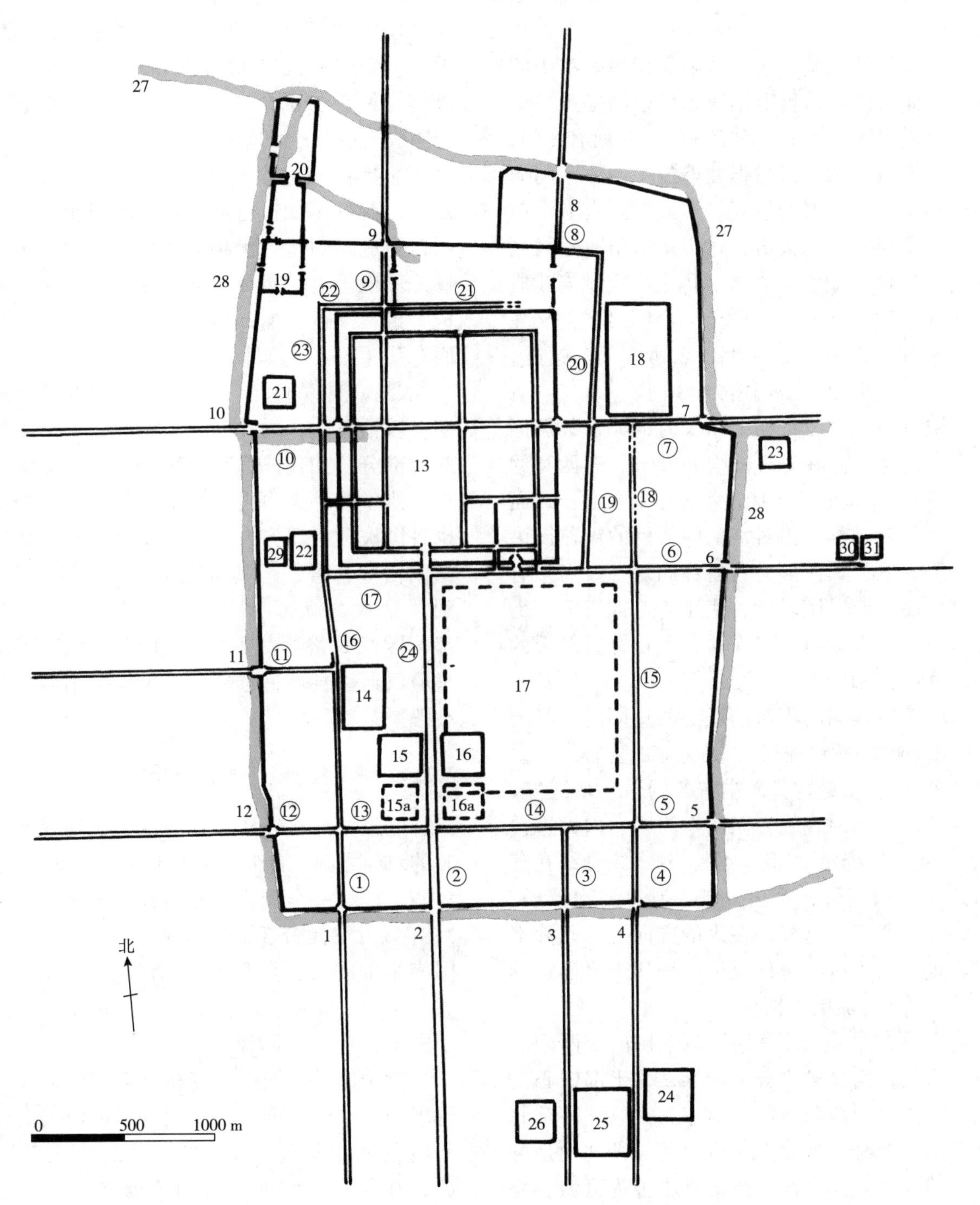

图4-2　魏晋洛阳平面复原图［摹自傅熹年《中国古代建筑史》（第二卷），2001］

1.津阳门　2.宜阳门　3.平昌门　4.开阳门　5.青明门　6.东阳门　7.建春门　8.广莫门　9.大夏门　10.阊阖门　11.西明门　12.广阳门　13.宫城（东汉北宫）　14.曹爽宅　15.太社　15a.西晋新太社　16.太庙　16a.西晋新太庙　17.东汉南宫址　18.东宫　19.洛阳小城　20.金墉城（西宫）　21.金市　22.武库　23.马市　24.东汉辟雍址　25.东汉明堂址　26.东汉灵台址　27.穀水　28.阳渠水　29.司马昭宅　30.刘禅宅　31.孙皓宅　①～㉔城内干道24街

后，称原汉魏晋时洛阳城圈之内为城内，郭墙之内为郭内。

北魏洛阳的城墙、城门基本保持魏晋洛阳的旧规。南面有四门，仍沿用曹魏以来西起第二门宣阳门为正门的传统；东面有3门，北面有2门，也维持魏晋时原状。只是把西墙的中门西阳门向北移到和东阳门相对的位置，形成横过宫城之前的东阳门至西阳门内大道，这正是洛阳改建规划中所说的“端广衢路”。此外，因为在宫城未建成之前北魏帝暂居金墉，为便于自金墉出城，又在西城北端靠金墉处新开一门，名承明门。这样，洛阳就由汉晋以来的12门增为13门。

宫城沿用魏晋故址，即东汉时的北宫，但面积远小于北宫。宫城南北长约1398 m，东西宽约660 m，约占大城面积1/10，是都城的中心。北面为北宫及皇家园林，正对宫门阊阖门的铜驼街为城市主要轴线，其西侧为官署寺庙坛社。街东有左卫门、司徒府、国子学、宗正寺、太庙等。街西有右卫府、太尉府、将作曹、太社等。祭天的圜丘在城南洛河南岸。

宫城正门阊阖门南对南城上的宣阳门，其间御道即魏晋时的“铜驼街”，是全城的主轴线。主轴线的两侧建重要衙署，左右各约占一坊之宽，形成衙署区。最南端临青阳门至西明门内大道按“左祖右社”传统建太庙、太社。这条主轴线在宣阳门外又向南延伸，穿出外郭，渡过洛水浮桥，直抵祭天的圜丘。这样，在纵的方向上，北魏洛阳把表现皇权天授、皇权至上的一切重要建筑物都串联在直指宫城的主轴线上。

从横的方向看，北魏洛阳以东阳门至西阳门间大道为界，实际被中分为两半，北半部中心是宫城，宫北为内苑华林园，宫东为太仓，宫东北是太子东宫（预留地），宫西是武库，西北角是可供踞守的金墉城。整个北半部基本上为宫城、苑囿、府库所占，地形又高于南部，是一个聚集了大量军资粮草有坚城可守的区域。南半城则以衙署庙社为中心，统领禁军的左、右卫府布置在御街北端，北对宫城阊阖门。可见洛阳城内的功能分区与便于事变时踞守有着明显的联系。

宫城外围建为里坊，衬托并拱卫着宫城。关于里坊的数目，《洛阳伽蓝记》说有220里，《魏书·世宗纪》说有320坊，同书《广阳王传附元嘉传》说有320坊，具体数目尚有待探查。城市道路成方格形，以通向城门的御道为骨架。

北魏洛阳完全恢复了魏、晋时的城市供水设施，而且比魏晋更加完善，水资源得以充分利用，为造园创造了优越的条件，因而城市河渠通畅，环境优美，园林十分兴盛，对此《洛阳伽蓝记》说“高台芳榭，家家而筑；花林曲池，园园而有”，俨然一座园林城市。

北魏洛阳的重建基本完成后，北魏已进入末期，政治腐败，内乱四起。原规划中很多尚待完成的部分，如建成完整的衙署区，建太学、四门学、明堂等都无力再进行下去，已建成的衙署等也日渐破败。北齐高欢灭北魏后，迁都邺城，拆洛阳宫室官署，运其材瓦修邺都宫殿（图4-3）。到了隋代，炀帝于大业元年（605年）兴建东都，因汉魏洛阳故城残毁过甚，在洛阳城西30里原汉河南县城另选新址，汉魏洛阳城就此永远废毁。

4.2.3 六朝建康（吴、东晋、宋、齐、梁、陈）

建康城址在今江苏省南京市，是魏晋南北朝时的六朝之都，自公元211年孙权迁都起，到589年隋灭陈统一全国止，除西晋灭吴至东晋立国的37年以及梁元帝迁都江陵3年之外，建康作为中国南半部的吴、东晋、宋、齐、梁、陈六朝的都城，历时320年，以繁华秀丽、人文兴盛而著称于史册。

建康最早的城址为春秋末年越国灭吴国后建的越城，位于今南京中华门外秦淮河的南岸，长干桥的西南。公元前333年，楚威王夺取该地后，在紧邻长江的石头山（今清凉山）上筑金陵邑城。三国时，孙权于公元211年（汉献帝建安十六年）迁都于此，并在金陵邑的原址上建石头城。石头城完全利用山坡的自然地形筑城，周长达7里100步，南面开一门，北面开二门，东面开一门，西北因紧靠长江，未开门；又在

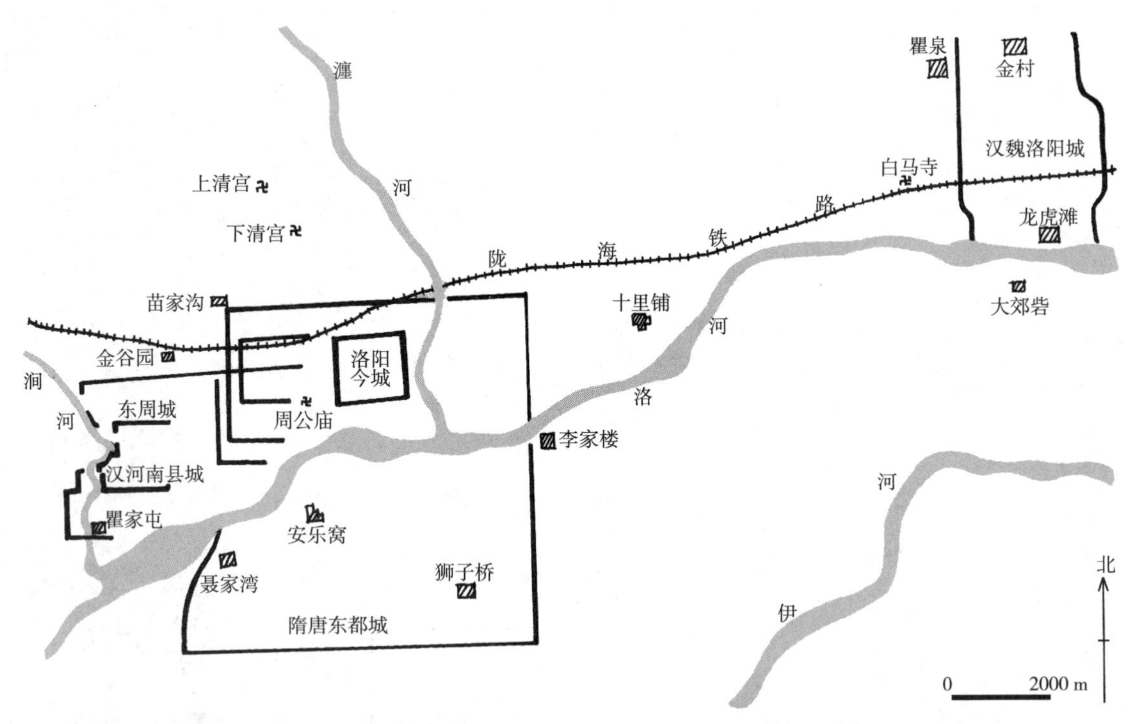

图4-3　洛阳附近历代城址变迁图（摹自董鉴泓《中国城市建设史》，2004）

石头城的东面建造都城建业，北依复舟山及玄武湖，南临秦淮河，东凭钟山西麓，西隔冶城山而与石头城相望，城周围 20 里 19 步。东吴皇帝所居的宫城在都城中部偏北，主要宫殿有太初宫及昭明宫。从昭明宫的宫门南出，经过都城的正门宣阳门而至秦淮河岸的朱雀门的七里间最为繁华；沿秦淮河一带，是市场及居民最集中的地区。

西晋于武帝太康元年（280 年）灭吴，三年（282 年）分淮水（秦淮河）北为建业，淮水南为秣陵。晋怀帝永嘉元年（307 年）晋廷以琅玡王司马睿为都督扬州江南诸军事，驻建业，居于在吴太初宫故址上缮修的府舍中。建兴元年（313 年）避晋愍帝司马邺的名讳，改建业为建康。晋室南渡后，司马睿在中国南半部以建康为都城建立东晋王朝（图 4-4）。

东晋前期国力很弱，主要沿用孙吴时期的都城。到义熙元年（405 年），新建军政中心东府城。东府城位于青溪南岸、秦淮河北岸，周围 3 里 90 步。又在西晋末年的扬州治的所在地建西州城，安置诸王。这就形成宫城、东府城、西州城鼎足之势。三城之间是居住坊里及商市。

从东晋建都后，经过 200 余年的发展，到了梁武帝时，建康的城市人口超过 100 万人，成为当时全国政治、经济、文化中心的大城市。城区北至钟山、南至雨花台、西至石头城、东至倪塘，周围 20 里，共 9 座门，南门称宣阳、广阳，津阳，东门为建阳、清明，西门为西明、阊阖，北门为广英、玄武，都是一门三道，上有重楼。宫城南面正门大司马门距都城南门宣阳门 2 里。宣阳门外 5 里便是秦淮河畔的朱雀门。主要商市在秦淮河北与石子岗（今雨花台）之间，沿江码头旁经常停靠着来自海外、闽广、长江中上游及“三吴”的大量商船，有时多达万艘以上。建康还集中着许多官办手工业，如织锦及造纸，设有锦署及纸官署，还有 8 处大冶炼所。因梁朝崇佛，城内有佛寺数百座。建康是当时中外经济文化交流的中心，城内有不少外国使者、商人及僧侣（图 4-5）。

南朝的建康城，实际上是一组城市组成的。

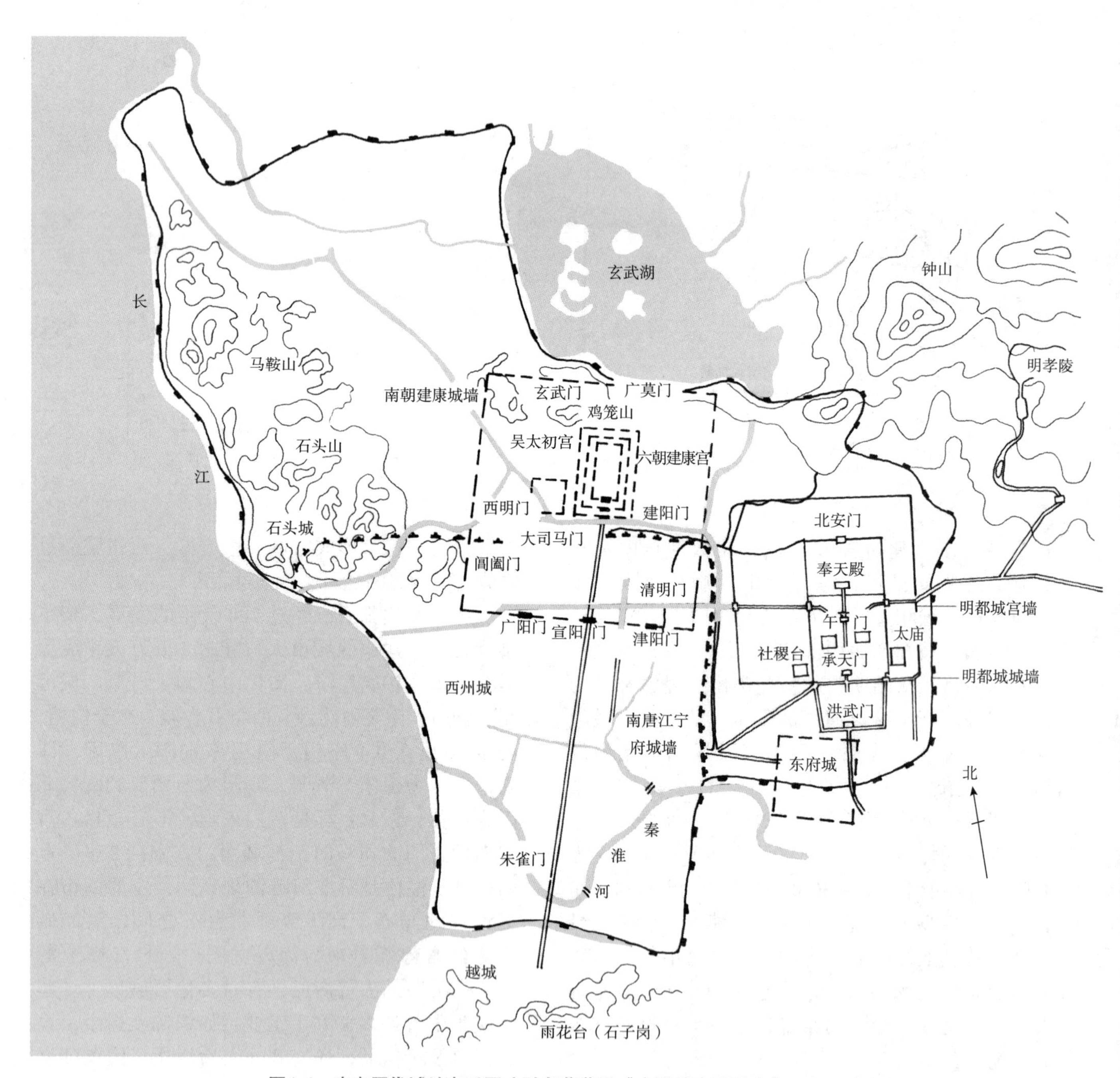

图4-4　南京历代城址变迁图（引自董鉴泓《中国城市建设史》，2004）

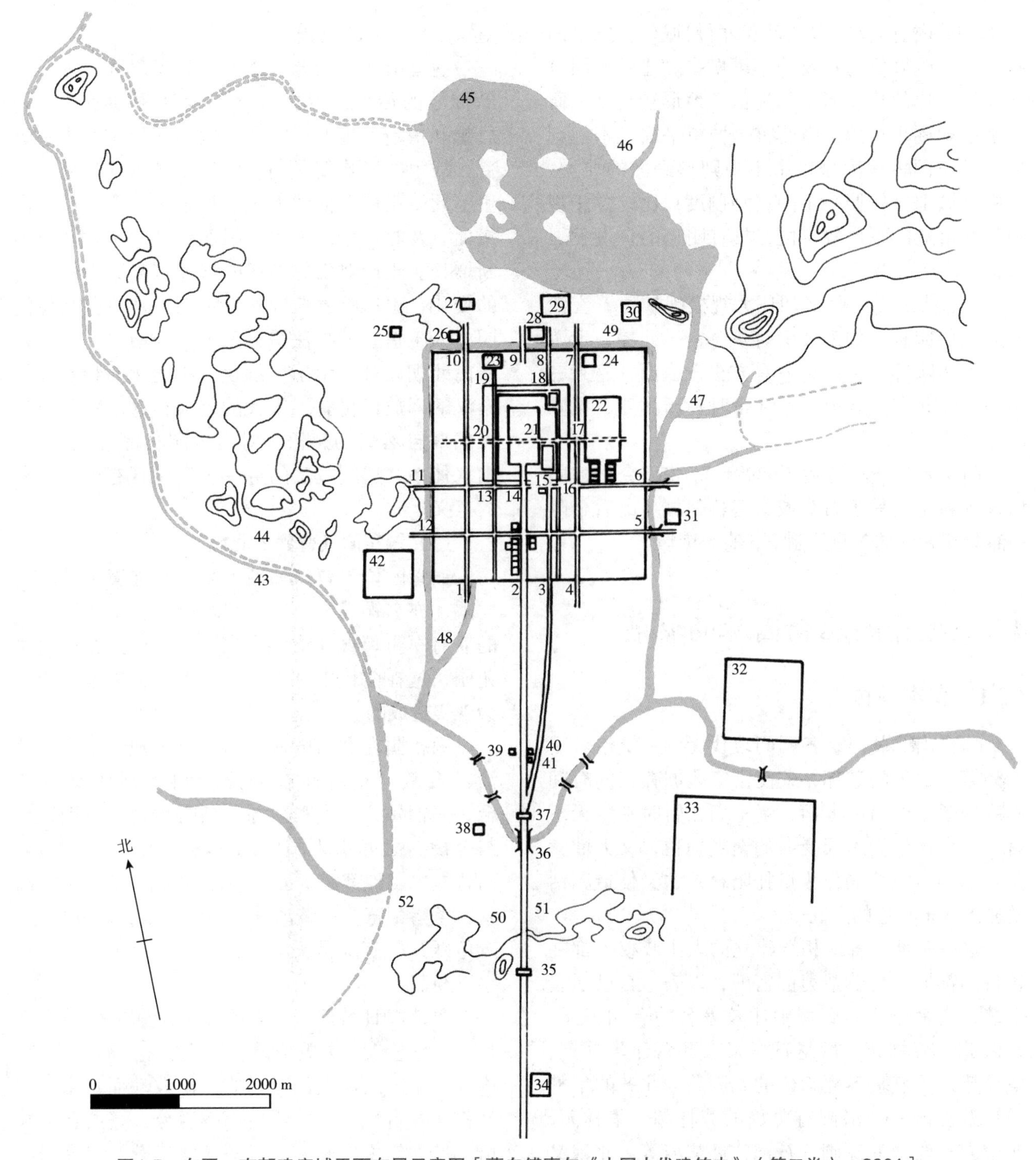

图4-5 东晋、南朝建康城平面布局示意图［摹自傅熹年《中国古代建筑史》（第二卷），2001］

1.陵阳门 2.宣阳门 3.开阳门（宋津阳门） 4.新开阳门（448年增） 5.清明门 6.建春门（建阳门） 7.新广莫门（448年增） 8.平昌门（广莫门，448年改承明门） 9.玄武门 10.大夏门 11.西明门 12.閶阖门（448年增） 13.西掖门（宋、齐） 14.大司马门 15.南掖门（晋） 閶阖门（宋） 端门（陈） 天门 16.东掖门（宋、齐） 17.东掖门（晋） 万春门（宋） 东华门（梁） 18.平昌门（晋） 广莫门（宋） 承明门（宋） 19.大通门（梁增） 20.西掖门（晋） 千秋门（宋） 西华门（梁） 21.台城，宫城 22.东宫 23.同泰寺 24.苑市 25.纱市 26.北市 27.归善寺 28.宣武场 29.乐游苑 30.北郊 31.草市 32.东府 33.丹阳郡 34.南郊 35.国门 36.朱爵（雀）航、大航 37.朱雀门 38.盐市 39.太社 40.太庙 41.国学 42.西州 43.长江故道 44.石头城 45.玄武湖 46.上林苑 47.青溪 48.运渎 49.潮沟 50.越城 51.长干里 52.新亭除了在城内有宫城、东府城、西州城外，原来的石头城及越城仍为重要的军事堡垒。建康城因位于长江岸边的丘陵起伏的地区，地形较复杂，而且是各朝逐步扩建，因而整个城市平面呈不规则形，是我国古代大城市中不规则形平面的典型。其中宫城部分按照一定的规划制度，比较方正规则；坊市地区则比较自由，具有明显的自发发展的特征。

宋、齐、梁、陈诸朝还大规模地扩建了玄武湖周围的园林，如宋文帝时筑冬宫、北堤、禾游苑、华林园等。玄武湖内有方丈、瀛洲、蓬莱三神山，湖北有上林苑。齐武帝时建新林苑、元圃园等园林。

隋文帝杨坚灭陈后（589年），曾下令将建康城荡平耕垦，另于石头城新建蒋州城。此后金陵一直处于朝廷的刻意压制下，直至南唐。

4.3 魏晋南北朝园林的拓展

4.3.1 皇家园林

魏晋南北朝时，各国间攻伐无常，统治者更迭频繁。战争的破坏，致使宫室苑囿存在的时间极为短暂；但另一方面，帝王们在暂时平定天下后，为表示他们承天受命的至尊地位，又大肆营建壮丽的宫室苑囿作为烘托陪衬，这又使造园活动显出从未有过的兴旺。

这一时期，各地相继建立的大小政权大都在各自的都城进行营造苑囿宫殿，以表示自己承袭帝统，受命于天。邺城中比较著名的有铜雀园、元武苑、芳林苑，后赵石虎又在此营建华林苑、桑梓苑，后燕慕容熙营建的龙腾苑，北齐的华林园、游豫园等。洛阳有曹魏的芳林园、华林园、西游园，西晋的琼圃、石祠、灵芝苑等，北魏又改建华林园、西游园。南朝建康在东吴孙皓时开始营建宫苑，东晋又有增设，南朝刘宋在覆舟山修乐游苑，造元武湖，立上林苑，萧齐在不断扩充前代旧苑的基础上又起芳乐苑。此外像北魏的云中（今大同附近），西魏、北周的长安也有许多皇家园林建造的记载。

魏晋南北朝的苑囿继承了秦汉之际开创的仙岛神域的传统，但因社会的变迁和动乱，人们思想和情趣发生改观，也使园林的形态发生了改变。战争的影响使苑囿只能建于城内或近郊。长生不死、服药求仙的人生观被否定，代之以生命短促、及时行乐的思想，因而园林的游娱性质不断增长。士族对山林隐逸的兴趣带来了山水审美的变化，也影响着苑囿建设，而平地筑园又促使园林人工造景的技法得到发展。与秦汉相比，魏晋南北朝园林显示了精细化、小型化的特点，与秦汉的闳放风格有了很大的差异，这反映了当时人们对自然美的感悟，对后世园林的思想立意、山水体系、造园技法的进一步发展具有极其重要的意义。

（1）铜雀园（曹魏—北魏）

铜雀园位于曹魏邺城（今河北临漳）城内西北隅，亦名铜爵园，东与宫城毗邻，是一所著名的兼有军事坞堡性质的皇家园林。曹操在城内建苑园，这在前代未有出现，是当时连年争战的社会现实造成的。

铜雀园在文昌殿西，园中有鱼池、堂皇、兰渚、石濑，左右修有驰道。铜雀园西又有三台——铜雀、金虎和冰井。长明沟之水由铜雀台与金虎台之间引入园内，开凿水池，兼作养鱼。西晋左思《魏都赋》云：“右则疏圃曲池，下畹高堂，兰渚莓莓，石濑汤汤。弱葼系实，轻叶振芳。奔龟跃鱼，有瞭吕梁。驰道周曲于果下，延阁胤宇以经营。”

曹植春日游此园，曾作《节游赋》：“仲春之月，百卉丛生。萋萋蔼蔼、翠叶朱茎。竹林青葱，珍果含荣。凯风发而时鸟欢，微波动而水虫鸣。”又作《登台赋》：“从明后而嬉游兮，登层台以娱情。见太府之广开兮，观圣德之所营。建高门之嵯峨兮，浮双阙乎太清。立中天之华观兮，连飞阁乎西城。临漳水之长流兮，望园果之滋荣。仰春风之和穆兮，听百鸟之悲鸣。”

铜雀园中最负盛名的是铜雀三台。三台因城墙为基，相距各60步。铜雀台居中，公元210年筑，5 层楼阁，楼顶作铜雀，原高 10 丈。金虎台在铜雀台南，公元 213 年建，因装饰金凤凰于台上，遂名金凤台。冰井台在铜雀台北，公元 214 年建，因建有储藏冰的室窖得名，故又名冰晶台。三台之间作飞阁相连，飞阁凌空而起，宛若长虹。登台远眺，西岳松岑，临漳清渠皆收眼底。

三台在后赵、前燕、北魏诸朝历加整修。北魏郦道元《水经注》说：

"邺城西北有三台，皆因城为之基，巍巍重举，其高若山，建安十五年魏武所起……其中曰铜雀台，高十丈，有屋百余间……石虎更增二丈立一屋，连栋接榱，弥覆其上，盘回隔之，名曰命子窟。又于屋上起五层楼，高十五丈，去地二十七丈。又作铜雀于楼颠，舒翼若飞。南则金凤台，高八丈，有屋一百九间。北曰冰井台，亦高八丈，有屋一百四十间，上有冰室，室有数井，井深十五丈，藏冰及石墨焉。"

园中另有武库、马厩、粮仓等，可见此园受战争的影响。

元朝末年，于铜雀台上筑永宁寺，在金凤台上筑洞霄宫。明代末年，三台大部分被漳河冲毁，现铜雀、金凤二台的基址尚存。

（2）邺城华林园（仙都苑，后赵—北齐）

华林园始建于后赵，后更名仙都苑。后赵石虎执政期间，在连年战乱、民不聊生的情况下，役使成千上万的百姓经营邺都宫苑，同时还在襄国、洛阳、长安等地进行宫殿建设，新建诸御苑中规模最大、最著名的当推邺城北面的华林园。《晋书·石季龙载记》：

"永和三年（公元 347 年）……时，沙门吴进言于季龙曰：'胡运将衰，晋当复兴，宜苦役晋人以厌其气。'季龙于是使尚书张群发近郡男女十六万，车十万乘，运土筑华林苑及长墙于邺北，广长数十里。赵揽、申钟、石璞等上疏陈天文错乱，苍生凋敝，及因引见，又面谏，辞旨甚切。季龙大怒曰：'墙朝成夕没，吾无恨矣。'乃促张群以烛夜作，起三观、四门，三门通漳水，皆为铁扉。暴风大雨，死者数万人。扬州送黄鹄雏五，颈长一丈，声闻十余里，泛之于玄武池。郡国前后送苍麟十六、白鹿七，季龙命司虞张曷柱调之，以驾芝盖，列于充庭之乘。凿北城，引水于华林园。城崩，压死者百余人。"

另千金堤上作两铜龙，相向吐水，以注天泉池。园内栽植大量果树，多有名贵品种。

华林苑距城 1 km，周回数十里。中起三观，旁辟四门。据《邺中记》记载：华林园内开凿大池"天泉池"，外引漳水，内通御沟，连通成完整的水系。天泉池的金堤之上，作二铜龙，相向吐水，注天泉池中。每年三月上巳，石虎与百官临水宴游。园内种植了大量名贵果树，如春李、西王母枣、羊角枣、钩鼻桃、安石榴等；石虎特制一种"蛤蟆车"，"箱阔一丈，深一丈四，搏掘根面去一丈，合土载之，植之无不生"，视民间有佳果则移植苑中。

后赵之后，邺城又先后为前燕、后燕、北齐的都城。北齐武成帝和后主对华林苑进行了大规模的扩充改建，因苑内被增饰得有如神仙居所，故更名为仙都苑。

据《历代宅京记》：仙都苑周围数十里，苑墙设三门、四观。北齐武成帝时开始在苑中封土堆筑为五座山，象征五岳。五岳之间，引来漳河之水分流为四渎、四海——东海、南海、西海、北海。诸水汇为大池，又叫作大海。这个水系通行舟船的水程长达 25 里。大海之中有连璧洲、杜若洲、靡芜岛、三休山，还有万岁楼建在水中央。万岁楼的门窗垂五色流苏帐帷，梁上悬玉佩，柱上挂方镜，下悬织成的香囊，地上铺锦褥地衣。中岳之北有平头山，山的东、西侧为轻云楼、架云廊。中岳之南有峨眉山，东有绿色瓷瓦顶的鹦鹉楼，西为黄色瓷瓦顶的鸳鸯楼。北岳之南有玄武楼，楼北为九曲山，"山下有金花池，池西有三松岭。次南有凌云城"，西有陛道名叫通天坛。大海之北有七盘山及若干殿宇，正殿为飞鸾殿 16 间，柱础镌作莲花形，梁柱"皆苞以竹，作干叶金莲花三等束之"。殿"后有长廊，檐下引水，周流不绝"。北海之中建密作堂，是一座用大船漂浮在水面上的多层建筑物。每层以木雕成歌姬、乐伎、僧众、仙人、菩萨、力士等，体内装机枢可以动作，“奇巧机妙，自古未见”。

北海附近还有两处特殊的建筑群：一处是城堡，高纬命高阳王思宗为城主据守，高纬亲率宦官、卫士鼓噪攻城以取乐；另一处是“贫儿村”，仿效城市贫民居住区而建，中有市肆，齐后主高纬与后妃宫监装扮成店主、店伙、顾客，往来交易三日而罢。其余楼台亭榭之点缀，则不计其数。

仙都苑规模宏大，从五岳、四海、四渎可看出继秦汉皇家园林之后的象征手法的发展，而且对隋炀帝的西苑有着直接的影响。北齐后主以享乐无道而著称，苑内的各种建筑物备极奇巧，而且形象相当丰富，如模仿民间的村肆的贫儿村、宛若水上飘浮厅堂的密作堂、类似园中城池的城堡等等。这些在皇家园林的历史上都具有一定的开创性意义。后世皇家园林中的买卖街之类，大抵取法于此。

（3）洛阳芳林园（曹魏—北魏）

芳林园是魏晋南北朝时洛阳城中著名的皇家园林，历经曹魏、西晋直到北魏的若干个朝代200余年，始建于曹魏时期，齐王曹芳时为避讳而更名华林园。魏文帝曹丕筑天渊池，明帝曹叡筑景阳山，构成了园中的山水骨架。西晋、北魏时，华林园一直是帝王行幸之所，北魏宣武帝起又对此园进行了大规模的增饰扩充。

芳林园始建于曹魏时期。魏文帝黄初元年（220年），初营洛阳宫，帝居北宫，以建始殿作为大朝正殿，黄初二年（221年）筑陵云台，三年（222年）穿灵芝池，五年（224年）穿天渊池，七年（226年）筑九华台。魏明帝时改建洛阳城，参照邺城的宫城规制，以太极殿与尚书台骈列为外朝，其北为内廷，再北建御苑芳林园。芳林园是当时最重要的一座皇家园林。《三国志·魏书·明帝纪》注引《魏略》有如下记载：

“青龙三年（235年）……大治洛阳宫，起昭阳、太极殿，筑总章观。”

“……又于芳林园中起陂池，楫櫂越歌；又于列殿之北，立八坊，诸才人以次序处其中……自贵人以下至尚保，及给掖庭洒扫，习伎歌者各有千数。通引谷水过九龙殿前，为玉井绮栏，蟾蜍含受，神龙吐出。使博士马均作司南车，水转百戏。岁首建巨兽，鱼龙曼延，弄马倒骑，备如汉西京之制，筑阊阖诸门阙外罘罳。”

“景初元年（237年）……是岁徙长安诸钟虡、骆驼、铜人、承露盘……起土山于芳林园西北陬，使公卿群僚皆负土成山，树松竹杂木善草于其上，捕山禽杂兽置其中。”

从记载可知，芳林园的西北面为各色文石堆筑成的土石山——景阳山，山上广种松竹。东南面的池陂可能就是东汉天渊池的扩大，引来谷水绕过主要殿堂之前而形成完整的水系、创设各种水景、提供舟行游览之便。天渊池中有九华台，台上建清凉殿，流水与禽鸟雕刻小品结合于机枢之运用而做成各式水戏。园内养蓄山禽杂兽，建有楼观、殿宇，并有足够的场地进行上千人的活动，由此可知芳林园在某些方面尚保留着东汉苑囿的遗风。

西晋洛阳宫苑仍为曹魏之旧，主要的御苑仍为芳林园。

北魏政权自平城迁都洛阳之后，于北魏孝文帝太和十七年（493年）开始了大规模的改造、扩建的工程。北魏洛阳将华林园位于城市中轴线的北端，是利用曹魏华林园的大部分基址改建而成。孝文帝时，北魏华林园基本保持着曹魏时的旧貌，仅于九华台上造清凉殿，将天渊池改名为苍龙海。一次孝文帝行幸园中，郭祚说：“山以仁静，水以智流，愿陛下修之。”孝文帝则答：“魏明以奢失于前，朕何为袭之。”至宣武帝，才开始对园中景物进行较大的增设改造，于苍龙海中更筑蓬莱山，上建仙人馆、霓虹阁、钓鱼殿；海西有藏冰室。另筑小山，采掘北邙山及南山佳石所筑，上面种植草木，颇有野致。海西南为景阳殿，山东有义和岭，上建温室，山西有姮娥峰，上有露寒馆，飞阁相通。山北有玄武池、山南有清暑殿，殿东作临涧亭，殿西构临危台。景阳山南设百果园，果园成林。柰林西有都堂，有流觞池，堂东有扶桑海。园内诸海皆由石窦流于地下，西通榖水，东连阳渠，与翟泉相通，无论旱涝，均能使园内保持一定的水量。北魏华林园的扩建和改造由当时的骠骑将军茹皓主持。

关于此园情况，《洛阳伽蓝记・城内》有记载：

“(翟)泉西有华林园……华林园中有大海，即魏天渊池，池中犹有文帝九华台。高祖于台上造清凉殿，世宗在海内作蓬莱山，山上有仙人馆，上有钓台殿，并作虹霓阁，乘虚来往。至于三月禊日、季秋巳辰，皇帝驾龙舟鹢首，游于其上。海西有藏冰室，六月出冰以给百官。海西南有景阳殿，山东有羲和岭，岭上有温风室。山西有姮娥峰，峰上有露寒馆，并飞阁相通，凌山跨谷。山北有玄武池，山南有清暑殿，殿东有临涧亭，殿西有临危台。”

(4) 建康华林园（东吴—南陈）

建康华林园位于今南京市玄武湖南岸，包括鸡笼山的大部分。华林园始建于吴，历经东晋、宋、齐、梁、陈的不断经营，是一座重要的、与南朝历史相随始终的皇家园林。

华林园本为东吴西苑。东吴时，引玄武湖之水入园。后主孙皓在园内建昭明宫，殿堂几十处，规模之大超过了太初宫，在殿堂之间的山上还建有楼阁，饰以珠宝，并开凿城北渠，引后湖之水入园内天渊池，终年碧波绿水不断。

晋室南渡后，成帝司马衍修缮东吴宫城，改称建康宫。因为西晋洛阳旧宫有华林园，所以称在孙吴西苑基础上修建的宫苑为华林园。此时华林园南至宫墙，东西北三面均筑有苑城。东晋在东吴华林园的基础上开凿天渊池，堆筑景阳山，修建景阳楼。天渊池是华林园核心，有祓禊堂、流杯渠。

任昉《奉和登景阳山》诗描写登山所见之景：

“南望铜驼街，北走长楸埒。
别涧宛沧溟，疏山驾瀛碣。
奔鲸吐华浪，司南动轻枻。
日下重门照，云开九华澈。”

此时园林已粗具规模。《世说新语・言语》载：

“简文入华林园，顾谓左右曰：‘会心处不必在远。翳然林水，便自有濠濮间想也。觉鸟兽禽鱼，自来亲人。’”

南朝宋建立后，华林园位于建康台城北部，与宫城及其前的御街共同形成干道—宫城—御苑的城市中轴线的规划序列。此时华林园大加扩建，保留景阳山、天渊池、流杯渠等山水地貌并整理水系；利用玄武湖的水位高差“作大窦，通入华林园天渊池”；然后再流入台城南部的宫城之中，绕经太极殿及其他诸殿，由东西掖门之下注入宫城的南护城河。园内的建筑物除保留上代的仪贤堂、祓禊堂、景阳楼之外，又先后兴建琴室、灵曜殿、芳香琴堂、日观台、清暑殿、光华殿、醴泉殿、朝日明月楼、竹林堂等，开凿花萼池，堆筑景阳东岭。宋少帝又“开渎聚土，以象破冈埭，与左右引船唱呼，以为欢乐。夕游天渊池，即龙舟而寝”，“帝于华林园为列肆，亲自酤卖”。宋孝武帝则“听讼于华林园。自是，非巡狩军役，则车驾岁三临讯。丙寅，芳香琴堂东西有双橘连理，景阳楼上层西南梁栱间有紫气，清暑殿西甍鸱尾中央生嘉禾，一株五茎。改景阳楼为庆云楼，清暑楼为嘉禾殿，芳香琴堂为连理堂”。

梁代是华林园的鼎盛时期。梁武帝时，又大兴土木，“于景阳山东岭起通天观，观前起重阁，阁上曰重云殿，下曰光严殿。殿当街起二楼，右曰朝日，左曰夕月。阶道绕楼九转，极其巧丽”。梁武帝《首夏泛天池诗》描写天渊池之景：

“薄游朱明节，泛漾天渊池。
舟楫互容与，藻苹相推移。
碧沚红菡萏，白沙青涟漪。
新波拂旧石，残花落故枝。
叶软风易出，草密路难披。”

梁武帝笃信佛教，在园内建重云殿作为皇帝讲经、舍身、举行无遮大会之处。另在景阳山上建通天观以观天象，此外还有观测日影的日观台，当时的天文学家何承天、祖冲之都曾在园内工作。

侯景叛乱，尽毁华林园，陈代又予以重建。至德二年（584 年），陈后主在光昭殿前为宠妃张丽华修建著名的临春、结绮、望仙三阁，“阁高数丈，并数十间。其窗牖、壁带、悬楣、栏槛之类，并以沉檀香木为之，又饰以金玉，间以珠翠，外施珠帘，内有宝床、宝帐，其服玩之属，瑰奇珍丽，近古所未有。每微风暂至，香闻数里，朝日初照，光暎后庭。其下积石为山，引水为池，植以奇树，杂以花药。后主自居临春阁，张贵妃居结绮阁，龚、孔二贵嫔居望仙阁，并复道交相往来”。三阁之间以复道联系，复道即飞阁，亦见于曹魏邺城的铜雀园和北魏洛阳的华林园中。

华林园之水引入台城南部的宫城，“萦流回转，不舍昼夜”，为宫殿建筑群的园林化创造了优越条件。台城的宫殿，多为三殿一组，或一殿两阁，或三阁相连的对称布置，其间泉流环绕，杂植奇树花药，并以廊庑阁道相连，具有浓郁的园林气氛。敦煌唐代壁画中常见的净土宫，很可能脱胎于南朝宫苑的这种模式。

隋文帝灭陈后，隋军将建康“平荡垦耕”，华林园遂毁。

（5）玄武湖（刘宋—南陈）

玄武湖位于建康宫即台城之北。它本是燕山造山运动形成的构造湖，古名桑泊。秦始皇灭楚后改金陵为秣陵县，此时玄武湖名秣陵湖；后因汉秣陵尉蒋子文葬于湖边，曾经叫蒋陵湖。

此湖从刘宋开始成为御苑，并且在南朝建康的建设中至关重要。南朝刘宋元嘉年间，传说湖中有黑龙，而且因为湖在城北，所以改名玄武湖。宋元嘉二十三年（446年），宋文帝将疏浚出的大量湖泥在湖中堆起3座神山，以蓬莱三岛之名称之，分别为方丈、蓬莱、瀛洲，春秋祭祀。因为玄武湖也作练兵用，故号昆明池、练湖、练武湖、习武湖，俗称饮马塘；又因处于前湖（燕雀湖）和宫城的北面，又叫后湖、北湖。

刘宋大明三年（469年），在湖北设立上林苑，同时南岸设乐游苑、华林苑。南齐永明年间，武帝常半夜出猎，或到钟山，或到幕府山，天亮鸡鸣时回到玄武湖游猎。因此，今武庙闸附近一段堤称为鸡鸣埭。唐代诗人李商隐在《南朝》一诗中说“玄武湖中玉漏催，鸡鸣埭口绣襦回”，就是指这里。

到了梁代，昭明太子萧统常与著名文人学士往来湖上，谈古论今。相传昭明太子在湖中北部一个大岛上建果园、植莲藕，设读书台，此岛故有梁洲之称，又称梁园、老洲、旧洲、祖洲、美洲。玄武湖今日五洲的格局，在南朝还尚未形成。

南朝的玄武湖上还曾经一再举行阅兵演武活动。南朝孝武帝大明年间曾大阅水军于湖上。陈宣帝太建十年（578年）在大壮观阅兵。宣帝命都督任忠、陈景分别领兵10万，楼舰500，摆阵湖上，由玄武湖出瓜步口，他同群臣在大壮观设宴观看。当时玄武湖北接红山，西限卢龙（狮子山），离江很近，水面面积约为现在的3倍。

《六朝事迹编类·真武湖》：

“吴后主皓宝鼎元年（266年），开城北渠，引后湖水流入新宫，巡绕殿堂，穷极伎巧。至晋元帝始创为北湖，故《实录》云：元帝大兴三年（320年）创北湖，筑长堤以遏北山之水，东至覆舟山，西至宣武城。又按《南史》，宋文帝元嘉二十三年（446年）筑北堤，立真武湖于乐游苑之北，湖中亭台四所……至孝武大明五年（461年），常阅武于湖西。七年（463年），又于此湖大阅水军。按《舆地志》云：齐武帝亦常理水军于此，号曰昆明池。故沈约《登覆舟山》诗‘南瞻储胥馆，北眺昆明池’，盖谓此也。又于湖侧作大窦，通水入华林园天渊池，引殿内诸沟经太极殿，由东、西掖门下注城南堑，故台中诸沟水常萦流回转，不舍昼夜。又按《南史》：元嘉二十三年（446年）开真武湖，文帝于湖中立方丈、蓬莱、瀛洲三神山，尚书右仆射何尚之固谏，乃止。今《图经》云：湖中有蓬莱、方丈、瀛洲三神山，不知何所据也。”

六朝之后，玄武湖逐渐衰落，成为人们怀古伤今之地。中华人民共和国成立后，这里辟为玄武湖公园。

4.3.2 私家园林

魏晋南北朝时，人们的审美观念发生了一次重大的转变，对自然界的欣赏摆脱了伦理附会，转而关注山水的本来面目。人们一方面通过寄情山水的实践取得与大自然的协调，并对之倾诉纯真的感情；另一方面又结合理论的探讨去深化对自然美的认识，去发掘、感知自然风景构成的内在规律。山水成为“畅神”和“移情”的对象，原始的自然环境开始纳入人居，自然美与生活美逐渐结合而向着环境美转化。于是在文人士族中，形成了重视精神更胜于物质的营园、赏园的审美心态，这种心态直接影响了当时的私家园林。

魏晋南北朝时，见于文献记载的私家园林数量明显增多，其中有建在城市里面或城近郊的私园，也有建在郊外的庄园、别墅。由于园主人的身份、素养、趣味不同，各个私家园林的风格有较大差异。有的园林重在争奇斗富，讲究山池楼阁的华丽和绮靡，也有的园林追求自然天成。而北方和南方的园林，也多少反映出自然条件和文化背景的差异。

还有一点需要指出：两晋及南朝的别墅园与当时的庄园制度有关。东汉发展起来的庄园经济，到魏、晋时已经完全成熟。世家大族乘举国混乱、政治失坠之机，大量封山占水，使私田佃奴制的庄园得到扩大和再发展，所谓“权豪之族，擅割林池；势富之家，专利山海”。他们的庄园，往往融生产、生活和游憩审美为一体，经营成环境优美的园林。

（1）张伦宅园

《洛阳伽蓝记》中详细记述了北魏时司农少卿张伦的宅园：

“敬义里南有昭德里。里内有尚书仆射游肇，御史尉李彪，七兵尚书崔休，幽州刺史常景，司农张伦等五宅。彪景出自儒生，居室简素。惟伦最为豪侈。斋宇光丽，服玩精奇，车马出入，逾於邦君。园林山池之美，诸王莫及。伦造景阳山，有若自然。其中重岩复岭，嵚崟相属，深蹊洞壑，逦递连接。高林巨树，足使日月蔽亏；悬葛垂萝，能令风烟出入。崎岖石路，似壅而通；峥嵘涧道，盘纡复直。是以山情野兴之士，游以忘归。”

天水人姜质性情疏旷，好山水，他曾游览此园，因作《庭山赋》以咏之：

“今偏重者爱昔先民之重由朴由纯。然则纯朴之体，与造化而梁津。濠上之客，柱下之吏，悟无为以明心，讬自然以图志，辄以山水为富，不以章甫为贵。任性浮沈，若淡兮无味。今司农张氏，实踵其人。巨量接於物表，夭矫洞达其真。青松未胜其洁，白玉不比其珍。心托空而栖有，情入古以如新。既不专流宕，又不偏华尚，卜居动静之间，不以山水为忘。

庭起半丘半壑，听以目达心想。进不入声荣，退不为隐放。尔乃决石通泉，拔岭岩前。斜与危云等曲，危与曲栋相连。下天津之高雾，纳沧海之远烟。纤列之状如一古，崩剥之势似千年。若乃绝岭悬坡，蹭蹬蹉跎。泉水纡徐如浪峭，山石高下复危多。五寻百拔，十步千过，则知巫山弗及，未审蓬莱如何。

其中烟花露草，或倾或倒。霜幹风枝，半耸半垂。玉叶金茎，散满阶墀。燃目之绮，烈鼻之馨，既共阳春等茂，复与白雪齐清。或言神明之骨，阴阳之精，天地未觉生此，异人焉识其名。羽徒纷泊，色杂苍黄，绿头紫颊，好翠连芳。白鹤生於异县，丹足出自他乡。皆远来以臻此，藉水木以翱翔。不忆春於沙漠，遂忘秋於高阳。非斯人之感至，伺候鸟之迷方。

岂下俗之所务，入神怪之异趣。能造者其必诗，敢往者无不赋。或就饶风之地，或入多云之处。菊岭与梅岑，随春之所悟。远为神仙所赏，近为朝士所知。求解脱於服佩，预参次於山陲。子英游鱼於玉质，王乔系鹄於松枝。方丈不足以妙咏歌此处态多奇。嗣宗闻之动魄，叔夜听此惊魂。恨不能钻地一出，醉此山门。别有王孙公子，逊遁容仪；思山念水，命驾相随。逢岑爱曲，值石陵欹。庭为仁智之田，故能种此石山。森罗兮草木，长育兮风烟。孤松既能却老，半石亦可留年。若不坐卧兮於其侧，春夏兮其游陟。白骨兮徒自朽，方寸心兮何所忆？”

张伦宅园的规模不得而知，但从这些记载看来，这座园林的特色还是比较鲜明的。张伦的宅园以豪华著称，是昭德里五所达官贵人中最为豪华奢侈的，建筑、服饰、器玩、车马的精美有甚于诸侯。宅园以大假山景阳山为主景，假山体量庞大，结构复杂，应该是凭借一定的技巧工艺筑叠而成。园内有许多古树，足见历史悠久，可能是利用前人废园的基址建成。园中畜养许多珍贵的禽鸟，可能是汉代遗风。从《庭山赋》中“庭起半丘半壑，听以目达心想……下天津之高雾，纳沧海之远烟。纤列之状如一古，崩剥之势似千年。若乃绝岭悬坡，蹭蹬蹉跎。泉水纡徐如浪峭，山石高下复危多。五寻百拔，十步千过。则知巫山弗及，未审蓬莱如何。”来看，该园已经能够提取天然山岳形象的特征，在园林中进行创造，使创作本于自然而高出原型。

（2）金谷园

金谷园位于洛阳西北郊的金谷涧，去城千里，也称河阳别业。园主人石崇，字季伦，小名齐奴，渤海南皮（今河北南皮东北）人。西晋开国元勋石苞第六子，西晋富豪，擅诗文。《晋书》称其“财产丰积，室宇宏丽，后房数百皆曳纨绣、珥金翠。丝竹尽当时之选，庖膳穹水陆之巧”，《世说新语》也有数条相关记载，如“王石斗富”。后世常将石崇视作豪富的象征，金谷园也成了奢华园第的代称。

石崇所作《思归引》的序文中有对金谷园的简略介绍：

“余少有大志。夸迈流俗。弱冠登朝。历位二十五。年五十以事去官。晚节更乐放逸。笃好林薮。遂肥遁于河阳别业。其制宅也。却阻长堤。前临清渠。柏木几于万株。江水周于舍下。有观阁池沼。多养鱼鸟。家素习技。颇有秦赵之声。出则以游目弋钓为事。入则有琴书之娱。又好服食咽气。志在不朽。傲然有凌云之操。欻复见牵羁。婆娑于九列。困于人间烦黩。常思归而永叹。寻览乐篇有思归引。傥古人之心有同于今。故制此曲。此曲有弦无歌。今为作歌辞以述余怀。恨时无知音者。令造新声而播于丝竹也。”

石崇出镇下邳赴任之前，友人齐集金谷园为其设宴饯行，这就是著名的“金谷宴集”。金谷宴集一直持续了几天。参与宴集的三十余人均为当时之名流，他们在宴集期间所作的诗汇编为一册，由石崇作序，即《金谷诗序》，文中亦谈及金谷园：

“余以元康六年，从太仆卿出为使持节监青、徐诸军事、征虏将军。有别庐在河南县界金谷涧中，去城十里，或高或下，有清泉茂林，众果、竹、柏、药草之属，莫不毕备。又有水碓、鱼池、土窟，其为娱目欢心之物备矣。

时征西大将军祭酒王诩当还长安，余与众贤共送往涧中，昼夜游宴，屡迁其坐，或登高临下，或列坐水滨。时琴、瑟、笙、筑，合载车中，道路并作。及住，令与鼓吹递奏。遂各赋诗以叙中怀，或不能者，罚酒三斗。感性命之不永，惧凋落之无期，故具列时人官号、姓名、年纪，又写诗著后。后之好事者，其览之哉！凡三十人，吴王师、议郎关中侯、始平武功苏绍，字世嗣，年五十，为首。”

石崇的挚友、大官僚潘岳也有诗咏金谷园之景物：

“回溪萦曲阻，峻阪路威夷；
绿池泛淡淡，青柳何依依；
滥泉龙鳞澜，激波连珠挥。
前庭树沙棠，后园植乌椑；
灵囿繁石榴，茂林列芳梨；
饮至临华沼，迁坐登隆坻。”

从以上记载看来，石崇经营金谷园的目的，在于求得一处满足其游宴生活之需要以及退隐后安享山林之乐趣，兼作吟咏服食的场所。金谷园的局部地段相当于一座临河的、地形略有起伏的天然水景园。从金谷园中包括田亩、畜牧、竹木、果树、水碓、鱼池等来看，该园的生产功能和经济的运作占据重要地位。人工开凿的池沼和由园外引来的金谷涧水穿错萦流于建筑物之间，河道能行驶游船，沿岸可供垂钓；园中植物丰富，如前庭种植沙棠、后园种植乌椑，柏木林中点缀梨花等。

金谷园中以观和楼阁命名的建筑较多，这说明它仍然保持着汉代遗风。根据《晋书·石崇传》“登凉台，临清流”，枣腆《赠石季伦诗》“朝游清渠侧，日夕登高馆”，曹摅《赠石崇诗》“美兹高会，凭城临川。峻墉亢阁，层楼辟轩。远望长州，近察重泉”等描写，可见金谷园的建筑物形式多样、装饰复杂，在朴素的自然山水、田园和园林环境中显现出绮丽华靡的格调，这与园主人的身份、地位，也是相称的。

金谷园还因它在文学史上的影响而传世。《晋书·刘琨传》载，刘琨、陆机、陆云兄弟、欧阳建以及石崇等 24 人，经常聚集在石崇的金谷园中吟诗作赋，时人称之为“金谷二十四友”。其余 19 人分别是：潘岳、左思、郭彰、杜斌、王粹、邹捷、崔基、刘瑰、周恢、陈昣、刘讷、缪征、挚虞、诸葛诠、和郁、牵秀、刘猛、刘舆、杜育等。金谷二十四友，几乎涵盖了当时文坛所有重要人物，是西晋文坛的一个缩影。西晋太康文学追求形式的华美，诗尚雕琢，文崇骈俪，词采绮丽，也恰与金谷园的审美特征相称。

4.3.3 寺观园林

魏晋南北朝时，战乱的频发、思想的解放为外来和本土成长的宗教提供了传播条件。佛教在东汉传入中国后，一开始并未受到重视。但到了魏晋，它的因果报应、轮回转世之说受到了苦难深重的人民的欢迎，加上统治阶级的利用和扶持，在社会各个阶层广泛流行。东汉末，五斗米道与后起的太平道流行于民间，一时成为农民起义的旗帜；经过东晋葛洪在理论上的整理、北魏寇谦之制定乐章诵戒、南朝陆修静编著斋醮仪范，宗教形式基本完备。道教讲求的养生之道、长寿不死、羽化登仙，正符合于统治阶级企图永享奢靡生活、留恋人间富贵的愿望，也经过统治阶级的改造、利用而兴盛起来。

由于佛道盛行，东汉末到南北朝，佛寺、道观大量出现，遍布城内、近郊以及远离城市的山野地带。例如，洛阳在东汉明帝时建白马寺，到晋永嘉年间已有 42 所；北魏孝文帝笃信佛教，迁都洛阳后大量修建佛寺，最盛时城内及附廓一带梵刹林立，多至 1367 所。南朝的建康也是当时南方佛寺集中之地，东晋时有 30 余所，到梁武帝时已增至 700 余所。唐代诗人杜牧有诗云：

“千里莺啼绿映红，水村山郭酒旗风。
南朝四百八十寺，多少楼台烟雨中。”

4.3.3.1 白马寺

白马寺位于今河南省洛阳老城以东 12 km 处，据《魏书·释老志》《高僧传》《理惑论》等书的记述，白马寺的建立与汉明帝“永平求法”有关。汉明帝永平年间（67—75），朝廷派往天竺求取佛法的使者携经像并西域僧人返回洛阳，明帝为此在洛阳西门外立寺。但近代学术界对此也有不同看法。《魏书·释老志》载：

“孝明帝夜梦金人，项有日光，飞行殿庭，乃访群臣，傅毅始以佛对。帝遣郎中祭愔、博士弟子秦景等使于天竺，写浮屠遗范。愔仍与沙门摄摩腾、竺法兰东还洛阳。中国有沙门及跪拜之法，自此始也。愔又得佛经《四十二章》及释迦立像。明帝令画工图佛像，置清凉台及显节陵上，经缄于兰台石室。愔之还也，以白马负经而至，汉因立白马寺于洛城雍关西。摩腾、法兰咸卒于此寺。”

关于白马寺之“寺”，有两种解释。据《左传·隐公七年》《汉书·元帝纪》《说文通训定声》的注疏，寺即是官府所在地。白马寺是汉明帝遣使求经回来后翻译佛经的地方，应属于官府机构，因此叫“寺”。另一说法是，摄摩腾、竺法兰初来我国后，入住鸿胪寺，遂取“寺”为名。这两种说法的本质是一致的：“寺”原是官府机构，后世用来称呼佛教庙院。因“永平求法”之故，后世将白马寺视为汉传佛教发源地，称之为“释源”和“祖庭”。

白马寺虽在东汉建寺，但当时规定“只许胡人传教，不许汉人出家”，这时佛教的社会影响力还不大。当时洛阳白马寺，规模并不很大，而且寺内没有塑像，只是挂有图写的佛像。东汉的白马寺主要是西域高僧到中国传教和译经的机构，东汉这里译出的经律共有 292 部 395 卷。除天竺高僧摄摩腾、竺法兰以外，安西高僧安世高，大月氏僧人支娄迦谶，天竺的竺佛朔，康居的康孟祥、康巨等高僧，以及洛阳的孟福、张莲等，都在白马寺从事佛经翻译工作。

东汉末年，白马寺毁于战乱。后来魏文帝曹

丕定都洛阳，复建白马寺。魏文帝黄初时，天竺高僧昙柯迦罗来到白马寺，编译了中国第一部戒律《竭摩戒律》；高贵乡公正元元年，安息僧人昙无谛又在白马寺译出《昙无德羯摩经》。西晋怀帝时，大月氏僧人竺法护又在白马寺译出《文殊师利净律经》《魔逆经》和《正法华经》。这时洛阳的佛寺已发展到42所，洛阳一时成为北方佛教的重镇。

西晋惠帝时，白马寺毁于"八王之乱"。北魏时又重建，规模空前，有三门、殿堂等，三门内还有高大的玉石弥勒像。《洛阳伽蓝记》记载：

白马寺，汉明帝所立也，佛入中国之始。寺在西阳门外三里御道南。

帝梦金神长丈六，项背日月光明，胡人号曰佛。遣使向西域求之，乃得经像焉。时白马负经而来，因以为名。明帝崩，起祇洹於陵上。自此以后，百姓冢上或作浮屠焉。寺上经函至今犹存，常烧香供养之。经函时放光明，耀於堂宇，是以道俗礼敬之，如仰真容。

浮屠前，柰林、蒲萄异於馀处，枝叶繁衍，子实甚大。柰林实重七斤，蒲萄实伟於枣，味并殊美，冠於中京。帝至熟时，常诣取之，或复赐宫人。宫人得之，转饷亲戚，以为奇味，得者不敢辄食，乃历数家。京师语曰："白马甜榴，一实直牛。"

北魏末年，白马寺又毁于战乱。以后屡毁屡建，现存寺庙是元、明、清三代遗留。

4.3.3.2 《洛阳伽蓝记》与北朝洛阳佛寺

北朝时，汉传佛教在我国北方迅速发展。除太武帝、周武帝外，北魏皇帝大多数崇信佛教。孝文帝太和十九年（495年）迁都洛阳后，开始时对洛城内建寺尚有禁制；宣武帝即位于宣阳门外建景明寺，此后城郭内佛寺数量剧增，达500余所，"寺夺民居，三分且一"。《洛阳伽蓝记》一书较为详尽地记载了北朝洛阳的佛寺。《洛阳伽蓝记》共提到洛阳寺庙有107所，其中洛阳城及周边寺庙有93座，其中约1/3是帝后、诸王、贵戚所立，形制豪侈（图4-6）。洛阳诸寺大多数具有园林化的环境，有些还单独建有附园。例如：

"宝光寺，在西阳门外御道北。有三层浮图一所，以石为基，形制甚古，画工雕刻。隐士赵逸见而叹曰：'晋朝石塔寺今为宝光寺也。'人问其故，逸曰：'晋朝三十二寺，尽皆湮灭，唯此寺独存。'指园中一处曰：'此是浴室。前五步，应有一井。'众僧掘之，果得屋及井焉，井虽填塞，砖口如初，浴堂下犹有石数十枚。当时园池平衍，果菜葱青，莫不叹息焉。园中有一海，号咸池。葭菼被岸，菱荷覆水，青松翠竹，罗生其旁。京邑士子，至于良辰美日，休沐告归，征友命朋，来游此寺，雷车接轸，羽盖成阴。或置酒林泉，题诗花圃，折藕浮瓜，以为兴适。"

"景明寺，宣武皇帝所立也，景明年中立，因以为名，在宣阳门外一里御道东。其寺东西南北方五百步，前望嵩山少室，却负帝城，青林垂影，绿水为文，形胜之地，爽垲独美。山悬堂光观盛一千余间，交疏对霤，青台紫阁，浮道相通。虽外有四时，而内无寒暑。房檐之外，皆是山池，竹松兰芷，垂列阶墀，含风团露，流香吐馥。至正光年中，太后始造七层浮图一所，去地百仞。是以邢子才碑文云'俯闻激电，旁属奔星'是也。妆饰华丽，侔于永宁，金盘宝铎，焕烂霞表。寺有三池，萑蒲菱藕，水物生焉。或黄甲紫鳞，出没于繁藻，或青凫白雁，浮沈于绿水。摮硙舂簸，皆用水功。伽蓝之妙，最得称首。"

北魏洛阳城中寺庙众多，规模不一，复杂程度也不同。这些寺庙园林不仅是宗教活动的场所，也是民众观光游览、休闲娱乐和士子文人享受清净的世俗乐园，具有一定的公共园林性质。书中多次提到寺院的优美环境，例如，景乐寺"堂庑周环，曲房连接，轻条拂户，花蕊被庭"；正始寺"众僧房前，高林对牖，青松绿柽，连枝交映"；永明寺"房庑连亘，一千余间。庭列修竹，檐拂高松，奇花异草，骈阗阶砌"等。

洛阳城中的许多佛寺都是"舍宅为寺"的，书中也有多处记载这些寺庙舍宅为寺前后的情形。洛阳寺庙的这一特点使得大多数佛寺园林具有与宅园相似的格局。当时洛阳寺院之擅长山池花木，

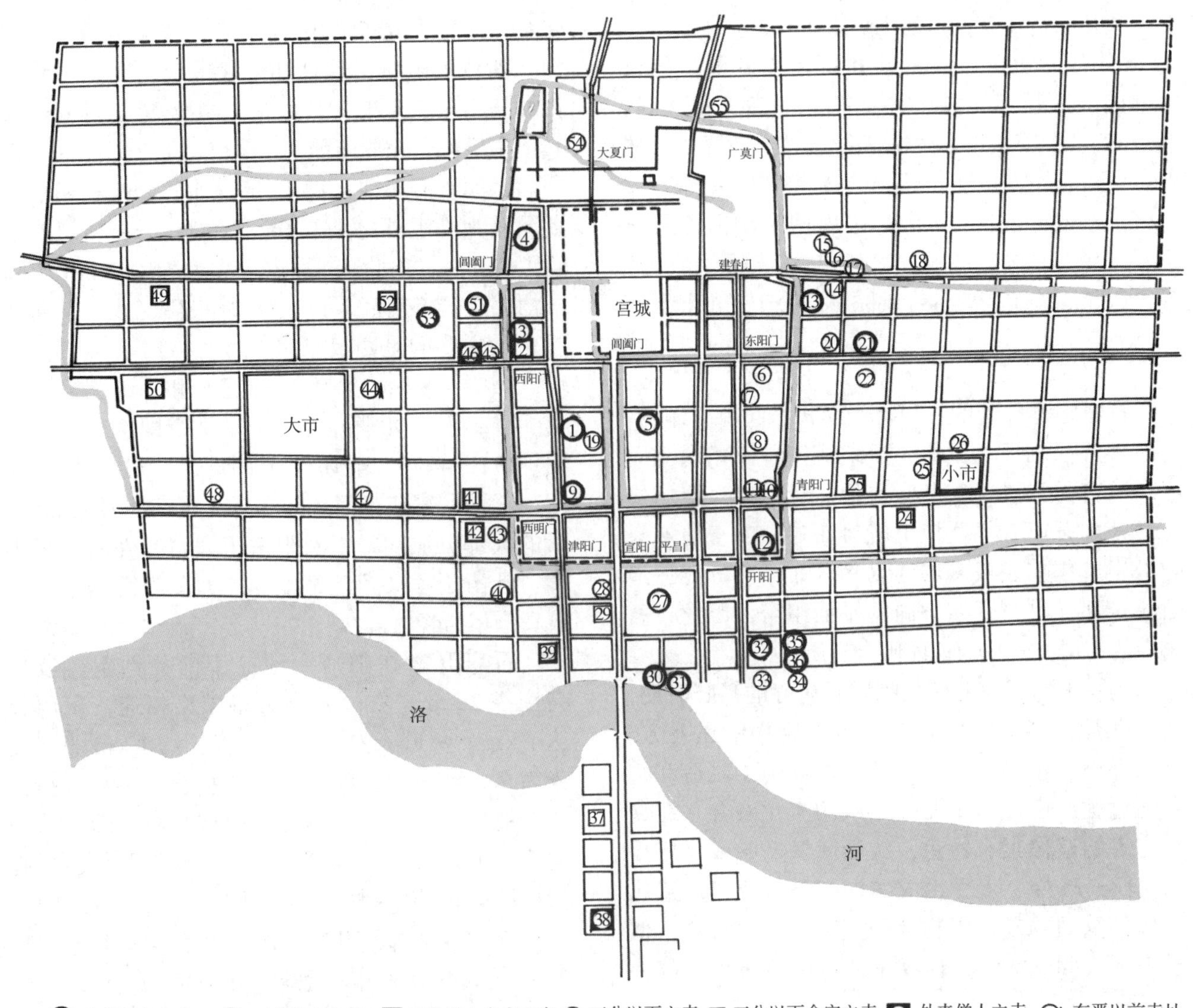

图4-6　北朝洛阳主要佛寺分布（摹自周祖谟《洛阳伽蓝记校释》，2010）

并不亚于私家园林，其内容与后者也没有多大差异。例如：

“冲觉寺，太傅清河王怿舍宅所立也，在西明门外一里御道北……第宅丰大，逾於高阳。西北有楼，出凌云台（在瑶光寺内），俯临朝市，目极京师，古诗所谓‘西北有高楼，上与浮云齐’者也。楼下有儒林馆、延宾堂，形制并如清暑殿。土山钓台，冠於当世。斜峰入牖，曲沼环堂。树响飞嘤，阶丛花药。”

“大觉寺，广平王怀舍宅也，在融觉寺西一里许。北瞻芒岭，南眺洛汭，东望宫阙，西顾旗亭。禅皋显敞。实为胜地。是以温子升碑云：面水背山，左朝右市是也。环所居之堂上置七佛，林池飞阁比之景明。至於春风动树，则兰开紫叶；秋霜降草，则菊吐黄花。名僧大德寂以遣烦。永熙年中平阳王即位，造砖浮图一所，是土石之工穷精极丽。诏中书舍人温子升以为文也。”

“池西南有愿会寺，中书舍人王翊舍宅所立也。佛堂前生桑树一株，直上五尺，枝条横绕，柯叶傍布，形如羽盖。复高五尺，又然。凡为五重，每重叶椹各异，京师道俗谓之神桑。”

《洛阳伽蓝记》中还多次提到寺院种植的果树，如“京师寺皆种杂果，而此三寺（龙华寺、追圣寺、报恩寺），园林茂盛，莫之与争”；景林寺“寺西有园，多饶奇果”；法云寺“珍果蔚茂”；“文觉、三宝、宁远三寺……周回有园，珍果出焉”；“承光寺亦多果木，柰味甚美，冠于京师”等。这些反映了当时的寺观园林结合生产的特征。

4.3.3.3 石窟寺

石窟寺是佛寺的一种特殊形式，起源于印度。它通常选择临河的山崖、台地或河谷等相对幽闭清净的自然形胜处，凿窟造像，成为僧人聚居修行之处。石窟寺往往依山就势而建。由于窟室只能沿崖壁作单层或多层的水平分布，不可能像地面建筑那样进行任意方向的平面组合，因此，石窟寺的布局方式也与地面佛寺有所不同。

东晋十六国及北朝是我国石窟寺的兴旺时期，又以北魏为盛，我国石窟寺也主要集中在北方。石窟寺进入中国后，与佛教一样经历了改造和嬗变的过程，也显示了北方民族的文化融合。北魏石窟寺的造像很有特色，从云冈早期的威严庄重到龙门、敦煌、麦积山成熟期的秀骨清相，造像衣褶繁复而飘动，人物神采奕奕、飘逸自得，似乎去尽人间烟火气，诠释了北方民族理想中的一代风骨。

魏晋南北朝各处石窟群的建设，大致有3种不同的情况：一是窟群在较短时期内一次性完工，总体布局相对完整，规划意图比较明确，如南、北响堂山石窟；二是石窟的开凿经年累代，窟群中包含有数期规划的阶段性成果，如云冈、敦煌、麦积山等大窟群；三是早期窟室利用天然溶洞、崖罅开成，不具特定规划意图，后期窟室多数未经统一部署，只有少数重要洞窟经过成组规划，如炳灵寺石窟和龙门石窟。

（1）云冈石窟

云冈石窟原名武州山石窟寺，位于今山西省大同市西北郊的武周川（今名十里河）北岸、武周山南麓。石窟始凿于北魏和平年间（460—464），太和十九年（495年）迁都洛阳之后，石窟的开凿依然继续，以现知年代最晚的题记（北魏正光五年，524年）计，前后共经营了约60年，其中主要部分完成于前30年之中。

云冈现有主要洞窟53座，前后分作三期：一期洞窟为一组五窟（第16～20窟），由沙门统昙曜主持开凿，故世称“昙曜五窟”。窟室自和平年间开凿，至迁都前后（495年）才最后完成。二期洞窟中最主要的是四组双窟（第1～2窟，第5～6窟，第7～8窟，第9～10窟）和一组三窟（第11～13窟），始凿并完成于孝文帝即位至迁都期间（471—495），中途辍工的第3窟也始凿于此期。三期洞窟包括第4、14、15窟和编号在20以后的大部分洞窟，以及附凿于大窟内外的众多小龛，开凿于孝文帝迁都以后，大多为留守平城的官贵僧俗所经营。

石窟开凿在临河台地的南向陡壁上，坡顶高度在20 m左右，大小洞窟栉比相连，东西长达1 km；两道天然的冲沟，将长约1 km的坡面分为东、西、中三部分。就现状看，原来坡势最陡、地形条件最为优越的是西坡东段，即开凿一期五窟的地方；向东越过第一道冲沟，是坡顶起伏、坡势稍趋平缓的中坡，坡面作上下分层的台阶式处理：下部开凿二期洞窟的主体（第5～13窟），上部则是一排小型洞窟；东坡的地形条件较中坡更差，因此洞窟分散，主要为二期的第1～4窟两组，相距约70 m；西坡西段，地平逐渐抬高，坡顶相对低矮，这里开凿三期洞窟（第21～45窟）（图4-7）。

云冈石窟的开凿，以文成帝复兴佛法为特定背景，是专为北魏皇室祈福而建的大型国家级工程。因此，洞窟规模之宏大，是其他北朝石窟所无法相比的。

云冈石窟的洞窟类型主要有3种：大佛窟、佛殿窟与塔庙窟。云冈石窟的窟型与洞窟形式，从一期到二期有很大的改变：一期窟中未表现建筑形象；二期出现佛殿窟与塔庙窟，窟室空间表现出浓厚的建筑意味，壁面雕刻中也出现大量的佛殿、佛塔等建筑形象。因而有学者认为云冈第

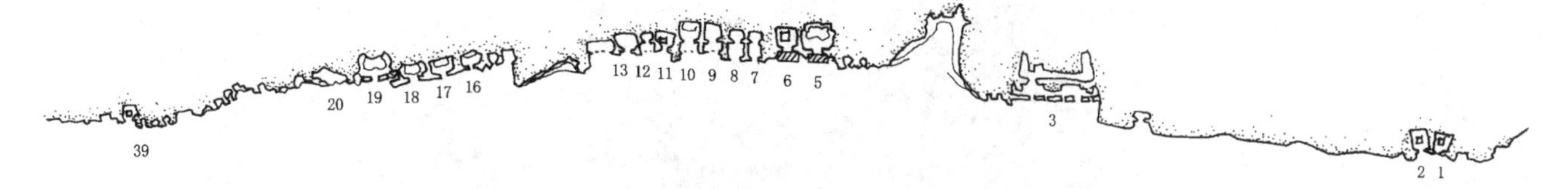

图4-7 北魏云冈石窟平面示意图［摹自傅熹年《中国古代建筑史》（第二卷），2001］

二期是佛教石窟东方化的一个关键时期。云冈石窟的这种转变，与北朝政治背景的改换有很大关系。云冈二期窟的开凿是在孝文帝积极推行汉化政策的大背景下进行的，这也是北朝各地石窟的共同建造背景（图 4-8）。

（2）莫高窟

莫高窟开凿于敦煌城东南 25 km 的鸣沙山东麓的崖壁上，前临宕泉，东向祁连山支脉三危山。历史上的敦煌，位于河西走廊的最西端，是中原通向西域的咽喉要道，也是月氏、乌孙、匈奴等民族集散之地。

莫高窟始建时间待考，据唐代《莫高窟记》、唐代李怀让《重修莫高窟佛龛碑》、五代《沙洲土镜》记载，始建时间大致在东晋十六国时期。但最初的营造遗迹目前尚未得到确认，一说北凉，一说北魏。十六国时，敦煌先后归属前凉、前秦、后凉、西凉和北凉 5 个政权。376 年，前秦苻氏灭前凉张氏，385 年，苻坚迁江汉百姓 1 万户及中原百姓 7000 余户到敦煌。南北朝时，中原战火纷飞，一些大族迁居河西以避战乱，中原的文化、学问都传到了西域，使河西走廊的文化水平日渐提高。同时，北魏、西魏和北周时，敦煌周边干戈四起，加速了佛教在敦煌民众间的流传和发展；统治者对佛教的崇信，也为石窟的建造提供了支持。

关于莫高窟的得名，有两种传说。据唐代李怀让《重修莫高窟佛龛碑》记载，前秦建元二年（366 年），僧人乐尊路经此山，忽见金光闪耀，如现万佛，于是便在岩壁上开凿了第一个洞窟；此后法良禅师等又继续在此建洞修禅，称为“漠高

图4-8 云冈石窟［引自云冈石窟文物保管所《中国石窟·云冈石窟（二）》（第2版），2006］

图4-9　莫高窟　王一岚摄

窟”，意为“沙漠的高处”。后世因“漠”与“莫”通用，便改称为“莫高窟”。另有一说为：佛家有言，修建佛洞功德无量，莫高窟就是说没有比修建佛窟更高的修为了（图 4-9）。

莫高窟现存自北朝而迄元代的大小洞窟 492 座，分南、北二区。北区距南区约 1 里，主要是僧房窟和杂用窟；南区是莫高窟的主体部分。北朝洞窟有 36 座，位于南区中部，前后分为 4 期，其中绝大多数是佛殿窟和塔庙窟，洞窟形式主要有中心方柱式和覆斗顶式两种（图 4-10）。

莫高窟现存隋唐以前的洞窟 40 余座，分为北朝一至四期（图 4-10）。其中除第 461 窟外，均位于窟群的南区中段。本书是在此分期前提下，据《莫高窟总立面图》所绘的莫高窟北朝洞窟平面图。从中可见：第一、二期窟位于崖壁中层，沿水平方向由北向南延伸；三、四期窟也基本位于崖壁中部，但分为上下两层水平分布，且与一、二期窟不在同一水平层上。同时，一、二期窟与三、四期窟各自形成 1 组窟群，在它们之间，是一段长约 30 m 的崖壁凹入部分。据推测，至迟在

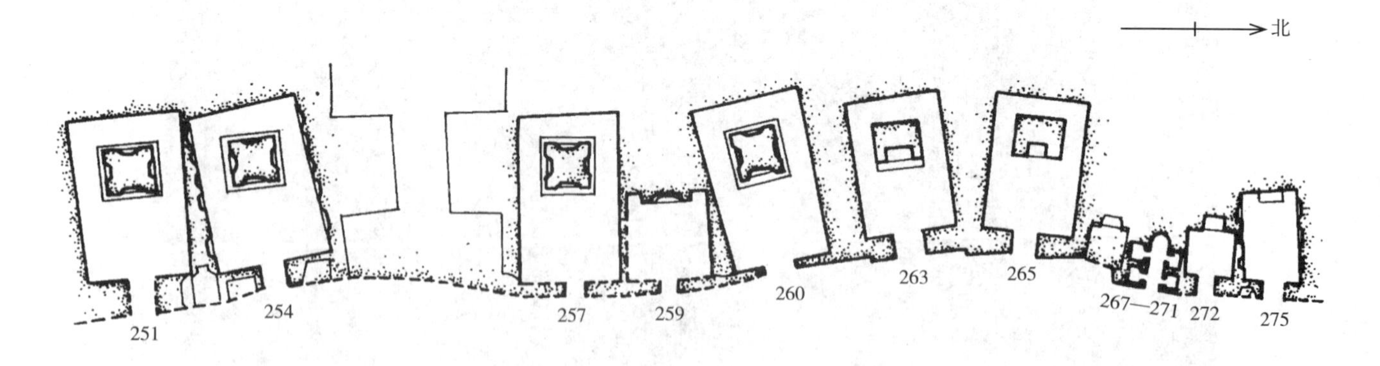

图4-10　莫高窟北朝一、二期窟平面示意图［摹自傅熹年《中国古代建筑史》（第二卷），2001］

北朝末年，这里曾发生崖壁坍塌现象，并因此毁损过一批北朝洞窟。

北朝一、二期窟室的形式、规模及组合方式明显有所不同。一期窟室规模狭小，形式各异；而二期诸窟以中心方柱式窟为主要窟型，规模基本一致，窟室做成组配置，洞窟体量增大，布局整齐。这时是莫高窟开凿历史上的第一个辉煌时期，这种带有较明显规划痕迹的洞窟群，往往与官方主持开凿有关（图 4-11）。

（3）麦积山石窟

麦积山位于今甘肃省天水市东南郊，地处西秦岭北支的东端，秦岭、贺兰山、岷山三大山系交汇处。它本是西秦岭山脉小陇山的一座孤峰，又名麦积崖，山高 142 m，海拔 1742 m，因形似麦垛而得名。麦积山周围群峰环抱，唯此一峰独秀，古称“秦地林朱之冠”。山峰的西南面为悬崖峭壁，麦积山石窟就开凿在这峭壁上，上下层叠，高数十米。

据石刻铭记及史料记载，麦积山石窟始凿于西秦（385—420），在北魏太武帝灭佛（446 年）以前，已具一定规模；自北魏太和末年到隋开皇年间（约 500—600），是麦积山凿窟的盛期；后经隋开皇二十年（600 年）与唐开元二十二年（734 年）两次大地震，窟群的中部崩塌，毁损了相当数量的早期洞窟，整个窟群也从此分为东崖和西崖两部分。学术界对于窟群中现存早期洞窟的年代，也和莫高窟一样，存在两种看法：一种认为始凿于西秦时期，另一种认为是在北魏复法以后，与云冈一、二期窟的年代相当（约 460—490）。

麦积山现有洞窟的类型以佛龛与佛殿窟为主，无中心柱窟。现存窟龛 194 个，其中东崖 54 窟，西崖 140 窟，泥塑、石胎泥塑、石雕造像 7800 余尊，最大的造像东崖大佛高 15.8 m（图 4-12）。

麦积山洞窟形式变化，呈现为由低浅龛室向仿木构佛殿窟转化的趋势。

（4）龙门石窟

龙门石窟位于今河南省洛阳市南 13 km 的伊河两岸，东北距汉魏洛阳故城 20 km。龙门是洛阳南面的天然门户。这里东西两岸有两山对峙，伊水中流，远望如天然门阙，因此古称“伊阙”；古代帝王又以真龙天子自居，因此得名“龙门”。

龙门石窟就雕刻在伊河两岸的山崖上，南北长约 1 km。精美的雕像与青山绿水交相辉映，形成了葱茏、灵秀的龙门山色。唐代白居易评说：“洛都四郊山水之胜，龙门首焉。”龙门石窟从北魏孝文帝迁都洛阳时（494 年）开始营造，历经东魏、西魏、北齐、北周、隋、唐诸朝，连续大规模营造达 400 多年之久。此后，五代、北宋初虽有雕凿，但为数甚少。

北魏石窟均开凿在西山东麓，共有主要洞窟 23 座，开凿于孝文帝太和末年至北魏亡覆期间（约 493—534），前后 40 年，费工无数（图 4-13a）。其中经营较早的，是 6 座进深在 10 m 左右的大窟，即古阳洞、莲花洞、火烧洞与宾阳三洞，窟室的开凿都与皇室成员有关。后期洞窟随经营者地位的降低，规模渐小，进深多在 5 m 上下。北魏洞窟均为单室窟，平面多呈前方后圆形，像设方式与云冈二期佛殿窟以及麦积山早期洞窟相近，都不采用正壁开龛的做法，而是主像置于正壁之前，并将正壁作背光处理。除了古阳洞等几座洞窟之外，大多数洞窟的窟顶都凿成天盖形式，笼罩在佛像上方，天盖中心为形象突出的浮雕莲花（图 4-13b）。

龙门北魏石窟虽与云冈同期，但表现建筑形象较少，壁面雕刻中也极少出现佛塔，且未见中心柱窟，与云冈石窟有较大差别（图 4-14）。

4.3.4　公共园林

在寄情山水、崇尚隐逸的社会风尚引导下，魏晋时士人之中形成了游览山水的浪漫风习。魏晋名士喜欢在山水间行吟啸傲，文献中多有记载。特别是晋室南渡后，江南一带优美的山水风景吸引了士人，于是东晋和南朝文人的游山玩水的风气更为炽盛。

魏晋士人又雅好文学。魏文帝做太子时，就经常举行文士饮酒赋诗或切磋学问的聚会，即“文会”；东晋文会之风益盛。文会不仅在御苑中举行，一般的南渡士人，也要定期举行聚会，而

图4-11　莫高窟285窟内景（开凿于西魏）

图4-12　麦积山石窟（引自麦积山石窟研究所《麦积山石窟研究》，2010）

图4-13　龙门石窟［引自《龙门石窟》，1980］

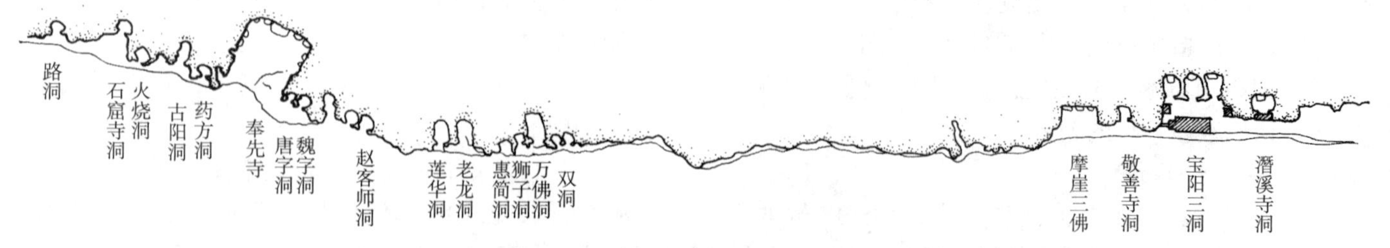

图4-14　龙门石窟西山窟群平面示意图［摹自傅熹年《中国古代建筑史》（第二卷），2001］

他们聚会的地点多选择山水嘉胜之处。他们的活动，又催生了一些新的公共游览地。

（1）兰亭

魏晋以降，上古带有宗教色彩的“修禊”活动与文会活动相结合，使春禊衍为文人雅集，活动的重点由祛病祈福转向畅情山水、借物咏怀。禊事的形式和内容也越来越丰富，其中最具代表性的项目就是“曲水流觞”：文人骚客于水边会友聚宴，斟酒于带有双翅的酒杯（称“耳杯”或“羽觞”）内，任其顺着宛转的溪流漂浮，赴宴者则沿岸列坐，遇流杯漂置面前时取而饮之，并吟诗作赋；若不能吟诗，就要罚酒。

亭在汉代本来是驿站建筑，也相当于基层行政机构，到两晋时，演变为一种风景建筑，逐渐又转化为公共园林的代称。会稽山阴的兰亭便是一例。

东晋时的兰亭旧址今已无寻，今浙江绍兴西南兰渚上的兰亭并非东晋兰亭的原址。只根据王羲之的序，知其在会稽山阴的崇山峻岭、茂林修竹间，并且以亭为中心。相传春秋时越王勾践曾在此植兰，东汉时设有驿亭，故名兰亭。据《水经注·浙江水》：“浙江又东与兰溪合，湖南有天柱山，湖口有亭，号曰兰亭，亦曰兰上里，太守王羲之、谢安兄弟数往造焉。吴郡太守谢勖，封兰亭侯，盖取此亭以为封号也。太守王廙之移亭在水中，晋司空何无忌之临郡也，起亭于山椒，极高尽眺矣。亭宇虽坏，基陛尚存。”看来兰亭在北魏末年就已经多次移动位置，目的是寻找更为理想的环境。由于水环境的变迁和历代地方政府重建时的决策，宋、元、明、清兰亭又多次改动。

东晋永和九年（353 年）三月初三“上巳节”，时任会稽内史的右军将军的王羲之，召集筑室东土的一批名士和家族子弟，共 42 人，于兰亭举办了一次雅集。参与者有谢安、谢万、孙绰、王凝之、王徽之、王献之等名士。会上共得诗 37 首，合为一集，即著名的《兰亭集》。王羲之“微醉之中，振笔直遂”，写下了著名的《兰亭集序》：

“永和九年，岁在癸丑。暮春之初，会于会稽山阴之兰亭，修禊事也。群贤毕至，少长咸集。此地有崇山峻岭、茂林修竹，又有清流激湍，映带左右。引以为流觞曲水，列坐其次。虽无丝竹管弦之盛，一觞一咏，亦足以畅叙幽情。是日也，天朗气清，惠风和畅，仰观宇宙之大，俯察品类之盛，所以游目骋怀，足以极视听之娱，信可乐也……”

作为一处公共园林，东晋兰亭记载不详而且难以考证，但永和九年兰亭雅集的举办，得到了后世文人、书家和造园者的积极响应与有效传承。东晋以后，从南朝至今，时有文人、书家以“兰亭”之名相聚，举办文会雅集。雅集的基本内容仍无外乎修禊、曲水流觞、饮酒赋诗、制序和作书等。兰亭雅集反映出的清新朴素的审美观、恬适淡远的生活情趣，不仅在一定程度上折射出东晋士人的园林观，也深刻影响了后世园林的创作。

（2）新亭

新亭又名中兴亭，三国时吴国所建，故址在今南京市西南，依山临江，风景秀丽。西晋灭亡后，从中原逃到江南的豪门士族经常在此宴饮。《世说新语·言语》载：

“过江诸人，每至美日，辄相邀新亭，藉卉饮宴。周侯中坐而叹曰：‘风景不殊，正自有山河之异。’皆相视流泪。唯王丞相愀然变色，曰：‘当共戮力王室，克复神州，何至作楚囚相对？’”

这里的“江河之异”，是指长江和洛水的区别。可见西晋士人也有在洛水边举行文会的传统。后世借“新亭对泣”“新亭泪”指忧国之情。

4.4　总结

魏晋南北朝历时约 300 年的动乱，是中国古代园林史上的拓展期。这一时期的园林承前启后，园林类型大大丰富，园林规模由大转小，创作方法由写实趋向写实与写意相结合，一些园林已经具有自然山水园的特征。

魏晋南北朝园林的基本特征和主要成就可以归结为如下六点：

（1）山水园成为主题

这一时期，寄情山水、雅好自然成为社会风

尚。在这种美学思潮的直接影响下，皇家、文人和僧道都开始了以山水为主题的园林的创作。这一时期园林在如何本于自然而又高于自然方面有所探索，并由单纯地模仿自然山水发展为适当地加概括、提炼。园林的建设由粗放转变为较细致的、更自觉的设计经营，造园活动升华到艺术创作的境界。

皇家园林的建设纳入都城之中，大内御苑往往居于都城的中轴线上而成为城市中心区的有机组成。私家园林在山水美学和庄园经济的带动下，数量大大增多，并且特别注重亲和自然的人居环境的营造以及对各要素的综合运用。寺观园林的出现开拓了造园活动的领域，也对于山水胜迹的开发起着主导性的作用。从此以后，中国古代园林形成了私家、皇家、寺观三大类型并行发展的局面。

（2）皇家园林的转变

魏晋南北朝皇家园林的规模明显变小，而建设趋于精密细致。狩猎、求仙、通神的功能已基本消失或者仅保留象征意义，也未见有生产、经济运作方面的记载，游赏活动成为主导功能，造园立意也由模拟神仙境界转化为仿拟自然。宫廷造园开始取法民间，皇家园林受到私家园林的影响，南朝的个别宫苑甚至由当时著名的文人参与经营。

（3）私家园林的普及

魏晋南北朝，寄情山水、雅好自然成为社会风尚，贵族和文人都纷纷造园，私家园林成为一种主流类型。它一开始即出现两种明显的倾向：一种是贵族、官僚所建，园林风格崇尚华丽、争奇斗富；另一种是文人名士所建，崇尚隐逸、追求恬适淡远的生活情趣，成为后世文人园林的先声。

（4）寺观园林的涌现

佛教从东汉传入中国，当时仍属外来思想，到魏晋时积极靠拢玄学、融合儒家观念，才真正为华夏文明所接纳，开始广泛而深入地渗入广大民众的生活。到南朝时期，梵宫宝刹遍布江东，成为前所未有的一大景观，仅梁朝一朝就已达到“都下佛寺五百余所，穷极宏丽”的盛状。我国佛寺从开始建立就重视与自然环境的融合，多选择山水清幽之处建寺，既利于僧人修行，也吸引文人雅士游赏。

（5）园林游赏的兴盛

这一时期园林游赏活动也比较兴盛，其中春禊对后世园林影响巨大。新亭、兰亭等风景优美的近郊之地成为文人经常聚集的地方，这使得这些游览地具有公共园林的性质。

魏晋南北朝时，园林中的建筑与其他的自然要素取得了较为密切的协调关系。这一时期园林建筑形式丰富，有楼、阁、观等多层建筑物，有沿袭秦汉传统的飞阁、复道。秦汉园林中常见的台此时期已经不多见，亭也开始从驿站建筑转化为园林建筑。

思考题

1. 简述魏晋南北朝山水美学思想对当时园林的影响。
2. 举例说明魏晋南北朝私家园林的特点。
3. 简述魏晋南北朝寺观园林的特点和兴盛的原因。

参考文献

（北齐）魏收，魏书 [M]. 北京：中华书局，1974.

（北魏）郦道元，水经注 [M]. 北京：中华书局，2013.

（东晋）顾恺之，画论 [M]. 北京：中国人民大学出版社，2004.

（后梁）荆浩，笔法记 [M]. 天津：天津人民美术出版社，2005.

（晋）陈寿，（南朝宋）裴松之，注. 三国志 [M]. 北京：中华书局，1982.

（晋）陆翙，邺中记 [M]. 台北：台湾商务印书馆，1986.

（梁）释慧皎，高僧传 [M]. 北京：中华书局，1992.

（梁）萧子显，南齐书 [M]. 北京：中华书局，1972.

（南朝）沈约，宋书 [M]. 北京：中华书局，1974.

（南朝宋）刘义庆，世说新语 [M]. 北京：中华书局，2009.

（南齐）谢赫，古画品录 [M]. 上海：上海古籍出版社，1991.

（唐）房玄龄，等，（清）吴士鉴，刘承幹，注. 晋书 [M]. 北京：中华书局，1974.
（唐）李百药，北齐书 [M]. 北京：中华书局，1972.
（唐）李延寿，等，北史 [M]. 北京：中华书局，1974.
（唐）李延寿，等，南史 [M]. 北京：中华书局，1975.
（唐）令狐德棻，等，周书 [M]. 北京：中华书局，1971.
（唐）许嵩，孟昭庚，建康实录 [M]. 孙述圻，伍贻业，点校. 上海：上海古籍出版社，1987.
（唐）姚思廉，陈书 [M]. 北京：中华书局，1972.
（唐）姚思廉，梁书 [M]. 北京：中华书局，1973.
（唐）张彦远，历代名画记 [M]. 杭州：浙江人民美术出版社，2011.
（魏）杨衒之. 周祖谟，校译. 洛阳伽蓝记 [M]. 北京：中华书局，2010.
白钢，中国政治制度史 [M]. 天津：天津人民出版社，2002.
陈从周，中国园林鉴赏辞典 [M]. 上海：华东师范大学出版社，2001.
杜洁祥，中国佛寺史志汇刊（第 1 辑）[M]. 台北：明文书局，1980.
杜石然，中国科学技术史·通史卷 [M]. 北京：科学出版社，2003.
翦伯赞，中国史纲要 [M]. 北京：人民出版社，1983.
金维诺，中国美术史：魏晋至隋唐 [M]. 北京：中国人民大学出版社，2013.
潘伟斌，魏晋南北朝隋陵 [M]. 北京：中国青年出版社，2004.
钱贵成，咏赣唐诗征考 [M]. 北京：中国戏剧出版社，2006.
苏保华，魏晋玄学与中国审美范式 [M]. 北京：社会科学文献出版社，2013.
谈会金，庐山东、西林寺历代诗选 [M]. 北京：中国文史出版社，1991.
汪菊渊，中国古代园林史 [M]. 北京：中国建筑工业出版社，2006.
王铎，中国古代苑园与文化 [M]. 武汉：湖北教育出版社，2003.
王仲荦，魏晋南北朝史 [M]. 上海：上海人民出版社，2003.
吴宗国，中国古代官僚政治制度研究 [M]. 北京：北京大学出版社，2004.
阴法鲁，等，中国古代文化史 [M]. 北京：北京大学出版社，2008.
袁行霈，中国文学史 [M]. 第二卷. 北京：高等教育出版社，2014.
张家骥，中国造园艺术史 [M]. 太原：山西人民出版社，2003.
周维权，中国古典园林史 [M]. 2 版. 北京：清华大学出版社，1999.

第5章 隋唐园林

隋唐使中国再次振兴，强盛的国力，深厚的文化，赋予这个时代昂扬的气势。受山水诗、山水画的影响，写意山水园林成为主流，皇家、私家、寺观、公共园林齐头并进，蓬勃发展。正是：

碧城十二锁烟鬟，云满丹墀霞满栏。
天赐隋帝清凉国，地涌醴泉维贞观。
长松擢秀翠巘静，雪瀑惊雷深溪寒。
宿雾苍茫晚钟起，携将风露下长安。

5.1 历史文化背景

隋朝与唐朝是经历了五胡十六国和南北朝两个漫长的分裂时期后建立的大一统王朝，也是当时世界上公认的先进、文明、强大的帝国。唐朝在政治、军事、文化等方面多因袭隋朝并发扬光大，所以后世常将隋朝和唐朝合称为“隋唐”。

随着魏晋南北朝以来的豪强士族的衰落，在隋唐时期出现了大量自耕农，门阀士族退出历史舞台，出身中下层的士人、官吏和武将成为新兴政治势力。随着地主经济和租佃制的发展，农业、手工业和商业的繁荣，以及士人热衷科举考试，社会精神风貌和价值观念发生了很大变化。随之而来的五代十国，中国又陷入分裂割据时期。

5.1.1 隋朝

隋朝（581—618）是上承南北朝下启唐朝的统一王朝，有3帝，历时38年。隋朝是在十六国南北朝民族大融合，江南士族、山东士族已经衰落的情况下建立起来的。隋朝结束了长期分裂的局面，继秦和西晋之后第三次统一全国，为中国统一多民族国家的巩固和发展做出了自己的贡献，并对南北文化进行了整合，在中国历史上起着承前启后的作用。

大定元年（581年），外戚杨坚代周称帝，定国号隋，改元天皇，定都长安（今陕西西安）。隋朝建立之初，抵御住了北方突厥的入侵。随着突厥的分裂，北方边境获得暂时安定。此后，隋文帝南下平陈，结束了近300年的分裂割据状态。

隋文帝励精图治，休养民力，使得隋朝出现了“开皇之治”。仁寿四年（604年），隋炀帝杨广继位。杨广执政期间大兴土木，修建大运河，迁都洛阳城，并对吐谷浑、高句丽多次用兵。上述举措给人民带来繁重的劳役征发，激起了声势浩大的农民大起义。在李密瓦岗军、窦建德夏军、杜伏威吴军等农民军的冲击下，隋朝统治岌岌可危。不仅如此，统治集团也产生分裂，杨玄感、李渊等人起兵对抗隋朝。隋炀帝死后，宇文化及、李密、王世充建立了短暂的统治，隋朝最终灭亡。

鼎盛时期的隋朝疆域，东北抵达辽河下游，置辽东郡，毗邻高丽国；北部置五原郡，与东、西突厥毗邻；西至今新疆东部，置且末、鄯善、伊吾等郡；南至越南北部，置日南郡。隋朝在海南岛设置郡县，行使有效管辖，并派朱宽等人出使流求（今台湾岛）。

政治制度　隋朝建立之初进行了一系列巩固统一、强化中央集权的改革。隋文帝废除了西魏、北周时期的六官制，制定了以尚书、内史（中书）、门下三省为框架的中枢机构。地方行政制度上，隋朝废弃紊乱的州郡县三级制，改设州县两级制。隋朝还改革官员选拔制度，以吏部铨举代替辟举制、九品中正制，开始以进士、明经开科取士。军事制度方面，改革府兵制。此外，隋朝制定《开皇律》《大业律》。

社会经济　隋朝颁布均田令，通过“貌阅”检查隐匿户口。大业五年隋朝的著籍人口数为 900 余万户，4600 余万。隋代的手工业有所发展，主要有陶瓷、造船、纺织等部门。隋代的商业也有所发展，出现了长安、洛阳、成都、张掖、南海等大规模城市。隋朝开凿了连接通济渠、邗沟、江南河、永济渠的大运河，构建了北起涿郡南到余杭的水上交通线，加强了南北经济交流。

思想文化　隋朝的统一促进了思想文化的南北交流，在思想、文学艺术、音乐、美术等领域都有新成就。刘焯、刘炫在注释《尚书》《春秋左氏传》等儒家经典方面取得重要成就。智顗创立了天台宗，实现了南北佛教流派的融合。在文学、书法艺术方面，隋朝均实现了南北风格的融通。在音韵学方面，《切韵》是第一部汇集南北音韵研究的集大成之作。

科学技术　隋朝在科技领域取得了一些新成就。天文学方面，刘焯创制了较为先进的《皇极历》，并对五大行星的位置进行观测。耿询创制水力驱动浑天仪。李春建造的赵州桥在建筑学史上具有重要意义，是现存世界最古石拱桥。医学方面，巢元方的《诸病源候论》开创了病因学、病理学的研究方法。地理学方面，隋朝编纂了全国性的《诸州图经集》《区宇图志》。

对外关系　隋朝与朝鲜半岛上的高丽、百济、新罗三国保持密切联系。日本多次遣使来隋，学习佛教及政治制度，推动了日本的大化改新。此外，隋朝与林邑、赤土、真腊、婆利等东南亚各国以及位于中亚的昭武九姓国也保持较为密切的联系。

5.1.2　唐朝

唐朝，上承隋朝，下启五代十国，共有 21 帝，历时 290 年。唐朝在中国多民族统一国家的形成过程中占据重要位置，在政治、经济、文化和中外交流上也取得一系列突出成就。

隋大业十四年（618 年），高祖李渊称帝，建国号唐，改元武德，定都长安。唐朝建立后，陆续平定窦建德夏政权、王世充郑政权等各路割据势力。武德九年，秦王李世民发动玄武门政变，即位为唐太宗。李世民完成了全国统一大业。

唐朝前期，出现了太宗朝的“贞观之治”和玄宗朝的“开元之治”，是中国古代不多见的盛世景象。李世民重用房玄龄、杜如晦、魏徵等人，励精图治，重视吏治，实行轻徭薄赋、劝课农桑的经济政策，改变了隋末经济的残破局面，出现“贞观之治”。李世民死后，高宗李治即位。李治孱弱无能，皇后武则天走向前台。睿宗天授元年（690 年），武则天改国号为周，成为中国历史上唯一的女皇帝。神龙元年（705 年），宰相张柬之等人发动政变，重建李唐王朝。历经中宗、睿宗两朝后，唐玄宗李隆基继位，改元开元。唐玄宗重用姚崇、宋璟、韩休、张九龄等人，整饬吏治，改革经济、财政、军事上的弊端，出现了“家给人足，人无苦窳，四夷来同，海内晏然”的景象，史称“开元盛世”。

唐玄宗重用安禄山，使得后者位居平卢、范阳、河东三镇节度使。安禄山、史思明于天宝十四年（755 年）起兵叛乱，史称“安史之乱”。“安史之乱”成为唐朝历史由统一集权走向分裂割据的转折点。“安史之乱”后，唐朝政治上陷入藩镇割据，财政陷入亏空，国力走向衰微。唐朝后期，唐朝中央政府与藩镇发生过 3 次大规模的战争，但并未改变藩镇割据的乱世局面。此外，唐朝后期又出现了宦官专权、牛李党争等严重问题，加速了政治的腐朽。

伴随着土地兼并的加剧，阶级矛盾的激化，出现了此起彼伏的农民起义。僖宗乾符二年（875 年）王仙芝、黄巢起义爆发。黄巢率部攻占长安，僖宗南逃成都。唐朝在黄巢起义的打击下名存实亡，李克用、朱全忠（朱温）、李茂贞等节度使势力乘机崛起。天祐二年（905 年）朱全忠代唐自立，建国号梁，史称后梁，定都开封。唐朝灭亡。

唐朝疆域的极盛时期，东至朝鲜半岛北部，

包括乌苏里江以东及黑龙江下游，设安东都护府（初治平壤，后内迁至今河北卢龙），毗邻新罗国；西至巴尔喀什湖以东以南地区，设安西都护府（治今新疆库车），下辖龟兹、毗沙、疏勒、焉耆四镇，毗邻大食、吐蕃诸国；南至越南中北部，设安南都护府；北逾阴山，设单于都护府（治今内蒙古呼和浩特）。

政治制度　唐朝沿用隋朝的三省六部制，中枢机构分为中书、门下、尚书三省，尚书省下辖吏、户、礼、兵、刑、工六部。另设御史台、大理寺作为司法机构。地方行政制度上，沿袭隋朝设州县二级。为加强中央集权，全国设监察区兼具一定政区性质的道。科举是官员选拔的主要途径。唐朝在隋朝《开皇律》的基础上制定《武德律》《贞观律》，并颁布《唐律疏议》。唐律是传世的中国古代最早、最完整的一部法典，影响深远。军事制度方面，唐朝初期建立府兵制，设折冲府，后改为募兵制，出现了节度使。

社会经济　唐朝实行均田制，建立租庸调制，调动了农民的生产积极性。德宗朝宰相杨炎用两税法代替租庸调制。唐朝重视兴修水利，推广曲辕犁，促进了农业发展。唐代的手工业以官营为主，由少府监、将作监、军器监管理，主要包括纺织、陶瓷、金属铸造、造纸等部门。在农业、手工业发展的基础上，唐代商业比较繁荣，出现了长安、洛阳、成都、广州、扬州等著名工商业城市。鼎盛时期的唐代人口，为七八千万。唐代的区域经济发展并不均衡，南方的农业、手工业生产水平开始超过北方，实现了经济重心的南移，南方的人口数量也首次超过北方。

思想文化　唐朝的思想文化以内容博大，气势恢弘，开放兼容，富于进取为特征。唐朝的思想领域，以儒、释、道并立为基本格局。其中，儒学占据主导地位。贞观年间，孔颖达等人奉诏编纂《五经正义》，对儒家经典进行规范化，作为科举考试的依据颁行全国。韩愈尊崇儒学，反对佛道。李翱反对佛教，提出复性说。韩愈、李翱的思想对宋明理学有着深刻影响。柳宗元所著《天说》《天对》等哲学名篇中蕴含着唯物主义思想。刘禹锡在《天论》等著作中提出天人“交相胜，还相用”的观点。唐代道教、佛教盛行。道教因获得皇帝的推崇而得到飞速发展。佛教的政治地位逊于道教，但其分布及社会影响远在道教之上，有天台宗、法相宗、华严宗、禅宗等流派。佛教的盛行，引起寺院经济的发展，威胁到唐朝财政利益，因而招致武宗会昌废佛之举。在史学领域，刘知几的《史通》和杜佑的《通典》均是影响深远的名著。

唐代的文学成就在中国历史上占有突出地位，在诗歌、散文、民间文学等方面均有开拓性贡献。唐代的诗歌创作，以诗作之多、成就之高、流派之多著称于世。初唐的陈子昂，盛唐的李白、杜甫、王维、孟浩然，中唐的白居易、元稹、李贺，晚唐的李商隐、杜牧等人都是成就斐然的诗人。唐代词的创作，以温庭筠的艺术成就最高。散文领域，韩愈、柳宗元领导的古文运动开创一个唐代文学的新局面。此外，唐代文学在传奇小说和变文方面也取得了一定成就。

唐代在书法、绘画、雕塑等方面取得了杰出成就。虞世南、欧阳询、褚遂良并称“初唐三大书法家”。此后，颜真卿、柳公权、孙过庭、张旭、怀素等人均在书法创作、理论上有杰出成就。人物画在唐代绘画中占重要地位，出现了阎立德、阎立本、吴道子、张萱、周昉等著名画家。隋唐以后，山水画逐渐发展成熟。曹霸、韩滉、戴嵩等人的绘画艺术也别具一格。此外，壁画、雕塑也是体现唐代绘画艺术成就的重要方面。保存至今的敦煌莫高窟，其主要艺术成就在于塑像和壁画，主要建于唐代。

科学技术　唐朝在天文学、数学、地理学、医药学、印刷术等科技领域取得了重要成就。僧一行设计黄道游仪、水运浑仪等天文仪器，进行了世界上第一次子午线实测，编纂《大衍历》。李淳风的《算经十书》、王孝通的《辑古算术》是数学方面的重要成就。地理学方面，《括地志》《元和郡县图志》《海内华夷图》均是在地理学史上有重要影响的典籍。医药学方面，孙思邈编纂《千金要方》《千金翼方》，被尊为“药王”；此外，《新修本草》是世界上第一部官修药典。雕版印刷的发明是唐代重大的技术成就，对后世影响深远。

对外关系　唐朝是当时世界上最发达的国家，对周边国家有较强的吸引力。唐朝与朝鲜、日本诸国，中亚及印度诸国，东南亚及波斯湾诸国保持政治、经济文化交流；大批外国使节、客商、留学生、僧侣频繁来华。唐朝文化的对外辐射，尤其体现在新罗、日本诸国。在唐代中外关系史上，鉴真、玄奘、义净、阿倍仲麻吕、圆仁等人是做出突出贡献的标志性人物。

5.1.3　五代十国

五代十国是唐朝灭亡后，北方5个朝代和南方及山西10个国家的合称，始于907年，终于960年。此时，中国又陷入分裂割据的局面。

五代即后梁、后唐、后晋、后汉、后周。其中，后唐定都洛阳，后梁除短暂定都洛阳外，大部分时期和其他三代一样定都开封。后梁、后周是汉人建立的政权，而后唐、后晋、后汉则是沙陀人建立的国家。五代时期，各国政局动荡不已，在短暂的50多年间，共有八姓的14位皇帝。十国包括前蜀、后蜀、吴、南唐、吴越、闽、楚、南汉、南平（荆南）和北汉。除北汉位于今山西境内，其余九国均在南方。除了五代十国时期，在中国境内还存在刘守光所建燕国、岐王李茂贞、党项羌拓跋氏、沙州归义军、甘州回鹘、西州回鹘、于阗国、吐蕃、大理国、渤海国、契丹国等地方性政权。

五代十国发展到后周时期，出现了迈向重新统一的契机。广顺元年（951年），后周太祖郭威即位，在政治、经济和军事诸领域进行了改革，开始扭转北方的残破局面。显德元年（954年），后周世宗柴荣即位，在政治上锐意改革，澄清吏治，制定《大周刑统》。经济上，柴荣鼓励流民定居屯垦，兴修水利。军事上，整肃军纪，组建精锐部队，取得了对后蜀、南唐、辽的胜利。柴荣死后，赵匡胤乘主少国疑之机发动政变，建立宋朝。

社会经济　五代十国的社会经济受到频繁战乱的摧残，华北地区的社会经济直至后周时期才有所恢复。南方地区政局相对平稳，社会经济状况胜过北方地区。虽然存在分裂格局，但各国之间的商贸往来仍旧存在，陶瓷、雕版印刷、纺织、造纸、制茶、制盐等手工业部门均有所发展。与高丽、日本、大食、占城、三佛齐等周边地区的贸易也有一定规模。

文学艺术　五代十国是词的重要发展期，为宋词的出现奠定基础，涌现出韦庄、欧阳炯、冯延巳、李璟、李煜等著名的词人。绘画方面，有荆浩、关仝、董源、巨然、徐熙、黄筌等著名画家。其中，荆浩、关仝并称“荆、关”，董源、巨然并称为“董、巨”，均为五代十国山水画的主要流派。

科学技术　五代十国时期的科技文化，在隋唐基础上有所发展。雕版印刷的普及是最大的成就。西蜀的雕版印刷比较发达。后唐开始校订和刻印“九经”，促进了儒学经典的普及和传播。

5.2　隋唐主要城市格局与园林

5.2.1　隋大兴—唐长安

隋文帝杨坚取代北周建立隋王朝后，把都城建在关陇军事集团的根据地长安。当时，汉代的长安故城经过长年的战乱已残破不堪，乃于开皇二年（582年）下诏营建新都于长安故城东南面的龙首原一带，任命左仆射高颎总理其事，具体的规划建设工作则由太子左庶子宇文恺和将作大匠刘龙负责。翌年新都基本建成，因隋文帝在北周时被封为大兴公，故命名为大兴城。

隋代的大兴城并未全部建成，宫苑和坊里都只是粗具规模。唐代继续完成，仍恢复“长安”之名，一直作为唐王朝的都城。它是继曹魏邺城之后，第一个平地新建的都城，也是我国里坊制封闭式城市的典型代表。

隋大兴城（唐长安城）的范围，南及南山的子午谷，北据渭水，东临灞水，西枕龙首山；依山傍水，因势筑城，东西十八里半，南北十五里，面积约为84 km^2；东面、南面、西面各三门，北面一门；城分宫城、皇城、外廓三部分（图5-1）；宫城在城市中部偏北，主要宫殿坐北朝南，便于

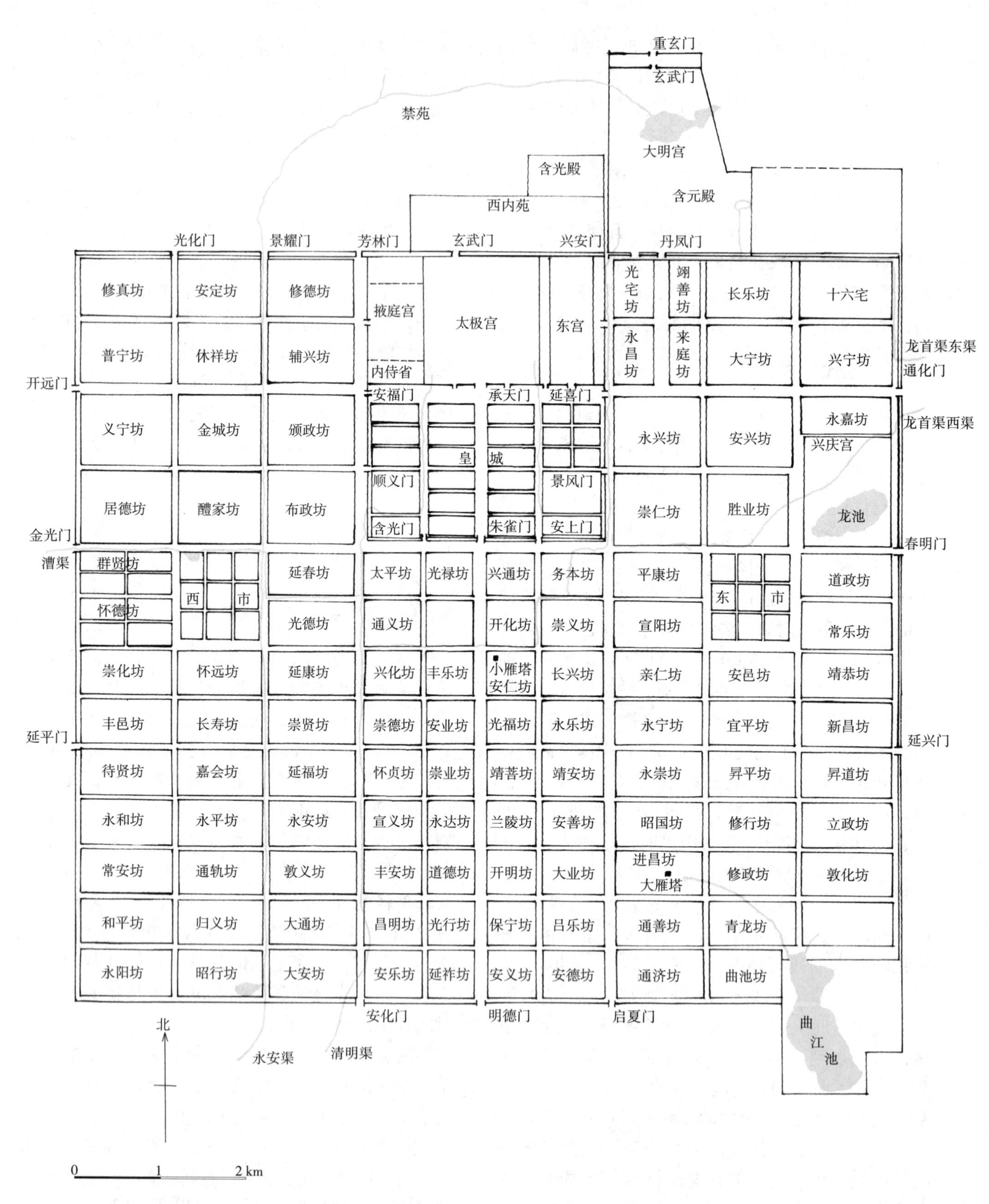

图5-1　隋大兴—唐长安复原平面图［摹自傅熹年《中国古代建筑史》（第二卷），2001］

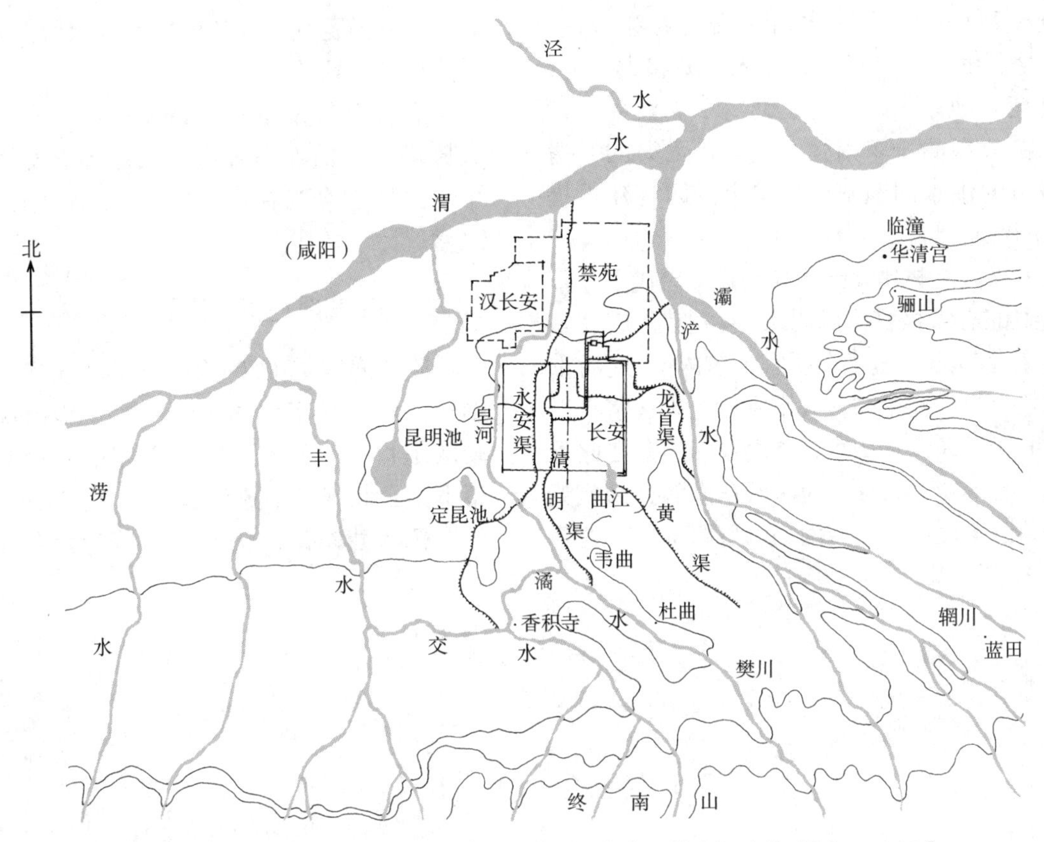

图5-2　唐长安近郊平面图［摹自周维权《中国古典园林史》（第2版），1999］

控制全城；宫城南面是皇城，有官府衙署、宗庙、社稷坛等，还有将作监、军器监等，市集有东西两市；皇城外的郭城部分，城东为贵族的居住区，城西为居民的里坊。

全城共有南北街 14 条、东西街 11 条，纵横相交成方格网状的道路系统，形成居住区的 108 个“坊”和两个“市”，采取市、坊严格分开之制。坊一律用高墙封闭，设坊门，夜晚即关闭，同汉制。坊内概不设店肆，所有商业活动均集中于东、西二市。居住区为“经纬涂制”道路网，街道纵横犹如棋盘格。街道的宽窄并不一致，东西街宽 40 ~ 55 m，南北街宽 70 ~ 140 m。皇城正门以南、位于城市中轴线上的朱雀大街，宽达 147 m，可谓壮观开阔至极。大城与皇城之间的横街则宽达 441 m。大城以北为御苑大兴苑，北枕渭河，南接大城之北垣，东抵浐河，西面包括汉代的长安故城。

隋大兴城（唐长安城）号称周礼，同时受北魏、南朝都城形制的影响（图 5-1）。它的皇城左庙右社但前市后朝。它的总体规划形制保持北魏洛阳的特点：宫城偏处大城之北，其中轴线亦即大兴城规划结构的主轴线，由北而南通过皇城和朱雀门大街直达大城之正南门。皇城紧邻宫城之南，为衙署区之所在。宫城和皇城构成城市的中心区，其余则为坊里居住区。而宫城的北垣与大城的北垣重合，这种做法则又类似于南朝的建康。大兴城的规划还明显地受到当时已常见于州郡级城市的“子城—罗城”制度的影响，宫城和皇城相当于子城（内城），大城相当于罗城（外城）。

大兴城于建城之初即开始进行城市供水、宫苑供水和漕运河道的综合工程建设。一共开凿 4 条水道（渠）引入城内：龙首渠，引浐水分两支入城，一支经城东北诸坊入皇城再北入宫城，潴而成为御苑水池东海，另一支绕城垣之东北角，往西进入大兴苑；永安渠，引交水由大安坊处穿南垣一直北上，穿过若干坊及西市，北入大兴苑，再入渭河；清明渠，引沈水由大安坊处穿南垣，与永安渠平行北上，入皇城，再入宫城和大兴苑，潴而为御苑水池南海、西海、北海；曲江，引黄渠之水，枝分盘曲于东南角。这4条水渠的开凿解决了城市的供水问题，也为城市的园林建设提供了用水的优越条件。

隋代大兴城园林建设已相当兴旺，唐代更是繁盛。宫城中部有太极宫（西内）、掖庭宫，唐高宗时在宫城东北禁苑内增建大明宫（东内），此后重大庆典和朝会都在宫中的含元殿举行。唐玄宗将兴庆坊中的旧居扩建为兴庆宫，置朝堂，经常在此听政。城北郊有禁苑，又称三苑。城东南隅有御苑芙蓉苑和公共游览地曲江，城南的乐游原也是一处著名的公共游览地。汉代的昆明池保留下来，此时也成为城郊一处游览胜地（图5-2）。

唐代宗教发达，西京城内寺观众多，慈恩寺大雁塔、荐福寺小雁塔、兴教寺玄奘塔、香积寺十三层塔迄今尚存。长安城内私家园林也极一时之盛。

5.2.2 隋东都—唐洛阳

隋仁寿四年（604年）七月，文帝崩，子杨广嗣位，即隋炀帝。同年十一月，为镇抚北齐、南朝故地，拱卫长安，同时方便中原物资运输，炀帝下诏在北魏洛阳故城以西约9 km处、东周王城的东侧兴建东京，仍命宇文恺为营东都副监、将

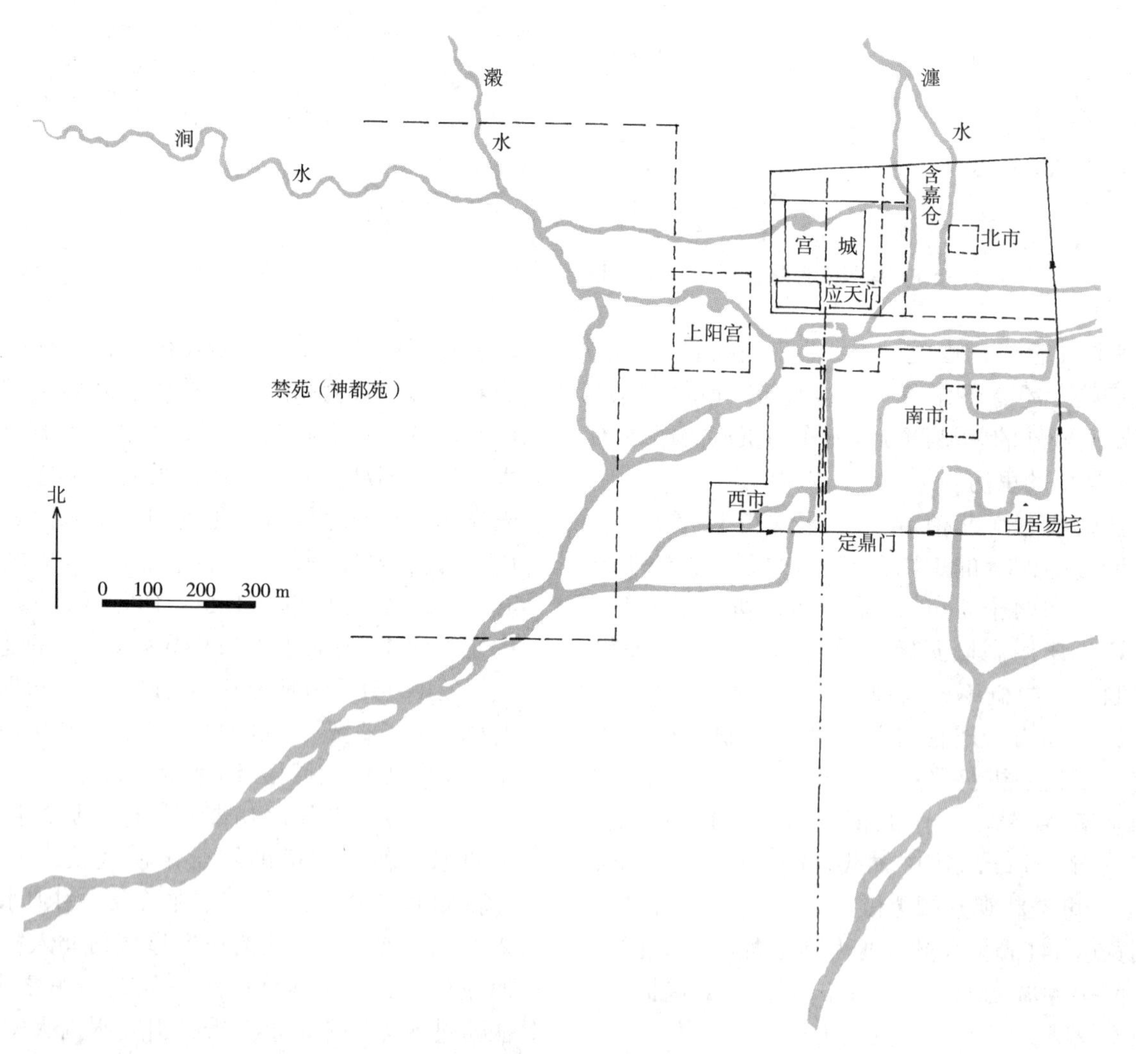

图5-3　隋唐洛阳近郊平面图［摹自周维权《中国古典园林史》（第2版），1999］

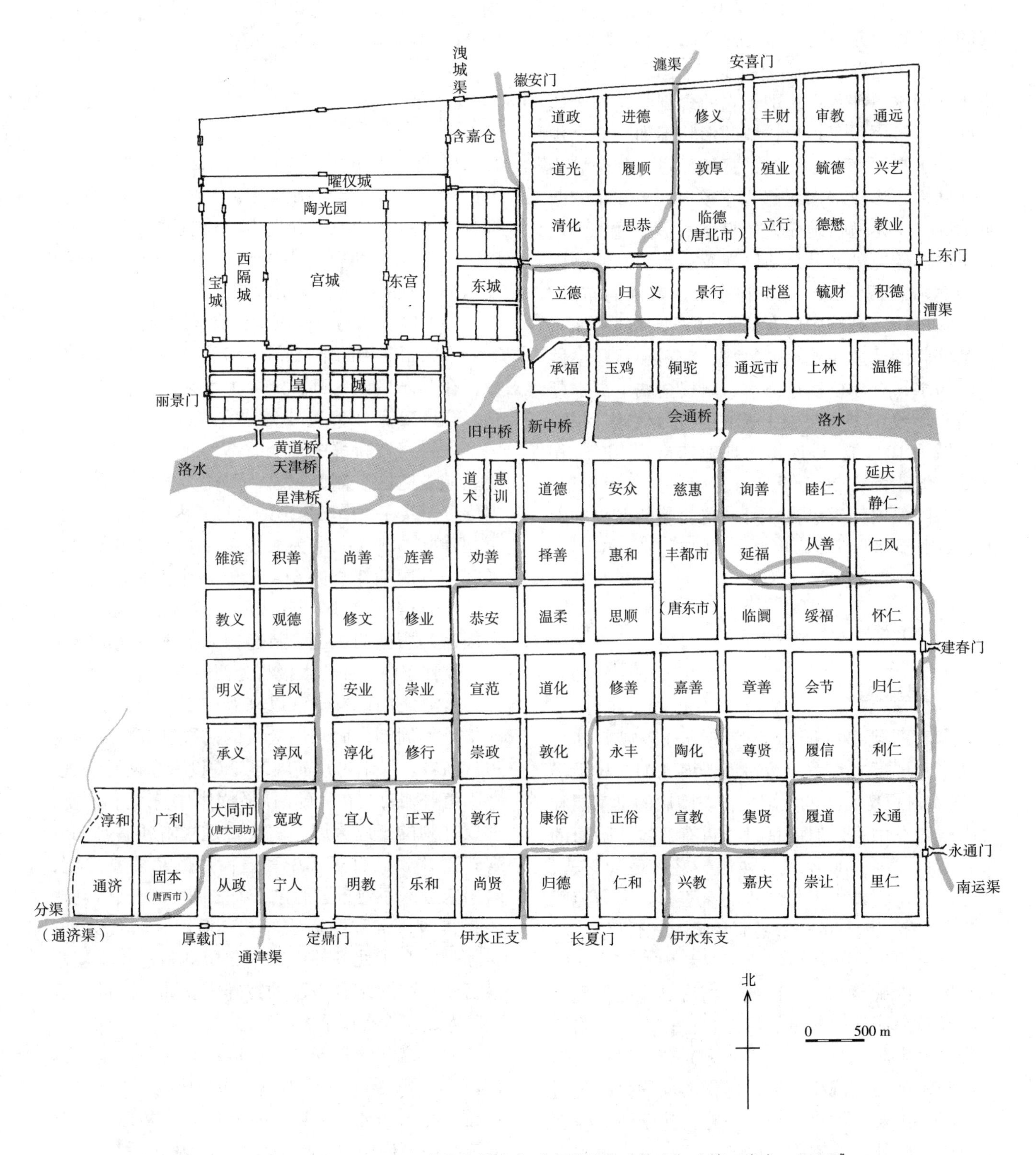

图5-4 隋东都—唐洛阳平面图［摹自傅熹年《中国古代建筑史》（第二卷），2001］

作大匠，翌年完工，历时仅10个月。大业五年（609年）改称东京为东都。唐代沿用之。

隋、唐之洛阳城前直伊阙、后据邙山，洛水、伊水、瀔水、瀍水贯城中。它的规划与长安大体相同，不过因限于地形，城的形状不如长安之规矩。洛水自西南向东北流，穿城而过，分全城为南北两部，形成洛水北部西宽东窄、南部东宽西窄情况。于是把占地较大的皇城、宫城置于洛水北岸西侧较宽处，其余地区布置坊市，形成洛阳皇城宫城在西北角，坊市在东部、南部的布局，和长安皇城宫城居中的布局不同。东都的平面布局是外郭的西北角建皇城宫城，前后相重。皇城前临洛水，有浮桥横过洛水，南接全城主街定鼎门街，形成全城主轴线，郭内街道为方格网状，分全城为103坊，以四坊之地建三市。同时，在皇城宫城正南方20余里处有伊阙，又可为对景。东都洛阳郭内河道纵横，对城市面貌的形成和发展、城中园林的兴盛影响很大（图5-3、图5-4）。

5.3　隋唐园林的兴盛

5.3.1　皇家园林

隋唐两代皇家园林的营建十分兴盛，其数量之多，规模之宏大，远超魏晋南北朝，显示出“万国衣冠拜冕旒”的大国气概。隋唐的皇家园林集中建置在两京，但两京以外也有建置。隋唐的皇家造园活动，以隋代、初唐、盛唐最为繁盛，天宝以后，随着唐王朝国势的衰落，许多宫苑毁于战乱，皇家园林的全盛局面从此一蹶不振。

隋唐的皇室园居生活比两汉和魏晋多样。这一时期大内御苑和行宫御苑、离宫御苑的类别区分已经较为明显，各自的特点也比较突出。隋唐两代的皇家园林具有延续性。大兴苑（唐长安禁苑）和东都西苑规模巨大，它们的面积分别超过大兴城（长安）和洛阳城，都是创建于隋而完善于唐的。此外，各宫附有内苑，而且宫内也建有随时供皇帝游玩的园林区，这样从规模上看就形成了大、中、小3种。由于皇帝游园要有数百人随从，在苑囿中宴大臣有时在千人以上，故隋唐的皇家园林继承了汉以来规模巨大、境界开阔的特点。

5.3.1.1　大内御苑

唐朝长安（大兴）的大内御苑主要有三苑（即隋代大兴苑，包括禁苑、西内苑、东内苑三部分，也统称禁苑）和以宫殿建筑群为主的三大内——东内大明宫、南内兴庆宫、西内太极宫。在东都还有洛阳宫（隋紫微城）。

（1）隋大兴宫——唐太极宫（西内）

隋文帝建国的第二年（582年）即放弃汉长安城，在其东南建新都，定名为大兴城，宫名大兴宫。开皇三年（583年）建成宫室后即迁都。

大兴宫在新都中轴线北部，北倚北城墙，南对皇城。它的东侧为东宫，西侧为掖庭、太仓和内侍省，共在一横长矩形的宫城之内。618年隋亡，唐朝建立，改大兴殿为太极殿，大兴宫亦改称太极宫。自唐朝建立的618年起，到唐高宗于龙朔三年（663年）移居新建成的大明宫止，45年中，太极宫是唐朝的主宫。新建的大明宫在太极宫东北，故称东内，而称太极宫为西内。

宫殿之制，自秦汉以来有三变。秦、汉没有严格遵循周制，而采用宏大的前殿制度，如秦阿房宫前殿、汉未央宫前殿等，并设有东西厢。魏、晋、南北朝时，在大朝两侧分别设置东堂和西堂，形成并列的三座大殿。隋文帝建立隋朝后，一改魏晋南北朝三百多年中一直沿用的东西堂之制，改用依进深序列布置的“三朝之制”。隋文帝创建大兴宫时，宣称要远法周礼，但因为时代久远，实际是综合了北齐邺南宫、北魏洛阳宫和南朝建康宫的传统又结合自己的特殊需要而形成的。唐代对太极宫没有作重大的改建。

太极宫北倚长安北墙，墙北有内苑，南北深1里，东西宽同宫城。内苑之北为禁苑，隋开皇二年建，称大兴苑。宫城内自南而北由两道东西向横街和数道横墙大体上划分为前、中、后三部分，分别为朝区、寝区和苑囿区。太极宫整体规整严谨，是三纵三横的布局。三纵即东长乐门轴线、西广运门轴线和承天门中轴线，三横即前太极殿、中两仪殿和后甘露殿。

承天门至第一道横街之间是朝区。其南有太极门，东西有左右延明门，北有朱明门。中轴线上三殿是皇帝朝见群臣、处理政务的场所，称为中朝或日朝。东西两侧是官署区。

太极殿后为朱明门，其北为两仪门，朱明门与两仪门之间的横街即是朝、寝之界。寝区箇被一条横街（即永巷）分为前后两排宫殿。永巷南是帝寝，永巷北是后寝（图 5-5）。

太极宫内苑，唐又称西内苑。史称其南北一里，东西与宫城齐。近年已勘探出它的范围，从发掘勘探平面图上量出，南北约 590 m，比史载深度大 1 倍；东西约 2270 m，东面齐宫城东墙，西面只及掖庭宽的 1/3 即止。是史载错误，还是后经拓建，尚待考。后苑中西部有东、西、南海池。围绕三池布置一些殿宇，西北角有山池院，都是具有园林性质的殿宇。东部建有凌烟阁、功臣阁、紫云阁、凝云阁等一系列楼阁，还有毬场。从文献看，在内苑召见大臣多由北门玄武门进入。

内苑文献记载不详，可能是自 663 年大明宫建成唐帝迁居后在这里活动不多的缘故。史传所见也多是唐初的材料。《资治通鉴》记武德九年（626 年）六月李世民发动玄武门之变，世民伏兵玄武门，建成受诏自东宫北门经内苑欲入玄武门见唐高祖，至临湖殿觉变，欲归东宫，为世民等所杀。又说世民马驰入林下。可知内苑玄武门以东有临湖殿，从殿名可推知还有湖，湖边林木颇多。《册府元龟》载贞观二十年（646 年）七月，太宗“宴五品以上于飞霜殿，其殿在玄武门北，因地形高敞，层阁三成，轩槛相注。又引水为洁渌池，树白杨槐柳，与阴相接，以涤烦暑”。同年十月，“阎立德大营北阙，制显道门观并成”。内苑还常常举行大射之礼。《唐会要・大射》条说：“武德二年正月，赐群臣大射于玄武门。”“贞观三年赐重臣大射于无（至）德门。”“（贞观）十六年三月三日，赐百僚大射于观德殿。”“永徽三年三月三日幸观德殿，赐群臣大射”。《玉海》引《唐会要》时注云：“太极宫曰西内，其玄武门之外有殿曰观德。”可知内苑还有射殿名观德殿。据此，唐初太极宫内苑颇有建设，只是有待进一步考证。

太极宫之东又有东宫，其东西都有隔墙，布局和太极宫近似，也分朝区、寝区、北苑三部分，而规模及建筑等级低于太极宫。北苑也建有亭子院、山池院、佛堂、射殿等，是一处较小的内苑。

（2）唐大明宫（东内）

大明宫在太极宫之东，所以又叫东内。唐初长安沿用隋代旧宫。至唐高宗龙朔二年（662 年），因为高宗染风痹，恶太极宫地势低下，遂选择长安城北偏东的高地建新宫。这里在太宗贞观八年（634 年）曾为太上皇李渊建永安宫，翌年改称大明宫，龙朔三年（663 年）建成。自太极宫迁入后，一度称蓬莱宫。武后长安元年（701 年）又改回，仍名大明宫。自 663 年起至唐末，除高宗晚年及武后时期长住洛阳，唐中宗居太极宫这段时间（约 30 年）外，唐代皇帝一直常住大明宫。

大明宫周长约 7.6 km，面积约 3.2 km^2，“北据高原，南望爽垲，每天晴日朗，终南山如指掌，京城坊市街陌俯视如在槛内”。大明宫原是太极宫后苑，靠近龙首原，较太极宫地势为高。龙首原在渭水之滨折向东，山头高二十丈，山尾部高六七十丈。汉代未央宫踞龙首原折东高处，故未央宫高于长安城。唐大明宫又在未央宫之东，地基更高。由于大明宫地形比太极宫更利于军事防卫，小气候凉爽也更适宜于居住，唐高宗以后即代替太极宫作为朝宫。

大明宫布局和太极宫近似，分朝区、寝区、后苑三部分，用东西向横墙、横街分隔。自南向北，有 3 条道路入宫。正中一条上建有外朝、内廷的正门正殿，两侧二道穿过横墙上各门为南北长街。宫内的地形是南端为平地，中部为一东西走向的高地，南面陡坡，北面缓坡，坡北为太液池，池之东、北面为平地，宫的朝、寝等主要部分就建在高地上。

大明宫的南半部为宫廷区，北半部为苑林区也就是大内御苑，呈典型的宫苑分置的格局。宫城共 11 个城门，南面正门名丹凤门；北面和东面的宫墙均做成双重的“夹城”，一直往南连接

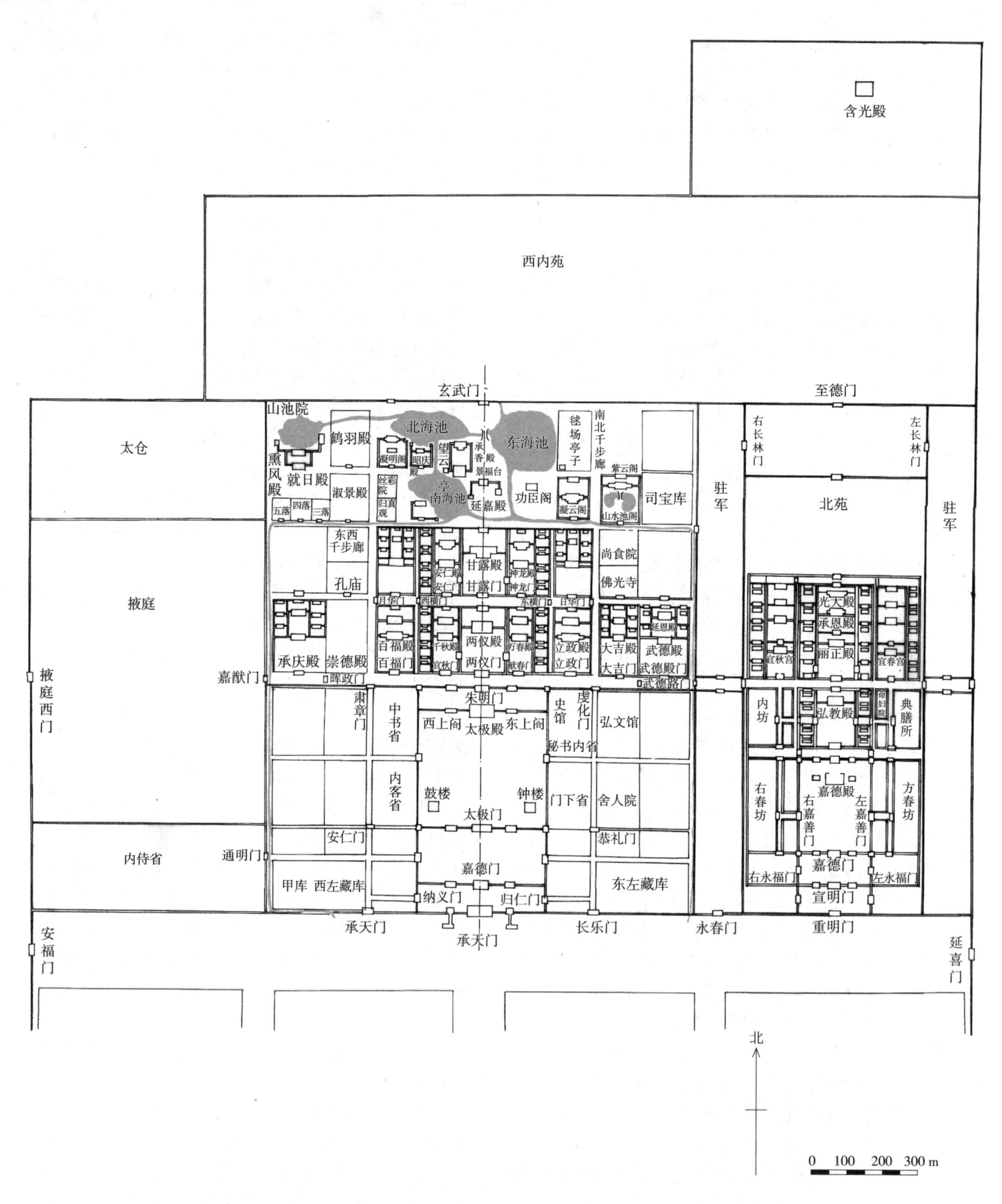

图5-5　唐长安太极宫平面复原示意图［摹自傅熹年《中国古代建筑史》（第二卷），2001］

南内兴庆宫和城东南角的芙蓉园以备皇帝车驾游幸；南部有三道宫墙护卫，墙外的丹凤门大街宽达 176 m。

外朝之正殿是含元殿，雄踞龙首原高处。它利用龙首原做殿基，如今残存的遗址仍高出地面约 10 m。殿面阔 11 间。殿前有长达 75 m 的坡道通向台顶，坡道为平坡相间，共七折，称“龙尾道”，左右两侧稍前处又有翔鸾、栖凤二阁，以曲尺形廊庑与含元殿连接。这个冋字形平面的巨大建筑群，其中央及两翼屹立于砖台上的殿阁和向前引伸、逐步下降的龙尾道相配合，风姿浑雄，气势磅礴。其后为宣政殿，再后为紫宸殿即内廷之正殿，正殿之后为蓬莱殿。这些殿堂与丹凤门均位于大明宫的南北中轴线上，这条中轴线往南一直延伸正对慈恩寺内的大雁塔。

苑林区地势陡然下降，龙首之势至此降为平地。苑林区以太液池为中心，其建筑情况，《唐两京城坊考·大明宫》言之甚详：

“蓬莱（殿）之西偏南，余有支陇，因坡为殿，曰金銮。环金銮者曰长安，曰仙居，曰拾翠，曰含冰，曰承香，曰长阁，曰紫兰。自紫兰而东，则太液池北岸之含凉殿，玄武门内之玄武殿也。由紫宸而东，经绫绮殿、浴堂殿、宣徽殿、温室殿、明德寺，以达左银台门。银台门之北为太和殿、清思殿、望仙台、珠镜殿、大角观，则极于银汉门。由紫宸而西，历延英殿、思政殿、待制院、内侍别省，以达右银台门。银台门之北为明义殿、承欢殿、还周殿、左藏库、麟德殿、翰林院、九仙门、三清殿、大福殿，则达于凌霄门。”

可见大明宫苑林区乃是多功能的园林，除了一般的殿堂和游憩建筑之外，还有佛寺、道观、浴室、暖房、讲堂、学舍等不一而足。位于苑西北之高地有麟德殿，是皇帝饮宴群臣、观看杂技舞乐和作佛事的地方。根据发掘出来的遗址判断，麟德殿由前、中、后三座殿阁组成，面阔 11 间、进深 17 间，面积大约相当于北京明清故宫太和殿的 3 倍，足见其规模之宏大（图 5-6 至图 5-8）。

苑林区中央为大水池“太液池”。始凿于贞观或龙朔时期，宪宗元和十三年（817 年）又加浚修，沿岸建回廊共约 400 间。太液池分为东西两部分。考古钻探表明，西池水面较大，东西长约 500 m，南北宽 320 m，池岸高出池底 3 ~ 4 m；东池水面较小，东西宽 150 m 左右，南北长 220 m，池的东端距东宫墙仅 5 m。东西两池以一条深、宽均为 3 m，长约 100 m 的渠道连接。太液池中蓬莱山耸立，山上遍植花木，尤以桃花最盛。李绅《忆春日太液池亭候对》：

“宫莺报晓瑞烟开，三岛灵禽拂水回。
桥转彩虹当绮殿，舰浮花鹢近蓬莱。
草承香辇王孙长，桃艳仙颜阿母栽。
簪笔此时方侍从，却思金马笑邹枚。”

自秦始皇筑兰池宫、汉武帝开凿太液池后，皇家园林中常用一池三山仿拟仙境。李绅诗云“三岛灵禽拂水回”，说明大明宫池中也有三岛。但目前只能确定蓬莱岛的存在，2001 年发掘太液池时又发现了一处岛屿，另一处仙岛的存在与否还有待考证。蓬莱岛遗址在太液池西池偏东处，残高 5 m，长宽均接近 30 m，是一座平面近乎方形的土山。

蓬莱岛上建有太液亭，颇受皇帝青睐。《旧唐书》载：长庆元年（821 年），唐穆宗曾召侍讲学士韦处厚、路随于太液亭讲解《诗经·关雎》和《尚书·洪范》等篇，讲罢各有赏赐。大和二年（827 年），文宗撰集《尚书》中君臣事迹，命工匠画于太液亭上，朝夕观览。宣宗多次在太液亭设宴款待群臣。大中九年（855 年），崔铉赴任淮南节度使，宣宗在太液亭设宴赋诗为他饯行，有“七载秉钧调四序”之句，时人以为荣。《唐摭言》载：大中年间，宣宗在太液亭宣召韦澳和孙宏，赐精制鱼肉做成的银饼。

唐高宗以后，大明宫成为唐代的政治中心。它是唐代主要的政治舞台，其中最为常规且庄严肃穆的就是上朝。唐代百官上朝仪式是极其严肃而又仪礼繁复的。曙色苍茫之时，明烛煌煌，香烟袅袅，身着朝服的官员列次走上阶陛，肃静得只有剑佩和步履声。这一景象令官员同时也是文人感叹，因此大明宫诗歌中数量最多也最为著名

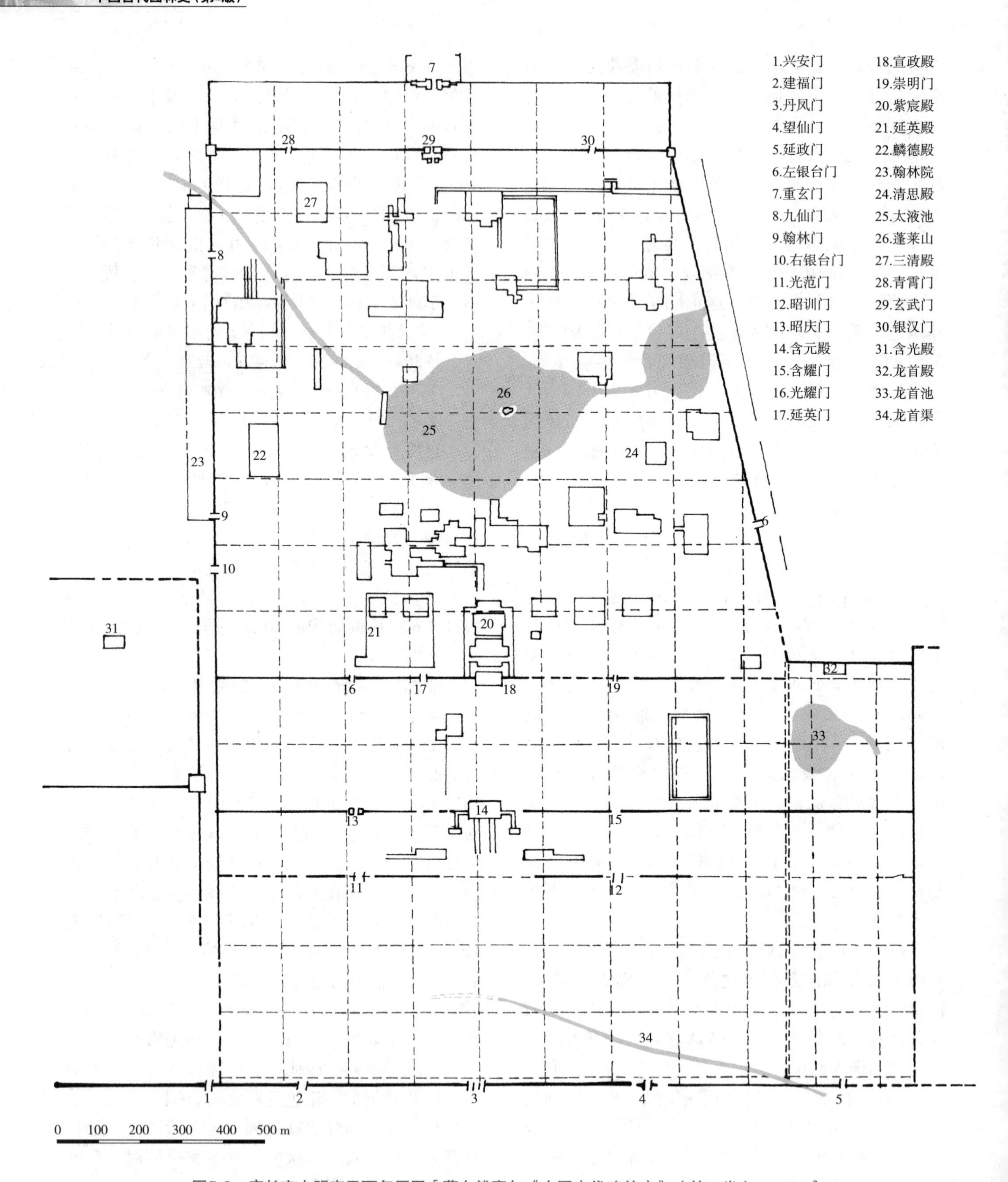

图5-6　唐长安大明宫平面复原图［摹自傅熹年《中国古代建筑史》（第二卷），2001］

图5-7　唐大明宫太液池遗址（2008年）　刘晓明摄

图5-8　复建后的唐大明宫太液池　胡小凯摄

的是早朝诗。贾至《早朝大明宫呈两省僚友》诗云："银烛朝天紫陌长，禁城春色晓苍苍。千条弱柳垂青琐，百啭流莺绕建章。剑佩声随玉墀步，衣冠身染御炉香……"岑参《奉和中书舍人贾至早朝大明宫》云："鸡鸣紫陌曙光寒，莺啭皇州春色阑。金阙晓钟开万户，玉阶仙仗拥千官。花迎剑佩星初落，柳拂旌旗露未干。独有凤凰池上客，阳春一曲和皆难。"这些诗既记录早朝仪式，又写大明宫清晨之景，亦可得知当时大明宫内建造和种植的情况。

大明宫见证了唐代外交的繁荣。唐代奉行对外开放政策，国力强大，疆域辽阔，威名远播。大明宫的麟德殿是接待外国使臣的场所。长安二年（702年），吐蕃万余人进攻悉州，都督陈大慈迎战，四战四胜；吐蕃派遣使臣论弥萨等到长安请和，武则天在麟德殿设宴款待，并演出百戏乐舞于殿庭。长安三年（703年），武则天在麟德殿会见并设宴款待日本遣唐使粟田真人。开元五年（717年），阿倍仲麻吕（晁衡）作为日本遣唐留学生到达中国，同年九月到达长安入太学学习，后中进士第，在唐历任司经局校书、左拾遗、左补阙、秘书监兼卫尉卿等职，办公地点也在大明宫。

唐代长安几乎每个月都有与一定的节日、时令相关的活动。每逢一些重大节日，大明宫中常常举办庆典。如正月初一为一年之始，是日，臣僚百官着礼服入朝，外官也都要拜表入贺。二月初一是唐代的中和节，是日京城之百官进献农书，司农献粮种，并禁屠一日。皇帝与臣僚会宴，宴会奏破阵乐及九部乐，还演出特制中和乐舞，至晚方散。唐代大明宫还盛行各种运动和游戏，如蹴鞠、马球、围棋、拔河、双陆、弹棋、投壶、钓鱼等。不过，虽然高宗后的皇帝长居大明宫，但每遇登基或殡葬告祭等大礼，仍移于太极殿进行。这是因为唐代一直将大明宫视为别宫，而将太极宫视为正宫，玄宗朝颁行的《大唐开元礼》中所规定的宫廷礼仪都以太极宫为例即是其证。

（3）唐兴庆宫（南内）

兴庆宫在长安外廓城东北、皇城东南面之兴庆坊，占1.5坊之地。兴庆坊原名隆庆坊，唐玄宗李隆基为藩王时，和诸兄弟住在此坊，称五王宅。先天元年（712年），玄宗即帝位后，改称兴庆坊，迁诸王于胜业、安兴二坊，于开元二年（714年）就兴庆坊府邸扩建为兴庆宫，合并北面永嘉坊的一半，往南把隆庆池包入，隆庆池也避玄宗讳改名兴庆池，又名龙池。开元十六年（728年），玄宗移住兴庆宫听政，兴庆宫成为正式宫殿，并与太极宫、大明宫一起被称为唐朝"三内"。唐开元、天宝年间，国势兴盛，兴庆宫建筑更加豪华，园林布局也更为讲究。据史书记载，唐玄宗李隆基曾在宫内兴庆殿接见过波斯景教教士和日本友人。"安史之乱"以后，兴庆宫失去政治上的重要地位，成为安置退位的太上皇的处所。唐玄宗退位后，就住在这里。经过唐末战乱，兴庆宫殿宇楼台几乎全部毁灭。

根据考古探测，兴庆宫东西宽1.08 km，南北长1.25 km。有夹城（复道）通往大明宫和曲江，皇帝车驾"往来两宫，人莫知之"。为了因就龙池的位置和坊里的建筑现状，以北半部为宫廷区，南半部为苑林区，成北宫南苑的格局（图5-9）。

兴庆宫城西面宫门有二，中叫兴庆门，次南叫金明门，东面宫门也有两个，中叫金花门，次南叫初阳门；宫城南面宫门叫通阳门，次东叫明义门；北面宫门叫跃龙门。兴庆宫内宫内楼阁耸峙，花木扶疏，湖光船影，有许多宏丽的殿阁，如兴庆殿、大同殿、南薰殿、沉香亭等。

兴庆宫城北半部建筑群，先是瀛洲门，门内有殿叫南薰殿，殿南即池，瀛洲门内西面有一组建筑，宫门叫大同门，门内东、西隅有鼓楼、钟楼，正殿叫大同殿。再进才是正殿叫兴庆殿，殿后为交泰殿。瀛洲门内东面又有一组建筑，宫门叫仙云门，门内先是新射殿。再东一组为金花落，俗传是卫士居。

兴庆宫的正殿兴庆门是朝西开。宫苑主要部分，以池水澄碧荡漾的龙池为中心，因水布局。池周遍植垂柳，池上笙歌画舸。池南临水有龙堂，堂西为长庆殿。池畔兴沉香亭全部用沉香木建造。宫苑内还有宴外宾、观驯兽、表演杂技的专门

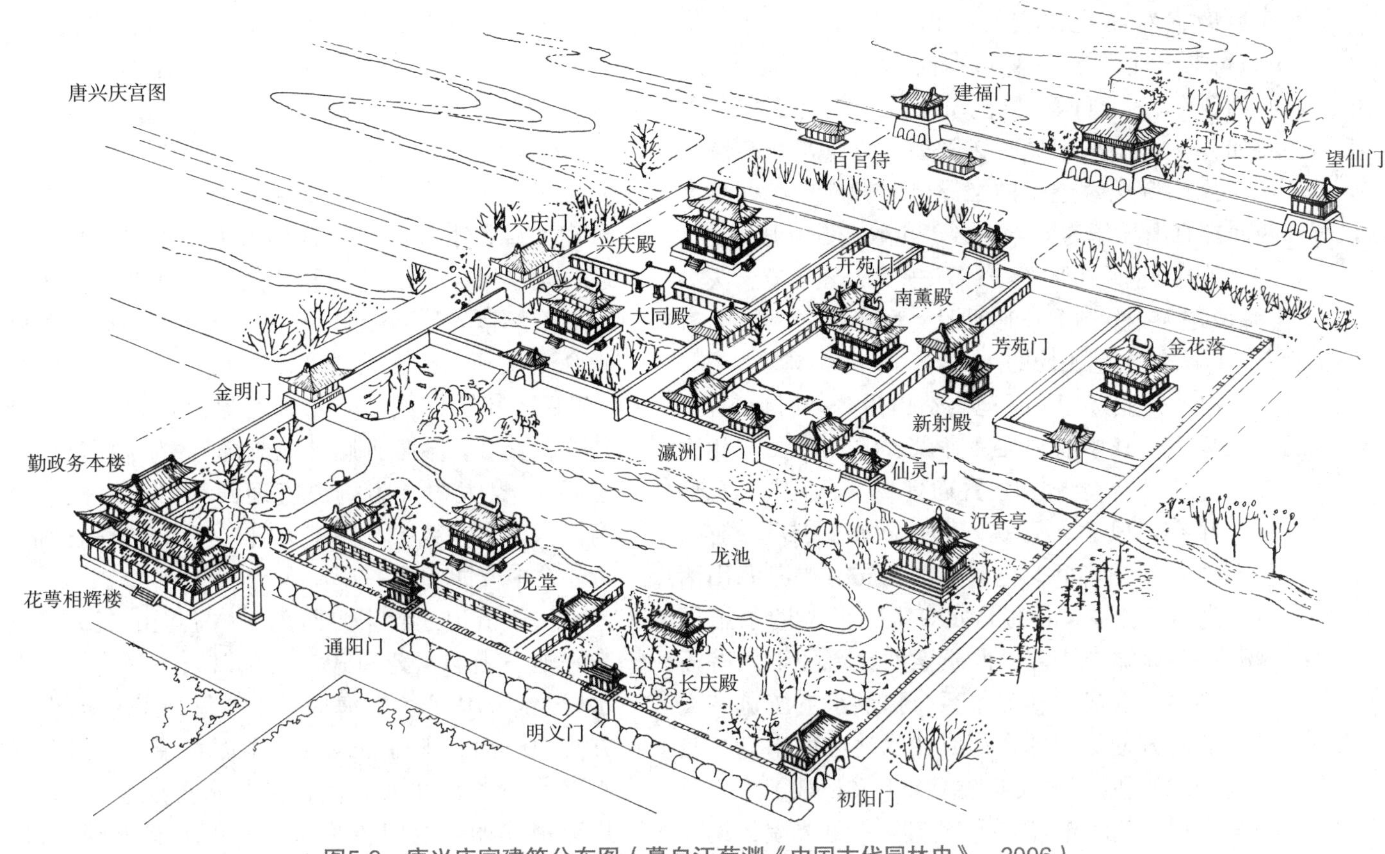

图5-9　唐兴庆宫建筑分布图（摹自汪菊渊《中国古代园林史》，2006）

处所。

勤政务本楼与花萼相辉楼连成一体，半抱于西南隅，位于兴庆宫的西南角。最初，勤政务本楼是处理朝政、主持科举考试的地方，后来成为举行歌舞宴会的场所。尤其是每年农历八月五日玄宗生日，百官献寿，宫内除了各种歌舞演出外，还有大象、犀牛、舞马等表演。

玄宗在兴庆宫建造的宫殿，取名“花萼相辉楼”，用来比喻兄弟之间应当亲如手足，相互扶助，如同花萼相辉一样。玄宗是以宫廷政变方式获取皇位的，为了防止其兄弟以同样方式谋取皇位，玄宗常在这里与他的几个兄弟宴饮游乐，有时玩到深夜，便留他们在花萼相辉楼过夜，以笼络他们。

5.3.1.2　行宫御苑、离宫御苑

（1）隋洛阳西苑（显仁宫、会通苑）——唐东都苑

隋炀帝登位后，第一件大事就是迁都洛阳，每月役丁 200 万人营造东京，同时掘运河游幸江南。据《隋书》载：“帝即位，首营洛阳显仁宫，发江岭奇材异石，又求海内嘉木异草，珍禽奇兽，以实苑囿。又开通济渠，自长安西苑引谷、洛水，达于河，引河历荥泽入汴，又自汴梁引汴入泗，以达于淮。又开邗沟自山阳至扬子入江，旁筑御道植以柳。自长安至江都，离宫四十余所；遣人往江南造龙舟及杂船数万艘，以备游幸之用。”洛阳兴筑的别苑，以西苑最为宏伟和著名。

隋之西苑即显仁宫，又称会通苑，在洛阳城之西侧，隋大业元年（605 年）与洛阳城同时兴建，规模仅次于西汉上林苑。唐代改名东都苑，

武后时名神都苑，它的面积已收缩约一半。据《旧唐书·地理志》：苑城东面17里，南面39里，西面50里，北面20里，东北隅即周之王城。即便如此，也比洛阳城大2倍多。西苑苑址范围内是一片略有丘陵起伏的平原，北背邙山，西、南两面都有山丘作为屏障，洛水和瀔水贯流其中。

关于此园的内容，《隋书·地理志》、佚名《海山记》、杜宝《大业杂记》言之甚详，虽略有出入但大体上是相同的。

据《大业杂记》："苑内造山为海，周十余里，水深数丈，其中有方丈、蓬莱、瀛洲诸山，相去各三百步。"岛上分别建置通真观、习灵观、总仙宫，并有"风亭、月观，皆以机成，或起或灭，若有神变"。《隋书》记载类似，同时指出海山诸山"高百余丈"。海的北面有人工开凿的水道即龙鳞渠，渠宽二十步，曲折萦回地流经十六院而注入海中，形成完整的水系，提供水上游览和交通运输的方便。海的东面有曲水池和曲水殿，是"上巳饮禊之所"。《大业杂记》上又记载了十六院的名称和各院的布置简况："其第一延光院，第二明彩院，第三合香院，第四承华院，第五凝辉院，第六丽景院，第七飞英院，第八流芳院，第九耀仪院，第十结绮院，第十一百福院，第十二万善院，第十三长春院，第十四永乐院，第十五清暑院，第十六明德院。置四品夫人十六人，各主一院。庭植名花，秋冬即剪条为之，色渝则改着新者。其池沼之内，冬月亦剪彩为菱荷。每院开西、东、南三门，门开临龙鳞渠，渠面宽二十步，上跨飞桥，过桥百步即杨柳修竹，四面郁茂，名花异草，隐映轩陛。其中有逍遥亭，四面合成，结构之丽，冠于今古，其十六院例相仿效，每院置一屯，屯即用院名名之；屯别置立一人，付一人，并用宫人为之。其屯内备养畜豢，穿池养鱼，为园种蔬，植瓜果，肴膳水陆之产，靡所不有。"看来，十六院相当于16座园中之园，它们之间以水道串联为一个整体。海北除十六院之外还有数十处供游赏的景点："其外游观之处复有数十。或泛轻舟画舸，习采菱之歌；或升飞桥、阁道，奏春游之曲。"

另据《海山记》："又凿五湖，每湖方四十里，东曰翠光湖，南曰迎阳湖，西曰金光湖，北曰洁水湖，中曰广明湖。湖中积土石为山，构亭殿屈曲环绕澄碧，皆穷极人间华丽。又凿北海周环四十里，中有三山，效蓬莱、方丈、瀛洲，上皆台榭回廊，水深数丈。开沟通五湖、北海，沟尽通行龙凤舸。"则北海之南，还有5个较小的湖。

隋炀帝兴建西苑时，"诏天下境内所有鸟兽草木驿至京师，天下共进花木鸟兽鱼虫真知其数"。6年后，苑内已是"草木鸟兽繁息茂盛，桃蹊李径翠阴交合，金猿青鹿动辄成群"。为了便于皇帝游园，"自大内开为御道直通西苑，夹道植长松高柳。帝多幸苑中，去来无时，侍御多夹道而宿，帝往往中夜即幸焉"。

从以上记述看来，西苑大体上仍沿袭秦汉以来一池三山的宫苑模式。西苑以人工开凿的最大水域北海为中心。北海周长十余里，海中筑蓬莱、方丈、瀛洲3座岛山，高出水面百余尺。海北的水渠曲折萦行注人海中，沿着水渠建置十六院，均穷极华丽，院门皆临渠。仙山上有道观建筑，但仅具求仙的象征意义，实则作为游赏的景点。五湖的形式象征帝国版图，可能渊源于北齐的仙都苑。西苑内的不少景点均以建筑为中心，用16组建筑群结合水道的穿插而构成园中有园的小园林集群。龙鳞渠、北海、曲水池、五湖构成一个完整的水系，模拟天然河湖的水景，这个水系又与积土石叠成的山相结合而构成丰富的、多层次的山水空间，都是经过精心安排的。苑内还有大量的建筑，植物种类极多。

从文献还可看出，西苑的理水、筑山、植物和建筑营造的工程都极其浩大，而且施工是按既定的规划进行。西苑构思复杂，布局严谨，施工有序，在园林史上具有里程碑的意义。

唐代西苑改名东都苑，面积缩小，水系未变，建筑物则有增损、易名。据《唐两京城坊考》：苑之东垣四门，从北第一曰嘉豫门，次南曰上阳门，次南曰新开门，最南曰望春门；南垣二门，从东第一曰兴善门，次西曰兴安门，次西曰灵光门；西垣五门，从南第一曰迎秋门，次北曰游义门，次北曰笼烟门，次北曰灵溪门，次北曰风和门；北垣五门，从西第一曰朝阳门，次东曰灵囿门，次东曰玄圃门，次东西御冬门，最东曰膺福门。苑内最西者合璧宫，最东者凝碧池。凝碧池即隋之北海，亦名积翠池。贞观十一年（637 年），皇帝泛舟积翠池。开元二十四年（736 年）虑其泛溢，为三陂以御之，一曰积翠，二曰月陂，三曰上阳。在龙鳞渠畔建龙鳞宫，约当苑之中央位置。“合璧之东南，隔水者为明德宫（隋曰显仁宫）。合璧之东为黄女宫。其正南而隔水者，芳榭亭也。苑之西北隅为高山宫，东北隅为宿羽宫，东南隅为望春宫。又有冷泉宫、积翠宫、青城宫、金谷亭、凌波宫。隋代及唐初，苑内又有朝阳宫、栖云宫、景华宫、成务殿、太顺殿、文华殿、春林殿、和春殿、华渚堂、翠阜堂、流芳堂、清风堂、崇兰堂、丽景堂、鲜云堂、回芳亭、流风亭、露华亭、飞香亭、芝田亭、长塘亭、芳洲亭、翠阜亭、芳林亭、飞华亭、留春亭、澂秋亭、洛浦亭，皆隋炀帝所造。武德贞观之后多渐移毁，显庆后，田仁汪、韦机等改折营造，或取旧名，或因余所，规制与此异矣。”（图 5-10、图 5-11）。

（2）唐华清宫

华清宫在临潼县南，骊山之麓，《唐山》《地理志》载：“真观十八年置（644 年），咸亨二年（671 年）始名温泉宫，天宝六载（747 年）重名华清宫。治汤井为池，环山列宫室，又筑罗城，里百司及十宅。”《雍录》载：“温泉在骊山，与帝都密迩，玄宗即山建宫，百司庶府皆具，备有寓

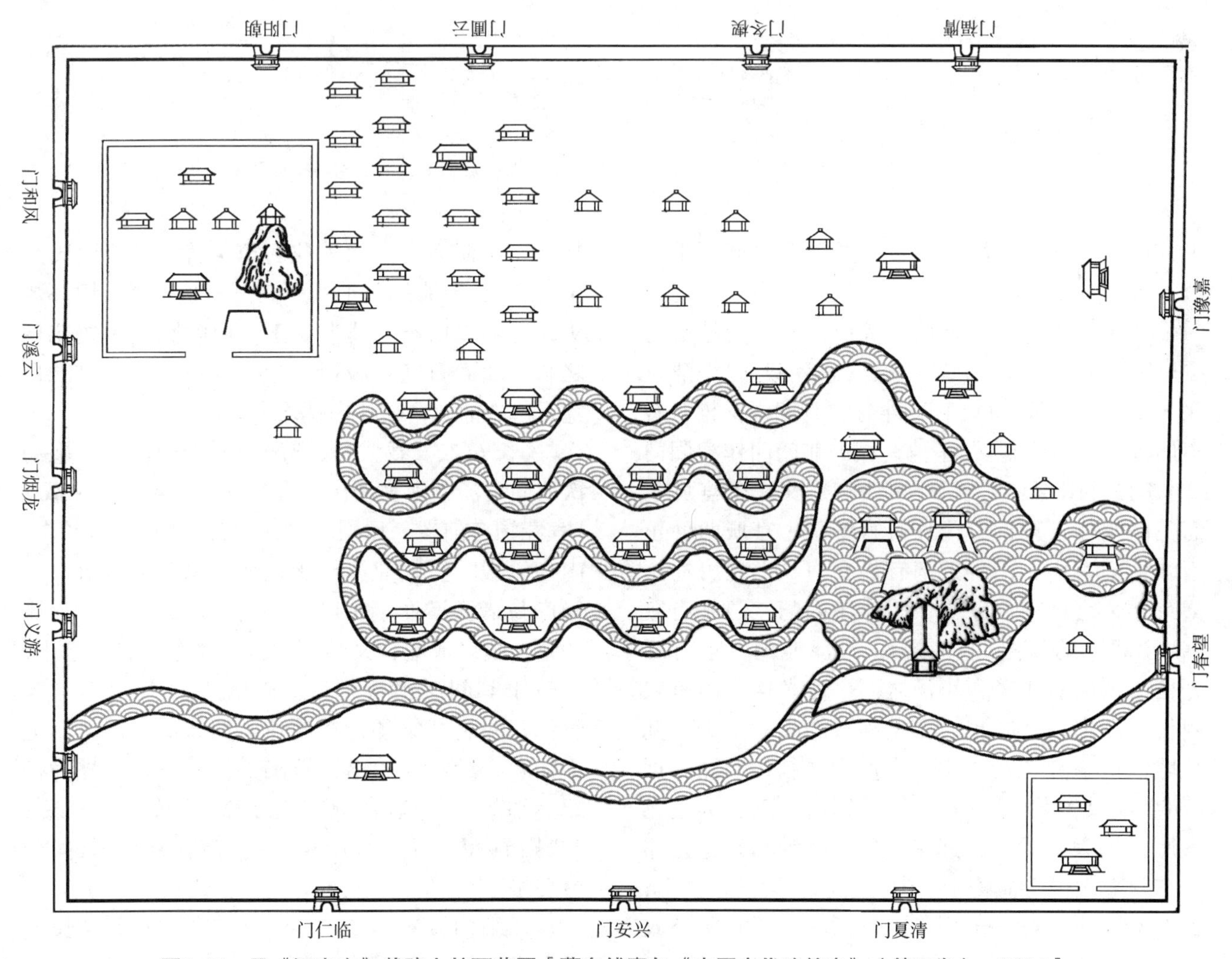

图5-10　元《河南志》载隋上林西苑图［摹自傅熹年《中国古代建筑史》（第二卷），2001］

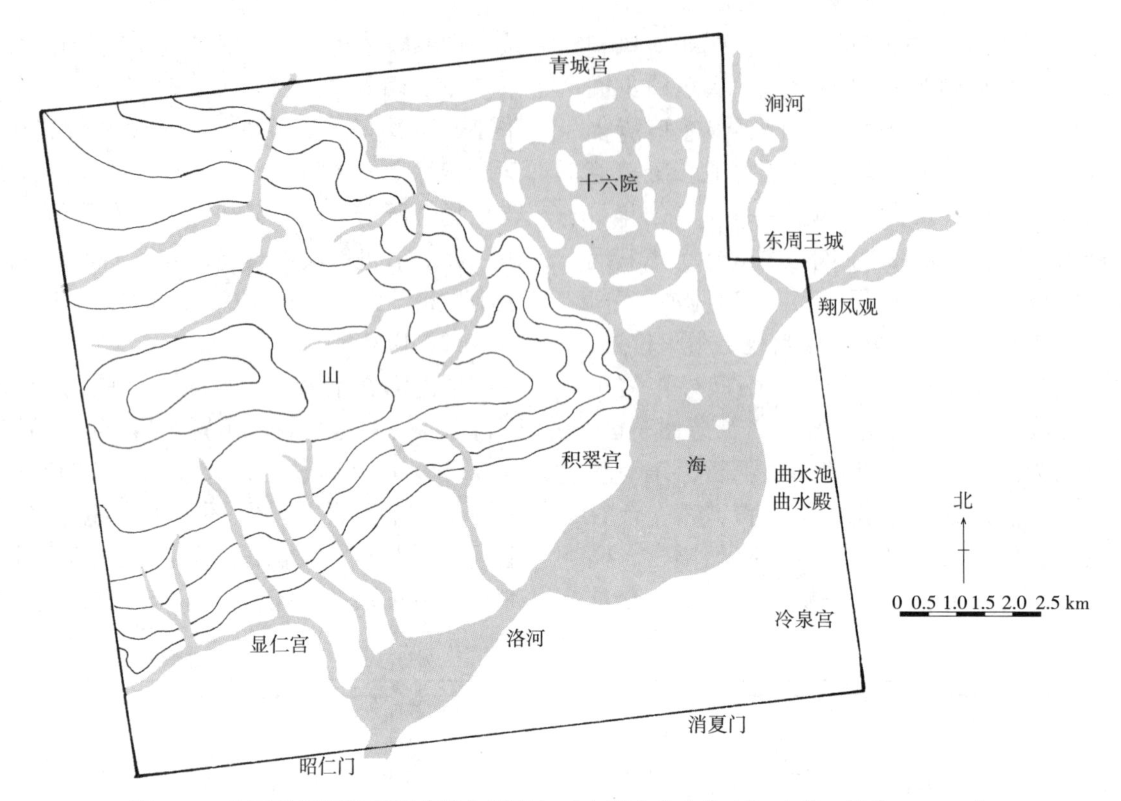

图5-11　隋西苑平面示意图［摹自傅熹年《中国古代建筑史》（第二卷），2001］

止，自十月往，岁尽乃还。大抵宫殿包裹骊山一山，而缭墙周遍其外。”

华清宫本身是一宫城，其形方整，其外更有缭墙随势高下曲折而筑。《长安志》载：“华清宫北向正北门（外城的门），外有左右朝堂，相对有望仙桥，左右讲殿。”华清宫城的北门叫作津阳门（图5-12、图5-13），门外东西有宏文馆；宫城东面正门叫作开阳门，门外有宜春亭；宫城西面正门叫作望京门，门外近南有街交道，上岭可通达望京楼；宫城南面正门，叫作昭阳门，门外有登“朝元阁”的辇路。有梨园，进津旭门，东有瑶光楼，楼南有小汤，小汤之西，瑶光楼之南有殿叫作飞霜殿，宿殿也。在飞霜殿之南就是御汤九龙殿，也叫莲花汤，供玄宗使用，制作宏丽。据《明皇杂录》载：“安禄山于范阳以白玉石为鱼龙凫雁，仍为石梁、石莲花以献。雕镌巧妙，殆非人工。上大悦，命陈于汤中，又以石梁横亘其上，而莲花才出水际。上因幸，华清宫，至其所解衣将入，而鱼龙凫雁皆若奋鳞举翼，状欲飞动。上甚恐，遽命撤去，而莲花石至今犹存。”《贾氏杂录》载：“汤池凡一十八所。第一是御汤，周环数丈，悉砌以白石，莹彻如玉，面阶隐起鱼龙花鸟之状，四面石坐阶级而下中有双石白连，泉眼自瓮石口中涌出，喷注白莲之上。”

《长安志》载：“太子汤次西少阳汤，少阳汤次西尚食汤，尚食汤次西宜春汤。”《县志》又载：“宜春汤有前殿、后殿，又西曰月华门，月华门之内有笋殿。笋殿北有汤十六所。每赐诸嫔御，其修广与诸汤不侔，甃以文瑶密石，中央有玉莲捧汤泉，喷以成池，又缝缀锦绣为凫雁，置于水中，上时于其间泛银镂小舟，以嬉游焉。”又有“芙蓉汤，一名海棠汤，在莲花汤西，沉埋已久，上无知者，近修筑始出，石砌如海棠花，俗呼为杨妃赐浴汤。”芙蓉汤北有七圣殿。《长安志》载：“绕殿石榴，皆太真所植，南有功德院，其间瑶台羽帐。”

开阳门外有宜春亭，亭东有重明阁，《长安志》称：“倚栏北瞰，县境如在诸掌。阁下有方

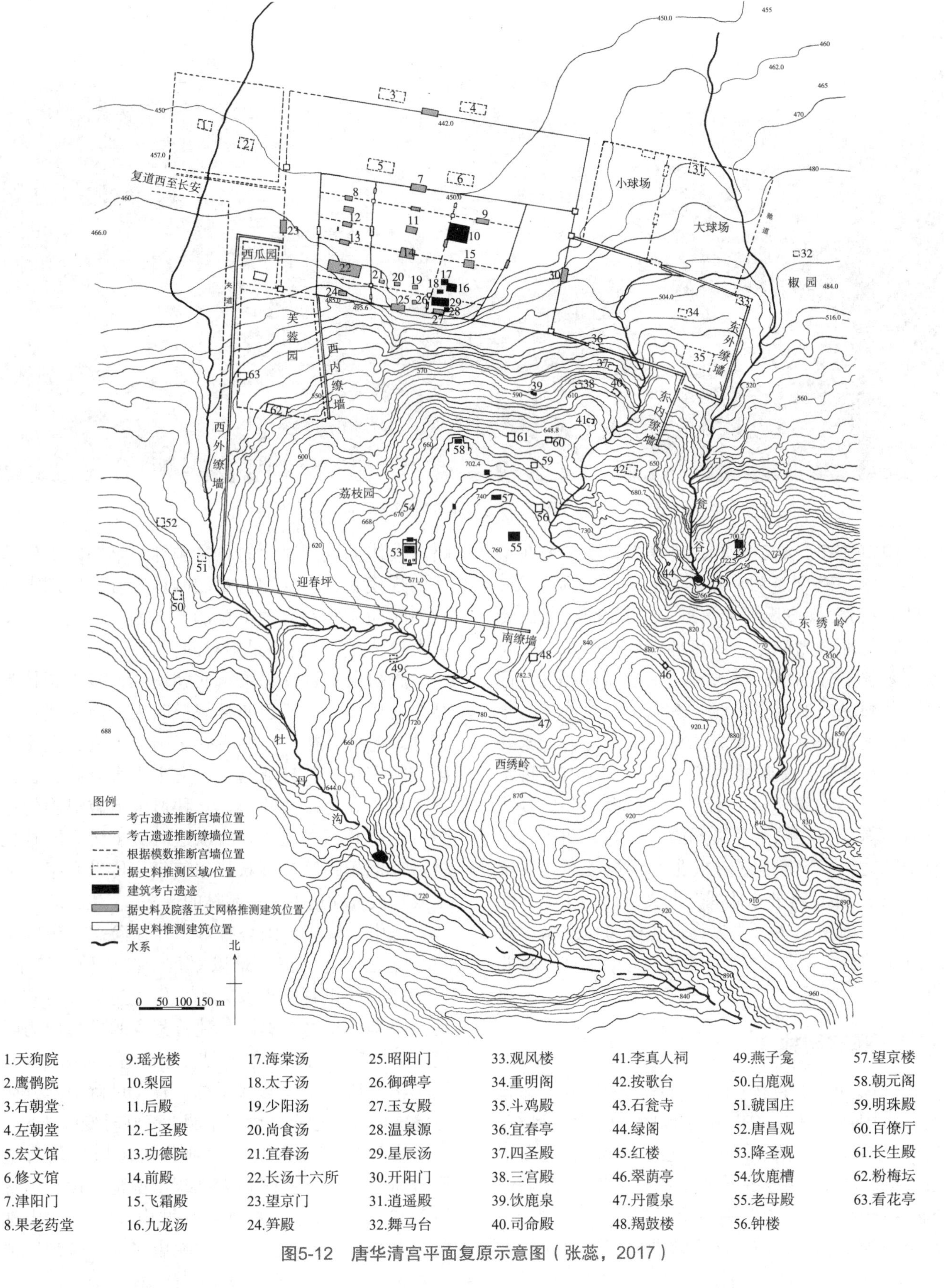

图5-12　唐华清宫平面复原示意图（张蕊，2017）

图5-13　复建后的唐华清宫宫苑区　张蕊摄

池，中植莲花。池东凿井，盛夏极甘冷……在重明阁之南，有四圣殿，殿东有怪柏”出昭阳门，登朝元阁路。《贾氏谭录》载：“朝元阁在北山岭之上，是址最为峻绝，次东即长生殿故基。”《长安志》载：“长生殿，斋殿也，有事于朝元阁，即斋沐此殿。山城内多驯鹿，有流涧号鹿饮泉。金沙洞、玉蕊峰皆元宗命名，洞居殿之左，玉蕊峰上有玉母神祠。”《雍录》载：“朝元阁南有连理木丹霞泉。”又《长安志》载：“朝元阁南有老君殿，玉石为像，制作精绝，又羯鼓楼在朝元阁东，近南缭墙之外。”出望京门东北有观风楼，据《雍录》载：“楼在宫外东北隅，属夹城而达于内，前临驰道，周视山川。”“斗鸡殿在槐风楼之南，殿南有按歌台，南临东缭墙”《长安志》又载：殿北有舞马台、球场。

5.3.2　私家园林

唐代200余年中，私家园林颇为繁荣，除长安、洛阳两京外，关内其他地区及河南、河东、河北、山南、淮南、江南、剑南、岭南、陇右诸道（按贞观元年划分的十道）都有大量私家园林，这些在史籍和唐人诗文中有大量记载。但其遗迹，迄今尚未发现，目前只能综合诗文所载，知其大略。大体上说，唐代的私家园林，早期以贵族营建的规模宏大、景物富丽的园林为胜，后期审美倾向转向秀雅和含蕴诗意的文人园，但这也与园主人身份有关，并不是绝对的。

唐初皇室贵族仍秉承北朝遗风，多以园林为宴会游乐场，故所建园林规模宏大，与所建巨宅相称。此外，初唐、盛唐处于国势上升、发展阶段，国家统一，日渐富强，文士进身有阶，喜饮酒赋诗，好为豪言壮语，那种追求清寂退隐的思想，在这时不居主流。所以这时文士游赏园林也多是以舞乐侑觞，喜欢热闹气氛，传世有很多文士或官员赞咏这种风格园林的诗文。

至中、晚唐，国势日颓，仕途险恶，宦官掌权，党派倾轧，正士难以立足。在这种环境下，不满朝政的正直文士及官吏多倦于进取，得官后遇挫折即思退隐。退隐、独善其身的思想成为时尚。如中唐大诗人白居易见仕途险恶，早萌退心，买宅洛阳履道里，修缮园林，有大量诗篇咏其园之清幽闲适，很有些傲啸小园、静观时变的意思。

唐代长安和洛阳的大部分居住坊里均有宅园或游憩园，这些园林大都筑山凿池，山、池遂成为园林之标志。初唐多称城内园林为“山池院”“山亭”或“池亭”，中晚唐多称“园池”或

"池亭"。同时，在郊野地带，还有源于两汉魏晋、从庄园转化而来的别墅园，时称"别业""山庄"。

5.3.2.1 富丽喧闹的贵族私园

唐前期两京诸王、公主及官吏建了很多宏大富丽的园林，有的在宅畔，有的则在城南部各坊或城外另建。据《长安志》《元河南志》载，高祖子徐王元礼山池在长安大业坊；太宗子魏王泰东都宅在道术坊，为池弥广数顷；高宗女太平公主山池院在兴道坊宅畔；中宗女长宁公主山池在崇仁坊宅畔；安乐公主山池在金城坊；玄宗时岐王山池在洛阳惠训坊；琼山县主山池院在长安延福坊；宁王宪山池院在胜业坊。这些山池都以景物之美载入史册，其中著名的有太平公主山池、长宁公主山池、安乐公主山池等。除亲王公主外，贵臣也多建园林。

唐代中后期，一些达官贵族仍建大的山池园林，并保持在园中宴乐的特点。如长安光福坊周皓宅园、中唐名相裴度晚年在洛阳兴建的集贤坊宅园、晚唐名相李德裕的平泉庄等。

太平公主山池

太平公主山池在兴道坊宅畔。宋之问曾撰有《太平公主山池赋》，可据以知其大致情况，赋中描写说："其为状也，攒怪石而岑崟。其为异也，含清气而萧瑟。列海岸而争耸，分水亭而对出。其东则峰崖刻画，洞穴萦回。乍若风飘雨洒兮移郁岛，又似波浪息兮见蓬莱。图万重于积石，匿千岭于天台。荆门揭起兮壁峻，少室丛生兮剑开……尔其樵溪钓浦，茅堂菌阁，秘仙洞之瑶膏，隐山家之场藿。烟岑水涯，缭绕逶迤；翠莲瑶草，的烁纷披。……向背重复，参差反覆，翳荟蒙茏，含青吐红，阳崖夺锦，阴壑生风。奇树抱石，新花灌丛。……其西则翠屏崭岩，山路诘曲。高阁翔云，丹岩吐绿。……罗八方之奇兽，聚六合之珍禽。别有复道三袭，平台四注，跨渚交林，蒸云起雾。鸳鸯水兮凤凰楼，文虹桥兮彩鹢舟，山池成兮帝子游，试一望兮消人忧。"

据赋可知，太平公主山池极尽豪华，并且经常盛设筵席，大陈伎乐。园中山在东侧，山形陡峻，有峭壁峡谷，山间点缀有茅堂。山池以奇石护岸，池边有水亭。主体建筑在西侧，建有复道平台、翔云高阁、凤凰楼、虹桥，池中有画彩鹢的舟船。

5.3.2.2 清雅的文人私园

唐代中后期，在大贵族、大官僚继续营建豪华山池并在园中宴乐的同时，文人园开始兴起。一些文人士大夫积极参与园林的营建，开始有意识地将山水诗、山水画的意境融入园中；中唐以后，园林诗也从开放转向内省，从描写实景转向借景抒情。这便是宋代文人写意山水园的先声。

（1）白居易履道坊宅园

"履道西门有弊居，池塘竹树绕吾庐"。履道坊，位于隋大业元年（605年）始建的洛阳城外郭城的东南隅。河渠引伊水自南入城，流经坊西、坊北，又向东流入伊水。因为水塘、果林、植物丰富，风景宜人，隋唐时期很多朝中人在此居住。白居易故居就在履道坊西北隅。

唐代宅园有前宅后园、园宅合一两种布局。考古发掘判明，白居易履道坊宅园是一座含有前后庭院的两进式院落。宅院之西有"西园"，宅院之南有"南园"。皆引伊水入园中。

长庆四年（824年），白居易从杭州刺史任上回到洛阳，由田氏手里买得故散骑常侍杨凭的履道坊宅园，作为退老之地。白居易的晚年时光大多在洛阳的履道里第度过。白居易74岁时（845年），尚在履道里第举行"七老会"，与会者有胡杲、吉皎、郑据、刘真、卢贞、张浑与白居易；同年夏，以七老合僧如满、李元爽，画成"九老图"。

白氏非常喜爱这座宅园，专门为此作韵文一篇，即《池上篇》。韵文及长序详尽地描述了此园的内容。

都城风土水木之胜，在东南偏。东南之胜，在履道里。"里之胜，在西北隅。西闬北垣第一第，即白氏叟乐天退老之地。地方十七亩，屋室三之一，水五之一，竹九之一，而岛树桥道间之。初，乐天既为主，喜且曰：虽有池台，无粟不能守也，乃作池东粟廪。又曰：虽有子弟，无书不能训也，乃作池北书库。又曰：虽有宾朋，无琴酒不能娱也，乃作池西琴亭，加石樽焉。乐天罢杭州刺史时，得天竺石一，华亭鹤二以归。始作西平桥，开环池路。罢苏州刺史时，得太湖石、白莲、折腰菱、青板舫以归。又作中高桥，通三岛径。罢刑部侍郎时，有粟千斛，书一车，洎臧获之习管磬弦歌者指百以归。先是颖川陈校山与酿法，味甚佳。博陵崔晦叔与琴，韵甚清。蜀客姜发授《秋思》，声甚淡。弘农杨贞一与青石三，方长平滑，可以坐卧。太和三年夏，乐天始得请为太子宾客，分秩于洛下，息躬于池上，凡三任所得，四人所与，洎吾不才身，今率为池中物矣。每至池风春，池月秋，水香莲开之旦，露清鹤唳之夕，拂杨石，举陈酒，援崔琴，弹姜《秋思》，颓然自适，不知其他。酒酣琴罢，又命乐童登中岛亭，合奏霓裳散序，声随风飘，或凝或散，悠扬于竹烟波月之际者久之；曲未竟，而乐天陶然已醉，睡于石上矣。睡起偶咏，非诗非赋。阿龟握笔，因题石间，视其粗成韵章，命为《池上篇》云尔：

‘十亩之宅，五亩之园，有水一池，有竹千竿。
勿谓土狭，勿谓地偏，足以容膝，足以息肩。
有堂有亭，有桥有船；有书有酒，有歌有弦。
有叟其中，白发飘然；识分知足，外无求焉。
如鸟择木，姑苏巢安。如龟居坎，不知海宽。
灵鹤怪石，紫菱白莲。皆吾所好，尽在我前。
时饮一杯，或吟一篇。妻孥熙熙，鸡犬闲闲。
优哉优哉，吾将终老乎其间。’

白居易还为此园写下大量诗歌，如《池上作》《履道新居二十韵》等。综合《池上篇》及白氏其他诗文所述，园中以池和竹为主，池中有三岛，有桥相通。中岛上建有亭，另一岛植桃花，名桃岛。池水源自西来，名西溪。池中除荷花外，又有一区植蒲，名蒲浦。池东有小楼和粟廪，池北有小堂和书楼，池西有琴亭。园中无山，但有可升高乘凉的小台。沿池边种竹，又有绕池小径。它是以池为主、环池建小型堂亭楼台的水景园。

履道坊宅园的植物十分丰富。白居易《咏闲》中说："树合荫交户，池分水夹阶。"其中尤以竹取胜，"南园有竹园，府第有竹院，新篁千万竿。"根据记录可以知道的植物有：有槐、梧桐、榆、杨、柳、桃、梨、杏、桂花、樱桃、藤萝、木槿花、芍药、牡丹、白牡丹、菊花、兰花、莲花、夜合花、迎春花、枣树等。

白居易晚年对履道坊宅院进行了多次修葺，重修了宅居建筑和桥，新辟了府西水亭院，修建了小楼，修池筑堰，种植了大量的竹和花木等。这在诗人的著作中都有提及，相关的诗有《春葺新居》《题新居呈王尹兼简府中三椽》《重葺府西水亭院》《西街渠中种莲叠石》《宅西有流水，墙下构小楼》《自题小草亭》等。

（2）白居易庐山草堂

元和年间，白居易任江州司马时在庐山修建了一处别墅园，即庐山草堂。他在给好友元稹的书信《与微之书》中，略述了修建的缘起及其景观梗概："……仆去年秋，始游庐山，到东西二林（注：东林寺和西林寺）间、香炉峰下，见云水泉石，胜绝第一，爱不能舍，因置草堂。前有乔松十数株，修竹千余竿，青萝为墙垣，白石为桥道，流水周于舍下，飞泉落于檐间。红榴白莲，罗生池砌，大抵若是，不能殚记。每一独往，动弥旬日。平生所好者，尽在其中。不惟忘归，可以终老。"白居易还专门撰写了《草堂记》一文，庐山草堂亦得以知名于世。

《草堂记》记述了该园的选址、建造以及作者的感受。总的来说，白居易的庐山草堂是在天然胜区相地而筑，辟石筑台，引泉悬瀑，就山竹野卉稍加润饰，借四周景色组成园景的自然式山居。

建园基址选择在香炉峰之北、遗爱寺之南的一块"面峰腋寺"的地段上，这里"白石何凿凿，清流亦潺潺；有松数十株，有竹千余竿；松张翠伞盖，竹倚青琅玕。其下无人居，优哉多岁年；有时聚猿鸟，终日空风烟。"

草堂建筑和陈设极为简朴，"三间两柱，二室四墉，广袤丰杀，一称心力。洞北户，来阴风，防徂暑也；敞南甍，纳阳日，虞祁寒也。木，斫而已，不加丹；墙，圬而已，不加白；碱阶用石，幂窗用纸，竹帘纻帏，率称是焉。堂中设木榻四，素屏二，漆琴一张，儒道佛书各三两卷”。堂前有平地广十丈，中为平台，台前有方池，广二十丈，环池多山竹野卉，池中种植有白莲，并养殖白鱼。由台往南行，可抵达石门涧，夹涧有古松、老杉，林下多灌丛藤萝。

草堂北五步，依原来的层崖，再堆叠山石嵌空，上有杂木异草，四时一色。草堂东有瀑泉，所谓“水悬三尺，泻落阶隅石渠”。草堂西，倚北崖右趾用剖竹架空，引崖上泉水，自檐下注，好似飞泉一般。由于草堂选址合宜，近旁四季美景，杖履可及，皆足观赏。

白居易贬官江州，心情抑郁，尤其需要山水泉石作为精神的寄托。司马又是一个清闲差事，有足够的闲暇时间到庐山草堂居住，“每一独往，动弥旬日”。他把自己的全部情思寄托于庐山草堂，并以草堂为落脚的地方，遍游庐山的风景名胜，并广交山上的高僧。白居易经常与东、西二林之长老聚会草堂，谈禅论文，结下深厚友谊。他在庐山的营造和交游活动，也成为庐山文化的一部分，被后世传为佳话。

（3）王维辋川别业

辋川别业在陕西蓝田县南约 20 km。这里山岭环抱、溪谷辐辏有若车轮，故名“辋川”。园主人王维，字摩诘，诗人、画家，也是虔诚的佛教徒和佛学家。开元九年（721 年）举进士，天宝末任给事中，晚年官至尚书右丞，世称“王右丞”。

《旧唐书·王维传》记载：“（王维）晚年长斋，不衣文采。得宋之问蓝田别墅，在辋口，辋水周于舍下，别涨竹洲花坞，与道友裴迪，浮舟往来，弹琴赋诗，啸咏终日。”可知辋川别业原为初唐诗人宋之问修建的一处规模不小的庄园别墅，后荒废。王维出资购得，乃刻意经营，因就于天然山水地貌、地形和植被加以整治重建。

王维少年时就以文章得名，早年在仕途上很顺利，官至给事中。天宝十四年（755 年）安禄山叛乱时，王维未及出走，平复后，思想转变，终老辋川。

《辋川集》序中说道：“余有别业在辋川山谷”（在蓝田县西南逾 20 多里），将各景的题名，同王维和裴迪所赋的绝句收集在这本集子里。《关中胜迹图志》上有辋川图可供参考。将诗句对照辋川图，可以把辋川别业的大体规模描写如下：

从山口进去，首先是“孟城坳”，山谷里的低地，那里本来有一个古城（裴迪诗句有“结庐古城下”），孟城坳后背的山冈叫作“华子岗”，相当高峻，那里树木森林，有常青的松树也有秋色叶树，因而有“飞鸟去不穷，连山多秋色”“落日松风起”等诗句。在这样一片树林茂密的岗岭怀抱中的平坦谷地，自然是隐处可居。

从山冈下来，到了“南岭与北湖，前看复回顾”的背岭面湖的胜处，这里盖有文杏馆。馆名文杏是因为文杏木做栋梁，所谓“文杏裁为梁，香茅结为宇”。用香茅草铺屋顶可见文杏馆是山野的建筑。馆后的山上崇岭高起，叫“斤竹岭”，也许因岭上生有大竹。这里路是沿山溪而筑，所谓“明流行且直，绿筱密复深。”沿着溪路的另一面，景致幽深，“鸟生乱溪水，缘溪路转深，幽兴何时已”。山路通到“木兰柴”。溪流之源的山冈跟斤竹岭相对峙的，叫作“茱萸沜”，大概因山冈多“结实红且绿，复如花更开”的山茱萸。翻过茱萸沜到达又一个谷地，陌上种植有宫槐题名为“宫槐陌”。这里有一条仄径可通向漪湖，若不下小道而上行翻到岗岭可到达人迹罕至的山林深处，叫作“鹿柴”，那里“空山不见人，但闻人语响”“不知深林事，但有麏鹿迹”。在这山冈下的“北垞”，一面临湖，盖有宇屋。北垞的山岗尽处，峭壁陡立，壁下就是湖水。从这里到南垞，竹里馆等处，因有一水之隔，必须舟渡。

称作欹湖的这一带水，“空阔湖水广，青莹天色同，舣舟一长啸，四面来清风”。如果泛舟湖上时，“湖上一回看，山青卷白云”。为了充分欣赏湖光山色的美景，除从湖上舟中来观看，还可以从亭中来眺望，于是有临湖亭。这样，就能“轻舸迎上客，悠悠湖上来；当轩对樽酒，四面芙蓉开”。沿湖堤岸上种植了柳树，所谓“分行接绮树，倒影入清漪”“映池同一色，逐波吹散丝”，因此题名“柳浪”。“柳浪”有“栾家濑”，那里的水流很急，“浅浅石溜泻，跳波自相溅，白鹭鸶复下”，又说“泛夕凫鸥渡，时时欲近人”。

离水南行复入山，山上有泉叫作“金屑泉”“潆渟澹不流，金碧如可拾”。山下的谷地部分就是南垞，经南垞缘溪下行到入湖处有“白石滩”，那里“清浅白石滩，缘浦向堪把”“跋石复临水，弄波情来极”。沿溪上行到“竹里馆”，“独坐幽篁里，弹琴复长啸：深林人不知，明月来相照”。此外，有“漆园”“椒园”“辛夷坞”等胜处，大抵因多漆树，花椒辛夷（即木笔）等树而题名的。

辋川别业是唐代园林史上的浓重一笔。王维是著名的诗人，也是著名的画家，苏东坡誉之为“诗中有画，画中有诗”，因而园林造景，尤重诗情画意。王维晚年笃信佛教，精研佛理，从王、裴的唱和诗中还可以领略到山水园林之美与诗人抒发的感情和佛、道哲理的契合，寓诗情于园景的情形。而辋川别业、《辋川集》和《辋川图》的同时问世，亦足以从一个侧面显示山水园林、山水诗、山水画之间的密切关系（图5-14）。

（4）浣花溪草堂

安史之乱中，杜甫为避战乱流寓成都，于上元元年（760年），择城西之浣花溪畔建置草堂，两年后建成。杜甫在《寄题江外草堂》诗中简述了兴建这座别墅园林的经过：“诛茅初一亩，广地方连延；经营上元始，断手宝应年。敢谋土木丽，自觉面势坚；台亭随高下，敞豁当清川；虽有会心侣，数能同钓船。”可知园的占地初仅一亩，随后又加以扩展。建筑布置随地势之高下，充分利用天然的水景，“舍南舍北皆春水，但见群鸥日日来”。园内的主体建筑物为茅草葺顶的草堂，建在临浣花溪的一株古楠树的旁边，“倚江楠树草堂前，故老相传二百年；诛茅卜居总为此，五月仿佛闻寒蝉”。园内大量栽植花木，“草堂少花今欲栽，不用绿李与红梅”。

杜甫还曾写过《诣徐卿觅果栽》《凭何十一少府邕觅桤木栽》《从韦二明府续处觅绵竹》等诗，足见园主人当年处境贫困，不得不向亲友觅讨果树、桤木、绵竹等移栽园内。但这也使得满园花繁叶茂，浓荫蔽日，再加上浣花溪的绿水碧波，以及翔泳其上的群鸥，宛然一幅极富田园野趣而又寄托着诗人情思的天然图画。杜甫在《堂成》一诗中这样写道：

“背郭堂成荫白茅，缘江路熟俯青郊；
桤林碍日吟风叶，笼竹和烟滴露梢；
暂止飞乌将数子，频来语燕定新巢；
旁人错比扬雄宅，懒惰无心作《解嘲》。”

杜甫除避乱川北的一段时间外，在草堂共住了三年零九个月，写成二百余首诗。草堂承载着一代诗圣的悲欣，因此被后人铭记，历代修葺不断。

杜甫搬离以后草堂逐渐荒芜。唐末，诗人韦庄寻得归址，出于对杜甫的景仰而加以培修，但已非原貌。自宋历明清，草堂又经过十余次的重修改建。最后一次重修在清嘉庆十六年（1811年），今

图5-14 辋川图局部（《关中胜迹图志》）（摹自张家骥《中国造园艺术史》，2004）

日“杜甫草堂”之规模大体是在清代奠定的。

5.3.3　寺观园林

唐代统治者采取儒、道、释三教并尊的政策，在思想上和政治上都不同程度地加以扶持和利用。

孔子创立的儒学，到孟子、荀子时期又有所发展，但在先秦时还不是宗教，只是作为一种政治理论学说与其他各家进行争鸣。董仲舒的学说，标志着儒教的建立。汉代的儒教，是儒教发展的第一个阶段。从魏晋到隋唐，是儒教发展的第二阶段。这一时期，儒教在思想上没有大的发展，但它仍然是国家政权的精神支柱。

唐初高祖李渊，不重佛法，傅奕并上疏极论佛教“故使不忠不孝，削发而揖君亲；游手游食，易服以逃租赋。演其妖书，述其邪法，伪启三涂，谬张六道，恐吓愚夫，诈欺庸品。”到武德九年（626 年），太宗李世民即位，始下诏恢复浮屠、老子法，唐朝佛教又开始活跃，逐步发展成为唐代文化和唐人哲学思想的最重要的成分。唐太宗就曾亲制赞美佛教的《大唐三藏圣教序》，唐代的佛教自然就昌盛起来。唐朝时佛教的兴起带来了印度的文明——医学、天文、艺术、文学、音韵、音乐等，在汉民族思想上注入了新血液。自唐以后中国人的思想很难完全摆脱佛教的影响。就连宋明理学，在很大程度上也是受到禅宗和华严宗理论的影响。

道教经过魏晋南北朝的分化发展，到隋唐呈现融合之势，这种融合在南北朝末已发生，隋的统一打破地域分割，为融合进一步创造了条件。唐高祖李渊、高宗李治、玄宗李隆基、宪宗李纯、武宗李炎都十分崇信道教，他们尊老子为太上玄元皇帝，将《道德经》作为取士必读之书，与儒家的六经并行而列于六经之上。由于皇帝崇道，道教在此期间获得迅速发展，同时道教及其经典积极向周边地区及邻国传播，国际影响也较大，它作为中国传统文化的使者加强了唐帝国与各国的友好往来。盛唐的道教同样充满了“盛唐气象”，道派融合兴盛。 到唐玄宗朝的司马承祯时，北方的嵩山、王屋山和南方的茅山、天台山等，均成为茅山宗传道的热点区域，茅山宗还传到了蜀中。唐朝时期，道教的南北天师道与上清、灵宝、净明逐渐合流，教义、典仪、经籍均形成完整的体系。隋唐时期的寺观园林就是在这样一种时代宗教背景下形成的。

寺观园林可以分为两种，一种建在繁华的城市之中；另一种建在市外山林之地。前一种不仅有围墙作为界限，并且多建于封闭里坊之间，皇帝、王侯参与建造长安城内寺院道观建设，加上唐朝的三教并立以及各种支持宗教发展的政策，寺观在城市中遍地，甚至有人舍宅改建寺观。这些寺观园林靠近市民，因而香火旺盛，融入了公共园林的特征。长安作为唐朝的政治经济中心，是寺、观集中的大城市，这种情况尤为明显。《唐两京城坊考》记载：唐长安有僧寺九十，尼寺二十八，道士观三十，其他还有女观六，波斯寺二，胡祆祠四。

后一种园林建立在风景秀丽的山岳地带，山岳风景之地因为寺、观而闻名，寺、观园林因为风景名胜而更加秀美。佛教的大小名山，道教的洞天、福地、五岳、五镇等，既是宗教活动中心，又是风景游览的胜地。从敦煌莫高窟的一些画像上，可以看出唐代佛教园林的特点。

寺、观的建筑群组包括殿堂、寝膳、客房、园林四部分。佛教由印度传入中国，逐渐中国化，建筑形制也和中国建筑相融合。主体建筑包括殿、塔、台、廊、亭、榭等，搭配组合多样，逐渐完成了外来佛教建筑形式向中国特色的佛教建筑群体的转化。建筑群体以塔或佛殿为中心，廊、院穿插，空间变幻多样。

寺观重视庭院的绿化和园林的经营。常用植物有松、竹、桂、柏以及荷花、牡丹和藤草植物，形成了具有园林意趣的环境。竹、松、柏、桐、桃等也是寺观园林中的习见树种。

寺、观进行宗教活动的同时也开展社交和公共活动。寺观进行大量的世俗活动，如各种法会、斋会，届时还有艺人的杂技、舞蹈表演；寺院还兴办社会福利事业，为贫困的读书人提供住处，收养孤寡老人等。寺、观成为城市公共交往的中心。寺、观建筑群内种植花草树木。

长安众多寺院中，进昌坊的大慈恩寺以牡丹和荷花受到文人墨客的欢迎，诗文中屡有提及。

大慈恩寺是世界闻名的佛教寺院，位于古城西安南郊，唐代长安的四大译经场之一。大慈恩寺是唐长安城内最著名、最宏丽的佛寺，它是唐代皇室敕令修建的（图 5-15）。

唐贞观十年（636 年）六月己卯，太宗文德皇后崩，十一月庚寅葬于昭陵。贞观二十二年，高宗李治宣令追念他的母亲文德皇后建大慈恩寺。“宜令所司，于京城内旧废寺，妙选一所，奉为文德圣皇后，即营僧寺。寺成之日，当别度僧。仍令挟带林泉，务尽形胜，仰规忉利之果，副此罔极之怀。”寺院建成之后“重楼复殿，云阁洞房”“床褥器物，备皆盈满”。

慈恩寺建筑规模宏大，占据晋昌坊半坊之地，面积近 400 亩，有逾 10 个院落，各式房舍 1897 间。

慈恩寺的第一任主持方丈玄奘法师（唐三藏）自天竺国归来后，为了供奉和储藏梵文经典和佛像舍利等物亲自设计并督造大雁塔。唐高宗和唐太宗曾御笔亲书《大唐三藏圣教序》和《述三藏圣教序》。附近还有曲江池、杏园和乐游原等景点，风景秀丽。大雁塔是楼阁式砖塔，其特点是：砖结构体现出木结构的斗拱风格。砖墙上显出“棱柱”来，可以明显分出墙壁开间，是中国特有的传统建筑形式。大雁塔塔身高大，结构坚固，外观庄严、朴实、大方。岑参有诗《与高适薛据同登慈恩寺浮图》，描绘了当时大雁塔之景。

图5-15　甘肃敦煌莫高窟壁画第148窟（盛唐）壁画东方药师变佛寺（引自萧默《敦煌壁画中的唐代建筑》，2008）

塔势如涌出，孤高耸天宫。
登临出世界，磴道盘虚空。
突兀压神州，峥嵘如鬼工。
四角碍白日，七层摩苍穹。
下窥指高鸟，俯听闻惊风。
连山若波涛，奔凑似朝东。
青槐夹驰道，宫馆何玲珑。
秋色从西来，苍然满关中。
五陵北原上，万古青濛濛。
净理了可悟，胜因夙所宗。
誓将挂冠去，觉道资无穷。

大慈恩寺的牡丹花名扬天下。唐中叶以后，掀起了一股牡丹花热。晚唐时，大慈恩寺不仅是佛教圣地，也是达官贵人游春赏花、庶民百姓听歌看戏的娱乐场所。《南部新书》中记载：“慈恩寺元果院牡丹，先于诸牡丹半月开；太真院牡丹，后诸牡丹半月开。”礼部尚书权德舆吟慈恩寺牡丹：

澹荡韶光三月中，牡丹偏自占春风。
时过宝地寻香径，已见新花出故丛。
曲水亭西杏园北，浓芳深院红霞色。
擢秀全胜珠树林，结根幸在青莲城。
艳蕊鲜房次第开，含烟洗露照苍苔。
庞眉倚杖禅僧起，轻翅萦枝舞蝶来。
独坐南台时共美，闲行古刹情何已！
花开一曲奏阳春，应为芬芳比君子。

5.3.4　衙署园林

衙署园林在唐代已经相当普遍。唐代衙署经常点缀山池花木，有的还有独立的附园。从文献来看，唐两京中央政府的衙署内，造园已相当普遍，如丝纶阁、御史台；由文人担任地方官的城市也注重衙署园林的经营，其中著名的有山西绛州州衙园林、蜀州东亭等。

（1）山西绛州州衙园林

新绛县古称绛州，位于山西省西南部，临汾

盆地西南边缘，北靠吕梁山，南依峨眉岭，汾、浍二河穿境而过。绛州是座历史悠久的古城，春秋时曾为晋都，战国时属魏。南北朝时，北魏置东雍州，北周明帝改为绛州。隋开皇三年（583 年）州治从玉壁迁至今县城处，距今已有逾 1400 年的历史。

绛州州衙园林创建于隋开皇年间，园内盛设亭台楼阁，假山小桥，清水环绕，古柏参天，百花争艳，颇具自然山水园林特色。以后唐、宋、元、明、清均有重修（图 5-16）。唐长庆三年（823 年）绛州刺史樊宗师作《绛守居园池记》该文描述园林当时情景。岑参、欧阳修、梅尧臣、范仲淹等皆有咏绛诗篇。

（2）蜀州东亭（今崇州罨画池）

罨画池始建于唐代，时称“东亭”，为地方官府待客的后花园，以梅花、菱花和烟柳为胜景，后逐渐演变为具有游赏功能的衙署园林（图 5-17）。杜甫《和裴迪登临蜀州东亭送客逢早梅相忆见寄》：

“东阁官梅动诗兴，还如何逊在扬州。
此时对雪遥相忆，送客逢春可自由？
幸不折来伤岁暮，若为看去乱乡愁。
江边一树垂垂发，朝夕催人自白头。”

（注：何逊，南朝梁诗人，字仲言，官至尚书水部郎，人称“何水部”。其诗作有轻巧之长而多苦辛，多不平之鸣。有《扬州法曹梅花盛开》即《咏早梅》：兔园标物序，惊时最是梅。衔霜当路发，映雪拟寒开。枝横却月观，花绕凌风台。朝洒长门泣，夕驻临邛杯。应知早飘落，故逐上春来。）

诗的首句点明了东亭的“官家”性质；从裴诗提到的东亭送客和杜诗中低徊的离愁，又依稀可见“亭，停也”的驿站功能，这也许是留传至唐的汉代遗风。

5.3.5 公共园林

长安作为政治、经济、文化的中心，公共园林非常丰富，是文人名流聚会饮宴和市民游想交往的场所。长安城近郊，往往利用河滨水畔风景优美的地段造园，赋予公共园林性质。比较著名的有曲江，还有瀚河上的瀚桥。另外，也有在上代遗留下来的古迹基础上开辟为公共游览地，如昆明池。昆明池原为西汉上林苑内的大型水池，到唐代依然保留其水面及池中的孤岛。德宗时加

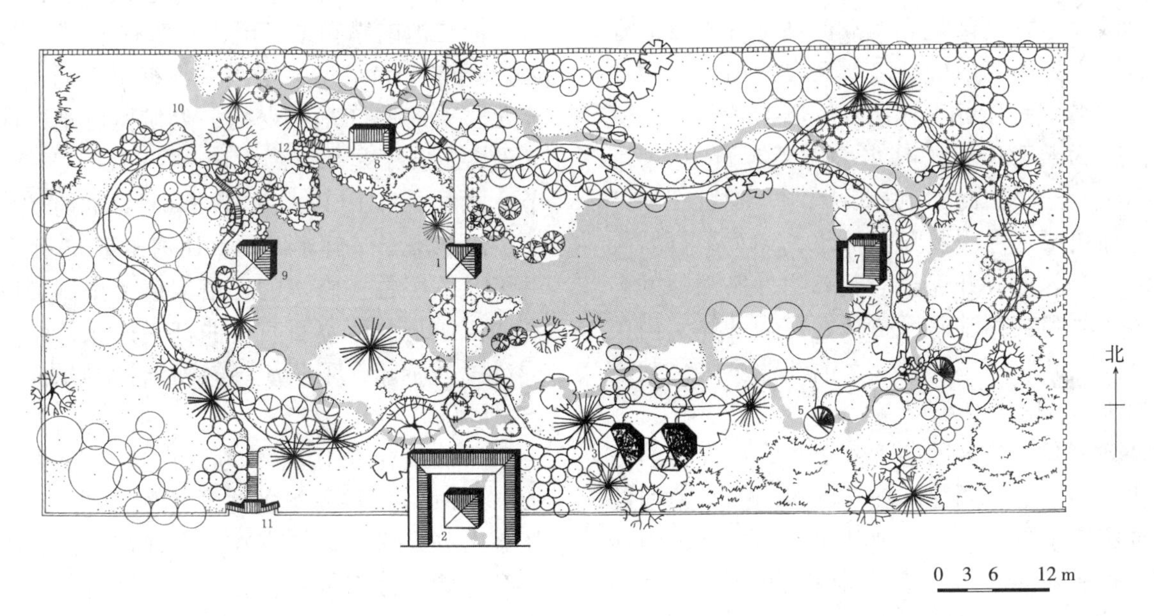

1. 洄涟亭 2. 香亭 3. 新亭 4. 槐亭 5. 望月亭 6. 柏亭 7. 苍塘亭 8. 风亭 9. 白滨亭 10. 鳌蛛原 11. 虎豹门 12. 木腔瀑

图5-16 绛守居平面图（摹自赵鸣、张洁）

图5-17　崇州罨画池　周璐摄

以疏浚、整治、绿化，遂成为长安近郊一处著名的公共游览地。

（1）唐长安曲江池、芙蓉园

唐长安城的东南隅，向里让进二坊之地，就是曲江池，后又称芙蓉园、芙蓉苑、芙蓉池。它是一处兼有御苑和公共园林性质的游览地。

秦以前，曲江池本是旷野中一个大池塘，“其水曲折，有似广陵之江，故名之”（《太平寰宇记》）。这里是秦代隑州、西汉宜春下苑故地，秦始皇和汉武帝多次到这里游览。隋初营大兴城时，宇文恺以京城东南隅地高，故阙此地，不设居住坊巷而凿之为池，以厌胜之。又在南面的少陵原上开凿黄渠，引义谷水入曲江。隋文帝又“恶其名曲，改为芙蓉园，为其水盛而芙蓉言也”（刘炼《小说》）。唐初曲江池一度干涸，到唐玄宗开元中重加疏凿，导引浐河上流水，经黄渠自城外南来汇入芙蓉池，并恢复了芙蓉园外曲江池的名称。曲江池和芙蓉池水系贯通，实为一体，但芙蓉园是内苑，非诏不得进入；曲江池可供公共游览（图5-18、图5-19）。

史籍中有关芙蓉园的记载很少，从仅有的一些记载可知，芙蓉园建在坡陀起伏、曲水萦回的优美自然风景地段上，主要建筑大约面北，南倚丘陵，北临湖泊河曲，还可遥望城北原上的大明宫丹凤楼。苑中建有主殿和后殿，供宴享之用。苑中临水处建有水殿，河渠上架设画桥，利用丘陵地建山楼、青阁、竹楼等大量建筑物。从诗文中提到的“丹篽”“红园”看，苑墙应是红色的。苑的北部用堤把曲江池分为两部，南部圈入苑内。苑内池中可以行驶龙舟，皇帝在宴饮群臣时经常饮酒、奏乐、赋诗。苑内植物临水处以柳为主，水边有芙蓉等花卉。丘陵及平地种杏和芦橘，山丘涧谷和水边植丛竹。从杜甫诗“江头宫殿锁千门”看，它临曲江一面建有很多楼殿，苑内山丘上的楼阁起伏隐现，是一所富丽、华贵的皇家苑囿。

芙蓉园的性质也比较特殊，它远在长安外郭东南角，与一般附在宫城外侧的内苑不同。但唐玄宗经常去芙蓉园游玩，为避免外人得知和言官谏阻，特在长安外郭东墙外增修夹城，把原潜往兴庆宫时经行的夹城向南延伸至芙蓉园。这样，皇帝可以不经街道随时往游，潜行自如。所以芙蓉园虽远，但和内苑性质相差不大。

相比芙蓉园，曲江的吟咏则很多。据《雍录》，曲江池在汉武帝时周长6里，唐时周长7里，占地12 hm^2。现在已经探明的唐代曲江的范围为144×10^4 m^2，曲江池遗址的面积为70×10^4 m^2。池形南北长，东西短，湖就势开凿，池水曲折优美，池两岸有楼阁起伏，景色绮丽动人。曲江池南岸有紫云楼，其西有杏园、慈恩寺，西岸还有汉武泉，一年四季都有泉水涌出，水量充足。盛唐曲江是长安的一处游览胜地，曲江游人最多的日子是每年的上巳节（三月三日）、重阳节（九月九日），以及每月的晦日，届时“彩屋翠帱，匝于堤岸；鲜车健马，比肩击毂”。上巳节这一天，按照古代修禊的习俗，皇帝按例必率嫔妃到曲江游玩并赐宴百官；曲江沿岸张灯结彩，池中泛画舫游船，乐队演奏教坊新谱的乐曲，以示与民同乐。

曲江还是唐代科举考试后庆典活动的举办地。唐时为新科及第的进士举行“曲江宴”，曲江宴十分豪华，长安百姓多有往观者，有时皇帝也登上紫云楼垂帘观看。曲江宴之后，还要在杏园再度宴集，谓之“杏园宴”，并举行“探花”的活动。刘沧《及第后宴曲江》诗有句云：“及

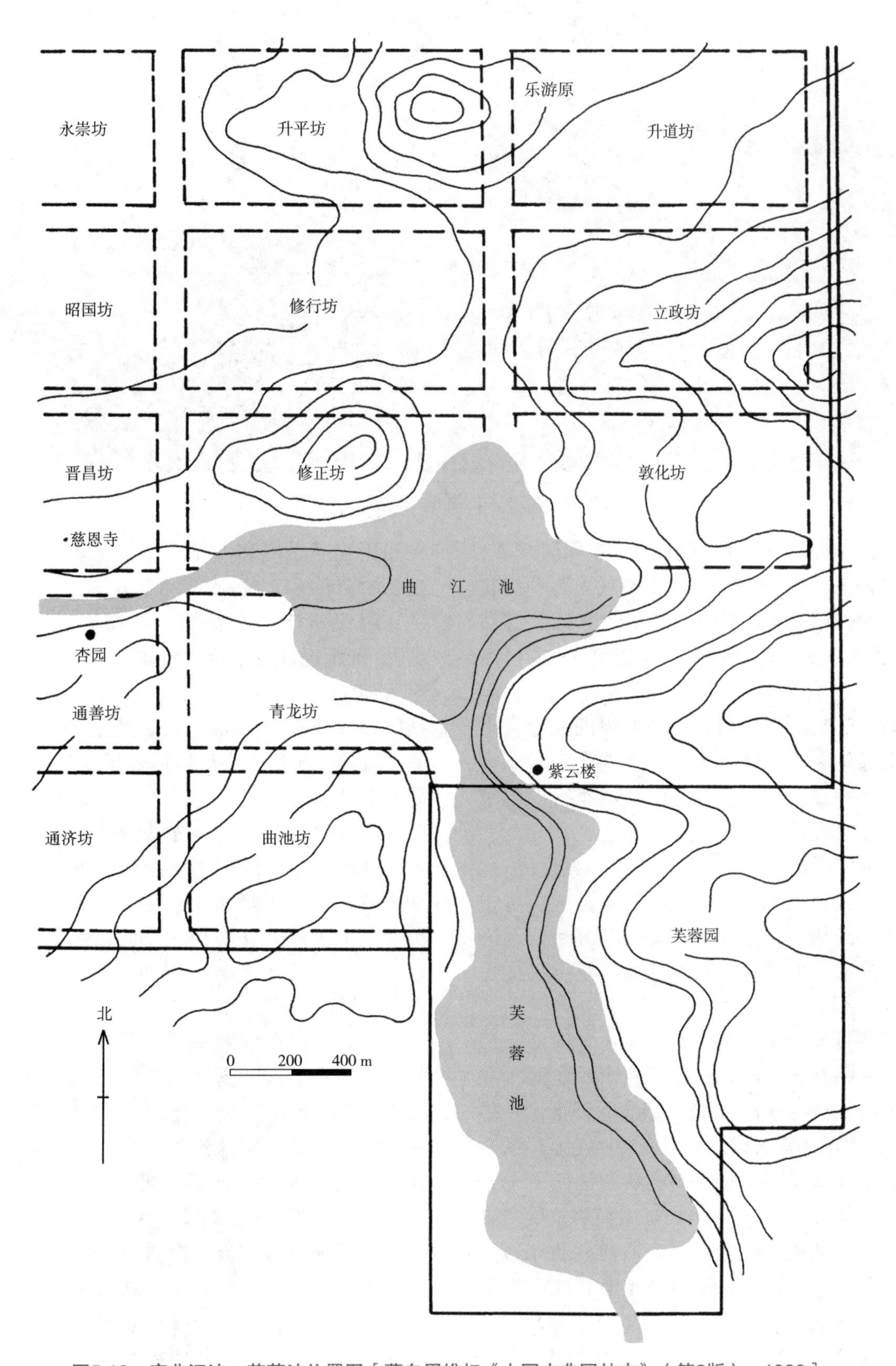

图5-18　唐曲江池、芙蓉池位置图［摹自周维权《中国古典园林史》（第2版），1999］

图5-19　复建后的唐曲江池　胡小凯摄

第新春选胜游，杏园初宴曲江头。”所谓探花，就是在同科进士中选出年轻俊美者二人为“探花使者”，使之骑马遍游曲江及其附近名园，寻访名花。因此，杏园宴又叫作“探花宴”。宋以后称进士的第三名为“探花”，亦渊源于此。杏园探花之后，还有雁塔题名，即到对岸的慈恩寺大雁塔把自己的名字写在壁上。至此终于完成了士子们“十年寒窗苦，一朝及第时”所举行的隆重庆祝的三部曲活动。

（2）杭州西湖

隋唐两代在西湖这一山水园林的形成历程中非常重要。经历了东晋和南朝的初步开垦，至隋唐，西湖进入全面建设时期，并初步奠定了此后的山水格局。

隋文帝开皇九年（589年）统一全国，废郡设州，因立州治于余杭（在今杭州市的西面）故得名“杭州”。翌年州治又迁回钱唐。开皇十一年（591年），大臣杨素将州治移至柳浦西（今凤凰山东麓，江干一带），依凤凰山筑城，“周回三十六里九十步，有城门十二”，是为杭城日后发展之雏形，从此钱唐从山中小县变为交通便利的江边大县。大业六年（610年），隋炀帝重凿长江以南的运河古道，形成一条北起江苏镇江，经苏州、嘉兴等地，南至杭州，全长逾400 km的江南运河。杭州得交通之便利，经济迅速发展，遂成为江南重要的交通枢纽城市和商业都市。

唐代州治仍在钱唐，因避国号，改为“钱塘”。杭州也日益繁荣，唐初杭州户口已超10万。至天宝元年（742年），杭州人口已达58万（包括属县），城区由柳浦沿江山麓逐步向今西湖以东的湖滨地区扩展。中唐以后杭州遂以“东南名郡”见称于世。

唐代西湖的建设首先从治理水利开始。杭州本为江海故地，地下水质咸苦。而近在咫尺的西湖为解决杭城用水问题起到了重要的作用。唐大历年间（766—779），刺史李泌在西湖东南陆地凿六井，开阴窦（暗渠），引西湖水入井，极大地方便了百姓。长庆二年（822年），白居易出任杭州刺史。时西湖东部旧堤年久失修，堤面低矮；杭州地区“春多雨，夏秋多旱”，故雨季湖水横流，难于储存，而旱季湖水不足，难于灌溉。白居易遂在西湖东北方向修筑拦湖大堤（在今宝石山东麓向东北延伸至武林门一带），分西湖为上湖和下湖（今已废），上湖成为西湖日后发展的主体，下湖与千顷良田相连。白居易还通过诗文提炼和升华了西湖之美，奠定了西湖的文化品格。他在杭期间及其后，作有《冷泉亭记》《钱塘湖石记》等文及《杭州春望》《西湖留别》等题咏杭州、西湖的诗二百余首，是历代诗人中咏西湖诗篇最多之人。

唐朝佛教兴盛远逾前代。西湖湖畔时有灵隐、天竺等名院古刹，也新建了不少佛寺。《西湖游览志余》卷十四载："杭州内外及湖山之间。唐已（以）前为三百六十寺。"众多的寺观妆点了西湖山水，也吸引了大批文士来西湖游览。李白在《与从侄杭州刺史良游天竺寺》中对灵竺一带的山水大加赞赏，比之为蓬莱仙山。白居易则"在郡六百日，入山十二回"，并作《冷泉亭记》曰："东南山水，余杭郡为最。就郡言，灵隐寺为尤。由寺观，冷泉亭为甲。"游人游赏活动日益增多，就需要修建风景建筑。在游人香客丛集的灵竺一带，地方官员常于寺旁山间修筑亭榭。德宗时郡守卢元辅建"见山亭"，后有郡守相里君造"虚白亭"，仆射韩皋筑"候仙亭"，刺史裴常棣建"观风亭"，右司郎中郡守元舆筑"冷泉亭"。白居易盛赞此"五亭相望，如指之列，可谓佳境殚矣，能事毕矣。"

西湖北部有孤山。唐时孤山已"楼阁参差，弥布椒麓"，并且是寺观园林的集中地带。山南有永福寺，俗称孤山寺，始建于陈天嘉年间（560—566）。时有白居易《西湖晚归回望孤山寺赠诸客》、张祜《题杭州孤山寺》等诗赞美孤山寺一带景色。寺旁有竹阁（传为白居易所建）、贾公亭等建筑。今之白堤唐时已有，自断桥进堤至西泠3里多，时称白沙堤（非白居易所筑）。白居易有诗"最爱湖东行不足，绿杨阴里白沙堤"，其间有望湖亭等观景建筑。孤山西端为"西村唤渡处"，须乘舟船方能到达北山（图 5-20）。

当地衙署也结合西湖建置。唐时州治仍在凤凰山东麓柳浦西，据清《湖山便览》等书记载，内有虚白堂、因严亭（一作因岩亭）、忘筌亭、东楼、高斋、清晖楼、南亭、西园等，白居易有诗赞道"赖是余杭郡，台榭绕官曹"。唐代临江的凤凰山是观潮胜地，钱塘江海潮从龛山和赭山之间进出，因两山对峙如门，称为"南大门"或"海门"。凤凰山上可直望海门，而在倚山面江的虚白堂上，凭栏可观潮涌，可知衙署选址极佳。

5.3.6　边疆地区园林

5.3.6.1　渤海国上京龙泉府

渤海国是武后时株鞫首领大祚荣在今东北亚地区建立的地方政权，疆域以今我国东北地区为主体，先称振国王，唐玄宗先天元年（712 年）封大祚荣为渤海郡王，勿汗州都督，遂改称渤海国。唐天宝末年（约 755 年），大祚荣之孙钦茂徙都上京。唐代宗宝应元年（762 年）令其以渤海为国，以钦茂为王，进封检校太尉。渤海除始建国时与唐有小规模战争外，受封后，一直和唐保持良好的关系，到唐末还有朝献来往。926 年，辽太祖阿保机灭渤海国，建东丹国，以上京为首府。927 年东丹国南迁，上京遂被毁。

渤海国都城初驻旧国（今吉林敦化），742 年迁至中京显德府（今吉林和龙），755 年迁至上京龙泉府（今黑龙江宁安），785 年再迁东京龙原府（今吉林珲春），794 年复迁上京龙泉府（今黑龙江宁安）。渤海国是一个多民族国家，居民由靺鞨人、高句丽人等民族构成。渤海立国按唐制建立政治、经济制度，全盛时辖境有五京、十五府、六十二州，其文化深受唐朝文化影响，享有"海东盛国"的美誉。

上京遗址在今黑龙江省宁安县东京镇西约 3 km 处，共有二重城。外郭内中轴线北端为皇城、宫城，皇城在前，宫城在后，共用东西城墙，形成郭内的子城。皇城东西宽 1045 m，北至宫城南墙 454 m，以唐尺计，宽 2 里 110 步，深 1 里 10 步。皇城南、东、西三面各开一门，北面即宫城南面的二门。宫城东西 1045 m，南北约 970 m，突出外郭约 170 m，城内大致可分中、东、西、北四部分，都用石墙分隔开。中部可分为中、东、西三区，中区宽 180 m 左右，在中轴线上自南而北建正门及五座宫殿，是最重要建筑；东、西区宽约 157 m，其内以纵横墙分隔为若干院落，都有建筑遗址，当是仓库、服务用房和妃嫔眷属住所。宫城西、北二部用途尚待探明。

宫城东部为内苑。禁苑东西宽 210 m，北部是院落，南部是山池亭殿。池东西约 120 m，南

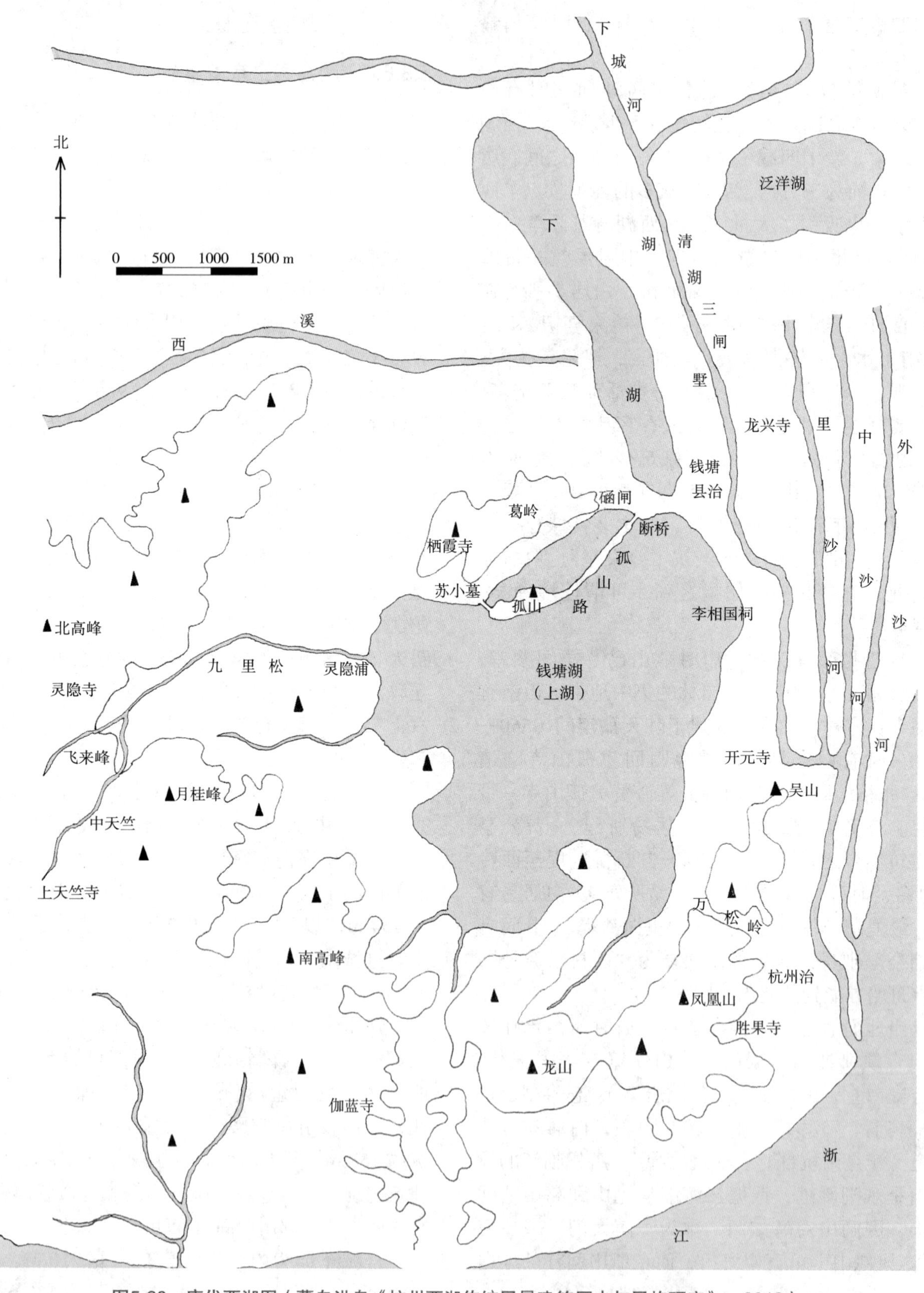

图5-20 唐代西湖图（摹自洪泉《杭州西湖传统风景建筑历史与风格研究》，2012）

北约 170 m，其北、东、西三面筑有土山。池北土山上中间为一面阔 7 间进深 4 间的大殿，柱网布置属金厢斗底槽。殿东侧有行廊 5 间，接一个 3 间方亭、殿西也有行廊 5 间，又南折为横廊 5 间，廊端也接一个 3 间方亭。殿、廊、亭三者形成池北的主建筑群。池中偏北东西并列有二小岛，西岛上有一八角亭址，柱网外围八柱，内有 4 柱，和唐洛阳宫九洲池附近发现的八角亭相同。东岛上建筑似是一面阔五间进深四架的轩。

渤海国上京的规模和宫室建设是模仿唐代的长安和洛阳而建的。它的城市平面作横长矩形，城内采用方格网道路，居住区为里坊，皇城、宫城前后相重，建在中轴线北端等特点，明显是模仿唐长安城。它的宫城分左、中、右、后 4 部，从左、右、后 3 个方向拱卫中部的宫殿，也和唐长安太极宫东有东宫，西有掖庭，北有内苑的情况相同。

从宫室布置上看，它的主体实际为 3 组殿宇，第一、第二宫殿各为一组，相当于大明宫的含元、宣政二殿，是象征“国”的礼仪部分；第三、第四宫殿为一组工字殿，第三宫殿相当于紫宸殿，第四宫殿为主要寝殿，二者象征“家”，为渤海王家宅中的前堂后寝。所以宫中的主要建筑也是模仿长安唐大明宫的。宫城东部的禁苑以池为主，池中有岛。

但是，渤海国上京在都城形制上又比长安有所减损，明确表示是王都而不是帝都；同时在一些细节作了变通，既表现出自己基本属于州郡级城市，又不同于一般的州郡都府的王国地位。宫内各殿也颇费匠心。渤海国上京龙泉府的这些做法反映出它作为地方政权受封于唐后，不得不多少受一些约束而又不甘心受此约束的心态。

5.3.6.2 南诏时期的佛寺

隋唐之间，今云南省洱海一带分布着 6 个较大的部落，他们分别是蒙舍诏、蒙隽诏、施浪诏、邆赕诏、越忻诏。后来地处最南端的蒙舍诏兼并了其他各诏和河蛮地区，建立了南诏少数民族地方政权，隶属于唐朝。

云南自古就和中原有着密切的联系，汉代在这里设有行政机构，隋唐时虽建立南诏地方政权，但在经济、文化上的交往从未间断过。他们令中原匠人按中国教令为之经画、营建都城及宫室，因而自唐以后所传文献中，如南诏之城邑、宫室、民居以及遗存之实物如塔幢等形制、结构与汉族式样相同。据《蛮书》记载，南诏白崖城内有“阁罗凤所造大厅，修廊曲庑”，南诏的房屋“上栋下宇，悉与汉同”。更为形象的资料是在传世佛教画《南诏图传》第一段中画有一座曲廊，屋顶覆瓦，廊檐翘起，前有台阶，山墙处有画栏，与内地风格无异。同时南诏国的园林建筑也有着鲜明的民族特征，比如当地佛塔的顶上施有铜刹，顶部常有金鹏。《云南通志》说“错金为顶，顶有金鹏”，说明这种南诏之风一直保持到清代（图 5-21）。

大理崇圣寺

崇圣寺位于大理城西北 2 里许，点苍山麓应乐峰下，东距洱海约 4 里。关于崇圣寺及其三塔的创建年代，历来诸说纷纭。阮元声《南诏野史》丰祐传曰：“开成元年嵯巅建大理崇圣寺，基方七里，圣僧李贤者定立三塔。高三十丈，佛一万一千四百，屋八百九十，铜四万五百五十斤……自保和十年至天启元年功始完，匠人恭韬、微义。”《滇云历年传》曰：“开元二年晟罗皮遣使入朝，受浮图像并佛书以归。晟奏请大匠营造寺庙，朝廷令恭韬、微义等至滇，晟奉敕建崇圣寺、宏圣寺等并造浮图以镇水患。”《备征志》卷八曰：“开元元年唐大匠恭韬、微义建大理崇圣寺并塔刻石纪年。”《景泰志》卷五《李元阳崇圣寺重器可宝者记》称：“三塔中塔高入云表，寰宇无匹，旁二塔如翼内向，顶有铁铸记曰：大唐贞观尉迟敬德造。”

前人据南诏政权政治、经济的发展及与中央王朝的关系，认为崇圣寺三塔始建年代“应在皮逻阁受封云南王之后，阁逻凤未叛唐之前，即开元二十六年（738 年）后，天宝九年（750 年）前；或异牟寻复归唐之后，蒙嵯巅寇西川之前，即贞元十年（794 年）后，太和三年（829 年）前。”其时约在中晚唐。认为始建于唐文宗开成年

图5-21 《南诏图传》中的曲廊［引自傅熹年《中国古代建筑史》（第二卷），2001］

间（836—840）。而崇圣寺自创建到“千厦”“万佛”的浩大寺院，“保和十年至天启元年功始完”的说法不确，很可能一直延续到南诏灭亡为止。

崇圣寺是先修建三塔，而后修建寺院的（图5-22）。寺院坐西朝东，寺之前半部为塔区，有3座宝塔，一大二小，成为三足鼎立之势，后世称为“大理三塔”。中间为千寻塔，南北各有1塔，构造及外形基本相同。三塔建造时间亦不确定，有人认为南北二塔建于大理国时期（相当于宋代），也有人根据塔的构造、建筑材料及塔刹形象分析，认为三塔应建于同期。但无论如何，千寻塔是始建于南诏时期即唐代的。

千寻塔是一座砖砌密檐空筒方塔，共16层檐。塔立于两层高大台基上的2.07 m高的砖砌须弥座上，平面方形，每面宽9.85 m；高16层，69.13 m，密檐塔，塔内中空，叠涩出檐。其做法是：先从塔壁叠涩1层，上作菱角牙子1层，再叠涩12 ~ 15层，叠时逐层加宽，使成反凹曲线，曲势圆和；整个塔的外形也呈一优美的弧线轮廓，塔顶卷杀圆和。这与中原唐塔的做法极为相似，从中可以看出南诏与中原在文化与技术上的联系（图5-23）。

5.3.7 陵寝

隋唐初期，帝陵沿北朝旧制，隋文帝太陵仍是平地深葬，夯筑陵山。自唐太宗起，陵制变更，因山为陵成为唐陵主流。

贞观九年（637年），唐高祖崩。太宗诏定山陵制度，初令依汉长陵制度，务在崇厚，因时限短促，功役劳敝，虞世南、刘向、房玄龄等纷纷进谏，劝太宗依山为陵薄葬先帝，遂依汉光武帝原陵制度。虽然太宗并未完全应允，高祖献陵也仍是平地垒土为陵，但山陵制度已颇有俭省，且太宗也以大臣所言为然。贞观十年（636年），长孙皇后崩，遗言：“妾生既无益于时，今死不可厚费。且葬者，藏也，欲人之不见。自古圣贤，皆崇俭薄，惟无道之世，大起山陵，劳费天下，为有识者笑。但请因山而葬，不须起坟，无用棺椁，

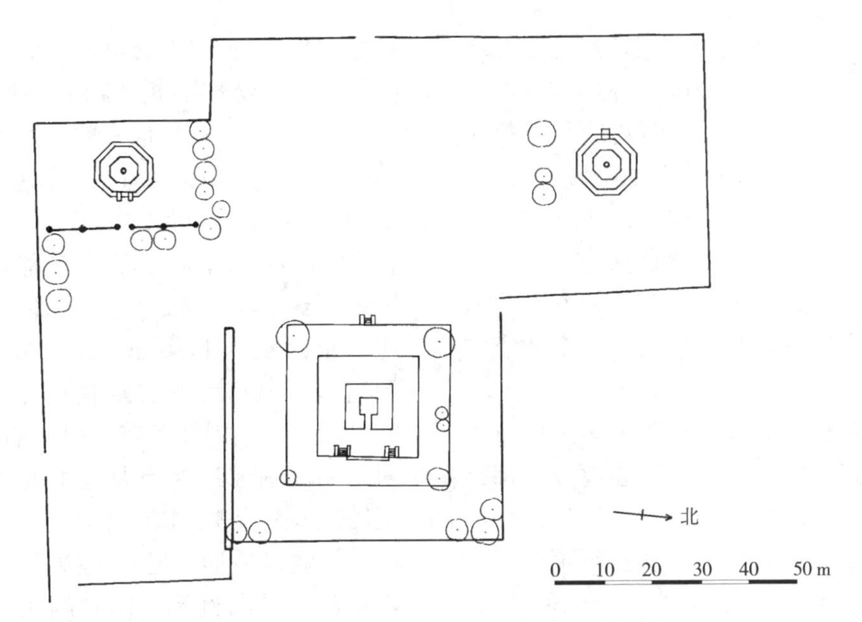

图5-22 现存崇圣寺三塔总平面图（摹自姜怀英《大理崇圣寺三塔勘测报告》，1984）

所须器服，皆以木瓦，俭薄送终，则是不忘妾也。”（《旧唐书・后妃列传》）太宗亦云：“古者因山为坟，此诚便事。我看九嵕山孤峰回绕，因而傍凿，可置山陵处，朕实有终焉之理（“理”本为“志”，唐时避高宗李治名讳改）。”又说：“佐命功臣，义深舟檝……汉氏将相陪陵，又给东园秘器，笃终之义，恩义深厚。自今以后，功臣密戚及德业佐时者，如有薨亡，宜赐茔地一所。”（《唐会典・陵仪》）自此确定了唐代因山为陵和功臣密戚陪陵的制度。

关中唐 18 陵中，除高祖献陵和唐末的敬、武、僖三宗的庄、端、靖陵共 4 陵为平地起陵外，其余十四陵都是依山而建。唐的陵域内有陵墓及寝宫两大部分。陵即坟墓，陵外有二重墙，内重墙包在陵丘或山峰四周，一般围成方形，每面开 1 门，依东西南北方位称青龙、白虎、朱雀、玄武门。四门外各建土阙，并设石狮各 1 对，另在玄武门外加设石马。正门朱雀门内建有献殿，是祭殿，殿后即陵丘。朱雀门外向南为神道，长达数里，以最南方的土阙为前导，向北夹神道相对设石柱、翼马、石马、碑、石人、蕃酋君长像等。寝宫一般在陵墓的西南方，一般相距 5 里，个别有 10 里或更远的。它是一组宫殿，按生人宫室之制建有朝和寝，各有回廊环绕，其间隔以永巷，宫门称神门，门外列戟。寝宫内设神座，有宫人内侍，按“事死如事生”之制，每日要展衣衾、备盥洗、三时上食，并依朔望和节日上祭。宫内陈设并保存所葬帝后的衣冠用具服玩。寝宫规模近 380 间。

唐陵除围绕陵丘的内重墙外，还有一重外墙，有的文献称之为“壖垣”，墙上也辟门。史料记载唐陵还有司马门，或以为是朱雀、玄武等门的异名，但也可能是外重墙上的门。元代李好文《长

图5-23 崇圣寺三塔（引自刘敦桢《中国古代建筑史》，1984）

安志》图中的昭陵图、乾陵图上都绘有二重墙，故应是唐陵通制。此外，在陵区最外还有一圈界标，树立界标称“立封”，封内即封域。一般唐陵，陵区周40里，最小的献陵只20里，而最大的昭陵、贞陵周长120里。陵域中，在外重壖垣内植柏，称为柏城。一般的陪陵墓只能在柏城之外的封域中，只有该帝的子女才可在柏城之内陪葬。从文献记载和寝宫距陵里数看，大多数寝宫在柏城之内。

现存唐陵遗迹较完整且经初步勘察过的有太宗昭陵、高宗乾陵、睿宗桥陵、肃宗建陵，都是因山为陵的。其中昭陵和乾陵是陵寝结合地形的佳例，乾陵在对地形的利用上又胜过昭陵。现以唐乾陵为例进行介绍。

乾陵是唐高宗李治和女皇武则天的合葬陵，位于陕西省乾县城北6 km的梁山上，是唐代帝王陵寝中依山为陵的典型（图5-24、图5-25）。

乾陵的营建工作是唐高宗逝后开始、由武则天主持的。弘道元年（683年）十二月，唐高宗崩于洛阳宫之贞观殿。十二月六日，太子李显即位，是为中宗；武则天以皇太后的身份临朝称制，即着手这唐高宗修建陵寝。高宗临终曾对侍臣讲：“天地神祇若吾一两月之命，得还长安，死亦无恨！”宛然有西归之志，因此，武则天决定遵照唐高宗的遗愿，把他葬在关中。

确定高宗灵柩去向之后，武则天派出卜陵使前往关中堪舆。由于高祖、太宗的陵寝皆在渭北，因而卜陵使自然而然地把注意力集中到了渭北山系。经过认真比堪，最后选中了梁山。梁山东距长安80 km，位于长安西北的“乾”地，九嵕处其东，武水环其西，北连丘陵，南接平壤，孤峰特起，挺拔俊秀，是修建陵墓的好地方。于是武则天决定在梁山为唐高宗修建陵寝，并将陵墓的名称确定为“乾陵”。武则天任命吏部尚书韦待价摄司空，为山陵使，发兵民十余万营建乾陵，历时半年完成。神龙元年（705年）武则天崩于上阳宫之仙居殿，临终要求与高宗合葬，中宗“准遗制以葬之”。

乾陵玄宫营建于梁山主峰之中，文献记载乾陵“周八十里”，即占地20万余亩。根据唐代陵制，乾陵陵园分为内城和外城两部分，内、外城之间原有城垣两重（图5-25）。内城略呈正方形，面积约230×10^4 m^2。据考古探查，内城城垣南北各长1450 m，东城垣长1582 m，西城垣长1438 m，城垣四隅都建有高大的角楼；在距内城城垣约200 m处，当年又建筑了广阔的外城城垣，东西宽约1750 m，南北长约1980 m，总面积达31 500 m^2。据文献载，内城垣四面正对山陵处设四门，城内外建有献殿、偏房、迴廊、阙楼、六十朝臣画像祠堂等大型建筑多达378间，雕梁画栋，蔚为壮观，惜已不存。

乾陵以地形为胜。乾陵所在地三峰耸立，北峰最高，呈圆锥形，南二峰稍低，且东西对峙，形成陵之天然门户。主峰左右两侧有山冈为两翼，主峰之前有向南的支脉逐渐下降，南端分为两个小山阜。这一地区可见诸山都比主峰低，俯伏拱卫在其四周，而又气脉相连，显得主峰独尊。陵园以主峰为陵，在南行支脉上建神道，在二小山阜上建阙，自南远望，标以巨阙的二山阜中夹主峰，最为伟观。进入神道后即在山脊上行进，左右逐渐低下，神道步步升高，使人在神道上行走时有渐入云天之感。

乾陵还有陪葬墓共计17座，它们是乾陵的重要组成部分。据文献记载，计有太子墓二（章怀太子李贤、懿德太子李重润），王墓三（泽王李上金、许王李素节、彬王李守礼），公主墓四（义阳公主、新都公主、安兴公主、永泰公主），大臣墓若干（王及善、薛元超、杨再思、刘审礼、豆卢钦望、刘仁轨、李谨行、高侃、苏定方、薛仁贵）。各墓形制相似，分布于乾陵东南隅的黄土台地上，依照墓主人生前地位的高低，由远及近地排列着。

乾陵在古代帝王陵寝的发展历程中是承前启后的。古代帝王、贵族宫室、陵墓依礼要建阙，对立的山阜遂成为最有利用价值的地形，至迟自西汉以来，即有此传统。已知最早一例是河北省满城的西汉中山王刘胜墓，墓穴开在半山，因山为陵，主峰左右有稍低的对立山阜，恰成为陵山前天然的双阙。后来明十三陵把陵道入口选在龙

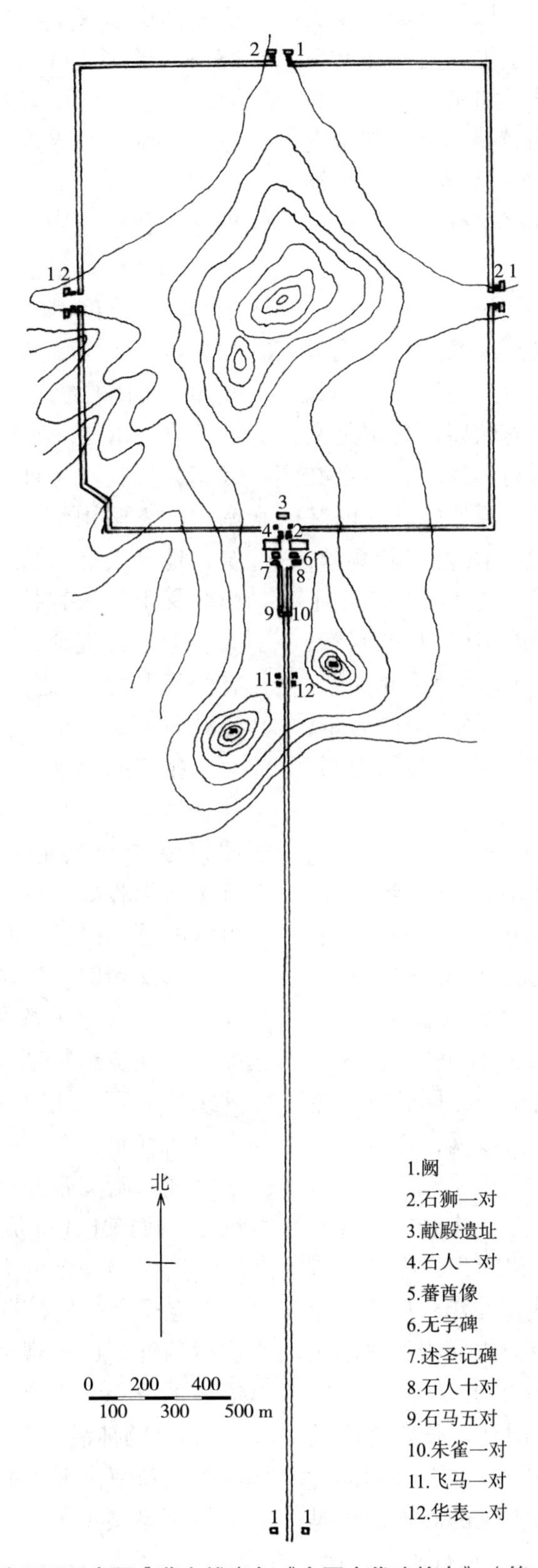

图5-24　唐乾陵平面示意图［摹自傅熹年《中国古代建筑史》（第二卷），2001］

山和卧虎山之间，使两山夹道，形如双阙，则是这一传统的延续。乾陵的营建思想在此前和此后一些城市、坛庙中也依稀可见，如东晋建康以其南的牛头山为“天阙”；隋炀帝营洛阳，在邙山南望，以伊水中分龙门东西二山为“伊阙”。乾陵神道又与始建于明代的天坛丹陛桥异曲同工。

5.3.8 山水胜迹

隋唐两代，山水胜迹得以长足发展，无论数量和质量均远迈前期，臻于历史上的全盛局面。究其原因，首先是佛教和道教的鼎盛，其次是文人名流的游山和经营山居的活动，最后是山水文学和山水画的发展。至于上古的原始宗教，已基本上在名山绝迹；封禅、祭祀活动虽然又趋频繁，但毕竟不像汉代那样对名山影响之大。这3个主要因素之中，前者属于宗教的也是决定性的因素，后两者则属世俗的。宗教因素与世俗因素相结合，形成以前者为主、后者为辅的巨大的推动力量，使得前期已开发的山水胜迹进一步完善和提高，同时也促成了大量的新的名山。

（1）唐长安终南山

终南山历史悠久，《尚书·禹贡》《诗经》《山海经》中早已提到其名。但关于终南山的名称及具体所指，从古至今，历来说法不一。根据先秦至唐代的文献，终南山广义上泛指狭义的秦岭，即东起今潼关，西至宝鸡的“八百里秦川”；但大多数情况下还是指狭义的终南山，即长安以南的山。以唐代当朝人的地理志为依据，李吉甫的《元和郡县图志》在述万年县、长安县和鄠县时分别说：“终南山，在县南五十里。”“太和宫，在县南五十五里终南山太和谷。”“终南山，在县东南二十里。”《新唐书》又说：“武德二年，析置终南县……有楼观、老子祠。”可见唐人所指的终南山也是狭义的长安以南的山（图5-26）。

唐代是终南山最为鼎盛的时代。长安之南的终南山既有雄奇秀幽的风光，又有地近京师的优越的地理位置。它既是隐居与消遣的胜地，也是长安通往地方的重要交通孔道、公私行旅之要途，自京城往返西南、东南，均须途经终南山。自长安逾南山通汉中、楚、蜀，自古便有散关、褒斜、骆谷、子午、蓝田诸道，唐代不乏文士行踪，亦有帝君行幸。在唐人笔下，终南山不仅包括山水、花木、别业、寺观等，还辐射相关水陆交通和以帝都长安为中心的政治、经济和文化。相关研究根据清代彭定求等人所编的《全唐诗》和宋代计有功的《唐诗纪事》，互相参照后确认唐代有600余首吟咏终南山的山水风物以及在终南山中记游、唱和、寄情的诗歌。结合这些诗歌和文献，我们可以知道唐代的终南山是一座融合多元文化的名山。

终南山是一座道教名山。“关中河山二百，以终南为最胜；终南千里耸翠，以楼观为最佳。”终南山北看骊山烟云，西眺太白积雪，兼有渭水萦绕，地灵人杰，为历代仙逸羽士隐居之所。终南山名义上虽未直接被列入三十六小洞天、十天洞天、七十二福地，但却经常被道教典籍称为“别有洞天”“洞天之冠”。而终南名胜之最者，当属道教庙宇楼观台。

相传周昭王时，老子西游过函谷关，关令尹喜登楼观望，见有紫气东来，预知神人将至，乃迎接老子至其宅中请教，老君因说《道德经》五千言以授之。此为传说，不一定可靠，但有史可考的是，在三国末期，已有道士在此隐居修道。北魏孝文帝时，道士王道义来至楼观，师事牛文侯，又“令门人购集真经万余卷”，置楼观。至此，楼观道经长期发展，形成了较大的道团。北魏末年及西魏北周时期，楼观道以终南为中心，在包括京城长安及华山在内的关陇地区广为传播。至隋朝，隋文帝杨坚也信奉道教，下诏修造楼观屋宇，度道士120员。

唐代楼观台的兴盛与政治密切相关。唐朝皇室尊老子为祖先，借此制造“君权神授”的舆论。这时的终南山楼观道教上层人物为了争取朝廷对道教的支持，也在各处制造“老君显灵”、降授“符命”的神话和谶语。武德三年（620年），唐高祖李渊亲率文武百官千余人到楼观祭祀老君，召见歧晖等楼观道士，宣称：“朕之远祖亲来降此，朕为社稷主，岂可无兴建乎！”于是降诏改楼观之名为“宗圣观”，赐给白米200石，帛1000匹

图5-25　唐乾陵　郝思嘉摄

图5-26　终南山　胡小凯摄

以供使用。从此，楼观在唐代一直是北方著名的道教大丛林，教团兴盛超过北周和隋代。

终南山也是一座佛教名山。北朝末年的灭佛运动直接造就了终南山这一佛教圣地，长安城里的僧人逃入终南山以保存力量，终南山成了佛教徒屏蔽劫难的堡垒。唐代终南山的佛教，可谓诸宗景演。长安佛教的七宗之中，有五宗的祖庭或中心寺院是在终南山中。对于三论宗、华严宗和律宗来说，终南山可谓是它们的发祥地。三论宗的祖庭草堂寺，在户县境内终南山北麓的圭峰脚下。终南梗梓谷西坡（今终南山天子峪）的至相寺，是弘扬华严宗的重镇。律宗的祖庭净业寺，位于终南山北麓洋峪口，始建于隋末；唐初，道宣律师常住此寺，潜心研习弘扬律学；麟德二年（665 年），奉诏于此寺内创设戒坛受戒；因此寺地处南山，故道宣律师依《四分律》而创立的律宗亦称“南山宗”。

终南山还是一座名副其实的“政治名山”，由此还产生了“终南之隐”一词。唐代的隐逸主要是“终南之隐”和“吏隐”，两者的共同特点是隐者都没有与政治仕宦彻底作别，隐逸不再单纯追求高蹈独立，而成为实现功名的一种途径。按《元和郡县图志》的说法，终南山在长安县南 55 里，是离长安最近的山。许多未出仕的文人像卢藏用一样，以退为进，暂隐终南山林待机而出；已经出仕的官僚文人们在休沐时也多选择终南山及其附近一带。文人和官吏对终南山的偏爱使得山中建有不少别业，著名的有蓝田辋川的宋之问别业，王维辋川别业，郑谷的蓝田别业，驸马崔惠童的玉山别业，岑参的高冠草堂、双峰草堂等。

（2）唐代道教的洞天福地

道教自汉代肇始，至唐代，全国各地的许多风景优美的山岳都已遍布宫观，一些偏僻的深山野谷也都有着道教的踪迹。在道教名山大发展的形势下，教徒们认为有必要把这些散处各地的为数众多的道教名迹加以罗列排比，使之纳入于一个有序的名山体系之中，于是便出现了“洞天福地”之说。

两晋及南北朝的道书中已有“七十二福地”的记载，在民间历来就流传着许多修道者远离尘世、遁居山林，择人迹罕至的名山洞穴为潜隐默修之理想归宿。这些名山洞穴又逐渐演变为“洞天”，即十大洞天和三十六小洞天。唐代道士司马承祯《天地宫府图》和杜光庭《洞天福地岳渎名山记》把它们分别定义为：“十大洞天者，处大地名山之间，是上天遣群仙统治之所。”“三十六小洞天，在诸名山之中，亦上仙所统治之处也。”“七十二福地，在大地名山之间，上帝命真人治之，其间多得道之所。”（宋·张君房辑，明·张萱订，《云笈七笺》，明刻本）并详细记述它们的排列顺序、名称和所在地望。

①十大洞天　第一王屋山洞，号小有清虚之天，在今河南济源。第二委羽山洞，号大有空明之天，在今浙江黄岩。第三西城山洞，号太玄总真之天，不详所在。第四西玄山洞，号三玄极真之洞天，不详所在。第五青城山洞，号宝仙九室之洞天，在今四川都江堰。第六赤城山洞，号上

清玉平之洞天，在今浙江天台。第七罗浮山洞，号朱明曜真之洞天，在今广东增城。第八句曲山洞，号金坛华阳之洞天，在今江苏句容。第九林屋山洞，号尤神幽虚之洞天，在今江苏吴县。第十括苍山洞，号成德隐玄之洞天，在今浙江仙居。

②三十六小洞天　第一霍桐山洞，名霍林洞天，在福建宁德。第二东岳太山洞，名蓬玄洞天，在山东泰安。第三南岳衡山洞，名朱陵洞天，在湖南衡山。第四西岳华山洞，名总仙洞天，在陕西华阴。第五北岳常山洞，名总玄洞天，在河北曲阳。第六中岳嵩山洞，名司马洞天，在河南登封。第七峨眉山洞，名虚陵洞天，在四川峨嵋。第八庐山洞，名洞灵真天，在江西九江。第九四明山洞，名丹山赤水天，在浙江上虞。第十会稽山洞，名极玄大元天，在浙江绍兴。第十一太白山洞，名玄德洞天，在陕西郡县。第十二西山洞，名天柱宝极玄天，在江西新建。第十三小沩山洞，名好生玄上天，在湖南醴陵。第十四潜山洞，名天柱司玄天，在安徽潜山。第十五鬼谷山洞，名贵玄司真天，在江西贵溪。第十六武夷山洞，名真升化玄天，在福建崇安。第十七玉笥山洞，名太玄法乐天，在江西永新。第十八华盖山洞，名容成大玉天，在浙江永嘉。第十九盖竹山洞，名长耀宝光天，在浙江黄岩。第二十都峤山洞，名宝玄洞天，在广西容县。第二十一白石山洞，名秀乐长真天，在广西郁林（一说安徽含山）。第二十二勾漏山洞，名玉阙宝圭天，在广西北流。第二十三九嶷山洞，名朝真太虚天，在湖南宁远。第二十四洞阳山洞，名洞阳隐观天，在湖南浏阳。第二十五幕阜山洞，名玄真太元天，在江西修水。第二十六大酉山洞，名大酉华妙天，在湖南沅陵。第二十七金庭山洞，名金庭崇妙天，在浙江嵊县。第二十八麻姑山洞，名丹霞天，在浙江杭州（一说江西南城）。第二十九仙都山洞，名仙都祈仙天，在浙江缙云。第三十青田山洞，名青田大鹤天，在浙江青田。第三十一钟山洞，名朱日太生天，在江苏南京。第三十二良常山洞，名良常放命洞天，在江苏句容。第三十三紫盖山洞，名紫玄洞照天，在湖北当阳。第三十四天目山洞，名天盖涤玄天，在浙江临安。第三十五桃源山洞，名白马玄光天，在湖南桃源。第三十六金华山洞，名金华洞元天，在浙江金华。

③七十二福地　第一地肺山，在江苏句容。第二盖竹山，在浙江衢县。第三仙磕山，在浙江永嘉。第四东仙源，在浙江黄岩。第五西仙源，在浙江黄岩。第六南田山，在浙江青田。第七玉溜山，无考。第八清屿山，无考。第九郁木洞，在江西峡江。第十丹霞洞，在江西南城。第十一君山，在湖南洞庭湖中。第十二大若岩，在浙江永嘉。第十三焦源，在福建建阳。第十四灵墟，在浙江天台。第十五沃洲，在浙江新昌。第十六天姥岑，在浙江新昌。第十七若耶溪，在浙江绍兴。第十八金庭山，别名紫微山，在安徽巢县。第十九清远山，在广东广州。第二十安山，无考。第二十一马岭山，在湖南郴县。第二十二鹅羊山，在湖南长沙。第二十三洞真墟，在湖南长沙。第二十四青玉坛，在湖南衡山。第二十五光天坛，在湖南衡山。第二十六洞灵源，在湖南衡山。第二十七洞宫山，在福建政和。第二十八陶山，在浙江瑞安。第二十九三皇井，在浙江平阳。第三十烂柯山，在浙江衢县。第三十一勒溪，在福建建阳。第三十二龙虎山，在江西贵溪。第三十三灵山，在江西上饶。第三十四泉源，在广东增城。第三十五金精山，在江西宁都。第三十六阁皂山，在江西青江。第三十七始丰山，在江西丰城。第三十八逍遥山，在江西南昌。第三十九东白源，在江西丰新。第四十钵池山，无考。第四十一论山，在江苏丹阳。第四十二毛公坛，在江苏吴县。第四十三鸡笼山，在安徽和县。第四十四桐柏山，在河南桐柏。第四十五平都山，在四川丰都。第四十六绿萝山，在湖南桃源。第四十七虎溪山，在江西彭泽。第四十八彰龙山，在湖南澧县。第四十九抱福山，在广东连山。第五十大面山，在四川灌县。第五十一元晨山，在江西都昌。第五十二马蹄山，在江西鄱阳。第五十三德山，在湖南常德。第五十四高溪蓝水山，在陕西蓝田。第五十五蓝水，在陕西蓝田。第五十六玉峰，在陕西西安。第五十七天柱

山，在浙江余杭。第五十八商谷山，在陕西商县。第五十九张公洞，在江苏宜兴。第六十司马悔山，在浙江天台。第六十一长在山，在江苏宜兴。第六十二中条山，在山西虞乡。第六十三茭湖鱼澄洞，在浙江余姚。第六十四绵竹山，在四川绵竹。第六十五泸水，无考。第六十六甘山，无考。第六十七琨山，在四川广汉。第六十八金城山，在湖南新宁。第六十九云山，在湖南武冈。第七十北邙山，在河南洛阳。第七十一卢山，在福建连江。第七十二东海山，在江苏东海。

上列洞天福地总共118处，除地望不详的8处外，计有：浙江29处，湖南18处，江西17处，江苏10处，四川6处，福建6处，陕西6处，河南5处，广西4处，广东3处，安徽3处，山东、河北、湖北各1处。从它们的分布情况可以大致看出唐代道教的势力范围及其在全国各地发展的情况。洞天福地中的绝大多数都在山岳之中，有的甚至作为山岳的代称，因而也反映了唐代道教名山的分布情况，无异于一份当时的"名山谱"。

5.4 唐代园林与境外文化交流

唐代是一个开放而鼎盛的时代。唐代中国是当时世界上最强盛的国家之一，周边诸国纷纷遣使派人来唐学习和交流。而唐代朝廷又施行自信而开明的对外开放政策，使得唐代一度成为古代中外文化交流的黄金时代。这种文化交流是相互的。一方面，唐人以海纳百川的恢宏气度迎接八面来风，南亚的佛教、建筑、绘画，中亚的音乐、舞蹈，西亚的袄教、景教、摩尼教以至马球运动等，都沿着丝绸之路传入中国；另一方面，唐人也以宽广的胸襟向外输送自己的文化，给当时的世界文化，特别是东亚、东南亚的朝鲜、日本、越南以深远的影响。其时，朝鲜半岛的新罗无论官制、学制、天文历法、岁时祭祀都仿唐制、唐礼设立；日常生活中衣冠章服、岁时节日活动等也无不与唐略同。日本也积极仿效唐制，频频遣使入唐。其都城平安京即仿唐长安城的建置式样而建筑，官制、田制、法律等多仿照唐制制定，唐代书法、绘画也深刻地影响日本，唐代的佛教更是吸引了大批日本学问僧的到来。

在这一时代背景下，唐代的园林曾在不同层面上受到境外文明的影响，也在不同程度上影响了西方和东方其他国家的园林。这表明了中国园林的强大生命力，也表明了中国园林与境外的文化交流是长期并具有延续性的。

5.4.1 与西域互渐

"西域"一词，始见于《汉书・西域传》，作为地理概念虽历朝有些微变化，但不外广狭二义。广义的西域泛指阳关、玉门关以西以及丝绸之路所经过的亚、非、欧各地的总称，狭义的西域仅指葱岭（今帕米尔）以东的新疆一带。同时"西域"还是个文化概念，它是中国古代以中原为基准，来认识和指称汉文化以西的异质文化区域。这里主要取广义西域的概念，兼顾地理和文化双重的西域。

西域文化对唐代的影响主要在寺观园林。除此以外，西域的装饰图案、建筑材料、壁画、造像等也在唐代园林中留下印记。唐代佛寺壁上通常满载图画，其取材著笔，多有异于中土。从西域来长安的于阗国（一说吐火罗）画家尉迟质那、尉迟乙僧父子，曾在长安慈恩寺、安国寺、罔极寺画过壁画，所用"凹凸画法"与中土不同，唐人窦蒙说："澄思用笔，虽与中华道殊，然气正迹高，可与顾（恺之）陆（探微）为友。"绛守居园池的门墙上绘有胡人驯豹的形象。昭陵原献殿前的"十四藩王像"，乾陵的"六十一蕃臣像"，也是西域文化的痕迹。

同时，唐王朝凭借强大的国势和繁荣的外交，以接纳贡品或者征求方物的方式引进了大量西域物种。另外还有不少早已传入中国的物种，在这一时期得以推广和繁衍。例如，葡萄原产于尼罗河流域和美索不达米亚平原等地区，尽管西汉时中原已有种植，但是至唐代始有推广。唐初宫廷中已将葡萄作为观赏植物种植，并专设东、西葡萄园。沈佺期《奉和春日幸望春宫应制》："杨柳千条花欲绽，葡萄百丈蔓初萦。"一些私家园林也开始种植葡萄。储光曦诗云："秦家女儿爱芳菲，画眉相伴采葳蕤……葡萄架上朝光满，杨柳园中暝鸟飞。"石榴原产于中亚一带多石的土地上，西汉时曾将外藩进献的10株石榴树栽种到上林苑。到唐代，西域国家继续进贡新的品种，同时石榴的种植开始在中国境内推广。元稹诗云："何年安石国，万里贡榴花？迢递河源道，因依汉使槎。"唐代河北道之赵州、深州、孟州等，剑南道之简州等，皆以石榴为土产；洛阳白马寺、衡山法华寺、长安金吾卫左仗院等处也均以栽植石榴闻名。

5.4.2 东传扶桑

公元710年，日本天皇迁都于平城京（今奈良），至迁都平安京，历经8代天皇，史称奈良朝。其时相当于中国的初唐及盛唐。奈良末期，为了削弱权势贵族和僧侣的力量，日本第五十代天皇桓武于公元784年从平城京迁都到山城国的长冈（今京都市），取名为平安京。平安京的建设于794年完工，始以平安为京城的"平安时代"（794—1192）。其时中国处于中、晚唐。在奈良时代和平安前期，日本与唐朝的文化交流十分频繁。至平安中期，日本废止遣唐使，日本才逐渐摆脱对中国文化的直接模仿。

在奈良、平安时代，日本人首先是通过中国的文学作品了解中国园林的。周文王的囿，汉武帝的上林苑、甘泉宫、太液池、昆明池，都是通过《文选》等作品传到日本，后来隋炀帝的西苑也为日本所知。《太平记》卷十二载："此称为神泉苑的园囿于大内里开始建造时，仿周文王灵囿。"蓬莱仙山、须弥山、曲水流觞等典故，也对日本园林产生了深远的影响。

唐代中国和日本的园林交流多见于文献，只是实物遗存很少。今天我们只能从唐代壁画中寻找一些踪影。莫高窟初唐第341、205窟，盛唐217、45窟和225窟的几幅西方净土变，有一个共通的特点：中间有一组基本上作"凹"字形布局的建筑群，凹字的两个前端常以一座楼阁作结；建筑群中轴线的前方有大片水面，水中多有平台，似水中的岛，以小桥和前后陆地相连。

这种布局在中国已极少见了，但在日本还有许多留存，最著名的是平等院凤凰堂，它建于日本天喜元年（1053年），正殿居中，三面环水。唐代日本还有不少"净土园林"和"寝殿造"都作类似布局——水池中轴线上有岛，以桥连通前后，和敦煌壁画十分相像（图5-27）。据载，凤凰堂是以"阿弥陀净土楼阁图"为蓝本而建造的，它源自中原两京，而敦煌唐代壁画的底本也应来自两京，所以它们之间如此相似也就不足为奇。

5.5 总结

中国古代园林兴盛于隋唐。安定的社会环境和健全的封建体制使重新统一的帝国迎来了空前繁盛、意气风发的时代，这一时期的园林也呈现出了蓬勃的生命力。唐代园林闳放与精细并重，写实与写意相结合，尤其擅长仿写自然美，并在此基础上掌握、提炼，进而典型化，中国古代园林由此进入写意山水园阶段。

隋唐园林的基本特征和主要成就可以归结为如下四点：

（1）皇家园林特征鲜明

隋唐两代，以皇权为核心的集权政治的进一步巩固，封建经济、文化高度繁荣。宫廷规制的完善、帝王园居活动的频繁和多样化，使得隋唐皇家园林这一体系完全完善。隋唐两代的皇家园林已形成大内御苑、行宫御苑、离宫御苑3个类别，各自具有鲜明的特征；它们继承了秦汉皇家园林的宏伟气魄和壮观规模，但在内容、功能、造园思想和艺术形象等方面均比秦汉有明显进步。西苑、华清宫、九成宫等著名园林的内容和结构都比较复杂，它们的筑山、理水、建筑和植物造景手法都显得娴熟而不雷同，给人"致广大而尽精微"的审美感受。

（2）私家园林风格成熟

唐代私家园林仍可分为贵族、文人两大流派，贵族园林仍秉承北朝遗风，所建园林规模宏大，景物富丽，以与巨宅相称，并供宴饮游乐之用；

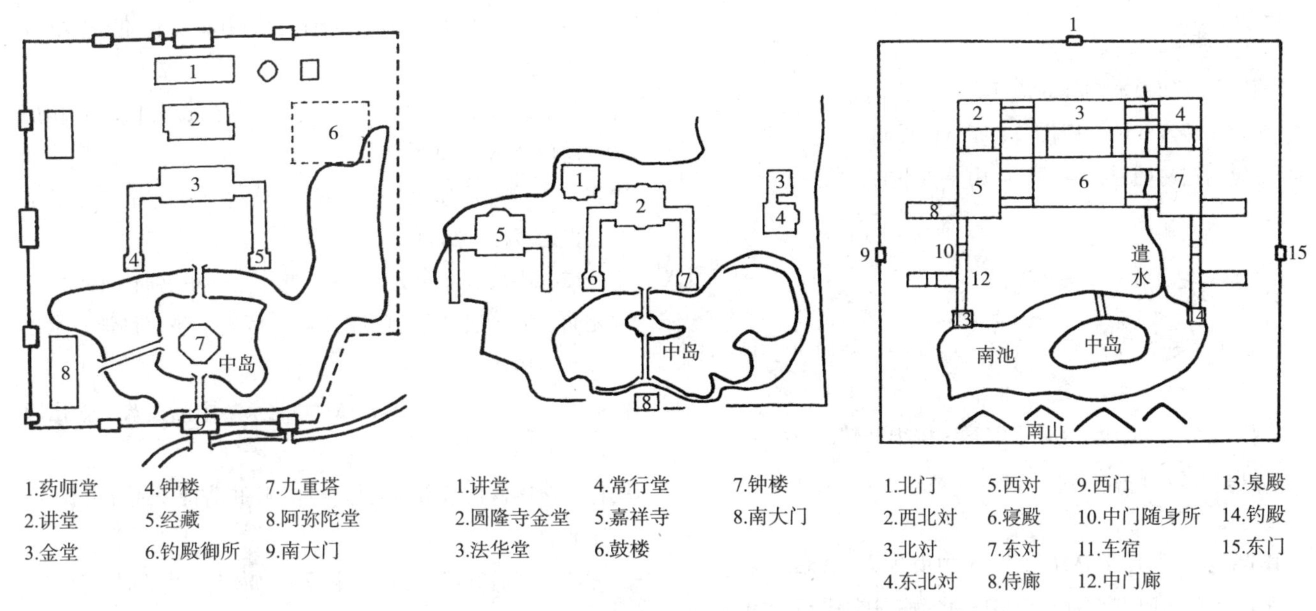

图5-27　日本京都法胜寺（左）、平泉圆隆寺（中）复原平面图和寝殿造宅院模式（右）
（摹自萧默《敦煌壁画中的唐代建筑》，2008）

文人园林主要用于自娱而非娱人，加之文人自身的审美偏好，因此不追求亭阁的繁复和华美，而崇尚意境的简远和淡雅。随着时代审美观念的变化，文人园林逐渐占据主流，为宋代文人园林的兴盛打下基础。

唐代文人已开始对诗、画的自觉借鉴，以诗入园、因画成景的做法初见端倪，山水诗、山水画和园林进入互渗互渐的时代。这时的文人园林简洁质朴，但并不忽略对园林景物典型性格的刻画和局部的细致处理。唐代的文人造园家崇尚“中隐”，并融儒、道、佛的哲理于实践中，形成“隐”与“仕”相结合的文人园林观。

（3）寺观园林兴盛不衰

隋唐两代对宗教的支持和三教并立的政策，带来了寺观园林的高度兴盛。唐代又是宗教世俗化的重要时期，寺观园林与市民生活的紧密结合，城市中的寺观园林往往在宗教功能之外承担了城市公共园林的职能，成为城市公共交往中心。同时，隋唐的宗教建设与山水胜迹在更高的层次上相结合，形成了我国名山广布寺观的特征，促成了山水胜迹的空前大发展。

唐代也是佛教的汉化和世俗化极为明显和充分的时期，源自古印度的佛教文化经过与高度成熟的汉文化的长期融糅、复合，扬弃了古印度佛寺“塔踞中心”的格局，采用前殿后堂、廊庑相连、院落组合的布局，与住宅类似；庭院种植花木，富有生活气息。这种形制成为后来汉地佛寺的先型，一直延续到清代。

（4）城市绿化兴起高潮

隋唐两京的高度重视城市的绿化，公共游览地也有长足的发展。以长安为例，城内的 6 条东西向的岗埠被纳入城市园林绿地体系：北面较高的 2 条用于建置宫殿和衙署，南面较低的 4 条用于建置寺观和公共游览地，如乐游原。长安城外，关中平原的南、东、西三面群山回环，层峦叠翠，这里建置许多行宫、离宫和寺观；北面是沿渭河布列的汉唐帝王陵寝。这些也不仅体现了唐代城市绿化水平之高，也反映了唐代已具有初步的城市绿地系统规划意识。

伴随国力的强盛，隋唐园林的成就通过外交使节、留学生、学问僧传播到国外，影响波及亚洲汉文化圈内的广大地域。在这一时期，日本、朝鲜等接壤国家全面吸收唐文化，西域园林也与中土相互影响，形成了中外园林文化的首次大交流与中国园林文化的首次大输出。

思考题

1. 简述隋、唐皇家园林的特点。
2. 比较魏晋南北朝与唐代私家园林的异同。
3. 试绘白居易履道坊宅园、庐山草堂平面想象图。

参考文献

（北宋）宋祁，欧阳修，范镇，吕夏卿，新唐书 [M]. 北京：中华书局，1975.
（后晋）刘昫，旧唐书 [M]. 北京：中华书局，1975.
（清）曹寅，彭定求，全唐诗 [M]. 北京：中华书局，1960.
（清）董诰，全唐文 [M]. 北京：中华书局，1983.
（清）徐松，唐两京城坊考 [M]. 北京：中华书局，1985.
（唐）白居易，白氏长庆集 [M]. 北京：中华书局，1979.
《建筑史专辑》编辑委员会，科技史文集第 11 辑建筑史专辑 4 大理崇圣寺三塔勘测报告（姜怀英）[M]. 上海：上海科学技术出版社，1984.
白钢，中国政治制度史 [M]. 天津：天津人民出版社，2002.
杜石然，中国科学技术史·通史卷 [M]. 北京：科学出版社，2003.
樊英峰，乾陵文化研究 [M]. 西安：三秦出版社，2005.
傅熹年，中国古代建筑史 [M]. 第二卷. 北京：中国建筑工业出版社，2001.
贺从容，古都西安 [M]. 北京：清华大学出版社，2012.
洪泉，杭州西湖传统风景建筑历史与风格研究 [D]. 北京：北京林业大学，2012.
翦伯赞，中国史纲要 [M]. 北京：人民出版社，1983.
李浩，唐代园林别业考论 [M]. 西安：西北大学出版社，1996.
李浩，文献所记唐代园林别业杂考 [J]. 古籍研究，1997（03）.
刘永连，唐代园林与西域文明 [J]. 中华文化论坛，2008（04）：22-27.
妹尾达彦，大明宫的建筑形式与唐后期的长安 [J]. 中国历史地理论丛，1997（04）.
宁可，中国经济通史·隋唐五代经济卷 [M]. 北京：经济日报出版社，2000.
史念海，中国古都和文化 [M]. 北京：中华书局，1998.
佟裕哲，陕西古代景园建筑 [M]. 西安：陕西科学技术出版社，1998.
汪菊渊，中国古代园林史 [M]. 北京：中国建筑工业出版社，2006.
王铎，洛阳古代城市与园林 [M]. 呼和浩特：远方出版社，2005.
王仲荦，隋唐五代史 [M]. 上海：上海人民出版社，2003.
吴宗国，中国古代官僚政治制度研究 [M]. 北京：北京大学出版社，2004.
吴宗国，隋唐五代简史 [M]. 福州：福建人民出版社，1998.
萧默，敦煌壁画中的唐代建筑 [J]. 中华文化画报，2008（04）.
辛德勇，隋唐两京丛考 [M]. 西安：三秦出版社，2006.
阴法鲁，等，中国古代文化史 [M]. 北京：北京大学出版社，2008.
袁行霈，中国文学史 [M]. 第二卷. 北京：高等教育出版社，2014.
张家骥，中国造园艺术史 [M]. 太原：山西人民出版社，2004.
张岂之，中国思想史 [M]. 北京：西北大学出版社，1989.
周明霞，仝红星，隋唐洛阳“山水城市”建设的历史经验 [J]. 华中建筑，2008（02）：10.
周维权，中国古典园林史 [M]. 2 版. 北京：清华大学出版社，1999.
周维权，中国名山风景区 [M]. 北京：清华大学出版社，1996.

第6章
两宋园林

两宋社会繁荣，崇文尚礼。皇帝通晓诗文，官员擅长著述，文人读书知礼，雅好游赏。北宋典雅、清新的文人山水园林蔚然成风，而南宋的园林则融于当地的风景，造就了山水园林城市临安。正是：

寒梅褪雪垂杨港，但飘落、钱塘上。槛外风急千叠嶂。云低草长，燕飞花放，分付离弦唱。

谁堪月中移兰桨，拨碎流光旧时样。梦里汴梁空北望。五湖烟水，一篷孤舫，且与歌沧浪。

6.1 历史文化背景

宋朝是继五代十国之后以汉族为主体建立的中原王朝，始于960年赵匡胤开封建国。1127年，宋朝南迁临安（今浙江杭州），后于1279年被元朝灭亡。习惯上以1127年为界将宋朝分为北宋、南宋。北宋有宋太祖、太宗、真宗、仁宗、英宗、神宗、哲宗、徽宗、钦宗等9帝，以东京开封府为首都。南宋有高宗、孝宗、光宗、宁宗、理宗、度宗、恭帝、端宗、帝昺等9帝，以临安府为行在。

后周显德七年（960年），赵匡胤发动陈桥兵变，黄袍加身，代周称帝，建立宋朝，定都开封，史称北宋。宋朝采取“先南后北”的统一战略，击败荆南、湖南、后蜀、南汉、南唐、北汉等割据势力。最终，除辽朝外，安史之乱以来长达两百余年的藩镇割据局面逐步走向统一。

北宋试图收回燕云十六州故地。宋太宗两次攻辽，均以失败收场，遂疏通河北平原上的塘泊作为防线，与辽朝对峙。后宋辽达成澶渊之盟，结为兄弟之国。此外，北宋还与西夏时战时和。

北宋开国不久，即陷入积弱积贫的局面。对辽、夏的连年用兵以及庞大官僚机构的耗费，引起了严重的财政危机。北宋淳化四年（993年），王小波、李顺发起川峡地区的农民起义。面对统治危机，宋仁宗赵祯任用范仲淹、富弼等人推行庆历新政；宋神宗赵顼任用王安石推行变法。王安石制定均输、市易、免行诸法调节市场，制定青苗、免役、方田均税、农田水利诸法发展生产，制定将兵、保甲、保马诸法加强军事。王安石变法取得了一定效果，但并未实现富国强兵的理想，产生了众多弊端，遭到统治阶级内部的反对。此后，宋哲宗任用司马光为相，废除新法，罢逐新党，史称“元祐更化”。哲宗朝出现了蜀洛朔党争，程颐、朱光庭等人结成洛党，苏轼、吕陶等人结成蜀党，刘挚、梁焘等人结成朔党，三党之间争斗不已。宋徽宗赵佶亲政后，任用蔡京为相，政局更加腐朽，借推行新政之机聚敛财富。宋朝的横征暴敛激发了宋江起义、方腊起义。

靖康二年（建炎元年，1127年），金朝南下，攻陷开封，掳掠徽、钦二帝，北宋灭亡。随后，宋高宗赵构在南京应天府（今河南商丘）即位，后逃亡临安（杭州）。宋高宗无意北伐，苟安于东南。绍兴十一年（1141年），南宋与金达成和议，对金称臣纳贡。南宋的腐朽统治，激起了以钟相、杨么起义为代表的一系列农民抗争。蒙古崛起于北方之后，南宋与之联合，消灭金朝。随后，蒙古军不断入侵南宋。1276年，元朝占领临安。文天祥、张世杰、陆秀夫等人拥立新帝。1279年，南宋残余势力在崖山被彻底消灭，南宋灭亡。

政治制度　北宋政治制度的设计，以加强皇权为主要目的，着力于扼制藩镇割据的重现和权臣、外戚、女后、宗室、宦官的专权。宋朝中枢机构实行军、财、民三权分立，设置枢密使、三司、宰相，分管军事、财政、民事。在地方行政制度上，各路设置转运使司（漕司）、提点刑狱司（宪司）、安抚使司等机构，下辖州（府、军、监）、县，任用文臣为行政长官。地方财政上的“留州”“留使”旧规被革除，财权上移中央。军事方面，宋朝以重内轻外为基本政策，建立募兵养兵制度，调用藩镇兵员补充中央禁兵，宿卫京师。同时，三衙统领禁兵，枢密院执掌调兵之权，造成兵无常帅，帅无常师的局面。经由上述措施，宋朝的中央集权得到前所未有的强化，但带来了严重的“冗兵”“冗官”和“冗费”问题。

社会经济　宋朝的社会经济得到迅速发展，综合国力达到世界领先水平。在农业、手工业、商业等方面，宋朝都取得了突出成就。南宋时期，南方经济得到迅速发展，人口和垦田面积大增，完成了经济重心的南移，鼎盛时期北宋的人口超过1亿，南宋人口多达8000万。农业方面的发展，体现在农田面积的扩大、农具的改进、耕作技术的提高、经济作物的扩散和粮食产量的提高。抗旱力强的占城稻的传入，以及麦稻两熟、双季稻耕作制度的出现，提高了粮食产量。长江下游和太湖流域的农业尤为发达，俗称“苏湖熟，天下足”或“苏常熟，天下足”。小麦的种植区域南移，棉花的种植区域北上，改善了农业经济结构。茶树、甘蔗、桑麻、棉花等经济作物的种植更加普遍。手工业方面，在生产部门类别、生产技术等方面都有显著的进展。采矿冶炼、丝织、雕版印刷、造纸、陶瓷、造船、制盐等行业是手工业的主要生产部门。宋朝的商品经济也非常发达，出现了开封、临安、广州等大规模城市和一批市镇。同时，宋朝的海外贸易也比较发达，出现了广州、明州、杭州、泉州、密州、秀州、温州等以海外贸易为特色的港口城市，设置有市舶司务管理海外贸易。宋代商品经济活跃，北宋时发行纸币交子，南宋时纸币的流通更为广泛。

思想文化　宋代思想文化的基调是程朱理学。理学以儒家经学为基础，融汇佛、道思想。北宋理学有关学、洛学、新学、蜀学等流派，代表人物有周敦颐、张载、程颢和程颐、王安石等人。南宋理学有陆九渊创始的陆学、陈亮创始的陈学、朱熹创始的朱学等流派。其中，朱熹是宋代理学的集大成者。宋朝的宗教以佛教、道教为主。北宋翻译经书，刻印《大藏经》，促进了佛教的普及。道教在宋朝的影响仅次于佛教，在北宋真宗、徽宗时期则是盛极一时。此外，伊斯兰教在东南沿海地区有所发展。摩尼教的分支明教则在民间有较为广泛的影响。

宋朝史学繁荣，名著迭出。除了正史新旧唐书、新旧五代史外，北宋司马光主编的《资治通鉴》开创了编年体通史体裁，袁枢的《通鉴纪事本末》开创了纪事本末体。两宋之际郑樵的《通志》，宋元之际马端临的《文献通考》，与唐代杜佑的《通典》并称“三通”，为历史编纂学做出重要贡献。此外，宋代全国总志和地方志的编纂也处于繁荣期。

宋代的教育非常发达，设国子监，举办太学、武学、州学、县学等多层次的学校，制定三舍考选法，建立了较完整的学制。民间书院教育也较为盛行。

文学艺术方面，宋朝达到了中国文学史上的另一个高峰期，在散文、诗词创作上取得了举世瞩目的成就。北宋欧阳修倡导古文运动，与苏洵、苏轼、苏辙、曾巩、王安石等人，连同唐代的韩愈、柳宗元并称为“唐宋八大家”。宋代诗的创作虽然没有超越唐代，但在词的创作上却登峰造极，形成了以晏殊、欧阳修为代表的婉约派和以苏轼为代表的豪放派，另外还有柳永、李清照、姜夔等著名词人。此外，话本、诸宫调、杂剧、南戏等戏曲形式也得到很大发展。宋朝的书画艺术也有很大成就，流派纷呈。李成、范宽、关仝开创了北方山水画的主要流派，李唐、刘松年、马远、夏珪等人并称“南宋四家”。北宋张择端的《清明上河图》是市井风俗画的杰作。苏轼、黄庭坚、米芾、蔡襄、宋徽宗等人在中国书法史上占据重要地位。

科学技术　宋朝是中国古代科学技术发展的高峰期，指南针、印刷术和火药是其中的杰出成就。毕昇发明的活字印刷术具有首创意义，领先于世界。北宋苏颂、韩公廉制造了世界上第一台天文钟和浑天仪。李诫完成了建筑学巨著《营造法式》。数学方面，北宋贾宪发明了开方作法本源图、增乘开方法。南宋秦九韶撰写《数书九章》，提出正负开方术、大衍求一术。医药学方面，官方主持编纂《开宝本草》《嘉祐本草》《政和本草》《太平圣惠方》《和济局方》《圣济总录》等医药典。北宋钱乙的《小儿药证直诀》、南宋陈自明的《妇人大全良方》是中国古代儿科、妇产科的重要典籍。北宋王惟一撰写的《铜人腧穴针灸图经》及设计的铸铜人，标志着针灸学的突出成就。此外，南宋宋慈《洗冤集录》是世界上最早的法医学著作。

对外关系　宋朝与高丽、日本、交趾、占城、真腊、三佛齐、天竺、细兰等周边国家和地区保持密切联系，同时与大食、勿斯里、层檀等西亚、东非诸国进行较为密切的经济文化交流。

6.2　宋代主要城市格局与园林

6.2.1　东京

东京原为唐代的汴州，五代时，后梁、后晋、后周先后建都于此地，为今河南开封市。北宋王朝亦以此地为都，直到宋高宗时因金人入侵而南迁，历时共 168 年。东京地处中州大平原，虽然水陆交通很方便，具有经济上的优势，却无险可守。宋太祖有鉴于此，一方面屯驻重兵加强防卫；另一方面以洛阳为西京，大体上类似唐代的两京制，形成“太平则居东京通济之地，以便天下；隐难则居西洛险固之宅，以守中原”的格局。

东京共有三重城垣：宫城、内城、外城，每重城垣之外围都有护城河环绕。外城又称新城，是后周世宗显德二年（956 年）扩建的，周长 50 里 165 步，略近方形，为民居和市肆之所在，设城门 13 座：南 3，北 4，东、西各 3。内城又称旧城，即唐汴州旧城，是唐德宗建中二年（781 年）宣武节度使李勉重修，周长 20 里 155 步，除部分民居市肆外主要为衙署、王府邸宅、寺观等，设城门 7 座：南 3，北 1，东、西各 2。最内是宫城，又称大内，是宫廷和部分衙署之所在。这里原是唐代宣武节度使衙署，五代梁在此修建建昌宫，后晋时改称大宁宫，周世宗又加扩建，北宋的宫城也在这里。宋太祖建隆四年（963 年）按洛阳宫进行扩建，范围达 9 里 18 步。城门 6 座：南 3，东、西、北各 1。宫城四面开门与宫城居中有关，这种方式也影响了金中都、元大都（图 6-1）。

东京的 3 套城墙、3 套护城河是逐渐扩建的，反映了当时的防御要求。史书记载宋太祖考虑到金兵南下时容易攻破笔直的城墙，曾打算将城建成屈曲状，也说明筑城对防御的重要。城墙的修筑非常牢固，《东京梦华录》“东都外城条”记载：“新城每百步设马面、站棚，密置女头，旦暮修整，望之耸然。城里牙道，各植榆柳成荫。每二百步置一防城库，贮守御之器，有广固兵士二十指挥，每日修造泥饰，专有京城所提总其事。”

东京的规划沿袭北魏、隋唐以来的皇都模式，但城市的内容和功能已经全然不同，由单纯的政治中心演变为商业兼政治中心。北宋中期以后为了适应城市商业经济的高度发展，取消包围坊里和市场的围墙，把若干街巷组织为一“厢”，每厢再分为若干“坊”。据文献记载，东京城内共有 8 厢 121 坊，城外有 9 厢 14 坊。城内的主要街道是通向城门的各条大街，都很宽阔。住宅和店铺均面临街道建造，汉唐以来传统的封闭坊里制已名存实亡。由于手工业和商业的发展，有些街道已成为各行各业相对集中的地区。内城、外城的主要街道除天街外几乎都是商业大街。城的东北、东南和西部的主要街道附近的商业区尤为繁华，商店、茶楼、酒肆、瓦子等鳞次栉比，大相国寺内的庙市可容纳近万人。五丈河、金水河、汴河、蔡河，贯穿城内，连接江淮水运，更促进了物资

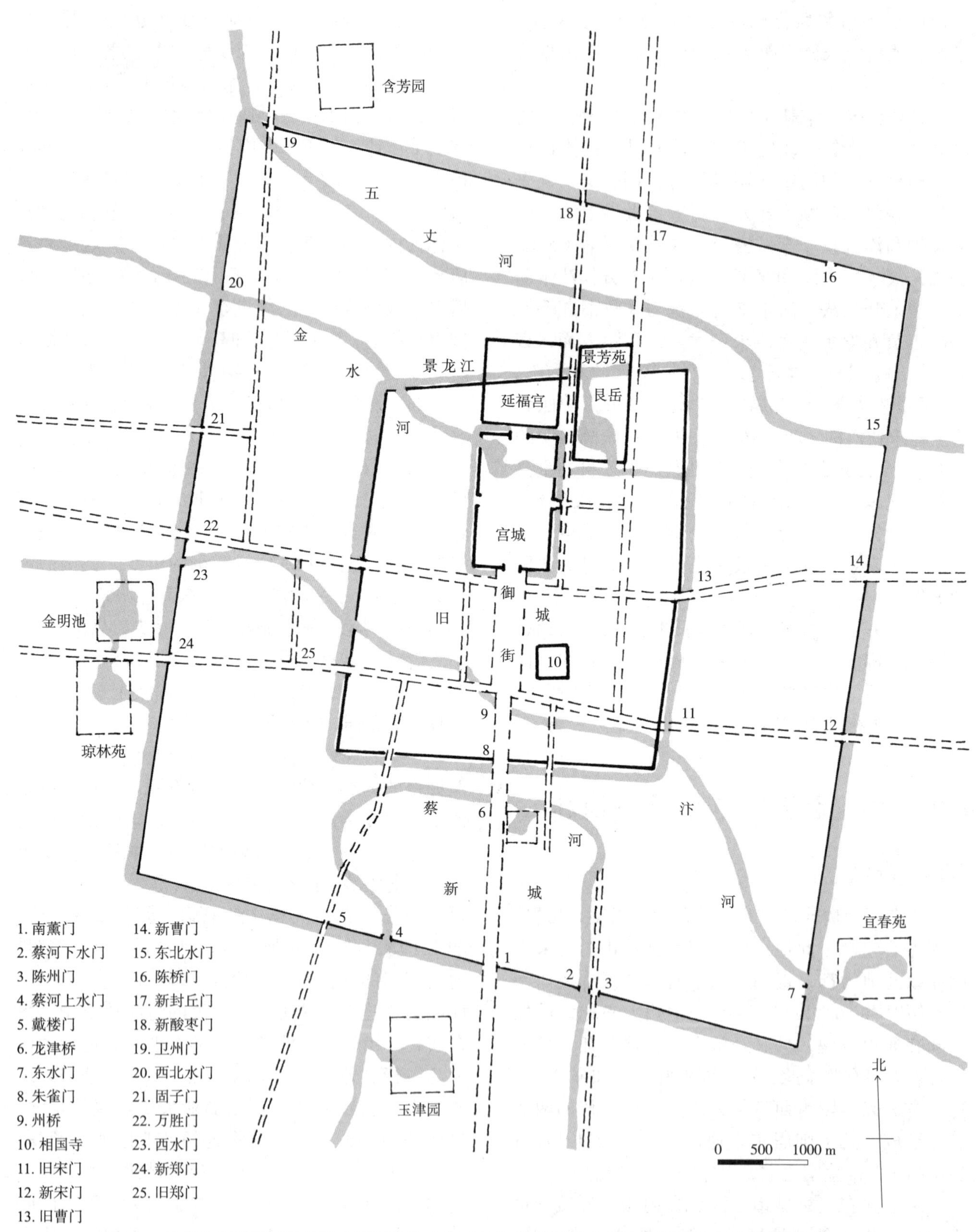

图6-1　北宋东京城平面示意及主要宫苑分布图［摹自周维权《中国古典园林史》（第2版），1999］

图6-2　张择端《清明上河图》局部　现藏北京故宫博物院

交流和商业繁荣。由于城市人烟稠密，用地紧张，沿热闹街市的铺面房屋多为二三层的，尤以酒店为多，故又叫作酒楼。为了防火，城内分布着若干座望火楼作为火警观察哨。另在各坊巷设置军巡铺屋，以便随时巡回救火，维持治安。这些都是宋以前的城市所未有过的。

尽管东京已演变为商业化的街巷制，城市规划发生了重大变化，但其总体布局依然保持着北魏、隋唐以来的以宫城为中心的分区规划结构形式。宫城位于全城的中央，宫城的南部排列着外朝的宫殿，包括大朝的大庆殿和常朝的紫宸殿。其西面又有与之平行的文德、垂拱两组殿堂，作为常朝和饮宴之用。外朝之北为寝宫与内苑。东京宫城的规模虽不如隋唐两代之宏大，但建设时曾参照洛阳的宫城，因此殿宇群组的规划既保持严整的布局，又显示其灵活精巧的特点。宫城南北中轴线的延伸即作为全城规划的主轴线。这条主轴线白宫城南门宣德门，经朱雀门，沿朱雀门大街，直达外城南门南薰门。整个城廓的各种分区，基本上均按此轴线为中心来布置。

蔡河、汴河、金水河、五丈河这 4 条河流贯穿东京城，跨河修建各种式样的桥梁，包括著名的天汉桥和虹桥，形成便捷的水运交通，更促进了物资交流和商业繁荣。汴河是南北大运河的一个组成部分，也是东京通达江南的水运要道。凡东南地区之漕粮及各种物资，均依赖此河输送到京，仅漕运粮食每年达数百万石之多。这 4 条河组成的水网，与东京的生产及生活关系很大，不仅繁荣商业，而且解决了城市供水以及宫廷、园林的用水。

东京的市肆商业不再限于特定的“市”内，而是遍布全城。住宅、店铺、作坊混杂分布，临街建造。东京的店铺往往沿着大街两侧开设，形成熙熙攘攘的商业街，并大致按行业分别集中起来，形成后来城市中习见的市街（图 6-2）。

在商业的带动下，北宋的城市生活也相当丰富。北宋孟元老《东京梦华录 · 序》中描写道：

“太平日久，人物繁阜。垂髫之童，但习鼓舞；斑白之老，不识干戈。时节相次，各有观赏：灯宵月夕，雪际花时，乞巧登高，教池游苑。举目则青楼画阁，绣户珠帘。雕车竞驻于天街，宝马争驰于御路。金翠耀目，罗绮飘香。新声巧笑于柳陌花衢，按管调弦于茶坊酒肆。八荒争凑，万国咸通。集四海之珍奇，皆归市易。会寰区之异味，悉在庖厨。花光满路，何限春游。箫鼓喧空，几家夜宴……”

6.2.2　临安

杭州自秦汉时已设县治，这一带雨水充足、物产丰富，杭州又是钱塘江上的重要渡口，经济非常繁荣。隋代大运河修通后商业更加发达，公元 509 年曾筑城垣，周围 36 里 90 步，有城门 12：东为便门、保安、崇新、东青、艮山、新门；西为钱湖、清波、丰豫、钱塘；南为嘉会；北为余杭。另有 5 个水门。临安濒临钱塘江、连接大

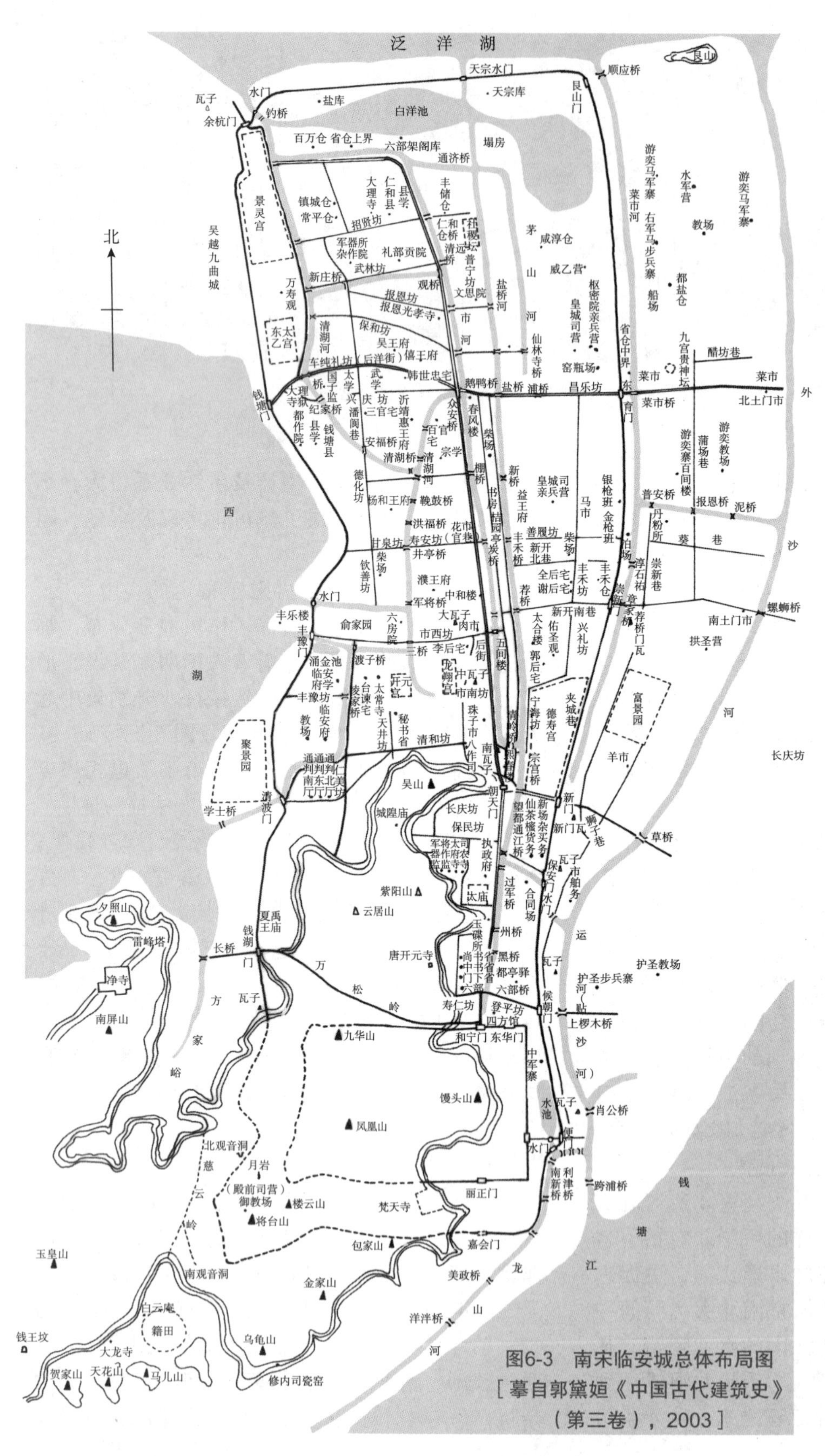
图6-3 南宋临安城总体布局图
[摹自郭黛姮《中国古代建筑史》（第三卷），2003]

运河，水陆交通非常方便，不仅是南宋的政治、文化中心，也是当时最大的商业都会。

南宋建都之初，政局不稳，一切沿袭原杭州的规模，无甚重大建设可言。绍兴十一年（1141年）与金朝媾和之后，临安局势趋于稳定，立即着手开展城市的改造和扩建工作。临安的城市改造和建设，包括政治和经济双重内涵。政治上要求按首都规格，将原来地方建制的治所城市改造成为国都。经济上则随着当时商品经济高速发展的形势，将原来地区性的商业都会扩展为全国性的商业中心城市。临安的双重改造是政治与经济并重，而以往的都城建设都是以政治为主，这是推动城市规划制度变革的关键，也是临安的都城建设不同于以往都城建设的一个最大特点。

临安在吴越和北宋杭州的基础上，增筑内城和外城的东南部，并加以扩大而成（图6-3）。内城即皇城，位于外城之南、北宋杭州州治旧址的凤凰山。皇城之内为宫城即大内，直到南宋末年才全部建成。据《武林旧事》记载，宫城包括宫廷区和苑林区，在周长九里的地段内计有殿30、堂32、阁

12、斋 4、楼 7、台 6、亭 90、轩 1、观 1、园 6、庵 1、祠 1、桥 4，这些建筑都是雕梁画栋，十分华丽。政府衙署集中在宫城外的南仓大街附近，经过皇城的北门朝天门与外城的御街连接。虽然仍保持着御街—衙署区—大内的传统皇都规划的中轴线格局，但限于具体的地形已不成规整的形式，在方向上亦反其道而行，宫廷在前、衙署在后，百官上朝皆需由后门进入。这是由于适应于复杂的地形条件而采取的变通办法，当时称之为“倒骑龙”。

外城的规划采取新的市坊规划制度，着重于城市经济性的分区结构。自朝天门直达众安桥的御街中段两侧的大片地带，均划作中心综合商业区。御街南段与衙署区相对应之通江桥东、西地段，则充作官府商业区。这两个商业区在城市中所处位置都很重要，后者甚至与衙署区并列，足见经济因素对临安城改造规划的巨大影响。此外，手工业、商业网点、仓库、学校以及居住区等都穿插分布于外城各街巷，已见不到早先坊里制的痕迹（图 6-4）。

临安城西紧邻的西湖，在宋代也进行了较大规模的建设和改造。西湖与临安城相互作用，使临安山水城市的风貌特色更加鲜明。

6.3　北宋园林的升华

6.3.1　皇家园林

北宋的皇家园林集中在东京。宋代的文化和政治风尚使得宋代园林较多地受到文人园林的影响，皇家气势并不突出，而是具有强烈的文人化倾向。宋代的皇家园林比以往任何时期都更接近私家园林。若论园林的规模和造园的气魄，宋代的皇家园林远不如隋唐，但立意之简远、构思之巧妙、建设之精致则过之。

6.3.1.1　大内御苑

（1）延福宫

延福宫是北宋末年兴建的一处大型皇家御苑。宋徽宗政和三年（1113 年）春，为修建延福宫，构成城市中轴线上的前宫后苑的格局，曾把宫城北门外的若干仓库、作坊，两所佛寺，两座军营拆迁至他处。延福官的范围南邻宫城，北达内城北墙，东西宫墙即宫城东西墙的延伸，设东、西两个宫门。二门与皇城的东华门、西华门相平行。有关宫内园林及建筑的情况，《宋史·地理志》卷八十五言之甚详：

“……始南向，殿因宫名曰延福，次曰蕊珠，

图6-4　南宋李嵩《货郎图》

有亭曰碧琅玕……宫左复列二位。其殿则有穆清、成平、会宁、睿谟、凝和、昆玉、群玉，其东阁则有蕙馥、报琼、蟠桃、春锦、叠琼、芬芳、丽玉、寒香、拂云、偃盖、翠葆、铅英、云锦、兰薰、摘金，其西阁有繁英、雪香、披芳、铅华、琼华、文绮、绛萼、秾华、绿绮、瑶碧、清阴、秋香、丛玉、扶玉、绛云。会宁之北，叠石为山，山上有殿曰翠微。旁为二亭，曰云岿、曰层巘。凝和之次阁曰明春，其高逾一百一十尺。阁之侧为殿二，曰玉英、曰玉涧。其背附城（按：即内城北墙），筑土植杏，名杏岗。覆茅为亭，修竹万竿，引流其下。宫之右为佐二阁，曰宴春，广十有二丈，舞台四列，山亭三峙。……"

"初蔡京命童贯、杨戬、贾详、蓝从熙、何䜣五大宦臣分任宫役，5人争以华靡高广相夸尚，"各为制度，不务沿袭，故号'延福五位'。"延福五位东至景龙门，西抵天波门，与大内相合拢。其后，又跨旧城修筑，号"延福六位"。"跨城之外浚壕，深者水三尺，东景龙门桥，西天波门桥，二桥下之下叠石为固，引舟相通，而桥上人物外自通行不觉也，名曰景龙江。其后又辟之，东过景龙门至封丘门。"

（2）艮岳

1117年始筑百步山，役民夫百千万，其中亭池楼观的建造，奇树异石的布置，共费6年时间才初步落成，更名"寿山艮岳"。此后，还不断搜集四方奇花异石充实其中，楼台亭观也日增月累，不可数计。据称山林高深、千岩万壑，而筑山结构之精妙，一时传称胜绝。寿山艮岳可说是宋以后各朝山水宫苑的苑例。

根据宋徽宗本人所写的《艮岳记》《宋史地理志·万岁山艮岳》《枫窗小牍·寿山艮岳》等记文中描述并参照凤凰山的地形图，描出艮岳想象平面图。这个想象图或许对于了解苑的概貌和布局，不无助益。

艮岳位在汴梁城西北隅，地势本来是低洼的，因道士刘混康上奏"若加以高大，当有多男之喜……诏户部侍郎孟揆董工，增筑岗阜，取象余杭凤凰山，号做万岁山，多运花石桩砌，后因神降（注：即扶乩）有艮岳排空之语，改万岁山，名称为艮岳"（《宣和遗事》）宋徽宗写的《艮岳记》中称："有金芝产于万岁峰改名寿岳"。蔡条的《枫窗小牍》中称："南山成，又改名寿岳"。后人的记述，就把寿山艮岳连称，作为这一宫苑的名称。

《宋史地理志》《万岁山艮岳》载"艮岳由太尉梁师成董其事，按图度地，鸠徒孱工，垒土积石成而"，周围逾10里。就总的形势来说，"岗连阜属，东西相望，前后相续，左山而右水，后溪而旁陇，连绵弥满，吞山怀谷""其东则高峰峙立，其最高一峰，九十步，上有介亭。分东西二岭，直接南山（注：或称寿山。艮岳之东，植梅以万数，绿萼承趺、注：'绿萼'为梅花品种中萼为绿色的一类）芬芳馥郁。结构山根（注：山脚建屋），号称"萼绿草堂"，旁有承岚昆云之亭。有书馆，外方内园如半月；八仙馆，屋园如规；紫石崖、栖真蹬、揽秀轩、尤吟堂，山之南侧。""寿山两峰并峙，列嶂如屏，瀑布下入雁池，池水清澈涟漪，凫雁浮泳水面，栖息石间，不可胜数。其上有雍雍亭北直绛霄楼。"据《宣和遗事》载："绛霄楼，金碧间，势极高峻在云表，尽工艺之巧，无以出此。"

"山之西，有参、术、杞、菊、黄精、芎䓖，被山弥坞中，号药寮。有西庄，禾、农麻、菽、麦、黍、豆、粳秫、筑室若农家、故名。上有巢云亭，高出峰岫，下视群岭若在掌上。有自组南北行岗脊两石间，绵亘数里，与东山相望，水出石门，喷薄飞注如兽石，名之曰亭：白龙沜，濯龙峡，蟠秀，练光，跨云亭，罗汉岩。又西有万松岭，岭畔有倚翠楼，半山间楼，青松蔽密，布于前后。上下设两阁，阁下有平地，凿大方沼，沼中作两洲，东为芦渚，亭曰浮阳，四为梅渚，亭曰雪浪。西流为风池，东出为雁池。中分二馆，东曰流碧，西曰环山。有阁曰巢凤堂，曰三秀堂。东池复有挥雨亭，复由蹬道盘行萦曲，扪石而上，既而山绝路隔，继之以栈木，椅石排出，周环曲折，有蜀道之难。跻攀而上，界亭，亭左复有亭曰极目，曰萧森；右复有亭曰丽云，曰半山。北府景龙江，长坡远岸，弥十余里。”“引江之上，流注山间，西行为漱琼轩。又行石间，为炼丹凝真观，园山亭，下视江际，见高阳酒肆及清斯阁北岸万竹苍翠蓊郁，仰不见日月。北岸有胜筠庵，蹑云台，萧闲馆，飞岭亭，无杂花异木，四面皆竹。支流别为山庄，为回溪。又于南山之外为小山，横亘二里，曰芙蓉城，穷极巧妙，而景龙门外，则诸馆舍尤精。其北又因瑶华宫火，取其地作大池名曰曲江，池中有堂曰蓬壶，东尽封丘门而上。其西则自天波门桥引水直西，始半里，江乃折南又折北。折南者遇阊阖门，为复道通茂德帝姬宅，折北者四，五里，属之龙德宫。”宣和四年宋徽宗自为《艮岳记》。

从艮岳总布局来看，在可以体会到跟山水画创作的理论相一致的地方，从艺术的表现上看，处处可以体会到以诗情画意写入园林的特色。首先，从艮岳的山水骨干的分析来说，全苑是以艮岳为构图中心的。艮岳的掇山，雄壮敦厚，是整个山岭中高而大的主岳，而万松岭和寿山是宾是辅，有了它们，有了这些“岗阜拱伏”，而后“主山始尊”。艮岳的最高峰，位置在介亭，是众峰之主，而东岭的诸峰是宾。从这里可以体会到园林中掇山立局要分主宾，要有尊辅，这在山水画的创作上叫作“先立宾主之位，次定远近之形”（宋李成《山水诀》）。掇山时还有所谓顺逆之分，“大小岗阜朝揖于前者顺也，无此者逆也”（宋韩拙《出水纯全集》）。寿山和万松岭就是朝揖于前者顺也。有了顺逆也就可以“重叠压复，以近次远，分布高低，转折回绕，主宾相辅，各有顺序”（清唐岱《绘事习微》）。

总的立局既定，就可以“布山形，取峦向，分石脉……安坡脚”（五代荆浩《山水节要》），也就可以“支陇勾连，以成其阔，一收复一放，山渐开而势转；一起又一伏，山欲动而势长”。（宋韩拙《山水纯全集》）。这就是说，要把立山的局势开展出去，从而产生曲折变化。艮岳的立局手法又未尝不是同一原则的运用。从《艮岳记》的“岗连阜属，东西相望，前后相续……”等描写掇山的形势是可以体会的。既有夷平之势的万松岭，又有峻峭之势的艮岳诸峰，更有危险之势的紫石崖和登介亭的蹬道栈木。寿山艮岳既是重叠之势，又是近山和远山，但形状又勿令相犯。随着这些岗岭的或开或合，形成幽谷大壑，或收或放，形成支陇勾连，势转而形动，于是，诚如《艮岳记》所说：“仰顾若在重山大壑幽谷深崖之底，而不知京邑空旷坦荡而平夷也。”

掇山必须理水，有山有水才能生动。所谓“山脉之通，按其水径，水道之达理其山形”。艮岳也是如此，“左山而右水，后溪而旁陇”。列嶂如屏的寿山，有瀑下入雁池……池水出为溪自南向北，行岗脊两石间，往北流入景龙江，往西与方沼、凤池相通，形成艮岳的水系。

以上所叙的山水系统就是艮岳地形创作的布局。在这个山水骨干的基础上，随着形势“穿凿景物，摆布高低”（宋李成《山水诀》），辟有多个景区。艮岳是一个山景区，万松岭和寿山又各为一个景区，并各有亭台楼轩的布置。艮岳的东麓下，植梅以万数，梅林中又构有萼绿华堂和轩、馆等，这不是一个景区，以梅花取胜。艮岳之西的药寮是药用植物区。西庄是农家村舍区。白龙沜、濯龙峡等是一溪谷景区。雁池、方沼、凤池连成一个小水系，池中有洲，洲上有亭，是水景区。万松岭南又是一个河景区。

在不同的景区，随着不同的形势，根据不同的要求来布置园林建筑，艮岳可说是一个范例。据峰峦之势可以眺望远景的地点有亭的布置，如介亭等。依着山岩之势来作楼的有倚翠楼、绛雪楼。沼中有洲，或植芦或植梅，花间隐亭。总之，都要随形相势安排园林建筑，所谓“宜亭斯亭，宜榭斯榭”（计成《园冶》）好似“天造地设”“自然生成”一般。

正由于如上所说构园得体精而合宜，才能有《艮岳记》所描述那样，“中立而四顾，则崖峡洞穴，亭阁楼观，乔木茂草，或高或下，或远或近，一出一入，一荣一凋，四向周匝徘徊而仰顾若在重山大壑幽谷深崖之底……”达到“妙极山水”的境地（图6-5至图6-7）。

在叠石掇山的技巧方面，到宋朝确已有独到

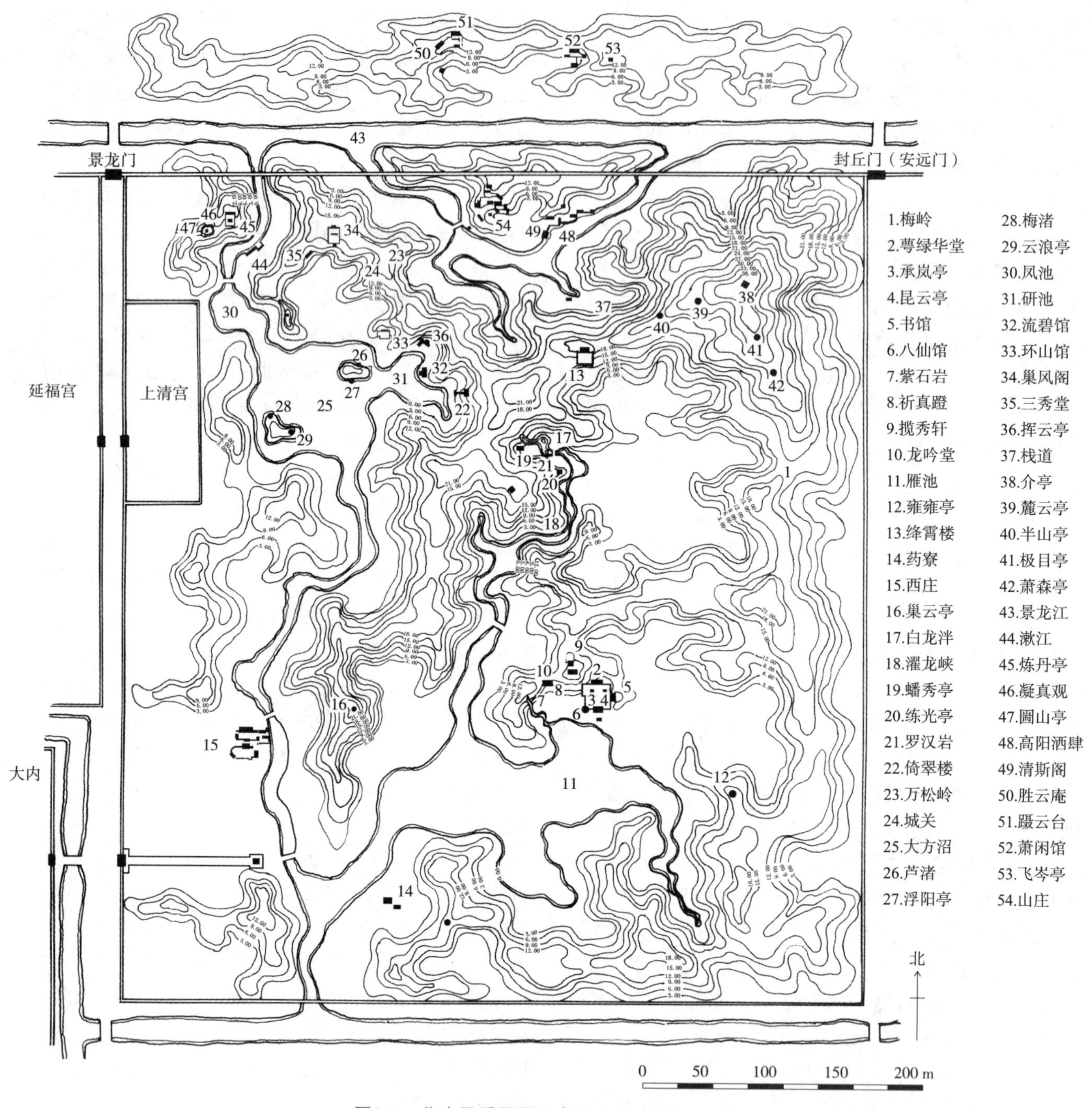

图6-5　北宋艮岳平面示意图（刘晓明，1990）

的特点。不仅掇山必多运湖石妆砌，而且构山几有石洞。据《癸辛杂识》前集艮岳一段中云："万岁山大洞数十。"又载："其洞中皆筑以雄黄及卢甘石，雄黄则避蛇虺，卢甘石至天阴则致云之蓊郁，如深山穷谷。"

赵佶（宋徽宗）喜好搜取环奇特异珞琨之石，独立设置加以欣赏，好似欣赏雕塑作品那样。但这种独立特置的块石，不是艺术创作的作品而是自然的作品。例如，艮岳介亭前有"巨石三丈许，号排衙巧怪崭岩"，有藤萝蔓延，若龙若凤。又载及宣和四年（1123年）朱缅到太湖取石"得太湖石高四丈，载以巨舰，役夫数千人，所经州

图6-6　艮岳介亭想象图　刘晓明绘

图6-7　艮岳芦渚想象图　刘晓明绘

县，有拆水门桥梁凿城垣以过者”数月运到汴京，赵佶赐名“昭功广神运”。《宣和遗事》载：有“金芝产于万岁峰，改名寿岳，其门号为阳华门，两旁有丹荔八十株；有大石曰：‘神运昭功’立其中，旁有两桧，一天矫者，名做朝日升龙之桧，一偃蹇者，名做卧云伏龙之桧；皆王牌填金字书这。岩曰：玉京独秀太平岩；峰曰卿云万态奇峰”。

6.3.1.2　行宫御苑

（1）琼林苑

琼林苑位于汴京城西顺天门（新郑门）道南，俗称西青城，始建于乾德二年（964 年），是北宋宴饮进士的地方。唐代进士考试后，新进士赐宴于曲江，称“闻喜宴”。宋代仿照唐代故事，先是赐进士宴于宜春苑，后改在琼林苑，闻喜宴亦被改名为“琼林宴”。以后的明、清各代，都沿称新进士宴为琼林宴。

琼林苑“大门牙道，皆古松怪柏，两旁有石榴园、樱桃园之类，各有亭榭，皆是酒家所占。苑之东南隅，政和间创筑华嘴冈，高数十丈，上有横观层楼，金碧相射，下有锦石缠道，宝砌池塘，柳锁虹桥，花萦凤舸，其花皆素馨、茉莉、山丹、瑞香、含笑、射干等闽、广、二浙所进南花。有月池、梅亭、牡丹之类，诸亭不可悉数”。苑内还有球场，在射殿之南，“牙道柳径，乃都人击球之所”。每年阳春三月，宋帝必至琼林苑观看诸军呈百戏、烟火马戏和马球队表演。

（2）金明池

太平兴国元年（976 年），宋廷命 3.5 万士兵凿池于琼林苑之北，引金水河注入其中，名金明池。宋徽宗政和年间兴建殿宇，进行绿化种植，遂成为一座以略近方形的大水池为主体的皇家园林，周长 9 里 30 步，它是北宋汴京最大最盛的御苑之一。

据《东京梦华录》载：池南岸的正中有高台，上建宝津楼，楼之南为宴殿，殿之东为射殿及临水殿。宝津楼下架仙桥连接于池中央的水心殿，仙桥“南北约数百步，桥面三虹，朱漆阑楯，下排雁柱，中央隆起，谓之‘骆驼虹’”。池中修造殿宇。池门内沿南岸向西百余步，有临水殿，为宋帝幸金明池观看水战的地方，向北百步有仙桥。桥的尽头，于池中建有正殿。池西岸有石甃，南面有高台，台上建宽百丈的“宝津楼”。宝津楼南有宴殿，宴殿西为射殿。池北岸之正中为奥屋，即停泊龙舟之船坞。金明池中设有大型龙舟及各种小船，环池均为绿地。金明池还是水军水操演习的地方，因而它的规划不同于一般园林，呈规整的类似宫廷的格局。到后来水军操演变成了龙舟竞赛的斗标表演，宋人谓之“水嬉”。金明池每年定期开放任人参观游览，“岁以三月开，命士庶纵观，谓之开池，至上巳车驾临幸毕即闭”。每逢水嬉之日，东京居民倾城来此观看，画家张择端的名画《金明池争标图》生动地描绘了这一场面（图 6-8、图 6-9）。

6.3.2 私家园林

北宋私家园林十分繁盛，但因文献记载所限，目前了解比较多的只有洛阳、东京以及江南其他地区。下面就以这 3 个地区为例作一点介绍。

6.3.2.1 《洛阳名园记》与洛阳私家园林

洛阳是汉唐旧都，历代名园荟萃之地。邵雍诗云："人间佳节唯寒食，天下名园重洛阳。"李格非《洛阳名园记》记载了当时的 20 个园林，其中 18 处为私家园林。其中又有宅园 5 处（富郑公园、环溪、湖园、苗帅园、赵韩王园），别墅园 10 处（董氏西园、董氏东园、独乐园、刘氏园、丛

图6-8 张择端《金明池争标图》 现藏天津市博物馆

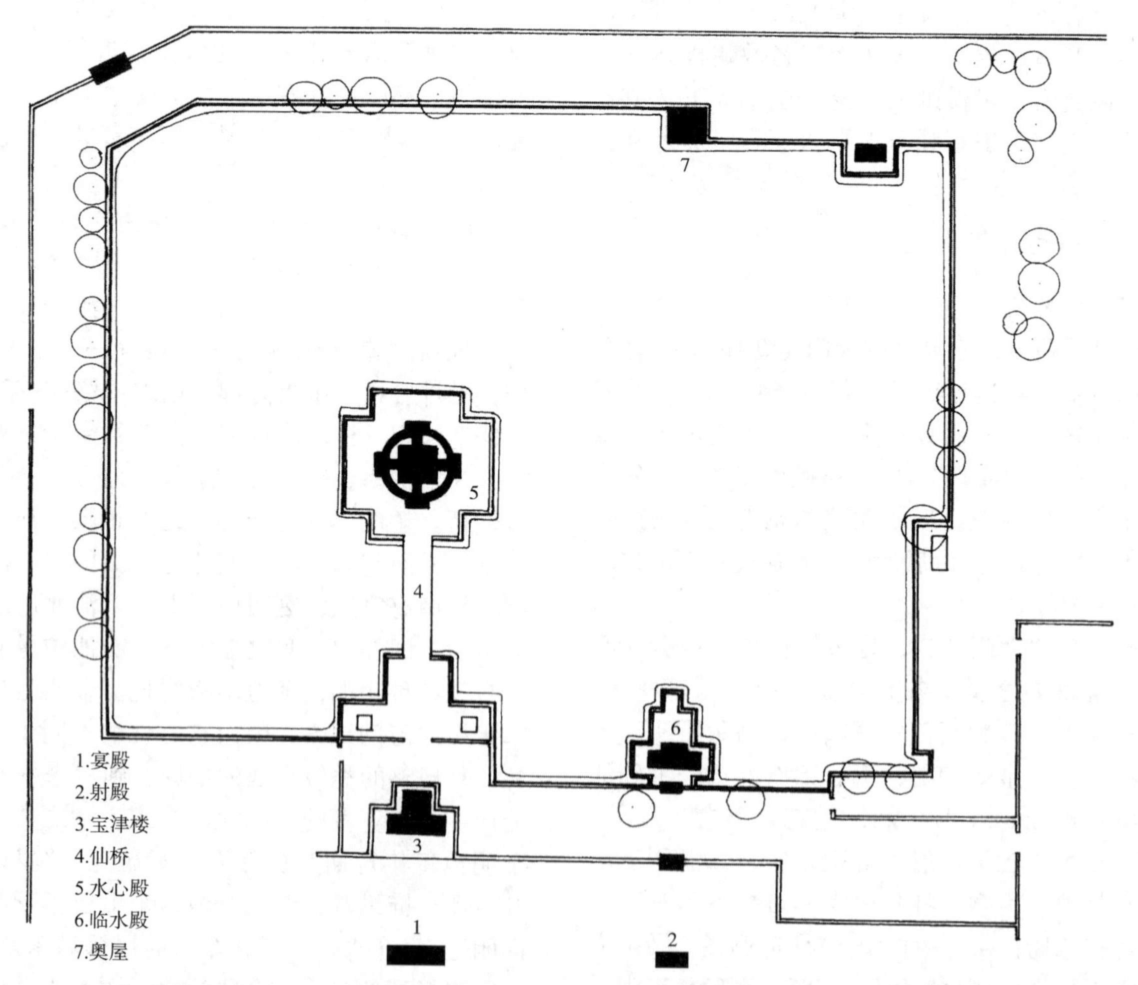

图6-9 金明池平面设想图［摹自周维权《中国古典园林史》（第2版），1999］

春园、松岛、水北胡氏园、东园、紫金台张氏园、吕文穆园）；大字寺园是履道坊宅园改建的佛寺；归仁园、李氏仁丰园两处的类型无从判断，但也名重一时。以下以李格非的园记为基础，结合有关记述逐条阐述（图6-10）。

（1）富郑公园

“洛阳园池，多因隋唐之旧，独富郑公园最为近辟，而景物最胜。游者自其第东，出探春亭，登四景堂，则一园之景胜可顾览而得。南渡通津桥，上方流亭，望紫筠堂而还。右旋花木中，有百余步，走荫樾亭、赏幽台，抵重波轩而止。直北走土筠洞，自此入大竹中。凡谓之洞者，皆斩竹丈许，引流穿之，而径其上。横为洞一，曰土筠；纵为洞三，曰水筠，曰石筠，曰榭筠。历四洞之北，有亭五，错列竹中，曰丛玉、曰披风、曰漪岚、曰夹竹、曰兼山。稍南有梅台，又南，有天光台。台出竹木之杪。遵洞之南而东还，有卧云堂。堂与四景堂并。南北左右二山，背压通流，凡坐此，则一园之胜，可拥而有也。郑公自还政事归第，一切谢宾客，燕息此园，几二十年。亭台花木，皆出其目营心匠，故逶迤衡直，闿爽深密，皆曲有奥思。”

富郑公园是仁宗、神宗两朝宰相富弼的宅园。园在邸宅东侧，出宅东门的探春亭便可入园。全园的主体建筑是四景堂，登四景堂可总览全园之胜。四景堂北是一片竹林，林中有4个洞，横一纵三。这里的“洞”含义不很明确，可能是土山中筑洞，也可能是以丈许大竹构成竹林中的洞天。四洞之北，又有亭五，错列于竹中。从四景堂南渡通津桥，然后上方流亭，能望见紫

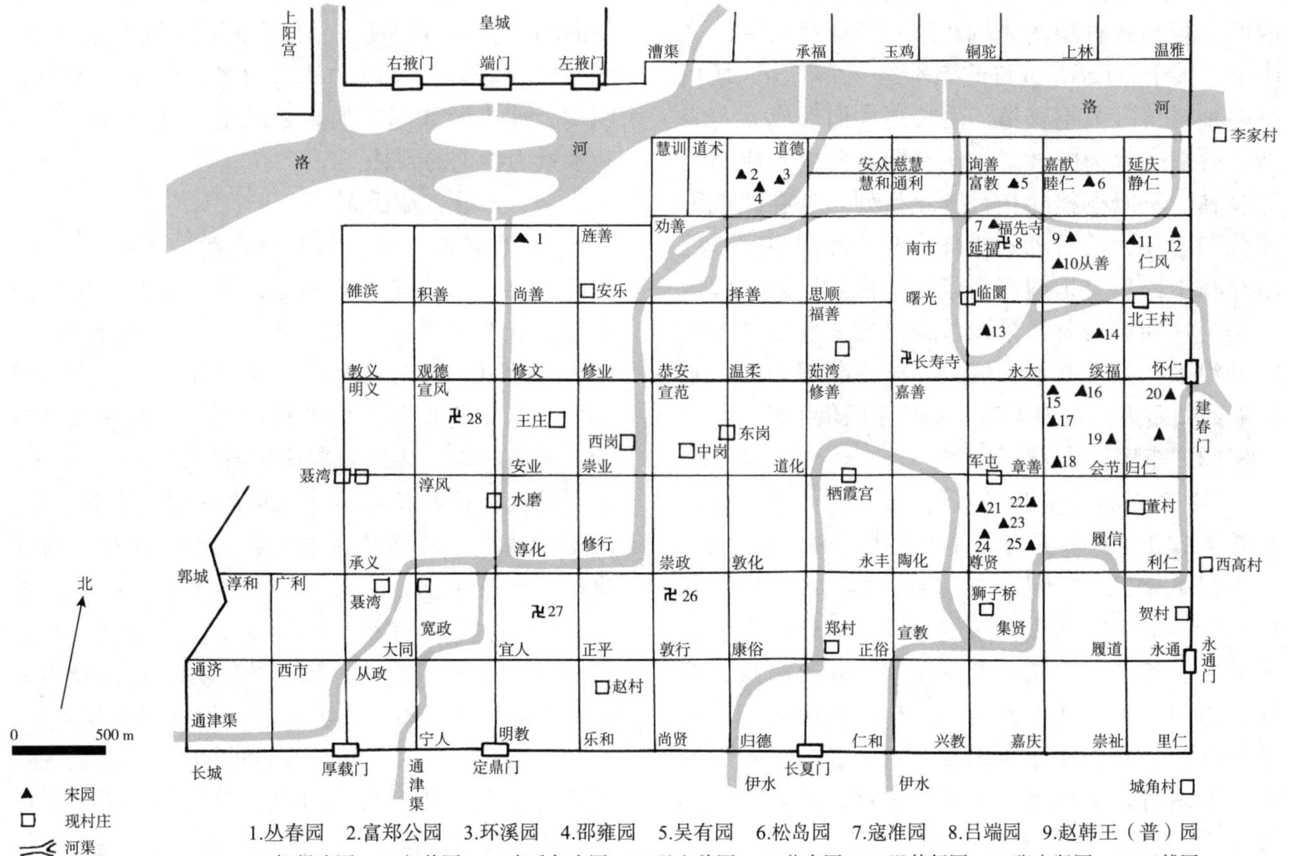

图6-10 宋代洛阳洛河南里坊内私家名园位置图（摹自王铎《洛阳古代城市与园林》，2005）

筠堂。其余还有卧云堂、梅台、天光台等，位置不明确。

富郑公园对于空间的塑造，或用冈阜，或用竹木，或用水流。它们划分出的区域各有特色，或为深密出致之境，或为开朗明媚之境，各得其妙。

（2）丛春园

“今门下侍郎安公买于尹氏。岑寂而乔木森然。桐、梓、桧、柏，皆就行列。其大亭有‘丛春亭’，高亭有‘先春亭’。丛春亭出酴醾架上，北可望洛水。盖洛水自西汹涌奔激而东。‘天津桥’者，叠石为之，直力滀其怒而纳之于洪下。洪下皆大石，底与水争，喷薄成霜雪，声闻数十里。予尝穷冬月夜登是亭，听洛水声，久之，觉清洌侵入肌骨，不可留，乃去。”

在《洛阳名园记》所记诸园中，规则式种植只此一园。这是否可以说明我国古代园林中也有像西方规则式种植的先例，这一点有待研究。文中说“买于尹氏”，或许此园本是一个花圃，培植有多种树苗，久不移植，生长高大而形成乔木森然。后来改建为园林时，就利用这些树木成为一片茂林，所以桐梓桧柏，皆就行列。丛春园能够充分利用高大的行列式树林形成的郁闭空间，然后在林中辟出空地建亭得景，并借景园外。园内只是一片列树茂林，景致单纯岑寂；登亭又可借园外洛水，洛水汹涌奔流，与园中叠石相激，水花喷薄如霜雪，水声轰鸣，是巧于因借的范例。

（3）李氏仁丰园

“李卫公有《平泉花木》，记百余种耳。今洛阳良工巧匠，批红判白，接以它木，与造化争妙，故岁岁益奇且广。桃、李、梅、杏、莲、菊，各数十种，牡丹、芍药至百余种。而又远方奇卉，如紫兰、茉莉、琼花、山茶之俦，号为难植，独植之洛阳，辄与其土产无异，故洛阳园囿花木有至千种者，甘露院东李氏园，人力甚治，而洛中花木无不有。有四并、迎翠、濯缨、观德、超然五亭。”

北宋洛阳观赏园艺非常兴盛，从这段记载可知当时洛阳的能工巧匠已具备较高的技术，能通过嫁接的方法培育新品种，也能将外来的植物引种驯化。这使洛阳花木种类众多，比唐代李德裕曾作《平泉花木记》中记述的种类更丰富。

李氏仁丰园应在仁丰坊的甘露院东，园中广泛搜罗洛阳的观赏植物，俨然一处植物园。园中还有五座亭子，是用于赏花和休息的小建筑。

（4）松岛

“松、柏、枞、杉、桧、栝，皆美木。洛阳独爱栝而敬松。‘松岛’，数百年松也。其东南隅双松尤奇。在唐（注：后唐）为袁象先园；本朝属李文定公丞相，今为吴氏园，传三世矣。颇葺亭榭池沼，植竹木其彷。南筑台，北构堂、东北曰‘道院’。又东有池。池前后为亭临之。自东大渠引水注园中，清泉细流，涓涓无不通处，在他郡尚无有，而洛阳独以其松名。”

此园《唐两京城坊考》也有记载，说睦仁坊有“（后）梁袁象先园，园有松岛”。原为五代时的旧园，北宋时归真宗、仁宗两朝宰相李迪所有。此园以松著称，又以“岛”命名，许是水流环绕四周，使小园如同岛屿。总之是一处以古树名木和水景为特色的园林。

（5）水北、胡氏园

“水北胡氏二园，相距十余步，在邙山之麓，瀍水经其旁。因岸穿二土室，深百余尺，坚完如埏埴，开轩窗其前，以临水上。水清浅则鸣漱，湍瀑则奔驶，皆可喜也。有亭榭花木，率在二室之东。凡登览徜徉，俯瞰而峭绝，天授地设，不待人力而巧者，洛阳独有此园耳。但其亭台之名，皆不足载，载之且乱实。如其台四望，尽百余里，而萦伊缭洛乎其间。林木荟蔚，烟云掩映，高楼曲榭，时隐时见。使画工极思不可图，而名之曰‘玩月台’。有庵在松桧藤葛之中，辟旁牖，则台之所见，亦毕陈于前。避松桧，搴藤葛，的然与人目相会，而名之曰‘学古庵’。其实皆此类。”

水北、胡氏园是两个邻近的园，在邙山之麓、瀍水旁，也是《洛阳名园记》中仅有的两个不在里坊而在郊垧的园林。两个园富有地域特色，都是就黄土河岸掘窑洞，在园开敞窗临水上，以借瀍水之景，看激流湍瀑，听鸣漱之声。二土室之东，有台榭花木，登台榭可眺览四周景色，或俯瞰峭岸绝壁。作者对此二园评价甚高，认为它们注重对自然环境的因借而不依靠人力的工巧，在这方面可称洛阳诸园之冠。

（6）独乐园

“司马温公在洛阳自号迂叟，谓其园曰‘独乐园’。卑小不可与他园班。其曰‘读书堂’者，数十椽屋；‘浇花亭’者，益小；‘弄水’‘种竹’轩者，尤小；曰‘见山台’者，高不过寻丈。曰‘钓鱼庵’、曰‘采药圃’者，又特结竹杪落蕃蔓草为之尔。温公自为之序，诸亭台诗，颇行于世。所以为人欣慕者，不在于园耳。”

《洛阳名园记》言之不详，园主人司马光作《独乐园记》，其中有详细描述：

“熙宁四年，迂叟始家洛，六年，买田二十亩于尊贤坊北阙以为园。其中为堂，聚书出五千卷，命之曰‘读书堂’。堂南有屋一区，引水北流，贯宇下，中央为沼，方深各三尺。疏水为五脈，注沼中，状若虎爪。自沼北伏流出北阶，悬注庭中，状若象鼻。自是分而为二渠，绕庭四隅，会于西北而出，命之曰‘弄水轩’。堂北为沼，中央有岛，岛上植竹，圆周三丈，状若玉玦，揽结其杪，如渔人之庐，命之曰‘钓鱼庵’。沼北横屋六楹，厚其墉茨，以御烈日；开户东出，南北轩牖，以延凉飔，前后多植美竹，为清暑之所，命之曰‘种竹斋’。沼东治地为百有二十畦，杂莳草药，辨其名物而揭之。畦北植竹，方若棋局，径一丈，屈其杪，交相掩以为屋。植竹于其前，夹道如步廊，皆以蔓药覆之，四周植木药为藩援，命之曰‘采药圃’。圃南为六栏，芍药、牡丹、杂花，各居其二，每种止植两本，识其名状而已，不求多也。栏北为亭，命之曰‘浇花亭’。洛城距山不远，而林薄茂密，常若不得见，乃于园中筑台，构屋其上，以望万安、轩辕，至于太室，命之曰‘见山台’。”

独乐园是司马光编修《资治通鉴》时工作和居住的宅园，因园主人和他的巨著而闻名。宋神宗熙宁三年（1071 年），司马光因反对王安石变法而请求外任，翌年神宗判其为西京御史台，于是退居洛阳，买地筑园。在这个小园里，司马光在刘攽、刘恕、范祖禹等人的帮助下完成了《资治通鉴》。

关于独乐园的位置，司马光园记中说“在尊贤坊北关”，明嘉靖《河南郡志》载：“独乐园在洛阳城南天门街东，去城五里。”从园记中知道，独乐园面积 20 亩（合 1.3 hm^2），包括住宅。

全园南北向，以读书堂和水池为中心，是一处以水景和植物为主体的风格朴素的宅园。园正中为读书堂，堂北有大池，池中有岛，岛上植竹。园东侧有采药圃、花圃，供观赏，兼有生产功能。其余浇花亭、弄水轩、见山台、种竹斋等小景环绕大池和读书堂四周，均小而质朴。

独乐园在洛阳诸园中最为简素，这是司马光有意为之。他认为孟子所说的“独乐乐，不如与众乐乐”乃是王公大人之乐，并非贫贱者所能办到；颜回的“一箪食，一瓢饮，不改其乐”，孔子所谓“饭蔬食饮水，曲肱而枕之，乐在其中矣”，这是圣贤之乐，又非愚者所能及。人之乐，在于各尽其分而安之。自己既无力与众同乐，又不能如孔子、颜回之甘于清苦，就只好造园以自适，而名之曰“独乐”了。独乐园的园名既有深意，园内各处建筑物的命名也与古代哲人、名士有关。司马光又作《独乐园七咏》诗。第一首《读书堂》云：“吾爱董仲舒，穷经守幽独。所居虽有园，三年不游目。”其余 6 首的起句亦以六位古人居句之首：《钓鱼庵》为“吾爱严子陵”，《采药圃》为“吾爱韩伯林”，《见山台》为“吾爱陶渊明”，《弄水轩》为“吾爱杜牧之”，《种竹斋》为“吾爱王子猷”，最末一首《浇花亭》云：

“吾爱白乐天，退身家履道。酿酒酒初熟，浇花花更好。作诗邀宾朋，栏边长醉倒。至今传画图，风流称九老。”

独乐园的园名以及园内各景题名都与园林的内容、格调相吻合，可见园主人在造园时景与意相关联的自觉性。独乐园造园风格的简远、疏朗、雅致、天然，恰与宋代文人的审美情趣相符合。

6.3.2.2　东京的私家园林

东京园林是相当多的。《东京梦华录》载：“都城左近，皆是园圃，百里之内，并无闲地。”

《枫窗小牍》也说："先正（注：前代的贤臣，这里是对李格非的尊称）有《洛阳名园记》，汴中园圃亦以名胜当时，聊记于此。州南则玉津园，西去一丈佛园子、王太尉园、景初园。陈州门外园馆最多，著称者，奉灵园、灵嬉园。州东宋门外麦家园，虹桥王家园。州北李驸马园。西郑门外下松园、王太宰园、蔡太师园。西水门外养种园。州西北有庶人园。城内有芳林园、同乐园、马季良园。其他不以名著约百十，不能悉记也。"从这段记载看，大体东京的私家园林大多分布城东、城南和城西，城南最多；东京不知名的私家园林有约100个，著名的有20余个，几乎平均每个里坊都有一处园林。从数量上讲，东京的寺院园林比当时西京洛阳的私家园林要多得多，只是因为没有留下像《洛阳名园记》那样详细的资料，后人谈及北宋私家园林才常常忽视了东京。

与洛阳私家园林相比，东京的园林一般比较华丽奢侈，大约是因为园主人多是大官僚和贵族，财力充裕，欣赏趣味也与一般文人不同。东京私园的面积也普遍比洛阳园林大，可能与当时御赐园林的制度有关。《宋史》载，供奉官李宪因"运西山巨木给京师营缮"有功，神宗赐"瑞应坊园宅一区"。从中可知北宋御赐园林制度对于西京大官僚营建私家园林的影响。下面仅从散见的零星记载，列其名园两个。

（1）蔡太师园

蔡太师园，即徽宗宰相蔡京宅园。他有东、西两座园。南宋周煇《清波笔记》载：

"蔡京罢政，赐邻地以为西园，毁民屋数百间。一日，京在园中，顾焦德曰：'西园与东园景致如何？'德曰：'太师公相，东园嘉木繁阴，望之如云。西园人民起离，泪下如雨。可谓"东园如云，西园如雨"也。'语闻，抵罪。或云：一伶人何敢面诋公相之非，特同辈以飞语嫁其祸云。"

又据文献知，城东的东园，"周围数十里"，"花未繁茂，径路交互"，是一个很大的园林。西园在城西，面积也很大，园中林木茂盛，并有太湖石叠置假山，花木荟萃。

（2）王太宰园

徽宗朝奸相王黼的宅园，在内城西南间闻门外，称王太宰园。"周围数里"其后苑"聚花石为山，山中列肆苍陌。"另在西城竹竿巷的一所赐第，"穷极华侈，垒奇石为山，高十余丈，便坐二十余处，种种不同……第之西号西村，以巧石作山径，诘屈往返，数百步间以竹篱茅舍为村落之状。"王黼借修艮岳，中饱私囊，把从南方运来的花木和太湖石，装点私园。这是记述用太湖石叠山最多的一个东京私家园林。

此外，据《东京梦华录》和《枫窗小牍》载，城东南"陈州门外，园馆尤多"。但仅记下了园名，无有记录园景。如城南玉津园西的一丈佛子园、王太尉园、孟景初园，陈州门外的灵嬉园，城东新宋门外的麦家园、王家园，城西南的药梁园、童太师园，城西北的庶人园，城内的马季良园。城东北封丘门外小巷内还有一家私园，未留下名字，但记载甚美："杂花盛开，雕栏画楯，楼观甚丽，水陆毕陈，皆京师所未尝见。"

6.3.2.3 其他地区的私家园林

北宋时期除北方的汴京、洛阳两地外，在南方的吴兴（今湖州）、苏州、镇江等地，亦有许多较为有名的私家园林。宋人朱长文在《乐圃记》中云："始钱氏时，广陵王元臻者，实守姑苏，好治园圃，其诸从徇其所好，各因隙地而营之，为台、为沼，今城东遗址，颇有存者，吾圃亦其一也"。

（1）南园

南园在吴兴城南，占地所余亩，园内"果树甚多，林檎尤盛"。主要建筑物聚芝堂、藏书室位于园的北半部。聚芝堂前临大池，池中有岛名蓬莱。池南岸竖立着3块太湖石，"各高数丈，秀润奇峭，有名于时"，足见此因是以太湖石的"特置"而名重一时的。沈家败落后这3块太湖石被权相贾似道购去，花了很大的代价才搬到他在临安的私园中。

北园在城北门奉胜门外，又名北村，占地30余亩。此园"三面背水，极有野意"，园中开凿

5 个大水池均与太湖沟通，园内外之水景连为一体。建筑有灵寿书院、怡老堂、溪山亭，体量都很小。有台名叫“对湖台”，高不逾丈。登此台可面对太湖，远山近水历历在目，一览无余。

（2）苏舜钦沧浪亭

位于江苏吴县城（今苏州市）内郡学之南，钱氏广陵王元璙别圃，宋苏舜钦得之，筑亭曰沧浪，因作《沧浪亭记》，积水数十亩，旁有小山，高下曲折。园内有一泓清水贯穿，波光倒影，景象万千。旧有飞虹桥、濯缨亭、清香馆、翠玲珑、瑶华境界诸胜。

（3）叶氏石林

叶氏石林，为尚书左丞叶梦得之故园，“在弁山之阳，万石环之，故名。且以自号”。弁山产奇石，色泽类似灵璧石，罗列山间有如森林。此园“正堂曰兼山，傍曰石林精舍，有承诏、求志、从好等堂，及净乐庵、爱日轩、跻云轩、碧琳池，又有岩居、真意、知止等亭。其邻有朱氏怡云庵、涵空桥、玉涧，故公复以玉涧名节。大抵北山一径，产杨梅，盛夏之际，十余里间，朱实离离，不减闽中荔枝也”。叶梦得自撰《避暑录话》中也有记述此园景物的：

“吾居东、西两泉，西泉发于山足蓊然澹而不流，其来若不甚壮，汇而为沼，才盈丈，盖其余流于外。吾家内外几百口，汲者继踵，终日不能耗一寸。东泉亦在山足，而伏流决为涧，经碧琳池，然后会大涧而出……两泉皆极甘，不减惠山，而东泉尤冽，盛夏可以冰齿，非烹茶酿酒不常取。”

“吾居虽略备，然材植不甚坚壮，度不过可支三十年，即一易。……今山之松已多矣。地既皆辟，当岁益种松一千，桐杉各三百，竹凡见隙地皆植之……三十年后，使居者视吾室敝，则伐而新之……

山林园圃，但多种竹，不问其他景物，望之自使人意潇然。竹之类多，尤可喜者笙竹，盖色深而叶密。吾始得此山，即散植竹，略有三四千竿，杂众色有之。”

（4）林逋孤山园

林逋（967—1208），字君复，谥号“和靖先生”，钱塘（今浙江杭州）人，是北宋著名的隐士、诗人。《宋史》本传载，林逋“少孤，力学不为章句。性恬淡好古，弗趋荣利”。林逋与范仲淹为好友，范仲淹称他“山中宰相”“荀孟才华”。

孤山是西湖中的一个孤岛，林逋隐居之地在后坡，这里丛林茂郁，佳木芳荫。他在此定居，亲手构筑“山阁”，为栖身之所；植梅树 360 余株，经营林果，耕耘田园，以为生计；又筑“水亭”“水轩”，以坐观波光岚影。

林逋养仙鹤一只，名“鹤皋”。每当泛游西子湖，嘱家童“客来放鹤”。当仙鹤凌云翱翔时，逋返棹归舟；当与客人对饮唱和时，仙鹤舞于庭。

林逋在孤山园隐居期间写下许多诗作。如歌咏西湖的《西湖》：“混元神巧本无形，匠出西湖作画屏。春水净于僧眼碧，晚山浓似佛头青。栾栌粉堵摇鱼影，兰杜烟丛阁鹭翎。往往鸣榔与横笛，细风斜雨不堪听。”咏鹤的《鸣皋》：“皋禽名秪有前闻，孤引圆吭夜正分。一唳便惊寥泬波，亦无闲意到青云。”流传最广的要数《山园小梅》：“众芳摇落独暄妍，占尽风情向小园。疏影横斜水清浅，暗香浮动月黄昏。霜禽欲下先偷眼，粉蝶如知合断魂。幸有微吟可相狎，不须檀板共金樽。”

6.3.3 寺观园林

北宋儒、释、道并重。宋代官方对佛教的支持，既比不上唐代和元代，也比不上同时期的辽、金、西夏，也采取了“存其教”，稍有推崇，多加限制的政策。但相比五代，宋代佛教也有所复兴。五代周世宗柴荣废全国 30 136 所佛寺之后，佛门寥落，宋太祖诏谏复佛，还僧 8000 人，大规模兴建佛寺，宋太祖开宝年间又雕藏经版 5400 卷；太宗时更立译经院，建印经院，译经 430 卷。又由于周世宗灭佛时，唯禅宗派构居深山大壑，得以留存，至宋时禅宗十分兴旺。禅宗派提倡坐禅，坐禅需要一个幽静安详的环境，这是宋代寺观园林化的重要原因。

北宋朝廷对待道教的态度与佛教相似，道教与佛教一样受官方控制，但宋代也出现了真宗、徽宗等崇尚道教的皇帝。据史载，宋太宗曾先后在京城建太一宫、洞真宫、上清宫等。在亳州建太清宫，在苏州建太乙宫，在终南山建上清太平宫，但禁止民间增建道观。宋真宗于大中祥符元年（1008年）导演“天书”接还活动，即诏“天下并建天庆观”；此后又诏命在京城建玉清昭应宫、景灵宫，在曲阜寿丘建景灵宫和太极观，在茅山建元符观，在亳州建明道宫。于是民间也纷纷建起道观。宋徽宗贬佛倡道，曾在京师修建玉清和阳宫以安置道教神像，作迎真馆以迎天神降临，并建葆真宫、宝成宫、九成宫、上清宝篆宫等；崇宁大观年间在茅山建元符万宁宫，在龙虎山迁建上清观，增建灵宝观等；并于政和七年（1117年）诏命在全国州府皆建神霄玉清万寿宫，各县仿建神霄下院。以供奉长生大帝君、青华帝君和徽宗本人神位。一时道观大盛。

北宋的大多数寺观只留下名字，而无具体记载。下面仅根据散见的史料略述其概。

（1）五岳观（奉灵园）

五岳观在东京外城南燕门外道东，是皇家的道观，创建于宋真宗大中祥符年间。南宋王应麟《玉海》载：“祥符五年（1012年）八月己未，命丁谓等建观南薰门外，以奉五岳。……七年（1014年）八月壬子，名曰会灵，门曰嘉应、明福，殿曰延真、崇元、祝厘。……八年（1015年）四月丁谓请御制颂记。五月癸巳，名池曰凝祥，园曰奉灵。”

五岳观观中有园，园中有池，引惠民河水。还《东京梦华录》载：“（奉灵园）夹岸垂杨、菰蒲、莲荷、凫雁游泳其间。桥亭台榭，棋布相峙。”孔仲武诗：“平时念江国，此地惬幽情，杨柳萦无路，凫鹭远有声。”可知园林以水景为主，池中水生植物繁茂，还有许多水禽。

凝祥池以四色莲花著名。北宋张邦基《墨庄漫录》记“京师五岳观后凝祥池，有黄色莲花甚奇，他处少见本也。”北宋张舜民《画墁集》载：“凝祥池有四色莲花，青、黄、白、红，红者千叶，皆北土所未见也，惜其遐陬，有此异卉。诗云：‘深山草木出自奇，四色荷花也所稀。孤独园中瞻佛眼，凝祥池上捧天衣。白公没后禅林在，王俭归来幕府非。水冷风高人不到，却怜鸥鸟日相依。’”

凝祥池里有太湖石。北宋张知甫《张氏可书》：“徽宗幸迎凝祥池，见栏槛间配石，顾向内侍杨戬曰：‘何处得之？’戬云：‘价钱三百万，是戬得来。’”可知园内太湖石为数不少。

凝祥池平时不对外开放，但每年清明节对公众开放一日。《东京梦华录》说：“唯每岁清明，放百姓烧香游观一日。”这与金明池、琼林苑等御园每年开放一次是一致的。

（2）天王院花园子

“洛中花甚多种，而独名牡丹曰‘花王’。凡园皆植牡丹，而独名此曰‘花园子’，盖无他池亭，独有牡丹数十万本。皆城中赖花以生者，毕家于此。至花时，张幙幄，列市肆，管弦其中。城中士女，绝烟火游之。过花时则复为丘墟，破垣遗灶相望矣。今牡丹岁益滋，而姚黄魏紫一枝千钱。姚黄无卖者。”

天王院花园子具体位置不明，从名称看它应该是某寺观的附园。有学者据《唐两京城坊考》安国寺条注：“诸院牡丹特胜”，司马光《和君贶安国寺牡丹及诸园赏牡丹》诗里也说“一城奇品推安国”，认为此天王院疑为安国寺内天王院。安国寺，在东京宣风坊。

天王院花园子是《洛阳名园记》中记载的一个收集种植不同品种牡丹的园圃，以今之视角，可称为牡丹专类园。从文中可知，天王院周边是东京牡丹花生产区，洛阳城内以种植牡丹为生的人家都居住在这一带。花期一过，游园活动即结束，花园又恢复了苗圃的沉寂。

6.3.4 其他

6.3.4.1 公共园林与城市绿地系统

北宋东京地势比较低湿，城内外散布着许多池沼，如普济水门西北的凝祥池、城东北之蓬池、陈州门里的凝碧池、南薰门外玉津园一侧的学方池，以及鸿池、讲武池、莲花池等。这些池沼大多数均由政府出资在池中植菰、蒲、荷花，沿岸植柳树，并在池畔建置亭桥台榭相峙，因而都成为东京市民的公共游览地。

东京城内外的街道、护城壕、河渠绿化带也是都城绿化的重要组成部分。宋都曾划定以宫城为中心，经过里城四面城门，通向外城四面城门的 4 条大街为御街。市中心的天街宽约 200 步，当中设御道，御道中央为皇帝专用的步行道，用朱漆杈子将两旁的车马道分开。天街两侧的廊下为普通人行道，它们与御道之间用“御沟”分隔。徽宗宣和以前，御街两旁的御沟两边主要种柳，御沟柳树姿婀娜，时人多有吟咏。王安石诗云：“习习春风拂柳条，御沟春水已冰消。欲知四海春多少？先向天边问斗杓。”宣和间，东京大兴园林，御街的植物也丰富起来，御沟内“尽植莲荷”，近岸则“植桃、梨、杏，杂花相间，春夏之间，望之如绣”。御街、天街重点绿化，其他街道两旁则一律种植行道树，多为柳、榆、槐、椿等中原乡土树种，于是全城绿树成荫。

东京护城河和城内 4 条河道的两岸均着力绿化。穿东京城而过的河流有 4 条，分别是汴河、五丈河、金水河、蔡河，时称“四水贯都”。自宋初以来，朝廷屡有诏令，要求沿河堤岸广植榆、柳，宋祁《汴堤闲望》诗云：“虹度长桥箭激流，夹堤春树翠阴稠。”宫城城濠“水深者三尺，夹岸皆奇花珍木”。里城四周，依然保留有护城的河道，使得五丈河、金水河、汴河都相沟通。这样三重护城河形成了三层相套的环形绿带，与 4 条主要街道、4 条河流形成的 8 条放射状的绿带相互交织，把全城的各类绿地联系起来。以今之所见，北宋东京已经具备初步的城市园林绿地系统。

6.3.4.2　北宋园林的开园活动

北宋东京虽然没有像唐长安曲江风景区那样专门的公共园林，但值得注意的是，东京有一部分皇家园林、官署园林和私家园林向公众开放，它们具有公共园林的性质。《汴京遗迹志》中记载；“玉津园、同乐园、马季良园、景初园、下松园等皆宋时都人游赏之所。”

皇家园林中，除皇宫后苑和艮岳以外，其他基本都定期向公众开放。如金明池、琼林苑大体上定为每年三月初一至四月初八，许士庶“嬉游一月”，集禧宫、太一宫是皇家宫观，开放日期定在寒食节。五岳观奉灵园也在每岁清明“放百姓烧香游观一日”。私家园林也有对外开放的。张端义《贵耳集》记载，洛城春日有“行春”习俗，司马光也开放独乐园供人游赏，园丁吕直得门钱十千，欲交予主人，司马光坚辞不受，老园丁便用这笔钱在独乐园里新建了一座井亭，为园林增色。

这些有开园活动的园林中，文献记载最多的是金明池。每年的金明池开池成为都人的游乐盛会。金明池“岁以三月开，命士庶纵观，谓之开池，至上已车驾临幸毕即闭”。每逢水嬉之日，东京居民倾城来此观看，宋代画家张择端的名画《金明池夺标图》，生动地描绘了这个热闹场面。《东京梦华录》卷七详细记载了“驾幸临水殿观争标锡宴”的盛况：

“驾先幸池之临水殿锡燕群臣。殿前出水棚，排立仪卫。近殿水中，横列四彩舟，上有诸军百戏，如大旗、狮豹、掉刀、蛮牌、神鬼、杂剧之类。又列两船，皆乐部。又有一小船，上结小彩楼，下有三小门，如傀儡棚，正对水中。乐船上参军色进致语，乐作，彩棚中门开，出小木偶人，小船子上有一白衣垂钓，后有小童举棹划船，辽绕数回，作语，乐作，钓出活小鱼一枚，又作乐，小船入棚。继有木偶筑球舞旋之类，亦各念致语，唱和，乐作而已，谓之‘水傀儡’。又有两画船，上立秋千，船尾百戏人上竿，左右军院虞侯监教鼓笛相和。又一人上蹴秋千，将平架，筋斗掷身入水，谓之‘水秋千’。水戏呈毕，百戏乐船，并各鸣锣鼓，动乐舞旗，与水傀儡船分两壁退去。

有小龙船二十只，上有绯衣军士各五十余人，各设旗鼓铜锣。船头有一军校，舞旗招引，乃虎翼指挥兵级也。又有虎头船十只，上有一锦衣人，执小旗立船头上，余皆著青短衣，长顶头巾，齐舞棹，乃百姓卸在行人也。又有飞鱼船二只，彩画间金，最为精巧，上有杂彩戏衫五十余人，间列杂色小旗绯伞，左右招舞，鸣小锣鼓铙铎之类。又有鳅鱼船二只，止容一人撑划，乃独木为之也。皆进花石朱缅所进。诸小船竞诣奥屋，牵拽大龙船出诣水殿，其小龙船争先团转翔舞，迎导于前。其虎头船以绳索引龙舟。大龙船约长三四十丈，阔三四丈，头尾鳞鬣，皆雕镂金饰，楻板皆退光，两边列十阁子，充阁分为歇泊中，设御座龙水屏风。……”

琼林苑亦与金明池同时开放，届时苑内百戏杂陈，允许百姓设摊做买卖，所有殿堂均可入内参观。对此，《东京梦华录》卷七亦有记载：

“池苑内院酒家艺人占外，多以采幕缴络，铺设珍玉、奇玩、疋帛、动使、茶酒器物关扑。有以一笏扑三十笏者。以至车马、地宅、歌姬、舞女，皆约以价而扑之。出九和合有名者，任大头、快活三之类，余亦不数。池苑所进奉鱼耦果实，宣赐有差。后苑作进小龙船，雕牙缕翠，极尽精巧。随驾艺人池上作场者，宣、政间，张艺多、浑身眼、宋寿香、尹士安小乐器，李外宁水傀儡，其余莫知其数。池上饮食：水饭、凉水绿豆、螺狮肉、烧梅花酒，查片、杏片、梅子、香乐脆梅、旋切鱼脍、青鱼、盐鸭卵、杂和辣菜之类。池上水教罢，贵家以双缆黑漆平船，紫帷帐，设列家乐游池。宣、政间亦有假凭大小船子，许士庶游赏，其价有差。”

金明池东岸地段广阔，树木繁茂，游人稀少，则辟为安静的钓鱼区。但钓鱼“必于池苑所买牌子方许捕鱼。游人得鱼，倍其价买之，临水所脍，以荐芳樽，乃一时之佳味也”。

北宋东京的佛寺、道观很多，寺观园林大多数在节日或一定时期内向市民开放，任人游览。寺观的公共活动除宗教法会和庙会之外，游园活动也是一项主要内容，因而这些园林多少具有城市公共园林的职能。四月八日佛诞生日，城内“十大禅院各有浴佛斋会，煎香药糖水相遗，名曰浴佛水。迤逦时光昼永，气序清和。榴花院落，时闻求友之莺；细柳亭轩，乍见引雏之燕”。寺观的游园活动不仅吸引成千上万的市民，皇帝游幸也是常有的事，《东京梦华录》卷六详细记载了正月十四皇帝到五岳观迎祥池游览并赐宴群臣归来时的盛况：

“正月十四日，车驾幸五岳观迎祥池，有对御（谓赐群臣宴也）。至晚还内，围子亲从官皆顶毬头大帽，簪花、红锦团答戏狮子衫，金镀天王腰带，数重骨朵。天武官皆顶双卷脚袱头，紫上大搭天鹅结带宽衫。殿前班顶两脚屈向后花装幞头，着绯青紫三色撚金线结带望仙花袍，跨弓剑，乘马，一札鞍辔，缨绋前导……诸班直皆幞头锦袄束带，每常驾出有红纱帖金烛笼二百对，元宵加以琉璃玉柱掌扇灯。快行家各执红纱珠络灯笼。驾将至，则围子数重外，有一人捧月样兀子锦覆于马上。天武官十余人，簇拥扶策，喝曰：‘看驾头。’次有吏部小使臣百余，皆公裳，执珠络毬杖，乘马听唤，近侍余官皆服紫绯绿公服，三衙太尉、知阁御带罗列前导，两边皆内等子。……教坊钧客直乐部前引，驾后诸班直马队作乐，驾后围子外左则宰执侍从，右则亲王、宗室、南班官。驾近，则列横门十余人击鞭，驾后有曲柄小红绣伞，亦殿侍执之于马上。驾入灯山，御辇院人员辇前‘随竿媚来’，御辇团转一遭，倒行观灯山，谓之‘鹁鸽旋’，又谓之‘踏五花儿’，则辇有喝赐矣。驾登宣德楼，游人奔赴露台下。”

如此盛大而精致的游园活动，即便今日读来也令人神往，抚卷而忘掩，仿佛梦入华胥之国。北宋东京的繁华、宋代皇家园林“与民同乐”的思想也可见一斑。

6.4 南宋园林的升华

6.4.1 皇家园林

南宋皇家园林与北宋风格相仿，类型也有大内御苑和行宫御苑两种。大内御苑有宫城的苑林区，称为“后苑”，另有高宗、孝宗两朝皇帝逊位之后退养居住的德寿宫。行宫御苑数量较多，分布在西湖沿岸风景优美的地段。

6.4.1.1　大内御苑

（1）临安宫城（附后苑）

南宋临安故宫位于凤凰山东麓，原是北宋杭州的州治。建炎三年（1129 年）二月，宋高宗从扬州逃到杭州，诏令改州治为行宫，绍兴二年（1132 年）行都从绍兴迁往临安，草创宫殿。绍兴二十八年（1158 年）又扩建宫城及其东南外城，并在宫殿东南部，皇城之外，于候潮门与嘉会门之间，扩展出一条专为皇帝的车驾、仪仗南北通行的路。至此，环绕凤凰山麓，北起凤山门，西至万松岭，东自候潮门，南近钱塘江，方圆 9 里的范围成为南宋宫城即大内所在地。

高宗初年大内草创之时，时局动荡，大内因州治之旧，规模比较狭小，殿宇也不多，后来整个南宋期间，临安宫城不断扩建。高宗后期，陆续修建了复古殿、损斋等建筑；孝宗时又兴建了选德殿、翠寒堂等；此后理宗等皇帝又修建了缉熙殿等殿宇。

临安宫殿的具体范围仅存零星记载。宋度宗咸淳年间《临安志》中的《皇城图》，记载了南宋后期的皇宫。结合文献和《皇城图》，可知临安宫殿的概况（图 6-11）。

临安大内位于凤凰山余脉之间，所处地段岗阜连绵，因此“自平陆至山冈随其上下以为宫殿”（《南宋古迹考》）。临安大内分为外朝、内朝、东宫、学士院、宫后苑 5 个部分，据宋理宗景定、咸淳年间陈随隐《南渡行宫记》的描绘，5 个部分之间的落错布置，外朝殿堂居于南部和西部，内朝偏东北，东宫居东南，学士院靠北门，宫后苑在北部。大体成前朝后寝的格局。为了适应复杂的地形，临安宫殿位置不是居于京城北部或城市中轴线北端以讲求气派，而是坐落在临安城东南部，且宫殿仍以南大门为正门，宫殿与北部官署、太庙等建筑的关系是倒置的。

临安大内皇城主要的城门共 4 座，南为丽正门，北为和宁门，东为东华门，西部据《武林旧事》载有西华门，皇城图西部无此门，只有一座“府后门”，或许这就是西华门的别称。另外，按《梦粱录》所载，对照皇城图可知，东华门位置在皇城东北角，其南还有一座东便门，在皇城的东南角。

另外，据《南渡行宫记》载，大内有南宫门，

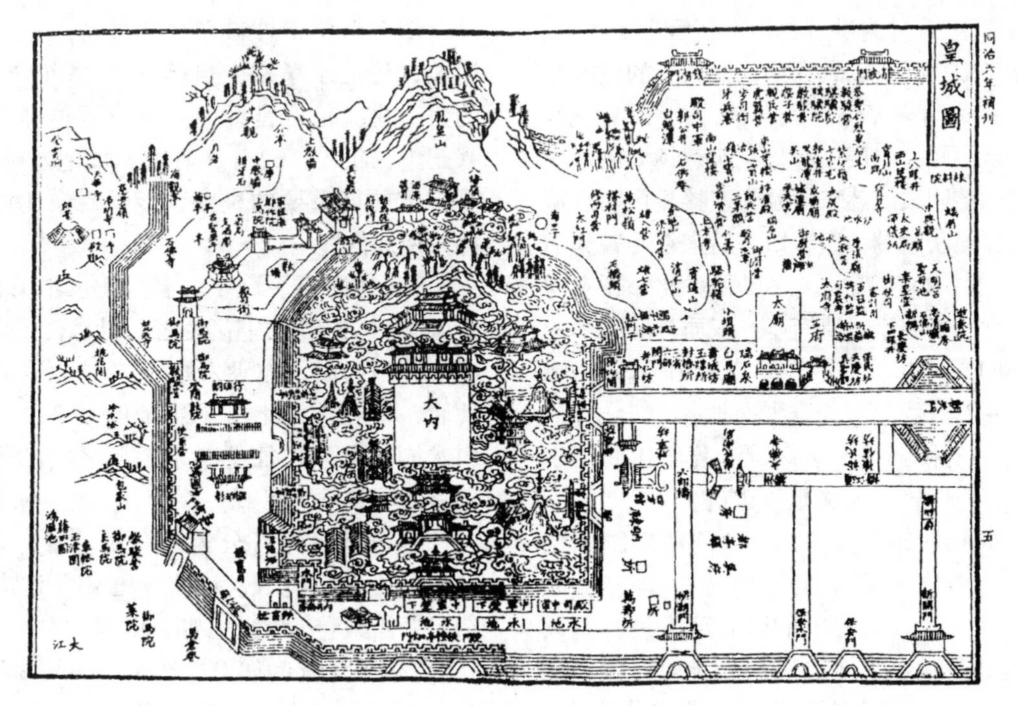

图6-11　咸淳版《临安志》中的《皇城图》［引自郭黛姮《中国古代建筑史》（第三卷），2003］

在丽正门内；有北宫门，在和宁门内；有太子宫门（即东宫门）在丽正门与南宫门之间东侧。这里的南宫门、北宫门可能是限定内朝的门，太子宫门则可作为东宫与外界分隔的依据。

外朝建筑主要有4组：第一组为大庆殿。是举行上寿朝贺，百官听麻、明堂祭典、策士唱合等大朝会用的殿宇，位于丽正门内。第二组为垂拱殿，是常朝四参官起居之地。第三组为后殿，淳熙八年（1181年）秋后殿拥舍改成延和殿以后，凡是冬至、正旦、寒食大礼，作为皇帝斋宿之地。第四组为端诚殿，又可易名为"崇德""讲武"，以满足不同的功能要求。

内朝为帝后起居、生活的处所，殿宇众多，且各种文献记载不一。见于文献记载的有用作皇帝寝殿的福宁殿、勤政殿，皇帝用膳的嘉明殿，学士侍从掌读史书、讲释经义的崇政殿，皇太后寝殿坤宁殿，皇后寝殿秾华殿，还有选德殿、缉熙殿、复古殿等诸殿。

东宫是太子居所。丽正门与南宫门之间的位置为太子宫门，入宫门后，"垂杨夹道，间芙蓉，环朱栏"。东宫内主要殿堂有新益堂、瞻策堂、彝斋等。新益堂：是一组讲堂，"讲堂七楹……正殿向明，左圣堂，右祠堂"，外为讲官直舍，其后为凝华殿。瞻策堂在凝华殿之后，以竹环绕之，其中的建筑左边为寝室，右边为齐安位内人直舍，共百二十楹。彝斋也是一组寝殿，二层楼重檐建筑，杨太后曾垂帘于此，又称慈明殿。慈宁殿是为迎接显仁韦后从金营中返回临安所建的一组寝殿，后来在此曾为韦后举行过70岁、80岁两次庆寿典礼。此外还有博雅楼、绣香堂、杨春亭、清斋亭、玉质亭等园林建筑，楼、亭四周芙蓉、木樨、梅花未相争妍，"雕栏花甃，万卉中出秋千"，环境格外幽雅。

学士院，在和宁门内东侧，沿袭唐代北门学士院之制，有玉堂殿、擒文堂等建筑。

从内朝的嘉明殿经过一条180间的锦臙廊便可通到御前主要殿宇，"廊外即后苑"，即宫城的苑林区，位置大约在凤凰山的西北部，是一座风景优美的山地园。这里地势较高，能迎受钱塘江的江风，气候凉爽，视野开阔，"山据江湖之胜，立而环眺，则凌虚骛远、环异绝特之观，举在眉睫"，故为宫中避暑之地。《武林旧事》载：

"禁中避暑多御复古、选德等殿及翠寒堂纳凉。长松修竹，浓翠蔽日。层峦奇岫，静窈萦深。寒瀑飞空，下注大池可十亩。池中红白菡萏万柄，盖园丁以瓦盎别种，分到水底，时易新春，庶几美观。……又置茉莉、素馨、建兰、麝香藤、朱槿、玉桂、红蕉、阇婆、薝蔔等南花数百盆于广庭，鼓以风轮，清芬满殿……初不知人间有尘暑也。"

文中"大池"即指后苑人工湖，称"小西湖"。苑中人工叠山飞来峰，与自然山林环境融为一体。殿堂亭榭分布山间，主要殿宇有翠寒堂、观堂、凌虚楼、瑞庆殿、清燕殿、膺福殿等，都与周围环境相协调，十分宜人。苑中还有几十座亭子，或在花间，或在池中，或近水口，或处山顶，并有流杯亭、射亭等。

后苑据山地之美，以花木为胜，建筑布置疏朗，大部分体量较小。后苑模仿艮岳，许多景区以植物命名，或以花木专类为主题，如小桃园、杏坞、梅岗、柏木园等。《南渡行宫记》有相关的记述。

（2）德寿宫

德寿宫位于外城东部望仙桥之东。高宗晚年退位，传位于孝宗，自己当了26年"以天下养"的太上皇。德寿宫即是高宗退闲休养之所，于绍兴三十二年（1162年）在秦桧旧宅基础上改扩建，是南宋前期重要的皇家禁苑，规模比侔大内，合称"南北内"。

《武林旧事》载："高宗雅爱湖山之胜，恐数跸烦民，乃于宫内凿大池，引水注之以象西湖，冷泉叠石为山，作飞来峰。"宋高宗在政治上比较昏庸，但在艺术上继承了他的父亲，工书画，喜山水园林之乐，加上孝宗是著名的孝子，因此德寿宫的园景颇为可观。

德寿宫后苑可分为东、西、南、北4区，花木尤盛，景色宜人。南宋李心传《建炎以来朝野杂记》乙集卷三对此有如下的描述：

"德寿宫乃秦丞相旧第也，在大内之北，气象华胜。宫内凿大池，引西湖水注之，其上叠石为山，象飞来峰。有楼曰‘聚远’。凡禁御周回分四地。东则香远（梅堂）、清深（竹堂），月台、梅坡、松菊三径（菊、芙蓉、竹）、清妍、清新（木樨）、芙蓉冈，南则载忻、忻欣、射厅临赋（梅）、灿锦、至乐、半丈红（大堂乃御宴处）、清旷、泻碧（古柏湖石），西则冷泉（荷花仙子）、文杏馆（金林梅）、静乐（边上）、浣溪（郁李），北则绛华（木樨）、旱船（养金鱼处）、俯翠（古梅）、春桃盘松（松在西湖，上得之以归）。”

《宋史·志第一百七》“宫室”和《武林旧事·卷四》“故都宫苑”也有相似记载。

德寿宫按景色之不同分为 4 个景区：东区观赏名花，如香远堂赏梅花，清深堂赏竹，清妍堂赏荼蘼，清新堂赏木犀等；南区主要为各种文娱活动场所，如宴请大臣的载忻堂、观射箭的射厅，以及跑马场、球场等；西区以山水风景为主调，回环萦流的小溪沟通大水池；北区则建置各式亭榭，如用日本椤木建造的绛华亭，茅草顶的倚翠亭，观赏桃花的春桃亭，周围栽植苍松的盘松亭等。

4 个景区的中央为人工开凿的大水池，又名“小西湖”。池中遍植荷花，可乘画舫作水上游。水池引西湖之水注入，叠石为山以像飞来峰之景，又名“飞来峰”，是模仿灵隐的飞来峰。假山有人工瀑布，其石洞内可容百余人，可见当时园林工程的水平。从小西湖和飞来峰也可看出，德寿宫同样是对西湖风景的缩移写仿。

德寿宫建成后，孝宗经常侍奉高宗在园中游览、宴饮、诗文唱和，其乐融融。高宗、孝宗父子在德寿宫留下许多诗文和燕游记录，成为我们今天了解德寿宫的资料。

高宗去世后，吴太后独居德寿宫，德寿宫因此更名慈福宫。淳熙十一年（1189 年）孝宗退位，移居于此，改名重华宫。绍熙五年（1194 年），孝宗病逝，谢太皇太后继续在此居住，更名寿慈宫。开禧二年（1206 年）德寿宫遭大火，渐趋荒废。南宋咸淳年间，德寿宫闲置，度宗遂以一半改建为道观宗阳宫，另一半改为民居。直到清光绪年间，人们尚能见到大假山的残存部分以及山洞的一角。当年德寿宫内一些特置的峰石留传下来，其中一峰名“芙蓉石”，高丈许。清乾隆帝南巡时见到，便把它移送北京，置之圆明园的朗润斋，改名“青莲朵”。

近年来，考古工作者相继发现了一些德寿宫相关的遗址，也增进了我们对于德寿宫的了解。2001 年，杭州市启动了德寿宫一期抢救性发掘工程，发现了德寿宫东宫墙和南宫墙遗迹，确定了宫殿东至和南至的范围。2005 年德寿宫二期发掘又发现了西宫墙的遗迹，从而确定了德寿宫的四至范围（即南至今望仙桥直街，北至今佑圣观路，西临今中河，东至今吉祥巷、织造马弄），得出了德寿宫总面积 17×10^4 m^2 的结论。然而，德寿宫现在的发掘面积只有约 1000 m^2（图 6-12），大部分遗迹上如今已建有商铺、民居、菜场，德寿宫的更多细节还有待进一步研究。

6.4.1.2 行宫御苑（聚景园）

聚景园也是孝宗为侍奉高宗游览而扩建的皇家御园，在德寿园后苑扩建前，孝宗和高宗经常临幸。南宋时《都城纪胜》载，聚景园在“城西清波钱湖门外”。园内沿湖的湖岸上遍植垂柳，故有“柳林”之称。此园范围甚大，清波门外是西园南门，涌金门外是北门，又引西湖之水入园，开凿人工河道，上设学士、柳浪二桥，流福坊水

图6-12 德寿宫水渠遗址 鲍沁星摄

口即为水门。《古今图书集成》引《杭州府志》："聚景园，宋孝宗筑以奉上照游幸者。固有会芳殿，瀛春、览远、芳华等堂，花光、瑶津、翠光、桂景、碧凉观、琼芳、彩霞、寒碧等亭，柳浪、学士等桥。"

聚景园也留下了高宗、孝宗父子赏花的故事。《武林旧事》卷七"乾淳奉亲"载：

"乾道三年三月初十日，南内遣阁长至德寿宫，奏知'连日天气甚好，欲一二日间，恭邀车驾幸聚景园看花。取自圣意，选定一日'。太上云传语：'官家备见圣孝，但频频出去，不惟费用，又且劳动多少人。本宫后园亦有几株好花，不若来日请官过来闲看。'"

"淳熙六年三月十五日，车驾过宫，恭请太上、太后幸聚景园。……上邀两殿至瑶津少坐，进泛索。太上、太后并乘步辇，官显乘马，遍游园中。再至瑶津西轩，入御筵。……遂至锦壁赏大花。三面漫坡，牡丹约千余丛，各有牙牌金字，上张碧油绢幕，又别剪好色样一千朵，安顿花架，并水晶、玻璃、天晴（一作天青）汝窑金瓶，就中间沉香桌儿安顿白玉碾花商尊，约高二尺，径二尺三寸独插照殿红十五枝。……又进酒两盏至清辉少歇，至翠光登御舟，入里湖。出断桥，又至真珠园。太上命尽买湖中龟鱼放生，并宣唤在湖卖买等人。"

宁宗以后，聚景园逐渐荒废。时人高似孙诗咏："翠华不向苑中来，可是年年惜露台。水际春云寒漠漠，官梅却作野梅开。"

元代聚景园进一步荒废，南侧变成坟地。至明代中叶，当年蔚然大观的聚景园只剩下柳浪桥、华光亭两处破旧陈迹。清代康熙帝南巡后，旧西湖十景得以恢复。每到阳春三月，聚景园旧址柳浪迎风摇戈，浓荫深处莺啼阵阵，这就是清代西湖十景中的"柳浪闻莺"。

6.4.2 私家园林

（1）范成大石湖别墅

石湖别墅位于平江城（今苏州）西南郊，在上方山麓、石湖湖畔，是南宋名臣、文学家、爱国诗人范成大的别墅园。

范成大（1126—1193），平江府吴县（今江苏苏州）人，字至能，一字幼元，早年自号此山居士，晚号石湖居士。高宗绍兴二十四年（1154 年）进士，使金不辱使命，累官礼部员外郎兼崇政殿说书、中书舍人，官至参政知事，晚年归隐石湖。范成大工诗文，亦擅书法，与杨万里、陆游、尤袤合称南宋"中兴四诗人"，著有《石湖集》《揽辔录》《吴船录》《吴郡志》《桂海虞衡志》等，还著有《范村梅谱》《范村菊谱》等有关花卉专著。

范成大年少时就居住在石湖畔，晚年又归隐于此。他在《御书石湖二大字跋》中写道"石湖者，具区东汇，自为一壑，号称佳山水。臣少长钓游其间，结茅种树，久已成趣……"可见他对石湖的深厚感情。

石湖别墅从范成大中年开始营建。乾道三年（1167 年），范成大在石湖畔建农圃堂；此后又陆续在湖边筑梦渔轩，在行春桥南筑盟鸥亭，在石湖之南筑绮川亭等；石湖北面还有天镜阁，上方山麓则建有玉雪坡、锦绣坡、此山堂、千岩观、说虎轩等，其余堂构散布其间。这些总称"石湖别墅"，后人将其总称为"石湖旧隐"。

石湖以田园风光为胜。淳熙十三年（1186 年），范成大在石湖所作《四时田园杂兴六十首》，是其田园诗的代表作。园中遍植梅花，园主人常邀杨万里、姜夔、周必大等雅士来游园。

石湖别墅因园主人而名盛，园林与湖山风光相得益彰，为时人所倾倒，竞相赋诗作文，成为一时盛事。淳熙八年（1181 年），宋孝宗御书"石湖"二字钦赐，以示荣宠。淳熙十三年（1186 年），时任太子的赵惇（即后来的光宗）题赐"寿栎堂"，范成大将两幅御笔分别勒书、制匾，并建"重奎堂"以示庆贺。

南宋周密《齐东野语》"范公石湖"条载：

"文穆范公成大，晚岁卜筑于吴江盘门外十里。盖因阖闾所筑越来溪故城之基，随地势高下而为亭榭。所植多名花，而梅尤多。别筑农圃堂对楞伽山，临石湖，盖太湖之一派，范蠡所从入五湖者也，所谓姑苏前后台，相距亦止半里耳，寿皇尝御书‘石湖’二大字以赐之。公作《上梁文》，所谓‘吴波万顷，偶维风雨之舟；越戍千年，因筑湖山之欢’者是也。又有北山堂、千岩观、天镜阁、寿乐堂，他亭宇尤多。一时名人胜士，篇章赋咏，莫不极铺张之美。”

范成大逝后 325 年，即明正德十三年（1518 年），监察御史卢雍为纪念范公，在石湖北渚、茶磨屿下建范文穆公祠，以后历代修葺不绝。清乾隆年间苏州藉院画家徐扬绘制的《盛世滋长图》中，有祠堂全貌，依山临湖，规模颇宏。近代祠堂逐渐荒废，1984 年再修，现在是石湖公园的一部分。

（2）杨皇后宅园

恭圣仁烈杨皇后宅院位于临安吴山山麓清波坊，属于外戚府。恭圣仁烈杨皇后，即宋宁宗赵扩的皇后杨氏。杨皇后在宁宗、理宗两朝把持朝政，计杀韩侂胄，重用史弥远，矫诏废赵竑，立赵昀。杨皇后善诗词，工书画，相传《百花图卷》是她的作品。

杨皇后宅园原只见于文献，且记载不详。2001 年，浙江省杭州市文物考古所为配合四宜路旧城改造工程，对吴庄基建工地进行了抢救性考古发掘，历时 120 天，发掘面积约 1800 m^2。此次发掘发现宅院遗址主体建筑一处，包括正房、后房、庭院、东西两庑和夹道遗迹，并有一处大型假山与长方形水池遗址，综合其他材料认定为南宋恭圣仁烈杨皇后宅。

遗址呈布局对称的院落型，有正房、后房、庭院、东西两庑和夹道。正房的面宽为 7 间，正中向北面庭院内延伸出一站台。东西两庑呈对称分布，位于庭院的东西两侧。后房遗迹西半部和北半部未揭露，规格和筑法同正房。正房、后房和东西两庑的台基连成回字形，中间围合成一个长方形庭院。庭院北部有大型假山，占地约 10 m^2。庭院中心有水池，占地约 92 m^2（图 6-13）。

庭院遗迹位于正房、后房和两庑之间，比周围台基低约 0.5 m，东西宽 17.42 m，南北长 22.2 m。中部有一方池，庭院方池和台基之间用香糕砖竖铺成地面。地面花纹呈多种几何形，每一块砖在不同的花纹中均起到不同的作用，整个花纹构思严谨、巧妙，主要有十字形、菱形、人字形、回字形、凸字形等。

庭院中部方池遗迹东西长 12.48 m，南北宽 7.54 m，深 1.21 m。四周用 4 排青砖错缝平砌成池墙，其上有太湖石制成的压栏石。围绕方池有一砖砌排水明沟。庭院东北角、东庑台基下有一砖砌排水暗沟通于庭院外，暗沟和明沟相连，暗沟口部用透雕的方砖封堵，透雕花纹为假山、松枝和两只猴子。池的西北角压栏石上刻有一溢水沟，突棱下有一溢水孔，可排出多余池水。方池底部用三皮方砖平铺，每皮方砖和每块方砖之间的缝隙用料浆石末和糯米汁灌注，以防渗水。

庭院北部后房和方池之间有用太湖石垒成的假山（图 6-14）。假山所用太湖石大小不一，大者重达千余斤。整座假山玲珑剔透，假山中有过道，过地道面用香糕砖铺成，庭院东北角的假山保存部分登假山的台阶，用长方形砖铺砌而成，可推知假山内有可以穿越的山洞和条砖墁成洞内通道，并可游可登。

6.4.3　寺观园林

唐代以后，禅宗逐渐兴起，经过五代和北宋的发展，到南宋时已成为中国佛教的主流。当时各宗寺院皆有五山（注：佛家习惯将各派传法中心寺院称作“山”或“本山”），以禅宗影响最大。宋宁宗嘉定年间，史弥远奏请制定禅院等级，于是始定江南禅寺等级，同时也对教院、律宗寺院作了品评（注：宋代佛教大致可分为禅、教、律三教，宋人也称之为“三宗”。“禅”指禅宗，影响力最大，有云门、临济、曹洞三宗；“教”指禅宗外诸宗，主要有天台宗、华严宗和净土宗；律是律宗，实为律学。寺院也大致分禅寺、教寺和律寺。）五山十刹分为三大类六个系列，即禅院五山、禅院十刹，教院五山、教院十刹，律寺五山、律寺十刹。以五山位在所有禅院之上，十刹之寺仅次于五山。

（1）灵隐寺

灵隐寺始建于东晋咸和元年（326 年）。据

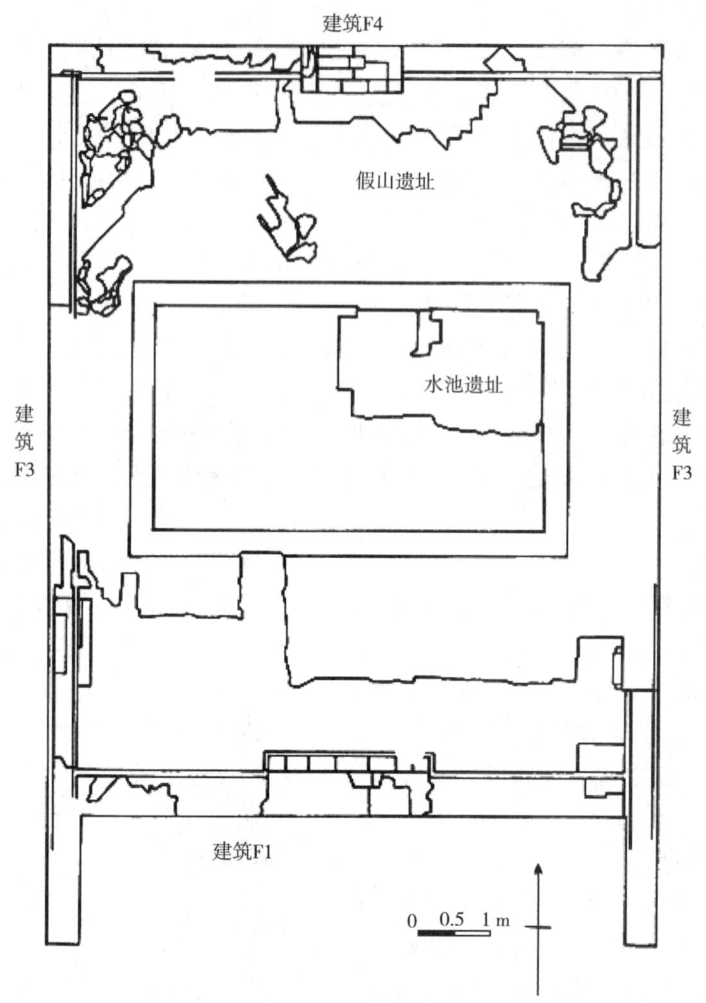

图6-13　杨皇后宅院平面图（摹自鲍沁星《南宋杭州恭圣仁烈杨皇后宅院园林遗址续考》，2011）

图6-14　杨皇后宅院庭院西北角假山　鲍沁星摄

《天竺山志》记载，“东晋咸和初，慧理（注：西印度高僧）来灵隐卓锡，登武林云：‘此乃中天竺国灵鹫山之小岭，何年飞来此地耶？’佛在世日，多为仙灵所隐。”遂于峰前建寺，名曰灵隐。

古时灵隐所处之地称“武林山”。北宋王十朋《祥符图经》称，武林山“高九十二丈，周回一十二里，又曰‘灵隐’”，山有飞来、白猿、稽留、月桂、莲花 5 峰。灵隐寺背靠北高峰，面朝飞来峰（图 6-15），两峰夹峙，林木耸秀，云烟万状。

灵隐寺历经南朝、隋，到五代时在江南地区已有相当的影响力。五代吴越国三世五王笃信佛教，奉行“保境安民”“信佛顺天”的政策，杭城佛寺增至 360 寺。在钱王的支持下，灵隐寺规模已达 9 楼、18 阁、77 殿堂、僧众 3000 余人，名震江南，常有异邦僧侣来此取经。后周显德七年（960 年），钱弘俶又从奉化请来高僧延寿主持灵隐寺，新建僧舍 500 余间，建石幢两座。东建百尺弥勒阁，西有祗园，房间合 1300 百余间，亭廊曲折萦回，自山门左右连接方丈，称为“灵隐新寺”。

北宋继承了吴越国时灵隐寺的格局。宋室南渡后，高宗将一些名刹梵宇改为祈福祷告戒斋之所。灵隐寺于绍兴五年（1135 年）更名“灵隐山崇恩显亲禅寺”。绍兴二十八年（1158 年），灵隐寺仿照当时临安的净慈寺建“田字殿”，塑五百罗汉，一时间江南地区盛传“数不清的灵隐罗汉”。孝宗乾道三年（1167 年），诏每年四月初八佛诞日赐帛 50 匹给灵隐寺，并时常来灵隐寺进香祈福。宁宗嘉定年间评定浙江禅院，灵隐寺为禅宗五山第二，仅次于余杭径山寺。

《武林旧事》“景德灵隐禅寺”条载：

“相传‘灵隐神寺’乃葛仙书，或云宋之问书。景德中，续加“景德”二字。有百尺弥勒阁、莲峰堂。方丈曰直指堂。千佛殿、延宾水阁、望海阁。理宗御书“觉皇宝殿妙庄严域”。又有巢云亭、见山堂、白云庵、松源庵、东庵等在山后，尤幽寂可喜。”

大约绘于南宋淳祐七年至宝祐四年 (1247—1256) 的日本京都东福寺所藏《大宋诸山图》，记载了南宋灵隐寺的平面图。从图中可知，寺院以一组沿中轴线布置的建筑群为主体，中轴线上有山门、佛殿、卢舍那殿、法堂、前方丈、方丈、坐禅室等；东西两侧布置若干附属建筑，并出现了库院与僧堂，正是所谓“山门朝佛殿，厨库对僧堂”的格局，与同时期的天童寺、万年寺布局

图6-15　杭州灵隐寺飞来峰造像　刘晓明摄

相似。南宋时期，五山十刹为代表的禅宗寺院属七堂伽蓝类型，灵隐寺的布局在禅宗伽蓝七堂中具有代表性（图6-16）。

（2）国清寺

国清寺位于天台山麓（今浙江省天台县北），背靠崇山峻岭，四围众峰环绕，中间形成盆地。国清寺四周有5座山峰环抱，峰峰相连，犹如双臂护卫。寺前祥云峰，海拔301 m；寺后八桂峰，海拔344 m，寺院即建于此峰南麓的向阳坡地上；寺东灵禽峰，海拔318 m；寺西灵芝峰，海拔180 m，紧倚寺院，登峰巅，立观景亭，可俯瞰国清寺全景；寺西北映霞峰最高，海拔462 m。国清寺临北涧、西涧而建，北涧流经寺院东部和南部，西涧流经寺院西部。

高僧智者大师（智颉）于南朝陈太建七年（575年）入天台山，并在此弘扬佛法。隋代建立以后，晋王杨广（即后来的炀帝）多次请智颉往扬州传戒。隋开皇十七年（597年），智颉圆寂，晋王杨广依照他的遗愿在天台山八桂峰前山坡上（今国清寺大雄宝殿后约100 m处）建寺，初名天台山寺，隋大业元年（605年）赐额国清寺，取“寺若成，国即清”之意。自智颉的弟子灌顶开始，天台宗历代祖师相继在此传法。唐初，国清寺殿宇辉煌，香火极胜。唐贞元二十年（804年），日本僧人最澄来寺从大师道邃、行满学习天台宗教规，后回日本开创天台宗，现日本佛教天台宗和莲宗均以国清寺为祖庭。唐会昌年间，原寺毁于火，旋即重建。唐大中五年（851年）柳公权在寺后石壁上题写“大中国清之寺”6个摩崖大字，至今仍清晰可辨。

五代时，吴越王钱弘俶遣使高丽求取天台宗教籍，为天台宗的复兴创造了条件。景德二年（1005年），宋真宗赐黄金万两大修，诏改“景德国清寺”，当时的国清寺“前后珍赐甚夥，合三朝御书数百卷，有御书阁”。大中祥符八年（1015年），日本高僧寂昭弟子念救又捐资重建，并在寺内建三贤堂，祀丰干、寒山、拾得三大士。太宗朝进士赵湘诗云“海内标僧院，秋钟彻县城”，可见寺宇之恢弘。

南宋初年，国清寺又遭兵燹，殿宇被毁。建炎元年（1127年），宋高宗定都临安（杭州），诏令兴佛。翌年，重建国清寺及寺前桥、塔。此时

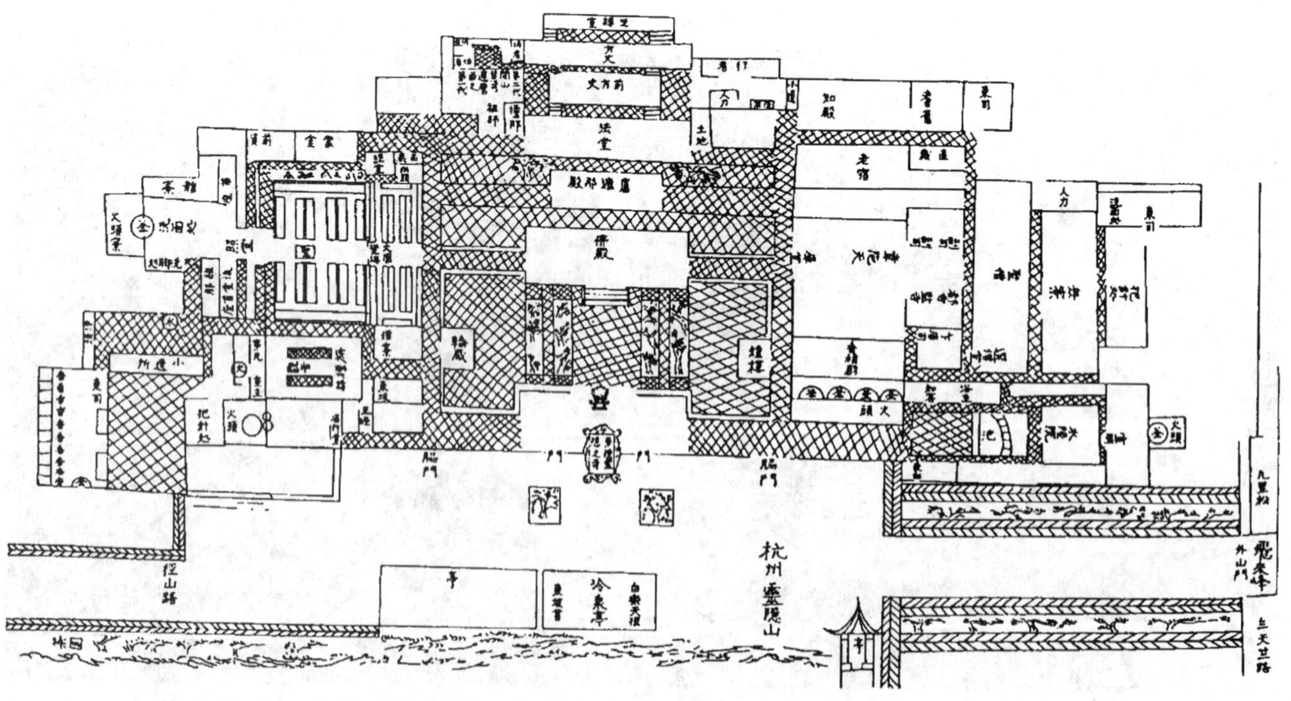

图6-16 《五山十刹图》中的灵隐寺［引自郭黛姮《中国古代建筑史》（第三卷），2003］

的国清寺殿宇宏丽，古木青翠，高处有兜率台，瀑布飞其后，振锡、回澜两桥拱于前，大为奇胜。但由于当时研习天台宗者渐稀，禅宗盛行，建炎四年（1103 年）诏令“易教为禅”。国清寺遂成禅寺。嘉庆间品第江南佛寺，国清寺列为禅宗十刹之十。南宋以后，寺院几经废毁，现存寺院是清雍正十一年（1733 年）重建。

今国清寺东南、祥云峰麓有“报恩塔”，始建于隋开皇十八年（598 年）。唐武宗时国清寺被毁，塔也受损。现存的塔是南宋高宗建炎二年（1128 年）重建。塔六面九级，残高 59.4 m，边长 4.6 m，原塔为空心楼阁式砖木结构，与六和塔相似，塔内中空，可沿楼梯盘旋至塔顶。外壁塔砖雕有 3 尊佛像，造型生动传神。塔身内壁镶嵌有《法华经》石刻碑和线刻佛像石碑。因遭火焚毁飞檐斗拱，塔四周形成空洞；塔顶亦已毁，从塔内仰望可见蓝天（图 6-17）。

图6-17　隋开皇十八年始建、南宋建炎二年重建的国清寺报恩塔　叶森摄

6.4.4　学府园林

宋代教育发达，而且讲学之风盛行。特别是民间创办的书院主张不同学派的交流争辩，提倡互相砥砺学问，力纠官学、科举之弊，学术空气一度十分活跃。同时书院也一度得到了国家的大力支持。宋代政府专门拨出一部分土地（即“学田”）供学生日常生活之需，这部分土地在国有土地中所占份额最大。南宋时，形成了著名的四大书院，即岳麓书院、白鹿洞书院、嵩阳书院与睢阳书院（应天书院）。

在宋代书院的发展过程中，理学的影响甚大，南宋尤甚。朱熹及其弟子以书院为阵地，授受相传，建立门户。朱熹先后修复了岳麓书院和白鹿洞书院，并且兴建了大量新书院，制定新的学规，使书院大兴，对后世影响极为深远。朱熹所建的书院大多在山水胜迹中，既是读书讲学的佳处，也是优美宜人的园林。

（1）白鹿洞书院

白鹿洞书院在南康府（今江西省九江市）庐山之阳、五老峰下。这里本无洞，但因地处河谷小盆地，周围高而中间凹，俯瞰似洞。据北宋陈舜俞（1026—1076）《庐山记》的记载，唐代贞元年间（785—805），洛阳人李渤与其兄弟李涉曾在此隐居，读书修身；李渤豢养一只白鹿，极为驯服而有灵性，常随他出入，白鹿洞因此得名。后来李渤出任江州（今江西省九江市）刺史，在原来读书的地方广植花木、建台榭以示纪念，白鹿洞从此成为一处名胜。

南唐昇元四年（940 年），李氏朝廷在白鹿洞建立起了庐山国学，又称“白鹿国庠”。当时的庐山国庠是南唐重要的学术文化中心，与金陵秦淮河畔国子监齐名，学者争相往之。北宋初年，在白鹿洞设立了书院，但从学徒较少、影响力不大。后来白鹿洞书院几起几落，皇祐末年（1054 年）毁于兵火，成为一片废墟瓦砾。

南宋孝宗淳熙六年（1179 年），白鹿洞书院被毁 125 年之后，朱熹出任南康军知军，上任当年就亲自考察白鹿洞书院的遗址，发现这是一个读书讲学的好地方，于是一面分派人筹措兴复诸事，同时又将自己有关修复书院的种种设想奏告朝廷。当时南宋朝廷对金兵南下惊惶始定，财政困难尚多，对教育事业无余力顾及，何况南康军已有 3 所官校，因此有人提出不必为修复书院烦费。但朱熹认为“观其四面山水，清邃环合，无市井之喧，有泉石之胜，真群居讲学、遁迹著书之所”。他力排众议，一再上奏朝廷，坚持重建白鹿洞书院。在朱熹的一再请求下，孝宗终于批准重建白鹿洞书院。至淳熙八年（1181年），朱熹重建屋宇20余间，同时筹措院田、聚书、立师、聚徒、订学规、立课程，使书院初具规模。

朱熹非常重视书院的环境建设，在书院周边开发了不少景点，闲暇时常学生优游于山石林泉之间；他寓讲解、启迪、点化于游憩中，认为这是造就德才的良好途径。因此这一时期的白鹿洞书院环境优美宜人，是一处著名的学府园林。

宋代白鹿洞书院构筑现已不存，相关文献也记载不详。所幸院址基本未变，山水格局依旧。明代江西省学政李龄《重修书院记》记载了白鹿洞周边山水：

"南康府北行十五里，庐山五老峰之东，旧有白鹿洞书院。后有崇山峻岭，骑驰云矗而来，结为院基，群山环绕于左右。前有三小峰，峭拔奇伟，如拱如揖。西有泉水，泻出于岩谷之间，冲涛触石，悬为瀑布，涌为雪浪，汇为清池。渊泓澄碧，洞鉴万汇，折流而东，经于院门而去。嘉葩茂树，修篁奇石，交布于其上。"

南宋白鹿洞书院有接官亭、枕流桥、六合亭、流芳桥（濯缨桥）、钓台等，现在均为明代以后重建（图6-18）。

（2）武夷精舍（武夷书院）

武夷山九曲溪第五曲东岸、隐屏峰南麓，有一片面积约0.5 hm^{2}的平冈长阜，称为平林。这里林木葱郁，云气清幽，两旁坡陀还复相抱，溪水随山势曲折环绕。朱熹《九曲棹歌》之《五曲》诗云："五曲山高云气深，长时烟雨暗平林。林间有客无人识，欸乃声中万古心。"

淳熙五年（1178年）初秋，时任武夷山冲佑观提举的朱熹任期将满，与妹婿刘彦集、隐士刘甫共游武夷，见九曲溪旋绕曲折（图6-19），隐屏峰下云气流动，顿觉心旷神怡，因而萌发出"眷焉此家山"和"仙人久相招，授我黄素书，赠我双琼瑶，茅茨几时建，自此遗纷嚣"的建屋之愿望。经过数年的苦心筹措，精舍终于在淳熙十年（1183年）动工，当年就初见规模。

朱熹《武夷精舍杂咏序》中说：

"武夷之溪东流凡九曲，而第五曲为最深。盖其山自北而南者至此而尽，耸全石为一峰，拔地千尺。上小平处微戴土，生林木，极苍翠可玩；而四隤稍下，则反削而入如方屋帽者，旧经所谓大隐屏也。屏下两麓坡垞旁引，还复相抱。抱中地平广数亩，抱外溪水随山势从西北来。四屈折始过其南，乃复绕山东北流，亦四屈折而出。溪流两旁丹崖翠壁林立环拥，神剜鬼刻，不可名状。舟行上下者，方左右顾瞻错愕之不暇，而忽得平冈长阜，苍藤茂木，按衍迤靡，胶葛蒙翳，使人心目旷然以舒，窈然以深，若不可极者，即精舍之所在也。

直屏下两麓相抱之中，西南向为屋三间者，

图6-18 白鹿洞书院宋代牌坊 刘晓明摄

图6-19 武夷山九曲溪 谢祥财摄

仁智堂也。堂左右两室：左曰‘隐求’，以待栖息；右曰‘止宿’，以延宾友。左麓之外，复前引而右抱，中又自为一坞，因累石以门之，而命曰“石门之坞”。别为屋其中，以俟学者之群居，而取‘学记相观而善’之义，命之曰‘观善之斋’。石门之西少南又为屋，以居道流，取道书《真诰》中语，命之曰“寒栖之馆”。直观善前山之巅为亭，回望大隐屏最正且尽，取杜子美诗语，名以‘晚对’。其东出山背临溪水，因故基为亭，取胡公语，名以‘铁笛’，说具本诗注中。寒栖之外，乃植椴列樊，以断两麓之口，掩以柴扉，而以武夷精舍之匾揭焉。经始于淳熙癸卯之春，其夏四月既望堂成，而始来居之。四方士友来者亦甚众，莫不叹其佳胜而恨他屋之未具、不可以久留也。”

从文中可知，精舍正厅在隐屏下两麓相抱中，西南向，3 间，名为“仁智堂”。仁智堂左右有“隐求”“止宿”二室，分别是朱熹的起居室和客厅。山的左麓向前伸出，又向右环抱，形成一处山坞，坞口垒石作门，称为“石门之坞”。坞内又有一排房屋，作为求学之人的居住地，名为“观善斋”。石门西边，又有一间房屋，以供道士居住，名为“寒栖馆”。观善斋前，还有两座亭子：一座在观善斋前山之巅，名为“晚对亭”；一座在观善斋东面背临溪水处，名为“铁笛亭”。而在寒栖馆外，又绕着一圈篱笆，截断两麓之间的空隙，当中用柴扉遮蔽，并悬挂“武夷精舍”的横匾。

武夷精舍从自然环境出发，风格简朴。亭榭等建筑都在山巅水际随宜设置。大隐屏西又有钓矶、茶灶。茶灶利用溪水中天然巨石作灶，炊溪水以煮茗，得清雅之至。武夷山溪水九曲，两岸都是石壁，只有南山之南有路，但精舍在溪北，所以往来交通只能用小舟，这更为书院增添了神韵。

南宋末年，武夷精舍进一步扩建，并改称“紫阳书院”。元、明、清三朝，书院几经兴废，弦歌不绝。现存书院是清康熙五十六年（1708 年）所建。

6.4.5　山水胜迹

五代时，吴越国以杭州为都城。吴越国历代国王崇信佛教，在西湖周围兴建大量寺庙、宝塔、经幢和石窟，扩建灵隐寺，创建昭庆寺、净慈寺、理安寺、六通寺和韬光庵等，建造保俶塔、六和塔、雷峰塔和白塔，杭州一时有佛国之称。但吴越国后期至北宋后期，西湖长年不治，葑草湮塞占据了湖面的一半。北宋哲宗元祐五年（1090 年），苏轼上《乞开杭州西湖状》，请求清除西湖中从五代以来积存的葑泥，并说：“杭州之有西湖，如人之有眉目，盖不可废也。”同年四月，苏轼动员 20 万民工疏浚西湖，并用挖出的葑草和淤泥，堆筑起由南至北横贯湖面的 2.8 km 的长堤，在堤上建 6 座石拱桥，自此西湖水面分东西两部，而南北两山始以沟通。后人将这条长堤称为“苏堤”。

南宋定都临安后，西湖也进入了鼎盛时期。

西湖周回三十里，三面环山，南面的吴山和北面的宝石山隔湖环抱。西湖“受武林诸山之水，下有渊泉百道，潴而为湖”（《西湖志》）。至于湖水的去路，一为经城内诸河北流入泛洋湖再转注上塘河，一为由桃花港、过下湖，而入子塘河。至南宋，西湖已形成了后湖、里湖和外湖的格局。孤山耸峙湖中，东连白堤，划山后的水域为后湖，山前水域为外湖；苏堤以西的水域称里湖，苏堤以东的水域称外湖。环湖及南北两山兴建了许多园林。皇家园林有富景园、聚景园、延祥园、翠芳园、玉津园等，贵戚、功臣、权臣、内侍、富室乃至寺院等也相继筑园，目前文献可知的不下百处。

南宋的西湖以湖为中心，南北两山为环卫，大致可分为南山、北山和环湖 3 个景区，并形成了一定的游线。南山区一支南起嘉会门外玉津园，循包家山、梯云岭，直达南屏山一带，随南山逶迤直接南高峰；一支沿由长桥东行，入万松岭。环湖区是从南长桥环湖沿城北行，经钱湖门、清波门、丰豫门（涌金门），至钱塘门。北山区一支自昭庆寺循湖而西，过宝石山，入葛岭、九里松一带，顺山势至灵隐、北高峰，另一支则沿城至白洋池北。

西湖虽是临安明珠，但若无南北两山的衬托，也会减色不少。宋人深知此理，所以着力经营南北两山，在山区建有许多名园小筑，它们随山势蜿蜒，高低错落。南山南屏有胜景园、翠芳园、真珠园等，万松岭有富览园等，北山葛岭宝石山有云洞园、水月园、集芳园、择胜园、梅冈园等。而滨湖造园较少，仅有聚景园、玉壶园、环碧园等几处。

南宋西湖游赏活动极为兴盛。吴自牧《梦粱录》中说，"临安风俗，四时奢侈，赏玩殆无虚日。西有湖光可爱，东有江潮堪观，皆绝景也""湖中大小船只不下数百舫""皆精巧创造，雕栏画拱，行如平地"。来西湖游览的人，有香客、商贾、僧侣，也有各国的使臣、赴京赶考的学子。《武林旧事》"西湖游幸、都人游赏"条有详细记载：

"西湖天下景，朝昏晴雨，四序总宜。杭人亦无时而不游，而春游特盛焉。承平时，头船如大绿、间绿、十样锦、百花、宝胜、明玉之类，何翅百余。其次则不计其数，皆华丽雅靓，夸奇竞好。而都人凡缔姻、赛社、会亲、送葬、经会、献神、仕宦、恩赏之经营、禁省台府之嘱托，贵珰要地，大贾豪民，买笑千金，呼卢百万，以至痴儿呆子，密约幽期，无不在焉。日糜金钱，靡有纪极。故杭谚有'销金锅儿'之号，此语不为过也。

都城自过收灯，贵游巨室，皆争先出郊，谓之'探春'，至禁烟为最盛。龙舟十余，彩旗叠鼓，交舞曼衍，粲如织锦。内有曾经宣唤者，则锦衣花帽，以自别于众。京尹为立赏格，竞渡争标。内珰贵客，赏犒无算。都人士女，两堤骈集，几于无置足地。水面画楫，栉比如鱼鳞，亦无行舟之路。歌欢箫鼓之声，振动远近，其盛可以想见。若游之次第，则先南而后北，至午则尽入西泠桥里湖，其外几无一舸矣。弁阳老人有词云：'看画船尽入西泠，闲却半湖春色。'盖纪实也。"

南宋时还出现了"西湖十景"之说。据祝穆《方舆胜览》、吴自牧《梦粱录》中记载，当时的西湖十景为：平湖秋月、苏堤春晓、断桥残雪、雷峰落照、南屏晚钟、曲院风荷、花港观鱼、柳浪闻莺、三潭印月、双峰插云（图 6-20）。

6.5 总结

两宋园林从唐代园林发展而来，是写意山水园的升华时期。宋代的政治、经济、文化的特殊性把园林推向了成熟的境地，促成了造园活动的全面繁荣，也使得文人园林占据了两宋园林的主导地位。与唐代的雄壮豪迈不同，两宋园林展现出闲适、淡雅、细腻的审美倾向。写实与写意相结合的唐代园林，到南宋时完成向写意的转化，发展为真正的写意山水园。

两宋园林的基本特征和主要成就可以归结为如下六点：

图6-20　南宋李嵩《西湖图》　现藏上海博物馆

（1）文人园林简约雅致

两宋园林以文人园林为主导。宋代经济发达和国势羸弱的矛盾状况，造成了忧患与享乐并存的社会心态，也造成了文人敏感、细致、内向的性格特征。两宋文化在一种内向封闭的境界中不断实现着从总体到细节的自我完善。与汉唐相比，两宋士人心目中的宇宙世界缩小了。宋代园林由外向拓展转向于纵深的内在开掘，所表现的精微细腻的程度却是汉唐所无法企及的。

两宋文人园林的风格特点大致可概括为：简约、疏朗、雅致、天然。

简约是宋代艺术的普遍风尚。简约并不意味着单调，而是以少胜多、以一当十，即所谓“精而造疏，简而意足”。宋代造园诸要素如山形、水体、花木、建筑等均不追求品类之繁复，不滥用设计之技巧，也不过多地划分景域或景区。疏朗，即园林的整体性强，不流于琐碎。宋代园内景物的数量不求其多，筑山往往主山连绵、客山拱伏而构成一体，且山势多平缓，不作有意的大起大伏，水体多半以大面积来造成园林空间的开朗气氛。宋代园林着意追求高蹈、隐逸的雅趣。例如，大量栽植竹、梅、菊等象征品格的植物，建筑也比较素雅，喜用草堂、草庐、草亭等，以表示不同流俗。两宋园林对诗画意趣的借鉴比之唐代更为自觉，同时也开始重视园林意境的创造，并且重视景名，旨在激发人们的联想而创造意境，无论私家园林、皇家园林、寺观园林还是公共园林皆是如此。山水诗、山水画、山水园林互相渗透的密切关系，到宋代已经完全确立。天然，一是指园林本身重视因山就水，二是指造园要素以自然要素为主，建筑密度低，这一点也造成了园林的疏朗风貌。

两宋园林的各个类型中，私家的造园活动最为突出，而私家园林又以文人园林为主。北宋初年的私家园林延续唐代，尚有注重生活实际和注重隐逸精神两种类型，但到南宋，文人园林的风格几乎涵盖了私家造园活动。皇家园林较多地受到文人园林的影响，比以往任何时期都更接近私家园林，有时甚至与私家园林相互转化。这种倾向冲淡了园林的皇家气派，也从一个侧面反映出两宋文化政策在一定程度上的宽容性。

（2）皇家园林以小见大

两宋皇家园林规模远小于前代，但借助移天缩地、以小见大的手法，在有限的区域内营造无穷的意境，园内景观也更加丰富和精致。

两宋皇家园林以叠山为胜，园内假山多有原型，经过艺术化的创造，比真山更胜一筹。如北宋艮岳叠山，实际规模不足百公顷，却包罗了“东南万里，天台、雁荡、凤凰，庐阜之奇伟，二川、三峡、云梦之旷荡”，将四方胜境揽于一园。临安德寿宫叠石为山，以象灵隐飞来峰之景，名“飞来峰”。宋代皇家园林理水也有特色，以自然界的江、湖、瀑、泉等为原型，创造了各种类型的水景。中国古代园林“一拳则太华千寻，一勺则江湖万里”的抽象概括的手法，在宋代已经基本形成。

（3）寺观园林风格融合

寺观园林也在世俗化的基础上进一步文人化。中唐至北宋，儒学转化成为理学，佛教衍生出完全汉化的禅宗，道教分化出向老庄靠拢，强调清净、空寂、恬淡、无为的士大夫道教。宋代文人大多崇尚禅悦之风，而禅宗僧侣则日愈文人化，这两个群体经常交往，以文会友；一部分道士也像禅僧一样逐渐文人化，“羽士”、皇家园林较多地受到文人园林的影响，比以往任何时期都更接近私家园林，有时甚至与私家园林相互转化。这种倾向冲淡了园林的皇家气派，也从一个侧面反映出两宋文化政策在一定程度上的宽容性。“女冠”经常出现在文人士大夫的社交活动圈里。于是，在儒、道、释三教合流的背景下，寺观园林由世俗化进而达到文人化的境地。与私家园林相比，它们除了尚保留着一点烘托佛国、仙界的功能之外，基本已无大的差异。因此，文人园林的风格也影响了大多数寺观。

（4）山水胜迹兴旺发展

在宗教界、知识界的普遍向往山林、追求隐逸的文化和心态下，宋代的山水游赏活动非常兴盛，各地山水胜迹迎来了又一次大规模开发。宋人喜郊游，将山、湖、溪、岩、洞等纷纷列入游赏范围，并在其中大量建造寺观和亭台轩榭等园林建筑。两宋的山水胜迹的数量之多，远超前代。不仅新开发建设，而且将过去已有的山水胜迹加以丰富和拓展，如传统的五岳、五镇、佛教的大小名山、道教的洞天福地等均有不同程度的发展。宋代之后的元、明、清三代的山水胜迹，多是在前代的基础上的补充和拓展，而鲜有重新开发者。可以说如今散布在全国各地的山水胜迹中的绝大多数都是在宋代定型的。

（5）公共园林蓬勃发展

宋代工商业迅速发展，对重农抑商的传统观念造成了强有力的冲击。在东京、临安等工商业比较发达的城市，出现了不少街市，与它们配合的园林具有浓郁的市井风格和实用特征，是明清园林风格转向的先兆。宋代城市的繁荣也带来了公共园林的兴盛。东京、洛阳、江南各地以及其他地区各种公共性质的园林的建设，比之上代已更为活跃、普遍。此外，不少私家园林和皇家园林定期向社会开放，受到市民的欢迎，也成为社会的风气。

（6）园林技术迅速提高

两宋的园林技术较前代有显著提高，为园林的广泛兴造提供了技术上的保证。石品已成为普遍使用的造园素材，相应地出现了专以叠石为业的技工，吴兴叫作“山匠”、苏州叫作“花园子”。园林叠石技艺水平的提高，使人们更重视石的鉴赏品玩，刊行出版了多种石谱。理水已能够缩移模拟大自然界全部的水体形象，并与石山、土石山、土山的经营相配合而构成园林的地貌骨架。宋代园艺技术发达，培养出丰富的植物品种，栽培技术在唐代的基础上又有所提高，并且出现嫁接和引种驯化的方法。从传世的宋画中就可以看出，两宋园林建筑的个体、群体形象丰富多样，个体建筑有一字形、曲尺形、折带形、丁字形、十字形、工字形等各种造型：单层、二层、架空、游廊、复道、两坡顶、九脊顶、五脊顶、攒尖顶、平顶等多种平面或屋顶形式，具备后世所见的几乎全部形象；有以院落为基本模式的各种建筑群体组合，并且能够倚山、临水、架岩、跨涧，贴切自然地结合于局部地形地物建造，发挥点缀风景的作用。

思考题

1. 两宋私家园林与唐代私家园林相比有哪些继承和发展？
2. 试绘独乐园的平面设想图。
3. 试绘武夷精舍平面设想图。

参考文献

（明）程敏政，新安文献志 [M]. 合肥：黄山书社. 2004.

（明）李濂，程民生，周宝珠，汴京遗迹志 [M]. 北京：中华书局，1999.

（明）田汝成，西湖游览志 [M]. 上海：上海古籍出版社，1980.

（清）陈梦雷，古今图书集成 [M]. 北京：中华书局，1984.

（清）孙治初，武林灵隐寺志 [M]. 杭州：杭州出版社，2006.

（清）徐松，宋会要辑稿 [M]. 北京：中华书局，1957.

（清）朱彭，等，南宋古迹考 [M]. 杭州：浙江人民出版社，1983.

（宋）程颢，二程遗书 [M]. 上海：上海古籍出版社，2000.

（宋）洪迈，夷坚志 [M]. 北京：中华书局，2006.

（宋）李诫，营造法式 [M]. 北京：人民出版社，2011.

（宋）李心传，建炎以来朝野杂记 [M]. 北京：中华书局，2000.

（宋）孟元老，东京梦华录 [M]. 郑州：中州古籍出版社，2010.

（宋）潜说友，咸淳临安志 [M]. 杭州：浙江古籍出版社，2012.

（宋）沈括，梦溪笔谈 [M]. 上海：上海古籍出版社，2013.

（宋）石介，徂徕石先生文集 [M]. 北京：中华书局，2009.

（宋）魏庆之，诗人玉屑 [M]. 北京：中华书局，2007.

（宋）吴自牧，梦粱录 [M]. 西安：三秦出版社，2004.

（宋）张载，张子正蒙 [M]. 上海：上海古籍出版社，

2000.
（宋）赵希鹄，洞天清禄集 [M]．北京：中华书局，1986.
（宋）周密，癸辛杂识 [M]．北京：中华书局，1997.
（宋）周密，齐东野语 [M]．北京：中华书局，1983.
（宋）周密，武林旧事 [M]．北京：中华书局，2007.
（宋）周应合，景定建康志 [M]．南京：金陵出版社，2009.
（宋）朱熹，论语集注 [M]．济南：齐鲁书社，1992.
（元）脱脱，等，宋史 [M]．北京：中华书局，1985.
（元）熊梦祥，析津志辑佚 [M]．北京：北京古籍出版社，1983.
白钢，中国政治制度史 [M]．天津：天津人民出版社，2002.
包伟民，吴铮强，宋朝简史 [M]．福州：福建人民出版社，2006.
陈从周，蒋启霆，园综 [M]．上海：同济大学出版社，2004.
陈公余，任林豪，天台宗与国清寺 [M]．北京：中国建筑工业出版社，2005.
陈永华，五山十刹制度与中日文化交流 [J]．浙江学刊，2003（4）.
陈植，张公弛，中国历代名园记选注 [M]．合肥：安徽科学技术出版社，1983.
邓广铭，邓广铭治史丛稿 [M]．北京：北京大学出版社，1997.
丁天魁，国清寺志 [M]．上海：华东师范大学出版社，1995.
杜石然，中国科学技术史·通史卷 [M]．北京：科学出版社，2003.
郭黛姮，中国古代建筑史 [M]．第四卷．北京：中国建筑工业出版社，2009.
翦伯赞，中国史纲要 [M]．北京：人民出版社，1983.
李桂芝，辽金简史 [M]．福州：福建人民出版社，1996.
李蔚，中国历史·西夏史 [M]．北京：人民出版社，2009.
李亚，龙赟，中国古代公共游览的典范——论南宋西湖的景观功能与社会意义 [J]．中国园林，2004（3）.
马可波罗，马可波罗游记 [M]．北京：外语教学与研究出版社，1998.
彭一刚，中国古典园林分析 [M]．北京：中国建筑工业出版社，1986.
孙旭，宋代杭州寺院研究 [D]．上海：上海师范大学，2010.
唐圭璋，全宋词 [M]．北京：中华书局，1965.
汪菊渊，中国古代园林史 [M]．北京：中国建筑工业出版社，2006.
王铎，洛阳古代城市与园林 [M]．呼和浩特：远方出版社，2005.
王铎，中国古代苑园与文化 [M]．武汉：湖北教育出版社，2003.
王劲韬，中国古代园林的公共性特征及其对城市生活的影响——以宋代园林为例 [J]．中国园林，2011（5）.
王毅，园林与中国文化 [M]．上海：上海人民出版社，1990.
吴宗国，中国古代官僚政治制度研究 [M]．北京：北京大学出版社，2004.
阴法鲁，等，中国古代文化史 [M]．北京：北京大学出版社，2008.
袁琳，宋代城市形态和官署建筑制度研究 [M]．北京：中国建筑工业出版社，2013.
袁行霈，中国文学史 [M]．第三卷．北京：高等教育出版社，2014.
张鸣，黄君良，郭鹏，宋代都市文化与文学风景 [M]．北京：北京语言大学出版社，2013.
张岂之，中国思想史 [M]．兰州：西北大学出版社，1989.
张十庆，五山十刹图与江南禅寺建筑 [J]．东南大学学报，1996（6）.
周宝珠，陈振，中国历史·宋史 [M]．北京：人民出版社，2007.
周维权，中国古典园林史 [M]．2 版．北京：清华大学出版社，1999.

第7章 辽西夏金元园林

这是一个多民族政权并存的时期，也是中华民族文化融合的重要阶段。辽、金、西夏、元等北方少数民族政权在与中原对峙的过程中，逐渐认同和接纳了汉文化，同时也影响了中原。这一时期的园林最重要的特征就是交流与融合。正是：

春水寒，流沙软，桃花汛至催玉鞍。
戎辂关关，角弩弯弯，陈兵碧草滩。
千门叠鼓翻环，一行连帜彬斑。
素禽振白羽，云海起横澜。
惊，回落旱莲川。

7.1 历史文化背景

在两宋王朝（960—1279）的经济文化发展到新高峰的同时，中国北方地区又崛起了辽、西夏、金、元4个少数民族政权。它们地处边疆，文化起步比中原晚，但也创造了辉煌灿烂的文化和各具特色的园林，是祖国历史文化不可分割的一部分。

7.1.1 辽

辽朝是契丹人在西拉木伦河流域建立的地方性政权。契丹先民主要活动在潢河、土河流域。916年，耶律阿保机建元神册，建立契丹国。辽太宗耶律德光统治时期，后晋石敬瑭将燕云十六州献给契丹。947年，契丹攻陷开封，建号辽国。983年改号大契丹国。1066年，恢复大辽国号。辽朝灭亡后，耶律大石西迁，重建辽国，史称西辽。1218年，西辽被蒙古消灭。后世一般将916年契丹建国至1125年女真灭辽的历史时期称为辽朝。

辽朝鼎盛时期疆域，“东至于海，西至金山，暨于流沙，北至胪朐河，南至白沟，幅员万里”，换言之，南部包括燕云十六州，大致以今河北中部白沟河（今马河）与北宋分界；北至胪朐河（今克鲁伦河），统辖漠北诸部族；西至金山（今阿勒泰山），东至大海，包括黑龙江流域及渤海国故地。统和二十二年（1004年），辽宋达成澶渊之盟，两国疆界基本稳定。辽朝周边还有鞑靼、西州回鹘、女真等政权和部族。

辽朝建立五京制，亦即上京临潢府（今内蒙古巴林左旗南）、东京辽阳府（今辽宁辽阳）、中京大定府（今内蒙古赤峰宁城西）、南京析津府（今北京）、西京大同府（今山西大同）。

政治制度　辽朝建立斡鲁朵制，其军队、人口、州县直属于皇帝。皇室成员有头下军州，驱使汉人、渤海人奴隶进行农业生产。辽朝建立了具有游牧民族特色的四时捺钵制度。皇帝四季外出游猎，朝中官员随行左右，捺钵成为治国理政之所。同时，辽朝“以国制治契丹，以汉制待汉人”，将中央官制分为北、南两面官，将军制分为北、南枢密院，分别处理契丹、汉人军政事务。地方行政制度方面，在汉人、渤海人地区施行州县制，在契丹人、奚人地区施行部族制，分属南、北面官系统。此外，辽朝还建立科举制度，修订法律。

社会经济　契丹人最初以渔猎、畜牧为主业。辽朝建立后，汉人地区则以农业为主要生产部门。手工业也是辽朝的重要生产部门，以铁器、马具制造为特色。辽代的陶瓷业在中国陶瓷史上占有重要的地位，在造型艺术上具有浓郁的游牧民族文化特色。商贸方面，辽朝与宋朝在边界设置榷场，还存在相当规模的民间贸易。

思想文化　辽朝尊崇孔子，以儒家学说作为治国思想，广泛翻译汉文经典。契丹人最初只有原始自然崇拜。辽朝建立后，佛教开始盛行，广建佛寺，大规模翻译和刊刻佛经。辽朝创制契丹大字、小字，但其文献主要以汉文为载体。此外，辽朝还学习汉人修史传统撰修实录。王鼎《焚椒录》是辽朝仅存的私人史著。

7.1.2　金

金朝是女真族建立的地方性政权。女真人先祖为肃慎，最初活动于黑龙江、松花江流域。1115 年，完颜阿骨打建立金国，后定都会宁府（今黑龙江阿城附近）。为攻击辽朝，金与宋达成联合。宣和七年（1125 年），金朝灭辽，转而攻宋。靖康二年（1127 年），金朝俘虏徽、钦二帝，北宋灭亡。1153 年，金海陵王完颜亮迁都燕京（今北京），后定为中都。1214 年，金宣宗为避蒙古军威，迁都汴京（今河南开封）。1234 年，蒙古与南宋联合灭金。金朝传 10 帝，存在 120 年。

金朝鼎盛时期的疆域，南至淮河与宋为界，西部南起临洮府北至东胜州与西夏为界，北至大兴安岭与蒙古为界，东至大海。金朝为防御北部的蒙古部，修筑了长达千里的界壕。

政治制度　金朝初年实行勃极烈辅政制，后借鉴辽、宋制度，设置太师、太傅、太保三师，尚书、中书、门下三省等中枢机构。“天眷新制”后，金朝全面推行汉人官制。海陵王统治时期改订官制，形成金朝定制。猛安谋克制、封国制是金朝的特殊制度。地方行政机构设路、府、州、县。法律制度方面，金朝沿袭辽宋旧法，制定《泰和律义》等法律。

社会经济　金朝社会经济有所发展，鼎盛时期的人口约 5600 万。金朝的农业生产达到相当水平，不少女真人从事农业。在手工业中，矿冶、印刷、火器制造、陶瓷是较为重要的部门。金中都（今北京）、东京辽阳城、南京开封城是较为繁华的城市。金朝在南宋、西夏边境设置榷场，互通贸易，输入茶叶、铜钱、马匹等物资。

思想文化　金朝文化保留了部分女真族传统，例如，仿照辽、汉文字创造了女真文字。但金朝基本上接纳汉族文化，汉化水平较高。金朝建立后，官方提倡儒学，程朱理学成为占据主导地位的思想。在科举考试中，以经义取士。宗教方面，金朝的佛教较为兴盛。文学艺术方面，金朝以词赋取士，诗词创作较为繁荣，出现了党怀英、元好问等文学家。来自北宋的“说话”和“诸宫调”等说唱艺术在金朝较为盛行。董解元的《西厢记诸宫调》被誉为“北曲之祖”。金代创造了名为“院本”的戏剧形式。诸宫调与院本的融合促生了北曲杂剧，奠定了元杂剧的基础。

科学技术　金朝的科学技术在历法、数学、医学等领域取得一定成就。李冶的《测圆海镜》在数学史上占据重要位置。金朝的医学成就突出，出现了刘守真、张元素、张守正等名医，开创了攻下、温补等医学流派。

7.1.3　西夏

西夏是以党项族为主体建立的地方性政权。党项的先祖是羌族的分支，活动在今青海省东南部黄河河曲，主要从事游牧业。隋唐时期，党项内迁至夏州周边地区。延祚元年（1038 年），元昊称帝，建号大夏，建都兴庆府（今宁夏银川），史称西夏。鼎盛时期，西夏疆域西至古玉门关，北至今额济纳旗和后套地区，南至祁连山，东至河套及陕北横山，辖今宁夏回族自治区、甘肃省大部，陕西省北部以及青海省东北、内蒙古自治区西部地区。西夏先后与辽、北宋及金、南宋对峙，邻近地区又有回鹘、吐蕃政权。宝义二年（1227 年），蒙古攻陷中兴府，西夏灭亡。

政治制度　西夏仿照宋朝制度建立中书、枢密、三司等中央官署，以蕃汉并行分治为特点。地方行政分为州县两级。军事制度方面，全民皆兵的部落兵制是西夏的特色。西夏的法律，由党项习惯法和宋、辽法律杂糅而成，汇编为《天盛年改定新律》。

社会经济　西夏兴起后，设立农田司，提倡

农垦，兴修“吴王渠”等水利工程，农业成为主要的生产部门。西夏国内党项、吐蕃、回鹘等族仍旧主要从事畜牧业。手工业生产主要有毛纺织、冶铸、兵器、制盐、陶瓷、雕版印刷等部门，以官营为主，设置群牧司进行管理。西夏与北宋、金在边境开辟榷场、和市进行贸易。此外，贡使贸易也是西夏商贸的重要形式。

思想文化　西夏注意保持本民族文化，创制西夏文字。同时，西夏善于吸收其他文化，形成党项文化和汉、藏、回鹘等民族文化互相融会的西夏文化。西夏建立蕃汉大学院，学习汉文化，翻译汉文典籍。宗教方面，西夏提倡佛教，广建佛寺，刊印佛经，形成了以佛教为主，佛教、道教、原始宗教、伊斯兰教等诸教并存的局面。此外，西夏在文学、绘画、雕塑、音乐、舞蹈等方面也有所贡献。在历法、医药等科技领域，除沿袭古代北方民族旧俗之外，也借鉴汉文化（图7-1）。

7.1.4　元

元朝是由蒙古族建立的全国性政权，其前身是大蒙古国。蒙古起初活动在斡难河、客鲁连河、土兀剌河三河之源。铁木真击败札木合、王罕等部，统一蒙古高原，于1206年在斡难河集会，被推举为成吉思汗，建立大蒙古国。此后，成吉思汗及其继任者窝阔台、蒙哥不断对外扩张，向北征服火里、秃麻、吉利吉思等森林部落。此外，蒙古还对南方的西夏、金、南宋用兵，并于1227年攻灭西夏，1234年攻灭金朝。蒙古还发动3次西征，消灭西辽、花剌子模、斡罗思等国，横扫欧亚大陆。西征胜利后，蒙古建立钦察、察哈台、窝阔台、伊儿四大汗国。

图7-1　西夏王陵3号陵（引自中国大百科全书总编辑委员会《中国大百科全书·历史卷》，1993）

1258年，蒙哥汗大举攻击南宋，次年病死于钓鱼城。忽必烈乘机即汗位，建元中统，建都开平（今内蒙古正蓝旗附近），改燕京（今北京）为中都。1271年，忽必烈改国号为大元，次年升中都为大都。1267年，忽必烈大举攻击南宋。1276年，元军入临安，南宋灭亡。1279年，南宋残部被消灭，元朝建立全国统治。元朝结束了自唐代藩镇割据以来国内的南北对峙，多个民族政权长期并存的乱世局面，推动了多民族统一国家的巩固和发展。

元朝末年，吏治腐败，财政亏空，灾荒频仍，社会矛盾尖锐，激起了元末农民大起义。至正年间，韩山童、刘福通借治河之机发动红巾军起义。此外，方国珍、张士诚在南方也发动起义。最终，朱元璋击败陈友谅、张士诚、方国珍等部，占据东南半壁江山。此后，朱元璋以“驱逐胡虏，恢复中华”为号召，发动北伐。1368年，明军攻入大都，元顺帝妥欢贴睦尔北逃。其继承者沿用元朝国号，史称北元。后世修史，一般将成吉思汗建国到元顺帝出逃的这段时期通称为元朝。

元朝鼎盛时期的疆域，北至日不落之山，东北统治到朝鲜半岛中部，东至日本海，西到吐鲁番，西南包括西藏、云南及缅甸北部，史称“东尽辽左西极流沙，北逾阴山南越海表，汉唐极盛之时不及也”。元朝的藩属国包括高丽及东南亚各国。此外，钦察、伊利等西北藩国在名义上仍奉元朝为“宗藩之国”。

政治制度　大蒙古国时期，蒙古建立了千户、怯薛、断事官等政治制度，颁布《大札撒》作为法律。忽必烈建立元朝后，重用“藩邸旧臣”，推行汉法，同时建立怯薛、达鲁花赤、四等人制、岁赐等维护蒙古统治者特权的若干措施。元朝的中枢机构由中书省、枢密院、御史台构成，地方上建立行省制度。此外，元朝设置宣政院，统领佛教及吐蕃地区事务。在官员选拔上，元朝以由吏入仕者为主，科举制度为辅。元朝军队包括蒙古、探马赤军、汉军、新附军，分为宿卫和镇守两大系统。元代没有制定完备的法律体系，兼具蒙汉两重性质，依据诏令、断例进行审判，编纂有《大元通制》《至正条格》等政书。总体上看，元朝的政治运行并不平稳，曾发生南坡之变、两都之战及燕铁木儿、伯颜等权贵专政的事件。

社会经济　元代户籍分为民户、军户、站户、灶户、打捕鹰房户以及也里可温户等，各从其业。鼎盛时期的元代人口数量约为9000万。元朝建立之初，社会经济受到极大破坏。全国统治秩序建立后，社会经济逐步恢复，并取得一定进步。元朝政府采取了一系列发展农业的进步措施，设置劝农机构，鼓励农桑，兴修水利，刊刻农书，推广农技。棉花种植的普及是元代农业发展的重要成就。元朝重视发展畜牧业，牧场面积空前广大。元朝手工业在类别和规模上超过前代，有毡罽、棉麻纺织、兵器、制盐、陶瓷、矿冶、印刷、酿造等行业，以官营为主。值得关注的是，黄道婆推广和改进黎族纺织技术，促进了棉纺织业的进步。元朝构建了横跨欧亚的商品流通网络。在国内，元代建立水陆驿站系统，沟通南北运河，开创海运，发行流通全国的纸钞，促进了国内贸易的发展（图 7-2）。元朝在泉州、广州、庆元等地设置市舶司，海陆商道贯通，通商范围扩大到欧洲和非洲西部。大都、杭州是当时规模最大的城市。

图7-2　《卢沟运筏图》　现藏中国国家博物馆

思想文化　元朝继承和发展了宋朝的程朱理学，并将之定为官方意识形态。朱熹的《四书集注》被定为科举考试的教材，涌现出姚枢、许衡、刘因、吴澄等著名的理学家。元代还出现了以邓牧为代表的“异端”思想家，批评现实政治社会，提倡人道主义精神。在宗教流域，元朝政府对佛教、道教、伊斯兰教、基督教采取宽容态度。

文学艺术方面，相比诗歌、散文而言，元代文学领域内取得的最大成就是元曲（包括散曲、杂剧和南戏），关汉卿的《窦娥冤》和王实甫的《西厢记》是其中的杰作。长篇章回体小说的创作也是元代的重要文学成就，以施耐庵的《水浒传》和罗贯中的《三国志通俗演义》为代表，标志着中国古典小说的成熟。元代在书画领域也取得很高成就，其中，赵孟頫在书画艺术上开创一代风气，影响深远。另外，还有高克恭、黄公望、王蒙、倪瓒、吴镇等重要书画家。

史学方面，胡三省的《资治通鉴音注》和马端临的《文献通考》代表了元代史学的最高成就。官方修撰的《经世大典》及辽、金、宋三朝正史在史学史上也有重要位置。此外，《蒙古秘史》《吐蕃佛教源流》《红史》则是中国少数民族史学上的重要著作。

科学技术　元代在数学、天文学、农学、医学、造船、航海、印刷、水利等领域取得重要成就。元代出现了朱世杰、李冶、王恂和郭守敬等著名的数学家，创造天元术、四元术、弧矢割圆术等成就，总体水平处于世界前列。郭守敬等天文学家在大地测量、编制历法、创制观测仪器等方面取得超越前人的重要成就。在地理学领域，频繁的东西方交流扩大了人们的地理视野。元代编纂了全国性的《大一统志》，进行了官方的黄河河源考察。此外，朱思本的《舆地图》、李泽民的《声教广被图》在地理学史上占据重要位置。农学是元代科学技术的亮点，官方的《农桑辑要》、王祯的《农书》、鲁明善的《农桑衣食撮要》系统总结了此前的农学知识。元朝在医学方面出现众多流派，李杲开创补土派、朱震亨开创滋阴派，皆名列“金元四大家”。忽思慧的《饮膳正要》在营养学史上占有重要地位。

对外关系　元朝与国外保持了密切的经济文化交流。通过驿站与察合台、伊利、钦察等蒙古汗国交通，建立起中国与中亚、西亚地区的联系。元朝建立之初即征服高丽，后在朝鲜半岛设置征东行省，官方和民间交流频繁。元初虽然两度袭击日本失败，但整个元朝时期的中日经济文化交流仍旧较为密切。此外，元朝还发兵进攻安南（今越南北部）、缅国（今缅甸）、爪哇（今印度尼西亚爪哇岛）等地。此后，元朝与东南亚、南亚的安南、爪哇、真腊、马八儿等地保持着较为密切的商贸往来和文化交流。元朝与阿拉伯半岛的交往也较为频繁。在元代中外交流中，汪大渊、马可·波罗、伊本·白图泰、塔列班·扫马等中外人士发挥了重要作用。此外，印刷术、火药武器在元朝西传至欧洲，而回回天文、医药、地理知识也传至中国。

7.2　辽西夏金元主要城市格局与园林

7.2.1　辽上京

上京是辽代的首都，又称“临潢府”。辽朝先后形成五京制度。五京为：上京临潢府（今内蒙古巴林左旗林东镇），中京大定府（今内蒙古赤峰市宁城县），东京辽阳府（今辽宁省辽阳市），南京析津府（今北京市），西京大同府（今山西省大同市）。五京中只有上京是首都，其他均是陪都。辽宋澶渊之盟后，中京政治作用虽然加强，但仍没有改变上京首都的地位。

辽上京位于今内蒙古昭乌达盟巴林左旗林东镇南。9世纪末，辽太祖耶律阿保机所领的迭剌部曾以此为基地，故称之为“太祖创业的大部落之地”。《辽史·地理志》载：“神册三年（918年）城之，名曰皇都，天显十三年（938年）更名上京，府曰临潢。”作为太祖大部落之地时期，该地曾建有“龙眉宫”，天复三年（903年）建“明王楼”，七年（907年）为叛党焚毁，后又在此基址上建宫室。天赞初（922年）太祖“南攻燕蓟，以所俘人户散居潢水之北，县临潢水，故以名地”，这就是上京名“临潢府”之原委。同时也说明了此城所居汉人、其他民族和地区人的来历。城中“宦者、翰林、伎术、教坊、角觝、儒、僧、尼、道中，国人并、汾、幽、蓟为多”。于是“……城南别作一城，以实汉人，名曰汉城”。当时上京中人口的构成除契丹族之外，还有汉族及其他民族，致使上京分为南北二城，北曰皇城，南曰汉城（图7-3）。

上京南、北两城外形均不规则，方位北偏东。北部皇城近乎方形，但西北、西南均抹角。南部成不规则的偏方形。现此二城城址已被考古发掘查明。皇城中部地形较高，是为宫室区。《辽史》称“天显元年（926年）平渤海归，乃展郛郭，建宫室……”。

皇城南北长1600 m，东西宽1720 m，城墙四面开门，“东曰东安，南曰大顺，西曰乾德，北曰拱宸”，但门不居中，东西、南北间的两门彼此错位，经考古查明，各门之内皆有道路，城内这四条道路布局成风车状，此外还有略似环路的横路与之相交连通。道路与皇城中部的大内四面皆擦边而过。文献中所称之“正南街”即应为大顺门往北至大内东侧的大街，该街左右路网较密集。据文献载，正南街侧为官衙所在地，即所谓“正南街东留守司衙，次南门司，次南门龙寺”，此处的南门应指大顺门。《辽史·地理志》中称“街南曰临潢府，其侧临潢县”，可知这两处官署应在正南街南端，靠近大顺门

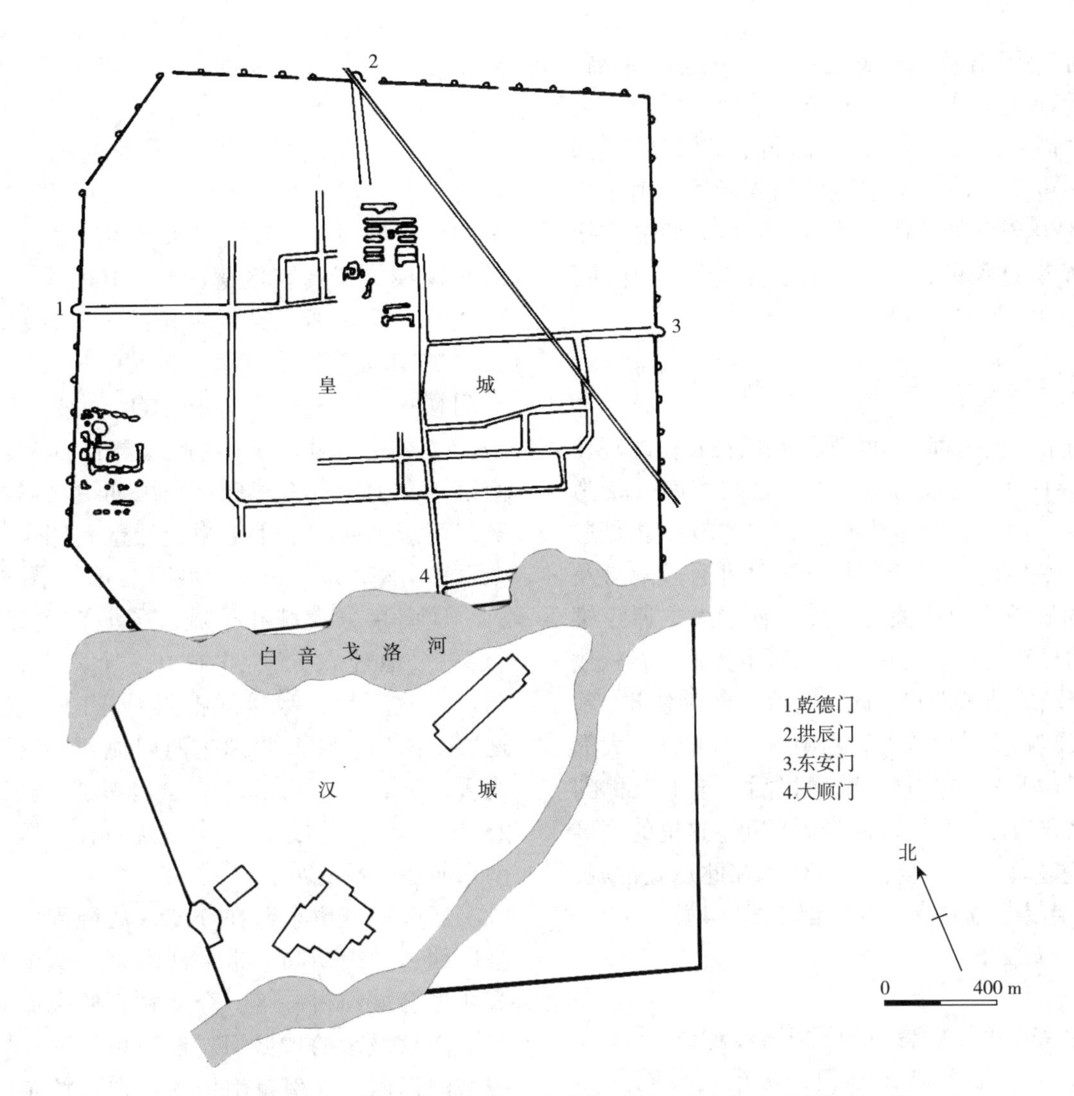

图7-3 辽上京平面复原图［摹自郭黛姮《中国古代建筑史》（第三卷），2003］

一带。

据文献，皇城南部有官署、住宅、文化建筑、寺观、市肆等，且相对集中。皇城北部未见记载。靠近皇城西南隅为国子监、孔庙等礼制建筑；在临潢县西、孔庙东北位置，有承天皇后寺、崇孝寺、天长观等寺观；正南街东侧、大内南侧则为贵族居住区，有齐天皇后宅、元妃宅等。在这些住宅之南，大内的西南为手工业作坊及仓库等官府掌管的供应服务区。此外皇城东南还有一处八作司，城东有节义寺；东南隅又建天雄寺，具有原庙性质。

位于皇城中部偏北的高台上，北距拱宸门址约300 m。大内共有三门，内南门曰承天，东门曰东华，西门曰西华。《辽史·地理志》又载，大内有三大殿："天显元年（926年）……建宫室，名以天赞，起三大殿，曰开皇、安德、五銮……太宗诏蕃部亦依汉制，御开皇殿，辟承天门受礼。"另据宋官员薛映使辽所记"承天门内有昭德、宣政二殿与毡庐，皆向东"，可知大内仍保留了契丹民族居住毡庐和以东为上的习俗。

辽上京是草原上的契丹族所建的都城，而且在五京中建造最早，具有鲜明的契丹族特征。上京城市结构虽然突出皇城、宫城，但道路系统并未严格地体现出以宫城为中心的思想，而且无中轴线观念，从宫城侧面擦过；皇城的城门彼此不是两两相对，而是互相错置。这说明上京城的建设从实际使用出发，较少受到礼制观念的束缚。宫城内的建筑采取东向，并设有毡庐，反映出契丹民族“尚日”的习俗和居住习惯。“汉城”“回鹘营”之设则反映了上京城的民族矛盾。由于当时契丹的生产力仍处在较落后的阶段，商品交换仍采用以物易物的形式，所以虽有市肆、作坊，但在城市中并不占主导地位。

7.2.2 辽南京—金中都—元大都

辽南京、金中都、元大都所在的位置，即现在的北京小平原，三面有山环绕，古代东南一带为大片沼泽，西南角接近太行山，地势较高，是通向华北大平原的门户。东北及西北可通过南口及古北口的峡谷，通往蒙古高原及松辽大平原。雄伟险要的自然地形，使这里成为军事要地。春秋战国时，燕国的蓟城即建于此，此后一直到隋唐，蓟城都是汉族和少数民族的贸易中心，为北方一大都会，同时也是军事重镇。晚唐以后，这里也称幽州。东北方的几个少数民族先后兴起，这里的军事地位日益显著。辽、金、元三代都在此建立都城，分别是辽南京、金中都、元大都（图 7-4）。

7.2.2.1 辽南京

公元 936 年，后晋石敬瑭将燕云十六州（今河北、山西一带）割让给契丹。至辽会同元年（938 年），辽便把唐代幽州城升为南京，成为辽代五京之一。南京古称燕京，辽统和三十年（1012 年）改称析津府。

幽州原是唐代经略辽东的基地，曾在唐初着力经营，城内里坊齐整，街衢通达，有横贯东西的大街檀州街。辽南京大体沿袭唐代幽州城的旧有规模，宋真宗景德四年（1008 年），路振出使契丹，据其所见载《乘轺录》，有关南京城池云：“幽州幅员二十五里……城中凡二十六坊，坊有门楼……”宋徽宗宣和七年（1125 年），许亢宗的《奉使行程录》也称：“契丹自晋割赂建为南京，又为燕京析津府……国初更名曰燕京，军额曰清成。周围二十七里，楼壁高四十尺，楼计九百一十座，地堑三重，城门八开”（图 7-5）。

辽南京分大城和子城，子城在大城西南部。《辽史·地理志》载：“城方三十六里，崇三丈，衡广一丈五尺，敌楼战橹具。八门：东曰安东、迎春；南曰开阳、丹凤；西曰显西、清晋；北曰通天、拱辰。”经后世考古学者考证，城的规模以 25 里周长较为切近；结合古迹所在位置，可证辽南京所在位置及四至。

辽南京城垣东壁在今北京法源寺以东，陶然亭以西、烂缦胡同一带。辽南京北壁位于今白云观西侧会城门村一带。今从甘石桥南流的莲花河为辽南京城东的护城河，辽南京西壁辽城垣则在护城河以西。辽南京南垣在今白纸坊东西街稍北一线。

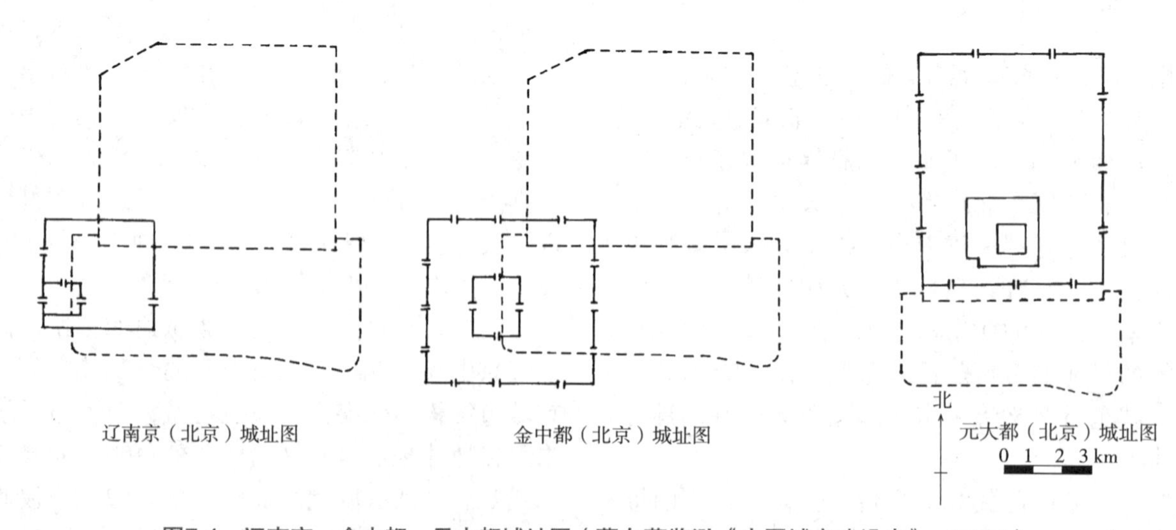

图7-4 辽南京、金中都、元大都城址图（摹自董鉴泓《中国城市建设史》，2004）

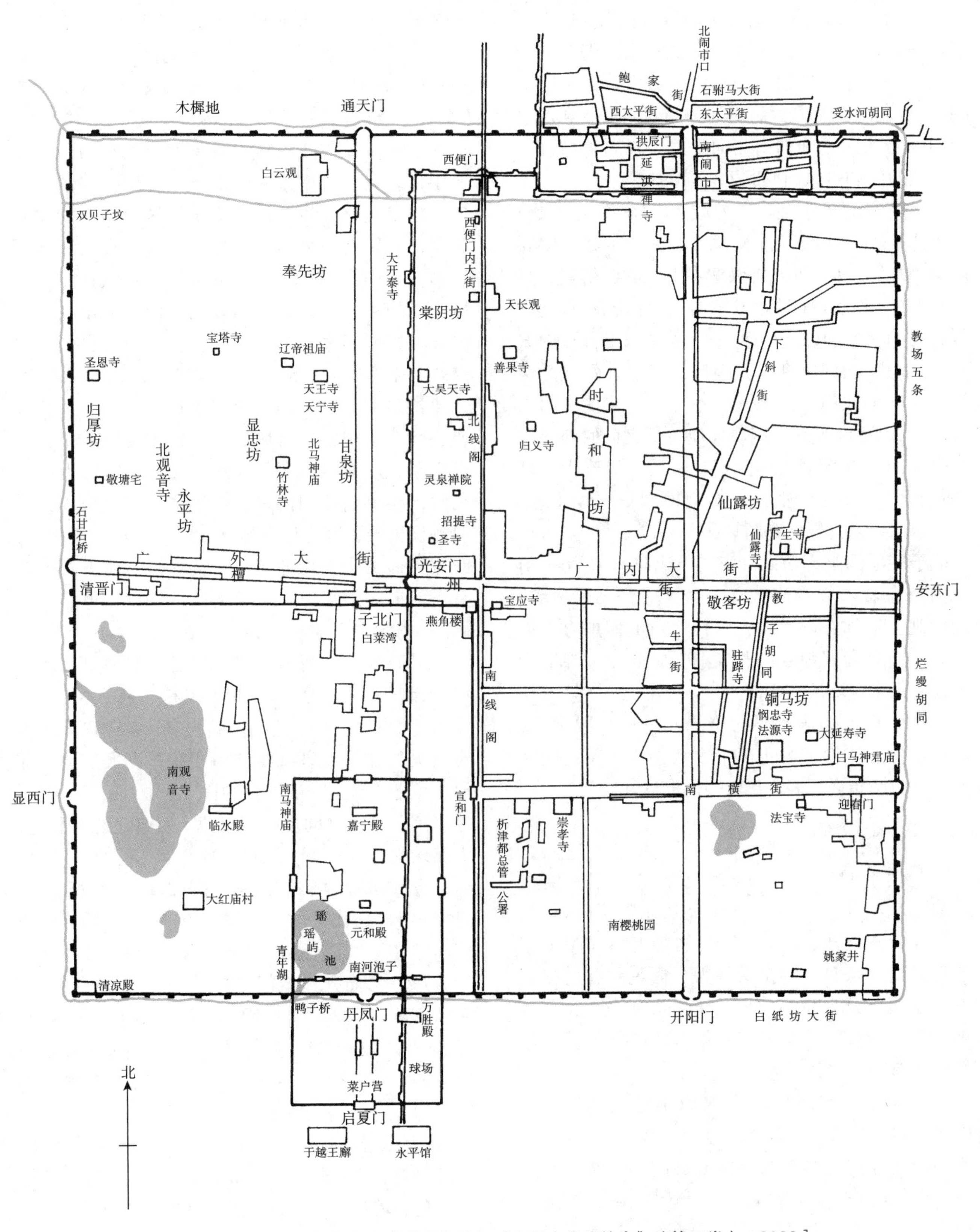

图7-5 辽南京平面复原图［摹自郭黛姮《中国古代建筑史》（第三卷），2003］

辽南京八门连接着城市主要道路，东西干道自清晋门至安东门一线便是檀州街。南北向干道自拱辰门至开阳门一线。因子城在“大内西南隅”，从迎春门至显西门之间的东西向道路和从通天门至丹凤门之间的南北向道路，皆遇子城而终止。显西门和丹凤门变成了子城的城门。

辽南京的子城又称“内城”“皇城”。《辽史·地理志》引《上契丹事》说，燕京“子城就罗郭西南为之”。其位置之所以偏在大城的西南隅，是因其利用唐及五代时幽州城内安禄山、刘有光等叛者的伪宫，加以改建而成。《乘轺录》称“内城幅员五里，东曰宣和门、南曰丹凤门、西曰显西门、北曰子北门。内城三门不开，止从宣和门出入”。由此可以了解子城规模应包括大城的南部城门丹凤门和西部城门显西门，幅员五里若指子城周长似乎偏小了，估计子城规模周长超过十里。子城内主要是宫殿区和园林区。

子城周围是街坊区，依文献记载有26坊。街坊内分布着若干寺庙。有大昊天寺、大开泰寺、天长观、竹林寺等，还有唐代遗留的悯忠寺、天王寺。悯忠寺即为今法源寺前身，而天王寺即为今辽代天宁寺塔所在寺院。

辽南京因循唐幽州的格局，虽有宫殿之设，城市结构并未改变，仍以十字大街为骨架，固守州城里坊制布局，表现出较强的滞后性。

7.2.2.2 金中都

金代于1122年攻占辽南京，1123年一度将辽南京交给北宋，但1125年又从北宋手中夺回，1127年金灭北宋，占据中原。1149年，海陵王完颜亮弑金熙宗自立为皇帝，为了摆脱原有皇族势力，必须离开上京会宁府，于是天德三年（1151年）下令迁都，并于天德五年（1153年）正式迁都到辽南京，改名中都。

海陵王下令迁都后，便对原辽南京进行扩建，修建皇城、宫城。其大城及宫城均仿北宋首都汴梁的规制建造。主持修建中都城的是张浩、苏保衡、卢彦伦等，修城“役民八十万，兵夫四十万，作治数年，死者不可胜计”。中都城在辽南京旧城的基础上向东、南展拓，使原有的宫殿区大体在城市中部稍稍偏西的位置，形成宫城、皇城、大城三套城的格局，这正是以宋东京为模式的结构（图7-6）。

中都皇城位于大城中部偏西，而宫城位居皇城中部，是在辽南京宫殿的基础上向四面扩展而成，随之皇城城垣比辽南京子城城垣向四周均有扩展，特别是皇城西垣已扩展到辽南京大城西垣以西，辽南京的西边护城河被包在皇城之中。皇城之南垣也比辽南京的启夏门更向南伸出一段距离，皇城南门宣阳门正对大城的丰宜门，丰宜门内有一条西向的小河，上驾龙津桥，又名天津桥。天津桥之北是宣阳门，比辽南京启夏门的位置还要往南。皇城之内宫城之外分别布置行政机构及皇室宫苑。皇城南部一区从宣阳门至宫城大门应天门，在这南北两门之间，当中以御道分界，路两侧设御廊，廊之后东侧为太庙、球场、来宁馆，西侧为尚书省、六部机关、会同馆。应天门前并有东西向大道通过。御道两侧设御廊，道路旁设御沟、植柳树，御路中设杈子等。

皇城东部靠南为东苑，即辽时的内果园所在地，金时除保存了原有的五凤楼、迎月楼之外，并增建“芳苑”。东苑中楼阁甚多，东苑以北为内府机关所在地。皇城西部为西苑，有太液池、瑶池（鱼藻池）、浮碧池、柳庄、杏林、果园、鹿园等御园，又统称同乐园或西苑。西苑之北有北苑，内有景明宫。

金中都大城的规模，据史载“天德三年（1154年）新作大邑，燕城之南广斥三里”“西南广斥千步”“都城周长五千三百二十八丈”。城市近方形，每面开三城门，“其门十二，各有标名，东曰宣曜、曰施仁、曰阳春；西曰灏华、曰丽泽、曰彰仪；南曰丰宜、曰景风、曰端礼；北曰通玄、曰会城、曰崇智。”这十二门中，宣曜、灏华、丰宜、通玄居于每面正中，称为正门。其规模较大，设三门洞。余皆称为偏门，仅一门洞。今灏华门遗址仍有长30 m、宽18 m、高6 m的土冈，若加上外包砖墙尺寸，可以想见中都城门的体量。

中都城每边城门对隅布置，每两座相对的城

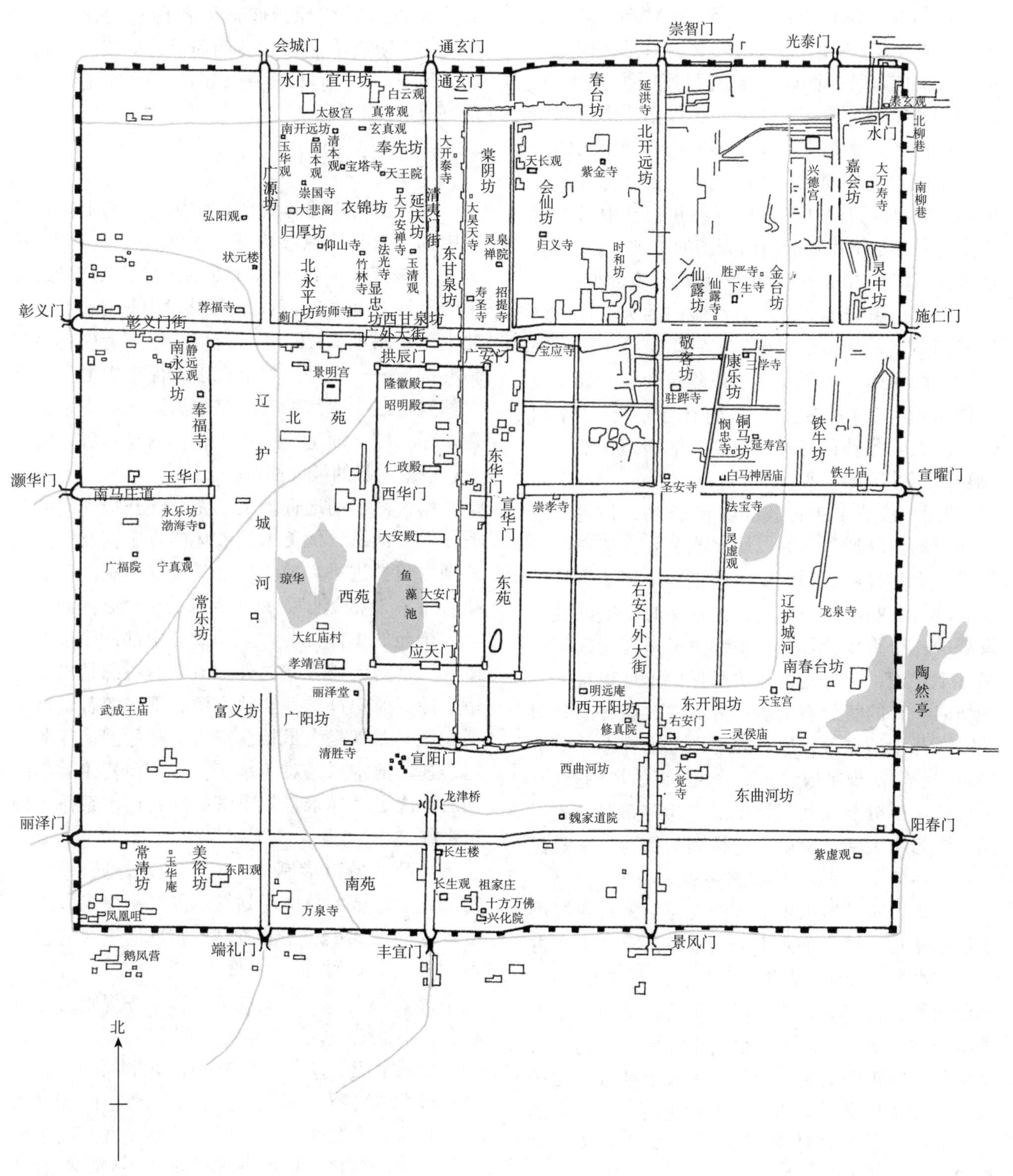

图7-6　金中都平面复原图［摹自郭黛姮《中国古代建筑史》（第三卷），2003］

门之间设有街道，但因中部皇城阻隔，故全城内城门间可直通的街道只有 3 条：东西向 2 条，南北向 1 条。施仁门与彰仪门间大道，是在檀州街的基础上向东延伸而成。阳春门与丽泽门间大道，是另一条东西向大街，在檀州街以南。崇智门与景风门间大街，是在辽南京拱辰门与开阳门间大街的基础上延伸而成，为南北向大街。另外尚有 6 条街道均自城门通到皇城区终止，其中通玄门内大街是在辽南京通天门内大街的基础上修建的，据考此街宽约 30 m，应为中都城内最宽的街道。

中都街道分成三级。通往城门的为干线，多以城门命名，如彰仪门街，丰宜门街等。次一级道路也称为街，往往以古迹或建筑命名，如“披云楼东街”“白马神堂街”“竹林寺东街”“水门街”之类。此外还有称为“巷”的街道，如“西大巷”“小巷”等。

《元一统志》中记载都城有 62 坊，但街、巷可在坊的内外通过，并以坊名或名胜古迹来命名街道，小巷也可直通大街。这正是坊界消失的佐证。以街巷制取代里坊制正是这一时期中国城市发展的一个重要特征。金中都由于是在辽南京的基础上扩建，部分地区街坊虽保留了辽南京旧有的坊名。有的将原有的坊一分为二，如有东开阳坊，西开阳坊之称，原有的坊墙已不存在。但坊内设“巷”的规制依然如旧。现经考古勘测查明，金代拓展部分与辽代里坊中的“巷”布置方式不同，皆为与大街正交的平行排列的街巷。融两代街巷于一身，正是金中都道路系统之特色。

中都城所处地段水源丰沛，为皇家宫苑提供了给水条件，城内的水系分为 3 组，第一组为古洗马沟水系，金代称西湖（后世称莲花池），在中都西南部，曾作为辽南京西、南的护城河，在中都城中便成为内河。第二组为中都城北的钓鱼台蓄水湖，向东南流至会成门，进入中都城的北护城河，并从长春宫北的水门进入城内，形成中都北部的一条东西向河流。第三组为来自高粱河水系的水，自正北方经南北向大水渠（今南北沟沿）导入中都北护城河。宫苑中的鱼藻池是靠附近护城河供给水源的。

中都城不仅在总体布局上模仿北宋东京，在文化上也追随中原，修建了各种礼制建筑。宣阳门内东侧有太庙，大城四周设有郊天台、高禖坛、风师坛、雨师坛、南郊坛、朝日坛、夕月坛、地坛。

7.2.2.3 元大都

元灭金后，即筹划把都城从塞外的上都迁移到中都。当时的中都城经元军攻陷后，宫殿、民居大半被毁，而地处东北郊的大宁宫幸得保存。中统元年（1260 年），元世祖路过中都时曾驻跸于此，至元四年（1267 年）遂以大宁宫为中心另建新的都城——大都。刘秉忠以太保领中书省总负大都兴造之责，宫殿府总监也黑迭儿负责新宫营建，郭守敬全面主持引水工程。它是自唐长安以后，平地而起的最大都城。

元大都在用地选址上，完全让开金中都的废墟，但又把风景优美未遭破坏的万宁宫及附近大片湖水包括进去。琼华岛及其周围的湖泊重加开拓后命名“太液池”，划入大都的皇城之内而成为大内御苑的主体部分。元朝放弃中都，除了战争破坏、宫阙已成废墟之外，更多的考虑是出于城市水源。原中都的莲花池水源有限，随着城市不断发展，尤其是大量粮食输入京师的漕运任务大增，莲花池水系已难于承担。于是在营建大都的同时，决定另择水量较丰富的高粱河水系作为城市水源。

大都的城市形制为三套方城：外城、皇城、宫城。大都城的总体规划继承发展了唐宋以来皇都规划的模式——三套方城、宫城居中、宫轴对称的布局。这种布局从邺城、唐长安、宋汴梁、金中都到元大都逐步发展成三套整齐规则的方城相套，中轴线也更加对称突出（图 7-7）。

外城呈矩形，东西 6635 m，南北 7400 m，大致接近北宋汴梁的规模。共有 11 个城门，北面 2 个，其余三面各为 3 个，门外设有瓮城。城四角建有巨大的角楼，城墙外部还建有加强防御的马面，其外再绕以又深又宽的护城河。城墙全部用夯土筑成，基部宽达 24 m。皇城位于外城之南部

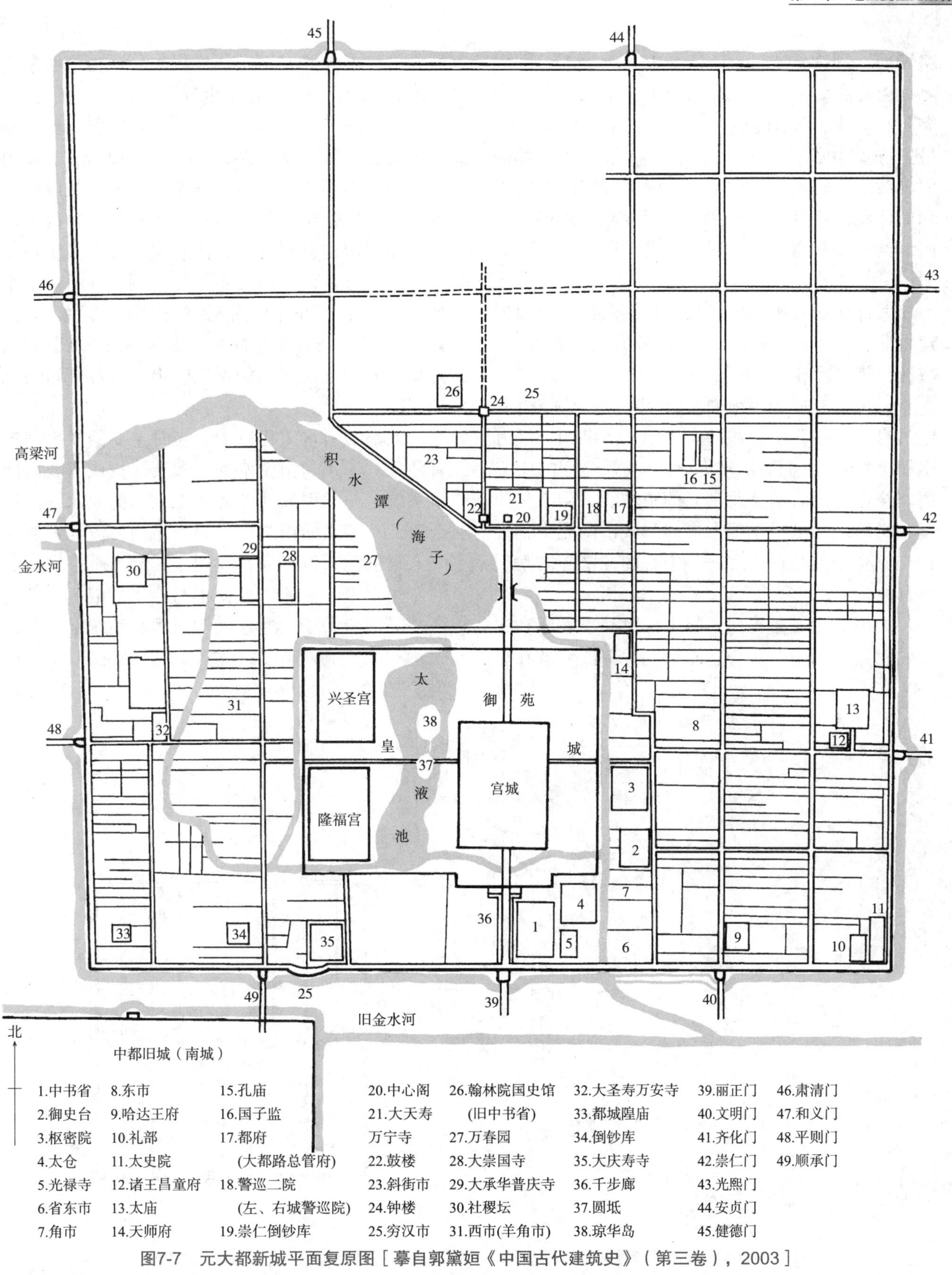

图7-7　元大都新城平面复原图［摹自郭黛姮《中国古代建筑史》（第三卷），2003］

略偏西，周围约 10 km。皇城中部为海子，即中海、南海和北海，其东即为宫城。皇城东北部为御苑。皇城西部有隆福寺及兴圣寺等，占地很大。最里一重为宫城，位于皇城东部，在整个大都的中轴线上。宫城的南门（崇天门）约在今故宫太和殿，北门（后载门）在今景山少年宫前。东西两垣约在今故宫两垣的附近。宫城中为朝寝两大殿，呈工字形。

大都西面平则门内建社稷坛，东面齐化门内建太庙，商市集中于城北，这种布局符合“左祖右社，前朝后市”的古制（图 7-8）。

元大都有一条明显的中轴线，南起丽正门，穿过皇城灵星门，宫城的崇天门、后载门，经万宁桥（今地安门桥），直达大天寿万宁宫的中心阁，这也是以后明清北京城的中轴线。从崇仁门至和义门之间的横轴线大街，与城市南北中轴线相交于全城的几何中心——中心阁，中心阁附近还有钟鼓楼。

大都的衙署布置并不集中，大都总管府在中心阁附近，北中书省与它靠近。各部院分散在皇城各处，不像唐宋都城那样集中。这也说明蒙古封建制度的行政组织还不十分健全。

大都的街道很整齐，马可·波罗曾盛赞大都城市规划完善，说“划线整齐，有如棋盘”。街道分布的基本形式是以通向各城门的街道组成城市的干道，但是由于城中间有海子相隔，及南北城门不相对应，有些干道不能相通，故许多干道是丁字相交。在南北向的主干道两侧，等距离地平列许多东西向的胡同。中轴线的大街最宽为 28 m，其他干道为 25 m，胡同宽为 5 ～ 6 m。今北京城内城许多街道胡同，仍可反映出元大都街道布局的痕迹。

大都的引水工程巨大，当时主要的供水河道有两条。一条是由金水河、太液池构成宫苑内用水系统：一条引城西北郊的玉泉山的泉水，经过金河，从和义门南之水门导入城内，流经宫城而注入太液池，以供应宫苑用水。金河是皇家宫廷的专用水道，独流入城而不与他水相混。一条是由高梁河、海子、通惠河构成漕运系统：为解决大运河的上源补给以利漕运，引城北 60 里外的

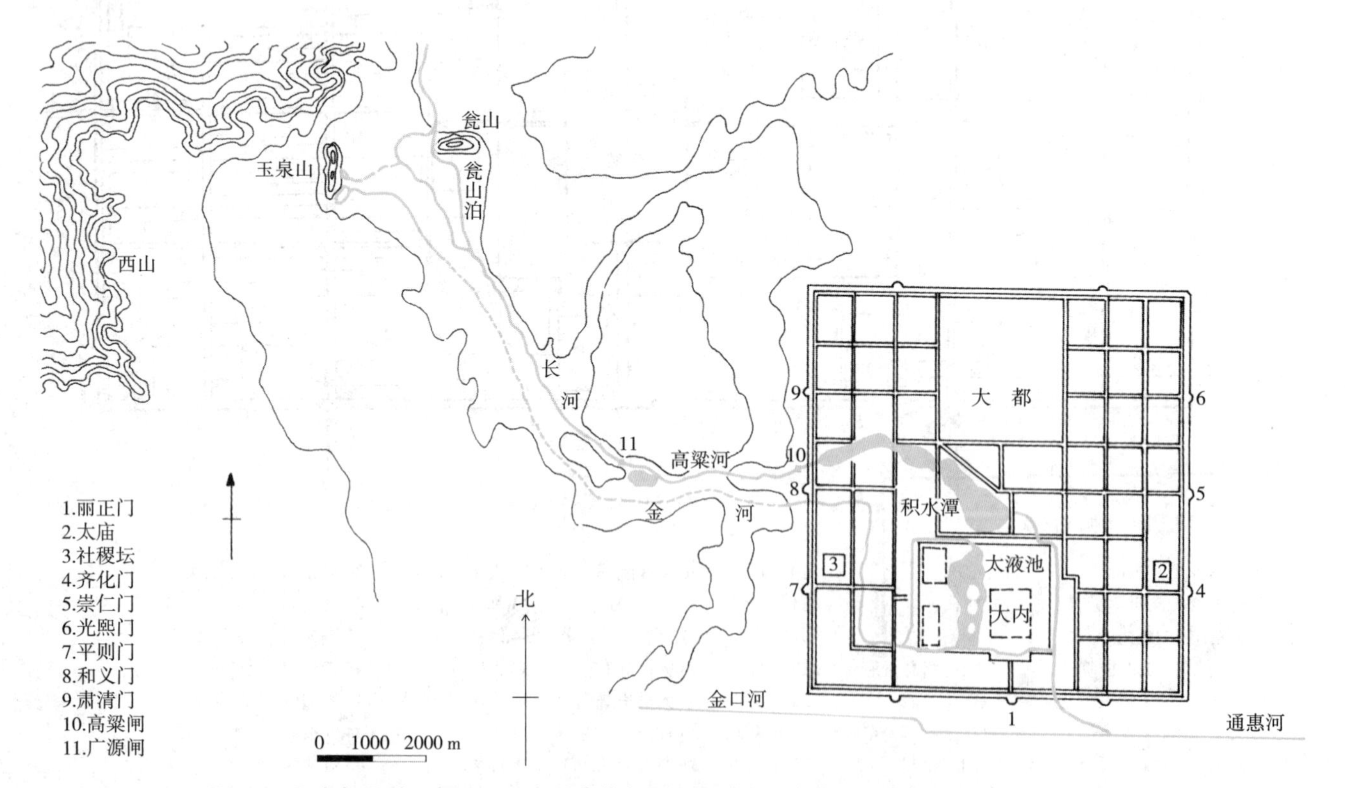

图7-8　元大都及其西郊平面示意图［摹自周维权《中国古典园林史》（第2版），1999］

昌平神山白浮泉水，西折而南注入瓮山南麓的西湖（瓮山泊），在西湖南端开辟一条平行于金水河的输水干渠长河连接于高粱河，从和义门北之水门流经海子（积水潭），再沿宫城的东墙外南下注入通惠河，以接济大运河。这两条河道分工明确，互不连通。海子与太液池之间虽然距离很近，却是完全断流。南方来的漕运粮船，可以直达积水潭码头。来往的船只停泊在积水潭内，使积水潭北岸、钟鼓楼一带成为商旅繁华地区。

据文献记载，大都外城由纵横的街道和胡同划分为50坊。这些坊也只是一个地段，并无坊墙及坊门等。坊内有小巷及胡同，胡同多东西向，形成东西长南北窄的狭长地带，由一些院落式的住宅并联而成。城中设3个主要的市：北市、东市、西市，也就是3个最大的综合性商业区。城市商业网点的规划类似南宋的临安，除3个市之外，还有各种专业性行业街市和集市，分布在城内外。城内各街的两侧，散布着各种店铺、货摊以及茶楼、酒肆等，十分繁荣。大街的两边排列着胡同，居民的住宅区即沿着胡同建置。

7.3　辽西夏金元园林的融合

7.3.1　皇家园林

辽、金、元的皇家园林，大抵都是仿效中原，同时结合游牧民族生活习惯而建。其中宫室和大内御苑基本仿唐、宋，行宫、离宫则多与四时捺钵有关。辽、金、元都是游牧民族建立的政权，他们建国之后保持着先人在游牧生活中养成的四时转徙的习惯，皇帝四季各有行在之所，在“春水”“秋山”“坐冬”“纳凉”的游牧和渔猎活动中处理政务，谓之捺钵，又称四时捺钵。这种习俗和皇家园林的建设相结合，形成了以避暑、狩猎为特色的行宫和离宫。金代、元代均因袭这一传统，也建造了大量与避暑、飞放有关的行宫。

辽代建立五京后，就召集燕蓟等地的工匠营造宫室。宫室中有园林区，宫室之外还有皇家苑囿、御苑、离宫。据《辽史》等文献记载，辽南京主要有瑶池、延芳淀、长春宫、内果园、栗园等，辽代帝王经常到苑中游幸。京郊的延芳淀、长春宫则是春捺钵的地方。

金代中都的皇家园林建设尤为繁盛。金代在今北京地区统治了长达60年之久，其间园林建设的速度和规模都十分可观。见于记载者有：芳园、同乐圈、南园、广乐园、北苑、后园、熙春园、琼林苑、梁园、東园、西园、鹿园、蓬莱院、芳华阁、东明园、大宁宫、鱼藻池、环秀亭、钓鱼台、潭上、兰若院、城南别宫、宜泉桥某苑、玉泉山行宫、香山、葆台等。其中大部分是皇家园林，有些历经明、清，一直延续到今天。

金中都周边，有相当今河北省范围内的5处行宫（再远的行宫则未计入）：①在金代皇陵所在的大房山山脚下的大房山行宫；②在今保定西北之遂城的光春行宫；③在宣化一带龙门之庆宁行宫；④在今玉田县之玉田行宫；⑤冀东滦州石城长春淀旁之长行宫。这些行宫有的是避暑宫，有的是巡狩宫，有的是游猎宫，有的是驿宫，有的是几种性质兼有的行宫。这些行宫都特别注重选址，大多依水而建，而且规模都很大，每一处行宫也就是一个风景区了。以光春行宫为例，《金史·章宗纪》：“敕行宫名曰光春，其朝殿曰兰皋，寝殿曰辉宁。”赵秉文《滏水集》中之《扈从行》与《春水行》诸诗称：“光春宫外春水生，天鹅飞下寒犹轻。”“年年扈从春水行，裁染春山波漾绿……圣皇岁岁万机暇，春水围鹅秋射鹿。”这“春水”就是金代皇帝的春季岁时习俗。每年早春，金代皇室在水边既游且猎。元代四飞放泊也是类似的行宫。

西夏国文献散佚，文字难解，其园林尚有许多未解之谜。据文献记载和考古发掘，西夏国也有自己的皇家园林，但具体情形尚有待进一步研究。

（1）辽南京内果园、瑶池

辽南京子城宫殿区东有一区为内果园，据《辽史·圣宗记》载，圣宗在内果园设宴，“燕民以车驾临幸，争以土物来献，上赐酺饮，至夕，六街灯火如昼，士庶嬉游，上亦微服观之。”从文献描述，内果园与南京城内六街关系密切，而子城只开东门宣和门，所以内果园应靠近宣和门。

《辽史·地理志》载辽南京有瑶池，池中有小岛，名“瑶屿”。岛之小者称屿。瑶屿上有瑶池殿。今瑶池、瑶屿位置不明。《三朝北盟会编》卷九载：宋宣和四年（1122 年）六月，辽燕王淳“病卧于城南瑶池殿。李奭（李处温之子）父子与陈泌等阴使奚、契丹诸贵人出宿侍疾。燕王危笃，处温托故归私第，欲闭契丹于门外，然后乞王师（宋军）为声援。契丹知，遂不果。”此为辽代末年事，由以上记述，可知瑶池殿在辽南京南城外。瑶池殿在金海陵王展筑燕京城为中都以前就存在，见予《金史·熙宗纪》载皇统元年三月于燕京“宴群臣于瑶池殿”。

《辽史·游幸表》又载：辽兴宗重熙十一年（1042 年）闰九月，幸南京，“宴于皇太弟重元（注：时任南京留守）第，泛舟于临水殿宴饮”。是以知辽南京又有临水殿。

辽南京附近虽多有河流湖泊，但从辽帝至临水殿需“泛舟”情节考虑，临水殿最有可能的地址应为以下两处：一在南京城东北方，即今北海公园附近；一在今北京广安门外青年湖西岸。结合前文提到的瑶屿，明代以前，今北海公园团城四面皆水，其后才掘南海，取其土填平团城以东水面，使其与东边的大内陆路相通。金、元时在今团城均有建筑，此或即辽代之瑶屿。如临水殿果然在瑶屿上，辽帝至瑶屿临水殿势必需要泛舟而行。然而，今北京广安门外青年湖，金代时为中都皇城内同乐园鱼藻池（又称西华潭、太液池），其位置在金宫城内大安殿西，池西北有蓬莱阁。金中都城系扩建辽南京外郭而成，其皇城位置大致一仍辽旧，因此金中都皇城内鱼藻池，辽代时也应在皇城内。辽南京临水殿也可能在此池之西，辽帝自元和殿至临水殿亦需西浮此池。

（2）辽南京延芳淀、长春宫

延芳淀在今北京通州东南的都县一带，辽称漷阴县，是辽代帝王“春捺钵”的地方。《辽史·地理志》载：“漷阴县，本汉泉州之霍村镇。辽每季春弋猎于延芳淀，居民成邑，就城故漷阴镇，后改为县。”辽代延芳淀有广阔的水面，芦苇丛生，方数百里。据考证，延芳淀的范围，北至今北京通州张家湾、台湖一带，西至马驹桥，西南至今北京大兴区采育镇，南至今北京通州区南界。辽圣宗时每至春季，圣宗常在此举行“春水围鹅”的飞放活动，设“头鹅宴”。延芳淀承担的功能相当多元，除了游赏、围猎外，有时也进行军事演练。延芳淀既是辽帝游猎之地，应当也有宫殿。

《辽史》中又常提到长春宫，并且有关长春宫的记载大多与延芳淀同时出现。《辽史·圣宗纪四》载：“统和十二年三月戊午（初六日）幸南京。壬申（二十日），如长春宫观牡丹。四月辛卯（初十日），幸南京。”《辽拾遗》卷七引《北平古今记》云：“辽有二长春宫，一在南京，一在长春州（今吉林白城东）。若统和五年三月朔，幸长春宫赏花、钓鱼；十二年三月如长春宫观牡丹；十七年正月朔，如长春宫；则非南京之长春宫也。”据考证，辽确有两个长春宫，但《辽拾遗》所举例证并不准确，辽圣宗观牡丹的长春宫应即南京长春宫。

辽南京长春宫故址，今已无从考知，但《辽史》中记载契丹主幸长春宫、延芳淀大多同时，据此可以推测辽南京长春宫当在南京城、延芳淀附近。金代在今北京大兴县南苑一带有建春宫、长春宫，或即故辽长春宫。清代《畿辅安澜志·永定河卷二》记载：“延芳淀在通州西南旧志，今南海子侧有延芳村，或谓延芳淀即南海子之旧名。非也，南海子在大兴县正南……延芳淀在旧漷县西，今漷县入通州，故云在通州西南，岂可遂以南海子当之。”这里指出清代南苑与辽代延芳淀分属两处，但它们均位于㶟水的故道带上，距离较近，且辽代与清代都由北方少数民族建立，习俗相类，因此延芳淀可能与后来的清代南苑一脉相承。

（3）金中都城内御苑（西苑、南苑、东苑、北苑）

①西苑　西苑又名西园，位于皇城西部。古代洗马沟水（金称西湖，今莲花池）发源的河流在辽南京子城西部形成了一系列湖泊水潭，西苑就是利用这里的大小湖泊、岛屿建成的。金世宗、

金章宗经常在西苑游玩，金代诗歌对此多有提及。

其中以琼林苑和同乐园最为有名。琼林苑位于宫城内西南侧，是海陵王在辽瑶池（金改称鱼藻池）的基础上扩建的，经金世宗、金章宗两代逾50年的增建，至金代已极为优美恢弘，元代人称其“尽人神之壮丽”。这在元人编纂的《事林广记》一书中的一幅《帝京宫阙图》上也得以体现。《金史·地理志》载：“琼林苑有横翠殿、宁德宫。西园有瑶光台，又有琼华岛，又有瑶光楼。”《金史·显宗纪》载：“大定七年（1167年），帝有疾，昭左丞守道侍汤药，徙居琼林苑临芳殿调治。”可知琼林苑有横翠殿、临芳殿、瑶光楼等建筑。《金史·地理志》中又载：“鱼藻池，瑶池殿位，贞元元年（1153年）建。有神龙殿，又有观会亭，又有安仁殿、隆德殿、临芳殿，皇统元年有元和殿。”两处临芳殿应为同指，既然鱼藻池亦有临芳殿，那么鱼藻池与琼林苑应同处一片宫苑区；鱼藻池位于琼林苑南部，池北岸是宫殿群，其中有蓬莱殿、蓬莱阁（图7-9）。

20世纪90年代“西厢工程”的发掘报告已证实，鱼藻池即现在的青年湖，但金代的“鱼藻池”规模比青年湖大1倍，平面呈马蹄形，湖中心“琼华岛”上发现两处夯土区，可能是文献记载的“鱼藻殿”和“瑶池殿”，这也同“鱼藻池在宣武门外西南燕京城内，金时所凿，池上旧有瑶池殿”记述的地理方位相符。鱼藻池之西，宫墙之外便是同乐园，“西出玉华门，曰同乐园。若瑶池、蓬瀛、柳庄、杏村皆在于是。”可见同乐园的占地范围很大，园中有瑶池可宴群臣，有仙岛“蓬瀛”，有柳庄、杏村，宛如世外桃源。此处瑶池应不是仅指鱼藻池一处，而是泛指与鱼藻池相连的“游龙池”“浮碧池”等。

赵秉文《同乐园二首》中还有如下描写：

春妇空苑不成妍，柳影毵毵水底天；过节清明游客少，晚风吹动钓鱼船。

石作垣墙竹映门，水回山复几桃源；毛飘水面知鹅栅，角出墙头认鹿园。（《中州丙集》）

诗中描写了园中的山、水、墙、柳等景色，并通过鹅毛漂在水面上指出有养鹅的栅栏，还从墙头伸出的鹿角，认出了养鹿的“鹿园”，即西苑中有饲养禽兽的小型动物园。结合上文中果园、竹林、杏林等，可见西苑是兼有生产功能的。

②南苑　又名南园、煦春园，位于皇城之南偏西，有煦春殿、常武殿，是皇城外、都城内一处供帝王百官游玩的小型宫苑，园中还有一座小园林广乐园。《金史·海陵王纪》“贞元二年（1154年）九月己未，常武殿击鞠，令百姓纵观。”《金史·世宗纪上》：“大定三年（1163年）五月，以重五，幸广乐园射柳。皇太子、亲王、百官皆射，胜者赐物有差。上复御常武殿赐宴击毬，自是岁以为常。”金主几乎每年都在南苑举行射柳、击球的活动，在常武殿击鞠或设宴。广乐园与熙春殿距离较近，以至“大定二十三年（1183年）正月辛巳，广乐园灯山焚，延及熙春殿。”（《金史·五行志》）

熙春殿也位于南苑。《金史·世纪补》：“大定二十五年（1185年）六月，（皇太子允恭）崩于承华殿。九月庚寅，殡于南园熙春殿。己酉，世宗至自上京，未入国门，先至熙春殿致奠，恸哭久之。”可知皇太子卒时，世宗未入内城之门正南宣阳门，而是先到城南的熙春殿停柩处致奠。又载：“九月己酉，上临奠宣孝皇太子（允恭）于熙春园。”“熙春殿”“熙春园”如出一辙，“殿”在“园”内，“殿”据“园”名，因此推断熙春园应在南苑内，与广乐园同属南苑。

③东苑　又名东园、东明园。南宋楼钥《北星日录》：“（敷德门）其东廊之外，楼观翚飞，闻是东苑。”敷德门在宫城内，东廊外为东苑，其位于皇城内东垣内侧迤南，西邻宫城东垣，北至东华门处，即东宫之南。此处原为辽城内果园，有五凤楼、迎月楼等建筑。金时外扩，在此基础上建立东苑。

东苑是金主经常游玩的地方。《金史·章宗纪》：“泰和七年（1207年）五月，幸東（东）园射柳。”《大金国志》：“大定十七年（1177年）四月三日，国主与太子诸王在东苑赏牡丹。晋王允猷赋诗以陈，和者十五人。”

东苑旁有芳苑，《金史》载章宗曾幸芳苑观

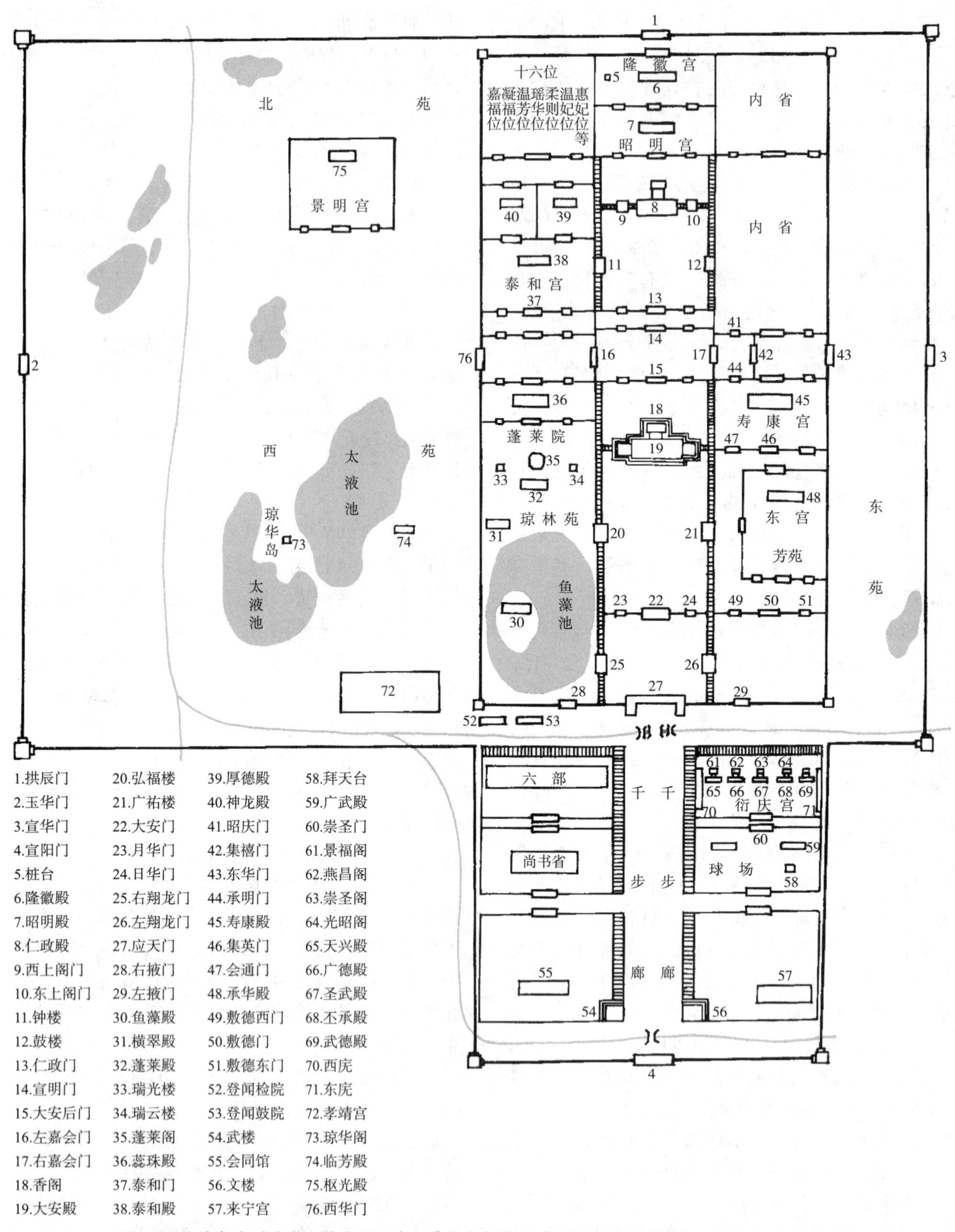

图7-9　金中都皇城宫苑总体布局示意图［摹自郭黛姮《中国古代建筑史》（第三卷），2003］

灯。又记显宗病中居东宫时，或携中侍步于芳苑。芳苑与东苑一处在宫城内，一处在宫城外，它们有可能两者相连，抑或是芳苑是东苑的一部分。

④北苑 位于宫城之北偏西，苑中有湖泊、荷池、小溪、柳林、草坪，湖中有岛，主要殿宇为景明宫、枢光殿。金人诗文中也有描写北苑风光的，如赵秉文《北苑寓直二首》：

柳外宫墙粉一围，飞尘障面卷斜晖。
潇潇几点莲塘雨，曾上诗人下直衣。
蒲报阁阁乱蛙鸣，点水杨花半白青。
隔岸风来闻鼓吹，柳阴深处有园亭。

从诗中可知北苑靠近宫墙，水池里种有莲花，蛙鸣不断，河岸上种有柳树，还有亭子等小建筑，是一处小而精致的皇家园林。

（4）金中都钓鱼台行宫

在今北京三里河路南，是金章宗钓鱼之地，但金代文献记载不详。金哀宗完颜守绪诗云“金主銮舆几度来，钓台高欲比金台”的诗句，称钓鱼台堪与燕昭王的黄金台相媲美。元末《析津志辑佚》“古迹”载：“在平则门（明改阜成门）西花园子，金章宗于春月钓鱼之地。今虽废，基址尚存。”

此地明代以后又几经兴废，逐渐成为公共游览地。明万历年间，蒋一葵《长安客话》“钓鱼台”条称：“平则门外迤南十里花园村，有泉从地涌出，汇为池，其水至冬不竭。金时，郡人王郁隐此，作台池上，假钓为乐。至今人呼其地为钓鱼台。”到了清初，孙承泽《天府广记》则说：“钓鱼台在阜成门外南十里花园村，有泉自地涌出，其水至冬不竭。金人王郁隐居于此，筑台垂钓。元人丁氏建玉渊亭，马文友又筑饮山、婆娑诸亭，后为李戚畹别业。”清代英廉等人奉敕编撰的《日下旧闻考》里也有考证：“钓鱼台在三里河西北里许，乃大金时旧迹也。台下有泉涌出汇为池，其水至冬不竭。凡西山麓之水流悉灌于此。”

至清代中期，乾隆皇帝（1736—1795）敕命疏浚玉渊潭并在此兴建行宫，作为自圆明园至祭天坛中途停跸处。

钓鱼台行宫现为钓鱼台国宾馆。

（5）金中都大宁宫—元大都太液池

①金大宁宫 在中都城的东北郊，是金世宗、金章宗时的离宫。这里原来是一片湖沼地，上源为高粱河。《金史·地理志》：“京城外离宫有大宁宫。大定十九年（1179年）建，后更为宁寿，又更为寿安，明昌二年（1191年），更为万宁宫。”

金史中大宁宫的记载不多，宫中规制缺乏史录，但从《金史·章宗纪》载：“（明昌六年）五月丙戌，命减万宁宫陈设九十四所”，可以从侧面了解其楼台殿阁之众。又据《金史·张仅言传》，“护作大宁宫，引宫左流泉溉田，岁获稻万斛”。可见大宁宫外有大面积稻田。

从文献中仅知大宁宫有琼华岛和海子。大宁宫水面辽阔，以水景取胜，人工开拓的大湖名太液池，湖中筑大岛名琼华岛，岛上建广寒殿。史学《宫词》：“宝带香鞲水府仙，黄旗彩扇九龙船；薰风十里琼华岛，一派歌声唱采莲。”足见当年翠荷成片，龙舟泛彩，歌声荡漾的图景。赵秉文《扈跸万宁宫》：“一声清跸九天开，白日雷霆引仗来；花萼夹城通禁御，曲江两岸尽楼台。柳阴罅日迎雕辇，荷气分香入酒杯；遥想薰风临水殿，五弦声里阜民财。”诗中把大宁宫比拟为唐长安的曲江，足见当年景物之盛况。金末元好问《遗山集》载：“宁寿宫有琼华岛，绝顶广寒殿……”可见广寒殿是创于金，元明承之。山岛海池何时营造则不可考。金章宗时的“燕京八景”中，大宁宫竟占两景：琼岛春荫、太液秋波。

另外，元人陶宗仪《南村辍耕录》卷一“万岁山”条：“闻故老言，国家（指元）起朔漠日，塞上有一山，形势雄伟。金人望气者，谓此山有王气，非我之利。金人谋欲厌胜之，……乃大发卒，凿掘辇运至幽州城北，积累成山，匿开挑海子，栽植花木，营构宫殿，以为游幸之所”。这就是琼华岛的由来。清高士奇著《金鳌退食笔记》卷上“琼华岛”条载：“余历观前人记载，兹山实辽、金、元游宴之地……其所垒石，巉岩森耸，金、元故物也。或云：本宋艮岳之石，金人载此石自汴至燕，每石一准粮若干，俗呼为‘折粮石’。”前者说明琼华岛的由来，后者说琼华岛是以艮岳的寿山为蓝本，而琼华岛上的假山石也是东京旧物。上述两种说法是根据传说所记，不一定可信，不过，今北海琼华岛上一些山石似宋代遗物，“万岁山”山名也与艮岳主山相同，陶宗仪、高士奇所言当属事实。

大宁宫从金世宗大定十九年（1179年）建成，到卫绍王大安二（1210年）时被战火毁坏，在金代盛期仅30年。蒙古军第一次伐金，攻破了居庸关并造成了中都城内的巷战。《元史本传》载：“舒穆噜、明安攻金之万宁宫，克之，取富昌、丰宜二关。”看来万宁宫地处北郊，首当其冲；至1215年金人弃城南奔，万宁宫从此荒废，直到元代重修太液池。

②元大都太液池　蒙古军在占领中都以前，先攻占万宁宫并焚掠之；琼华岛由于在海子中，故得以幸存。

1222年3月，成吉思汗在撒马罕城会见山东莱州的全真道领袖丘处机；丘处机由中亚归来后住在燕京，燕京行省石抹咸得不、扎八儿等“施琼华岛为观”，而且禁止在琼华岛周围樵薪捕鱼。不久，蒙古统治者又将琼华岛改名为万安宫。但在丘处机死后不久，全真道的道士们就拆毁了琼华岛上的广寒殿。元好问在《出都》这首诗的自注中也说：“万宁宫有琼华岛，绝顶广寒殿，近为黄冠辈所毁。”元好问这首诗作于蒙古乃马真后二年（1243年）。从此琼华岛从此也和万宁宫的其他建筑一样，成为一片废墟。

忽必烈即汗位不久，就仿效金朝制度，在燕京成立了职责为修建宫殿的修内司和祗应司。至元元年（1264年）十二月壬子，修琼华岛，新的广寒殿很快便在原“广寒之废基”上建造。元世祖修琼华岛的同时，又造“渎山大玉海”。《元史·世祖纪》：“至元二年十二月己丑，渎山大玉海成，敕置广寒殿。”“玉有白章，随其形刻为鸟兽出没于波涛之状，其大可贮酒三十余石。”渎山大玉海在元代一直安置在广寒殿，但元朝灭亡以后，它也如石沉大海，不知下落，直到清朝乾隆年间才重新发现它在西便门外真武庙中作腌菜缸，于是又被皇家移到北海团城承光殿前亭子内，至今尚存。

重建琼华岛广寒殿的同时，忽必烈也着手修建宫城和宫殿。琼华岛、太液池被纳入宫城，成为元大都皇城内重要的大内御苑（图7-10）。

关于太液池的布局，陶宗仪《南村辍耕录》言之甚详：园林的主体为开拓后的太液池，池中3个岛屿呈南北一线布列，沿袭着历来皇家园林的“一池三山”传统模式。最大的岛屿即金代的琼华岛，改名万岁山。山的地貌形象仍然保持着金代旧貌，山石堆叠仍为金代故物。“其山皆叠玲珑石为之，峰峦隐映，松桧隆郁，秀若天成。”山顶建广寒殿，面阔7间，“重阿藻井，文石甃地，四面琐窗，板密其里。”是岛上最大的一幢建筑物。山南坡居中为仁智殿，左、右两侧为介福殿、延和殿。此二殿之外侧分别为荷叶殿和温石浴室，后者可能是引进阿拉伯国家的蒸汽浴建筑。此外，尚有若干小厅堂、亭子、辅助建筑等点缀其间。从山顶正殿之命名“广寒”看来，万岁山显然是以模拟仙山琼阁的境界为其规划设计的立意。山上还有一处特殊的水景：仿效艮岳之法引金河水至山后，转机运夹斗，汲水至山顶石龙口注方池；伏流至仁智殿后，有石刻蟠龙昂首喷水仰出，然后分东、西流入太液池。“山前有白玉石桥，长二百余尺，直仪天殿后。桥之北有玲珑石，拥木门五门，皆为石色。内有隙地，对立日月石。西有石棋枰，又有石坐床。左右皆有登山之径，萦纡万石中，洞府出入，宛转相连，至一殿一亭，各擅一景之妙。山之东亦有石桥，长七十六尺，阔四十一尺，半为石渠以载金水，而流于山后以汲于山顶也。又东为灵囿，奇兽珍禽在焉。”

太液池中的其余二岛较小，一名“圆坻”，一名“犀山”。圆坻为夯土筑成的圆形高台，上建仪天殿“十一楹，高三十五尺，围七十尺，重檐”。北面为通往万岁山的石桥，东、西亦架桥连接太液池两岸。“东为木桥，长一百二十尺，阔二十二尺，通大内之夹垣。西为木吊桥，长四百七十尺，阔如东桥，中阙之立柱，架梁于二舟，以当其空。至车架行幸上都，留守官则移舟断桥，以禁往来。”犀山最小，在圆坻之南，“上植木芍药”。

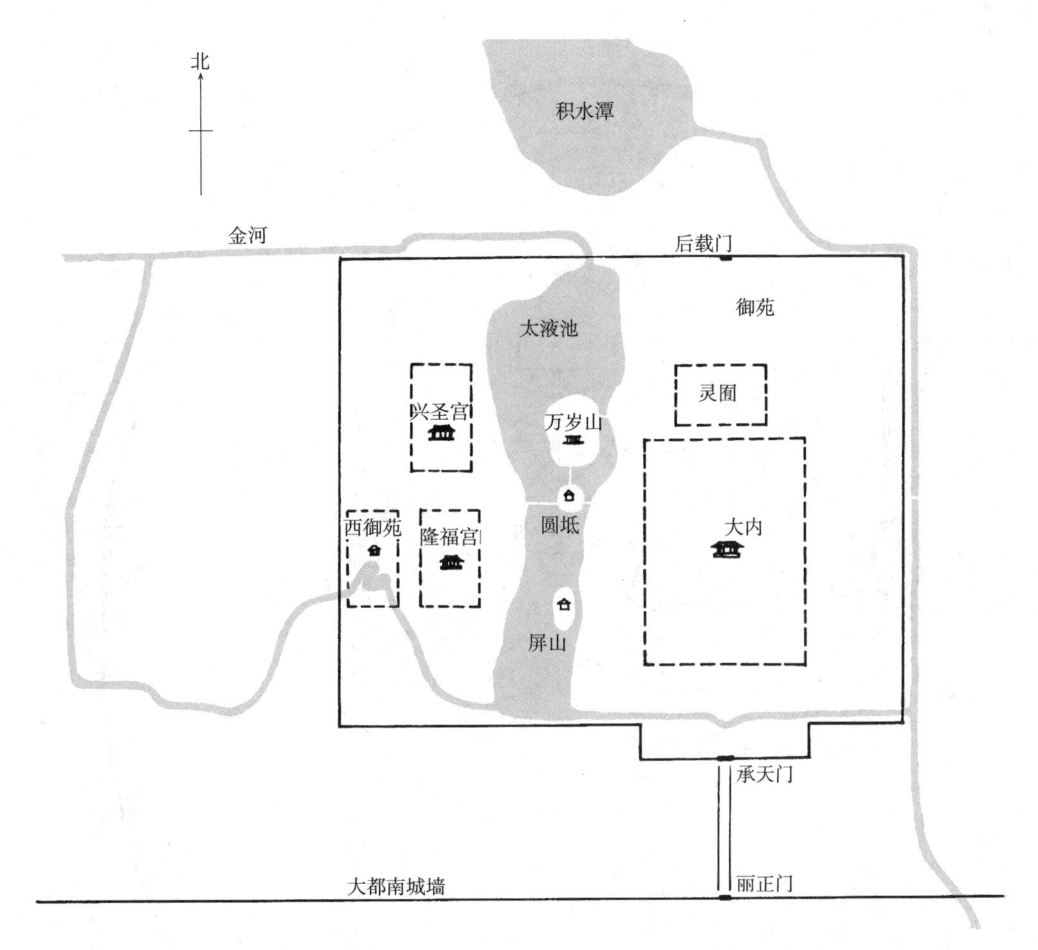

图7-10　大都皇城平面示意图［摹自周维权《中国古典园林史》（第2版），1999］

太液池之水面遍植荷花，沿岸没有殿堂建置，均为一派林木蓊郁的自然景观。池之西，靠北为兴圣宫，靠南为隆福宫，这两组大建筑群分别为皇太子和皇后的寝宫。隆福宫之西另有一处小园林，叫作“西御苑”（图 7-11）。

7.3.2　私家园林

辽代私家园林记载很少。只知辽代贵族、官僚的邸宅多集中于辽南京城子城之内，子城西部湖泊罗布，多私家园林。辽代著述本不如金代兴盛，文化艺术的学习也限于皇室宗族，私家园林较少也就可以理解。但辽代书禁甚严，导致著述佚失，其园林营建状况有待进一步研究。

金王朝在文化方面追慕北宋，中都的城市规划和宫苑建设完全模仿北宋的东京，并且自海陵朝起文风日盛，不亚于中原。金代兴盛之际，中都城内外及北方各地的私家园林数量应当不会少，但见于记载的只有寥寥 4 处：中都近郊的“崔氏园亭”和“赵园”，城内有翰林学士王立成的“趣园”和礼部尚书赵秉文的“遂初园”。

元大都城建成后，元之“贵戚、功臣悉受分地以为第宅”，主要集中在西城。能营造私家园林的人，只有贵族、功臣、“赀高”（富户）和“居职”（官员）。虽然元朝绘画强调自我，抒发意趣，但是从文献记载的宅园别业来看，大多数元代私园仍不脱唐宋写意山水园的传统。但个别园亭重视笔墨意趣，有时通过一片树林甚至篱落间物来传达园主的心绪观念，与元代画论有契合之处，开明代文人山水园之端。

大都的宅园别业，或以园名，或以亭名，统

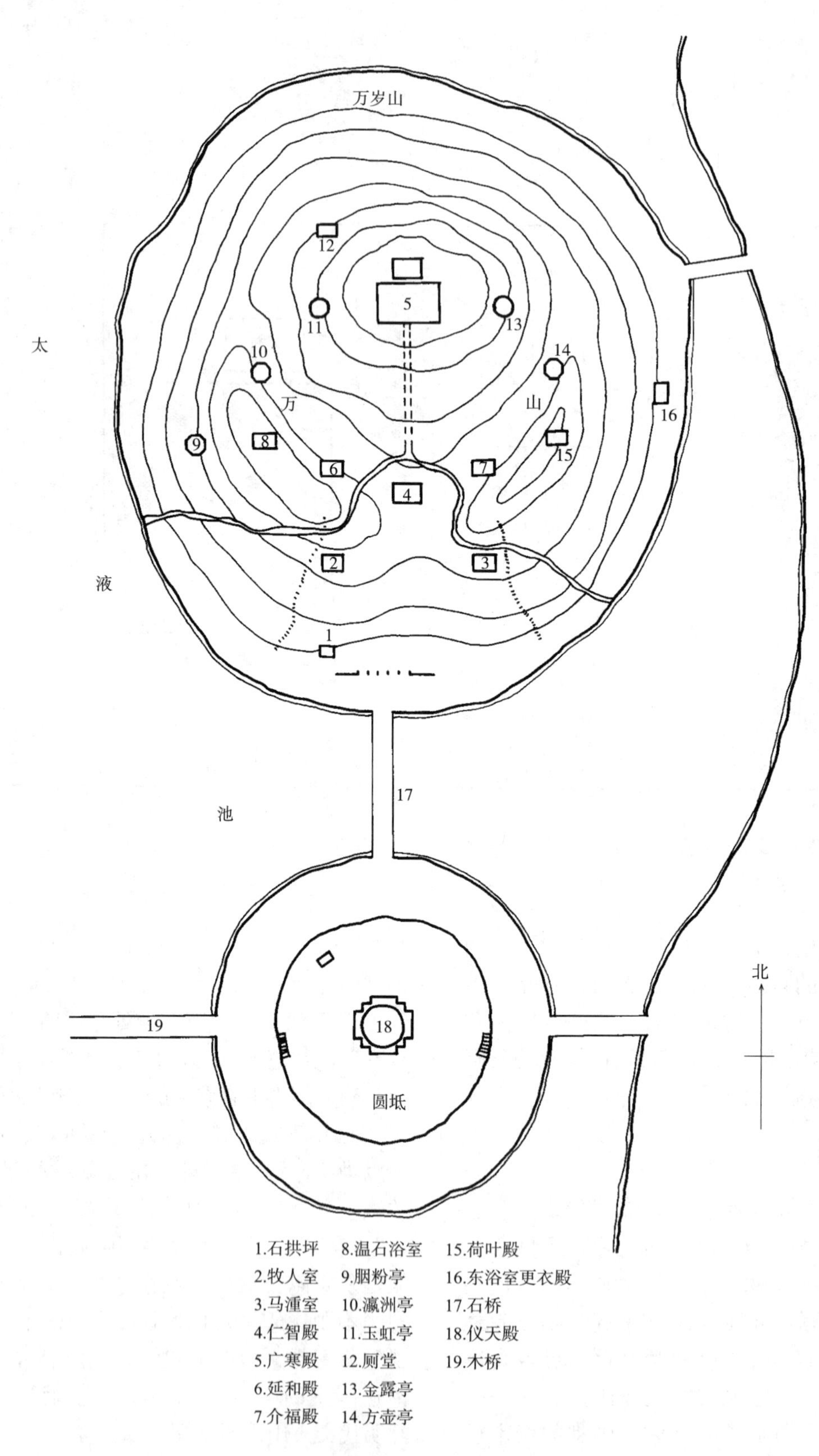

图7-11　万岁山及圆坻平面图［摹自周维权《中国古典园林史》（第2版），1999］

称园亭。大都园亭在近郊者多，尤其集中在有泉池河水的地带。据韩溪《燕京名园录》，“元之园亭在城北者曲太保之贤乐堂；在城东者董氏杏花园，其余多在城西南”。《天府广记》亦称“今右安门外，西南泉源涌出，为草桥河，接连平台，为京师养花之所。元人廉左丞之万柳园，赵参谋之匏瓜亭，粟院使之玩芳亭，张九思之遂初堂皆在此。”

元大都的私园集中于城西南，除泉池河水条件外，也因为大都城西南本是金中都，忽必烈建大都时，原中都城即成为大都城的一部分。当时的中都虽已残破，尚有几多留存，稍加修葺，便可园居。大都城内亦有园；在城外，城东、城北、城西亦多有园亭。

元大都诸私家园林，或就金之旧迹，或新筑，也自有其北方园林特色，而且大多因水而构，如海子岸的万春园、临涧水的南野亭、通惠河上的双清亭等；高良河寺西的玉渊亭是“枕河堧而为之，前有长溪，镜天一碧”；钓鱼台、玉渊潭更是柳堤环抱，水鸟翔集，游人众多，盛极一时。大都诸园也各有特色，如水木清华亭以水景闻名，漱芳亭因作亭护覆梅花而著称，匏瓜亭重在田园之乐；也有以技术取胜的，如芙蓉亭制作新奇，因内皆斗栱而著名。

元人诸园中还有一些规模较大、以野趣取胜的，如姚仲实园、董宇定杏花园。姚仲实园1500余亩，环绕园林种植榆、柳，引流泉，园中有药田和菜畦，区分井列，富有田园之趣。董宇定杏花园植杏千余株，盛开时园主人邀请文人雅士讌集此地赋诗，虞集风入松词末句云“杏花春雨江南”。

（1）万柳堂

这是元代畏兀儿族名臣廉希宪的别墅园，在大都西南，以水景著名。《长安客话》万柳堂条：“元初，野云廉公希宪即钓鱼台为别墅，构堂池上，绕池植柳数百株，因题曰万柳堂。池中多莲，每夏柳荫莲香，风景可爱。”《天府广记》称之万柳园：“元廉希宪别墅，在城西南为最胜之地。”陶宗仪《南村辍耕录》卷九：“京师城外万柳堂，亦一宴游处也。野云廉公一日于中置酒，招疏斋卢公、松雪赵公同饮。时歌儿刘氏名解语花者，左手折荷花，右手执盃，歌小圣乐云。赵公喜，即席赋诗曰：万柳堂前数亩池，平铺云锦盖涟漪……谁知只尺京城外，便有无穷万里思……”

（2）匏瓜亭

在元大都西南郊，是元代断事府参谋赵禹卿的别墅园。《天府广记》云：“匏瓜亭，赵参谋别墅。”《析津志辑佚》“名宦”载：“赵禹卿，先世宋之汴梁人，靖康之乱始徙于燕。禹卿名鼎，奉宣命荫父职，为员外郎。升断事府参谋。于城东村有别墅，构亭曰匏瓜，故人称曰赵参谋瓠瓜亭。有王鹗记文，王磐叙文。一时大老之什，咸赞德云。”

匏瓜亭以田园之趣著称。《析津志辑佚》“古迹”载：“在燕之阳春门外，去城十里。亭之大，不过寻丈。又匏瓜乃野人篱落间物，非珍奇可玩之景。然而士大夫竟为歌诗，吟咏叹赏，长篇短章，累千百万言犹未已。”这里仅录元王恽的匏瓜亭诗如下：“筑台连野色，架木系匏瓜。舍外开三径，壶中自一家。爱吟歌白苎，醽酒脱乌纱。更喜南窗下，秋风菊半华。”

7.3.3　寺观园林

辽、夏、金、元四朝皆扶持宗教，具体政策又有不同。金、元三教并举，辽、夏以崇佛为主。

辽代佛教继承唐代，汉传佛教的各个流派基本都在辽代建有寺院。从世宗始，经穆宗、景宗、圣宗、兴宗、道宗各代，均大力推行崇佛礼佛政策，修编佛典，礼遇僧侣，并在全国各地广建寺院。辽中叶以后，佛寺香火鼎盛，信徒遍及全国，“城邑繁富之地，山林爽屺之所，鲜不建于塔庙，兴于佛像。”（《全辽文》卷十《涿州云居寺供塔灯邑记》）。王鼎《蓟州神山云泉寺记》中说：“佛法西来，天下相应，国王、大臣与其力，富商强贾奉其赀，智者献其谋，巧者输其艺，互相为劝，惟恐居其后也，故今海内塔庙相望。”可见辽代佛教之鼎盛、寺院之众多、信众之虔诚。

金代继辽而兴，受辽代影响，金代社会崇佛

之风依旧。辽末金初，战乱频仍，许多寺庙成为废墟，一时佛门冷落至极；不久佛教又迅速恢复了它的生机，佛寺纷纷重建，重现昔日盛况。但金代统治者鉴于“辽以释废”的教训，对辽代的佛教政策进行了一些调整，实行了利用与限制并重的佛教政策，利用的是佛教对于民众的安抚力量，限制的是僧侣人口数量和佛教教团势力。不过，金代的策略是“以儒治国，以佛治心”，佛教还是有着相当大的影响力。当时的皇家寺院有世宗时在中都兴建的大延圣寺、香山寺（永安寺），熙宗时在上京会宁府兴建的大储庆寺等。同时，燕地的道教经历辽代的萧条开始复兴，先后产生3个新的教派——太一派、真大道派和全真派。其中全真派逐渐发展为主流，并受到金廷的扶持。金大定七年（1167年）敕命重修天长观，金章宗时期焚毁后再建，并升观为宫，更名太极宫，即为后来的白云观。

西夏以佛教为国教，曾6次向宋求赎佛经，宋朝赐以《大藏经》。历代夏帝与皇室兴建了许多佛寺，按地域可以把它们概括地划分为：兴庆府—贺兰山中心、甘州—凉州中心、敦煌—安西中心以及黑水城中心。其中著名的有应夏毅宗母后没藏太后要求而兴建的承天寺，夏崇宗时期重修的凉州感通塔及寺庙、新建的甘州建筑卧佛寺等。西夏后期受藏传佛教影响，兴建许多藏传佛教寺院，如1159年吐蕃迦玛迦举系教派初祖都松钦巴建立的粗布寺等。

元代建国前，丘处机西行万里，远赴征召，受到成吉思汗的礼遇，从此道教、全真派在以大都为中心的北方称雄一时。以大都为例，除扩建天长观，改太极宫为长春宫以外，还建有道观数十处。元世祖称帝后，定鼎于燕，建大都城。世界上的各大宗教，如基督教（包括景教）、伊斯兰教、佛教、道教，乃至原始宗教萨满教，都在大都设立庙宇，选派领袖人物，开展各种活动。其中藏传佛教是元世祖重点扶持的教派。为了绥靖吐蕃，至元六年（1269年），元世祖忽必烈册封萨迦派主持人八思巴为“帝师”，将西藏13万户的政教大权赏赐给他。西藏政教合一制度即始于此时，而藏传佛教也从此时开始在内地传播。这一时期建有大护国仁王寺、大圣寿万安寺、大天寿万宁寺3座皇家寺院。由于忽必烈推行“崇教抑禅”的政策，禅宗在元初比较萧条，律宗乘机发展，一些律宗寺院得以扩建。同时，忽必烈推行借佛抑道的政策，中原地区一枝独秀的道教全真派开始衰落，而从江南北上的正一派逐渐发展得超乎其上。这一时期兴建的道观有大都汉祖天师正一祠（即天师宫）和东岳仁圣宫（即东岳庙）等，其中东岳庙经过明、清几次扩建留存至今。

因为流派和政策的不同，辽西夏金元的寺观园林呈现出不同的形制，特征鲜明、异彩纷呈。虽然流传至今的多为吉光片羽，但我们仍可从中窥得其风貌。以下举戒云寺为证。

戒台寺坐落于今北京西郊马鞍山下，背靠太行山余脉，前临永定河，放眼可远望华北平原、近顾北京城。戒台寺以戒坛著名，从辽末至明初，戒台寺的流派经历了律宗到禅宗的变革。辽代法均大师开立“戒坛”，使律宗兴起。金代律宗日臻完善。元代的月泉新公长老将律宗与禅宗融合继续进行传戒活动。明代以明英宗敕赐“万寿禅寺”为标志，由律宗转变为禅宗，实现了律宗到禅宗的彻底变革。

戒台寺始建年代不可考，从文献看，它是从辽道宗时期开始兴盛的。据寺藏辽代《故崇禄大夫守司空传菩萨戒坛主大师遗行碑》记载，辽代道宗清宁年间，一代律宗高僧法均和尚来隐此山。法均幼时情况不详。清宁七年（1061年）春，受朝廷之命校定佛学经典诸家章抄，当年被道宗皇帝授予紫方袍，赐法号“严慧”，此后隐居戒台寺；咸雍七年（1071年）辽道宗特授崇禄大夫、守司空，加赐“法均”名号。他为弘扬佛法在寺内修建了一座菩萨戒坛，并“开坛演戒”广度四众，来者如云，甚至邻邦父老也不远千里来此受戒。道宗授“崇禄大夫、守司空、传菩萨戒坛主”，赞他“行高峰顶松千尺，戒净天心月一轮”。当时法均和尚应邀赴各地宣讲佛法，“所到之处，士女塞途，旨罢市辍耕，忘馁与渴，受戒弟子数不胜数。”据《辽史·道宗本纪》：咸雍六年（1071

年）“十二月戊午，加圆释、法均二僧并守司空。”文中的法均就是辽代戒台寺法均大师。戒台寺现存法均经幢两通，石碑一通，灵塔、衣钵塔各一座。

金代也留碑一块，即金天德四年（1152 年）立建的《传戒大师悟敏遗行碑》，悟敏是戒台寺开坛后的第三代主持，记述的是辽末金初戒台寺两代住持的宗教活动。碑文记载了悟敏生平，法均、裕窥、悟敏三代住持的师承关系，辽天祚帝和金海陵王的礼佛之举，以及辽末金初的开坛演戒等活动。从碑文上的记载看，戒台寺在辽末及金初的佛事活动也一直相当繁盛。

元代有碑记《大都马鞍山慧聚寺月泉新公长老塔并序》，为元至正二十八年（1368 年）立，记载月泉长老事迹，说月泉和尚从元代皇庆二年（1313 年）至延拥二年（1315 年）任戒台寺住持，期间重新修葺该寺，“因兹云山改色，钟鼓楼新音，内外雍容，遐迩善末，三五载增修产业，开拓山林，破垣颓屋，无非济楚。”这块碑是清末周肇祥先生在西峰寺发现的，说明最迟在元代，西峰寺已是戒台寺的下院，可见戒台寺势力之大、范围之广。

元末，寺内殿堂及戒坛毁于兵燹。明代戒台寺经历 3 次修建，成为今天的格局。

虽然辽金元三代的木构建筑已不可考，但戒台寺寺址未变。据推测，北面戒坛院的位置和格局是辽、金、元留下的，但具体有待考证。寺院坐西朝东的朝向应当也是辽代遗留。戒台寺还有众多的石质属辽、金、元三代文物。戒台寺殿院内前东部阶下，南北并列屹立两座砖塔。北侧七级密檐砖塔是辽法均大师灵塔，始建于辽大康元年（1075 年），明正统年间重修（图 7-12）。塔前立有《法均大师遗行碑》，是法均大师圆寂后的大安七年（1091 年）所建，为戒台寺中现存最早的石刻文物。另一座五级密檐塔，据考建于金代初年，是寺僧悟缠塔。戒台殿院外左右分立两座辽代经幢，皆为纪念法均大师圆寂所建。一为《大悲心经密言幢》，大康三年（1077 年）三月十四日建。一为《佛说佛顶尊胜陀罗尼幢》，大康元年（1075 年）七月二十四日建，受戒弟子范阳王鼎撰文，刻有《行满寺尼惠照建陀罗尼幢并记》。

图7-12　戒台寺法均塔及抱塔松　栾河淞摄

7.3.4　其他

7.3.4.1　公共园林

金中都、元大都的城内及郊外分布着许多由人工开凿的和天然的河流、湖泊，其中一些风景优美之处被开发成供公众游览的公共园林。

（1）金中都燕京八景

金中都西湖（即今之莲花池）在城西郊，广袤数十亩，傍有泉涌出，冬不冻。赵秉文诗云：“倒影花枝照水明，三三五五岸边行。今年潭上游人少，不是东风也世情。”

卢沟桥跨越卢沟河上，造型精美的石桥及桥下水流、河岸植柳之景相映成趣，为中都门户之一，也是都人常游之地。赵秉文《卢沟》诗云：“河分桥柱如瓜蔓，路入都门似犬牙；落日卢沟沟上柳，送人几度出京华。”

金代皇家园林的外围往往对外开放，或者说皇家园林是处于公共游览地中的。上文提到金代北苑万宁宫宫墙外的部分允许官员与士大夫游览。又如城北郊的玉泉山，山嵌水抱，湖清似镜，湖畔林木森然。除了一处行宫御苑之外，大部分均开发成为公共游览胜地。赵秉文《游玉泉山》诗生动地描写此地景观：

“夙戒游名山，山郭气已豪；

薄云不解事，似妒秋山高。
西风为不平，约略山林稍；
林尽湖更宽，一镜涵秋毫。
披云冠山顶，屹如戴山鳌；
连旬一休沐，未觉陟降劳。”

诸如此类的公共游览地，再加上分布城内外的众多宫苑、私家园林和寺观园林，使得中都城内城外美不胜收。金章宗明昌年间，便出现了“燕京八景”之说：居庸叠翠、玉泉垂虹、太液秋风、琼岛春荫、蓟门飞雨、西山晴雪、卢沟晓月、金台夕照。“燕京八景”的出现，对于元大都和明清北京城的园林建设产生了巨大影响；这八景历经明、清而不衰，历代题咏很多，其中大多数至今仍为北京重要的游览地。

（2）元大都西湖、西山（玉泉山行宫、香山行宫）

大都西郊稍远的地方便是当时著名的游览胜地——西湖和西山。西山是一带连绵不断的丛山的总称，其中以玉泉山、寿安山和香山最为有名。

蒋一葵《长安客话》卷三“西湖”记载：“西湖去玉泉山不里许，即玉泉龙泉所潴。盖此地最洼，受诸泉之委，汇为巨浸，土名大泊湖。环湖十余里，荷蒲菱芡与夫沙禽水鸟，出没隐见于天光云影中。可称绝胜。”西湖之北有山，原称金山，后来改称瓮山，西湖也因此称为瓮山泊。由于这里景色优美，所以当时民间有“西湖景”之称。西湖以西的玉泉山早在辽圣宗时就建立行宫，金章宗时又在山顶建芙蓉殿。元朝继续发展，成为大都著名的游览胜地。西湖、瓮山和玉泉山之间山水连属，互为资借，关系十分密切。

从现有文献看，元代这一地区最为繁盛热闹的是西湖。金太祖完颜亮曾在西湖附近建立行宫。元朝中期以后，朝廷又大力经营西湖地区。元文宗“天历二年（1329年）五月乙丑，建大承天护圣寺。至顺二年（1331年）九月乙亥，命留守司发军士筑驻跸台于大承天护圣寺东。”元末明初朝鲜编写的汉语教科书《朴通事》中有关于西湖和护圣寺的生动描写：

“西湖是从玉泉里流下来，深浅长短不可量。湖心中有圣旨里盖来的两座瑠（琉）璃阁，远望高接青霄。近看时远侵碧汉，四面盖的如铺翠，白日黑夜瑞云生。果是奇哉！”

“北岸上有一座大寺，内外大小佛殿、影堂、串廊，两壁钟楼、金堂、禅堂、斋堂、碑殿，诸般殿舍，且不舍说，笔舌难穷。

殿前阁后，擎天耐寒傲雪苍松，也有带雾披烟翠竹，诸杂名花奇树不知其数。阁前水面上自在快活的是对对儿鸳鸯，湖心中浮上浮下的是双双儿鸭子。河边儿窥鱼的是无数的水老鸭，撒网垂钓的是大小渔艇，弄水穿波的是觅死的鱼虾。无边无涯的是浮萍蒲棒，喷鼻眼花的是红白荷花……”

西湖的另一方，瓮山脚下，有元初政治家耶律楚材的墓，墓前有耶律楚材的石像。明宪宗时文人吴宽游览西山，耶律楚材墓犹存，见石像“须分三缭，其长过膝”。吴宽在此写下《谒耶律丞相墓》：“角端人语大兵还，帷幄功高掩伯颜。身托中原只抔土，神归朔漠自重关。僧伽香火青松盛，翁仲风霜白石顽。遗像俨然惊叹久，一间空屋倚西山。”耶律楚材墓后来被人盗掘，清乾隆重建耶律楚材祠，现仍存颐和园中。

从玉泉山再向西行，有寿安山，又名五华山。元英宗在寿安山修造大昭孝寺，经营多年。他为造佛像，“冶铜五十万斤”。据蒋一葵《长安客话》卷三“卧佛寺”载：“两殿各卧一佛，长可丈余。其一渗金甚精，寺因以名”。这座佛寺经后代修葺，部分至今尚存，就是今天北京植物园卧佛寺。

由寿安山再往西去，便是香山。山腰有金朝修建的大永安寺，到了元朝，又加以整修，“庄严殊胜于旧”。从西湖到香山这一带，当时已成为大都人四时游观的胜地。特别是每年九月，到西山看红叶，已经成为一时的风尚。元代文学家、史学家欧阳玄在《渔家傲·南词》中说：“九月都城秋日亢……曾上西山观苍莽。川原广，千林红叶同春赏。”

（3）元代玉渊潭

玉渊潭在钓鱼台附近。金章宗钓鱼台至元代荒废，但周边的玉渊潭、高粱河风景优美，吸引京中众人前来游览，逐渐发展为公共游览地。

据元末《析津志辑佚》“古迹”载：“(玉渊潭)在高良河寺西，枕河堧而为之。前有长溪，镜天一碧，十顷有余。夏则薰风南来，清凉可爱，俗呼为百官厅。盖都城冠盖每集于斯，故名之。”《明一统志》载：“(玉渊潭)在府西十里，即玉河乡，元郡人丁氏故池。柳堤环抱，景气萧爽，沙禽水鸟，多翔集其间，为游赏佳地之所。元人游此，赓和极一时之盛。”此地今为玉渊潭公园。

(4) 元大都积水潭

积水潭又名海子，是元大都城内的漕运总码头。来自西北郊的白浮、玉泉诸水，汇入西湖，再经长河至高粱河下游分为两股，分别从和义门的南、北城墙下的闸门流入积水潭，再通过玉河与京杭大运河连接。当年的积水潭是一个汪洋如海的大水面，面积大于今前海、后海、净业湖之和。南方来的粮船、商船都停泊在此，沿岸商贾云集，游人如织。元代诗人王冕诗云：“燕山三月风和柔，海子酒船如画楼。”

积水潭到明代演变为什刹海、净业湖，清代什刹海又收缩为前海、后海，其漕运功能逐渐衰退，成为京中消闲游憩的胜地。这些将在第 9 章详述。

7.3.4.2 金章宗西山水院

金章宗完颜璟，是金朝的第六位皇帝，在位 20 年(1189—1208)。章宗继承祖父世宗之位，上承世宗太平日久，府库充裕；他又具有较高的文化水平，也喜欢游山玩水、打猎避暑。为此，章宗在山水、植被茂密的京西一带选择若干处，建造兼有寺庙和行宫性质的园林，以供游宴、避暑之用，后人称为“西山八大水院”(一说“六大水院”)。

由于古籍对金章宗西山水院记载不详，因此对水院的说法不一。一种说法是“西山六院”，即清水院、香水院、泉水院、金水院、潭水院、圣水院。一种说法是“西山八院”，即清水院、香水院、泉水院、金水院、潭水院、双水院、圣水院、灵水院。另一种意见认为应去掉泉水院，将温水院列为八院之一。而且这八大水院的具体位置也有争议。

西山水院已历八百春秋，其中能够确定年代、名称和地点的只有清水院和香水院；永安寺和玉泉山行宫可确定地点和年代，但是否属西山水院中的潭水院和泉水院待考；其他都是后人根据环境和遗存文物做出的推测。它们的共同点是：坐西朝东、有泉水、有古银杏。仅凭这几点证据并不能证明寺院的年代，而且金代遗留的文献和文物也很少。这一切使得西山水院的真实情况扑朔迷离。这里将确定者和待考者一并列出，探讨金章宗朝园林的一些共性。

(1) 清水院(大觉寺)

北京西郊海淀区北安河乡旸台山东麓的大觉寺，是没有异议的金章宗清水院，也是证据确凿、保存完好、资料丰富的金章宗行宫，史志、碑刻中多有记载。最早提到大觉寺(清水院)为金章宗西山八大水院之一的文字记述，见于明代刘侗、于奕正《帝京景物略》：“黑龙潭，入金山口，北八里……又北十五里，曰大觉寺，宣德(注：明宣宗朱瞻基年号)三年建。寺故名灵泉佛寺，宣宗赐今名，数临幸焉，而今圮。金章宗西山八院，寺其清水院也。清水者，今绕圮阁出，一道流泉是也。”

金代以后，大觉寺经历元、明、清，至清代仍为西山胜迹。清代《鸿雪因缘图记》中“大觉卧游”描述道：“寺本金章宗清水院故址……垣外双泉，穴墙址入，环楼左右汇于塘，沉碧泠然，于牣鱼跃。其高者东泉，经蔬圃入香积厨而下，西泉经领要亭，因山势重叠作飞瀑，随风锵堕，由憩云轩双渠绕溜而下，同汇寺门前方池中……余乃拂竹床，设藤枕，卧听泉声，淙淙琤琤，愈喧愈寂，梦游华胥，翛然世外。少醒，觉蝉噪愈静，鸟鸣亦幽，辗转间又入黑甜乡。梦回啜香茗，思十余年来值伏秋汛，每闻水声，心怦怦动，安得如今日听水酣卧耶。寺名大觉，吾觉矣。”此书的作者完颜麟庆，是金世宗后裔，道光年间任江南河道总督。《鸿雪因缘图记》一书是他将生平涉历之事作记、绘图而成。麟庆到大觉寺游览，缅怀先祖留下的古迹，又因泉声联想到个人治水的经历，令人感喟。

现在的大觉寺的格局是清代形成的，然而山水未变，其坐西朝东的方位，是辽、金遗留。这是因为古契丹、女真民族有“朝日”的习俗，认为太阳升起的地方神圣吉祥。大觉寺的山泉源自寺外李子峪峡谷伏流入寺，出龙潭分成两股，沿东高西低地势顺流而下，形成龙潭、石渠、碧韵清池、玉兰院水池、功德池等多处景观。寺院内古树名木繁多，以古银杏树最为知名，有一株树龄已逾千年，依然枝繁叶茂，可能为辽代遗物。据考证，寺内一些石雕也是金章宗清水院时期的旧物。

（2）香水院（法云寺）

金山之北的妙高峰麓，有古刹法云寺，是金章宗时为八院之一“香水院”。

《帝京景物略》称：“过金山口二十里，一石山……小峰屏簇，一尊峰刺入空际者妙高峰，峰下法云寺。寺有双泉，鸣于左右，寺门内浚为方塘。殿倚石，石根两泉源出：西泉出经茶灶，绕中溜；东泉出经饭灶，绕外垣；汇于方塘，所谓香水已。金章宗设六院（注：一作六院，一作八院）游览，此其一院。草际断碑，‘香水院’三字存焉。塘之红莲花，相传已久，而偃松阴数亩，久过之。二银杏，大数十围，久又过之。计寺为院时，松已森森，银杏已皤皤矣。章宗云：春水秋山，无日不往也。”

《天府广记》记载：“袁中道记曰：妙高峰去沙河四十里……法云寺枕妙高峰最高处，近寺有双泉鸣于左右，过石梁屡级而上，至寺门，内有方池，石桥间之，水泠然沉碧，依稀如清溪水色，此双泉交会处也。其上有银杏二株，大数十围。至三层殿后乃得泉源，西泉出石罅间，经茶堂两庑绕溜而下，东泉出后山，经蔬圃入香积而下，会于前之方塘，是名香水也。山石虽倩，更得此水活之，其秀美殊甚。有楼可卧看诸山，右有偃盖松可覆数亩，故老云金章宗游览之所，凡有八院，此则香水院也。金世宗、章宗俱好登眺，往往至大房山、盘山、玉泉山，而其中有云春水秋山者，章宗无岁不往，岂即此地耶？”

《珂雪斋集》《宸垣识略》也有类似记载。

法云寺到清末被辟为道光帝第七子醇亲王奕譞的陵寝，人称七王坟。文献中记载的两株古银杏，今尚存一株。

（3）香山寺（永安寺，香山行宫）

香山公园的香山寺遗址自古就为京西名刹，据史料载“香山寺，京师天下之奇观也……有金章宗之台、之松、之泉也，曰祭星台、护驾松、梦感泉。”香山寺面东，现有泉水，古银杏多株，故可为“潭水院”。

香山寺，始建于辽代，金大定二十六年（1186年）重建，赐名大永安寺，金章宗常至此游幸，文献中多有记述。《日下旧闻考》记载：香山寺址，辽中丞阿勒弥所舍。殿前二碑载舍宅始末，光润如玉，白质紫章，寺僧目为鹰爪石。又云寺即金章宗会景楼也。阿勒弥是满语“声誉”的意思，旧作阿里吉。但查《辽史》，无阿勒弥或阿里吉传。

关于金代扩建香山寺（大永安寺）的缘起、寺庙格局及营建始末，《顺天府志》记载甚为详尽：

“大永安寺在京师之乾隅一舍地香山。按旧记：金翰林修撰党怀英奉敕书。昔有上下二院，皆狭隘，凿山拓地而增广之。上院则因山之高，前后建大阁，复道相属，阻以栏槛，俯而不危。其北曰翠华殿，以待临达，下瞰众山，田畴绮错。轩之西叠石为峰，交植松竹，有亭临泉上。钟楼、经藏、轩窗、亭户，各随地之宜。下院之前树三门，中起佛殿，后为丈室、云堂、禅寮、客舍，旁则廊庑、厨库之属，靡不毕兴。千楹林立，万瓦鳞次，向之土木化为金碧，丹砂旃檀，琉璃种种，庄严如入众香之国。金大定二十六年，太中大夫尚书礼部侍郎兼翰林直学士李晏撰碑云。又按，泰和元年四月翰林应奉虞良弼碑记亦云，旧有二寺，上曰香山，下曰安集。金世宗重道，思振宗风，乃诏有司合为一，于是赐名永安寺。”

这段文字中提到两块金代石碑，一块是金世宗大定二十六年（1186年）太中大夫尚书礼部侍郎兼翰林直学士李晏撰写的碑，一块是金章宗泰和元年（1201年）四月翰林应奉虞良弼作的碑记，两块碑文互为补充，详细记述了大永安寺是在原有香山寺和安集寺的基础上合二为一重建的，寺庙规模宏大，殿宇众多。金世宗和金章宗两位皇帝对香山寺的兴盛起了很大的作用。《元一统志》也提到了金章宗时期的这块碑志和对香山的雅称："又按，金泰和元年翰林应奉虞良弼有记云：都城之乾隅三十里，曰香山，亦号小清凉。"

《金史·世宗下》证实了这一说法：大定二十六年三月，"癸巳，香山寺成，幸其寺，赐名大永安，给田二千亩，栗七千株，钱二万贯。"

金代大永安寺已无存，但从《金史》可知金章宗前后 8 次去永安寺游玩。金代以后的笔记中又屡屡提到会景楼、祭星台、梦感泉、护驾松等，对香山的泉水的传奇描述也比比皆是。清代《宸垣识略》：

"金大定二十六年二月，香山寺成，世宗幸其寺，赐名大永安寺……

又云，寺即金章宗之会景楼也。香山寺殿五重，崇广略等……山多名迹，有葛稚川丹井、金章宗祭星台、护驾松、梦感泉、棋盘石、蟾蜍石、香炉石。寺始金大定，正统中，太监范宏拓之，费七十余万。""宾轩为金章宗祭星台。其西南道上，章宗经此有松密覆，因呼为护驾松。""寺亦名甘露。石梁下有方池，正统间，遣中官以金鱼数十投其中，今巨者盈尺矣。上有金刚殿，后有古椿六。又上由画廊登慈恩殿。其右为香炉冈，冈下有蟾蜍石二，状如蛤蟆。石下二井，相去丈许，水深三四尺，俯手可濯……又有梦感泉，金章宗尝至其地，梦矢发泉涌，旦起掘地，果得泉。"

元、明两代，香山行宫成为古迹，有不少文人在此写下怀古之作。元代萨天锡有《祭星台》诗："章宗曾为祭星来，凿石诛茅筑此台。野鸟未能随鹤化，山花犹自傍人开。直期荧惑迁三舍，不向人间劝酒杯。梯磴高盘回辇处，马蹄无数印苍苔。"明代安绍芳《香山寺》诗："西岭藏香阁，到门生暮烟。断崖寒积翠，细草伏流泉。台指祈星处，松传护驾年。石幢苔半绣，似欲化青莲。"现在的香山，仍有蟾蜍石、棋盘石、双井等景点，虽然从史学角度无从考证，但从文学角度看也不失趣味。

元代于中统四年（1263 年）和皇庆元年（1312 年）两次重修香山永安寺，易名"甘露寺"；明朝再建，称"永安禅寺"；清代在明代基础上扩建，形成前街、中寺、后苑的独特格局。乾隆皇帝手书还"双清"二字，在双泉附近镌刻摩崖，并新建静宜园二十八景之一的"松坞云庄"。可惜咸丰十年（1860 年），英法联军焚毁静宜园，永安寺、松坞云庄同时被毁。民国时，平民教育家熊希龄先生在摩崖刻石处建双清别墅，在香山开办慈善事业。1949 年，中共中央从西柏坡迁入双清别墅，毛泽东同志在此居住期间指挥了渡江战役，筹备了新政协并与许多民主人士商讨国是，这里成为中国革命重心从农村转入城市的第一站。现在永安寺遗址仍存，其旁的双清别墅，既是历史名园的一部分，也是全国爱国主义教育示范基地。

7.4 总结

辽、西夏、金、元的园林，是我国古代园林的重要支流。它们上承唐代余绪，旁师两宋风物，兼融北地气象，最终汇入中国古代园林的主脉之中。

辽、西夏、金、元与中原王朝间有过多次战争，也有过一定时期的和平相处与友好往来，它们在经济方面相互交流，在文化方面相互吸收。辽、西夏、金、元在建国初期均处于从奴隶制向封建制过渡时期，伴随着中原文化渗入的加深，也出于自身政治、经济、文化的进步的需求，他们逐渐地接受了中原文化，并加以发展，为己所用。因此辽西夏金元的园林均在不同程度上呈现出对中原地区园林的仿拟。其中金代园林的汉化程度最高，几乎全盘仿拟北宋；辽代次之。这可能与辽、金政体不同有关。西夏国园林独立性较强，同时对中原有一定借鉴，可能因西夏地理位置相对封闭独立，与中原交流不如辽金频繁所致。元代园林风格自由，其园林也继承了两宋和金。辽西夏金元的园林形成与发展的历程，从一个侧面反映了唐代和两宋园林之兴盛、辐射力之强大，也在更深层次上反映了古代边疆地区对中原文化从对立到认同、进而吸收借鉴乃至汇为一体的过程。

辽西夏金元园林虽多仿拟中原，然而仿中有创。它们结合游牧民族的思想观念和生活习惯，对中原园林的功能、布局和要素作了相应的改变，形成了环绕绿水的城市、与四时捺钵相结合的行宫和与公共游览地密切联系的寺观。它们从不同的角度为古代园林注入了新鲜血液。"华夏"是一个动态的系统，它是由我国历史上各民族在长期的互相认同、交流和融合中形成的，在不同的历史时期具有不同的外延。中国古代园林也是一个开放的体系，它以中原文化为核心，不断对周边地区进行文化输出，又不断接纳和融化外来文化以实现自我更新，在一脉相承中生生不息。

辽、金、元对于今北京地区的园林建设的影响也是深远的。辽南京、金中都、元大都三代的建设，奠定了明、清北京城的城市位置和规划基础。辽金元不仅初步建设了大内三海，而且全面开发了北京西郊，明、清北京许多行宫离宫都是承辽金之旧，如静宜园在香山行宫的基础上营建，静明园在玉泉山行宫的旧址上营建，颐和园则将瓮山和西湖纳入离宫。金、元两代北京城经济比较繁荣，城内和城郊出现许多公共园林，如积水潭、玉渊潭、香山等，其中一些历经明清延续至今。因此辽金园林也可视为明、清北京地区园林全面兴盛的伏笔。中国古代园林历经宋、辽、金、元的大创造与大融合，结束了它的第一个成熟期，即将开启明清园林的辉煌篇章。

思考题

1. 比较金代皇家园林与北宋皇家园林的异同。
2. 简述金、元公共园林的特点。
3. 简述元大都引水工程与园林建设的联系。
4. 简述金、元园林对明、清北京西郊园林建设的影响。

参考文献

（明）蒋一葵，长安客话 [M]. 北京：北京古籍出版社，1982.

（明）刘侗，于奕正，帝京景物略 [M]. 北京：北京古籍出版社，1982.

（清）戴锡章，罗矛昆，校点. 西夏纪 [M]. 银川：宁夏人民出版社，1988.

（清）孙承泽，天府广记 [M]. 北京：北京古籍出版社，1982.

（清）吴长元，宸垣识略 [M]. 北京：北京古籍出版社，1981.

（清）于敏中，日下旧闻考 [M]. 北京：北京古籍出版社，1983.

（元）脱脱，金史 [M]. 北京：中华书局，1975.

（元）脱脱，辽史 [M]. 北京：中华书局，1974.

（元）脱脱，宋史 [M]. 北京：中华书局，1985.

（元）熊梦祥，析津志辑佚 [M]. 北京：北京古籍出版社，1983.

曹汛，独乐寺认宗寻亲——兼论辽代伽蓝布置之典型格局 [J]. 建筑师，1985（03）.

陈从周，蒋启霆，园综 [M]. 上海：同济大学出版社，2004.

陈高华，史卫民，中国经济通史·元代经济卷 [M]. 北京：中国社会科学出版社，2007.

陈高华，史卫民，中国政治制度通史 [M]. 第八卷 / 元代. 北京：社会科学文献出版社，2011.

杜石然，中国科学技术史·通史卷 [M]. 北京：科学出版社，2003.

郭黛姮，中国古代建筑史 [M]. 第三卷. 北京：中国建筑工业出版社，2003.

韩儒林，元朝史 [M]. 北京：人民出版社，1986.

翦伯赞，中国史纲要 [M]. 北京：人民出版社，1983.

李锡厚，白滨，辽金西夏史 [M]. 北京：上海人民出版社，2003.

刘科，金元道教信仰与图像表现——以永乐宫壁画为中心 [M]. 成都：巴蜀书社，2013.

苗天娥，景爱，金章宗西山八大水院考（上）[J]. 文物春秋，2010（04）.

苗天娥，景爱，金章宗西山八大水院考（下）[J]. 文物春秋，2010（05）.

潘谷西，中国古代建筑史 [M]. 第四卷. 北京：中国建筑工业出版社，2009.
漆侠，辽宋西夏金代通史 [M]. 北京：人民出版社，2010.
齐木德道尔吉，辽夏金元史徵·金朝卷 [M]. 呼和浩特：内蒙古大学出版社，2007.
宋德金，中国历史·金史 [M]. 北京：人民出版社，2006.
汪菊渊，中国古代园林史 [M]. 北京：中国建筑工业出版社，2006.
王雄，辽夏金元史徵·西夏卷 [M]. 呼和浩特：内蒙古大学出版社，2007.
吴天墀，西夏史稿 [M]. 上海：商务印书馆，2010.
阎凤梧，全辽金文 [M]. 太原：山西古籍出版社，2002.
叶新民，辽夏金元史徵·元朝卷 [M]. 呼和浩特：内蒙古大学出版社，2007.
阴法鲁，等，中国古代文化史 [M]. 北京：北京大学出版社，2008.
于德源，北京历代城坊、宫殿、苑囿 [M]. 北京：首都师范大学出版社，1997.
袁行霈，中国文学史 [M]. 第三卷. 北京：高等教育出版社，2014.
张久和，辽夏金元史徵·辽朝卷 [M]. 呼和浩特：内蒙古大学出版社，2007.
张岂之，中国思想史 [M]. 西安：西北大学出版社，1989.
张夙起，北京地方志·古镇图志丛书永宁 [M]. 北京：北京出版社，2000.
周维权，中国古典园林史 [M]. 2 版. 北京：清华大学出版社，1999.

第8章

明代园林

明代的昌盛推动了园林的繁荣。尽管明中期以前，重礼法、尚“正统”。但明中期以后的发达商业催生了个性解放的市民文化，并与文人士大夫文化相结合，这就使明代的山水园林艺术呈现出雅俗共赏的特点。正是：

金陵地胜寒花香，几度栖寻大功坊。

旧雨还湿乌衣巷，春风又入白玉堂。

当年列星曜棋秤，名将执节论短长。

云客试问古今事，空潭静默烟水苍。

8.1 历史文化背景

明朝是中国历史上最后一个由汉族建立的王朝。1368年，明太祖朱元璋在应天府（今江苏省南京市）称帝，建国号明。永乐十九年（1421年），明成祖朱棣迁都顺天府（今北京市）。明朝共传12代，有16帝，统治277年。

洪武元年（1368年），明太祖朱元璋在击败陈友谅、张士诚、方国珍、陈友定等南方割据势力后，于应天（今江苏南京）即位，建立明朝。此后，通过胡蓝之狱，强化了皇权。并分封诸子为王，以收拱卫皇权之效果。朱元璋死后，建文帝即位。燕王朱棣发起靖难之役，夺取皇位，是为明成祖。此后，明朝发生土木堡之变、夺门之变等重大历史事件。明朝中期以后，出现了宦官与权臣专政的局面，皇权受到制约。在政府统治力量衰弱的情况下，全国各地频繁爆发农民起义。作为应对，张居正在政治、经济诸方面推行了改革，使得政局稍有好转，国力有所增强。明朝末年，社会矛盾激化，土地兼并严重。“三饷”的征收更是加重了人民负担。于是，城市居民及手工业者掀起反对矿监税使的斗争，农民起义更是此起彼伏，连绵不绝。统治阶级内部矛盾也日益尖锐，出现了阉党、东林党、浙党之间的倾轧。明朝无力根除张献忠、李自成等人领导的起义势力。最终，李自成于崇祯十七年（1644年）率军攻陷北京城，明思宗朱由检自杀，明朝灭亡。明亡后，建立了一系列短暂的南明政权。

明朝疆域，北界在洪武初年至阴山、大青山、西拉木伦河一线，后内缩至长城一线；东北至黑龙江口、库页岛，设奴儿干都司管辖；西北初至新疆哈密，后内缩至嘉峪关；西南统治今西藏、青海、云南，设若干都司及土司；南部一度统治到越南中北部；东南至大海，设澎湖巡检司。明朝疆域之内，设两京十三布政使司。

政治制度　明朝建立之初，大力强化专制主义中央集权政治制度。明朝废弃中书省和宰相制度，政府六部直接对皇帝负责。设置通政使司，收纳内外奏章，参与军政大事。并设置锦衣卫、东厂等特务机构，监视臣民言行。军事方面，明朝在全国普遍设立卫所，由五军都督府统领，与兵部形成制衡。司法方面，明朝颁布大诰，制定《大明律》，设立刑部、都察院、大理寺，合称三法司。在地方行政制度方面，明朝设立承宣布政使司执掌民政和财政，提刑按察使司掌管司法，都指挥使司负责军事，合称三司，互不归属，形成制约。此外，明朝还建立黄册、里甲、关津等制度，打击江浙豪强地主，加强了对基层社会的控制。

社会经济　明朝建立之初，积极调整生产关系，大力发展农耕事业，鼓励军、民、商屯垦，推广棉花、桑麻等经济作物，兴修水利，普遍设立预备仓，极大促进了农业经济的发展。明朝番薯、玉米、花生、烟草等域外农作物的传入，对于调整种植业结构，提高粮食产量，扩大耕地面积具有深远意义。手工业方面，明代在榨油、造纸、印刷、制糖、制茶等方面较前代有所进步。遵化和佛山的铁冶业、景德镇的陶瓷业、苏州的丝织业、松江的棉布业均达到较高水平，出现了资本主义的萌芽。随着农业和手工业的发展，商品活动日益活跃，出现了如两京、苏杭、广州等重要城市及汉口、佛山等专业市镇。随着运河的全线贯通，沿线的淮安、济宁、临清、德州、直沽等城市也逐渐繁荣起来。此外，在江南还产生了盛泽、震泽、濮院、枫泾等专业市镇（图 8-1）。

思想文化　明朝建立了完备的科举制度，其指导思想就是程朱理学。程朱理学作为官方意识形态占据了思想文化的支配地位，明朝政府编纂《四书大全》《五经大全》《性理大全》等典籍。明朝中后期，为挽救统治危机，统治阶级不得不舍弃程朱理学寻找新的理论依据。王守仁主导建立了王学思想体系，提出“心外无物”“致良知”的观念，主张“去人欲，存天理”“知行合一”的学说。王学的追随者王艮、颜钧、何心隐、李贽等人，对该思想体系进行了扬弃。而具有唯物主义气质的思想家罗钦顺、王廷相则站在王学的对立面，主张“气”的理论，反对主观唯心论。明朝末年，出现了方以智、唐甄、傅山、陈确等主张经世致用的唯物主义思想家。

明代在文献整理方面取得不少重要成就，编辑了大量类书和丛书。其中，《永乐大典》是中国古代最大的一部类书。

文学艺术方面，明朝的贡献主要体现在诗歌、散文、小说、戏曲等方面。诗文的突出突出特征在于出现了台阁体、以前后七子为代表的拟古派、公安派、竟陵派等文学流派。此外，明朝中后期出现了唐寅、文征明、徐渭等个性鲜明的文学家。明代的小说创作进入进入高峰期，出现了以《金瓶梅》《水浒传》《三国演义》《西游记》为代表的长篇小说和以“三言两拍”为代表的短篇小说。戏曲方面，戏剧创作繁荣，江南地方戏曲流行，出现了《荆钗记》《拜月亭记》《白兔记》等

图8-1　《南都繁会图》局部　现藏中国国家博物馆

明初四大传奇。明代戏曲创作的高峰是以汤显祖的《牡丹亭》《邯郸记》《南柯记》《紫钗记》为名的“临川四梦”。

科学技术　明代在航海、冶金、纺织、陶瓷、园林建筑、军事学等科技领域取得了世界领先的成就，在建筑技术、水利、数学、医药学、物理学等领域也有新的发展。郑和七下西洋，显示出明代在造船、航海技术上的领先地位。代表明代医药学最高水平的是李时珍的《本草纲目》。徐光启的《农政全书》和宋应星的《天工开物》是中国古代具有代表性的农学、生产技术巨著。地理学方面，取得以罗洪先的《广舆图》、徐宏祖的《徐霞客游记》、王士性的“地理三书”为代表的重要成就。明代在军事技术装备、作战方法、军事理论上取得较大进步，出现了《筹海图编》《纪效新书》《武备志》等重要典籍。

对外交往　明朝与朝鲜、日本、吕宋、暹罗等国建立宗藩关系，进行朝贡贸易。在广州、泉州、宁波设立市舶司处理外贸事务。永乐至宣德年间，郑和七次率船队下西洋。东南沿海地区出现了较为严重的倭患，戚继光、俞大猷率部抗倭。此后，明朝在万历年间发起援朝战争，协助朝鲜击败日本丰臣秀吉的入侵。来自欧洲的葡萄牙、西班牙、荷兰殖民主义者袭扰明朝沿海地区，侵占台湾。以利玛窦、龙华民为代表的西方天主教传教士也纷纷来华传教，同时传播西方科技知识。

8.2　明代主要城市格局与园林

8.2.1　南京

明代的南京城原是六朝时代的建康、南唐的金陵。元至正十六年（1356年）朱元璋进占集庆路，改为应天府，统一全国后定都于此。但由于都城偏于东南一隅，不便于对北方边防的管理，故朱元璋晚年曾拟迁都关中，未实现而死。永乐十九年（1412年）明成祖迁都北京，但鉴于南京地位的重要，仍以南京为留都，南京的宫殿官署也一直保留。

明初南京城的经营，前后达21年（1366—1386）之久。明代南京城东连钟山，西踞石头城，南阻秦淮河，北带后湖，把六朝的建康都城、东府城，南唐的金陵城，都包括到城内。全城周围共长67里，城内南北长达20里，东西长达11里多（其中东西最狭处只有6里多），总面积约120 km^2。共开13个城门，即聚宝（今中华门）、三山（今水西门）、石城（今承中门）、清凉、定淮、仪风（今兴中门）、钟阜（今新民门）金川、神策（今和平门）、太平、朝阳、正阳（今光华门）、通济等门，作为城内外出入的通道。城垣基座砌以花岗石，再砌巨砖，平均高度在20 m以上，城顶铺有石路，平均宽度7 m以上。

南京地形较复杂，长江由西南向东北流过，北有狮子山、鸡笼山等，地形起伏较大。东北有玄武湖，东有钟山，南有雨花台，西有清凉山、五台山等，其外为一片沼泽的莫愁湖。只有中部地形较平坦，南唐金陵城即在此一带发展，新建宫城则让开这一已形成的地区，在其东侧修建。

明代的南京城，包括外城、应天府城、皇城三重。南京在中国古代城市中为典型的不规则形的都城。城内有规则方整的宫城区及反映商业及手工业自发成长的市肆区。

明南京城首先建宫殿于钟山之南，并建太庙及社稷坛。洪武二至六年（1369—1373），城市经两次大规模的改建，至1386年（洪武十九年）基本建成。建城时所用砖石木料，均系长江中下游的152个府县按照统一的规格制成。外城主要是从防御需要出发，在应天府的外围，利用部分天然土坡筑城，周围达180里。其范围西北直达江边，东包钟山，南过聚宝山（今雨花台）。在险要地段筑有16座城门，沧波、高桥、上方、火岗、凤台、大驯象、小驯象、大安德、小安德、江东、佛宁、上元、观音、姚坊（今尧化门）、仙鹤、麒麟等门。外城与应天府城之间，仍为耕地及村落（图8-2）。

应天府城内分宫城、居民市肆及西北部军营3区。市肆区即南唐以来已形成的地区，其南部接连航运要道秦淮河，这一带为繁荣的商业中心。

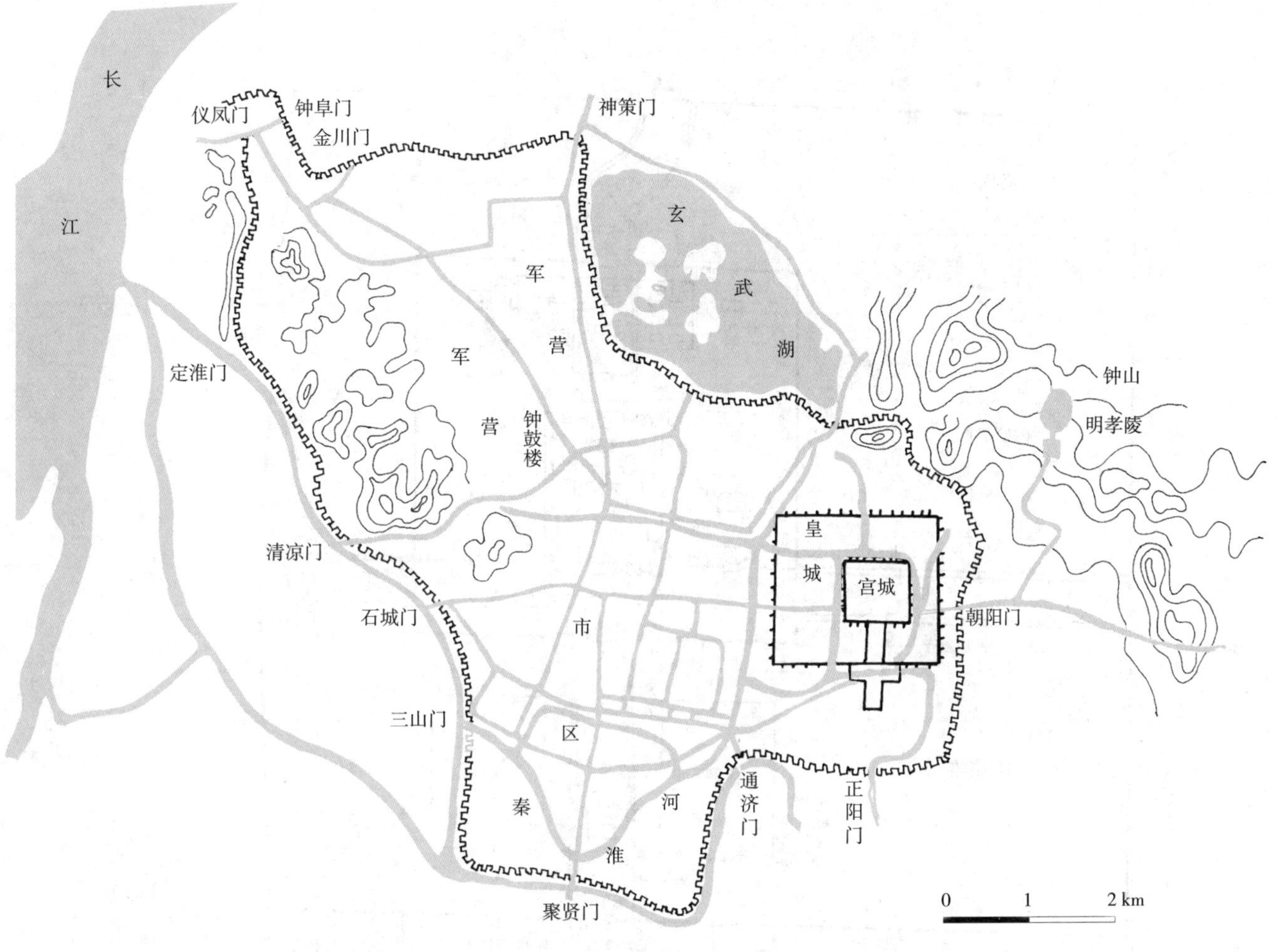

图8-2 明代南京城平面图（摹自董鉴泓《中国城市建设史》，2004）

城西北地势较高，专设屯兵军营。在三区的交界的中央高地上建钟鼓楼。这 3 个地区虽然均在应天府城之内，但各自平面布局不一致，道路系统也不是一个整体。

应天府城墙按照河流、湖泊、山丘等地形，从防御要求出发修建，将北部驻军的空旷地带以及沿江战略高地如清凉山、狮子山等包括在内，故呈不规则形，城周记载为 98 里，实测为 67 里，底宽 10 ~ 18 m；顶部平坦，宽 7 ~ 12 m，高 15 ~ 18 m。全城共有 13 个城门，即朝阳（今中山门）、正阳（今光华门）、通济、聚宝（今中华门）、三山（今水西门）、石城（今汉中门）、清凉、定淮、仪凤（今兴中门）、钟阜、全川、神策（今和平门及太平门）。全城将南唐的金陵城（包括石头城、西州城及冶城）、六朝的建康都城及东府城全部包在内，达到了南京历史上的最大规模。

皇城及宫城布置完全继承历代都城规划而又加以发展，皇城并未在六朝、南唐宫室的基础上修建，而是位于原金陵城东门外，偏在应天府城东南隅，系填燕雀湖（即前湖）而成，主要考虑风水、形胜因素。宫城（紫禁城）居皇城之中，南正门为午门，左立太庙，右有社稷坛，宫城两侧有东安门及西安门，皇城两侧有东华门及西华门。午门北有五龙桥、奉天门、奉天殿、华盖殿、谨身殿，为前朝部分；后为乾清宫、省躬殿、坤宁宫，为后寝部分。这些主要宫殿均在一条轴线上，正对宫门北门北安门（图 8-3）。午门前轴线有端门、承天门，外亦有五龙桥。沿此轴线为笔直的御道，直达洪武门及正阳门。御道右侧为文职各部，如宗人府、吏部、户部、礼部、兵部、

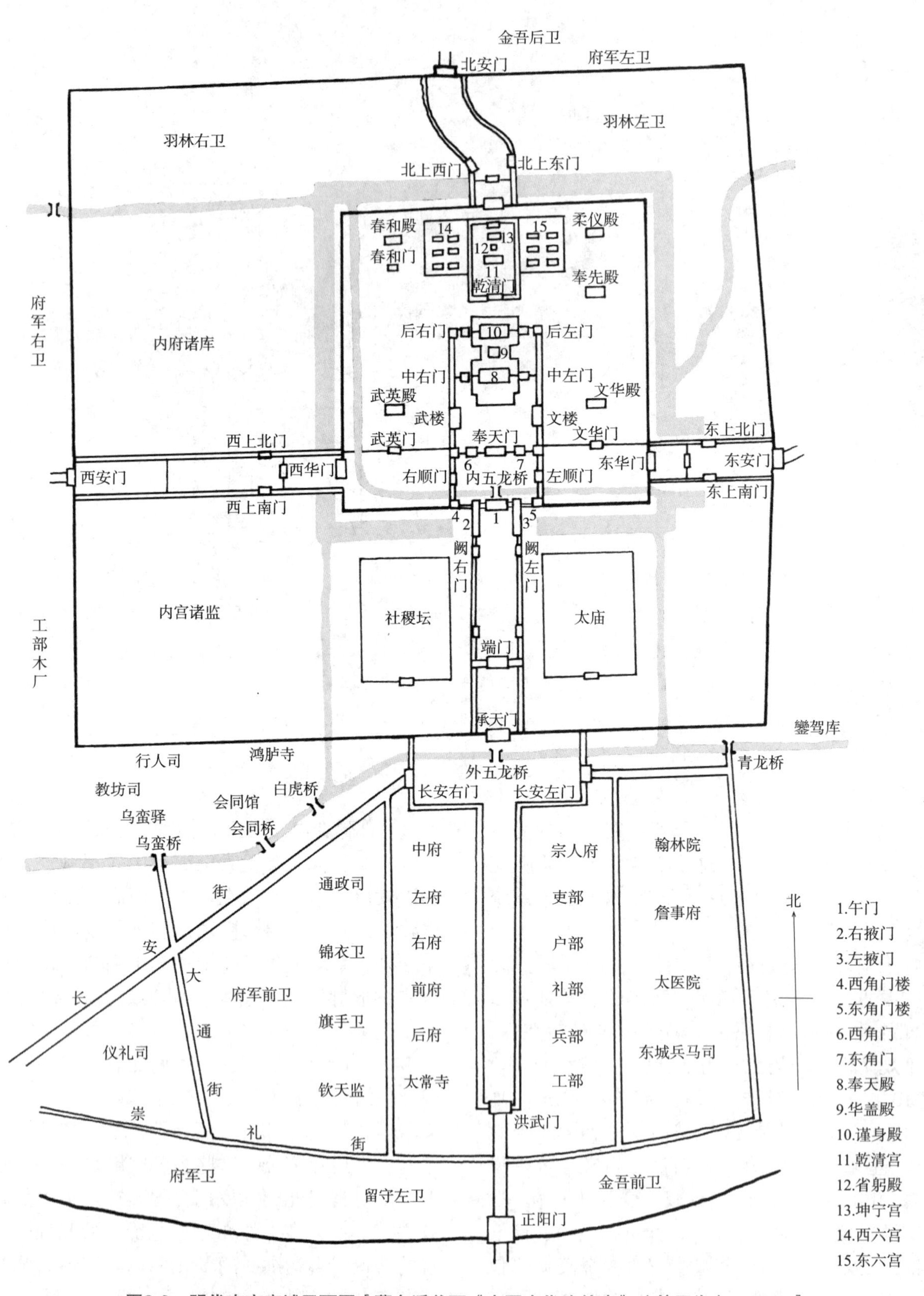

图8-3　明代南京宫城平面图［摹自潘谷西《中国古代建筑史》（第四卷），2001］

工部、翰林院、太医院等。左为中左右前后军都督府、太常寺、仪礼司、锦衣卫、旗手卫等。这种总体布局大部为以后的北京城沿袭，甚至城门宫殿名称亦未改变。清兵入关后，南京又曾一度作为南明福王的统治中心。清兵南下后，成为两江总督及江宁将军的驻地，仍为地区性中心城市。清代的南京城，基本上与明代无大变化（图 8-4）。

南京是明代第二大城市，水陆交通方便，丝棉纺织发达，商业经济十分繁荣。明代画院的《南都繁会图卷》生动地描绘了当时南京的盛况。画面从右至左，由郊区农村田舍开始，以城中的南市街和北市街为中心，在南都皇宫前结束。画中市面店铺林立，标牌广告林林总总、车马行人摩肩接踵；画中绘制有 1000 多个职业身份不同的人物，描绘有 109 个商店的招幌匾牌，反映了明代城市社会经济和社会生活的深刻变化（图 8-5）。

8.2.2　北京

洪武元年（1368 年），明军攻占元大都，洪武四年（1371 年），朱元璋派大将军徐达修复元大都城垣，改名北平。当时为了减少建城的工程量及缩短防线，将元大都的城北较荒凉的部分 5 里划

图8-4　南京玄武湖　王健摄

图8-5　《南都繁会图》局部（宫殿）

出城外。

原封藩于北平的燕王朱棣以武力夺取帝位后，将都城从南京迁往北平。永乐二年（1043年）改北平为顺天府，建为北京，“北京”由此得名。永乐四年（1406年），朱棣下令筹建北京宫殿，并重新改造整个北京城。永乐十四年（1416年），作西宫，为视朝之所；中为奉天殿，殿之侧为左右二殿；奉天殿之南为奉天门，奉天门之南为承天门。永乐十五年（1417年）动工建宫城，十八年（1420年）九月改建竣工，十一月诏改京师为南京（为留都），北京为京师；十二月，北京郊庙宫殿成。十九年正月，朱棣在北京御奉天殿，朝百官，大祀南郊。迁都大政至此基本完成。此后至明亡，北京一直是明朝的京师。

明代的北京城，具有京城、皇城和宫城（紫禁城）三重城墙，其中京城又包括内城和外城。永乐帝改建时，为容纳官署，延长了宫门前御道长度，将城墙南移1里；东西墙仍是元大都的城垣。

内城东西长约7000 m，南北长约5700 m。南面3门，中为正阳门（原名丽正门，正统初更名），左为崇文（原名文明门），右为宣武（原名顺承门）；东面二门，北为东直，南为朝阳（原名齐化门）；西面二门，北为西直，南为阜成（原名平则门）；北开二门，东为安定门，西为德胜门。这些城门都有瓮城，建有城楼和箭楼。内城的东南和西南两个城角上并建有角楼。内城的街巷，大体沿用元大都的规制。在崇文、宣武两门内各有一条宽阔大道，一线直引，直达内城北部，与东直门、西直门两条大街相交。北京的街道系统都与这两条南北大道联系在一起，形如栉比的胡同则分散在干道两旁；在胡同与胡同之间再配以南北向或东西向的次要干道。大小干道散布着各种各样的商业和手工业。胡同小巷则是市民居住区，在大小干道下面，有砖砌排雨水和污水的暗沟。

皇城位于内城的中心偏南，西南角缩进呈不规则皇城位于内城的中心偏南，西南角缩进呈不规则的方形，包括北海、中海、南海这三海和宫城，周围约18里。城四向开门，正南门为承天门（清朝称天安门），在它的前边还有一座皇城的前门称大明门（清朝改名大清门）。大明门内左右设有太庙和社稷坛。在承天门与大明门之间有一条宽阔平直的石板御路，两侧配以整齐的廊庑，廊的外侧，隔着街道建有五府六部等衙署。承天门墩台高大宽长，下用白石须弥座，红墙上建有高大城楼，门前是一个T字形闭合广场，两侧以东、西三座门与东西长安街分隔。承天门前有玉带河，上有五座桥，广场内还配有华表、石狮，以衬托皇城正门的雄伟。承天门内，其东一门内为太庙，其西一门内为社稷坛，正所谓“左祖右社”。

宫城即紫禁城，在皇城中部，布局严整，南北长960 m，东西长760 m，城墙高大，四角建有角楼，城外有护城河。宫城共开四门：东华门、西华门正对两条大街；南正门为午门，用凹形城楼，处理特别庄严；北为玄武门，正对景山。宫城内主要建筑分三大殿，高踞在须弥座上。整个宫城用“前朝后寝”的形制。宫城最后有一御花园。

外城又称南城，位于内城以南28里，高2丈，亦称外罗城。明代改建北京时，将城内河道截断，大运河的漕运不再入城，商业中心逐渐移至城南，加之明代以来城市人口增加很快，在嘉靖、万历年间接近百万人，城南于是形成大片市肆及居民区。由于边防吃紧，在嘉靖二十二年（1543年），“以城外居民繁夥，拟筑新城约七十余里”，新城计划在四面包围内城，后“因经费不敷，事遂寝”，仅于嘉靖二十三年（1554年）加修了城南的外城，并将天坛及先农坛包围进去，这样就形成明清两代北京城的最后规模。

明北京城的城市布局具有封建社会后期城市布局的典型两重性。一方面，作为都城，上层建筑部分，如城制、宫殿、官署、官方宗教文化设施等要求按照传统的宗法礼制思想进行布局，继承发扬了历代都城规划的传统，成为我国城市传统规划建设的典型代表。另一方面，随着城市人口的增长和商业活动的繁荣，反映城市居民生活方面的建设布局，如府邸、民居、商业市肆、会馆、园林、民间宗教建筑等却注重因地制宜，具有自发形成的特点，表现出较大的灵活性。

明北京城的布局，继承了历代都城以宫室

为主体的规划传统。整个都城以皇城为中心。皇城前，左建太庙，右建社稷，并在城外四方建天（南）、地（北）、日（东）、月（西）4坛。皇城北门的玄武门外，每月逢四开市，称内市。这符合“左祖右社、前朝后市”的传统城制。它继承了唐长安、元大都的传统，运用了强调中轴线的手法，从外城南门永定门直至钟鼓楼构成长达 8 km 的中轴线，经过笔直的街道，九重门阙（永定门两重、正阳门两重、大明门、承天门、端门、午门、太和门）直达三大殿，并延伸到景山和钟鼓楼。这条轴线上和两旁布置城阙、宫殿、广场和建筑组群，以显示帝王至高无上的权威（图 8-6）。

明北京城的居住区，内城多住官僚、贵族、地主及商人，外城多住一般市民（图 8-7）。虽然全区没有也不可能有集中的绿地（除了皇帝的官苑），但由于住房院子中树木较多，以及贵族地主等宅园，全城呈现在一片绿荫之中。城墙外有护城河，城区中有小河和湖泊。河流来自北京城西的永定河和发源于玉泉山的高粱河。水面分布基本上沿袭元大都。明朝还扩大了太液池以南的水面。护城河仅作为防卫和排泄雨水之用。这些水面都起着调节空气和气温的作用。

北京的居住区在皇城四周，明代共划 5 城 37 坊。这些坊只是城市用地管理上的划分，不是有坊墙、坊门严格管理的坊里制。居住区与元大都相仿，以胡同划分为长条形的居住地段，间距 70 m 左右，中间一般为三进的四合院相并联，大多为南入口，庭院内植树木。

8.2.3 苏州

洪武元年（1368 年）明将徐达、常遇春攻占苏州，城墙遭破坏，经修筑后，高广坚致，度越畴昔。据官府测量，周长 34 里 53 步 9 分（约 1.7 km）。比元末苏州城缩小了 11 里。其形状与宋代平江城大致相同。据正德《姑苏志》载，城高 2 丈 3 尺（7.8 m），女墙高 6 尺（约 2 m），基广 3 丈 5 尺（约 11.3 m）。周城雉堞，内外夹以长濠，广至数丈。沿宋元旧制，仍启阊、胥、盘、葑、齐、娄 6 门，除胥门外，都辟有水门。各门都有画楼，门皆有吊桥以通出入。

明代古城空间重心移位。洪武元年（1371 年），苏州知府魏观嫌府治低狭，决定迁还子城旧基，并疏浚了已经淤塞的锦帆泾，但不久被告发“兴既灭之王基”而腰斩，自此一直为政治核心和空间重心的子城再也没有恢复旧观。

子城的荒废带来了城市功能布局调整。明《广志绎》载：“西较东为喧闹，居民大半工技。金阊一带，比户贸易，负郭则牙侩辏集。胥盘之内，密迩府县治，多衙役厮养。而诗书之族，聚庐错处，近阊尤多。”阊门地区的繁荣吸引了大量的行旅商贾、富庶的达官贵人和闲居的缙绅士大夫们云集此地，在古城的西北部筑园营墅，形成了社会上层人士的聚居区。平民则被挤向东北部，“苏民素无积聚，多以丝织为生，东北半城大约机户所居”（同治《苏州府志》），在此地区形成大片的手工作坊区。行政区因子城的荒废而散布于城内，尤以古城西南部为多。

城市商业中心区也由此外拓。原子城西北部的商业中心区随着子城的荒弃日渐衰败。明成化后，古城西北部阊门外地区因紧靠大运河，一时商贾云集，八方汇聚，成为新的商业中心区。入清后，“阊门内外，居货山积，行人水流，列肆招牌，灿若云锦”。明代吴门画派画家参照宋本《清明上河图》的构图形式，以明代苏州城为背景，采用青绿重彩工笔，重新创作了一幅苏州版的《清明上河图》（图 8-8）。画卷以明代苏州城为背景，描绘了明代苏州城繁华的市井生活和民俗风情，画中人物超过 2000 位，天平山、运河、古城墙等当时的苏州名胜皆清晰可辨，画中裱画店、银楼、古玩瓷器店等产业。与张择端《清明上河图》相比，明版《清明上河图》中的房屋建筑更为规整宏大，有很多崇楼台阁、深宅大院，连商铺的门面也颇为宽敞，画中裱画店、银楼、古玩瓷器店等也是明代新兴的行业。

正统年间，本着“郡城中央宜镇杰阁，以壮形势”的规划思想，三层重檐的弥罗宝阁在玄妙观的北部落成，成为观中最高大建筑。至道光年间，玄妙观用地已扩至 5.5 hm^2，共三十多座殿阁，

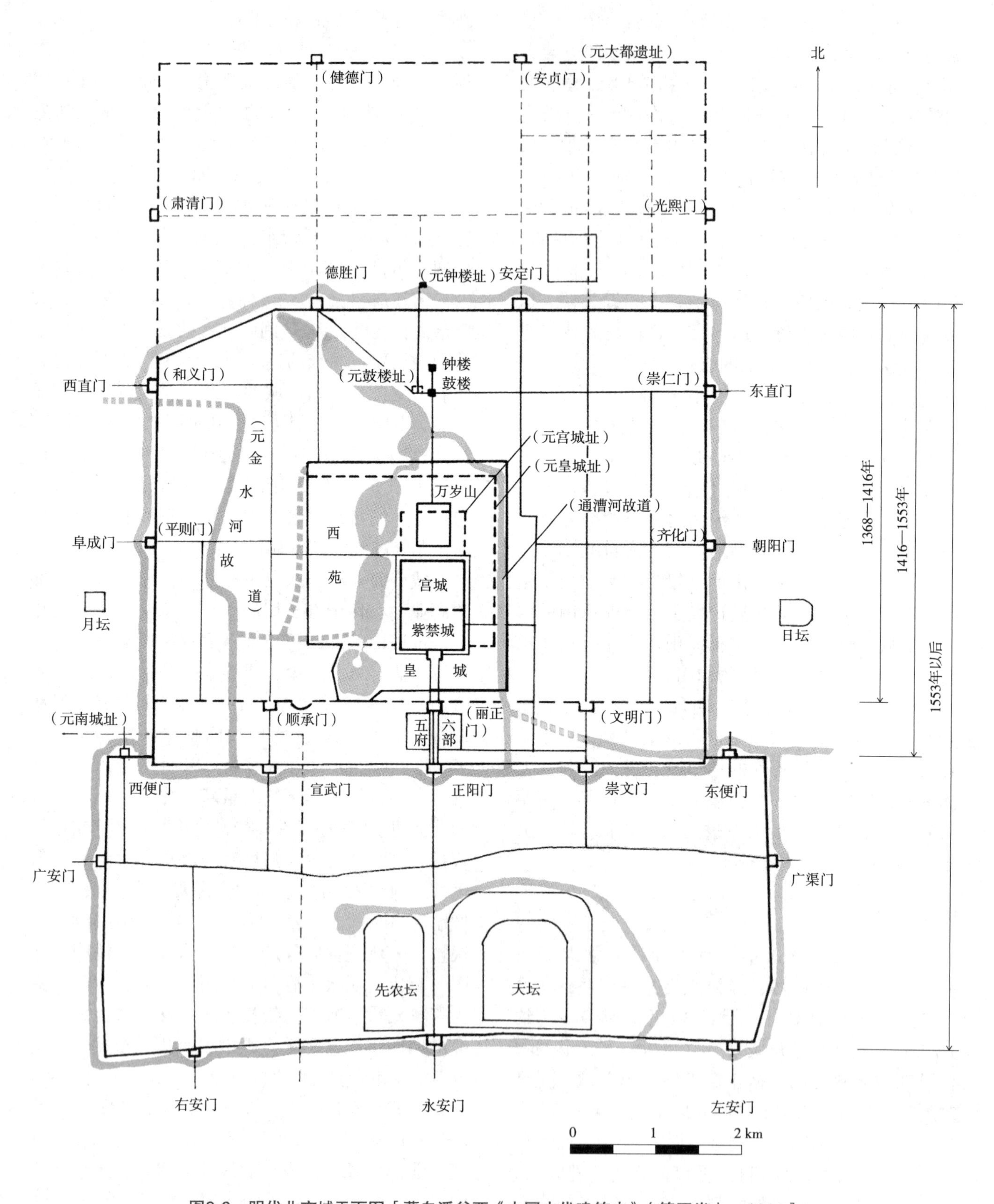

图8-6　明代北京城平面图［摹自潘谷西《中国古代建筑史》（第四卷），2001］

图8-7　明代《皇都积胜图》　现藏中国国家博物馆

图8-8　明版《清明上河图》局部　现藏辽宁省博物馆

巍峨壮丽的宫观殿宇群成为古城新的空间重心。

苏州自古就是一座水城。宋代《平江图》记录了当时苏州城三横四直水陆双棋盘格局的基本形态，此后虽然历经修建，但基本格局没有大的变化。明代苏州城保留了宋代苏州城的诸多街巷道路，有些甚至保留至今。明崇祯九年（1636 年）《吴中水利全书》中《苏州府城内水道图》描绘了苏州内近百条经纬交织的长短水道及三百多座桥梁。据《水道图》所载河道桥梁数目统计，明代苏州城内有以三横四直为骨干、经纬交织之长短水道百余条，总长度在 84 ~ 89 km 之间，较《平江图》上所载河道长度增加 4154.91 m。《水道图》所绘 340 座桥梁中，城内桥有 329 座，较《平江图》所载之城内桥增加 34 座，名称为：水关、西仓、永久、昇龙、先生、市西、程桥、东仓、百花洲、石塔、停云、尚书、东虹、玉带、保安、子城北、相园、小胡家、相杏子、程桥、隐溪、龙须、天灯、平安、卧龙、洗马、来秀、钟秀、泮桥、华阳寺、寺东、寺西、寺西、寺前。

明代苏州经济的繁荣催生了享乐之风，市民生活极尽奢华。据《苏州府志》记载：“苏州拱京师以直隶，据江浙之上游，擅田土之膏腴，饶户口之富稠。文物萃东南之佳丽，诗书衍邹鲁之源流，实江南之大邵。……至于治雄三寝，城连万雉，列巷通衢，华区锦肆，城市綦列，桥梁栉比，梵宫莲宇，高门甲第，货财所聚，珍异所居，歌台舞榭，春船夜市，远土巨商，它方流妓，千金一笑，万钱一箸：所谓海内繁荣、江南佳丽者。”

8.2.4　杭州

明代改杭州路为杭州府，为浙江行中书省和浙江布政使司的治所。杭州城垣基本上沿张士诚之旧，没有很大的改动，以整修墙体、固筑及增设城楼为主。元末杭州城墙有 13 座城门，明代废除了钱湖、天宗、北新 3 门，变为 10 座城门，部分城门名称做了改动。这 10 座城门分别是：武林门、艮山门、庆春门、清泰门、永昌门（清代改望江门）、候潮门、凤山门、清波门、涌金门、钱塘门，这 10 座门延续至清末。此外，在凤山、候潮、艮山、武林各门旁还设有水门。每座城门上都有城楼，设有守廨。武林水门和艮山水门也有城楼。

南宋灭亡后，世人将南宋亡国归咎于西湖。元代对西湖始终采取废而不治的政策，西湖水面逐渐缩小，沿湖名胜衰败。明初统治者对于西湖继续采取消极的态度，西湖面积急剧缩小，正德三年（1508 年），杭州知府杨孟瑛体察民情，了解到西湖与杭城相互依存的重要关系，决定冲破重重阻力力排众议，疏浚西湖，“斥毁田荡三千四百八十一亩”“自是西湖复唐、宋之旧”。万历年间，时任苏杭织造太监的孙隆又捐资修建了净慈寺、昭庆寺、灵隐寺等寺观，还修缮了十锦塘（白堤）、湖心亭、问水亭等公共园林。随后的杭州地方官员亦热心于园林建设，整修湖心亭，砌筑小瀛洲，使西湖重放光彩。明末文学家王思任（1574—1646）《游杭州诸胜记》可以感受到晚明西湖游览又现兴盛的迹象：“西湖之妙，山光水影，明媚相涵，图画天开，镜花自照，四时皆宜也。胜在岳坟，最胜在孤山与断桥。湖心亭宜月，宜雪，宜烟雨，宜晚霞落照。两堤梅桃杨柳，花事斓斑殊有致，冷泉亭，架豁据峰，山既飞来，水亦飞至。”

8.2.5 扬州

扬州在我国古代是一座著名的工商业城市。早在唐代，扬州就是国内最大的商业中心城之一，规模很大。后周显德五年（958 年），因城大难守，另筑小城。宋理宗时，为防御金兵南下，于宝祐三年（1255 年），在旧城西北角，即原来的广陵城位置筑宝祐城。又在其南（即明清扬州城及其城北部分）另筑大城。为了使两城联系方便，又在今瘦西湖一带筑夹城。三城呈犄角之势，具有较强的防御能力。905 年后，因宋金间战争，整个城市受到很大破坏。元代基本沿用宋代大城，元末宝祐城和夹城逐渐荒废。元至正十七年，扬州归朱元璋所有，命张德林守扬州，“以旧城虚旷难守，乃截城西南隅，筑而守之”，形成了明初的扬州城（今之旧城）。明初扬州城城周 1775 丈 5 尺，有 5 个门：大东门又称海宁门；西门又名通泗；南门又名安江，北门又名镇淮；另有小东门。南北各有水门 2 个（图 8-9）。

明代扬州因商业手工业进一步发展，由于运河在城东，旧城与运河之间形成商业中心。嘉靖时，日本海盗曾侵入扬州焚掠，为了加强防御并保护已形成的市区，嘉靖三十四年（1555 年），在旧城之西加筑城墙，称新城，又称西城。西城与旧城接，东、南、北三面共长 8 里，计 1542 丈。有 7 个门：挹江门；南便门，又名徐凝门；拱宸门，又名天宁门；广储门；北便门，今名便益门；通济门，又名缺口门；利津门，今名东关门。沿旧城城壕南北水关二，东南二面以运河为城壕，北面开壕与运河通。明末史可法据守扬州，清兵攻破后受到很大破坏，但重新修复后格局几乎无变化。

明代重新疏浚了京杭大运河，使之成为明清两朝政治、经济、文化的主动脉和生命线。京杭大运河的疏通使扬州再次繁荣起来。扬州是江南的粮食、丝绸集中地，通过扬州经过大运河供应北方的统治中心。明以后又是江淮盐的集中地，设有盐运使。清初进一步开放私人晒盐及贩盐，扬州成为盐商集中地。因为盐商盈利很大，均极富有，在城内建了不少豪华的住宅和园林。城内为盐商服务行业很多，形成城市的畸形繁荣，其繁华富庶不亚于苏州。扬州的手工业很有基础，明清时代又进一步发展，以制酱、织布、香粉、漆器等业较集中。各种手工业按行业集中分布，形成专业街巷，如缎子街两边多缎子铺，翠花街集中珠翠及首饰铺。

运河从城东及城南流过，在城东南部形成商业中心区。小东门、钞关、东关街、河下街一带最为繁荣，集中着码头、堆栈、旅店、饭店等。大商人也多在这一带居住，建有许多大型的庭院式住宅，所使用的建筑材料很华贵。住宅大多附有私家园林，其中有王洗马园、卞园、员园、贺园、冶春园、南园等。有些园林保存至今，如个园、何园、片石山房等。扬州园林也以假山、水池、花木取胜，但与苏州园林有不同之处：因为扬州地处南北要道，所以园林艺术也融合了南北

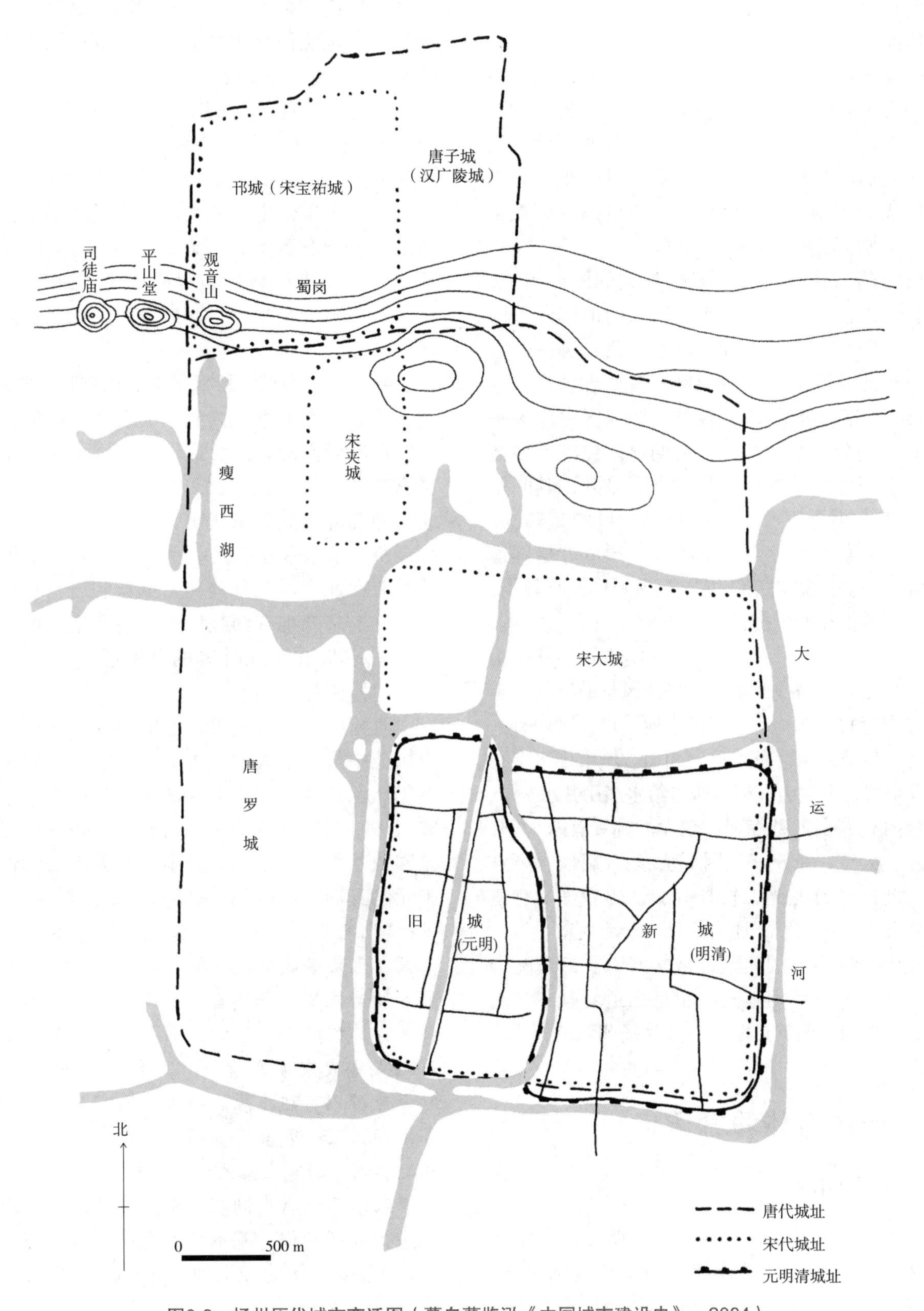

图8-9　扬州历代城市变迁图（摹自董鉴泓《中国城市建设史》，2004）

不同的风格；扬州园林大多为大商人所有，审美情趣与苏州不同。

扬州集中了富商、退隐官僚和文人，城市中为这些有闲阶级服务的设施很多，如茶楼、酒肆、书场、戏院、青楼等。北郊靠近瘦西湖一带有茶楼、小吃店，如冶春社、七贤房、且停车等。由于旧知识分子很集中，因此，扬州也是一个文化中心，绘画、书法等都自成一派。

扬州的居住区，由许多庭堂式的民居组成，多呈长条形。住宅内部的布置因大门的朝向不同而各异。因城市人口增加，土地昂贵，房屋非常密集。东北及北面接近商业区一带密度较高，西南密度也较高，其他地区较低。居住区由许多平行的巷道划分，在旧城区尤为明显。住宅大多数朝南，以南北纵轴线成行列式并联排列，其间用小弄分隔。小弄很窄，围墙很高，目的是防火。旧城区道路仍以十字形干道为主，形成方格网道路系统。新城区道路系统则成不规则形，有斜街，为明代驿站报马所经捷径。

城北平山堂一带有小山丘，称为蜀冈。从平山堂至城西北一带为瘦西湖，是扬州风景游览区，有河道与北门的城河相通。城市用地平坦，城内有一些河道，与城外濠河及大运河相通。城市排水多在沿街设阴井，上盖大石板，城市给水多用井水。

城内有许多大型寺观。较大的佛寺有八大刹，即建隆、天宁、京宁、慧因、法净、高旻、静慧、福缘，此外还有龙光、竹林寺、铁佛寺等；有道教的碧天观、天雷坛，还有伊斯兰教寺院等。

城内一些高大的建筑，常与河道及街道配合布置。如文昌阁跨河建造，也是街道对景；城南文峰塔，也与弯曲河道配合，成为扬州城的标志。

8.3 明代园林的繁荣

8.3.1 皇家园林

我国皇家园林历来一脉相承，明代的皇家园林大体也是宋代的承传，但是与宋代区别显著。明太祖废除了沿袭逾1000年的丞相制度，并通过一系列措施加强皇权，永乐削藩后这种集权进一步加强。这使得明代皇家园林的规模恢复了唐代的宏大，气势也远超宋代。

明初定都南京，太祖于洪武八年九月辛酉诏："至于台榭苑囿之作，劳民财以为游观之乐，朕决不为之。"终洪武之世，南京未有苑囿兴作。迁都北京后，永乐帝也只是利用元代遗留的太液池和西前苑，统称西苑，又新辟了东苑。宣德年间，开始在东苑进行修葺和营造活动。到天顺年间，英宗在苑内大量兴作，开启了明中叶以后追求奢侈的风气。

明代皇家园林建设的重点是大内御苑（图8-10）。其中少数建在紫禁城内廷，大多数建在紫禁城以外、皇城以内的地段。这一方面因为明代皇帝身居宫禁、不喜出巡；另一方面也是边防的需要。北京西北郊虽然风景优美，但因北元不时南下侵扰，所以永乐帝迁都北京后，出于安全上的考虑，就没有在北京西北郊建离宫御苑和行宫御苑。尽管如此，京郊也有两处用于狩猎和生产的行宫御苑——南郊的南苑和东郊的上林苑。

（1）西苑

西苑沿用了元代太液池的旧址，它是明代大内御苑中规模最大的一处。明代初期，西苑大体上仍然保持着元代太液池的规模和格局。这从明宣宗《御制广寒殿记》中可知。明初，元旧都的苑囿依然保存下来。永乐中，明成祖朱棣曾燕游于元代旧苑，训示其孙朱瞻基（即后来的宣宗）：

"此宋之艮岳也。宋之不振以是，金不戒而徙于兹，元又不戒而加侈焉。睹其处，思其人，《夏书》所为儆峻宇雕墙者也。肆吾始来就国，汰其侈，存其概，而时游焉，则未尝不有儆于中。昔唐九成宫太宗亦因隋之旧，去其泰侈而不改作，时资燕游以存监省。汝将来有国家天下之任，政务余闲，或一登此，近而思吾之言，远而不忘圣贤之明训，国家生民无穷之福矣。"

永乐迁都后贯彻明太祖的政策，也不曾对西苑进行新的建设，基本依元之旧。至宣德中，才新作了圆殿（元之仪天殿），修葺了广寒殿、清暑殿和琼华岛。

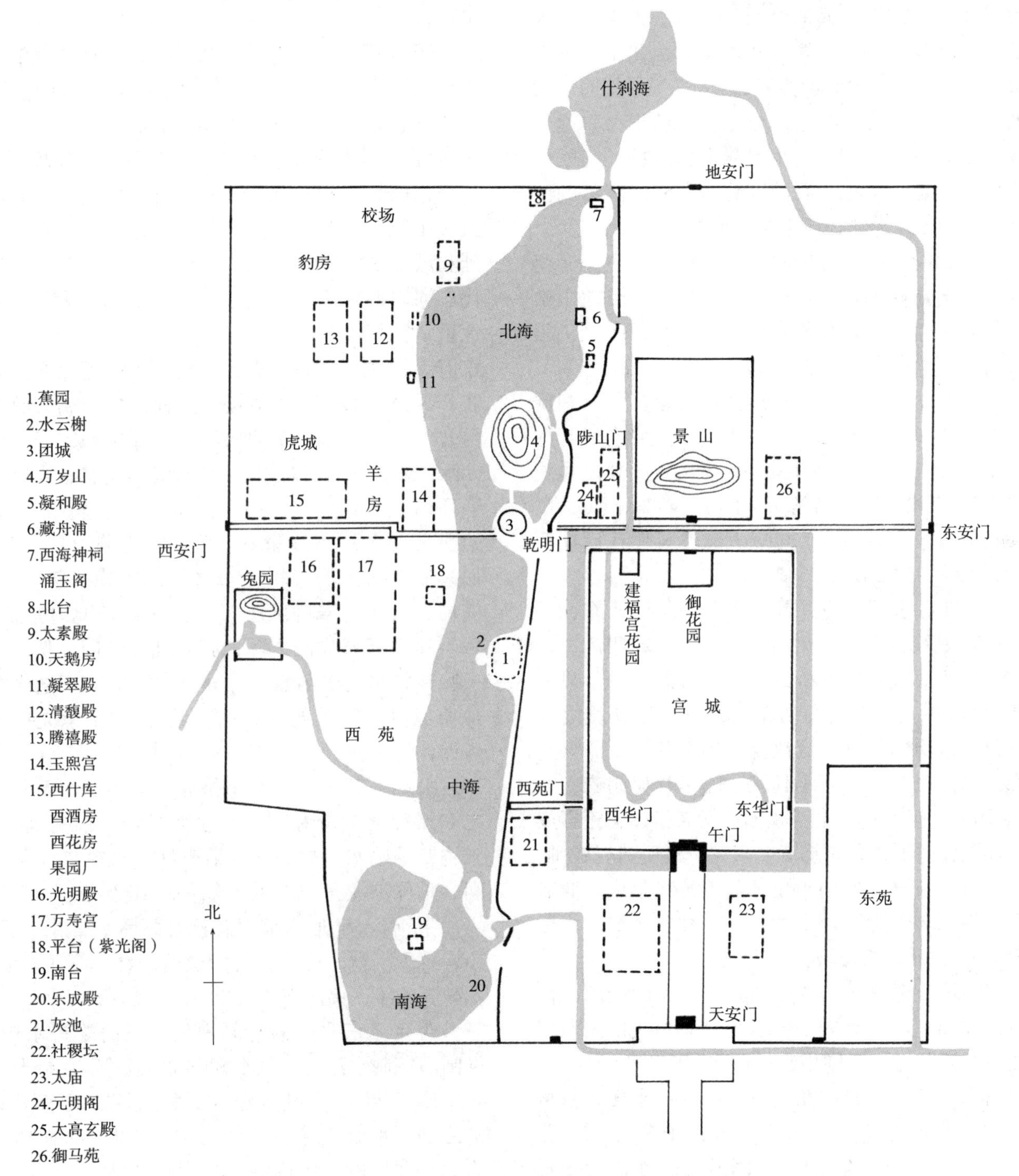

图8-10　明代北京皇城大内御苑分布图［摹自周维权《中国古典园林史》（第2版），1999］

英宗北还后，在北京城大兴土木。天顺年间，西苑进行第一次扩建。扩建工程包括三部分内容：首先，填平圆坻与东岸之间的水面，圆坻由水中的岛屿变成了突出于东岸的半岛，把原来的土筑高台改为砖砌城墙的“团城”；横跨团城与西岸之间水面上的木吊桥，改建为大型的石拱桥“玉河桥”。其次，往南开凿南海，扩大太液池的水面，奠定了北、中、南三海的布局：玉河桥以北为北海，北海与南海之间的水面为中海。再次，在太液池东岸建凝和殿，西岸建迎翠殿，北岸建太素殿（嘉靖时，改太素殿为五龙亭），三殿均面向太液池，并附有临水亭榭，与原有的琼华岛一起形成了以太液池为中心互为对景的建筑群。与元代相比，这是一个很重要的变化。太液池南部的南台和昭和殿，大约也建于此时（图 8-11）。

以后的嘉靖、万历两朝，又陆续在中海、南海一带增建新的建筑，在太液池的天然野趣中增加了人工点染。但总的来说，当时西苑建筑仍很疏朗，整个西苑仍以自然风光为主。

明代中后期根据天顺年间李贤、韩雍分别撰写的《赐游西苑记》，万历年间司礼太监刘若愚的《明宫史》，清康熙年间高士奇的《金鳌退食笔记》，清乾隆年间于敏中等的《日下旧闻考》，以及其他有关文献材料，可以大致考订明代后期西苑的规模和建置情况。

西苑的水面大约占园林总面积的 1/2。东面沿三海东岸筑宫墙，设三门：西苑门、乾明门、陟山门。西面仅在玉河桥的西端一带筑宫墙，设棂星门。“西苑门”为苑的正门，正对紫禁城之西华门。入门，但见太液池上“烟霏苍莽，蒲荻丛茂，水禽飞鸣，游戏于其间。隔岸林树阴森，苍翠可爱”。循东岸往北为蕉园，又名椒园，正殿崇智殿平面圆形，屋顶饰黄金双龙。殿后药栏花圃，有牡丹数百株。殿前小池，金鱼游戏其中。西有小亭临水名“临漪亭”，再西一亭建水中名“水云榭”。再往北，抵团城。

团城自两掖洞门拾级而登，东为昭景门、西为衍祥门。城中央的正殿承光殿即元代仪天殿旧址，平面圆形，周围出廊。殿前古松 3 株，皆金、元旧物。自承光景“北望山峰，嶙峋崒嵂。俯瞰池波，荡漾澄澈。而山水之间，千姿万态，莫不呈奇献秀于几窗之前。”团城的西面，大型石桥——玉河桥跨湖，桥之东、西两端各建牌楼“金鳌”“玉蝀”，故又名“金鳌玉蝀桥”。桥中央空约丈余，用木枋代替石拱券，可以开启以便行船。桥以西的御路过棂星门直达西安门，桥以东经乾明门直达紫禁城东北，是为横贯皇城的东西干道。

团城北面，过石拱桥“太液桥”即为北海中之大岛琼华岛，也就是元代的万岁山。桥之南、北两端各建牌楼“堆云”“积翠”，故又名“堆云积翠桥”。琼华岛上仍保留着元代的叠石嶙峋、树木蓊郁的景观和疏朗的建筑布局。循南面的石蹬道登山半，有三殿并列，仁智殿居中，介福殿和延和殿配置左右。山顶为广寒殿，天顺年间就元代广寒殿旧址重修，是一座面阔七间的大殿。从这里“徘徊周览，则都城万雉，烟火万家，市廛官府寺僧浮图之高杰者，举集目前。近而太液晴波，天光云影，上下流动；远而西山居庸，叠翠西北，带以白云。东而山海，南而中原，皆一望无际，诚天下之奇观也。”广寒殿的左右有 4 座小亭环列：方壶亭、瀛洲亭、玉虹亭、金露亭。岛的西坡，水井一口深不可测，有虎洞、吕公洞、仙人庵。岛上的奇峰怪石之间，还分布着琴台、棋局、石床、翠屏之类。琼华岛浮现北海水面，每当晨昏烟霞弥漫之际，宛若仙山琼阁。从岛上一些建筑物的命名看来，显然也是有意识地模拟神仙境界，故明人有诗状写其为：“玉镜光摇琼岛近，悦疑仙客宴蓬莱。”

由琼华岛东坡过石拱桥即抵陟山门。循北海之东岸往北为凝和殿，殿坐东向西，前有涌翠、飞香二亭临水。再往北为藏舟浦，水殿二，深 16 间，是停泊龙舟凤舸的大船坞。其旁另有一小船坞，“系五六小舟，岸际有丛竹荫屋；浦外二亭，今皆荒废。秋来露冷，野鹜残荷，隐约芦汀蓼岸，不减赵大年一幅江南小景也。”

西苑之东北角为什刹海流入三海之进水口，设闸门控制水流量，其上建“涌玉亭”。嘉靖十五年（1536 年），在其旁建“金海神祠”，祀宣灵宏济之神、水府之神、司舟之神。自此处折而西即为北海北岸的一座佛寺，“大西天经厂”，其西为“北台”。北台高 8 丈 1 尺，广 17 丈，磴道三分三合而上。台顶建“乾佑阁”，是为北海北岸与琼华岛隔水遥相呼应的一个制高点。它的形象颇为壮观，“倒影入水，波光荡漾，如水晶宫阙”。天启年间，钦天监言其高过紫禁城三大殿，于风水不

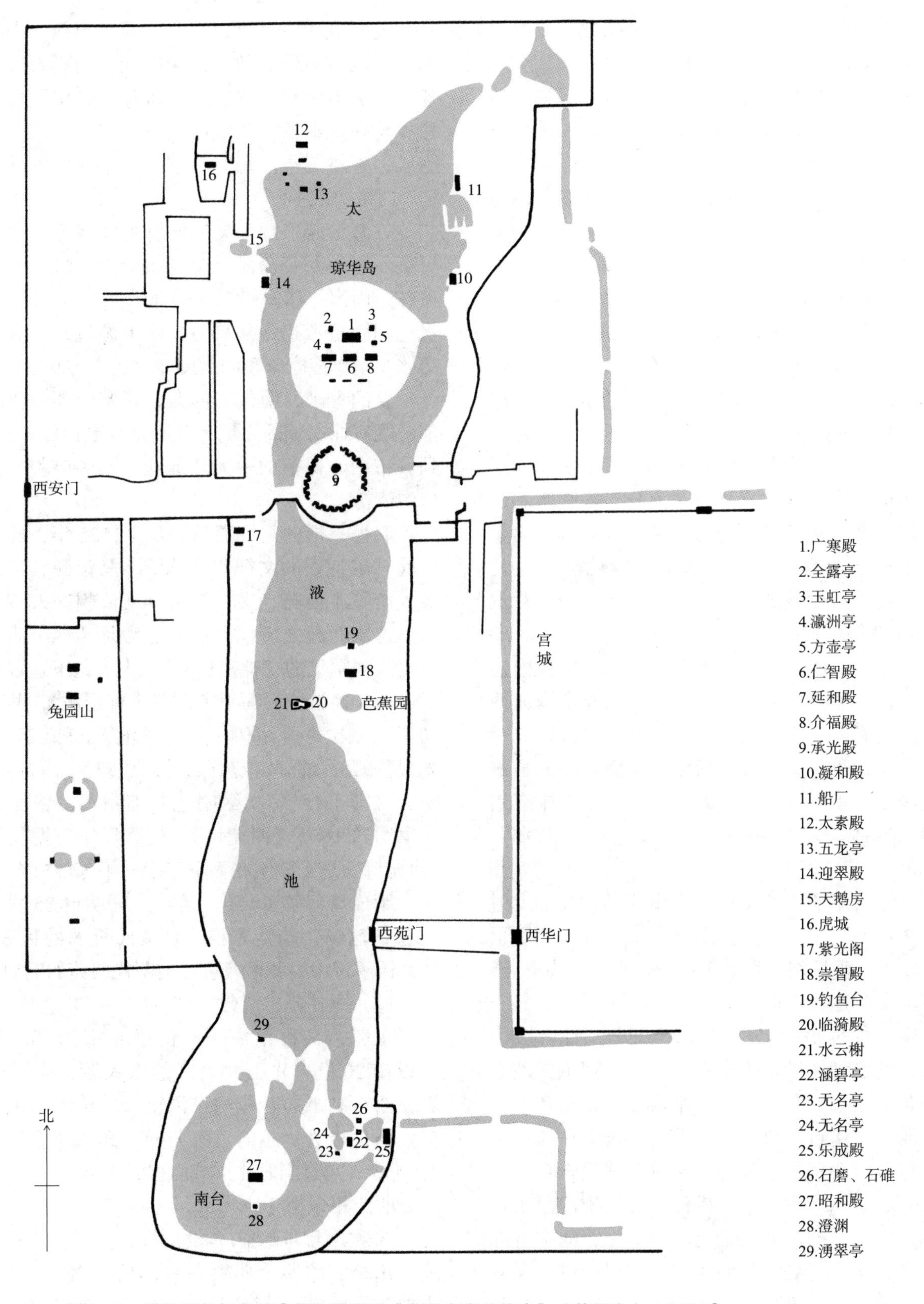

图8-11　明代西苑示意图［摹自潘谷西《中国古代建筑史》（第四卷），2001］

利。遂将北台平毁，在原址上建嘉乐殿。北台以西的大片空地，为禁军的校场。

北海北岸之西端为太素殿。这是一组临水的建筑群，正殿屋顶以锡为之，不施砖甓，其余皆茅草屋顶，不施彩绘，风格朴素。夏天作为皇太后避暑之居所，上元节例必燃放焰火。后来改建为先蚕坛，作为祀奉蚕神和后妃养蚕的地方。嘉靖二十二年（1543年），又把临水的南半部改建为五龙亭。五龙亭由5座亭子组成，居中的名龙潭，左边依次为澄祥、滋香，右边依次为涌瑞、浮翠。

过太素殿折而南，西岸为天鹅房，有水禽馆两所，饲养水禽，“编竹如窗，下通活水，启扉以观，鸟皆翔鸣”。临水建三亭：映辉、飞霭、澄碧。再往南，迎翠殿坐西向东，与东岸的凝和殿隔水构成对景，其前有浮香、宝月二亭临水。迎翠殿之西北为清馥殿，前有翠芳、锦芬二亭。金鳌玉蝀桥之西为一组大建筑群“玉熙宫”，这是明代宫廷戏班学戏的地方，皇帝也经常到此观看“过锦水戏”的演出。

西苑中，由于圆殿及其西侧的浮桥是大内连接西安门的通道，实际上分成北海以及中南海两部分，各有宫墙宫门隔开，唯池西岸浮桥以北一段未隔，似可从太素殿、天鹅房、虎城经通道进入兔园山。承光殿（即圆殿）以南，池东岸有崇智殿，“古木珍石，参错其中，又有小山曲水”，名芭蕉园。

中海西岸的大片平地为宫中跑马射箭的“射苑”之所在，中有“平台”高数丈。台上建圆顶小殿，南北垂接斜廊可悬级而升。平台下临射苑，是皇帝观看骑射的地方。

南海中堆筑大岛“南台”，又名“耀台坡”。台上建昭和殿，殿前为澄渊亭，降台而下，左右廊庑各数十楹，其北滨水一亭名涌翠是皇帝登舟的御码头。南台一带林木深茂，沙鸥水禽如在镜中，宛若村舍田野之风光。皇帝在这里亲自耕种“御田”，以示劝农之意。南海东岸设闸门泄水往东流入御河。闸门转北别为小池一区，池中有九岛三亭，构成一处幽静的小园林。居中一亭名涵碧亭，平面十二方形，内檐天花为十二方斗角藻井，金龙盘柱，丹槛碧牖，四面皆窗槛，中设御榻。亭之东为乐成殿，殿侧有屋，内设石磨石碓各二，下激湍水使之转动，每年“御田”收获的稻谷均在此舂治。乐成殿后来改名无逸殿，另建豳风、省耕二亭。每岁秋成，宫中在此处作“打稻”之歌舞表演。

三海水面辽阔，夹岸榆柳古槐多为百年以上树龄。海中萍荇蒲藻，交青布绿。北海一带种植荷花，南海一带芦苇丛生，沙禽水鸟翔泳于山光水色间。皇帝经常乘御舟作水上游览，冬天水面结冰，则作拖冰床和冰上掷球比赛之游戏。

总的看来，明代的西苑，建筑疏朗，树木蓊郁，既有仙山琼阁之境界，又富水乡田园之野趣，是城市中心保留的一大片绿地。这种风貌一直保持到清初。

值得一提的是，嘉靖四年（1525年）春，时任翰林院待诏的文征明与陈沂、马汝骥、王同祖等人游览了西苑，又与陈沂、马汝骥等人游了西山。这次西苑之游，文征明认为是“尽历诸胜”，一览人间罕见的“神宫秘府”。为了记下这段难忘的经历，他游览后写下《西苑十首题跋》，共七律10首，依次为《万岁山》《太液池》《琼花岛》《承光殿》《龙舟浦》《芭蕉园》《乐成殿》《南台》《兔园》和《平台》。文徵明乞归苏州后，曾经数十次书写这10首《西苑诗》。现藏辽宁省博物馆的《西苑诗》是文徵明在嘉靖三十三年（1554年）抄录，距成诗时隔30年，是年文征明已85岁，字迹苍劲流畅，端整秀雅，是文氏行书的代表作。从文氏墨迹中，我们或可体会明代西苑的旧貌。

（2）上林苑、南苑

南苑，又称南海子，位于北京南郊，永定门以南20里。北至大兴区的后大营，东至通州界，西至高米店。苑中泉沼密布，草木丰茂，是自然条件极为优越的皇家苑囿。其占地面积约为230 km^2，大过当时北京城面积的3倍。

明成祖朱棣于永乐五年（1407年）三月诏改元上林署为上林苑监，“设良牧、蕃育、林衡、嘉蔬、川衡、冰鉴及典察左右前后十署”。明永乐十二年（1414年）又下令扩充元下马飞放泊，四周筑起土墙，周长 18 660 丈，设苑门 4 个：北大红门、南大红门、东红门、西红门。以紫禁城北有海子，故别名“南海子”，又名南苑。明成祖定都北京以后，每年都要狩猎，亲御弓矢，勋臣、戚臣、武臣，应诏驰射，献禽，赐酒馔，颁禽从官，罢还。海子内设有幄殿，供打猎临时居住，殿旁有晾鹰台，台俯临三海子，筑七十二桥以渡。囿内豢养鹿、獐、雉、兔，又设二十四园，以供花果。设海户守护，以时供岁猎，驰射讲武。宣德三年（1428 年），整修桥涵道路、建置亭榭小品。天然野趣又增加了适当的人工点缀，益显风景之幽美，正德间，燕京八景之外又加“南囿秋风”和“东郊时雨”“燕京八景”遂成为“燕京十景”。

（3）东苑

皇城东华门东南的巽隅，为“东苑”之所在。明永乐十一年（1413 年）、十四年（1416 年）的端午节，明成祖朱棣曾幸东苑，“观击毬射柳”。“永乐时有击球射柳之制。十一年五月五日幸东苑，击球射柳，听文武群臣四夷朝使及在京耆老聚观。分击球官为两朋，自皇太孙而下诸王大臣以次击射，赐中者币布有差。”宣德三年（1428 年）七月，明宣宗朱瞻基，“召尚书蹇义夏原吉、杨士奇、杨荣同游东苑。《翰林记》云：“夹路皆嘉树，前至一殿，金碧焜耀。其后瑶台玉砌，奇石森耸，环植花卉。引泉为方池，池上玉龙盈丈，喷水下注。殿后亦有石龙，吐水相应。池南台高数尺。殿前有二石，左如龙翔，右若凤舞，奇巧天成。上御殿中，语义等曰：‘此旁有草舍一区，乃联致斋之所，卿等盍往编观？’于是中宫引至一小殿，梁栋椽桷皆以山木为之，不加斫削覆之以草，四面阑楯亦然。少西有路，纡回入荆扉，则有河石甃之。河南有小桥，覆以草亭。左右复有草亭，东西相望。枕桥而渡，其下皆水，游鱼物跃。中为小殿，有东西斋，有轩，以为弹琴读书之所，悉以草覆之。四围编竹篱，篱下皆蔬茹匏瓜之类。”可见宣宗时的东苑，建筑物不多，且很简素，一派草舍田园风貌。东苑其位置在今东华门外，东至黄城根，西至太庙及筒子河，北达银闸马圈，南抵菖蒲河，即今南、北池子，南北河沿的全部范围。景泰年间东苑发生很大变化，因东苑建筑多在南部，故又称南内。《明清两代宫苑建置沿革图考》云：“南内自东上南门迤南街东，曰永泰门，门内街北，则重华宫之前门也。其东有一小台，台有一亭，再东南则崇质宫，俗云黑瓦厂，景泰年间英宗自北狩回所居，亦称小南城。”《日下旧闻考》云：明英宗北还，居崇质宫，谓之小南城。今缎疋库库神庙，有雍正九年重修碑云：“缎疋库为户部分司建，在东华门外小南城，名里新库”，则里新库亦小南城也。东南为普胜寺，寺前沿河，尚有城墙旧址。

景泰年间（1450—1456），明英宗被蒙古军俘虏放还后，以太上皇的身份居住在东苑，建重质宫一组宫殿，谓之“小南城”。天顺年间（1457—1464）英宗复辟重做皇帝，于重质宫的西面建内承运库，又西建洪庆宫以供奉番佛像，更西建重华官。南面建皇家档案库“皇史宬”，再南建皇家作坊“御作”。这一组大建筑群包括宫殿楼阁十余所，其规划仿照紫禁城内廷的中、东、西三路多进院落之制，成为皇城内的另一处具有完整格局的宫廷区——“南城”。南城中路的正殿名龙德殿，左、右配殿名崇仁、广智。

《酌中志》卷十七云：“皇史宬之西，过观心殿射箭处，稍南曰龙苍门，其南则昭明门，其西南则嘉乐馆，其北曰丹凤门，列金狮二。内有正殿曰龙德，左殿曰崇仁，右殿曰广智。正殿后为飞虹桥，桥以白石为之，凿狮、龙、鱼、虾、海兽，水波汹涌，活跃如生，云是三宝太监郑和自西域得之，非中国石工所能造也；桥前右边缺一块，中国补造，屡易屡泐，亦古迹也。桥之南北有坊二，曰飞虹、戴鼇；姜立纲笔也。东西有天光、云影二亭。又北垒石为山，山下有洞，额曰秀严，以磴道分而上之。其高高在上者，乾运殿也；左右有亭，曰御风、凌云，隔以山石藤萝花卉，若墙壁焉。又后为永明殿，最后为圆殿，引流水绕之，曰环碧。再北曰玉芝馆，即睿宗献皇帝庙也。后殿曰大德殿，又有殿曰景神殿，曰永孝殿；外券门口宝庆门，曰芝祥门、佳丽门；其东墙外，则观心殿也。”

又《明英宗实录》云：“东苑因增置殿宇，其正殿曰龙德，左右曰崇仁、曰广智。其门南曰丹凤，东曰苍龙，正殿之后，凿石为桥。桥南北表以牌楼，曰飞虹，曰戴鼇。左右有亭，曰天光，曰云影。其后叠石为山，曰秀岩，山上有圆殿曰乾运。其东西二亭曰凌云、御风。其后殿曰永明，门曰佳丽。又其后为圆殿一，引水环之，曰环碧。其门曰静芳，曰瑞光。别有馆曰嘉乐，曰昭融，有阁跨河曰澄辉，皆极华丽。天顺三年（1459 年）十一月工成，杂植四方所贡奇花异木于其中。每春暖花开，命中贵陪内阁儒臣赏宴。”此时的东苑已不再是原来的幽静田园，又增加了华丽的建筑。

《涌幢小品》云：“南城在大内东南，英宗北狩还，居之。其中翔凤等殿石阑干，景皇帝方建隆福寺，内官悉取去，又伐四围树木，英宗甚不乐。既复辟，下内官陈谨等于狱。寻增置各殿为离宫者五，大门西向，中门及殿南向，每宫殿后一小池跨以桥。池之前后为石坛者四，植以栝松。最后一殿供佛甚奇古。左右回廊与后街相接，盖仿大内式为之。”

东苑（南内）有皇史宬，藏列朝御笔实录重要典籍，所谓石室金匮是也。四周上下，俱用石甃，旧藏永乐大典于此。《明清两代宫苑建置沿革图考》云：“自皇史宬东南，有门通河，河上曰湧福阁，旧名澄辉阁，俗云骑马楼也。迤东沿河再北，则吕梁洪东安桥，北有亭居桥上，曰涵碧。又北则回龙观，殿曰崇德，观中多海棠，每至春深盛开时，帝王多临幸焉。河东又有玩芳亭、桂香馆、翠玉馆、浮金馆、撷秀亭、聚景亭，以及含和殿、秋香馆左右漾金亭，盖皆为南城离宫云。”由此可见明代南内多曲折之小桥、流水、叠石、山洞与亭馆繁密之概貌了。

（4）慈宁宫花园

慈宁宫位于紫禁城内隆宗门之西，肇建于明嘉靖十五年，嘉靖十五年前，此地原是仁寿宫故址及明代供奉佛像和佛骨的大善殿。《明史》载：“嘉靖四年，三月壬午，仁寿宫灾。”仁寿宫是嘉靖时期昭圣张太后居住的寝宫，被火灾焚毁后，恰好赶上宫廷内“做世庙祀献皇帝”，工程正紧，再加上世宗对昭圣张太后的怨恨，因此便以岁灾民困为由，暂停了仁寿宫的兴建，直至嘉靖十七年七月才在此建起了慈宁宫。慈宁宫是明世宗为母亲蒋太后而建的寝宫。慈宁宫建成后，蒋太后在此居住不久便离世，此后成为太后、皇贵妃的住所。隆庆元年（1567 年）、万历二年（1574 年），慈宁宫均曾修缮。万历十一年（1583 年），慈宁宫正殿遭火灾，万历十三年（1585 年）重建，同年落成。

明朝规定，皇帝祖母称太皇太后，皇帝之母称皇太后，皇帝之妻称皇后。太皇太后，只有在其孙子即皇帝位之后才有此尊号。明朝紫禁城初建时，朝中没有太后，所以未指定太后专宫。宣德年间，以太子居住的清宁宫（位于东华门内三座门里，今已不存）间做太后居所。后来，太皇太后、皇太后及年长的妃嫔多以此宫及仁寿宫作为寝宫。嘉靖朝，定建慈宁宫及慈庆宫（清宁宫的后半地，今已无存）作为太后寝宫。同时，慈宁宫也是前朝皇贵妃的居所。明朝万历年间的慈圣皇太后，泰昌元年（1620 年）万历帝的郑皇贵妃、昭妃等人都曾在此居住。明朝天启七年（1627 年）明熹宗驾崩，其皇贵妃等人亦迁居慈宁宫。《明史》载：“弘治十一年冬（1498 年），清宁宫灾，太后移居仁寿宫。明年清宁宫成，乃还居焉。”另据《明史》记载，嘉靖元年清宁宫后起火，烧毁宫后三小殿。虽说正宫未被烧毁，但嘉靖说得很明白，不宜皇太后居住。可以说，拆毁大善殿建造慈宁宫既满足了嘉靖尊崇母后的孝心，又显示出嘉靖帝崇道的意愿。遗憾的是，慈宁宫刚刚建成，嘉靖的生母章圣皇太后就去世了。当然，以后各朝的皇太后享用了此宫。

慈宁宫一直作为历朝的太皇太后、皇太后、太妃、太嫔们居住的地方。她们平时过着孀居而又缺少天伦之乐的生活，即使贵为皇太后，比起当年做皇后时地位也有所降低，皇帝只在每年元旦、万寿、冬至日到皇太后宫中行礼，届时母子才得相见。她们在孤寂中往往以宗教信仰作为精神寄托，因而花园内的许多建筑物都供佛藏经。

这个园林与其说是游憩之地，毋宁是念佛修性之所，颇有寺庙园林的色彩。

明朝慈宁宫由主宫区以及宫后的两座独立院落，还有外宫墙内的东、西副宫组成（图 8-12）。主、副宫区各建有宫墙。慈宁宫花园毗邻宫的南面，呈对称规整的布局，花园的平面为长方形，东西宽 55 m、南北深 125 m，面积约 0.69 hm^2。建筑布置完全按照主次相辅、左右对称的格局来安排，园路的布设亦取纵横均齐的几何式，是一个极少见的规整式庭园。慈宁宫花园主体建筑名“咸若馆”。咸若馆位于园林中轴线的北端，是全园的主体建筑物，面阔 5 间，前出厦 3 间，汉白玉石须弥座，黄琉璃瓦歇山屋顶，内供佛像，贮藏佛经。花园南半部，中轴线上的临溪亭跨越于长方形水池之上，亭平面方形，攒尖顶，四面有门窗，窗下为绿黄两色琉璃槛墙。此亭与池的形式与御花园内的大体相同。

8.3.2　私家园林

以文献所见，明代的私家园林主要集中在江南和北京。

明代江南经济之发达冠于全国，农业、手工业、商业均十分繁荣，朝廷赋税的 2/3 来自江南。商品经济、对外贸易的发展促进了江南商业资本的积累，也影响了人们的价值观念和社会的意识形态。在这种经济条件下，江南文风之盛亦居于全国之首。同时，江南河道纵横，水网密布，气候温和湿润，适宜于花木生长；江南民间建筑技艺精湛，又盛产造园用的优质石材，这些因素都为造园提供了优越的条件。江南的私家园林遂成为中国古代园林后期发展史上的一座高峰。北京地区以及其他地区的私家园林，甚至皇家园林，都在不同程度上受到它的影响。

明代江南私家园林兴造数量之多，为国内其他地区所不能企及。绝大部分城镇都有为数众多的私家园林，而扬州和苏州则更是精华荟萃之地，向有“园林城市”之美誉。扬州自明永乐年间重开漕运，修整大运河后，便成为南北水路交通的枢纽和江南最大的商业中心。徽州、江西、两湖商人聚集此地，世代侨寓，尤以徽商的势力最大，他们的造园活动使得明中叶的扬州园林空前兴盛。苏州与扬州均为繁华城市，但苏州文风更盛，因此，苏州园林基本上保持着正统的士流园林格调。

明中叶以后，江南地区，以沈周、文徵明为代表的山水画吴门派崛起，他们继承元代文人画的传统，取代院体和浙派而发展成为当时画坛的主流。吴门画派是一个既有文人画家，又有职业画家的群体，提倡诗画结合，关注日常生活。在绘画的推动下，江南文人、画家直接参与造园，个别画家甚至成为专业造园家。造园工匠这一群体也逐渐文人化，其中不乏文化素养较高者，并涌现出不少知名的造园家。

明代北京是贵戚、官僚、文人云集之地，有一大批王公贵族和供职朝廷的官僚，外官卸任后亦多有定居北京的。他们的社会地位、经济实力和影响力，为一般的商人、文人、地主所不及。作为一座以政治、文化为中心的城市，北京民间的私家造园活动以官僚、贵戚的园林为主流，园林风格虽也受文人园的影响，但更多地著以显宦的华贵色彩。同时，北方的自然条件与江南不同，北方的气候、植物和石材，都使北京园林具有不同于江南的沉雄和凝重。

（1）狮子林

元末明初的战火，使得许多元代名园归于荒芜，狮子林是少数幸免于难的园林。明初太祖的建园禁令，使得劫后余生的园林尤为珍贵。高启在洪武五年（1372 年）写下的《狮子林十二咏序》说：“夫吴之佛庐最盛，丛林招提据城郭之要坊，占山水之灵壤者，数十百区，灵台杰阁，甍栋相摩，而钟梵之音相闻也，其宏壮严丽岂狮子林可拟哉，然兵燹之余，皆萎废于榛芜，扃闭于风雨，过者为之踌躇而凄怆。而狮子林林泉益清，竹益茂，屋宇亦完，人之来游而纪咏者益众，天岂偶然哉？”

这样的对狮子林的游赏、吟咏，在王彝同样作于洪武五年的《游狮子林记》中有更为详细的记载，由他的记述可知明初狮子林的布局和内容与元代基本相同，记云：“其地特隆然以起为丘

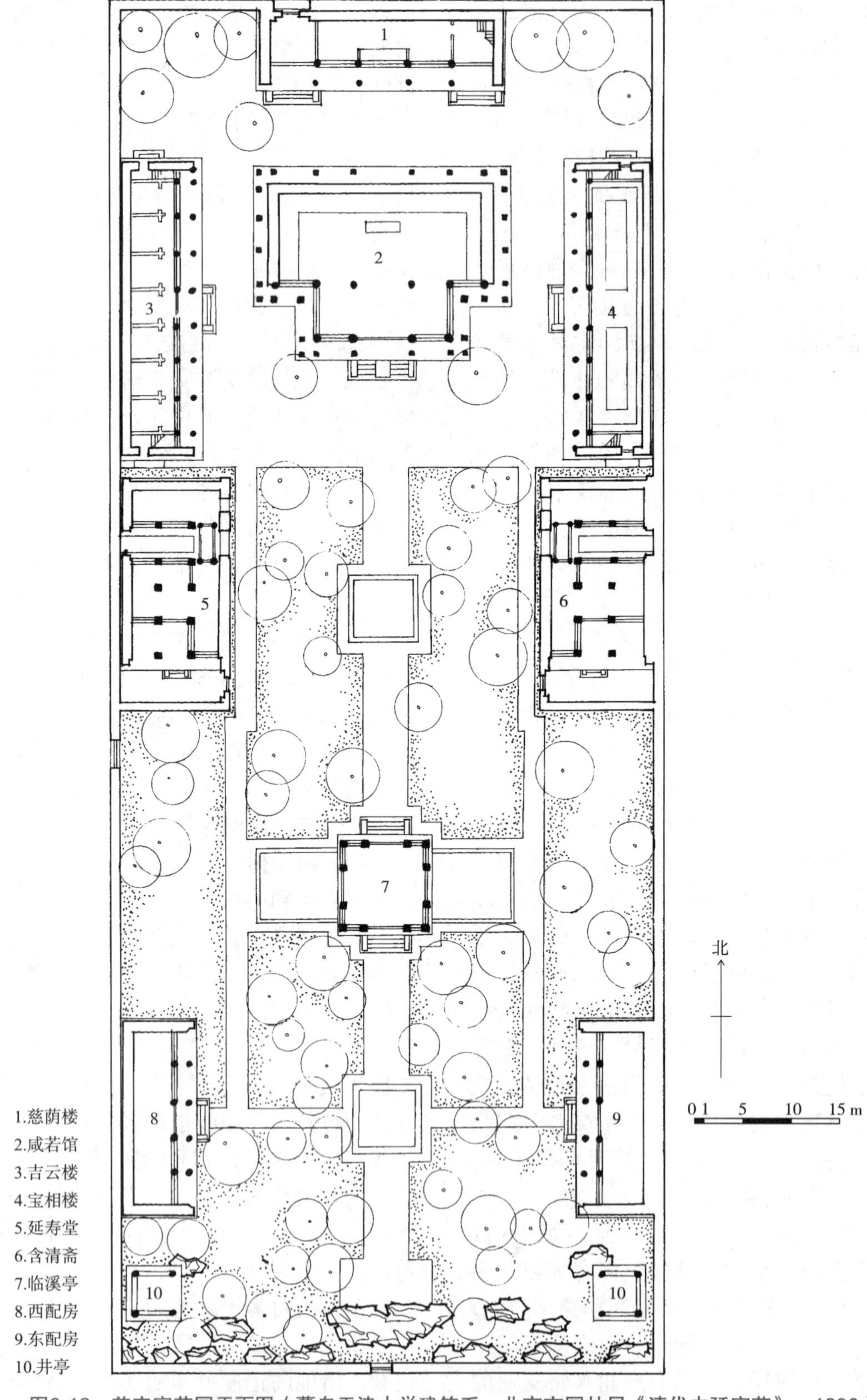

图8-12　慈宁宫花园平面图（摹自天津大学建筑系、北京市园林局《清代内廷宫苑》，1990）

焉，杂植竹树，丘之北洼然，以下为谷焉，皆植竹，多至数十万本。……凡丘之颠踵自之，自三四峰外，诸小峰凡十数计，且丛列怪石，什百为群，而所取道往往经纬其间。”明初著名文人王行在他的《半轩集》中收录了《狮林十二咏》，分别对“狮子峰”“含晖岭”“吐月峰”“立雪堂”“禅窝”“问梅阁”“指柏轩”“玉鉴池”“冰壶井”“小飞鸿”“竹谷”这十二景各有一诗。

除咏诗作纪之外，不少文人还为狮子林作画，这之中最著名的是吴门四家之一的倪瓒。倪瓒的《狮子林图》有画家本人的题跋，为洪武六年所作（图 8-13）。文人徐贲于洪武七年为狮子林十二景各作画一幅，也流传至今。

从洪武到嘉靖的逾 100 年间，狮子林日渐凋敝，在此期间狮子林一直为僧人所居，直到嘉靖年间为豪家占为私园，但当时景象十分荒凉。嘉靖四十一年（1542 年），钱穀写《跋狮子林图》时，所见到的景象是：“为势家所有，萎废狼藉，所存者颓垣败屋、朽木枯池而已。”江盈科描写狮子林重建前的景象，说：“折入豪门，构为市居，佣保杂作错处骑上，如是者数十年，而狮林之额几不可识。”万历年间，僧人明性“欲市买藏经，持钵游长安”，其虔诚最终感动了皇太后，敕赐海内诸名山，“命函经狮林，敕赐圣恩寺额”。时任长洲县知县江盈科为之遣散住户，恢复故址，并作《敕赐重建狮子林圣恩寺记》。僧人明性则整理旧景，并在其南创山门、大殿、经阁等。由是，倾颓百年的狮子林，“一朝悉还其故”。崇祯十五年（1642 年），居士陈日新又对狮子林进行了修缮，建藏经阁，复构大殿。修建之后，“大殿并峙，翚飞霞举，坚好特殊，远近来视，诧为神匠鬼斧”（缪彤《敕赐圣恩狮林禅寺重建碑记》）。

至康熙年间，寺、园分开，后为黄熙之父、衡州知府黄兴祖买下，取名“涉园”。

（2）影园

影园位于扬州旧城西城墙外的护城河南湖中长岛的南端，是郑元勋为奉养母亲，请《园冶》的作者计成为他建造的。郑氏是扬州望族，祖籍徽州歙县。万历初，郑景濂在众多盐商激烈的竞争中脱颖而出，成为有一定地位的大盐商，后来徽州老家的亲友纷纷来投靠，形成扬州郑氏盐业家族。郑景濂的次子郑之彦继承了家业。郑之彦有 4 子：长子郑元嗣，次子郑元勋，三子郑元化，四子郑侠如。郑氏四兄弟在扬州都筑有园林，郑元勋筑影园，郑元嗣筑嘉树园，郑侠如筑休园，郑元化筑五亩之园。其中以由商而儒的郑元勋所筑的影园最为著名。

郑元勋（1604—1645），字超宗，号惠东，崇祯十六年（1643 年）进士，工诗善画，为江东名流。影园是计成于崇祯七年（1634 年）主持设计与建造，而且是计成所造之园中唯一有详细园记留存者。园主人郑元勋在《园冶》一书的题词中谈到：“予卜筑城内，芦汀柳岸之间，仅广十笏，经无否（注：计成字无否）略为区画，别具灵幽。”即指此园。

影园的面积很小，只有 5 亩左右，但选址极

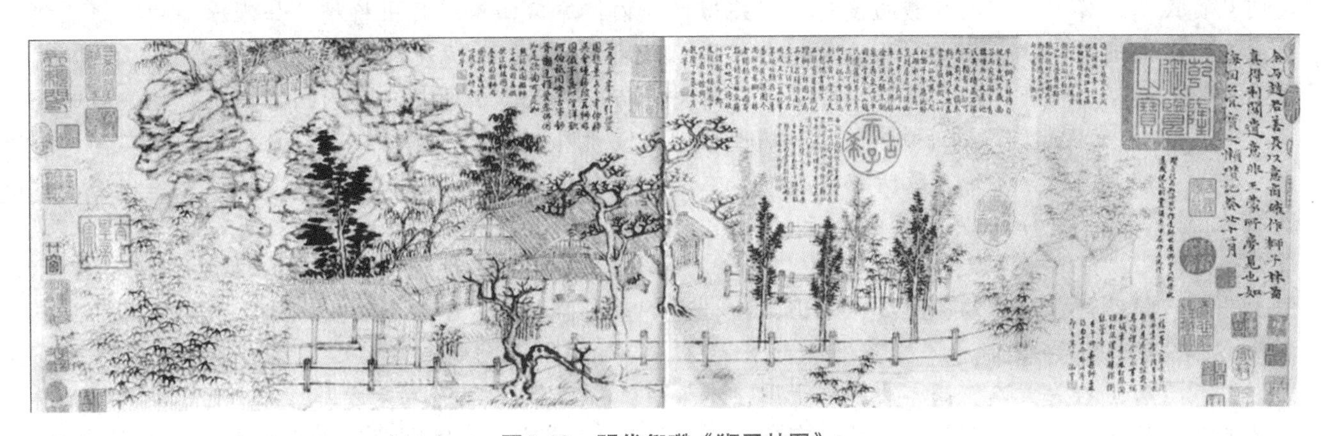

图8-13　明代倪瓒《狮子林图》

佳。郑元勋在《影园自记》中说，虽然南湖的水面并不宽广且背倚城墙，但园址“前后夹水，隔水蜀岗，蜿蜒起伏，尽作山势。环四面柳万屯，荷千余顷，萑苇生之。水清而多鱼，渔棹往来不绝。”而且北面、西面和南面都有极好的借景条件，“升高处望之，迷楼、平山皆在项臂，江南诸山，历历青来。地盖在柳影、水影、山影之间。”

关于影园的概况，郑元勋《影园自记》中所述甚详：

“外户东向临水，隔水南城，夹岸桃柳，延袤映带，春时舟行者，呼为‘小桃源’。入门，山径数折，松杉密布，高下垂荫，间以梅、杏、梨、栗。山穷，左荼蘼架，架外丛苇，渔罟所聚。右小涧，隔涧疏竹百十竿，护以短篱，篱取古木槎牙为之。围墙甃以乱石，石取色斑似虎皮者，俗呼‘虎皮墙’。小门二，取古木根如虬蟠者为之。入古木门，高梧十余株，交柯夹径，负日俯仰，人行其中，衣面化绿。再入门，即榜‘影园’二字，此书室耳！何云园？古称附庸之国为‘影’，左右皆园，即附之得名，可矣。

转入窄径，隔垣梅枝横出，不知何处。穿柳堤，其灌其栵，皆历年久茗之华，盘盘而上，垂垂而下。柳尽，过小石桥，亦乱石所甃，虎卧其前，顽石横亘也。折而入草堂，家冢宰元岳先生题曰‘玉勾草堂’，邑故有‘玉勾洞天’，或即其处。堂在水一方，四面池，池尽荷，堂宏敞而流，得交远翠，楣楯皆异时制。背堂池，池外堤，堤高柳，柳外长河，河对岸，亦高柳，阎氏园、冯氏园、员氏园，皆在目。园虽颓而茂竹木，若为吾有。河之南通津，津吏闸之。北通古邗沟、隋堤、平山、迷楼、梅花岭、茱萸湾，皆无阻，所谓‘柳万屯’，盖从此逮彼，连绵不绝也。鹂性近柳，柳多而鹂喜，歌声不绝，故听鹂者往焉。临流别为小阁，曰‘半浮’，半浮水也，专以候鹂，或放小舟迓之，舟大如莲瓣，字曰‘泳庵’，容一榻、一几、一茶炉，凡邗沟、隋堤、平山、迷楼诸胜，无不可乘兴而往。

堂下旧有蜀府海棠二，高二丈，广十围，不知植何年，称江北仅有，今仅存一株，有鲁灵光之感。绕池以黄石砌高下蹬，或如台，如生水中，大者容十余人，小者四五人，人呼为‘小千人坐’。趾水际者，尽芙蓉；土者，梅、玉兰、垂丝海棠、绯白桃；石隙种兰、蕙、虞美人、良姜、洛阳诸草花。渡池曲板桥，赤其栏，穿垂柳中，桥半蔽窥，半阁、小亭、水阁，不得通，桥尽石刻‘淡烟疏雨’四字，亦家冢宰题，酷肖坡公笔法。

入门曲廊，左右二道，左入予读书处，室三楹，庭三楹，虽西向，梧、柳障之，夏不畏日而延风。室分二，一南向，觅其门不得，予避客其中。窗去地尺，燥而不湿，窗外方墀，置大石数块，树芭蕉三四本，莎罗树一株，来自西域；又秋海棠无数，布地皆鹅卵石。室内通外一窗作栀子花形，以密竹帘蔽之，人得见窗，不得门也。左一室东向，藏书室内，阁广与室称，能远望江南峰，收远近树色，流寇震邻，鹾使邓公乘城，谓阁高可瞰，惧为贼据，予闻之，一夜毁去，后遂裁为小阁一楹，人以为小更加韵。庭前选石之透、瘦、秀者，高下散布，不落常格，而有画理。室隅作两岩，岩上多植桂，缭枝连卷，溪谷崭岩，似小山招隐处。岩下牡丹，蜀府垂丝海棠、玉兰、黄白大红宝珠茶、磬口腊梅、千叶榴、青白紫薇、香橼，备四时之色，而以一大石作屏，石下古桧一，偃蹇盘躄，柏肩一桧，亦寿百年，然呼‘小友’矣。石侧转入，启小扉，一亭临水，菰芦幂䍥，社友姜开先题以‘菰芦中’，先是鸿宝倪师题‘都翠亭’，亦悬于此。秋老，芦花如雪，雁鹜家焉，昼去夜来，伴余读，无敢嚯呶。盛暑卧亭内，凉风四至，月出柳梢，如濯冰壶中。薄暮望冈上落照，红沈沈入绿，绿加鲜好，行人映其中，与归鸦乱。小阁虽在室内，室内不可登，登必迂道于外，别为一廊，在入门之右。廊凡二周，隙处或斑竹、或蕉、或榆以荫之。然予坐内室，时欲一登，懒于步，旋改其道于内。由‘淡烟疏雨’门内廊右入一复道，如亭形，即桥上蔽窥处，亦曰‘亭’，拟名‘湄荣’，临水，如眉临目，曰‘湄’；接屋为阁，曰“荣”。窗二面，时启闭。

亭后径二，一入六方窦，室三楹，庭三楹，曰‘一字斋’，先师徐硕庵先生所赠，课儿读书处。

庭颇敞，护以紫栏，华而不艳。阶下古松一、海榴一，台作半剑环，上下种牡丹、芍药，隔垣见石壁，二松亭亭天半。对六方窦为一大窦，窦外又曲廊，丛筱依依朱槛，廊俱疏通，时而密致，故为不测，留一小窦，窦中见丹桂如在月轮中，此出园别径也。

半阁在‘湄荣’后，径之左，通疏廊，即阶而升，陈眉公先生曾赠‘媚幽阁’三字，取李太白‘浩然媚幽独’之句，即悬此。阁三面水，一面石壁，壁立作千仞势，顶植剔牙松二，即‘一字斋’前所见，雪覆而欹其一，欹盖有势。壁下石洞，洞引池水入，畦畦有声，涧旁皆大石，怒立如斗，石隙俱五色梅，绕阁三面，至水而穷，一石孤立水中，梅亦就之，即初入园隔垣所见处。阁后窗对草堂，人在草堂中，彼此望望，可呼与语，第不知径从何达。大抵地方广不过数亩，而无易尽之患，山径不上下穿，而可坦步，然皆自然幽折，不见人工，一花、一竹、一石，皆适其宜，审度再三，不宜，虽美必弃。别有余地一片，去园十数武，花木预蓄于此，以备简绌。荷池数亩，草亭峙其抵，可坐而督灌者。花开时，升园内石磴、石桥、或半阁，皆可见之。渔人四五家错处，不知何福消受。诗人王先民结‘宝蕊楼’为放生处，梵声时来。先民死，主祀其中，社友阎舍卿护之，至今放生如故。先民，吾生友也，今犹比邻，且死友矣。”

通览全篇的《影园自记》可以推测，影园是以一个水池为中心的水景园。呈南湖中有岛、岛中又有池的格局，园内园外之水景浑然一体。影园靠东面堆筑的土石假山作为连绵的主山把城墙障隔开来，北面的客山较小，用以代替园林的界墙，其余两面全部开敞以便收纳园外远近山水之借景。园内树木花卉繁茂，还引来各种鸟类栖息。园内空间划分多用地形和植物，而不用建筑围合。园内建筑风格朴素而有巧思，如临水的“淡烟疏雨阁”，由廊、室、楼构成一独立小院，楼下藏书，楼上读书兼赏景。总之，影园整体恬淡雅致，以少胜多，以简胜繁，所谓“略成小筑，足征大观”。

(3) 天平山庄

天平山庄位于苏州城西 8.5 km 天平山南麓，由北宋范仲淹世孙范允临所建。范氏家族世居天平山、支硎山一带，天平山庄原本即为范氏祖业，也是范仲淹墓园之所在。

范允临（1558—1641），字长倩，号长白，万历乙未年（1595 年）进士，官至福建参议，工书。范允临精于书法，与董其昌齐名，亦善山水。其妻徐媛，字小淑，为建造东园的太仆徐泰时之女，著有《络纬吟》，为一时之才女。少时，范允临受徐泰时庇护成长，与徐泰时结为翁婿关系。徐泰时下世后，范允临临时代管了其东园（即今日之留园），抚育其子嗣徐溶，两家关系情谊深厚。

清初散文家汪琬在《前明福建布政使司右参议范公墓碑》一文中道：“公归而筑室天平之阳，徙家居之。日夜流连觞咏，讨论泉石，数与故人及四方知交来吴者，往还遨游山水间。”范允临挂印后携妻归隐共筑园林。与范允临同时代的明万历首辅大臣朱国桢提及天平山庄：“吴中有天平山。山石林立，皆剑拔，甚锐而匀，真奇观也。学宪范长白得之，曲折筑园奇巧，夫妻时游期间。”从中可知天平山庄自有山石“奇观”的自然景致，也有“曲折”“奇巧”的人工创造。

关于山庄的园景，张岱在《陶庵梦忆》中有较为详细的记述：

“范长白园在天平山下，万石都焉。龙性难驯，石皆笏起。旁为范文正墓。园外有长堤，桃柳曲桥，蟠屈湖面，桥尽抵园。园门故作低小，进门则长廊复壁直达山麓，其缯楼幔阁、秘室曲房，故故匿之，不使人见也。山之左为桃源，峭壁回湍，桃花片片流出。右孤山，种梅千树。渡涧为小兰亭，茂林修竹，曲水流觞，件件有之。竹大如椽，明静娟洁，打磨滑泽如扇骨，是则兰亭所无也。地必古迹，名必古人，此是主人学问。但桃则溪之，梅则屿之，竹则林之，尽可自名其家，不必寄人篱下也。”

天平山庄有“石皆笏起”“蟠屈湖面”的自然山水景致，园址周有“长堤”，过“桃柳曲桥”可达园的入口。园门故作“低小”，“缯楼幔阁、秘室曲房”故意隐匿建造而“不使人见”，能突出山庄坐拥的自然景观，且利用天然山水营造“小兰亭”，栽植桃梅林竹等植物更彰显山林之胜。此外，附近的范仲淹墓园古迹又为范氏后人营造的园林增添了浓重的人文色彩。

天平山庄的出色营造，也得到当时文人的记载。明末清初文学家、书画家归庄来游，于《观梅日记》中记载了天平山庄“甲于吴中”的名气和“每三春时，画舫鳞集于河干，篮舆鱼贯于陌上”的盛况。

作为晚明的名园之一，天平山庄在屋宇建筑及装饰陈设等方面，也显露出富丽华美的一面：“开山堂小饮，绮疏藻幕，备极华缛，秘阁清讴，丝竹摇扬，忽出层垣，知为女乐。”（图 8-14）

明清易代，该园废圮。后人范必英重兴山庄旧址，修建范参议祠。乾隆年间，天平山庄改名为“赐山旧庐”。清代文人蒋恭棐在《范氏赐山旧庐记》中提到“尽还旧观”，可知天平山庄原有寤言堂，鱼乐国、咒钵庵、听莺阁、芝房、来燕榭、翻经台、什景塘、宛转桥诸胜。乾隆 6 次南巡，4 次来天平山庄，题诗赐匾。乾隆十六年，天平山庄得赐名“高义园”。乾隆年间，天平山有御碑亭、高义坊、接驾亭、更衣亭等建筑。此后，高义园均有损情况和重修活动。中华人民共和国成立后，高义园经重新整修，面向大众开放。

高义园作为宅院、墓园、自然山水园融合为一的庄园，充分体现出园林景境与自然山水交融和谐的特点，是利用自然山水构园的佳例。

（4）拙政园

拙政园的开创者王献臣（1473—约 1543），字敬止，号槐雨，弘治六年（1493 年）进士。他一生仕途坎坷，几经浮沉。曾任行人、御史等职，任御史巡大同时，揭露守边将领有“避寇、丧师”之罪，提出免去当地百姓赋税“以宽军民”的意见，对于这些意见，“帝多从之”。然而不久他却因刚正不阿得罪了东厂，遭到诬陷而被贬为上杭县丞。弘治十七年（1504 年）又因“张天翔事件”被捕，降为广东驿丞。武宗即位后，调任永嘉知县，正德五年（1510 年）丁父忧而归，从此离开宦海。

王献臣也是一位博学多才的风雅名士，与当时的吴中名士有着广泛的友谊，吴门画派的领军人物沈周在王献臣第二次被贬时，作诗《送王献臣谪琼州》相送。王献臣虽然没有诗篇传世，但文徵明有

图8-14　明代张宏《天平山图》　现藏南京博物院

诗云“自笑我非皮袭美，也来相伴陆龟蒙”，将王献臣比作诗人陆龟蒙，他的才华由此可见一斑。

拙政园最早是唐朝陆鲁望故宅，元代时为大宏寺（大弘寺）。王献臣建园时，赶走和尚，强占寺庙，方得到造园基地。拙政园之名取自晋潘岳《闲居赋》：“庶浮云之志，筑室种树……灌园鬻蔬……是亦拙者之为政也”。王献臣认为自己“其为政殆有拙于岳者，园所以识也”。

拙政园建成之初的景象，在书画家王宠（1494—1533）的《拙政园赋》中有描写：“背廨市，面水竹，轩芜粪莽，取胜自然。”而对于拙政园面貌及建设意图描述最为详尽、流传最广的则是文徵明《王氏拙政园记》的记载。在这篇成文于嘉靖十二年（1533 年）的文章中，他详细描述了拙政园三十一景，并写出了对园主人通过园林寄托志向的思想。文征明与王献臣关系密切，多有诗文唱和，据推测很有可能参与了拙政园的营造策划。

文征明除作园记外，还多次为拙政园绘图，其中最早的是在正德八年该园建成之初所绘的《拙政园图》横幅，今已不可见，但在秦谊亭的《曝画记余》中还有对这幅画的文字叙述。成画于嘉靖十二年的《拙政园图》描绘了拙政园三十一景，并对每景各作诗一首。根据《拙政园记》和《拙政园图》可以列出园中三十一景的情况。

拙政园初创之时的景色，正如刘敦桢所言：“建园之始，园内建筑物稀疏，而茂树曲池相接，水木明瑟旷远，近乎天然风景。”整个园林以水为中心，“水竹”为整体景观的特点，造就“取胜自然”景致。

园址处于地形起伏之地，“有积水亘其中”的情况。建园时，依照地形“稍加浚治”而形成了主水面“沧浪池”。以水为中心，沿水两岸布置建筑和主要景点，水面有收有放，形成旷奥结合、富有趣味的空间。水岸的处理手法也是丰富多样，大多为种植：“岸多木芙蓉”“夹岸皆佳木”“夹岸植桃”，或成为“竹涧”，形成水木相映的景色；有时也布置块石：“有石可坐，可俯而濯”，“植石为矶，可坐而渔”，提供了亲水游玩的场所。

拙政园疏朗自然的特点来自建筑密度小、以植物为主之景观特色。园中建筑以亭为主，散置于各处，在作为观景场所的同时，也成为点景的标志物。而三十一景中一半以上的命名与植物相关，使这座位于城市中的园林充满自然野趣，“不出城郭，旷若郊野”，“信有山林在市城”（文徵明《拙政园诗・若墅堂》）。“拙政”与农作是分不开的，园主人在此耕种劳作，“朱果在摘，赪鳞摇网”（王宠《拙政园赋》）。

园中没有假山，但有少量立石和盆景石。有的结合植物布置，“在若墅堂后，傍多美竹，面有昆山石”（《拙政园诗・倚玉轩》）。假山在当时是一种流行，王献臣则是故意不在园内置假山，以营造“近圃分明见远情”的氛围，与社会上的“俗”拉开距离。此外，拙政园的园林主题在于“筑室种树”、灌园鬻蔬“为拙者之政”，假山既非必须，又不够贴合主题。

广交名士的王献臣，在这疏朗自然的拙政园中与朋友泛舟、饮酒、作诗……风雅至极，所谓“修阴山之旧事，和苏门之遗响”（王宠《拙政园赋》），拙政园成为吴中名园。

（5）艺圃

艺圃位于阊门内天库前文衙弄，其前身是袁祖庚醉颖堂。明嘉靖三十八年（1559 年），袁宪副袁祖庚因下属诬告被免官，回到祖地苏州府长洲县（今苏州市），在苏州城西北隅、西近阊门的吴趋坊购地 10 亩（6667 m²），营建家宅。此为艺圃营建之初始。袁祖庚名家宅为“醉颖堂”，门楣题为“城市山林”。《归庄集》载：“其居有池台花竹之胜，颜其楣曰‘城市山林’，与袁安节公抑之、陈方伯子兼、冯抚州信伯辈，觞咏其中。”

万历末年，园为文征明之孙文震孟所有，易名为“药圃”。文氏家族对苏州古典园林的发展有卓越的贡献，家族几代人参与园林建设，并大有建树。文震孟之弟文震亨建有碧浪园、香草垞等宅园，著有《长物志》。艺圃是文氏家族所建园林中目前仍较为完整留存的唯一。

文震孟得“醉颖堂”后，莳花种药，营建屋宇，叠石堆山。据《文氏族谱续集：历世第宅坊表志》记载："药圃中有生云墅、世纶堂，堂前广庭，庭前大池，五亩许。池南叠石为五狮峰（一说五老峰），高二丈。池中有六角亭，名'浴碧'。堂之右为青瑶屿。庭植五柳，大可数围。尚有猛省斋、石经堂、凝远斋、岩扉。"青瑶屿是文震孟读书的地方，著有《药圃诗稿》。庭植5棵高大的柳树，以追慕陶渊明"五柳先生"的风采，风雅可掬。崇祯《吴县志》称其"林木交映，为西城最胜"。关于药圃的园记和画作鲜有面世，其文字记载也相对较少。

明末战乱中，药圃受毁情况颇为严重。清顺治年间，明遗民姜埰购得药圃为宅。当时的药圃已破败，但格局犹存："东西数椽临水，若齿，若都稚，若仓府，若鸟之翼，若丛草孤屿之舟……兵燹之后，即世纶堂、石经阁皆荡然，惟古柳四五株……"可见园内建筑临水而建，错落凸出于池面之上，丰富了池岸的形式，增添了池岸曲折有致的韵律。因山在池南，故主体建筑世纶堂在池之北岸，面南，以石山主峰五狮峰为其对景，临水建筑布置于池水之东西。

姜寓此，改名"颐圃"，并解释曰："在《易》之'颐，曰贞吉，自求口实'。"请归庄复书"城市山林"额，后又改名为艺圃。艺圃大致保留了文氏药圃的格局，同时作了一些增建和改建，"有药圃古柳四、五棵，姜遂于柳边座草堂三楹，颜曰'疏柳'，纪念文氏。建堂称东莱草堂，房称敬亭山房"。

清初汪琬在《姜氏艺圃记》中介绍艺圃的整体风貌："为堂、为轩者各三，为楼为阁者各二，为斋、为窝、为居、为廊、为山房、为池馆、村砦、亭台、略彴之属者各居其一。"至于植物"奇花珍卉，幽泉怪石，相与晻霭乎几席之下；百岁之藤，千章之木，干霄架壑；林栖之鸟，水宿之禽，朝吟夕哢，相与错杂乎室庐之旁"。汪琬后来又作《艺圃后记》，对艺圃园林景观的描述甚为详细：

"艺圃纵横凡若干步；甫入门，而径有桐数十本。桐尽，得重屋三楹间，曰延光阁。稍进，则曰东莱草堂，圃之主人延见宾客之所也。主人世居于莱，虽侨吴中而犹存其颜，示不忘也。逾堂而右，曰馎饦斋。折而左，方池二亩许，莲荷蒲柳之属甚茂。面池为屋五楹间，曰念祖堂；主人岁时伏腊祭祀燕享之所也。堂之前为广庭，左穴垣而入，曰旸谷书堂，曰爱莲窝，主人伯子讲学之所也。堂之后，曰四时读书乐楼，曰香草居，则仲子之故塾也。由堂庑迤而右，曰敬亭山房，主人盖尝以谏官宫事，谪戍宣城，虽未行，及其老而追念君恩，故取宣之山以志也。馆曰红鹅，轩曰六松，又皆仲子读书行我之所也。轩曰改过，阁曰绣佛，则在山房之北。廊曰响月，则又在其西。横三折板于池上，为略杓以行，曰度香桥。桥之南，则南斋，鹤柴皆聚焉。中间垒土为山，登其巅稍夷，曰朝爽台。山麓水涯，群峰十数，最高与念祖堂相向者，曰垂云峰。有亭直爱莲窝者，曰乳鱼亭。山之西南，主人尝植枣数株，翼之以轩，曰思嗜，伯子构之，以思其亲者也。今伯子与其弟又将除改过轩之侧，筑重屋以藏弃主人遗集，曰谏草楼，方鸠工而未落也。圃之大凡如此。……"

艺圃现存的格局是明末清初留下的（图8-15）。对照园记和清初山水画家王石谷的《艺圃图》，可见池北建筑念祖堂不临水，堂与池面隔一方开敞的庭院，庭院的基台做了方池的驳岸，边沿设石栏。亭中只种几株高大的乔木，使得自堂内南望的视线开敞舒畅，不受遮挡。池南堆土为山，山顶较平整，建朝爽台。数十石峰中，以垂云峰为主峰，与念祖堂相对。

爱莲窝与南侧乳鱼亭"直"对，故爱莲窝与

图8-15 艺圃 付晓渝摄

旸谷书堂位于念祖堂之东。“旸谷”，神话传说中太阳神所居之地，书堂当是接受第一缕阳光之处，恰合“东”之含义。东西向的旸谷书堂与爱莲窝突出了念祖堂的主体地位，并围合出念祖堂前的庭院空间。爱莲窝突出在池水之上，临池部分完全敞开，使得室内所览景色丰富，打破北岸的平直。池东乳鱼亭，三面临水，略突出池岸，亭柱间有美人靠，是凭靠观赏游鱼的佳处。“乳鱼”即幼鱼，池中红鲤鱼悠然浅翔，“无风莲叶摇，知有游鳞聚。翡翠忽成双，撇波来复去。”乳鱼亭古朴雅致，亭顶木构件系明代遗制。念祖堂西侧之敬亭山房等建筑今已不存。敬亭山房前的三折平板石桥不仅连接了池的南北两岸，且将方池分划为一大一小两片水域，使二亩水面有了主次之别。池水之西为响月廊，可通至池南岸，有对联一幅“踏月寻诗临碧沼，披裘入画步琼山”。

响月廊尽处、度香桥南即园的西南隅，是另一组建筑鹤柴和南斋，《艺圃图》未有详尽刻画，仅有两只仙鹤，茂密林木，颇具山林气息，现今不存。

（6）勺园

勺园位于北京西郊海淀地区北部，在今北京大学校园范围内，是明代文人米万钟的郊园，为当时京师最著名的私家园林，经明、清数次兵燹已荡然无存，今其园已不可考。园主人米万钟是明代有名的诗人、画家、书法家、造园家，曾经在全国南北不同的地方任职，游历山水，心有丘壑，兼之本人精通诗文书画等多种艺术门类，又极为爱好园林，在北京城内外分别筑有湛园、漫园、勺园三园，其中以勺园声名最著，也最为米氏本人所钟爱。勺园在当时为京师游览胜地，《长安客话》载：“勺园林水纡环，虚明敞豁。游者或醉香以擘荷，或取荫以憩竹，或啸松坨，或弄鱼舠，或盟鸥订鹤，或品石看云，真翛然有濠濮间想。”米万钟还特意以勺园之景绘于灯上，称“米家灯”，为京人所艳羡。明末动乱，勺园渐废，清初王崇简《米友石先生诗序言》称当时的勺园已是“残陇荒坡，烟横草蔓”“枯塘颓径，蛇盘狸穴”，感叹“四十年来沧桑生死之变可胜悲哉”。清代康熙年间勺园旧址上建弘雅园，为郑亲王西郊赐园，故《宸垣识略》载：“洪（弘）雅园，即明米万钟勺园，今为郑亲王邸第。”嘉庆年间改为集贤院，供六部官员居住，因此《啸亭杂录》载：“京师西北隅近海淀，有勺园，为明末米万钟所造。结构幽雅，今改集贤院，为六曹卿贰寓直之所。”咸丰十年（1860 年）英法联军侵华，集贤院被毁，宣统间废园改赐贝子溥伦，1925 年售予燕京大学，成为校园的一部分。其遗址位于今北京大学西侧门以南区域，建有勺园大楼和仿古亭廊，并有荷塘翠柳可赏，昔日勺园胜景，仅可想象而已。

今天勺园虽仅余部分遗址，但明代的文人题咏记载很多，米万钟本人于万历四十五年（1617 年）三月绘有《勺园修禊图》传世，使得我们依然可以大致窥得此一代名园的基本景致。清初宋起凤《稗说》述勺园之选址：“京师园囿之胜，无如李戚畹之海淀、米太仆友石之勺园二者为最。盖北地土脉深厚，悭于水泉，独两园居平则门外，擅有西山玉泉裂帛湖诸水，汪洋一方，而陂池渠沼，远近映带，林木得水，蓊然秀郁，四时风气，不异江南。两园又饶于山石卉竹，凡一切迳路，皆架梁横木，逶迤水石中，不知其凡几。树木交阴，密不透风日。”勺园位于水泉丰富的海淀地区，地理条件得天独厚。明人黄建有诗咏道：“帝城十里米家园，山水迂回竹树繁。迥然别是一天地，车马过从亦不喧。”

一些文献中对勺园的格局有详细记载。《长安客话》对其格局描述道：“北淀有园一区，水曹郎米仲诏（万钟）新筑也。取海淀一勺之意，署之曰‘勺’，又署之曰‘风烟里’。中所布景曰色空天，曰太乙叶，曰松坨，曰翠葆榭，曰林于澨。种种会心，品题不尽。”明人孙国敉《燕都游览志》载其格局：“勺园径曰‘风烟里’。入径，乱石磊砢，高柳荫之。南有陂，陂上桥曰‘缨云’，集苏子瞻书。下桥为屏墙，墙上石曰‘雀浜’，勒黄山谷书。折而北，为‘文水陂’，跨水有斋，曰‘定舫’。舫西高阜，题曰‘松风水月’。阜断为桥，曰‘逶迤梁’，主人所自书也。踰梁而北，为‘勺海堂’，吴文仲篆。堂前怪石蹲焉，栝子松倚之。其右为曲廊，有屋如舫，曰‘太乙叶’，周遭皆白莲花也。东南皆竹，有碑曰‘林于澨’。有高楼涌竹林中，曰‘翠葆楼’，邹迪光书。下楼北行为‘槎枒渡’，亦主人自书。又北为水榭。最后一堂。北窗一拓，则稻畦千顷，不复有缭垣焉。”另有明人孙国光所著《游勺园记》，也有对此园格局更详细的记述。

综合以上记载，可以看出勺园大体的格局：入门折向南，曲径通幽，沿路垂柳夹堤，乱石堆垒，土阜起伏。水上飞架一座拱桥，如飞虹凌空，桥身高耸，立于其上，全园景色尽收眼底。桥北立一牌坊，上书“缨云桥”。过桥建有一屏石照壁，上镌有“雀浜”之额。由此转北，至一小院门，此为主园之门，上悬“文水陂”额，院内一斋跨于水上，外观似桥，又似船，此即“定舫”。定舫的西边有土山临水，松桧蟠然，成“松风水月”之景。沿土山小路而行，突然为水所断，以一座曲桥连通，桥名“逶迤梁”，向北通向此园的正堂勺海堂。堂前有大片平台，堂东侧出有抱厦，宛似水榭。从此往东可沿小堤行至一亭，顶作盝顶式样，亭内有一泓泉眼。泉亭折而南，有一座小屋名“濯月池”，在室内修筑水池，手法十分特别；再南则为蒸云楼，用作浴室，隔水与定舫相对。勺海堂西有曲廊通向水中的船形建筑，此为“太乙叶”，周围皆水，水面种白莲花，如浮水仙舟。太乙叶东南方向有竹林，立碑曰“林于澨”，竹丛中有二层楼阁翠葆楼，重檐歇山卷棚顶建筑。由此往东，有土冈临水，其上几棵松树高大参天，枝干遒劲，此即“松坨”。松坨之东为水榭，以茅草苫顶。园之西侧，水旁以古树根充作渡桥，起名叫“槎枒渡”，极见巧思，与太乙叶隔水相通。再北有一榭临水，后接一石台，台上有一小阁，再后则松石蜿蜒，别成一景。此处或许是“色空天”，阁中可能供有观音像；石台楼阁通过曲廊与最北的后堂相接。后堂为歇山建筑，阶前依然临水，堂后则为大片稻田，开北窗可获得辽阔的视野。园南岸石笋林立，怪石嶙峋，极尽峻峭峥嵘之势，大有林壑深秀之态。

勺园是一座以水景为主的园林，《春明梦余录》中记载：“海淀米太仆‘勺园’，园仅百亩，一望尽水，长堤大桥，幽亭曲榭，路穷则舟，舟穷则廓，高柳掩之，一望弥际。”由这段记载可以看出这个园子主要是以水面为布景的主题，而以堤坝建筑来分隔水面，使造成迷离曲折的效果。《帝京景物略》关于其水面的描写是：“……桥上望水，一方皆水也。水皆莲，莲皆以白……水之，使不得径也。栈而阁道之，使不得舟也。堂室无通户，左右无兼径。阶必以渠，取道必渠之外廊……”就是把园中的建筑和水面有机地联系起来。可能由于其主人曾经在六合县为官，深受江南园林熏陶的缘故，此园在整体风格上有模拟江南园林的特点，追求素雅幽折的意境，与一般北京私园大有不同，故《万历野获编》称：“米仲诏进士园，事事模效江南，几如桓温之于刘琨，无所不似。其地名海淀，颇幽洁。”就整体布局来看，全园四处皆水，以桥、堤划分串联，层次非常丰富，全园景区各有特点，彼此又有所呼应，路径曲折，空间很有深邃之感。《天爵堂文集笔余》称“米氏海淀勺园，一洗繁华。蒿径板桥，带以水石，亩宫之内，曲折备藏，有幽人野客之致，所以为佳。”即指其布局而言。公鼐《勺园》诗甚至说“再三游赏仍迷惑，园记虽成数改删”，可见其格局之幽深。其中建筑大多隔水相望，如勺海堂与后堂、定舫与水榭及蒸云楼，相距咫尺却无法直入，路径极为繁复，令人目眩。

园中以建筑而论，有堂、楼、亭、榭、舫等类型，造型朴素，整体风貌深具浙江村落之韵，故王铎《米氏勺园》诗称“郊外幽闲处，委蛇似浙村”。园中有两处模仿江南舫舟的建筑：一为“太乙叶”，周围水面辅以白莲，取太乙真人莲叶舟的典故，有飘然欲仙之意；一为“定舫”，下有柱出水以承平座，类似桥上架屋。其余建筑也均临水而建，且轩敞开朗，令人有“入室尽疑舟”之感，所以公鼐《勺园》诗又称“亭台到处皆临水”。

园中整体氛围极为雅致，从《勺园修禊图》上可见，园中植物大致以垂柳、虬松、高槐、翠竹为主，水中植莲，另有芭蕉之类，似乎少有珍奇花卉，显得素雅异常。园中建筑也较为淡雅，图上看出，在一些朴素的廊榭亭台之简还夹有荆扉茅亭。这样就更增加了这个园子的自然风味。与勺园相比邻的武清侯李伟的清华园比它大而富丽；当时勺园与外戚李氏的清华园比邻，二园齐名，时人常对二园作比较。《帝京景物略》载：

“福清叶公台山过海淀，曰：‘李园壮丽，米园曲折；米园不俗，李园不酸。’”

《稗说》载：“米园具思致，以幽窅胜。”叶向高《米仲诏诗序》称：“仲诏家居，长闭门谢客，营别业于都门十里之外，虽不能佳丽，然而高柳长松，清渠碧水，虚亭小阁，曲槛回堤，种种有致，亦足自娱。”《天府广记》称：“海淀米太仆勺园，园仅百亩，一望尽水，长堤大桥，幽亭曲榭，路穷则舟，舟穷则廊，高柳掩之，一望弥际。旁为李戚畹园，钜丽之甚，然游者必称米园焉。”

8.3.3　寺观园林

宋代以后，汉地佛教、道教、儒学的关系越来越密切，同时佛、道与民间宗教及群众的现实需要相结合，向大众化、世俗化的方向迅猛发展。到了明代，寺观园林的宗教色彩日趋淡薄，而增添了儒家成分和民间信仰的氛围。

明代佛教诸宗，仍以禅宗为盛；禅宗各派则以临济宗为最，曹洞宗次之。但随着佛教的普及化和世俗化，佛教诸宗归一，相互融合，这使禅寺失去了鲜明的个性和独立的形态。一些寺院出现了“禅净双修”“禅律双修”的模式。据《金陵梵刹志》载，天启年间的灵谷寺大殿，左为律堂右为禅堂；又如禅寺中出现了净土宗的念佛堂，律宗的戒堂也常常出现在禅寺中。

明代道教在朝廷的推崇下得到了长足发展，除两都、各府和部分州、县都拥有玄妙观外，华北新道派创立地区及终南山、青城山、龙虎山、武当山、茅山等洞天福地和道书中所说的仙真出生、修炼、得道、飞升等处也都有道观。明代道教宫观建筑的基本形制多有模仿佛寺之处，这一是因为佛道二教的寺观都源于传统住宅模式，二是因为当时许多道观是由佛寺改造而成。据《至元辨伪录》卷四记载，全真派鼎盛时期曾“占梵刹四百八十二所”。

明代佛寺和道观遍布城镇、近郊和山野。城镇中的寺观往往刻意经营庭院绿化，郊野的寺观则更注重与地形和外围风景相结合。很多地区以寺观为中心而形成公共游览地，吸引大批民众和文人雅士前来聚会游赏。

（1）碧云寺

碧云寺位于北京西山余脉聚宝山东麓，始建于元朝至顺二年（1331 年）。《帝京景物略》载：“碧云，庵于元耶阿利吉。寺于正德十一年，饰于天启三年，土之人亦曰于公寺云。”元丞相耶律楚材后裔耶律阿吉舍宅为寺，初名碧云庵，后改碧云寺。明正德年间太监于径看中这块风水宝地，大兴土木，此处开始第一次扩建，并在寺后为自己修建坟墓，在坟上植青松作为死后葬身之所。但于径在嘉靖初年获罪身死，不能于此葬。由此，当地人也称它为“于公寺”。天启年间太监魏忠贤看中此宝地，又扩建庙宇，再次建坟，准备死后葬于此处，但崇祯初年，魏忠贤也获罪自缢而死，后被戮尸，也不能再葬此。但魏忠贤党羽葛九思于 1644 年随清军入京后，将魏忠贤的衣冠葬在墓中，作为魏的衣冠冢。经过这两次扩建，明代的碧云寺业已成形（图 8-16）。

及至清代，绮丽壮观的碧云寺吸引了清帝王和后妃。康熙四十年（1704 年）五月将寺后魏坟扫平。乾隆十三年（1748 年）碧云寺历规模修葺

图8-16　碧云寺　李娜摄

后，归入皇家宫苑范畴。因此次扩建对寺内原有建筑无大动，故寺内殿宇、文物均保留明代风格。

明末《帝京景物略》对碧云寺有详细记载：

天巧不受人分，人工不受天分。云山一簇，惟缺略荒寒，结茆数椽，宜耳。东西佛土，有满月莲华境界，备诸庄严，比丘僧尼，优婆男女，发愿愿生，而碧云寺僧，不事往生也，住是界中矣。然西山林泉之致，到此失厥高深。寺从列槐深逕，崔巍数百石级，烂其三门。入门，回廊纳陛，围绣步玉。目营营，不舍廊；足滑滑，不支阶。降升陀六，赞绕厢六，稽首殿三。网拱丹丹，琐闼青青，四阖八牖，庑承廊巡。甍不屑雕，而髹之以金。罨画金上，日月飞光，其有晕霱。壁不屑画，而隆洼之以塑，桥孔洞阴，诸天鬼神，其有窟宅矣。殿后，端正一阁，金色四合，黛漆时施。僧秋盆桂周乎阁，炉香交桂，镫光交月，香光圈满，人在月轮，钟磬吉祥，捧号缤纷。左侧有泉，屋之，纳以方池，吐以螭唇，并泉为洞，砌方丈耳，洞其名。洞前而亭，对者亦亭，肃如主宾。填荷池，伐竹苑所落成也。螭唇施泉，既给僧厨，回向殿前，方池朱鱼，红酣绿沉，饵之则争。泉去乎寺，乃声呦呦，越涧而奔焉。寺二元碑：一至顺二年立，一元统三年立。白石黑章，碑俚不文，而石文也以存。

如上文所言："然西山林泉之致，到此失厥高深。"碧云寺利用山坳建寺，坐西朝东，背山而前敞，山涧双抱于寺前，用山涧的低洼衬托寺门的高耸。寺中主体建筑群中轴对称，在中轴线上分为三重佛殿屋，内有佛塑佛雕，其中哼哈二将、殿中的泥质彩塑以及弥勒佛殿山墙上的壁塑皆为流传至今的明代艺术珍品。大殿后"端正一阁，金色四合，黛漆时施。僧秋盆桂周乎阁，炉香交桂，橙光交月，香光圆满，人在月轮，钟磬吉祥，捧号缤纷"。

碧云寺内环境以泉取胜。从寺后的崖壁石缝中导引山泉入水渠，流经香积厨，绕长廊而出正殿之两庑，再左右折复汇于殿前的石砌水池。池内养金鱼千尾。利用活水将殿堂院落园林化，园林用水与生活用水相结合。这种别致做法亦是因地制宜，所谓"西山千百寺，无若碧云奇。水自环廊出，峰如对塔移。楼奇乎乐观，苑接定昆池。"（《钦定日下旧闻考》卷八十七）如果说香山寺的园林侧重在开阔，则碧云寺着意于幽静。故时人有"碧云鲜，香山古；碧云精洁，香山魁恢"之说。

（2）香山寺

香山寺位于西山之南，历史悠久。据载唐代此处已有吉安、香山二寺，金大定二十六年将两寺合一，章宗赐名"大永安寺"，并建潭水院。元代重修，易名"甘露寺"。明末《帝京景物略》载："寺始金大定，我明正统中，太监范弘拓之，费钜七十余万。"香山寺在明朝正统年间由宦官范弘捐资约70万两，在金代永安寺的旧址上建成。《帝京景物略》中称赞扩建后的甘露寺为"京师天下之观，香山寺当其游也"。明景泰年间（1450—1456），明代宗朱祁钰命太监公诚"继志修葺"。明末寺又见破败。

清朝康乾盛世时期，皇家统治者在西山一带的造园活动又兴盛起来，西山的开发进入了巅峰时期。清乾隆十年，乾隆帝在香山对其进行大规模的营建。至清康熙十六年（1677年）香山寺、洪光寺一带被纳入皇家宫苑，在此建成"香山行宫"。乾隆十年（1745年）在旧行宫基础上进行大规模的扩建完成。乾隆十二年（1747年）"香山行宫"正式命名为"静宜园"，乾隆亲题"静宜园二十八景"。这时香山寺范围扩大，形成了前街、中寺、后苑的独特寺院格局，乾隆御赐"大永安禅寺"，为静宜园二十八景之一。1860年，英法联军将包括静宜园在内的三山五园大量珍宝劫掠一空，香山寺建筑几乎全部焚毁。1900年八国联军再度劫掠，一代名园"瓦砾遍山，几近荒废"。1917年熊希龄在香山寺双清泉修建"双清别墅"，毛主席及很多国家领导人都曾在此居住。现香山寺位于香山公园内，仅存听法松、娑罗树御制碑、石屏等遗物，均为清朝所建，明时古迹已不复存。

《帝京景物略》对香山寺有详细描述：

京师天下之观，香山寺当其首游也。一日作者心，当二百年游人目，为难耳。丽不欲若第宅，纤不欲若园亭，僻不欲若庵隐，香山寺正得广博敦穆。岗岭三周，丛木万屯，经涂九轨，观阁五云，游人望而趋趋，有丹青开于空际，钟磬飞而远闻也。入寺门，廓廓落落然，风树从容，泉流有云。寺旧名甘露，以泉名也。泉上石桥，桥下方池，朱鱼千头，投饵是肥，头头迎客，履音以期。级石上殿，殿五重，崇广略等，而高下致殊，山高下也。斜廊平槛，两两翼垂，左之而阁而轩。至乎轩，山意尽收，如臂右舒，曲抱过左。轩又尽望：望林抟抟，望塔芊芊，望刹脊脊。青望麦朝，黄望稻晚，晶望潦夏，绿望柳春。望九门双阙，如日月晕，如日月光。世宗幸寺，曰：西山一带，香山独有翠色。神宗题轩曰“来青”。来青轩而右上，转而北者，无量殿，其石径廉以闳，其木松。转而右西者，流憩亭，其石径渐渐，其木也，不可名种。山多迹，葛稚川井也，曰“丹井”。金章宗之台、之松、之泉也，曰“祭星台”，曰“护驾松”，曰“梦感泉”。仙所弈也，曰“棋盘石”。石所形也，曰“蟾蜍石”。山所名也，曰“香罏石”。或曰：香山，杏花香，香山也。香山士女，时节群游，而杏花天，十里一红白，游人鼻无他馥，经蕊红飞白之旬。寺始金大定，我明正统中，太监范弘拓之，费钜七十余万。今寺有弘墓，墓中衣冠尔。盖弘从幸土木，未归矣。

如上文所述，“丽不欲若第宅，纤不欲若园亭，僻不欲若庵隐，香山寺正得广博敦穆。”香山寺有广博敦穆的特点，不像府邸住宅那样华丽，不像私家园林那样纤巧，也不像隐居的寺庵那样偏僻。香山寺为自然山地园之佳例，建筑群坐西朝东，沿山坡布置，依山就势，层层升高，具极佳观景条件：“至乎轩，山意尽收，如臂右舒，曲抱过左。轩又尽望：望林抟抟，望塔芊芊，望刹脊脊，青望麦朝，黄望稻晚，晶望潦夏，绿望柳春。望九门双阙，如日月晕，如日月光”；“凭轩眺湖山，一一见所历。千峰青可扫，凉飔飒然至……”（《帝京景物略·临朐冯琦香山寺》）。入山门即为泉流，泉上架石桥，桥下是方形的金鱼池。过桥循长长的石级而上，即为五进院落的殿宇。这组殿宇的南、北、西三面都是广阔的园林化地段，其中以流憩亭和来青轩两处最为时人称道。流憩亭在山半的丛林中，能够俯瞰寺垣，仰望群峰。来青轩建在面临危岩的方台上，凭槛东望，玉泉、西湖以及平野千顷，尽收眼底，所谓“（来青轩）前两山相距而虚其襟以捧帝城”（《钦定日下旧闻考》卷八十七）。文人墨客常到此游赏，留下不少诗文题韵，如：

“层山曲曲抱禅宫，转逐山光自不同；
碧殿深回青霭里，飞轩迥出白云中。
清音递槛来双涧，秋色迎檐郁万枫；
何处烟霞非妙湛，可须支遁更谭空。”
（明·陈瓒《香山寺》）

“寺入香山古道斜，丹楼一半绿云遮；
深廊小院流春水，万壑千崖种杏花。
墙外珠林疑鹿苑，路傍石磴转羊车；
西天天上知何处，咫尺轮王帝子家。”
（明·郭正域《香山寺》）

（3）栖霞寺

栖霞古寺地处南京东北郊，坐落于栖霞山中峰西麓，始建于齐武帝永明二年（484 年），由平原居士明僧绍（号栖霞）舍宅为寺，距今已逾 1500 年，为南朝四百八十寺中著名之寺，加之寺中历代高僧辈出，因广传佛教三论而成为三论宗祖庭。经过隋、唐两代的扩建，规模较之南朝时更为壮观。其寺院琳宫梵宇，飞檐相望，楼阁相连，宫室壮丽，并逐步发展成为与济南灵岩寺、荆州玉泉寺、天台国清寺齐名的唐代“四大丛林”之一。

据《栖霞寺志》第一卷记，栖霞寺自始建迄今历 1500 年，其间因缘和会，与废相乘，法运如缕，隐显靡常，随时代迁变而生之影响，大约可分为 3 个时期。

第一个时期自唐兴至明初，700 年间，为帝王护法时期。在此期内，兴寺建刹，愿力仰于宸衷；功德不烦众举，主要的特点是寺额名称往往随帝王私意而更变。唐会昌五年（845 年），武帝李炎敕诏，大毁天下寺院，栖霞寺亦不能幸免。大中五年（851 年），重建寺院，将栖霞寺改名妙因寺。唐代以后，妙因寺因朝代更迭，数次更名。宋太宗太平兴国五年（980 年）改名普云寺；宋真宗景德四年（1007 年）改名栖霞禅寺；宋哲宗元祐八年（1093年）改名严因崇报禅院，因皇太后高氏崩，易名景德栖霞寺（又名虎穴寺）。北宋末，因金兵大举南下，宋高宗赵构南渡，金兵攻陷建康（今南京）后，栖霞寺毁于战火。嗣后，山寺荒废260余年。直至明洪武二十五年（1392年），由于得到皇室的扶持，重建摄山寺院，乃赐额栖霞寺。

第二个时期自明初至太平天国寺毁，为宰官护法时期，其间高僧辈出，穷理尽性，大树义宗，然辉煌刓缺，剥落来复者，亦有6次。明成化年间，1470年，有司借税寺田，群僧逋逃一空，庙产悉为豪侵，绍承中断，寺同丘墟，香灯息焰，约60年。嘉靖中，1532年，兴善禅师，刻意恢复，法会和尚，心力提奖。当时宰官陆光祖，即助密藏禅师，刻方册大藏，复护法栖霞，重建梵刹，慧灯遂由此而显。

明嘉靖以后，特别是万历年间较大规模的营建，寺院的格局较之前代更为宏伟壮观。“丛林龙象，律仪严净，梵行坚明”，而摄山则以寺而享其盛名，“金陵摄山为东南第一胜也。”万历二十七年（1599年），三空法师，得中贵人客仲护法，重铸造千佛岭及修建山门、天王殿、大雄殿、祖师殿、伽蓝殿、藏经殿、韦驮殿、接引殿、三圣殿、地藏殿、碧霞殿等，历七年始成。从明代祝世禄的《重建栖霞寺记》和陆光祖的《重建栖霞寺天王殿记》中，亦可窥出当时栖霞寺隆盛的景象。

第三个时期自民国肇造后，为信众护法时期。兴建一寺，不若前代帝王宰官，愿指气使之易，非有雄猛德化之僧，积累万千因缘之力，不克臻此，此大都弘扬，今昔之所不同，栖霞重建，时势之所维艰也。

栖霞寺里的殿堂楼阁高低错落，构成了极乐世界的一种象征模式，其中以殿为中心。栖霞寺中弥勒佛殿以东是毗卢宝殿，也是寺院的弘法部，用于对外讲课，讲座传法，南侧的舍利塔与千佛岩所构成的小庭院则颇有意境，其位置相对独立，不影响主要建筑群使用。南侧的僧寮建筑虽然略显破旧，设备简陋，但是南北横向与中轴大殿区交通方便，内部庭院组织丰富合理，东侧为藏经楼，分区清晰、交通便捷。中部空间宏大，以利于朝拜；北侧空间紧凑，以利于修行；南侧幽雅丰富，自然条件较好以利于游赏，三部分配合协调，显得相得益彰。

明初所定“禅堂在西”的规制被打破后，加之南京起伏不定的山地地势，禅院也就随宜布置。然而禅院的位置虽随宜不定，院内的建筑布置却有一定的规制。万历间，葛寅亮主持在栖霞寺缩减禅堂院建筑有：韦驮殿、门房碑亭、观音殿、禅堂、华严楼、净土楼、十方堂、斋堂、养老堂、圆通禅院；大门、大禅堂、二禅堂、涅槃堂、斋堂、静室、仓库厨荼。

以《金陵梵刹志》中栖霞寺在明代的发展沿革可看出寺院经济对寺院发展的影响，寺院的殿堂设置由简及繁、由俭至奢，与寺院经济发展同步。寺院追求宏丽、金碧辉煌，像设严备，为信众营造出佛国净土的氛围，从而使信者信，施者施。在规模上追求宏丽气势，在建筑单体上则力求辉煌华丽（图8-17、图8-18）。如天界寺造毗卢阁即“珠璎宝幢、幡盖帷帐、香灯瓜华之供，靡不毕备，俾一切人登陡礼敬，睹此不可思议大解脱境界，无有不发无上菩提之心。”

8.3.4 公共园林

明代经济的繁荣和市民文化的发达，使城市的公共活动、休闲活动普遍增多，相应地，城内、附廓、近郊都出现了一些新的公共园林，原有的公共园林也多有增建。它们有的是利用城市水系的一部分，有的是利用前朝旧园的基址，有的依寺观外围，稍加整治，供市民休闲、游憩之用。城内有些公共园林还结合商业、文娱而发展成为多功能的开放性空间，较宋、元更为繁华。

在明代的一些城市，城郊的公共园林以及寺观、书院、祠馆等具有公共性质的园林，常常以游览路线串联起来，形成组团。如北京香山一组，有两条线路，一条是香山寺、碧云寺、宏光寺；另一条是卧佛寺、圆通寺、水尽头、五华寺。苏州灵岩天平山一组，有灵岩寺、天平山庄、寒山别业、华山寺、寂鉴庵；石湖一组，有石湖、范成大祠、楞伽寺。人们在这些游览地开辟了清明

图8-17　明代栖霞寺图（摹自葛寅亮《金陵梵刹志》）

图8-18　栖霞寺　程哲人摄

踏青、盛夏避暑、秋日登高等诸多活动，民间节庆时日，这些地方更是游人如织。

（1）什刹海　净业湖

什刹海原名积水潭，又叫作海子，是元代大都城内的漕运码头。水源来自西北郊的白浮、玉泉诸水，汇入西湖，再经长河至高梁河下游分为两股，分别从和义门的南、北城墙下的闸门流入积水潭，再通过玉河与京杭大运河连接。当年的积水潭是一个“汪洋如海”的大水面，南方来的粮船、商船都停泊在这里，沿岸商家云集。元人有诗句描写其热闹的情景：“燕山三月风和柔，海子酒船如画楼。”

明初，毁元大都北城，原北城墙南移约2.5 km，把积水潭的上游划出城外，堵塞了和义门南北两个进水闸。因而在德胜门西面设置一道铁棂闸，使来自长河之水自西直门沿护城河往北折而东，再从德胜门铁棂闸流入城内，积水潭的进水量比之元代减少了许多。永乐年间扩建皇城，将积水潭的下游圈入西苑之北海，缩小了积水潭的面积。新辟的德胜门大街往南穿过积水潭，又把水面一分为二，当中建德胜门桥沟通。西半部水面的北岸因有佛寺净业寺，人们习惯上便把这个水面称之为净业湖。东半部水面因德胜门桥附近的北岸新建什刹海庵，习惯上把这个水面叫作什刹海。

明代的什刹海和净业湖都种植荷花，附近开辟为稻田，招募江南农民来此耕耘，因而呈现一派宛若江南水乡的、极富野趣的风光。环湖周围聚集了许多贵戚官僚的园林别业，《帝京景物略》一书记载的有：漫园、方公园、太师圃、湜园、杨园、刘百川别墅、刘茂才园、临锦堂、莲花亭、虾菜亭10处。除临锦堂是元代旧园之外，其余均为明代修建。它们的水源取自积水潭和净业湖，有的还以湖上的水景作为园林的借景，一些佛寺亦聚集在湖畔及其附近，《日下旧闻考》登录的还有海印寺、广化寺、龙华寺、三圣庵、什刹海庵、佑胜寺、镇水观音庵（净业寺）等。

大片的水面招来飞禽水鸟在湖上飞翔，岸边绿树成荫，夏日宛若清凉世界。加之周围的寺院、园宅的点缀，于幽美的自然风景中又增益了人文景观之胜概，什刹海、净业湖便逐渐形成一处具有公共园林性质的城内游览胜地。

这种别墅、寺院环湖分布的格局很像杭州的西湖，浓郁的江南水乡气氛出现在繁华的北方大城市里，难能可贵，也为客居北京的大批江南籍文人士大夫们提供一处足以安慰其思乡之情的消闲游憩之地。

净业湖西北隅的小岛可能是在水关挖河道时以余土堆筑而成，其上建镇水观音寺（又名净业寺，清乾隆年间改名通汇祠）。寺北为北城墙，长河之水由墙下螭首中吐出，流入净业湖。这是在城市供水工程建设中逐渐形成的一处绝佳的景观：先在水口处发展为一个岛屿，从流水的冲击声构思为海潮音，再得构思而兴建镇水观音寺，这是合乎逻辑之发展，也是从工程到艺术的深化。寺建成后，从湖东岸西望，隆起的土台及其上的建筑远映西山，南临清波，好像这股水是从西山而来的，最终归入瀚海的。这是富有想象力的点睛之笔，它对净业湖风景的开发具有决定性的作用，规划的意匠和构思是非常可贵的。

净业湖的岸边，建置不少酒楼茶肆，湖上有画舫游船供游人泛舟，可以从净业湖渡过德胜桥下一直驶向什刹海的东岸。每年七月十五，达官贵人都群集这里设水嬉、放荷灯。冬季则在结冰的湖面上拖冰床，携围炉具，酌冰凌中。《帝京景物略》描述甚详：

“岁中元夜，盂兰会，寺寺僧集，放灯莲花中，谓灯花，谓花灯。酒人水嬉，缚烟火，做凫、雁、龟、鱼、水火激射，至萎花焦叶。是夕，梵呗鼓铙，与燕歌弦管，沉沉昧旦。水秋稍闲，然芦苇天，菱芡岁，诗社交于水亭。冬水坚冻，一人挽木小兜，驱如衢，曰冰床。雪后，集十余床，炉分尊合，月在雪，雪在冰。”

清初，什刹海由于经年淤积又缩成两个湖面：德胜桥东仍称什刹海或曰后海，东南为莲花泡子或曰前海，两者之间有银锭桥沟通。之后，沿岸各种摊贩聚集愈来愈多，茶棚、戏楼、戏馆林立，逐渐成为热闹的市场。3个水面（净业湖、后海、前海）原来的名称亦逐渐消失，统称之为什刹海了，银锭桥位于前后海两个湖面的衔接处，站在桥上放眼西望，但见一片水面上的荷花及两岸浓荫匝地的垂柳，衬托着两岸西山的秀美山形，犹如一幅天然图画，这就是著名的“银锭观山”之景。

（2）虎丘

明代虎丘曾3次发生火灾，分别在洪武二十七年（1394年）、宣德八年（1433年）、崇祯二年（1629年），每次毁而重建，规模甚于从前，但总体格局未变。

明代苏州的繁荣滋生了享乐之风，当时富有的市民、商人、士绅常常到郊外各名胜游玩，虎丘成了人们最喜游玩地之一，当时乘画舫自苏州城至虎丘山游赏是非常盛行的奢华旅游路线。明代黄省曾《吴风录》说虎丘“四时游客无寂寥之时”，每逢中秋佳节，更是万人空巷。明代袁宏道《虎丘记》生动描述了虎丘中秋之夜的盛况：

“虎丘去城可七八里，其山无高岩邃壑，独以近城，故箫鼓楼船，无日无之。凡月之夜，花之晨，雪之夕，游人往来，纷错如织，而中秋为尤胜。

每至是日，倾城阖户，连臂而至。衣冠士女，下迨蔀屋，莫不靓妆丽服，重茵累席，置酒交衢间。从千人石上至山门，栉比如鳞，檀板丘积，樽罍云泻，远而望之，如雁落平沙，霞铺江上，雷辊电霍，无得而状。布席之初，唱者千百，声若聚蚊，不可辨识。分曹部署，竟以歌喉相斗，雅俗既陈，妍媸自别。未几而摇手顿足者，得数十人而已；已而明月浮空，石光如练，一切瓦釜，寂然停声，属而和者，才三四辈；一箫，一寸管，一人缓板而歌，竹肉相发，清声亮彻，听者魂销。比至夜深，月影横斜，荇藻凌乱，则箫板亦不复用；一夫登场，四座屏息，音若细发，响彻云际，每度一字，几尽一刻，飞鸟为之徘徊，壮士听而下泪矣。

剑泉深不可测，飞岩如削。千顷云得天池诸山作案，峦壑竞秀，最可觞客。但过午则日光射人，不堪久坐耳。文昌阁亦佳，晚树尤可观。而北为平远堂旧址，空旷无际，仅虞山一点在望。堂废已久，余与江进之谋所以复之，欲祠韦苏州、白乐天诸公于其中；而病寻作，余既乞归，恐进之之兴亦阑矣。山川兴废，信有时哉！”

从文献可见，虎丘从明代以前文人雅集的地方变成了社会各个阶层游玩行乐的旅游地。它的影响力明显提升，园林活动和游览人群也大大扩展。

与市民的游览活动相应，吴门画家绘虎丘图景者很多。著名的有沈周《虎丘十二景图》（图8-19）、钱榖《虎丘前山图》、谢时臣《虎阜春晴图》、刘原起《虎丘归棹图》等。

（3）金陵评景及图咏

明代以后，南京的评景活动从未间断。明嘉靖年间，福建人黄克晦游金陵后作《金陵八景图》，八景为：钟阜晴云、石城霁雪、凤台夜月、白鹭春潮、乌衣夕照、龙江烟雨、秦淮渔笛、天印樵歌。万历二十八年（1600年），金陵人郭存仁作《金陵八景图》（图8-20），现存金陵本地画家所作最早的金陵胜景图。《金陵八景图》为绢本青绿山水，高28.3 cm，横长643 cm，一景一对题诗。分别为：钟阜祥云，石城瑞雪，凤台秋月，龙江夜雨；白鹭晴波，乌衣晚照，秦淮渔唱，天印樵歌。

从金陵八景之后，南京所属各县也都推出各自的八景。如“江宁八景”为：东山秋月、台想昭明、祁泽池深、天印樵歌、牛首烟岚、献花清兴、祖堂振锡、虎洞明曦。溧水县“中山八景”为：琛岭神灯、芝山石燕、观岭耸翠、金井涌泉、龙潭烟雨、洞壁琴音、东庐叠巘、臼湖渔歌。“高淳八景”为：丹阳秋月、东坝晓岚、石臼渔歌、花山渔唱、龙潭春涨、固城烟雨、官河夜泊、保圣晓钟。江浦“汤泉八景”为：龙洞观云、凤山积雪、千佛晚照、惠济晓钟、石坝飞涛、温泉吐雾、尚书故宅、寄老茅庵。六合有“六峰八景”：龙津待渡、瓜洲观潮、灵岩积雪、定山出云、冶浦归帆、龙池结网、草塘春潮、长芦晚钟。同时还有“六合十二景”：龙津桥、冶浦桥、灵岩山、冶山、草塘、六合山、龙池、晋王山、长芦寺、瓜步山、关圣庙、老梅庵。

明中叶以后，画家图咏金陵山水的风气日盛。吴门画家文徵明游金陵后作《金陵十景册》，随后

图8-19　明代沈周《虎丘十二景图》局部

文伯仁绘《金陵十八景册》，但原画均已散佚。明末金陵画家邹典，于崇祯年间作《金陵胜景图》，描绘了从长江南岸的幕府山、燕子矶起，沿江顺流而下的金陵山川秋色。

南京的评景和图咏活动在清代继续发展。到了乾隆年间，"金陵八景"已经发展成为洋洋大观的"金陵四十八景"。

8.3.5　学府园林

明代是书院的普及期，但明代书院的发展也经历了一个曲折的过程。明代初年大力发展官学，科考必经官学出身，致使书院沉寂百年之久。成化后，国子监生不能直接入仕，加之科举制度腐败，王守仁、湛若水心学盛起，促进了书院的复

图8-20　明代郭存仁《金陵八景图卷》　现藏南京博物院

兴。明代书院至嘉靖时发展到最盛，在数量上超过了元代。明中后期，书院逐步向官学化或私办官助性质发展，与一般官学差别不大，有些书院从管理到布局都和州、县学相差甚微。

明代的书院集中在今赣、浙、苏、皖、闽等地。在明代书院的兴盛期，书院往往“择胜地”“依山林”，选择文物荟萃的名山胜地，作为安静读书、讲学的理想场所，而不是像官学那样选择州县城镇，故常依山水作自由式布置。因书院为民间教育机构，受经济及种种社会因素所限，规模一般不会很大，有的还是在“舍宅为院”或“舍祠为院”的基础上逐渐发展而成的，所以各建筑单体的规格都不高，而是呈现出依山就势、灵活小巧的面貌。

下文以苏州学宫为例介绍。

苏州学宫（又称苏州文庙府学）创建于北宋景祐二年（1035 年），位于卧龙街南端（人民路 45 号），由北宋政治家范仲淹创建，是宋代历史上第一个，也是规模最大的地方州府级学府，在宋代声誉卓著，号称“东南学宫”之首，其影响直射元明清三朝。称“学制之雄丽，池圃之幽邃尤为江南诸学之冠”，“今日规模益壮，天下之言学者莫能过之。”“吴故以文学称翘楚，而学宫亦巨丽平海内。”由于创建了苏州文庙府学，宋元明清四朝，苏州文化教育倍加繁荣，人才迭出。据不完全统计，仅宋代苏州庙学便为国家培养了 486 名进士，在中国科举考试中处于领先地位。

“左庙右学”的格局是明清以后中最常见的

一种布局，反映出以中国古代“左为尊”的特点。京师国学国子监和北京孔庙也是这样的布局，各地府州县也相继效仿。苏州学宫在北宋创建之初即形成“广殿在左，公堂在右，前有泮池，旁有斋室”（朱长文撰《修学记》）的布局，南宋刻石《平江图》所示也与此相符。此格局长期相沿，陆续建有六经阁、传道堂、成德堂、敏贤堂、杏坛、先贤祠、至善堂、范公（仲淹）祠、胡公（瑗）祠、韦公（应物）祠、白公（居易）祠、况公（钟）祠、徂徕堂、三元坊等，其亭堂门坊名目繁多，为别处孔庙所罕见。

文庙前设棂星门，门北由仪门、两房和大成殿组成殿庭。学设教授署、讲堂、浮池、浮桥、仰高亭等建筑。明代《苏州府学图》所示苏州学宫规模比宋代宏大，除《平江图》所示各种设施外，在布局上进一步完善，第一次以左右两条中轴线规划了文庙与府学两组建筑群。明代，文庙建筑群增设崇圣祠，府学建筑群另增明伦堂、毓贤堂、七星池、七星桥、书斋、杏坛、校舍、尊经阁（藏书楼）、射圃、道德亭、义道正山亭、戍德池、先贤祠、文正祠、况钟祠等建筑。清代《苏州府学图》所示苏州文庙府学，其规模增至前所未有，在宋、明原有基础上另增洗马池、文官下马亭、武官下马亭、神库、嘉会厅、洋宫坊、朱秀桥、钟秀门、名宦祠、乡贤祠、至善堂、众芳桥和汤公斌祠等建筑。宋代至清代州文庙府学布局日臻完善，形成以两条中轴线为标志的两大建筑群体。东路是以大成殿为中心的孔庙建筑群，南北向，五进院：费门至洗马桥院庭、洗马桥至棂星门院庭、棂星门至戟门院庭、戟门至大成殿院庭、大成殿至崇圣祠院庭。左右建筑配例对称，前后建筑井然森布。西路是以明伦堂为中心的府学建筑群，南北向，五进院：浮宫至礼门院庭、礼门至仪门院庭、仪门至明伦堂院庭、明伦堂至敬一亭院庭、敬一亭至藏经阁院庭。左右前后亭台楼阁错落有序，校舍、池塘、假山、小溪、花木拱卫其间，形成布局严谨、殿宇宏丽、气势磅礴建筑特色。

泮池和七星池均为明代遗构，四周以青石驳砌。泮池架青石拱式三孔平桥。七星池架七孔砖拱平桥（图8-21）。棂星门原为文庙第二道门，为明代洪武年间建筑，现存为明成化十年（1474年）遗构。七间八柱，冲天柱式，云龙花卉图案雕刻精湛，气势非凡。棂星门原在新市路一带，“文革”时苏州学宫受到严重破坏，为安全起见移入大成门后予以保护。大成门为明成化十年（1474年）重建，硬山青瓦，面阔五间计25.5 m，进深七檩计12.5 m。大成殿重建于南宋绍兴十一年（1141年），历代修缮不断，大小修缮达50余次，新中国成立后曾数次小修、两次大修，现存建筑为明成化十年（1474年）所建，虽经修葺并有所改动，但结构严谨，用料粗壮，仍不失明代规制，且保存明代旧构尚多。殿为重檐庑殿黄瓦，面阔七间计31 m，进深十三檩计21 m。殿内五十根大柱全系紫楠木。木柱腰围2.23 m，直径71 cm，为双柱础，即楠木柱础再垫石柱础。殿前施月台，三面围以石栏，各砌踏跺，南踏跺中央置团龙御路。崇圣祠始建于明代，现存为清同治三年重建，单檐歇山造，面阔五间20 m，进深15 m，前设两庑、墙门，自成院落。明伦堂为府学主体建筑，明洪武六年（1373年）建成于成德堂旧址，正统二年（1437年）重建为五间二掖，清道光二十一年（1841年）再建，现存为同治年间所建，单檐硬山青瓦，面阔七间。

苏州学宫植物中最著名的是4棵古银杏树：连理杏（图8-22）、福杏、寿杏和三元杏。最古者为寿杏，植于南宋淳熙元年（1174年），树龄842年，位于大成殿左前方，是苏州古城区的“树王”，国家一级保护树木。三元杏在寿杏前，树龄634年。此树有一段趣闻：清康熙年间曾遭雷击毁，乾隆年间在原银杏树树根下依次长出3棵小银杏，此树再生与乾隆时大名鼎鼎的苏州府学生员钱梁连中三元（解元、会元、状元）的时间相合，故称“三元杏”。连理杏植于明洪武六年（1373年），古银杏腹内长出两棵树，一为朴树，二为榉树，两棵树树龄略晚于主干银杏100年，因两棵树生在银杏腹中合为一个整体，故称“连理杏”。福杏与寿杏相望，植于明洪武六年（1373

图8-21　苏州学宫七星池　李臻摄

图8-22　苏州学宫连理杏　李臻摄

年），树龄 643 年。寿杏、福杏和连理杏均属国家一级名木。

8.3.6　山水胜迹

明代是山水胜迹定型期。这一阶段基本是在宋代的基础上做一些扩建，整体并无太大改变，重点在于确定了今天的山水胜迹的分布和每一处名山的最后格局。在明代，五岳的地点最后确定，各山建设基本结束；宗教世俗化带来了佛教名山朝拜活动的转变，进而影响了与佛教相关的山水；永乐至嘉靖间，皇帝对道教的推崇又促进了道教名山的建设。清代基本延续了明代的名山，很少有新的建设和祭祀活动。

8.3.6.1　五岳

在中国的众多名山之中，五岳历史悠久，可谓万山之长。先秦古籍中只有“四岳”，至《周礼·春官·大宗伯》始出现“五岳”之名，即东岳泰山、西岳华山、南岳衡山、北岳恒山、中岳嵩山。汉武帝以衡山远，徙南岳之祭于安徽天柱山，隋代又改回衡山。宋代一度以河北常山为北岳，明代又改回恒山。至明代，五岳的地点和各山格局全部定型。下文以泰山为例说明。

泰山盘亘于今山东省济南、长清、泰安境内，延绵约 200 km^2。泰山是五岳之首，亦称岱山、岱宗、岱岳。较之于其他四岳，其山势稳重的特点最为明显。古人总结五岳的特点，有“泰山如坐”“恒山如行”“嵩山如卧”“华山如立”“衡山如飞”之说。

泰山经历了漫长的地质演变过程，燕山运动奠定了泰山的基础，喜马拉雅山运动构成现在的泰山雄伟的姿态。泰山总体地势表现为北高南低、东高西低，主峰则南陡北缓。山南受北东东向云步桥、中天门断裂和泰前断裂组成的向南东倾斜的阶梯状断裂影响，形成主峰南坡明显的三大台阶的地貌特点。再加上泰山的山左、山阴、山右山势相对平缓，形成了层峦叠嶂，群岗众丘环围于泰山主峰的态势。主峰玉皇顶海拔 1532.7 m，在泰安市的北面。泰山的相邻地区的山峰都低于天柱峰 300 ~ 400 m，尤其是广阔平缓的华北平原与天柱峰相对高差达 1300 m 以上，与泰山形成强烈对比，益显泰山之巍峨高耸。泰山山体的岩性以变质岩和花岗岩为主，呈块状的岩石经长期的风化剥蚀作用，外观方圆兼备，古朴浑厚。

泰山为五岳之首，原因是多方面的。泰山位于春秋时期的齐国和鲁国的交界处，当时齐鲁的经济、文化非常发达。上古及先秦诸侯国的祭祀活动、孔子等思想家的生平，都与泰山有着密切的关系，这就为泰山的早期成名奠定了社会基础。泰山成名既早，中国古代又有“五方”之说，东属青，为春，载青阳之气，位五行之首。泰山的形体高大，仿佛拔地通天而起；虽然就绝对高度而言，泰山并非五岳中的最高者，但因其崛起于齐鲁平原，凌驾于附近众山丘之上而显得格外高大。

泰山的人文历史始于封禅。《史记》载："古者天子五载一巡狩，用事泰山。"商代，商王相士在泰山脚下建东都，周天子以泰山为界建齐鲁；传说中秦代以前，就有72代君王到泰山封神，此后秦始皇、秦二世、汉武帝、汉光武帝、汉章帝、汉安帝、隋文帝、唐高宗、武则天、唐玄宗、宋真宗、清康熙、乾隆等帝王接踵到泰山封禅致祭、刻石纪功。自秦始皇至清代，文献记载的历代皇帝泰山封禅近30次。历代帝王借助泰山的神威巩固自己的统治，使泰山的地位被高抬到无以复加的程度。

除上古的原始崇拜和秦汉以来历代帝王的封禅活动以外，佛教和道教也在泰山留下不少遗迹。汉代道教势力进入泰山，唐宋时，朝廷给泰山神以种种封号，泰山道教大为兴盛，道观很多。自宋真宗敕封"碧霞元君"以后，泰山道教发展到了顶峰，成为道教名山和三十六小洞天中的第二小洞天，山上遍布宫观百余所，至今保留下来的尚有20余所。佛教在东晋时也进入泰山，高僧朗公创建朗公寺，以后陆续有不少佛寺的建置，但声势并不如道教之浩大。道教宫观数量较多，分布在登山主干道的两侧；佛寺数量较少，分散在边缘地带或者深藏深谷幽境。

登临泰山的干道有两条路，即山南坡的东路和西路（见附图1）。

东路是主要干道。由岱庙起始，往北经岱宗坊直登泰山之巅——岱顶，以及天柱峰之绝顶——玉皇顶。道路全部为料石铺砌的官道，大体上沿山峪和一条溪涧"中溪"修筑。当中以一天门、中天门、南天门划分为3段，象征由人间经仙界而通达于天庭的3个阶段。岱庙在原泰安城的东北隅，供奉东岳大帝。是历代帝王祭祀泰山、举行大典之地。始建于秦，唐以后历代不断增修扩建，北宋大中祥符年间大体上已初具今日之规模，总面积96 060 m^2，约占旧泰安城的1/4。这是一座按宫廷规制规划设计的庞大建筑群，分中、东、西三路，前朝后寝，四周筑宫墙角楼，四面设宫门，规模形制堪与北京故宫、曲阜孔庙并称。正殿天贶殿相当于故宫的太和殿，殿内有大型壁画《启跸回銮图》，描绘东岳大帝出巡的宏伟场面。岱庙的庭院内有碑石数以百计，包括秦刻、汉碑、魏碑、宋碑以及明清书法石刻。其中有历代帝王的告祭碑，有重修记事碑，有歌功颂德碑，有咏赞泰山的诗词碑等，书体则真、草、篆、隶俱全。庙内庭院多古树名木。东路汉柏院的5株苍劲古柏，相传为汉武帝手植，尤为名贵。

由岱庙往北经岱宗坊、一天门，门之北不远处为万仙楼，路东为斗母宫。宫之北过桥为三官庙，庙之北的山峪中有石坪亩许，上刻《金刚般若波罗蜜多经》，此即著名的"经石峪"。原刻共2500字，现仅存1071字。每一字的直径约50 cm，笔锋遒劲有力，被誉为"大字鼻祖""榜书之宗"，相传为北齐时刊刻。过此经壶天阁上达中天门，相当于泰山一半的高度。这里是三面的台地，向北仰望岱顶，天梯高悬，南天门历历在目。每当雨过天晴、夕阳返照，可以观赏"黄岘归云"之胜景。过中天门，往北是道路平坦的"快活三里"，跨"云步桥"观赏瀑景。百丈崖瀑布高悬若虹，于群峰叠翠中倾泻而下，为泰山东路景观之绝胜处。层层石阶的道旁为五松亭，这里有秦始皇当年加封过的"五大夫松"。原树已毁于明代，现在存活的3株是清雍正年间补种。往北继续登山，过朝阳洞、对松亭、升仙坊，便到达全程中最为艰险的一段山路即高400 m，共1594级陡峭蹬道——天梯，亦称"紧十八盘"。攀登天梯直达第三道天门"南天门"，穿过南天门，便踏上岱顶。

岱顶的区域由东、西、南、北4座天门限定，在靠近南天门的一段较平坦的地段上建"天街"，是为高山店肆。过天街东端的陡峭盘道，其上巍然耸立着泰山最大的宫观——碧霞元君祠，前后两进院落。正殿供祀碧霞元君，俗称泰山老母，屋顶的瓦件、鸱吻等均为金属铸造。建筑群的外观既庄严又灵巧，若在云雾弥漫之际宛如仙山琼阁。其侧的大观峰绝壁上有巨大的摩崖石刻——唐玄宗亲笔撰写的《纪泰山铭》，高13.3 m、宽5.3 m（图8-23）。天柱峰的峰顶名玉皇顶，上建玉皇阁，正殿祀玉皇大帝。此外，还有日观峰、拱北石、探海石、仙人桥以及孔子当年登临的瞻鲁台等名迹。从岱顶上可以观赏到“旭日东升”“晚霞夕照”“黄河襟带”“云海玉盘”四大奇景，尤以观看日出最为精彩。

越过岱顶即为泰山的北坡，亦称“后石坞”。这一带峰石挺立、林木苍翠，有危岩峥嵘的天烛峰等奇峰异石和姿态奇特的老松引人注目，还有多处洞景以及石坞庵、玉女修真处等遗址。

西路溪深谷幽、绿荫蔽日，环境宁静而开朗，主要的景点有黑龙潭、扇子崖、普照寺等处。普照寺始建于南北朝，五进院落沿山坡层层迭起。寺外山环水绕、茂林修竹，寺内花木扶疏、曲径通幽。富于浓郁的园林气氛，是一所典型的园林寺庙。

泰山之北，尚有灵岩寺，位于长清县境的灵岩峪内，为泰山山背之最幽绝处。灵岩寺始建于东晋，盛于唐代，以后历经重修扩建。建筑规模宏大，并保存部分宋代遗物，正殿千佛殿内的塑像相传为宋代作品。千佛殿之西北隅为九层八角的唐塔“辟支塔”，殿之东北为“御书阁”，其侧有千年蟠结檀树 1 株。

图8-23　泰山石刻　刘兵摄

8.3.6.2　佛教名山

游方行脚、寻师访道是中国佛教的修学传统，于是一些名山大寺逐渐成为参访中心。宋代江南佛教有“五山十刹”之说，至明代，禅宗寺院渐渐衰落，僧俗大众逐渐以五台山、峨眉山、普陀山、九华山等名山为主要参访、进香之地。这样，这些名山的社会影响不断扩大，最终形成“佛教四大名山”。

佛教传入中国后，逐渐形成了“四大菩萨”之说，而根据佛教典籍，承担着救世任务的诸菩萨，都有各自修习和说法的场所，于是菩萨在名山中应验的传说逐渐在佛教徒中流传。明万历三十三年（1605 年），李长春在《峨眉大佛寺落成颂并序》中说：“盖闻震旦国中有道场三：曰峨眉，曰五台，曰普陀，鼎立宇内，为人天津梁。”可见当时五台山、普陀山、峨眉山已并列为佛教三大名山。九华山在明代又因金地藏为地藏菩萨化身而崇祀之，万历三十五年（1607 年）周应宾重修《普陀山志》，将五台、普陀、峨眉诸山相提并论。明代中后期，五台、普陀、峨眉、九华地位明显居于其他佛教名山之上。至此，佛教四大名山的格局基本形成：五台山供文殊菩萨，智慧化身；普陀山供观音菩萨，慈悲化身；峨眉山供普贤菩萨，理智化身；九华山供地藏菩萨，志愿化身。四山之中，以五台山为首，明代有“金五台、银普陀、铜峨眉、铁九华”之说。四大名山是僧侣巡礼朝拜的圣地，寺院建筑宏大辉煌，尤其是万历年间，诸宗名师辈出，形成了明代佛教的复兴气象，也推动了佛教名山的发展。

宋元五山十刹为禅宗专一丛林，而明代兴盛的四大名山则多为诸宗杂处，宗派的特色与个性不甚分明。如五台山即青庙与黄庙共处，青庙中也多宗杂处，全无宋元禅宗独立鲜明的个性，禅宗伽蓝建筑形制上也比较淡化。佛教徒的参拜中心从五山十刹转向四大名山，是佛教走向民间的必然。下文以五台山为例介绍。

五台山位于山西省五台县东北，古称清凉山，属太行山的支脉，也是清水河和滹沱河的发源地。这里以台怀镇为中心，重峦叠嶂之中，高耸环峙着东、西、南、北、中5座山峰：东台名望海峰，海拔2795 m；西台名挂月峰，海拔2773 m；南台名锦绣峰，海拔2485 m；北台名叶斗峰，海拔3061 m，是五台最高峰；中台翠岩峰，海拔2894 m。因山体高耸，顶无林木而平坦宽阔，犹如垒土之台，故称“五台”；五峰之内则称台内。这个独特地貌的形成，乃是由于古代变质岩的山体在经历了多次地壳运动之后，断块隆起，又在后期的侵蚀作用下，成为五峰环列的高山。此山为前寒武系地层发育之典型者，层序齐全，山上还遗留大量第四纪冰川活动的遗迹，地质学上称之为“五台隆起”构造。五台山特殊的地貌和气候，是五台山成为佛教名山的基础（见附图2）。

据《清凉山志》的记载，早在东汉明帝时，天竺来华高僧摄摩腾和竺法兰以慧眼观清凉山，认为是文殊菩萨化宇，遂奏请皇帝建“大孚灵鹫寺”，这是文献记载中五台山建寺的开端。此后的南北朝和隋唐，五台山佛教先后经历了两次兴盛，并从北齐开始成为北方研习《华严经》的中心。

唐代，五台山在皇室的扶持下，开始在全国佛教界取得领导地位，并由此发展成名副其实的佛教名山。李唐王朝起兵于晋而拥有天下，所以视五台山为“祖宗植德之所”。武则天在争夺皇位的斗争中，也非常重视佛教的作用。证圣元年（695年），武后命菩提流支和实叉难陀重新翻译《华严经》，圣历二年（699年）译毕，新译《华严经》说：“东北方有处，名清凉山。从昔以来，诸菩萨众于中止住。现有菩萨名文殊师利，与其眷属诸菩萨众一万人，俱常在其中而演说法。”菩提流支翻译的《佛说文殊师利宝藏陀罗尼经》也说：“佛告金刚密迹王言：我灭度后，于此南赡部州东北方，有国名大震那，其中有山名五顶，文殊童子游行居住，为诸众生于中说法。”长安二年（702年），武则天自称“神游五顶”，敕命重建五台山清凉寺；竣工后，命大德感法师为清凉寺住持，并封其为“昌平县开国公，食邑一千户，主掌京国僧尼事”。唐德宗时，高僧澄观（后世尊为华严宗四祖）的《大方广佛华严经疏序》中说：“东北有菩萨住处，名清凉山，过去诸菩萨常于中住。彼现有菩萨文殊师利，与一万菩萨眷属，常住说法。”澄观阐释了五台山与文殊菩萨清凉山的联系，并对文殊菩萨展开详尽的研讨。

佛教典籍中所说的文殊菩萨住处“清凉山”“五顶山”，与五台山的地形、气候、环境，极为相似；而且，文殊菩萨的说法道场在东北方的清凉山，五台山不仅位于唐都长安的东北方，也在佛教发源地古印度的东北方。所以，佛教徒便把五台山这个“五峰耸出”“曾无炎暑”的地方，视为佛经中的“金刚界五方如来”和清凉山的象征，视为文殊菩萨的道场。五台山由此驰名中外，显赫于世，成为佛教徒竞相朝礼的圣地。

明代是五台山佛教的第三个兴盛时期，许多古刹修缮一新，佛事活动非常频繁，高僧大德云集。而且出现了汉藏并传、禅教并重、诸宗归一的现象。据明万历《清凉山志》的记载，台内、台外共有103所佛寺（图8-24）。当时的人们已经将五台山、普陀山、峨眉山并列称为佛教三大名山，后来加入九华山，遂有佛教四大名山之说。

8.3.6.3 道教名山

明代建立后，太祖朱元璋对道教和方术都十分推崇，但也注意到道教发展过滥所带来的弊端。这时全真、正一两大教派虽仍为道教的主要代表，但已失其活跃之势。这与明王朝对道教及其他宗教实行统一管理的政策不无关系。

到永乐时，明成祖为巩固统治，声称“靖难”之时得到真武大帝之助，所以在武当山大兴土木，建造道宫。各地藩王亦着力创建或重修宫观，作为祝延圣寿之所，道教得以抬头。此后道教也沿着世俗化的路线发展，在皇室和民间都有广泛的市场。各地的道教宫观也有增无减，特别是一般的小型道观，分布范围不断扩展。下文以武当山

图8-24　五台山佛光寺　李玉祥摄

为例介绍。

武当山又名太和山，位于今湖北省丹江口市西南，北通秦岭，南连巴山，横亘 400 km。武当山山体由变质岩构成，岩石的主要成分为火山碎屑岩、云母石英片岩、变质火山岩等。主峰天柱峰海拔 1612 m。山体四周低下，中央呈块状突起，多由古生代千枚岩、板岩和片岩构成，局部有花岗岩。岩层节理发育，并有沿旧断层线不断上升的迹象，于是形成许多悬崖峭壁的断层崖地貌，山地两侧则多陷落盆地。山上雨量充沛，多云雾之景，植物繁茂，盛产药材；云遮雾罩之时，宛如神仙境界。

早在汉末至魏晋，武当山就已成为求仙修行之人栖隐之地。唐初，道教进入武当山，教徒认为此山是“上古玄武得道飞升之地”，非真武不足以当之，故名“武当”。真武又名元武，古代“元”与“玄”通，因而亦称玄武。玄武本来是古代神话中的北方之神，其形象为龟蛇相缠之物。以后逐渐人格化为玄武神。从此，道教视武当山为玄武神的发源圣地，并称黄帝时，玄武神为太阳之精灵，托胎于净乐国王的善胜皇后，是为净乐太子（也称静乐太子），净乐太子 15 岁离家远游，遇玉清尊者授无极上道，并嘱他前往太和山修炼；他在山上的紫霄岩畔苦修 42 年，获得上道而升天成为天神。

北宋以后，历代崇尚道教的皇帝对武当山及真武神推崇备至，大加封号，武当山逐渐成为宫观遍布的道教名山。元明之际，张三丰率徒众在山上结庐修行，相传他看到林木岩壑之胜景时断言“此山异日必大兴”。

明永乐年间，明成祖出于政治上的需要，大兴武当宫观建设。整个建设工程从勘测、规划、设计到施工，全部由朝廷统一安排。经过近 13 年，共建成九宫、九观、三十六庵堂、七十二岩庙以及数以百计的石桥、牌楼，形成了全国规模最大的、按照既定规划一次建成的宫观建筑群。其规格相当于皇家道观，皇亲国戚定期前来朝觐。朝廷敕令四十四代天师张宇清从全国征调德高望重的道士分派山上各宫观担任提点，封给正六品的官阶。有明一代，各宫观均得到很好的维护，武当山也一直保持着全国道教中心的地位，一时成为道教名山建设的范本，安徽的齐云山、甘肃的崆峒山等处的宫观建筑及其总体布局都有明显模仿武当山的迹象。清代鉴于武当山与明代皇室的特殊联系而对武当道教采取抑制政策，基本没有增建和改建，所以现在的武当山基本保留了明代格局（见附图3）。

武当山风景优美，地形变化丰富。据明代《武当山志》记载，有七十二峰、三十六岩、二十四涧、十一洞、三潭、十池、九井、九台、九泉、十石等。主峰天柱峰矗立中央，被誉为"一柱擎天"，四周群峰均向主峰倾斜，形成"万山来朝"的奇观。

武当宫观建筑，绝大多数分布在从均州城直到天柱峰顶一线，全长约60 km。起点为均州城内的净乐宫，经过长3 km的青石墁铺的官道直达山麓的玄岳门，沿途缀以各种神庙、庵堂。玄岳门是入山的大门，自此到南岩宫的一段山势起伏，其间分布着武当山的大部分宫观，主要有玉真宫、元和观、玉虚宫、磨针井、复真观、五龙宫、龙泉观、玉虚岩、紫霄宫、南岩宫（图8-25）等。玉虚宫为武当山九宫中之规模最宏大者，建筑群呈宫城的形制，包括外乐、紫禁、里乐三部分，有6座城门，殿宇2200余间。清初毁于火，至今遗迹尚存。紫霄宫在天柱峰东北，背倚展旗峰，建筑群呈多进多跨的院落沿着山坡的十二重崇台迭起，共有殿宇860余间。五龙宫在五龙峰下，面对金锁峰，左绕磨针涧。这里林木蓊郁，环境清幽，附近有瀑布和"陈抟诵经台"等名胜。南岩宫位于奇峭的山崖之畔，上接碧霄，下临深涧，建筑群依山势自由灵活地延展，其中的南岩石殿（太乙真庆宫）镶嵌在南岩的悬崖峭壁上，是依山就势的典型。

图8-25　武当山南岩宫岩石殿　严利洁摄

南岩宫以南的乌鸦岭至天柱峰顶的一段，山势越发高峻，树木越发茂密，石墁山道逐渐陡峭，风景愈奇。这一段路上，朝天宫、一天门、二天门、三天门、朝圣门、太和宫和金殿等，皆据险设点，因山势而构室。太和宫在天柱峰山腰接近峰顶的部位，是一组具有宫廷形制，依山傍岩、布局精巧、气象宏大的建筑群。天柱峰之顶巅，也是武当山的最高处，俗称"金顶"，金顶上建有全山规格最高的殿宇——金殿。金殿的通体均用铜浇铸，为仿木构建筑，重檐庑殿式。围绕金殿的峰腰建石城墙一圈，设城门4座，名曰"紫金城"。登临金顶，极目四方，武当山和均州城的秀丽风光尽收眼底，四围群峰起伏，拱拥着金顶，渲染着神权与皇权，这便是著名的"七十二峰朝金顶"。

8.3.7　陵寝

明代的陵寝制度沿袭了唐宋两代"因山为陵"、帝后同陵和集诸陵于同一兆域的做法，同时对前代陵寝祭祀制度进行改革，对以往陵寝制度中诸元素进行取舍和重新组合，呈现出鲜明的特点。这种变化发端于明皇陵与明祖陵，成形于明孝陵，定制于明长陵，其影响波及清代。

明代陵寝规制的最大变化之处，就是革除了唐、宋两代陵寝制度中宫人守陵及日常供奉的内容，保留并加强了陵寝祭祀活动中"礼"的成分，从而将上、下二宫合并，确立了以祾恩殿为中心、陵体居后的长方形的陵区布局，并创立了以方城明楼为主体建筑的宝城制度。

现存明代帝陵共有 18 处，分布在 5 个地区，即安徽凤阳的皇陵、江苏盱眙的祖陵、南京的孝陵、北京昌平的十三陵和西山的景泰皇帝陵、湖北钟祥的显陵。

（1）明孝陵

明孝陵，位于南京市东郊紫金山南麓独龙阜玩珠峰下，茅山西侧，东毗中山陵，南临梅花山，是南京最大的帝王陵墓，也是中国古代最大的帝王陵寝之一。建于明洪武十四年（1381 年），翌年马皇后去世，葬入此陵。因马皇后谥“孝慈”，故陵名称“孝陵”。洪武三十一年（1398 年），朱元璋病逝，启用地宫与马皇后合葬。至明永乐十一年（1413 年）建成“大明孝陵神功圣德碑”，整个孝陵建成，历时 30 余年。作为中国明陵之首的明孝陵壮观宏伟，代表了明初建筑和石刻艺术的最高成就，直接影响了明清两代 500 多年帝王陵寝的形制。依历史进程分布于北京、湖北、辽宁、河北等地的明清帝王陵寝，都是按南京明孝陵的规制和模式营建的。其陵寝制度既继承了唐宋及之前帝陵“依山为陵”的制度，又通过改方坟为圜丘，开创了陵寝建筑“前方后圆”的基本格局。所以，明孝陵堪称明清皇家第一陵。明孝陵经历了 600 多年的沧桑，许多建筑物的木结构已不存在，但陵寝的格局仍保留了原恢弘的气派，地下墓宫完好如初。陵区内的主体建筑和石刻，方城、明楼、宝城、宝顶，包括下马坊、大金门、神功圣德碑、神道、石像路石刻等，都是明代建筑遗存，保持了陵墓原有建筑的真实性和空间布局的完整性。特别是明孝陵的“前朝后寝”和前后三进院落的陵寝制，反映的是礼制，但突出的是皇权和政治。

明孝陵处于山清水秀的环境之中，周围山势跌宕起伏，山环水绕，人文与自然景观浑然天成。陵园规模宏大，格局严谨。孝陵建筑自下马坊至宝城，纵深 2.62 km，陵寝主体建筑当年建有红墙围绕，周长 2.25 km（图 8-26）。现存遗址可分为两大部分。

①第一部分　蜿蜒曲折的陵墓神道。自下马坊至孝陵正门（文武方门），包括下马坊、神烈山碑、大金门、神功圣德碑及碑亭（俗称四方城）、神道石刻和御河桥。

下马坊、神烈山碑　下马坊，是一座二间柱的石牌坊，面阔 4.94 m、高 7.85 m，坊额上刻“诸司官员下马”6 个楷书字，告示进入明孝陵的官员必须下马步行，以示对开国皇帝朱元璋的尊敬。神烈山碑，在下马坊东边 36 m 处，是明嘉靖十年（1531 年）立，正面阴文双钩浅刻“神烈山”3 个字，原有碑亭，现已不存在，仅存四角石柱础。神烈山碑是明嘉靖十年改钟山为神烈山时而立。再向东 17 m 处有一块卧碑，为“禁约碑”，是明崇祯十四年（1641 年）立，碑文刻禁止损坏孝陵及谒陵的有关 9 条禁约。

大金门、神功圣德碑及碑亭　大金门，在下马坊西北约 750 m 处，是孝陵的第一道正南大门。大金门原为黄色琉璃瓦重檐式建筑，现存砖石砌筑的墙壁，下部为石造须弥座，面阔 26.66 m，进深 8.09 m，墙壁辟有 3 个券门洞，中门较高为 5.05 m，左右两门高 4.25 m。神功圣德碑及碑亭，在大金门正北 70 m 处，是明成祖朱棣于永乐十一年（1413 年）为朱元璋撰述的歌功颂德碑及碑亭。神功圣德碑亭建于明永乐十一年（1413 年），建筑平面为正方形，故俗称“四方城”，内置明成祖朱棣为其父朱元璋所立的“大明孝陵神功圣德碑”，楼顶已毁。原碑亭为砖石砌筑，平面呈正方形，亭子的结构顶部已荡然无存，现仅存四壁，每壁各有一个宽 5 m 的拱形门洞，外观如一个城堡，故俗称“四方城”。

神道石刻　四方城向西北行约 100 m 过御河便进入神道。明孝陵神道的最大特点在于建筑与地形地势的完美结合，是中国帝王陵中唯一不呈直线，而是环绕建有三国时代孙权墓的梅花山形成一个弯曲的形状，形似北斗七星。而且在每一段落的节点处安放石像生来控制空间，形成一派肃穆气氛。石像生下铺垫有完整的六朝砖，使其600年来没有下沉。神道由东向西北延伸，两旁依次排列着狮子、獬豸、骆驼、象、麒麟、马 6 种石兽，每

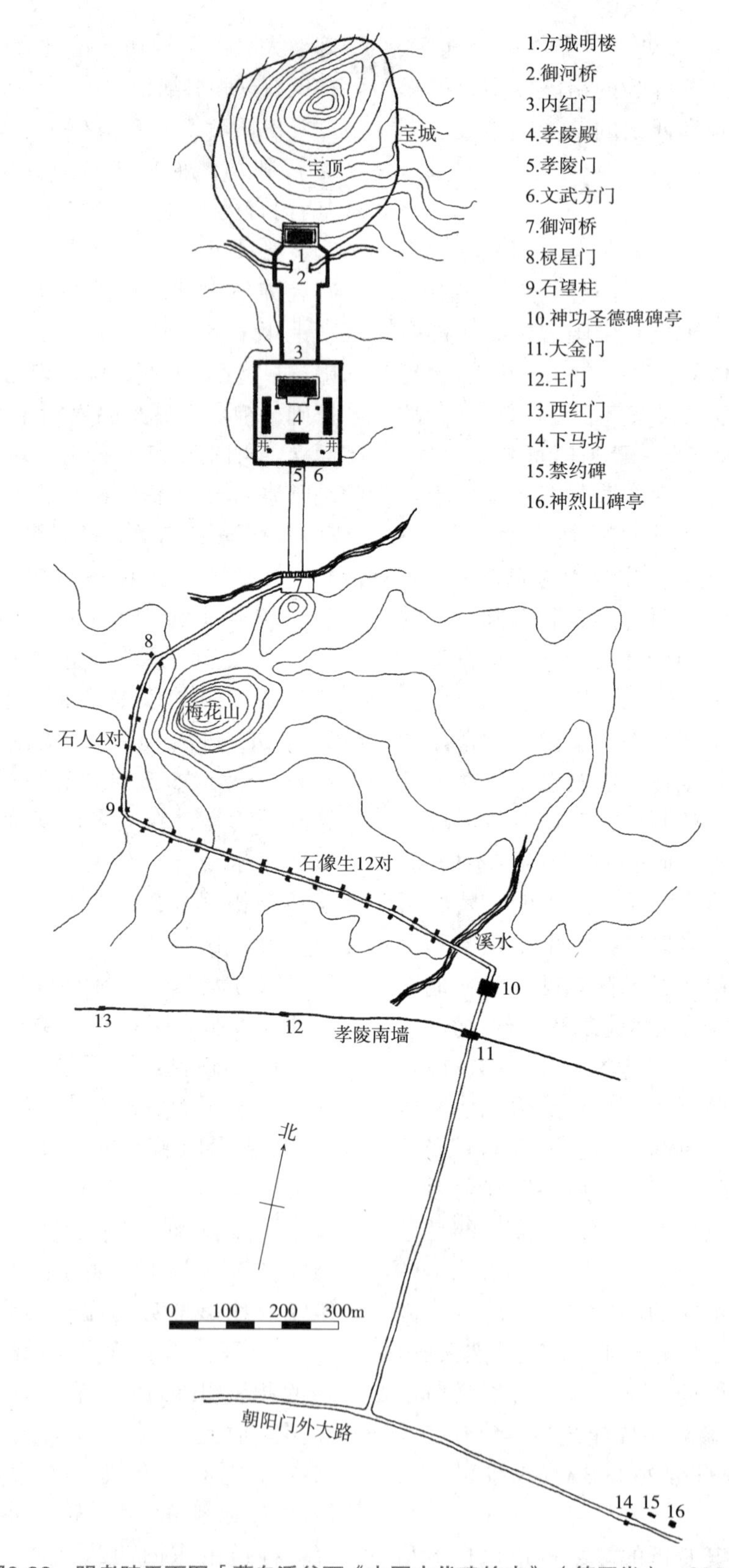

图8-26 明孝陵平面图［摹自潘谷西《中国古代建筑史》（第四卷），2001］

种 2 对，共 12 对 24 件，每种两跪两立，夹道迎侍。这段神道现俗称为石像路，全长 615 m（图 8-27）。石兽的尽头，神道折向正北，至棂星门，长 250 m。这段神道置石望柱和石人，2 根望柱呈六棱柱形，高 6.6 m，其上雕刻云龙纹。通常望柱均置于神道的最前面，而明孝陵的望柱则置于神道中间，这也是朱元璋的独特之处。石望柱之后是东西相对而立的翁仲，有武将、文臣各 2 对，共 8 尊，高各为 3.18 m。

棂星门、御河桥　神道向北 18 m 的尽头为棂星门，门已不存，仅存石柱础 6 个。从遗迹看，棂星门应是三开间的建筑。过棂星门折向东北 275 m，即到御河桥，也称金水桥。御河桥为石砌桥，原为 5 孔，现存 3 孔，桥基和河两边驳岸的石构件均是明代原物。通过御河桥向北，顺缓坡而上，便是陵寝的主体建筑。

②明孝陵寝主体建筑　自正门至崇丘，包括文武方门（即正门）、碑殿、享殿、大石桥、方城、明楼、宝顶等，筑有围墙。

文武方门　文武方门是孝陵的正门，原为 5 个门洞，3 大 2 小，中间 3 个为拱形门洞，两边 2 个为长方形门洞。庑殿顶上盖黄色琉璃瓦。清朝同治年间改建为 1 个门洞，上嵌清石门额，阴刻楷书“明孝陵”3 个字。1999 年重新进行修复，恢复了明代时大门的原貌。现为五门，黄瓦、朱门、红墙，正门上方悬挂长方形门额，竖书“文武方门”4 个鎏金大字。

碑殿　碑殿原为孝陵享殿前的中门，即孝陵门，原为 5 个门洞，后被毁。现在的碑殿是清朝时改建的，是一歇山顶，三开间，红墙小瓦建筑，南北正中各开 1 门，亭内立有 5 块碑刻。正中有 1 块大石碑，下有驮碑龟趺。其驮碑龟趺与众不同，脖子出奇地短。

享殿　碑殿之后是孝陵的主要建筑孝陵殿，即享殿。原孝陵殿已毁，尚存 3 层须弥座台基，通高 3.03 m，台基上有大型柱础 56 个。台基四角有石雕螭首，大殿前后各有 3 道踏垛，尚存 6 块浮雕云龙山水大陛石。大殿基长 57.30 m、宽 26.6 m，可见当时该建筑之宏大。原殿中供奉朱元璋及马皇后神位。现存建筑是清朝同治年间两次重建的三小间享殿。现殿内是“明孝陵史料陈列室”。殿后逾 100 m 处是大石桥，又称升仙桥。过了大石桥就到了孝陵地面建筑的最后部分方城、明楼、宝顶。

图8-27　明孝陵甬道　陈京京摄

方城、明楼、宝顶　方城是孝陵宝顶前面的一座巨大建筑，外部用大条石建成，东西长 75.26 m，南北宽 30.94 m、前高 16.25 m、后高 8.13 m，底部为须弥座。方城正中为一拱门，中通圆拱形隧道。由 54 级台阶而上出隧道，迎面便是宝顶南墙，用 13 层条石砌筑。沿方城左右两侧步道即可登上明楼。明楼在方城之上，原为重檐黄瓦大屋顶建筑，屋顶早已毁，仅存四壁砖墙，东西长 39.45 m，南北宽 18.47 m，南面开 3 个拱门，其余三面各开 1 个拱门。方城明楼以北为直径 400 m 左右的崇丘即是宝顶，也称宝城，为朱元璋和马皇后的寝宫所在地。它的四周有条石砌成的石壁，其南边石壁上刻有“此山明太祖之墓”7 个大字，宝城厚实坚固，依山势高低起伏，下砌巨石，上用明砖垒筑，厚约 1 m。

（2）明十三陵

明十三陵遗址坐落在北京西北郊昌平区境内的燕山山麓的天寿山，是明朝 13 位皇帝及后妃的集中墓葬区，是我国重要的大遗址之一，总面积约 85 km^2。这里自永乐七年（1409 年）五月始作长陵，到明朝最后一帝崇祯葬入思陵止，其间 230 多年，先后修建了 13 座皇帝陵墓、7 座妃子墓、

1 座太监墓（图 8-28）。

明十三陵是明朝迁都北京后 13 位皇帝陵墓的皇家陵寝的总称，依次建有长陵（成祖）、献陵（仁宗）、景陵（宣宗）、裕陵（英宗）、茂陵（宪宗）、泰陵（孝宗）、康陵（武宗）、永陵（世宗）、昭陵（穆宗）（图 8-29）、定陵（神宗）、庆陵（光宗）、德陵（熹宗）、思陵（思宗），故称十三陵。

十三陵是一个天然具有规格的山区，其山属太行余脉，西通居庸，北通黄花镇，南向昌平州，不仅是陵寝的屏障，也是京师的北屏障。

明十三陵，既是一个统一的整体，各陵又自成一个独立的单位，陵墓规格大同小异。每座陵墓分别建于一座山前。陵与陵之间少至 0.5 km，多至 8 km。除思陵偏在西南一隅外，其余均呈扇面形分列于长陵左右。十三陵从选址到规划设计，都十分注重陵寝建筑与大自然山川、水流和植被的和谐统一，追求形同"天造地设"的完美境界，用以体现"天人合一"的哲学观点。明十三陵作为中国古代帝陵的杰出代表，展示了中国传统文化的丰富内涵。

（3）明显陵

明显陵俗称黄陵，位于湖北省钟祥市东郊的松林山上，是明世宗嘉靖皇帝父母——朱佑杬和蒋氏的合葬墓，是我国历史上最具特色的一座帝王陵寝，为全国重点文物保护单位，与清东陵、清西陵作为明清皇家陵寝一同入选《世界文化遗产名录》。显陵始建于明正德十四年（1519 年），嘉靖四十五年（1566 年）建成，历时 47 年。显陵是王墓改帝陵而形成的一陵双冢的孤例。墓主朱佑杬生前为兴献王，藩地为湖广安陆州（今钟祥市一带），因朱佑杬生前身份，受地理因素限制死后在王府附近择吉地按藩王礼葬于钟祥市东北的松林山（嘉靖十年敕封为纯德山）；明正德十六年武宗驾崩，因其无子嗣，迎"兴献王长子朱厚熜"嗣皇帝位，年号嘉靖。后朱厚熜为自立体系，用武力平息长达 3 年的"皇考"之争，史称"大礼议"。此后嘉靖皇帝朱厚熜便将其父追尊为恭穆献皇帝，并将王墓改为帝陵，开始大规模改扩建工程，至嘉靖驾崩方停。

明十三陵以石牌坊作为入口标志，大红门内有碑亭、华表、神道柱、石像生及棂星门组成的总神道，为各陵所共用，在约 80 km^2 的范围内，每座陵各占据一片山坡。与明十三陵为陵墓群不同，明显陵不在帝陵区即可不受陵区制制约，因此成为明帝陵中单体最大的皇陵，山水结构自成体系。显陵择址主要依据中国传统风水理论。周边及陵区内山水环境特征符合风水理论，陵区以老虎山为靠山，左右山脉作为陵区两侧环护的砂山，前以天子岗为案山，中有明堂和九曲水系。陵区依托四周的山水环境，"陵制与山水相称"。陵区中轴线建一长约 290 m 弯曲如龙的神道，避免陵园建筑一览无余，而宝顶正处于龙头位置"九曲御河"由东北向西南蜿蜒而过全长近 2000 m，贯穿整个陵园，是陵区的主要排水设施。风水中忌讳河流直去无收，弯曲的河道可使流水回环有致，人们在进出陵区时多次跨过河流。御河与明朝前七陵形成区别。内外两个明堂。内明堂的修建有降低地下玄宫水位和消防的功能，文化上根据风水"藏风聚气"原理，有"龙珠"的寓意，象征帝位吉祥。

显陵平面呈"金瓶"状，围陵面积约 183 hm^2，陵园内外逻城双城封建，陵寝外围建有高 6 m，长 4730 m 的外逻城。外逻城红墙黄瓦，蜿蜒起伏于山岚之中，是我国帝王陵墓中遗存最完整的城墙孤品。建筑布局自下至上依次安排碑、门、亭、明楼和宝城，疏密有间，前低后高，具有较强秩序感。园区自新红门始，向北依次有石桥、旧红门、碑亭、石桥、石柱及石像生（10 对）、棂星门、石桥、内明塘、祾恩门、祾恩殿、内红门、二柱门、方城明楼、旧宝城、瑶台、新宝城。显陵规制是典型帝陵模式，但又有特别之处：一是双宝城；二是祾恩门前圆形水池，俗称明塘；三是自陵区东北角引一溪水入陵区内沿轴线左右弯曲蜿蜒向南，在新红门西侧出城而去，在陵区内轴线上留下 5 座石桥（图 8-30）。

双宝城呈八字形。前宝顶围城的直径 112 m，后城直径 103 m，相较明十三陵中其他宝城为小，

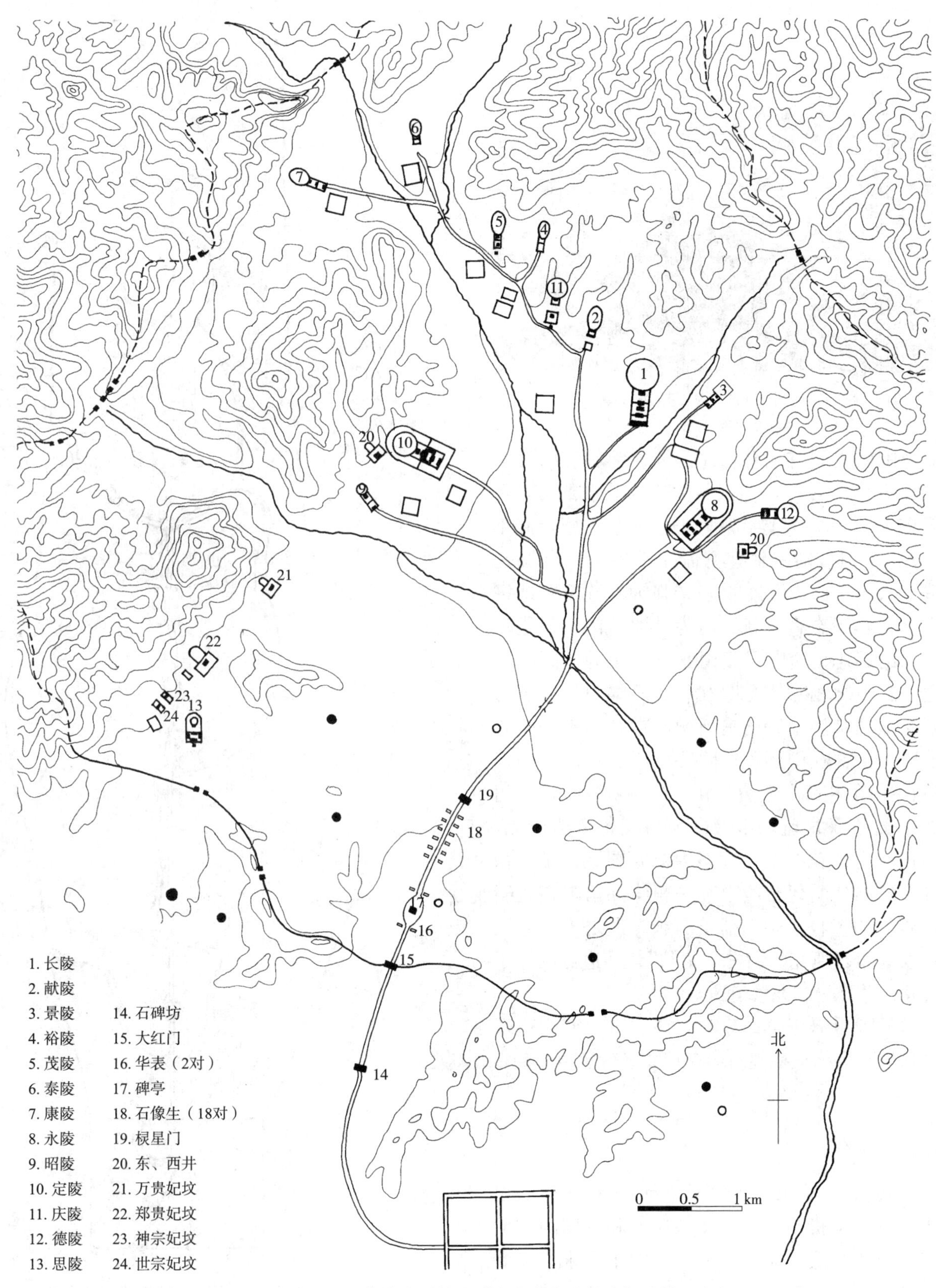

图8-28　明十三陵总平面图［摹自潘谷西《中国古代建筑史》（第四卷），2001］

图8-29　十三陵昭陵　赵文斌摄

两宝顶围城之间有瑶台相连。宝顶围城上周设堞垛，堞垛下有 99 个汉白玉石雕琢的散水龙头对着四周 99 座山头，气势壮观。旧宝城是正德十五年（1520 年）为按藩王制建兴献王墓室，后宝城是嘉靖十八年（1539 年）世宗亲临钟祥选定新址将其父母合葬于新寝。新红门为外罗城门户，是陵区入口的标志，也是显陵由王墓扩建为帝陵的标志之一。与之相对应是旧红门，旧红门是显陵为王墓时的门户。独特的是新旧两重红门不在一条中轴线上，这在中国古代陵寝中所少见，是明代“陵制与山水相称”陵寝文化的典型例证。祾恩门两侧精美的双龙琉璃影壁，为明代各帝陵所无。花心正面为琼花图案，背面为双龙图案，做工精美。显陵也是明代帝陵中唯一整体保留神路龙鳞具体做法的陵寝：中间铺筑石板，谓之“龙脊”，两侧以鹅卵石填充，谓之“龙鳞”，外边再以牙子石收束，总称为“龙鳞道”。

明显陵由藩王墓改建为帝陵，对研究明代帝陵规制与明代藩王墓规制均有较高参考价值。

8.4　总结

明代园林继宋、辽、金、元而来，显示出百花齐放的生机与活力，并在广度和深度两方面都有了新的发展。明代园林主要因承两宋，又受时代思潮的影响，显示出文人园林与市民园林的

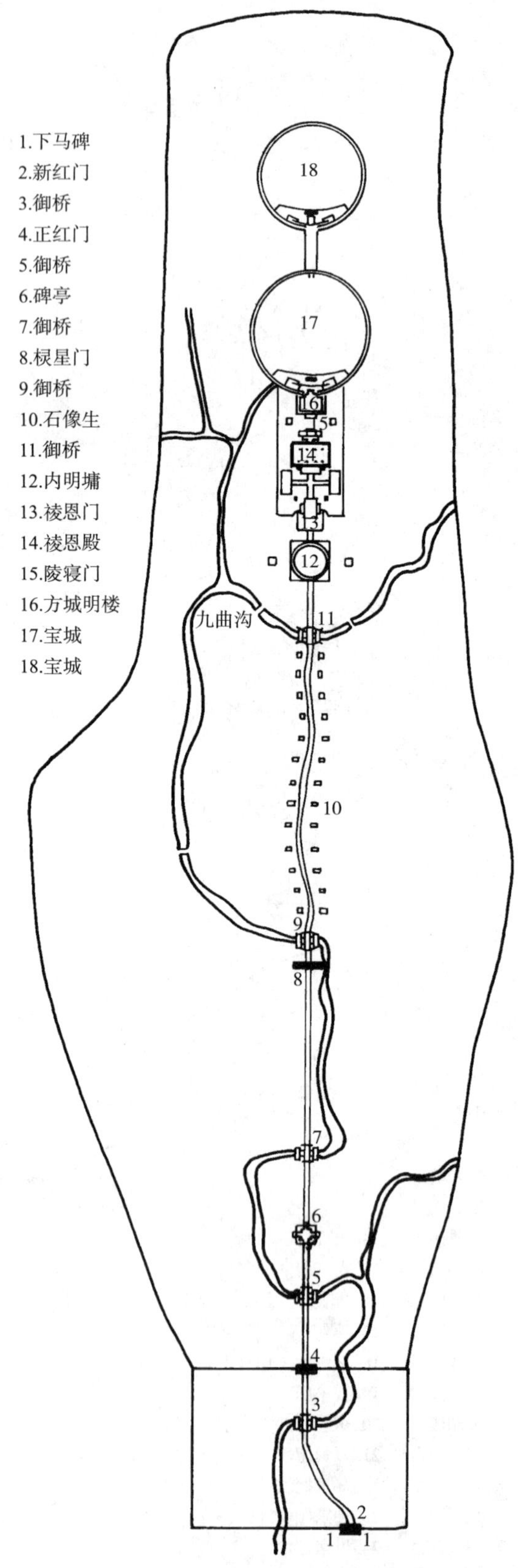

图8-30　明显陵平面图（摹自湖北省建设厅《湖北古建筑》，2005）

共同繁荣。明代文人园林继续沿着天然、雅致的审美思想发展，并且成为社会上品评园林艺术水平的标准。但另一方面，宋代始兴的工商业到明代已经高度繁荣，这带来市民文化勃兴，市民园林亦随之而兴盛起来。它也作为一种社会力量影响着园林艺术，使明代中后期的园林开始注重世俗生活。二者的并存带来了明代园林创作上雅与俗的抗衡和交融，于是又出现文人园林的多种变体。

明代园林的基本特征和主要成就可以归结为如下八点：

（1）民间造园融入生活

明代私家园林受文人园林、市民园林的双重影响，又结合各地不同的人文条件和自然条件，产生了多种地方风格的乡土园林。明代私家园林的地区分布并不均衡，一般经济发达、文人集中的地区，私家园林比较兴盛，因此形成了华北园林和江南园林两大地域类型。园林中有斋舍、藏书楼等实用建筑。明代私家园林中的活动比宋代更加丰富，如宴游、赋诗、藏书、读书、品茗、园艺等。

（2）私家园林追求旷奥

较之两宋，明代私园的规模明显缩小，由两宋的“壶中天地”发展成为“芥子须弥”。明代私家园林讲究旷奥兼备，追求天趣，境界比宋元幽奥，但比清代开阔。明代私园对疏朗开阔的追求仍然延续着宋元以来的传统，在城郊筑园的风气依然不减，城内亦有之；城郊多选天然的峰峦岗阜和水面，城内则选幽偏之地，或有湖泊、溪流、泉池可以因借之处。同时明代园林因借的自然要素也比宋元拓广了许多，除天然的山峦岗阜和水面之外，开山采石的宕口、风景优美的道路都成为造园或借景的素材。明代人在追求“旷”的同时，更着力于“奥”的塑造。与宋元相比，明代私园造景更为精细、综合、复杂，人工要素所占的比重也逐渐加重，峰峦涧谷、洞壑层台、瀑布池沼、滩渚岛屿、亭台楼阁、平桥曲径和花圃田庄等各种景观齐备。这一方面源于士大夫观察审美的深入；另一方面也与造园材料的丰富和造园技艺的提高有关。

（3）皇家园林气势宏伟

明代初年倡导节俭治国，曾制定严格的舆服制度，园林建设较少；英宗以后，造园禁令松弛，开始大兴土木，皇家园林规模重新趋于宏大，并从思想、布局到建造细节均讲究皇家气势。明代皇家园林与宋代风格迥异，这与明代强化集权有关。但这宏大之中又有许多细致入微之处，这又受明代审美观念变化的影响。同时，明代皇家园林注意吸收江南私家园林的养分，是清代南北方园林交流的开端。

（4）公共园林广泛普及

明代公共园林较宋、元更为兴盛。在某些发达地区，城市、农村聚落的公共园林已经比较普遍，并且成为城市或乡村聚落总体的有机组成部分。它们多半利用水系而加以园林化的处理，或者利用旧园废址加以改造，或者依附于工程设施的艺术构思，或者为寺观外围的园林化环境的扩大等，都具备开放性的、多功能的城市公共空间的性质。

（5）寺观园林同步发展

明代进一步三教合一，佛寺和道观也相互影响。众多寺观的建造十分注意选址，而且都能够精心地经营庭院和园林化的外围环境，很多寺观也成为山水胜迹的景点。它们不仅是宗教活动的场所，也是游览观光的对象，吸引着文人墨客经常来此聚会、投宿，一些在京郊地区的寺观偶尔充当行宫，皇帝也时有临幸驻跸。

（6）山水胜迹多样开发

明代继承并发展了已开发的山水胜迹，大多数是在已有基础上的拓展，但内容和深度比前代大为进步，规模也相应扩大。明代山水胜迹的成因是多方面的。寺观的发展是其中一个重要原因，明初虽有造园的禁令，但宗教并未受到制约，所以许多城郊山水胜迹的开发实际早于私园的复兴。其次，明代私园有许多是构筑于城郊山水清秀的地方，也因此促进风景点的开发。此外诸如书院、名人墓、水利设施、开山采石的建造，都在不同程度上带动了风景资源的开发。

（7）造园理论日臻成熟

明代园林在广泛实践的基础上提炼出实践经

验和技艺，并向系统化和理论性升华，相关著述很多，众多的文人、哲匠参与到造园和理论建设中，一时群星璀璨。其中《园冶》《一家言》《长物志》3 部著作最有代表性。计成所著《园冶》为中国历史上第一部造园专著，对于造园的实践进行了精辟的总结，具有划时代的影响力和作用。此外还有许多关于园林的议论、评论散见于文人的各种著述中，园记这种文学体裁也成为时尚。

（8）造园队伍技艺精湛

明代的园林从业人员来源广泛，他们根据各自的特长展开多层次的合作，形成梯队。这在明代中后期的江南最为明显。一方面，叠山工匠提高文人素养而成为造园家；另一方面，文人画士掌握造园技术而成为造园家。前者为工匠的“文人化”，后者为文人的“工匠化”。两种造园家合流，再与文人和一般工匠相结合而构成“梯队”。这种情况来源于当时江南地区特殊的经济、社会和文化背景，以及频繁的造园活动，也反过来促进了造园活动的普及。它标志着江南园林的发达兴旺，其影响更是遍及全国各地。

思考题

1. 简述明代江南文人园林的主要特征。
2. 与明代西苑相比，清代西苑有哪些变化？
3. 试绘影园平面设想图。

参考文献

（明）葛寅亮，金陵梵刹志 [M]. 南京：南京出版社，2011.

（明）归庄，归庄集 [M]. 北京：中华书局，1962.

（明）蒋一葵，长安客话 [M]. 北京：北京古籍出版社，1982.

（明）刘侗，于奕正，帝京景物略 [M]. 北京：北京古籍出版社，1982.

（明）王世贞，弇州四部稿・续稿 [M]. 上海：上海古籍出版社，1993.

（明）张岱，陶庵梦忆 [M]. 上海：上海古籍出版社，2001.

（明）朱国桢，涌幢小品 [M]. 上海：上海古籍出版社，2012.

（清）黄裳，来燕榭书跋 [M]. 上海：上海古籍出版社，1991.

（清）汪琬，尧峰文钞 [M]. 北京：商务印书馆，1929.

（清）张廷玉，等，明史 [M]. 北京：中华书局，1974.

（元）熊梦祥，析津志辑佚 [M]. 北京：北京古籍出版社，1983.

白钢，中国政治制度史 [M]. 天津：天津人民出版社，2002.

北海景山公园管理处，北海景山公园志 [M]. 北京：中国林业出版社，2002.

曹林娣，园庭信步——中国古典园林文化解读 [M]. 北京：中国建筑工业出版社，2011.

陈从周，蒋启霆，园综 [M]. 上海：同济大学出版社，2004.

杜石然，中国科学技术史・通史卷 [M]. 北京：科学出版社，2003.

傅衣凌，明史新编 [M]. 北京：人民出版社，1993.

顾凯，明代江南园林研究 [M]. 南京：东南大学出版社，2010.

郭明友，明代苏州园林史 [M]. 北京：中国建筑工业出版社，2013.

寒星，蕊心，三论宗祖庭南京栖霞寺 [J]. 法音，1998（05）.

贾珺，北京什刹海地区寺庙园林与公共园林历史景象概说 [C]. 第四届中国建筑史学国际研讨会论文集 .

贾珺，北京私家园林志 [M]. 北京：清华大学出版社，2009.

贾珺，明代北京勺园续考 [J]. 中国园林，2009（04）.

翦伯赞，中国史纲要 [M]. 北京：人民出版社，1983.

景山公园管理处，景山 [M]. 北京：文物出版社，2008.

林源，冯珊珊，苏州艺圃营建考 [J]. 中国园林，2013（05）.

林源，王石谷《艺圃图》、汪琬“艺圃二记”与苏州艺圃 [J]. 建筑师，2013（06）.

刘鸿武，慈宁宫的肇建与历史沿革 [C]. 中国紫禁城学会论文集，2007.

梅静，明清苏州园林基址规模变化及其与城市变迁之关系研究 [D]. 北京：清华大学，2009.

潘谷西，中国古代建筑史 [M]. 第四卷 . 北京：中国建筑工业出版社，2009.

石秀明，苏州清代惠荫园修复方案的探讨 [J]. 中国园林，2003（10）.

汤纲，南炳文，明史 [M]. 上海：上海人民出版社，2003.

唐堃，浅析王氏拙政园 [D]. 北京：北京林业大学，2010.
汪菊渊，中国古代园林史 [M]. 北京：中国建筑工业出版社，2006.
王稼句，苏州山水 [M]. 苏州：苏州大学出版社，2007.
王稼句，苏州园林历代文钞 [M]. 上海：上海三联书店，2008.
王謇，宋平江城坊考 [M]. 南京：凤凰出版社，1999.
王世仁，"勺园修禊图"中所见的一些中国庭园布置手法 [J]. 文物参考资料，1957（06）.
王毓铨，中国经济通史·明代经济卷 [M]. 北京：中国社会科学出版社，2007.
韦秀玉，文徵明《拙政园三十一景图》的综合研究 [D]. 武汉：华中师范大学，2014.
魏嘉瓒，苏州古典园林史 [M]. 上海：上海三联书店，2005.
吴宗国，中国古代官僚政治制度研究 [M]. 北京：北京大学出版社，2004.
徐玫，金陵梵刹志与明代南京寺院 [D]. 南京：东南大学，2006.
杨晓春，南京鸡鸣寺现存明碑《重修鸡鸣禅寺记》探析 [J]. 东南文化，2013（05）.
衣学领，王稼句，苏州山水名胜历代文钞 [M]. 上海：上海三联书店，2008.
阴法鲁，等，中国古代文化史 [M]. 北京：北京大学出版社，2008.
袁行霈，中国文学史 [M]. 第四卷 . 北京：高等教育出版社，2014.
张岂之，中国思想史 [M]. 西安：西北大学出版社，1989.
赵所生，薛正兴，中国历代书院志 [M]. 南京：江苏教育出版社，1995.
赵熙春，明代园林研究 [D]. 天津：天津大学，2003.
郑连章，万岁山的设置与紫禁城位置考 [J]. 故宫博物院院刊，1990（03）.
中山公园管理处，中山公园志 [M]. 北京：中国林业出版社，2002.
周维权，中国古典园林史 [M]. 2 版 . 北京：清华大学出版社，1999.
周维权，中国名山风景区 [M]. 北京：清华大学出版社，1996.

第9章 清代园林

清朝是满族为主体建立的王朝，社会经济达到新的高度。清代文化是汉族文化与满族、蒙古族等少数民族文化交流融合的产物。清代的园林是在继承明代园林文化精华基础上的提升，以皇家园林和私家园林为代表的清代园林文化达到了中国园林文化的辉煌时期。正是：

曙风遥望赤城起，轩皇置乐开云纪：
长河一去三千载，华夏流光园亭里。
甘泉秦陇巅，竹箭淇水涘。
汉武剪天河，谢公鸣屐齿。
帝乡云深隐林泉，逸民学圃在朝市。
陟嵩登岳青云友，济海濯湖鸱夷子。
山色有无阴晴中，水声如琴自悦耳。
万物光辉入怀袖，太华移来如稊米。
古道几度见春归，名园长流桑田水。
仙棋一局风声寂，须臾变换人间世。
东君著意花先发，芳园九州相迤逦。
蓬台来往寻常事，海志山经非外史。
知我诸生多有志，三春年华爱青纸。
不辞抛砖引荆璞，书田历历持黛耜。
曲有尽，歌未已，
惟冀天工斫杞梓，古调新翻灿如绮。

9.1 历史文化背景

清朝（1644—1911），是中国历史上最后一个专制主义中央集权王朝，也是中国历史上第二个由少数民族建立的全国性政权。从顺治元年（1644年）清军入关到1912年中华民国建立，清朝对全国统治长达268年。入关之前，为清太祖（年号天命）和清太宗（年号天聪、崇德）统治时期。入关之后，共有10位皇帝，其年号依次为顺治、康熙、雍正、乾隆、嘉庆、道光、咸丰、同治、光绪、宣统。清朝鼎盛时期，其疆域东到大海（包括台湾、澎湖列岛、钓鱼岛、赤尾屿等），西至巴尔喀什湖，南达南沙群岛，北至唐努乌梁海，东北至黑龙江以北的外兴安岭和库页岛。

后金是清朝的前身，由明属建州女真首领努尔哈赤于万历四十四年（1616年）建立，国号大金，史称后金，年号为天命，定都于赫图阿拉（今辽宁省新宾满族自治县西老城），后尊称为兴京。天命六年（1621年），后金迁都于辽阳（今辽宁省辽阳市），后尊称东京。天命十年（1625年），再由辽阳迁都沈阳（今辽宁省沈阳市），后尊称盛京。同年，皇太极即位，尊称天聪汗，改年号为天聪。天聪十年（1636年）皇太极改国号为大清，改年号为崇德，并改族名女真为满洲。崇德八年（1643年），福临即位，改年号为顺治。明崇祯十七年（1644年），李自成起义军攻占北京，明朝灭亡。明朝残余势力在南方建立弘光、隆武、鲁王监国、绍武、永历等南明政权。顺治元年（1644年），摄政王多尔衮统兵入山海关，进占北京。此后，清朝先后消灭大顺、大西等农民起义军及南明政权。顺治十六年（1659年），南明永历帝朱由榔逃亡缅甸，清朝的全国统治秩序基本建立。

顺治十八年（1661年），玄烨即位，改年号康熙，习称康熙帝。康熙六年（1667 年），玄烨亲政，逐步清除鳌拜势力集团，平定三藩，统一台湾，打击蒙古准噶尔部分裂势力，实现了国家的基本统一，清朝由此步入“康乾盛世”时期。乾隆朝后期，清朝历史逐步进入衰落与灭亡的进程，社会矛盾日趋尖锐，反清起义频发。道光二十年（1840 年），中英鸦片战争爆发，开启了中国近代史的序幕。宣统三年（1911 年），武昌起义爆发，各省纷纷宣布独立。1912 年 2 月，宣统帝退位，清朝历史由此结束。

清朝重视解决边疆民族问题的治理，根据各民族风俗、宗教等情况的差异，因地制宜加以管理。在东北地区，设置盛京、吉林、黑龙江 3 个将军辖区。对内蒙古地区，清政府通过满蒙联姻笼络蒙古族上层，宣扬“满蒙一体”，建立盟旗制度，使蒙古族成为清政府统治全国的一支重要军事力量和清帝国北部疆域不设防的屏障。对于西藏地区，清朝制定《钦定西藏章程》，设置驻藏大臣作为中央政府派驻西藏地方的行政长官，会同达赖监理西藏地方事务，有效加强了中央政府对西藏地方的管理。清朝平定了蒙古准噶尔部叛乱和回部大小和卓叛乱，设置乌里雅苏台和伊犁两个将军辖区，并对伯克制加以调整，实现了新疆天山南北的统一。清朝通过“改土归流”的政策对西南地区的土司制度进行调整，改设非世袭的流官管理西南地区。

政治制度　清朝的专制主义中央集权政治体制达到了空前严密的程度，基本上革除了朋党、外戚、宦官、军阀割据等影响中央集权的不利因素。清朝在沿袭明朝政治制度基本框架的基础上，建立奏折制度，制定秘密立储制度，创设军机处，新设理藩院，构建了较为有效的军政运行机制。

社会经济　清初中前期实行兴修河工、奖励垦荒、蠲免赋税的一系列有效措施，使得内地和边疆的社会经济均有所进步，出现了“康乾盛世”的局面。在农业方面，全国耕地面积极大扩展，农业生产技术有所进步，红薯、玉米、花生等农作物得到更大范围的推广。以纺织业、陶瓷业、矿冶业为代表的传统手工业也达到了中国古代经济史上的最高水平。经济的繁荣，催生了北京、南京、扬州、苏州、杭州等大城市及景德镇、佛山、汉口、朱仙镇等市镇。清朝的人口数量达到中国古代历史的高峰。明代末年的全国人口数量仅为 1.5 亿，到了咸丰元年，全国人口数量超过 4 亿。

思想文化　清代初年虽然出现了黄宗羲、顾炎武、王夫之、颜元、唐甄为代表的启蒙思想家，但受到思想高压政策的禁锢，未能发展壮大，形成更广泛的影响。通过文字狱，清朝政府对思想文化实现了严厉的控制。清朝思想文化最突出的特征是乾嘉学派。以阎若璩、胡渭、惠栋、戴震、江永为代表的学者，崇尚考据，固然在音韵训诂、史籍辨伪等领域取得前无古人的贡献，但在思想领域却鲜有贡献。

清朝在书籍编纂和古籍整理方面取得较大成就，完成了卷帙浩繁的《古今图书集成》和《四库全书》，修撰了“清三通”、《康熙字典》《渊鉴类函》《数理精蕴》《佩文韵府》等重要著作。在史学领域，官修《明史》体例严谨，在质量和规模上位居“二十四史”前列。顾炎武的《天下郡国利病书》、顾祖禹的《读史方舆纪要》、章学诚的《文史通义》据具有较高的史学成就。以王鸣盛的《十七史商榷》、钱大昕的《廿二史考异》和赵翼的《廿二史札记》为代表的乾嘉考据史学达到了时代的巅峰。

文学艺术　清朝的文学艺术发展受到阶级矛盾和民族关系的深刻影响，出现了屈大均、归庄、钱谦益、吴伟业等著名的文学家。洪昇的《长生殿》和孔尚任的《桃花扇》代表了清代戏剧艺术在思想性和艺术性上的新高度。以方苞、刘大櫆、姚鼐为代表的桐城派倡导古文运动，重振唐宋文风。此外，沈德潜的格调说、翁方纲的肌理说、袁枚的性灵说在中国文学史上也具有重要理论创新。清代文学的最突出贡献体现在小说创作上。蒲松龄的《聊斋志异》、吴敬梓的《儒林外史》和曹雪芹的《红楼梦》均具有较高的艺术成就。乾隆时期，四大徽班进京，促进了京剧艺术的形成与发展。

清朝的书画艺术成就斐然，流派纷呈。清初

的画坛有既有注重仿古的正统画家"四王恽吴"（即王时敏、王翚、王鉴、王原祁和恽寿平、吴历），又有"清初四僧"（即弘仁、髡残、石涛、八大山人）为代表的富有创新精神的画家。清朝中期的"扬州八怪"（即汪士慎、黄慎、金农、高翔、李鱓、郑燮、李方膺、罗聘），师法自然，风致高逸，随意挥洒，不拘一格，极富情趣。以意大利人郎世宁为代表的西方画家，在融汇中西画法方面取得了具有特色的成就。

科学技术　清代科技发展水平在整体上落后同时期的西方国家。不过，在天文学、数学、地理学等方面也取得一定成就，出现了王锡阐、梅文鼎、王清任等著名的科学家。康乾时期，由雷孝思、杜德美等外国传教士和何国宗、明安图等中国学者参与的全国总图测绘，具有较高的科技水平。在建筑学领域，梁九、雷发达等工匠具有较高的传统建筑技艺。蒋友仁、王致诚等人也将西方建筑科技应用到圆明园建设之中。

对外关系　清朝建立之初即面临着外来势力的入侵。荷兰强占台湾，郑成功驱逐荷兰侵略势力，收回台湾。康熙朝在台湾开府驻军，纳入版图。沙俄侵略势力扩张到黑龙江流域。康熙朝发生了中俄雅克萨之战。战后签订的《尼布楚条约》划定了中俄两国的东段边界。雍正朝签订的《布连斯奇条约》划定了中俄中段边界线。康熙帝采取比较开放的对外政策，重用耶稣会传教士。雍正朝之后，则转而禁止传教，驱逐外国教士。乾嘉时期，英国派遣马戛尔尼使团、阿美士德使团来华，妄图扩大通商范围，派驻常驻外交使节。上述要求均被清政府拒绝。由此，中英两国在政治、经济上的冲突日益尖锐，终于爆发道光二十年（1840年）的鸦片战争，揭开了西方列强武装侵略中国的序幕。中国历史由此迈入近代史。

9.2　清代主要城市格局与园林

9.2.1　北京

清朝仍建都北京，基本沿用明朝的城市整体布局，但局部有更改和新建（图9-1）。清初由于火灾及地震，宫殿颇多毁坏，在康熙时重修。现存故宫的宫殿建筑大都是当时重建以及康熙以后新建的。清北京的城市范围、宫城及干道系统均未更动，唯居住地段有改变，如将内城一般居民迁至外城，内城各门驻守八旗兵并设营房。内城建有许多王亲贵族的府邸，并占有很大的面积，屋宇宏丽，大都有庭园。

清朝自康熙，尤其是雍正、乾隆以后，在西北郊风景优美地带兴建离宫别苑，如静明园、静宜园、圆明园、长春园、万春园、清漪园等。康熙时在京城以外的承德修建避暑山庄，作为行宫。清朝皇帝很少居住宫城中，多在行宫、离宫居住理朝政。皇亲贵族为便于上朝，府邸多建在西城。这就使政治生活转移至西城。

明末北京城市人口已近100万，清代城市人口继续增加，超过了100万人。

9.2.2　苏州

清代苏州城虽不断遭到破坏，但又经常加以修理，并无大的改变。此时的城门，除青门无水门外，葑、娄、齐、阊、盘五门皆有水门。太平天国军队攻占苏州时，曾将月城拆除，后来清廷又将葑、娄、齐、青、阊五门的月城恢复（图9-2、图9-3）。

清代苏州工商业高度发达。清乾隆二十四年（1759年），擅长人物、花鸟草虫的苏州籍宫廷画家徐扬用了24年时间创作了一幅名为《盛世滋生图》（又称《姑苏繁华图》），以长卷形式和散点透视技法，反映当时苏州"商贾辐辏，百货骈阗"的市井风情。画面自灵岩山起，由木渎镇东行，过横山，渡石湖，历上方山，介狮、何两山间，苏州郡城、经盘、胥、阊三门，穿山塘街，至虎丘山止。长卷自西向东，由乡入城，重点描绘了一村（山前）、一镇（苏州）、一街（山塘）的景物，画笔所至，连绵数十里内的湖光山色、水乡田园、村镇城池、社会风情跃然纸上。此画原藏清宫御书房，著录于《石渠宝笈续编》中。

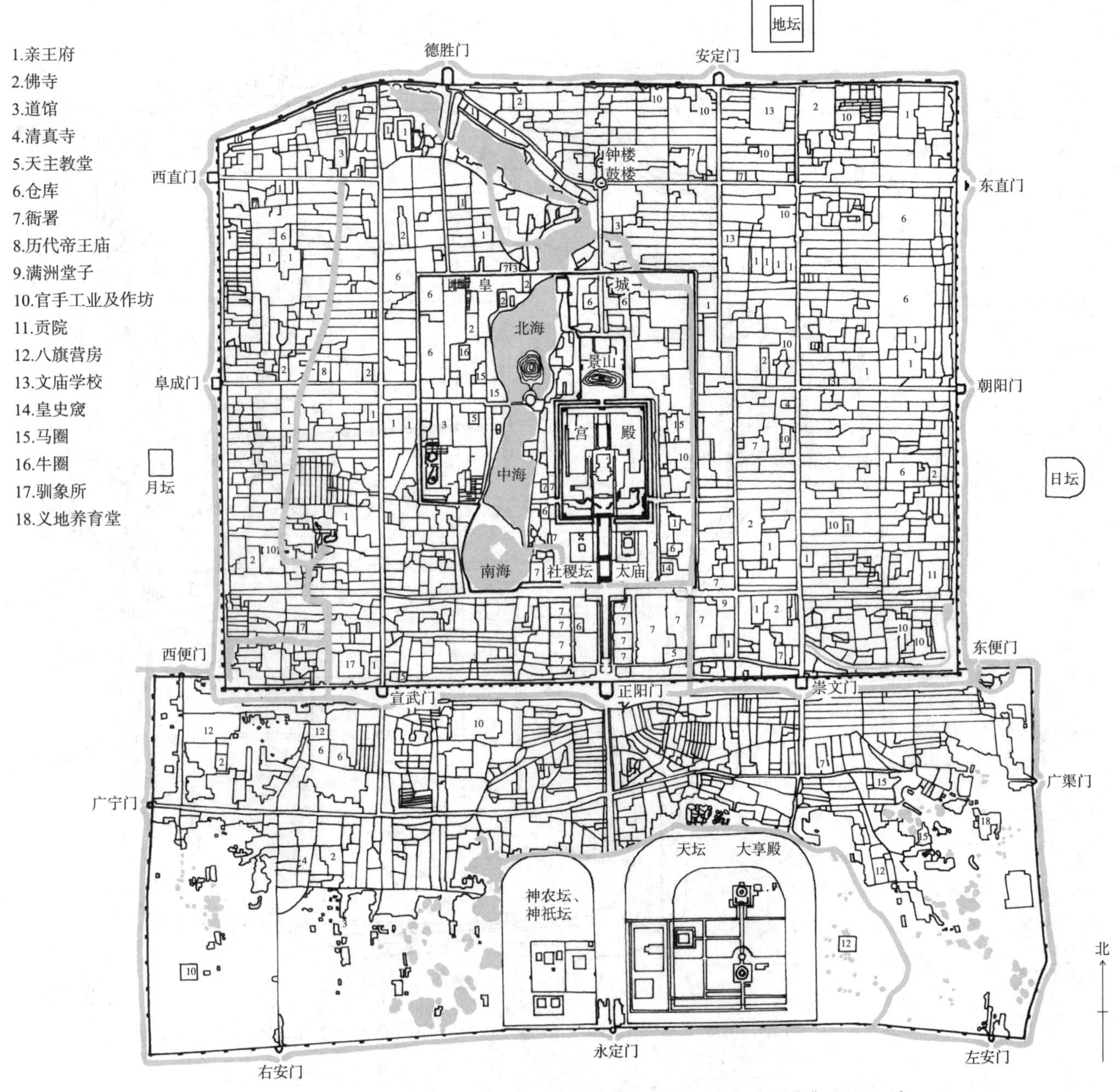

图9-1　清代北京城平面图（摹自董鉴泓《中国城市建设史》，2004）

9.2.3　杭州

杭州清代仍称杭州府，为浙江行省省会。清代杭州城墙沿袭明城墙，范围界限没有变化，只是对城墙作过多次维修。杭州城市区域布局的一大变化就是城中筑城，即在湖滨圈地建旗营，俗称“满城”（图 9-4）。

顺治二年（1645 年），清军南下杭州，遭到当地百姓的反抗，张苍水的义军就是其中之一。清军占领杭州后，清政府以“江海重地，不可无重兵驻防，以资弹压”为由，派兵驻防杭州。顺治五年（1648 年），清廷决定在杭城西部圈占仁和、钱塘县地，兴建清兵驻防营，顺治七年（1650 年）时竣工，几年后又向外扩展过一次。因周有城垣，形成城内之城，时称满城、满营或旗（下）营。旗营范围东至今岳王路、惠兴路、青年路一线，西至今湖滨路，南至今开元路，北至今庆春路，周围 9 里（也有说 10 里），占地逾 1430 亩。

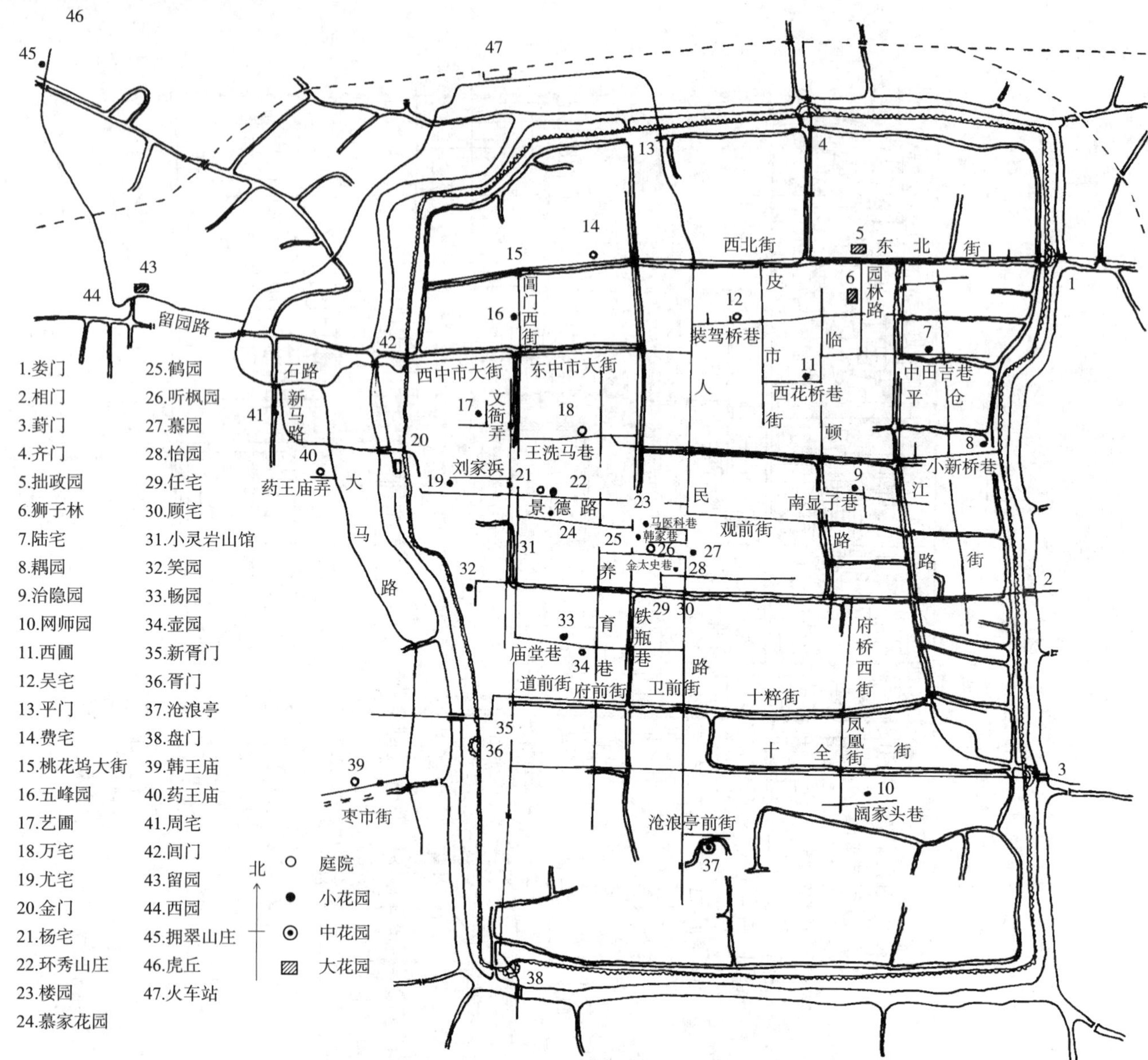

图9-2 苏州城内现存主要宅园位置图［摹自周维权《中国古典园林史》（第2版），1999］

图9-3 清代徐扬《姑苏繁华图》局部 现藏辽宁省博物馆

图9-4　杭州满城图［摹自孙大章《中国古代建筑史》（第五卷），2009］

建造旗营时，圈地区域内的居民强令迁出。旗营筑有城墙，以石为基，以砖砌之，高1丈9尺，厚1丈，十分坚固，城上置炮，炮口威镇西湖水面，并震慑城内百姓。旗营设有延龄、迎紫、平海、拱宸、承乾5座城门，还有3座水门，分别在将军桥东、束缚桥西、盐桥北，均通舟筏。城门入晚关闭，百姓不得进出。旗营内驻有满汉军兵三千多人，设有众多衙署。

清代建立旗营的根本目的是镇压各种不安定因素，维护清政府统治。虽然名义上它是一座军营，但也对地方行政具有相当大的影响。从道路系统来看，环内城城墙修建了环城路，沿浣纱河两侧呈"Y"字状路网格局。从空间布局来看，行政机构主要位于满城南部（如都统署、将军署），寺庙则散落于内部，粮仓位于满城北部，满城的修建使得杭州城市的政治中心向北移动。满城的建造也隔断了西湖与杭城，从此人们游西湖必须绕过旗营，由涌金门出入。辛亥革命后，民国政府拆除旗营城垣，开辟为新市场，并修建马路。

雍正二年（1724年）、嘉庆五年（1800年），浙江总督李卫、巡抚阮元先后两次疏浚西湖，挖起大量葑泥，使湖水加深数尺。清代杭州人口持续增加。光绪九年（1883年），杭州有62万余人。

清代杭州私家园林鳞次栉比。所谓"承平时，士大夫于湖上筑别业供游赏者，不可殚纪。如徐文穆清风草庐、翁萝轩白雪山房、孙景高宝石山庄、陶篁村泊鸥山庄、钱叔美野鸥庄、朱彦甫长丰山馆、黄霁青小竹林、潘红椽怡绿庄、汪小米水北楼、钱秋岘绿杨村舍、王安伯小辋川。"虽咸丰时诸园毁于战乱，光绪间复有园亭重建，"有且住轩、小仇池室、藏山阁、鸥渡、田田榭、听雪、荦确亭诸额，室宇精絜，朴素无华，骚人墨客每乐宴游于此。"

9.2.4 扬州

清代扬州城市格局变化很小，但因为扬州盐业的发展，新旧城的差异变得非常明显。旧城多儒士，新城多商贾。两城在街巷格局、建筑风格、生活习惯、居民职业诸方面均有明显差异。旧城房屋一般比较低矮朴素，与新城的大宅深院迥然不同。新城比较喧闹，算盘声、歌吹声不绝于耳；旧城则比较幽静。对于新旧二城的区别，清初何嘉埏有《扬州竹枝词》："半是新城半旧城，旧城寥落少人行。移来埂子中间住，北贾南商尽识名。"

康乾南巡期间，两淮盐商积极出资出力，主动在扬州修建行宫、园林及各类游赏建筑，并蓄养戏班，组织各种娱乐活动，以供帝王赏幸。他们是南巡差务经费的重要承担者。至乾隆南巡期间，扬州城市面貌已发生显著变化，园亭遍布南巡经过的地区，扬州的城市景观与文娱活动达到极盛。盐商通过出资营建园林得到了帝王的嘉赏，巩固了自己商业地位，也提升了自己的社会地位。

在这一背景下，清代扬州园林的数量几与苏州抗衡。康熙年间，扬州园林已经从城内逐渐发展到城外西北郊保障河带的河湖风景地。在这一带陆续有许多别墅园建成。著名的如保障河南岸莲性寺东的东园，保障河北小金山后的卞氏园和员氏园，保障河大虹桥西岸的冶春园，旧城北门外保障河尾闾问月桥西的王洗马园，保障河转北折向平山堂一段水道西岸的筱园等。乾隆时期，是扬州园林的黄金时代。城区的园林遍布街巷，绝大多数在新城的商业区。乾隆以后，迭经多次毁坏、重建、新建，至今尚完整保存着的约有20余座，其中比较有代表性的当推片石山房、个园、寄啸山庄、小盘谷、余园、怡庐、蔚圃等。乾隆时期的扬州，西北郊保障湖一带，别墅园林尤为兴盛，鳞次栉比，罗列两岸。从城东北约3里许的竹西芳径起始，沿着漕河向西经保障河折而北，再经新开凿通的莲花埂新河一直延伸到蜀岗大明寺的西园；另由大虹桥南向，延伸到城南古渡桥附近的九峰园；大大小小共有园林60余座。特别是从北城门外的起直到蜀岗脚下平山堂坞这一段尤为密集，沿保障湖"两岸花柳全依水，一路楼台直到山"。园林一座紧邻着一座，它们之间几无尺寸隙地。这就是历史上著名的、长达十余千米的瘦西湖带状园林集群（图9-5）。

图9-5 清代扬州园林位置示意图［摹自周维权《中国古典园林史》（第2版），1999］

9.3 清代园林的辉煌

9.3.1 皇家园林

（1）西苑

清代西苑基本沿袭了明代西苑的山水格局。但乾隆年间，皇城范围内的居民逐渐增多，三海以西原属西苑的大片地段上，这时已完全被衙署、府邸、民宅占用。因而西苑的范围不得不收缩到三海西岸，仅保留了沿岸的一条狭长地带，并且加筑了宫墙。西苑的面积缩小了，水面占去2/3。北海与中海之间亦加筑宫墙，西苑更明确地划分为北海、中海、南海3个相对独立的苑林区。而太液池中的三仙山，仍然是琼华岛、团城和南台，只是南台在康熙时改建后更名“瀛台”（图9-6、图9-7）。

与此同时，西苑的每一区域都有较大的改建和增建。顺治八年（1651年），清世祖毁琼华岛南坡诸殿宇改建为佛寺永安寺，并在山顶广寒殿旧址建喇嘛塔小白塔，琼华岛因而又名白塔山。康熙时，对北海沿岸、中海东岸和南台（即瀛台）作了一些改建；同时在南海的北堤上加筑宫墙，把南海分隔为一个相对独立的宫苑区。乾隆时，北海大事修筑。除了增建白塔山四面的许多楼阁亭台外，又重修或增修了东岸的濠濮间、画舫斋，东北角的蚕台，北岸的静心斋、阐福寺等殿宇。

今西苑三海仍然相对独立，其中北海对外开放。下面重点介绍北海。

北海南岸以金鳌玉蝀桥—团城为界。团城之东，经桑园门进入北海。团城基本延续了明代的样子。“金鳌玉蝀之东有崇台，即台址为团城。两掖有门，东为昭景，西为衍祥，中为承光殿。”团城之上，在承光殿的南面建石亭，内置元代的玉瓮“渎山大御海”。此瓮可贮酒三十余石，原置万岁山广寒殿内，元末流失，乾隆以千金购得于西华门外的真武庙中。承光殿之后为敬跻堂，堂东为古籁堂、朵云亭，堂西为余清斋、沁香亭，堂后为镜澜亭。

团城与琼华岛之间是跨水的堆云积翠桥，桥南端与团城的中轴线对位，但桥北端则偏离琼华岛的中轴线少许。为了弥补这一缺陷，乾隆八年（1743年）改建新桥成折线形，桥北端及堆云坊均往东移。

北海之南的琼华岛，在清代全面重建，其东南西北四面，依地形而不同（图9-8）。

琼华岛南坡的永安寺，是一座布局严谨的山地佛寺。山门位于南坡之麓，其后为法轮殿。殿后拾级而上，平台左右二亭。倚山叠石为洞，太湖石相传为金代移自艮岳者。再拾级而登临太平台，院落一进，正殿普安殿，前殿正觉殿，左右二配殿。普安殿后石磴道之上为善因殿，殿后即山顶之小白塔。自山门至白塔，构成南坡明显的中轴线。普安殿之西为一进小院落，正厅静憩轩。再西为一进较大的院落，前殿悦心殿，后殿庆霄楼，楼后为撷秀亭。悦心殿前出宽敞的月台，视野开阔，可俯瞰琼华岛以南之三海全景。乾隆每年冬天待奉皇太后在此观赏西苑雪景和湖上冰嬉。

西坡地势陡峭，建筑物的布置依山就势，配以局部的叠石而显示其高下错落的变化趣味。主要的一组建筑群居中，后殿甘露殿，前殿琳光殿与临水码头三者构成相互的对位关系。琳光殿之南为一房山和蟠青室，两座小厅呈曲尺形建于平台上，以爬山廊通达庆霄楼。一房山厅内原有叠石假山小品一组故名、平台南临一湾清池，清池连通于北海，其间跨曲尺形的小石拱桥，形成一处幽静的小型水景区。琳光殿以北为两层的阅古楼25间，左右围抱相合，楼内庋藏三希堂法帖刻石；琼华岛西坡的建筑体量比较小，强调高下曲折之趣。

北坡又与南坡、西坡迥异。北坡的地势下缓上陡，因而这里的建筑亦按地形特点分为上下两部分。上部的坡地大部分是用人工叠石构成的地貌起伏变化，模拟出崖、岫、岗、嶂、壑、谷、洞、穴的丰富形象，是旷奥兼备的山地景观的缩影。其中石洞曲折蜿蜒，洞的走向又与建筑相配合，忽开忽合，时隐时现，饶富趣味，深具匠心。这部分坡地上建筑物的体量最小，比较隐蔽，而且分散为许多群组，各抱地势随宜布置。北坡下部之平地上，临水建两层之弧形廊延楼，西起分凉阁东至倚晴楼，长达 60 间。乾隆形容它“南瞻牵堵，北俯沧波，颇具金山江天之概”，可见意在模拟镇江北固山的“江天一揽”之景。

东坡以植物为主，建筑比重最小。自永安寺山门之东起，一条密林山道纵贯南北，松柏浓荫蔽日，颇富山林野趣。东坡的主要建筑物是建在半圆形高台“半月城”上的智珠殿，坐西朝东。它与其后的小白塔、其前的牌楼波若坊和三孔石桥构成一条不太明显的中轴线。从半月城上可远眺北海东岸、钟鼓楼及景山之借景。南面有小亭名慧日亭，北面为见春亭一组园子及“琼岛春阴”碑。

乾隆皇帝对于琼华岛的重建非常得意，为此作记 5 篇，并刻石立碑。乾隆三十九年（1774 年），乾隆皇帝作《白塔山总记》，立碑于琼华岛南坡引胜亭；又作《塔山南面记》《塔山西面记》《塔山北面记》《塔山东面记》，立碑于琼华岛南坡涤霭亭。他在《塔山西面记》中，对造园艺术作了如下精辟的论述。

《塔山西面记》云：

“室之有高下，犹山之有曲折，水之有波澜。故水无波澜不致清，山无曲折不致灵，室无高下不致情。然室不能自为高下，故因山以构室者，其趣恒佳。”

北海东岸，原凝和殿已废，藏舟浦改建为大船坞。来自什刹海之水在西苑的东北角上汇为小池，自此处再分为两支：一支西流汇入北海；另一支沿着东宫墙南流，在陟山门之北折而东南流入筒子河。乾隆二十年（1755 年），利用这一支水系沿东宫墙建成一个相对独立的区域。水系南端筑土为山，山上建云岫、崇椒二室以爬山廊串联，而后进入以水池为主体的园子濠濮间，水池用青石驳岸，纵跨九曲石平桥。桥南水榭，桥北石坊，水榭连接于其南的爬山廊。石坊以北，平地筑土山如岗坞丘陵状，树木蓊郁，道路蜿蜒其中。过小丘，即进入画舫斋。这是一组多进院落的建筑群，也是皇帝读书的地方（图 9-6、图 9-7）。

画舫斋是一个富于变化之趣的园中园。前院春雨林塘，院内土山仿佛丘陵余脉未断，山上绿竹猗猗。循曲径过穿堂进入正院，正厅为前轩后厦的画舫斋。斋前临方形水庭，斋后的小庭院土山曲径，竹石玲珑。东北隔水廊为一小巧精致的跨院古柯庭，曲廊回抱，粉墙漏窗，具有江南小庭园的情调。庭前古槐一株，相传为唐代物。这个景区的四部分自南而北依次构成山、水、丘陵、建筑的序列。游人先登山，然后临水渡桥，进入岗坞回环的丘陵，到达建筑围合的宽敞水庭，最后进入古柯庭。

画舫斋之北，有皇后嫔妃养蚕、祭蚕神的先蚕坛，建成于乾隆七年（1742 年）。宫墙周长 160 丈，正门设在南墙偏西。先蚕坛内有方形的蚕坛、桑树园，以及养蚕房、浴蚕池、先蚕神殿、神厨、神库、蚕署等建筑。

北海北岸新建和改建的共有 6 组建筑群：镜清斋、西天梵境、澄观堂、阐福寺、五龙亭、小西天。它们都因就于地形之宽窄，自东而西随宜展开。利用其间穿插的土山和植被，连接为一个整体。

镜清斋建成于乾隆二十三年（1758 年），是一座精致的园中园，为皇帝读书、抚琴、品茗的地方。园址为明代北台乾佑阁旧址，北靠皇城的北宫墙，南临北海。光绪年间改名“静心斋”，除在西北角上加建叠翠楼之外，大体上仍保持着乾隆时期的规模和格局。

镜清斋正门面南、临湖，园林的主要部分靠北，以假山和水池为主。它的南面和东南面则分布着罨画轩、抱素书屋、画峰室 4 个相对独立的小庭院。这 4 个庭院以构筑物分隔，但分隔之中有贯通，障抑之下有渗透，并由游廊串联为一个整体。山池空间最大，建筑也多，但绝大多数建筑物则集中在园南部 4 个小庭院，作为山池空间主景的烘托，却并无喧宾夺主之感。

到清代初，北海西岸原有的建筑已经全部毁废，加筑宫墙后地段过于狭窄，因而未作任何增建。

（2）圆明园

圆明园坐落在北京西北郊，由圆明园、长

1.万佛楼
2.阐福寺
3.极乐世界
4.五龙亭
5.澄观堂
6.西天梵境
7.静清斋
8.先蚕堂
9.龙王庙
10.古柯亭
11.画舫斋
12.船坞
13.濠濮间
14.琼华岛
15.陟山门
16.团城
17.桑园门
18.乾明门
19.承光左门
20.承光右门
21.福华门
22.时应宫
23.武成殿
24.紫光阁
25.水云榭
26.千圣殿
27.内监学堂
28.万善殿
29.船坞
30.西苑门
31.春藕斋
32.崇雅殿
33.丰泽园
34.勤政殿
35.结秀亭
36.荷风蕙露亭
37.大圆镜智
38.长春书屋
39.迎熏亭
40.瀛台
41.涵元殿
42.补桐书屋
43.牣鱼亭
44.翔鸾阁
45.淑清院
46.日知阁
47.云绘楼
48.清音阁
49.船坞
50.同豫轩
51.镃古堂
52.宝月楼
53.金鳌玉蝀桥

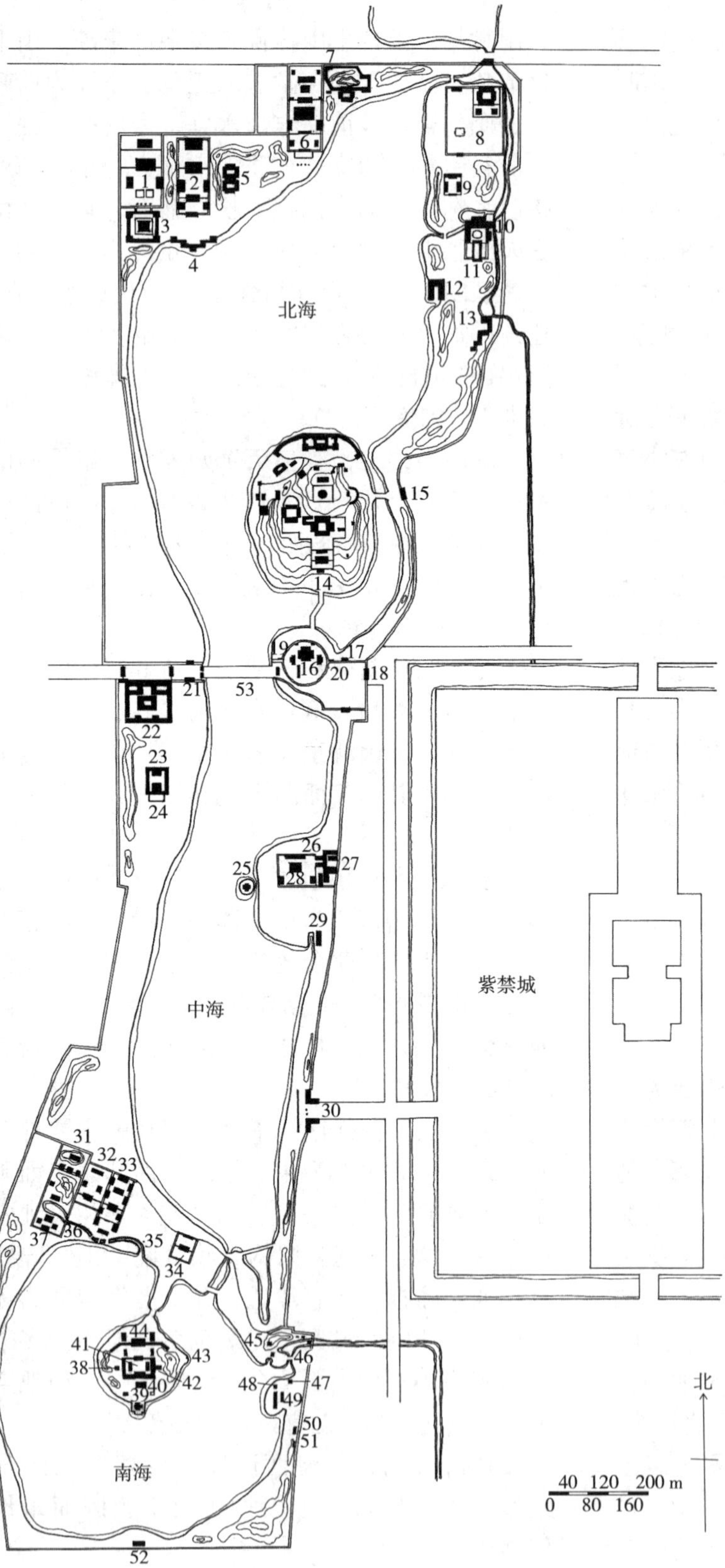

北海
中海
南海
紫禁城
北
40 120 200 m
0 80 160

图9-6　清乾隆时期西苑总平面图［摹自周维权《中国古典园林史》（第2版），1999］

春园和绮春园组成，也叫圆明三园，是清代著名的皇家园林，面积约350 hm^2，150余个景点。其中建筑面积约为16万m^2，有“万园之园”之称（见附图4）。

圆明园始建于康熙四十八年（1709年），本是皇四子胤禛的赐园。当时胤禛采取与世无争的姿态经营此园，园林风格朴素，与文人园相近。1722年，雍正即位后，立即着手拓展原赐园。他首先在园内增建了正大光明殿和勤政殿以及内阁、六部、军机处储值房，用以“避喧听政”；同时在原来的基础上扩建出九洲景区、福海景区，从此圆明园成为帝王之御园。乾隆二年（1737年），乾隆帝移居圆明园，对该园进行第二次扩建，在雍正旧园的范围内增建12处景点，即曲院风荷、坐石临流、北远山村、映水兰香、水木明瑟、鸿慈永祜、月地云居、山高水长、澡身浴德、别有洞天、涵虚朗鉴、方壶胜境。同时，在东面新建了长春园，在东南邻并入了万春园，圆明三园的格局基本形成。嘉庆年间，又对绮春园作了一些修缮和拓建。道光年间，国力日衰，财力不足，道光皇帝宁愿撤万寿、香山、玉泉“三山”的陈设，罢热河避暑与木兰围猎，仍维持圆明三园的改建。

圆明园从康熙四十六年（1707年）始建、到咸丰十年（1860年）被毁，前后延续了150多年，其性质从初始的皇子赐园转变为帝王御园，并历雍正、乾隆、嘉庆、道光、咸丰5代，其建设活动不但随着园林属性转变而变化，而且与历代帝王的造园思想、生活情趣有着密切的联系。

“圆明园”的命名，按雍正的解释，则其寓意为：“夫圆而入神，君子

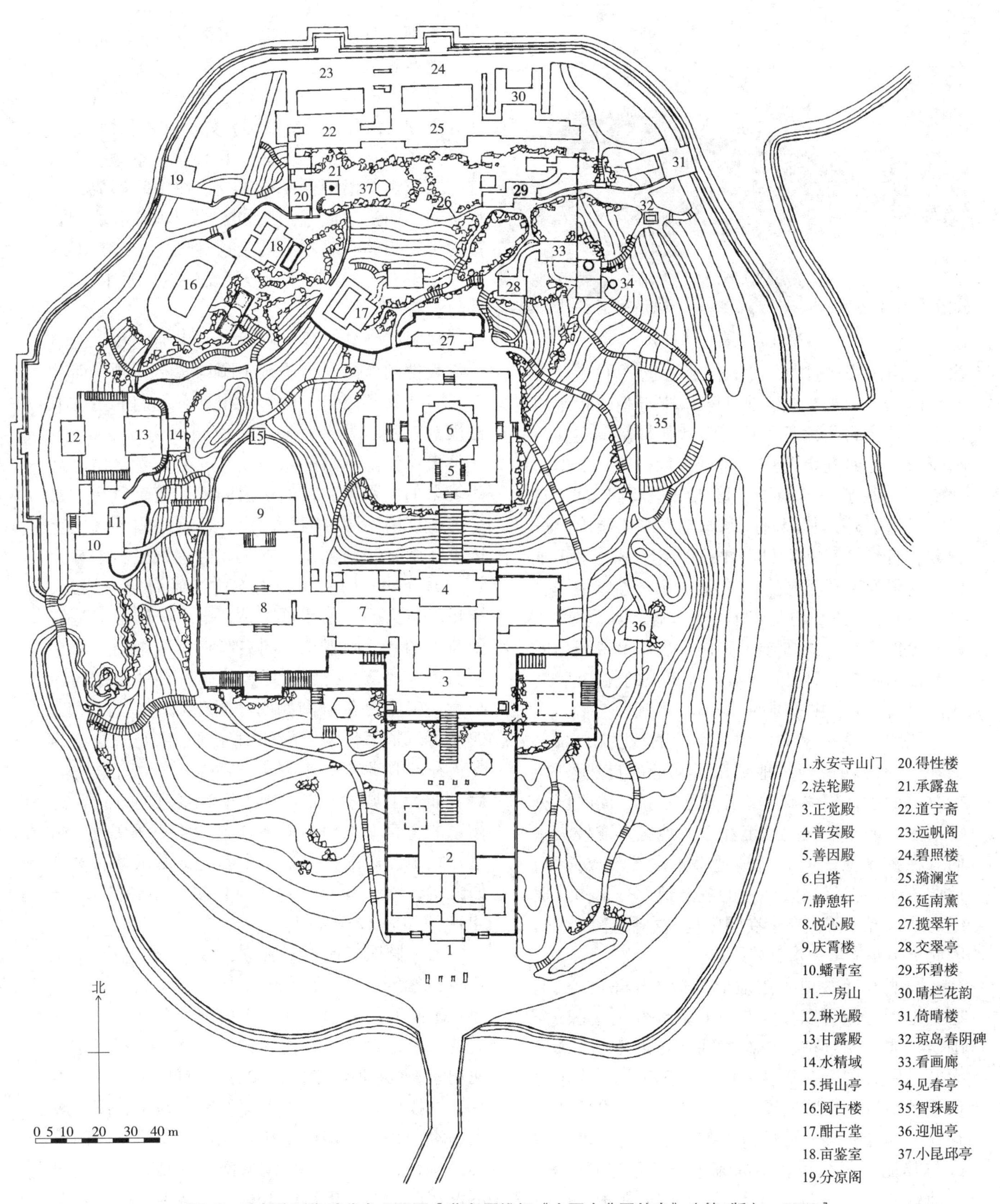

图9-7　清乾隆时期琼华岛平面图［摹自周维权《中国古典园林史》（第2版），1999］

图9-8　琼华岛　胡真摄

之时中也；明而普照，达人之睿智也。”自雍正帝开创园居理政的先河，雍正至咸丰五朝清帝都将圆明园作为常居之地。按《清六朝御制诗文集》，清帝每年正月初十前后（偶自正月初四起）即移居御园，除了外出巡游、坛庙祭祀及回宫庆典、经筵、斋居外，其余时间基本都在圆明园内园居理政，直到冬至前数日，才移回紫禁城。雍正从即位到驾崩于圆明园的 13 年间，累计在园中居住 47 次 2314 天，平均每年 178 天。乾隆亦是如此，以乾隆四十年（1775 年）为例，当年皇帝园居时日共计 168 天。圆明园承载清代皇家的许多活动，因此也成为清史中重要的一部分。

圆明园是一座平地挖湖堆山而成的山水园。它在营建之初就巧妙地利用了基址的自然条件，把泉水四引，用溪涧方式构成了水系，同时区分了诸多的园子；又把水汇注中心地区形成较大水面，在挖溪池的同时就高地叠土垒石堆成岗阜，彼此连接，在溪岗萦环中的各陆地部分，构筑成组的建筑群。清代皇帝在园中也基本乘船走水路，因此全园非常重视水上游线。

圆明园巧妙地利用地形创造了丰富的空间。这种地形空间可以分为 5 种主要形态。一是四面围合，如鸿慈永祜、碧桐书院、杏花春馆、廓然大公、别有洞天、长春仙馆、濂溪乐处、武陵春色等。不过，在圆明园中，绝对封闭的山体并不存在，都是在某些局部留下豁口，作为景区入口或与其他景区视线联系的廊道。二是三面围合，一面敞开，如前湖、镂月开云、慈云普护、武陵春色东部、日天琳宇、汇芳书院、月地云居东北角、坐石临流、三潭印月、夹镜鸣琴等。三是两面围合，有的采取山体从两个相邻方向围合，另外两个方向敞开，类似 L 形，如山高水长西北角、西峰秀色景区以及某些带形山体局部转折之处；有的采取山体沿两侧平行排列，在中间形成一带状空间。四是单面遮挡，如天然图画，沿墙垣布置的带形山体也基本上属于这种形态。五是平地或孤立小山体，如茹古涵今、文源阁、水木明瑟、澹泊宁静等。

圆明三园是“园中有园”的集锦式布局的最具代表性的作品。这些园中园均各有主题，而其中大多数又都以景点的形式出现，它们的主题取材极为广泛、驳杂，大致可以归纳为以下 6 类：一是模拟江南风景的意趣，有的甚至直接仿写某些著名的山水名胜，如柳浪闻莺、曲院风荷；二是移植江南的园林而加以变异，有些园子甚至直接以江南某园为创作蓝本，如四宜书屋、小有天园、狮子林、如园即分别模仿当时海宁安澜园、杭州小有天园、苏州狮子林、南京瞻园；三是借用前人的诗、画意境，如夹镜鸣琴取李白“两水夹明镜”的诗意，蓬岛瑶台仿李思训仙山楼阁的画意，武陵春色取陶渊明《桃花源记》的意境；四是再现道家传说中的仙山琼阁、佛经所描绘的梵天乐土的形象，前者如方壶胜境、海岳开襟，后者如舍卫城；五是运用象征和寓意的方式宣扬儒家的哲言、伦理和道德观念，如九洲清晏、鸿慈永祜、涵虚朗鉴、澹泊宁静、濂溪乐处、多稼如云等，不一而足；六是以植物为主题的园子，如碧桐书院、杏花春馆。

因为圆明三园相对独立，以下分圆明园、长春园、绮春园分别介绍。

①圆明园　利用环绕于后湖的北、东、西三面的沼泽地开辟为互通的大小水体，这不仅是因地制宜，为建园中园创造条件，而且犹如众星拱月，烘托后湖作为中心水面的突出地位，而使最大的水面福海却偏处于从属地位，使得全园的重心保持在宫廷区——后湖的南北中轴线上。这样不仅在广阔的平坦地段上具有丰富多变的园林景

观，而且还表现出一定的庄严性和皇家宫廷气派。

圆明园大致可分为宫廷、后湖、西北园、福海、内垣外 5 个区域。

宫廷区的主要功能是朝贺和理政，包括宫门、正大光明殿、勤政亲贤殿、保合太和殿等。

后湖区包括环绕后湖为中心的 9 个岛屿，即九洲清晏、镂月开云、天然图画、碧桐书院、慈云普护、上下天光、杏花春馆、坦坦荡荡、茹古涵今，以及后湖东面的曲院风荷、九孔桥，东南面的如意馆、洞天深处、前垂天贶，西面的万方安和、山高水长，西南面的长春仙馆、四宜书屋、十三所、藻园等。九洲清宴、慎德堂、长春仙馆、十三所等是寝殿，其他则是用于休闲、娱乐、读书等的园林建筑。

后湖沿岸周围九岛环列，是"禹贡九州"的象征，它居于圆明园中轴线的尽端并以九洲清宴为中心，又有"普天之下，莫非王土"的寓意。九岛中，最大的一处即九洲清晏，其余 8 处也各有特色。例如，靠西的坦坦荡荡，"凿池为鱼乐国，池周舍下，锦鳞数千头，喁唼拨剌于荇风藻雨间，回环泳游，悠然自得"，是模仿杭州的玉泉观鱼；靠北的上下天光，"垂虹驾湖，蜿蜒百尺，修栏夹翼，中为广亭。縠纹倒影，混漾楣槛间，凌空俯瞰，一碧万顷，不啻胸吞云梦"，是取法于云梦泽之景；慈云普护，"殿供观音大士，其旁为道士庐，宛然天台"，则是天台山的缩写。后湖的特点在于幽静，湖面约 200m^2，隔湖观赏对岸之景，恰好在清晰的视野范围之内。沿岸九岛环列，互不雷同，既突出各自的特色，也考虑到彼此资借成景。后湖九岛的布局于变化中又略具均齐严谨，理水近乎规整。

西北园区的分布比较自由，各个园子之间有水系连接。濂溪乐处居中，东部包括西峰秀色、舍卫城、同乐园、坐石临流、澹泊宁静、多稼轩、天神台、文源阁、映水兰香、水木明瑟、柳浪闻莺、兰亭、买卖街等；南面有武陵春色；西部包括汇芳书院、鸿慈永枯（安佑宫）、瑞应宫、日天琳宇、法源楼、月地云居等；北面有菱荷香。

西北园区的园子各有特色。其中，鸿慈永祜供奉清圣祖世宗等神位的祖庙，相当于园内的太庙；舍卫城是城堡式的佛寺，内供金铸小佛像上万尊，其前的南北长街犹如通衢市肆，皇帝游幸时由宫监扮作商人顾客熙来攘往，俗称"买卖街"；文源阁是全国庋藏四库全书的七大阁之一，仿自浙江宁波的天一阁；同乐园是娱乐场所，内有三层高的大戏楼清音阁；山高水长是节日燃放烟火的地方，据《啸亭杂录》所记，"乾隆初定制，于上元节前后五日观烟火于此处之山高水长楼，楼前平圃甚宽敞，设御座于楼门外，宗室外藩贝勒及一品文武大臣、南书房、上书房、军机大臣以及外国使臣等咸分翼入座。"观赏焰火盛况。其他园子亦各具特色。例如，万方安和，正厅平面呈"卍"字形，整个汉白玉建筑基座修建在水中，基座上建有 33 间东西南北室室曲折相连的殿宇；武陵春色，以建筑配合叠石假山岩洞，表现陶渊明《桃花源记》所描写的场景；曲院风荷，前临长湖，模拟杭州西湖十景之一；坐石临流，是绍兴兰亭之缩影；濂溪乐处，是观赏荷花的地方，据乾隆的描述，"苑中菡萏甚多，此处特盛。小殿数楹，流水周环于下。每月凉暑夕，风爽秋初，净绿粉红，动香不已。想西湖十里，野水苍茫，无此端严清丽也"；湖南岸的汇万总春之庙，是祭祀花神的地方，正殿名蕃育群芳，东北有香远益清楼，楼西是乐天和、味真书屋等建筑；西峰秀色是山水环抱建筑，南面和西面有一组叠山，"河西松峦峻峙，为小匡庐"，"轩楹洞达，面临翠巘，西山爽气在我襟袖"乃是以近观仰视来求得有如庐山峰峦的峻峙气势，而又以西山借景作为衬托。

圆明园的东部，以福海为中心形成一个大景区。福海景区以辽阔开朗取胜，水面近于方形，宽度约 600 m，中央 3 个小岛上设置景点蓬岛瑶台，仿李思训画意，为仙山楼阁状。河道环流于福海的外围，时开时合，通过 10 个水口沟通福海，并分出 10 个不同形状的洲岛，洲岛之间用各式桥梁相连系。

福海的四周及外围的洲岛上，分布着近 20 处景点。岛上的堆山把中心水面与四周的河道障隔开。有些园子隔开水面，向外借景；沿河道的幽闭地段则建置园子，通过水口引入福海的片段侧影作为陪衬。宫墙与河道之间亦障以土山，适当地把宫墙掩饰起来。这种“障边”的做法能予人以错觉，仿佛一带青山之外并非园林的界限，还有着更深远的空间。

福海南岸有湖山在望、一碧万顷、夹镜鸣琴、广音室、南屏晚钟、别有洞天；东岸有观鱼跃、接秀山房、涵虚朗鉴（雷峰夕照）；北岸有藏密楼、君子轩、平湖秋月；东岸有廓然大公、延真院，以及东北隅的蕊珠宫，方壶胜景，三潭印月，安澜园等。这些景点大都是仿江南名胜而建。其中南屏晚钟、平湖秋月、三潭映月是模拟杭州西湖十景之三；四宜书屋模拟浙江海宁安澜园；接秀山房，隔福海观赏园外西山之借景；夹镜鸣琴，建在两水夹峙的地段上；方壶胜境，建在临水的北岸，正殿哕鸾殿，其前有汉白玉石座呈山字形伸向水面，上建一榭五亭，整组建筑群玲珑通透，与水中倒影上下掩映。

内垣外、沿北宫墙，还有一个狭长的景区。一条河道从西到东蜿蜒流过，河道有宽有窄，水面时开时合。十余组建筑群沿河建置，显示水村野居的风光，立意取法于扬州的瘦西湖。其中的景点，从东面起有天宇空明、清旷楼、关帝庙、若帆之阁、课农轩、鱼跃鸢飞、顺木天，到西端的紫碧山房为止，是一派田园景象。

②长春园　与福海区全区并列且在其东，两园之间有夹道相隔。福海区东宫墙的中段有“明春门”可通长春园的西宫门。长春园用地范围略呈方形，每边长都是约800 m。长春园的格局呈现出湖面环绕岛屿的形态：大小形状各不相同的七八个湖面，紧绕着一个中心岛，还有几个小岛和湖堤，大水面以岛堤划分为若干水域。

长春园大宫门在南端，包括长春园宫门、牌坊和澹怀堂庭院。在园区内部，一个中心大岛位于中央，岛上是珍藏淳化阁法帖石刻的淳化轩，一共四进院落带东西跨院。其他的大小18个景点，或建在水中，或建在岛上，或沿岸临水，各具匠心。淳化轩与大宫门、澹怀堂构成长春园的中路，但并不在一条中轴线上而是“错中”少许，以此来区别于圆明园中路，表现其作为圆明园附园的地位。园的周边，青山环绕，把外缘的围墙隐藏起来。

淳化轩外围环绕一圈园子。外环的南部是如园和茜园，东部是鉴园。东北角的狮子林，是依据乾隆二十七年南下时描绘苏州狮子林图仿建的，共十六景。北边陆岸的中部，前临阔湖，背依高岗，岗上建筑叫作“泽兰堂”。这里依岗势而下叠有山石，或构成悬崖或涧谷，或石峰独立，或山石壁立，无不佳妙。这里的叠石现大部尚完好。北面是转香帆（转湘帆）、泽兰堂、宝相寺和法慧寺。外环之西部，只有得全阁和流香渚两处建筑。湖面上有海岳开襟，远望仿佛海市蜃楼。

长春园北面，沿墙有狭长的西洋楼景区，是1747—1760年由意大利画师朗世宁、法国传教士蒋友仁和王致诚等设计监修，中国匠人施工的。这是我国皇家宫苑中第一次大规模仿建的西洋建筑群和园林喷泉，是中西方园林文化体系交流的一次创造性的尝试。中国传统园林中的河道、园路、大屋顶、琉璃、石雕花饰与西方的几何轴线、柱式、喷泉等得以融合。按照皇帝的意旨，这些建筑物不用室内楼梯，建筑属巴洛克风格，但没有女像柱和人体雕刻。

西洋楼景区东西长840 m，南北纵深最小处为70 m，总面积逾8 hm^2，是一块狭长的用地，局限性很大。因此采用断续的分段渐进的办法来处理东西轴线，将其大致分成5段，每一段都相对独立，而且各有特色。当年游览西洋楼景区，是从西部开始的。这里以花园门北广场为中心，周围安排了谐奇趣、蓄水楼、万花阵和养雀笼。养雀笼以东，是方外观和五竹亭，南北呼应。再往东，则是东西向的海晏堂。海晏堂以东，由远瀛观—大水法—观水法形成的一个组团，这里是西洋楼景区的中心地带，压轴专设皇帝坐观喷泉的汉白玉宝座。往东进入线法山和方河，最后以一组线法画作结尾。

③绮春园　圆明三园东南部的绮春园多次利用旧园扩建，因而布局上并不拘泥一定的章法，

更具水村野居的自然情调。园的大宫门设在东南角。园内共有景点 29 处，其中的正觉寺是圆明三园唯一完整保留下来的一处景点。

绮春园原是康熙帝十三皇子怡亲王允祥的御赐花园，名为“交辉园”。到乾隆中期该园又改赐给大学士傅恒，易名“春和园”。乾隆三十四年（1769 年）春和园归入圆明园，正式定名为“绮春园”。从乾隆六十年（1795 年）起，进行大规模改建和增建。至嘉庆十年（1805 年）共建成十余处景区，又先后并进来两处赐园，一是成亲王永瑆的西爽村，一是庄敬和硕公主的含晖园。经大规模修缮和改建、增建，该园始具规模。嘉庆帝题咏《绮春园三十景》，此后又陆续新成 20 多景，当时比较著名的景点有敷春堂、清夏斋、涵秋馆、生冬室、四宜书屋、春泽斋、凤麟洲、蔚藻堂、中和堂、碧享、竹林院、喜雨山房、烟雨楼、含晖楼、澄心堂、畅和堂、湛清轩、招凉榭、凌虚亭等近 30 处，悬挂匾额的园林建筑有百余座。绮春园宫门建成于嘉庆十四年（1809 年），因它比圆明园大宫门和长春园二宫门晚建半个多世纪，亦称“新宫门”，一直沿用至今。

1860 年，圆明三园毁于英法联军劫火；1900 年八国联军入侵，彻底毁于战乱中。绮春园的正觉寺因独处园墙外而幸免于难。

三园之内，大小建筑群总计 120 余处，其中的一部分具有特定的使用功能，如宫殿、住宅、庙宇、戏楼、市肆、藏书楼、陈列馆、船坞、码头以及辅助后勤用房等，大量的则是一般饮宴、游赏的园林建筑。建筑物的个体尺度较同类型的建筑要小一些，绝大多数的形象小巧玲珑、千姿百态。设计上能突破官式规范的束缚，广征博采于北方和江南的民居，出现许多罕见的平面形状如眉月形、工字形、书卷形、口字形、田字形以及套环、方胜等。除极少数殿堂外，建筑的外观朴素雅致，少施或不施彩绘。因此，建筑与园林的自然环境比较协调。而室内的装饰、装修和陈设却非常富丽堂皇，以适应帝王宫廷生活的趣味。建筑的群体组合更是极尽其变化之能事，120 多组建筑群无一雷同，但又万变不离其宗，都以院落的布局作为基调，把中国传统建筑院落布局的多变性发挥到了极致。

圆明三园的植物配置和绿化的具体情况已无从详考，但以植物为主题而命名的景点不少于 150 处，约占全部景点的 1/6。同时，据《日下旧闻考》的记载，有不少的景点是以花木作为造景的主要内容，如杏花春馆的文杏、武陵春色的桃花、镂月开云的牡丹、濂溪乐处的荷花、天然图画的竹林、洞天深处的幽兰等，以及汇万总春、秀木佳荫、香远益清、丹翠林、绿荫轩、绿稠斋、溪月松风、菊秀松蕤、竹香斋、引筠轩、碧桐书院、芰荷深处、桃花坞、玉兰堂、三友轩、称松岩、莲风竹露、菡萏榭、苹香泮等不一而足。乾隆的御制诗中也有相关记述。王致诚的书信中也有不少地方谈到园内的植物。例如，“所有的山冈上栽满了树木花草”“在每条河的岸边，同样种植着各种花木”“一片大湖也隐在这些林木浓翳的山间”“在山洞和花畦之间，有藤蔓遮阴”“每座宫殿里，也充满了花草的芳香，使人在尽情地感受到一种天然之美”等。园内有专门养植花木的园户、花匠，还有太监经营果园、菜畦。乾隆时的一通“莳花碑”记述一处花圃，由于园户、花匠三百余人的辛勤劳作，使得花圃之中“露蕊晨开，香苞舞绽，嫣红姹紫，如锦似霞……二十四番风信咸宜，三百六十日花开似锦。”不少移自南方的花木经过驯化，也在这里繁育起来。

1988 年，圆明三园的遗址被辟为圆明园遗址公园，正式对外开放。目前占地面积约 350 hm^2。

（3）清漪园（颐和园）

清漪园始建于清乾隆十五年（1750 年），是一座以万寿山、昆明湖为主体的大型自然山水园，也是供应北京用水的重要水库。

万寿山原名瓮山，昆明湖原名西湖。明代，它们与玉泉山之间山水连属，三者在景观上互为借资的关系十分密切。玉泉山的山形轮廓秀美清丽，时人多以玉泉山与西湖并称，瓮山因为山形比较呆板，所以不受重视。乾隆十四年到十六年，乾隆皇帝借北京西北郊水系整治的机会，并以为母亲祝寿为由，启动了清漪园的建设（图 9-9）。

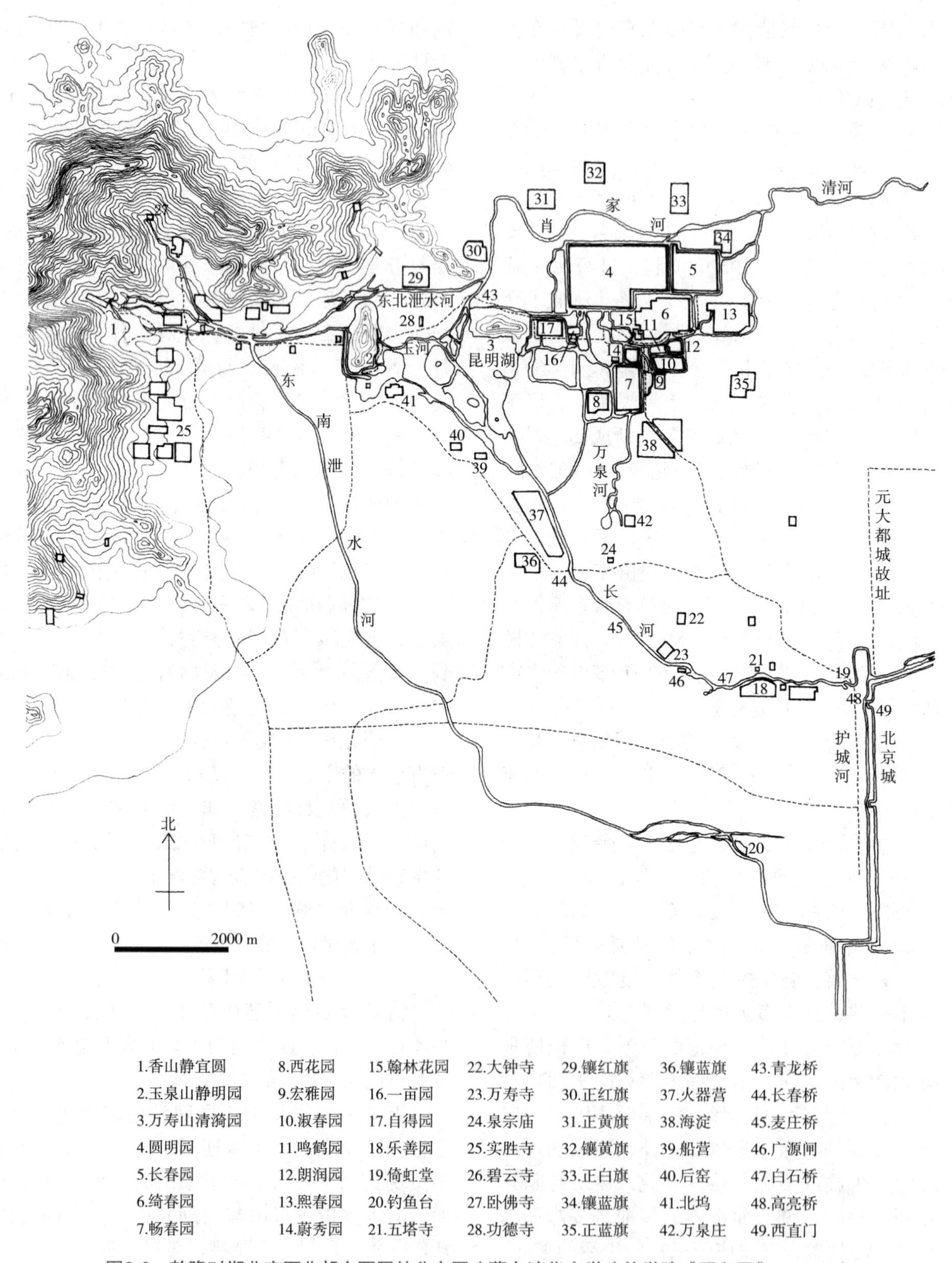

图9-9　乾隆时期北京西北郊主要园林分布图（摹自清华大学建筑学院《颐和园》，2000）

乾隆十四年（1749 年），清漪园建园之前，北京西北郊水系整治就已开始，西湖的疏浚和开拓是全部工程中的一个环节。清代康熙至乾隆朝，北京西北郊兴建和扩建的园林越来越多，水的消耗与日俱增。为了解决园林供水，同时不影响城内用水和通惠河的漕运，乾隆皇帝实施了元、明以来规模最大的北京西北郊水系整治。这项工程首先广开上源，修整水道，拦蓄西山一带地表诸泉以及在长河麦庄桥流出地表的伏流，用石渡槽引入玉河，进而使"玉泉汇而为西湖"。其次结合清漪园的兴建，疏浚和开拓昆明湖，作为西北郊的蓄水库；加固东堤、兴建西堤，同时利用附近的零星小河泡开凿高水湖、养水湖等辅助水库，并建置青龙闸、二龙闸等相应的闸涵。工程于乾隆十六年（1751 年）完成，它不仅对西北郊诸水系形成了有效的控制和调配，也改善了瓮山与西湖的山水关系，可视为清漪园山形水系整治的前奏。后来的长河河道疏浚工程可看作西郊水系工程的延续。

在这种背景之下，清漪园的布局并不局限在园林本身，而是着眼于西北郊诸多皇家园林为主体的环境来做出全盘考虑的。首先考虑的是与西邻的静明园的关系。清漪园的昆明湖往西开凿外湖，又在静明园的东南接拓高水湖于养水湖。昆明湖沿湖不设宫墙，新开凿的高水湖亦不再包入静明园宫墙之内。这种做法虽然一反皇家园林的惯例，造成安全保卫上的困难，但通过贯通的水系、穿插的田畴、星罗棋布的村舍，加强了万寿山与玉泉山在景观上整体感和一定程度的连属关系，也大大开拓了清漪园的景域。

其次，清漪园的建设还将西北郊其他皇家园林视为一个整体来考虑。乾隆初期的西北郊，西面小西山东麓以香山静宜园为中心，东面为万泉庄水系流域内的圆明、畅春以及诸赐园；这两个区域之间，瓮山、西湖、玉泉山鼎足而立。清漪园建成，昆明湖开拓之后，西北郊诸园成为整体；在这个园林集群中，清漪园所处的枢纽地位十分明显。它将玉泉山、高水湖、养水湖、玉河等连接成一个有机整体，促进了静宜园、清漪园、圆明园、畅春园等园林的相互因借。

乾隆二十九年（1764 年），清漪园竣工。园林的围墙仅修筑在万寿山东、西面的两座城关之间：东自文昌阁城关起，往北经东宫门再往北折而西，沿后溪河北岸直达西宫门再折而南，止于西面的贝阙城关。昆明湖漫长的沿岸均不设围墙，园内园外连成一片，远近景观浑然一体。全园的占地面积，包括围墙以内、昆明湖以及沿岸的建筑地段总共约为 295 hm^2。

清漪园的总体上仍然延续了我国古代皇家园林"一池三山"的格局和恢弘的气势，具体则以杭州的西湖作为蓝本。昆明湖的水域划分，万寿山与昆明湖的位置关系，西堤在湖中的走向以及周围的环境仿照杭州西湖。全园以万寿山和昆明湖为基本骨架。园北侧的万寿山东西长约 1000 m，相对高度 60 m。昆明湖南北长 1930 m，东西最宽处 1600 m。湖的西北端收束为河道，绕经万寿山的西麓而连接于后湖；南端收束于绣绮桥，连接于长河。湖中布列着一条长堤——西堤及其支堤，3 个大岛——南湖岛、藻鉴堂、治镜阁，3 个小岛——小西泠、知春亭、凤凰墩。

与大多数离宫和行宫一样，清漪园也有宫、苑分置的规制。宫廷区在清漪园的东北端，东宫门也就是园的正门，正门前为影壁、金水河、牌楼，往东有御道通往圆明园，外朝的正殿勤政殿坐东朝西，与二宫门、大宫门构成一条东西向的中轴线。勤政殿以西便是广大的苑林区。为描述之便，全园又可分为前山景区、后山后溪河景区、湖区。前山和后山大致以万寿山山脊为界。

前山面南，视野开阔，位置又接近宫廷区和东宫门，因而成为景区内的建筑荟萃之地。前山中央部位的大报恩延寿寺，从山脚到山顶依次为天王殿、大雄宝殿、多宝殿、石砌高台上的佛香阁、琉璃牌楼众香界、无梁殿智慧海，连同配殿、爬山游廊、磴道等密密层层地将山坡覆盖住，构成纵贯前山南北的一条明显的中轴线，同时也创造了一个完整而富于变化的序列。大报恩延寿寺的东侧是转轮藏和慈福楼，西侧是宝云阁和罗汉堂，又分别构成两条次轴线。转轮藏前立巨大的石碑，正面刻乾隆御书“万寿山昆明湖”6个字，背面刻御制《万寿山昆明湖记》全文，这就是著名的“湖山碑”。这些佛寺殿宇组成前山中部的一组庞大的中央建筑群，主要殿宇都是大式做法，形象华丽、色彩浓艳。中央建筑群是前山的构图主体和重心，同时也弥补和掩饰了前山山形过于呆板的缺陷。

前山对于地形的处理和利用也独具匠心。前山中部是倚山而筑的石砌高台，平面方形，边长45 m，地面高程42 m。台的南壁高23 m，设八字形“朝真蹬”大石台阶。通高约36 m的佛香阁巍然雄踞半山，攒尖宝顶超过山脊，显得器宇轩昂。石台的东、西、北三面顺坡势堆叠山石，东侧敷华亭之下一组，西侧撷秀亭之下一组，北面与须弥灵境相结合又建一组，共有3组，为北方园林叠山的巨制。

中央建筑群的东、西两面，疏朗地散布着十余处景点，有些是小建筑，有些是小院落，它们体量较小，形象较为朴素，但形式多样，布置灵活自由。小院落有西面山坡上的画中游、云松巢，东面山坡上的无尽意轩，西面山脚的听鹂馆，东面山脚的养云轩、乐寿堂等。个体建筑物有西面山脊尽端的湖山真意，可俯瞰玉泉山及高水、养水湖；游东面山脊尽端的六方形两层建筑昙花阁，既是前山东半部的一个重要的点景建筑，也可俯瞰昆明湖以及园外的畅春、圆明诸园。此外，还有一些零星的点景亭榭、小品等。

前山南麓沿湖岸的长廊，既是遮阳避雨的游览路线，也是前山重要的园林建筑。长廊东起乐寿堂，西到石丈亭，共有273间，全长728 m；长廊中间穿过排云门，两侧对称点缀着留佳、寄澜、秋水、清遥4座重檐八角攒尖亭，象征春夏秋冬四季。

昆明湖广阔的水面，由西堤及其支堤划分为3个水域。东水域最大，它的中心岛屿南湖岛以一座十七孔的石拱桥连接东岸，桥东端偏南建大型八方重檐亭“廓如亭”。岛上靠东为龙王庙“广润祠”，靠西为四合房“澹会轩”。靠北临水叠石、筑台，上建三层高阁“望蟾阁”。望蟾阁是模仿武昌黄鹤楼而建，它与前山的佛香阁隔水遥相呼应成对景。南湖岛的平面略呈圆形如满月，再从岛上主要建筑物望蟾阁、月波楼等的命名看来，应是以表现月宫仙境为主题。登上望蟾阁，可以环眺四面八方之景。岛之南另有小岛“凤凰礅”，上建会波楼，则是模拟无锡大运河中的小岛黄埠礅之景。再南为绣绮桥，过此即进入长河。

西堤以西的水域称为西湖，在镜桥与玉带桥之间有一堤斜向西南横隔，分为上、下两湖。下西湖的湖心有岛，岛上有藻鉴堂、烟云舒卷殿和春风啜茗台一组建筑。两个水域较小，亦各有中心岛屿，靠南的一个是昆明湖中最大的岛屿，南岸建藻鉴堂，堂前临水为春风啜茗台，乾隆经常坐船到此赏景、品茗。靠北的另一大岛形象别致，水中两层圆形城堡之上建三层高阁“治镜阁”。漫长的西堤自北逶迤而南纵贯昆明湖中，堤上建6座桥梁模拟杭州西湖的“苏堤六桥”。其中5座均为仿自扬州的亭桥，1座为石拱桥即著名的玉带桥。西堤南半段建楼阁景明楼，则是摹拟江南滨湖地带烟水迷离之境。

昆明湖东岸，十七孔桥以北有镇水的铜牛，它与湖西岸的“耕织图”成隔水相对之态势。这种构思表现的是牛郎织女的神话，再现了汉武帝在上林苑开凿昆明湖以像江海、雕刻牵牛织女隔湖相望以像天汉的寓意。东岸北端，岸边小岛之上建知春亭。知春亭东有城关文昌阁。

昆明湖西岸，南端建南船坞，停泊乾隆训练健锐营兵弁习水战的船队。中段临水的小台地上为畅观堂，从这里可以放眼观赏湖景、山景以及平畴田野之景，四面八方远山近水得景俱佳。北端的水网地带为耕织图景区，其中的延赏斋两庑壁上嵌石刻《耕织图》，建有供奉蚕神的蚕神庙，有内务府养蚕、缫丝、织染锦缎的作坊“织染局”，有作工人住宅区的水村居。耕织图附近广种桑树，一则供应养蚕饲料，二则象征帝王之重农桑。这些建筑都隐蔽在水网密布、河道纵横、树木蓊郁的自然环境之中，极富于江南水乡的情调。

后山后溪河景区占全园面积的比例不大，但景观变化丰富。后山即万寿山的北坡，山势起伏较大，坡势较前山为缓，南北纵深较前山为大，最大处可达 280 m 进深，地面较宽。由于是北坡，后山土层较厚，土壤较湿润，树木茂密，有油松、白皮松、槲、椟、槭、槐、杨、柳等，其中有不少树龄在 200 年以上的古树，而且多灌木和地被。后溪河即界于山北麓与北宫墙之间的一条河道。这个景区的自然环境幽闭多于开朗，故景观亦以幽邃为基调。后山的东西两端分别建置两座城关——赤城霞起、贝阙，作为入山的隘口；后山中央部位建大型佛寺须弥灵境，与跨越后湖中段的三孔石桥、北宫门构成对位关系。后山的东、西原有排水的沟壑，经整理修饰后成为涧谷美景。

须弥灵境建筑群坐南朝北（图 9-10）。北半部为汉式建筑共三层台地：寺前广场、配殿、大雄

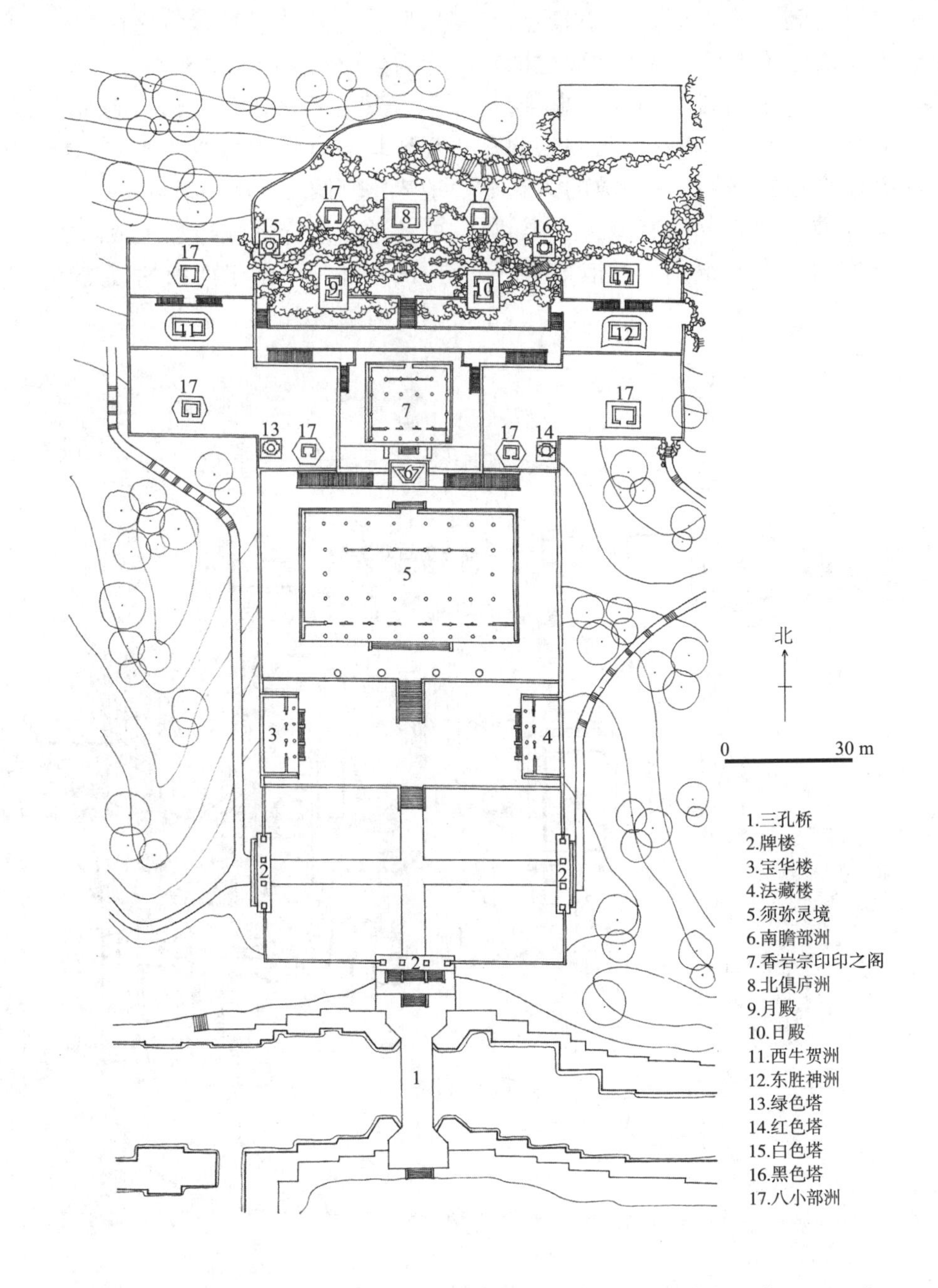

图9-10　颐和园须弥灵境平面图（摹自清华大学建筑学院《颐和园》，2000）

宝殿。南半部为藏汉混合式建筑，倚陡峭山坡叠建在高约 10 m 的大红台上，包括居中的香严宗印之阁以及环列于其周围的四大部洲殿、八小部洲殿、日殿、月殿、四色塔。它与承德普宁寺的北半部同一形制，两者均模仿西藏扎囊县的著名古寺桑耶寺，是乾隆二十三年（1758 年）前后同时建成的一对姊妹作品。

后山还有一些结合地形变化而建的小景点。后山西半部靠近山脊处有云会寺，倚山坡而建的有赅春园、味闲斋，建在小山冈上的为构虚轩，倚山临水的为绮望轩、绘芳堂，临水的为看云起时。东半部靠近山脊的为善现寺，倚山坡的为花承阁，临水的为澹宁堂。此外，尚有城关、亭、榭等个体建筑。它们的体量都很小，各抱地势，布置随宜。

后山东麓平坦地段上建有惠山园和霁清轩，是两座典型的园中之园。其中惠山园既是前山前湖景区向东北方向的一个延伸点，又是后山后湖景区的一个结束点，地位重要。惠山园以江南名园寄畅园为蓝本而建成。乾隆十六年（1751 年），乾隆帝第一次南巡，对无锡寄畅园的“嘉园迹胜”非常欣赏，命随行画师将此园景摹绘成图，“携图以归，肖其意于万寿山之东麓，名曰惠山园”，3 年后惠山园落成（图 9-11）。

惠山园之仿寄畅园，首先是选择一处地貌、环境均与寄畅园相似的建园基址。万寿山东麓的地势比较低洼，从后湖引来的一股活水有将近 2 m 的落差，经穿山疏导加工成峡谷与水瀑，扩入园内的水池。借景于西面的万寿山，颇类似于寄畅园之借景锡山。

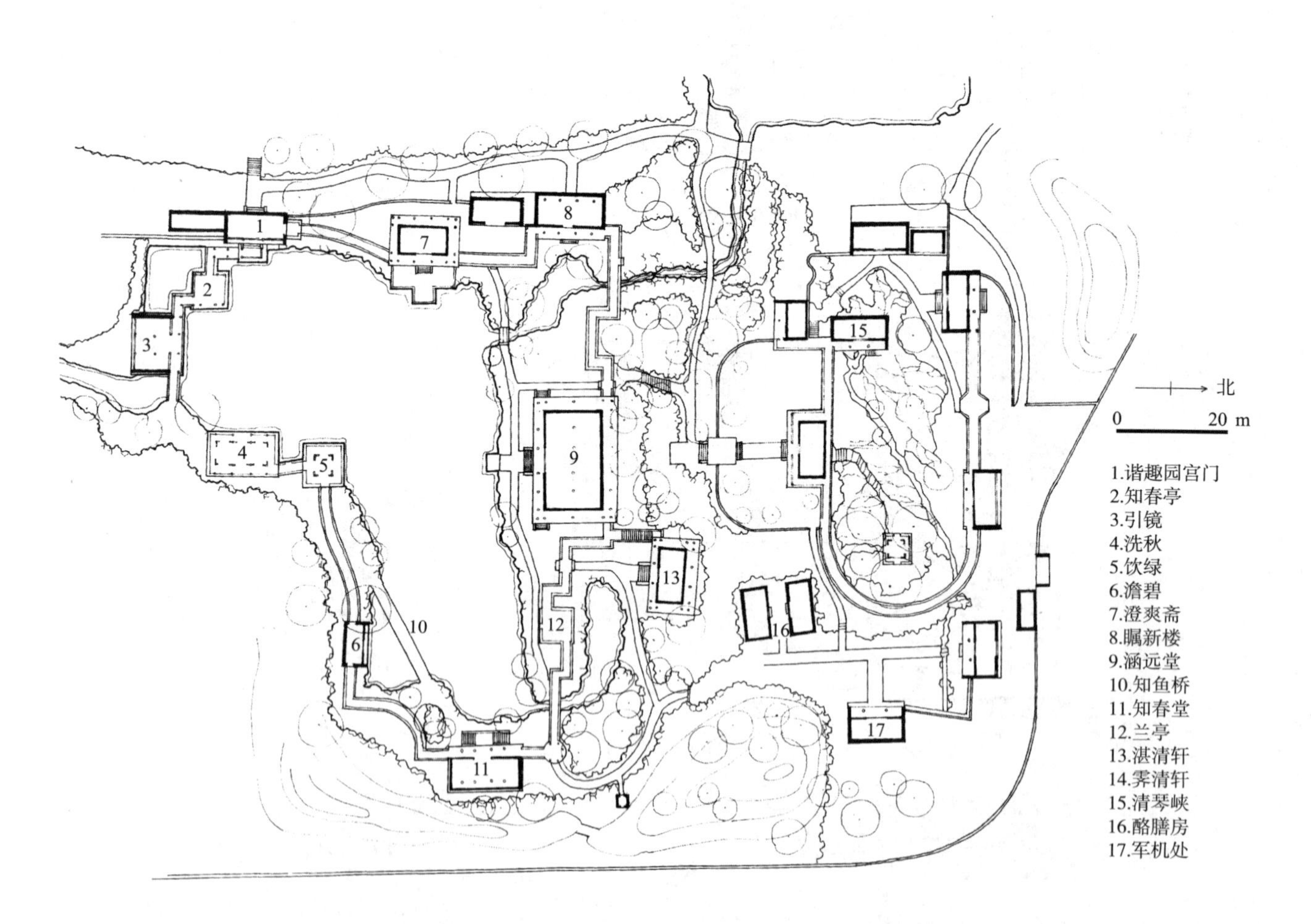

图9-11　颐和园谐趣园平面图（摹自清华大学建筑学院《颐和园》，2000）

其次，园林本身的设计也以寄畅园作为蓝本。据《日下旧闻考》记载："惠山园规制仿寄畅园，建万寿山之东麓……惠山园门西向，门内池数亩。池东为载时堂，其北为墨妙轩。园池之西为就云楼，稍南为澹碧斋。池南折而东为水乐亭，为知鱼桥。就云楼之东为寻诗迳，迳侧为涵光洞。"水池东岸的载时堂是惠山园的主体建筑物，它所处的位置和局部环境类似寄畅园的嘉树堂；正面隔水借景万寿山，山脊的昙花阁透过浓密的松林依稀可见：其余的建筑物主要集中在水池的南岸，并以曲廊与池东、池西岸的个体建筑相连贯：形成池北以山石林泉取胜，池南以建筑为主景的对比态势。惠山园的入口选择在园的西南角位，这固然为了与园外的山道、水路衔接，同时也为了利用这个部位的斜角观景的透视效果，来扩大园林的景深，增加园林内部的空间层次。

寄畅园内的土石假山宛若园外真山的余脉，惠山园水池北岸的假山也与园西侧的万寿山气脉相连，因而更增加了前者的神韵。这两座园林的理水手法也很相似，都是以水面作为园林的中心，水面的大小和形状差不多，横跨水面的知鱼桥与七星桥的位置、走向亦大致相同；寄畅园的建筑疏朗，以山水林木之美取胜，具有明代和清初江南私家园林的典型风格；惠山园也具备这样的风格。惠山园水面形状为曲尺形，在东西和南北方向上都能保持 70 ~ 80 m 的进深，避免了寄畅园锦汇漪的东西向进深过浅的缺陷：水池的 4 个角位都以跨水的廊、桥分出水湾与水口，增加了水面的层次，意图与寄畅园也相同。

后湖的河道蜿蜒于后山北麓，全长约 1000 m。用浚湖的土方堆筑为北岸的土山，其岸脚凹凸、山势起伏均与南岸的真山取得呼应，仿佛前者是后者的延伸，以至于真假莫辨。在这近千米的河道上，但凡两岸山势平缓的地方水面必开阔，山势高耸夹峙则水面收聚甚至形成峡口。多处的收放把河道的全程障隔为 6 段，每段水面形状各不相同，但都略近于小湖泊的比例。经过这种分段收束，化河为湖的精心改造之后，漫长的河身遂免于僵直单调的感觉，增加了开合变化的趣味，把自然界山间溪河的景象和各种人工建置，有节奏地交替展示出来。

后湖的中段，两岸店铺鳞次栉比。这里是模仿江南河街市肆的"后溪河买卖街"，又名"苏州街"，全长 270 m。这一处买卖街的水系及街道组织形式模仿江南水乡，但店面样式模仿的是当时北京常见的店铺。沿岸河街的店铺，各行各业俱全，每逢帝后临幸时，宫女太监扮作店伙顾客，水上岸边熙熙攘攘。

咸丰十年（1860 年），清漪园被英法联军焚毁，之后就一直处于荒废状态。光绪二十四年（1898 年），加以修复，更名颐和园（图 9-12，图 9-13）。

颐和园沿袭清漪园的规划格局不变，修复的范围由于经费支绌而一再压缩。最后完全放弃后山、后湖和昆明湖西岸，将重建的范围收缩在前山、宫廷区、万寿山东麓、西堤及其以东的西北水域一带。现今颐和园的占地面积约为 290 hm^2（图 9-14、图 9-15）。

（4）避暑山庄

承德位于河北省东北部，距北京约 250 km，占地面积约 564 hm^2。这里，地势高峻，山岭起伏，佟山、罗汉山、风云岭巍然耸立于盆地四周，狮子沟、武烈河蜿蜒山谷间。谷地泉水涌流，诸泉汇聚，形成大小湖泊。武烈河西岸，是一片群山环抱的平原，景色幽美。清朝康熙、乾隆年间，在这里修建了著名的避暑山庄和外八庙。雄伟的古建筑群及优秀园林，把这座幽美的山城装点得绮丽多姿。

避暑山庄位于承德市中心区以北，武烈河西岸一带狭长的谷地上。康熙在北巡围猎的沿途，修建了许多行宫，热河行宫是其中之一。由于这里的地形、地貌、气候等具有优越的自然条件，热河行宫遂扩建为规模宏大的避暑山庄。

康熙四十年（1701 年）冬，康熙祭祀东陵后赴喀喇河屯途中，发现热河上营附近"形势融结、蔚然深秀""地实兼美"，因此"见而异之"，加之"去京师至近，章奏朝发夕至，综理万机，与宫中无异"，因此决定在此辟治园林，兴建离宫。康熙还认为这里"开自然峰岚之势。依松为斋，则窍

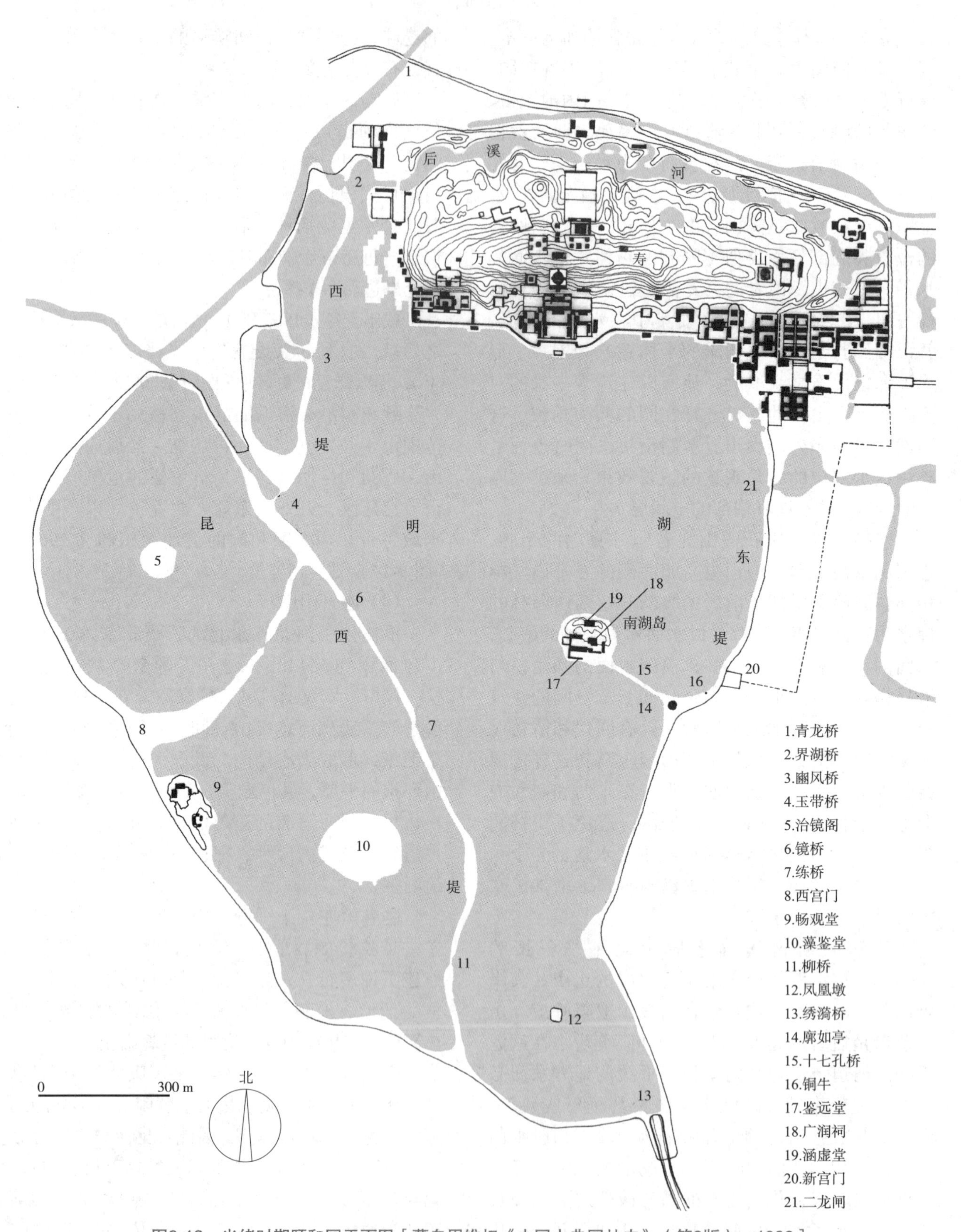

图9-12　光绪时期颐和园平面图［摹自周维权《中国古典园林史》（第2版），1999］

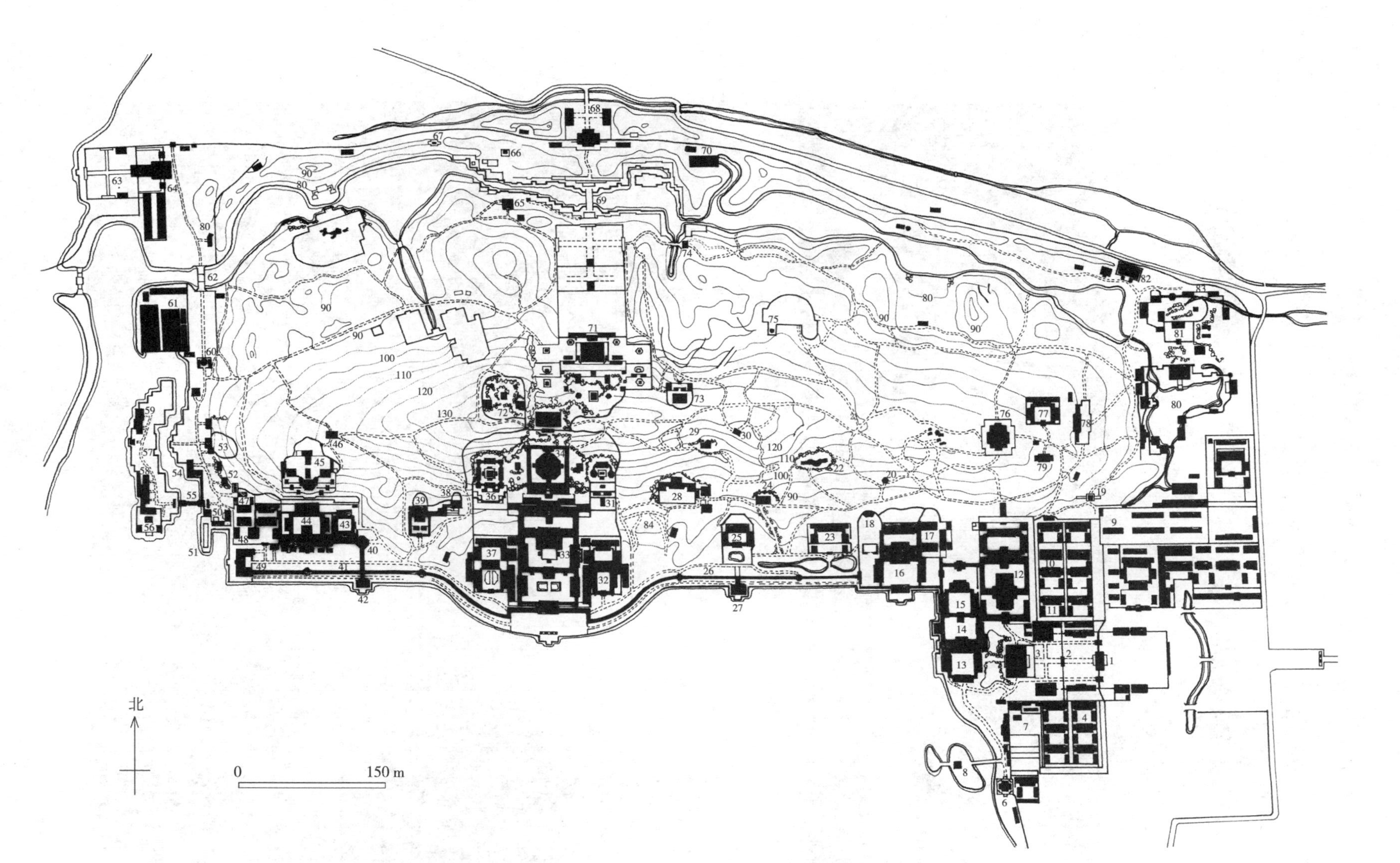

图9-13　光绪时期颐和园万寿山平面图（摹自北京市园林局、颐和园管理处《颐和园建园250周年纪念文集》，2000）

1.东宫门　2.仁寿门　3.仁寿殿　4.奏事房　5.电灯公所　6.文昌阁　7.耶律楚材阁　8.知春亭　9.杂勤区　10.东八所　11.茶膳房　12.德和园　13.玉澜堂　14.夕佳楼　15.宜芸馆　16.乐寿堂　17.永寿斋　18.扬仁风　19.赤城霞起　20.含新亭　21.荟亭　22.福荫轩　23.养云轩　24.意迟云在　25.无尽意轩　26.长廊东段　27.对鸥舫　28.写秋轩　29.重翠亭　30.千峰彩翠　31.转轮藏　32.介寿堂　33.排云殿　34.佛香阁　35.智慧海　36.宝云阁　37.清华轩　38.邵窝　39.云松巢　40.山色湖光共一楼　41.长廊西段　42.鱼藻轩　43.贵寿无极　44.听鹂馆　45.画中游　46.湖山真意　47.西四所　48.承荫轩　49.丈亭　50.寄澜亭　51.清宴舫　52.小有天　53.延清赏　54.临河殿　55.荇桥　56.五圣祠　57.小西泠（长岛）　58.迎旭楼　59.澄怀阁　60.宿云檐　61.北船坞　62.半壁桥　63.如意门　64.德兴殿　65.绘芳堂　66.妙觉寺　67.通云　68.北宫门　69.三孔桥　70.后溪河船坞　71.香岩宗印之阁　72.云会寺　73.善现寺　74.云辉　75.多宝塔　76.景福阁　77.益寿堂　78.乐农轩　79.自在庄　80.谐趣园　81.霁清轩　82.眺远斋　83.东北门　84.国花台

图9-14　颐和园昆明湖与排云殿　刘德嘉摄

图9-15　颐和园苏州街　谢毓婧摄

崖润色，引水在亭，则榛烟出谷，皆非人力之所能”，正符合《园冶》中“园地惟山林最胜，有高有凹，有曲有深，有峻而悬，有平而坦，自成天然之趣，不烦人事之功。”的造园要求。

避暑山庄的选址具有多方面的优越条件。首先，这里的地形富于变化。由多种地形、地貌组成的奇峰异岭，环绕于山庄四周，如罗汉山、磬锤峰、双塔山、元宝山、蛤蟆石等。其次，山庄水源丰富。山庄北临狮子沟，东傍武烈河，位于两河交汇处，山水相映，趣意盎然，其风景具有塞上风光的特点。据记载，康熙于四十二年七月曾乘船沿武烈河顺流而下，从黄土坎直抵热河行宫，表明当时河水充沛。山庄范围内，不仅有绵延的群山，而且有许多泉水。诸泉汇聚，形成广阔的湖泊，湖水被洲岛分割成大小水面与东南的武烈河相连。第三，水质良好，适于饮用。著名的热河泉，位于山庄湖区东北角。此外，附近还有武烈河上游头沟的汤泉以及隆化大庙温泉。康熙曾去温泉作“汤沐”，还令西洋人化验水质。化验结果表明水中所含矿物可以“舒筋骨，兼疗人病，南人多未之知也”。热河泉水温较高，使周围湖面严冬季节也不结冰，清晨湖面烟云缭绕，蔚为奇观，节过寒露尚有盛开荷花。最后，承德气候宜人，夏季尤其凉爽，是避暑胜地。康熙喜爱古北口外凉爽的气候，曾说他年少时曾在这里养病。避暑山庄所在地气候更佳，湖泊、平原区平均海拔约 335 m，周围环抱的群山，海拔平均约 500 m，冬季这些山峰犹如天然屏障，阻止了西北寒流对山庄的侵袭，全年有一半以上的时间处于静风状态；夏季，茂密的树林草地，广阔的水面又使这里清爽宜人，虽盛夏无溽暑之感。“避暑山庄”的“避暑”二字正是由“清凉爽垲，于夏为宜”而来。

康熙在避暑山庄三十六景诗的第二首《芝径云堤》序中说：“避暑漠北土脉肥，访问村老寻石碣。众云蒙古牧马场，并乏人家无枯骨。草木茂，绝蚊蝎，泉水佳，人少疾。因而乘骑阅河隈，弯弯曲曲满林樾。测量荒野阅水平，庄田勿动树勿发。自然天成地就势，不待人力假虚设。”这一段序可作为避暑山庄选址和建园的注释。

避暑山庄苑址选定后，康熙四十二年（1703 年），从芝径云堤入手，疏浚湖泊，修路造屋，大规模造园工程正式开始。5 年之后，康熙四十七年（1708 年），山庄已粗具规模。这一年，大学士张玉书游览了山庄，著文描述了当时山庄的梗概。文中除了提到延薰山馆、水芳岩秀、云帆月舫和一片云以外，列举了十六景：“一曰澄波叠翠，则御座正门也；一曰芝径云堤，则长堤也；一曰长虹饮练，则长桥也；一曰暖流暄波，则温泉所从入也；一曰双湖夹镜，则两湖隔堤处也；一曰万壑松风，则入门山崖之殿也；一曰曲水荷香，则流觞处也；一曰西岭晨霞，则关口西岭也；一曰锤峰落照，则远望苑东一峰也；一曰芳渚临流，即石磴旁之小亭也；一曰南山积雪，则苑内一带山也；一曰金莲映日，则西岸所见金莲数亩是也；一曰梨花伴月，则春月梨花极盛处也；一曰莺啭乔木，则堤畔乔木数株是也；一曰石矶观鱼，则石矶随处可垂钓者也；一曰甫田丛樾，则田畴林木极茂处也。”

可以看出，康熙所题三十六景，这时至少已有以上二十景。这二十景都集中在湖区周围，南山积雪、锤峰落照也是作为湖区的远景或眺望湖区的需要来安排的。当时山庄虽以山为名，但却以湖区经营为重点，康熙“自有山川开北极，天然风景胜西湖”的诗句，也描绘了这时山庄的基本面貌。

康熙四十八年（1709 年）以后，除了在原湖区和山区新建了一些新的风景点外，重点是开辟了东湖区和修建了正宫，并于康熙五十年亲题“避暑山庄”4 字悬于正门。从此，避暑山庄正式得名。康熙五十二年建成了宫墙，同年，为庆祝康熙六十寿辰，在山庄外武烈河东建成了溥仁寺和溥善寺。

雍正一朝，避暑山庄没有增建。乾隆时期，山庄的营建，可分为两个阶段。第一阶段从乾隆六年（1741 年）至乾隆十九年（1754 年）。乾隆六年，维修原有建筑，调整改建了如意洲上的几组建筑。乾隆八年造青雀舫，十四年建松鹤

图9-16　承德避暑山庄文园狮子林　尹吉光摄

斋，十六年建永佑寺（舍利塔除外）。乾隆十九年（1754年），乾隆皇帝亲题了新的三十六景，其中有的是康熙三十六景易名或增题，有些是新建的。第二阶段从乾隆二十年（1755年）至乾隆五十五年（1790年）。此时乾隆任命曾经总管清漪园的大臣三和负责山庄的营造。这一时期的主要建设活动是兴建外八庙，山庄重点经营山区，增建了珠源寺、水月庵、碧峰寺、旃檀林、鹫云寺、斗姥阁、广元宫、灵泽龙王庙等庙宇，以及山近轩、文津阁等。湖区增建了烟雨楼、文园狮子林（图9-16）、戒得堂大殿等多组建筑。

乾隆时期，避暑山庄的建筑密度比原来增大许多，而且风格已离开了康熙为兴建山庄所规定的“楹宇守朴”“宁拙舍巧”的原则，同康熙时期淡雅朴素的风格有了明显的不同。

从康熙四十一年（1702年）康熙亲自踏看地形选址开始，至乾隆五十七年（1792年）松鹤斋内的继德堂建成，经历90年的岁月，避暑山庄的浩大工程终于基本完成。

避暑山庄的功能是多元化的，除了游赏、军事功能以外，它的政治功能比一般皇家御苑都要突出。首先，避暑山庄是皇帝巡幸热河时处理政务的地方。乾隆每次到避暑山庄，除皇子皇孙、妃嫔随行外，文武官员、少数民族王公贵族皆陪同至此，类似朝廷大搬家。避暑山庄门前，有两排东西相对的平房，其功能等同于北京紫禁城午门前的朝房，是为六部“值庐”，文武官员和少数民族王公贵族等候皇帝召见的地方。许多在北京举行的例行事务，随着皇帝的巡幸热河，而改在热河举行。例如，官员的“引见”，清代规定，凡京察、大计、军政后或在一些官员的升迁调补，由吏、兵二部带领觐见皇帝，再由皇帝做最后的审定、核准，这种制度称为引见。中下级官员的引见，一般在乾清宫、养心殿或御门听政时成批进行。如遇皇帝巡幸热河时，下级官员由留守王大臣验看，而知县以上文员，守备以上武员，则令吏、兵两部每月各轮一人带至山庄引见。其次，皇帝常在避暑山庄接见外国使臣。乾隆四十五年六月，朝鲜锦城尉朴明源被任命为正使，郑元始为副使，赵鼎镇为书状官，组成使节团，赴中国祝贺乾隆皇帝70寿诞。当时朝鲜诗人朴趾源应朴明源之邀，以观光客身份随行，回国后撰成日记体纪行文《热河日记》。乾隆五十五年，为乾隆80大寿，朝鲜、琉球、安南、巴勒布（尼泊尔）等使节先到山庄为乾隆祝寿，事后随乾隆返回北京，在圆明园再受到宴赏。乾隆五十八年，英使马戈尔尼在万树园觐见乾隆皇帝。

避暑山庄最重要的政治意义，在于团结北方少数民族。在清朝，蒙古、西藏、回部、哈萨克、布鲁特、朝鲜、安南、琉球、浩罕、巴达克山等不分中外，统称其为“藩部”。和清朝有中央与地方关系的为内属藩部，即蒙古、西藏、回部等，和清朝有宗藩关系的为外属藩部。宗藩关系指接受清朝册封、奉清朝为正朔、定期朝贡，清朝有保护藩属国的义务，有关藩属国的内政外交，任其自主，清朝不加干涉。这些关系的建立通常在热河举行，皇帝巡幸热河时，各内属藩部随围朝觐，阵容强大，外属藩部的朝觐亦有在热河为之者。乾隆时，避暑山庄内的澹泊敬诚殿、四知书屋、卷阿胜境殿、万树园等处均为皇帝接见各少数民族首领及各邦使臣的主要场所。在这些接见中，最值得称道的是乾隆十九年乾隆皇帝接见准噶尔部杜尔伯特三策凌，乾隆三十六年接见土尔扈特部东归英雄渥巴锡，乾隆四十五年接见藏传佛教首领六世班禅。这些朝觐与接见活动，使宾主谈笑风生之间，密切了彼此的联系，使棘手的边疆事务得以巧妙化解。

与大多数离宫御苑一样，避暑山庄的总体布局也遵照“前宫后苑”的规制，宫廷区设在南面，其后是广大的苑林区（见附图 5）。

宫廷区包括 3 组平行的院落：正宫、松鹤斋、东宫。

正宫在丽正门之后，前后共九进院落。南半部的五进院落为前朝，正门午门额题“避暑山庄”，正殿澹泊敬诚殿全部用楠木建成，俗称楠木殿。前朝的建筑物外形朴素、尺度亲切，院内散植古松，幽静的环境极富园林情调，气氛与紫禁城的前朝全然不同。北半部的四进院落为内廷，正殿烟波致爽殿是皇帝日常起居的地方，后殿为两层的云山胜地楼，不设楼梯，利用庭院内的叠石做成室外蹬道。从楼上可北望苑林区的湖山，“八窗洞达，俯瞰群峰，夕霭朝岚，顷刻变化，不可名状。”

松鹤斋的建筑布局与正宫近似而略小，是皇后和嫔妃们居住的地方。最后一进院落名为万壑松风，是康熙帝读书、批阅奏章、召见臣工的地方。万壑松风的主殿是宫殿区唯一打破坐北朝南格局的正殿，坐南朝北，殿面阔 5 间，卷棚歇山顶，周围有廊。这里有松树数百株，阵风吹过，松涛骤起，故名。此处也是康熙所题三十六景之第六景。

正宫与松鹤斋建置在山庄南端的小台地上，最后一进院落以北地势陡然下降约 6 m，万壑松风恰居陡坡之巅，举目北望，苑林区的湖光山色尽收眼底，景界极为开阔。这是从封闭的宫廷区进入苑林区而豁然开朗，同时巧妙地利用局部地形特点因而收到动人的观赏效果。陡坡用山石堆叠为护坡，设蹬道可下临苑林区。

东宫位于正宫和松鹤斋的东面，地势低于前者。南临园门德汇门，共六进院落。内有三层楼的大戏台“清音阁”，设天井、地井及转轴、升降等舞台设备，可作大型演出。东宫的最后一进为卷阿胜境殿，北面紧临苑林区之湖泊景区。

苑林区可分为 3 个景区：湖泊区、平原区、山岳区。

湖泊景区，即人工开凿的湖泊及其岛堤和沿岸地带，面积约 43 hm^2。整个湖泊以洲、岛、桥、堤划分成若干水域，这也是清代皇家园林中常见的理水方式。湖泊景区的自然景观是开阔深远与含蓄曲折兼而有之，虽然人工开凿，但就其整体而言，水面形状、堤的走向、岛的布列、水域的尺度等，都经过精心设计，能与全园的山、水、平原三者构成的地貌形势相协调，实为北方皇家园林中理水的上品之作（图 9-17）。

湖中共有大小岛屿 8 个，最大的如意洲 4 hm^2，最小的仅 0.4 hm^2。西面的如意湖和北面的澄湖为最大的两个水域，小水域为上湖、下湖、镜湖、银湖、长湖、半月湖等。其中，水心榭以北的几个湖面为康熙时开凿的，水心榭以南的镜湖和银湖则是乾隆时新拓展的。湖泊西半部的两大水域之中，如意湖的景界最为开阔，湖中的大岛如意洲有堤连接于南岸，名叫“芝径云堤”。堤身“径分三枝，列大小洲三，形若芝英、若云朵，复若如意”，造型宽窄屈伸非常优美。堤在湖中的走向为南北向，正好与湖面的狭长形状相适应，也吻合于以宫廷区为起点的游览路线。东半部则为若干小型水域，与西半部之间有堆山的障隔，东面紧邻园墙，这里多半是幽静的局部近观的水景小品。湖泊的东、西两半部之间设置闸门“水心榭”以调节水量，保证枯水季节的一定水位。西北面开凿长湖是为了汇聚山岳区的泉水，具有蓄水库的作用。湖面顺着山的东麓紧嵌于坡脚呈

图9-17　承德避暑山庄湖区　刘毅娟摄

狭长的新月状，东麓倒映水中形成一景。沿山坡散布着许多泉流和小瀑布，“北为趵突泉，涌地蹙沸；西为瀑布，银河倒泻，晶帘映岩，微风斜卷，珠玑散空。前后池塘，白莲万朵，花芬泉响，直入庐山胜景矣。”

湖泊活水的来源有三：一是园外的武烈河水和狮子沟西来的间隙水，这是主要水源；二是园内热河泉涌出之泉水；三是园内各处的山泉，如涌翠岩、澄泉绕石、远近泉声、风泉清听以及观瀑亭、文津阁等处的水泉和山峪的径流。它们分别从湖的北、西两面汇入湖中，然后从湖南端的五孔闸流出宫墙，再汇入武烈河，形成一个完整的水系。

湖泊区的营造与水利工程密切结合。武烈河的流向是自东而南顺地势递降，因此，进水口的位置定在宫墙的东北隅。进水口前的河段上做成环行水道，需要水的时候放水入园，不需时则可使河水循另道南流。进水口处的“暖流暄波”一景，就是利用水的落差创造的一处园林景观。据《热河志》：“热河以水得名。山庄东北隅有闸，汤泉余波自宫墙外逶迤流入。建阁其上，漱玉跳珠，灵润燕蔚。”这里所谓热河，系指武烈河上游注入的温泉，非指园内的热河泉。“建阁其上”即建在石台上的暖流暄波阁，两层，卷棚歇山顶。水自台下石洞的水闸流入，水渠驳岸为块石砌筑，两岸绿树掩映。登城台可俯瞰流水击荡，微波暄然之景，康熙曾形容其为：“曲水之南，过小阜，有水自宫墙外流入，盖汤泉余波也。喷薄直下，层石齿齿，如漱玉液，飞珠溅沫，犹带云蒸霞蔚之势。”石台之西为跨水渠而建的望源亭，再西架石板桥。桥之西南，水渠逐渐放宽，呈狭长形的半月湖，并利用挖湖的土方堆筑于湖的东南，形成微略的地形起伏。半月湖可承接北面“北枕双峰”以北山谷所宣泄的山洪和“泉源石壁”瀑布下注之水，西面则汇聚“南山积雪”东坡之径流雨水。半月湖的开凿，使仿照自然界承接山间水瀑径流之“潭”，沿山麓呈半月的形状，亦有利于迎水。湖之南收缩为河渠，到松云峡、梨树峪的谷口处则又复扩大为狭长湖面——长湖。长湖的北端在纳入“旷观”山溪后，分东西两道夹长岛南流，好像自然界江河之冲积三角洲。长岛西侧的水面基本上依附于山麓的轮廓线，显示“水道之达理其山形”的画理。在长湖南端与如意湖的交接处，筑一岛加以收束而形成两个水口。水口上又各横跨石桥，这便是“双湖夹镜”之景。这处著名的景观是利用这一带多天然岩石，足以代替人工驳岸的自然条件，意在具体而微地写仿杭州西湖的里、外湖之间连阻以长堤的做法。

湖泊景区面积不到全园的1/6，但却集中了全园逾1/2的建筑物，乃是避暑山庄的精华所在。这个景区以小金山、如意洲为中心。金山是靠如意湖东岸的一个小岛，地貌很像镇江金山“江上浮玉”的缩影，因此而得名。岛上的建筑也模仿镇江金山“屋包山”的做法：临水曲廊周匝回抱如弯月，山坡上错落穿插殿宇亭榭与如意洲上的大建筑群隔水相望；岛的最高处建八方形三层高的“天宇咸畅”阁，又名上帝阁，即金山亭。登阁环眺，能观赏到以湖泊为近景的大幅度横向展开犹如长卷的风景画面，仿佛江南的“北固烟云、海门风月，皆归一览”。镇江的金山也是如此，只是清道光年间，金山由于淤塞而与南岸连接，风景已不复当初。

平原景区在湖区北部，东界园墙，西北面是山岳区，呈狭长三角形地带。它的面积与湖泊景区约略相等。起伏延绵的山岭自西而北屏列，缩结于平原的尽端。

平原景区的建筑物很少，大体上沿山麓布置以便显示平原之开旷。在它的南缘，亦即如意湖的北岸，建置4个形式各异的亭子：甫田丛樾，濠濮间想、莺啭乔木、水流云在，“回环列布，倒影波间”。作为观水、赏林的小景点，也是湖区与平原交接部位的过渡处理。

平原北端的收束处也是它与山岭交汇的枢纽部位，这里建有园内最高的建筑物永佑寺舍利塔。永佑寺始建于乾隆十六年（1751年），坐北朝南，前后共四进院落，寺后的舍利塔是仿照南京报恩寺塔而建成的，平面八角形，九层塔檐用黄绿两色琉璃瓦砌造。高耸的舍利塔，西枕青山，作为湖泊，是平原二景区南北纵深尽端收束处的结点。

平原区东半部有“万树园”，丛植虬健多姿的榆树、柳树、柏树、槐树等数千株，麋鹿成群地奔逐于林间；西半部的“试马埭”则是一片如茵的草毡，表现塞外草原的风光。

万树园占地约 67 hm^2，建园以前原是蒙古族牧民放牧的场所。园中立有乾隆题“万树园”石碑一块，遍地绿草如茵，其间散植苍松巨槐、古榆老柳，驯鹿野兔出没，野鸡等各种飞禽在草丛中觅食，形成一种茫茫草原、郁郁丛林的景象。康熙帝在其东南部开辟为农田和园圃，每年春季他都要亲自参加耕耘，并在此种植北京西苑培育出来的优良稻种，关外吉林引进的乌喇白粟、麦、黍，以及各种豆类、瓜菜等，仅山庄内出产的御稻米就足够皇帝驻跸期间的全部食用。万树园一切布置模仿蒙古草原风俗，活动时搭起帐篷、蒙古包。乾隆经常在此接见各少数民族王公和外国使节，举行“大蒙古包宴”。西藏六世班禅来朝，曾在这里赐宴和观看火戏、马技。乾隆还在此接见过英国特使马戈尔尼。

试马埭位于万树园西南。这里地平草茂，宜于群马驰骋，是清帝挑选骏马的地方。每逢赴围场“秋狝”之前，从御马圈选来的御马，从蒙古各地选来的良马和蒙古各部献来的骏马，集中于此，供清帝“相其驽骏，而调试之”。

山岳景区占去全园 2/3 的面积。山岳区的山峰并不高，山峰相对高度仅为 20 ~ 100 m，几处高峰也不过 150 ~ 180 m，但山形饱满，峰峦涌叠，形成起伏连绵的轮廓线；同时土层厚，上面覆盖着郁郁苍苍的树木，所以山虽不高却颇有浑厚的气势。这里层峦环翠，岩壑流青，林木茂密，四时景色各异。设计者充分利用这一地势和自然条件，因地制宜地布置了一系列园子，如山近轩、梨花伴月、玉岑精舍、碧静堂、食蔗居、秀起堂、锤峰落照、绮望楼等，每一处各有不同的情趣。而登高远眺，一望无际，则更使人心旷神怡，意遐思举。山岳区还有不少寺、观、庵、院，有属于道教的广元宫、斗姥阁，也有属于佛教的珠源寺、碧峰寺、旃檀林、鹫云寺、水月庵等；另有几处独立的小祠庙。这些寺观规模不大，但与地形的结合也非常巧妙。

山岳区显露在外的点景建筑只有 4 座亭子——南山积雪、北枕双峰，四面云山、锤峰落照。这 4 座亭子都在峰顶，构成山区制高点的网络：“南山积雪”和“北枕双峰”同为从平原湖泊一带北望的主要对景，两者的位置选择都能够收到最佳的点景和观景效果。北枕双峰与山庄西北面的金山和东北面的黑山成“两峰抱一亭”的形势，南山积雪则“亭在山庄正北，高踞山巅，南望诸峰，环揖拱向；塞地高寒，杪秋雪下，环视楼阁轩榭，皎然寒玉光中”。“四面云山”在山区西北，一峰拔起，构亭其上，“诸峰罗列若揖若拱；天气晴朗，数百里外峦光云影皆可远瞩；亭中长风四达，伏暑时萧爽如秋”。“锤峰落照”位于山区西南，专为观赏日落前后的磬锤峰的借景而建置，“敞亭东向，诸峰横列于前；夕阳西映，红紫万状，似展黄公望浮岚暖翠图；有山矗然倚天，特作金碧色者，磬锤峰也。”

山岳区自南而北分布着 4 条天然沟峪，依次为榛子峪、松林峪、梨树峪、松云峡。山区的寺庙和园林建筑共 44 处，以沟峪为线索来组织，所以可分为 4 组：松云峡系列，梨树峪、松林峪系列，榛子峪系列，北山系列。

松云峡是一条长峡，以旷观为峪口，后为清溪远流，山上有亭名凌太虚。由此北上可至南山积雪和北枕双峰两亭；两亭之间的山凹有青枫绿屿和罨画窗，这 3 组建筑适成一线为一整体。顺山腰小路西北行，可至斗姥阁和山近轩。由此北行即达山区北部最高处的大型建筑组群——广元宫。由广元宫北侧下山至敞晴斋。广元宫、山近轩和敞晴斋，三足鼎立，跨越两沟，中间连以蹬道，是统一规划的一大景区。御路尽端为西北门，门北侧为宜照斋。御路西侧又有岔沟两道，南岔沟通向气魄宏大的旃檀林和小巧玲珑的水月庵。北岔沟至含青斋、碧静堂和玉岑精舍。这 3 组园林都布置在山腰坳地，因山就势，空间构图丰富，山顶有放鹤亭。

梨树峪、松林峪沿线园子的数量不多。过长

虹饮练、石矶观鱼，即达内湖西山坡上的珠源寺、绿云楼和涌翠岩。有源出松林峪的瀑布涌出，直泻内湖。涌翠岩北有台阁一座，名灵泽龙王庙。这些建筑构成峪口的一个很大的景区。入峪约200 m处，沟分两岔，西北向为梨树峪，西向为松林峪。梨树峪南侧群峰峭峻，下临溪涧；北侧山峦起伏，山坡上梨花遍布。临溪建敞厅一座，即澄泉绕石。自此拾级而上，即达梨花伴月，再行可至创得斋。创得斋规模不大，围墙逶迤，有水门及城阁，颇具山区园林意味。梨树峪沟底有山径可达四面云山。

松林峪不长，峪内有两处小景区。一处为瀑源亭，是内湖瀑布泉源的所在。松林峪沟底，紧贴山崖布置有一处小庭园，名食蔗居，深藏沟底、隐入山崖间，非至门前难窥全貌，更是一种特殊的布局意境。

由正宫北下玉麟坡即进入榛子峪。入峪不远有风泉清听和松鹤清越两组相邻的庭院。院落规整，配以古松清泉，灰鹤飞翔，具有一番宁静超逸的风趣。由此北上可至峰顶敞厅——锤峰落照。沿沟西进直抵大型佛寺——碧峰寺。寺前部为严格对称布局，后部布置假山、亭阁、流水，具园林特点。锤峰落照对面山坡上，面东南为一组独立的庭园，由宫墙上开门直接对外。宫墙城台上建绮望楼，可俯视承德街市。碧峰门内不远，向西有一沟岔，为小榛子峪，峪口布置一组园林，名有真意轩。往西为西峪，内有鹫云寺、秀起堂、

图9-18　香山静宜园　李娜摄

静含太古山房、眺远亭等，互相间缀以蹬道假山，是一个大的景区。

北山多峭壁悬崖、不宜建筑。唯靠崖的平原区建有澄观斋、宿云檐、翠云岩等，园林多借山色。北山泉水下泻处，有康熙摩崖题字“泉源石壁”。往西有亭一座，名“瞩朝霞”，亦为山区一景。

避暑山庄宫墙外，山庄正东武烈河东岸和正北狮子沟北侧丘陵起伏的地段上，还先后修建了12座大型喇嘛教寺院，即溥仁寺、溥善寺、普宁寺、普佑寺、安远庙、普乐寺、普陀宗乘之庙、广安寺、殊像寺、罗汉堂、须弥福寿之庙和广缘寺。其中的溥仁寺等8座寺庙，朝廷派驻喇嘛，并由理藩院发放饷银，而这八庙又在京师之外，因此一般通称“外八庙”。外八庙中多数庙宇是仿照新疆、西藏等地的著名喇嘛庙修建的，并且多建在向阳的山坡上，依山势层层修建，远望庄重而辉煌。其中普陀宗乘之庙将在本章的寺观园林小节中详述。

避暑山庄的三大景区荟萃南北风景于一园之内：湖泊景区具有浓郁的江南情调，平原景区宛若塞外景观，山岳景区象征北方的名山。蜿蜒于山地的宫墙犹如万里长城，园外有若众星拱月的外八庙分别为藏、蒙、维、汉的民族形式。同时，全园西北高、东南低，恰与我国的地貌相似。所以避暑山庄不仅是一座避暑的园林，而且具有强烈的政治意图和象征寓意。从它的地理位置和进行的政治活动来看，后者的作用甚至超过前者。正如乾隆所说：“我皇祖建此山庄于塞外，非为一己之豫游，盖贻万世之缔构也。”

（5）静宜园

静宜园位于北京西郊的香山东部，始建于清乾隆十年（1745年），占地面积约160 hm^2。建成后，乾隆皇帝制对联“山以仁为德，秋惟静与宜”，赐名静宜园（图9-18）。静宜园是一座具有“幽燕沉雄之气”的大型山地园，也相当于一处园林化的名山（见附图6）。

北京西北郊诸山总称西山，由于特殊地理环境，金元以来就是郊游胜地，兴建有不少佛寺、

行宫、私家园林。香山寺、静宜园、碧云寺、卧佛寺都位于这一区域。明代蒋一葵《长安客话》载："西山，神京右臂，太行山第八陉。图经亦名小清凉也"，"入金山口数里，西山忽当吾前。诸兰若内，尖塔如笔，无虑数十，塔色正白，与山隈青霭相间，旭光薄之，晶明可爱。六七转至大石桥，流泉满道，或注荒池，或伏草迳，或漫散尘沙间，是西山诸水会处。香山、碧云（佛寺）皆居山之层，擅泉之胜。"对于西山四季景色，更是描绘得淋漓尽致："西山春夏之交，晴云碧树，花气鸟声，秋则乱叶飘丹，冬则积雪凝素，种种奇致，皆足赏心，而雪景尤胜。故京师八景，一曰'西山霁雪'。"

香山位于西山山梁东端的枢纽部位，其峰峦层叠、沟壑穿错、清泉甘洌的地貌形胜，又为西山其他地区所不及。香山的主峰海拔 557 m，南北两面均有侧岭往东延伸，犹如两臂回抱而烘托出主峰之神秀，所谓"万山突而止，两岭南北抱"。在这个范围内，地形的变化极为丰富，既有幽邃深密之处，又多居高临下、视野开阔之处。虽然山势的总朝向是坐西朝东，但阴坡、半阴坡地段很多。因而土地滋润，树木繁茂，向阳面南的地方亦复不少。乾隆曾把香山的地貌景观概括为"山势横峰、侧岭、牝谷、层冈、嵌涧、曲径、不以巉削峻峭为奇，而遥睇诸岭，回合交互、若宫，若霍，若岌，若垣，若峤，若岿，若属，若重甗，嵯峨嵚崟，负异角立。积雪映之，山骨逼露。群玉峰当不是过也。"早在辽、金时，香山就已成为帝王游幸之地。乾隆十年（1745 年），乾隆皇帝大规模扩建香山行宫，至十二年（1747 年），初步完成了二十八景的建设。乾隆四十五年（1781 年），宋镜大昭之庙的建成标志着静宜园的鼎盛时期。然而，随着清末国势的衰落，咸丰和光绪年间，静宜园两度遭到焚掠破坏，大部分建筑被毁，自此处于半荒废状态。中华人民共和国成立后，政府对其进行整修，并开辟为香山公园，一直沿用至今。

全园分为内垣、外垣和别垣三部分，共有大小景点 50 余处。其中乾隆题署的二十八景即：勤政殿、丽瞩楼、绿云舫、虚朗斋、璎珞岩、翠微亭、青未了、驯鹿坡、蟾蜍峰、栖云楼、知乐濠、香山寺、听法松、来青轩、唳霜皋、香岩室、霞标蹬、玉乳泉、绚秋林、雨香馆、晞阳阿、芙蓉坪、香雾窟、栖月崖、重翠崦、玉华岫、森玉笏、隔云钟。从命名看来，这二十八景中大部分都与山地的自然景观有关系。

内垣在园的东南部，是静宜园内主要景点和建筑荟萃之地，其中包括宫廷区和著名的古刹香山寺、洪光寺。

宫廷区坐西朝东紧接于大宫门即园的正门之后，二者构成一条东西中轴线。大宫门 5 间，两厢朝房各 3 间。前为月河，河上架石桥，渡石桥经城关循山道即下达于通往圆明园的御道。宫廷区的正殿勤政殿面阔 5 间，两厢房朝房各 5 间，殿前的月河源出于碧云寺，由殿右岩隙喷注流绕墀前。勤政殿之北为致远斋，乾隆偶一住园时在此处接见臣僚、批阅奏章；斋西为韵琴斋和听雪轩。勤政殿之后、位于中轴线上一组规整布局的建筑群名"横云馆"，相当于宫廷区的内廷。

宫廷区的南面另有"中宫"一区，周围绕以墙垣，四面各设宫门，是皇帝短期驻园期间居住的地方。内有广宇、回轩、曲廊、幽室以及花木山池的点缀，主要的一组建筑朝南名虚朗斋，斋前的小溪做成"曲水流觞"的形式，上建亭。

中宫的东门外有石板路二。南路通往香山寺。东路经城关西达带水屏山，后者是一处以水瀑为造景主题的园子，瀑源来自双井。

中宫之南门外为璎珞岩，泉水出自横云馆之东侧，至岩顶倾注而下"漫流其间，倾者如注，散者如滴，如连珠，如缀旒，泛洒如雨，飞溅如雹。萦委翠壁，潨潨众响，如奏水乐"。其旁建亭名清音亭，坐亭上则可目赏水景，耳听水音。璎珞岩之东稍北为翠微亭，这里"古木森列，山麓稍北为小亭。入夏千章绿阴，禽声上下。秋冬木叶尽脱，寒柯萧槭，天然倪迂小景"。

翠微亭之东，有亭名青未了，取杜甫诗意"岱宗夫如何，齐鲁青未了"为题。青未了雄踞于香山南侧岭的制高部位。乾隆说这里远眺"群峰苍翠满目，阡陌村墟，极望无际。玉泉一山，蔚若点黛，都城烟树，隐隐可辨。政不必登泰岱，俯青齐，方得杜陵诗意。"

青未了迤西的山坡岩际为驯鹿坡，这里放逐宁古塔将军所贡之驯鹿。坡之西有龙王庙，下为双井即金章宗梦感泉之所在，其上为蟾蜍峰。双井泉西北注入松坞云庄之水池内，再经知乐濠，由清音亭过带水屏山绕出园门外，是为香山南源之水。

蟾蜍峰在香山寺之南岗，"巨石侧立如蟾蜍，哆口张颐，睅目皤腹，昂目而东望"，是一处以奇石为主题的天然景观。

松坞云庄又名"双清"，楼榭曲廊环绕水池，园子极幽静。此园"适当山之半，右倚层岩，左瞰远岫，亭榭略具。虽逼处西偏，未尽兹山之胜，而堂密荟蔚，致颇幽秀"。

过知乐濠方池上的石桥即达香山寺，这就是金代永安寺和会景楼的故址，寺依山势跨壑架岩而建成为坐西朝东的五进院落。山门前有虬枝挺秀的古松数棵名"听法松"，山门内第一进为钟鼓楼和戒坛，院内有桫椤树一株，枝繁叶茂。乾隆和康熙均曾作《娑罗树歌》以咏之。第二进为正殿，第三进为后殿"眼界宽"，第四进为六方形三层楼阁，第五进为高踞岗顶的两层后照楼。香山寺是著名的古刹，也是静宜园内最宏大的一座寺院。寺之北临为观音阁，阁后为海棠院。东临即是历史上著名的景点"来青轩"，乾隆对此处景观评价甚高，誉之为"远眺绝旷，尽挹山川之秀，故为西山最著名处"。

香山寺西南面的山坡上建六方亭唳霜皋，"山中晨禽时鸟，随候哢声，与梵呗鱼鼓相应，饲海鹤一群，月夜澄霁，霜天晓晴，戛然送响，嘹亮云外。"这是一处以禽声鹤唳、暮鼓晨钟入景的景点。

古刹洪光寺在香山寺的西北面，山门东北向，毗卢圆殿仍保持明代型制。洪光寺的北侧为著名的"十八盘"山道，山势耸拔，取径以纡而化险为夷。盘道侧建敞宇3间，额曰"霞标磴"。

乾隆时期的香山，"山中之树，嘉者有松、有桧、有柏、有槐、有银杏、有枫。深秋霜老，丹黄朱翠，幻色炫采。朝旭初射，夕阳返照，绮缬不足拟其丽，巧匠设色不能穷其工"。秋高气爽正是北京最好的季节，香山红叶把层林尽染。内垣西北坡上的绚秋林就是观赏这些烂漫秋色的绝好景点。附近岩间巨石森列，石上镌题甚多，如"萝梦""翠云堆""留青""仙掌""罗汉影"等，则又是兼以石景取胜了。

外垣是香山静宜园的高山区，虽然面积比内垣大得多，但只疏朗地散布着约15处景点，其中有些并无构筑，属于纯自然景观的性质。因此，外垣更具有名山的意味。

晞阳阿位于外垣中央部位的山梁上，东、北面各建牌坊一座，"有石砑立，虚其中为厂，可敷蒲团。晏坐、望香岩、来青，缥缈云外。"西为朝阳洞。再西为香山的最高峰，俗名"鬼见愁"，下临峭壁绝壑，已临近园的西端了。

芙蓉坪是山地园，正厅为三开间的楼房。乾隆描写这里的环境："最北一嶂，迤逦曲注，宛宛如游龙，回绕园后。"在此能够"翘首眺青莲，堪以静六尘"，望群峰有如莲花，故得名芙蓉坪。乾隆对此景观评价甚高："昔人有云，岩岭高则云霞之气鲜，林薮深则萧瑟之音清，两言得园中之概。"

芙蓉坪的西南面为园内位置最高的一处建筑群"香雾窟"，也是一处景界最为开阔的景点。"就回峰之侧为丽谯，睥睨如严关。由石磴拾级而上，则山外复有群山，屏障其外。境之不易穷如此。人以足所至为高，目所际为远，至此可自悟矣。"其北的岩间建置石碑，上刻乾隆御书"西山晴雪"4字，为燕京八景之一。附近尚有竹炉精舍、栖月崖、重翠崦、洁素履等景点。

外垣的最大一组建筑群是玉华寺，坐西朝东，正殿、配殿以及附属建筑均保持古刹规制。从这里可"俯瞰群岫，霞峰云回，若拱若抱"，景界之开阔诚所谓"一室虚明万景涵也"。寺之西南，峰石屹立，其上刻乾隆御题"森玉笏"三字。

此外，尚有约白亭（民国原址改为阆风亭）、隔云钟等一些单体的亭榭点缀于山间岩畔。

别垣建置稍晚，垣内有两组大建筑群：昭庙、正凝堂。

昭庙全名“宗镜大昭之庙”，意为“像拉萨大昭寺一样美丽的寺庙”。昭庙始建于乾隆四十七年，为了迎接班禅额尔德尼来京而建，故世人又称“班禅行宫”。这是一座汉藏混合式样的大型佛寺，坐西朝东。山门之前为琉璃牌楼，门内为前殿三楹。藏式大白台环绕前殿的东、南、北三面，上下凡四层。其后为清静法智殿，又后为藏式大红台四层，再后为六面七层琉璃塔。昭庙与承德须弥福寿庙属于同一形制，但规模较小。此两者也可以说是出于同样的政治目的而分别在两地建置的一双姊妹作品。与承德须弥福寿之庙不同的是，须弥福寿之庙红台在前、白台在后，布局与西藏扎什伦布寺相似，而香山昭庙布局与大昭寺相似，以佛教时轮金刚曼荼罗坛城为参考，殿宇名称也基本相同，如红台大圆镜智、成所作智、妙观察智、平等性智四智殿，白台清净法智的殿名出于时轮金刚坛城的第二层“语觉悟坛城”之“清净”的特质，取名宗镜大昭之庙亦含有与西藏大昭寺相似的含义。

昭庙之北，渡石桥为“正凝堂”。早先是明代的一座私家别墅园，乾隆利用其废址扩建而成为静宜园内一座最精致的园子，也是典型的园中之园。嘉庆年间改名“见心斋”，保存至今的大体上就是嘉庆重修后的规模和格局。

见心斋倚别垣之东坡，地势西高东低。园外的东、南、北三面都有山涧环绕，园墙随山势和山涧的走向自然蜿曲，逶迤高下。园林的总体布局顺应地形，划分为东、西两部分。东半部以水面为中心，以建筑围合的水景为主体，西半部地势较高，则以建筑结合山石的庭院山景为主体。一山一水形成对比，建筑物绝大部分坐西朝东。

见心斋东半部的水面呈椭圆形，另在西北角延伸出曲尺形的水口，宛若源头疏水无尽之意。随墙游廊一圈围绕水池，粉墙漏窗，极富江南水庭的情调。正厅见心斋坐西朝东，面阔三开间带周围廊。其西北侧以曲尺游廊连接一幢楼房，坐北朝南，则是登临西半部山地的交通枢纽。水池的东岸建一方亭，与见心斋隔水相对应，但稍偏北，便于观赏西岸之全景。园门设在水池之北、南两侧，北门是园的正门，入门迎面为小庭院，点缀花木山石，再经过三开间的临水过厅而豁然开朗，水景在望。自过厅往东沿游廊可迂回达到西面的正厅，往西循弧形爬山廊登临楼房上层，过此即进入西半部。西半部建筑物比较集中。一组不对称的三合院居中，正厅“正凝堂”面阔 5 间，与东面的见心斋和西面的方亭构成一条东西向的中轴线，北厢房即作为东西两部分之间交通枢纽的楼房的上层。三合院的北侧为两层的畅风楼，面阔 3 间前临山地小庭院，既是全园建筑构图的制高点，也是俯瞰园景和园外借景的观景点。南侧和西侧的山地小庭院各以一座方亭为中心，点缀少量山石，种植大片树木。循蹬道沿南墙而降，穿过南厢房下的一组叠石假山，便到达园的南门。

静宜园的整体山势往东延伸，犹如两臂环抱，向东开敞。主峰香炉峰海拔约 557 m。与其他几座皇家园林相比，静宜园的建设对于原始地形的改动最小，力求达到园林与自然山地的融合。“静宜”二字则充分地表达了乾隆皇帝的造园意旨。在总体规划上，香山与玉泉山形成数个层次的景深，称为西郊平原的底景，同时又俯借静明园和清漪园的湖光山色，共同彰显出西郊的整体环境美。

园内景点 50 余处，除了 28 处为乾隆帝亲题，其他大部分景点是以山林地貌命名，如梯云山馆、鹦集崖、绿筠深处等。另外，还有景点是以水为主题命名，如对瀑、清音亭等。以建筑题名的诸景，大都只存一些残迹了。香山的树木虽屡遭盗伐，但仍有许多古树名木，百年以上古树有 5000 余株。香山红叶，秋意最浓，尤其是园西南的大片黄栌，入秋霜叶如彩如霞，景色壮丽，至今仍在每年秋季吸引众多游人观览。

（6）景山

景山位于现北京城的中轴线上，占地面积 23 hm^2，海拔高度 88.35 m，相对高度 42.6 m，南门面对紫禁城神武门（故宫博物院北门）。景山之巅的万春亭曾是北京城中轴线上的最高点，是俯视全城的最佳处，向南可望故宫建筑群；向西可眺望北海白塔；向北可望钟楼、鼓楼、后海；向东可观传统的胡同街巷。元、明、清三代皇宫均依托景山而建。

景山地区的建设始于金代，当时这里主要是与太液池相连的耕地。大定十九年（1179年），世宗完颜雍在中都城东北部湖泊一带建成太宁宫，据《金史》载：张仅言“护作太宁宫，引宫左流泉溉田，岁获稻万斛”。元至元四年（1267年）建大都时，将今景山圈入皇城内，据元人熊梦祥《析津志》记：“厚载门（即元大内宫城的北门），乃禁中之苑囿也。内有水碾，引水自玄武池（即太液池），灌溉花木，自有熟地八顷，内有小殿五所，上曾执耒耜以耕，拟于藉田也。”元代陶宗仪《辍耕录》记：“厚载北为御苑……御苑红门四。”又据朱偰《元大都宫殿图考》记载：“厚载门北为御苑……考其地望，当在今景山西部及大高玄殿北至地安门一带，以垣三重及熟地八顷推之，面积颇广。所谓玄武池，盖即今北海也。”1970年左右由中国科学院考古研究所和北京市文物管理处组成的元大都考古队发表的《元大都的勘察和发掘》一文记载：“宫城偏在皇城的东部。宫城的南门（崇天门），约在今太和殿的位置；北门（厚载门），在今景山公园少年宫前，它的夯土基础已经发现……经钻探，景山以北发现的一段南北向的道路遗迹，宽达20 m，即是大都中轴线上大道的一部分。”据此证实元世祖忽必烈修建大都时，将今景山地区包括在皇城之内。

明成祖定都北京后，将宫城南移，元代后苑也随之南移，在元代皇城的基础上加以改建，并将拆除旧殿的渣土和挖筒子河的泥土堆在元代宫城内的最高建筑——延春阁的基址上，形成土山，定名为万岁山，又称镇山，取镇压前朝王气之意。另又俗称“煤山”，明代刘若愚所撰的《明宫史·金集》中称所谓煤山是“土渣堆筑而成”。明代在山坡上种植大量松柏，山坡下种植果树，故又称“百果园”，并引太液池水灌溉，建数座殿亭，豢养成群的鹤鹿。又据《光绪顺天府志》载，园内原有毓秀亭、寿春亭、集芳亭、长春亭、会景亭，均为万历年间所建。但亭的排列及建式未见记载，其所记殿亭楼阁现已无存。后有用原名者，亦非原地原式。明代的万岁山是宫廷游乐场所，每逢重阳节皇帝都要携后妃重臣登山遥望娱乐。

清代顺治皇帝定都北京后，承明制，万岁山仍为皇家禁苑，并与清顺治十二年（1655年）改称景山。关于景山得名，文献没有明确记载，一说“景”即高大意，“景山”即为高山；一说“景”即风景，取“观景之山”之意。从顺治开始，景山逐渐由娱乐游赏的场所变为祭祀祖先的地方，原来帝王观射箭的观德殿改作停灵之用。自顺治至光绪朝，多位帝后的梓宫都曾停放在寿皇殿和观德殿内。清乾隆年间对景山进行了大规模的改建、扩建。主要包括将原来建在景山偏东北部的寿皇殿仿太庙规制移建于山之正北，并在山上建置5个亭子，在山巅建万春亭，寓意在景山之上阅尽人间万般春色。清光绪二十六年（1900年），八国联军侵占北京，园内古建筑、树木均遭到严重破坏。民国十七年（1928年）才对外开放。

景山大致可分为以景山为主体的南区和以寿皇殿建筑群为主体的北区，总体布局前山后殿。山体上起主导作用的是以万春亭为中心的五亭，北部则以寿皇殿为主导。景山整体呈对称布局，自南向北，中区轴线上依次是北上门、万岁门、绮望楼、万春亭、九楼牌楼、寿皇殿砖城门、寿皇殿戟门和寿皇殿正殿（图9-19）。

由南门进入，景山前是依山而筑的绮望楼，是皇室供奉孔子牌位的地方；山脊上，以万春亭为中心，对称地布置了4个亭子。5个亭子的布局在平面上看起来近似翼形。万春亭东西两侧的两座亭子分别是周赏亭和富览亭，均是绿琉璃瓦顶、重檐八角亭；周赏亭东侧、富览亭西侧分别为观妙亭和辑芳亭，均是蓝琉璃瓦顶、重檐圆亭。5座亭子的形式挺拔、庄严、稳重。从故宫神武门仰望五亭，古柏参天，好似故宫的天然屏障（图9-20）。

万春亭位于景山正中最高峰顶，北京古城中轴线上。黄琉璃筒瓦顶，绿琉璃筒瓦剪边，四角攒尖式，三层檐。一层檐重昂七踩斗栱，二层檐

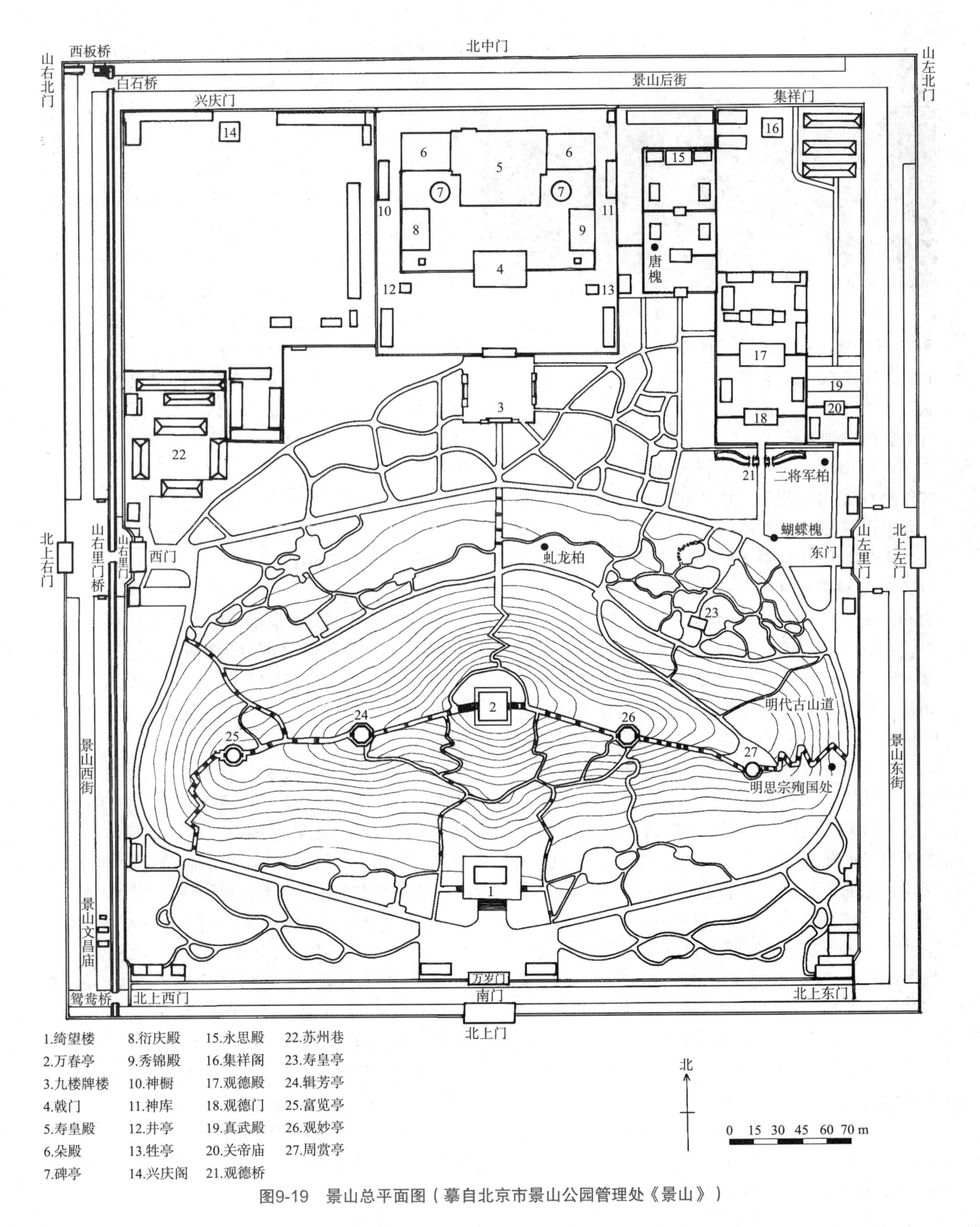

图9-19 景山总平面图（摹自北京市景山公园管理处《景山》）

图9-20 景山 张司晗摄

和三层檐重昂五踩斗栱。两槽柱子，外层每面有6根，共有20根；内层每面有4根，共有12根。从万春亭上，可以南看故宫金碧辉煌的宫殿，北看中轴线的钟鼓楼，西看北海的白塔。

北区由西门进入，紧邻入口的区域是一片植被。略往北为苏州巷，再往北为一片田地，是相传元世祖忽必烈亲耕田。

中部是以寿皇殿为中心的建筑群。寿皇殿东西各有配殿，是供明、清两代皇帝停灵、存放遗像和祭祖之所，即“神御殿”。寿皇殿宫门外东、西、南三面各立四柱九楼式牌坊一座，为九举牌楼。宫门为外院正门，牌楼式拱券门3座。黄琉璃瓦庑殿顶，琉璃重昂五踩斗拱。门口为清乾隆时期雕凿的石狮1对。寿皇门（戟门）为内院正门。黄琉璃筒瓦歇山顶。面阔5间，进深3间。重昂五踩斗拱，和玺彩画。

寿皇殿为正殿。殿覆黄琉璃筒瓦重檐庑殿顶，上檐重昂七踩斗拱，和玺彩画。面阔9间，进深3间，前后带廊，前有月台绕以护拦，前、左、右各有12级踏步，前正中有御路，雕二龙戏珠。檐下明间悬满汉文“寿皇殿”木匾额。殿内中龛匾曰“绍闻天下”，左龛匾曰“对越在天”，右龛匾曰“同天光被”。此为嘉庆帝御书。燎炉东、西各一。黄琉璃砖瓦仿木结构。衍庆殿在西，绵禧殿在东。碑亭和配殿东、西各一。神库在内、外院东西墙之间。

东部有观德殿区，再往北为永思殿景区。近东门为观得殿，明代万历二十八年（1600年）在金、元建筑旧址上新建，为明清两朝为皇帝观看儿臣射箭之所，后亦为皇家办理丧事和追悼祖先的场所。《史记·乐记》中载：“是故君子反情以和其志，广乐以成其教，乐行而民乡方，可以观德矣。”“观德”也有”观瞻祖先之遗德”之意。观德殿院落共四进。建筑面积6160 m^2。

全园共有两条水系，一条是景山内、外墙之间的筒子河，一直流向皇宫的北部；另一条是穿过园墙流向园内的暗渠，从西至东依次经过亲耕田、观德殿，再从关帝庙门前流出景山东墙。

景山公园中植物种类多、数量大。据1990年统计，景山共有各种树木18 864株，其中乔木7169株，灌木4704株，一二级古树1005株。主要树种为圆柏、侧柏和白皮松，部分为油松和槐，观花灌木以牡丹为主，还种植了大量的芍药。在南部主山区，植物仿照自然山林，成片成群种植；而在建筑周围，则是既要营造建筑的庄严肃穆，又要保留园林的氛围，所以是规则式种植与自然式种植相结合的种植方式。

（7）御花园

御花园始建于明永乐年间，其布局体现了封建都城“前宫后苑”的传统格局，它位于紫禁城中轴线的终端。正中有坤宁门和园内相通。园东南和西南隅各有门，分别是琼苑东门、琼苑西门，可通往东西六宫。北面还有顺贞门（原名坤宁门），是宫墙北并列的3座琉璃门，门外及紫禁城北的神武门。顺贞门内有3座单开间的木构牌楼，正中名承光门，左名延和门，右名集福门，门间各有短垣相接，是由北面进入园内的第二道入口。园内西侧另有过厅门3间，可通往西面的漱芳斋。

御花园共有5个出入口，东西约140 m，南北80 m，占地面积约1.25 hm^2，占宫城面积的1.7%左右。总体布局采用比较严谨对称均衡的布局。楼台亭阁大小约20座，多属明朝遗构。清代入鼎，继续作为内廷礼佛、赏花、观鱼、饲鹿的游憩场所。园内古柏参天，碎荫遍地，建筑物参差错落、玲珑剔透、红墙碧瓦，掩映于繁花茂树之间。

园中建筑布局大致可分为中、东、西三路。在最北端顺贞门南，是三面牌楼门组成的小院。对御花园来说，这3座牌楼起着屏障和导向作用。

正门曰承光门，东门曰延和门，西门曰集福门。

中路偏北与坤宁宫相对的钦安殿，是一座面阔五间、重檐结构的高大殿宇，也是全园中央的主体建筑，曾是宫廷内供奉道教神像的场所。钦安殿是一座重檐盝顶大殿，面阔五开间，进深三间，建在白石须弥座大月台上。殿前出抱厦五间，与殿相接，构成凸字形平面。殿内明间佛龛内供奉玄天上帝，设供案，陈五供并悬挂各式宫灯，年节四季在这里摆设道场。殿前左右各有小方亭 1 座，半间安隔扇，半间做敞廊，设坐凳栏杆。此殿建于明永乐十八年（1420 年），嘉靖十四年（1535 年）改建，清代又多次进行油饰修葺。钦安殿周围环以方整的院墙，形成一个独立院落。院墙正面和左右共有 3 门，正中为天一门，左右为随墙小门。天一门内左右各有 1 座方亭。钦安殿院墙墙身矮小，比殿基台稍高。矮墙的处理别具匠心。由于钦安殿坐落于全园中心，体型高大，然而处于四面高大的宫墙之中，其巍峨之势已觉减色，若再环以高大院墙，便显局促。矮墙的设置可衬托出殿的高大，且不会遮挡由院内望向园外景物的视线。由园外望向园内，亦可将钦安殿宏伟之状收入眼中。

东路以钦安殿为中心，其左右两侧以对称方式布置了 10 余座亭台楼阁，前后映衬，寓变化于严整之中。自北而南，在钦安殿后左方巍然矗立的是高大的堆秀山，背靠 8 m 高的宫墙堆砌而成。此处原是观花殿旧址，明万历年间改堆秀山，为帝后重阳登高处。山下有岩洞，左右有磴道，山顶即御景亭，可遥望紫禁城内的宫殿和御园景物。山下门券左右岩洞间，各有石雕巨狮，背驮石盘，盘内透雕龙头喷泉，飞珠溅玉，高逾寻丈，地面乎护以白石楯栏。这里的山峦峭壁间、银松翠柏、绿荫掩映，为御花园胜景之一。堆秀山东侧是摛藻堂，为南向五开间六檩前出廊悬山殿，建于乾隆年间，堂内四壁为贮藏“四库全书荟要”处。堂左为凝香亭。堂前是一座跨建在东西向长方形水池内单孔石拱券上的浮碧亭，四面开敞，面阔进深各三开间，亭前接有抱厦。亭内天花板彩绘百花图案，极为美观。方亭地面高于前面抱厦，柱间和水池各面均围以望柱栏杆，以便凭栏观鱼。亭南有万春亭，为上圆下方四面出厦的重檐亭。亭内原设神像、宝龛、供案、幡幢等，今已不存。亭前又有小井亭，为四柱方亭，外观秀丽。亭南是绛雪轩，坐东向西，面阔五间，旁带一耳，前出厦三间，形如凸字，梁栋间画绿色竹纹彩画。门窗装修一概楠木本色，与园内其他建筑相比尤其显得朴素雅致。堂前砌方形五色琉璃花池。最南端是绛雪轩，五开间，七檩硬山黄琉璃瓦顶，占地深广而体形并不高大，堂前假山亦是以平广取胜，一主一辅，大小分明，以平远、广阔之势组成一体。轩前设有长方形花纹精细的黄绿琉璃须弥座台，上面围以蓝绿两色琉璃小望柱栏杆，中间放置太湖石、海棠花、太平花等。春秋佳日，繁花似锦。这里当年是御花园赏花处。轩南向东的琉璃门即是琼苑东门，过门转南为东六宫的东一长街。

园内西路建筑，在钦安殿后右方是延晖阁，与东侧堆秀山的御景亭左右对峙，遥相呼应。延晖阁面阔三间，重檐二层楼，卷棚歇山顶，覆黄色琉璃瓦，楼上周围出廊，高出宫墙，北面正对景山。由顺贞门宫墙外，便可望见巍峨壮丽的延晖阁。阁前，左右古柏成行，不凋不容，参差蟠曲，均为 500 年前之物。阁右是位育斋五间，西有玉萃亭。斋前有一长方水池，上有澄瑞亭，形制和东面的浮碧亭相仿，但此亭四面均有门窗。水池因限于漱芳斋过厅门的位置，稍缺其西南一角。过厅门在池西面，形制装修与绛雪轩的前轩大致相仿。澄瑞亭南为千秋亭，外观形制与万春亭完全相同，是园内唯一一对构造装饰毫无差别的建筑物。南行稍左是四神祠，是一座八角形周围廊步，前面带歇山抱厦的小建筑。廊柱间设坐凳栏杆。祠内供奉风、雷、雨、电诸神像，还有供案和香炉等。四神祠坐南朝北，正对延晖阁。祠西有井亭，与园东路井亭结构相同，但四面有门窗并用绿色油饰，不同于红色油饰开敞式的东路井亭。祠后有叠山一区，四面有磴道、石门可以登临。山南建方石台，高与山齐，石台背面有石磴道，于台上四望，松柏交翠。平台正西为养性斋，是千秋亭偏南最外侧的一幢楼阁式建筑，背靠宫墙，坐西朝东。养性斋面阔七间，进深五间，前后廊步。与东面的绛雪轩相比，一个以高大峻拔见长，一个以方广平坦取胜。养性斋前点缀假山，环嶂如庭。两侧楼头的峭壁，大皴大点，颇见手法。养性斋南是琼苑西门。

御花园虽然受宫殿庄严对称格局的影响和地形的限制，但各建筑物间大小高低、方圆欹斜、横竖坐向以及局部装饰式样的均有不同，处处表现着统一中求变化的匠心（图 9-21、图 9-22）。

（8）宁寿宫花园（乾隆花园）

宁寿宫是位于紫禁城内廷外东路的一组院落，于清乾隆三十六年（1771 年）开始修葺并营建，历时 6 年，于乾隆四十一年（1776 年）建成 46 000m^2 的宁寿宫建筑群。这组建筑群的北半部划分为中、东、西三路，中路为养性门、养性殿、乐寿堂、颐和轩、景祺阁等建筑；东路为畅音阁、阅是楼、庆寿堂、景福宫等建筑；西路是宁寿宫花园。宁寿宫花园是乾隆为自己做满 60 年皇帝之后归正做太上皇时颐养休憩而预先建造的，故又称乾隆花园 (图 9-23)。

宁寿宫花园的用地窄而长，东西宽 37m，南北纵深达 160m，面积大约 0.6hm^2，前后一共分为五进院落，每进院落平面皆近乎正方形，各有一座主殿，每座主殿大体位于中轴线上，并多朝南偏北布置。各进院落的布局均不相同，内部的二十几座建筑物均与园景相映成趣（图 9-24）。

园门衍祺门以北为第一进院落。衍祺门是乾隆花园的正门，门面阔三间，硬山卷棚顶。入门正对古华轩，轩面阔五间，进深三间，歇山式卷棚屋顶，是具有周围回廊的敞厅。轩西南在山石前有禊赏亭，亭为重檐攒尖顶，南、北、东三面都有歇山卷棚的抱厦，东面较宽大，因此平面呈“凸”字形。东面凸处部分的地上刻有流杯渠，故名亭曰“禊赏”。亭后西北有旭辉亭，名虽为亭，实是面阔四间带歇山卷棚顶的房屋。其南端一间是走廊。亭面东，以迎朝阳，故名“旭辉”。因亭踞山石上，地势较高，遂有斜廊与禊赏亭相连。古华轩东南有别院，有曲廊围绕。廊间突起处有“矩亭”，廊东转为“抑斋”二间，斋中原作佛堂用。斋外院内堆假山，山上建方亭，称“撷芳亭”，位于园内的东南角。在抑斋之北古华轩东假山上有承露台一座，台下山石间辟有门，门北循石级可登达台上。古华轩以北，一带磨砖对缝清水墙，墙肩为彩色石片镶贴的台明，这种做法很别致，不同于一般的宫苑墙垣，设双卷垂花门，过此便为花园的第二进院落。

由以上第一进院落看，古华轩是中轴线上的建筑。院落西北有旭辉亭、禊赏亭，东南有抑斋别院，从体量上看，均衡且有前后参差；从建筑轮廓向上看，屋顶造型有歇山、攒尖、硬山及单檐、重檐之别，高低错落，疏密相差，颇为灵活有致。

第二进院落为北京典型的三合式住宅院落，正厅遂初堂面阔五间，南向，前后有廊，上具歇山卷棚顶，堂前东西厢房各五间，是硬山卷棚式建筑，且有前廊。台阶设在北次间前，不在正中，而室内隔断分划也不一致。庭院内湖石点景，花木扶疏，气氛宁静，有抄手游廊和窝角游廊连接正厅、两厢和垂花门。

遂初堂北是花园的第三进院落。此院落以一座叠石大假山为主体。庭院之中峰峦突起，洞堂相通，环山布置建筑物四幢。主峰之上建方亭“耸秀亭”，居高临下可南望禁中宫阙。山之西有“延趣楼”，楼为歇山卷棚式建筑，面阔五间，深三间，东向。楼底层在东、南两面有走廊，与前后建筑物相连接。在北次间内置楼梯以通上下。楼上层东、南、北三面皆有走廊，前安栏杆，可以凭栏眺望。山之北为此进院落的主体建筑“萃赏楼”，歇山卷棚顶，面阔五间，深三间，南北向，东稍间内有楼梯。楼上下两层前后皆有走廊，楼下前廊向西接出折而向南与延趣楼相连，楼下后廊向西接出与“养和精舍”相连。院东南有“三友轩”，轩面阔三间，南、北、西三面各出走廊，西山墙上开一大方窗。屋顶西端为卷棚歇山式，东端因与中路乐寿堂相接，故改为悬山式。三友轩的窗棂均为紫檀木透雕的松竹梅图案，取松竹梅“岁寒三友”之意命名。窗外花影摇曳，

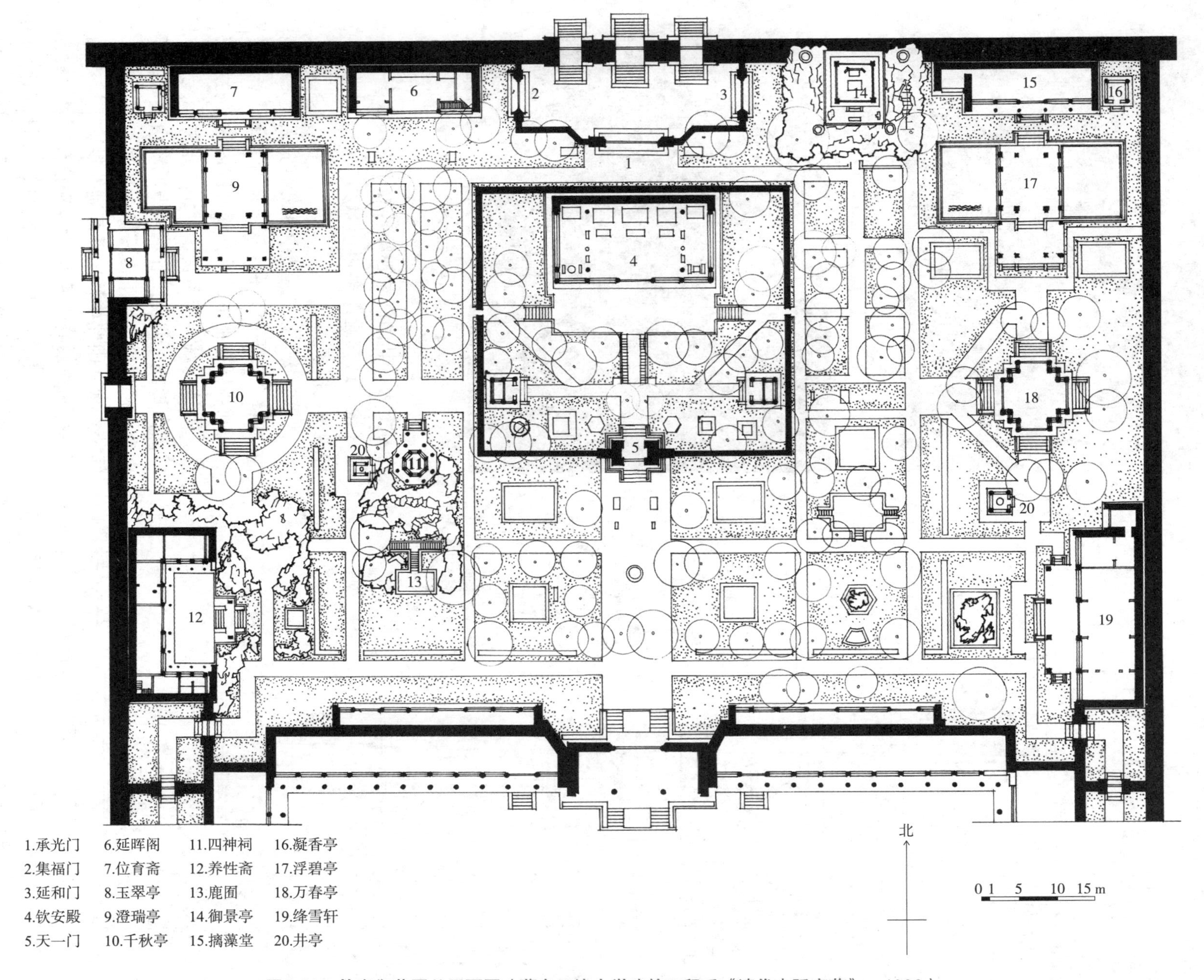

1.承光门 6.延晖阁 11.四神祠 16.凝香亭
2.集福门 7.位育斋 12.养性斋 17.浮碧亭
3.延和门 8.玉翠亭 13.鹿囿 18.万春亭
4.钦安殿 9.澄瑞亭 14.御景亭 19.绛雪轩
5.天一门 10.千秋亭 15.摛藻堂 20.井亭

图9-21 故宫御花园总平面图（摹自天津大学建筑工程系《清代内廷宫苑》，1986）

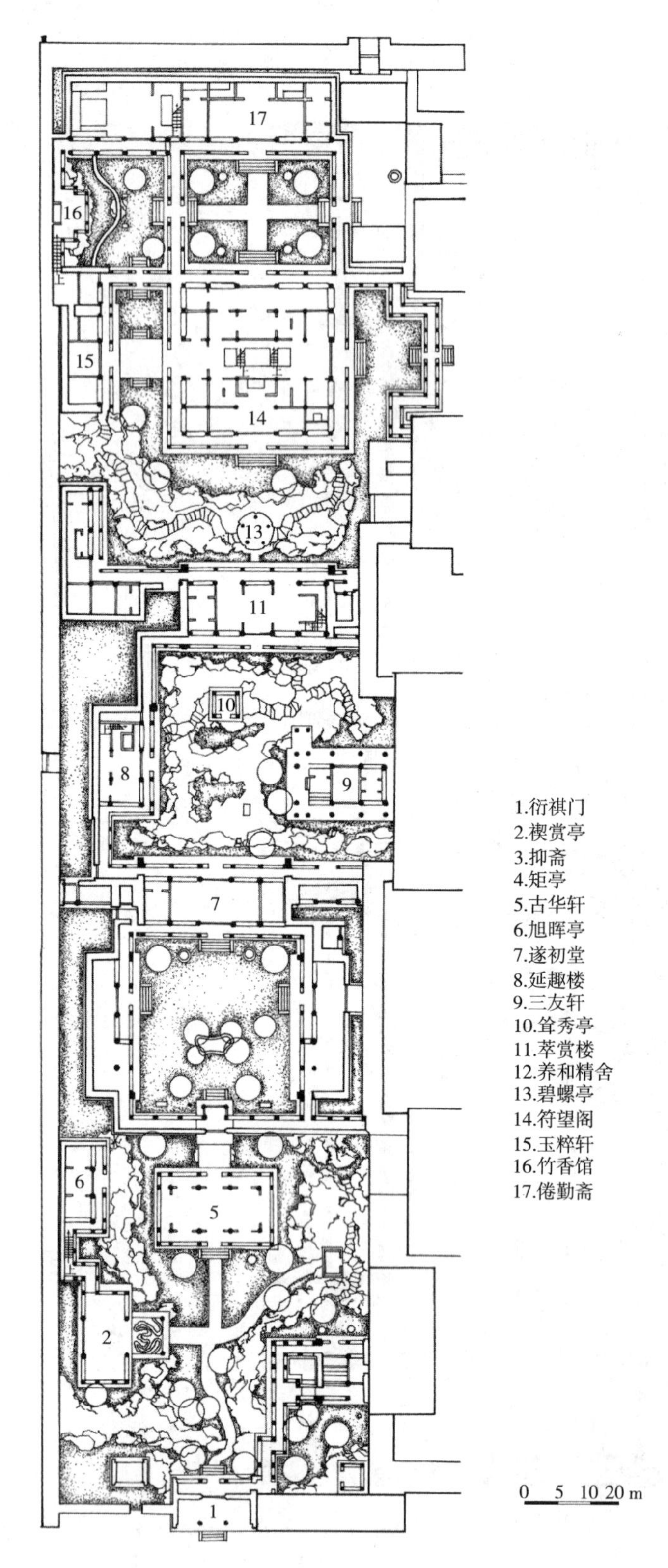

图9-23　宁寿宫花园平面图（摹自天津大学建筑工程系《清代内廷宫苑》，1986）

图9-22　故宫御花园　张司晗摄

图9-24　故宫宁寿宫花园　康汉起摄

石笋挺秀，其幽静意趣宛若处于深山大壑中。总的来说，这一进院落以山景为主题，身临其境，仰视观赏居多。

“萃赏楼”以北是花园的第四进院落。楼西的“养和精舍”平面为曲尺形，东西三间，南北带廊步五间。楼有上下二层，朝向院内的部分皆有走廊。屋顶东端因与萃赏楼延出的走廊相接，故做成硬山形式，北端因临空故做成歇山形式，颇为别致。楼层檐口椽下做擎檐垂莲柱一匝，垂莲柱间装华板，因此檐柱上看不到斗拱。下层在滴珠板下也同样采取此手法。“养和精舍”北端有石桥搭连到院内的假山上，“萃赏楼”后廊明间上亦有石桥与假山相接。萃赏楼北的假山上有“碧螺亭”，亭为重檐五柱，梅花形平面，屋面有五条垂脊，中置宝顶。亭柱间的栏板是用整块曲尺石刻制而成，板面有梅树纹样。“碧螺亭”正北是“符望阁”，是院落的主体。其外观高两层，上层有四角攒尖方顶，上具宝顶，气象崇闳。符望阁也是全园体量最大、外观最华丽的建筑物，底层室内均为金镶玉嵌、精工细雕的装修，纵横穿插间隔犹如迷宫；登楼凭栏远眺，园外宫阙以及景山、北海琼华岛、钟鼓楼等历历在目。“符望阁”东有曲廊，即中路建筑“颐和轩”到“景祺阁”的回廊；阁西有走廊，通至西墙脚下的玉粹轩。玉粹轩为歇山卷棚式建筑，平面面阔三间，东向，其北端又接出一间。

“符望阁”正北是“倦勤斋”，为第五进院落的正房。其通脊九间，南向。斋前左右又有回廊与“符望阁”相通。西廊之西，有八角形墙门，门上题额曰“暎寒碧”，门两侧有曲墙，门内靠西墙有竹香馆，平面为凸字形，东向，高两层，南北两端有斜廊。竹香馆前由弓行矮墙围成小院，院内植翠柏两株，修竹数竿，配盆花山石构成玲珑小巧别有洞天的一区。总体来讲，花园最后一进院落以“符望阁”为主体，前有“萃赏楼”，后有“倦勤斋”，且都位于一条轴线上，因轴线在园内的中轴线之东，所以在西面依次建有养和精舍、玉粹轩、竹香馆等，以期平衡。院落内建筑物造型各异，大小有别，虽栉比而建，却不觉得呆板重复。

总之，宁寿宫花园面积虽然狭小，但布局划采取横向分隔为院落的手法，弥补了地段过于狭长的缺陷。院落空间虽然沿轴线排列，但并非一气贯穿南北纵深，而是采用“错中”做法，根据院落的具体情况而约略错开少许，突破机械对称而力求富有自然情趣；每进院落各有特色，给人以不同的感受。

（9）天坛

中国古代正式祭祀天地的活动，可以追溯到公元前 2000 年，尚处于奴隶制社会的夏朝。中国历代帝王自称“天子”，对天地的崇敬表现为把每年的祭祀天地作为重要的政治活动。北京的天坛为明、清两代皇帝祭天、祈谷的场所，浓缩了历代礼制之精髓，成为中国祭坛史上的璀璨明珠。天坛自民国起辟为公园，中华人民共和国成立后，历经多次整修，1998 年被联合国教科文组织列入世界文化遗产。

天坛始建于明永乐十八年（1420 年），用工 14 年与紫禁城同时建成，取名天地坛，天与地合并一起祭祀。嘉靖九年（1530 年）因立四郊分祀制度，改天地合祀为天地分祀，在大祀殿南建圜丘坛，专用来祭天。嘉靖十三年（1534 年）南郊祭祀地改称天坛。嘉靖二十一年（1543 年），拆除大祀殿，在其原址上建新殿——大享殿，大享殿就是今天祈年殿的前身。乾隆时期，国力富强，天坛也大兴工程，将天坛的内外墙垣重建，天坛的主要建筑祈年殿、皇穹宇、圜丘等也均在此时改建，最终形成了清朝天坛完整的格局（图 9-25）。明清时期天坛占地面积 273hm^2，如今的天坛公园面积为 205hm^2。

天坛是保持明清风貌最为完整的皇家祭坛园林。现入口东、西、南、北各一处，园内共分内外两坛，内坛城墙保存完整。内坛内包括了明清时期的祈谷坛 (祈年殿) 与圜丘坛两座祭坛及其主要建筑皇穹宇、斋宫等。外坛主要建筑是明清时期的神乐署。天坛公园内道路规则，以明清保留道路居多。植物种植以古柏为特色，故而较为完整地体现出明清时期皇家祭坛园林的风貌。

天坛被两重坛墙分隔成内坛和外坛，形似“回”字。两重坛墙的南侧转角皆为直角，北侧转角皆为圆弧形，象征着“天圆地方”，俗称“天地墙”。天坛内共有两处坛台，南有圜丘坛，北有祈谷坛（祈年殿），两坛之间由“丹陛桥”（砖砌甬道）连接，并形成南北主要轴线。主要建筑都集中于内坛，只有神乐署、牺牲所等建筑建于外坛。在建筑布局方面，南侧圜丘坛建筑群、北侧祈谷坛建筑群与西侧斋宫建筑群，这三组建筑群在平面上组成了“品”字形的建筑空间布局形式。

圜丘坛与祈谷坛从南到北排列，形成了天坛内重要的南北中轴线。一道隔墙将天坛内坛分为南北两部分，南半部即圜丘坛坛域。从最南端天

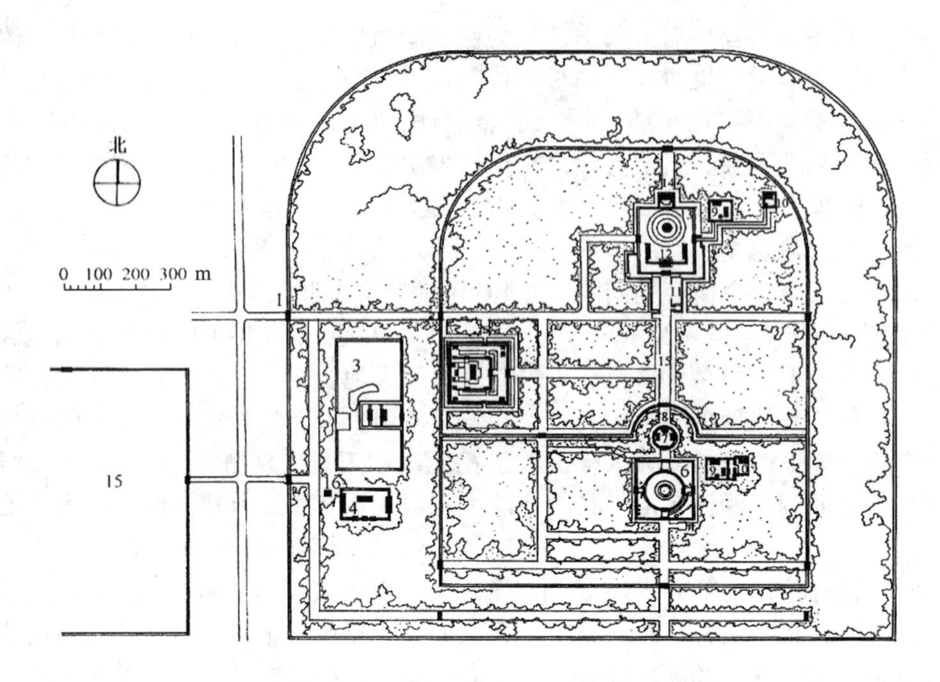

图9-25　天坛平面图[摹自孙大章《中国古代建筑史》（第五卷），2009]

坛南门即昭亨门开始，沿中轴路，至圜丘坛外壝棂星南门为入口空间。穿过圜丘坛外壝棂星南门向北，可见圜丘祭祀坛台，至北侧外壝棂星北门的整个空间，是圜丘坛主体的坛台空间，也是核心空间。从坛台北侧经外棂星北门，向北至天库琉璃门这段空间，是连接南侧圜丘坛与北侧天库院落的过渡空间。琉璃门北侧是一正圆形院落，这是圜丘坛的寝宫，又称“天库”，也是圜丘坛建筑群的次核心空间。进入天库，皇穹宇与东、西配殿即映入眼帘，天库院墙整体呈圆形，其内壁就是回音壁。天库北侧至成贞门则是连接圜丘坛建筑群北部祈谷坛建筑群的过渡空间。

圜丘坛是明清两代皇帝举行祭天大典的神坛，天坛也因此而得名。圜丘坛主体坛台分内、外两层坛墙。外坛墙高 2.4m，平面呈正方形，边长约 168m；内坛墙高 1.8m，平面呈圆形，直径约 102m。内外坛墙内圆外方，亦寓“天圆地方”。乾隆十四年扩建后的圜丘为圆形汉白玉须弥座石坛，在建制上极尽阳数。共分三层，每层东西南北各方向皆有出陛，各层出陛台阶皆九级。每层均设有精雕细刻的汉白玉石栏杆，上层 72 根、中层 108 根、下层 180 根，栏杆的数字均为 9 或 9 的倍数。同时，各层铺设的扇面形石板，也是 9 或 9 的倍数。两重坛壝，外壝方形，内壝圆形。

皇穹宇位于圜丘之北，是供奉存放皇天上帝及配祀诸神位的场所，又称天库。其建筑形制为蓝色琉璃圆形单檐攒尖顶，鎏金宝顶，通高 19.20m，直径 15.60m。殿正南向开门，菱花格隔扇门窗，蓝琉璃槛墙，殿内穹窿圆顶。皇穹宇正殿殿基为青白石须弥座，圆形，高 3m，绕以汉白玉栏板，东、西、南三向出陛，南向出陛阶 14 级，东西向出陛阶 15 级，南向出陛正中雕刻这双龙戏珠浮雕。就单体建筑来说，祈年殿和皇穹宇都使用了圆形攒尖顶，它们外部的台基和屋檐层层收缩上举，也体现出一种与天接近的感觉。

圜丘坛坛域北侧，即天坛内坛的北半部分，为祈谷坛坛域。坛域东、西、北各有一天门连通外坛；坛域南门，则是成贞门。祈谷坛建筑群空间从南至北共分为 4 个部分：从成贞门沿中轴线向北至南砖门一段道路为丹陛桥，是祈谷坛建筑群的入口空间。从南砖门至祈年门，是连接入口与核心祭祀空间的过渡空间。祈年门向北的祈年殿院落是整个祈谷坛建筑群空间的核心空间。祈年殿就坐落于院落中心的祈谷坛上。从祈谷坛北侧穿过琉璃门，即到达天库院落，皇乾殿坐北朝南，坐落在院内正中。天库院落是祈谷坛建筑群的次核心空间。

丹陛桥是通往祈谷坛正门的唯一大道，也是连接圜丘坛与祈谷坛的唯一大道。是通往祈谷坛主体建筑的入口空间。其长 360m，宽约 29m，桥比南端稍高于地面，北端高出地表约 4.5m。人站在桥上自南向北行进，步步登高如临上界，两侧古柏夹道恭迎，引导视线直指祈谷坛。行至桥中部时，到达祈谷坛东西天门轴线与丹陛桥的交汇处，向北丹陛桥两侧开始出现附属建筑——东西坛院，古柏林向两旁退去，视线忽然放开，在蓝天白云的衬托下，祈谷坛南立面完全映入眼帘。丹陛桥成功地把祈谷坛突出抬高到无以复加的地位。

祈谷坛内院是一个逾 30 000m^2，南北略长的巨大广场，广场中心偏北处坐落着祈谷坛，坛上建有祈年殿。二者形成“上屋下坛”的建制。是当时北京市区最高的古建筑之一。广场两侧是祈年殿东西配殿。

祈谷坛圆形三层，上层直径 68.20m，底层直径 90.30m，三层坛高 5.2m；祈年殿殿高 31.60m，加之坛台高度，通高 36.80m。各层皆绕以汉白玉石栏板，各层栏板均为 108 块。三层石坛均八出陛，其中南北向各三出陛，东西各一，每陛台阶均为九级。南北正中台阶丹陛上均雕刻着龙凤呈样主题的浮雕。

祈年殿为圆形亭式殿宇，是一座木结构圆攒尖顶三重蓝色琉璃瓦檐建筑（图 9-26））。殿高 31.60m，直径 32.60m，周长 102.40m。顶层屋檐下正南向悬挂着九龙华带金匾，乾隆御笔青底金书“祈年殿”3 个大字。外檐 12 根大柱间有蓝色琉璃槛墙，槛墙上为三抹菱花窗，皆红漆并饰有龙纹，正南三间设门。步入大殿，金碧辉煌，大殿当中 4 根龙井柱，象征春夏秋冬；中层 12 根金柱通体朱红，象征 1 年 12 个月；外层 12 根檐柱，象征 1 天 12 个时辰；中外两层共 24 根柱子，象

图9-26 天坛祈年殿 褚天骄摄

征 24 个节气；加上中间 4 根大柱共 28 根，象征周天 28 星宿；再加上的柱顶的 8 根童柱，合计 36 根，象征 36 天罡。祈年殿的这种建筑设计手法，也体现了古人的天文观与时空观。大殿内木构结构复杂而科学，殿内顶部，形成美丽的天花藻井，因中心部位的金色龙凤雕饰而取名“龙凤藻井”。

斋宫建筑群位于天坛内坛，祈谷坛与圜丘坛南北中轴线西侧，西天门与东天门东西中轴线南侧。天坛内斋宫正殿——钦若昊天殿为庑殿屋顶，覆绿琉璃瓦，面阔 7 间。斋宫是皇帝的一处离宫，专用于祭祀前斋居，以此体现对上天的尊敬。同时斋宫在建筑布局方面也处处体现皇帝以儿臣自居，躬身自虔的对上天敬意之情，主要表现为，一是斋宫居于“偏位”，位于天坛内坛西隅，中轴线之西。二是斋宫建筑“坐西朝东”，一改南北正向，斋宫建筑的轴线垂直于祭坛建筑轴线，代表君王面对祭坛的崇敬之意。三是其中主要建筑正殿、寝殿、宫门等屋面覆绿色琉璃，而不用帝王专用的黄色琉璃。

9.3.2 私家园林

（1）恭王府花园

恭王府位于北京西城区前海西街，是道光第六子恭亲王奕䜣的府邸。原址可追溯到乾隆时期，是乾隆时大学士和珅的宅第。

恭王府由府邸与花园两部分组成，府邸建筑分中、东、西三路。中路四进，其中银安殿是王府的正殿，只有逢重大事件、重要节日时方开启。民国初年，银安殿由于不慎失火，大殿连同东西

配殿一并焚毁，现银安殿院落为复建。银安殿之后有嘉乐堂。在恭亲王时期，嘉乐堂主要作为王府的祭祀场所，内供有祖先、诸神等的牌位，以萨满教仪式为主。西院五进，从垂花门进去为第四进，即天香庭院，其背面大厅，仿故宫宁寿宫乐寿堂的款式，为勾连搭式结构，庭内有暖阁，进深宽大，退间宏敞，隔断为楠木，设计极为精巧，只是规模上较乐寿堂稍小而已。东路五进，但厅堂没有匾额。以上三路院落的最后，有一座长约 160 m 的两层后罩楼，呈凹字形，楼中间偏西下层有过道门，通府后花园。

恭王府花园在府邸北面，又名萃锦园。萃锦园究竟始建于何时，其说不一。从园中保留的参天古树以及假山叠石的技法来推测，最晚在乾隆年间即已建成，很有可能是利用明代旧园的基址。同治年间曾经重修过一次，光绪年间再度重修，当时的园主人为奕䜣之子载滢。载滢于光绪二十九年（1903 年）写成《补题邸园二十景》诗 20 首，收入《云林书屋诗集》中。这 20 首诗分别描写萃锦园的二十景：曲径通幽、垂青樾、沁秋亭、吟香醉月、艺蔬圃、樵香径、渡鹤桥、滴翠岩、秘云洞、绿天小隐、倚松屏、延清籁、诗画舫、花月玲珑、吟青霭、浣云居、枫风水月、凌倒景、养云精舍、雨香岑。1929 年萃锦园由辅仁大学收购，作为大学校舍的一部分。如今已修整开放，大体上仍保持着光绪时的规模和格局。

萃锦园总平面近方形，东西长约 170 m，南北宽约 150 m，总占地面积 25 710 m^2。萃锦园也分为中、东、西三路。中路呈对称严整的布局；东路和西路的布局比较自由灵活，前者以建筑为主体，后者以水池为中心。

萃锦园中路中轴线与前府的中轴线贯通。正中园门为中西合璧式样，旁连短墙，短墙东西两侧用戴石土山的南壁为界。园门上方，南北各刻有石刻匾额，南面题字“静含太古”，北面题字“秀挹恒春”。

入门后，正面迎门为一座柱形太湖石，顶刻“独乐峰”3 字。石后为一蝙蝠形小水池，名福池。福河后为正厅安善堂，东西各有配房，东曰“明道堂”，西曰“棣华轩”。安善堂后又一方形水池，池后是全园最高的一组假山。山顶有 3 间敞厅，名曰“邀月”。邀月厅两侧，有爬山廊直通东西配房，西配房名韵花簃。假山下构石洞，洞内有一方福字石碑。中路最后的主体建筑，平面呈蝙蝠形、五楹，称福殿，俗称蝠房子。前后东西两侧各接出 3 间有如蝠翼呈直角的耳房，形制特殊（见附图 7）。

花园东路，第一进院落南墙中间为一座垂花门，为一座狭长的院落“香雪坞”，门内有龙爪槐 4 株。垂花门前偏西处为一座八角形流杯亭，名沁秋亭。院内有东房八楹，西房三楹，正北为王府大戏楼，空间繁复，北部为前厅，中央为观戏厅，南部为戏台，内外装修均十分富丽堂皇，几乎可以与皇家苑囿戏楼相比。

花园西路，以山水为主，起始部分从飞来峰西走，在南端是两山之间的一个雄关。关名曰“榆关”，榆关即长城的山海关，当年清代皇帝就是从此入关，在园中设此关足以表示园主不忘记其祖先创业之艰。关北有小楼，形制独特，底层平面十字形，称“般若庵”，上层平面为海棠形，悬“妙香亭”匾额。再北是西路的中心大方池，方池东南角出细流折东与福河相连，大方池之中有一个方形小岛，岛上是观鱼台，以此来喻庄子濠上观鱼之乐的典故，奕䜣时改名诗画舫；池西是西山；池北有五楹两卷房，名澄怀撷秀，其东耳房名曰韬华馆。东出抄手廊与中路滴翠岩的曲廊相接。

恭王府是王府园林的典范。它虽属私家园林的类型，但由于园主人具皇亲国戚之尊贵，所以有不同于一般宅园的地方。全园三路的划分严整均齐，整体西、南部为自然山水，东、北部为建筑庭院，形成自然环境与建筑环境之对比。既突出风景式园林的主旨，又不失王府气派的严肃规整（图 9-27）。

（2）朗润园

位于现北京海淀区的朗润园原为乾隆第十七子、庆郡王永璘（后封晋庆亲王）的赐园，旧名“春和园”，在此之前的历史不详。嘉庆年间，永璘传于其子庆郡王绵慜。第三代庆

图9-27 恭王府花园 蓝素素摄

郡王弈采因罪夺爵，道光四年（1824 年），春和园被收归内务府。咸丰初年（1851 年），此园被改赐给道光帝六皇子、恭亲王奕䜣，并赐名“朗润”。奕䜣在《朗润园记》这样讲述园林的沿革：“圆明园迤东而南，旧有园寓一区，俯枕长河，周围不过里许，是为春和园。咸丰辛亥余承恩赐居于此……是葺是营，肯堂肯构……越明年壬子而园成……是岁仲秋复蒙皇帝临幸，御书易园额曰‘朗润’……”可知奕䜣在获赐此园后，对其修缮加盖，次年建设完成后，咸丰帝于当年秋天临幸并亲自题赐园名（图 9-28）。

咸丰十年（1860），英法联军对北京西郊的园林进行大面积的掠夺和破坏，而朗润园幸免于难。民国初年，溥仪将此园赐予贝勒载涛。1920 年燕京大学购得此园。1952 年并入北京大学。1995 年 10 月至 1997 年 5 月，中国经济研究中心对朗润园进行了全面的修缮和增建。现在的朗润园，与原格局有一定出入，但园中原有山石池沼并未改动，山水结构仍清晰可见。

朗润园周边风景秀丽，水源丰沛，花木繁盛，是造园胜地。西北边接万泉河，并与绮春园隔河相望，南侧紧邻镜春园和鸣鹤园，东离近春园不远，西近蔚秀园，环境极佳。

朗润园是一座以水景见长的自然山水园，它的水源由鸣鹤园而来，从西北角归入万泉河。全

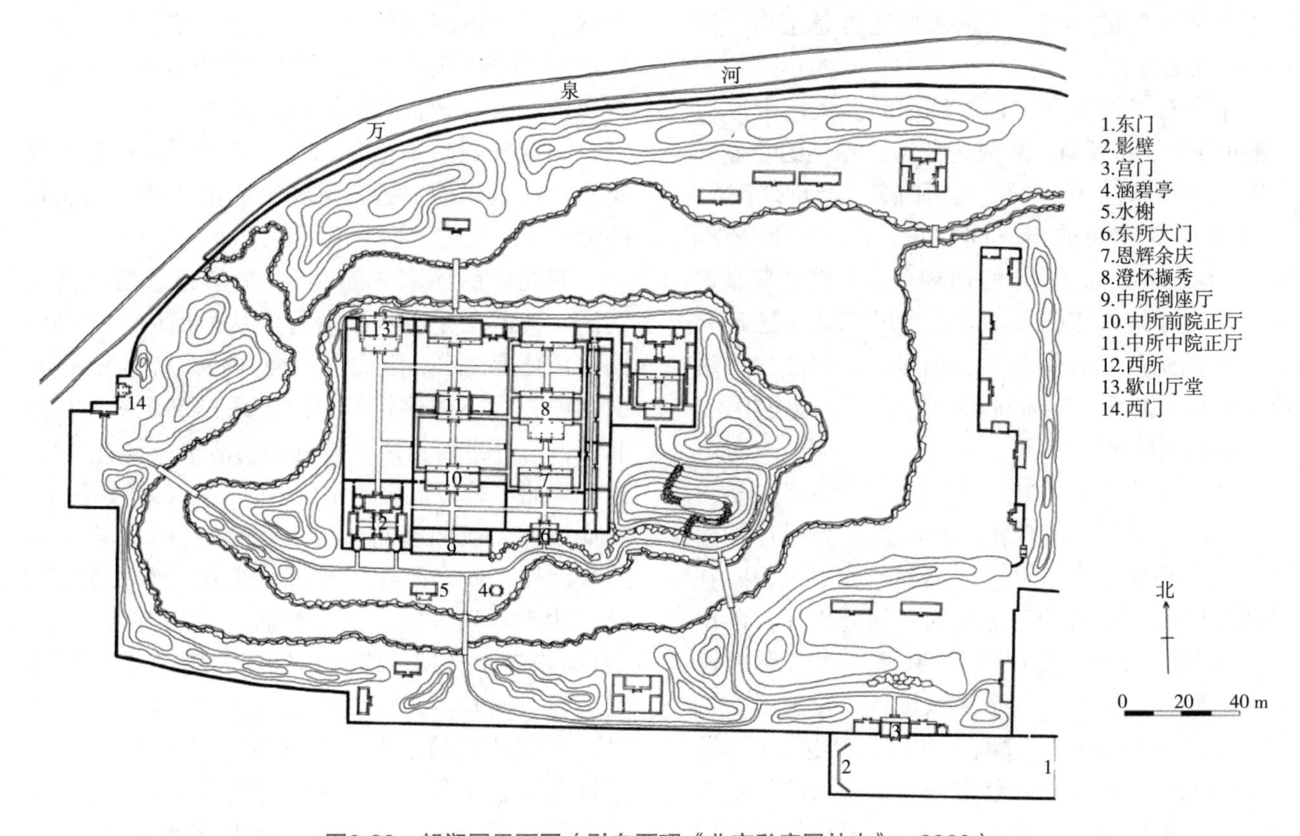

图9-28 朗润园平面图（引自贾珺《北京私家园林志》，2009）

园面积 8.2 hm^2，东西长 384 m，南北长 266 m。朗润园的轮廓并不方正，西北边界是弧形的，这是为了顺应地形水系。围墙下部为虎皮石所砌，上身刷白粉。全园的布局是以土山环抱曲水，曲水围绕中心的大岛，岛上又有多座土山，建筑处于层层山水掩映之中。环形水系主要以溪河的形式包围中心岛，但并非一成不变，而是曲折有致、有收有放；东北的水面较为开阔，倒映柳荫天光。

园的正门在东南角，开门见山，进门后即见 3 座土山。沿山间小道到达水边，跨过溪河上的石桥，便到达了主岛。眼前看见一块瘦长的湖石，伫立土山之前，山脚为叠石。登山眺望，可欣赏对岸的绿树掩映中朱红的建筑和廊道，亦可俯瞰全园。主岛为叠石驳岸，东西都为土山，建筑群安然于土山环抱之中。

建筑群分东、中、西 3 所，格局十分规整，且不设东西厢房，故虽处在山水之中，却没有给人潮湿阴暗的印象。建筑群北面临水，东面和东南为土山；北面中间偏东的位置水面放大，形成贴近东所大门的小湾；西南和西边也是土山，但规模比东边小。

东所有三进院落，以游廊串联。大门上原有“春和别墅”的额匾，后改为恭亲王亲笔的“壶天小境”。一进院正房五间，奕䜣时名“恩辉余庆”；二进院正房五间前出三间抱厦，时名“澄怀撷秀”；再北即为后照房。东所现存的建筑全部是重建的仿古建筑，宫门取消。东所的东北侧还建有一座两进院落，有倒座门、正房、东西厢房、后罩房和抄手游廊，与东所后罩房之间有通道相连，可能是附属建筑。

中所东西较东所宽，原不设门，最南边是一排倒座厅，中央三间时名“乐静堂”。倒座厅的南墙刷成白粉墙，上开 9 个什锦漏窗，不设门。在春和园时期，中所的正房原为五间硬山厅，前出三间抱厦，名为“致福轩”，有嘉庆帝亲题的匾额。朗润园时期，对这个区域进行了重建。在倒座厅之北设挡墙，穿过墙上花门，到达二进院，正房为五间硬山厅堂，悬道光帝御笔的“乐道书屋”和“正谊书屋”匾额。三进院正房为三间厅堂，两侧附有耳房，其北边为第四进院落，建有五间后罩房。1997 年重修朗润园时，取消了倒座厅和厅北的隔墙，在中路南侧建三间宫门，并将第三进院落的厅堂和耳房改建成五间硬山前出抱厦的形式，挂“致福轩”旧额。

西所分三进院，南墙中间部分为倒座房，门开在两侧，内有正房三间。最后一进院子的进深很大，相当于中所、东所两进院落的进深，北端有三间歇山花厅，前出三间歇山抱厦，造型十分特别。春和园时期，名为“益思堂”，应该是书房。花厅后檐临水，从后门向东走，即可到达石桥，由此可到对岸。对岸有一座五间硬山房，或为同治以后所建。

中所大门前偏东有一座方亭，名“涵碧亭”，匾额为奕䜣亲题。亭西游三间水榭前出抱厦。在南岸，也有一座水榭与它相对。在园子的东、北皆有辅助用房，面水向心式布局。在西侧有一个小门，为朗润园的后门。

奕䜣在诗集《萃锦吟》中，提及朗润园中有萃赏轩、咏恩阁、幽赏轩、晚云山馆、得月簃等景点；《朗润园记》中提及园中有明道斋、棣华轩等建筑。其中萃赏轩的匾额为咸丰帝御笔，咏恩阁、幽赏轩则是雍正帝御笔。此外，园中还有供宾主射箭娱乐的射圃，反映了满清贵族崇尚骑射的传统。但上述景物今俱不存。

朗润园的园名“朗润”，是形容水景之清朗润泽，此园正是以水景著称。从外而内，先是四面山丘环抱曲水，继而水围绕一岛，岛上又有山，山之内方为主体建筑。园内水系自东北来，从西北出，与万泉河相接，是流动的活水，富有灵气。这一湾曲水蜿蜒盘旋，水面收放有致，或如河流，或如溪涧，或如湖面，与两岸的山石、垂柳、建筑相映照，使全园笼罩着一种朦胧清幽的水雾气氛。此水不仅可赏，而且可游。奕䜣有诗句称：“竹深松老半含烟，嵇阮相娱棹酒船。”说明园中宾主曾一同舟游，饮酒作诗，欣赏两岸的竹林老松。水中还种植了荷花和莲花，时人采莲为乐。奕䜣在《涵碧亭口占》一诗中描写了夏季泛舟采莲之乐：“采莲湖上红又红，水态含青近若空。菱叶参差萍叶重，荷花深处小船通。”

朗润园以土山为主，叠石只运用在山脚，偶有点景石。水系之外土山连绵不绝，隔绝了外界喧嚣；水系之内又在岛的东西两侧叠山，形成双重屏障，让景色更加幽深也更为丰富。土山上有小路，可以登高远望。

园内的植物非常繁茂，尤其以红荷白莲、翠竹、苍松和垂柳四者见长，在《朗润园图》上清晰可见。现在朗润园中仍有大片荷花与成行的柳树，土山之上可以看到几株高大的古松，但原位于园区北部的大片竹林已经消失。奕䜣在诗中还提到过“槐陌柳亭无限事”“桂枝梧叶共飕飕”“买得春泉溉药畦”等，可知当时园中还有槐、桂花、梧桐、芍药等花木。由于土山和水系的存在，朗润园中小气候类型比较多样，南方的桂花能够在园中生长也是不无可能。在重修朗润园时，在院落内补种了丁香、海棠等（图 9-29）。

朗润园是奕䜣的桃源仙境。当时朝局纷乱，内忧外患，作为朝廷重臣的奕䜣必然有诸多烦恼，朗润园就是他可以稍事休息的心灵家园。奕䜣在诗词中，描写了朗润园“户映花业”“门垂碧柳”“水榭临月”“烟波渺渺”的意境之美。在《朗润园记》中，他记录了自己的闲适朴素园居生活：“……研经史以淑情，习武备以较射。或怡悦于斯，或歌咏于斯。”这些诗句文章，充分表达出了他对此园的喜爱。

（3）狮子林

狮子林位于今江苏省苏州市园林路。狮子林始建于元代。元至正元年（1341 年），高僧天如禅师来到苏州讲经，受到弟子们拥戴，翌年弟子们买地置屋为天如禅师建禅林。天如禅师的师傅中峰和尚得道于浙江西天目山狮子岩，为纪念自己的师傅，禅师将寺院取名“师子林”，又因园内多怪石，形如狮子，亦名“狮子林”。天如禅师谢世以后。弟子散去，寺园逐渐荒芜。明万历十七年（1589 年），明性和尚托钵化缘于长安，重建狮子林圣恩寺、佛殿，再现兴旺景象。至康熙年间，寺、园分开，衡州知府黄兴祖买下，取名“涉园”。清代乾隆三十六年（1771 年），黄兴祖之子黄熙高中状元，

图9-29　郎润园　蓝素素摄

精修府第，重整庭院，取名“五松园”。至清光绪中叶黄氏家道衰败，园林倾圮，唯假山依旧。1917 年，上海颜料巨商贝润生（当代华裔建筑大师贝聿铭的叔祖父）花 80 万银元从民政总长李钟钰手中购得狮子林，用将近 7 年的时间整修，新增了部分景点，并冠以“狮子林”旧名，狮子林一时冠盖苏城。贝润生病故后，狮子林由其孙贝焕章管理。新中国成立后，贝氏后人将园捐献给国家，苏州园林管理处接管整修后，于 1954 年对公众开放。

狮子林以东西横向的水池为全园中心（图 9-30）。池的东西和东南面叠石掇山，峰峦起伏，间以溪谷；池的西面和南面墙廊部分，间以亭阁楼榭。四周围墙同廊结合（外墙内廊的墙廊），可循墙廊到园中各处，周而复始，这也是狮子林的一大特色。

园林的西北部以水景为主。主体水池中心有亭伫立，名“湖心亭”。曲桥连亭，似分似合，水中红鳞跃波，翠柳拂水，云影浮动。水源在园西假山深处，山石做悬崖状。一股清泉经湖石三叠，奔泻而下，如琴鸣山谷、清脆悦耳，形成人造瀑布。园中水景还有溪涧泉流等形式，迂回于洞壑峰峦之间，隐约于林木之中，藏尾于山石洞穴，变幻幽深，曲折丰富（图 9-31）。

园林东南部以建筑和假山为主。东南角的燕誉堂是全园主要厅堂，燕誉堂后面是小方厅，中

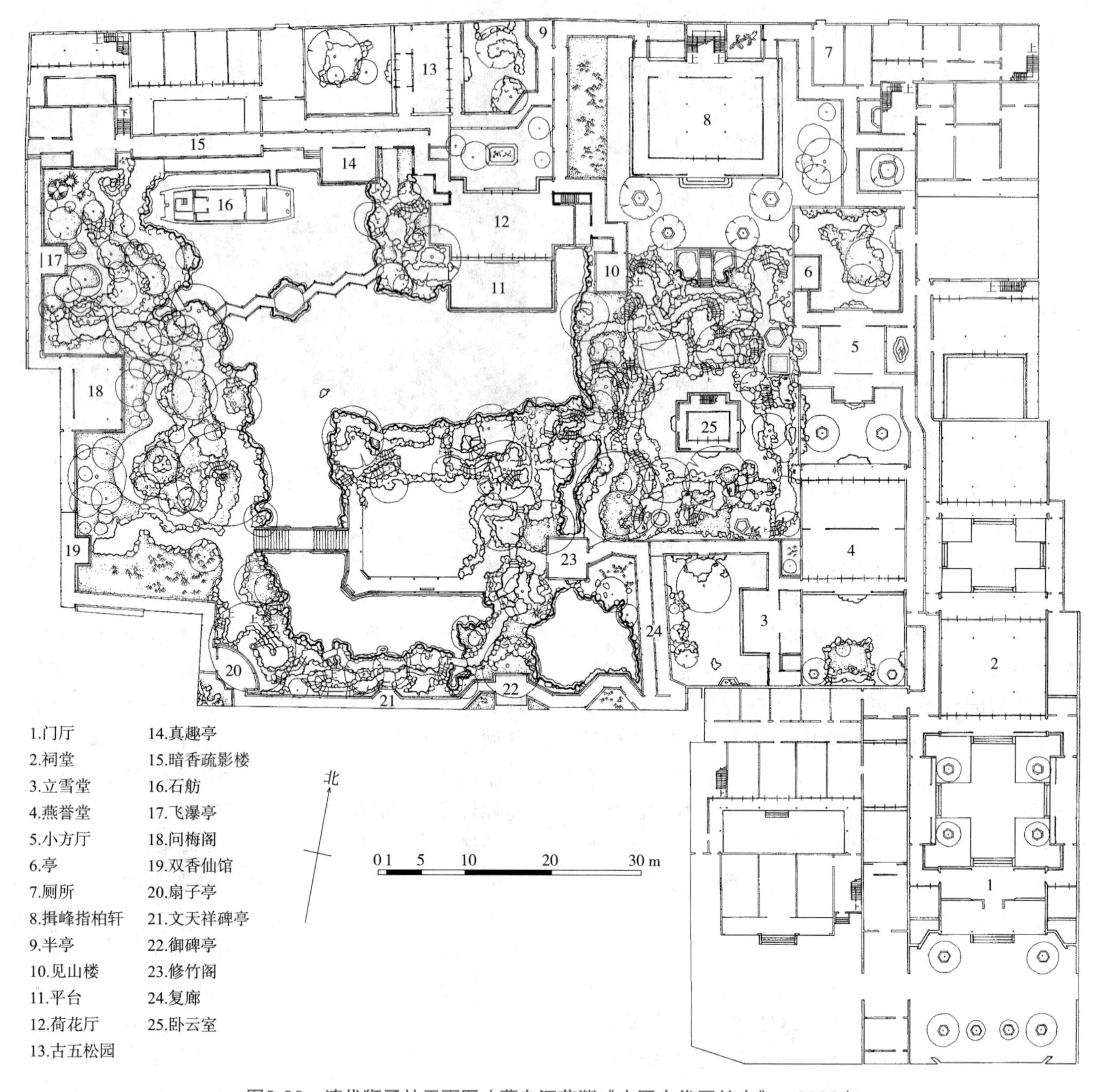

图9-30　清代狮子林平面图（摹自汪菊渊《中国古代园林史》，2006）

间有长方形庭院，小方厅的后院有海棠式门，穿门就到揖峰指柏轩，为二层阁楼，四周有庑，高爽玲珑。这些厅堂轩屋高敞，是旧日园主宴聚的地方。从燕誉堂的前廊西侧、后廊西侧、小方厅的西侧、指柏轩南渡桥，路路都可通大假山。山下构洞，石洞全用玲珑剔透湖石叠成，入洞穿行可到卧云室，卧云室的四面围着假山，仿佛置身石林之中，自室后再入山洞，随洞内路径上下，得路出至六角亭，从这里过石桥沿池西岸北进可到湖心亭。

在揖峰指柏轩西面有一竹园，再西为五松园。轩西南假山脚下有一楼，名见山楼，楼后循墙廊西行到大池北岸，有荷花厅，是赏荷佳处。再往北折西可到真趣亭，亭西廊前建有石舫。园

图9-31　狮子林小瀑布　许超摄

西北角有暗香疏影楼，沿楼前墙廊南行，中途有飞瀑亭，这里是园西部最高处，用湖石垒成三叠，下临深涧，上有水源，栓即有水下泻成瀑布（图 9-31）。沿墙廊而行，依次可经过问梅阁、双香仙馆、扇子亭、修竹阁等，折东可达燕誉堂。

狮子林素有“假山王国”之称，狮子林假山以小飞虹为界，大致可以分为东西两大部分。东假山环围卧云室而筑，地处高阜，有遇百年难逢滂沱大雨，也能一泄而干，无水浸之患，被称为旱假山；飞虹桥西，假山临水而筑，谓水假山。

假山全部以太湖石堆叠，玲珑俊秀，洞壑盘旋，像一座曲折迷离的大迷宫。假山上有石峰和石笋，石缝间长着古树和松柏。石笋上悬葛垂萝，富有野趣。山体分上、中、下 3 层，共有 9 条山路、21 个洞口。沿着曲径磴道上下于岭、峰、谷、坳之间，时而穿洞，时而过桥，高高下下，左绕右拐，来回往复，奥妙无穷。如两人同时进山分左右路走，可只闻其声不见其人，少顷明明相向而来，却又相背而去，有时隔洞相遇却可望而不可即。人在山中行走，可欣赏千姿百态的湖石。在假山顶上，耸立着著名的五峰：居中为狮子峰，形如狮子；东侧为含晖峰，如巨人站立，在峰后可见空穴含晖光；吐月峰在西，势峭且锐，傍晚可见月升其上；两侧有立玉、昂霄峰；此外还有数十小峰相映成趣。

在以狮子命名的园子里，不见一石狮，却通过大量的堆石，体现出狮子那种桀骜不羁的神似。山中有太狮、少狮、吼狮、舞狮、醒狮、睡狮，或蹲、或斗、或嬉，不可胜数。而整座群山，状如昆仑山山脉纵横拔地而出，以隆起的狮子峰为主，山峦奔腾起伏朝四面八方蜿蜒伸展：第一路山脉自狮子峰起，向东北方向越棋盘洞，入地脉达小方厅北庭院花台假山，终于九狮峰；第二路山脉从狮子峰出发，朝西北方向循山间小道跨石梁至见山楼前隐入溪池；第三路山脉从狮子峰往南穿环廊墙到达立雪堂庭院假山；第四路由狮子峰起，山脉向西南流动，跨过飞虹小桥，委蛇往南，越武陵洞口沿西南方十二生肖假山池峰直达双香仙馆假山岩谷，终至骆驼峰；第五路山脉由狮子峰向西，亦跨飞虹小桥，继续往西行至西端假山群峭壁，潜入山池绽达摩峰，渡飞瀑达飞瀑亭南面假山。五路山脉如蛟龙般伸至全园，开成了山环水绕的旖旋风光。

（4）拙政园

拙政园在今苏州娄门内之东北街。其历史可上溯到唐代，当时园址是诗人陆龟蒙的宅园，元朝改为大宏寺。明正德年间御史王献臣辞职回乡，买下寺产，改建此园。正德年间，御史王献臣因官场失意，致仕回乡，占用城东北原大弘寺所在的一块多沼泽的空地营建此园，历时五载落成，取西晋潘岳《闲居赋》中“于是览止足之分，庶浮云之志，筑室种树，逍遥自得。池沼足以渔钓，舂税足以代耕。灌园鬻蔬，供朝夕之膳；牧羊酤酪，俟伏腊之费。孝乎惟孝，友于兄弟，此亦拙者之为政也”，为园林取“拙政”之名，并沿用至今。王献臣死后，其子一夜豪赌将园输给阊门外下塘徐氏的徐少泉，后来园林屡易其主。明崇祯四年（1631年），园东部荒地十余亩为刑部侍郎王心一购得，于崇祯八年（1635年）落成，名“归田园居”。其后，园林分为西、中、东三部分，或兴或废又迭经改建。太平天国占据苏州期间，西部和中部作为忠王李秀成府邸的后花园，东部的“归田园居”已荒废。光绪年间，西部归张履泰为“补园”，中部的拙政园归官署所有。

今天的拙政园，仍可分为三部分：西部的补园、中部的拙政园紧邻于各自邸宅之后，呈前宅后园的格局（图9-32），东部重加修建为新园。全园总面积为4.1 hm^2，是一座大型宅园。

拙政园的中部是全园的主体和精华，它的主景区以大水池为中心。水面有聚有散，聚处以辽阔见长，散处则以曲折取胜。池的东西两端留有水口、伸出水尾。池中垒土石构筑成东、西两个岛山，把水池分划为南北两个区域。西山较大，山顶建长方形的“雪香云蔚亭”；东山较小，山后建六方形的“待霜亭”，藏而不露，与前者成对比之烘托。岛山以土为主、石为辅，向阳的一面黄石参差错落，背阴面则土坡苇丛，景色较多野趣。两山之间有溪谷，架小桥，山上遍植落叶树间以常绿树，岸边散植灌木藤蔓，此外，还栽植柑橘、梅花，植物配置非常丰富，可谓花果树木俱全。太湖中的诸岛多有种植柑橘，每当秋季，一片澄黄翠绿之景十分引人注目，拙政园中部岛山种植柑橘、灌木，可能意在模拟太湖诸岛之缩微，也与“待霜亭”之景题暗合。而大片梅花林则取意于苏州郊外的著名赏梅景点“香雪海”，并以“雪香云蔚”为亭之名。因此，岛山一带极富于苏州郊外的江南水乡气氛。西山的西南脚建六方形“荷风四面亭”，它的位置恰在水池中央：亭的西、南两侧各架曲桥一座，又把水池分为3个彼此通透的水域，西桥通往“柳荫曲路”，南桥衔接于“南轩”，为全园之交通枢纽。

原来的园门是邸宅备弄（火巷），经长长的夹道而进入腰门，迎面一座小型黄石假山犹如屏障，免使园景一览无余。山后小池一泓，渡桥过池或循廊绕池便转入豁然开朗的主景区。越过小池往北为园中部的主体建筑物“远香堂”，周围环境开阔。堂面阔三间，安装落地长窗，在堂内可观赏四面之景犹如长卷：堂北临水为月台，闲立平台隔水眺望东西两山，小亭屹立，磊石玲珑，林木苍翠，最足赏心悦目，夏天荷蕖满池，清香远溢，故取宋代著名理学家周敦颐《爱莲说》中“香远益清，亭亭净植”之意，题名“远香堂”。它与西山上的雪香云蔚亭隔水互成对景。

远香堂西北有倚玉轩。出倚玉轩往西北有小径曲桥通“荷风四面”亭，亭名因荷而得，四面皆水，莲花亭亭净植，岸边柳枝婆娑。亭单檐六角，四面通透，亭中有抱柱联：“四壁荷花三面柳，半潭秋水一房山。”

远香堂自平台西侧的“南轩”循曲廊往南折而西便是一湾水尾，此即水池在南轩处分出的一支，向南延伸至园墙边：廊桥“小飞虹”横跨水上，过桥往南经方亭“得真亭”，又有水阁三间横架水面，名“小沧浪”。它与小飞虹南北呼应，配以周围的亭、廊构成一个内聚而独立幽静的水院，自小沧浪凭栏北眺，在这段纵深约七八十米的水尾上，透过亭、廊、桥3个层次可以看到最北端的见山楼，益显景观之深远、层次之丰富。得真亭面北，前有隙地栽植圆柏4株，成为亭前之主景；柏树经霜不凋，可比拟君子，故取左思《招隐》诗句“峭蒨青葱间，竹柏得其真”之意而命亭之名。

由得真亭折北，有黄石假山一座。其西是清静的小庭院“玉兰堂”，院内主要种植玉兰花，配以修竹湖石。假山北面临水的为仿舟船形象的舫厅“香洲”，它的后舱二楼名“澄观楼”。香洲与南轩一纵一横隔水对望，此处池面较窄，故于舫厅内安装大玻璃镜一面，反映对岸景物，以便利用镜中虚景而获深远效果。过玉兰堂往北即为位于水池最西端的半亭“别有洞天”，它与水池最东端的小亭“梧竹幽居”遥相呼应成对景，形成了主景区的东西向的次轴线。梧竹幽居亭的四面均为月洞门，在亭内透过这些洞门可以收纳不同的景色。

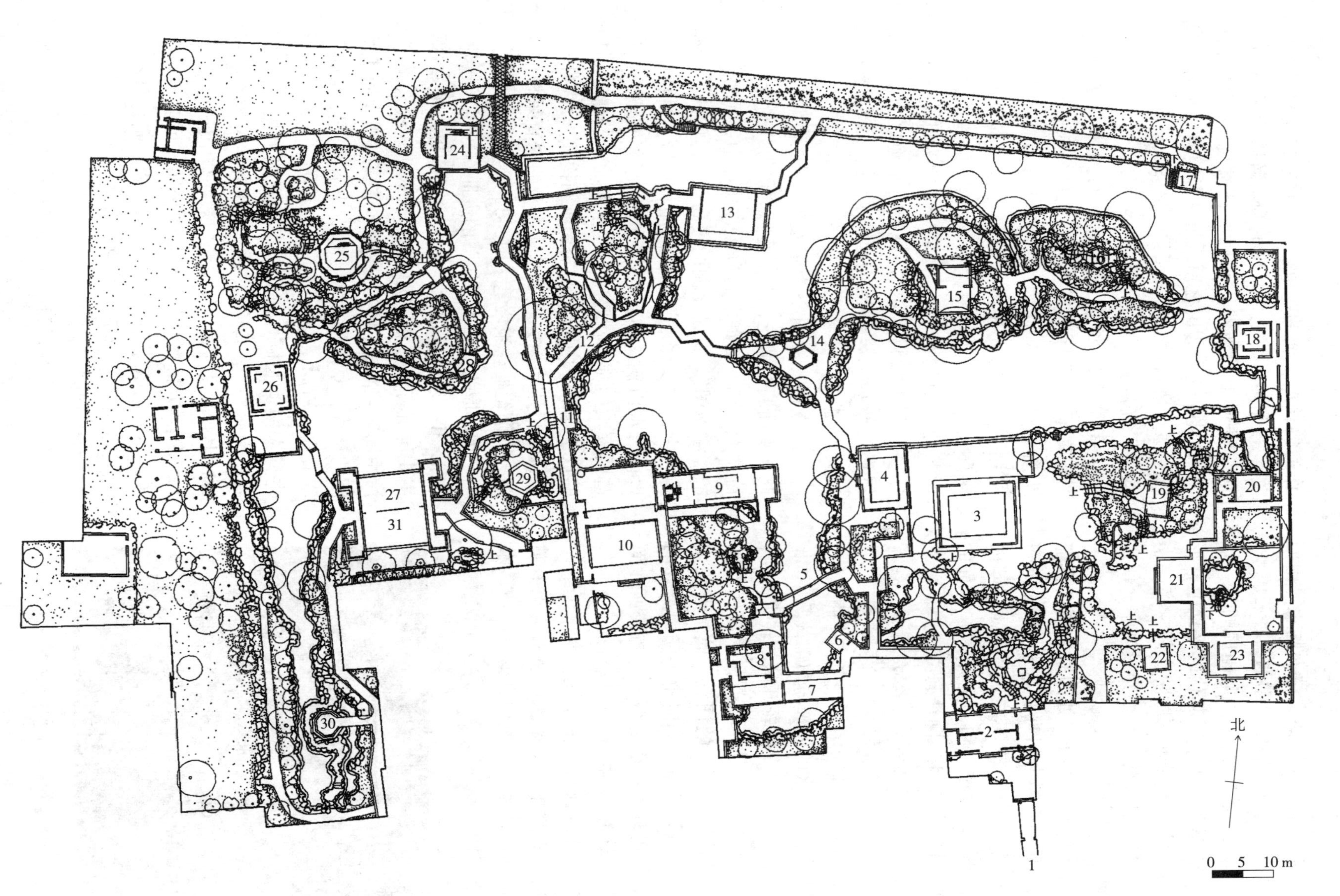

图9-32 拙政园中、西部平面图（摹自刘敦桢《苏州古典园林》，2005）

1.园门 2.腰门 3.远香堂 4.倚玉轩 5.小飞虹 6.松风亭 7.小沧浪 8.得真亭 9.香洲 10.玉兰堂 11.别有洞天 12.柳荫路曲 13.见山楼 14.荷风四面亭 15.雪香云蔚亭 16.北山亭 17.绿漪亭 18.梧竹幽居 19.绣绮亭 20.海棠春坞 21.玲珑馆 22.嘉宝亭 23.听雨轩 24.倒影楼 25.浮翠阁 26.留听阁 27.三十六鸳鸯馆 28.与谁同坐轩 29.宜两亭 30.塔影亭 31.十八曼陀罗花馆

见山楼位于水池之西北岸，三面临水。由西侧的爬山廊直达楼上，可遥望对岸的雪香云蔚亭、南轩、香洲一带依稀如画之景。爬山廊的另一端连接于曲折的游廊，通往略有起伏的平地上，形成两个彼此通透的、不规则的廊院空间，廊院中遍植垂柳故名“柳荫曲路”。往西穿过半亭，便是西部的“补园”。

在园的东南角上，还有一处园中之园“枇杷园”，用云墙和假山障隔为相对独立的一区：苏州洞庭东、西山盛产枇杷，果实能入诗入画，园内栽植枇杷树，建“玲珑馆”和“嘉实亭”。北面的云墙上开月洞门作为园门，自月洞门南望，可见枇杷院、嘉实亭，回望又可见雪香云蔚亭，宛若小品册页。

西部的补园亦以水池为中心，水面呈曲尺形，以散为主，聚为辅，理水的处理与中部截然不同。池中小岛的东南角正当景界比较开阔的转折部位，临水建扇面形小亭“与谁同坐轩”，取宋代苏轼“与谁同坐，明月清风我”的词意。此亭形象别致，具有很好的点景效果，同时也是园内最佳的观景场所。凭栏可环眺三面之景，并与其西北面岛山顶上的“浮翠阁”遥相呼应构成对景。

池东北的一段为狭长形的水面，西岸延绵一派自然景色的山石林木，东岸沿界墙构筑水上游廊，随势曲折起伏，体态轻盈仿佛飘然凌波。水廊北端连接于“倒影楼”（又名“拜文揖沈楼”），作为狭长形水面的收束。倒影楼左侧是轻盈的水廊，右侧是自然景色，楼的倒影辉映于澄澈的水面，景致生动活泼。水廊的南端为小亭“宜两亭”，此亭建在假山之顶，与倒影楼隔池相峙、互成对景；既可俯瞰西部园景，又能邻借中部之景，故名“宜两亭”。

图9-33　拙政园的借景与框景　许超摄

宜两亭的西侧，便是西部的主体建筑物“鸳鸯厅”。此厅方形平面，四角各附耳室一间，为昔日园主人于厅内举行演唱活动时仆人侍候之用。厅的中间用隔扇分隔为南、北两半。南半厅名“十八曼陀罗花馆”，馆前的庭院内种植山茶花（曼陀罗花），庭院之南即为邸宅；北半厅名“三十六鸳鸯馆”，挑出于水池之上。此馆体形过于庞大，使池面显得局促，难免造成尺度失调之弊。

馆之西，渡曲桥为临水的“留听阁”，当年此处水面遍植荷花，借李商隐“留得残荷听雨声”诗意而得名。由此北行登上岛山磴道，可达山顶的“浮翠阁”。这是全园的最高点，但阁的体量亦嫌过大，多少影响了西部的园林尺度。自留听阁以南，水面狭长如盲肠，西岸又紧邻园墙，这是造园理水的难题。匠师们在水面的南端建置小型的点景建筑“塔影楼”，与留听阁构成南北呼应的对景线，适当地弥补了水体本身的僵直呆板的缺陷，可谓绝处逢生之笔（图9-33）。

东部原为“归田园居”的废址，1959年重建，约31亩。东园以山水植物为主，配以山池亭榭，主要建筑有兰雪堂、芙蓉榭、天泉亭、缀云峰等，沿用旧时名称，但均为新建。东园东侧为面积旷阔的草坪，草坪西面堆土山，上有亭子；四周萦绕流水，沿岸植柳，岸边间以石矶、立峰；临水建有水榭、曲桥。西北土阜上密植黑松、枫杨，其西为秫香馆，现作茶室。再西有一道依墙的复廊，上有漏窗透景，又以洞门数处与中区相通。

东园功能上近似现代城市公园，可满足城市居民休息、游览和文化活动的需要。园林具有明快开朗的特色，但已非原来的面貌。

（5）留园

留园在今苏州阊门外，面积约2 hm^2。留园原为明代“东园”废址，是万历年间太仆徐泰时所建。清嘉庆时归观察使刘恕，名寒碧山庄，俗称刘园。同治年间盛旭人购得，重加扩建，在寒碧山庄（中部）的基础上，扩建了东部认冠云峰为中心的一组建筑群，北部的又一村和西部的山林；改“刘园”为“留园”，取“留”与“刘”的谐音，同时有“名园长留天地间”之意。

留园紧邻邸宅之后。扩建后留园布局可分为四部分：中部是寒碧山庄原有基础上山池之区；东部为华丽精雅的庭院；北部是竹林深处的又一村；西部是山林丘壑。东、北、西三部分是光绪年间扩建的（见附图 8）。

中部山池水木明瑟。西北为假山，水池中偏西南，西南为建筑，这样使山池之景置于受阳一面。由古木交柯西出华步小筑，北为绿荫轩，旁有古青枫，绿荫如盖（注：现在古青枫已衰亡，补植青枫树尚小）。轩东为明瑟楼，有“步云”石梯可登楼，楼依涵碧山房，房前有宽敞的平台，面临水池，房南有牡丹台小院。从涵碧山房西循爬山廊可上至西部假山高处，桂树丛生，中有亭，名“闻木樨香轩”。山为土筑，叠石为池岸磴道。假山用石以黄石为主，山石嶙峋，气势深厚；但在黄石上列湖石峰，大致是后来所修，既不协调，也嫌琐碎。假山西段与北段之间有山涧，似水之源。涧口有石矶，上架石梁，渡桥上池北假山，上有六角小亭，名可亭。假山东界及北界有爬山廊曲廊延接至西端远翠阁。登闻木樨香轩或可亭俯视，园中部景色尽收眼底。池水东南形成一个水湾，池东以小岛“小蓬莱”及平桥划分出东北湾一小水面，池东岸南段为曲谿楼，有文征明书“曲溪”二字嵌在门墙上。这一带原有古拙枫杨斜出水面，使环境幽静水影生动。但枫杨现已不存，虽经补植，终非昔比。

东部以庭院为主。从曲溪楼下进入东部，壁间有著名的留园碑帖石刻。北有水轩幽敞，即清风池馆。后边通过走廊到五峰仙馆，又名楠木厅，厅南前院内叠湖石假山，是苏州各园厅山中规模最大一处，叠掇精巧，相传有石像十二生肖形态，后院假山洼处砌有山石金鱼缸，前后两院通过厅内的纱橱相映成趣。五峰仙馆西北角有“汲古得绠处”。

五峰仙馆与“林泉耆硕之馆”之间，有一组曲折精巧的小楼书房庭院。五峰仙馆厅山前院东有鹤所，旧时由住宅入园之门就在鹤所附近。从鹤所东南角门循廊一折可进入盛氏扩建的仙苑停云庭院和“东园一角”。东园一角旧有戏台已毁，现已改建为现代庭园。由鹤所东直北。先是石林小屋小院，然后经过砖刻“静中观”门洞进入揖峰轩，轩窗口处置有竹石，轩前庭院中立湖石峰，其西为“还我读书处”。廊和墙围成大小各异的多个小院，或置湖石、石笋，或植翠竹、芭蕉，或种松柏、花木，各具画意。

由五峰仙馆后循曲廊北上东折为“佳晴喜雨快雪之亭”，自成一小院落，亭有楠木屏风六扇，雕刻的走兽花木颇为精巧。绕屏门后出圆洞门，紧接冠云台、浣云沼，南有林泉耆硕之馆，北为矗立“留园三峰”的峰石园和冠云楼，是为北界。盛氏葺治留园 20 年，先后购得冠云峰等奇石和隙地，于光绪十七年（1891 年）立峰筑屋建成此景区。林泉耆硕之馆是鸳鸯厅，比五峰仙馆略小而精，中间有屏门隔开为两半，前后两部制作不同，前半梁柱有雕刻，后面无雕刻，中央屏门两面分别为《冠云峰图》和《冠云峰序》木刻。馆北浣云沼，半方半曲，池水清澈。在沼西冠云台，既可观峰石的倒影，又可赏附着枸杞古藤（现在古藤已衰亡）的岫云峰。沼北矗立峰石，其中冠云峰高达 3 丈，为吴中太湖石峰尺度最高者，相传是明朝东园旧物。冠云巨峰雄秀，位居正中，东西两侧有瑞云、岫云相辅。三峰下面，湖石围成花坛小径，罗列小峰石峰，点缀花草松竹。冠云峰东北有冠云亭，亭依一座小假山，上假山石级，到冠云楼。登冠云楼前望，可以一览园中全景，虎丘一带风景也历历在目。冠云楼下中间壁上嵌有古化石一方，现出鱼蟹等动物骨骼形象，浣云沼东，瑞云峰之南为伫云庵。

北部原本是一片农家风光。冠云楼西出走廊是一片竹林，这里原有“亦吾庐”“花好月圆人寿楼”等，已毁。进“又一村”洞门，原是一片桃、杏、李、竹以及瓜架等，取意于陶渊明柳暗花明又一村的意境。这里现在辟为盆景园。

西部是一片山林。又一村西往南为长条带地，占地有十多亩，称“别有洞天”。西部之北为土石相间隆阜。山上有一片枫林，春夏绿荫蔽天，深秋灿烂如霞，与中部银杏的入秋叶老，红黄相映，秋色宜人。枫树林中，原有亭三座已毁坏，现恢复西南一座名“舒啸亭”，西北一座名至乐亭，西部南为平地，山前平地间围小溪一道由东北折西向南流去，转折处有石桥。溪尽头处，壁上嵌有“缘溪行”三字。溪两岸遍植桃花杨柳，以符《桃花源记》中缘溪行的情景。山的东麓，即溪源处有跨溪而建水轩“活泼泼地”。在水轩前廊看枫林秋色，非常美丽。活泼泼地东侧有长廊绕西部东界再折西至缘溪行三字尽端。从活泼泼地东曲廊北上有“别有洞天”砖刻额边门，可以回到寒碧山房（图 9-34）。

（6）网师园

网师园位于苏州城东南阔家头巷，始建于南宋淳熙年间，当时的园主人为吏部侍郎史正志，园名“渔隐”。后来几经兴废，到清乾隆中叶归光禄寺少卿宋宗元所有，改称“网师园”。网师即渔翁，仍含渔隐的本意。乾隆末年，园归瞿远村，增建亭宇轩馆八处，遂成现在布局规模的基础，称“瞿园”。清嘉庆年间，园中的芍药十分著名，当时曾与扬州芍药并称。瞿氏之后，李香岩代为主人，更园名为“蘧园”，因园在宋苏舜钦筑沧浪亭之东，亦称“苏邻小筑”。以后园归吴加道，同治年间又转而归李鸿裔所有。光绪年间，园归达桂。辛亥革命后，园归军人张广建，改名逸园。以后园归何亚农。1950 年以后，园归国家所有。经多次修整，起颓兴废，删除杂芜，又扩建了梯云室庭院和冷泉亭、涵碧泉等处（图 9-35）。

图9-34　留园　付晓渝摄

网师园占地约 0.47 hm^2（包括苗圃及厅堂部分），位于住宅西侧和后部。住宅部分南邻阔字头巷子，大门前由照墙和跨巷而建的东西巷门组成完整的的门庭广场，照墙前植有盘槐 4 株（现存 2 株）。正宅由门厅、轿厅、大厅（万卷堂）、内厅（撷秀楼）四进组成，布局严整，左右对称。“撷秀楼”后的“五峰书屋”为宅与园的过渡。由阔家头巷住宅大门经轿厅折西有小门，楣上砧刻“网师小筑”，即此园入口。住宅后部也有边门和园相通（现在园门改由十全街后门经梯云室而进）。

园林部分的平面略成“丁”字形，总体布局采用主景居中的方法，以一个水池为中心，建筑、假山、花木等沿着水池四周安排，营造出小中见大的效果。在空间处理上，网师园的空间安排采取主、辅对比的手法，以水面为中心的主景区，周围环绕一些较小的辅景区，产生空间的对比，同时形成众星拱月的格局。

园区中部水池面积约 400 m^2，略呈方形但曲折有致，驳岸用黄石挑砌或叠为石矶，其上间植灌木和攀缘植物，斜出松枝若干，表现出天然水景的一派野趣。水面聚而不分，仅西北角伸出水湾，东南角引出尾水如小溪，分别作出水口和水尾，并架桥跨越，以造成水流无尽之意。临池而建的亭廊、水阁、石桥皆低凌水面。池面开阔，池岸低矮，黄石池岸叠石处理成洞穴状，使池面有水广波延与源头不尽之意。中心水池的宽度约 20 m，人恰好可将对岸之景尽收眼底。

池南，沿岸有“濯缨水阁”“云冈”（假山）等，再南有“小山丛桂轩”“蹈和馆”“琴室”等。临水的“濯缨水阁”为水池南岸主景，其名取自屈原《渔父》“沧浪之水清兮可以濯吾缨”之意。阁之东，临水堆叠体量较大的黄石假山“云冈”，有磴道洞穴，颇具险峻之势，并且与水面结合自

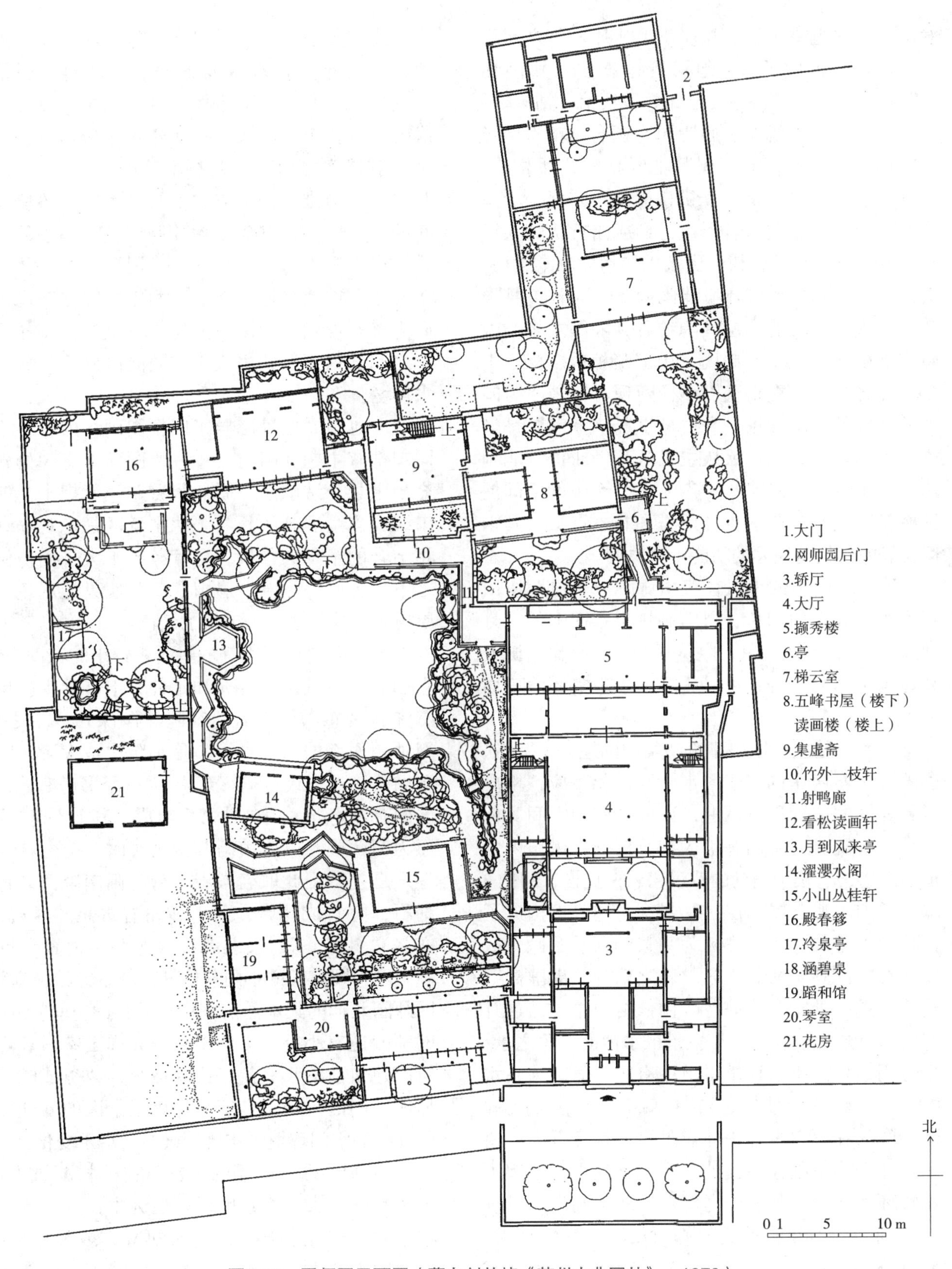

图9-35　网师园平面图（摹自刘敦桢《苏州古典园林》，1979）

然贴切。它也是主景区与“小山丛桂轩”之间的一道屏障，把后者部分地隐蔽起来。“小山丛桂轩”是园中南半部的主要建筑，取庾信《枯树赋》中“小山则丛桂留人”的诗句而题名。轩为传统的四面厅形制，但与苏州其他园林的花厅相比，体量较小。轩之南是一个狭长形的小院落，沿南墙堆叠低平的太湖石若干组，形成曲折状的太湖石山坡，坡上丛植桂树，更杂以蜡梅、海棠、梅、南天竹、慈孝竹等。环境清幽静谧，有若置身岩壑间。透过南墙的漏窗可隐约看到隔院之景，因而院落虽狭小但不显封闭。山上疏植枫、桂、玉兰。轩之东，木香附壁，小径隐现。轩之西为园主人宴居的“蹈和馆”和“琴室”。“琴室”是幽奥的小庭院，其入口须从主景区几经曲折方能到达，一厅以亭几乎占去庭院的1/2，余下的空间但见白粉墙垣及其前的少许山石和花木点缀，其幽邃安静的气氛与操琴的功能十分协调。

池西，曲折的樵风径爬山廊顺着水池西岸山石堆叠之高下而起伏，通向高挑出水面上的“月到风来亭”，清风明月，收览无余。此亭作为游人驻足稍事休息之处，可以凭栏隔水观赏环池三面之景。

池北，是主景区内建筑物集中的地方。“看松读画轩”与南岸的“濯缨水阁”遥相呼应，构成对景。轩的位置稍向后退，留出轩前的空间类似三合小庭院。庭院内叠筑太湖石树坛，树坛内栽植姿态苍古、枝干遒劲的罗汉松、白皮松、圆柏3株，增加了池北岸的层次和景深，同时也构成了自轩内南望的一幅以古树为主景的天然图画，故以“看松读画”命轩之名。轩之东为“集虚斋”，其前庭是一处幽奥小院，院内修竹数竿，透过月洞门和竹外一枝轩可窥见主景区水池的一角之景，是运用透景的手法而求得奥中有旷。斋南为临水的廊屋“竹外一枝轩”，它在后面的楼房“集虚斋”的衬托下愈发显得体态低平、尺度近人。倚坐在这个廊屋临池一面的美人靠坐凳上，南望可观赏环池之景有如长卷之舒展，北望则透过月洞门看到“集虚斋”前庭的修竹山石，楚楚动人，宛似国画小品。

池东，小水榭“射鸭廊”是水池东岸的点景建筑，又是凭栏观赏园景的场所，同时还是通往内宅的园门。“射鸭廊”与“竹外一枝轩”形成一组变化丰富的园林小品建筑，极尽变化之能事。射鸭廊之南，是黄石堆叠的一座小型假山。假山沿岸边堆叠，形成水池与高大的白粉墙垣之间的一道屏障，避免了大片墙垣直接临水的局促感。这座假山与池南岸的“云冈”虽非一体，但在气脉上彼此贯连。水池在两山之间往东南延伸成为溪谷形状的水尾，上建小石拱桥一座作为两岸之间的通道。此桥极小，颇能协调于局部的山水环境。

水池四周之景无异于四幅图画，内容各不相同却都有主题和陪衬。每一幅画面上有一处建筑充当主景，沿水池一周的回游路线又把水池四岸串缀成连续展开的长卷。此主景区是定观和动观相结合的组景的佳例，尽管范围不大，确仿佛观之不尽。此外，池中遍植莲蕖，使天光水色、廊屋树影反映于池中，丰富了景色。

主景区周边，还有一些面积较小的辅助空间，它们成为主景区的补充和延伸，丰富景观的层次感和深度感，使人有“庭院深深深几许”之感。网师园西部的“殿春簃”是小院中最大者，庭院布局简练、精致。“殿春簃”为一处书房庭院，院北面有屋南向，由内外书房组成。其前平畦一片，原为芍药圃，以盛植芍药闻名于时，芍药花开在春末夏初，因此取名殿春。芍药圃南院西，置有湖石，叠石成花台，西南转角有古泉“涵碧泉”亦名“树根井”，泉北有冷泉半亭，内置灵璧石峰。网师园南部的小山丛桂轩、琴室等的小庭院；网师园北部的集虚斋前庭也均是辅助空间。此外，网师园还有小院、天井多处，如梯云室、五峰书屋等建筑前的小庭院，或隐或显，或奥或旷，均形成不同的景观，它们衬托出主景区的开朗，使网师园的空间环境既主题明确，又富于变化。

网师园的植物景观丰富。在植物配置方面，由于空间不大，主景区以孤植为主，点缀数株古柏苍松，造型各异，或高耸挺立，或虬枝蟠扎，树角隐没于山石花台中，如“射鸭廊”前斜升入

图9-36　网师园　李聪聪摄

水池上空的黑松，自成一景。“小山丛桂轩”周围以桂花、玉兰、梧桐、青枫为主（图 9-36）。

（7）沧浪亭

位于苏州的沧浪亭在宋代以后长期处于荒废状态。元代，沧浪亭废为僧居，先后为大云庵、妙隐庵等。明嘉靖年间，知府胡缵宗于此建韩世忠祠，又废。后来释文瑛复建沧浪亭，归有光曾作记。清康熙早期，巡抚王新命在此又筑苏子美祠，不久再废。康熙三十四年（1695 年）宋荦抚吴，重修沧浪亭把傍水亭子移建于山之巅，并得文征明隶书“沧浪亭”三字揭诸楣，自作《重修沧浪亭记》，形成今天“沧浪亭”的布局基础。道光七年（1827 年），江苏布政使梁章钜重修此园，增建五百名贤祠于亭之隙地，每岁以时致祭，有记。咸丰十年（1860 年），沧浪亭再次毁于兵火。同治十二年（1873 年），巡抚张树声再度重修，建亭原址，并在亭之南增建明道堂，堂后有东蕾、西爽，西有五百名贤祠。祠之南北有翠玲珑、面水轩、静吟、藕花水榭、清香馆、闻妙香室、瑶华境界、见心书屋、步崎、印心石屋、看山楼等。其轩馆亭榭，有旧名，有新题。此次重修的沧浪亭园林建筑，大部分得以保存，形成今天的园林风貌。

沧浪亭位于今苏州市城南三元坊附近，占地 1.08hm^2，是苏州大型园林之一（图 9-37）。园北枕河，从“沧浪胜迹坊”，经过折桥，是沧浪亭的入口。沧浪亭历经兴废更迭，远非宋时原貌，但山丘古木，苍老森然，还保持一些宋时的格局和风貌，建筑物也较朴实厚重，并无雕梁画栋的奇巧，而是呈现出古朴虬劲、饱经沧桑的氛围。

沧浪亭的布局在苏州诸名园中独树一帜。现存的苏州宅园往往以高墙围绕，自成壶中天地。沧浪亭则大胆借取外景，一反高墙深院的常规，融园内园外为一体。沧浪亭具有山林野趣，以“崇阜之水”“杂花修竹”为特色。以往这里“积水弥数十亩”，船只可以自由航行。现在园址水面仍很宽广，在苏州各园中尚属难得。“千古沧浪一涯，沧浪亭者，水之亭园也”。水在沧浪亭中的地位非常重要，然而，沧浪之水并不是通常所见那样深藏于园内，而是潆洄围绕在园林之外，其水源于葑溪，自西而东，环园而南出，流经园的一半。沿水傍岸曲栏回廊逶迤，漏窗隐隐绰绰，古树近水，岸石嶙峋，其后山林隐现，仿佛后山余脉绵延远去，显得园林苍凉郁深，古朴清旷（图 9-38）。

沧浪亭以主山“真山林”为全园的主景。沧浪石亭建于山顶，建筑环山随地形高低布置，绕以走廊，配以亭榭，围合成为园林内部空间，形成水景在园外、山景在园内的山水组合方式。此种布局融园内外景色于一体，借助园外的水面，扩大了空间，造成悠远空灵的感受，这正是沧浪亭布局的独特之处。

沧浪亭主山东西向，土多石少，近似真山林，属宋代遗物。主山用黄石抱土构筑，中为土阜，四周山脚垒石护坡，沿坡砌数处磴道，山体石土浑然一体，混假山于真山之中，使人难辨真假，极具天然逶迤之妙。沿山上石径盘桓，但见树老石拙、竹绿天青、藤萝蔓挂、野卉丛生，有如深山。主山用以土代石之法，既便于栽种植物，又省人工。真山林几乎占据了沧浪亭前半部的整个游览区，却无庞大迫塞之感，是苏州园林假山中的精品。山体东段黄石垒砌，山间小道，曲折高下，溪谷蜿蜒，石板作桥，愈显高峻和质朴。山体西段杂用湖石补缀，玲珑巧透，但失之杂芜，属后世所补，与整体特色不协调。山体西南盘道

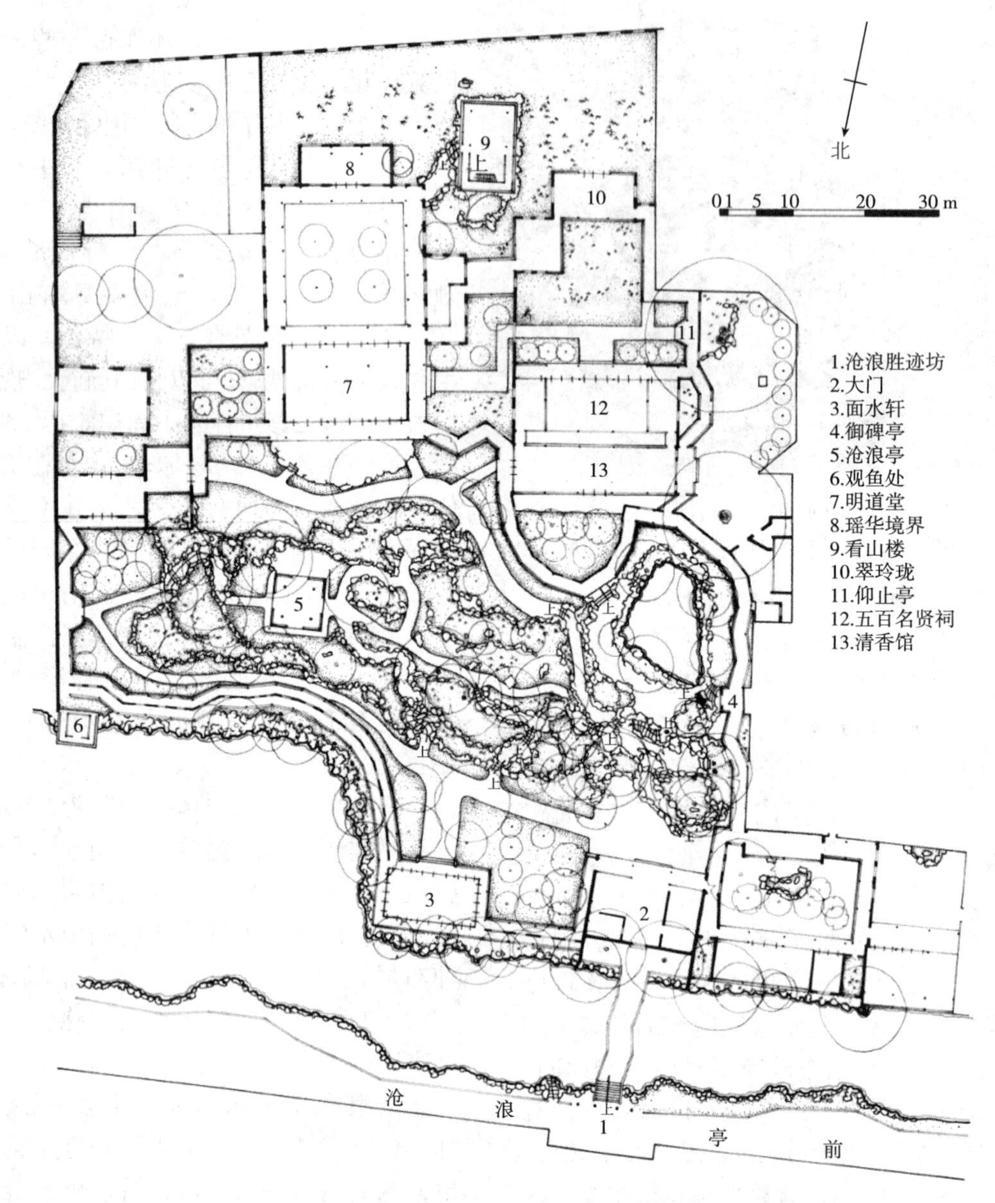

图9-37　沧浪亭平面图（摹自刘敦桢《苏州古典园林》，1979）

蹬山，石壁陡峭，俯视山下有一潭，如临深渊，临潭大石上镌刻俞樾篆书“流玉”两字。

真山林之南，是一组以“明道堂”为主体建筑的院落。堂北有假山古木掩映，堂内为广庭，庭南是面阔三间的轩屋悬有“瑶华境界”四字匾额。从瑶华境界轩屋西边走廊，穿过花墙洞门，登梯来到“看山楼”。楼的位置在沧浪亭全园最南部，建造在一座下构石洞的假山上，楼结构精巧高旷清爽。登楼回望，沧浪亭的密林亭台如置深山丛林中；南望，则园外古城墙墙外一片田园景色；远处天平诸山隐约云烟中，山色如画。看山楼可视为全园收束，给人言有尽而意无穷之感。

（8）耦园

耦园位于今苏州小新桥巷 6 号，因有东西两园，故称“耦园”（图 9-39）。其中东园建于清初，名涉园，园名取自陶渊明诗“园日涉以成趣”之

图9-38　沧浪亭　付晓渝摄

意。园东近城垣，有小郁林、观鱼槛、吾爱亭、藤花舫、浮红漾碧诸胜。清初为保宁知府陆锦私园，又名小郁林。其后迭更园主，曾属祝、沈、顾等姓，清末为沈秉成所有，扩建西部而成耦园。"耦"是指两人一起耕种，"耦"亦通"偶"，意指园主沈秉成与夫人严永华双双归居田园，啸吟终老。

西园在住宅中轴线西侧，面积约为 800m^2，以书斋为中心，分成前后两个小院。书斋称"织帘老屋"，三间前廊，屋前设宽敞的月台。屋南侧前院中部突出，构有湖石假山一座，间置湖石，杂植花木。屋北侧后院散置湖石，种有树木。后院西侧建有二层藏书楼。

东园面积约 2600m^2，总体布局以山为主体，以池作陪衬，北有城曲草堂、双照楼；池东有曲廊，廊西接亭；池南有阁"山水间"；池西为假山，西界为廊，廊南端折东为阁道接小楼"听橹楼"。

中心黄石假山可分东西两部分（图 9-40）。假山东半部较大，平台以东，山势增高，转为绝壁，直削而下临于水池，绝壁东南角有磴道，依势降及池边。绝壁叠得气势峭拔，颇为精彩。假山西半部较小，山势自东向西，逐级下降平缓，边缘止于小客厅的右壁。东西两半部之间辟有谷道，宽仅逾 1m，两侧悬崖凹凸，形似峡谷，故称"邃

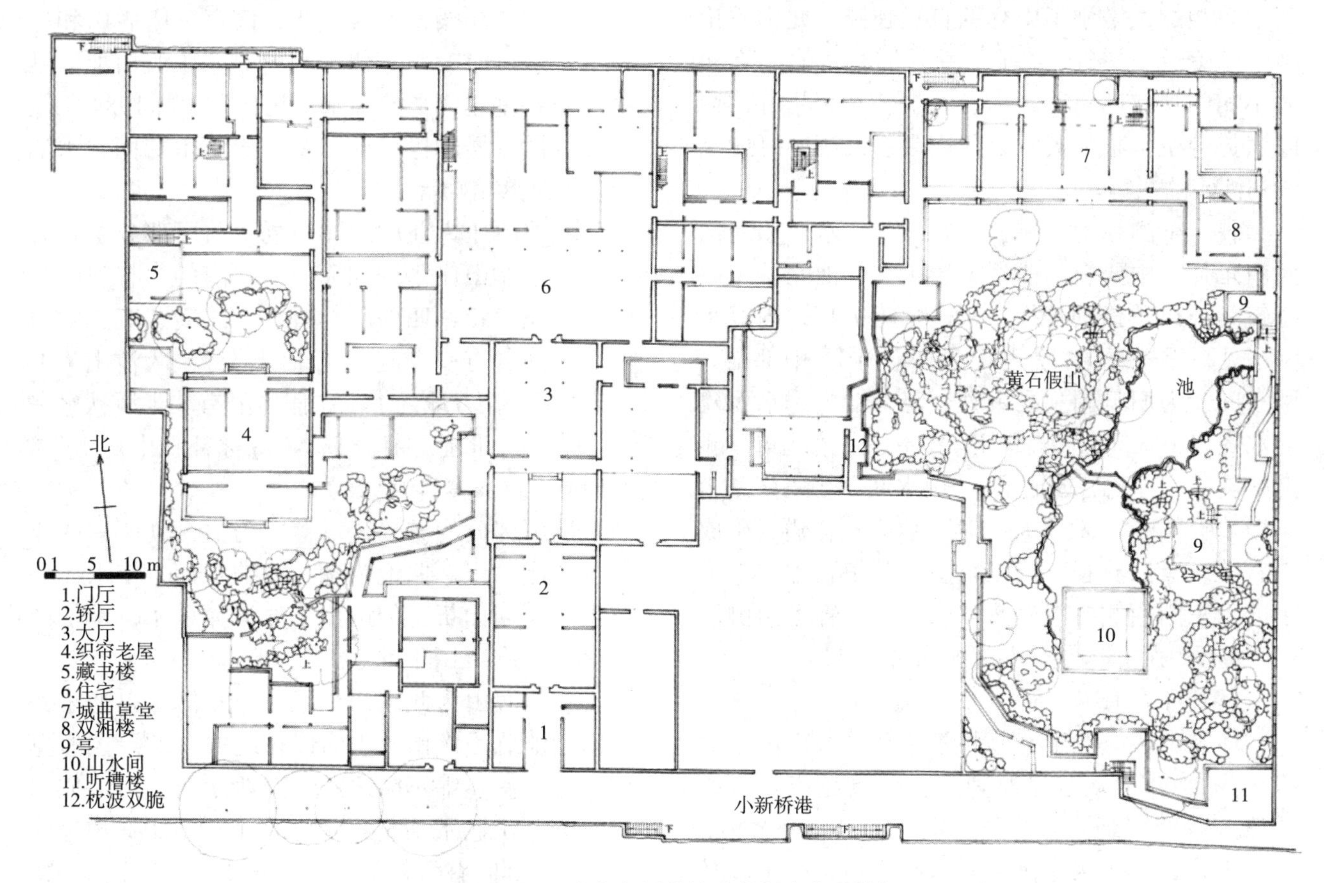

图9-39　耦园平面图（摹自刘敦桢《苏州古典园林》，1979）

图9-40　耦园　栾河淞摄

谷”，营造幽深的意境。自“山水间”或池东小亭隔岸远眺，山势陡峭挺拔，体形浑厚。山上不建亭阁，而在山顶、山后铺土处疏植山茶、绣球、紫薇、蜡梅、南天竹及女贞、黄杨、扁柏、槐树等花木，几株树木斜出绝壁之外，与壁缝所长悬葛垂萝相配，增添了山林的自然趣味。此山不论绝壁、磴道、峡谷、叠石，手法自然逼真，石块大小相间，有凹有凸，横、直、斜互相错综，而以横势为主，犹如黄石自然剥裂的纹理，可能是清初涉园的遗物。

假山东侧为南北狭长的水池。池水自东北向西南延伸，中要有一曲桥架于水上，池北是主体建筑为一组重檐的楼厅，东南角略突出，内辟小院三处，重楼复道，总称“城曲草堂”。中部是大厅三间，为旧日园主宴聚处。池南端为跨水而建的水阁“山水间”，水阁内有岁寒三友落地罩，雕刻精美，为苏州各园之冠。“山水间”之东南，为小楼“听橹楼”。楼北面土坡，以黄石作边，砌成阶石状，盘以石径，掩以竹丛，散植花木，自成小区。东园西侧有“枕波双隐”轩，轩窗两侧墙壁砖刻楹联“耦园住佳偶，城曲筑诗城”。

（9）环秀山庄

环秀山庄，位于今苏州景德路中段，占地面积仅为2200 m^2。这里原为五代时吴越广陵王钱元璙金谷园旧址。宋绍圣年间（1094—1098）太学博士朱长文筑为乐圃。元末归张适，称乐圃林馆。明宣德中期，杜琼得乐圃东隅地整理之，名曰东园。明万历年间为申时行宅第，中有“宝纶堂”。清代康熙初年为申时行裔孙申继揆改筑，名“蘧园”，因建“来青阁”，闻名苏城。乾隆年间归刑部侍郎蒋楫，在居宅大厅东建“求自楼”五楹，贮藏经籍，在楼后垒石为小山，掘地三尺余，得自古甃井，有清泉流出，于是掘池，名“飞雪泉”，初具山池泉石的雏形。其后为毕秋帆所得，引泉垒石，种竹栽花。其后为相国孙士毅亲属居之，孙士毅长孙孙均于嘉庆十二年（1807年）前后请造园与叠山大师戈裕良在厅前叠湖石假山一座。道光二十一年（1841年），孙宅入官，县令批给汪氏。道光二十九年（1849年），在汪小村、汪紫仙的倡议下，建汪氏宗祠，立“耕荫义庄”，重修东花园，并署其堂曰“环秀山庄”，此后即称花园为环秀山庄，园中有问泉亭、补秋舫、半潭秋水一房山亭等。咸丰、同治年间，颇有损毁，光绪年间重修。后几经驻军，摧残严重，及至抗战前夕，厅堂颓毁，面目全非，仅存一座假山和一舫、一亭。1979年苏州市政府对园中假山加以维修，同时重建“半潭秋水一房山”亭，1984年恢复四面厅、楼廊等建筑，并完成假山加固、水池清理、补栽植物等工程。

环秀山庄为前厅后园布局。前厅部分主要有署名“环秀山庄”的四面厅、厅南的“有谷堂”、门厅三座建筑，四面厅与有谷堂之间、有谷堂与门厅之间各有一个庭院。花园部分主为池山（池上理山石），占地约1亩，假山上有“半潭秋水一房山”亭，北有“补秋舫”（或称补秋山房），舫西南有“问泉亭”（已毁）。

池山部分的布局，以掇山为主，其所占面积超过全园一半；曲池为辅，收缩水面，使水体环绕山形迂回曲折，似山崖下之半潭秋水，水依山而存在，并沿山洞、峡谷渗入山体。

湖石假山为此园的构景中心，假山以池东为主山，池北为次山。主山以东北方向的平冈短阜作起势，呈连绵不断之状，至西南角，山形成崖峦。主山分前后两部分，高出水面7 m，高出地面约6 m，其间有两条峡谷，一条自南向北；另一条自西北向东南，会合于山的中央。主山以山石实

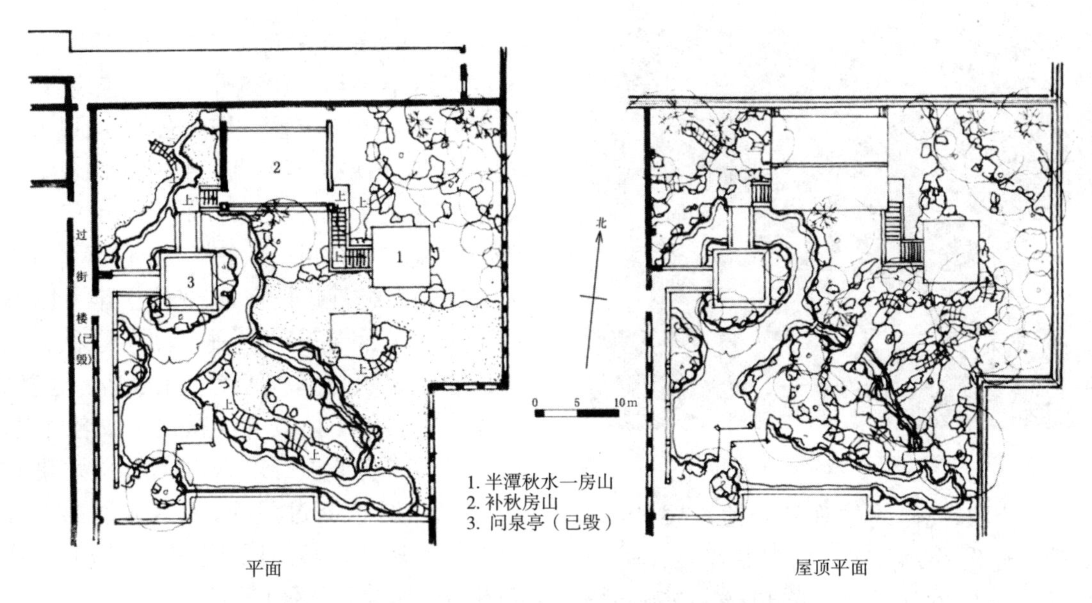

图9-41 环秀山庄平面图（摹自刘敦桢《苏州古典园林》，1979）

体营造出洞、壑、涧、谷等虚空间，使掇山不仅可静观，亦可游赏。前山全部用湖石叠成，呈现出峰峦重叠、秀峰挺拔和峭壁之势，山体内虚空为洞府石室。后山临池用湖石作石壁，与前山之间形成宽 1.5m、高 4~6m 的有涧峡谷。前后山虽因谷分，但体势连绵，由东向西奔趋如层峦，至高处忽然断为悬崖峭壁，止于池边，如张南垣所谓“似乎处大山之麓，截断溪谷”之法。山的主峰在西南，以三个较低的次峰卫立，状若趋承。主山虽只占地半亩，因运用“大斧劈法”，简练遒劲，有蹊径 60~70m，涧谷 12m，并有危径、洞穴、幽谷、石崖、飞梁、绝壁等。远看主山，高低交错，具有“山形面面看，景色步步移”之感。园西北为次山，紧贴西北墙角，临水做石壁，壁上留有“飞雪”二字（是飞雪泉遗址），与主山对峙。

环秀山庄的湖石掇山，匠心独运，立意奇巧，不仅意境深远，而且手法高妙。总体来说，作者能师法自然，将石灰岩岩溶地貌的固有特征和峰峦洞壑的形象，经过艺术的概括提炼，将自然山岳的骨脉和风貌，集中表现在数弓之地上，有峰峦、悬崖、峭壁、涧谷、飞梁、洞府、石室等景观，变化莫测。以湖石假山为欣赏主体时，无论远望近看，各异其面。若从四面厅和平台望山（主要观赏面），则见层峦重叠，气势雄伟；若从补秋舫南望（次要观赏面），则见悬崖峭壁，突兀直立；若从东亭、西亭平望，则以看水景和山林为主；若登边楼俯视，则又全景在望。

就叠石掇山的手法来说，凡峰、壁、洞、峡主面湖石的选用上，多取体大的石板块，其多涡而皱的一面，拼接之处，皆用石纹、石色相同的一边，自然脉络连贯，体势相称，整个石山仿佛巨石天成，浑然一体，立在必要处，间以瘦漏生奇。至于山洞的结构，不用条石封顶，而是使用钩带法创造出拱券式山洞，使洞壁与洞顶浑然一体，如真山洞壑一般，而且结构合理，可历数百年之久。钱泳《履园丛话》十二，堆假山条云：“……近时有戈裕良者，常州人，其堆法尤胜于诸家，……尝论狮子林石洞，皆界以条石，不算名手，余（指钱泳）诘之曰：不用条石，易与倾颓奈何？戈曰：只将大小石钩带联络，如造环桥法，可以千年不坏。要如真山洞壑一般，然后方称能事。”环秀山庄主山洞内，利用湖石自然透洞置于较低的洞壁位置上，使洞内地下稍透光，有现代“地灯”的类似效果。其洞府地面之西南角又有小洞可通水池，这一方面可作采水面反光之用，同时也可排除洞内积水。石壁上挑出的悬崖，戈氏也用湖石钩带而出，既自然又耐久。临水崖壁处理巧妙，其山脚内收，作盘道依崖贴水，上部崖

图9-42 环秀山庄 沈贤成摄

壁向外斜出，却未按传统的理悬岩法逐层外挑，而是用湖石勾连发券。临水作斜涡状崖壁，与理洞之法一样，层层发券外挑，将顶壁一气呵成。此外，全山采用重点用石的方法。凡是峰、壁、洞、谷、溪岸等引人注意处，都用形象好、体块大的石块，尤其是造峰、筑壁的石料选择更为精当。山后靠近围墙和不显要处，石块质量相对较差。池中和谷中经常浸于水面以下的部分则用普通黄石，这种办法既节省湖石，又收到较好效果。

环秀山庄之假山宏观上呈现出“雄”“险”之态势，局部又有“幽”秀”之景观点缀。全山处理细致，贴近自然，一石一缝，交代妥帖，可远观亦可近赏，无怪乎有“别开生面，独步江南”之誉。山上树林以黑松、青枫、女贞、紫薇等为主，或亭亭如盖，或从石缝中横盘而出，颇具山林野趣。

环秀山庄理水与掇山紧密结合（图 9-42）。水曲池形式，缭绕石山的南面和西面，又有山涧径流于西北向东南的幽谷中，构成水中有山，山中有水的妙境。环秀山庄园主曾掘地得泉取名“飞雪”，虽然现存此泉并非原作，但通过其问名，便可得知当年泉水喷薄而出，好似飞雪。设计者依此景在园西北角紧贴围墙设半壁山崖，此泉位于山崖之下，崖壁上刻“飞雪”。此泉亦为“问泉亭”之由来。

（10）退思园

退思园位于苏州同里古镇东溪街，占地 0.65 hm^2（图 9-43）。园内景点简朴无华，清淡素雅。

退思园是最具晚清建筑风格的江南名园，建于清光绪十一年（1885 年）至十三年（1887 年）。园主人兰生（字畹香，号南云），同里人，生于道光十九年（1839 年），同治三年（1864 年）捐同知投效安徽军营，光绪七年（1881 年）升凤颖六泗（即凤阳、颖州、六安、泗洲）兵备道（为省、府之间的高级行政长官），光绪十年（1884 年）内阁学士周德润劾其“盘踞利津，营私肥几”遭查办，翌年解职归里。任兰生还乡后，建新第宅园，于光绪十三年（1887 年）落成，取名“退思”，语出《左传·鲁宣公十二年》：“林父之事君也，进思尽忠，退思补过。”园子落成的第二年（1888 年）任氏病卒，其弟任艾生哭兄诗曰：“题取退思期补过，平泉草木漫同看。”

退思园由同里画家袁龙参与营建。袁龙，字怡孙，号东篱，诗文书画皆通。他根据江南水乡的特点，因地制宜，精巧构思，历时两年（1885—1887）建成此园。

退思园及第宅占地九亩八分（原袁家田址），第宅部分在西，退思园（约 5 亩）在东。自西至东，西为宅，中为庭，东为园，层层深入。

退思园的第宅部分分为外宅、内宅。西侧外宅建有轿厅（门厅）、茶厅、正厅三进，沿轴线布置，等级分明，为会客、婚丧、嫁娶、迎送宾客及祭祀典礼之用。轿厅与茶厅、茶厅与正厅之间有天井。东侧内宅，为园主与家眷起居之处，最南为五间下房，然后是两进走马堂各五间，上下檐廊相接，挂落栏槛，中为天井，典雅明敞。退思园内宅外宅虽分东西，但布局紧凑，可分可合，分则各成院落，合则浑然一体，可谓匠心独具，思之缜密。

中庭部分是宅之尾、园之序，是西宅到东园的过渡；中为迎宾庭院，古木掩映，清雅幽静，放眼庭中，樟叶如盖，古兰飘香。院北为为六楼六底（下为两个厅）的坐春望月楼，与之相对的是院南各为三间的岁寒居和迎宾室。庭院西廊正中有靠西朝东的画舫式船厅三间，庭院东侧是座四面有景的叠石假山。庭院四周边檐廊相通。庭院着墨不多，却引人入胜，衔接自然，为住宅过

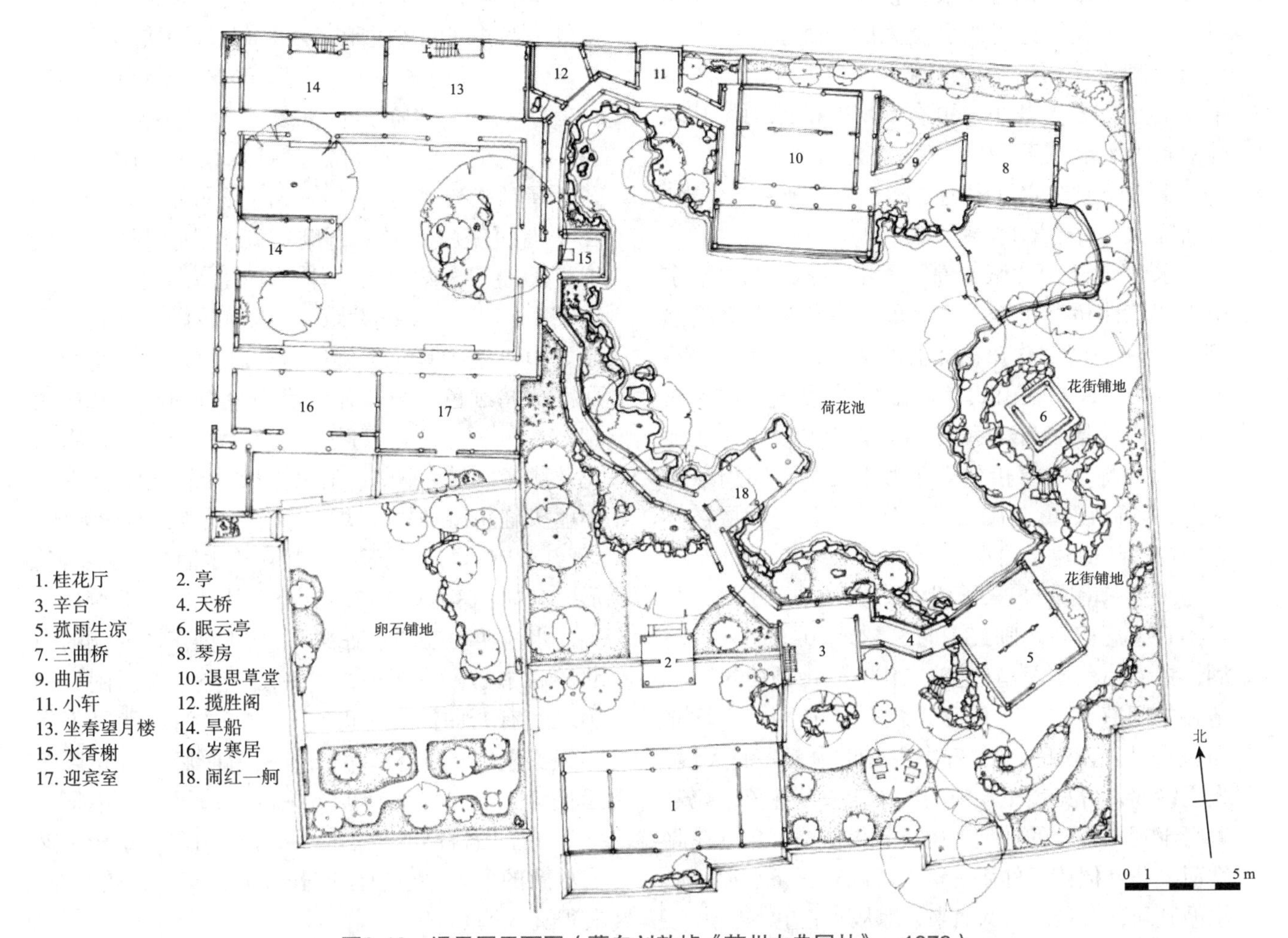

图9-43 退思园平面图（摹自刘敦桢《苏州古典园林》，1979）

渡到花园起到铺垫作用。

退思园东部主体花园与中庭之间以高墙相隔，在迎宾庭院东廊中部有眉题退思小筑的圆形月洞门，通向主体花园。主体花园是一个相对独立的园子，全园布局以碧水一泓为中心，环池布列假山、亭阁、花木，错落有致，绿意盎然，园内亭台楼阁、廊舫桥斜、厅堂房轩皆近水而筑，紧贴水面突出了水面的汪洋之势，园如出水上。水池北岸为主要建筑退思草堂，西岸及南为榭、舫、台、轩，东岸为树木丛密的叠石假山和亭屋。

中心水池水面开阔，水与建筑结合紧密，退思草堂、闹红一舸、菰雨生凉等建筑紧贴水面而建。水面形状曲折自然，选用瘦漏玲珑的石料斑驳池岸，达到一种清旷深远的意境。水池在东北角和西北角突伸为回水，其中东北角收尾处，设有三折曲桥，增加景深和空间层次。水池驳岸采用太湖石，“性坚而润，有嵌空，穿眼，婉转，险怪势”“其质纹理纵横，笼络起隐，于石面遍多坳坎”。水边布湖石，一方面或进或挑，有多处贴水的石台，通过自身的透、漏、瘦突显水面的空灵，增加了水边缘的趣味性；另一方面托建筑侧部或底部于水面之上，增加了建筑的轻盈感。

水池北面为主厅“退思草堂”，也是全园主景。其坐北朝南，作四面厅形式，卷棚歇山顶，前有贴水石平台，可环顾四周景色，是全园最佳观景处。月台西侧，湖石叠峰直接于池中升起，并沿着游廊渐渐向外扩展，使这一区域的水面岸矶很富于变化。这种水乳交融的处理手法正合古代造园理论《园冶》中所说的“池上理山，园中第一胜也，若大若小，更有妙境”的原则。其隔池对景为辛台、菰雨生凉等一组建筑。

退思草堂东水涯山坞之际，为“琴室”一楹，其前临水，后植翠竹。

水池东部为“眠云亭”，由“退思草堂”东南涉“三曲桥”可至。亭名取自唐代诗人刘禹锡《西山试茶歌》“欲知花乳清冷味，须是眠云卧石人”。亭为四方歇山式，造型生动秀美，在此纵目，园内外景物皆为我有。小亭位置较高，从池西曲廊远眺，小亭恰似立于假山之巅，四周绿树葱葱，浓荫欲滴。“眠云亭”实为二层，底层被叠石所掩，故似建于山顶者。

水池东南隅的“菰雨生凉”为一临水小轩，其名出自《念奴娇·闹红一舸》“翠叶吹凉，玉容消酒，更洒菰蒲雨”。轩是破二作三硬山顶建筑，与辛台之间有双层廊（俗称“天桥”）连接。小轩北面濒水且开四扇长窗，轩中隔屏正中置一面大镜，人立镜前，可见镜里反映的池中的一片莲荷，宛若置身于湖水荷丛的环抱之中，景界倍增。夏日在此赏荷，花叶偎依，伸手可接。轩底有三条水道，池水循其间，自是风从八面来，凉从心底生。

水池南面的“辛台”为方形两层鸳鸯式建筑，故称为台。楼上为北向敞轩，轩顶为卷棚式歇山顶，三面有栏无窗，南面有室（硬山顶）高爽明亮。辛台与水面之间隔着假山与石台，化解了与闹红一舸之间的过近距离，增加了景观层次。

图9-44　退思园　张晓鸣摄

水池西南有一船舫形建筑“闹红一舸”（图9-44），其名亦出自姜夔《念奴娇》“闹红一舸，记来时，尝与鸳鸯为侣”。船头采用悬山形式，屋顶檐口稍低，两扇小门开向船首。船身浮在水上而船屋在岸；石舸突兀池中，风吹不动，浪打不摇，人站船头，却有小舟荡湖之感。船身由湖石托出，半浸碧水，水流漩越湖石孔窍，潺潺之声不绝于耳，仿佛航行于江海之中。整个小舫漆成暗红色，与灰瓦、浅白色石制船身及四周湖石在色彩上互衬互映。石舸之四周，原植有荷花及菰蒲，夏秋季节，清风徐徐，绿云摇摇，荷池中船头红鱼游动，点明“闹红”之意，妙趣无比。“闹红一舸”与“眠云亭”相对于水面为一进一退，形成对景。其西南为叠石台景和桂花、榆树。

水池西面有“水香榭”，其正处于园西侧的南北游廊中心，三面环水，底层架空。榭与闹红一舸之间有九曲回廊，即9间嵌有“清风明月不须一钱买”9个镂空小篆字的漏窗曲廊。诗句源于唐代诗人李白《襄阳歌》中的“清风明月不须一钱买，玉山自倒非人推”，将园中山水美景作了淋漓尽致的形容：退思园宛若天成，富有自然意趣，美得让人陶醉。

园西北角为“揽胜阁”，倚“坐春望月楼”山墙而设。阁前回廊面南，廊壁有12条书条石刻，是清初画家恽寿平临古法书帖。

园西南为金风玉露亭和桂花厅。桂花厅西有门可至园外，是不经内宅出入花园的另一路线。

退思园虽小但景精意深，清雅宜人，花木泉石点缀四时景色。全园布局紧凑，一气呵成，园中精选了亭、台、楼、阁、轩及曲桥、回廊等园林小筑，使退思园春、夏、秋、冬，琴、棋、书、画各景俱全。庭院中的“坐春望月楼”前踏月，并有春花娇妍欲语，是春景；“菰雨生凉”小轩内纳凉，有四面荷风习习，是夏景；“桂花厅”中品茗，可赏秋之金桂飘香，是秋景；“岁寒居”内围炉聚会，赏户外松竹梅，是冬景；“琴室”内焚香操琴，是琴景；“眠云亭”高居山巅，可就石对弈，是棋景；“辛台”既可读书，又可临窗吟诗，是诗景；“揽胜阁”上扶栏学画，是画景。在规模不大的园子中运用写意的手法，借助于联想，来拓展景物的想象空间，可谓深得“象外之象，景外之景”之意。

（11）寄畅园

寄畅园位于今无锡城西的惠山东麓，东北面有新开河（惠山滨）连接于大运河。园址占地约 1 hm^2，属于中型的别墅园林。元代原为佛寺的一部分，明正德年间（1506—1521），南京兵部尚书秦金购惠山寺僧寮“南隐房”“沤寓房”改建别墅园林，秦金别号“凤山”，名其园为“凤谷行窝”。秦金死后，园归其子秦梁和族侄秦瀚所有。嘉靖四十五年（1566 年），秦梁由湖广按察使任上回籍奔父丧后不任，整修此园，改名“凤谷山庄”。明万历十九年（1591 年），秦梁之侄秦燿解除巡抚之职，回归乡里，对园进行全面改造，历时 7 年，于万历二十七年（1599 年）竣工，造景二十余处，取王羲之《兰亭集序》“寄畅山水之情”意，更园名为“寄畅园”（图 9-45）。

清初，园曾分割为两部分，康熙年间再由秦氏后人秦德藻合并改筑，进行全面修整，延聘著名叠山家张南垣之侄张钺重新堆筑假山，又引惠山的“天下第二泉”之泉水流注园中。经过秦氏家族几代人的 3 次较大规模的建设经营，寄畅园更为完美，名声大噪，成为当时江南名园之一。清代康熙、乾隆二帝南巡，均曾驻跸于此园。

寄畅园自始建，到新中国成立后，400 余年一直属秦氏一姓所有，从未换姓易主，这在中国古代园林中是少见的。

寄畅园的地形呈不规则的梯形，南北长而东西窄，中间宽阔。园的布局特点以池为主体，水池偏东，池西聚土石为假山，两者构成山水骨架。池水随形依势，南北长约 90 m，东西宽约 20 m，面积虽仅 0.17 hm^2，却给人以浩瀚缥缈、一泓净碧之感。

据明王稺登《寄畅园记》：园门设在东墙，入门后折西为另一扉门“清响”，此处多种竹子。出扉门便是水池“锦汇漪”，水源来自惠山泉；由清响经过一段廊子到达“知鱼槛”，从此处折而南为“郁盘”，有廊连接于“先得月”，廊的尽端为书斋“霞蔚”。往南便是三层的“凌虚阁”高出林梢，可俯瞰全园之景。再折而西，跨涧过桥登假山上的“卧云堂”，旁有小楼“邻梵”，“登之可数（惠山）寺中游人”。循径往西北为“含贞斋”，阶下一古松。出含贞斋循山径至“鹤景”和“栖元堂”，“堂前层石为台，种牡丹数十本”。往北进入山涧，涧水流入锦汇漪。经过跨越锦汇漪北端的七星桥，到达“涵碧亭”。亭之西侧为“环翠楼”，登楼南望“则园之高台曲榭、长廊复屋，美石嘉树、径述花亭醉月者，靡不呈祥献秀，泄密露奇，历历在掌”。

入园经秉礼堂再出北面的院门，东侧为太湖石堆叠的小型假山“九狮台”作为屏障，绕过此山便到达园林的主体部分。九狮台通体具有峰峦层叠的山形，但若仔细观看则仿佛群狮蹲伏、跳跃，姿态各异，妙趣横生。

园林的主体部分以狭长形水池“锦汇漪”为中心，池的西、南为山林自然景色，东、北岸则以建筑为主。西岸的大假山是一座黄石间土的土石山，山并不高峻，最高处不过 4.5 m，但却起伏有势。山间的幽谷堑道忽浅忽深，予人以高峻的幻觉；山上灌木丛生，古树参天，这些古树多是四季常青的香樟和落叶的乔木，浓荫如盖，盘根错节。加之山上怪石嵯峨，更突出了天然的山野气氛。从惠山引来的泉水形成溪流破山腹而入，再注入水池之西北角：沿溪堆叠为山间堑道，水的跌落在堑道中的回声叮咚犹如不同音阶的琴声，故名“八音涧”。“八音涧”顺惠山之势，全用惠山黄石叠成，西高东低，总长 36 m，涧的最宽处有 4.5 m，最窄处仅 0.6 m，深 1.6 ~ 1.9 m。涧中石路迂回，浓荫堰盖，流水涓涓，经曲潭倾泻，空谷来风，清音悦耳，很有晋诗人左思的“何必丝与竹，山水有清音”的境界。假山的中部隆起，首尾两端渐低，首迎锡山、尾向惠山，似与锡、惠二山一脉相连。把假山做成犹如真山的余脉，这是此园叠山的匠心独运之笔。

水池北岸地势较高处原为环翠楼，后来改为单层的嘉树堂。这是园内的重点建筑物，景界

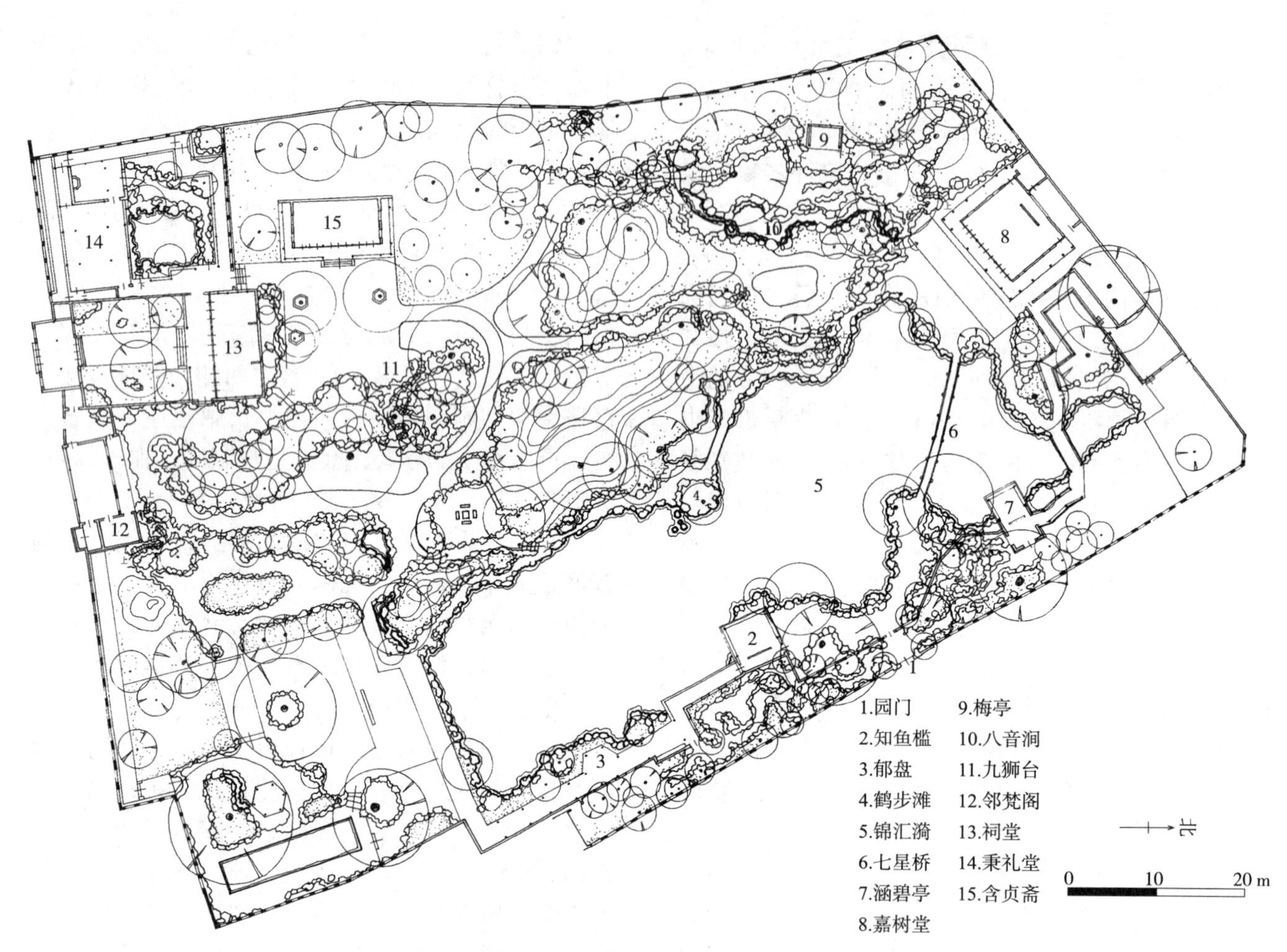

图9-45　寄畅园平面图（摹自潘谷西《江南理景艺术》，2001）

开阔足以观赏全园之景。自北岸转东岸，点缀小亭“涵碧亭”，并以曲廊、水廊连接于嘉树堂（图9-46）。东岸中段建临水的方榭“知鱼槛”，其南侧粉垣、小亭及随墙游廊穿插着花木山石小景，游人可凭槛坐憩，观赏对岸之山林景色。池的北、东两岸着重在建筑的经营，但疏朗有致、着墨不多，其参差错落、倒映水中的形象与池东、南岸的天然景色恰成强烈对比。知鱼槛突出于水面，形成东岸建筑的构图中心，它与对面西岸凸出的石滩“鹤步滩”相峙，而把水池的中部加以收束，划分水池为南北两个水域。鹤步滩上原有古枫树一株，老干斜出与知鱼槛构成一幅绝妙的天然图画。可惜这株古树已于20世纪50年代枯死，因而园景也就有所减色。

图9-46　寄畅园　高凡摄

水池南北长而东西窄，于东北角上做出水尾，以显示水体之有源有流。中部西岸的鹤步滩与东岸的知鱼槛对峙收束，把水池划分为似隔又合的南、北二水域，适当地减弱水池形状过分狭长的感觉。北水域的北端又利用平桥“七星桥”及其后的廊桥，再分划为两个层次，南端做成小水湾架石板小平桥，自成一个小巧的水局，于是，北水域又呈现为 4 个层次，从而加大了景深。整个水池的岸形曲折多变，南水域以聚为主，北水域则着重于散，尤其是东北角以跨水的廊桥障隔水尾，池水似无尽头，益显其疏水脉脉源远流长的意境。

此园借景之佳在于其园址选择，能够充分收摄周围远近环境的美好景色，使得视野得以最大限度地拓展到园外。从池东岸若干散置的建筑向西望去，透过水池及西岸大假山上的蓊郁林木远借惠山优美山形之景，构成远、中、近 3 个层次的景深，把园内之景与园外之景天衣无缝地融为一体。若从池西岸及北岸的嘉树堂一带向东南望去，锡山及其顶上的龙光塔均被借入园内，衬托着近处的临水廊子和亭榭，则又是一幅以建筑物为主景的天然山水画卷。

寄畅园是一座以山为重点、水为中心，山水林木为主的人工山水园，建筑数量较少，整体布局疏朗。正如王稺登《寄畅园记》所说：“兹园之胜……最在泉，其次石，次竹木花药果蔬，又次堂榭楼台池籞。”它与乾隆以后园林建筑密度日愈增高、数量越来越多的情况迥然不同，是现存江南文人园林中的独特之作。

（12）个园

个园位于扬州新城的东关街，清嘉庆二十三年（1818 年）大盐商黄应泰利用废园“寿芝圃”的旧址建成的宅园。另有一种说法，个园最早的前身是“藤花庵”，后为“寿芝圃”，再后为马氏“街南书屋”、陈氏“小玲珑山馆”，最后归黄氏所有。黄应泰爱竹，园内多种竹子，故取“竹”字的一半而命园之名为“个园”（图 9-47）。

个园占地约 0.6 hm^2，紧接于邸宅的后面，用地形状较规整，为东西长而南北较短的矩形。从住宅进入园林，要穿过整个住宅纵深长度狭窄的“避弄”入园。入园后，迎面一株老紫藤树，夏日浓荫匝地，倍觉清心。往前向左转经两层复廊便是园门。园门是开敞的圆洞门，不用门屋，而用一堵漏明墙，前筑两个花台，一左一右，中间开辟圆洞门，门上石额书写“个园”二字，点明主题。

“个园”景观以叠山为主，而且山分四季。门前左右两旁的花坛满种修竹，竹间散置参差的石笋，象征着“雨后春笋”，此为“春山”（图 9-48）。

进门绕过小型假山叠石的屏障，即达园的正厅“宜雨轩”，俗称“桂花厅”，厅之南丛植桂花，厅之北为水池，水池驳岸为湖石孔穴的做法。水池的北面，沿着园的北墙建楼房一幢共七开间，名“抱山楼”，也称“壶天自春”楼。两端各以游廊连接于楼两侧的大假山，登楼可俯瞰全园之景。

壶天自春楼的西侧是“夏山”，它的支脉向楼前延伸少许，稍以障隔“壶天自春”楼的体量。大假山全部采用太湖石堆叠，高约 6 m。山上秀木繁阴，有松如盖，山下池水蜿蜒流入洞屋。渡过石板曲桥可进入洞屋，洞内曲折幽邃。洞口上部的山石外挑，桥面石板之下为清澈的流水，在假山洞口，风隙生凉，夏日更加感觉清凉舒适，故名“夏山”。假山的正面向阳，皴皱繁密、呈灰白色的太湖石表层在太阳照射下阴影变幻，犹如夏天的行云，又仿佛人们常见的夏日山岳的多姿景象。山南的空地上原来种植大片竹林，如今竹林不复存在。沿假山的磴道可以到达山顶，再经游廊转至楼的上层。

楼的东侧为黄石堆叠的大假山，高约 7 m，体量较大，主峰居中，两侧峰拱列成朝揖之势。通体有峰、岭、峦、悬崖、岫、涧、峪、洞等形象，主次分明。山的正面朝西，黄石纹理刚健，色泽微黄。每当夕阳西下，一抹霞光映照在发黄而峻峭的山体上，呈现绚烂的金秋色彩，故名“秋山”。山间古柏于石隙挺拔而出，它的姿态与山形的峻峭刚健十分和谐。秋山也是秋日登高的理想地方，山顶建四方小亭，身在亭中，俯观脚下群峰、北眺瘦西湖、平山堂、翠杨城郭皆摄入园中。在亭的西北边缘、有峰耸立于楼檐几近云霄。亭的南边怪石嶙峋、山势起伏，松柏穿插其间，玉兰花绿荫如盖。

秋山的顶部，有 3 条磴道，岩涧洞壑，嵯峨

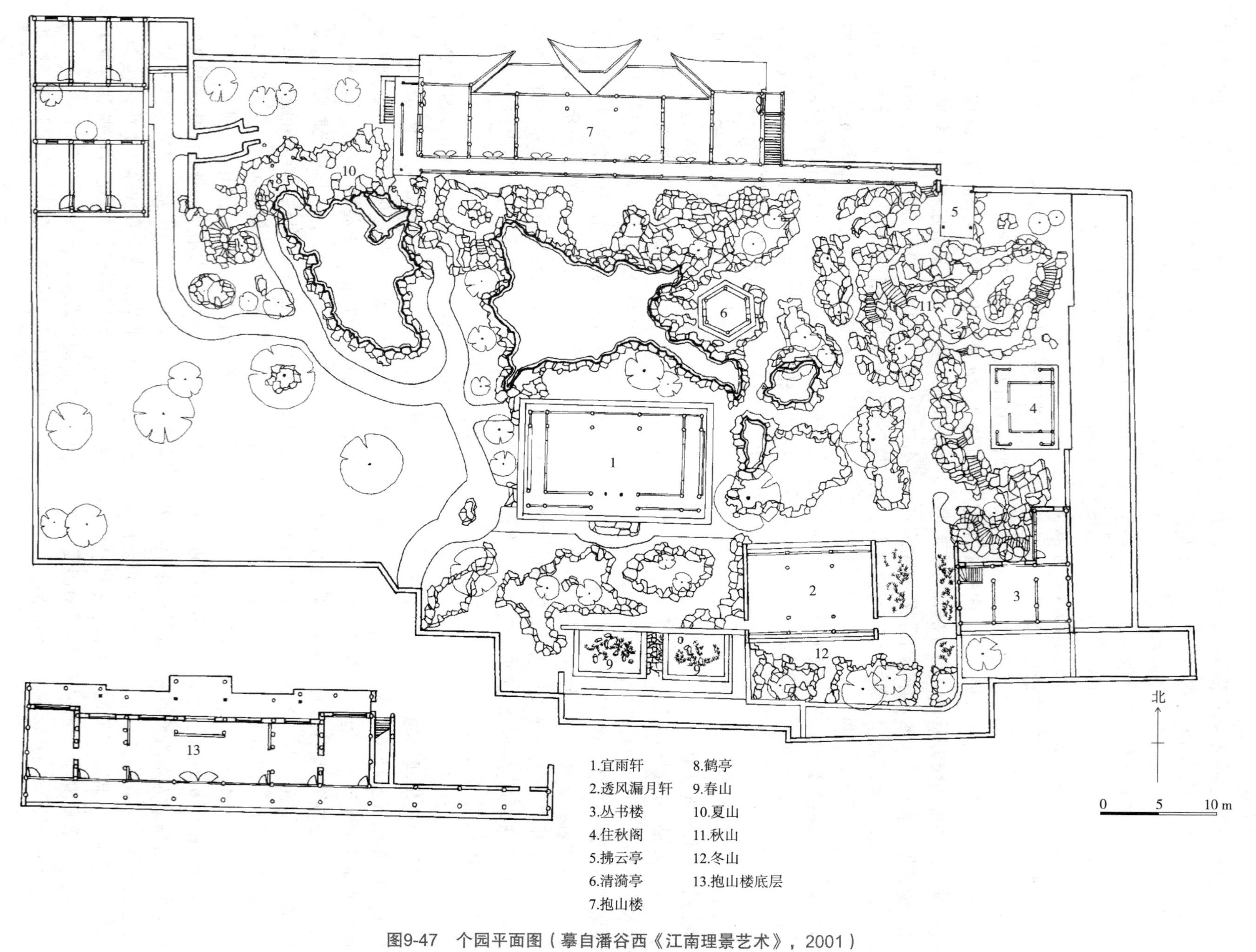

图9-47　个园平面图（摹自潘谷西《江南理景艺术》，2001）

图9-48 个园春山 林玉明摄

参差，磴道盘曲而下，错综复杂。全长约15 m。山腹有洞穴盘曲，与磴道呈立体交叉，山中还设有幽静小院、石桥、石室等。石室在山腹内部，依傍岩石建筑，设有洞窗、石凳、石桌，可容纳约10人。石室之外别有洞天，四周皆山，谷底中央又有小石兀立，旁边栽植桃树一株，带给此景一派生机。

由秋山南端，拾级而下，已是园的东南隅近园门处了，有三开间小轩"透风漏月"。小轩东西封闭，西山外即园门，园门一侧有高大的广玉兰一株。轩南小院，沿园墙凸出处，用宣石叠砌花台，台上依墙掇山。因为透风漏月轩是冬天围炉赏雪的地方，为了象征雪景而把前庭假山叠筑在南墙背阴的地方，因宣石洁白，其上的白色晶粒看上去仿佛积雪未消，望之如满山积雪，故名"冬山"。为了加强冬天的氛围，墙上有规则地开了24个圆洞，有风吹过，风声呼啸，令人联想到北风，渲染出隆冬的意境。庭院西墙上另开大圆洞，隐约可见园门外春景中的修竹石笋。

园中的水池并不大，但形状颇多曲折变化。石矶、小岛、驳岸、曲桥穿插其中，显得水面层次丰富而富有变化，尤其是引水成小溪导入夏山腹内，水景与洞景结合，设计巧妙。水池的驳岸多用小块太湖石架空叠筑为小空穴，则是与小盘谷相类似的扬州园林理水常用的手法。

（13）豫园

豫园在上海旧城厢西北隅。园主人潘允端（1526—1601），字充庵，南直隶上海县（今上海市）人，明嘉靖四十一年（1562年）进士，曾任刑部主事、四川右布政使。其父潘恩，是嘉靖时上海籍名臣，官至左都御史、刑部尚书。潘允端是其次子，雅号诗文、戏曲、园林、古玩。园林取名"豫园"，意在"取愉悦老亲之意也"；但因建造时日太久，潘恩在豫园刚建成时便亡故，豫园实际成为潘允端退隐享乐之所。

豫园始建成于明万历五年（1577年），在此后的400余年历史中几经兴废，历尽沧桑。豫园的建造缘由，可从园主人所作《豫园记》中得知。

"余舍之西偏，旧有蔬圃数畦。嘉靖己未，下第春官，稍稍聚石凿池，构亭艺竹，垂二十年，屡作屡止，未有成绩。万历丁丑，解蜀藩绶归，一意充拓。地加辟者十五，池加凿者十七。每岁耕获，尽为营治之资。时奉老亲觞咏其间，而园渐称胜区矣……"

园记中还记录了豫园初建时的格局：以乐寿堂（今三穗堂）为中心，包括今湖心亭、荷花池、九曲桥以及再往南的豫园商城部分范围，山石、峰岭、溪流、花木，一应具备；有乐寿、玉华、容与、会景诸堂，醉月、徵阳、颐晚等楼，留影、涵碧、凫佚、挹秀等亭，还有充四斋、五可斋、鱼乐轩、缀水轩、五茵阁、纯阳阁、山神祠、关候祠、大士庵、雪窝、留春窝等各类建筑。初建时的花园面积不详，乔钟吴在清乾隆四十九年（1784年）写的《西园记》中估计为70余亩，同治十年（1871年）《上海县志》记西园面积为36.9亩。

潘允端逝后，潘氏家道又每况愈下，子孙无力经营，崇祯年间已废圮不堪。清乾隆十五年，当地绅士们出资购得这块荒芜的土地，然后将此园捐给邑庙，作为庙之"西园"。而康熙四十八年建造的城隍庙东侧园子称为"东园"，又称"内园"（图9-49）。从此两园合一，共称豫园。乾隆

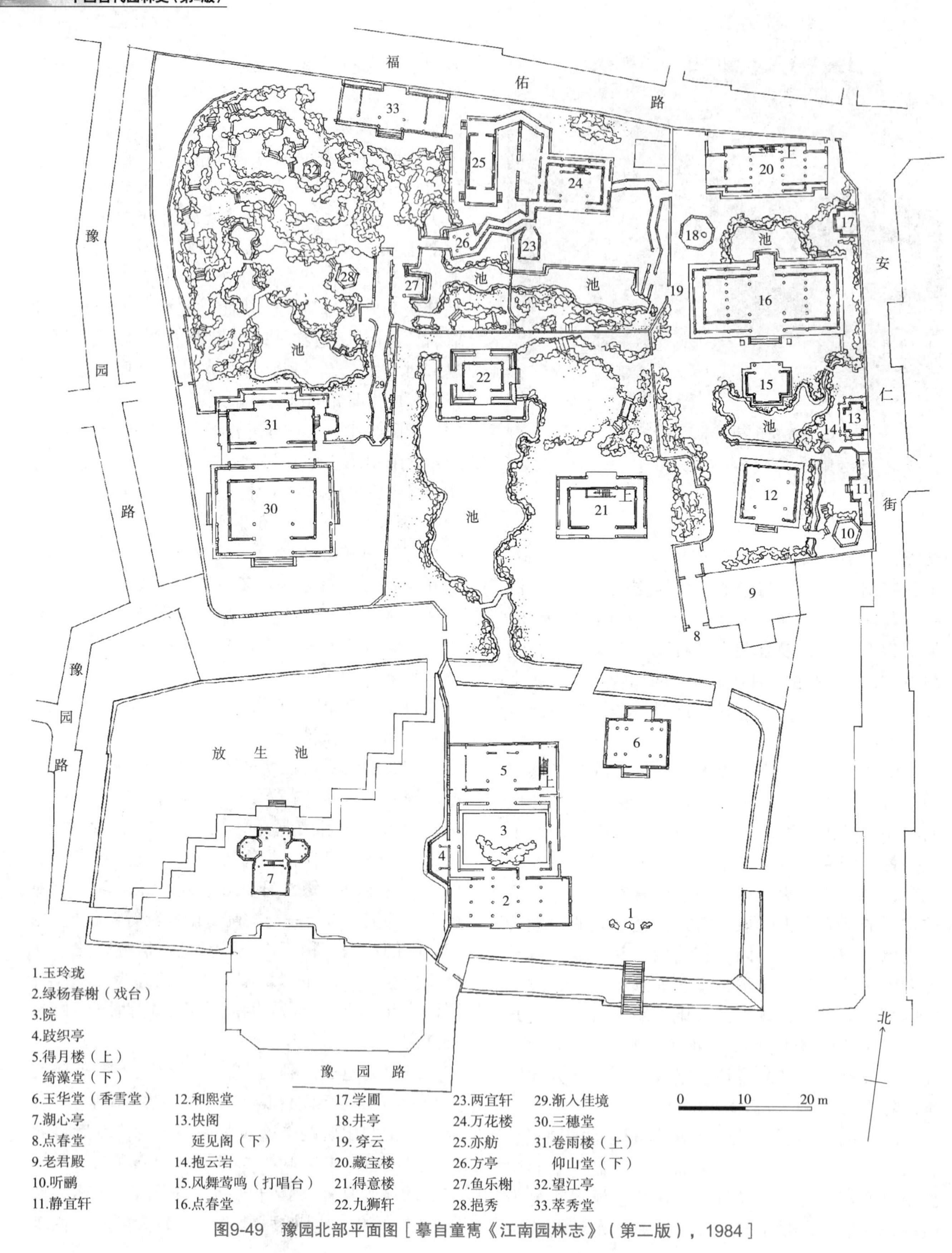

图9-49　豫园北部平面图［摹自童寯《江南园林志》（第二版），1984］

四十九年，豫园修复竣工，一时香客游客甚众，成为一座具有公共园林性质的寺观园林。与此同时，海上贸易日益频繁，上海新成立的各个行业公所开始进驻豫园。到清末，侵入者日益毁坏，行业工会入驻也越来越多，豫园又从寺观园林逐渐蚕食、分割成公所附园，其中西园点春堂还曾一度作为“小刀会”的指挥部。一些公所还出租房屋，开设大小店铺，形成园内园外庙、园、市三位一体的“白相城隍庙”。豫园与城隍庙一起，成为旧上海重要的商业区，而园林本身已经非常衰败了。据同治七年（1868 年）清丈，豫园面积已不足 37 亩。

中华人民共和中国成立后，上海市政府多次组织豫园的修复。其中在 1956 年、1986 年进行过两次大规模整修。现今豫园占地约 2 hm^2，是明代初建时的一半。

现在的豫园全园可分 6 个景区（图 9-50）：三穗堂（大假山），万花楼，点春堂，玉华堂，会景楼，内园。园外荷花池、湖心亭、九曲桥是明代豫园的中心，可惜 1986 年修复时划出园外，可算作第七个景区。

豫园西北角的大假山，是江南叠山中的杰作。这座假山在建园之初由张南阳以“武康黄石”堆成：主峰在西，高 12 m；山势向东延伸，东西宽约 60 m；南北纵深约 40 m。假山气势雄浑，层峦叠嶂，主次分明，参差有致；其下与池水穿插，形成沟壑、清泉、飞瀑。假山以黄石的节理来组织纹理，挺拔峻峭，如国画中的斧劈皴。陈从周先生在《上海的豫园与内园》中评价其有明代遗风。

大假山东麓峭壁下有“萃秀堂”，堂前山石罗列，恬静僻寂。自萃秀堂绕过花廊，入山路，有明代祝枝山所书的“溪山清赏”石刻。循路上山，山顶有一个平台，于此四望，全园景物一览无余。山前有一较大水池。隔池为二层楼阁，底层称“仰山堂”，二层称“卷雨楼”，楼北出廊临池；堂中还有“此地有崇山峻岭”匾，道出这里是观赏大假山的绝佳处。仰山堂南是“三穗堂”，五楹。三穗堂即豫园初建时的“乐寿堂”，是明末初建时的主体建筑，取“智者乐仁者寿”之意，与豫园园名相应。乾隆二十五年重建时更名“三穗堂”，取《后汉书·蔡茂传》中“梁上三穗”的典故；堂中另有两块匾“灵台经始”和“城市山林”，从这些匾额可以窥探豫园性质的变迁。

园东部的点春堂景区是以一个建筑院落为主的景区。由南向北依次有和煦堂、打唱台、点春堂、藏宝楼等建筑；掇山则在院落边角，仿佛园外之山穿墙而入；又因山引水，在院落中间做两个小池。这一景区建筑虽密集却不觉拥挤，于端方中见曲折，于规则中见自然。

大假山景区和点春堂景区之间的水洞花墙景区，是一个过渡区域。其南面是会景楼景区。

会景楼景区以水为主、建筑密度较低。景区池广树茂，疏朗开阔，景色秀丽。水面呈 L 形，其自身的收放和桥的分隔使之成为 3 段，每段对应一座园林建筑，分别是九狮轩、流觞亭和会景楼。景区南面依墙有湖石所叠假山，名“浣云”。

会景楼以南，是玉华堂。玉华堂景区是一个山水居中、建筑环绕周边的景区。景区以积玉池为中心，开阔而舒展的水面和山石为骨架，南北两侧的玉玲珑和玉华堂，东西两侧规整华丽的涵碧楼、听涛阁、绮藻堂、得月楼、藏宝楼遥相呼应，围合出一个较大的院落。

内园（东园）位于豫园东南部，自成一体，精巧恬静，具有寺庙附园的特征。内园占地仅占 1460 m^2，院落两进。北面院落中间是一组高耸的

图9-50　豫园　张莹摄

山石平台，是清代祈雨祭祀的灵台。平台北有主体建筑名“静观”，体量甚大；南有还云楼。南面院落由还云楼、最南端的古戏台、东西两侧看廊组成。内园东侧还有池沼、曲廊、小轩、旱船。

（14）清晖园

清晖园位于广东省顺德区大良镇华盖里，中心区占地3500 m^2，是岭南四大名园之一。清代顺德造园之风盛行，据史料记载，清末顺德园林计有68处，其中大良有清晖园、帆园等16处，陈村有玩芳园等19处，龙江有梅花庄等7处。这些曾经星罗棋布的园林，大都因年代久远而废弃，现存完整的只有清晖园一家，正所谓“岭南名园数清晖”。

清晖园基址系明代万历丁未年状元黄士俊府邸之废址，曾建黄家祠堂、天章阁、灵阿阁、留芬阁等建筑及花园。乾隆年间，黄氏家道中落，花园仅遗黄兰圃公祠前座，由进士龙应时购得。嘉庆早期，龙应时家产传于其子龙廷槐、龙延梓。龙延梓得黄氏故园左右两园，将它们改为宅园，左曰“龙太常花园”（后名“广大园”），右曰“楚芗园”，后来衰败。龙廷槐继承故园中心部位，于退隐后拓展为书斋庭园，侍奉母亲居住。嘉庆十一年（1806年），龙廷槐之子龙元任请江苏进士、书法家李兆洛题书“清晖园”，灰塑额匾于园之西南向正门。“清晖”取“寸草春晖”之意，又有“山水含清晖”之意。后来，该园复经龙元任、龙景灿、龙渚惠等一门数代精心营建，格局遂定。日军侵华后，龙氏家族避居海外，庭园遂荒芜。1959年，当地政府将清晖园、楚芗园、广大园、介眉堂（龙宅）、竞勤堂（杨宅）等园林和宅院复合为一，仍定名“清晖园”。

清晖园坐北向南偏西，全园可分为前庭、中庭和后庭，空间由旷至幽（图9-51）。西南部的前庭是以方形水池为中心的水庭，空间开阔，意境悠然，它也是迎客的公共区；中庭由小姐楼、惜阴书屋、花亭、真砚斋等建筑围合而成别致的小院；东北部后庭由归寄庐、笔生花馆、小蓬瀛等组成，清幽隐秘。3个庭园大小不一，形式不同，各有特色。

入口设于园西南角。走过窄窄的巷道，穿过“绿潮红雾”圆洞门，开阔的长方形水庭呈现在游人面前，使人顿时豁然开朗，这就是前庭。前庭以长方形水池为中心。南岸正中有澄漪亭，是绝好的纳凉观景之处：近可观六角亭，仰可望“紫洞船厅”。西岸六角亭凸出于池外，亭两边各植一水杉，题曰“绿杨春院”；船厅则因厅前植紫藤而得名。西南一角有碧溪草堂，是初建时园主人的起居室，位置幽僻，建于道光二十年。草堂是单开间水磨青砖平房，前廊临池，正门圆光罩，门框镂空成两束交叠翠竹状。草堂之畔有一株苍劲的龙眼，相传是当年的龙廷槐手植，至今仍开花结果。

中庭实际上是一系列环环相套的小庭院，又可分为左右两区。左侧通过建筑围合，形成几个大小不同的平庭。西侧船厅是园主千金的闺房，又名“小姐楼”，仿粤中地区古代珠江“紫洞艇”的造型。厅前有小池，池畔植一沙柳，紫藤绕树而生，宛如系船巨缆；入船厅的曲栏桥又像登船跳板。这些巧思使得船厅虽建在陆地，犹泊于水上。月夜登楼，碧水如镜，绿树如烟，恍然若置身舟中。循船厅一层的短廊“绿云深处”，可达“惜阴书屋”，这里是族中子弟读书的地方，亦用来接待文人墨客。书屋北有“真砚斋”，斋后有一株亭亭如盖的白木棉。船厅、惜阴书屋、真砚斋3座建筑相互穿插围合，形成一南一北两个小庭园。

中庭右侧以几何状的花坛、树池、水池划分园内空间，曲尺形园路贯穿园内，园中又栽植绿树繁花。花坛中或孤植岭南佳木，或置石并配以花草，水池中养鱼，水、石、树、鱼等皆怡然自得。东南角隅堆山筑亭，原是岭南书法名家李文田为祈祷爱女与龙渚惠新婚美满所建，题曰“凤台”，后更名“花亭”。小亭四角四柱，石灰塑顶，梁与柱间以精致木刻通花撑角相接，轻巧古雅，是岭南古亭的代表。亭旁植玉兰、茶花，山坡上有灰英石假山“三狮戏球”。花亭居高临下，与澄漪亭隔水相望，在亭中南眺鱼池和大树，仿佛凤城桑基鱼塘之景尽收眼底。

后庭巷道幽深，瓦檐相连，遮雨蔽日，是岭

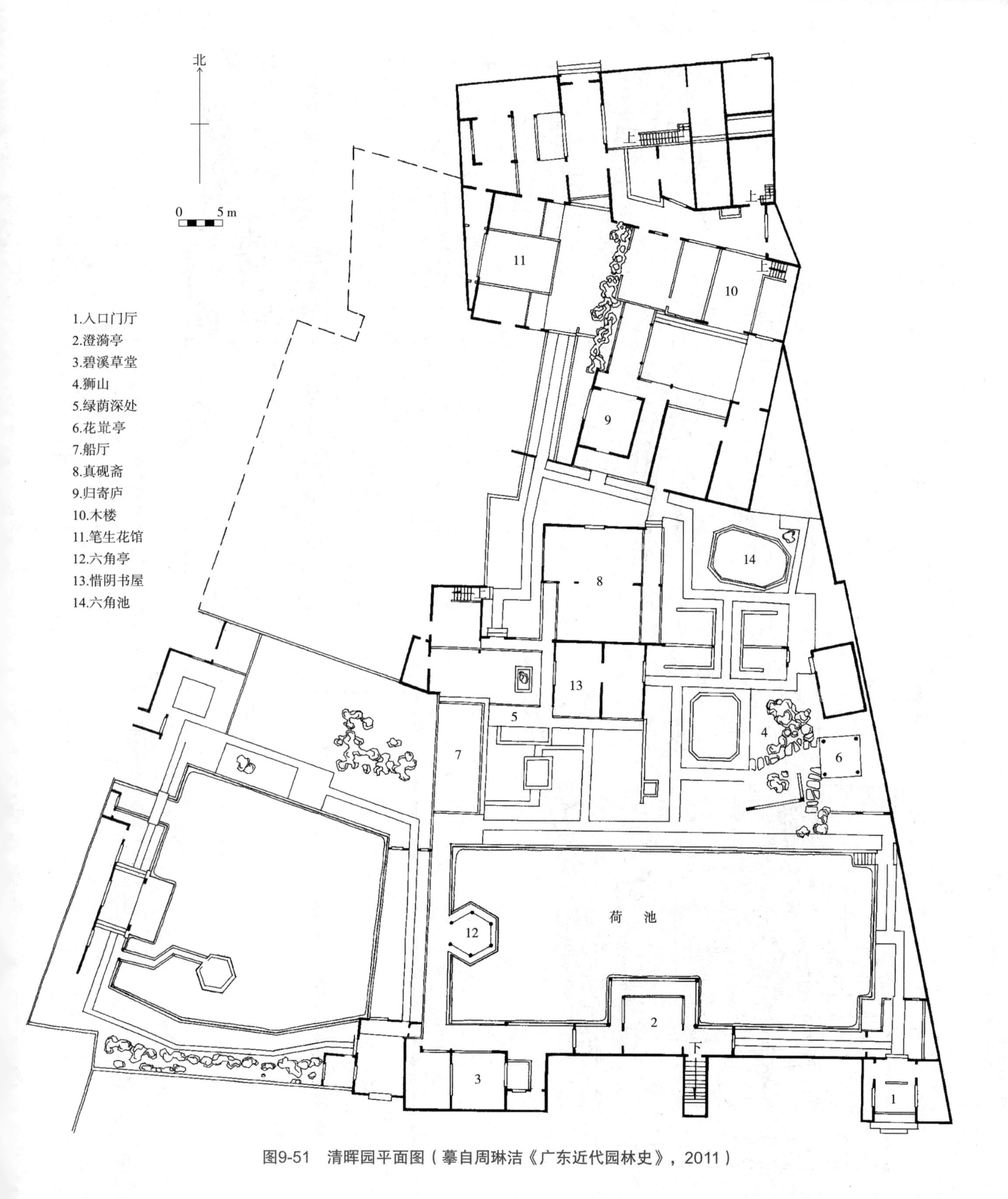

图9-51　清晖园平面图（摹自周琳洁《广东近代园林史》，2011）

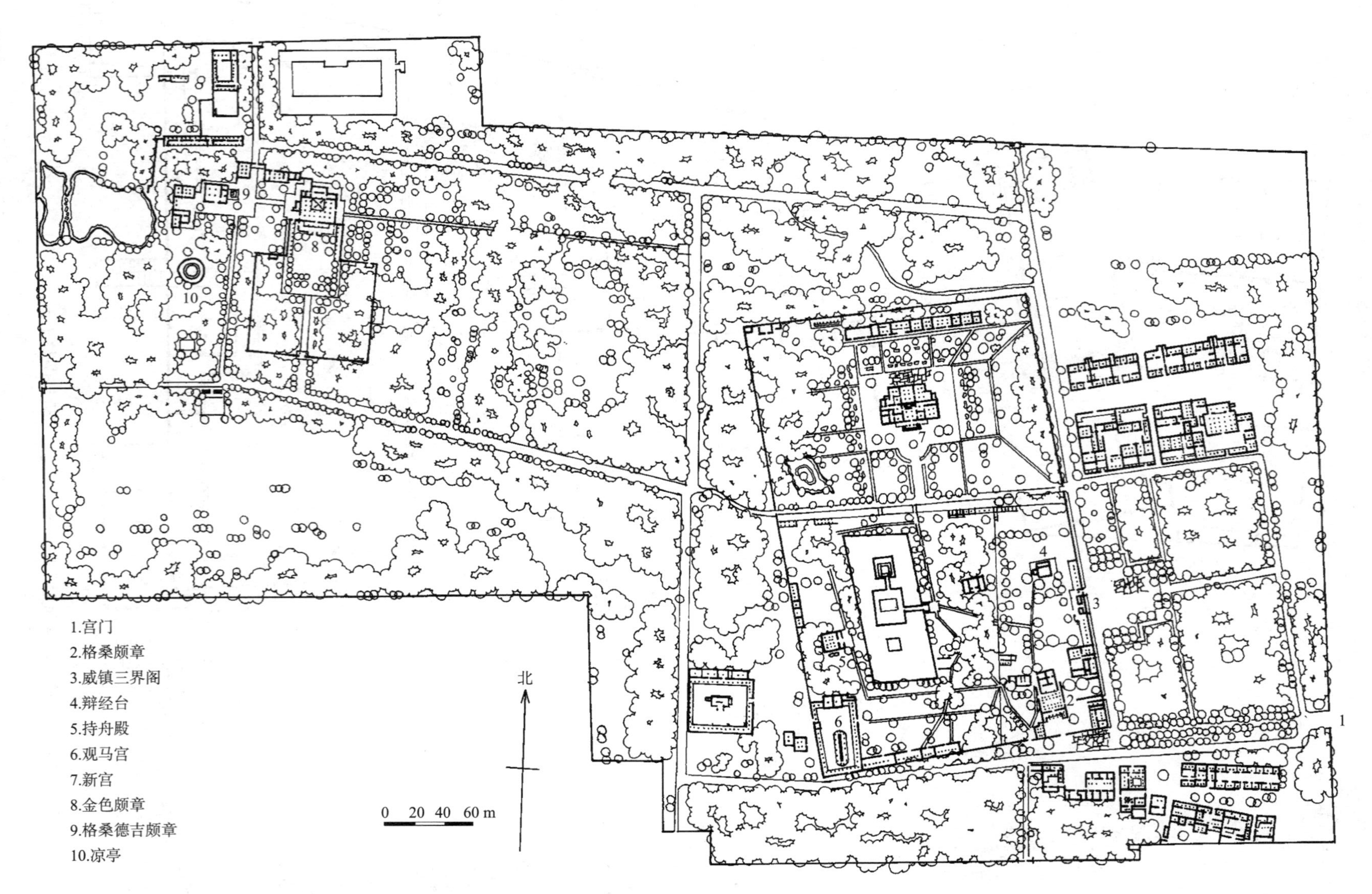

图9-52　罗布林卡平面图（摹自西藏建筑勘察设计研究院《罗布林卡》，2011）

南宅园的常式。进入后庭，迎面可见月洞门额匾灰塑“竹苑”二字，两侧对联“风过有声留竹韵，月明无处不花香”；圆洞门背面则灰塑“紫苑”二字，灰塑绿色巨型芭蕉叶，联曰“时泛花香溢，日高叶影重”。竹苑绿竹猗猗，曲径通幽，可独坐幽篁，弹琴长啸。竹苑外围有归寄庐、小蓬瀛、笔生花馆等建筑，也是尽量沿外围布置，以廊道或墙垣相连，以争取庭院空间。

（15）罗布林卡

罗布林卡，意为“宝贝园林”，位于拉萨布达拉宫西南约 1500 m 处，占地 36 hm^2，是达赖喇嘛专用的园林。它集中表现了藏族造园、建筑、绘画、雕刻等多方面的艺术成就和藏、汉民族间文化艺术的交流，具有藏、汉园林艺术合璧之美（图 9-52）。

罗布林卡始建于 18 世纪 40 年代七世达赖喇嘛时期。建园之前，罗布林卡一带荆棘丛生，野兽出没，人称“拉瓦采”。拉萨河故道从中穿过，形成了许多水塘。五世达赖喇嘛罗桑嘉措执政期间，时常到这里搭帐消夏。七世达赖喇嘛亲政之前，也常从哲蚌寺来此沐浴以疗疾病。七世达赖喇嘛晚年时，奏请清世宗批准，允许他每年夏季在格桑颇章处理政务。从此，罗布林卡逐渐由休闲疗养之地演变为处理政教事务的夏宫。此后的历辈达赖也遵从了七世达赖的定制，均在每年的藏历三月十八日从布达拉宫移居罗布林卡，处理政教事务，举行庆典，消夏避暑，享受布达拉宫以外的轻松生活，直到 10 月底再迁回布达拉宫。因此，罗布林卡也被称为“夏宫”，罗布林卡也以此为基础逐渐地充实、扩大。

此后罗布林卡先后进行了两次扩建。第一次扩建是在八世达赖强巴嘉措（1758—1804）当政时期，扩建范围为格桑颇章西侧以长方形大水池为中心的区域，新建建筑有格桑颇章后苑的辩经台；措吉颇章（湖心宫）、鲁康奴（两龙王宫）、主曾颇章（持舟殿）以及宫墙等。第二次扩建是在十三世达赖土登嘉措（1876—1933）当政时期，扩建范围包括西半部的金色林卡，同时还修筑了外围宫墙作宫门。1954—1956 年，十四世达赖喇嘛丹增嘉措在措吉颇章景区之北，修建了新宫“达旦米久颇章”，意为“佛法永驻”。至此，完成了罗布林卡 200 多年间不断修建、扩建、完善的漫长历史。

全园总体上可以划分为东部的罗布林卡和西部的坚色林卡两部分。罗布林卡位于园林的东半部，内有宫区、宫前区和噶厦机关等（图 9-53）。宫区内又分别以格桑颇章、措吉颇章、达旦米久颇章为中心，构成 3 个景区。

格桑颇章景区在宫区东南。格桑、乌尧两组宫殿建筑并列该区南端。殿北是林园。园中建有辩经台。园之北墙下有一排平房，为关养动物的笼舍。园之东北隅，辟一水池，有溪水注入，散放着各色水鸟。园中绿化，以竹为主，适当点缀松、柏、核桃等观赏乔木。宫殿建筑周围则种植松柏。

宫前区在格桑颇章之东。这里是全园公共活动中心，由观戏楼、露天戏台、榆树林组成。观戏楼康松司伦（威镇三界阁）靠西，与宫墙连成一体。这是一座南北向的建筑，中间为达赖观戏的看台，西向为格桑颇章区内的游廊。它将两个景区有机地结合在一起，使得空间既有分割又有联系。戏台在观戏楼的正前方，其左右为榆树林。林中榆树皆成行种植。

达旦米久颇章区位于宫区北部。宫殿傲居其中，四周花木相簇。殿北之平房，是朗玛康和一些机构的办公地。绿化以松柏为主，并衬以落叶花木。

图9-53　罗布林卡　梁怀月摄

宫区西南为措吉颇章景区，是全园的核心，面积约 2.2 hm^2。园内以水池为中心。池有三岛：南岛植柏树；中岛建措吉颇章；北岛设西龙十宫。中岛有桥搭于东岸。中岛、北岛之间亦有桥相接。池西建有持舟殿，殿南为内观马宫。池岸东南地方有一矮石栏围砌的露台，是达赖的户外读书栽花、休息处。沿南宫墙有一排平房，内放清帝赐赠的贵重礼品，名为"甲觉康"。景区绿化以花果树木烘托松柏。

园林的西半部是坚色林卡，由宫区、林区、草地 3 个景区组成。

宫区隐于树林之中。坚色颇章、格桑德奇、其美曲溪 3 组宫殿建筑成环状布置。坚色颇章居东，自成院落，是该区的主要建筑。格桑德奇位中，其美曲溪靠西。乌斯康玻璃亭建筑在宫区西南。由于几座建筑环状排列，形成了一个大的院落。绿化方式主要是片植，主要树种有榆、杏、核桃、山定子等。

林区在坚色颇章的东面和东南，占地约 9.5 hm^2。这里林木翳郁，高大的藏青杨林中，间植松柏和榆柳等其他树种，形成茂密深邃的森林风光。林中除适当点缀造型简洁、装修朴素的石柱门等建筑小品外，皆不加雕饰，以求自然。树林与园外浑然一体，徘徊其间的麋鹿、马驹，使之野趣倍增。

草地散布在林区边缘。草坪上放牧，有马、牛、羊等。坚色林卡西南，有一片树木稀落的大草地，面积约 2.9 hm^2。草地北侧建一台座，四周植松柏。这是达赖观看赛马、放风筝的地方。每逢巧秀节，在台座上搭起华美的帐篷，达赖与臣僚一起游乐。西藏最大的护法神——乃炯神来此降神。

罗布林卡是西藏园林的代表。它布局自由，充分利用自然条件，突出本地区的自然景色，比如林区、草地就有藏东原始森林和藏北牧区草场风光的影子。由于多功能的要求和不同历史时期发展的原因，全园划分为若干个景区，每个景区都比较完整，并具有相对的独立性。全园绿地率很高，大面积的绿地也是西藏园林的特点。

（16）林本源园林

林本源园林位于今台湾省台北市郊的板桥镇。林本源并非人名，乃林家家号，意为"饮水本思源"。林家是台湾望族，其先祖林平侯于乾隆年间自福建漳州移居台北，经商起家，富甲一方。嘉庆年间，林维源辅佐当时的台湾巡抚刘铭传推行新政，林家遂身列缙绅，成为当地社会的领袖人物，乃扩建其在板桥镇的邸宅。宅园始建于同治年间，光绪十四年（1888 年）改筑增建，光绪十九年（1893 年）完成，占地 13 hm^2，是台湾的名园之一。

宅园西邻老宅（旧大厝），南邻新宅（新大厝），北面和东面临街。此园由于受地形条件的限制和多次扩建的影响，其总体布局采取化整为零的庭院组合方式，这也保留了岭南园林的重视庭院的传统格局。

全园风格富丽典雅，亭台楼阁间，用游廊迂回转折的连贯，三步一阁，五步一亭，步移景异，令人目不暇接（图 9-54）。林本源庭园经过林维源从五大厝后面以游廊连接之后，分隔成 5 个区域，每个区域都有自己的主题和特色，其间利用墙、屋、桥、游廊或水池互相隔离。5 个区域是园主人的书斋"汲古书屋"与"方鉴斋"；接待宾客的"来青阁"、观赏花卉的"香玉簃"；宴集场所"定静堂"；登高远眺的"观稼楼"；山池游赏的"榕荫大池"。园门两座，一座设在第一区的南端，另一座设在第三区定静堂的东侧临街。

从三落大厝前面右侧入园，经过一段笔直的游廊，游廊顶端是一座四平八稳的方亭，方亭后面便是汲古书屋，仿明朝毛子晋的汲古阁而命名，是主人的藏书处。汲古书屋之正厅坐东朝西，庭院十分雅静，满植树木，设花台、鱼缸、盆景。正厅后南端以两层游廊联通于另一个小庭院方鉴斋。方鉴斋幽静而富有诗意，取朱熹"半亩方堂一鉴开"之诗意。方鉴斋正厅坐南朝北，为林维源兄弟读书、以文会友之处。庭深为池，池岸的两株大榕树浓荫蔽日，犹如大伞盖。池中设戏台供小型演出和纳凉、拍曲，利用水面回声以增加音响效果。庭院右侧假山倚壁，沿假山上的小径

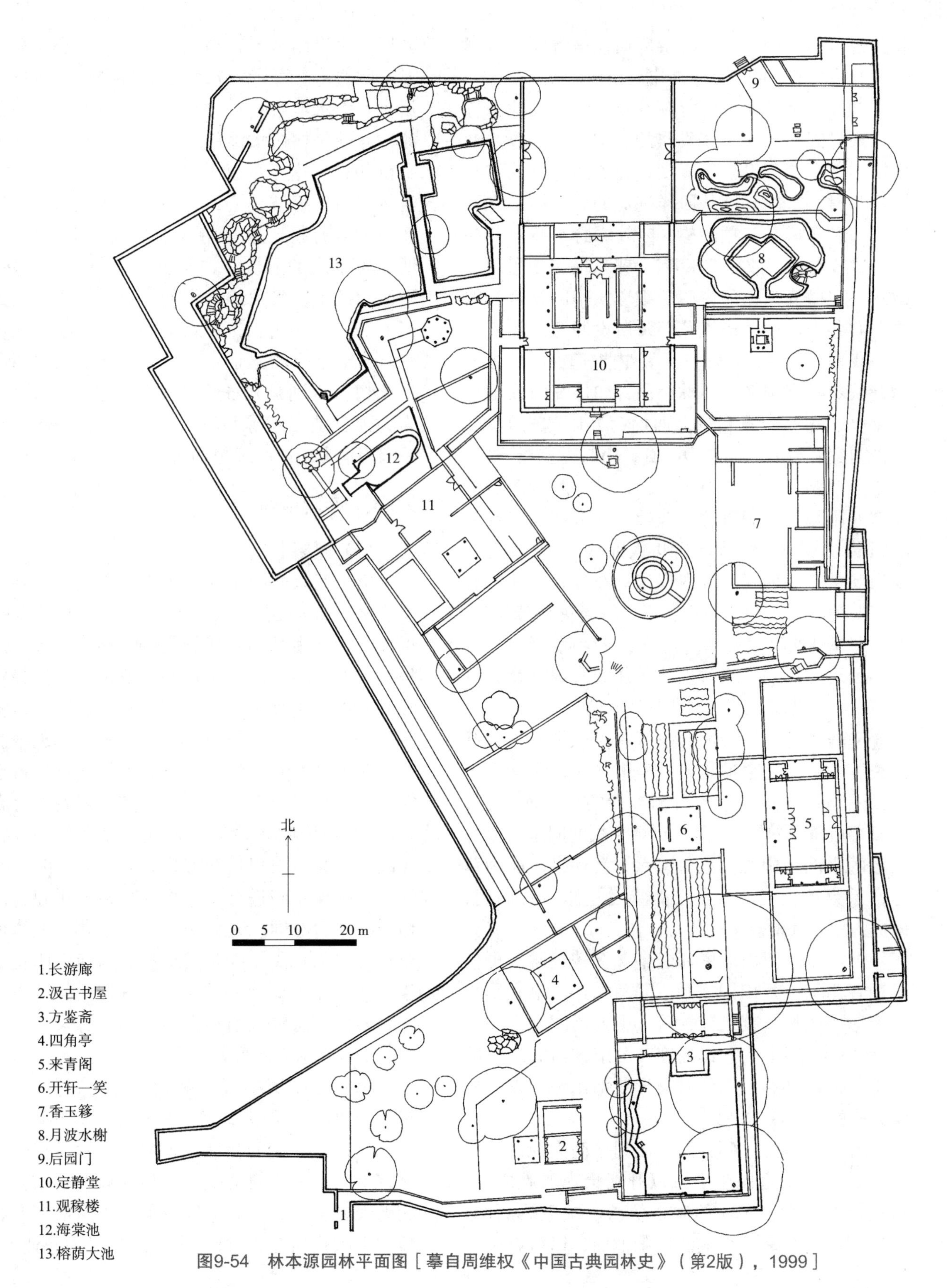

图9-54　林本源园林平面图［摹自周维权《中国古典园林史》（第2版），1999］

渡曲桥可达戏台；左侧的游廊通往来青阁，游廊的墙上镶嵌宋、明诸大家之书画条石。

出方鉴斋经曲折的游廊，便来到三合院来青阁。来青阁是当年林家贵宾的住宅，李鸿章、刘传铭均曾下榻于此。来青阁面宽5间，以楠木与樟木为材，室内安装从西洋进口的玻璃镜，光彩耀目。经窄梯登二楼眺望，园外绿野平畴与莽莽青山尽收眼底，故名“来青”。来青阁屋顶采用歇山式，飞檐高昂，门窗精雕细琢，华丽异常。阁之左右各设庭院，隔以花墙，凿设漏窗，阁前又有一戏亭，额曰“开轩一笑”，内置璃虎围炉之太师壁，戏亭周围散置园林小品，如仿高山族草寮之茅亭、鸟亭、石台等，西面为开阔的岩石坪，来青阁庭院沿墙三面均为游廊，南与方鉴斋连接，往北分两路，几一路通香玉簃，另一路折西沿廊经横虹卧月、岩洞直达观稼楼。香玉簃是来青阁的附属小院，由游廊转折扩大而成，面积不大，专为观赏花卉而建。院内广植奇花异卉，并辟有专门的菊圃、花台，间置石桌，每当花卉盛开时，主人即邀请宾客来此共赏。香玉簃后面有间小房，经小径可通后门，当时是仆役住处。香玉簃亦设矮墙，绕过此墙，便可到达月波水榭。

定静堂是园内最大的建筑物，也是园主人招待宾客、举行宴会的地方。坐南朝北，北临二小院，院墙设漏窗，它的右侧当街的另一座园门，额曰“板桥小筑”。入门正对规整式的园子，以海棠形的水池为中心。池中建六方套环亭，前为草坪，后为小型山地。自定静堂之左侧经月洞门，即进入榕荫大池。

观稼楼的西山墙紧邻老宅，登楼远眺，可借得观音山下一片田园之景，阡陌相连，眼底尽是农家稼穑风情。楼之前、后，用云墙围合为小空间，透过云墙上的连续漏窗，可窥见前庭院中的假山、梅花亭和后面的海棠形装饰水池，以及榕荫大池的山池花木之景。

跨出定静堂左侧大门，便到榕荫大池，榕荫大池是林本源庭园中唯一以开朗景观取胜之处，这里湖光山色，林木掩映，仿佛一幅天然图画。大池利用原有地形做成曲尺状池面，以料石砌筑驳岸，沿岸因地制宜地点缀了各式凉亭，如三角形、四边形、菱形、八角形、叠亭等，池中也可泛舟。大水池中有一方岛，岛上有亭，名曰云锦淙，此处是榕荫大池的主景，亭置水中央，前后有桥相连。由于四面临水，游人倚坐在矮栏上，清风习习，碧波涟涟，犹如在行云流水中。跨水而建的半月桥与方亭将池面隔成大小两个水域，增加了景观的层次。钓矶上有一斜亭状的建筑，平面为菱形，尖角伸向水面，上置鹅颈椅，人坐椅上有如临江俯水，观水中的游鱼，亭顶四坡落水，与池中央的方亭互为犄角。榕荫大池四周广植茂树，特别是几株榕树树形优美，树荫广阔，为大池创造了清凉世界，若在炎夏，暑气全消，是园内消夏纳凉的理想场所。

9.3.3 寺观园林

（1）潭柘寺

位于北京西面小西山山系的潭柘山，寺院规模宏大，寺内占地2.5 hm^2，寺外占地11.2 hm^2，再加上周围由潭柘寺所管辖的森林和山场，总面积达121 hm^2以上（图9-55）。它的基址选择在群峰回环的半山坡上。周围共有9座连绵峰峦构成所谓“九龙戏珠”的地貌形胜，充分体现了我国的“深山藏古刹”的传统。此寺是北京最古老的佛寺之一，北京俗谚云：“先有潭柘寺，后有北京城。”相传此寺始建于晋代，原名嘉福寺，唐代改名龙泉寺。以后历经宋、金、元、明多次重修。清康熙年间进行了一次大规模的扩建，赐名岫云寺，后经同、光年间的多次修葺，大体形成今日之格局。潭柘寺是其俗称。据寺内明正德六年（1511年）谢迁《重修嘉福寺碑记》：“潭柘山者距城西二舍许，当马鞍山之西，有泉汇而为梯潭，土宜柘木因此得名……”

潭柘寺的历史可上溯到西晋永嘉元年（307年），当时规模不大，名叫嘉福寺。西晋时，佛教还处于传入中国的初期，未能被百姓所接受，也没有得到地方官府的支持，后来逐渐破败。唐代武则天万岁通天年间，佛教华严宗高僧华严和尚居住在幽州城北，“持《华严经》以为净业”“其

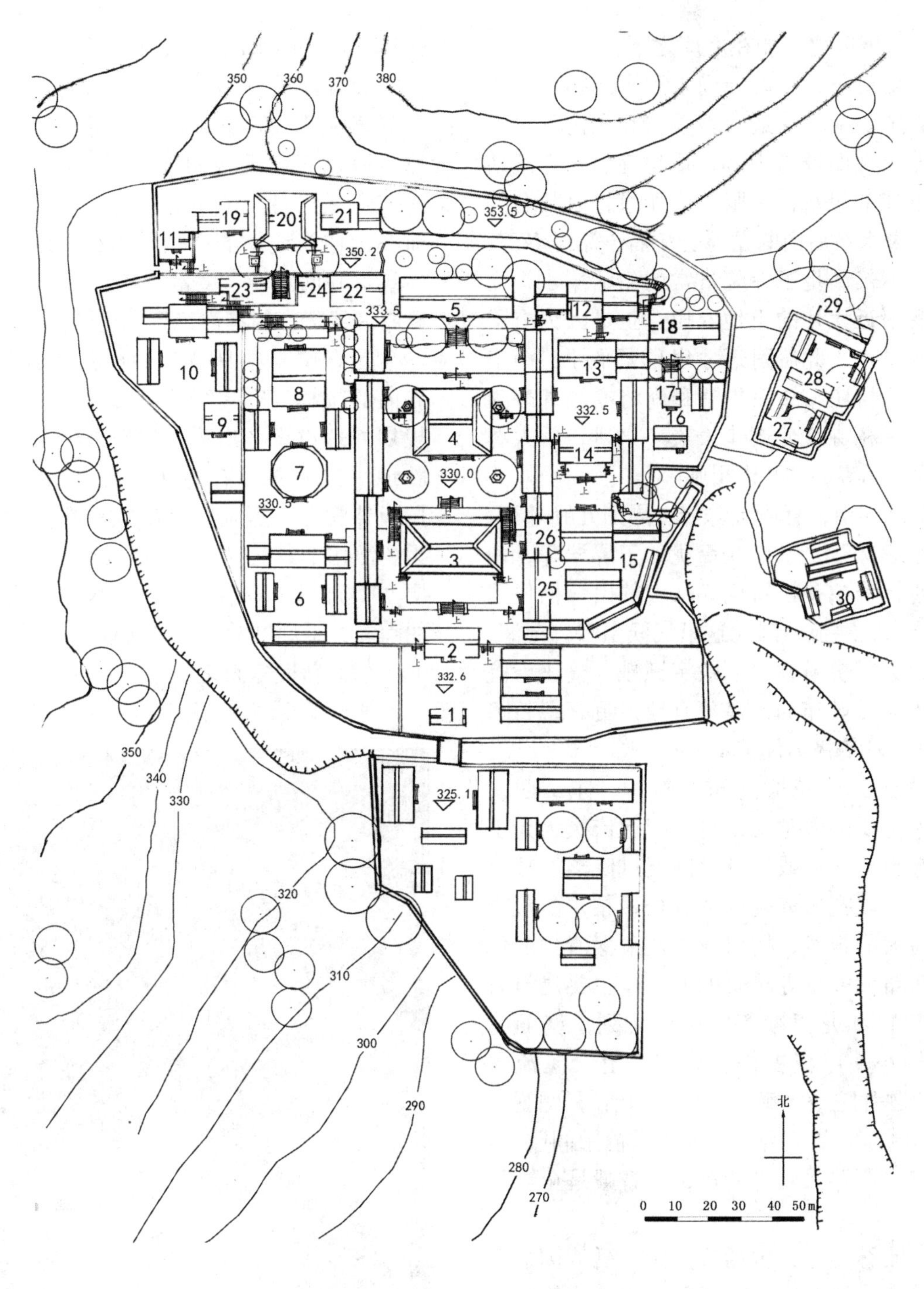

1. 山门　2. 天王殿　3. 大雄宝殿　4. 三圣殿　5. 毗卢阁　6. 梨树园　7. 楞严坛
8. 戒门　9. 写经室　10. 大悲坛　11. 龙王殿　12. 金刚延寿塔　13. 方丈屋　14. 地藏殿
15. 竹林院　16. 行宫园　17. 流杯亭　18. 乾隆宝座　19. 普贤殿　20. 观音殿　21. 文殊殿
22. 药师殿　23. 大悲殿　24. 孔雀殿　25. 伽蓝殿　26. 妙吉祥　27. 明王殿　28. 财神殿
29. 紫竹院　30. 东观音殿

图9-55　潭柘寺平面图　黄彪绘

所诵时，一城皆闻之，如在庭庑之下。”在幽州都督张仁愿的赞助下，华严和尚来到了潭柘山开山建寺，购买了嘉福寺附近西坡姜家和东沟刘家的土地，以嘉福寺旧址为中心，重建寺庙。寺院后山有两股丰沛的泉水，一眼名为龙泉，一眼名为泓泉，两股泉水在后山的龙潭合流后，流经寺院，向南流去，不仅满足了寺院日常的生活用水，而且还能灌溉附近大片的土地农田，正是因为有了这股宝贵的泉水，此后附近才出现了平原、南辛房、鲁家滩等村庄。故而华严和尚将嘉福寺改为“龙泉寺”。潭柘寺从此逐步发展、兴盛，后人尊华严和尚为潭柘寺的“开山祖师”。

寺院坐北朝南，背倚宝珠峰。周围九峰环列，构成“九龙戏珠”之景。九峰犹如玉屏翠障，山间清泉潺潺，翠柏苍松繁茂。高大的山峰挡住了从西北方袭来的寒流，因此这里气候温暖、湿润，寺内古树参天，佛塔林立，殿宇巍峨，整座寺院建筑依地势而巧妙布局，错落有致，更有翠竹名花点缀其间，环境极为优美。

寺院的庞大建筑群的布局按中、东、西三路：中路为主要的殿堂区，自山门起依次为天王殿、大雄宝殿、三圣殿、毗卢阁五进院落。殿堂崔巍华丽，衬以宽敞庭院内的苍松翠柏，荫蔽半庭，还有高大的银杏、枯树，益显肃穆清幽的气氛。寺院西路大多是寺院式的殿堂，主要建筑有戒坛、观音殿和龙王殿等，层层排列，瑰丽堂皇。庭院较小，广植古松、修竹，引入溪流潺潺。故康熙题弥陀殿之额曰“松竹幽清”，题观音殿之联日“树匝丹岩空外合，泉鸣碧静中闻”，恰如其分地点出西路景观之特色，观音殿是全寺最高处。

东路以园林为主，包括方丈院、延清阁、舍利塔、石泉斋、地藏殿、圆通殿、竹林院等庭园式的院落，以及康熙、乾隆驻跸的行宫。院中幽静雅致、碧瓦朱栏、流泉淙淙、修竹丛生，颇有些江南园林的意境。院内有流杯亭一座，名猗轩亭，亭内巨大的汉白玉石基上雕琢弯弯曲曲的蟠龙形水道，当泉水流过时，放入带耳的酒杯，任其随水漂浮旋转，止于某处，取而饮之，并饮酒作诗，这是曲水流觞习俗的延续。

寺院建筑群的外围，分布着僧众养老的“安乐延寿堂”，还有烟霞庵、明王殿、歇心亭、龙潭、海蟾石、观音洞、上下塔院等较小的景点，犹如众星拱月。由于寺院选址比较隐蔽，山门之前亦延伸为线性的序列导引，沿线建置若干小品建筑，峰回路转，饶富兴味。所谓“屈折千回溪，微露一线天；棒莽嵌绝壁，登陆劳攀援。”

此寺位于独具特色的山岳风景的环绕之中，寺内的园林、庭院绿化以及外围的园林化环境的规划处理也十分出色，故历来就是北京的游览名胜地，文人亦多有诗文咏赞（图9-56）。清人曾把寺外围之自然风景及寺内之园景选出10处，定为“潭柘十景”：九龙戏珠、锦屏雪浪、雄峰捧日、层峦架月、千峰拱翠、万壑堆云、飞泉夜雨、殿阁南薰、平原红叶、御亭流杯。

（2）普陀宗乘之庙

普陀宗乘之庙位于承德避暑山庄正北方向，

图9-56　潭柘寺　黄彪摄

狮子沟北岸中部的南坡上，占地 21.6 hm^2，是承德外八庙中规模最大的一座。该庙形制仿照当时全国喇嘛教的中心——拉萨布达拉宫建造，人称“小布达拉宫”。寺名中“普陀”为梵文 Potalaka（音译普陀洛迦）的简写，即佛经所载观音菩萨住地，义同布达拉宫的梵文名称；“宗乘”是佛教弘扬某派教义的道场，“普陀宗乘”即观音菩萨道场之意。

该庙始建于清乾隆三十二年（1767 年），竣工于乾隆三十六年（1771 年），历时 4 年，是乾隆帝弘历为庆祝皇太后钮钴禄氏 80 岁生日和自己的 60 岁生日而建。

普陀宗乘之庙东、西两门外原来均有河道与庙门前的河道相通，河道建有石桥与两侧相通，寺庙东侧石桥通往僧房。庙址内东、西山门石桥无存，东侧现已开发成商业街，西侧为绿地。寺庙前水系无存，原水系河道现在为普陀宗乘之庙停车场。寺庙外东侧原僧房目前为民居，其他僧房基址被占用。所幸寺庙大体保持下来（图 9-57）。

庙址位于南坡山麓，全寺依山就势，利用山势自然散置，殿阁楼台前后错落，自南向北层层升高。全寺布局在平面上由南向北可分为前院、中部白台群和后部主体建筑 3 个部分：第一部分是前院轴线上的山门、碑亭、五塔门及东西旁门、角楼和散置于东西两旁的白台等形成一个具南北轴线的封闭院落；第二部分为琉璃牌坊一座及各类平顶碉房式白台 20 余座，随山势呈纵深方向自由布局，没有明显的中轴线；第三部分是位于山巅气势雄伟的主体建筑——大红台、万法归一殿。白台群上有大红台，下围山门、碑亭、五塔和牌坊，这种布局为承德“外八庙”乃至中国寺庙建筑布局所独有。

位于全庙最南端的五孔石桥以北为山门。门前设石狮一对，山门为砖石砌成三孔拱门承台，上建面阔物件的单檐庑殿顶门楼。其后的碑亭为黄琉璃瓦覆顶，亭内 3 座石碑以汉、满、蒙、藏 4 种文字分载《普陀宗乘之庙碑记》《土尔扈特全部归顺记》《优恤土尔扈特部众记》三文。碑亭后的五塔门满壁白色，上有三层藏式盲窗，下为 3 座拱门，门顶有 5 座喇嘛塔，前有 1 对大石像。

中部白台类型不一，平面、层数均有变化。白台以汉族建筑结构模仿藏族平顶碉房，用途也不尽相同：有的将木构建筑围在台子内部；有的在白台上建木构小殿，作佛堂、钟楼使用；有的组成庭院，作僧房使用；有的台顶安置舍利塔；有的砌成实心台座，并不能入内。这些做法为模拟拉萨布达拉宫前山脚下鳞次栉比的梵宇僧舍。

主体建筑群所在之处由实心花岗岩条石垒砌成白台基座，占地面积较大，由四面群楼围合成的大红台位居基座正中，主体建筑大红台作为全庙功能与视觉形象的核心，体量最大，虽气势稍逊西藏布达拉宫，然其占地之广、建筑体量之大为内地寺庙所仅有。群楼天井中为核心殿堂——万法归一殿。大红台北楼西端顶部凸起一层，上有重檐六角形六方亭，匾额为“慈航普渡”；南侧楼体顶部左右各有重檐正方形塔罩亭一座。紧贴大红台东侧有一稍矮、面积稍小的四面群楼，高两层，称“御座楼”。白台基座上，还分别在大红台西南侧建有单层藏式院落“千佛阁”、御座楼东南侧建有哑巴院。在白台基座之外，东南侧紧贴基座有一立于较矮白台基座上的四层平顶楼体“文殊胜境”；西侧靠北有一独立于其他建筑的二层圆堡。

走过寺庙南端的五孔石桥后，即为入口藏式山门。穿过山门便是碑亭。碑亭后是五塔门，人们可穿过其下三洞门，来到中部的白台群，配合地形，白台有疏有密，随着迂回的山路，大红台时隐时现，自然地把人们引向寺庙的后方。登上白台基座的磴道有 3 组，分别为千佛阁南侧两折磴道、文殊胜境南侧折向哑巴院西侧两折磴道以及圆堡东侧楼体内磴道。

（3）国清寺

南宋以后，浙江省天台山的国清寺又几经起落。元代汉传佛教衰微，不过朝廷还是对国清寺多次颁赐。元惠宗至正年间还修建了山门、雨花亭、万工池、方丈室等建筑。

在上千年的历史进程中，国清寺教派也几经变化。国清寺自隋代创立，到中唐时，已是天台

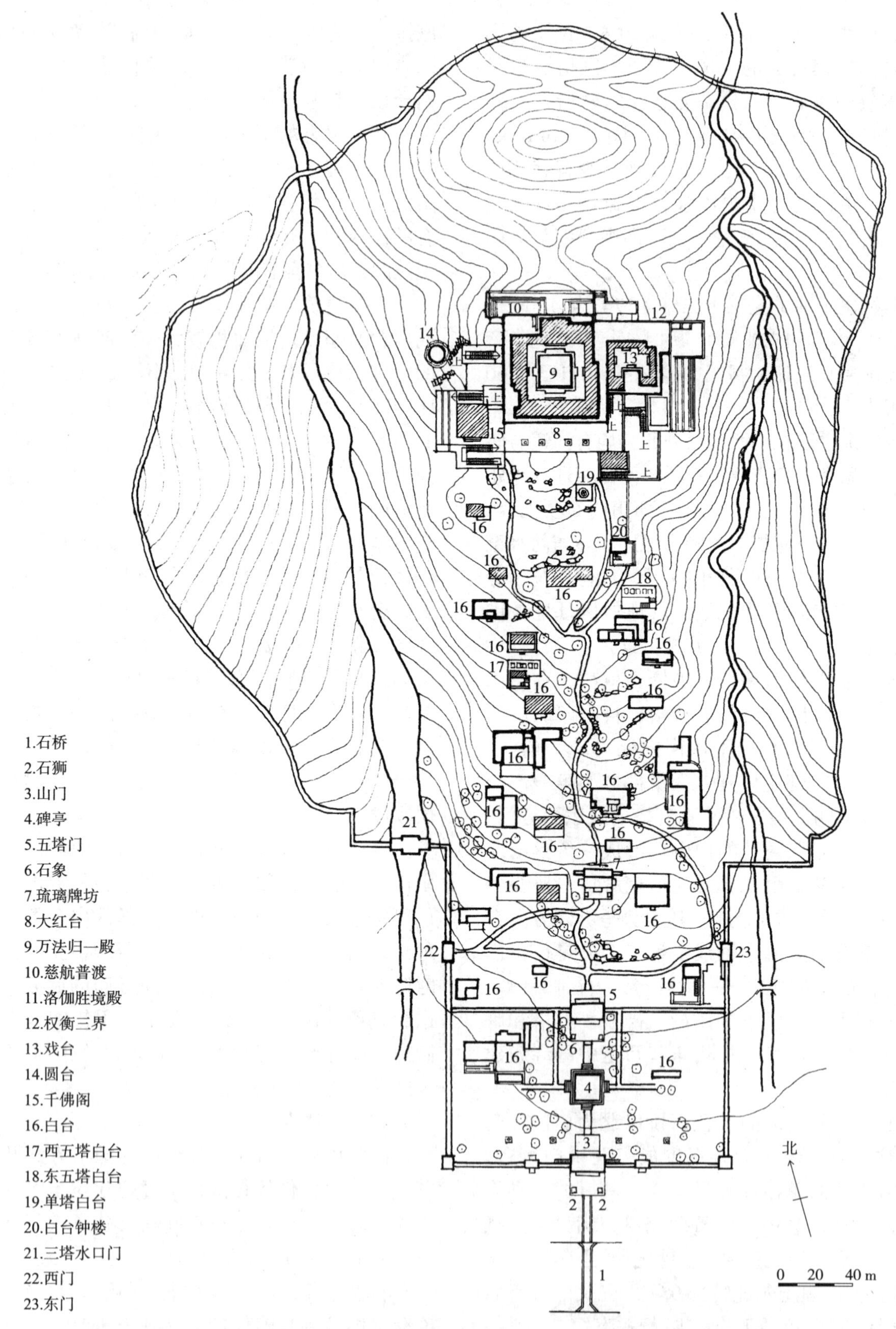

图9-57　普陀宗乘之庙（摹自天津大学建筑系、承德市文物局《承德古建筑》，1982）

宗的根本道场。元代国清寺变为禅宗道场。到了明代末叶，幽溪传灯法师从百松真觉法师受天台教观，复兴衰微不堪的天台宗。以后直至新中国成立后，国清寺都是天台宗的道场。

国清寺选址极胜。寺周围五峰环抱，西北诸峰可避寒潮之侵，东南诸峰可避夏秋台风之袭，冬无骤寒，夏无酷暑。北向为入天台山孔道，便于联系其他诸道场。南出木鱼山隘口，即至天台山县城，交通便利。五峰为天台山之余脉，寺北为八桂峰，高海拔 343.6 m；西北为映霞峰，海拔 461.9 m；东北为灵禽峰，海拔 317.5 m，三峰构成国清寺的北方屏障，寺址就选在八桂峰延伸的山脚一片东西宽 280 m，南北纵深 170 m 的缓坡向阳的开阔地上。其东北为祥云峰，海拔 300.9 m，西南为灵芝峰，海拔 180 m，两峰间的山谷成为引风道，使国清寺虽然周有数峰叠嶂，但在炎夏季节，能得到东南季风的吹拂。而此山谷缺口，也正好是国清寺出入的孔道。

寺院东西两侧各有一条溪水，萦流至寺前汇合。东溪叫国清溪，发源于龙皇堂，沿金地岭曲折径流 30 余里；从东北方向八桂、灵禽两峰之间折向国清寺前，此水常年清澈见底。西溪源于黄泥岗，沿八桂、映霞两峰间峡谷向南直泻寺前，与东溪汇于丰干桥下。两溪一清一浊，合拢后合流几十米，仍然清浊分明，“双涧回澜”的景名由此而得（图 9-58）。

国清寺总建筑面积为 13 000 m^2，依佛事活动、僧侣生活、接待宾客与农业生产 4 种功能，将逾 30 座殿堂、楼室，分别布置在 4 条轴线上，轴线间互相穿插，构成高低错落，灵活多变的布局。

寺的正面是“隋代古刹”大照壁，将山门隐于照壁东侧。因为国清寺南面是山谷缺口，所以寺门东向开的布置形式就更为隐曲、含蓄。人们从天台县城出来北行，依次看到的是隋塔、七塔、寒拾亭、丰干桥，就是到了桥上，仍然看不到国清寺的山门，看到的只是一座大照壁而已。这种山门不放在中轴线上的设计手法，在江南寺院中常采用，但国清寺大门的空间处理尤为成功。

中轴线上依次布置了弥勒殿、雨花殿、大雄宝殿 3 座主要殿宇和四进院落。一进山门北折，石铺甬路两侧为高 1.6 m 的矮墙，墙外修竹成林，谒拜者要踏上 1.6 m 高的台阶，才能登上弥勒殿的月台。弥勒殿单檐歇山顶，五开间。殿门上部屋檐下，悬有“奉敕重建国清寺”匾额。殿的正面由实墙封闭，只在左右各开一漏窗。殿内正座供奉弥勒佛坐像一尊，造型亲切，笑容满面，以示“皆大欢喜”之意。弥勒佛背后为面朝雨花殿的韦驮立像，殿内两侧有密迹金刚与威迹金刚坐像。

出弥勒殿后门，进入由弥勒殿、雨花殿、钟楼、鼓楼组成的第二进院落。这里空间横向开展，进深不大，给人以封闭之感。雨花殿是中轴线上的第二座殿。相传是天台宗祖师智顗大师曾在此讲述《妙法莲花经》，其精诚所至，感动天庭，天上下起法雨天花，故得此名。

雨花殿后是大雄宝殿前院。迎面可见一道 2.1 m 高的挡土墙，中央以石阶引路，由于土坎的遮挡，人们只能看到大雄宝殿的上半部。在登上 12 级台阶以后，即到达大雄宝殿的殿前空间，这是国清寺的第三进院落。较之第二进院落，它显得特别开敞。大雄宝殿居于较高的地势，体量也最大，为重檐歇山顶，周以廊庑，面宽 9 间，总宽 30.67 m，进深 19.71 m，高 22.65 m，正中上下檐间悬“大雄宝殿”匾额一方。由于平面尺度大，屋顶高，出檐深，殿内光线暗，故在上下檐间四周开设约 1 m 高的通牌腰窗，是殿内主要采光口，窗高距地面为 7 m，光线正好照射在释迦坐像的头部，恰当地渲染了佛像的神采。殿前月台因地势递升分为两层。月台正中陈设一座巨大的铜鼎。殿内天花藻井，明、次间高出其他间 2.3 m，这是为了安放中座佛像而提高了空间，周施以二层斗拱，使空间气氛格外突出。殿内正中供奉 3.8 m 高的释迦牟尼坐像，青铜铸造，重 13 t。释迦像前为一小型佛像，一手指天，一手指地。释迦坐像背后为普陀山全景及天台山部分山景，正中塑观世音菩萨像。在殿的后壁前，左右各塑有一尊佛像，左边是骑狮子的文殊像，右边是骑白象的普贤像。大殿两侧靠东西墙壁为十八罗汉像。这十八尊罗

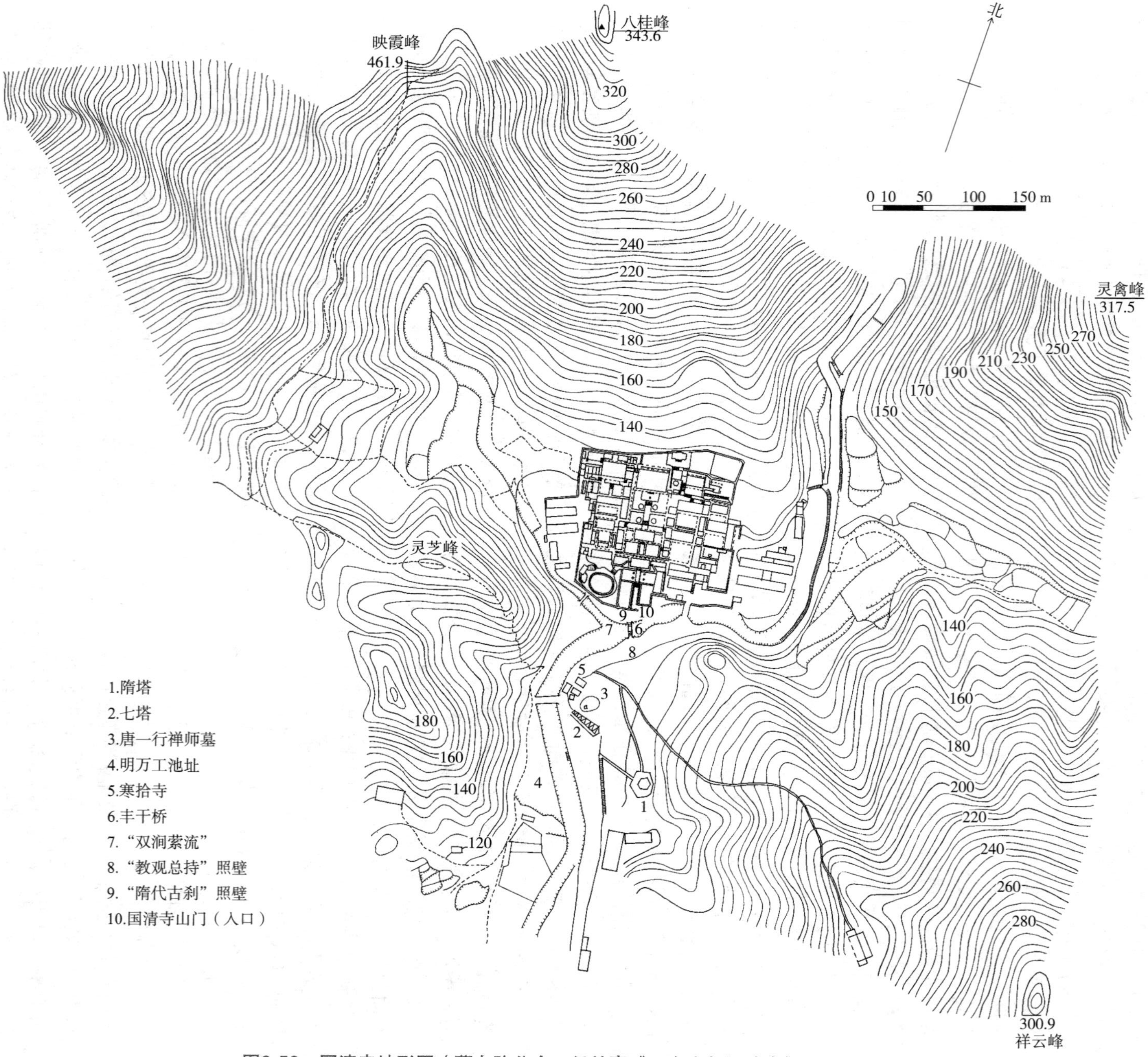

映霞峰
461.9
八桂峰
343.6
北
0 10 50 100 150 m
灵禽峰
317.5
灵芝峰
祥云峰
300.9

1.隋塔
2.七塔
3.唐一行禅师墓
4.明万工池址
5.寒拾寺
6.丰干桥
7.“双涧萦流”
8.“教观总持”照壁
9.“隋代古刹”照壁
10.国清寺山门（入口）

图9-58 国清寺地形图（摹自陈公余、任林豪《天台宗与国清寺》，1991）

汉像是元代时用楠木雕制，造型生动，神采各异，是国清寺的文物珍品。

西轴线由安养堂、观音殿、罗汉堂（图 9-59）、妙法堂 4 座主体建筑组合成各不相同的三进院落。安养堂是西轴线上第一座殿堂，它与观音殿之间组成一进院落，东厢是涅槃室，西厢为菩提室，中为八功德池。池侧隔以漏窗墙安养堂环境清幽，是老僧诵经养生的地方，坐北朝南，面宽为九间，北向有前廊。堂外南边为鱼乐国园子，故底层以后墙封闭，与园子分隔。二层则设有敞廊，向鱼乐国敞开，是老僧依栏观景的地方。观音殿现叫三圣殿，是供奉西方三圣的殿堂，平面为七开间，二层，穿斗式构架，为一佛事、僧居两用殿堂，面阔三间，二层上下贯通，扩大了室内空间，中间用以供奉三圣佛像，两梢间及尽间均为二层，用作僧居。观音殿西梢间设一暗廊，穿引至殿的背后，作为僧居入口。观音殿东厢为延寿堂，西厢为塔碑堂。它们与南面的安养堂共同组成西轴线上第一进院落。靠近安养堂为八公德池。此院环境恬静，适宜安居颐养。观音殿北的二进院落，院子不大，前一进院落幽静雅致，是僧人静修和研习佛理的地方。后一进院落由北面的妙法堂、东厢的三贤殿与南面的罗汉堂围成。妙法堂是西轴线最后一座建筑，堂前芭蕉茂盛，玉桂常青，环境十分清幽；由于地势较高，建筑体量大，所以显得特别轩昂。妙法堂一层是法堂，也称作讲堂，是高僧讲解天台宗经籍的地方，正中设讲台，台上是法师讲经位，上悬“台宗讲席”匾额。堂内两侧列听讲席数排；楼上为藏经阁，开敞明净，珍藏着《妙法莲华经》《大藏经》等经籍。为保持藏经楼室内干燥，防止潮气侵入，楼层设有围廊。

南端界外有一处寺内园子——鱼乐国。这是一处封闭式园子，由弥勒殿前西南侧小门入园。园子以放生池为主体，周围花木扶疏，池西侧高台上建有凉心亭。小亭是寺内赏景借景佳处，人在亭中，近可以观赏鱼乐国游鱼，远可望灵禽、祥云诸峰秀色。放生池北侧，有乾隆御碑一通，记载雍正修国清寺事迹。再北就是安养堂，倚二

图9-59　国清寺罗汉堂　高琪摄

楼空廊栏靠可观赏鱼乐国园景。

主轴线东侧有两条轴线，一条由寮楼、聚贤堂、说法堂、迎塔楼几座建筑组成。迎塔楼是东轴线上位置最高的一处建筑，建于 1932 年，两侧以两座大踏步与前面的说法堂（方丈楼）连接。两楼高差达 6.5 m。站在迎塔楼的廊子上，可以远远望见东南方向的隋塔，故命名为迎塔楼。院中有千年古樟树与隋梅各 1 株。另一条轴线，由修竹轩、禅堂、客堂、大厨房等组成。这些建筑均系待客及僧徒生活起居、聚会、用膳的地方，也包括总务、会计、库房。

（4）南普陀寺

南普陀寺位于今厦门市，是最具闽南建筑风格的福建名刹。始建于唐末，时称泗洲寺。北宋时由僧人文翠改建，曰无尽岩。后又经元代废寺，明代重建并迁建于今址，名普照寺。清初又废寺，至康熙二十二年（1684 年）由施琅捐资并主持修复及扩建，因增建供奉观世音菩萨的大悲阁与浙江普陀山的观音道场相似，改为南普陀寺，自此寺名一直沿用至今。

南普陀寺占地约 25.8 hm^2，背靠五老峰，面朝大海，与太武山隔海相望。寺院总体布局呈中轴三段式分布，即以 4 个主殿为轴线，因山势由南至北，形成引导区、佛寺建筑区、五老峰山林区 3 个分区。引导区为整个佛寺的起景，中部的佛寺建筑区为整个佛寺宗教空间的主要部分，佛寺北端的五老峰林区则作为整个佛寺园林的收尾。3 个

功能组团形成起景—主景—收尾的佛寺景观空间的序列（图 9-60、图 9-61）。

引导区处于竖向第一平台，呈轴线均衡对称布局，轴线由南向北分布荷花池、经幢、放生池，东西均衡对称设有山门、万寿塔和园亭。园林区的种植主要为人工植物群落形式，放生池周边主要以疏林草地为主，形成开阔的空间以突显四大主殿，东西两端植物种植则较密集。寺前园林区入口东西两端为重檐牌坊式山门，上有赵朴初“鹭岛名山”的题额，山门通往天王殿的园路前种植榕树，古榕参天，可供香客夏日避暑。

荷花池近“U”字形，面积约 0.67 hm^2，池内东西各有一岛，以折桥相连，东侧小岛置有一亭。小亭临水，可供香客近观、赏玩荷池，亭身轻巧，旁植花木，颇有江南园林的典雅意趣。夏日，荷塘内，映日荷花，接天莲叶，有“南海莲香”美誉，为厦门小八景之一。佛寺建筑群以五老峰为屏，皆投影于池内，远山近水，屏列如画，实景和虚景相互映衬，饶有趣味。池中现有荷花品种 30 余种，与再力花、梭鱼草等 10 余种水生植物，构成厦门市内首屈一指的水生植物群落。荷花池西侧草坪区置有一双层圆亭，与池东侧岛亭形成对望之势，也可以供香客登临眺望寺内风景。荷花池北面为约 30 m^2 的放生池，池内放生锦鲤和龟，鱼翔浅底，龟游其间，应和佛教“慈悲为怀，体念众生”的教义，也可供游人互动观赏。

在荷花池和放生池之间，竖立 7 座汉白玉经幢，既有藏传佛教塔式，又有南亚佛教建筑的特点。放生池东西两侧耸立万寿塔，为现代新建，塔为正八角形，共 11 层，塔身洁白典雅，亦古亦今、亦佛亦尘，塔身投影池内，风姿窈窕。东西双塔既丰富了佛寺建筑群立面，又增加了佛寺天际线的节奏变化。

佛寺建筑区的布局规则严谨，讲究等级，东中西三部分形成明显的功能分区，中部为寺院主殿区，东部为办公起居区，西部为教学修行区。整个佛寺建筑区各殿宇由连廊相连，形成天井和中庭，庭内多植以花木。该区的植物种植则多以对植和列植两种种植形式，配合佛寺建筑规整的布局。

中部主殿区为整个佛寺建筑区最重要的部分，平面布局呈轴线院落布局，轴线上分布了天王殿、大雄宝殿、大悲殿、藏经阁，层层推进，形成 4 个台地。东西两侧回廊连接各大殿，形成 3 个中庭和多个小天井，丰富了寺院空间层次。主殿建筑采用闽南民居风格的建筑形式，燕尾脊飞檐大屋盖，木雕、石雕精美华丽。

第一平台为天王殿，左右两侧对称布局地藏殿和伽蓝殿、钟楼和鼓楼。第二平台为大雄宝殿，是整个佛寺的中心，殿前两侧列植柏树，烘托庄严氛围。大雄宝殿为重檐歇山顶，其屋脊呈弯月型起翘，燕尾脊，正脊上塑有剪瓷彩“九鲤化龙”“凤凰展翅”和“麒麟奔走”等图样，装饰华丽；殿的前后门屏采用闽南地区精美的木雕工艺，刻有佛教故事，油漆装金；大殿除正立面柱梁和构件也加以金漆彩绘，整个大殿颇为富丽堂皇。第三平台为大悲殿，殿为八角形三重飞檐，殿内藻井华丽精巧，殿内正中奉祀观音菩萨，其余各面为 48 臂观音。因闽南信众均崇奉观音菩萨，故此殿香火鼎盛。第四平台为藏经阁，处于中轴线末端，为歇山重檐式双层楼阁，一层为法堂，二层为玉佛殿，殿内珍藏古今中外的佛典经书及珍贵的文物。

东部分区为办公、饮食起居和宾客接待功能，该区建筑布局较随意，设有客堂、斋堂、寺务处、云水堂、正命楼、功德堂楼、经书流通处、念佛堂等。西部分区为丛林僧侣修行场所，由学生宿舍分隔成两片，东西两篇均为轴线院落布局。东片分布佛协、佛学院、图书馆、方丈楼、正见楼、法师楼等。西片分布慈善堂、禅堂、东班首寮、西班首寮等。

五老峰山林区骨干树种为相思树和马尾松，林木蓊郁，山径幽僻，山上奇石嶙峋，岩壑幽美，其中亭塔林立，人工石刻众多。拾阶而上，各个景点依据山岩地势，灵活布局，散落各处，宜亭斯亭，主要有洗心池、许愿池、苏亭、卢亭、佛字岩、金炉亭、太虚亭、太虚塔和阿若兰处等。此外，还有普照寺和兜率陀院。

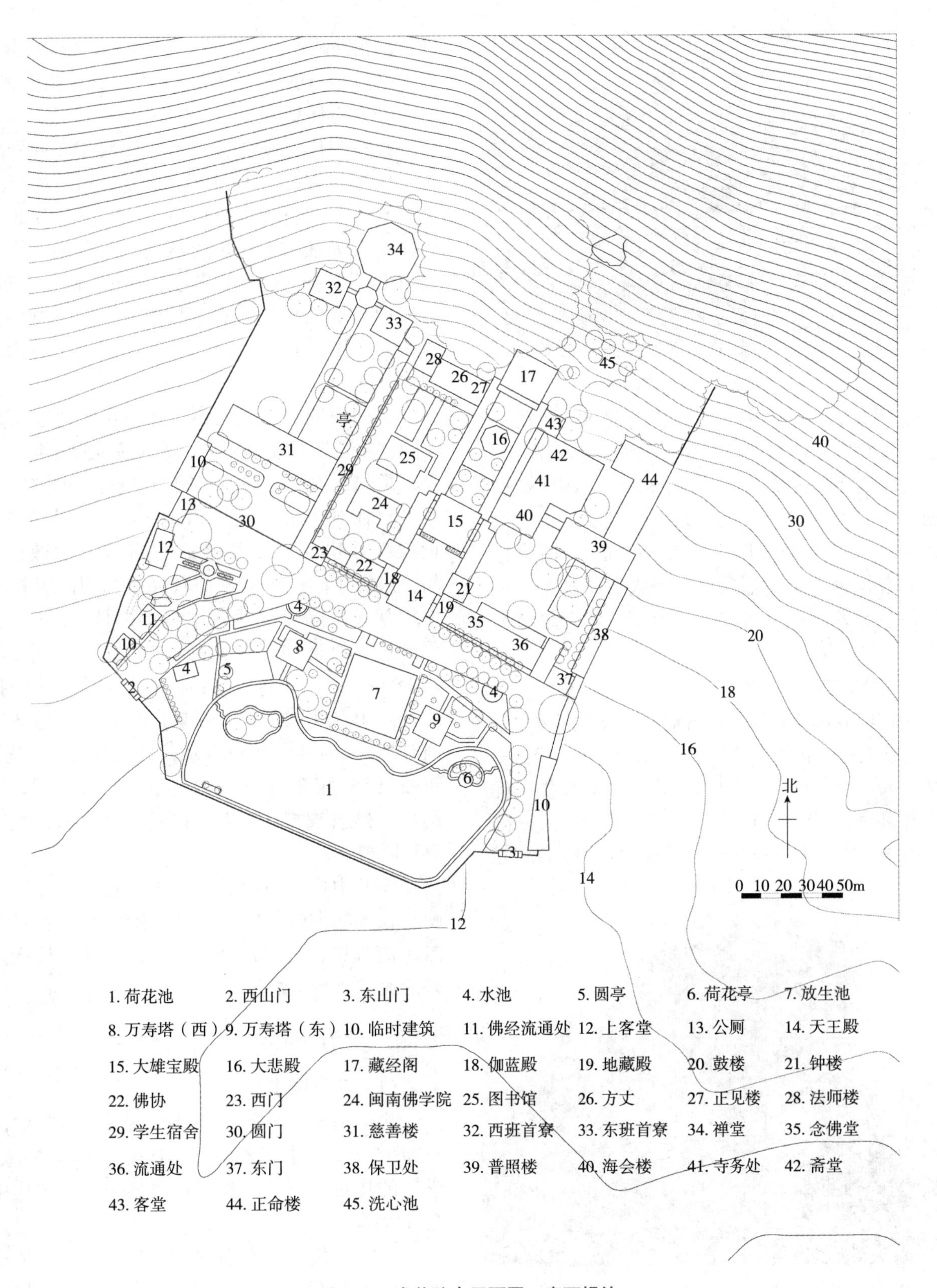

图9-60　南普陀寺平面图　童丽娟绘

图9-61　南普陀寺　童丽娟摄

曲径盘旋，登临虚云台，厦门胜景，历历可指，尽收眼底：群峰环绕，凭栏远瞰，纵观海山，碧波荡漾；环视鹭城新貌，层楼林立，绿树环绕；俯瞰足下，梵宫琼宇，气势恢宏，掩映于山林草木之间。太虚大师有题曰“海天旷览。”清风徐来，涛音松籁，又莺啼鸟语，使人心旷神怡，此为借声。又联曰：云影波光天上下，涛音松籁海中边。

南普陀寺与五老峰一起形成“五老凌霄”景点，形成名山名刹的宗教自然景观，被列为厦门新二十名景之一，正所谓“鹭岛名山藏古寺，梵宫胜景纳游人”。一方面，五老峰为南普陀寺提供了优越山林环境，奠定了其风景寺院的基调；另一方面，南普陀寺为五老峰赋予了浓浓禅意，二者相互资借，相互映衬，一如清王步蟾在《秋日游南普陀寺（二首）》中所写：岛上禅林伙，兹山擅大观。

图9-62　蟠龙山与石柱观（引自湖北省建设厅《湖北古建筑》，2005）

（5）石柱观

石柱观位于湖北省建始县城西 45 km 的望坪村。望坪村本是一马平川，在 330 hm^2 的坪坝中央，有一孤峰平地而起，高约 50 m，周 223 m，犹如擎天大柱，人们称为石柱，又称蟠龙山。蟠龙山山势险峻，整个山体悬崖绝壁，山下有洞穴，迂回曲折通向山腰，有石梯 238 级，依山势盘旋至山顶。山顶有一道观，古称朝真观，今称石柱观（图 9-62）。

石柱观始建年代已不可考。相传建于明嘉靖年间，后几经毁建。现存建筑为清乾隆元年（1736年）重修，道光、同治年间均有重修和扩建。

石柱观坐北朝南，占地 700 m^2。现存前殿、正殿、耳房、小庙及三通记事碑。前殿面阔 3 间，进深 1 间，单檐悬山灰瓦顶，明间为抬梁式木构架，次间为穿斗式木构架，具有地方风格。前殿设石级通往正殿。正殿 4 层，底层面阔 3 间 12.15 m，进深 3 间 7.35 m，砖木结构，明间抬梁式、两山穿斗式构架。底层以砖石砌筑墙体，明间开门，2 ~ 4 层木板装修，最上两层开格扇门；正殿顶上，又建有一六角攒尖顶楼阁，3 层，飞檐翘角，挺拔峻秀。正殿、楼阁内有木梯，可顺级登顶眺望。

蟠龙山山顶古松苍劲，山花竞放，石柱观掩映于苍翠的古树林之中。观下有池名“捞月”，每当风清月白，水中宫殿隐现，谓之“望坪偃月”，是清代“建始八景”之一。

9.3.4　学府园林

（1）北京国子监

北京国子监坐落在北京东城区安定门内国子监街 15 号，与孔庙相毗邻，体现了中国“左庙右学”的传统规制，是我国现存唯一一所古代中央公办大学。

我国古代国立大学的历史颇为久远。传说中的五帝时期便有了太学雏形，夏有校，殷有序，周有庠。周代天子有五学，南为成均，北为上庠，东为东序，西为瞽宗，中为辟雍。汉武帝元朔五年（前 124 年），汉武帝设太学，立五经博士，后来科目及人数逐渐加多。隋炀帝大业三年（607 年），正式设立国子监，并开设进士科，开创了科举取士的先河。

北京国子监始建于明元至元二十四年（1287 年），元末被毁，明洪武期间复建，称“北平郡学”。永乐二年（1404 年），明成祖迁都北京，改北京郡学为京师国子监，于明代国学有南北两监之分。正统年间又大规模修葺和扩建，清乾隆四十八年（1783 年）增建“辟雍”，形成现在的格局。国子监坐北朝南，呈南北向的长方形，三进院落，以辟雍殿为中心，呈左右对称排列的格局。中轴线上由南而北依次为集贤门、太学门、琉璃牌坊。琉璃牌坊是北京唯一一座不属于寺院，专门为教育而设立的牌坊。正反两面横额均为皇帝御题，是三间四柱七楼庑殿顶式琉璃牌坊，建于乾隆四十八年（1783 年），南面横额为乾隆御笔“圜桥教泽”，北面御笔“学海节观”四字，点明了国子监的型制和功能。其后为辟雍、彝伦堂、敬一亭等建筑（图 9-63、图 9-64）。

第一进院落的以辟雍为中心，这也是国子监

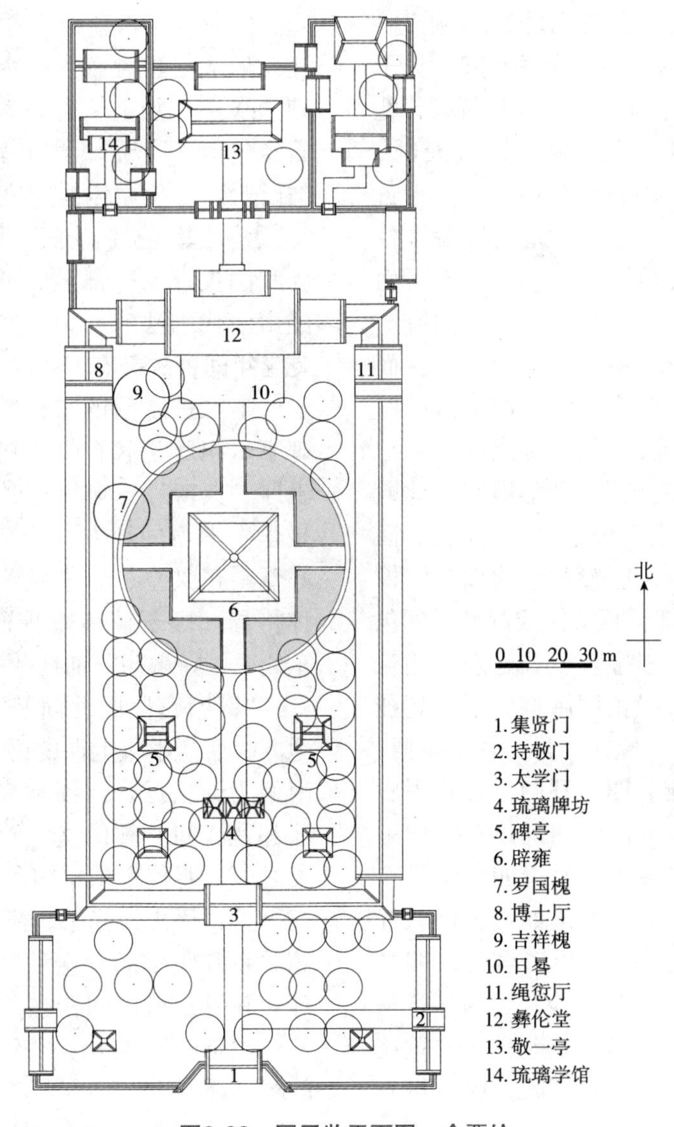

图9-63 国子监平面图 余覃绘

辟雍　　吉祥槐

图9-64　国子监实景　余覃摄

的中心建筑。辟雍本为周天子所设大学，校址圆形，围以水池，前门外有便桥。辟雍并非一般的学校，而是天子问道、行礼、宣教化之处，《礼记·王制》称："小学在公宫南之左，大学在郊；天子曰辟雍，诸侯曰泮宫。"《白虎通》："辟雍所以行礼乐，宣教化也。辟者，所以象璧圆，以法天也；雍者，壅之以水，象教化流行也。"1957年，考古发现西汉元始四年（前150年）建造的辟雍，位置在汉长安南郊，其外环以圆形水沟，建筑平面为正方形，周以垣墙，各面中央开门，垣内有广庭，中央有一"亚"字形二层建筑，依夯土台而建。西汉以后，历代皆有辟雍。北京国子监的辟雍是乾隆年间考证历代辟雍的型制后的创造。

辟雍为一座四角攒尖宝顶式方形殿宇，此殿建筑于圜河中叠石的方基之上长宽均为5.3丈，面阔7间，大殿为两重屋檐，上覆黄色琉璃瓦，檐角翘起，4条屋脊直达顶部，顶端做成圆型，铜包鎏金，既所谓四角攒尖，鎏金宝顶式建筑。建筑造型别致，极为华美。大殿正面屋檐之下，高挂着乾隆皇帝书写的"辟雍"匾额，是一块华带匾，边框为七彩九龙祥云圆雕。四面开门，且有周廊环绕。周廊外建圆形水池，池水四周筑有汉白玉护栏，在外掘井，通过暗道由池水岸四面各设一喷水龙头（螭首）将水注入，并建如虹石桥与辟雍相通，形成外圆内方的格式，以符合古代明堂"辟雍泮水"之制。殿内设玉峰屏宝座，为皇帝临雍讲学所坐。"辟雍泮水"建成后，与国子监黄琉璃瓦、红墙绿柏和潋滟的池水相辉映，更显得雍容荣贵、富丽堂皇。

"辟雍"两侧各有33间的所谓"六堂"：东为率性堂、诚心堂、崇志堂；西为修道堂、正义堂、广业堂。六堂南边各有房10间，与太学门相连，形成二进院落。院内有御碑亭、十三经石刻碑189座，加上"御制告成"碑共190座。这些石经包括《周易》《尚书》《诗经》《周礼》《仪礼》《礼记》《春秋左传》《春秋公羊传》《春秋谷梁传》《论语》《孝经》《孟子》《尔雅》13部，逾63万字，为我国仅存的一部最完整的十三经刻石。该部石经由清代书法家、国子监学正蒋衡书写，因刻于乾隆年间，故又有"乾隆石经"之称。

第二进院落的东、西两院为四厅六堂和4座碑亭。四厅是教育管理机构，分别为绳衍厅、博士厅、典簿厅、典籍厅、档子房、钱粮处；六堂是学生学习的地方，分别为率性堂、修道堂、诚心堂、正义堂、崇志堂、广业堂。形成传统的对称格局。国子监前院集贤门内东西两侧设井亭，东侧由"持敬门"通往孔庙。

"辟雍宫"的北面是"彝伦堂"，原是藏书的地方，后为学生上课的讲堂。堂的东面是典簿厅；南面为绳衍厅，西面是典籍厅；南为博士厅。每厅都是3间。彝伦堂为元代崇文阁旧址，原为藏书之所，明代永乐年间予以重建并改名为彝伦堂。"彝伦"，语出《尚书·洪范》，指人与人之间的道德关系和正常的社会秩序，即社会伦理道德的常理。其堂面阔7间，在辟雍建成之前，皇帝在此举行"临雍"典礼。兴建辟雍之后，则改为监内的藏书处。

敬一亭位于彝伦堂之后，建于明嘉靖七年。

敬一，意谓恭恭敬敬，一心一意学习践行儒学之道，是国子监的第三进院落。东厢设有祭酒厢房和司业厢房以及 7 座御制圣谕碑，为国子监酒（校长）办公之所，西厢是司业（副校长）办公之处。

（2）岳麓书院

岳麓书院位于今湖南省长沙市湘江西岸的岳麓山下，是一座集讲学、藏书、祭祀三大基本职能于一体的大型书院。书院依岳麓山地形，坐西向东，占地 2.1 hm^2，建筑面积 7504 m^2。岳麓书院园林的建设大体可以分为 3 个时期：北宋奠基阶段，南宋书院重建和发展阶段，明清继续扩建和发展阶段。现存的书院主要是明清时期扩建、完善后的形制和规模。两宋的建设奠定了书院讲学部分的基本规模和“讲于堂，习于斋”的教学规制，以至历代扩建，而中间开讲堂、东西序列斋舍的格局一直保持不变。明代宣德、正德朝，岳麓书院再次兴盛，规模进一步扩大，形成岳麓书院主体建筑集中于中轴线的整体布局，主轴线前延至湘江西岸，后延至岳麓山顶，配以亭台牌坊，于轴线一侧建立文庙。清代，岳麓书院在政府的支持下修建频繁，书院的讲学、藏书、祭祀三大功能得到了全面的恢复和发展。清嘉庆年间，山长罗典加强了书院风景环境的建设，在院旁开辟园池，凿池筑台，栽植花木，创书院“八景”。现今岳麓书院即是清末时期的格局。

依照功能，岳麓书院园林可分为 3 个部分，分别为中心的学术区、北侧的祭祀区和南侧的休闲区。各个区域用门墙分隔，同时又通过庑廊、厅堂等将其连接，开则相互通达；闭则相对独立、自成一域。园林通过建筑与门墙围合成若干大小不等的院落和天井，按照轴线纵向排列，形成层层院落，且愈深，院落与建筑的规制愈高（图 9-65、图 9-66）。

书院整体沿南北向纵深展开，有鲜明的园林景观中轴线，中轴线上前后四进，每进均有数级台阶缓缓升高、层层叠进，深邃幽远。书院整体由大小不等的几十个院落组成，顺延山势，坐西朝东，逐步攀升，形成南北对称、中轴线突出、两纵两横相互交织的空间构架。书院的主体建筑都布置于东西方向中轴线上，起始于湘江渡口，终于御书楼，从东至西依次排列着：书院牌坊门、自卑亭、头门、大门、二门、讲堂、御书楼，斋舍、祭祀专祠等排列于讲堂两侧。中轴对称、层层递进的院落建筑形式，营造出一种庄严、幽远的氛围，从中也可看出我国古代尊卑有序、主次鲜明的社会伦理关系。

图9-65　岳麓书院　文彤摄

（3）白鹿洞书院

白鹿洞书院位于今庐山东南五老峰南麓的后屏山之阳，西有左翼山，南有卓尔山，三山环台，贯道溪穿流而过，无市井之喧，有泉石之胜。今全院山地面积近 200 hm^2，建筑面积 3800 m^2。

白鹿洞书院始建于唐代，原为李渤兄弟隐居读书的地方。南唐朝廷在李渤隐居的地方建立学馆，称“庐山国学”，又称“白鹿国学”。宋初，九江人在废墟上建起白鹿洞书院，宋太祖赵匡胤下令将国子监刻印的《九经》等书赐予白鹿洞书院，书院旋即知名度大增，学生有近百人。北宋

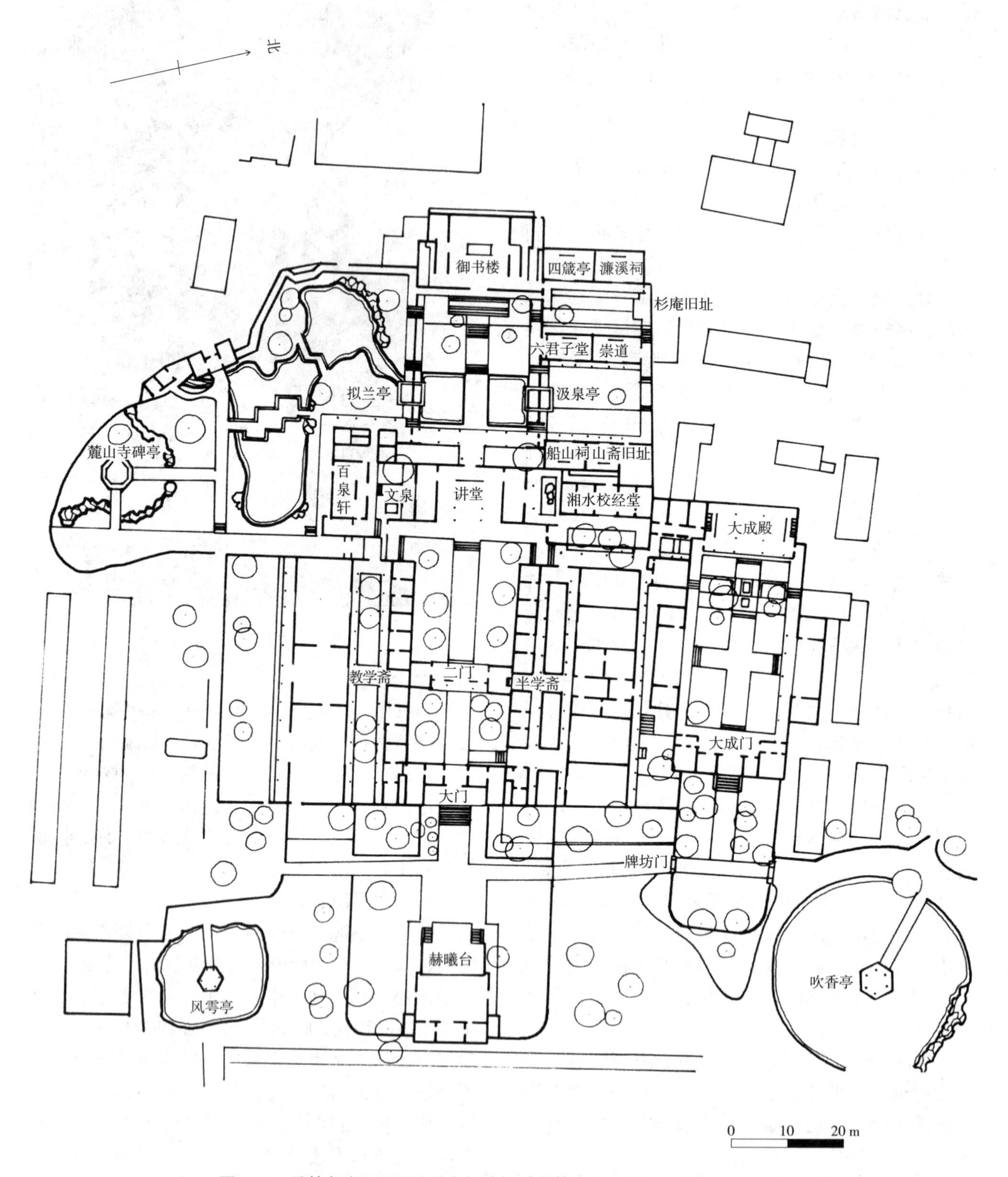

图9-66　岳麓书院平面图（引自杨慎初《岳麓书院建筑与文化》，2003）

末年，金兵南下，书院从此荒废百年。南宋淳熙六年（1179 年），朱熹兴复白鹿洞书院，自任洞主（即山长），筹置学田，制定学规，编制课程，集聚典籍，书院得以鼎盛。

元末，书院毁于兵火。明代正统、成化、弘治、嘉靖、万历年间，书院又屡次维修。明清政权交替之际，白鹿洞书院没有受到大规模的破坏，在清初白鹿洞书院仍然由江西南康府进行管辖，在书院的管理体制上仍沿袭明代以来的推官主洞制，聘请当时知名学者为洞主来管理白鹿洞的事务。康熙朝，皇帝对朱熹十分推崇，屡次钦赐匾额、颁发经书、下旨修志等，此外，还任命了不少学政和官员。雍正以后，清廷开始正式出面对书院的建设进行干预，并采取了一系列措施控制书院的规模，导致了书院教育官学化。此后，白鹿洞书院在各个方面都向着官学的方向发展，但还是会得到朝廷一些特别的照顾。比如，乾隆皇帝曾作《白鹿洞诗》和《白鹿洞赋》各一篇，另钦赐“洙泗心传”匾额一块。清朝末年，随着变法的实施和废除科举制度，光绪皇帝下令改书院为学堂，1903 年白鹿洞交南康府中学堂管理。宣统二年（1910 年），白鹿洞书院正式更名江西高等林业学堂。

今白鹿洞书院以南宋朱熹重建白鹿洞书院时的布局为主要框架、明清两代的建筑为主体，沿东西方向由 5 个并列的院落组成，每个院落又在南北向有几进（图 9-67、图 9-68）。各个院落功能不同，院落之间以围墙间隔，中间又置门相连。书院建筑体均坐北朝南，石木或砖木结构，屋顶均为人字形硬山顶，颇具清雅淡泊之气。

礼圣殿是书院的主体建筑，也是书院中等级最高的建筑物，歇山重檐、翼角高翘，回廊环绕，但与一般文庙大成殿有所不同，而是青瓦粉墙，使这座恢弘、庄严的殿堂又显出几分清幽和肃穆。礼圣殿的石墙上，嵌有石碑和孔子画像石刻。礼圣殿院落有两进，主要建筑有棂星门、泮池、礼圣门、礼圣殿等。

礼圣殿东侧一组院落是先贤书院，由中门分为前后两进。书院北面有朱子祠、报功祠。朱子

图9-67　白鹿洞书院礼圣殿　郭美锋摄

祠是为纪念朱熹而建，报功祠原名先贤祠，曾先后祀李渤、周濂溪、程颐、程颢、张横渠、陈了前、陶靖节、刘西涧父子及其他有功于白鹿洞书院之先贤。朱子祠后有一石洞，内有一头石雕的白鹿。据《白鹿洞志》记载：“初，鹿洞有名无洞。嘉靖甲午（即嘉靖十三年，1534 年），知府王溱乃辟讲修堂后山，为之筑台于上。知府何岩凿石鹿于洞中。”白鹿洞原是以山峰环合似洞而得名；现有的石洞和石鹿，则是明代嘉靖年间修凿的。在朱子祠之东厢，设有碑廊，内嵌宋至明清古碑 120 余块，这是中华人民共和国成立后为保存文物古迹而新建的。在这些古代碑刻中，有朱熹的手书真迹，也有署为紫霞真人的明代状元罗洪先的《游白鹿洞歌》。这些名迹，笔锋庄重遒劲，运笔矫若游龙；它既是弥足珍贵的书法艺术品，又是具有研究价值的重要历史资料。在朱子祠前，与礼圣殿并列的是一座两层楼阁，即“御书阁”。

礼圣殿院东，为白鹿洞书院。白鹿洞书院主要建筑有院门、御书阁、明伦堂、思贤台等。书院门楼重檐灰瓦，檐下花岗岩石额上由赵朴初题写“白鹿书院”4 字。门内又是一个小院，东西各辟出一排厢房，廊柱上有诗联。西廊柱联“雨过琴书润，风来翰墨香”，东廊柱联“傍百年树，读万卷书”。御书阁又名圣经阁、圣旨楼，始建于南

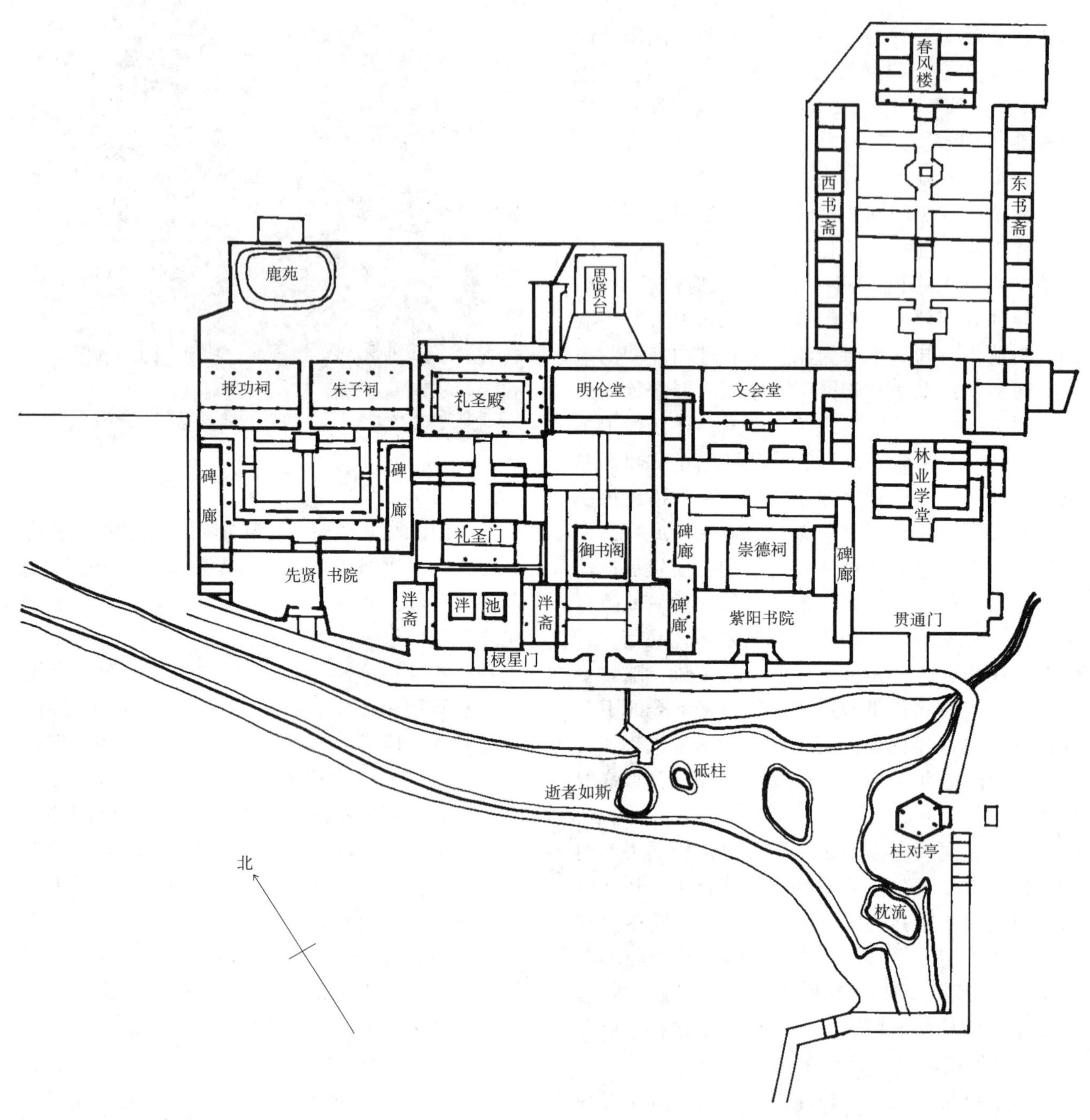

图9-68　白鹿洞书院平面图（引自高嵩等《白鹿洞与岳麓——两个南方古典书院的形态解析与比较》，2011）

宋，现为清康熙五十四年（1715年），南康知府叶谦、知县毛德琦重修，二层正中有“御书阁”竖额，阁中先后藏有朱熹奏请宋高宗御赐《九经注疏》《论语》《孟子》，康熙二十五年（1686年）御赐《十三经注疏》《廿一史》《古文渊鉴》《朱子全集》等书。明伦堂又名彝伦堂，明正统三年（1438年）南康知府翟溥福初建，明弘治十年（1497年）江西提学佥事苏葵重建，为书院讲堂。思贤台是明嘉靖三十年（1551年）江西巡按曹汴所建，台上有思贤亭。思贤台依山而立，为全院的最高点。

白鹿洞书院东是紫阳书院，因后世尊称朱熹

为紫阳先生而得名。主要建筑有门楼、崇德祠、行台等。全院由中门分为二进。前院两侧有碑廊，总称为白鹿洞书院东碑廊。

紫阳书院东侧的延宾馆，是白鹿洞书院的第五个院落。原主要建筑有延宾馆、憩斋、逸园、贯道门、春风楼等。延宾馆建成于明成化五年（1469 年），由江西提学佥事李龄出资建馆。当时的洞主胡居仁作《延宾馆记》，文中记述白鹿洞书院盛况："好古学义之士，自公卿以至岩穴之贤，来游是洞者接武联镳。"于是李龄建延宾馆，热情款待四方来客。延宾馆最北端的春风楼，是历代洞主著述下榻之处。

书院外围的山水中，还有"钓矶石""漱石""鹿眠场""流杯池"诸胜迹。漱石和流杯池，因有朱熹手书"漱石""流杯池"石刻而得名。鹿眠场，相传唐代李渤饲养的白鹿就睡在这里。而钓矶石上，因朱熹手书"钓台"二字而得名。白鹿洞书院周围还拥有山林 3000 亩，其中有千年古松 18 株，有柳杉、水杉、紫荆、红枫、银杏、广玉兰、珍珠黄杨、红花檵木等受国家保护的珍稀植物。

（4）古莲花池

古莲花池位于今河北省保定市旧城中心，现状面积约 3 hm^2。古莲花池始建于 1227 年（南宋理宗宝庆三年，元太祖二十二年），其时元将张柔驻守保定，凿水池建园，园名为雪香园，为私家园林，同时具有藏书功能。后因地震，破坏严重。明代中期，雪香园基址尚存，因池水深，存荷花不绝，之后的志书也将其随俗称为莲花池或古莲池。园中现存一座元代石桥，名白石桥，又名绿野梯桥，位于篇留洞假山南部。

明万历十五年（1587 年），保定知府查志隆对古莲花池进行扩建整修，转变为衙署园林，令为政者以一池清水为鉴，融朗道德、润泽苍生，自此古莲花池被称为"水鉴公署"。清康熙四十九年（1710 年），保定府知府李绅文对园林进行了重修。清雍正十一年（1733 年）下旨在各省建立书院。直隶总督李卫将直隶书院址选在古莲花池，名"莲池书院"，同年九月落成。同时莲池书院以东用地"构皇华亭馆若干楹，方向规模略如书院"建成使臣馆舍，供来此驻跸的达官贵人使用。莲池书院与使臣馆舍"两院东西相属，面清流为限，跨石梁为阈，使节应酬与匡坐吟诵不相妨杂"。至此园林功能又为之一变。乾隆十四年起，新任直隶总督方观承再次主持重修莲花池，增设山石、补种树木，增置华丽陈设，古莲花池达到鼎盛期。方观承命人以莲池行宫十二景为题绘制了《保定名胜图咏》，现称为清乾隆《莲池行宫十二景图咏》。莲池十二景包括：春午坡、花南妍北草堂、高芬阁、万卷楼、藻咏楼、篇留洞、含沧亭、宛虹亭、鹤柴、蕊幢精舍、绎堂、寒绿轩。

1900 年年底，八国联军攻陷保定，对古莲花池进行了大规模劫掠，将莲池夷为平地。1901 年，已经逃往西安的慈禧太后和光绪帝回京途中驻跸保定，袁世凯为迎接他们，特将古莲花池建成慈禧行宫的后花园，但规模和型制已不能与盛期相比。从晚清至中华人民共和国成立初期，古莲花池还经历了多次被毁与重修。

现今的古莲花池，水面面积约占全园面积的 1/4。水池形态为自由式，驳岸置石环绕，岸线曲折变化。全园共两座岛屿：大岛位于全园偏东南，小岛宛虹亭岛位于北塘中心偏西十余米。大岛将水池分为南、北两塘，南塘呈半月形，较小；北塘则为不规则长方形，较大。盛期全园共有 4 座体量较大的假山：篇留洞假山、红枣坡、响琴东假山和春午坡假山，另有结合驳岸堆叠而成的中等规模的假山和地形高低起伏之处的土坡错石（图 9-69、图 9-70）。

北塘为全园主水面，视野开阔，周围景物以水池为中心布置。小岛上建有宛虹亭，亭南北各有石桥，与北岸和大岛连通。两岛四周莲叶田田，游鱼聚集，人游亭中，如同置身莲乡。从小岛沿南侧石桥可至湖心大岛，岛上原来建有藻咏楼，是文人赋诗酬唱的地方，1900 年焚毁后重建为康乐厅，面阔五间，进深三间，四周廊庑相通。此厅是现在岛上的主要建筑。

东南大岛的东部有篇留洞假山，是全园主山。

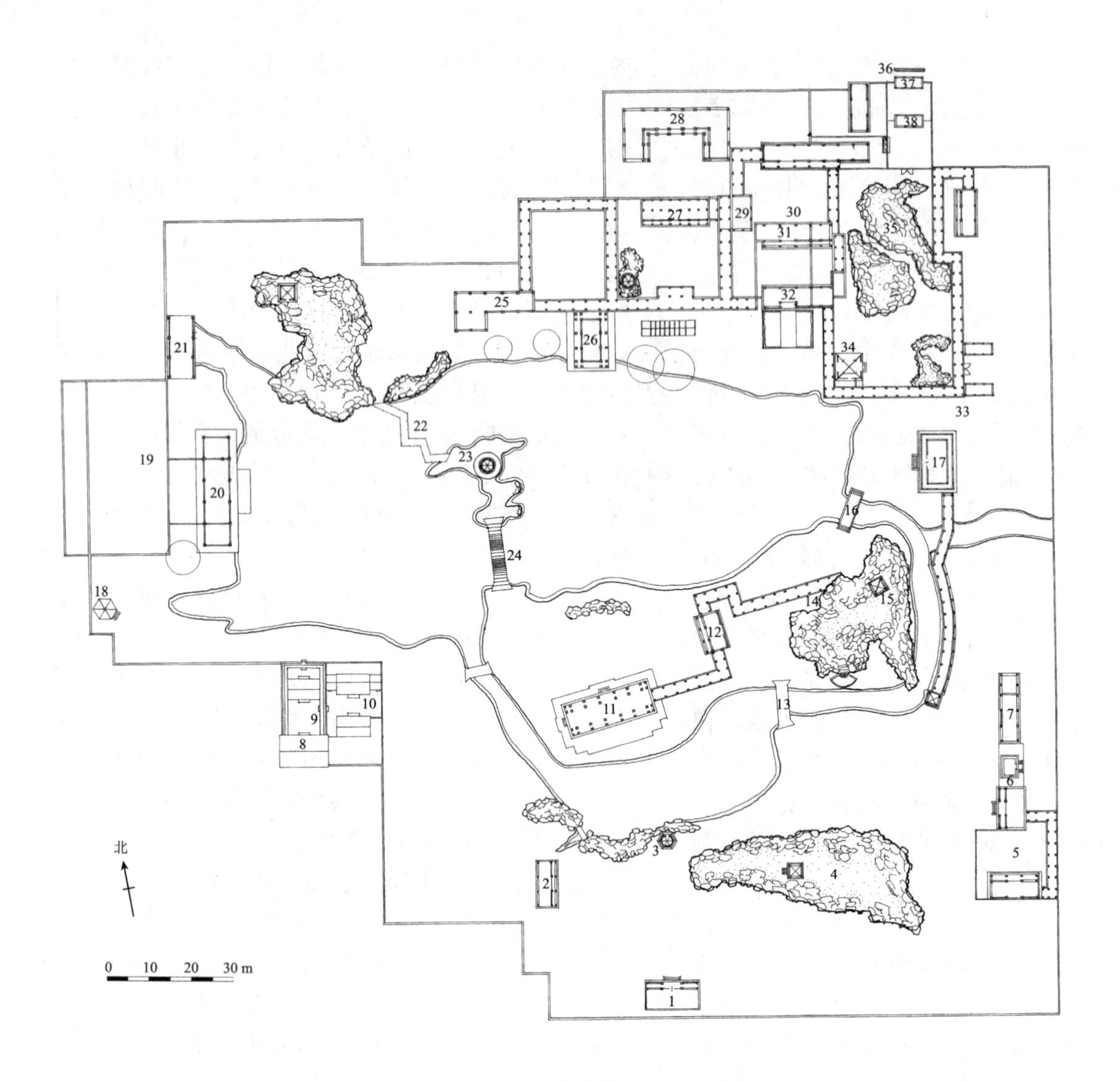

图9-69　古莲花池复原平面图（引自马小淞《保定古莲花池山水构架分析》，2014）

图9-70　古莲花池　马小淞摄

此山与东渠狭窄的水道配合，分割了东部南北塘水面空间。洞名源于苏轼“清篇留峡洞，醉墨写邦图”的诗句，石壁上留有乾隆皇帝的御笔题咏。假山东有深壑，南临水池，北邻含沧亭，盛期时西接复道可通向藻泳楼，山上靠北香茅覆顶的乐胥亭。假山均高 4.5m，为石包土山。篇留洞假山是池上理山的佳例，包括峭壁、峡谷、盘道、洞窟、濠涧等，临池建绝壁，余脉深入南部水中，自然形成水岸、石矶。其结构为上台下洞，山脚临池的山洞贯穿山腹，自西北口入，南口出通往临水的扇面形平台。洞穴潜藏，穿岩径水，有“峰峦飘渺，镂月招云”之意境。

全园东北部是建筑集中的区域，即清代的书院及行宫。这一区域院落相连，由东到西依次有三组合院：春午坡院落、花南妍北草堂院落、高芬阁院落。

这一院落里的春午坡假山，景名取自苏轼诗“午景发秾艳，一笑当及时”。春午坡假山以石包土，形成牡丹花台，高下杂植牡丹数百本，春日花开，暖香延袖。春午坡假山原为两座，主山居中，体量较大，基本占满庭院北部；配山体量较小，居庭院东南隅，配山与回廊围墙相配，山石有欲出之意。回廊环绕的的春午坡庭院，在半壁廊与假山的配合下有较强的围合感，设置于水面空间之前对比让水面更显开阔。庭院西南角一隅可看到濯锦亭一角，半藏半露，营造出含蓄的意境。

在园林周边，还散落一些园林建筑或院落，它们各具特色。例如，南塘南岸、红枣坡西的驿堂，是射圃之所，由西面驿堂、北面假山及小亭、南墙围合。院落宽阔开敞，主建筑为驿堂，人们可坐在堂中观看射箭。北塘之西的鹤柴，是养鹤的地方。包括课荣书坊（后更名为君子长生馆）及其以北的洒然小石桥、西南的鸟隅亭、图解述：“高槐疏柳，白石苍台。仙客羽衣，蹁跹其下……故是幽禽之胜宅也。”鹤柴东面的课荣书坊，图解云“长楹平榭，倚碧涵虚”，其名源于潘岳《芙蓉赋》中“课众荣而比观，焕卓荦而独殊”，意为荷花超然出众。盛期建筑为五间歇山接抱厦，前有平台出挑，后改为七间歇山临水接抱厦，名“君子长生馆”。驻景楼位于全园地势最高之处的东南隅，远借保定城内城外景色，登楼可望保定府的城墙、烟村；还可远眺郎峰（今狼牙山）、抱阳山，故名“驻景楼”。现状的“驻景楼”为后人迁址补建。古莲花池自明代以来以荷花闻名，园林历经沧桑，唯独荷花不绝于池。清代的莲池十二景中也大多与植物有着密切关系。例如，与牡丹相关的春午坡；花南北草堂中的因树轩；万卷楼前院门前的两株百年紫藤（现已不存）；蟉曲倚架、花时弥覆、下临池水的紫藤水埠；寒绿轩，源于欧阳修诗“竹色君子德，猗猗寒更绿”一句，院中有一建筑名为竹烟槐雨之居。

9.3.5　祠馆园林

（1）晋祠

晋祠在今山西省太原市西南 25 km 的悬瓮山麓、晋水源头，是一座历史悠久的大型祠馆园林。它的创建可以远溯到周代。《史记·晋世家》记载：

“武王崩，成王立，唐有乱，周公诛灭唐。成王与叔虞戏，削桐叶为珪，以与叔虞，曰：‘以此封若。’史佚因请择日而立叔虞。成王曰：‘吾与之戏耳’。史佚曰：‘天子无戏言，言则史书之，礼成之，乐歌之。’”

因为说与幼弟的一句戏言，周成王只得封叔虞为唐国的诸侯，这就是“剪桐封弟”的故事。叔虞之唐以后，治国有方，深得百姓爱戴。叔虞死后，其子因国境内有晋水而改国号为“晋”，并为了纪念他，在晋水之源兴建祠堂一座，称为“晋祠”。据郦道元《水经注》：“昔智伯之遏晋水以灌晋阳，其川上溯，后人踵其遗迹，蓄以为沼。沼西际山枕水，有唐叔虞祠。水侧有凉堂，结飞梁于水上，左右杂树交荫，希见曦景……于晋川之中，最为胜处。”足见在北魏时，以唐叔虞祠为主体的晋祠已具有一定规模，其自然环境也是非常优美的。550 年，高洋灭东魏，建立北齐，将晋阳定为别都，于天保年间扩建晋祠，“大起楼观，穿筑池塘”，读书台、望川亭、流杯亭、涌雪亭、仁智轩、均福堂、难老泉亭、善利泉亭等都始建于北齐。北齐皇帝崇信佛教，在晋阳广建天龙、开化、童子、崇福等寺院，后主高纬于天统五年（569年）改晋祠为大崇皇寺。

隋、唐二朝是晋阳城发展的黄金时代，晋祠也得到长足的发展。隋开皇年间（581—600），祠区西南方增建舍利生生塔。李渊父子自太原起兵，更是重视晋阳，将其视为“王业所基，国之根本”。唐贞观二十年（646年），太宗来到晋祠，撰写碑文《晋祠之铭并序》，并又一次进行扩建。碑文中说：“金阙九层，鄙蓬莱之已陋；玉楼千仞，耻昆阆之非奇。”

宋初，赵匡胤、赵光义兄弟三下河东攻伐晋阳城，鉴于战国赵襄子，汉文帝刘恒，北齐高洋父子，唐朝李渊父子，五代李存勖、石敬瑭、刘知远皆从晋阳起家，认为晋阳城北的系舟山是龙角，西南龙山、天龙山是龙尾，晋阳居中是龙腹，所以经常有真龙天子出现；于是借口“参商不两立”，将晋阳城火焚水灌夷为废墟，自以为斩断龙脉，就再也不会有“真龙天子”争夺宋朝天下了。赵光义在焚毁晋阳城的同时，又先后用5年时间大修晋祠，以“积功德”，实际将晋祠从保佑李唐王朝之祠改为保大宋江山之祠。宋仁宗赵祯又于天圣年间加封唐叔虞为汾东王，加祀叔虞之母邑姜，并为邑姜修建规模宏伟的圣母殿，从此圣母殿取代唐叔虞祠而成为晋祠的主体，原先居于主要地位的唐叔虞祠却被冷落。徽宗崇宁元年（1102年），太原军府事孙路请旨重修圣母殿。金大定八年（1168年），又在圣母殿堂之东修建了献殿3间。晋祠以圣母殿为主体的布局日趋形成。

明清两代，又先后在晋祠修建了对越坊、钟鼓楼、水镜台等建筑，形成一条左右结合、贯穿全园的中轴线。于是形成今日的格局（图9-71、图9-72）。

晋祠可分中、北、南三部分。中部以圣母殿为主体。圣母殿是晋祠现存最古老的建筑，背靠悬瓮山，前临鱼沼，晋水的其他二泉——“难老”和“善利”分列左右。殿高约19 m，重檐歇山顶，面宽7间，进深6间，平面布置几乎呈方形。殿身四周围廊，前廊进深两间，廊下宽敞。殿周柱子略向内倾，4根角柱显著升高，使殿前檐曲线弧度很大。下翘的殿角与飞梁下折的两翼相互映衬，一起一伏，一张一弛，更显示出飞梁的巧妙和大殿的开阔。殿、桥、泉亭和鱼沼，相互陪衬，浑然一体。圣母殿采用“减柱法”营造，殿内外共减16根柱子，以廊柱和檐柱承托殿顶屋架，因此，殿前廊和殿内十分宽敞。殿内神龛供奉邑姜坐像，两旁分列42尊侍从的塑像，为宋代泥塑中之精品。圣母殿以南是著名的“鱼沼飞梁”。全沼为一方形水池，是晋水的第二泉源。池中立34根小八角形石柱，柱顶架斗拱和梁木承托着十字形桥面，就是飞梁。东西桥面长19.6 m，宽5 m，高出地面1.3 m，西端分别与献殿和圣母殿相连接；南北桥面长19.5 m，宽3.3 m，两端下斜与地面相平。整个造型犹如展翅欲飞的大鸟，故称飞梁。现存此桥，可能是北宋时与圣母殿同时建造的。1955年曾按原样翻修。建筑结构有宋代特点，小八角石柱，复盆式莲瓣尚有北魏遗风。这种形制奇特，造型优美的十字形桥式，虽在古籍中早有记载，古画中偶有所见，但现存实物仅此一例，对于研究我国古代桥梁建筑很有价值。飞梁南北桥面之东，两端各卧伏一只宋雕石狮，造型生动。桥东月台上有铁狮一对，神态勇猛，铸于北宋政和八年（1118年），是我国较早的铁铸狮子。飞梁之东为献殿，供奉祭品之用，始建于金大定八年（1168年），面宽3间，深2间，梁架很有特色，只在四椽栿上放一层平梁，既简单省料，又轻巧坚固。殿的四周除中间前后开门之外，均筑坚厚的槛墙，上安直栅栏，使整个大殿形似凉亭，显得格外利落空敞。献殿于1955年用原料按原式样翻修。献殿南为牌坊“对越坊”，两侧分列钟楼和鼓楼。坊之南为一平台，台四隅各立铁铸人像一尊，故名“金人台”。台以南跨水建会仙桥，过桥即为明代修建的戏楼“水镜台”。这几座建筑构成一条严整有序而又富于韵律变化的南北向的中轴线，成为整个晋祠建筑群的轴心，愈发烘托出圣母殿的主体建筑的地位。前部为单檐卷棚顶，后部为重檐歇山顶。除前面的较为宽敞的舞台外，其余三面均有明朗的走廊，式样别致。

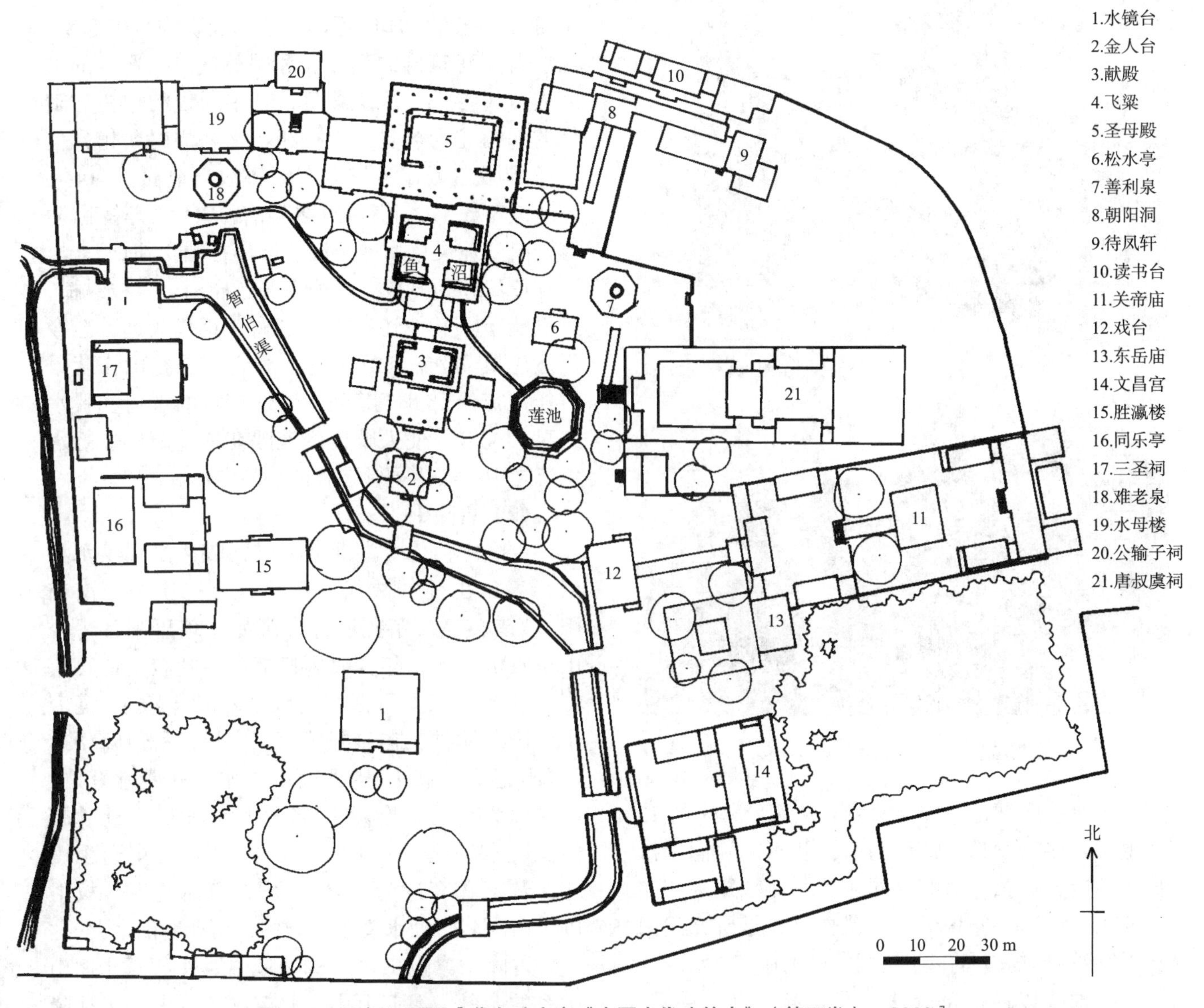

图9-71 晋祠平面图［摹自孙大章《中国古代建筑史》（第五卷），2009］

中轴线以东的建筑群坐东朝西，包括唐叔虞祠、昊天祠、文昌宫等，崇台高阁沿山麓的坡势迭起，颇有气派。以西的建筑群包括胜瀛楼、水母楼、难老泉亭及隋代修建的舍利塔等，建筑形象丰富，并配合局部地形，高低错落而不拘一格。

晋祠的北、西、东三面为悬瓮山环抱，建筑从唐宋到明清，虽非同一时期建成，却布局紧凑、浑然一体。能充分利用山环水绕的地形特点，寓严整于灵活，随宜中见规矩。

难老泉亭创建于北齐天宝年间，八角攒尖顶。水母楼位于难老泉亭西面，又称水晶宫，建于明嘉靖四十二年（1563 年），全楼分上下两层。楼下石洞三窟，中间一窟设一尊铜铸水母像，端坐于瓮形座位之上。楼上坐西向东设一神龛供奉水母。神龛两侧有 8 个侍女塑像，体态优美，衣纹飘逸，造型别致，是难得的艺术佳品。“贞观宝翰”亭中，有一块“唐碑”，此碑的碑文是唐太宗李世民于贞观二十年（646 年）亲自撰写的，名为《晋祠之铭并序》，也是我国现存最早的一块行书碑。区北侧有唐叔虞祠。现存建筑分前后两院，颇为宽敞。前院四周有走廊，后院东西各有配殿 3 间，正北是唐叔虞殿。殿宽 5 间，进深 4 间，中间神

图9-72 晋祠难老泉 赵茜摄

龛内设唐叔虞塑像。神龛两侧有从别处移来的12个塑像，多为女性，高度与真人相近。她们手持笛、琵琶、三弦、钹等不同乐器，似乎是一个完整的乐队。这些塑像约为明代作品，是研究我国器乐发展和音乐史的珍贵资料。

中轴线以西的部分从文昌宫起，有东岳祠、关帝庙、三清祠、唐叔祠、朝阳洞、待风轩、三台阁、读书台和吕祖阁。这一组建筑物大部分随地势自然错综排列，以崇楼高阁取胜。最南部还有十方奉圣禅寺，相传原为唐代开国大将尉迟恭的别墅。祠北浮屠院内有一座舍利生生塔，初建于隋开皇年间，宋代重修，清代乾隆年间重建，为七级八角形，高约30 m，每层四面有门，饰以琉璃勾栏。登塔远眺，晋祠全景历历在目。

晋水的主要源头“难老泉”，位于圣母殿南之水母楼前。泉水出自断层岩，昼夜涌流不息，因此古人取《诗经·鲁颂》之“永锡难老”诗意命名。泉水通过干渠“智伯渠”流经祠区，仿佛一条纽带，把那一座座不同形式的建筑物贯串起来，愈增晋祠建筑群的整体性和园林气氛。晋祠的祠区内古树参天，浓荫蔽日，其中周代的柏树和隋代的槐树尤为名贵。周柏相传为西周时所植，位于圣母殿左侧，树身向南倾斜约与地面呈40°，枝叶披覆殿宇之上。900多年前，宋代文学家欧阳修赞曰“地灵草木得余润，郁郁古柏含苍烟”，至今它依然苍劲挺拔。隋槐在关帝庙内，老枝纵横，盘根错节。其他还有不少古树，年代久远，至今仍然生机勃勃，浓荫四布。晋祠以悬瓮山作背景衬托，智伯渠贯穿其间，郁郁苍苍的古树和晋水三泉相配合，使大殿楼阁掩映在浓荫疏影、静水急流之中，实为祠堂园林的上品之作。

（2）古隆中

古隆中位于今湖北襄阳城西郊，是蜀汉丞相诸葛亮出山前的故居和躬耕地（一说今河南南阳）。诸葛亮，字孔明，号卧龙，琅玡阳都（今山东临沂）人，年少时因避战乱，随叔父诸葛玄寓居襄阳。东晋习凿齿《汉晋春秋》载：“亮家于南阳之邓县，在襄阳城西二十里，号曰隆中。”《襄阳记》又载：“宅西面山临水，孔明常登之，鼓瑟以为《梁父吟》，因名此山为乐山。”北魏郦道元《水经注·沔水中》云：“沔水又东迳乐山北，昔诸葛亮好为《梁甫吟》，每所登游，故俗以乐山为名。沔水又东迳隆中，历孔明旧宅北。”

古隆中素以山水著称。隆中地处鄂西北荆山山系的余脉，东起万山，北望汉江，内中包括隆中山、乐山、大旗山、小旗山等山峦以及老龙洞冲、广德寺冲等山间平原。此地为山地向平原的过渡地带，北为汉水冲积平原，南为低矮丘陵，最高的隆中山也仅海拔306 m，但其间冈峦起伏、沟壑纵横、山林茂密、溪水不断，正所谓“山不高而秀雅，水不深而澄清，地不广而平坦，林不大而茂盛。猿鹤相亲，松篁交翠。”乐山与小旗山之间的山谷有约100亩平地和穿流而过的带状水系，大旗山隔谷相望，古园林就建在这谷地里。

西晋永兴年间（304—306）即诸葛亮去世70年以后，镇南将军刘弘到隆中，在诸葛亮故宅前凭吊，命太傅掾犍为人李兴撰文，立碑纪念。东晋王隐《蜀记》记载此事："晋永兴中，镇南将军刘弘至隆中，观亮故宅，立碣表闾，命太傅掾犍为李兴文曰：'天子命我于沔之阳，听鼓鼙而永思，庶先哲之遗光，登隆山以远望，轼诸葛之故乡。'"据碑文所载，当时的诸葛庐已经只剩断壁残垣，已成"故墟"。但到了东晋升平五年（361年），时任荆州刺史别驾的史学家习凿齿访隆中时，武侯故居已整修一新。习氏为此写下《诸葛武侯故宅铭》：

"达人有作，振此颓风，形薄蔚采，鸱阑惟丰。义范苍生，道格时雍。自昔爰止，于焉龙盘。躬耕西亩，永啸东峦，迹逸中林，神凝岩端。罔窥其奥，谁测斯欢？堂堂伟匠，婉翮扬朝。倾岩搜宝，高罗九霄。庆云集矣，鸾驾亦招。"

此后的南北朝、隋、唐、宋、元、明，历朝历代的人们出于对先贤的景仰，不断修葺增建，使隆中从诸葛故居发展为具有相当规模的纪念地。明宪宗成化年间（1465—1487），已有三顾堂、古柏亭、野云庵、躬耕田、梁父岩、抱膝石、老龙洞、半月溪、六角井、小虹桥等，合称"隆中十景"。明孝宗弘治二年（1489年），襄简王朱见淑看中隆中风水，毁掉诸葛草庐并迁走隆中书院，营建自己的陵墓；朱见淑一死，他的次子、暂理襄阳府事的光化王朱祐櫍就立即上奏朝廷，辩称毁坏草庐并非其父本意，请求复建孔明故居，并于正德二年（1507年）在"左方隙地"重建武侯祠。隆中现存的格局就是明末至清末留下的（图9-73）。历经300余年的复建，丞相故居又成规模。龙蟠山水秀，龙去渊潭移，当年故居的遗物和遗址早已荡然无存，后世融历史和文学为一体的各种复建和修葺，却加强了它作为中国古代园林的"写意"特征（见附图9）。

古隆中东西走向。"古隆中"牌坊立于地块东部，扼守着进入古隆中的门户。牌坊建于清光绪十六年（1890年）。坐西朝东，四柱三门仿木结构牌楼式，用青石开榫组装而成。中门宽2.7 m，侧门宽1.94 m，中楼高7.5 m，次楼高5.56 m，柱前后有抱鼓石，中坊正、负面分别阴刻"古隆中""三代下一人"大字，门柱各阴刻对联一副，侧门坊正面分别阴刻"澹泊明志""宁静致远"，周围浮雕三国故事。

穿过石牌坊，沿石阶登山，可至位于隆山山腰的武侯祠。武侯祠是明襄简王毁祠后复建，清康熙三十八年（1699年），郧襄观察史蒋兴芑将武侯祠从东山洼里移建到东山梁上，遂成现在格局。祠依山就势，四进三院，左右廊庑，形成院落相连。前殿砖木结构，面阔3间，为抬梁式构架，硬山式屋顶。前檐有砖仿木结构四柱三间牌楼，檐下施三层斗栱，颇具地方风格。明间正中立竖匾，上书"汉诸葛丞相武侯祠"，匾下浮雕福、禄、寿三星。明间石门框上书"冈枕南阳依旧田园淡泊，统开西蜀尚留遗像清高"对联。门前的圆鼓石上浮雕松鹤、凤凰图案。大殿面阔3间，供奉诸葛亮及其子诸葛瞻、其孙诸葛尚塑像，西面三义殿，配享刘备、关羽、张飞塑像。祠内有一株需4人合抱的古金桂，开花时繁若群星。

武侯祠西约500 m处建有三顾堂，是为纪念刘备三顾茅庐而修建的合院。三顾堂始建于明成化年间，现存建筑为清康熙十八年（1719年）重建，由门厅、正堂和左右廊庑组成一大内院。门厅2间，面阔3间，为穿斗式构架，硬山式屋顶；前有八字照壁，上嵌大幅汉白玉浮雕，镌"三顾茅庐""躬耕南阳"故事。正堂5间，为抬梁式构架，硬山式屋顶；中堂壁间悬挂着清人所绘《三顾茅庐》画卷；后堂内布置有屏风、书架、卧榻

图9-73　古隆中　毛祎月摄

等陈设；堂两侧回廊间嵌有历代名人题词和维修记事碑刻。堂外门前有古柏3株，象征三人仿贤。三顾堂旁边有一口水井，习凿齿《襄阳记》中载："襄阳有孔明故宅，有井，深五丈，广五尺，曰葛井。"该井传说是少年孔明取水之处。井体用砖砌成六角形，上有雕花的六角石栏板，井口直径1.38 m，俗称"六角井"。明代诗人王越曾作《六角井》诗："一脉深沉起卧龙，风云未遂济时功。古今多少英雄泪，尽在先生此井中。"

三顾堂后面有一组二进二院建筑，称"草庐"，是今人为纪念孔明所修。整组建筑仿汉代造型，陈设简单，仅一琴一剑、几卷书简而已。周围松竹掩映，环境颇为幽静。

草庐旁有石阶通向位于山腰的"卧龙深处"。建于清雍正七年（1729年），清乾隆时名"卧龙深处"，后改为"野云庵"。诸葛亮隐居时常与庞德公、庞统、徐庶、司马徽等襄阳名士聚会论道而建，野云庵就是为纪念他们而建。野云庵实际为一座清式祠堂，中间为一组三进二天井院落，两侧连接着丹青苑和畅怀院。

从"卧龙深处"依山而下，过一座山梁，可至抱膝亭。据说当年诸葛亮常在隆中山中的巨石上抱膝长吟，清康熙五十八年（1719年）郧襄观察使赵宏恩在一块巨石上筑"抱膝亭"。光绪十八年（1892年）湖北提督程文炳又重修，亭平面六角形，为三层楼阁式攒尖顶。亭前有程文炳书"抱膝处"碑。亭后立有明嘉靖十九年（1540年）立的草庐碑，上有浮雕蟠龙碑帽，下有巨大的赑屃驮碑。

抱膝亭下有一条小溪，沿溪两侧有20多亩平整的田地，相传当年诸葛亮曾在这里耕种。《三国志》中载："亮躬耕陇亩，好为梁父吟。"因而这块田地被称为"躬耕田"，后来作为武侯祠祭田。赵宏恩在康熙十九年曾做过具体丈量，确定当时的"躬耕田"为116亩，并在"躬耕田"旁立碑镌刻丈量的结果。今日的"躬耕田"约20亩。

田间小溪上架有一座石桥，小巧玲珑如虹跨溪，故称"小虹桥"。此桥史书无载，因《三国演义》中有一段描写刘备二访孔明不遇，归来时与孔明岳父黄承彦相遇于小虹桥头，黄老先生高吟"骑驴过小桥，独叹梅花瘦"，后世遂建此桥。桥北的隆中山北坡种植大片梅花，冬季可踏雪寻梅，想象书中意境。

小溪西侧有大池，是山中泉水汇聚而成，用于解决田地的灌溉。在大池源头、隆中山冲口，有一个古洞，洞中有泉眼，人称老龙洞。当地乡民怀念诸葛亮，称老龙洞中引出的山泉是智慧水，至今有取老龙洞泉水沏茶的习俗。

（3）杜甫草堂

杜甫草堂位于今四川省成都市西门外的浣花溪畔，是诗圣杜甫流寓成都时的住所。唐乾元二年（759年），杜甫为避安史之乱，由陕、甘辗转来成都，在浣花溪畔营造茅屋数间，并在此居住近4年。杜甫寓居成都期间，作诗247首，其中包括《茅屋为秋风所破歌》等忧国忧民的杰作。杜甫离开成都后，所居茅屋日益残破。到唐朝末年，甚至连遗迹也很难寻觅。唐天复二年（902年），诗人韦庄在其旧址重建茅屋，以示对诗人的缅怀。北宋元丰年间始建祠宇。后经元、明、清历代多次修葺，清嘉庆十六年（1811年）的大规模扩建，奠定了今日杜甫草堂的基础。草堂风格清新秀雅，崇尚意境，重视自然美。这里树木幽深，溪水萦纡，粉墙青瓦，繁花似锦，一年四季均有可观之景，是清代成都的一处著名的公共园林。中华人民共和国成立后，在加强对杜甫草堂的保护的同时，把草堂东面的梵安寺、西面创梅园也并入草堂。

草堂占地面积22 hm^2，其中建筑面积$2.2\times10^4 m^2$。除较大面积的荷花池竹林、楠木林和梅林外，祠堂居中，由正门、大廨、诗史堂、柴门、工部祠等为主要建筑，组成多进院落（图9-74、图9-75）。

大廨原是官署之意，杜甫曾任曾任左拾遗、检校工部员外郎，后人建大廨是为了表达对杜甫的敬意。大廨壁柱上悬挂清代学者顾复初的楹联："异代不同时，问如此江山，龙蜷虎卧几诗客；先生亦流寓，有长留天地，月白风清一草堂。"诗史堂也称杜甫享堂，是一座敞厅，堂中一尊古铜色

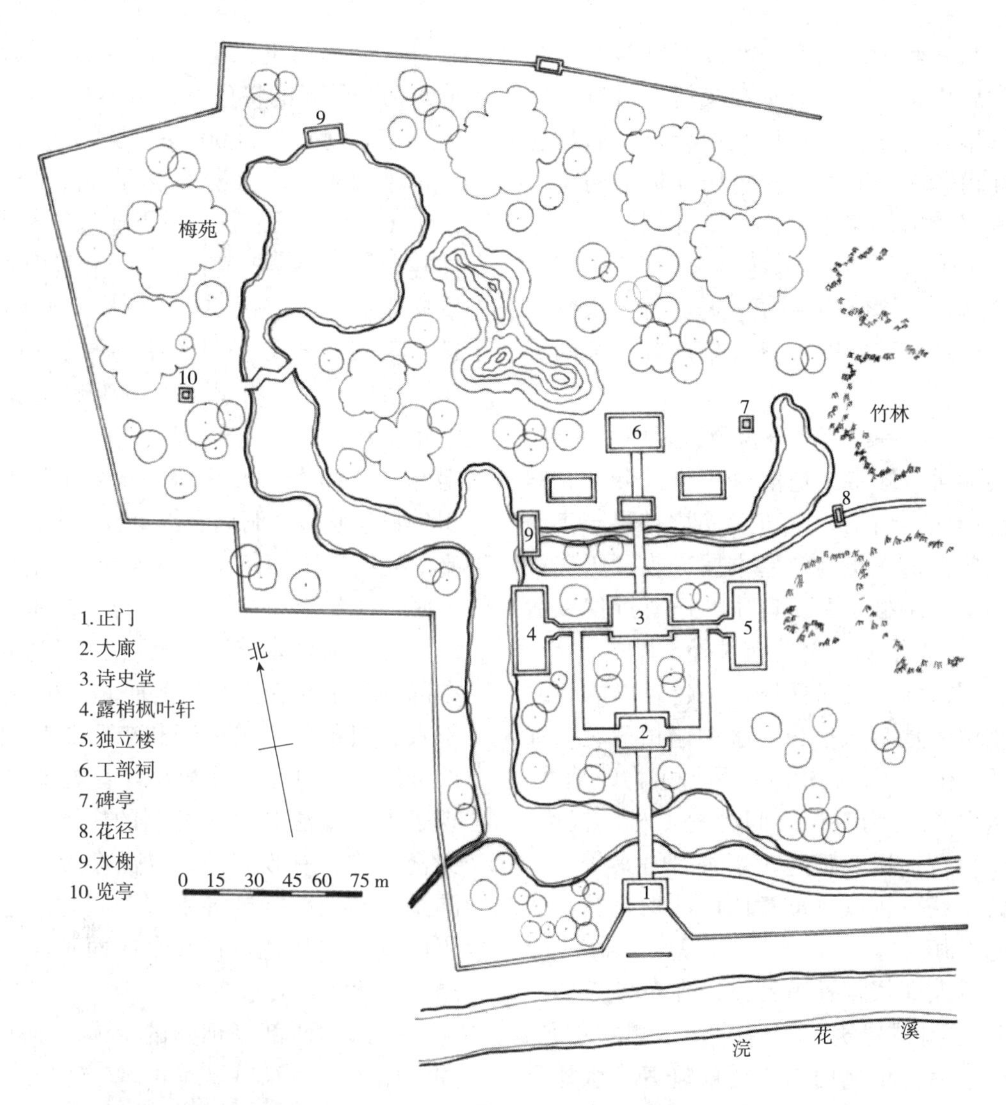

图9-74　杜甫草堂平面图（摹自周维权《中国古典园林史》，1999）

图9-75　杜甫草堂　黄昊摄

杜甫塑像。堂两侧为陈列室，环以回廊与大廨相接。诗史堂后为柴门，诗史堂和柴门之后有工部祠。祠内供奉杜甫坐像，塑像纶巾紫袍，眉目慈祥。深受杜甫影响、同时也曾寓居蜀地的两位宋代诗人黄庭坚和陆游陪祀两侧。工部祠门前柱上悬挂清人王闿运撰写、当代作家老舍书丹的楹联："自许诗成风雨惊，将平生硬语愁吟，开得宋贤两派；莫言地僻经过少，看今日寒泉配食，远同吴郡三高。"

工部祠东还有一亭，茅草盖顶，亭中立一碑，上书"少陵草堂"4字，是清雍正十二年（1734年），康熙皇帝第十七子、雍正皇帝之弟果亲王亲笔书写。工部祠前东侧为草堂书屋，收藏历代杜诗各种木刻本、手抄本和铅印本，还有近代以后的英、法、德、日、俄、意等多种外文译本。

祠堂外围，溪流三面环绕，在建筑群的西北面潴而为水池，池畔筑小丘。水中遍植荷花，穿插点缀着亭、树、阁、石桥等小品。植物以楠木、竹、梅的大片树林为基调，间种松、杉、银杏、桃、李、桂、石榴以及玉兰、丁香、海棠等，一派郁郁葱葱、花团锦簇。草堂西面的梅花林自成一区，谓之"梅苑"。

此外，后人还根据杜甫诗意，在草堂兴修了一些纪念性的园林建筑，如诗壁堂东侧的花径、西侧的水槛、后面的柴门与恰受航轩等。水槛是一座长廊式建筑，濒临水边，取杜甫《水槛遣心二首》诗意。恰受航轩取诗人《秋水野航》中"秋水才深四五尺，野航恰受二三人"的诗意。而花径、柴门和水槛，依当年杜甫诗中所写的花径通柴门、屋西设水栏而布置。诗史堂前根据杜甫的诗，栽种4棵罗汉松，杜甫当年茅屋前有此而补植。园中处处与杜诗相和，表达了后人对诗人的景仰与怀念。草堂东半部原为梵安寺，又称草堂寺，现改作陈列室、茶社和小卖部。

（4）三苏祠

三苏祠坐落于今四川省眉山市，占地面积约6.5 hm^2，原为北宋著名文学家苏洵、苏轼、苏辙故宅，后改宅为祠成祭祀三苏之西蜀名园。三苏祠总体布局以三苏文化为脉络，翠竹扶疏，绿水萦绕，荷池通幽，堂馆亭榭错落有致，呈现"三分水两分竹"的特色（见图1-5）。

三苏祠原为3000多平方米的庭院，元代改宅为祠，明末毁于兵燹，仅存五碑一钟；清代康熙四年（1665年），眉州知州赵蕙芽重建三苏祠的主体建筑——飨殿、启贤堂、木假山堂和瑞莲亭；嘉庆十一年（1806年），增修东西厢房和方墙门道，重塑三苏父子塑像并设神龛3座；嘉庆十八年（1813年），知州赵来震维修济美堂等；咸丰三年（1853年），建快雨亭；同治九年（1870年），增修三苏祠大门及耳房；光绪元年（1875年）四川省督学使张之洞倡导修筑云屿楼、抱月亭、绿洲亭；光绪二十四年（1898年），为纪念陆游、登披风榭、拜东坡遗像事，在三苏祠修建披风榭。

三苏祠总体布局为规则与自然相融合的形式。东部祠堂坐北朝南，从南而北依次由正门、前厅、飨殿、启贤堂、来凤轩和东西两侧厢房组成三进四合院，排列于一中轴线上。建筑的组合形式体现了古代宗法和祠堂礼制的庄严肃穆，均衡但不完全对称，有收有放，灵活多致，并充分运用了漏景、透景、折景等手法。同时，建筑单体具有川西民居的特色。百坡亭向西延伸，使规则式布局向自然式布局过渡。

中部和西部是祠堂的附园。洗砚池、苏宅古井、瑞莲亭、八风亭等再现三苏父子的学习和生活，也点明了祠堂在此之前的故居性质。此外，还有后来兴建的海棠园、桂园、梅林、紫薇坪、楚颂园、盆景园等，均与三苏诗词有关。

三苏祠的布局巧妙有趣：祠堂由水面环绕与四境隔离，形成祠在水中央的特色。湖之四角，有天山明月投于水中的抱月亭，有隐藏在千竿玉竹中的绿洲亭，有池荷极盛的瑞莲亭，以及披风榭、云屿楼等。祠堂西侧，有瑞莲亭、百坡亭、披风榭、东坡盘陀座像，它们隔水相望；祠堂东侧，有绿洲亭、抱月亭、云屿楼、书画廊等，抱月亭建在水畔，云屿楼位于地势相对高一些的山石竹林间。祠内广栽茂竹，四周引渠水环绕，水面分布既有集中之处，又有溪水环导贯通，仿佛阡陌相连、沟渠网布的川西田园。

东坡爱竹，因此三苏祠内植物造景以竹为主体，园内竹种有川西常见的慈竹、琴丝竹、苦竹、佛肚竹、楠竹、墨竹、人面竹等，这些乡土竹种充分体现地域风貌和人文特色，还具有良好的适生性，历经数百年，仍挺拔苍翠。祠中百年以上的名木古树有银杏、楠木、榕树、桂花、柏树、榆树等，南大门有两棵逾 300 年的银杏，象征和纪念三苏父子为人为文的气节，这些上百年名木古树是三苏祠活的宝贵遗产。祠内海棠园、梅林、桂园、紫薇坪、楚颂园、盆景园也都因与苏东坡的诗词典故有关而命名。

三苏祠既为文学家而建，园中也有不少与园景呼应的楹联。飨殿匾额"养气"二字表明三苏父子为政、治学之旨；瑞莲亭楹联"眼前小阁浮烟翠，身在荷花水影中"，写亭在瑞莲池上，池中植有莲荷，风起时，云影波光，荷叶摇曳，"苏祠瑞莲"也是眉州八景之一；抱月亭亭名取苏轼《前赤壁赋》："哀吾身之须臾，羡长江之无穷。挟飞仙以遨游，抱明月而长终"之意，楹联"多情明月邀君共，无主荷花到处开"；绿洲亭楹联"何人约我采芳芝，有鸟呼朋巢翠竹"；船坞楹联"画船俯明镜，流水有令姿"。景与楹联均古朴典雅，充满诗意。

（5）岳王庙

岳王庙位于浙江省杭州市栖霞岭南麓、西湖西北角，为纪念民族英雄岳飞而建。岳王庙初建于南宋嘉定十四年（1221 年），初称"褒忠衍福禅寺"，明天顺间改为"忠烈庙"；后因岳飞被追封鄂王而改称岳王庙，历代迭经兴废，今存墓、庙为清代重建格局。岳王庙占地 1.5 hm^2，建筑面积 2793 m^2。总体布局可分为忠烈祠区（由岳庙主体建筑忠烈祠、烈文侯祠、辅文侯祠、祠前庭院、甬道、岳王庙门楼等建筑组成）、启忠祠区（由一殿两庑组成）和墓园区（由墓阙、岳飞墓、岳云墓、石俑等组成）三大部分（图 9-76、图 9-77）。

岳王庙大门，正对西湖五大水面之一的岳湖，墓庙与岳湖之间，高耸着"碧血丹心"石坊。岳王庙头门是一座二层重檐建筑，继而是一个天井院落，中间是一条青石铺成的甬道，两旁古树参天。大殿正中是彩色岳飞塑像，身着紫色蟒袍，臂露金甲。二配殿各为辅文侯祠和烈文侯祠，正殿后面两旁是岳母刺字等巨幅壁画，展示岳飞保卫国家的英雄业迹。

正殿西面有一组庭园，入口处有精忠柏亭，内有枯柏 8 段，传说这棵柏树原在大理寺风波亭边上，岳飞遇害后，树就枯死了，后来就移放在岳坟边上。庭园南北各有一条碑廊，北面陈列岳飞的诗词、奏札等手迹的碑廊，南面是历代修庙的记录以及历代名人凭吊岳飞的诗词。庭园中间有一石桥为精忠桥；过精忠桥便是墓园区，造型古朴，是 1978 年重修时按南宋的建筑风格建造的。墓阙边上有一口井名忠泉。

岳飞墓墓碑刻有"宋岳鄂王墓"字样。旁有其子岳云墓。墓前建有墓阙，阙前照壁上镌"尽忠报国"4 字。墓道两侧有明代刻存的文武俑、石马、石虎和石羊；墓道阶下有陷害岳飞的 4 个奸臣秦桧、王氏、万俟卨、张俊跪像，反剪双手，长跪于地。墓阙门框上镌有石刻楹联："青山有幸埋忠骨，白铁无辜铸佞臣。"在大多数岳王庙的对面，常有秦桧及其妻王氏、万俟卨、张俊四人的"铁跪像"。4 人作为谋杀岳飞的主要参与者，世世代代受人唾骂。其中《四库全书》中对此奸臣跪像亦有记载。史部《浙江通志》卷二百三十五《陵墓·杭州府》收录万历《杭州府志》对其的记载"初，飞潜葬九曲丛祠，孝宗时改葬是处，墓木皆南向。明景泰间，同知马伟修葺，取桧析干为二，植墓前，名分尸桧。正德八年，都指挥李隆范铜为桧、桧妻王氏、万俟卨三像，反剪，跪墓前。国朝雍正七年，总督臣李卫饬属员重修祠墓，钱塘县知县李惺重铸铁人，立碣为记。"墓园内有南北碑廊，陈列着岳飞手迹和后人凭吊岳飞的诗词碑刻 127 块。

忠烈庙西侧旧为启忠祠，忠烈祠有门楼、正殿各一，配殿二，殿前庭园空旷，古木萧森，院中有两亭，西为正气轩，东为南枝果亭。忠烈庙为祭祀岳飞父母及其五子（云、雷、霖、震、霆）、五媳玉女银瓶的场所。银瓶，相传为岳飞幼

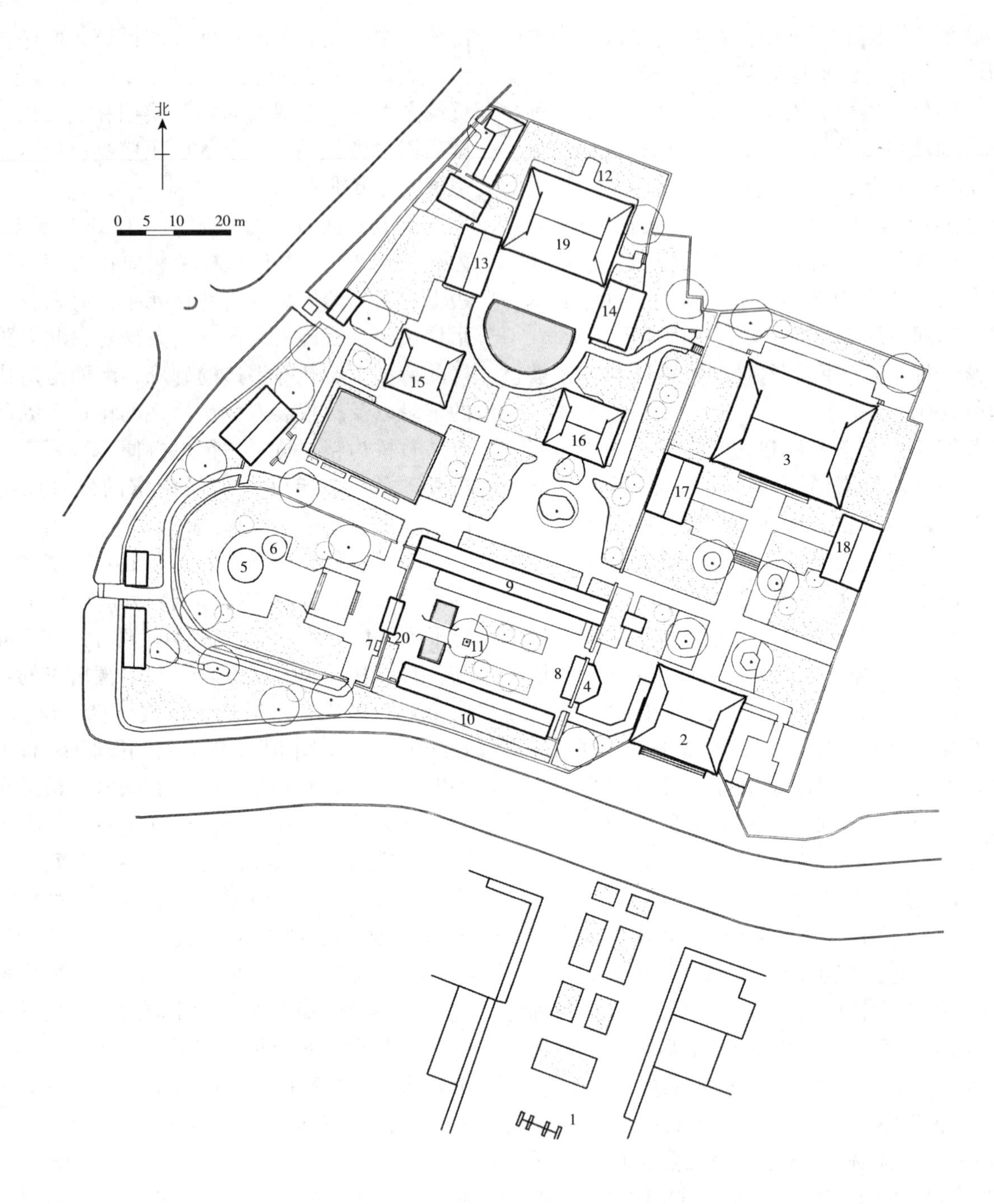

1. 碧血丹心　2. 岳王庙门楼　3. 忠义祠　4. 精忠柏亭　5. 宋岳鄂王墓　6. 岳云墓　7. 铁人跪像
8. 尽忠报国照壁　9. 忠义长廊　10. 精忠长廊　11. 分尸桧　12. 岳王名言碑　13. 西庑　14. 东庑
15. 正气轩　16. 南枝巢　17. 辅文候祠　18. 裂文侯祠　19. 启中祠　20. 忠泉

图9-76　岳王庙平面图　栾河凇、董莎莎绘

图9-77　岳王庙　周婷摄

女，原名岳孝娥，因岳夫人梦怀银瓶而生，因此又名银瓶。岳飞受冤而死时，幼女银瓶抱着岳飞买给她的银瓶投井殉孝。史部《浙江通志》中记载“在岳武穆王故宅，今按察司治之左，宋绍兴三十年建。王卒时，有女尚幼，抱银瓶赴井死，附祭于此，俗称银瓶娘子庙。井在庙东北，明正德间，按察使梁材筑亭覆之，榜曰孝娥井”。然而据岳珂《金佗续编·天定别录》：岳飞女安娘，嫁给高祚，岳飞冤案平反后，朝廷诏补高祚为诚信郎，并没有幼女银瓶的记载。现辟为岳飞纪念馆，以实物、图片等介绍岳飞气贯日月的一生和巨大影响。展品中有一尊在墓前出土的南宋石翁仲，证实了这里确实是以礼改葬岳飞处。忠烈庙内的岳飞塑像，上悬“还我河山”巨匾为岳飞手迹。

9.3.6　山水胜迹

（1）杭州西湖

西湖位于今杭州市西部，东枕城区，北靠葛岭、宝石山，南临南屏、凤凰山诸山，西依灵隐、天竺诸山，形成“三面云山一面城”的格局。今湖面面积约 6.5 km^2，南北长约 3.2 km，东西宽约 2.8 km，绕湖一周近 15 km。西湖在清以前的建设，前面几章已有记述。

清初西湖景物凋敝，顺治年间始有起色。康乾时，清帝南巡，使西湖再度繁荣。康熙、乾隆两帝共南巡 12 次，除康熙第一次南巡，其余 11 次均到过杭州。为迎圣驾，地方官员大兴土木，对西湖周边名胜加以整治和修缮。康乾两帝在游览名胜后也留下大量诗文题咏。康熙三十八年（1699 年），康熙帝钦定西湖十景，并一一题写景名。地方官即勒石建亭，以为标记。当时十景所在地均建有御碑亭、御书楼，并根据景点历史及特色新建很多风景建筑。康熙四十二年（1703 年）于孤山始建行宫，雍正时改为圣因寺，后又于乾隆南巡时在圣因寺西建行宫，并由乾隆御题“行宫八景”。康乾两朝间，浙江总督李卫于雍正二年（1724 年）、雍正五年（1727 年）、七年（1729 年）、九年（1731 年），陆续兴修水利、疏浚西湖并大力修缮名胜古迹，并增修西湖十八景，即：湖山春社、玉带晴虹、梅林归鹤、湖心平眺、功德崇坊、鱼沼秋蓉、蕉石鸣琴、宝石凤亭、亭湾骑射、海霞西爽、玉泉鱼跃、凤岭松涛、莲池松舍、吴山大观、天竺香市、云栖梵径、韬光观海、西溪探梅。此十八景分布范围较广，西湖风景资源得到更大范围地开发。乾隆后期，又在此基础上发展出杭州二十四景。

不仅如此，康乾二帝南巡前后都会有官绘本西湖图问世，或为皇帝南巡作导游图，或是总结南巡路线。康熙和乾隆还在南巡时命令画工记录沿途风景，收集素材，作为日后造园的借鉴，于是清漪园、圆明园中有多处景点借鉴西湖。然而乾隆时期，受当时皇家审美的影响，西湖许多景点的建筑密度显著增大，风格和审美特点也比较近似。

清代对西湖的整治主要是修缮和局部景点内的增建，西湖的整体格局并未变化，大体与明代相近。清代的西湖呈现出“一山、二塔、三岛、三堤、五湖”的基本格局：西北有一个半岛，名“孤山”；湖面被孤山、白堤、苏堤、杨公堤分隔，分别为外西湖、西里湖、北里湖、小南湖及岳湖；小瀛洲、湖心亭、阮公墩 3 个小岛鼎立于外西湖湖心，夕照山的雷峰塔与宝石山的保俶塔隔湖相映（见附图 10、图 9-78）。

（2）桂林山水

宋景平二年（公元 424 年），南朝著名文学家颜延之被贬任始安太守（桂林旧名始安），因而常

图9-78　杭州西湖三潭映月内景　王欣摄

游历于山间之奇洞幽泉。在此期间，他发现了独秀峰东麓的一个天然形成的岩洞，洞内构造奇特，冬暖夏凉，极适合在此读书，遂对岩洞进行了开发。他在岩壁上留下的“未若独秀者，峨峨郛邑间”的诗句，为历史上第一首赞美桂林山水的诗。桂林第一峰——独秀峰因此得名。颜延之任职期间，经常到此读书写赋、吟诗作画，并在独秀峰下教育纨绔弟子读书习文，开创了桂林儒学之风。为了彰益他开创的文教之风，后人将此岩洞称为读书岩，遂成为桂林最早的名人胜迹。

唐代，桂林的山水景观进行了较大规模的开拓，是桂林风景开发的奠基时期。唐代桂林山水园林景观，经过了认识、开发、扩展 3 个阶段。

唐朝前期，人们对桂林山水还停留在对自然美的欣赏阶段，缺少人工的修整、改造、组景，也没有加入人工的种植和营造。因此严格意义上讲，这一阶段的山水景观还算不上园林。

唐朝中期为桂林山水景观的开发时期，其中开发最早的当属独秀峰。独秀峰素有“南天一柱”之称，唐人郑叔齐说此山“不籍不倚，不骞不崩，临百雉而特立，扶重霄而直上”，即当晨曦辉映或晚霞夕照，孤峰似披紫袍金衣，故又名紫金山。唐大历中（766—799），御史中丞、桂管观察使李昌巙在山下建孔庙、创学堂，招收贵族子弟入学读书。在清理孔庙周围草木芜杂期间发现了约 350 年前的颜公读书岩，只是时世易移，读书岩早已面目全非，于是“申谋左右，朋进畚锸，壤之可跳者，布以增经；石之可转者，积而就阶。景未移表，则致虚生白矣。岂非天赋其质，智详其用乎”。李昌巙对独秀峰的开发，确立了桂林自然山水园林化的雏形。自唐李昌巙建学堂以后，桂林读书渐成风气，在历代科举考试中，状元进士英才辈出，独秀峰自此也成了桂林文脉荟萃之地。元和十三年（818 年），桂管观察使裴行立营造了訾家洲园林。訾家洲地理位置极佳，东可望七星山、穿山、塔山，西可见叠彩山、伏波山、独秀峰、象山、南溪山、斗鸡山，桂林胜景尽收眼底。裴行立在洲上修建亭台楼宇，种植花木，形成了桂林老八景之一的“訾洲烟雨”。柳宗元到洲上游览后写下了闻名于世的山水游记《訾家洲亭记》，从他的描述中可以看到当时訾家洲的建设从选址、构景、借景、色彩、尺度等方面进行了比较系统的规划设计。作者虽然赞美訾家洲于桂林的灵山秀水中胜景独擅，但是惋惜其不为人所知，颂扬裴行立施德政之余，慧眼独具，建亭于斯，遂使其撮奇得要，景甲桂林。这一时期桂林山水景观的营建过程中，形成了造园理论，使得桂林山水景观更趋成熟完善。

唐朝后期为桂林山水不断兴修、扩充的时期。唐宝历元年（825 年），李渤任桂州刺史，在桂期间开拓了隐山、南溪山风景。张鸣凤《桂故》载：“以其暇日，开隐山、疏南溪。宾佐往游，钟为胜集。”隐山原名盘龙岗，又名招隐山，位于城西，傍湖邻山，集湖山之美于一体。李渤见隐山“内妍而外朴”，遂对其进行开发，见此山蕴藏齐胜却不张扬，具备君子儒雅之德，遂为其取名“隐山”。李渤率人对隐山“开置亭台，种植花木”，使隐山被开辟为一个景色秀丽，集观赏、游乐、生活等多种需求于一身的景区。他还扩展了隐山之侧西湖等水系。吴武陵《新开隐山记》中载：“可以走方舟，可以泛画船，渺然有江海趣”。据载，当时天下三十六西湖，桂林西湖时为最大，达七百多亩，是今天西湖的 7 倍。西湖的开发促使桂林成为名噪一时的旅游胜地，并且对桂林历代游览水系的开发产生了深远的影响。李渤继开发隐山后又开发了南溪山，南溪山位于城南，与桂林其他石山不同，桂林的石山大都为黛青色，而南溪山呈白色，且有南溪萦绕。李渤游历南溪山后对其情有独钟，于宝历二年（826 年）加以开拓，“既冀之以亭榭，又韵之以松竹”使南溪山面貌焕然一新，成为桂林又一处游览胜地。除李渤外，唐代文学家、桂管观察使元晦也致力于山水景观的营建，开发了叠彩山。叠彩山位于城北，漓江西岸。元晦在叠彩山整修道路，栽种花木，修整风景建筑，增建“销忧”“齐云”“于越”等诸亭，使叠彩山风景焕然一新。特别是齐云亭的修建将游人引上山顶，登亭遥望，桂林的奇山秀水尽收眼底。经过元晦对叠彩山的开发，叠彩山已基本形成一定规模的游览胜地。

总之，唐代桂林山水已得到普遍的开发和游览，形成了以独秀峰为中心，向四周辖射，东到尧山、七星山，西到隐山、西山，南到象鼻山、南溪山，北到叠彩山、虞山的总体格局，桂林山水的总构架已基本形成。桂林山水由此声名远扬。

宋代是桂林山水的兴盛阶段，宋人意识到桂林山有余而水不足，因此这一阶段的风景建设不仅致力于“山”，而且着意于“水”。宋代因地制宜开辟水上游览路线，先是在城南开挖了“阳塘”（今榕杉湖），而后又在城西挖掘了“壕塘”，并且在城北开凿了“朝宗渠”。至此桂林城中的一湖（西湖）、一渠（朝宗渠）、三塘（阳塘、壕塘、揭帝塘）、六水（漓江、桃花江、小东江、南溪河、灵剑溪、相思江）互相串连起来，它们共同形成环城之势并且疏通桂林城区的四经八脉。桂林终于形成了“千峰环野立，一水抱城流”的局面，成了真正意义上的山水城市。从《静江府城图》可以看到：宋代桂林城已形成了 3 条环城水路。其一是上游的滴江水通过城北的朝宗渠经回龙山、老人山，接壕塘入西湖，通阳塘再接滴江，形成了中环水路；其二是西湖之水经隐山的蒙泉、蒙溪与桃花江相连，再由桃花江导入漓江，形成了西环水路；其三是小东江与城东的灵剑溪汇聚，南行经七星山，在穿山、塔山附近重入漓江，形成了东环水路。中、西、东三环水路将桂林城中的主要名山虞山、叠彩山、伏波山、老人山、西山、隐山、象鼻山、七星山、南溪山、穿山、塔山等串连起来，构成了宋代桂林山水景观的总格局。并且使城区的许多枯山和孤山有了水的映衬，呈现出山水相映，“船在青山顶上行”的美景，可谓“山得水而活，水得山而媚”。舟游山水，一日可遍，人们可以通过水上游览去欣赏山、水、城的交融，成为宋代桂林山水游览活动的一大特色。

宋代的山水景观建设繁荣发展，达到了一定的高度。此时桂林城内的山水景观已基本形成体系，特别是水系的疏通带来了游览活动的空前繁盛。人们的游览活动趋于多元化，不仅仅局限在登山游览，水上的游览活动也变得丰富多彩。

元明清时期关于桂林山水景观建设方面的记载较少，但从现有的文献资料可以知道元代的景观建设主要是修复古迹。首先是寺庙塔院的大量修复。桂林宗教起源较早，自唐以来，久盛不衰。经元末和明末的战乱，许多寺庙塔院虽有毁坏，而修庙建塔、画佛像、塑菩萨等也层出不穷。现存的喇嘛式舍利塔就是明代洪武年间维修留下的遗物。象鼻山顶上的普贤塔和塔山顶上的寿佛塔修建于明代。寺庙塔院的修建使桂林增添了不少人文景观，这些景观与桂林美丽的山水完美结合，使桂林的旅游景点进一步得到开发。此外，明清时期桂林旅游基础设施进一步完善。除了寺庙建筑外，还修建了不少亭台阁榭，登山道路得到修筑，旅游条件有所改善，使旅游景点不断增多。形成了当时著名的“桂林八景”：桂岭晴岚、訾洲烟雨、东渡春澜、西峰夕照、尧山冬雪、舜洞熏风、清碧上方、栖霞真境。后清人朱树德又续八景：叠彩和风、壶山赤霞、南溪新雾、北岫紫岚、五岭夏云、阳江秋月、榕城古荫和独秀奇峰八景，总计“十六景”（图 9-79、图 9-80）。

（3）镇江三山（金山、焦山、北固山）

镇江三山地处今江苏省镇江市城内，位于长江沿岸、宁镇山脉东端。镇江以江山名天下，属低山丘陵地貌，其西南方多山，其东北面陂陀起伏，扬子江经由其北而流过。三山以金山、焦山、北固山为主体，含云台山、象山及长江边芦滩等

图9-79　桂林山水结构示意图　莫林芳、余覃绘

图9-80　桂林象山　张茹摄

过渡景区。自南朝以来，三山一带的风景就受到人们重视（图 9-81）。

金、焦二山原来均坐落于大江之中，金山居首，焦山断后，素有“东西浮玉”之喻；北固山屹立其中，象山、合山等翠色如黛，点缀在浩瀚长江之滨，山山相随、峰峰相望。其中，金山以绮丽著称；北固山、焦山以雄秀见长，群峰沿长江之滨逶迤展开，以长江为舞台，以镇江城为背景，东西连贯，首尾相望，宛如一条出水蛟龙，腾跃于大江之上。山虽不高，却雄峻挺拔，与一泻千里的长江对比强烈，形成异峰突起的景观。以山镇江，以江衬山，江山相雄，江山交辉，就是三山风景区的特色。

金山在镇江城西北郊，原在大江中，唐张祜咏金山诗中有“树影中流见，钟声两岸闻”，明莫启咏金山诗说“金山屹立大江心，四面波光映梵林”，清杨启《京口山水记》也说“金山在城西七里大江中”。因山在江心，江水奔腾，所以远望好像山在浮动一样。后因沙石不断沉积，约 100 年前，金山和陆地相连。今天人们在金山湖，可以看到河漫滩、边滩、鬃岗等一系列长江堆积地貌，还能看到长江在北岸（凹岸）的冲刷现象和在南

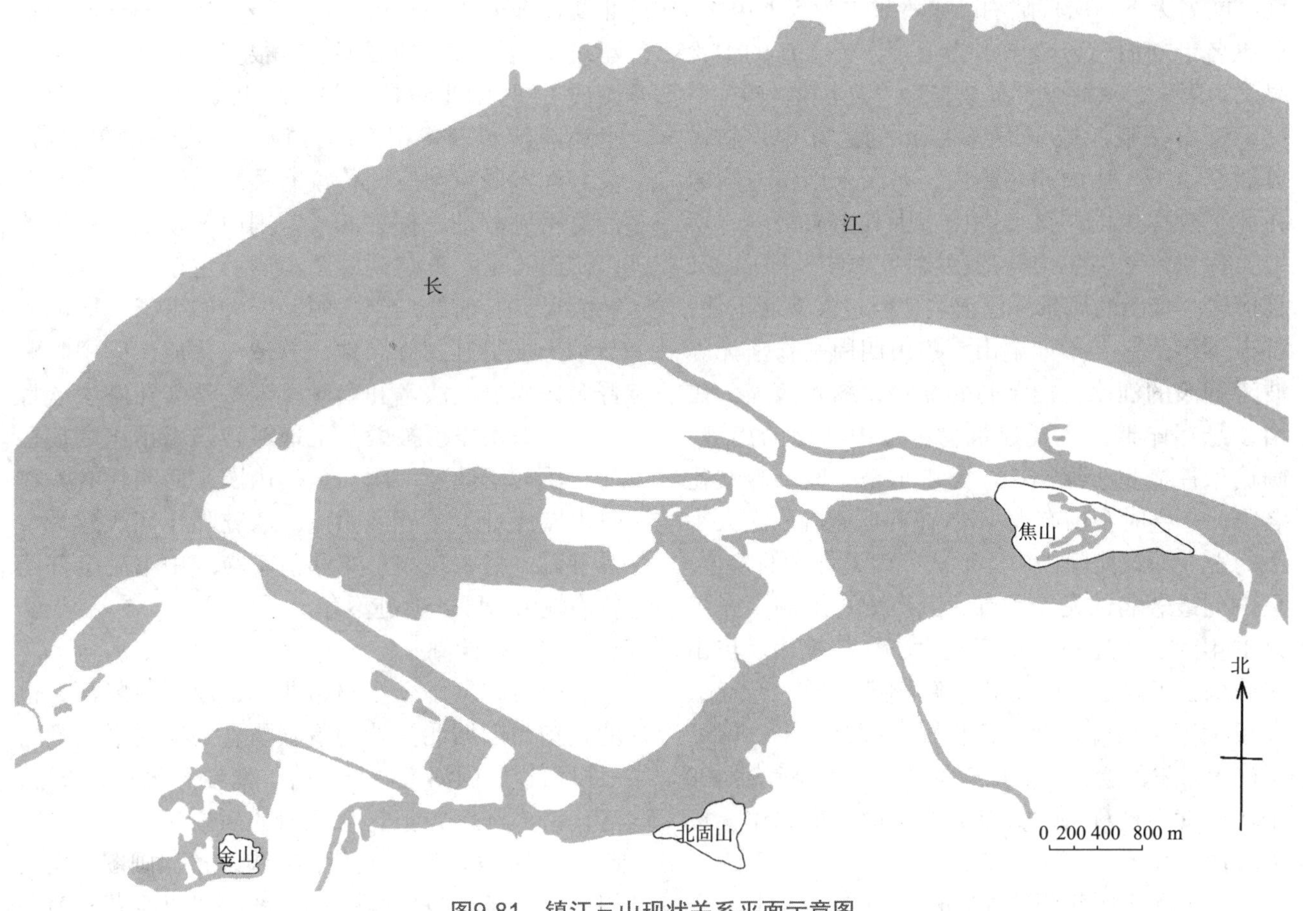

图9-81　镇江三山现状关系平面示意图

岸（凸岸）的堆积现象。

金山不仅风景壮丽，而且形势雄险，自古为军事重地。金山上多名胜古迹，其中最著名的当数金山寺。寺庙依山而建、自山脚到山顶层层叠叠，一层层殿阁和楼台将山裹起，虽历经千载，几度兴废，然而始终保持着“寺裹山”的鲜明特色。金山寺初创于东晋，原名泽心寺，宋朝改名龙游禅寺，清初又改称江天寺，但自唐起通称金山寺。寺内建筑除天王殿、大雄宝殿、藏经殿外，还有一塔、二台、四亭、六阁、十殿等，其中最著名的是妙高台、楞伽台、留玉阁、文宗阁、吞海亭和留云亭。金山寺名僧辈出，在佛教界享有崇高的地位。金山寺还流传着许多神话传说，如“白娘子水漫金山”“梁红玉擂鼓战金山”“妙高台东坡赏月”“七峰亭岳飞释梦”等，这些传说又为金山披上了一层神秘的面纱。金山以西一里之遥，有“天下第一泉”，又名中泠泉、南泠泉，唐代时就已闻名天下。唐代陆羽品中泠泉水为天下第一，后唐名士刘伯刍分全国水为七等，扬子江的中泠泉又为第一，从此中泠泉被誉为“天下第一泉”。

焦山在镇江城东面约 4 km 的大江中，须搭渡船至山下。焦山原名樵山，东汉末因焦光隐居在此，改称焦山，又名谯山；因其上有两峰，所以又称双峰；因焦山外形很像两头雄狮，所以又称狮岩。焦山的风景早已出名，但过去交通不便，游人不多，盛名不如金山。焦山四周是苍茫无际波涛翻滚的江水，山上竹林繁茂，树木葱茏。焦山多悬崖峭壁，主要建筑物都集中在山的南麓，画檐朱柱掩映于绿丛中。焦山也是一座宗教文化名山，鼎盛时全山有大小 15 座寺庙庵院。大大小小的古寺深藏掩隐山中，形成“山裹寺”的特色。焦山上最著名的是定慧寺，其历史可上溯至东汉兴平年间，寺庙殿宇规模宏大、气势雄伟。焦山多碑刻，王羲之、颜真卿、黄庭坚、李白、苏轼、郑板桥等文人曾在此吟诗作赋、挥毫题书，留下了许多宝贵的遗迹。焦山碑林中陈列大小碑刻 400 余块，其中被称为“大字之祖”的《瘗鹤铭》极为珍贵。

焦山和金山相距约 5 km，金山在水中时，金焦两山“崒然天立，镇乎中流，超遥擅胜”。焦金二山各具特色：焦山高大，金山小巧；焦山以苍翠的竹木取胜，金山以辉煌的梵宇争长。

北固山东望焦山，西指金山，南踞城阙，北临浩瀚长江，登之则“金焦两山小，吴楚一江分”（图 9-82、图 9-83）。背临长江，三面悬崖，枕于水上，峭壁如削，山势十分险固。甘露寺雄踞其上，形成“寺冠山”的特色。北固山有前峰、中峰和后峰三峰，三峰之间一条狭长的“龙埂”将它们连接起来。龙埂又名甘露岭，长 610 m。明世宗时凿去前峰与中峰间的埂。前峰北原有一小段门框形城墙，上游 13 个城门，镇江人称为十三门，抗日战争中被毁。中峰俗称百果儿山，峰顶原有一建筑，称作北固山房，又叫玄武殿，民国时拆去，另筑一座气象台。后峰是最北一峰，也叫北峰，后峰的北面悬在江上，是一片陡峭的石壁，名五圣岩，高约 48 m。后峰是北固山主峰，在南北朝以前颇荒凉，仅有一小亭；从南朝开始山上建筑不断增加，到唐朝已有很多亭台楼阁。李白诗曰：“丹阳北固是吴关，画出楼台烟水间。”这里还流传着刘备招亲的传说，明代小说兴起后，又有许多景点与三国传说有关。北固山西麓有米芾海岳庵故址，据蔡绦《铁围山丛谈》载，米芾以研山（是一方名砚，系南唐后主李煜旧物。石径长尺许，前耸三十六峰，皆大如手指）向苏仲恭学士换得甘露寺园地，营造海岳庵，庵中收藏晋唐人墨迹、法术和名画，米芾整天在庵中欣赏观摩。海岳庵后被毁，土地辗转归于岳飞之孙岳珂。岳珂于此建一园，名研山园。后明代有人在研山园废址上重建海岳庵，清乾隆年间改建为宝晋书院。清末在太平军和清军交战中书院全部建筑为战火所毁，遗迹不存。

（4）瘦西湖

瘦西湖位于今扬州市北郊，原名保障河，也就是扬州旧城北门外的冶春园直到蜀岗平山堂的一段河道。因河道曲折开合、清瘦秀丽有如长湖，清代诗人汪沆曾把它与杭州的西湖相比较，并赋诗云：“垂杨不断接残芜，雁齿虹桥俨画图，也是销金一锅子，故应唤作瘦西湖。”“瘦西湖”由此

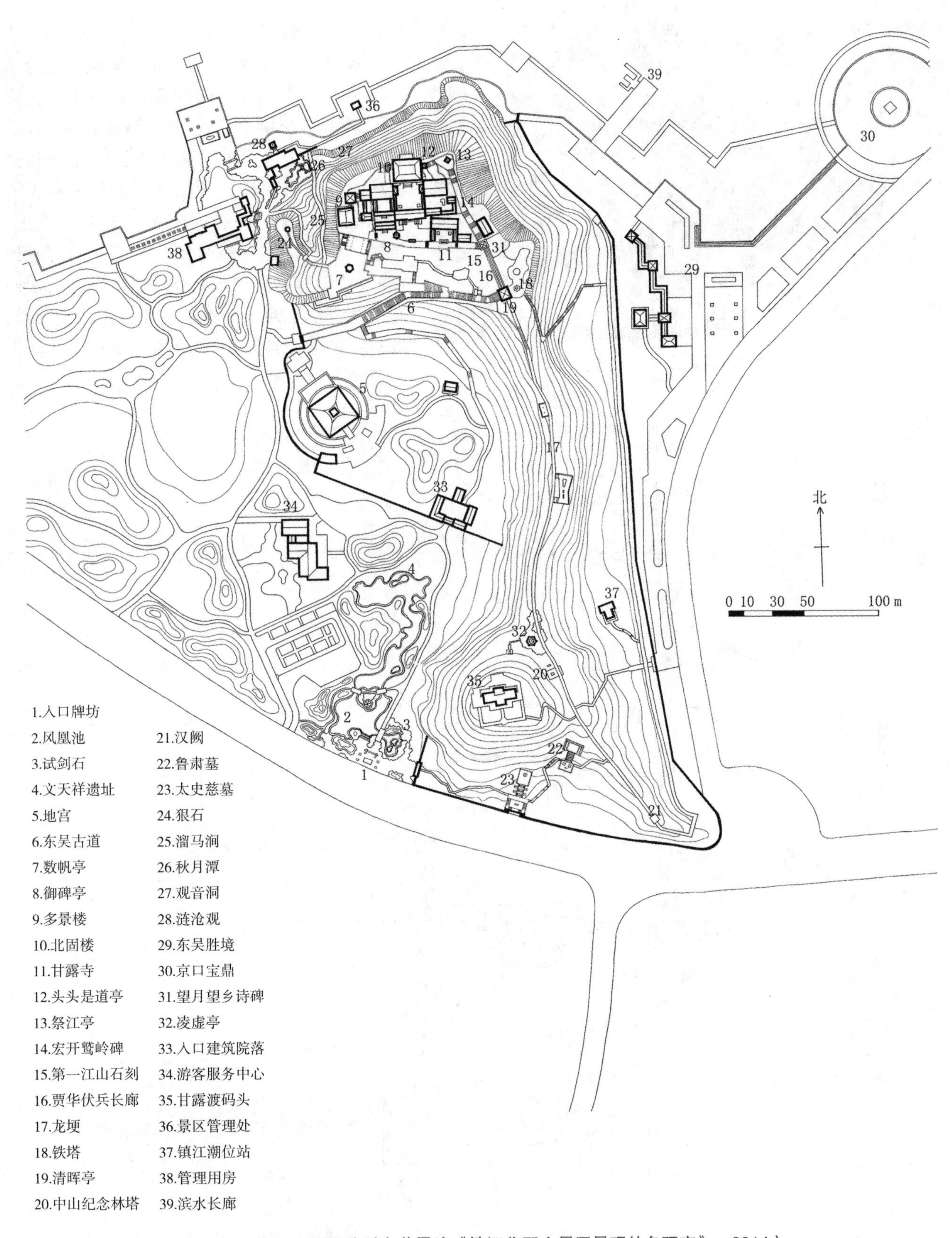

图9-82　北固山平面图（引自黄霄峰《镇江北固山景区景观特色研究》，2014）

图9-83　北固山　叶森摄

得名（图 9-84、图 9-85）。

隋唐时，瘦西湖沿岸陆续建园。及至清代，由于康熙、乾隆两代帝王六度南巡，形成了“两岸花柳全依水，一路楼台直到山”的盛况。到乾隆年间，瘦西湖园林集群达到全盛，两岸鳞次栉比的园林大部分是私家的别墅园，也有一些寺庙园林，公共游览地、茶楼、诗社，还有为迎接皇帝南巡而临时用“挡子法”建成的“临时园林”。当时的瘦西湖一共有二十四景，其中大部分是一园一景，也有一园多景或一景多园的，少数园林尚不

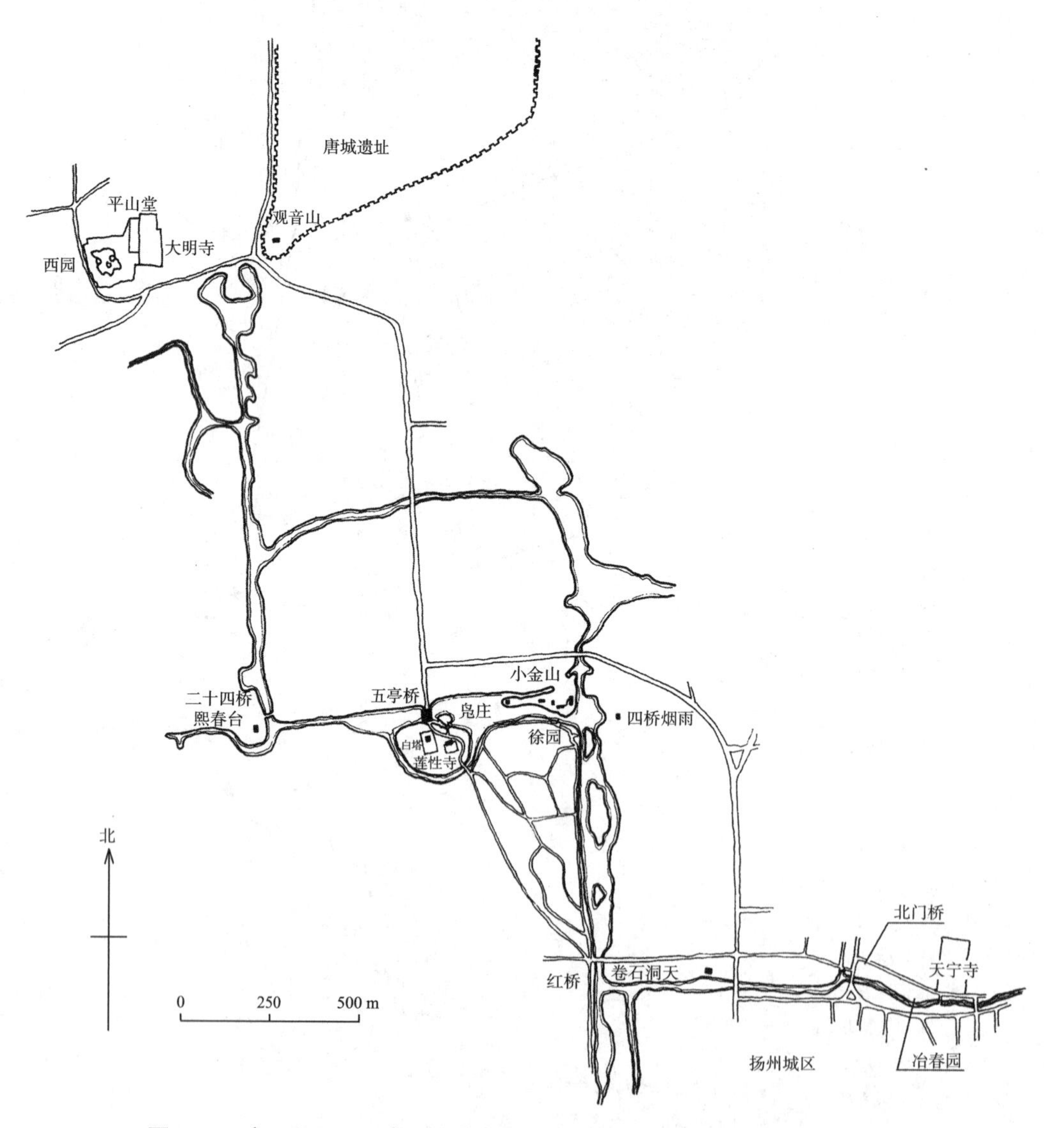

图9-84　瘦西湖平面示意图（摹自潘谷西《江南理景艺术》，2001）

图9-85　瘦西湖钓鱼台　李娜摄

包括在二十四景之内。嘉庆以后，瘦西湖逐渐萧条。如今，沿湖的这数十座园林绝大部分已经湮灭无存，少数仅剩遗址依稀可以寻见。所幸当年文人名士涉足扬州，留下许多游记文字刊行于世，地方文献的载述亦不少，其中尤以李斗所著《扬州画舫录》记述瘦西湖的湖上园林最为翔实。

扬州城西北一带原本有水无山，瘦西湖通过堆山和借山的手法造成山环水抱的湖山胜境，使游人有“青山隐隐水迢迢”之感。瘦西湖妙在水体，“水则洋洋然迴渊九折矣”，仅十多公顷水面能体现出曲折幽邃、清雅秀丽的特色。水体之上，桥、岛、堤、岸的划分，又使狭长的湖面形成“来去无踪，弥漫无尽”的境界。

按水的形态，瘦西湖可分为三大段，即从天宁寺前御码头至小金山、四桥烟雨的河区，从小金山、四桥烟雨西至白塔晴云的湖区，从廿四桥北折直到蜀冈的涧谷区。

河区从天宁寺前御码头至小金山，水面长河如绳，呈清瘦秀丽的特点，两岸是缓坡土岸，富有野趣。3 里许的长河，通过桥分割为 3 段，问月桥至北门桥一段较平直，但跨水的“香影廊”与“卷石洞天”使河岸富有变化。到西园曲水景区河道曲折多变，既深入园内，又向东、南、北分出 3 支，故以曲水见长折而向北，由大虹桥至徐园，长堤和水面原本冗长无奇，然水面上穿插 3 个面积不同、距离不等、景色各异的岛。大者如“荷蒲薰风”，形成湖中湖，小者仅容纳花木数株。堤上植柳，水面时宽时狭，时方时圆，意境优美。两岸背景时而是漠漠平林，时而是如水长空，与一脉清波相映，令人心旷神怡。这段河道是作为从扬州城内小秦淮进入瘦西湖主要湖面的序幕和前奏。

湖区从小金山、四桥烟雨区西至白塔晴云。四桥烟雨前是一个宁静开阔的水湾，四周山清水秀，并有不同形态的建筑。湖区由式样各异的 4 座桥收住四口，连接隔湖交通，也增加了层次。湖区由五亭桥、白塔、小金山、凫庄，坐岗的水云胜概环绕，建筑高低错落，色彩和形式也比较华丽。湖区制高点小金山是最大的岛，《浮生六记》载“有此一挡，便觉气势紧凑，亦非俗笔。”

小金山四面环水，原名“长春岭”，亦称“湖心律寺”。清乾隆二十二年（1757 年）前后，为接驾乾隆帝，盐商程志铨集资，在瘦西湖开挖莲花埂新河挖湖，挖出的泥土堆积而成小金山。咸丰年间山上建筑毁于兵火，光绪中邑人修复名胜，重建关帝殿，改名为湖心律寺；后又将律寺山门拆除，题名“小金山”。那时满岭遍植梅花，故又称“梅岭春深”。咸丰年间，毁于兵火，光绪年间复建，现存建筑、假山等大部分为清代遗物。朱自清先生在《扬州的夏日》中称此处“望水最好，看月也不错”。

小金山上建筑密集，有琴室、静观小区、梅岭春深、湖上草堂、吹台、绿荫馆、玉板桥、风亭、玉拂洞、小南海等诸景。正门临湖处是琴室，门外悬挂楹联：“一水回环杨柳外，画船来往藕花天。”

琴室东北是静观小区，这组庭院由“木樨书屋”“棋室”“月观”3 组建筑组成。门额“静观”二字是清代大书法家邓石如所题。入园门，有廊折而向东，廊后为“木樨书屋”，庭院内百年桂树繁茂，围墙似屏风折叠绵延，竟不知小院庭深几许。

沿书屋廊折而向北，为“棋室”。“棋室”面阔 3 间，坐西朝东，屋架四榀，不等坡硬山屋面，蝴蝶瓦覆顶。两壁陈列清代青花瓷版嵌屏，为康熙南巡之物，后修葺时发现，在棋室墙壁上有两块棋盘砖，经考证是乾隆四十八年（1783 年）由苏州监造进贡给皇帝的金砖，遂在中堂悬挂《松下弈棋图》，画旁有联曰：松下围棋，松子每随棋子落；柳边垂钓，柳丝常伴钓丝悬。

“棋室”北以串廊与“月观”相接。“月观”是湖上赏月佳处，三楹坐西朝东，依水而建，三面回廊，翘角飞檐，南北山墙辟以短窗，西侧景窗尽收庭院内的花木假山之四时变化，东侧长窗落地，朱栏临水，立廊上，可见夭桃疏柳，横卧水滨，水波荡漾，倒影摇曳。月观向南湖边，有一亭旧称“御碑亭”，内供奉御制《上巳日再登金山》诗一首，书唐人绝句一首，后改名为“观自在亭”。亭内放置石桌、石凳，供游人小憩。

步出月观，缘水北行，一岭拔地而起。山麓垣门，额题“梅岭春深”四字，为清代刘湝年手迹。门内山径蜿蜒，可拾极登山。山顶一亭，是全园最高处，题曰“风亭”，为清人阮元手笔。亭有挑角，角悬风铃，时有风来，铁马丁冬，清响可听。亭上可以南望城郭，北眺蜀冈，西顾五亭桥，东看四桥烟雨楼诸景。昔日岭上，遍植梅花，穿岩横隙。曾有联云：“风月无边，到此胸怀何似；亭台依旧，羡他烟水全收。”现在树寥落，尚存松竹。岭前岭后，皆有磴道，坡陡道窄，形势险峻，颇壮行色。

循山径西行，越石梁，抵观音阁。阁在山之坡，坐东朝西。阁前有松挺立，高出檐际。阁西有半亭，于此可西望湖水，落霞晚照时尤为美丽。亭下玉佛洞，内有曲道两转。洞内昏暗，只能有洞口折射而来的微光，需扶墙壁而出。洞顶原有一尊石造观音像，后来迁至观音阁。阁有石像6尊，有世俗所云“玉女”造像在焉。其中一尊，是由凫庄“观音跳”移此，因是称为观音菩萨诸像。

沿着小金山门逶迤向西有3间四面开窗的大厅，即为湖上草堂。草堂前围以石栏，左右栽植苍松、绿梅、紫藤等。此处的水面极为宽阔，来往的画舫船只都经过此堂前，湖面的杨柳荷花与水天相映。其两边楹联：“莲出绿波桂生高岭，桐间露落柳下风来。”高坐堂上，可直览莲花桥、喇嘛塔诸胜，全湖风景，尽收眼底。

草堂逶迤向西又有一座大厅，名为“绿荫馆”。此厅前地势宽敞，周围围有石栏杆。馆前横置青石水盆，名曰“小蓬壶”。由此厅向西为长渚，渚尽头有亭一座，即“吹台”。两边楹联为：“浩歌向兰渚，把钓待秋风。”亭下有水码头。

涧谷区从五亭桥往西，廿四桥北折直到蜀冈，是瘦西湖的尾声。这一区域水面从放到收，长条状的洲屿纵分水面，两岸带状土阜夹水，峭壁突兀，形成涧谷。这段水最为曲折深邃，野趣横生，其中不少景点，如石壁流淙、水竹居、微波峡等，均围绕涧谷做文章。例如，石壁流淙“先是土山蜿蜒，由半山亭曲径逶迤至此，忽森然突怒而出，平如刀削，峭如剑利，襞积缝纫、淙嵌洑岨，如新篁出箨，疋练悬空，挂岸盘溪，披苔裂石，激射柔滑，令湖水全活，故曰淙。淙者众水攒冲，鸣湍叠濑，喷若雷风，四面丛流也”。除了险峻的涧谷外，这一区域也有比较平和的水景，如“天然桥西，汀草初丰，渚花乱作，大石屏立，疑无行路，度其下者，乃步浅岸，攀枯藤，寻绝径，猿鸟助忙”。向北行至水竹居，则“溪曲引流，随云而去”。再往前，清远堂北，水面逐渐放开，“碧天渐阔”。当接近蜀冈时，水又收缩成峡谷，名曰“微波峡”，《扬州画舫录》载：“两山夹谷，波路中通，树木青丛，拂蓬牵船，狭束已至，行之若穷，山转水折，忽又无际。”可见涧谷区达到了“山重水复疑无路，路转峰回又一村”的境界。

（5）虎丘

清代，虎丘经历了一个盛极而衰的过程。康熙帝玄烨和乾隆帝弘历都曾6次南巡，每次下江南都要光临虎丘，并曾驻跸山上，有几次从浙江回京途经苏州还要重游虎丘。祖孙二人先后在虎丘题写匾额楹联数十处，吟诗不下二十余首。虎丘于康熙二十七年（1688年）至四十五年（1706年）先后建起了万岁楼、御碑亭、文昌阁，以及宏伟的行宫“含晖山馆”，接着又重修了大雄宝殿、千佛阁；乾隆十五年（1750年），再次全面修整，十九年（1754年）建千手观音殿、地藏殿，三十八年（1773年）修塔。当时山前山后轩榭亭台逶迤参差，多达 5080 间，共有胜景逾 200 处。时人品评“虎丘十景”，有白堤春泛、莲池清馥、可中玩月、海峰雪霁、风壑云泉、平林远野、石涧养鹤、书台松影、西溪环翠、小吴晚眺。康熙年间，虎丘更名“虎阜禅寺”，成为以寺庙为主体的公共园林。

咸丰以后，虎丘备受战火摧残几乎殆尽。同治十年（1871 年）起，山寺殿宇才略有恢复，但规模已大不如前。光绪十年（1884 年），状元洪钧、词人郑文焯等集资，于憨憨泉坡地依山势创建拥翠山庄。辛亥革命后，1918 年吴中名士金松岑、费仲深、汪鼎丞等募建冷香阁于拥翠山庄北，并于阁旁植红绿梅数百株，成为品茗赏梅胜地。此后十余年，又陆续修建了头山门、石观音殿、申公祠、三泉亭、致爽阁、可中亭诸胜。但 14 年抗战期间，胜迹失修，树木被砍，虎丘又出现了荒凉景象。中华人民共和国成立以后，虎丘开始全面修整，先后维修加固了云岩寺塔，重修了二山门、大殿、千手观音殿、小武当、小武轩、百步趋、十八折、拥翠山庄、申公祠、五十三参、御碑亭、上山路、陈去病墓，重建了悟石轩、平远堂、花雨亭、通幽轩、玉兰山房，新建了东丘亭、放鹤亭、孙武子亭、涌泉亭、海涌桥，疏浚了剑池、第三泉、环山溪，并在元末张士诚土城残基上修筑了环山路，同时保护古树名木和大规模植树，尽改往昔荒芜面貌。

虎丘位于苏州古城西北郊，为苏州西山之余脉，高仅为 30 余米，但因周边地形而脱离西山主体，成为独立的小山。虎丘山体为流纹岩，四面环河，占地逾 13 hm^2。前有山塘河可通京杭大运河，山塘街、虎丘路与苏州城相通，山北有城北公路。据《吴地记》记载 :“虎丘山绝岩纵壑，茂林深篁，为江左丘壑之表。”享有“吴中第一名胜”之称 (图 9-86、图 9-87)。

虎丘山体不高，但有充沛的泉水和奇险悬崖深涧，又有丰富的历史文化遗存，在自然景观与人文景观方面得天独厚。寺的塔、阁布置在山巅，其余殿堂、僧房、斋厨等一次布置在山腹山脚，形成寺庙被覆山体的格局，即所谓的“寺包山”

图9-86　虎丘　薛晓飞摄

格局。虎丘以西北为主峰，有二冈向东、南伸展，二冈之间有平坦石场（人称“千人坐”）及剑池岩壑。虎丘寺的轴线由山门曲折而上，贯彻整个山丘的南坡。北坡从虎丘塔沿百步趋拾级而下，直至北门。全园总体可分为两部分。

前山依山就势而上，从山塘街头山门起，沿轴线而进，一路拾级而上。虎丘的山门原来仅有一门，后增开两旁门，形成现在的三门格局，庄重朴实，内悬“虎阜禅寺”匾，山门左右门额分别题为“山青”“水秀”，概括了虎丘的风景特色。山门前有照墙，把照墙建在河对岸，形成将街、河包含在山门、照壁之间的独特布局。

穿过头山门，就是一条长达数十米的宽阔甬道，两侧商店林立，生意兴隆。这种繁华的商业气象已延续了数百年之久。甬道尽头便是 1956 年增建的海涌桥。苏州古桥大都崇尚古朴实用，在桥栏处理上，除少数有浮雕和纹饰外，一般都不加雕饰。海涌桥石材选料优良，雕刻精美，是苏州石桥中少见的。尤其以两侧桥栏上雕饰的小石狮群最为精彩。海涌桥下石环山河，当年白居易

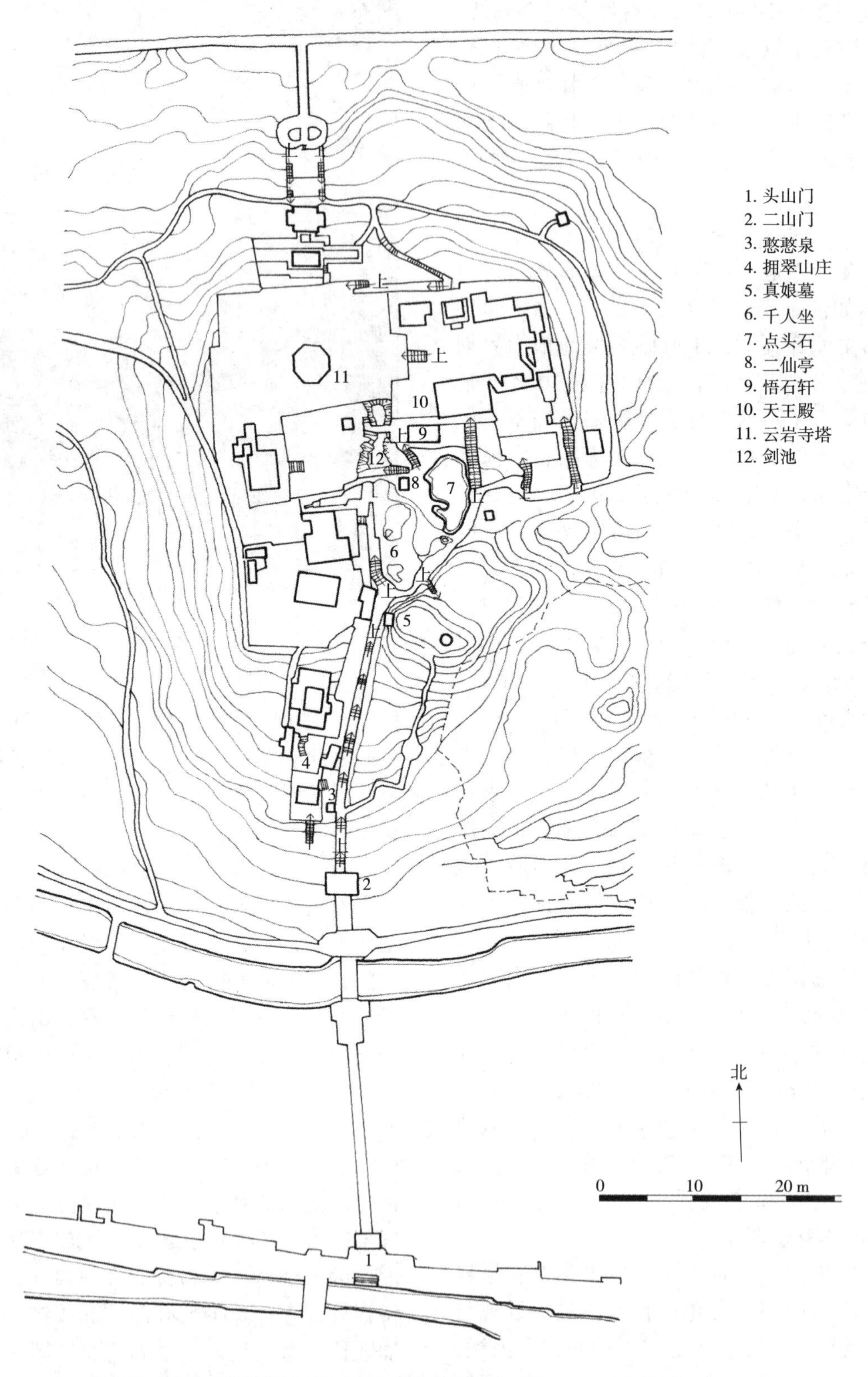

图9-87　虎丘总平面图（摹自魏民《风景园林专业综合实习指导书》，2007）

开通山塘河后，接着又沿山麓开凿了这条环山水渠。水渠建成后，虎丘山“溪流映带，别成仙岛。沧波缓溯，翠岭徐攀，尽登临之丽瞩矣”。

跨过海涌桥，迎面就是二山门。二山门亦称中门，俗称断梁殿。此殿初建于唐，毁后重建于元至元四年（1338 年），明嘉靖年间重修。断梁殿形体不大，面阔三间，进深两间，单檐歇山顶。采用“四架椽屋分心用三柱”的方法，用两根一开间半长的原木代替三根一开间长的原木，两根长梁各挑出中间开间的一半，形成悬挑式的受力构件。同时利用一排造型优美的斗拱，来托住悬挑的大梁，使大梁获得一个稳固的支撑点，达到平衡。

出了二山门，便踏上了虎丘的山道。沿山道前行，路西侧山冈有拥翠山庄，园之东墙外路旁有一井称“憨憨泉”，井圈为六角形，据说它泉眼通海，所以又称“海涌泉”；井后石上刻有“憨憨泉”三字，为宋人吕升所题。四周围以石栏。路东侧为试剑石、枕头石，在枕头石旁边有一蟠桃形的石块，上刻“仙桃石”三字。

过枕头石，前行数步是古真娘墓。墓上构筑一座精致古朴的亭子，四面石柱，卷棚歇山式。亭筑在高出地面逾 1 m 的台基上，亭后竹树茂密，野花丛生。亭中壁立有石碑，碑上刻有乾隆年间海陵陈鐄题写的“古真娘墓”，亭柱刻李祖年集《梦窗词》楹联一副，联曰：“半丘残日孤云，寒食相思陌上路；西山横黛瞰碧，青门频返月中魂。”

古真娘墓东边有一六角小亭，是为了纪念春秋时期大军事家孙武而建，名为“孙武亭”。

山道的尽头，是虎丘东南二岗之间的平坦石台“千人石”。《吴郡图经读记》称：“涧侧有平石，可容千人，故谓之千人坐，传俗因生公讲法得名。”这里乍看像是一片山间平地，其实是块由西南向东北倾斜的巨大盘陀石。石呈紫绛色，平坦如砥，宽达数亩，高下如用刀斧劈成，非常罕见。从高处俯视，千人石又像一个巨大浅盆的底部，周围错落有致地布置了许多景物，如剑池、白莲池、石观音殿、二仙亭等。千人石东面的白莲池，是一处天然池沼，周一百三十余步，石矾探水，景色清幽。池上有采莲桥，池中荷花颜色变幻，异香扑鼻。传说生公说法时，时值严冬，讲到精辟处，周围树上百鸟停息鸣叫，本是枯水期的白莲池顿时碧波充盈，原本应在夏天开花的千叶白莲也一齐竞放吐艳，故名白莲池。剑池则是古代采石遗留的人造谷壑，池呈狭长形，南稍宽而北微窄，状如宝剑。剑池四周，石壁合抱，一池绿波，水面上一道石桥飞跨两岸。剑池终年不干，水质清澈甘冽。古人认为虎丘诸景中最胜者是剑池、千人坐，这两处景物的题咏碑刻也很多。剑池东侧峭壁上有摩崖石刻“风壑云泉”四字，结体宽博，笔致潇洒，传为米芾所书；左壁上有“剑池”两个篆体大字，相传为王羲之所书；石壁间嵌有石刻两方，分刻“虎丘剑池”4 个大字，相传是颜真卿所书，但也有人认为是后人仿写。

千人石东，白莲池畔，有一条依山而建的石梯通向虎丘山寺。石梯由 53 级石阶组成，又名走砌石、玲珑栈，俗呼“五十三参”，取佛经中“五十三参，参参见佛”之意。大雄宝殿雄踞五十三参上，是清同治十年（1871 年），郡人陈德基在原天王殿旧址上重建。由于山顶地形缘故，殿宇轴线而为东西向，与头山门、二山门之轴线呈 90° 角相交。大殿西为悟石轩，旧名得泉楼，此楼为 1956 年重建。其位置在虎丘正中高地，坐北朝南，圆料梁架，明三间，暗两间，落地罩两堂将轩隔成左右各一耳室。明间正中前后配以落地长窗和寿字挂落，并以船篷为廊。轩南筑一平台，砖墙为栏，台上植玉兰两株，亭亭玉立。凭栏眺望，虎丘前山诸胜尽收眼底。大雄宝殿东，原有千手观音殿，近代改建为五贤堂。

山顶左翼有望苏台，可远眺苏州城。望苏台南有平远堂，北有小吴轩、万家烟火、千顷云阁，曲院回廊把各座建筑连成一个庭院。这里地处山顶，不但宜于小憩休闲，更宜于观景。小吴轩是虎丘必游之处，建在山顶最东端。取《孟子》“登东山而小鲁”之意为名。此处景色优美，“飞架出岩外，势极峻耸，平林远水，连冈断陇，烟火万家，尽在槛外”。所以又名“天开图画”。小吴轩为长方形建筑，朝东三间，体量较小。轩北有门，出门穿过长廊可通后山，轩南即望苏台。小吴轩北为万家烟火，这是山顶东北端的又一小筑，由廊和方亭组成，和小吴轩建筑风格一致。千顷云阁位于山顶寺后，全无前山的喧嚣，颇具空濛浩渺之趣。

山顶右侧是虎丘塔塔院，虎丘塔雄踞塔院中央。虎丘塔又称云禅寺塔，建于五代后周显德六年（959 年）。塔高七层，呈八角形，由内外两层塔壁构成，内、外壁之间为回廊，内壁间为塔心室，为套筒式结构。各层回廊均以砌体连接上下左右，从而大大增强了建筑物抗御外力的能力。另外，虎丘塔首次在塔壁外面构筑乐平座栏杆，可使登塔者走出塔体自由瞭望。

塔院东北角、大雄宝殿之后，宋时有御书阁，珍藏宋真宗御书三百卷的副本。元初更名妙庄严阁，供奉佛像，后毁于火。清康熙二十八年（1689 年），改建御书亭。至乾隆末年，虎丘山上共有 3 座御书亭。咸丰年间，全都毁于战火。光绪十三年（1887 年），江苏巡抚松骏，在原地重建御碑亭，亭中立有三块康熙、乾隆的御碑，碑均高 1.2 丈（1 丈 =3 m），宽 4 尺（1 尺 =30 cm）。中间一块阳面刻康熙诗一首，其他各面共刻有乾隆诗六首。

塔院西南向有致爽阁，这里是山地势最高的地方。高阁凌空而建，气势夺人。致爽阁早在宋代就有，但几经变迁。原建山上法堂后，因“四山爽气，日夕西来”而得名。后改建在小五台，即现址。阁宽三楹，环以回廊，阁外平台阔朗，林木葱茏，适宜休憩其间，心随云动，神与物游；放眼眺望，可俯瞰平畴沃野，可远眺西南诸山。

致爽阁和冷香阁之间，有一狭长形水池，约一丈见方，深丈余，名“第三泉”。池周石壁呈赭褐色，纹理天然，秀如铁花。苏东坡当年在此宴坐饮茗，写下“铁华秀岩壁”的诗句。后人取此诗意，名此间岩壁为铁花岩。致爽阁平台之下的南坡有冷香阁，建于民国六年，阁共两层，上下皆五楹，东西南三面都环以廊。阁周围栽植梅花，梅花盛开时，满院冷芳，风致不在吴县光福香雪海之下，故又称“小香雪海”。

虎丘南坡，紧邻山道西侧，还有一座小型台地园，是光绪十年（1884 年），状元洪钧、词人郑文焯等集资创建。山庄占地约 700 m^2，处理为 5 个台地，前后高差约 8 m 山庄是庭园的形式，但建成后，就作为虎丘胜迹的一部分向游人开放。

后山旧有二十八殿、小武当等古迹，中华人民共和国成立后复建了通幽轩、玉兰山房，整修了小武半、十八折等建筑，山野通幽，风光四时诱人。出千顷云阁向西北，有一条下山道，名“十八折”，用黄石条堆砌而成，共五层，顺山势曲折而下，石阶共有 108 级，所以这条下山道又叫“百步趋”，或称“走砌石”。拾级而下，依次可见玉兰山房、通幽轩、小武当、石牌坊等。牌坊后的假山群，堆叠自然，形象奇特，玲珑剔透，假山中还有一石洞，名石观音洞，俗称“海潮观音”。

纵观虎丘全景，前山以泉石幽奇取胜，后山则以平坡连绵见长。前山繁密，后山清旷。清人顾诒禄对后山风光有一段评述：“吴中山水之明丽，莫胜于虎丘。而虎丘之胜，空濛浩渺，尤在后山。遥望绣壤平畴，纵横交错，青芽黄穗，层叠参差。行帆野艇，出没波间，忽隐忽现。云开雾卷，虞山如拱几案。东眺马鞍，历历如睹。昔人诗谓‘虎丘山后胜山前’，不虚也。”

（6）绍兴东湖

东湖位于浙江绍兴城东 6 km 处的箬篑山北麓，被誉为“江南水石大盆景”。箬篑山是一座青石山，自汉代起，就有地方石匠，相继在此凿山开石，经长年累月的采凿，遂成悬崖峭壁、奇潭深渊的石宕景致，后被废弃，成为一处石宕遗址。清光绪年间，会稽县人陶浚宣相中此地，并以 8000 银元购得之，在石宕中筑堤围湖，营造园林。东湖园林，自陶公造园以来，已成为一方名胜，其后的一段时期内，园林也因年久失修，亭台楼阁大多破旧倒塌。故在中华人民共和国成立时期、20 世纪 80 年代以及 2007 年都有过不同程度的修缮与扩建，逐步形成了如今的东湖风景区全貌（图 9-88、图 9-89）。风景区内中部的东湖景区，也就是早期陶公造园的所在地，是整个箬篑

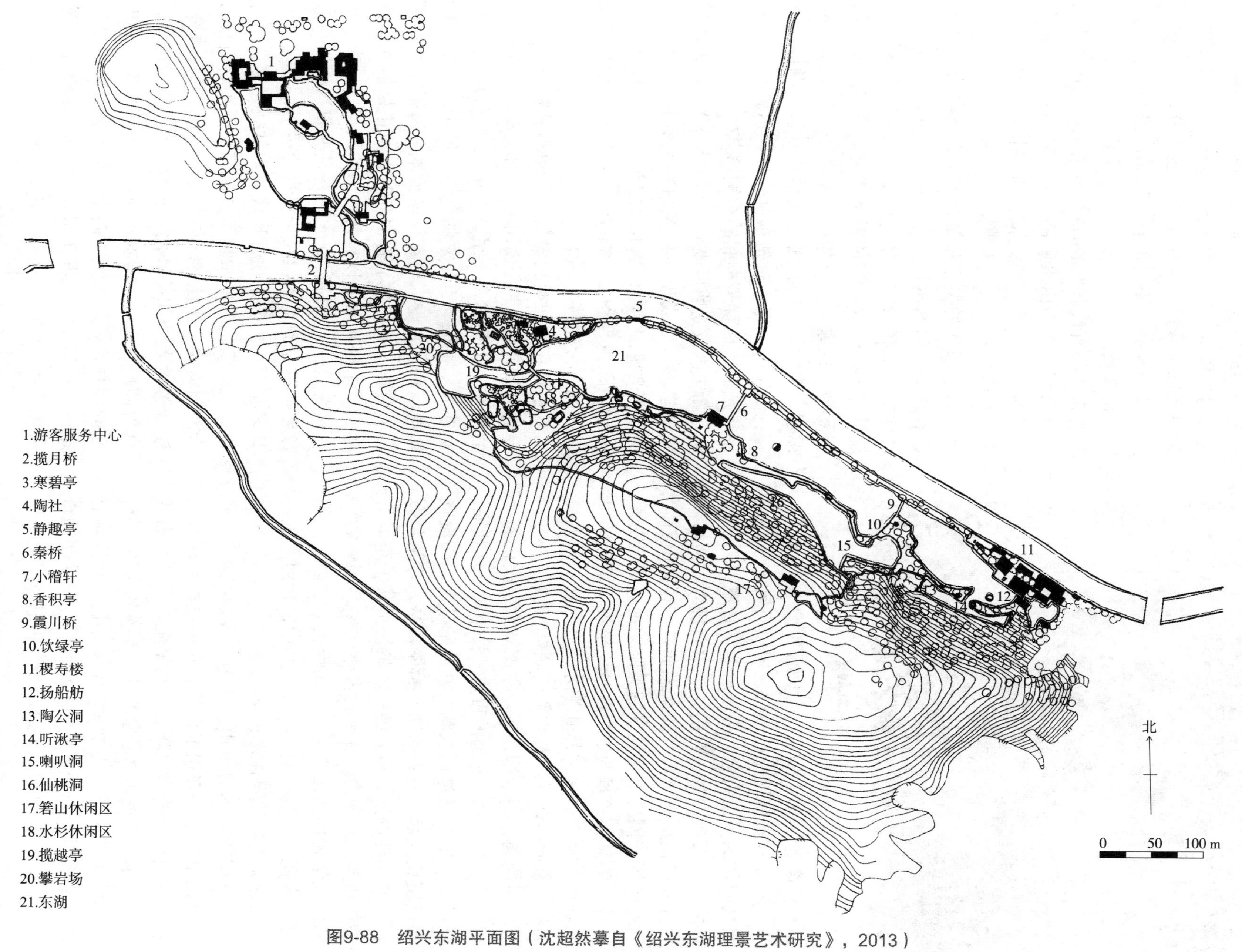

图9-88　绍兴东湖平面图（沈超然摹自《绍兴东湖理景艺术研究》，2013）

图9-89　绍兴东湖　沈超然摄

山石宕改造与造园的核心，其面积约为 5.79 hm^2。

结合石宕遗址进行造园，即以石宕为园，是绍兴园林的一大特色，历来就非常普遍，绍兴现存的几处石宕园林还有诸如羊山石佛寺、柯岩风景区与吼山风景区等。就东湖而言，箬篑山石宕的造园源于园主人陶浚宣的慧眼识地，通过对石宕遗址的整体梳理与适当改造，呈现出别样的山水景致与园林意趣，“残山剩水”在这样一种大巧若拙的造园活动下，也就成了园林中美景。

东湖因残山为园，而对东湖湖水层次化的处理方式，是其构园布局的重点。长年的石宕开采，形成了峭壁与深潭的景状，在此基础上，陶浚宣通过筑堤立墙、造桥通路、营屋建亭，并结合石宕中的潭池洞穴、穷岩绝壑，最终形成了东湖的整体构架。东湖的园林风貌古朴自然、清逸淡远。园内景物皆因残山而筑，面山而构，园内游人则沿潭水而行，遇亭则停，舟游其中，达到景到随机，搜奇逸兴的园林意境。

东湖所在的箬篑山，虽为“残山剩水”，亦是真山水。东湖在山水框架、营造过程与园林趣味等方面，与明清以降的各私家园林为求拳石代山、勺水代湖的山水景象相比，有着较大的差异。东湖的崖壁质感，犹如魏碑笔墨，且尽显宋画意味，摩崖石刻随处可见，古意无穷。崖壁间的奇异洞穴，如仙桃洞、陶公洞与喇叭洞，更是造园与游园活动中的点睛。而在理水方面，东湖的园主人通过围堤架桥，设置板石纤道、石矶岛屿等，对湖面进行聚散、层次化的水面划分。桥，在东湖园林中起到了不凡的作用。东湖虽不大，但园中过桥却接近 10 座，其中不乏秦桥、霞川桥、万柳桥这样具有代表性的石桥，它们不仅串联游线，划分水域，更为山水添色。架一叶扁舟，行驶于这等湖、桥、洞、壑之间，真可谓“勿为湖小，天在其中”。

东湖园林的屋宇建筑并不多，且各个时期都略有增减，但基本格局保持稳定。除新建入口区的建筑区规模较大之外，位于园子东首的稷寿楼院落是园内现存唯一的屋宇建筑群，其余建筑如听湫亭、饮绿亭、香积亭、寒碧亭、揽越亭、静趣亭、小稽轩、陶社等多点缀式布置于湖堤、山麓、池岸等位置。东湖东首一带原本就有一处屋宇建筑群，也就是早起的东湖通艺学堂，东湖书院在新中国成立前后废弃，20 世纪 80 年代末对其修缮建造，形成现在的院落格局，院内除稷寿楼、扬帆舫、画廊等主要建筑外，面湖的院落露台中，更保留有“墨池”与“此峰自蓬岛飞来”的陶公遗迹。

东湖花木种植相对简练，却不乏特色。如外堤的桃柳间植，陶社一带的竹林，湖面与池塘内的荷花，山麓半岛上的丹桂与水杉。更有松柏、龙爪槐、香樟等百年老树扎根于园中，山茶、杜鹃花、梅、月季、樱花、悬铃木、海桐、红花檵木、紫薇、夹竹桃、青桐等等本地花果树木栽植其间。东湖有两处以植物为名的景点，一为“水杉区”；二为“桂岭”。水杉是东湖园林植物中形象鲜明的景致，不仅在于挺直的树形，更是由于其多布置于山麓平地，形成树木林立之感，同时也让人随着高耸的水杉而愈加感受到东湖山石的奇险与秀丽。在桂岭，每当金秋时节，丹桂飘香，桂岭旁设置香积亭，此亭面朝桂岭，以名点景，真可谓岭旁安亭，停而闻香。东湖作为以湖为中心的园林，必定少不了湖中胜景，荷花便是其中之一。每当夏日，可在东湖的湖面、池塘、方池中观赏到莲池胜景。

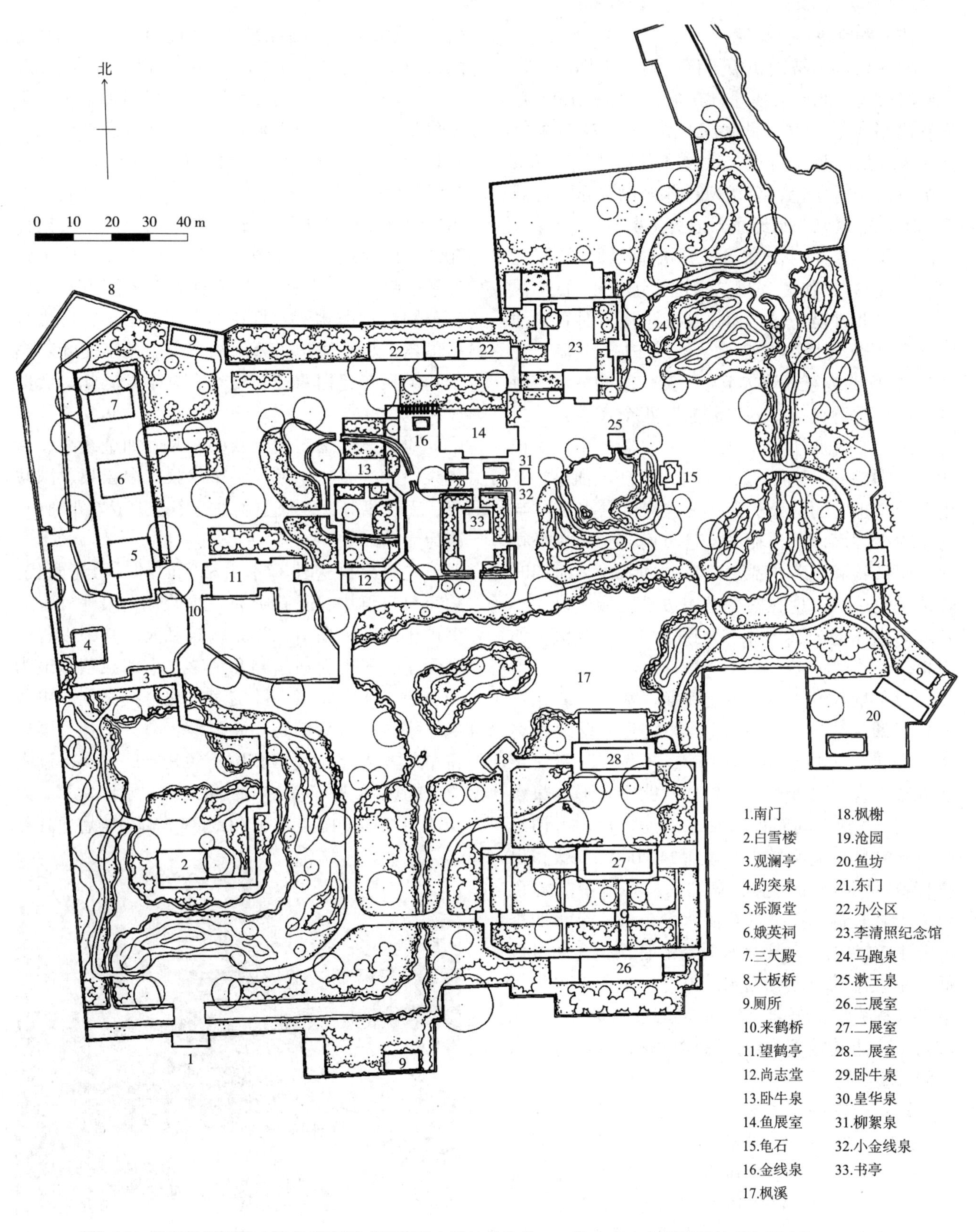

图9-91　趵突泉平面图（引自司春阳《园林理水的地韵之美——济南泉水主题园林的特色研究》，2009）

（7）趵突泉

趵突泉位于济南市历下区，南靠千佛山，东临泉城广场，北望大明湖、五龙潭，面积158亩，是济南最著名的泉。趵突泉位居济南72名泉之首，也是最早见于古代文献的济南名泉。趵突泉探源考证多有争论，公认魏晋前多以“泺”记载于文献。郦道元《水经注》记趵突泉曰：“泉源上奋，水涌若轮。”宋代曾巩任齐州知州时，在泉边建“泺源堂”，作《齐州二堂记》记载：“自（渴马）崖以北，至历城之西，盖五十里，而有泉涌出，高或至数尺，其旁之人名之曰‘趵突’之泉”，始称趵突泉，流传至今。清代康熙皇帝南游时，曾游赏趵突泉，题“激湍”两个大字，并封为“天下第一泉”。清代王钟霖在《第一泉记》记载：“济水源自王屋，伏流至济南，随地涌泉，不止七十二也，而趵突为最……夫泉之著名在甘与清。趵突甘而淳，清而洌，且重而有力，故潜行远，而矗腾高。若水晶三峰，欲冲霄汉，而四时若雷吼也……”现在趵突泉周边已经形成以大小泉水为主体的公共园林，大致是明清两代留下的面貌。

趵突泉水分3股，昼夜喷涌，水盛时高达数尺。所谓“趵突”，即跳跃奔突之意，反映趵突泉三窟迸发，喷涌不息的特点。“趵突”不仅字面古雅，且音义兼顾。不仅以“趵突”形容泉水“跳跃”之状；同时模拟泉水喷涌之声，可谓绝妙。趵突泉水最大涌量可达到240 000 m^3/天，出露标高可达26 m。水清澈见底，泉池中放养金鱼，大者长逾3尺，可看清水中鱼戏。泉水四季恒温18℃左右。趵突泉水质清醇甘洌，含菌量极低，是理想的天然饮用水。严冬，水面上水气袅袅，被称为“云蒸雾润”。一边是泉池幽深，波光粼粼；一边是楼阁彩绘，雕梁画栋，构成奇妙的人间仙境。

趵突泉在一泓方池中，周围有不少园林建筑（图9-90、图9-91）。北有泺源堂，西有观澜亭，东架来鹤桥，南有长廊围合。西岸的观澜亭，始建于明天顺五年（1461年），三面临水，为红柱黄琉璃瓦攒尖顶，游人可在其中歇息观泉。《孟子》云：“观水有术，必观其澜。”朱熹注云：“观水之澜，则知其源之有本矣。”趵突泉既是泺水之源，因而在此就可“观澜知源”了。来鹤桥始建于明天启年间，位于趵突泉东岸，是观赏泉水景色的最佳处。清代著名诗人施闰章《来鹤桥记》称：“凭栏周瞩，仰而见山之青，俯而见泉之洁。”蓬山旧迹坊在来鹤桥南，建于明天启年间，丹柱青瓦，斗拱承托，上饰吻兽。泺上白雪楼，位于趵突泉东南。明“后七子”领袖李攀龙隐居故乡时，曾分别在鲍山脚下和百花洲上建白雪楼，可惜身后萧条，相继倾圮。万历初，山东按察使叶梦熊于趵突泉畔建白雪楼，以纪念李攀龙。此楼后世屡有重修重建。

趵突泉周围，还有众多小泉，如金线泉、皇华泉、卧牛泉、柳絮泉、望水泉、白云泉、满井泉、无忧泉等，以众星拱月的姿态护卫着趵突泉，蔚为壮观。

趵突泉周边建有不少私家园林。明清两代，趵突泉泉群中，除趵突泉等少数几个泉池外，大多被士绅文人所有，用来构筑私园，其中以谷继宗园亭、殷士儋通乐园和王苹二十四泉草堂最为知名。谷继宗园亭在趵突泉东北金线泉上。史载谷继宗园亭“后归陈宪副九畴，叠兴文社，屡出科甲。友人金见读书其中，颜其堂曰‘深柳读书堂’。其后取曾子固诗句，更之曰‘水绡堂’”。万历四十二年（1614年），山东巡盐御史毕懋康在谷

图9-90　趵突泉　赵彩君摄

继宗别墅故址上创办历山书院。

柳絮泉和漱玉泉的北侧，有李清照纪念堂方形花墙小院，厅房之间，院内植有海棠花。无忧泉西，有万竹园，前身是清末民初北洋军阀山东督军张怀芝的张氏公馆。在金线泉附近，有尚志堂，原名金线书院，为晚清名臣丁宝桢所建。

9.3.7　陵寝

（1）孔林

孔庙、孔府位于曲阜鲁城之内的中心地段，而孔林位于其北部三级城墙之外的郊区，距离曲阜城北约 1.5km，呈东西长、南北短的近长方形的林带。孔庙、孔府分别为祭奠孔子与衍圣公居住之地，两地相邻，便于孔子嫡亲后代进行祭奠等礼仪活动。因孔子后代繁衍历经千年，人口众多，因此其相关墓地就选址于远离喧嚣的曲阜城北部的郊外。

孔林又名至圣林，是孔子及其后裔墓地，是我国规模最大、持续年代最长、保存最完整的一处氏族墓葬园林。初不过顷余，后经历代，特别是明清两次增广。公元前 479 年孔子葬于此地后，2400 多年来其后裔接冢而葬，至今林内坟冢已逾 10 万座。整个孔林周围垣墙长达 7.25 km，墙高逾 3 m，厚约 5 km，总面积为 2 km^2，比曲阜城要大得多。孔林作为一处氏族墓园，2000 多年来葬埋从未间断。不少墓前建墓碑、墓表，有些建享殿、立石坊、置石仪。林周筑有围墙，前有至圣林坊及二道林门。门内有一南北林道，长 1266 m，宽 44 m。林内现存石碑 4000 余块，古树 42 000 余株（图 9-92、图 9-93）。

鲁哀公十六年（前 479 年）夏历二月，孔子因病而卒，与夫人合葬于鲁城北泗上，“当时墓地大约一顷，而且形制简单，并未显示出贵族气派。东汉开始，孔子墓逐渐有了相应的祭拜设施。北宋时由于加入了石仪的布置，正式形成了墓道的轴线。元明两代，孔林的主要建筑和神道建设，形成了一座规模恢弘的墓区。修建了围墙和重门，为明代孔林神道的创建定下了基本方位和走向，并最终完成了孔林神道。清朝期间，主要是扩大了林墙，对主要建筑物没有做大的改动，后又在墓前建御碑亭和享殿，另新建康熙和乾隆的驻跸亭、楷亭。

孔林景观由 3 个主要序列空间开始，孔林内部形成主墓区和次墓区，有内外两层墙垣围合而成。大林门外的神道是第一个层次。曲阜明故城北门至孔林大门前有一条长约 1.5 km 的神道，神道两旁还有城市车行便道，周围空间较为疏朗。神道两旁有古圆柏树，神道中段设有纪念性建筑“文津桥”和“万古长春坊”。

大林门至二林门是第二个层次；林门是由南北两座门楼和一条约 400 m 长的甬道组成。第一座林门是五开间的石坊，匾额曰：“至圣林”，石坊前蹲立两座石狮雕塑。过第一座林门后是一条窄而深的甬道，甬道两侧依旧布置古柏和红墙。第二座林门竖立于甬道北端，是一座重檐绿琉璃瓦歇山顶的两层楼建筑。

洙水桥至主墓区享殿是第三个层次；洙水桥至享殿前再次出现神道，这条神道长百余米，两侧对称排列石仪、望柱、翁仲等石像生。享殿是孔林内最高的建筑，也是主墓区开端的标志。主墓区居于孔林内中南部，由孔子及子孙三代墓组成，其他后世祖孙墓按年代顺序和家族顺序依次排列在主墓区外围。进入孔林大门后，是一片色彩幽深、气氛静谧的人造森林。孔林南部有洙水自东向西穿过，进入孔子墓区前要先顺洙水西行一段，过洙水桥往北便是。孔子墓区由孔子墓、其子孔鲤墓（居孔子墓右侧），其孙孔极墓（居孔子墓之南）三座构成。享殿、思堂、子贡庐墓处等建筑环绕墓区。孔子墓区覆盖在一片参天的古树下，坟冢采用中国传统的土坟做法，只是体积较大，坟前立碑。整个墓区简朴素然，但意境凝重而深远，与后世帝王在孔林前加建的神道，林门的宏伟气势之含义迥然不同。今孔子墓碑前有泰山封禅石垒成的石供案、石鼎、石酒池和石砌拜台，孔子墓周围以砖砌花棂围墙环绕，拜台西侧约 10 m，有“子贡庐墓处”石碑一通（孔子卒后，群弟子庐墓 3 年，唯子贡独守 6 年），此碑颇具纪念意义。孔子墓东为其子孔鲤墓，前为孔极墓，据

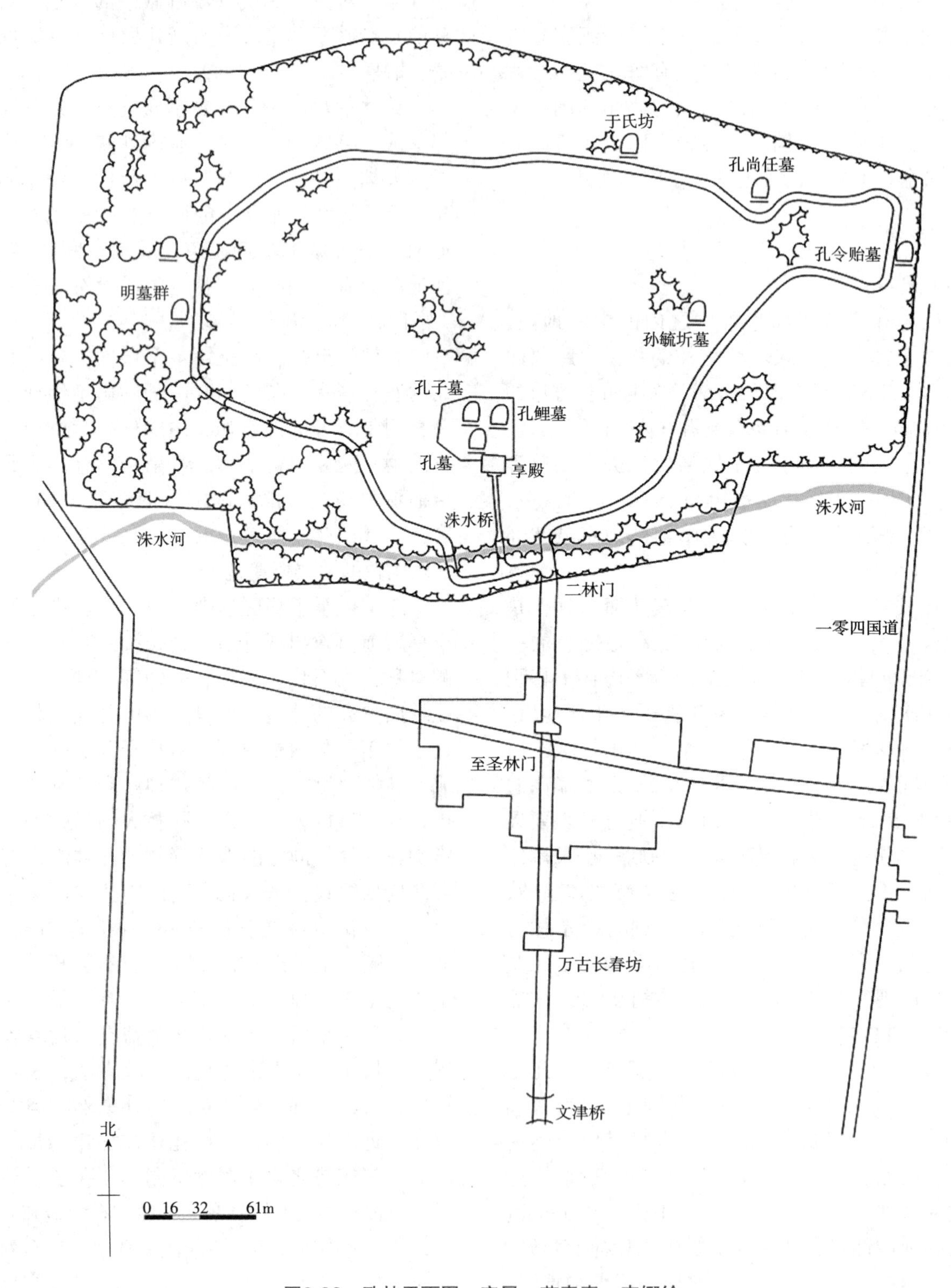

图9-92　孔林平面图　宋凤、蓝素素、李娜绘

图9-93 孔林 丁国勋摄

说这种葬式称为“携子抱孙”。

孔子曰：“生，事之以礼，死，葬之以礼，祭之以礼。”（《论语 为政篇》）孔子认为对待一个人的生和死，态度要一致，“情感上的仁爱孝顺，在生死问题上都以礼为原则”。孔子生前虽做过鲁国的大司空，但死时已经是一介布衣，子贡按照老师的意愿将其入葬。所以，孔子墓的形制简洁而朴素，一座坟冢，一块墓碑而已。然而，随着时代的发展，后世君主对孔子的谥号不断地追封，孔子墓的形制也在不断地升级，增添了神道、林门、甬道、享殿等一系列建筑景观，享有和皇室相近的建制。然而，在墓区，却又呈现出它原先具有的一返自然天地的朴素特征。明显区别于孔庙的华丽宏伟和孔府威严的秩序感，取而代之的是简朴，回归生命本质的境界。

（2）清东陵

清东陵位于今河北省遵化市昌瑞山南麓，占地 80 km^2。东陵选址为一环形盆地，北有燕山余脉昌瑞山为屏障，西有黄花山、杏花山，东有磨盘山以为拱卫，南有芒牛山、天台山、象山、金星山以为朝揖。中间 48 km^2 原野坦荡如砥，有西大河、来水河流贯其间，山水灵秀，郁郁葱葱，风景绝佳（图 9-94）。传说清东陵地址为顺治皇帝亲自选定。清昭梿《啸亭杂录 · 亲定陵寝》载：“（顺治皇帝）停辔四顾曰：‘此山王气葱郁非常，可以为朕寿宫。’因自取佩玠（即指环）掷之，谕侍臣曰：‘玠落处定为穴，即可因以起工’。”从此昌瑞山下便有了规模宏大、气势恢弘的清东陵。

陵区以昌瑞山主峰下的孝陵为中轴线，依山势呈扇形东西排列，主次分明，尊卑有序。各陵按规制营建了一系列建筑。15 座陵寝是按照“居中为尊”“长幼有序”“尊卑有别”的传统观念排列的。入关第一帝世祖顺治皇帝的孝陵位于南起金星山，北达昌瑞山主峰的中轴线上，其位置至尊无上，其余皇帝陵寝则按辈分的高低分别在孝陵的两侧，呈扇形东西排列。孝陵之左为圣祖康熙皇帝的景陵，次左为穆宗同治皇帝的惠陵；孝陵之右为高宗乾隆皇帝的裕陵，次右为文宗咸丰皇帝的定陵，形成儿孙陪侍父祖的格局，突现了长者为尊的伦理观念。同时，皇后陵和妃园寝都建在本朝皇帝陵的旁边，表明了它们之间的主从、隶属关系。此外，凡皇后陵的神道都与本朝皇帝陵的神道相接，而各皇帝陵的神道又都与陵区中心轴线上的孝陵神道相接，从而形成了一个庞大的枝状系，其统绪嗣承关系十分明显，表达了瓜瓞绵绵、生生不息、江山万代的愿望。

清东陵各座陵寝的序列组织都严格地遵照“陵制与山水相称”的原则，既要“遵照典礼之规制”，又要“配合山川之胜势”。在这方面，世祖顺治皇帝的孝陵足可称为成功的范例。

孝陵以金星山为朝山，以影壁山为案山，以昌瑞山为靠山，三山的连线即为孝陵建筑的轴线。由于金星山、昌瑞山之间的距离长逾 8 km，一条长约 6 km 的神路将自石牌坊至宝顶的几十座建筑贯穿在一起，并依山川形势分成了 3 个区段。主陵孝陵的布局主轴线长达 5.5 km，沿神道井然有序地排列着石牌坊、大红门、更衣殿、神功圣德碑楼、十八对石象生群、龙凤门、七孔桥、五孔桥、三路三孔桥、神道碑亭等建筑，直达孝陵陵园门前。沿途建筑层层叠叠，气魄宏大，其中尤以神道之首的 5 间六柱十一楼的汉白玉大石坊、逾 30 m 高的大牌楼和长达百米的七孔大石桥为

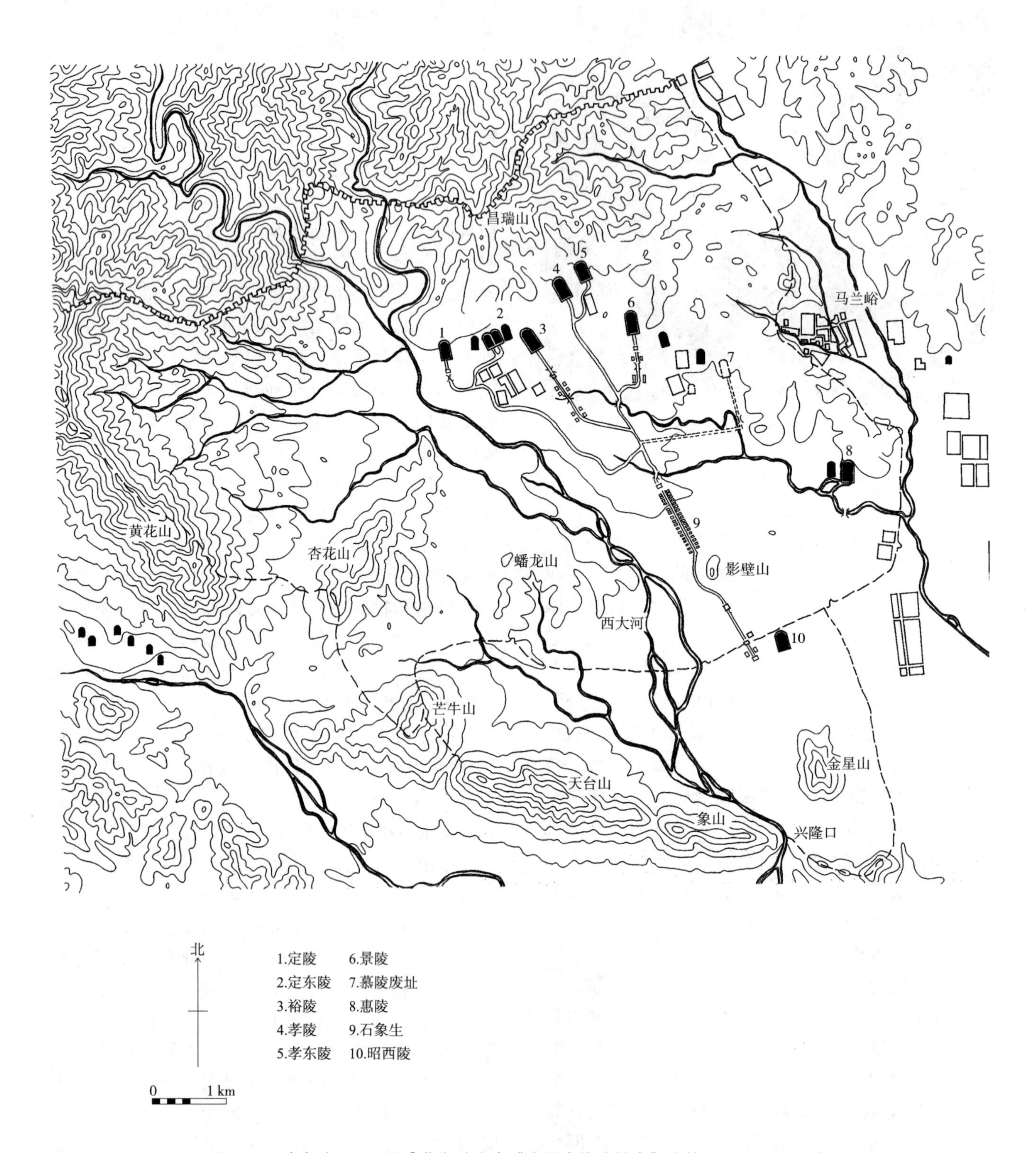

图9-94　清东陵总平面图［摹自孙大章《中国古代建筑史》（第五卷），2009］

最。陵园区可分为前朝和后寝两座院落。进隆恩门前院，院中为面阔 5 间的隆恩殿，殿后经琉璃花门进入后院。院中有二柱门（棂星门）石五供案而达方城明楼及长圆形的宝城。这些建筑由南至北依次升高，以与昌瑞山及两侧护砂相互配合，层次分明，脉络清楚，高低错落，疏密相间，实现了“驻远势以环形，聚巧形而展势”的目的，给人以“高而不险，低而不卑，疏而不旷，密而不逼”和“静中有动，动中有静”的视觉印象和艺术感受。

孝陵布局基本仿效明陵，但运用得十分灵活自由，效果更为突出。清东陵内其他各陵形制与孝陵类似。但规制上稍有减撤，以突出主陵。各陵皆有单独的神道及大碑楼、石象生、龙凤门等（惠陵除外），各陵神道走向皆由孝陵神道接出，干枝分明，融为一体。这点与明十三陵仅设一总神道的做法不同。

清东陵内各陵规制虽然雷同，但又各具特色。例如，康熙的景陵陵园布局比较紧凑；三路三孔桥置于隆恩门前，增加了灵活的气氛；景陵大碑楼后的五孔桥宽达 10 m，神道长约 100 m，与桥端自由蜿蜒布置的石象生相互呼应，意匠独特。乾隆皇帝的裕陵神道布置紧凑，石象生雕刻精美，石桥、石柱、石象生及木石混构的冲天牌坊紧密相接，组成观感强烈的组群。

此外，清东陵内尚有两处特殊的后陵，一为昭西陵，一为定东陵。昭西陵为清太宗皇太极的孝庄文皇后博尔济吉特氏的陵墓。文皇后死于康熙二十六年（1687 年），理应归葬盛京昭陵，但其本人遗言愿随子孙安葬在遵化东陵。陵墓规制与一般后陵比较有不少特殊之处。首先，其陵址选在大红门风水墙之外，孝陵神道之首；其次，隆恩殿为五开间重檐庑殿顶，较各帝陵的重檐歇山顶的建筑等级更高；最后，陵区之首设立神道碑亭及下马坊，亦不同于一般后陵。另外，陵园墙垣为双重，可以加强防卫，并示尊崇。这些布置都恰当地反映出孝庄文皇后的特殊地位。

定东陵为双陵，是咸丰帝的两个贵妃，同治帝时册封的慈安皇太后、慈禧皇太后的陵，亦称东、西太后的陵墓。两陵并列，规制一样，西边普祥峪为慈安陵，东边菩陀峪为慈禧陵，这种双陵并列的陵寝可称为历史孤例。二陵规制虽同，但建筑装修质量相差极大。慈安陵建筑仅用一般松木，青绿旋子彩画；而慈禧陵则不然，西太后掌握清末政权 40 余年，独断专行，生活奢靡，在陵寝建筑中大量使用花梨木、汉白玉、片金和玺彩画、贴金砖雕等装饰材料，建筑外观豪华富丽，仅用黄金即达 4000 余两，随葬珍宝无数。民国初年，孙殿英武装盗墓，将慈禧陵及裕陵地宫珍宝洗劫一空，这就是震惊中外的东陵盗宝案。

9.4 总结

清代园林是中国古代园林集大成的辉煌时期，也是中国古代园林发展的最高峰。清代不到 300 年的时间，是中国历史的急剧变化时期，也是中国园林由古代园林转向近现代园林的转折时期。经历了先秦至明代的悠久历程，延至清代，中国古代园林已经积累了丰富的经验与理论，更有了相当广泛的实践，取得了辉煌的成就。

清代园林的发展大致可分为 3 个阶段，即清初的恢复期，乾嘉的鼎盛期，道光以后的消沉期。

清初顺治、康熙、雍正三朝（1644—1735）约 100 年时间，清王朝着力恢复战乱的创伤，解决内部诸王纷争，平息民族情绪及叛乱，无暇进行大规模的游宴苑囿的建设。清王朝入关定都北京后，基本沿用原明代的宫殿、坛庙、苑囿，只是稍加裁撤调整。政局稳定之后，行宫及离宫御苑开始建造。康熙帝在前代旧园的基础上兴建了畅春园、静明园，并在热河兴建了避暑山庄，雍正帝则将作太子时的赐园圆明园扩建为离宫。这一时期的皇家园林呈现出简约质朴的艺术特点。清初私家园林营建之潮也重新兴起，集中在江南和北京。北京有文人、官僚宅园，王府花园，宗室赐园等类型，既有北地风格，亦受江南园林的影响；江南以苏州、扬州两城为最，苏州则以文人园林为主，扬州以盐商园林为主，基本延续了明末的格局。

清代中期，乾隆、嘉庆间（1736—1820）约100年是清代园林的鼎盛期，全国园林事业发展巨大，成就辉煌，清代主要的园林建设集中于这个时期。乾隆朝政治经济的发达，带来了一个皇家建园的热潮。整个乾隆时期的皇家建园活动几乎没有间断过，大园子分布在宫城、皇城御苑、近郊、远郊、畿辅及承德等处，有些地区甚至连络成片。这一时期私家园林也非常繁盛，造园活动在全国展开，很多地区都根据各自的自然条件和经济特征建造私园，风格较之清初要富丽许多。其中最有代表性的是以畿辅北京地区为中心的北方园林，以苏州、扬州为代表的江南园林和以珠江三角洲为中心的岭南园林。其他地区也大量造园，地区间、民族间的交流十分广泛。寺观园林在踏青、庙会、节祭等活动的影响下更为兴盛，世俗化的趋向更加明显。

道光以后，国内外局势急转直下，内忧外患不断，中国步入了半殖民地半封建社会。这种社会环境影响到园林的营造活动。皇家园林再也无力进行大规模的兴造，甚至难以维持。半殖民地半封建社会所孕生的工商地主、官僚、军阀、政客成为私家园林的重要业主，因此园林欣赏趣味为之大变。由于人口日繁，地价增值，所以园林逐渐小型化，建筑密度增高。园林欣赏与生活要求相互糅杂，生活园林的性质逐渐明显，融入大量的市民意趣，呈现出雅俗共赏的格调。此外，西方的园林开始影响到中国园林。

清代园林经历了蓬勃与辉煌，而后转入消沉，消沉中又蕴含新的生机，它的发展变化预示着旧时代的终结和新历史的启端，是比魏晋南北朝更为重要的转承时期。清代园林的特色可以归结为以下7个方面：

（1）规模闳阔，分布广泛

明代开国之初，鉴于金元覆灭的教训，严格控制兴造，提倡节俭；明英宗复辟以后，举国上下的建园之风才开始抬头。相比之下，清代在政策上对造园没有大的限制，清初经济的迅速恢复，也为全国大规模造园建立了基础。造园之风至乾隆时达于极盛，此间大批行宫御苑遍及华北，在立意、布局、建筑、理微等方面皆有创新，出现了不少具有代表性的园林作品。从全国范围看，各地造园之举亦十分普及，其类型之丰富、分布之广泛，为前代所不及。除直隶、江南、岭南三大地区以外，两湖、陕甘、闽海、云贵、四川以及边疆的西藏、新疆、内蒙古等地区都有不同类型的代表作；各府、州、县，甚至一些村镇，也都有各具地域特色的园林。

（2）类型多样，实例丰富

清代园林类型非常丰富，皇家、私家、寺观、书院、祠馆等其他园林类型也都有大量实例。由于距今年代较近，清代的园林实物大量完整地保留下来，以今所见这些案例水平参差，但绝不乏优秀之作。目前遗存下来的古代园林实例，大多数是清代园林。因此，一般人们所了解的“中国古典园林”，其实就是成熟后期的古代园林。这为我们的学习研究提供了便利，也从另一方面说明了清代园林在文化遗产保护中的重要性。

伴随着末代王朝的盛衰消长，清代皇家园林经历了大起大落的波折。乾、嘉两朝，无论园林建设的规模或者艺术的造诣，都达到了后期历史上的高峰。大型园林的规划、设计和建造都有许多创新。离宫御苑这个类别的成就尤为突出而引人注目，出现了避暑山庄、圆明园、清漪园等杰作。然而，随着封建社会的由盛而衰，经过侵略者的焚掠，皇室就再也没有乾隆时期那样的气魄和财力来营建宫苑，宫廷造园一蹶不振，从高峰跌落为低谷。

相比之下，民间的私家园林受国势影响较小。各地私家园林在清初承袭上代的发展水平，清中期迅猛发展，到清末同治、光绪年间仍态势不减。其中北方、江南、岭南三大地区造园最盛，地方风格也最突出，其他地区的园林也结合于各地的人文条件和自然条件，各具风格，呈现出百花争艳的大观。私家园林的乡土化意味着造园活动的普及化，也反映了造园艺术向广阔领域的大开拓。不过，无论从数量还是质量上看，这个时期私家造园的精华基本集中于宅园，别墅园林远不如前代那样兴旺发达，私家造园的特色也由早先的

“自然化”为主逐渐演变为“人工化”。

市民文化的兴盛，促进了寺观园林、祠馆园林、山水胜迹等具有公共性质的园林类型的开发。清代人喜爱游览寺观，同时，游览五岳、四大佛教名山以及一些道教名山也蔚然成风，节日郊游踏青、登高、观花、赏景，也是重要的活动。继明代之后，清代很多城镇的标志性景色又得以发展，很多“八景”“十景”被重新总结出来，或在前代基础上发展完善，如燕京八景、羊城八景、豫章十景、西湖十景等。诸如杭州西湖、济南趵突泉这样的公共园林开放性的布局，自唐代以来就已形成，但清代适应市民阶层的实际需要和生活习俗，往往把商业与公共园林在一定程度上结合起来，形成城市里面开放性的公共绿化空间，使之更加接近现代的城市绿地。

（3）华丽辉煌，技艺精湛

清代是我国古代装饰艺术的鼎盛时期。清代经济繁荣，南北方以及各民族的技艺交流深入而广泛，园林技术比明代更加发达，加之这一时期的审美崇尚精致繁复，所以园林显得华丽而精巧。无论建筑装修、砖瓦雕饰、道路铺地、山石堆叠，均讲究材质精良、工艺细腻、构思巧妙、变化繁多，这使园林的实用性和观赏性大大提高，虽有过度装饰之嫌，但仍不失为一大特色。室内陈设及装饰也一改明代的简洁清秀，显得绚丽豪华、光彩动人。

（4）注重意境，融合诗画

宋代提出的“诗画一律”的思想，经过明清两代山水诗、山水画持续发展和融合，至清代，对园林产生了广泛的影响。在清代，园林中各景几乎都有出处，地形、水系、建筑、山石、草木，皆依诗中意境，仿佛诗中点化而出的天然图画。清代园林又多用匾联，将园林意境直接题写在匾联上，这使园林与诗、画的联系更加直接。

由于中国诗、画皆重意境，古代园林以意境为基础的设计思维在清代得以全面推广，形成了一种模式：必先立“意”，而后通过“境”来呈现，“景”依托“境”来创造，最后实现“景”与“境”的互融。无论北方的清漪园、圆明园、避暑山庄，还是江南改造增建的拙政园、留园，无一例外，虽然园林规模不同，意境和景物各异，但园林中渗透的诗情画意、造园过程中从意境到景物的思维模式是一致的。

（5）南北互学，各成一派

明代私家园林盛行于江南，而皇家园林则在京师，各按自己的特色发展，交流借鉴程度不深。清代打破了这种局面，一些御苑和官吏私邸约请江南造园家参与兴造。同时，乾隆皇帝曾六下江南巡视，足迹遍于扬州、无锡、苏州、海宁、杭州，所到之处均命御前画工将美景胜境描绘成粉本，并将其中一些仿建在御苑中。入清以来，北方园林中水景园的发展，亭廊水榭等小品建筑的增多，叠山垒石技艺的提高，皇家园林中建造园中园等都与江南园林的影响分不开，砖雕、匾联、铺地等建筑装饰手法亦多受江南园林影响，北方的彩绘技艺对江南园林也有一定启发。

大风格之下的亚风格之间交流也非常普遍，比如江南地区的苏浙、淮扬、皖南诸地私园之间多有交流，岭南的粤中、粤东、粤北等地区之间也有相互的借鉴。

这种园林艺术大融合的现象是历史上少见的。这种交流是在尊重地域环境的基础上进行的，所以不但没有带来千篇一律各地雷同的弊端，反而辅助了地方风格的确立，进而促进并丰富了地方风格。它为各地的园林注入生机，成为民间造园再现辉煌的助力。

（6）园居生活，充满情趣

继明代之后，清代的民族资本主义萌芽仍在缓慢发展，市民阶层也逐渐壮大。从皇帝、官僚到富豪、广大市民都对居住环境产生新的要求，宫廷和民间的园居活动频繁，清中期以后，“娱于园”的倾向非常显著；造园思想亦产生明显变化，从重视“可游”转而重视“可居”。园林由赏心悦目、陶冶性情为主的游憩场所，转化为多功能的园居活动中。明代园林旷奥兼具、开朗舒阔的特征不复存在，清代人在园林中大量增建殿、阁、堂、馆、花厅、书房等实用建筑，并收集碑碣、奇石等珍宝；皇家园林中甚至包容戏台、买卖街等内容。对日常生活的重视，导致园林建筑密度大为增加，园林的人工化也明显加重。园林的素材大大得以扩展，除了仿山水以外，也仿异地名园、仿市井风情。

从积极的方面看，这种思想的转变兼容物质与精神，方便了日常的园居生活，具有活跃的入世观念。这有利于充分发挥建筑的空间营造作用，清代大量运用建筑物来围合、分隔园林空间，形成许多开合有致的空间，使园林内空间变化更为丰富有趣。这种造园思想也促进了园林技术的发展，有赖于此，清代叠山、砖木石雕、油作、彩画等技艺都很发达。

（7）中西互渐，影响深远

世界上的三大园林体系都有着独立的传承体系。唐、宋两代，中国园林与近邻日本、朝鲜等国的园林有过交流；到了清代，随着国际、国内形势变化，中国的园林被介绍到欧洲，西方的园林文化也开始进入中国，形成了第二次大型对外交流。乾隆年间任命供职内廷如意馆的欧洲籍传教士主持修造圆明园内的西洋楼，西方的造园艺术首次引进中国宫苑。鸦片战争后，岭南和东南沿海地区一些对外贸易比较发达的商业城市华洋杂处，一些私家园林中开始掺杂西洋因素。这些变化多半限于局部和细部，并未引起总体上的改变，也远未形成中、西两个园林体系的复合、变异，清末的园林仍然保持着完整的体系。

与此同时，欧洲也开始了解中国的园林景象，如英国建筑师钱伯斯（William Chambers）、特使马戈尔尼（George Macartney）、苏格兰植物学家和冒险家福琼（Robert Fortune）等也先后将中国园林的园林风格、建筑形态、植物体系等介绍到英国。法国传教士王致诚由北京写信给巴黎友人，描述了圆明园景物之妙，称之为“万园之园，惟此独冠”。因而，在17世纪和18世纪，欧洲的园林逐渐受到中国园林自然风格的影响，波及法国、英国、德国、俄国、瑞典等主要国家，对欧洲人造园观念的转变及后世西方园林的发展产生了深远的影响。

中国古代社会结束了，但中国古代园林的优秀传统却有幸得以保留，她独树一帜的思想、形象和技艺也一直影响至今，成为中国当代风景园林建设取之不竭的源泉。“从来多古意，可以赋新诗”，秉承我国引以为豪的园林传统，兼融世界优秀的文化和技术，创造出具有中国特色、地方精神的现代新园林，是中国所有风景园林行业人士和学生的共同担当！

思考题

1. 简述清代皇家园林的特点。
2. 试论颐和园的造园艺术特色。
3. 试论苏州古代园林的造园艺术特色。
4. 试论扬州古代园林的造园艺术特色。
5. 如何继承中国古代园林的精华？

参考文献

（明）蒋一葵，长安客话 [M]. 北京：北京古籍出版社，1982.

（明）刘侗，于奕正，帝京景物略 [M]. 北京：北京古籍出版社，1982.

（清）蔡东藩，明史 [M]. 北京：九州出版社，2008.

（清）陈梦雷，蒋廷锡，古今图书集成·考工典·宫殿汇考 [M]. 北京：中华书局，1984.

（清）李渔，闲情偶寄 [M]. 北京：中华书局，2007.

（清）乾隆二十九年奉敕撰，钦定大清会典则例 [M]. 北京：商务印书馆，2013.

（清）沈复，浮生六记 [M]. 上海：上海古籍出版社，2000.

（清）孙承泽，天府广记 [M]. 北京：北京古籍出版社，1982.

（清）吴长元，宸垣识略 [M]. 北京：北京古籍出版社，1981.

（清）于敏中，日下旧闻考 [M]. 北京：北京古籍出版社，1983.

（元）熊梦祥，析津志辑佚 [M]. 北京：北京古籍出版社，1983.

北海景山公园管理处，北海景山公园志 [M]. 北京：中国林业出版社，2000.

曹林娣，苏州园林匾额楹联鉴赏 [M]. 北京：华夏出版社，

1991.
陈从周，蒋启霆，园综 [M]. 上海：同济大学出版社，2004.
陈从周，苏州园林 [M]. 上海：同济大学，1956.
陈从周，扬州园林 [M]. 上海：同济大学出版社，2007.
陈公余，天台宗与国清寺 [M]. 北京：中国建筑工业出版社，1991.
陈其兵，杨玉培，西蜀园林 [M]. 北京：中国林业出版社，2010.
程绪珂，王焘，梁铁生，等，上海园林志 [M]. 上海：上海社会科学出版社，2000.
戴逸，简明清史 [M]. 北京：人民出版社，1980.
董鉴泓，中国城市建设史 [M]. 北京：中国建筑工业出版社，2004.
杜石然，中国科学技术史・通史卷 [M]. 北京：科学出版社，2003.
方行，等，中国经济通史・清代经济卷 [M]. 北京：经济日报出版社，2000.
傅熹年，傅熹年建筑史论文选 [M]. 天津：百花文艺出版社，2009.
郭黛姮，远逝的辉煌——圆明园建筑园林研究与保护 [M]. 上海：上海科学技术出版社，2009.
郭俊纶，清代园林图录 [M]. 上海： 上海人民美术出版社，1993.
郭松义，等，中国政治制度通史 [M]. 第十卷 / 清代 . 北京：社会科学文献出版社，2011.
洪泉，杭州西湖传统风景建筑历史与风格研究 [D]. 北京：北京林业大学，2012.
湖北省建设厅，湖北古建筑 [M]. 北京：中国建筑工业出版社，2005.
贾珺，北京私家园林志 [M]. 北京：清华大学出版社，2009.
翦伯赞，中国史纲要 [M]. 北京：人民出版社，1983.
景山公园管理处，景山 [M]. 北京：文物出版社，2008.
刘敦桢，苏州古典园林 [M]. 北京：中国建筑工业出版社，2005.
刘泽华，中国古代史 [M]. 北京：人民出版社，1979.
陆琦，岭南园林艺术 [M]. 北京：中国建筑工业出版社，2004.
梅静，明清苏州园林基址规模变化及其与城市变迁之关系研究 [D]. 北京：清华大学，2009.
潘谷西，江南理景艺术 [M]. 南京：东南大学出版社，2001.
任常泰，孟亚男，中国园林史 [M]. 北京：燕山出版社，1993.
司春阳，园林理水的地韵之美——济南泉水主题园林的特色研究 [D]. 重庆：重庆大学，2009.
孙大章，中国古代建筑史 [M]. 第五卷 . 北京：中国建筑工业出版社，2009.
天津大学建筑系，承德文物局，承德古建筑 [M]. 北京：中国建筑工业出版社，1982.
汪菊渊，中国古代园林史 [M]. 北京：中国建筑工业出版社，2006.
王祖力，朱勇，胡晓颜，昆明黑龙潭道教宫观园林分析 [J]. 现代园林，2013（04）：61-66.
魏民，风景园林专业综合实习指导书 [M]. 北京：中国建筑工业出版社，2007.
吴宗国，中国古代官僚政治制度研究 [M]. 北京：北京大学出版社，2004.
武月华，呼和浩特市席力图召大经堂的建筑特点 [J]. 内蒙古工业大学学报（社会科学版），2007（01）：47-55.
香山公园管理处，香山公园志 [M]. 北京：中国林业出版社，2001.
杨慎初，岳麓书院建筑与文化 [M]. 长沙：湖南科学技术出版社，2003.
颐和园管理处，颐和园志 [M]. 北京：中国林业出版社，2008.
阴法鲁，等，中国古代文化史 [M]. 北京：北京大学出版社，2008.
袁行霈，中国文学史 [M]. 第四卷 . 北京：高等教育出版社，2014.
曾宇，王乃香，巴蜀园林艺术 [M]. 天津：天津大学出版社，2000 .
张家骥，中国造园艺术史 [M]. 太原：山西人民出版社，2004.
张鹏举，内蒙古地域藏传佛教建筑形态研究 [D]. 天津：天津大学，2011.
张岂之，中国思想史 [M]. 西安：西北大学出版社，1989.
赵尔巽，清史稿 [M]. 北京：中华书局，1998.

郑天挺，清史 [M]. 天津：天津人民出版社，1989.
郑天挺，清史简述 [M]. 北京：中华书局，1980.
中山公园管理处，中山公园志 [M]. 北京：中国林业出版社，2002.
钟训正，东南大学 1927—1997 教师设计作品集 [M]. 北京：中国建筑工业出版社，1997.
周琳洁，广东近代园林史 [M]. 北京：中国建筑工业出版社，2011.
周维权，中国古典园林史 [M]. 2 版 . 北京：清华大学出版社，1999.

第10章 中国古代园林建筑

10.1 概述

中国古代园林建筑以木结构为主，其空间灵活、组合多变、造型优美、色彩丰富，是中国园林中不可或缺的构成要素，也是中国古代建筑体系中的一个特殊类型。由于自然地理气候等条件的影响，南方园林建筑风格轻巧灵活，而北方的园林建筑则显得平稳持重。

中国古代建筑在园林中的地位和作用是随着时间的演变而逐步提升的。到了宋代，园林建筑的发展达到第一个高潮。在宋徽宗赵佶的《艮岳记》一文中所描述的这座著名的皇家园林中共有40余处建筑，几乎包罗了此后的全部园林建筑类型。园林建筑发展的第二个高峰是在清中叶以后，由于园居生活的内容和时间日益增加，园林建筑的密度也越来越高。尽管如此，但凡殿、堂、厅、馆、轩、榭、塔、舫、亭、楼、阁、廊、桥等仍然能够与山水花木有机组合成富有诗情画意的园林，从而造就了中国古代园林的独特形象。中国园林建筑注重与自然环境和人的生活的紧密结合，在建筑布局、空间组织等方面表现得十分自由和灵活，其浓厚的文化底蕴和巧妙的艺术处理手法至今仍有旺盛的生命力。

10.2 中国古代园林建筑发展脉络

10.2.1 殷周秦汉时期园林建筑发展

在奴隶社会漫长的发展过程中，我们的祖先从巢居和穴居的建筑形式开始艰难的探索，到商周时期已掌握成熟的夯土技术，以木构架为主体的建筑已初步形成，伴随着这个发展过程，以“囿”“圃”为雏形的园林形式出现。根据史料记载，最早出现在中国园林中的建筑是“台”。《吕氏春秋》高诱注：“积土四方而高曰台”，台上建置房屋谓之“榭”，往往台、榭并称。起源于山岳崇拜的“台”，从最初的观天象、通神灵的功能逐渐增加了登高远眺、观赏风景的功能，在周代的天子、诸侯的苑囿中，“高台榭”“美宫室”成为一时的风尚。

进入封建社会前期，木构架建筑渐趋成熟，结构和施工技术有了巨大的进步。至汉代，多层木架建筑已较多见；斗拱已普遍使用，其结构作用比较明显；屋顶形式多样化，悬山顶、庑殿顶、攒尖顶、歇山顶都已使用（刘敦桢，1984）。建筑技术的发展为园林建筑的运用提供了更好的基础。

秦始皇嬴政在统一六国前就喜建宫室，一统天下之后宫室、园林的大量营建更是新兴大帝国政治体制表现的需要。在其大咸阳地区、关中地区的大规模皇家园林中，离宫别馆相望，周阁复道相属，宫苑间以甬道相连，宫室建筑群成为苑的主体。西汉时修复和扩建秦时的上林苑，“广长三百里”，是规模极为宏大的皇家园林。其中殿、堂、楼、阁、亭、廊、台、榭等园林建筑的各种基本类型的雏形都已具备，但建筑物只是简单地散布、铺陈、罗列在自然环境中，与其他造园要素似乎没有密切的关系（周维权，2002）。

10.2.2 魏晋南北朝时期园林建筑发展

魏晋南北朝时期的建筑，出现了佛教和道教建筑的新类型，吸收了印度、西域的佛教艺术的若干因素，建筑艺术得到了丰富。建筑技术方面，木结构的斗拱、梁架已趋完备；屋盖结构出现的举折和起翘的做法使屋顶形象显得轻盈活泼；屋面材料和装饰讲究；木结构建筑已完全取代两汉的夯土台榭建筑。砖结构从汉代主要用于地下墓室建设发展到大规模用于地面建筑，佛教寺院中出现诸多的砖塔。

在反映这一时期园林主要成就的私家园林里，园林建筑力求与自然环境相协调，因地制宜、依势随形而筑，并能熟练运用借景、框景等手法，通过建筑的门窗洞口收摄园景、沟通室内外空间。如东晋榭灵运《山居赋》中描述的谢家始宁墅的建筑："……葺基构宇，在岩林之中，水卫石阶，开窗对山，仰眺曾峰，俯镜浚壑。去岩半岭，复有一楼，迴望周眺，既得远趣，还顾西馆，望对窗户。"（周维权，2002）

皇家园林中，随着建筑技术的发展和园林功能的转变，建筑形象更加丰富，楼、阁、观等多层建筑以及飞阁、复道等着沿袭秦汉传统的基础上均有所发展，寺观建筑偶尔在园林中建置。同时，受时代审美思潮和私家园林的影响，也开始注重通过园林建筑与其他造园要素的结合营造天然清纯的景色。另外，皇家园林中引入了一些民间游憩活动，如曲水流觞、普通市民的商业活动等，由此所需的修禊活动建筑物、城市商业街区"贫儿村"也在园林中出现。

寺观园林是此时期新增的园林类型，一开始出现就朝着世俗化、中国化的方向发展。其中郊野地带的寺观园林对于后世风景区的建设起到了重要的作用，寺观建筑的经营尤见匠心。处于郊野地带的寺观，选址于赏心悦目的自然风景中，殿宇僧舍往往因山就水，随形就势、架岩跨涧，既形成了丰富的内、外部使用空间，也构成了高低错落的外部形象，充分发挥观景和点景的作用。

10.2.3 隋唐时期园林建筑发展

隋唐两代是我国木构建筑的成熟期，建筑技术和艺术表现成熟，具有完善的梁架制度、斗拱制度以及规范化的装饰与装修。这个时期的斗拱将建筑的结构功能和装饰功能完美结合，形成了唐代木构建筑斗拱雄大、出檐深远的形象。建筑个体形象丰富、造型多样；建筑群的组合在水平方向上形成纵深的层次，在垂直方向上则以台、塔、楼、阁的穿插来表现丰富的天际线。此时，城市布局和建筑群体规模宏大、气魄雄浑、格调高迈，整齐而不呆板，华美而不纤巧。

隋唐帝王园居活动频繁，园林建筑与其他造园要素的结合更加紧密、艺术手法更趋成熟。唐代的皇家园林中的行宫、离宫御苑的建设都非常注重建筑基址的选择，能结合不同的地形地貌营建满足帝王避暑休闲要求、宫苑建设与风景建设相结合的人居环境。如南倚骊山北向渭河的华清宫的苑林区，层峦叠嶂的山顶部分视野开阔，修建了许多高低错落的亭台楼阁，充分发挥其观景和点景的作用。苑林区的西绣岭三峰并峙，主峰最高，峰顶建翠云亭视野最广；次峰建老母殿、望京楼，傍晚时分遥望长安城得景最佳；第三峰上则建道观朝元阁（周维权，2002），三峰顶建筑互成对景。

私家园林中，风格既有绮丽豪华的，也有清幽雅致的，园林建筑从极华丽的馆宇楼阁到极朴素的茅舍草堂，它们的个体形象和群体布局均丰富多样且不拘一格。前者多为皇亲贵族、权重大臣所建，后者则多为身居庙堂心系林泉或官场失意的士人所筑。如杜甫的浣花溪草堂，园中建筑充分利用水景，"舍南舍北皆春水"，园中主体建筑为茅草葺顶的草堂，建于临溪的古楠树旁，自成一幅富有野趣的天然图画。另外，在私家园林中，一些文人参与造园活动，文人的造园思想与工匠的造园技艺开始有了初步的结合，新兴的文人园林中有意以素雅简朴的园林建筑来帮助形成清雅的园林风格、表达隐逸思想。如白居易的庐山草堂中，建筑物力求简朴，"三间两柱，二室四牖……木斫而已不加丹，墙圬而已不加白”（汪菊渊，2006）。

在唐代，普遍出现了在山水形胜之地点缀小体量的亭榭建筑物的邑郊公共园林，因亭成景的公共园林在史料文献中多有记载。长安城内的曲江池，是一处大型的公共园林，兼有御苑的功能。池边花卉环列，烟水明媚，楼台殿阁参差错落布置，各依地势点缀风景。长安城内的另一处公共园林乐游原，则因佛教建筑的建置增加了人文景观的吸引，增添了登高览胜的赏景情趣。

10.2.4 宋元时期园林建筑发展

宋代的建筑规模较之唐代缩小，建筑形象则更为秀丽、绚烂而富于变化，建筑装饰和装修的材料和手法多样、艺术效果丰富多彩，屋顶组合形式多样，出现了各种复杂形式的楼台殿阁。木构架建筑进一步标准化、定型化，施工组织和管理进一步完善，建筑技术精巧细致，并出现了总结这些经验的《木经》和《营造法式》两部重要文献。辽、金、元时期，汉文化与少数民族文化进一步融合，木构建筑的一些简化措施加强了结构本身的整体性和稳定性，砖石结构进一步发展。

从传世的宋画中可以看到，园林建筑选址极佳，依地形而布置的丰富多彩的个体、群体和小品的形象创造了优美的风景画面。如王希孟的《千里江山图》和赵伯驹的《江山秋色图卷》中，表现的个体建筑平面有：一字形、曲尺形、丁字形、十字形、工字形、曲线形等；表现的建筑造型有：单层、多层，悬山顶、歇山顶、庑殿顶、十字脊，平桥、廊桥、廊桥、拱桥、十字桥、九曲桥，单层廊、复廊等；表现了以院落为组合单元的建筑群的各种形态，它们紧密结合地形地物，藏于山坳、倚于山腰、矗立峰顶、架岩跨谷、依山面水、半隐林间……各自就能构成极佳的风景画面，同时彼此之间俯仰呼应，可以想见其在游览过程中形成的高低起伏、抑扬顿挫的观赏体验。

宋代文人园林兴盛，文人雅士积极参与园林的营造，在园林中融入诗画的意趣，并更重视园林意境的表达。文人园林中的建筑物数量不多，风格简洁质朴，多用草堂、草庐、草亭等，园中建置有流杯亭，这些都反映了对简远、疏朗、雅致、天然的造园意境的追求。

皇家园林受到民间的影响，皇家气息减弱，设计趋于清新、精致，园林建筑种类多样、形态丰富，因山就势、结合植物构成了秀美的景观。在著名书画家宋徽宗赵佶主持建设的艮岳中，建筑物形态极其丰富，几乎包罗了当时的全部形式。建筑的布局除少数要满足特殊功能的建筑外，绝大部分均从造景的需要出发：山顶制高点和岛上多建亭，水畔多建台、榭，山坡及平地多建楼阁。除游赏性的园林建筑外，还有道观、庙宇、水村和模仿民间市集的街景，园中建筑的种类和艺术效果几乎可以称得上是集建筑艺术之大成。处于东京城市中轴线的延福宫，《宋史·地理志》卷八十五中提及的50处建筑物，其中32处的命名与植物相关，说明园中有大量建筑是因植物而成景的。

10.2.5 明清时期园林建筑发展

到明清时期，建筑材料更加丰富，质量提高，砖墙普遍采用，屋顶出檐随之减少，斗拱结构作用减弱，梁柱构架的整体性加强，构件卷杀简化，建筑形象整体严谨稳重。建筑群的布置更加成熟，通过庭院空间的组合、与地形环境结合、植物的烘托等已经可以成功地营造所需的氛围和丰富的形象。官式建筑的大木做法、各种装饰装修做法和用工用料都日趋定型化，到清代更颁行了官书《清工部营造则例》，提高了建筑的设计、施工和管理的水平。

明清时期，市民文化勃兴，园居活动频繁，园林中建筑的种类和数量都随之增加。私家园林中主要厅堂的建设成了造园的关键，《园冶》中第一卷第二篇“立基”开篇即云：“凡园圃立基，定厅堂为主。先乎取景，妙在朝南”（计成，2005）。为满足多样化的园居生活需求，借助园林建筑、或者建筑与山池花木的组合来划分空间，成为必不可少的布局方式。建筑构图的技巧、建筑与其他三要素的组织技巧，乃至游廊、墙垣、漏窗、门洞的大量运用的技巧均发挥到了极致。庭院空间成为私家园林中普遍的组景单元，造园从早先的在自然环境中布置建筑物，演变为在建筑环境中以写意的手法表现自然。然而，建筑庭院空间划分过多、建筑分量过重、密度过大，在一定的程度上影响了园林的整体感，削弱了园林的自然气息。

明清时期的皇家园林中重新强调宏大的规模和皇家气派。到清代康、雍、乾三朝，皇帝在郊外园居的时间愈来愈长，皇家园林的建设进入高潮，园中建筑的数量和类型也相应增加。匠师们利用园林建筑分量的加重而更有意识地突出建筑的造景作用，同时也是增强皇家气派的重要手段。建筑形象的造景作用，主要通过建筑个体和群体的外观、群体的空间组合表现出来，园林建筑在皇家园林中的审美价值被推到新的高度，建筑往往成为许多局部景域甚至全园的构图中心。承德避暑山庄的山岳区山形饱满、气势雄浑，因而山间的建筑布局大多遵循“不求其显但求其隐、不求其密集但求其疏朗”（周维权，2002）的原则，巧妙地利用山顶、山腰、山谷和山脚设置小体量的院落和点景建筑，堪称因山构室的佳作。北京玉泉山的山形轮廓秀美，建筑的点染也是惜墨如金。而清漪园中的万寿山，山体单调，故前山景区采用浓墨重彩、集中布置的手法，以严整的建筑组合来弥补山形的先天不足，并成为整个前山前湖景区的构图中心和三山五园的主要借景对象，这种建筑布局因地制宜，力求人工建筑与自然环境互相烘托、相得益彰。

皇家园林中的建筑除突出的造景作用外，也是此时期园林中复杂的象征寓意的重要载体。通过建筑的群体组合、建筑的特殊平面，结合景题命名等文字手段直接表达对帝王德行、哲人君子、太平盛世的歌颂。如避暑山庄连同其外围的外八庙建筑布置，包含多民族封建大帝国的象征寓意；又如圆明园中的万方安和景点，正厅平面呈“卍”字形，直接仿写佛教吉祥图案，寓意四海承平、国家统一、天下安宁。皇家园林中大量的宗教建筑，是一种重要的象征性造景手法，是以宗教的力量巩固统治地位、加强多民族国家团结的重要手段。因此，某些清代乾嘉时期的皇家园林甚至可看作是寺观园林与皇家园林的复合体。

清中叶以后，西方园林文化、西方建筑文化的影响日深，统治阶级和民间抱着猎奇的心态开始亦步亦趋地模仿，呈现出中西文化在小范围、表面层次的结合。皇家园林中最典型的例子出现在圆明园中。园中的西洋楼景区，6幢建筑物谐奇趣、蓄水楼、养雀笼、方外观、海宴楼和远瀛观都采用欧洲盛行的巴洛克风格，建筑大部分采用欧洲古典做法，在屋脊、外檐装饰上采用中国传统的纹样。在北京权贵大臣们的私家园林中，也开始出现了欧洲传统建筑小品、装饰纹样的做法。而在岭南地区，因对外贸易联系和地缘关系，西方园林规则式布局的手法和建筑结构构造、装饰纹样的做法已有较长时间的影响，民间对于中西园林文化、建筑文化有着更加自由灵活的选择。如澳门卢廉若花园整体采用江南园林的组景布局方式，但园中的主体建筑春草堂采用古罗马的柱式，其余三亭则为岭南建筑的风格。

10.3 中国古代园林建筑特点

中国古代园林建筑，是一种出于人对大自然的依恋和向往而创造的特殊的建筑，再现自然之美又高于自然，达到了自然美、建筑美、艺术美的统一。它是人们对大自然的回眸与复归，是自然美、建筑美以及其他人文美的相互渗透与和谐统一。现将其特点归纳如下：

10.3.1 造型独特

中国古代园林建筑的造型的巧妙与精致给人产生很多美感和丰富的联想。其单体建筑的曲线美可以引导着人的眼睛作一种变化无常的追逐，使人感到愉悦。园林建筑所采用举折和房面起翘、出翘，形成如鸟翼舒展飘逸的檐角和屋顶各部分的优美曲线，生动流丽、轻巧自在，“如鸟斯革”，呈现出动态美，令人感到自由自在，更符合人心理上的节奏。以园林中最为常见的亭、廊为例，它们样式多种，规制不一，构成了我国大江南北园林中不可或缺的风景。如徽州歙县唐模村村头的路亭，采用较大的规模以配合进村牌坊的体量，平面三开间方形，三重檐的屋顶质朴轻巧，构成开放式的村头水口园林的序幕（图10-1）。又如拙政园西部补园的波形廊，它贴水而筑，平面曲折变化，廊基高低起伏，简单的卷棚顶随形就势蜿蜒，整体轻盈得犹如水面上飘舞的绸带（图10-2）。

中国古代园林建筑群的组合美，在于以整体建筑群的结构布局、制约配合而取胜。简单的基本单位却组成了复杂的群体结构，形式在严格对称中仍有变化，在多样变化中保持统一的风貌。这种组合之美，为群屋之联络美，非一屋之形状美也，主屋、从屋、门廊、楼阁、亭榭等，大小高低各异，而形式亦不同，但于变化之中，有一脉之统一，构成浑然雄大之规模。以建筑群来美化、优化地形地貌来构成优美的风景画面在清代园林中有众多的佳例。如气势宏伟的颐和园万寿山的前山建筑群，通过错落有致的建筑群体形象来美化原先呆板的山形。其群体主轴明确，呈中轴对称布置，两翼分别为转轮藏和宝云阁建筑群，照应周全，气韵生动，韵律和谐。整个序列“起”于云辉玉宇的牌坊和生肖石形成的前庭，“承”于排云殿前庭，“转”于其后庭的山崖空间，最后“合”于高耸入云的佛香阁，达到序列的高潮（图10-3）。再如避暑山庄的金山小岛（图10-4），岛上建筑模仿镇江金山“屋包山”的做法，临水曲廊周匝回抱，山坡上错落穿插殿宇亭榭与如意洲上的大建筑隔水相望，岛的最高处建八角形三层高的楼阁，即金山亭。金山亭是湖泊景区总缩全局的重点，高低错落、纵横对比的建筑群书景区内主要的成景对象。建于平地上的园林建筑群也能充分发挥建筑的造景作用，留园中区建筑群的处理就是其中的一个典范（图10-5、图10-6）。此建筑群平面呈“曲尺”形，池南岸主体部分是由明瑟楼和涵碧山房构成的船厅，船头下虚上实、屋顶翼角飞扬，船身户牖明净；与之相连的亭廊转折后退，建筑立面处理相对封闭、平实；池东岸的西楼与曲溪楼皆重楼迭出，它们临水一面较为敦实，和墙面与面水全部开敞的清风池馆恰呈强烈的虚实、高下的对比。这一组高低错落有致、虚实相间的建筑群，造型优美、比例恰当、色彩素雅，配以古树枝柯、嶙峋景石和水中倒影，构成一幅十分生动的景象。

图10-1 歙县唐模村村头路亭［引自潘谷西《中国建筑史》（第六版），2009］

皖南山村多在村头置有桥、亭、楼、台、书院、文会馆、牌楼、廊桥等设施，形成村头景点

图10-2 拙政园波形廊 潘建非摄

图10-3　颐和园前山中央建筑群　潘建非摄

图10-4　承德避暑山庄小金山　刘晓明摄

图10-5　苏州留园池南建筑群　潘建非摄

图10-6　苏州留园池东建筑群　潘建非摄

10.3.2　凸显意境

中国古代园林建筑与诗画密不可分，可以说是结下不解之缘。我国自古诗画同源，而对于蕴含诗画意境的园林也是一脉相承。清代的钱咏在《履园丛话》一文中曰："造园如作诗文，必使曲折有法、前后呼应，最忌堆砌、最忌错杂、方称佳构。"他精辟地指出了诗画与园林的关系。在园林建筑反映诗词意境的同时，诗词也对园林建筑具有点题的作用。

中国古代园林追求的"意境"二字，多以自然山水式园林为主。这些自然山水虽是人作，但是要有自然天成之美，有自然天成之理，有自然天成之趣。在园林中，即使有密集的建筑，也必须要有自然趣味。为了达到可望、可行、可游、可居的目的，园林中必须有各种相应的建筑，但是园林中的建筑不能压倒或破坏主体，而应突出山水这个主体，与山水自然融合在一起，力求达到自然与建筑有机的融合，并升华成艺术作品。如承德避暑山庄的烟雨楼，乃仿浙江嘉兴烟雨楼之意境而筑，这座古朴秀雅的高楼，每当风雨来临时，即可形成一幅淡雅素净的"山色空蒙雨亦奇"的诗情画意图，见之令人身心陶醉。

中国古代园林抒情写意的艺术个性也赋予

园林建筑以丰富的文化内涵，显得意境隽永，展示了理想美的人生境界。意境美往往是通过文学命名来突出的，如苏州耦园主体建筑名“城曲草堂”，取唐李贺《石城晓》诗“女牛渡天河，柳烟满城曲”之意，以抒写园主夫妇不羡慕城中华堂锦幄，而甘愿在城弯草堂白屋过清苦生活的美好感情；园中“听橹楼”和“魁星阁”，互相依偎，恰似一对佳偶，与“耦”合意。同样是旱船，在私家园林、皇家园林和寺庙园林所提示的内涵却不同，耐人寻味。私家园林的旱船，或名“不系舟”，象征精神绝对自由、逍遥的人生，若漂浮不定没有拴系的小船，宣扬具有哲学意味的超功名的人生境界；或曰“涤我尘襟”，反映隐逸尘世、洁身自好的清高意趣；或取宋欧阳修“所以济险难而非安居之用”意叫“画舫斋”；或径以“小风波处便为家”“不波小艇”等呼之，视官场为险途，表示明哲保身，反映了封建士大夫们的价值理想。颐和园的旱船“清晏舫”，取“水能载舟，亦能覆舟”之意，“清晏”，表示国泰民安，顺从帝皇之心，有颂圣意味。而寺庙园林中的旱船，则有超度众生到彼岸世界去的宗教含义。如苏州天池山寂鉴寺旱船，取佛教“慈航普度众生”意。

10.3.3　遵从礼制

中国古代建筑与神仙崇拜和封建礼教有密切关系，在园林建筑上也多有体现。中华先民很早就产生了北极崇拜，认为统治宇宙万物的天帝居住证紫微垣星群之中枢的北极。“象天法地”是中国古代建筑群布局的法则之一，这一特点在园林建筑中也有所体现。秦代的大咸阳规划中按照天上星座的布列来安排地上皇家宫苑的布局。其中宫苑则作为后者的烘托，犹如众星拱北极。又如颐和园前山中央建筑群的中轴建筑，从智慧海顺次而下是佛香阁、德辉殿、排云殿、排云门到云辉玉宇坊。其中主殿堂排云殿前牌坊题额是“星拱瑶枢”，点明众星拱卫北极的主旨。

而礼制体现在建筑上主要表现在尊卑贵贱的等级，包括城制、组群规制、间架做法等级、装修、装饰等级；“数”的等级、“质”的限定、“文”的限定、“位”的限定等（侯幼彬，1997）。这些规定具体反映在台基的高度、屋顶形式、装饰构件的使用等方面。

《老子》有“万物负阴而抱阳”之说，但先秦时期还没有确立以面南为尊的意识，随着对皇权的推崇和神圣化，才逐渐明确起来。儒家强调的“三纲五常”伦理哲学，从汉代的董仲舒到宋代理学，越来越严密，位尊者处于中央地位，面东西者次之，面北者最低。四合院以离（南）、巽（东南）、震（东）为吉方，东南最佳。大门为气口，除居吉方外，还须朝向山峰、山口、水流，以迎自然之气。宫殿、坛庙、官署、士大夫宅第之类，都受到封建礼教的约束，为儒家伦理思想所支配，园林宫区的格局，包括结构、位序、配置皆必须依礼而制。如“静明园”整体布局平面呈现的是非规整非对称状，但它的建筑“东岳庙”“圣缘寺”“含晖堂”“书画舫”等呈中轴线对称；颐和园中的“谐趣园”整体布局不对称，全园布局特点是在四周为土山的环境中以游廊串联起来的建筑群围水池布置，以涵远堂作为全园的中心。但“涵远堂”“知春堂”“澄爽斋”“湛清轩”“知春亭”等强调中轴线意识；私家园林的住宅部分亦如此，如苏州拙政园住宅部分位于山水园的南部，分成东西两部分，呈前宅后园的格局。住宅坐北面南，纵深四进，有平行的二路轴线，主轴线由隔河的影壁、船埠、大门、二门、轿厅、大厅和正房组成，侧路轴线安排了鸳鸯花篮厅、花厅、四面厅、楼厅、小庭园等，两路轴线之间以狭长的“避弄”隔开并连通。住宅大门偏东南，避开正南的子午线，因这是封建皇权与神权专用。中国的寺庙园林建筑与宫殿和住宅建筑同构，不别于古印度的宗教建筑体系。如杭州黄龙洞园林，整体布局非对称，但园中建筑如山门、前殿、三清殿等则严格地遵守规则对称的中轴线标准。这类建筑格局，显得均衡、对称、协调，有典雅庄重之美。

10.3.4　布局灵活

由于中国古代园林具有多功能的特点，因此

园林建筑呈现出严格对称的规则美和曲折迂回的自然美两种形式。这两种建筑布局风格分别是我国传统古典美学中儒家美学思想和道家美学思想的集中反映。儒家讲究中庸之道，注重万物的和谐、中正、均平、循环，建筑的布局喜欢用轴线引导和左右对称的方法求得整体的统一性。受儒家美学思想的影响，园林宫廷区的格局，包括结构、位序、配置皆必须依礼而制，皇家园林中的宫殿建筑和私家园林中的住宅建筑，以及寺庙园林建筑在设计上多取方形或长方形，在南北纵轴线上安排主要建筑，在东西横轴线上安排次要建筑，以围墙和围廊构成封闭式整体，展现严肃、方正，井井有条，这些是儒家的均衡对称美学思想在园林建筑中的反映。

另一方面，中国古代园林建筑则遵循模仿自然的原则，返璞归真，呈现出来的是不规则、不对称的布局。环境空间的构成手法灵活多变，藏露旷奥、疏密得宜，曲径通幽，柳暗花明，令人目不暇接，潇洒超脱，异趣横生。于有限之中欣赏到无限空间的虚无之美虚无之美是古建筑具有的文化美学内涵，中国古代文化重视虚无之美，所谓“实处之妙皆因虚处而生”。“赖有高楼能聚远，一时收拾与闲人。”《园冶·园说》曰：“轩楹高爽，窗户虚邻；纳千顷之汪洋，收四时之烂漫。”张宣题倪云林画《溪亭山色图》云：“江山无限景，都聚一亭中。”苏轼《涵虚亭》诗云：“惟有此亭无一物，坐观万景得天全。”“常倚曲栏贪看水，不安四壁怕遮山。”以上诗句都说明了楼台亭阁的审美价值在于通过这些建筑本身，可以欣赏到外界无限空间中的自然景物，使生意盎然

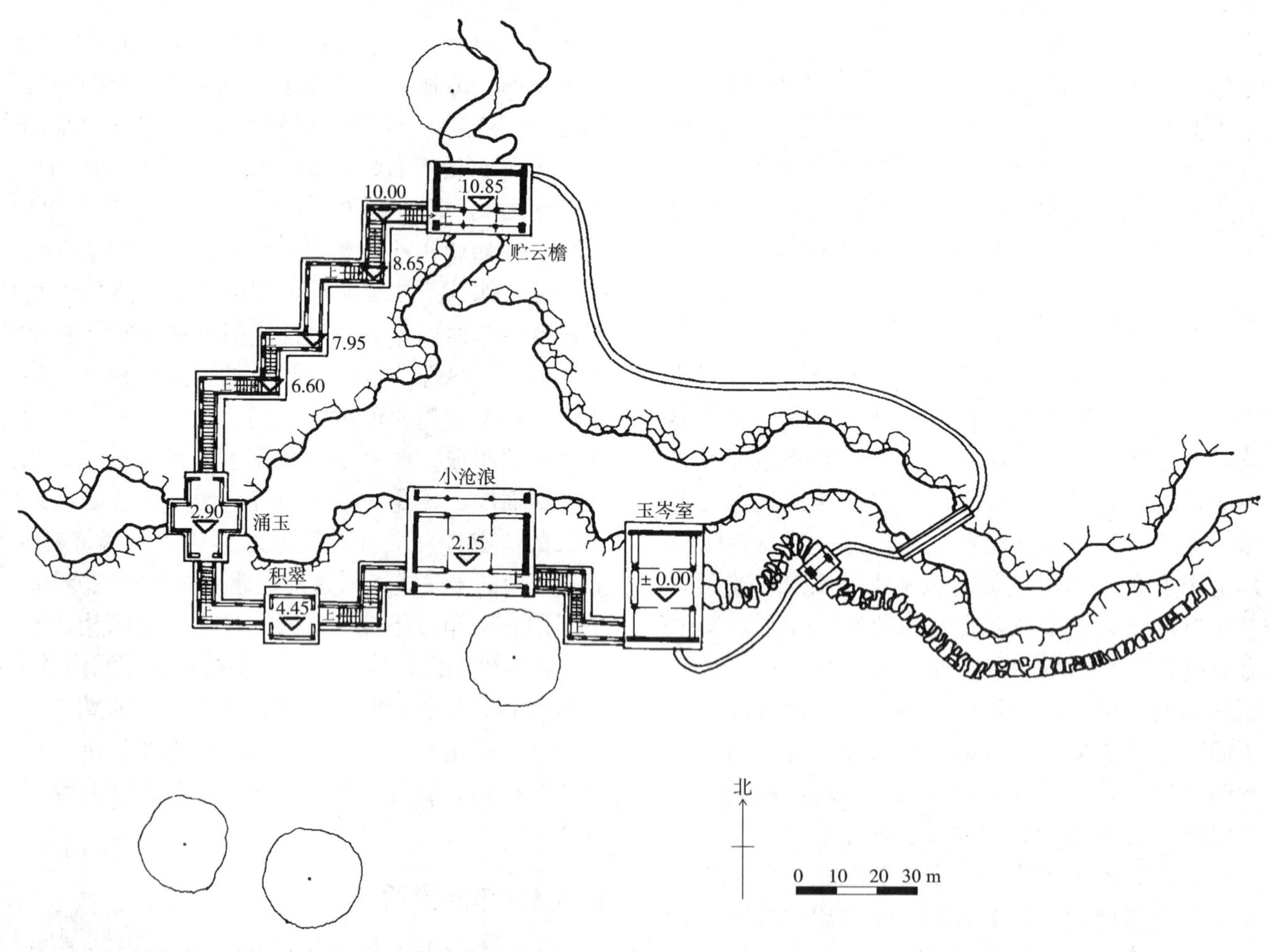

图10-7 承德避暑山庄玉岑精舍平面复原图（摹自北京林学院《林业史论文集》，1983）

图10-8　承德避暑山庄玉岑精舍鸟瞰复原模型　孟兆祯等制作

的自然美融于怡然自乐的生活美境界之中，建筑空间与园林互相渗透，人足不出户，就能与自然交流，悟宇宙盈虚，体四时变化，从而创造一个洋溢着自然美的园林“生境”。

皇家园林的苑林区、私家园林的庭园区及建筑的布局自由灵活、随形就势、高低起伏，充分体现道家灵动机变、朴素自然的精神。避暑山庄山岳区的建筑群，因山借水，或傍岩、或枕溪、或跨涧、或据岗，在自然环境中增添建筑以后，山水风貌特色依然，甚至可以通过建筑突出山水的特点，增加起伏的韵律。其中玉岑精舍位于松云峡派生的一条支峡与北面急剧下降的小支谷的交汇处（图10-7、图10-8）。其所处夹谷的山坡露岩嶙峋，构成山小而高、谷低且深、陡于南北、缓于东西、“矶头”屹立如“攒玉”的深山野壑，这便是“玉岑”的风貌。在此被山涧分割为倒“品”字形的狭小山地里，跨岩涉水架精舍三间、小亭两座，建筑及廊、墙各据形势、俯仰生姿，自园外观园内则俯瞰得景颇佳。其中主体建筑“小沧浪”南向山梁，北临深涧，居中得正，形势轩昂，南出山廊，北出水廊，东西曲廊耳贯，成为赏景中心。玉岑室迎门而设，以山石磴道自门引入，山墙面水。贮云檐居高临下，体量虽小而形势显赫，背后衬托以群山耸翠，俨如边城要塞。涌玉亭枕涧而立，坐西向东，前后出抱厦，左右接山廊，涧穿亭下而涌出，故名“涌玉”。涌至山涧交汇处积水成潭，便有“积翠”亭之设，积翠亭后溪涧扩大才有沧浪之水，5座小建筑的布置与景题让人充分体会相地架屋、因山成景的匠心（孟兆祯，2011）。

10.3.5 融入环境

中国古代园林遵循天人合一的思想。“天人合一”的命题由宋儒提出，但作为哲学思想的主旨，早在西周时便已出现。即《易传·乾卦》所谓“夫大人者，与天地合其德，与日月合其明，与四时合其序，与鬼神合其吉凶。”天人合一的思想，深刻地影响人们的自然观。它主张人是天地生成的，人的生活服从自然界的普遍规律；自然界的普遍规律和人类道德的最高原则是一而二、二而一的。中国古代园林建筑强调与自然的和谐统一，建筑与山石、水池、花木巧妙地结合，达到“虽由人作，宛自天开”的境界。

（1）山水为主，建筑是从

任何建筑都不是孤立存在的，都处于一定的客观环境中，园林建筑也存在于环境中，这就产生了：自然环境—建筑—人的关系。古代园林中，一般以自然山水为构图的主体，建筑既是生活空间，也是风景的观赏点；既是休息场所，又是园林景观。从而形成富有自然山水情调的园林艺术效果。建筑常常与山池、花木共同组成园景。在某个局部，还可以构成主景，造园家为了追求园林的可居可游，在表现天然之趣的同时，往往要在山、水、花、木之间营造形式各异的建筑，着意把自然风光纳入建筑空间，把可居的建筑注入自然山水之中，既获得一个生机盎然的自然美境界，又能在自然美中设置若干挡风雨、避寒暑、食住憩的建筑物，既有实用功能，又是景点之一，满足了看与被看的双重性，与园林环境统一和谐，与自然环境同生同息。这种建筑与环境的融合在古典园林中俯拾皆是。

（2）化大为小，融于自然

中国古代园林建筑多采取化大为小的手法，将建筑与环境的融合，二者合而为一，营造出的是极富诗情画意的园林，这在江南私家园林中表现得尤为突出。例如，拙政园西部，水池中小岛的东南角视域开阔，是较好的观景场所，同时也是西半部园林的中心位置所在，为游人视线的焦点。临水建一扇面小亭，名为与谁同坐轩（图10-9），取意于苏轼的著名诗句“与谁同坐？明月清风我”，形象别致，映衬着岛上浓密的树荫，倒映于宁静的池水中，越发显得亭的精致小巧，具有很好的点景效果，凭栏可环眺水池三面之景，美不胜收，并与池对岸的“浮翠阁”遥相呼应，互为对景。此园中另外一处建筑与环境融为一体的典型则是位于中部的主体建筑远香堂（图10-10），它处于山环水抱、景物清幽的环境之中，表现出了四面厅的性格。厅堂四周全部装置明丽秀雅的玻璃长窗以代墙壁，既有堂堂高显的端庄大气之美，又有玲珑剔透、光明洞彻之致，尽收四周优美景色于窗棂之内。东面可见云墙潦曲，古木苍郁；南面可见黄石叠山，小桥流水；西面可见洞

图10-9 拙政园与谁同坐轩 潘建非摄

图10-10 苏州拙政园远香堂 潘建非摄

柏华轩，曲廊萦纡；北面可见一池碧水，遥望对岸亭台楼阁，花木扶疏，倒影入画，在厅内四望，面面不同，有如长幅画卷，赏之不尽。远香堂四面通透，将自然环境纳入建筑之中，虚实相生，浑然天成。

（3）造型多样，呼应自然

中国古代园林建筑与自然环境的协调还突出表现在它自身形象的轮廓、线条、色彩与自然风貌的统一上。中国人在长期探索中所创造的那些丰富多彩的园林建筑形象，很适合这种“人化的自然”的要求。它不是被动地适应环境的需要，而是能动地、创造性地适应环境，创造出各种富有民族特色的建筑形象，以适应于各种环境的不同需要。

颐和园画中游景区位于前山西南面较陡峭的坡地上，向南和向西都有宽广的视野，是前山得景的主要方向。平面八角形的两层楼阁“画中游”是整组建筑的主体，建筑立基处前后高差约4 m，下层的柱子顺着山石起伏而长短不一，阁两旁的爬山廊中部有两座重檐攒尖顶小亭，可经此穿行石洞而登临阁的上层。“画中游”阁后部的一座假山上在天然裸露的岩石上堆叠而成的假山与阁、游廊紧密结合，构成上下穿插的立体交通，体现了建筑与自然环境的密切关联。

10.3.6　装饰丰富

中国传统木构建筑十分注重结构及构件的形式美，专注在细节上进行艺术加工，较之西方的砖石建筑更加突出地表现了“绘画性”的装饰美。建筑装饰作为建筑的一部分，除了满足美化建筑分隔空间等基本实用功能外，还有营造氛围、诠释礼教、祈盼吉祥、传承文化的深层内容。在与书画艺术紧密相连、让人获得精神愉悦的传统园林中，园林建筑的装饰艺术得以充分的发挥，其装饰密度之高、水平之高、文化容量之大是有目共睹的。

园林建筑的装饰，按照分布在不同的建筑部位，主要有屋面的脊饰（以琉璃构件、瓦饰、灰塑为主）、墙面上的砖雕和灰塑、门窗洞口上的砖雕和石雕、木构梁架及柱间的木雕和彩画等（图10-11、图10-12）。装饰的图案呈现多种形状，有几何形体和自然形体两类。几何形体的图案多由直线、弧线和圆形等组成，如万字、定胜、菱花、书条、冰纹等全用直线；鱼鳞、秋叶、海棠、如意等全用弧线；还有万字海棠、六角穿梅花和各式灯景等用两种以上线条构成。自然形体的图案取材自花卉、鸟兽、人物故事等，如松、柏、牡丹、梅、兰、荷花、佛手等为花卉题材；狮子、

图10-11　苏州拙政园留听阁柱间装饰
［引自潘谷西《中国建筑史》（第六版），2009］

图10-12　广州余荫山房柱间装饰　潘建非摄

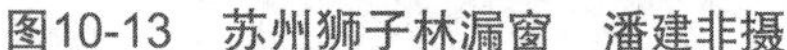

图10-13　苏州狮子林漏窗　潘建非摄

图10-14　苏州沧浪亭漏窗　潘建非摄

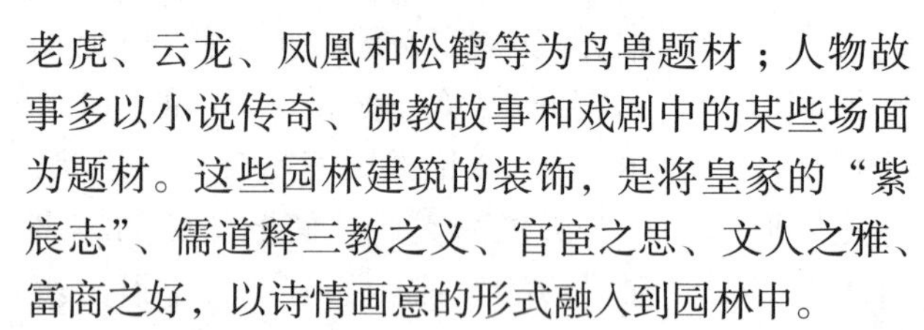

老虎、云龙、凤凰和松鹤等为鸟兽题材；人物故事多以小说传奇、佛教故事和戏剧中的某些场面为题材。这些园林建筑的装饰，是将皇家的“紫宸志”、儒道释三教之义、官宦之思、文人之雅、富商之好，以诗情画意的形式融入到园林中。

传统园林建筑中的门窗洞口不仅是重要的观赏对象，同时也是组景、框景、添景、导景的主要手段。在江南园林的院墙、廊墙上，往往布满了各式的砖瓦饰、石雕、砖雕、灰塑漏窗，三步一帧，五步一幅，各有立意，各得其妙。苏州狮子林中著名的“琴棋书画”四连漏窗，表现了文人雅士的生活情趣，在假山竹石的掩映下显得极为风雅（图 10-13）。又如苏州沧浪亭的漏窗以植物题材为主（图 10-14），有象征富贵的牡丹与海棠，有高洁的荷花，有多子的石榴，更有佛教题材的贝叶……这些景窗、景门的这些园林建筑门窗的装饰图案多样、形式灵活、题材丰富，提高了园林建筑的观赏价值，渲染了园林佳景。

10.4　中国古代园林建筑主要类型

中国古代园林特别善于利用具有浓厚民族风格的各种建筑物，它们所构成的艺术形象和艺术境界具有不同的造型特征，分为厅、堂、楼、阁、亭、轩、舫、榭、斋、馆、廊、桥、台等类型，分别用于点景、观景和分景等不同的造园功能。这些种类繁多、形状各异的单体建筑，既可根据园林构图的需要单独设置，在园中自成一景，也可用游廊、墙体把它们组合成院落式的建筑群体，创造丰富多彩的空间效果。

10.4.1　厅堂

园林中的厅堂，是园主进行会客、宴请、观赏小型表演等游乐活动的场所。厅堂是园林建筑的主体，大多建在主要园景的正面，是观赏园林景观的最佳点。园林建筑中的厅与堂没有明显的区别，都具有间架多，较高而深，室内空间宽敞，门窗装修考究，造型典雅端庄的特点。厅堂前多种植花木，叠石为山，使人置身室内就能观赏园林景色。厅堂较高而深，前必有轩。厅堂一般根据其内四界用料形状不同，称用扁方料者为厅，圆木料者为堂，俗称圆堂。根据其贴式不同可分为多种形式以满足不同的功能需求。清代李斗《扬州画舫录》的“工段营造录”中所列厅堂，形式多种多样，有“一字厅、工字厅、之字厅、丁字厅、十字厅……六面庋板为板厅，四面不安窗棂为凉厅，四面环合为四面厅。贯进为连二厅，及连三、连四、连五厅。柱檩木径取方，为方厅。无金柱亦曰方厅。四面添廊子、飞椽、攒角为蝴蝶厅。仿十一檩挑山仓房抱厦法，为抱厦厅。构木欐脊为卷厅，连二卷为两卷厅，连三卷为三卷厅。楼上下无中柱者，为之楼上厅、楼下厅。由后檐入掩架，为倒坐厅。”厅堂在造园中占有重要地位，历来为古代造园家所重视。计成《园冶》认为：“凡园圃立基，定厅堂为主。先乎取景，妙在朝南。”建筑学家张家骥认为：“在园林中，不论地形如何偏缺，建筑庭院如何‘随曲合方’，布置如何灵活，厅堂都是坐北（南）朝南（北）的，这是一条必须遵循的原则。”（张家骥，2012）

北方皇家园林中，堂是帝后在园中生活起居、游赏休憩性的建筑物。作为皇家园林最高等级的建筑物，堂的体型严整、装饰瑰丽、陈设豪华，但外观往往古朴典雅，与庭院中散缀的山石、花木相配置，体现一种既富丽堂皇又清新淡雅的园林气氛。北方园林的厅堂，一般坐北朝南。这样，既可避免冬天的西北风，又可创造南向的局部小气候。如颐和园的乐寿堂、玉澜堂，北京故宫乾隆花园的遂初堂，避暑山庄的戒得堂，恭王府萃锦园的望隆堂（蝠厅）（图 10-15）均为典型实例。颐和园内生活区的主体建筑乐寿堂（图 10-16），是慈禧的寝宫，位于万寿山东南麓，面临昆明湖。正门名水木自亲，是一座临湖而建的 5 间穿堂殿。乐寿堂正殿面阔 7 间，前面出轩 5 间，后面出厦 3 间。堂前庭院内耸立一块巨石，名“青芝岫”。院内栽种玉兰、海棠、牡丹等名贵花木，象征“玉堂富贵”；设置铜鹿、铜鹤、铜瓶等 6 种物件，寓意“六合太平”。堂西有一座新颖别致的小院——扬仁风。院内有满月形洞门、凹形河池、依山婉转的粉墙，北端山坡上有一组扇面形建筑，殿前平台用汉白玉砌成扇骨形，俨如一柄打开的折扇。其审美效果，正如计成所说：“房廊蜒蜿，楼阁崔巍，动‘江流天地外’之情，合‘山色有无中’之句。”

江南园林的厅堂，大多坐南朝北。这样，从厅堂向北眺望，可观赏到由池水及池北叠山、花木、小型建筑所组成的园林景观。苏州留园中区的主厅涵碧山房，建在水池南岸，与北岸山顶的可亭隔水相望，为江南园林中最普遍的“南厅北山，隔水相望”建造模式。涵碧山房高旷开敞，陈设雅致，厅前是宽大的平台，厅后是花木繁茂的庭院，西侧沿爬山廊可达远翠阁，东侧有倚墙而建的明瑟楼。留园冠云峰庭的主体建筑为林泉耆硕之馆（原名奇石寿太古）（图 10-17），为观赏冠云峰而设，其面阔 5 间，单檐歇山顶，内部以脊柱为界，用银杏木屏门、红木扇和圆光落地罩作隔断，将室内分隔成南北两厅。该厅为典型的鸳鸯厅。此厅北临莲池，南设庭院，视线景观良好，是观赏园林主景冠云峰的主要场所。

岭南园林中最为常见的船厅，是一种临水而建，兼有厅堂、楼阁等多种功能的建筑。清晖园的船厅（图 10-18），是园内的主体建筑，也是全园建筑配置的中心。它是一座矩形的两层建筑，模仿珠江上紫洞艇的造型，二楼船舱的玻璃窗格装饰竹叶图案的镂空木雕，配有做工精致的岭南

图10-15 北京恭王府萃锦园望隆堂（引自潘谷西《中国建筑史》（第六版），2009）

图10-16 颐和园乐寿堂 潘建非摄

图10-17　留园林泉耆硕之馆内景　潘建非摄

图10-18　顺德清晖园船厅　潘建非摄

百果花罩，表现浓郁的岭南韵味。船厅凭借曲廊与惜阴书屋、真砚斋等建筑连接，构成园内的主要建筑群。由船厅后舱的南楼登梯可达舱楼，凭栏远眺，沿池的澄漪亭、六角亭、碧溪草堂、归寄庐、笔生花馆等建筑，历历在目。

10.4.2　楼阁

楼阁是两层以上的建筑物，在园林中主要用于品茗、会客和赏景。楼与阁是有区别的。楼指的是叠而为重层的房屋，主要用于居住；阁指的是下部架空、底层高悬的建筑，主要用于储藏、观景或供奉佛像。在园林建筑中，楼阁并无严格的区分，常连用。园林中的楼，其平面一般为狭长形，面阔三五间不等；阁与楼相似，但平面多为方形或正多边形，立面以槅扇取代墙壁，造型高耸凌空，较楼更为完整、丰富。计成对楼阁在园林中的布局颇有巧思，在《园冶·楼阁基》中说："楼阁之基，依次序定在厅堂之后，何不立半山半水之间，有二层三层之说，下望上是楼，山半拟为平屋，更上一层，可穷千里目也。"（计成，2005）楼阁的体量硕大，造型变化多姿，对丰富园林建筑群的立体轮廓具有突出的作用。因此，楼阁常设置在园林的显要位置，成为园林中重要的点景建筑。古代园林中的楼阁，如昆明大观楼、苏州留园明瑟楼、北京故宫乾隆花园赏翠楼、成都望江公园崇丽阁等，均为典型实例。它们或邻水而建，或高耸山巅，以其高大、突出的造型为人瞩目。大观楼以开阔明丽的风光和誉满神州的长联而闻名。它耸立在滇池北岸，与太华山隔水相望。楼始建于康熙二十九年（1690 年），咸丰年间毁于兵火，同治五年（1106 年）重建。楼为正方形平面，高三层，各层出檐深远，比例适当，自下向上逐层收分。顶部为四角攒尖顶，覆黄琉璃瓦；下部坐落在宽敞的平台上，四周围绕汉白玉栏杆。整座楼阁雕饰装点适宜，造型稳重端庄，在湖光山色中显得格外雄伟壮观。大观楼四周有揽胜阁、观稼堂、涌月亭、牧萝亭等众多低矮的亭台廊馆，衬托着主体建筑。登楼远眺，远山如黛，五百里滇池波光水天，视野极为开阔。

在皇家园林中，楼阁常常位于建筑群的中轴线上，成为园林的主景和整个建筑群空间序列的高潮。这样的实例很多，如颐和园佛香阁、乾隆花园符望阁、避暑山庄云山胜地楼。雄踞在万寿山前山中央的佛香阁，是颐和园的构图中心和主要景观。佛香阁通高 41 m，是一座八面三层四重檐尖顶塔形建筑。阁内各层均有廊，以 10 根大型铁梨木柱子直通顶部，顶为黄琉璃筒瓦绿剪边。佛香阁顶部距昆明湖水面高达 100 m，为全园最佳观景点。以佛香阁轴线为中心，在东西两侧排列着转轮藏、慈福楼和宝云阁、罗汉堂两条辅线，山上湖岸的亭台楼阁、殿堂馆榭，如众星捧月般转动在佛香阁的环顾之下。它那繁复多彩的结构，巍峨壮观的身姿，金碧辉煌的色彩，充分显示皇家建筑的气势和风格。符望阁位于乾隆花园最后

图10-19　可园鸟瞰图　潘建非摄

一进院落的中轴线上，是一座巍峨壮丽的重檐两层楼阁。在这座全园体量最宏大、外观最华丽的楼阁周围，布置许多次要建筑，形成几处形式各异、大小不同的庭院空间，用来衬托主体建筑。登阁凭栏远眺，紫禁城三宫六院及景山、北海琼华岛诸景，历历在目。

在私家园林和皇家园林的小园林中，楼阁大多建在园林的边侧或后部，以保证中部园林空间的完整，增加园林的景深，并起到因借园外景色的作用。苏州留园远翠阁、东莞可园可楼、北海静心斋叠翠楼、颐和园谐趣园中的瞩新楼等，都是运用这种布局手法的实例。可园是一座占地仅3 亩的小园林，但设计者运用“咫尺山林”的造园手法，在有限的园林空间巧妙安排（图 10-19）。园中层楼叠阁，廊庑萦回，亭台点缀，叠山理水，极尽园趣。可园共有 1 楼、6 阁、5 池、3 桥、19 厅、15 房，通过 97 个式样不同的大小门洞，与迂回曲折的碧环廊连为一体，其间点缀假山、鱼池、花木等，构成变化而和谐的园林景观。建筑如此密集，却无拥挤的感觉，全得力于布局灵活，因地制宜。高四层的可楼是可园的主体建筑，由于建在园林后部，便与前面的低矮建筑形成鲜明对比，使建筑轮廓曲折多变，错落有致。登楼俯瞰全园，胜景尽收眼底，犹如一幅连续的优美画卷。

10.4.3　亭

亭是园林中最有代表性的建筑之一，供人憩息和观览景物。它在园林中广泛运用，不论山巅水际、林中湖心、路旁桥头都可因地制宜而设置。亭的结构玲珑轻巧，活泼多姿，平面形式有方形、圆形、三角形、六角形、八角形、梅花形、扇面形、海棠形、十字形等；屋顶形式有单檐、重檐、攒尖顶、歇山顶、组合顶等；亭柱间不设门窗，而设半墙或半栏，秀丽精致（图 10-20 ~ 图 10-25）。它可以使整个园林建筑充满盎然生机，趣味无穷，有“览景会心”之妙。张家骥的《中国造园论》阐述亭的审美意义时说：“中国的‘亭’，是无限空间里的有限空间，又是将有限空间融于无限空间的一种特殊的建筑空间形式。它是空间‘有’与‘无’的矛盾统一，是融合时空于一体的独特创造；它为中国古代‘无往不复，天地之际也’的空间观念，提供了一个最理想的立足点，集中地体现出中国传统的美学思想和艺术精神！”（张家骥，2012）

亭是中国古典园林中不可缺少的建筑类型，以其精巧华靡的风格、灵活多变的造型，为园林景观增添异彩。例如，避暑山庄在 4 座山峰上分别建有南山积雪、北枕双峰、锤峰落照、四面云

图10-20　留园可亭（六角亭）　潘建非摄

图10-21　郭庄赏心悦目亭（方亭）　潘建非摄

图10-22　熙园鸳鸯亭（双亭）　潘建非摄

图10-23　恭王府妙香亭（海棠形亭）　潘建非摄

图10-24 颐和园知春亭（重檐方亭） 潘建非摄

图10-25 网师园冷泉亭（半亭） 潘建非摄

山4亭，使整个山庄的景物在空间范围内控制在一个立体交叉的视线网络中，从而把平原和山区建筑群连为一体，充分体现封建帝王“缩天移地在君怀”的造园指导思想。亭的造型也千姿百态，异彩纷呈。北京故宫乾隆花园中耸立在符望阁前山主峰上的碧螺亭，台基柱础呈五瓣梅花式，亭身遍饰梅花图案，造型轻巧雅致，别具一格；苏州网师园入口处的半亭，在素洁粉墙背景的衬托下，轮廓造型轻盈秀丽，显得清逸淡雅；颐和园昆明湖东岸的知春亭，是一座重檐四角攒尖顶方亭，梁枋上的绿色彩画、挂楣栏杆的绿色油漆，以及亭外环岛的多姿垂柳，无不给人一种春已来临的感受。体形轻巧、婀娜多姿的亭，是最适于点缀和观赏园林风景的建筑。亭大多设置在园林主要的观景点，并运用对景、借景等造园手法，创造多层次的风景画面。颐和园十七孔桥东面的廓如亭，面积达130 m²，由外圈的24根圆柱和内圈的16根方柱支撑着，是我国现存亭类建筑中体量最大的一座。站在亭中，向北眺望万寿山佛香阁和昆明湖水，山水楼阁形成优美的画面。北京景山五峰之巅的五亭，是观赏京城景物的绝佳之处。中峰的万春亭，是一座三重檐四角攒尖顶亭，位于贯穿全城南北中轴线的制高点上。登亭四望，南部轴线上金碧辉煌的紫禁城，北部轴线上巍峨壮观的钟鼓楼，以及西面湖水如境、树木葱葱的西苑三海和东面一望无际的广阔平原，尽收眼底，展现了一幅幅景色优美壮观的画面。其实，中国古典园林中的亭，已不仅仅是一座单纯的建筑物，而是构成园林艺术意境的审美要素之一。美学家宗白华在谈到亭的审美价值时说：“中国人爱在山水中设置空亭一所。戴醇士说：‘群山郁苍，群木荟蔚，空亭翼然，吐纳云气。’一座空亭竟成为山川灵气动荡吐纳的交点和山川精神聚集的处所。倪云林每画山水，多置空亭，他有‘亭下不逢人，夕阳澹秋影’的名句。张宣题倪画《溪亭山色图》诗云：‘石滑岩前雨，泉香树杪风；江山无限景，都聚一亭中。’苏东坡《涵虚亭》诗云：‘惟有此亭无一物，坐观万景得天全。’唯道集虚，中国建筑也表现着中国人的宇宙意识。”（宗白华等，1987）

10.4.4 轩

轩，多为高而敞的建筑，但体量不大。有的做得奇特，也有的平淡无奇，如同宽的廊。轩是一种点缀性的建筑物，可以说它有着与亭具有类似的功能。轩虽非主体，但又要有一定的视觉感染力，可以看作是“引景”之物。或邻水而建，为观鱼赏花的最佳景点；或隐于半山，为极目远眺的观景佳处。例如，苏州网师园的竹外一枝轩（图10-26），是一座临水的敞轩，四面空透开敞，内外空间变化多端。置身此轩，但见四周山水如画，楼阁高耸，可从不同方向观赏到不同意境的画面，令人心旷神怡。苏州留园的闻木樨香轩（图 10-27），是个背墙面水的三跨敞轩，位于西部山冈的最高处，它地势高敞，视野开阔，可纵览园中秀丽景色，是留园一处重要的观景点。在园林中，某些环境清幽、安谧的小庭院也称轩，诸如留园的揖峰轩、网师园的看松读画轩。其实，这些小庭院只是以轩式建筑为主体，周围环绕游廊和花墙，形成一个封闭的园林空间。揖峰轩是深藏在五峰仙馆与林泉耆硕之馆两大厅堂间的小庭院，只有园主读书的两间半小室。轩前庭院中立一块湖石峰，并利用回廊的曲折多变，在廊与墙间划分不同的小院，以增加空间的深度与层次感，使得庭外有庭，景外有景。

清代皇家园林中，轩大多设置在高旷、幽静的地方，形成一座独立的园中之园，如颐和园的霁清轩、写秋轩（图 10-28）、嘉荫轩、倚望轩，避暑山庄的山近轩、有真意轩等。它们都依山就势而建，布局自由灵活，并与亭、廊等建筑相互组合成错落有致的园林空间。霁清轩位于颐和园谐趣园北部的山冈上，面阔 3 间，以爬山廊与周围亭、堂等建筑相连，构成一座颇具特色的小园林。写秋轩位于颐和园万寿山东侧山坡，面阔 3 间，两侧以爬山廊连接东西配亭，轩前有两株古松，是一处环境幽雅清静的小园林。

10.4.5 舫

舫是按照舟船造型建在水边或水中的园林建筑，因不能动，又称“不系舟”“旱船”。舫由前舱、中舱和后舱组成。前舱较高，做成敞棚，具有亭榭之特征；中舱低矮，两侧做成通长的长窗；后舱一般为两层，类似楼阁，可登临远眺。舫的造型轻盈舒展，是极具中国特色的园林建筑，在江南园林中尤为常见。江南园林布局多以水池为中心，但由于水面较小，不能划船，便在岸边模仿船的造型建造木石结构的舫，供人在里面游玩饮宴、观赏水景。舫虽为不系舟，身临其中，也能产生泛舟水面的感受（图 10-29）。苏州怡园的画舫斋，造型轮廓仿拙政园香洲（图 10-30）建造、但装修华丽，结构精美，堪称江南园林舫的代表作。画舫斋位于怡园水池的西岸，后舱倚半廊与湛露堂相邻，前舱临水面朝向园内主要景区，是怡园西部重要的景点。南京天王府西花园石舫，是天王府的重要遗物，也是清代石舫的优秀实例。清代皇家园林的舫是从南方引进的，但在建筑形式上竭力仿真，雕琢过度，体现浓厚的皇家气派。颐和园的清宴舫是中国古代园林中最大的石舫。它位于万寿山西麓的昆明湖畔，始建于乾隆二十年（1755 年）。船体用巨大石块雕砌而成，长达 36 m。舫上原设中式舱楼，咸丰十年（1860 年）被英法联军烧毁。光绪十九年（1893 年）重建时，改成西洋楼建筑式样，并将两层木结构船舱油饰成大理石纹样，窗上镶嵌五彩玻璃，顶部装饰精美的砖雕。显然，这是慈禧太后猎奇情趣的反映。

图10-26　苏州网师园竹外一枝轩
潘建非摄

图10-27　苏州留园闻木樨香轩
潘建非摄

图10-28　北京颐和园写秋轩
潘建非摄

图10-29　同里退思园闹红一舸　潘建非摄

图10-30　苏州拙政园香洲　潘建非摄

10.4.6　榭

榭，水边建筑，常在水面和花畔建造，借以成景，是小巧玲珑、精致开敞的建筑。榭的室内装饰简洁雅致，近可观鱼或品评花木，远可极目眺望，是游览线中最佳的景点，也是构成景点最动人的建筑形式之一。榭大都是敞屋，大多一半伸入水中，一半架立岸边。榭的结构轻巧，立面开敞，是古典园林中重要的观景与点景建筑。榭在建造时，十分注意与周围环境的协调一致，所谓“榭者，借也。借景而成者也。或水边，或花畔，制亦随态。”这是说，榭是凭借着周围景色而构成的，它的结构依照风景的不同而灵活多变，是供人赏花和眺景之用的建筑。

在北方皇家园林中，榭具有浓厚的皇家建筑色彩。为适应规模宏大的皇家园林的点景需要，榭的形体较大，造型浑厚稳重，甚至由单体建筑演变为一组建筑群体。颐和园的洗秋厅和饮绿亭、对鸥舫和鱼藻轩，避暑山庄水心榭，北海濠濮间水榭，都是皇家园林中著名的水榭。颐和园的谐趣园（图10-31），是一座以荷池为中心布局的园中之园，洗秋厅和饮绿亭正好位于荷池的曲尺形拐角处。两榭的布局为谐趣园组景的中心，饮绿亭与池北的主体建筑涵远堂、霁清轩形成园内南北中轴线，洗秋厅正对西部的宫门，构成东西次轴线。两榭之间以3间短廊连成一个整体。洗秋厅的平面为长方形，卷棚歇山顶；饮绿亭的平面为正方形，由于位于荷池拐角处，它的歇山顶变换了一个角度，转而面向涵远堂方向。两榭均红柱、灰瓦，略施彩画，体现出皇家园林的建筑风格。避暑山庄水心榭是三座建在石桥上的亭榭建筑，其造型结合桥墩的构造，形成两端高耸、中间平稳的一个整体（图10-32）。这种将水闸加宽为石桥，桥上建亭榭的建筑手法，构思巧妙，别具一格。

在南方的私家园林中，榭是池岸重要的观景与点景建筑。榭的平面多为长方形，四周柱间设栏杆或鹅颈靠椅，四面敞开，装饰精致，屋顶多采用卷棚歇山式。网师园濯缨水阁（图10-33）、余荫山房玲珑水榭、可园观鱼水榭（图10-34）、清晖园澄漪亭水榭，都是比较典型的实例。网师园是苏州园林中以水为胜景的代表作，总体布局以正中的水池为中心，沿池布置花木、山石、亭榭、曲廊、楼阁、石桥。濯缨水阁是水池南岸园林景观的构图中心，它凌驾于水面之上，凭栏可观游鳞嬉戏及环池景物，并与池北岸的主要建筑看松读画轩遥相呼应，构成对景。玲珑水榭建在余荫山房东部水池之中，它的八面是明亮的玻璃窗，可环眺八方之景。水榭通过曲廊跨池连接听雨轩，并与池边的孔雀亭等构成一组建筑景观。

图10-31　颐和园谐趣园水榭　潘建非摄

图10-32　避暑山庄水心榭　刘晓明摄

图10-33　网师园濯缨水阁　潘建非摄

图10-34　清晖园澄漪亭水榭　潘建非摄

10.4.7　廊

“廊者，庑出一步也，宜曲宜长则胜……。”（计成，2005）廊是一种分隔园景、增强层次感、划分空间的建筑，同时起到连接交通的作用。同时，其使室内不会受到风雨之侵，具有供游人休息的作用，夏秋之交也不会受阳光之炎热。但从建筑艺术来说，则是增加了空间层次。廊的特点是狭长而通畅、弯曲而空透，用来联结景区和景点，既是引导游客游览的路线，又起着分割空间、组合景物的作用。狭长而通畅能促人生发某种期待与寻求的情绪，可达到引人入胜的目的；弯曲而空透可观赏到千变万化的景色，因此可以步移景异。廊以狭长曲折取胜，但太长反而显得单调乏味。园林建筑作为园林的重要组成部分，设计中要把建筑作为其核心及重要风景要素，使之和周围的山水、岩石、树木等融为一体。立园要先立厅堂。作为园林的主要建筑，厅堂的设立要遵循传统建筑设计原则。空间处理要富于变化，就常会应用廊、墙、路等组织院落，划分空间和景区。合理设置亭、轩、榭等，点缀园林景观，同时塑造良好的观景之地。园林建筑在造园中的应用具有决定造园成败的核心因素，处理好建筑与自然的关系，才能达到融于自然的境界。廊是修长曲折的过道或通道。廊在园林建筑中，是一种特殊的“线型”建筑，它可以起到纽带的作用，将分散的亭台楼阁、轩榭厅堂等建筑联系成有机的整体，使园林内外空间相互渗透，构成层次丰富的园林景观。它还具有遮风避雨、联系交通、引导游人等实用功能。此外，廊柱还具有框景的作用。当人们漫步在北京颐和园的长廊之中，便可饱览昆明湖的美丽景色；而苏州拙政园的水廊，则轻盈婉约，人行其上，宛如凌波漫步；苏州怡园的复廊（图 10-35），用花墙分隔，墙上的形式各异的漏窗，使园有界非界、似隔非隔、景中有景、小中见大，变化无穷。本来比较单调枯燥的墙面，经过漏窗的装饰在墙面上形成一幅幅精美的装饰纹样，并且通过巧妙地运用一个“漏”字，使园林景色更为生动、灵巧，增添无穷的情趣。

园林中的廊大多随地形和游赏需要灵活设置，随形而转，倚势而曲，在组景中变化多端。例如，穿越在山间坡地的爬山廊，左右转曲、上下起伏，穿楼过殿，构成一种磅礴的气势；跨建于池面或溪涧之上的水廊，通花渡壑、蜿蜒逶迤、倒影入水，别具风姿。由此可见，不同形式的廊会形成各自不同的园林空间，产生截然异趣的造园效果。例如，颐和园长廊（图 10-36）是中国古代园林中最长的廊。长廊东起乐寿堂邀月门，西至石丈亭，中间分布着反映四季特色的留佳、寄澜、秋水、逍遥 4 座重檐八角攒尖亭。全长 7210 m 的长廊，犹如一条织锦彩带，把万寿山前因形就势而建造的楼台亭阁等各种精美建筑连缀起来，与远山近水融为一体。从造景角度看，蜿蜒曲折的长廊不仅将万寿山前各园林景观紧紧联结在一起，以此增加景点的空间层次和整体感，而且具有分景的作用。宗白华说：“颐和园的长廊，把一片风景隔成两个，一边是近于自然的广大湖山，一边是近于人工的楼台亭阁，游人可以两边眺望，丰富了美的印象”（宗白华，1987）。漫步廊中，廊外的湖光山色、亭台楼阁犹如一幅幅连续的动观画面掠眼而过，令人目不暇接；而遍布廊内梁枋上成千上万幅山水、花鸟、人物彩画，更吸引游人驻足玩味。北海的濠濮间，以土冈、假山、树木等与外界相隔，环境幽静，别有情趣。游人行进其间，道路狭窄，山石陡峭，通过山岩的一段黑暗后，面前是一座敞轩式水榭——濠濮间。顺着水榭南面幽曲的爬山廊继续攀缘，便到达云岫厂和崇椒室。造园者正是以爬山廊来连接景区的建筑，把纷纭复杂的园林景观组成丰富多彩、完整和谐的有机整体。

图10-35　怡园复廊［引自潘谷西《中国建筑史》（第六版），2009］

图10-36　颐和园长廊　潘建非摄

10.4.8 桥

桥在园林中，不仅可以沟通园路、驻足赏景，而且是点缀风景，画龙点睛，增加园林自然情趣的组景手段。桥在园林中的布局和造型尽管变化多端，千姿百态，但必须与周围环境相结合，成为园林景观的点缀。园桥也是园林中之活跃的元素，它千姿百态、曲线优美。拱桥如环，矫健秀巧，有架空之感；廊桥则势若飞虹落水，水波荡漾之时，桥影欲飞，虚实相接。梁式石桥，有九曲、五曲、三曲等，蜿蜒水面，其美感效果，一可不断改变视线方向，移步即景移物换，扩大景观，令人回环却步；二因桥与水平，人行其上，恍如凌波微步，尽得水趣；三因桥身低临水面，四周丘壑楼阁愈显高峻，形成强烈的对比；四是有的曲桥无柱无栏，极尽自然质朴之意，横生野趣。以上效果，皆因桥体自身的造型所致。

颐和园的西堤六桥，掩映在堤岸的绿柳桃红之中，为西堤风景增添异彩。西堤是乾隆年间仿杭州西湖苏堤修筑的，沿堤建造 6 座形式各异的石桥，由南向北依次为柳桥、练桥、镜桥、玉带桥、豳风桥、界湖桥。这些桥梁造型优美，秀丽多姿，最引人注目的是玉带桥。这是一座单孔拱券石桥，桥拱高而薄，形如玉带；桥身用汉白玉和青白石砌筑而成；桥栏望柱上雕刻精美的仙鹤。堪称奇景的是，曲线优美的玉带桥，它那白色的桥拱隐没在绿树丛中，半圆形的桥洞倒映在碧波荡漾的湖水中，桥与影融为一体，颇富情趣；再加上桥的背景有黛色的玉泉山相衬托，更显得玉带纯正，奇秀无比。

在大型园林中，为了与自然山水及宏伟的建筑群相适应，多采用轮廓丰富、尺度较大的桥。例如，北海和中海之间的金鳌玉蝀桥、颐和园的十七孔桥（图 10-37）、瘦西湖的五亭桥（图 10-38）。十七孔桥是岛、桥、亭的完美结合。桥西的南湖岛是昆明湖中最大的岛屿，桥东端的廓如亭是我国现存体量最大的亭，而十七孔桥又是园内最大的石桥，桥长 150 m，宽 10 m，桥身由 17 个发券孔组成，状若长虹卧波。十七孔桥将东堤与南湖岛连接起来，显得气势磅礴，共同组成一幅完整的风景画面。瘦西湖的五亭桥是园内最宏伟壮丽的建筑，桥身用青条石砌筑，长 30 m，宽 9 m。桥上建有 5 座琉璃攒尖顶方亭，亭与桥共为一体，造型别致，风格独特。每当皓月当空，桥中 15 个拱券各衔一月，众月争辉，金波荡漾，使湖景更显秀丽宜人。

10.4.9 墙

园林建筑中的墙一般是指围墙和照壁。它们主要用于分隔空间、丰富层次以及引导和控制游览路线，是园林组景的一种重要手段。中国古典园林中巧妙地运用云墙、梯级形墙、漏明墙、平墙等划分丰富的空间，并利用墙的延展性和方向性，引导游人不经意间进入渐次展开的园林长卷

图10-37　颐和园十七孔桥［引自潘谷西《中国建筑史》（第六版），2009］

图10-38　瘦西湖五亭桥　潘建非摄

图10-39 个园入口院墙 潘建非摄

图10-40 余荫山房入口庭院围墙 潘建非摄

中。为了避免过分封闭、单调，园墙上常开设漏窗、洞门、空窗以形成虚实明暗的对比；悬挂书画篆刻作品以烘托氛围；摆设盆景、种植花木使光影上墙。

墙的不同质地和色彩可以产生截然不同的效果。白粉墙朴实、典雅，与青砖、青瓦的墙头压顶相配显得特别清雅。山石植物以及其他建筑小品中以白粉墙为背景时，其造型美表现得淋漓尽致。苏州拙政园海棠春坞的景墙，以粉墙为纸，以竹木花卉叠石作画，构成了一幅生动的小品画面。扬州个园的春景叠石，以象征晴日的粉墙作背景，竹影婆娑，石影参差，便显生机勃勃（图 10-39）。

传统园林中的清水砖墙常采用磨砖对缝的工艺，局部以砖雕、瓦饰漏窗增添变化，整体非常清爽。现存的岭南私家园林多以青砖墙为壁，勒脚部位多为本地产的青灰色花岗岩，墙头是灰黑色的瓦面，整体的色调和质感显得尤为清爽。番禺余荫山房的入口庭院四壁均为磨砖对缝的青砖墙（图 10-40），正对入口的照壁正中饰以几何图案构成的砖雕一幅，前置盆花；左侧墙面上正中饰以灰塑一幅，倚墙砌花台种翠竹；右侧墙面上开圆洞门以引导游人。在青砖墙形成的灰调背景下，精巧的砖雕、灰塑，翠竹红花点染着空间的氛围，显得非常清新怡人、沁人心脾。

采用石墙在园林中容易获得天然的气息，在山地园林、自然风景园中较为多见。不同类型的石墙表现出不同的特性，乱石墙显得自然灵活，块石墙严整稳重，贴石墙平静舒展，卵石墙别致有趣。同种石材不同的面层处理、不同的砌筑纹理、不同的灰缝处理都可以形成不同的格调。

10.5 建筑空间

在中国古代建筑空间的概念就是两个对立面和谐而又动态地共存于统一体之中：虚实、有无、大小、曲折、左右、对隔、色空、起伏、刚柔、动静、敛放等阴阳对立面始终处于一个互相对峙、转化、周而复始无限运化的关系之中。虚实相生，虚实结合，这是中国人很重要的空间观念、艺术观念。

中国古代园林建筑注重空间的处理。空间的大小、空间的对比、空间的序列一般都是沿着一连串的庭院，由室内空间与室外空间交替运用而产生的。虚实、明暗、黑白灰共同组成了富有艺术感染力的空间节奏，且不是以单个建筑物的体状形貌，而是以整体建筑群的结构布局、制约配合而取胜。非常简单的基本单位却组成了复杂的群体结构，形式在严格对称中仍有变化，在多样变化中保持统一的风貌。这种本质上是时间进程的流动美，体现出一种情理协调、舒适实用、有鲜明节奏感的效果，形成了中国园林建筑空间独特的艺术气氛。中国园林建筑中还经常采用“以虚破实”，化“实”为“虚”的手法。空间的闭塞主要是由实体阻隔所引起的，只有“虚”才能引导视觉空间的渗透，因此常以“虚”的游廊、敞轩来处理高大的围墙和建筑的墙角这样一些“实”的边界部位，形成一种以虚为主、空灵的、流动的空间气氛。中国园林建筑的空间在重视建筑造型表现的同时，更注重的是整体环境的塑造，总是把个体建筑形象作为整体空间环境中的一个有机部分来看待；重视局部空间的视觉效果，也重视整体空间上的律动、节奏与和谐，把建筑、山水、石木等组成富有音乐感的空间支架。空间在这个架构中一个乐章接着一个乐章，有节律地出现，有序曲，有引子，有渐变，有高潮，有尾声，用不同形状、敞闭、阴暗和虚实的对比，步步引入，直到景色全部呈现，达到观景高潮以后再逐步收敛而结束，这种和谐而完美的连续性空间序列，呈现出强烈的节奏感。中国古代园林建筑艺术，实际上就是处理空间的艺术。人们所期待获取的并不是建筑物实体的造型，也不仅仅是实体所围绕起来的内部空间，而是主要在其变幻的建筑空间和园林意境的塑造以及通过这个小小的内部空间中的洞口去摄取的外部无限的世界。

10.6 建筑结构

在我国遗留下来的园林古建实物中，以唐宋元明清时期的建筑形制较多，而且在这个时期内还出现了两部完整的建筑构造巨作，宋朝李诫修编的《营造法式》和清朝颁布的工部《工程做法则例》。这些遗留下来的宝贵遗产，对我们进一步了解园林建筑的构造有着极大的帮助。一般来说中国古代建筑的基本构造是由承重木结构、围护结构、屋面结构和台明四大部分组成。

中国古代建筑平面分间是以立柱中线为界定线。四柱所围之面积成为“间”或“开间”（图 10-41）；间的横向称为“阔”或“面阔”；间的纵向称为“深”或“进深”；若干面阔之和称之

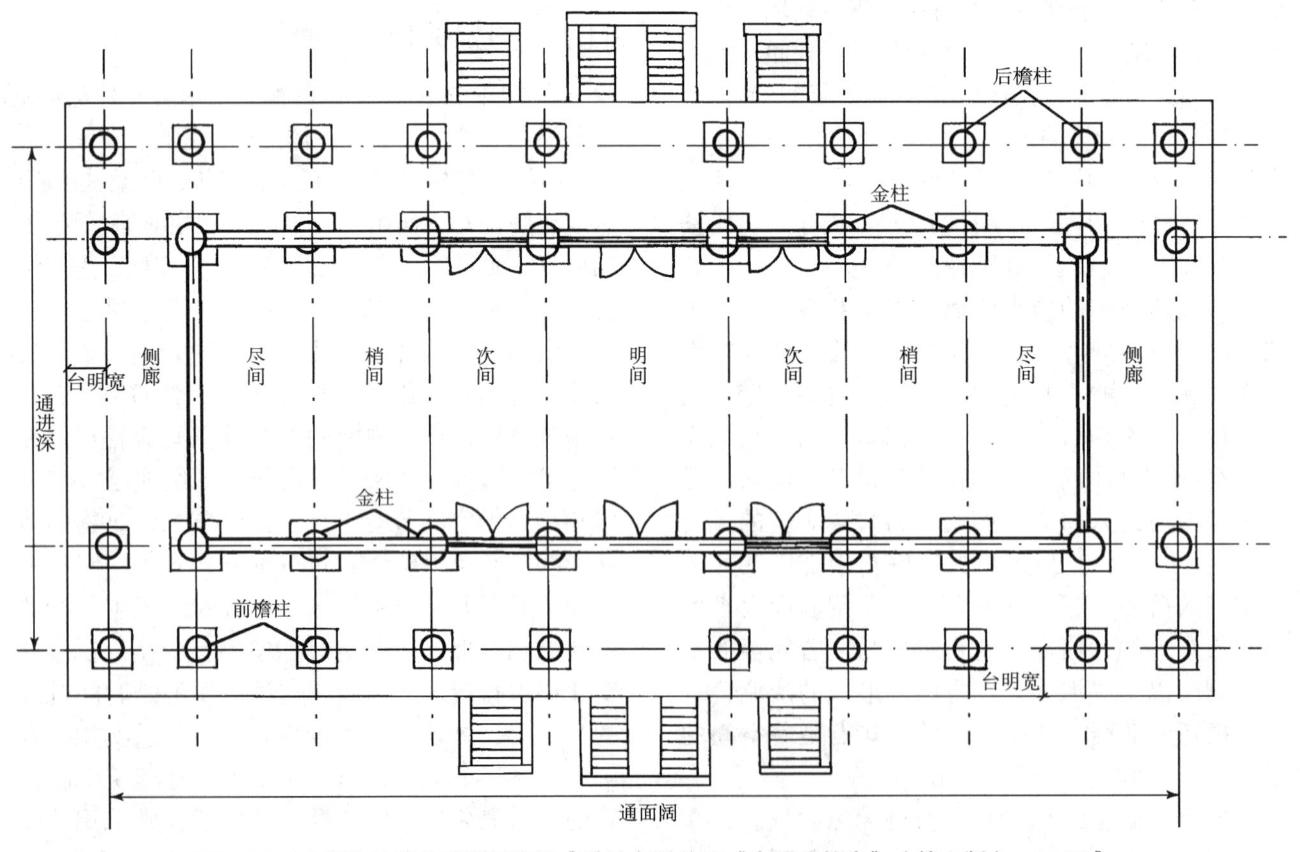

图10-41 中国传统建筑平面示意图［改绘自潘谷西《中国建筑史》（第六版），2009］

为“通面阔”，若干进深之和称为“通进深”。在一栋房屋开间中正面正中的那一间，宋称作“心间”，清称作“明间”，而其两旁的间均称为“次间”，之外的均称为“梢间”。在间之外有柱无隔墙的称为廊，宋时称为“副阶”。一般来说，檐廊有前檐廊、后檐廊、东西侧廊之分。

开间最外一排的柱称为“檐柱”，分为“前檐柱”和“后檐柱”，两端为“山檐柱”。在檐柱靠里的一排柱称为金柱，分为前金柱和后金柱。如果在金柱之内还有一排柱，则将紧靠檐柱的一排称为外金柱，另一排称为里金柱，柱脚通常立于柱顶石上。为增强建筑的稳定性，一般檐柱并不完全是上下等粗细垂直的，而是将柱子的首尾有一定的收缩。此即为柱子的收分与侧脚：柱子的收分是指将柱径制成脚大头小的一种方式，一般在柱顶往下 1/3 处开始渐收；柱子的侧脚是指在柱子垂直中线的基础上，将柱脚向外移动一定距离。中国古代建筑中的墙体一般不承重，只起到隔热隔音、阻挡视线作用，或者仅在房屋两端山面砌筑砖墙，而对前后檐多作木槅扇和门窗加以围护，但也可以在后檐砌筑砖墙，前檐作槅扇门窗。

屋顶木构架通过檐柱等直接安置在台基之上，露出地面的部分称为“台明”，在檐柱之外有一定距离的边线称“台明线”。一般来说台明宽度应在屋檐伸出范围之内，使雨水滴落于台明之外。

根据等级的不同，中国传统建筑屋面又能分为庑殿、歇山、硬山和悬山等（图 10-42）。庑殿是等级最高的一种屋顶形式，由于它体量大且庄重，在古代社会里，它是体现皇权、神权等最高统治阶级权威的象征。因此一般是只用于宫殿、坛庙、重要门楼等建筑，如北京故宫太和殿、午

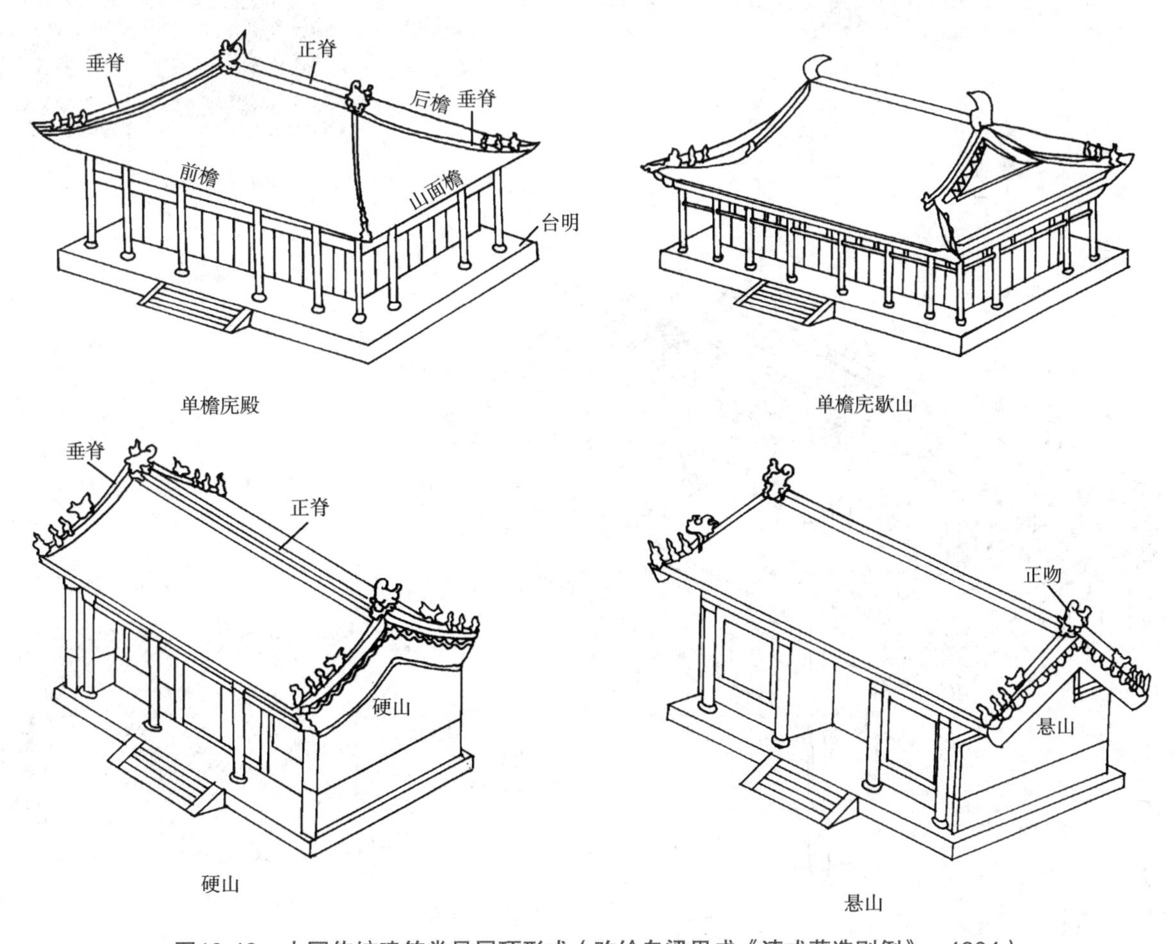

图10-42　中国传统建筑常见屋顶形式（改绘自梁思成《清式营造则例》，1934）

门等。歇山顶的等级仅次于庑殿顶，由于它具有造型活泼优美、姿态表现适应性强等特点，因此在园林中得到广泛应用，厅堂楼阁等皆可用此种形式。

歇山建筑屋顶有两种构造，分别是尖山顶和卷棚顶（图 10-43）。卷棚顶歇山与尖山顶歇山的木构架，除了脊顶部分有所不同外，其他部分木构架完全相同。一般来说中国传统建筑中的木构

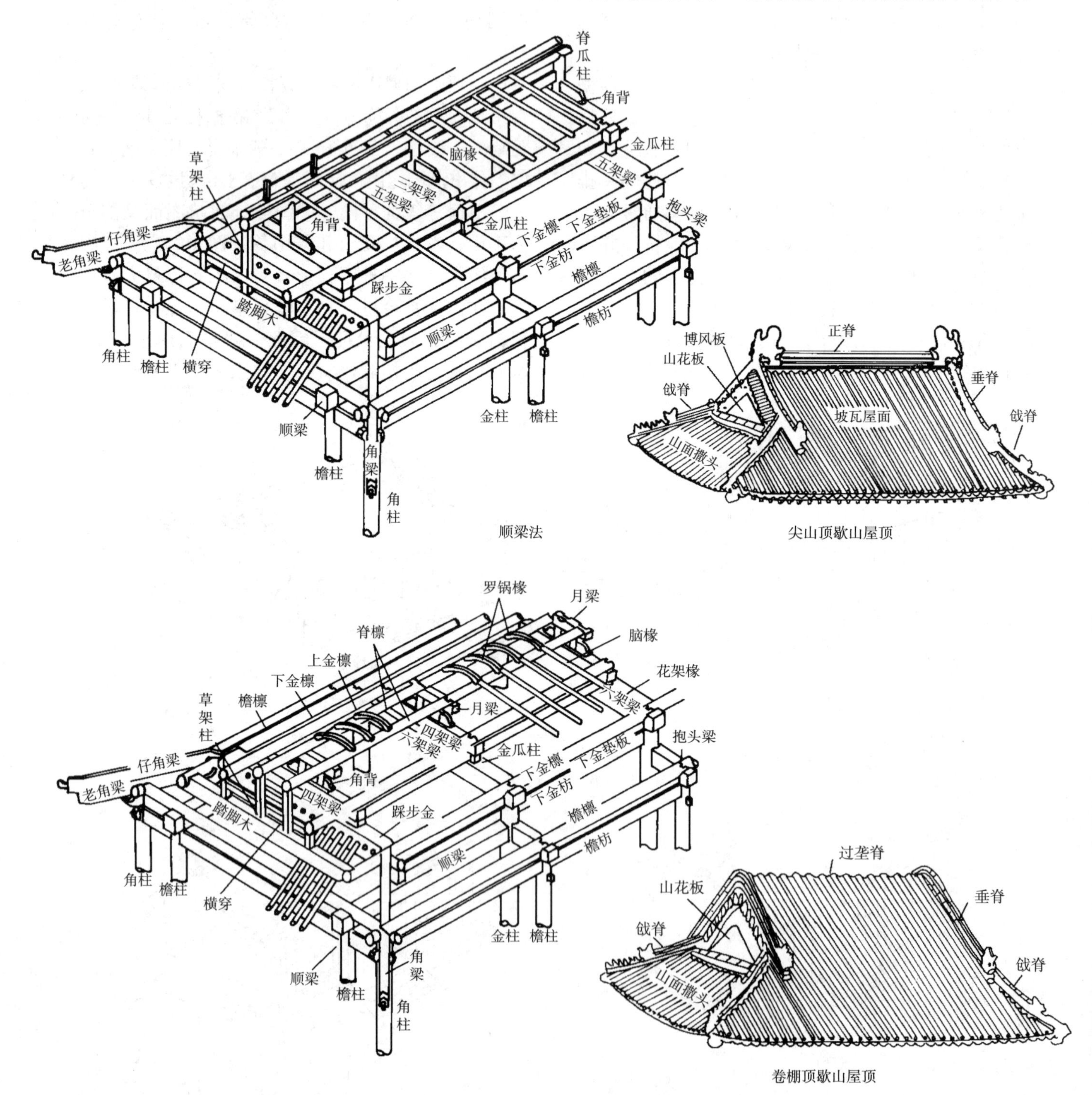

图10-43 歇山屋顶构造做法（引自白丽娟、王景福《清代官式建筑构造》，2000）

架是由承托屋面的木基层、桁檩、梁枋、立柱等相互连接而成。整个屋顶上的荷载分别由梁枋等向下传递，经过檐柱和内柱等传递到柱顶石上，最后到台基之上。

木构架一般分两部分，即正身部分和山面部分。正身部分是指除了房屋两端的梢间或者尽间以外的所有开间部分，这部分的木构架是按着进深轴线方向所布置的一排排相同的排架所构成，每个排架的结构是相同的。而房屋两端的梢间或者尽间，对称布置在正身的两端，所以整个木构架结构，只需了解梢间或尽间的结构部分，即了解了正身部分和山面部分的结构。

歇山木构架正身部分的横向组成构件，包括屋架梁、抱头梁、承重梁等。屋架梁是承受屋架主要荷重的梁，“梁架”是以其上所承担的檩木的根数命名的，因此会有三架梁，四架梁等之分（图 10-44）；抱头梁位于檐柱与金柱之间，承接檐廊上檩木所传荷重的横梁，梁的一端作榫插入金柱，另一端为抱头。但如果其上有多根檩木，将廊分为多步而设梁者，则应分别称为单步梁、双步梁、三步梁等；承重梁是承托楼板荷载的主梁，与前后檐柱或金柱榫接；正身部分的垂直组成构件包括：檐柱、金柱、瓜柱等。檐柱即为开间最外一排的承重柱子；金柱为檐柱靠内的一排柱子；瓜柱为设在架梁之间所需要的垂直传力构件。

木构件中的檩三件是指面阔方向的构件，包括檩木、檩垫板和檩枋木（图 10-45）。主要是加强木构架纵向的整体的稳定性。因为此三件总是

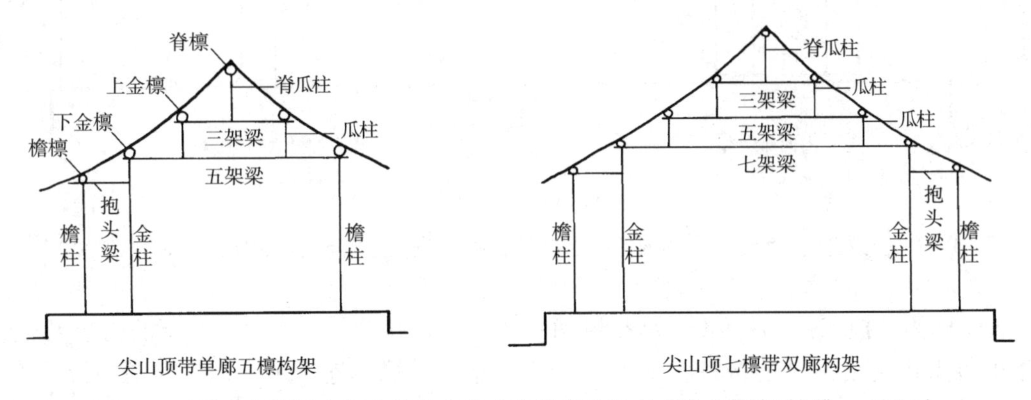

图10-44　歇山屋顶正身部分构件名称（改绘自梁思成《清式营造则例》，1934）

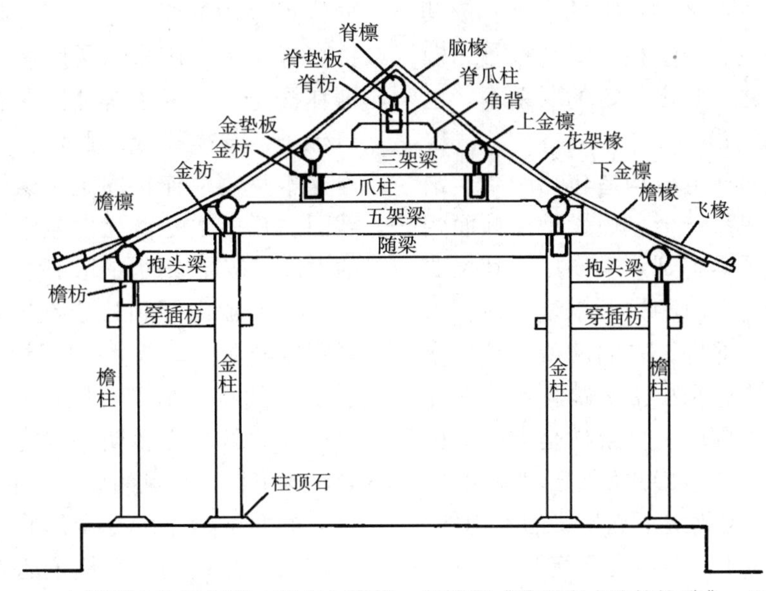

图10-45　七檩硬山构架剖面（引自白丽娟、王景福《清代官式建筑构造》，2000）

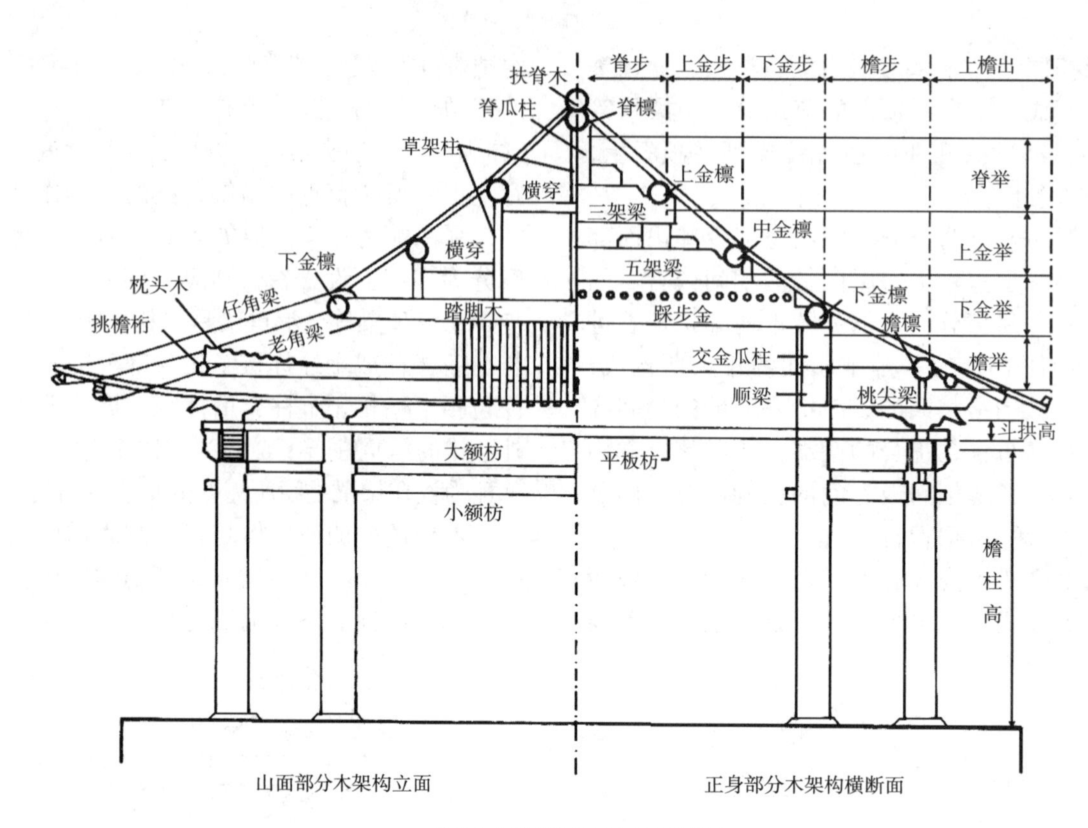

图10-46　歇山屋顶山面部分构件名称（引自白丽娟、王景福《清代官式建筑构造》，2000）

连在一起，故简称为“檩三件”。檩木是承托屋面木基层，并将荷重传递给梁柱的构件。依不同位置，檩木分为挑檐桁、檐檩、金檩、脊檩等；檩垫板是指填补檩木与枋木之间空隙的木板，依其所在位置可分为檐垫板、金垫板、脊垫板等；檩枋木是连接立柱与立柱，使之稳定的联系木。也可分为檐枋、金枋和脊枋等。

歇山木构架山面部分组成构造包括顺梁、踏脚木、草架柱、横穿和踩步金。顺梁是指顺面阔方向的横梁，山面的顺梁起到承重作用，其位置类似与正身部分的额枋，但额枋不承重。踏脚木和踩步金是山面的承重部件，它们的荷载都传递在顺梁上，再由顺梁传递到柱上；踏脚木是承托几根草架柱的横线受力构件；草架柱是支撑歇山部分檩木的支柱；横穿是连接并稳定草架柱的横撑；踩步金是相当于三架梁之下五架梁的木构件，但它又较五架梁多一功能，即不光能起架梁作用，还能起搭乘山面檐椽的檩木的作用。

歇山建筑的屋面木基层的构造包括：椽子、望板、飞椽、连檐木、瓦口和闸挡板等（图10-46）。椽子是指搁置在檩木上用来承托望板的条木，根据位置分为檐椽、花架椽、脑椽等；望板是指铺钉在椽子上，用来承托屋面瓦作的木板。一般横铺在椽子上；椽子是铺钉在望板上，楔尾形的檐口椽子，与檐椽成双配对，多为方形截面。大小连檐木是用来连接固定飞椽端头的木条，为梯形截面。瓦口木是钉在大连檐上，用来承托檐口瓦的木件，按屋面的用瓦而做成波浪形木板条。

除了歇山屋顶建筑在园林中占到一定比重，亭廊榭舫在中国园林中也是极其重要的造景元素。亭子的基本构造部分跟歇山等建筑的十分相像，也可以大致分为台明、木构架、屋顶和坐凳栏杆等。这里仅举常见的单檐亭的结构为例。

根据单檐亭的基本形状（图10-47），首先立柱作为支撑结构，在柱子的靠近顶部部分由檐枋将其连接起来形成整体的框架，然后在柱顶上安置花梁头来承接檐檩，各花梁头之间填以垫板。在柱之间可以安装倒挂楣子和坐凳楣子，即可形成亭子的下架，然后在花梁头上安置搭交的檐檩，形成圈梁作用，这也是屋顶结构的第一层——圈梁。在檐檩之上设置，井字趴梁或者抹角梁，梁上安置柁墩用来承接搭交金檩，故也称为交金墩。在交金墩上安置搭交金檩，形成屋顶结构的第二层圈梁。规格较大的亭子还在金檩上横置太平梁，用来承接雷公柱作为尖顶支撑构件，而规格较小的亭子可省掉太平梁，雷公柱由下面的由戗直接支撑。最后再檩木上布置椽子，在椽子上铺设屋面望板、飞椽、连檐木和瓦口板等即可。

游廊的具体建筑结构与上述歇山建筑的建造方法类似，也是包含台明、木构架、屋顶、楣子等。游廊木构架分两种：卷棚式和尖山式（图 10-48）。基本结构有：左右两根檐柱和一榀屋架组成的一付排架、枋木、檩木、倒挂楣子和坐凳楣子。将若干付排架连接成整体长廊的构架。

水榭在园林中运用也十分广泛，它既可为临岸建筑，也可置于水中。榭一般为方形或者长方形平面，屋顶构架都做歇山形式，其承重木构架是歇山建筑中最简单的卷棚式木构架。其各构件基本与歇山建筑组成部分一致。

舫是仿船形的傍岸园林建筑，有的称为画舫，它是将石基台座做成船形，再在其上修建楼廊亭阁而形成。舫的木构架其实是由带歇山顶的亭子、卷棚直廊和歇山楼阁等木构架所组合而成，基本的结构组件也与之相同。

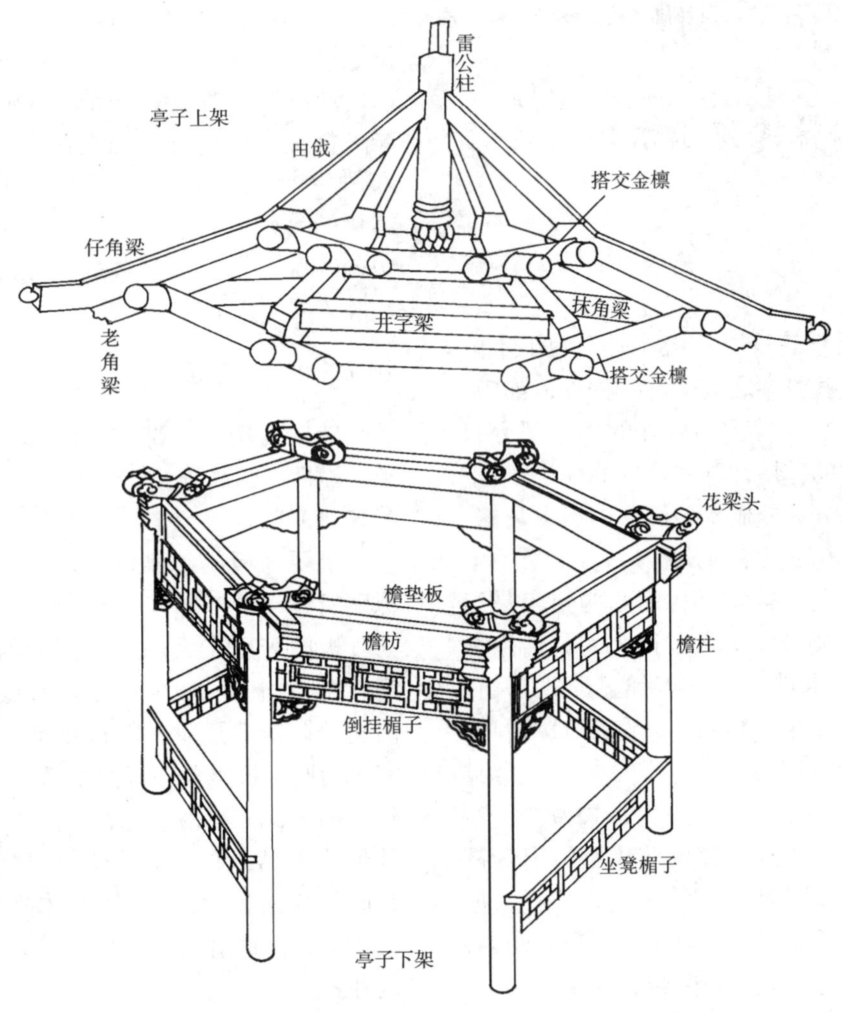

图10-47　六角亭木构架（引自白丽娟、王景福《清代官式建筑构造》，2000）

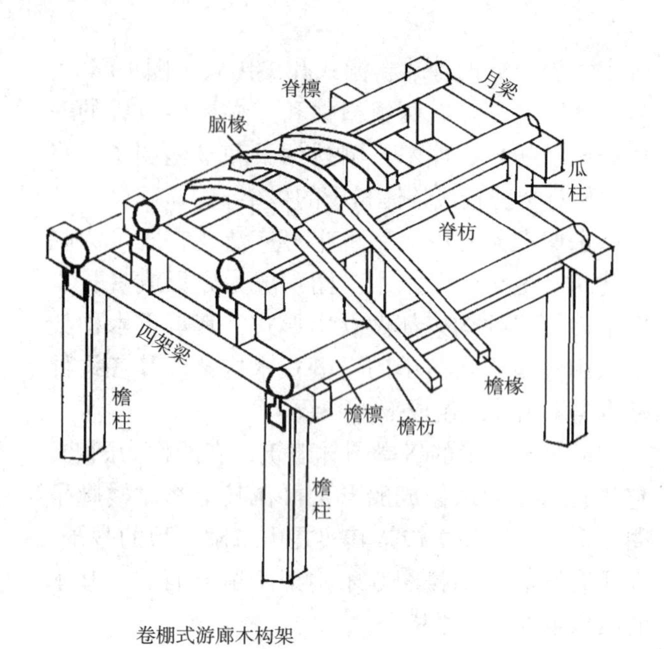

卷棚式游廊木构架

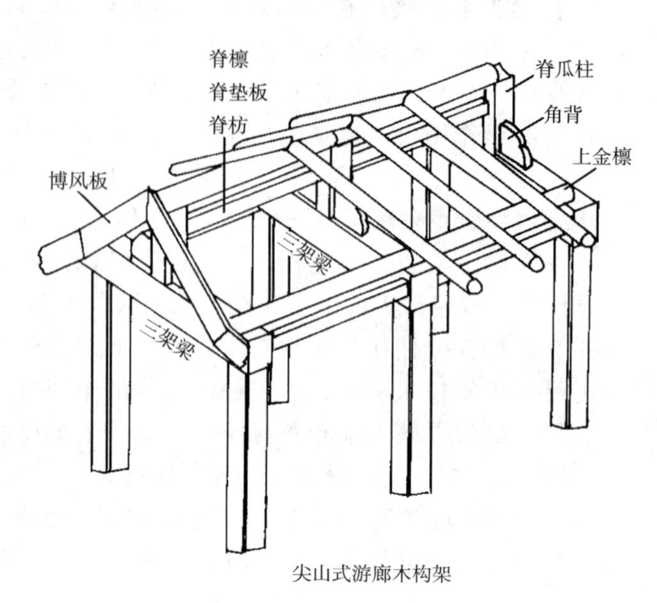

尖山式游廊木构架

图10-48　典型游廊木构架做法［摹自潘谷西《中国建筑史》（第四版），2001］

10.7　清代园林建筑小木作、石作和瓦作概述

10.7.1　小木作

我国古代的园林建筑以木构柱梁作为承重的骨架，而安装在这些骨架之间的一些构件，如门、窗、隔墙等栏杆、楣子等主体以外的构造部分只起维护和分隔空间的作用，这些构件称为小木作。小木作按部位不同分为外檐木装修和内檐木装修，前者装在室外，后者装在室内。

小木作的功能是分隔空间，而木构架容易组装的特点，又为空间分隔提供了很大的灵活性和可能性，因此，小木作的分类多样、形式自由、做法多样。窗棂花纹变化极多，一般都玲珑精巧，传统园林的整体风貌相协调。

清代皇家园林的小木作有一套官式做法，对外檐装修的楣子、栏杆、雀替的花纹及门窗等都有规定，要按照相应的性质和等级进行配置，但为了与园林环境相适应，有时会加以适当的变通，特别是在室内装修上，变化比较多样。

私家园林和风景区园林建筑的小木作则有鲜明的地方性。如江浙一带，小木作一般形体秀丽，雕刻精美，体现较高的文化素养；云贵一带，小木作一般简洁通透，以适应当地潮湿多雨、高湿高热的气候；岭南一带，小木作精于漏花木雕与砖刻壁画，又多见彩色刻花玻璃，体现了兼容并蓄的岭南文化。

10.7.1.1　外檐装修

外檐为房屋外部木质装修，包括门、窗、楣子、栏杆、匾联等。

（1）门

主要为板门、槅扇门两种，园林中常用的为槅扇门。

板门多用于大门处，常见的为实榻门、棋盘门、撒带门，一般为两扇。有棋盘板门与镜面板门之分。前者用木枋钉成框架，外钉木板；后者完全用厚木板拼合，背面用横木联系。

槅扇，又称格子门，在园林建筑中大量使用。其形式如落地的长窗，布置于建筑的整个开间，每间可用四、六、八扇，具体数量根据建筑开间大小来定，每扇宽高比在 1 : 3 到 1 : 4 左右，都为内开式。

明清建筑的槅扇，有六抹（即六根横抹头）、五抹、四抹、三抹、两抹等数种。通常，用于宫殿、坛庙一类大体量建筑的槅扇，多采用五抹与六抹；寺庙和体量较小的建筑，多采用四抹槅扇；而三抹槅扇多见于宋代，明清时期较少见。有些宅院的花厅、轩、榭，常做落地明槅扇，下面不安排裙板，形成二抹或三抹的形式。

明清槅扇的上段（棂条花心部分）与下段（裙板绦环部分）的比例，为6∶4。对于槅扇边梃，即槅扇两侧大边的断面尺寸，清式则例规定，槅扇边梃看面宽为槅扇宽的1/11 ~ 1/10，边梃厚为宽的1.4倍。

（2）窗

主要有槛窗、支摘窗、横披窗。

槛窗，与槅扇门大致相同，只是没有裙板部分而立于槛墙之上，与槅扇配套使用（图10-49）。南方园林建筑中叫“半窗半墙”，常用在过道、次间和亭阁的柱间，下部的半墙有的使用板壁，便于必要时拆卸（图10-50）。北方园林的槛墙则多用砖砌。槛窗的优点是，与槅扇共用时，可保持建筑物整个外貌的风格和谐一致，但槛窗笨重、开关不便，所以民居中绝少使用。

支摘窗是用于民居、住宅建筑的一种窗，安装于建筑物的前檐金柱或檐柱之间。顾名思义，它的特点是能支撑又能摘下。一般都做内外两层，外层糊纸或安玻璃，用于保温，内层为纱屉，便于夏季通风。北方的支摘窗通常对半分为上下两部分，上部可支，下部可摘；南方的支摘窗因夏季通风需要，面积较大。支摘窗由边框和棂条花心组成。棂条花纹由小棂条组成，形式多样，棂条断面一般为6或10分，看面6分，进深10分。边框用料尺寸，看面一般为1.5 ~ 2寸，厚为看面的4/5或是槛框厚的1/2。

横批窗是槅扇槛窗装修的中槛和上槛之间安装的窗扇（图10-51）。在房屋过高的情况下，设

图10-49 槅扇与槛窗形式组合 潘建非摄

图10-50 槛窗形式 潘建非摄

图10-51 槛窗与横批窗组合 潘建非摄

置横披窗既可通风、采光，又可避免门窗过高开关困难的毛病。明清时期的横批窗，通常为固定扇，不开启。横批窗在一间里的数量，一般比槅扇或槛窗少一扇，横批的外框、花心与槅扇、槛窗相同。

（3）栏杆

栏杆常安装在游廊及带周围廊的檐柱之间的地面上，起着围护和装饰的作用，坐凳栏杆、美人靠还可供游人憩坐。

栏杆按位置分有一般栏杆和朝天栏杆，按构造分有寻杖栏杆和花式栏杆。

一般栏杆的功能是围护和装饰，比如楼阁回廊或高台上供人远眺的地方，设置栏杆主要是为了防止游人失足。而安装在商业建筑平台屋面的朝天栏杆，则主要起装饰作用。常见的还有一种鹅颈椅，又称“美人靠”，既有围护作用，又可供人休息。

花栏杆常用于住宅及园林建筑中，主要由望柱、横枋及花格棂条构成。花栏杆的棂条花格十分丰富，有盘长、井口字、亚字、葵式乱纹等。

寻杖栏杆常用于皇家园林，作为楼阁的楼层外栏杆。它上有寻杖、中为净瓶、下为栏板，通过望柱与檐柱相连。望柱附着在檐柱侧面，为4 ~ 5寸的小方柱，或按檐柱柱径的3/10。望柱高一般4尺左右，水平构件都安装在望柱内侧。扶手高度一般为3 ~ 3.5尺，断面为圆形，直径2 ~ 3寸。

（4）楣子

楣子分为倒挂楣子与坐凳楣子。

倒挂楣子是北方的称呼，南方叫挂落，指挂在建筑及游廊檐柱之间，额枋之下的装饰物。主要由边框、棂条以及花牙子等构件组成，楣子高（上下横边外皮尺寸）1 ~ 1.5尺，边框断面为4 cm×5 cm或4.5 cm×6 cm，小面为看面，大面为进深。棂条断面同一般装饰棂条，为1.10 cm×2.5 cm。花牙子是安装在楣子下侧两端的装饰件，通常两面透雕，常见的花纹有草龙、番草、松、竹、梅、牡丹等。

坐凳楣子由坐凳面、边框、棂条等构件组成，可供游人小坐。坐凳面厚度1 ~ 2寸不等，坐凳楣子的边框与棂条尺寸可同倒挂楣子，其高度则一般在50 ~ 55 cm之间。

（5）匾联

匾联即匾额和对联，安置在建筑物明间的檐下和两柱上。它既是园林建筑上的重点装饰部件，也是集诗文、书法、工艺美术为一体的艺术品。一些好的匾题和对联，常点出建筑和风景的独到之处，引人遐思，能帮助人领略园林与建筑的美感。如留园的“闻木樨香轩”、颐和园的“湖山真意”等。

10.7.1.2　内檐装修

中国园林建筑中用来分隔室内空间的装修构件不仅形式很多，而且十分灵活，常可以根据室内空间的大小变化而随意变化。由于用于室内，这种小木作的制作更加精巧秀丽，与室内的家具、陈设互相配合，形成很舒适的环境气氛。常见的有以下几种：

（1）槅扇

槅扇又叫“碧纱橱”，南方叫纱槅。形式与外檐装修上的扇门类似，一般作为建筑进深上的隔断使用。

碧纱橱主要由槛框（包括抱框、上、中、下槛）、槅扇、横披等部分组成，没楻碧纱橱由6 ~ 12扇槅扇组成。除两扇能开启外，其他的均为固定扇。在开启的两扇槅扇外侧安帘架，上面装上帘子钩，用来挂门帘。碧纱橱槅扇的裙板和绦环上做各种精细的雕刻，装饰性极强。

（2）花罩

花罩是室内半分隔的构件，使室内空间具有似分又合的意趣。形式上尤其丰富，有几腿罩、落地罩、落地花罩、栏杆罩、炕罩、圆光罩、八角罩等。

①几腿罩　由槛框、花罩、横披等组成，整组罩子仅有两根腿子（抱框），腿子与上槛、挂空槛组成几案形框架，两根抱框好似几案的两条腿，安装在挂空槛下的花罩，横贯两抱之间。几腿罩常用于进深不大的房间（图10-52）。

②栏杆罩　主要由槛框、大小花罩、横披、

图10-52 几腿罩 潘建非摄

图10-53 圆光罩 潘建非摄

栏杆等组成，整组罩子有4根落地的边框，将立面划分出中间为主、两边为次的三开间的形式。栏杆罩多用于进深较大的房间。

③落地罩 形式略同于栏杆罩，但无中间的立框栏杆，两侧各安装一扇槅扇，槅扇下设置须弥墩。

④落地花罩 形式略同于几腿罩，二者不同之处在于落地花罩安置于挂空槛之下的花罩沿抱框向下延伸，落在下面的须弥墩上。落地花罩显得更加豪华富丽。

⑤炕罩 又叫床罩，是安置在床榻前的花罩，形式和一般落地罩类似，贴床榻外皮安在面宽方向，内侧挂软帘。

⑥圆光罩、八角罩 其功能、构造与上述各种花罩略有区别，这种花罩是在进深柱间做满装修，中间留圆形或八角门（图10-53）。

（3）博古架和书架

博古架和书架兼有家具与隔断的作用，使室内空间获得既有分隔又有联系的艺术效果。

花格的组合形式多种多样，格内陈设工艺品、书籍等。博古架的厚度1 ~ 1.5尺，格板厚6 ~ 7分，最多不超过1寸。其不宜太高，一般以3 m以内为宜。博古架通常分为上下两段，上段为博古架，下段为柜橱，里面用来储存书籍器皿。

（4）天花

天花又叫承尘、仰尘、平棊、平暗等，是用于室内顶部的装修，有保暖、防尘、限制室内高度以及装饰等作用。宋代按构造做法将天花分为平暗、平棊和海墁3种，在明清则分为井口天花、海墁天花两种。

（5）藻井

藻井是室内天花的重点装饰部位，多见于宫殿、坛庙、寺庙建筑中，是安置在庄严雄伟的帝王宝座上方或神圣肃穆的佛堂佛像顶部天花中央的一种“穹然高起，如伞如盖”的特殊装饰。

藻井起源于汉代；宋、辽、金时期的藻井多采用斗八形式，即由8个面相交，向上隆起形成穹隆式顶；明清时期的藻井随着发展越来越华丽，由上、中、下3层组成，常见形式为四方变八方变圆，即最下层为方井，中层为八角井，上部为圆井。

10.7.2 石作

石作是指中国古代建筑中建造石建筑物、制作和安装石构件和石部件的专业。宋《营造法式》中所述的石作包括粗材加工、雕饰，以及柱础、台基、坛、地面、台阶、栏杆、门砧限、水槽、上马石、夹杆石、碑碣拱门等的制作和安装等内容。清工部《工程做法》和《圆明园内工现行则例》内容基本相同，又增加了石桌、绣墩、花盆座、石狮等建筑部件的制作和安装，但不包括石拱门。上述台基、台阶、上马石、拱门等施工对象在《营造法式》中也列在砖作，形制基本相同，只是材料为砖。

10.7.2.1　石材

明清两代使用最广泛的石材，按其生成条件主要有火成岩、变质岩和水成岩几种。

①火成岩　它以花岗岩类的石材为代表，结构细密、耐磨耐腐蚀。应用在古建筑上的有花岗石、豆渣石、金山石、焦山石等。这几类石料适用于建筑的台阶、台明、墙身、柱子、地面等部分。

②变质岩　古建筑中常用的变质岩主要是大理石，纹理美观但易风化、耐磨性差。用量大的白色大理石包括汉白玉、雪花石、艾叶青等。前两种多用来制作须弥座、栏板、望柱等石构件，艾叶青多用作台阶、台明、土衬石或墁地。

③水成岩　建筑中使用的水成岩主要是砂岩类的青石、青条石、红砂岩等，质感细腻、无辐射无污染，可用作栏板、望柱、台明、台阶、墙面、路面等。

10.7.2.2　石材加工

关于石材的加工，宋《营造法式》中所述分为6道工序，即打剥、粗搏、细漉、褊棱、斫砟、磨砻。清代延续了这些做法，直至今天仍然主要是这几道工序，其名称改为打荒、砸花锤、剁斧、刷錾道、磨光。

10.7.2.3　主要石作简介

（1）柱础

柱础也称“柱顶石”，是每座建筑在安装木柱时应有的平整、牢固的底脚，主要形式有古镜柱础、铺地莲花柱础、覆盆式柱础、高柱础及素平柱础。

柱础尺寸的确定是以木柱的柱径为依据的。宋《营造法式》中说“早柱础之制，其方倍柱之径方一尺四寸一下者，每方一尺厚八寸。方三尺以上者，厚减方之半。方四寸以上者，以厚三尺为率。若造覆盆，每方一尺，覆盆高一寸，每覆盆高一寸，盆唇厚一分。如仰覆莲花，其高加覆盆一倍。”清《工程做法》中规定“凡柱顶以柱径加倍定尺寸，如柱径七寸，得柱顶石见方一尺四寸。以见方尺寸折半定厚，得厚七寸，上面落古镜，按本身见方尺寸内每尺得六寸五分，为古镜的直径。古镜高按见方尺寸，每尺做高一寸五分。”

（2）台基

中国木构架建筑，在外形上由三部分组成：台基、屋身、屋顶。

台基是建筑的基座，是建在地面上的方座部分，给建筑以稳定感，是艺术造型和功能需要的完美结合。其长、宽、高受房屋的出檐及高度限制，又受到主人身份地位的影响。墨子说：“尧堂高三尺”，《考工记》中记载“殷人重屋，堂修七寻，唐崇三尺，四阿重屋”。又如《礼记》祀器篇有“以高为贵者，天子之堂九尺，诸侯七尺，大夫五尺，士三尺……”之说。清代则明文规定“公侯以下，三品以上房屋台基高三尺，四品以下至庶民房屋台基高一尺”。

台基是由地面上的方台和埋在庭院地面下的埋头两部分组成的，台基下、埋在庭院以下的石材称为“土衬石”。形式有独立的台基、建筑在台上的台基、与台组结合为一体的台基以及直接利用台作为建筑的台基。常见有砖石、陡石、虎皮石、石雕须弥座台基等。

须弥座是依古代印度神话中流传并为佛教所采用的幻想中的须弥山的样子制作的（图10-54、图10-55），目的是显示建筑的崇高以及主人的尊贵，因此多用在皇家建筑和高等级的寺庙建筑中。须弥座有固定的形式，即上下出涩、中为束腰，其细部变化都在束腰上，一是高矮的变化，二是在线条上突出曲线或收缩直线。由于须弥座显示的尊崇地位，其圭角、束腰部分多有布满装饰图案，甚至在上下枋、上下枭部分都有雕饰。

建筑设计中建筑的台基、屋身、屋顶三部分的比例关系是有规律的，宋《营造法式》中记载了计算台高的方法：“立基之制，其高与材五倍，如东西广者又五分至十分。若殿堂中庭修广者量其位置随宜加高，所加虽高不过与材六倍。”清代建筑台基的高度在《钦定大清会典事例》中有明

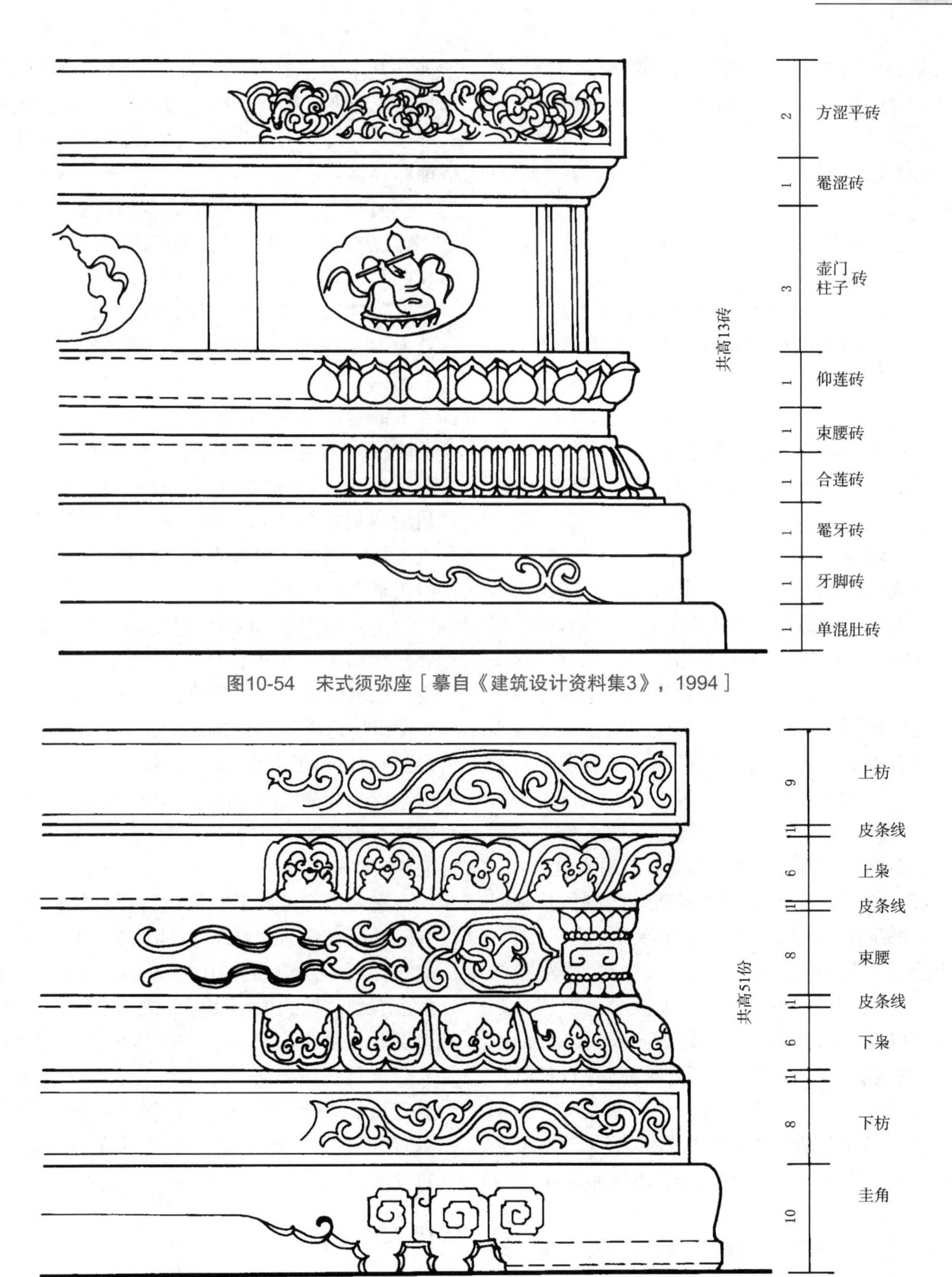

图10-54　宋式须弥座［摹自《建筑设计资料集3》，1994］

图10-55　清式须弥座［摹自《建筑设计资料集3》，1994］

文规定："亲王府制台基高十尺，郡王府制台基高八尺，贝勒府制……台基高六尺，贝子制……均于平地建造。"

据梁思成先生编订的《营造算例》我们也有如下算式：

有斗拱建筑的台基高：

h=0.25H_1（须弥座为台基时用）

h=0.2H_1（普通砖石台基时用）

无斗拱建筑的台基或有斗拱的方形亭子的台基高：

$$h=0.15H_2$$

式中 H_1 为斗拱建筑由檐柱的柱顶石上皮至要头下皮之高；H_2 为檐柱的柱顶石上皮至柁下皮之高。

（3）踏跺、护栏

建筑中台或台基都有一定的高度，这就要求有蹬道便于上下通行，在建筑上称为"踏跺"，俗称"台阶"，其主要类型有垂带踏跺、如意踏跺及礓礤坡道（马道）。垂带踏跺由台基上平面至院中地平之间所设的磴道及两旁的放的条石（即为垂带）组合而成。古代建筑在正堂前设有左、右两座台阶，左为"东阶""阼阶"，供主人行走；右为"西阶""宾阶"，供客人行走。如意踏跺可用一块块方整石料砌筑，也可用湖石石料砌筑。

宋《营造法式》中定"造踏道之制，长随间之广，每阶高一尺做二踏，每踏厚五寸，广一尺，两边副子（即垂带）各广一尺八寸"，即踏步高155 mm，宽310 mm。清《工程做法》中"凡踏步石，以面阔除垂带石一份之宽定长短。如面阔一步，垂带石宽一尺二寸二分，得踏跺石长八尺七寸八分，宽以一尺至一尺五寸，厚以三寸至四寸。须临期按台基之高分级数酌定"，即宽320 ~ 4100 mm，高为96 ~ 1210 mm，坡度基本在30°以下。

栏杆。由地袱、望柱、栏板三部分构成。地袱是栏板、望柱的底脚，置于建筑的台基上或须弥座上，在地袱上安装望柱；望柱间安装石栏板，交替连接；在终端安装抱鼓石，就构成了完整的栏杆组群。石栏杆的花饰有望柱雕饰、栏板雕饰，其中，望柱雕饰柱身多起海棠池线，柱头常见的有筒形、二十四气、方形等，而栏板雕饰由寻杖、荷叶净瓶、华板三部分组成，构件之间以榫卯连接。

栏板与望柱在组合中有一定的比例尺，宋《营造法式》中规定"造钩栏之制，重台钩栏每段高四尺、长七尺"，"单钩栏每段高三尺五寸，长六尺"。按此规定，栏板高四尺为1240 mm，三尺五为10 105 mm，即栏板高度都应在1 m以上。

（4）铺地

铺地就是对地面进行铺装（图10-56）。为方便使用，铺地应具有一定刚度，耐磨，光而不滑，色彩美观，便于清扫。其材料主要可分为块材、铺地用灰浆等散料，其中块材主要有石材、砖以及木材，散料主要有干沙、白灰、掺灰泥、油灰、白灰浆或桃花浆等。

室外地面铺砌多依自然环境条件采用砖、石等材料铺墁。在古代官式园林中，堂前多用砖铺墁，以求地面平坦，其他地方多用卵石或石瓦片等铺砌。这种较自由的地面，更显出园林的典雅、秀丽。江南地区园林多采用砖、瓦、石等，或单用，或全用青砖测砌，更多的是混合使用，形式主要有卵石地、冰裂地、诸砖地、砖石地与象形地等。

室内地面铺砌形式清代官式主要有方砖铺地、城砖、条砖铺地、大理石铺地等。而在江南，厅堂、轩榭、斋馆内多用方砖铺地，铺前先将方砖修正磨平，做到大小相同，规矩方正，丝毫不差。铺设时先铺一层黄沙，方砖接缝处嵌抹油灰，技术要求是线条整齐，最为讲究的是还要将方砖隔空安置在小钵上，如此有利于防潮去湿。还有文官的厅堂方砖正铺，武将的厅堂方砖斜角铺的说法。

10.7.3 瓦作

瓦作是指中国古代建筑屋面工程作业。

瓦作在型制上也可分为"大式"和"小式"两大类。

大式瓦作用筒瓦骑缝，脊上装有脊瓦、吻兽

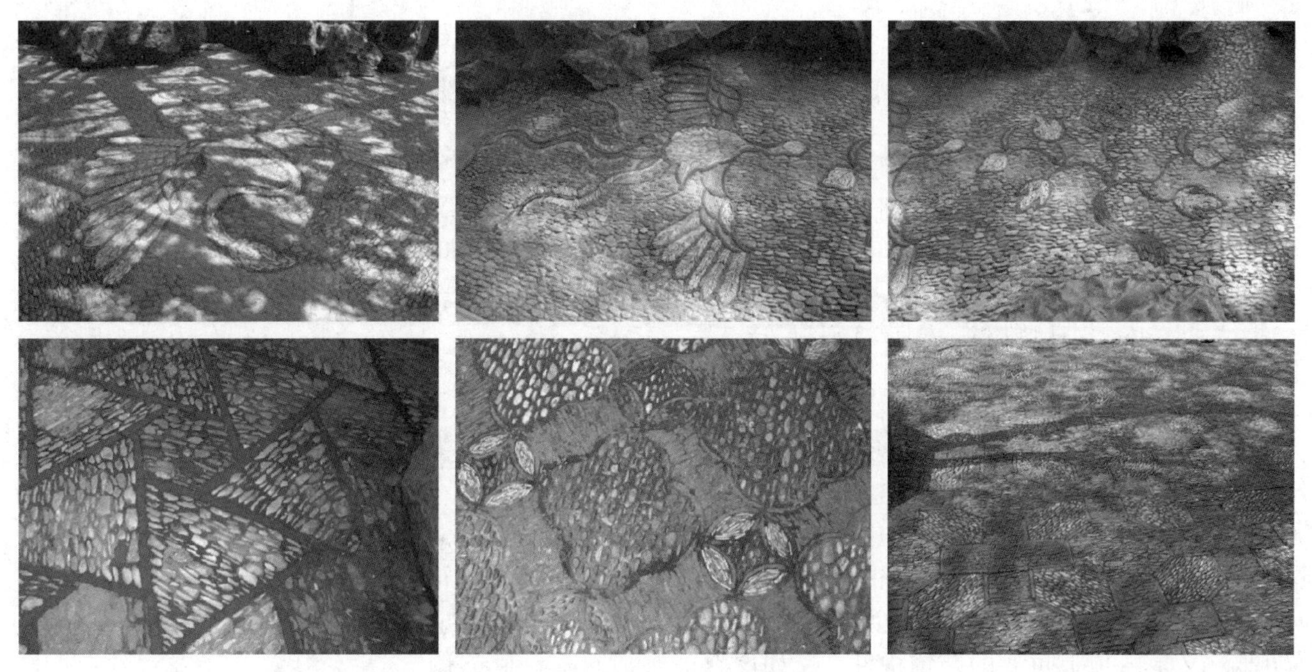

图10-56 铺地样式 潘建非摄

等构件，材料使用琉璃瓦或青瓦，多用在宫殿、陵寝、庙宇等建筑上，但不一定限于大木作上。

小式瓦作上不设吻兽，多用板瓦，个别也用筒瓦的，材料只用板瓦。向上略作凹曲的板状瓦叫“板瓦”。板瓦在屋面上每一列形成一条排水沟，叫作“一陇”。每陇最下一块带有如意头状者叫做“滴水”。半圆状的瓦叫“筒瓦”。“筒瓦”用于覆盖陇缝。最下一块筒瓦带有圆形的瓦头，称作“勾头”或“瓦当”。

最常用的屋面材料是青瓦和琉璃瓦，青瓦是用黏土制坯、烧制而成的陶瓦；琉璃瓦是将釉料施于陶瓦表面而成，有较好的防水和装饰作用。依据屋面、屋檐、脊的需要，瓦件有筒瓦、板瓦、勾头、滴水、通脊、吻兽等各种不同形式的构件。清代陶瓦（青瓦）大体有4种规格（表10-1），琉璃瓦的规格共10种（即“十样”）。

表10-1 清代筒板瓦尺寸规格表

规格 \ 名称		一号		二号		三号		十号	
		营造尺（寸）	合公制(mm)	营造尺（寸）	合公制(mm)	营造尺（寸）	合公制(mm)	营造尺（寸）	合公制(mm)
板瓦	长	9	21 010	10	256	7	224	4.3	137.6
	宽	10	256	7	224	6	192	3.10	121.6
筒瓦	长	11	352	9.5	304	7.5	240	4.5	144
	宽	4.5	144	3.10	122	3.2	102	2.5	100

注：见清《工程做法》卷五十三（引自《清代官式建筑构造》）

明清两代通常以建筑物的柱高为依据选择瓦的规格，如“吻高按柱高十分之四”定，根据算出来的数值选择与之最接近的琉璃瓦件，并依此确定其他各种瓦件的规格。青瓦屋面多参照椽径确定选用青瓦的规格，如椽径二寸，可使用3号瓦或2号瓦，椽径二寸半至三寸，可使用2号瓦或1号瓦，10号瓦多用在影壁、门楼或院墙顶上（表10-2）。

表 10-2　青瓦规格选择参考表

规格	盖瓦垄宽度（cm）	瓦号适用范围
1号青瓦	20	椽径 10 cm 以上的建筑；檐口高 3.5 m 以上的建筑
2号青瓦	110	椽径 7 ~ 10 cm 的建筑；檐口高 3.5 m 以下的建筑
3号青瓦	16	椽径 6 ~ 10 cm 的建筑；檐口高 2.10 m 以下的建筑；檐口高 3 m 以下可用 3 号瓦或 2 号瓦

（引自《古建园林工程施工技术》）

中国古代建筑的屋顶上，大多安装着各色各样的脊饰，这些构件不仅美化了建筑、反映古人的美好愿望，更主要的是满足了建筑功能上的要求。如吻兽，位于前后两垂脊和正脊交接处，在此位置上放置的吻，既可以满足防止雨水渗漏的功能，又是屋顶上重要的装饰构件。又如屋脊，它是两个坡屋面的交线，在各地的古建筑中屋脊部分，有多层构件砌筑的，有饰以琉璃构件、灰塑、砖雕图案的，满足审美的要求，但因其下部通常是重要的木构梁架，防止雨水从中间缝隙渗漏是首先要满足的功能要求。

古建筑屋面常用望砖或望板作为瓦的基层，年代更远一些则直接采用“柴栈”（俗称柴棍）铺在椽子上。在盖瓦前一般都要对基层做苫背层，苫背层的主要功能是防水和保温。受气候条件、经济条件、建筑主人身份和地方材料等的影响，屋面瓦件的构造做法在全国各地有多种做法。北方地区强调的是防水、保温的作用，通常的做法是在木望板上做防水层，其上用灰浆做称之为“苫背”的垫层，其中宫殿建筑的琉璃瓦或筒瓦屋面的麻刀泥背 3 层以上，厚度 12 ~ 110 cm，而一般的民宅建筑和小式建筑屋面做滑秸泥背 1 ~ 2 层，厚度 5 ~ 10 cm；屋面苫背工程完成后分步、分层铺瓦件。南方地区因气候温暖，因此古建筑屋面常用的处理方法是苫一层护板灰，然后在上面再苫 2 ~ 3 层灰泥背。在苫背层施工前，应先在正脊中及正吻和垂兽位置钉上铁钎，用以固定正脊、正吻和垂兽等屋面饰件。

屋面瓦件的色彩，在清代有明确的规定，不得乱用。皇家建筑才可用黄色琉璃瓦；王府建筑可用绿色琉璃瓦；寺庙建筑一般用青瓦，也可用筒板瓦；民宅建筑只能用青瓦，且只是板瓦。在皇家园林建筑中，琉璃瓦的色彩非常丰富，除常见的黄、绿、蓝色外，更有翠色、黑色、紫色，以及采用剪边的方式，由此构成了皇家园林中鲜明的色彩、多变的形象。

思考题

1. 中国古代园林建筑的美学特征主要有哪些表现？试举例说明。
2. 简述中国古代园林建筑的发展脉络。
3. 中国古代园林中厅堂建筑有哪些主要特点？
4. 中国古代园林建筑的营造有哪些原则和方法？试举例说明。

测绘作业

古代园林及建筑测绘作业任务书

1. 题目：古代园林及建筑测绘与分析

2. 目的

（1）增强对古代园林空间的理解，包括园林的平面布局，空间组群关系、造园要素的认识和造园意境塑造的各种手法。

（2）了解中国古代园林建筑的造型特点，掌握典型建筑的典型结构和构造做法。

（3）训练和巩固古代园林建筑实测与绘图技巧。

3. 作业进度安排

（1）准备与培训：教师集中讲授测绘的方法、设备的使用和作业的要求，学生自行查阅指定地块的相关资料，熟悉设备的使用。

（2）现场外业与草图：由教师带队至指定的地块，学生以小组为单位对地块进行测绘。注意现场测绘草图需清晰明了、完整规范，注意对数据进行整理和核对，并对地块和其中的古建筑进行拍照，尽量做到反映场地的全貌，并对建筑反映充分。

（3）内业整理绘制正图：学生将测绘草图上计算机制作，绘制成规范的电子文件，教师进行检查和指导。

4. 成果与表达

以下内容由小组合作完成，每小组3～5人为宜。

（1）测绘图纸：场地总平面图、场地剖面图、场地立面图、建筑立面图（1～2张）、建筑剖面图（1～2张）、建筑梁架仰视图、建筑局部大样图（1～2张）、场地总体轴测图或鸟瞰图。

（2）测绘报告：结合文献资料和测绘成果，对指定地块进行分析和评价，要求图文并茂，利用图示语言说明问题，尽量用自己的理解去分析问题，切忌照搬照抄相关内容。

参考文献

刘敦桢，中国古代建筑史 [M]. 2 版 . 北京：中国建筑工业出版社，2003.

周维权，中国古典园林史 [M]. 2 版 . 北京：中国建筑工业出版社，1999.

汪菊渊，中国古代园林史 [M]. 北京：中国建筑工业出版社，2006.

计成，园冶注释 [M]. 陈植，注释 . 杨伯超，校订 . 陈丛周，校阅 . 北京：中国建筑工业出版社，2005.

侯幼彬，中国建筑美学 [M]. 哈尔滨：黑龙江科学技术出版社，1997.

孟兆祯，孟兆祯文集 [M]. 天津：天津大学出版社，2011.

张家骥，中国造园论 [M]. 2 版 . 太原：山西人民出版社，2012.

宗白华，等，中国园林艺术概观 [M]. 南京：江苏人民出版社，1987.

第11章 中国古代造园理法简述

毋庸置疑，中国古代园林作为中国传统文化的一部分，与哲学、文学、绘画等紧密地交融在一起，是我国传统文化的综合凝聚体，它以“物化”的空间形态反映了人们精神与物质生活方面的向往与追求。因而，中国古代园林的造园理法必须从上述这些领域里寻找到答案。

中国从上古与洪水斗争的实践中总结经验教训改堵截为引导，疏浚河流，使之“安流湏轨”，顺水的自然之势而为之取得了成功。同时作为自古以农业为立国之本的中国，人们期待着风调雨顺，期待着与大自然建立起和谐的关系。人们正是从这些生产生活的实践中产生了顺应自然、崇尚自然的意识观念，最终形成“天人合一”的哲学理念，进而给予中国文化以深远的影响，成为中国传统文化精神的核心，成为中国人的宇宙观和文化总纲。

11.1 天人合一

天与人的关系，是中国哲学领域古老命题，它反映了中国古代哲学思想的发展和深化。在几千年的争论中形成两种观点：即天人相合与天人相分或天人相调。

前者认为自然现象与人事和社会现象相冥合。战国阴阳学派邹衍将天意与人事现象联系起来，认为“凡帝王之将兴也，天必先见祥乎下民”(《吕氏春秋·应同》引《邹子》)；董仲舒也认为“事应顺于民，民应顺于天，天人之际，合而为一”(《春秋繁露·深察名号》)。前者认为社会人事的变动之前总要有某些自然现象的出现，后者观点主要把天看成自然规律。较早提出这一论点的是管子，他在解释五行说时强调“人与天调，然后天地之美生”(《管子·五行》)，主张人应顺应自然规律。战国时期发展为天道、地道、人道——“三才说”的探讨，所谓“立天之道，曰阴曰阳；立地之道，曰柔曰刚；立人之道，曰仁曰义。兼三才两之，故易六画而成卦”。(《易说·卦》) 荀子发挥了这一学说，主张“明天人之分”(《荀子·天论》)，他认为“天能生物，不能辨物；地能载物，不能治人”(《荀子·礼论》)，把自然规律与人的职能区分开来。至唐代，刘禹锡发展了天人学说，认为天与人“交相胜，还相用”，既互相排斥，又互相作用，包含着把天与人视为辩证统一的关系。而真正明确提出“天人合一”思想的是北宋著名哲学家张载，在其所著《正蒙·乾称》中说：“因明致诚，因诚致明，故天人合一，致学而可以成圣，得天而未始遗人。”张载认为人和自然都遵循统一的规律，道德原则和自然规律相一致。

“天人合一”泯灭了物我之界限，认为自然与人类，天道与人道，是彼此相通，相类与和谐统一的。所谓“人道”即“天道”。“天人合一”这个哲理总的概念，是在“理”上把自然与人相联系的。对于传统文化之一脉的中国古代园林来说，“天人合一”的理念无疑是贯穿其始终的核心。

11.2 生生不息

中国当代科学家钱学森认为中国园林是科学

的艺术。首先是人与自然协调。“大德曰生”“生生不息”，敬天为根，以人为本，君子比德于山水，孔子乐于观大水。管子说人之所为，“与天顺者天助之，与天逆者天违之。天之所助，虽小犹大；天之所违，虽成必败。”（《管子·形势》）即使创造艺术美，也是“人与天调，然后天下之美生”（《管子·五行》）。

“天人合一”宇宙观和文化总纲要求“天”与“人”相协调，也就是人与自然相协调，“人与天调，天人共荣”，这是中国先人们在长期的生产和生活实践中总结出来的。其中也包含人的主观能动性的发挥，人在尊重自然的前提下，可以利用和适当地改造自然，“人杰地灵”“景物因人成胜概”等概念都是人的主观能动性反映。美学家李泽厚先生用现代的言语将中国风景园林艺术总结为：“人的自然化和自然的人化。”中国人崇尚自然，钟情山水；最高尚的音乐境界是“高山流水”，国家和社稷可称为江山或河山；墓葬“以山为冢”，毛泽东主席纪念堂的壁画皆为山景。

中国古代园林所追求的境界和评价的标准是明代造园家计成提出的“虽由人作，宛自天开”，或者说“有真为假，做假成真”。追求的是天然之趣与人工之美的巧妙结合，这也是“天人合一”的哲学思想在园林艺术理论上的体现。

11.3 景物比德

孔子最早提出著名的山水自然审美命题：“知者乐水，仁者乐山。知者动，仁者静。”（《论语·雍也》）因为山、水在儒家眼里，分别具有作为“仁者”与“智者”的品格，所以才引出了“知者乐水，仁者乐山”的命题。他们注意到了自然山水与道德、人性之间的契合，而且将其引向审美的更高层次，采取比德的方式去观照自然物象，视自然美为人格美的象征，将人与自然间的审美和谐统一于人。儒家的比德说对文学绘画以及中国古代园林产生了重要的影响。比如，在地形地貌的处理上，中国古代帝王宫苑中的山，无论是天然生成或人工筑山，以万寿山或万岁山命名者甚多。历史上掀起造园高潮的北宋艮岳称万岁山。因地居宫址东北而得名艮岳。元代北京北海的琼华岛也称万岁山。明代北京紫禁城的屏扆也叫万寿山或万岁山，后才改成景山。由于封建帝王都把自己看作最高的仁者，以其乐山，标榜以仁。作为国君要像山那样沉静；当然也向往寿比南山。因此唯帝王宫苑中的山才能称万寿山，就是王公大臣也不能逾制。仁者乐山和君子比德于山是完全相通的。

山水可以比德，植物等亦然。儒学继承并强化了《诗经》的比兴方法，将植物本身的特性特点与人的品质结合，使之达到了比德的更高层次。子曰：“岁寒，然后知松柏之后凋也。”“岁不寒无以知松柏，事不难无以知君子无日不在是。”“且夫芷兰生于深林，非以无人而不芳。”“鸢飞戾天，鱼跃于渊，言其上下察也。”随着园林植物本身的审美价值被逐步发掘，于是植物便成为仁人志士、隐者、雅士的化身。花草树木被比于君子之德，使之同时具有观赏和寓意两个层次的意义，在比德的同时籍此寄托心志，于是松、竹、梅被称为“岁寒三友”；梅、兰、竹、菊等被称为“四君子”；“香草为君子，名花是长卿”“秦朝松封大夫，陈朝石封三品”“拜石为丈”这些都作为后世写景状物的依据，也是景题用典的出处。如拙政园“得真亭”即取《荀子》之文意：“桃李茜粲于一时，时至而后杀，至于松柏，经隆冬而不凋，蒙霜雪而不变，可谓得其真矣。”园林景点如“松风水阁”“岁寒草庐”“万壑松风”“梧竹幽居”“暗香疏影楼”“闻木樨香轩”“碧梧栖凤”“濠濮间想”“知鱼槛”等都循此理。

11.4 道法自然

道家从超功利的思想出发，视审美为自然的存在，道家反对人为的追求美和人为的感性美，崇尚自然无为的美，道家提出“人法地，地法天，天法道，道法自然”，这里的自然，是天然自成，是自然而然的自然无为之道。“道法自然”建立了道与自然的联系，强调了一种对自然界的顺从，认为世界万物包括人类自身的活动都应遵守自然法则。可以说，这一点对中国古代园林的风格影响很大。园林根据造园基址的自然现状来安排景物，即“自成天然之趣，不烦人事之工”。对于建筑设计要“因山构室，就水架屋”“随曲合方”“宜亭斯亭，宜榭斯榭”。例如，避暑山庄山区内的建筑群，虽经人工经营，但原地形地貌仍然如旧，这是宏观，在景物的细部处理上，也处处体现出“道法自然”，如园林中用石掇山，常常是集零为整，用小石料拼叠合成，叠砌时就要仿天然岩石的纹脉，尽量减少人工拼叠的痕迹，以求自然之趣。

11.5 藏风聚气

中国古代园林的选址、布局、造景等大多讲究藏风聚气，源于堪舆理论，又称风水理论。许慎《说文》曰：“堪，天道也；舆，地道也。”所以堪舆就是涉及天地的学问。堪舆理论是我们的祖先择地而居、体察天地的思想凝结，是“仰观天象，俯察地理”的文化的具体表象，并且对中国古代园林的营造产生了深远的影响。

藏风聚气是堪舆理论的核心观点。“风”指的是微风轻抚、和风迎面；“气”则是指空气中流动的五行之气，且应分为藏局有利之风而避有害之气。“气乘风则散，界水则止”为使“气”聚集，古人要“藏风”，所以在住宅或基地的周围应有群山环绕，以山为屏障，阻挡“风”对场地内“气”的驱散作用。而在住宅或基地的正面，需有水面，场地之“气”遇水而“止”。

中国古代园林的选址讲究藏风聚气。《园冶》一书中对造园相地有着详细叙述。书中把园林选地分为山林地、江湖地、城市地、郊野地等类型，各有其相地标准和方法。卷一记录：“园基不拘方向，地势自有高低；涉门成趣，得景随形，或傍山林，或通河沼……雕栋飞楹构易，荫槐挺玉成难。相地合宜，园得体。”可见，造园选址的理想选择是幽深静谧，背山面水，山环水抱则可藏风聚气。如清代北京西北郊的“三山五园”所处的山水环境，山脉自西向东沿袭昆仑北支脉、燕山山脉余脉等山体，山势承接昆仑之龙脉，蜿蜒万里，延伸至紫禁城。水系纵横交错，玉泉山之泉、溪、潭、涧汇于西湖，再由西湖散于广袤的水网，直至紫禁城的护城河。北京西北郊的山形水势，山脉蜿蜒，承袭龙脉；水势聚散，藏风聚气，成为兴建帝王宫苑的绝佳基址。再如苏州耦园东部为水系（青龙），西部为道路（白虎），园林北侧为藏书楼（玄武），藏书楼前为水池（朱雀），园林东北部还有一处巨大的黄石假山，使整个园林处于山环水抱之中。

中国古代园林内部的布局亦讲究藏风聚气。皇家园林和寺庙园林多以中轴对称形式布局，形成“负阴抱阳，左青龙，右白虎”的格局。如北京故宫的宁寿宫花园，以衍棋门、古化笋、遂初堂、萃赏楼、符望阁、倦勤斋为中枢，两侧景观对称布局。宁波天童寺以山门—大雄宝殿—天王殿—藏书楼—寿佛殿—舍利塔为中轴线。私家园林中则多采用曲线的布局形式。堪舆理论认为蜿蜒曲折的路径、水系能够“聚气”。如无锡寄畅园，以锦汇漪水面为核心，嘉树堂、涵碧亭、知鱼槛、黄石假山等环绕水面展开，形成建筑、植物、山石对水面的围合，从而达到“聚气”的效果。园林建筑的选址亦需“负阴抱阳，背山面水”，方能满足采光、取暖、避风等需要。如颐和园的主体建筑佛香阁背靠万寿山，以中轴对称的形式成为全园的构图中心，是为“背山”；佛香阁以南是宽阔的昆明湖，是为“面水”，为增强景深，万寿山后面有后湖，成为昆明湖水脉的源头；昆明湖中有南湖岛，作为佛香阁的对景。

中国古代园林的造景手法如障景、补景、借景同样体现藏风聚气。“障景”这一造景手法通过在园林中设置视线阻隔，使园林景观深藏在曲径、树林、土丘之后，使园林中的“气”不会因为空间的开敞而迅速散失。私家园林中的入口照壁和堂前假山即为此功用，如拙政园的缀云峰、留园的断霞峰等。“补景”和“借景”手法则通过适当的人工经营，“补风水、培龙脉”，弥补园林的“气韵”。如苏州耦园东北部较为空旷，缺乏围合，设计者便在耦园东北部堆叠黄石假山一座，以弥补场地围合的不足，是为“补风水”。再如颐和园在修建前，翁山下的西湖是较小的水面，水槽丛生。乾隆皇帝以兴修水利为名疏浚西湖，扩大了水域面积，形成前山后湖的风水格局，是为“培龙脉”。再如寄畅园远借报恩寺塔，以塔为案山，形成园内外风景视线与风水互补；沧浪亭借临园的溪水，以弥补园内缺水、水面不足的缺憾，将封溪作为“玉带之水”环绕沧浪亭，锁住园内之“气”。

总之，中国古代园林所追求的藏风聚气，按照现代的观念来看，就是营建理想的生态人居环境。

11.6　芥子须弥

“芥子是心，须弥是万卷。纳之于心，何所不可。”在禅宗看来，规定性越小，想象余地越大，因而少能够胜多。只有简到极点，才能留出最大限度的空间去供人们揣摩与思考。山水和植物常常成为禅宗作为参悟的材料，如“青青翠竹尽是法身，郁郁黄花无非般若”。这就为园林形式上有限的自然山水空间提供了审美体验的无限可能性，打破了小自然与大自然的根本界限。

自唐宋以来，禅宗普遍渗透到士大夫中间，影响其人生态度和生活情趣，以清净淡泊之心性而随缘任何，以心性之常去应付世间沧桑，文人士大夫追求平淡清深、幽雅脱俗的意境美。禅需要用心去体悟，不是一蹴而就的，要破除表象而见到本心。造园同样也是需要去体悟的，要有思想内涵。因而设计中要讲究含蓄美，讲究意境。著名诗人、画家、虔诚的佛教徒王维，他的作品被誉为“诗中有画，画中有诗”，而《辋川诗·辛夷坞》诗“人闲桂花落，夜静春山空”，被后世称为“因花悟道，物我两忘”。事实上，王维不仅以“诗”和“画”描摹景观，更以“禅”体味景观，从而由景生情，由情入境，达到表现“味外之旨、韵外之致、象外之象”的高度。

11.7　意境深邃

意境是艺术家创造出的情景交融、虚实相生的艺术整体。这个艺术整体能通过欣赏者的直观把握和审美想象产生溢出作品本身的韵味；意境的内涵也可由此概括为三个方面：一是情景交融；二是虚实相生；三是言有尽而意无穷的韵味。意境的形成与发展可以说是儒、道、释等传统哲学与文学绘画园林等艺术门类共同丰富和发展起来的，它伴随着整个中国传统艺术的发展。中国古代园林艺术深受传统哲学和文学绘画等艺术的影响，在经营“物我交融”的园林意境空间方面已形成自己的特色。通常采用古代文学里的比兴手法。

其实比兴手法最早见于《易经》《诗经》和“屈赋”中多有运用。第一个提出该概念的是《周礼·春官》云：“大师……教六诗：曰风，曰赋，曰比，曰兴，曰雅，曰颂。”梁朝刘勰在《文心雕龙·比兴篇》中将比兴的定义为：“比者附也，兴者起也。附理者切类以指事，起情者依微以拟议。起情，故兴体以立；附理，故比例以生。比则蓄愤以斥言，兴则环譬以记讽。”这个论述是比较准确的。比兴，简单地说就是通过想象和联想将主观情思寄寓于客观物象中，创造出心物统一，给人以美的享受的艺术形象和艺术意境。

比兴手法使得中国文学具有无穷的艺术感染力。作为同质异构艺术的中国古代园林的营建注重寓情于景，情景交融。园林中借景抒情的理法就是由比兴而衍生的，借鉴文学中的比兴手法，将园林之景与心中之情结合起来，构成情景交融，意味无穷的园林审美空间。同时园林中还常常从诗、文、画中提取一些约定俗成的“典故”以为“借景”的依托。一些景以文传，脍炙人口的名篇，由于其感染力大多随历史步伐而成为家喻户晓的美景。如此借来造景当然可以引起人们的共鸣。借用名作为景，一方面是容易为人理解和接受；另一方面，好的作品对景物刻画入木三分，形神俱佳，也为景物的营造增色，可谓意味深长。

园林借诗词意境、名人名景典故造景，可谓是一举多得，既使景物营造有所依据，又具有内涵丰富的人文志趣，使人在充满诗情画意的景物中畅想，身心俱佳，达到物我交融的境界，由物象的感应中得到精神美的享受。这方面主要体现在园名、额题、景联上面。借名或阐明造园的目的，点出造园的特色；或借名抒情。如扬州何园又名寄啸山庄，“寄啸”二字，出自取陶渊明《归去来兮辞》中“倚南窗以寄傲”“登东皋以舒啸”句意，表达了作者脱离世俗，寄情山水的心情，同时也暗指园内以山水景物取胜。

11.8 空间有序

清代张潮《幽梦影》中有一句极为经典的话将造园比作文章：“文章是案头之山水，山水是地上之文章”，说明文学和园林创作有相似之处。借鉴文学艺术的谋章成篇手法于造园，使园林的规划布局类似于文学艺术的结构，文学作品的创作手法在园林中有所体现，达到“造园如作诗文，必使曲折有法，前后呼应，最忌堆砌，最忌错杂，方称佳构。”（钱咏《履园丛话》）的效果，从而达到园林布局上呈现出主题明确，起承转合章法不谬的目的。当人在其间游览时，形成诗文韵律般的丰富多彩而又波澜起伏的时空体验。

在文章章法上，元代文人曾提出“起、承、转、合”的有关旧体诗文的章法结构术语。起是指开端，起始。承是指过渡，承继上文进一步展开申述；转是指转折，从另一方面论述主题；合是指全文的结语。正如诗句中的绝句，首句为起，次句为承，三句为转，末句为合。这种手法也经常用在传统园林设计之中：以颐和园为例，起：以牌坊和东宫门为起，牌楼上以“涵虚”“罨秀”两个额题，既点明了园内以山水为胜的主题，又暗含了统治者招揽贤才之意，引人入胜；承：仁寿殿西土山山谷为承，以兼有自然与人工之美的假山完成由“宫区”进入“苑区”的承接，过渡自然；转：出此谷后的各条游览路线都有所转空间，既可登山，又可临水。合：万寿山之佛香阁为最后的合，是该园空间序列之高潮，登高四望，美色尽收眼底。

11.9 山水图画

中国古代园林在造园过程中，始终贯穿了中国山水画的创作原则和构图要点，现总结如下：

（1）变化中求统一

清沈宗骞在《芥舟学画编》以“平贴”来讲解绘画中的的变化和统一的关系：“一经一纬之谓织，一纵一横之谓画。一丝不平，是织之病。一笔不妥，是画之累。列树而成林，一树有一树之条理，虽千百树而亦合成一条理焉。累石而为山，一石有一石之脉络，虽千万石而亦合成一脉络焉。”这里是以山石和树木的绘画方法来说明构图理景局部有变化的同时，整体上要和谐统一。

“平贴”之画理对于风景园林景物来说，无论是从宏观还是微观角度来看都是非常有指导意义的。从宏观上来看园林景色客观上要求丰富多彩，追求“山重水复疑无路，柳暗花明又一村”的效果。但是在景物多样化的同时，也带来了如何在变化中求统一的问题，以免出现杂乱无章的弊病。需要经过适当的安排，将“繁多”转化为完满的统一。这需要从建园相地时就要考虑，因为气候、基地条件的差异，园林往往会显出各自的风格个性。而结构布局就要牢牢抓住这一特征，使它成为统率全园景色的主调，“以一概杂”，才能调和多样而变化的各种局部景色。从微观上来讲，也要注意“平贴”。以叠石掇山为例，园林中的假山设计要求石不可杂，纹不可乱，块不可均，缝不可多。这里就反映出变化中求统一，而统一中又蕴含着变化。可用于掇山的石品有很多，如太湖石，玲珑婉转，变化多端，与山水画中的卷云皴相仿；而黄石纹理古拙，类似斧劈皴或折带皴、剑石破空，气势不俗等。园内叠石石品一般不可混杂，以求艺术风格的统一。但是也有殊例，扬州个园为以石表达其四季之意，用了4种不同类型的石品：剑石、湖石、黄石、宣石。从石材的构成上看是杂乱的，但设计者匠心独运，在夏与秋山联系之处，一方面选湖石之方正者，另一方面取黄石之灵巧者，两者相衔，以求“平贴”之过渡。

（2）虚实相济

山水画讲求线条，线条与线条之间是空白即虚空，画面中虚实相生（互为衬托），以虚衬实，突出形象、产生意境。笪重光在《画筌》上说：“虚实相生，无画处皆成妙境。”说的就是虚实结合的妙处。董其昌论述为：“画一尺树更不可令有半寸之真。”清画家方士庶描述：“山川草木，造化自然，此乃实境也。因心造境，以手运心，此虚境也。虚而为实，是在笔墨有无间。”南宋画家马远、夏珪善于利用空白构图，某一角度和局部苦心安排画面，在一角半边中突出物象并与留白有机合成，造出画面的廓大境界和丰富诗意山水画，人称“马一角”“夏半边”。美学家宗白华在《艺境》中从中国诗歌、绘画、戏曲舞台、园林建筑等各方面都阐述了虚与实的关系：“以虚带实，以实带虚，虚中有实，实中有虚，虚实结合，这是中国美学思想中的一个重要问题。”

风景园林的意境构思，在很大程度上是依赖于实景空间来展开“虚”空间的想象，同时寄以自身的情感。实虚的对比在园林中常常表现为风景形式的虚与实、无与有、空与满、隐与显的变化和对照。具体而言，艺术家常常以陆地山石为实，以水面为虚；有景处为实，留空处为虚；近景为实，远景为虚；突出在主要游览线上的景为实，掩映在树木建筑后面只露出一丝消息的景为虚；以及明实暗虚；物实影虚；建筑实庭虚院等许多方面矛盾风景形式的对比。最妙的是园中的虚实对比还可以由实的风景形象和池塘中的倒影或者镜中虚像的对比中得到启发。如承德避暑山庄的文津阁，阁前有假山、池水。造园家在假山的洞穴上，叠砌了一个月牙形的空隙，每让阳光从中间透过，再经过石洞的映衬，“一弯新月”就倒映在水池里了。正当艳阳高照之时，而池中却媚月一弯，乃得“日月同辉”之佳趣。不但利用水面倒影，还利用镜中虚像来映写景色。又如李斗的《扬州画舫录》中曾记载多处，如东园的俯鉴室“中构圆室，顶上悬镜，四面窗户洞开，水天一色”，西园曲水的水明楼“窗”嵌玻璃，使内外上下相激射等。而袁枚所筑的随园，于小仓山房“陈方丈大镜二，晶莹澄澈，庭中花鸟树石，写影镜中，别有天地”，又以各色玻璃嵌于窗上，则窗外景色或“湛然空明，如游玉宇冰壶”，或“秋水长天，一色晕碧”，或“云霞散绮，斑瓣炫目”亦真亦幻，趣味无穷。可谓得虚中有实、实中有虚的真谛。

（3）小中见大

中国传统山水画，尺幅有限，但表现出的空间效果确是“小中见大，咫尺千里”。正如南朝宋宗炳在《画山水序》中所说：“竖画三寸，当千仞之高；横墨数尺，体百里之迥”。小中见大的画理不仅仅用于绘画，对别的艺术形式也有很大的影响。如“三五步，行遍天下；六七人，雄会万师”，就是中国京剧中最常见的小中见大的形式对比。在中国古代园林中“小中见大”是经常应用的理景手法，凭借景物的巧妙处理和人的心理感受，以有限的面积产生无限的空间感受。

①散点透视　中国的山水画不同于西方风景画采用一点或两点透视，为了突破透视点视野受到的限制，舍弃了固定视点的平视画法，而采取了视点运动的鸟瞰画法，运用了鸟瞰动态连续风景构图的表现方法。如宋王希孟的《千里江山图》，整个长卷，整体上一气呵成，峰峦岗岭，奔腾起伏，绵亘千万里；江河湖港、烟波浩渺、一碧万顷、气象雄浑壮阔；而截取一段又相对独立，或邃谷、飞瀑鸣泉；或松竹绿柳、亭台屋舍、长桥渔舟，与自然山川映辉。又有捕鱼、驶船、行路、赶脚、观景、对话、洒扫庭院之细微生活描绘（王铎，2001）。就此有限画面来表现千里江山，这其中除了体现作者“外师造化，中得心源”的深厚艺术功力外，还由于这种同电影胶片一样的景物随人步移景异，一幕幕地出现在眼前，在画面的二维空间中加入了时间的因素。也就是说，中国山水画不只满足于表现静态的空间，而且还进一步表现了动态的时间，利用这一点来扩大景物的空间感。这和风景园林空间景物布置关系十分密切，山水画面中的山水空间的开合收放，地

形山脉道路的起伏曲折、建筑树木水流的断续隐现等方面的景物塑造特点运用到风景园林设计当中，就是在布局上将景物划分成不同特点的空间，在利用园路等游线将之串联为一体，周览全园空间随着时间而变化，步移景异，虽然实际的地方没有多大，但是可以给游客以无数变换的景观，无尽的空间感受。

②三远法　宋代郭熙在《林泉高致》中说："自山下而仰山颠，谓之高远；自山前而窥山后，谓之深远；自近山而望远山，谓之平远。高远之色清明；深远之色重晦；平远之色，有明有晦。高远之势突兀，深远之意重叠，平远之意冲融，而缥缥缈缈，其人物之在三远也，高远者明了，深远者细碎，平远者冲淡。明了者不短，细碎者不长，冲淡者不大。此三远也。"三远法是国画构图中最为经典的小中见大法则。它打破了时间、空间的局限性，把人的视线引发开去，导向无限的空间。把三维空间形象在二维空间的纸上表达出来，它的空间感主要利用一个"远"字，也就是"景深"。"远"是山水画的根本。山水画利用画面景物的组织，来体现"三远"，可引发人们对空间的无穷之意的想象。三远的山水画创作手法映射出的审美倾向，对中国古代园林空间层次的塑造具有重要的指导意义。

山水画中对于高远的表现，往往是巨大陡峻的山峰充满整个画面，扑面而来的是咄咄逼人的雄浑之势，山形硬朗挺拔，仿佛一种无形的威严，仰视间让人崇敬而凛然。由于作为风景园林之一的城市园林往往没有广阔的地域空间，它往往是在城市郊野或市井小巷的一隅。这很大程度上限制了"高远"的追求。但是为了满足人们观赏于体验"高远"意境的心理，只有采用相应的技法，一方面，缩短人与景物的视距，以形成需仰视才见的最佳距离；另一方面，以石为主，在有限的空间中尽可能造出高峻之势。始建于北宋的苏州名园"沧浪亭"中的小山，正是以土石兼置的方法堆山的。在土石兼置的山体之后，发展为采用湖石、黄石等以求其巧、其趣，嶙峋而纤巧的湖石鹤立园中，黄石堆叠的石壁仿佛"高远"的山水卷轴。其次，山水画中，平远的构图，往往以水为媒，自然衔接空间的变换，呈现一定地域范围内相对舒展和平缓的意向。宽泛的水，有容乃大，几叶小舟在其间点染，是一种沉静与浩瀚；白居易《池上篇》中描述了他位于洛阳履道里的小园。在履道里园中，白居易在空间格局上排斥了假山的配置，使得开放的水面上升为主体，结合相对平缓的岛、树和桥，形成一个以平视为主的空间环境。这种表达，恰好与山水画中的汀渚相接的"平远"构图相吻合。

对于山水画而言，一般高远、平远较易得而深远难求。深远反映山的厚度和层次变化，因而非常重要。如果说，画幅是有限的，那么山水表达的广阔天地就是无限的。具体到园林就是空间层次的营造上，就是要把园林的空间划分为若即若离的几个不同的空间，前后景相互掩映，曲折往复而不尽。这样一来"景深"大了，"深远"之感也就形成。

③欲露先藏　藏露相间是中国画特有的表现手法，桃花林深处隐隐的人家，云雾之后点点山影，都是山水画作中惯用的表达远景的手法，画之有尽而意无穷。"米氏云山"轻松而奔放的笔墨，正是用云霭或遮或隔，表现群山远近不同的空间层次。此法用在造园上就表现为欲扬先抑反衬的方法，以晦暗、闭塞、狭小来反衬园景空间的明快、开敞，对比效果非常强烈。使游赏者在经过一段时间的游赏之后，在"山重水复疑无路"的情况下，出其不意地发现了"柳暗花明"的风景主题。

古代园林进门处常设有"障景"的山石树木，从结构形式美来看，也是先收后放、欲扬先抑原则的应用。当然山石障景，不只是简单的"一石障目"，而要根据不同条件创造出不同的景观。如北京恭王府花园入口先抑后扬的处理就很别致，此园园门深藏在两侧土山余脉所环抱而成的封闭小空间的底部，好像是夹在大山幽谷之中，这里障景并非全然遮挡，而是将游人的视野限制在很窄的空间范围之内，除了正中的厅堂能透过山石洞门约略看到之外，其他山水景被围。穿过门洞，山池亭榭才渐次展现于面前。这种欲扬先抑的手法每每引起游人的联想，利用游人的心理空间感受的变化来扩大景深。

11.10　巧于因借

借景第一次出现是在明代计成的论著《园冶》，即“夫借景，林园之最要者也”。目前最常见的关于借景的理解是园内借用园外的景致。这是借景的第一层含义，可以理解为技术上的“借”。此种借景手法虽然也属于风景园林理景的因素之一，但不是全部内容。此“借景”非彼“借景”，北京林业大学孟兆祯院士将“借景”释义拓展为“借宜造景”及“借因造景”，具体指的是凭借什么来造景，具体而言就是因借用地之地宜和人文之宜来创造情景交融的园林之景，从而把借景的含义提升为艺术层面的“借”。

“借景”传承了中国文化“物我交融”“托物言志”等优秀传统观念，其核心是“天人合一”的哲学思想。“借景”就是“借宜造景”及“借因造景”，就是指凭借什么来造景。具体而言就是因借用地之地宜和人文之宜来创造情景交融的园林之景。“借景”理论首先考虑的是用地的现状自然环境条件，同时注重用地的人文属性，最终的目的是将人的社会美融入自然美，最后创作出风景园林艺术美。“借景”理法主要包括 3 个基本理论：第一是“巧于因借，精在体宜”：根据由于相地而总结归纳出园址的“异宜”，以“园之异宜”为凭借塑造出适合于园址的景象和景境；第二是“借景随机”：要善于捕捉用于理景之“机”，进而塑造成情景交融之景；第三是“借景无由，触情俱是”：造园要以感情、情意为指导、为目的，园林景物要以情动人，达到“对内足以抒己，对外足以感人”之目的。

11.11　精在体宜

“园有异宜，无成法，不可得而传也”（郑元勋《园冶·题词》）。造园虽没有一定的成法，但也不是无任何法则可循，具体来说就是“借宜造景”。这其中，最关键是“宜”，因借的目标就是体现“宜”。“宜”指用地环境间的差异。差异本是客观存在的，也是创造园林艺术特色的依据之一，所以设计者要根据客观条件从主观方面加以强调。用地之宜，包括“地之宜”和“人之宜”，是园址所具有的客观现状条件。

“地之宜”主要指自然因素，具体为地形地貌等。其中的重点是寻找出有利与不利的生态条件。其中关键就在于准确估量用地自然环境间的差异，即用地之异宜。设计者要善于从这个差异中捕捉设计构思，顺应或彰显园址的自然环境特点。对用地的客观自然环境的因借是风景园林得以存在的物质基础。要善于从现场实地分析中得出一个重要估算：用地现状与建设目标之差，这个差异就是设计的内容。兴造园林的目的和用地实际现状是“因”，设计任务是借因成果。只有经过周密的现状分析，认清有利和不利的地宜条件，设计的凭借也就已在其中。

“人之宜”指的是用地的人文属性，如园林性质、文化风貌等。园林设计对人文地宜的因借就是要综合考虑用地的社会文化因素，用以确定可以影响到园林设计的内容，发掘用地中对造景有积极意义的人文因素，以便选取相宜的形式备造景之需，从而营造形式和人文要素相和谐的风景园林景物。如在传统园林中，皇家园林、私家园林、邑郊风景游览地、园林寺庙等由于性质不同，其定性定位也相应地会有一定的差异，通过园林的立意布局等创作手法上的不同，最后在园林的面貌上体现出来。皇家园林大多是选择拥有优美的风景资源的“山林地”稍加改造而成。封建帝王为显示其国力的强盛和皇家气派，规模大，占地广，少则几百公顷，大的可到几百平方千米。私家园林多是为标榜自己的清高或寄托某种理想而修建的。其园林本身融入了园主个人的思想感情，形式上多为人工造的山水小园。

寺观园林一般只是寺观的附属部分，理景手法与私家园林区别不大。但是有相当一部分寺观地处山林名胜，常常是充分利用自然条件来因山构寺，其建筑相地立基等方面的巧妙处理使得寺观本身就是一个绝佳的园林环境。

11.12 小结

中国传统哲学、文学、绘画深深地影响着中国古代园林建设的诸多方面。以“天人合一”的宇宙观和文化总纲为指导的哲学思想直接塑造了人们的自然观和社会文化观，进而影响了人们的审美方式，产生了文化隐喻，使自然具有了人文美感，成为文化生活的有机组成部分，使审美从浅表的感观愉悦走向深层的精神陶冶，作为同质异构体系的文学、绘画、美学、艺术理论和方法从创意、手法、形式、布局、意境表达等方面已经渗入到对中国古代园林营造的各个层面之中。

思考题

1. 试论中国古代哲学如何对园林的营造产生影响。
2. 试论借景在中国古代园林经典案例里的运用。

参考文献

林立，从中国古典园林设计中窥探文人思想的影响 [D]. 吉林：吉林大学，2005.

陆琦，中国南北古典园林之美学特征 [J]. 华南理工大学学报（社会科学版），2011.

陆琦，禅宗思想与士大夫园林 [J]. 华南理工大学学报（社会科学版），1999.

孟兆祯，上海秋景 [J]. 风景园林，2004.

王奉慧，浅析禅宗与景观设计 [J]. 中国园林，2004.

王欣，传统园林种植设计理论研究 [D]. 北京：北京林业大学，2005.

殷允超，中国画和园林艺术探索中国山水精神 [D]. 山东：曲阜师范大学，2007.

周同，中国古典文人园林中“儒”的渊源 [D]. 北京：北京林业大学，2006.

图纸目录及数字资源案例目录

Ⅰ. 图纸目录

第 5 章 隋唐园林

第 6 章 两宋园林

第 7 章 辽西夏金元园林

第 8 章　明代园林

第 9 章　清代园林

第 10 章 中国古代园林建筑

附　图

Ⅱ．数字资源案例目录